EBS 교육방송교재

전기기사 산업기사 실기

한권으로 끝내기

시대에듀

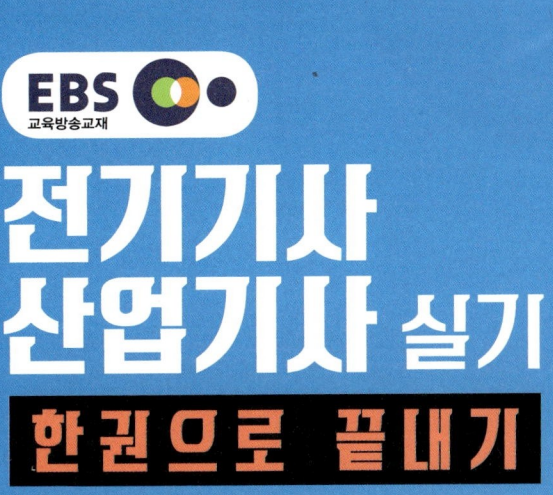

Always with you

사람이 길에서 우연하게 만나거나 함께 살아가는 것만이 인연은 아니라고 생각합니다.
책을 펴내는 출판사와 그 책을 읽는 독자의 만남도 소중한 인연입니다.
시대에듀는 항상 독자의 마음을 헤아리기 위해 노력하고 있습니다.
늘 독자와 함께하겠습니다.

머리말

본 교재는 전기(산업)기사 자격증 취득을 위한 2차 실기시험 대비 수험서로서 쉽고 빠른 자격증 취득을 돕기 위해 기본이론과 확인문제를 단원별로 분류하였으며, 기사·산업기사 과년도 기출복원문제를 상세한 해설과 함께 수록하여 효율적인 학습이 가능하도록 하였습니다.

현재 실기 기출문제는 예전과 달리 동일한 문제가 반복적으로 출제되는 것이 아니라 조금씩 변화를 주며 출제되고 있는 상황이라 이에 맞는 내용에 충실한 교재를 준비하였습니다.

본 교재는 중요부분의 이론은 내용설명을 충실히 하였고, 가끔 출제는 되나 그 내용이 중요하지 않은 부분은 간단하게 암기할 수 있도록 만들었습니다.

끝으로 본 교재로 실기시험을 준비하시는 수험생 여러분들에게 깊은 감사를 드리며 전원 합격하시기를 기원하겠습니다.
오·탈자 및 오답이 발견될 경우 연락을 주시면 수정하여 보다 나은 수험서가 되도록 노력하겠습니다.

편저자 씀

시험안내

개 요

전기를 합리적으로 사용하는 것은 전력부문의 투자효율성을 높이는 것은 물론 국가경제의 효율성 측면에도 중요하다. 하지만 자칫 전기를 소홀하게 다룰 경우 큰 사고의 위험도 많다. 그러므로 전기설비의 운전 및 조작, 유지·보수에 관한 전문 자격제도를 실시해 전기로 인한 재해를 방지해 안전성을 높이고자 자격제도를 제정하였다.

수행직무 및 진로

전기기계기구의 설계, 제작, 관리 등과 전기설비를 구성하는 모든 기자재의 규격, 크기, 용량 등을 산정하기 위한 계산 및 자료의 활용과 전기설비의 설계, 도면 및 시방서 작성, 점검 및 유지, 시험작동, 운용관리 등에 전문적인 역할과 전기안전의 관리를 담당한다. 또한 공사현장에서 공사를 시공, 감독하거나 제조공정의 관리, 발전, 소전 및 변전시설의 유지관리, 기타 전기시설에 관한 보안관리업무를 수행한다.

시험일정

구 분	필기원서접수 (인터넷)	필기시험	필기합격 (예정자) 발표	실기원서접수 (인터넷)	실기시험	최종 합격자 발표일
제1회	1.13~1.16	2.7~3.4	3.12	3.24~3.27	4.19~5.9	1차 6.5 / 2차 6.13
제2회	4.14~4.17	5.10~5.30	6.11	6.23~6.26	7.19~8.6	1차 9.5 / 2차 9.12
제3회	7.21~7.24	8.9~9.1	9.10	9.22~9.25	11.1~11.21	1차 12.5 / 2차 12.24

※ 상기 시험일정은 시행처의 사정에 따라 변경될 수 있으니, www.q-net.or.kr에서 확인하시기 바랍니다.

시험요강

❶ 시행처 : 한국산업인력공단(www.q-net.or.kr)

❷ 관련 학과 : 대학의 전기공학, 전기제어공학, 전기전자공학 등 관련 학과

❸ 시험과목

㉠ 필기 : 전기자기학, 전력공학, 전기기기, 회로이론 및 제어공학(산업기사 제외), 전기설비기술기준

㉡ 실기 : 전기설비설계 및 관리

❹ 검정방법

㉠ 필기 : 객관식 4지 택일형, 과목당 20문항(과목당 30분)

㉡ 실기 : 필답형(기사 2시간 30분, 산업기사 2시간)

❺ 합격기준

㉠ 필기 : 100점을 만점으로 하여 과목당 40점 이상, 전 과목 평균 60점 이상

㉡ 실기 : 100점을 만점으로 하여 60점 이상

출제기준

실기과목명	주요항목	세부항목
전기설비설계 및 관리	전기계획	• 현장조사 및 분석하기 • 부하용량 산정하기 • 전기실 크기 산정하기 • 비상전원 및 무정전 전원 산정하기 • 에너지이용기술 계획하기
	전기설계	• 부하설비 설계하기 • 수·변전설비 설계하기 • 실용도별 설비 기준 적용하기 • 설계도서 작성하기 • 원가계산하기 • 에너지 절약 설계하기
	자동제어 운용	• 시퀀스제어 설계하기 • 논리회로 작성하기 • PLC프로그램 작성하기 • 제어시스템 설계 운용하기
	전기설비 운용	• 수·변전설비 운용하기 • 예비전원설비 운용하기 • 전동력설비 운용하기 • 부하설비 운용하기
	전기설비 유지관리	• 계측기 사용법 파악하기 • 수·변전기기 시험, 검사하기 • 조도, 휘도 측정하기 • 유지관리 및 계획수립하기
	감리업무 수행계획	• 인허가업무 검토하기
	감리 여건 제반조사	• 설계도서 검토하기
	감리행정업무	• 착공신고서 검토하기
	전기설비감리 안전관리	• 안전관리계획서 검토하기 • 안전관리 지도하기
	전기설비감리 기성준공관리	• 기성검사하기 • 예비준공검사하기 • 시설물 시운전하기 • 준공검사하기
	전기설비 설계감리업무	• 설계감리계획서 작성하기

구성 및 특징

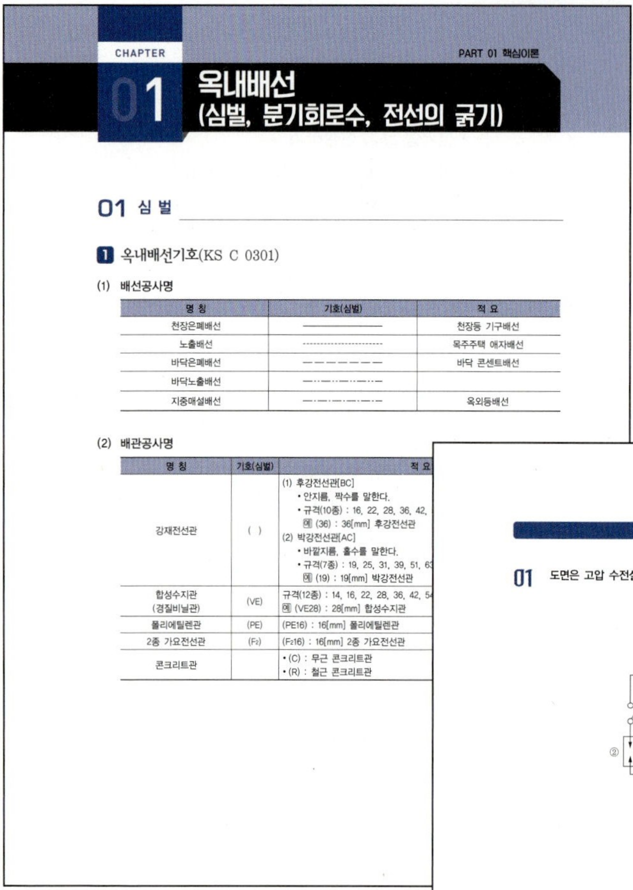

PART 01 핵심이론

CHAPTER 01 옥내배선 (심벌, 분기회로수, 전선의 굵기)

01 심 벌

1 옥내배선기호(KS C 0301)

(1) 배선공사명

명 칭	기호(심벌)	적 요
천장은폐배선	————————	천장등 기구배선
노출배선	------------------------	목주주택 애자배선
바닥은폐배선	— — — — — — —	바닥 콘센트배선
바닥노출배선	—··—··—··—··—	
지중매설배선	—·—·—·—·—	옥외등배선

(2) 배관공사명

명 칭	기호(심벌)	적 요
강재전선관	( )	(1) 후강전선관[BC] • 안지름, 짝수를 말한다. • 규격(10종) : 16, 22, 28, 36, 42, 예 (36) : 36[mm] 후강전선관 (2) 박강전선관[AC] • 바깥지름, 홀수를 말한다. • 규격(7종) : 19, 25, 31, 39, 51, 63 예 (19) : 19[mm] 박강전선관
합성수지관 (경질비닐관)	(VE)	규격(12종) : 14, 16, 22, 28, 36, 42, 54 예 (VE28) : 28[mm] 합성수지관
폴리에틸렌관	(PE)	(PE16) : 16[mm] 폴리에틸렌관
2종 가요전선관	(F_2)	($F_2$16) : 16[mm] 2종 가요전선관
콘크리트관		• (C) : 무근 콘크리트관 • (R) : 철근 콘크리트관

핵심이론

필수적으로 학습해야 하는 중요한 이론들을 출제기준에 맞게 각 과목별로 분류하여 수록하였습니다. 시험에 꼭 나오는 이론을 중심으로 효과적으로 공부하십시오.

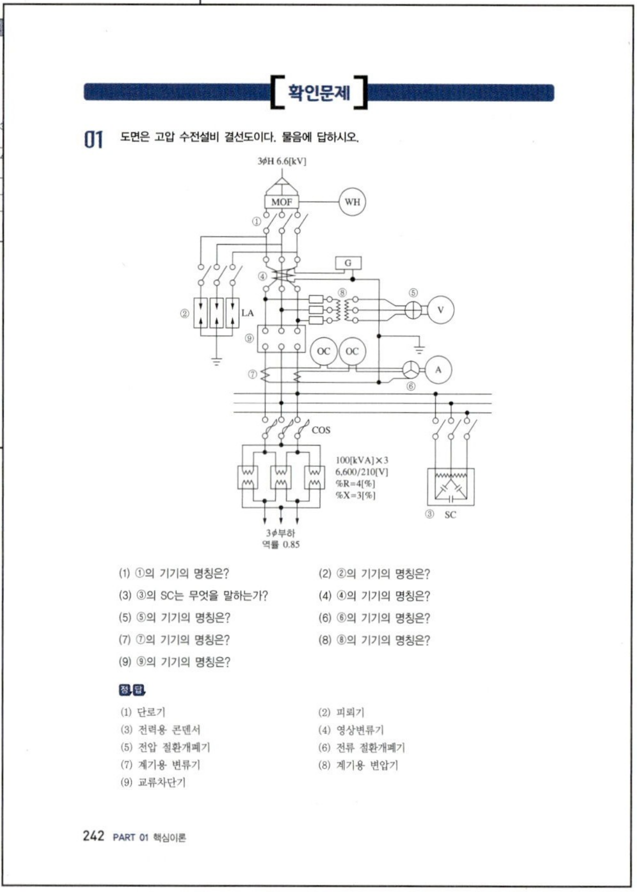

[확인문제]

01 도면은 고압 수전설비 결선도이다. 물음에 답하시오.

(1) ①의 기기의 명칭은?
(2) ②의 기기의 명칭은?
(3) ③의 SC는 무엇을 말하는가?
(4) ④의 기기의 명칭은?
(5) ⑤의 기기의 명칭은?
(6) ⑥의 기기의 명칭은?
(7) ⑦의 기기의 명칭은?
(8) ⑧의 기기의 명칭은?
(9) ⑨의 기기의 명칭은?

정답

(1) 단로기
(2) 피뢰기
(3) 전력용 콘덴서
(4) 영상변류기
(5) 전압 절환개폐기
(6) 전류 절환개폐기
(7) 계기용 변류기
(8) 계기용 변압기
(9) 교류차단기

242 PART 01 핵심이론

확인문제

기출유형문제를 단원별로 수록하여 실전에 대비할 수 있도록 하였습니다. 상세한 해설을 통해서 핵심이론에서 학습한 중요 개념과 내용을 한 번 더 확인하실 수 있습니다.

과년도 기출복원문제

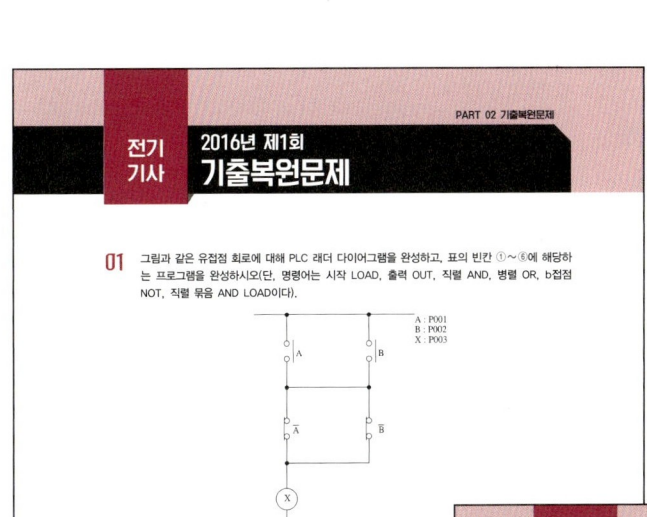

과년도 기출문제를 복원하여 수록하였습니다. 각 문제에는 자세한 해설이 추가되어 핵심이론만으로는 아쉬운 내용을 보충 학습하고 출제경향의 변화를 확인할 수 있습니다.

PART 02 기출복원문제

전기기사 2016년 제1회 기출복원문제

01 그림과 같은 유접점 회로에 대해 PLC 래더 다이어그램을 완성하고, 표의 빈칸 ①~⑥에 해당하는 프로그램을 완성하시오(단, 명령어는 시작 LOAD, 출력 OUT, 직렬 AND, 병렬 OR, b접점 NOT, 직렬 묶음 AND LOAD이다).

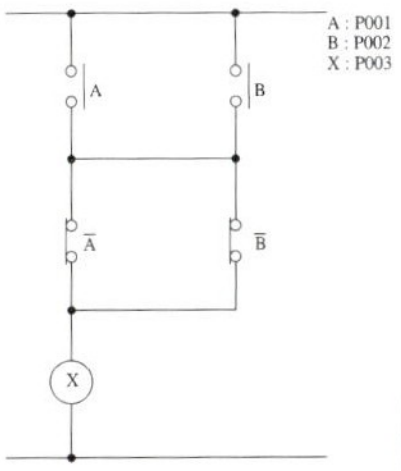

[프로그램]

차 례	명 칭	번 지
0	LOAD	P001
1		
2	②	③
3	④	⑤
4	⑥	−
5	OUT	P003

[래더 다이어그

PART 02 기출복원문제

전기산업기사 2024년 제3회 기출복원문제

01 다른 조건을 고려하지 않는다면 수용가 설비의 인입구로부터 기기까지의 전압강하는 다음 표와 같다. 표의 빈칸을 채우시오.

설비의 유형		조명[%]	기타[%]
A	저압으로 수전하는 경우	(①)	(②)
B	고압 이상으로 수전하는 경우[a]	(③)	(④)

a : 가능한 한 최종회로 내의 전압강하가 A유형의 값을 넘지 않도록 하는 것이 바람직하다. 사용자의 배선설비가 100[m]를 넘는 부분의 전압강하는 [m]당 0.005[%] 증가할 수 있으나 이러한 증가분은 0.5[%]를 넘지 않아야 한다.

정답

① 3[%]
② 5[%]
③ 6[%]
④ 8[%]

02 부하전력 및 역률을 일정하게 유지하고 수전전압을 2배로 승압하였을 경우 전력손실 및 전력손실률은 승압 전과 비교하여 각각 몇 [%]가 되는가?(단, 주어진 조건 외 다른 조건은 무시한다)

(1) 전력손실
(2) 전력손실률

해설

(1) 전력손실 $P_l = \frac{P^2 R}{V^2 \cos^2\theta}$ 에서 $P_l \propto \frac{1}{V^2}$ 이므로

$\frac{1}{2^2} \times 100 = 25[\%]$

(2) 전력손실률 $K = \frac{PR}{V^2 \cos^2\theta}$ 에서 $K \propto \frac{1}{V^2}$ 이므로

$\frac{1}{2^2} \times 100 = 25[\%]$

정답

(1) 25[%]
(2) 25[%]

전기산업기사 2024년 제3회 1175

최근 기출복원문제

최근에 출제된 기출문제를 복원하여 가장 최신의 출제경향을 파악하고 새롭게 출제된 문제의 유형을 익혀 처음보는 문제에도 적용하여 풀이할 수 있도록 하였습니다.

목 차

CONTENTS

PART 01
핵심이론

01 심 벌

1 옥내배선기호(KS C 0301)

(1) 배선공사명

명 칭	기호(심벌)	적 요
천장은폐배선	————————	천장등 기구배선
노출배선	------------------------	목주주택 애자배선
바닥은폐배선	— — — — — — —	바닥 콘센트배선
바닥노출배선	—··—··—··—··—	
지중매설배선	—·—·—·—·—·—	옥외등배선

(2) 배관공사명

명 칭	기호(심벌)	적 요
강재전선관	( )	(1) 후강전선관[BC] • 안지름, 짝수를 말한다. • 규격(10종) : 16, 22, 28, 36, 42, 54, 70, 82, 92, 104[mm] 예 (36) : 36[mm] 후강전선관 (2) 박강전선관[AC] • 바깥지름, 홀수를 말한다. • 규격(7종) : 19, 25, 31, 39, 51, 63, 75[mm] 예 (19) : 19[mm] 박강전선관
합성수지관 (경질비닐관)	(VE)	규격(12종) : 14, 16, 22, 28, 36, 42, 54, 70, 82, 100, 104, 125 예 (VE28) : 28[mm] 합성수지관
폴리에틸렌관	(PE)	(PE16) : 16[mm] 폴리에틸렌관
2종 가요전선관	(F_2)	($F_2$16) : 16[mm] 2종 가요전선관
콘크리트관		• (C) : 무근 콘크리트관 • (R) : 철근 콘크리트관

(3) 전선 명칭 및 약호

명 칭	약 호	적 요
600[V] 비닐절연전선	IV	W_6 (최고허용온도 : 60[℃])
내열용 비닐절연전선	HIV	W_2 (최고허용온도 : 75[℃])
600[V] 고무절연전선	RB	W_4
1,000[V] 형광방전등용 전선	FL	W_8 : 형광등 전용전선
접지용 비닐절연전선	GV	접지선 피복 색깔 : 녹색 (1) $3\phi 4W$ 상별 표시 색깔 L1 : 갈색, L2 : 검은색, L3 : 회색, N : 파란색, 보호도체 : 녹색-노란색 (2) 캡타이어케이블 색깔(CTF : 5심) 검은색, 흰색, 빨간색, 녹색, 노란색 2심 3심 4심 5심 ※ 4심 색깔 : 검은색, 흰색, 빨간색, 녹색 (3) 애자 색깔 • 특고압 · 고압 : 빨간색 • 저압 ─ 비접지 측 : 흰색 └ 접지 측 : 녹색
인입용 비닐절연전선	DV	용도 : 인입선
옥외용 비닐절연전선	OW	용도 : 저압 가공전선로
강심알루미늄(연)선	ACSR	슬리브접속(직선용 : B형, O형, 직선 · 분기용 : S형)
경알루미늄선	H-AL	
7.5[kV], 15[kV] 고무절연 비닐외장 네온전선	7.5[kV] 15[kV] N-RV	• 코드 서포트 : 네온전선 지지 • 쥬브 서포트 : 네온관 지지 • 네온 변압기 : $\textcircled{T}_N$
고압 인하용 부틸고무절연전선	PDB	용도 : 변압기 1차 측 기기 연결(접속)선

※ 현재 IV는 저독성 난연 폴리올레핀 절연전선 90[℃]로, HIV는 저독성 난연 가교 폴리올레핀 절연전선 90[℃]로 대체하여 사용 중

(4) 케이블의 약호 및 명칭

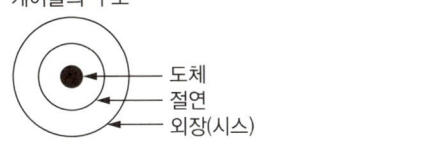

<table>
<tr><th>명 칭</th><th>약 호</th><th>적 요</th></tr>
<tr><td>비닐절연 비닐외장 케이블</td><td>VV</td><td rowspan="16">(1) 케이블의 구조
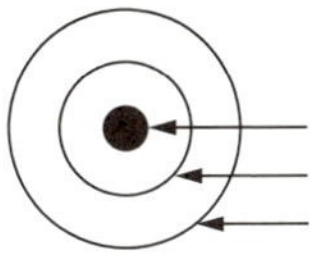

(2) 절연물 약호
• V : 비닐
• R : 고무
• E : 폴리에틸렌
• C : 가교폴리에틸렌
• B : 부틸고무
(3) CV-CN 용도 : 22.9[kV] 배전선로 및 인입선 지중전선로
(4) CV와 CV-CN 비교 (25[kV] 이하 특고압)
<table><tr><th>약 호</th><th>구 조</th><th>용 도</th></tr><tr><td>CV</td><td>3C</td><td>22[kV] 지중전선로</td></tr><tr><td>CV-CN</td><td>4C</td><td>22.9[kV] 지중전선로</td></tr></table></td></tr>
<tr><td>600[V] 비닐절연 비닐외장 평형케이블</td><td>VVF</td></tr>
<tr><td>고무절연 비닐외장 케이블</td><td>RV</td></tr>
<tr><td>폴리에틸렌절연 비닐외장 케이블</td><td>EV</td></tr>
<tr><td>부틸고무절연 비닐외장 케이블</td><td>BV</td></tr>
<tr><td>고무절연 클로로프렌외장 케이블</td><td>RN</td></tr>
<tr><td>가교폴리에틸렌절연 비닐외장 케이블</td><td>CV</td></tr>
<tr><td>동심중성선 차수형 전력케이블</td><td>CN-CV</td></tr>
<tr><td>동심중성선 수밀형 전력케이블</td><td>CN CV-W</td></tr>
<tr><td>동심중성선 난연성 전력케이블</td><td>FR-CNCO-W</td></tr>
<tr><td>가교폴리에틸렌절연 폴리에틸렌외장 케이블</td><td>CE</td></tr>
<tr><td>2종 고무절연 고무 캡타이어케이블</td><td>2CT</td></tr>
<tr><td>리드용 1종 케이블</td><td>WCT</td></tr>
<tr><td>리드용 2종 케이블</td><td>WNCT</td></tr>
<tr><td>홀더용 1종 케이블</td><td>WRCT</td></tr>
<tr><td>홀더용 2종 케이블</td><td>WRNCT</td></tr>
</table>

(5) 등기구

명 칭		기호(심벌)	적 요
일반용 조명	백열전등		(1) 벽붙이 백열전등 :  (2) 리셉터클 :  샹들리에 :  브래킷 :  실링 라이트 :  코드 펜던트 : 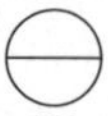 체인 펜던트 :  파이프 펜던트 :  매입기구 : (또는 ) (3) 옥외등 : 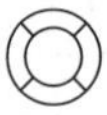
	HID등 (고효율 방전등)		• 수은등 :  • 크세논등 :  • 메탈할라이드등 :  • 나트륨등 :  예 400[W] 나트륨등 : 
	형광등	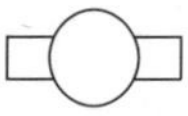	(1) 벽붙이 • 가로붙이 : 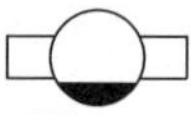 • 세로붙이 :  (2) 용량을 표시할 때는 램프크기×램프수로 표시한다. 용량 앞에 F를 방기한다. • 1등용[40W] 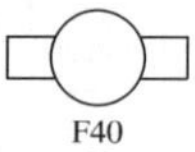 • 2등용[40W] 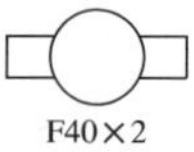 • 3등용[40W] 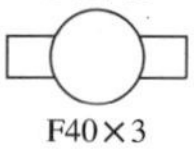
비상용 조명등	백열전등		
	형광등		
유도등	백열전등		
	형광등	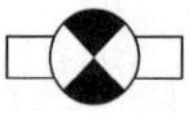	

(6) 콘센트

명 칭	기호(심벌)	적 요
콘센트		(1) 천장붙이 :  (2) 바닥붙이 :  (3)  20A 이상은 방기한다(30[cm] 상부). WP : 방수형(80[cm] 상부) EX : 방폭형 H : 의료용 3P : 3극 2 : 2구 LK : 빠짐방지형 T : 걸림형 E : 접지극 붙이 ET : 접지극 단자 붙이 EL : 누전차단기 붙이 TM : 타이머 붙이 R : 취사용 (4) 비상용 콘센트 : 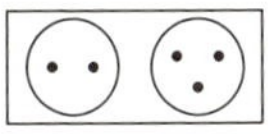

(7) 점멸기(스위치)

명 칭	기호(심벌)	적 요
점멸기	●	(1) 용량 표시방법 • 10[A]는 방기하지 않는다. • 15[A] 이상은 방기한다. (2) ● : 단극 스위치이다. (3) ●$_{15A}$: 이상만 방기한다(바닥에서 120[cm] 상부). WP : 방수형 EX : 방폭형 A : 자동(옥외등 사용) R : 리모컨 T : 타이머 붙이 2P : 2극 3 : 3로(2개소 점멸 시 2개 조합 사용) 4 : 4로(3개소 점멸 시 3로와 조합 사용) L : 파일럿 램프 내장 ○● : 따로 놓여진 파일럿 램프
조광기	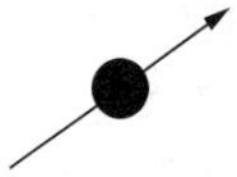	예 15[A] 조광기 : 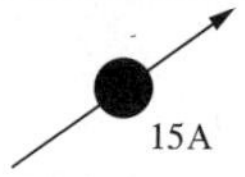
셀렉터 스위치		점멸 회로수를 방기한다. 예 9점멸 회로 셀렉터 스위치 : 
누름버튼		(1) 벽붙이 누름버튼 :  (2) 2개 이상은 버튼수를 방기한다. 예 누름버튼(벽붙이) 버튼수 3개 : 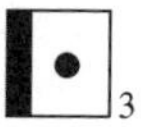
플로트 스위치		(1)  : 플로트레스 전극 스위치  : 3극 플로트레스 전극 스위치 (2)  : 전자개폐기용 누름버튼 스위치  : 압력 스위치

(8) 배 · 분전반 및 제어반

명 칭	기호(심벌)	적 요
배전반, 분전반 및 제어반	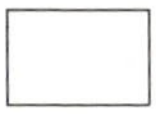	(1) 종류 구별할 경우 배전반 :  분전반 :  제어반 :  (2) 재해방지용 예 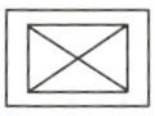 1종  2종

(9) 덕트공사

명 칭	기호(심벌)	적 요
금속덕트	MD	
플로어덕트	— — — — (F7)	정크션 박스 : 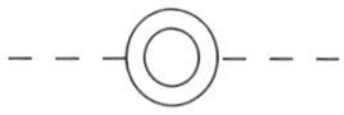
라이팅덕트		(1)  는 피드인 박스 (2) 전압, 극수, 용량을 기입한다. 예 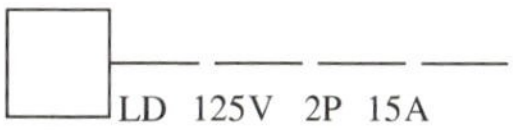 LD 125V 2P 15A
버스덕트		(1) 버스덕트 종류 • 피더 버스덕트 : FBD • 플러그인 버스덕트 : PBD • 트롤리 버스덕트 : TBD (2) 방수형인 경우 : WP

(10) 기타(기기, 개폐기, 계기, 경보, 호출, 전화, 자동화재 설비)

명 칭	기호(심벌)	적 요
전동기	(M)	전기방식, 전압, 용량을 방기한다. 예 3상 380[V] 7.5[kW] : (M) 3∅ 380V 7.5kW
발전기	(G)	
전열기	(H)	
환풍기(선풍기)	(∞)	
룸에어컨	RC	

명 칭	기호(심벌)	적 요
소형 변압기	(T)	(1) 소형 변압기 종류 및 심벌 $(T)_B$: 벨 변압기 $(T)_R$: 리모컨 변압기 $(T)_N$: 네온 변압기 $(T)_F$: 형광등용 안정기 $(T)_H$: 고효율 방전등용 안정기
리모컨 릴레이	▲	릴레이 여러 개를 부착하는 경우 릴레이수를 방기한다. 예 리모컨 릴레이 20개 : [▲▲▲] 20
개폐기	[S]	(1) 개폐기 종류 및 심벌 [S] : 상자개폐기 [(S)] : 전류계붙이 개폐기 [S̸] : 전자개폐기 [(S̸)] : 전류계붙이 전자개폐기 (2) 극수, 정격전류, FUSE 정격전류 등을 방기한다. 예 2극 정격전류 30[A], 퓨즈전류 5[A] : [S] 2P 30A f 15A
배선용 차단기	[B]	극수, 프레임의 크기, 정격전류 등을 방기한다. 예 극수 3극, 프레임의 크기 225[A], 정격전류 150[A] : [B] 3P 225AF 150A ※ 여기서, AF는 프레임의 크기이고, AT는 정격전류를 말한다.
누전차단기	[E]	(1) 과전류 소자붙이는 극수, 프레임의 크기, 정격전류, 정격감도전류 등을, 과전류 소자 없음은 극수, 정격전류, 정격감도전류 등을 방기한다. 예 과전류 소자붙이 : [E] 2P 30AF 15A 30mA 과전류 소자없음 : [E] 2P 15A 30mA 여기서, 2P : 2극 30AF : 프레임의 크기가 30[A] 15A : 정격전류가 15[A] 30mA : 정격감도전류가 30[mA] (2) 과전류 소자붙이는 [BE]를 사용하여도 좋다.
전력량계	(WH)	[WH] : 전력량계(상자매입)
전류제한기	(L)	

명 칭	기호(심벌)	적 요
누전경보기		 : 누전화재 경보기
내선전화기		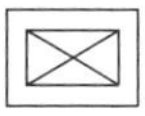 : 교환기
벨	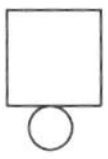	• 경보용 :  • 시보용 : 
버 저	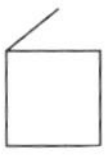	• 경보용 :  • 시보용 : 
스피커		벽붙이 스피커 : 
연기감지기		• 수신기 : 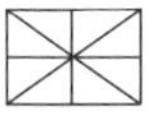 • 경보벨 : 
배관의 상승		
배관의 인하		
배관의 소통		
열전대		
저항기		
박 스		(1)  : 풀박스 (2)  : VVF용 조인트 박스  : 단자붙이 VVF용 조인트 박스
접 지		(1)  : 접지단자 (2)  : 접지저항 측정용 단자

2 전등회로 점멸 기본회로도

(1) 1개소 점멸 회로도

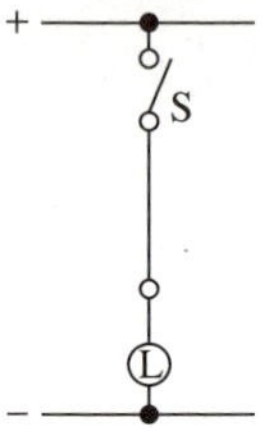

(2) 2개소 점멸 회로도

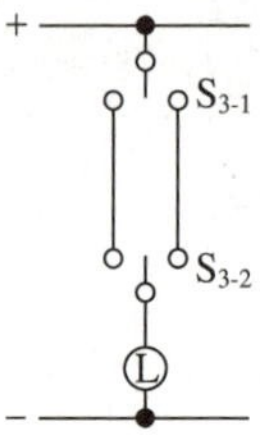

(3) 3개소 점멸 회로도

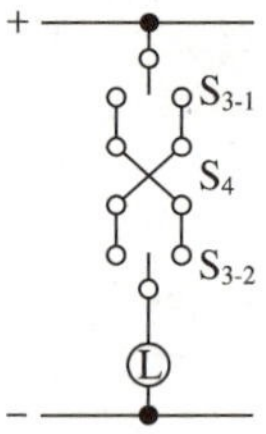

※ 가닥수 산출방법

① 단극 스위치는 1개소 점멸이고, 3로 2개가 있으면 2개소 점멸이다. 3로 2개, 4로 1개 또는 3개 또는 3로 4개가 있으면 3개소 점멸이다.

② 최소 가닥수이므로 공통을 조심하고, 전원이 다른 곳으로 가는지, 안 가는지를 잘 보아야만 1가닥을 줄일 수 있다.

③ 단극 스위치가 2개 이상 있을 경우는 최대 6등군 이하로 하여 등수를 점멸기수로 나누어서 분배하여야 한다.

④ 콘센트는 1개든, 2개 이상이든 전원 2선이 연결된다.

⑤ 가닥수를 표시할 때 기호(심벌)로 물으면 ─///─(예 3가닥인 경우)로 표기한다.

*예제*_1 **1개의 전등을 3개소에서 점멸하고자 할 때 3로 스위치를 이용하여 점멸할 수 있도록 회로도를 그리시오.**

풀이

3개소 점멸은 3장소에 점멸하는 것으로 일반적으로는 3로 스위치 2개와 4로 스위치를 조합하여 점멸하고 있으나 이 문제는 3로만 사용하여 회로도를 그려야 되므로 3로 스위치 4개를 이용하여 그리면 된다.

정답

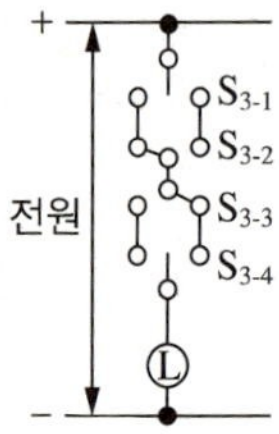

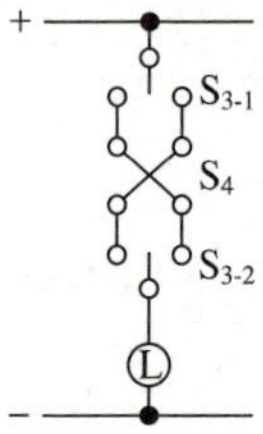

※ 일반적인 3개소 점멸 회로도

[확인문제]

01 아래 물음에 답하시오.

(1) 천장은폐배선, 바닥은폐배선, 노출배선의 그림 기호를 그리시오.

(2) 전선의 종류를 기호로 표기할 때 가교폴리에틸렌절연 비닐외장 케이블의 기호는?

정답

(1) 천장은폐배선 : ————————

바닥은폐배선 : − − − − − − − − −

노출배선 : - - - - - - - - - - - - -

(2) 가교폴리에틸렌절연 비닐시스 케이블 : CV

02 다음 표시 기호를 보고 다음 물음에 답하시오.

RB22

(1) 배선공사명

(2) 전선의 굵기

(3) 전선수

정답

(1) 천장은폐배선

(2) 22[mm^2]

(3) 4가닥

03 그림 기호는 배관의 심벌이다. 어떤 전선관인 경우인가?

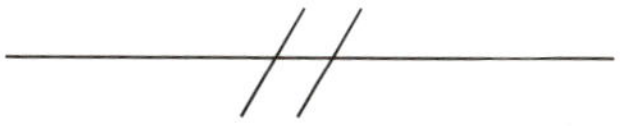

1.6(VE 16)

정답

합성수지관

04 다음 전선 표시 약호의 명칭을 답하시오.

(1) DV

(2) OW

정답

(1) 인입용 비닐절연전선
(2) 옥외용 비닐절연전선

05 전선 표시에 대한 다음 약호의 명칭을 쓰시오.

(1) OW

(2) VV

정답

(1) 옥외용 비닐절연전선
(2) 비닐절연 비닐외장 케이블

06 다음과 같은 전선이나 케이블의 명칭을 답하시오.

(1) OW 전선

(2) DV 전선

(3) CV케이블

(4) VVF케이블

정답

(1) 옥외용 비닐절연전선
(2) 인입용 비닐절연전선
(3) 가교폴리에틸렌절연 비닐외장 케이블
(4) 비닐절연 비닐외장 평형케이블

07 전선 및 케이블의 약호를 답하시오.

(1) DV 전선

(2) CV케이블

(3) EV케이블

정답

(1) 인입용 비닐절연전선
(2) 가교폴리에틸렌절연 비닐외장 케이블
(3) 폴리에틸렌절연 비닐외장 케이블

08 다음의 전선 또는 케이블의 약호를 답하시오.

(1) 인입용 비닐절연전선 (2) 옥외용 비닐절연전선

(3) 접지용 비닐절연전선 (4) 가교폴리에틸렌절연 비닐외장 케이블

정답

(1) DV (2) OW
(3) GV (4) CV

09 전선 약호 중 OW의 명칭을 답하시오.

정답

옥외용 비닐절연전선

10 다음 전선의 약호에 대한 명칭을 쓰시오.

(1) NRI(70) (2) NFI(70)

정답

(1) 배선용 단심 비닐절연전선(70[℃])
(2) 배선용 유연성 단심 비닐절연전선(70[℃])

11 이 케이블은 무슨 케이블인가?

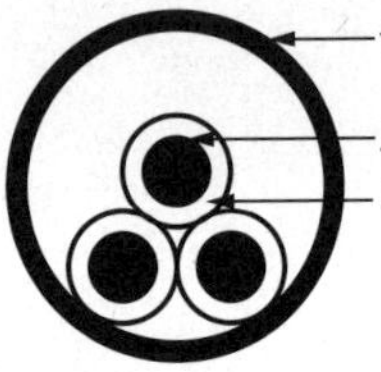

정답

CD 케이블

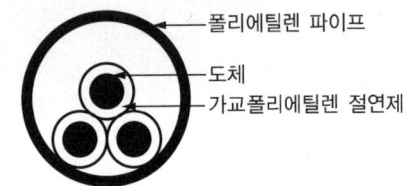

12 다음 네온전선의 약호의 명칭을 쓰시오.

(1) N-RC

(2) N-EV

(3) N-V

(4) N-RV

정답

(1) 고무절연 클로로프렌 외장 네온전선
(2) 폴리에틸렌절연 비닐 외장 네온전선
(3) 비닐절연 네온전선
(4) 고무절연 비닐외장 네온전선

13 7.5[kV] N-RV는 네온관용 전선기호이다. 여기서 R의 의미를 답하시오.

정답

고무

14 전선의 종류에서 용도는 특고압, 전압선 규격은 32, 58, 95, 160[mm^2]이며 약호는 특고압 ACSR-OC이다. 명칭은?

정답

옥외용 강심 알루미늄도체 가교폴리에틸렌 절연전선

15 케이블의 명칭을 약호로 답하시오.

(1) 부틸고무절연 클로로프렌외장 케이블

(2) 가교폴리에틸렌절연 폴리에틸렌외장 케이블

(3) 가교폴리에틸렌절연 비닐외장 케이블

(4) 접지용 비닐전선

(5) 리드용 1종 케이블

정답

(1) BN

(2) CE

(3) CV

(4) GV

(5) WCT

16 다음 기호를 보고 케이블의 명칭을 쓰시오.

(1) WCT

(2) WNCT

(3) WRCT

(4) WRNCT

정답

(1) 리드용 1종 케이블

(2) 리드용 2종 케이블

(3) 홀더용 1종 케이블

(4) 홀더용 2종 케이블

17 그림은 옥내 배선용 콘센트의 심벌이다. 각 콘센트의 용도를 구분하여 설명하시오.

(1) 

(2) 

(3) 

(4) 

(5) 

정답

(1) 천장붙이 콘센트
(2) 바닥붙이 콘센트
(3) 의료용 콘센트
(4) 2구용 콘센트
(5) 누전차단기 붙이 콘센트

18 다음 콘센트의 심벌을 그리시오.

(1) 바닥에 부착하는 50[A] 콘센트
(2) 벽에 부착하는 의료용 콘센트
(3) 천장에 부착하는 의료용 콘센트
(4) 비상콘센트

정답

(1) 

(2) 

(3) 

(4) 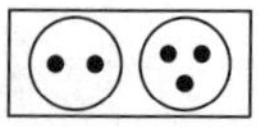

19 다음 조건에 콘센트의 그림기호를 그리시오.

(1) 벽붙이용
(2) 천장에 부착하는 경우
(3) 바닥에 부착하는 경우
(4) 방수형
(5) 타이머 붙이
(6) 2구용
(7) 의료용

정답

(1) 

(2) 

(3) 

(4) 

(5) 

(6) 

(7) 

20 

의 콘센트 명칭은 방수형 콘센트이다. 방폭형 콘센트의 심벌을 그리시오.

정답

21 다음 심벌의 

명칭과 설치 시 바닥면상으로부터 몇 [cm] 이상으로 해야 하는가?

정답

- 명칭 : 방수형 콘센트
- 위치 : 80[cm]

22 다음 콘센트의 심벌의 명칭을 쓰시오.

(1) 

(2) 

(3) 

(4) 

(5) 

정답

(1) 천장붙이 콘센트
(2) 2구 콘센트
(3) 3극 콘센트
(4) 방수 콘센트
(5) 접지극 붙이 콘센트

23 다음 콘센트의 방기된 의미를 쓰시오.

(1) 

(2) 

(3) 

(4) 

(5) 

정답

(1) 빠짐방지형
(2) 걸림형
(3) 접지극붙이
(4) 접지단자붙이
(5) 누전차단기붙이

24 점멸기의 그림 기호에 대한 다음 각 물음에 답하시오.

점멸기의 그림기호 : ●

(1) 용량 몇 [A] 이상의 전류치를 방기하는가?

(2) ① $●_{2P}$과 ② $●_{4}$은 어떻게 구분되는지 설명하시오.

(3) ① 방수형과 ② 방폭형은 어떤 문자를 방기하는가?

정답

(1) 15[A]

(2) ① 2극 스위치　　② 4로 스위치

(3) ① 방수형 : WP　　② 방폭형 : EX

25 점멸기의 그림기호에 대하여 다음 각 물음에 답하시오.

(1) ●는 몇 [A]용 점멸기인가?

(2) 방수형 점멸기의 그림기호를 그리시오.

(3) 점멸기의 그림 기호로 $●_{4}$의 의미는 무엇인가?

(4) $●_{R}$의 명칭은?

정답

(1) 10[A]　　(2) $●_{WP}$

(3) 4로 스위치　　(4) 리모컨 스위치

26 그림은 점멸기의 심벌이다. 각 심벌의 용도, 형태 등을 구분하여 설명하시오.

(1) $●_{L}$　　(2) $●_{WP}$

(3) $●_{4}$　　(4) ○●

(5) ●

정답

(1) 파일럿 램프 붙이 스위치　　(2) 방수형 스위치

(3) 4로 스위치　　(4) 따로 놓여진 파일럿 램프 붙이 스위치

(5) 스위치

27 일반적 조명기구의 그림 기호에 문자와 숫자와 다음과 같이 방기된 의미를 쓰시오.

(1) M200　　　　(2) X200

(3) F40　　　　(4) N200

(5) H500

정답

(1) 200[W] 메탈할라이드등　　　　(2) 200[W] 크세논 램프

(3) 40[W] 형광등　　　　(4) 200[W] 나트륨등

(5) 500[W] 수은등

28 일반용 조명 및 콘센트의 그림 기호에 대한 다음 각 물음에 답하시오.

(1) 백열등의 그림 기호는 ○이다. 벽붙이의 그림 기호를 그리시오.

(2) 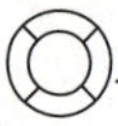로 표시되는 등은 어떤 등인가?

(3) $\bigcirc_{H}$:　　$\bigcirc_{M}$:　　$\bigcirc_{N}$:

정답

(1) 　　　　(2) 옥외등

(3) $\bigcirc_{H}$: 수은등, $\bigcirc_{M}$: 메탈할라이드등, $\bigcirc_{N}$: 나트륨등

29  심벌에 대한 명칭은?

정답

유도등(백열등)

30 일반용 조명에 관한 다음 각 물음에 답하시오.

(1) 백열등의 그림 기호는 ◯이다. 벽붙이의 백열전등의 심벌을 그리시오.

(2) HID등의 종류를 표시하는 경우는 용량 앞에 문자기호를 붙이도록 되어 있다. 메탈할라이드등, 수은등, 나트륨등은 어떤 기호를 붙이는가?

(3) 그림 기호는 ◎로 표시되어 있다. 어떤 용도의 조명등인가?

(4) 조명등으로서의 일반 백열등을 형광등과 비교할 때의 장점을 3가지만 쓰시오.

정답

(1) ◐

(2) 메탈할라이드등 : M, 수은등 : H, 나트륨등 : N

(3) 옥외등

(4) ① 가격이 저렴하다.
② 연색성이 우수하다.
③ 기동시간이 짧고 안정기가 필요없다.

31 옥내 배선용 그림 기호에 대한 다음 각 물음에 답하시오.

(1) 용량 10[A]의 스위치 심벌을 그리시오.

(2) 조명기구의 그림 기호가 ◎로 표시되어 있다. 심벌의 명칭은?

(3) 바닥붙이 콘센트의 심벌을 그리시오.

정답

(1) ●

(2) 옥외등

(3) 

32 옥내 배선용 그림 기호에 대한 다음 각 물음에 답하시오.

(1)  심벌의 의미를 쓰시오.

(2) 점멸기의 그림 기호로 ●, $●_{2P}$, $●_{3}$의 의미는 어떤 의미인가?

(3) 배선용 차단기, 개폐기, 누전차단기의 그림 기호를 그리시오.

(4) HID등으로서 M400, H400, N400의 의미는 무엇인가?

정답

(1) 천장에 부착하는 경우

(2) 단극 스위치, 2극 스위치, 3로 스위치

(3) 배선용 차단기 : [B], 개폐기 : [S], 누전차단기 : [E]

(4) 400[W] 메탈할라이드등, 400[W] 수은등, 400[W] 나트륨등

33 일반용 조명 및 콘센트의 그림 기호에 대한 다음 각 물음에 답하시오.

(1) 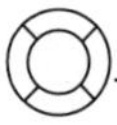로 표시되는 등은 어떤 등인가?

(2) HID등을 ① $○_{H400}$, ② $○_{M400}$, ③ $○_{N400}$로 표시하였을 때 각 등의 명칭은 무엇인가?

(3) 콘센트의 그림 기호는 이다.

① 천장에 부착하는 경우의 그림 기호는?

② 바닥에 부착하는 경우의 그림 기호는?

(4) 다음 그림 기호를 방기된 숫자의 의미를 쓰시오.

①  ② 

정답

(1) 옥외등

(2) ① 400[W] 수은등 ② 400[W] 메탈할라이드등 ③ 400[W] 나트륨등

(3) ①  ② 

(4) ① 2구 ② 3극

34

분전반, 배전반 및 제어반의 그림 기호는 로 표현된다. 이것을 각 종류별로 구별하는 경우의 그림 기호를 그리시오.

정답

분전반

배전반

제어반

35

그림과 같은 심벌의 명칭을 구체적으로 쓰시오.

(1) 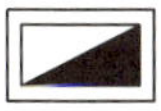

(2) 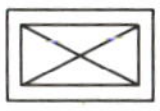

(3) 

(4) 

(5) 

정답

(1) 재해방지용 2종 분전반

(2) 재해방지용 1종 배전반

(3) 제어반

(4) 분전반

(5) 배전반

36

그림은 옥내 배선을 설계할 때 사용되는 배전반, 분전반 및 제어반의 일반적인 그림 기호이다. 이것을 배전반, 분전반, 제어반 및 직류용으로 구별하여 그림 기호를 사용하고자 할 때 그 그림기호를 그리시오.

(1) 분전반

(2) 제어반

(3) 배전반

(4) 직류용

정답

(1) 분전반 : 

(2) 제어반 : 

(3) 배전반 : 

(4) 직류용 :  DC

37 어떤 심벌의 명칭인지 정확하게 답하시오.

(1) 

(2) ―――――

(3) 

(4) 

(5) 

(6) 

정답

(1) 벽붙이 콘센트

(2) 천장은폐배선

(3) 매입기구

(4) 제어반

(5) 배전반

(6) 분전반

38 ① , ② , ③ S, ④ VAR 이 심벌의 명칭은?

정답

① 접지단자

② 벽붙이 누름버튼

③ 상자 개폐기

④ 무효 전력계

39 의 전력용 콘덴서의 심벌을 복선도로 그리시오.

정답

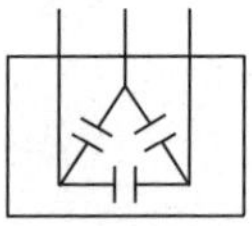

40 그림 □ 안 계기의 명칭과 용도는?

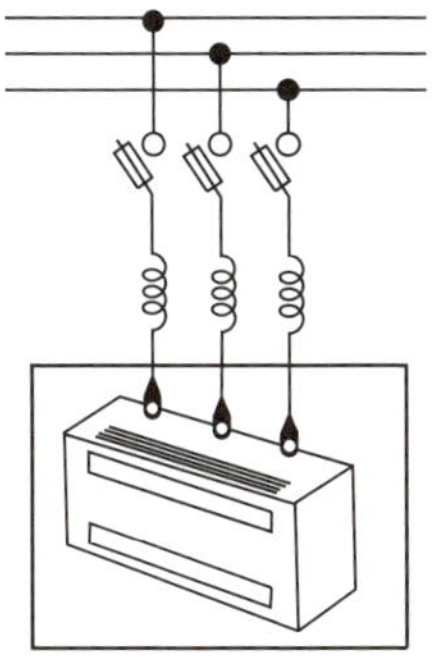

정답

- 명칭 : 전력용 콘덴서(SC)
- 용도 : 부하의 역률개선

41 단자가 부착된 VVF용 조인트 박스의 표준 심벌은?

정답

42 ---◎--- 심벌의 명칭은?

정답

정크션 박스

43 아래 심벌은 무엇을 뜻하는가?

(1) 

(2) 

정답

(1) 자동 점멸기

(2) 플로트레스 스위치 전극

44 그림(A)와 (B)의 차이점은 무엇인가?

(A) 

(B) 

정답

(A) 전력량계

(B) 전력량계(상자매입용)

45 심벌의 정확한 명칭을 답하시오.

(1) 

(2) 

(3) 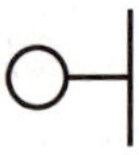

(4) 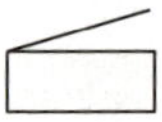

정답

(1) 리모컨 스위치

(2) 증폭기

(3) 벽붙이 백열전등

(4) 버 저

46 표시된 그림 기호는 벨에 관한 기호이다. 어떤 용도인지 구분하여 답하시오.

(1) 

(2) 

정답

(1) 경보용

(2) 시보용

47 다음 전기 심벌의 명칭을 답하시오.

(1) 

(2) 

(3) 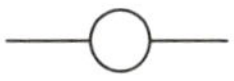

(4) 

(5) 

정답

(1) 배선용 차단기

(2) 점멸기

(3) 목 주

(4) 누전차단기

(5) 전화용 아웃렛

48 다음 심벌에 대한 명칭은?

(1) 

(2) 

(3) 

정답

(1) 조광기

(2) 전자개폐기

(3) 유도등(백열전등용)

49 그림과 같은 심벌의 명칭을 쓰시오.

(1) 

(2) 

(3) 

(4) 

(5) 

정답

(1) 분전반

(2) 스피커

(3) 점멸기(타이머 붙이)

(4) 방수형 콘센트

(5) 유도등(백열전등용)

50 다음 전기 설비에서 사용하는 그림 기호의 명칭을 쓰시오.

(1) 

(2) 

(3) 

(4) 

(5) 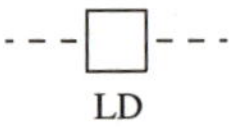

(6) MDF

(7) 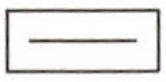

정답

(1) 분전반
(2) 방폭형 콘센트
(3) 리모컨 스위치
(4) 풀박스 및 접속상자
(5) 라이팅덕트
(6) 본 배선반
(7) 단자반

51  심벌의 명칭은?

정답

철 탑

52 다음 전기 설비에서 사용하는 그림 기호의 명칭을 쓰시오.

(1) 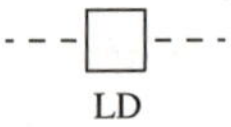

(2) 

(3) 

(4) 

(5) 

정답

(1) 라이팅덕트
(2) 풀박스 및 접속상자
(3) 리모컨 스위치
(4) 방폭형 콘센트
(5) 분전반

53 ① , ②  심벌의 명칭을 답하시오.

정답

① 플러그인 버스덕트　　② 피더버스덕트

54 심벌의 명칭을 쓰시오.

(1)

(2) 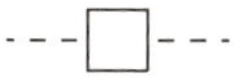

(3) MD

정답

(1) 플로어덕트　　(2) 라이팅덕트

(3) 금속덕트

55 심벌의 명칭은?

(1) 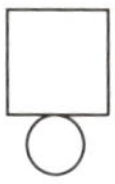

(2) MD

(3) 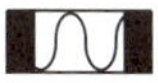

(4) 

정답

(1) 벨　　(2) 금속덕트

(3) 익스팬션 버스덕트　　(4) 플러그인 버스덕트

56 개폐기 중에서 다음 기호(심벌)가 의미하는 것은 무엇인지 모두 쓰시오.

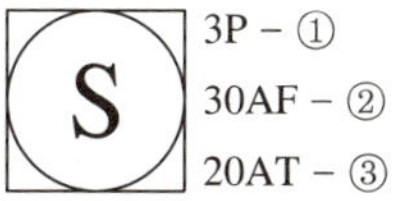

정답

① P 극수　　② AF 프레임의 크기　　③ AT 정격전류

57 다음 심벌의 명칭을 쓰시오.

(1) OCR

(2) UVR

(3) OVR

(4) GR

정답

(1) 과전류계전기
(2) 부족전압계전기
(3) 과전압계전기
(4) 지락계전기

58 다음 차단기 약호를 보고 명칭을 쓰시오.

(1) OCB
(2) ABB
(3) GCB
(4) MBB
(5) VCB
(6) ACB
(7) ELB
(8) MCCB

정답

(1) 유입차단기
(2) 공기차단기
(3) 가스차단기
(4) 자기차단기
(5) 진공차단기
(6) 기중차단기
(7) 누전차단기
(8) 배선용차단기

59 그림은 옥내 배선도의 일부를 표시한 것이다. ㉠, ㉡ 전등은 A 스위치로, ㉢, ㉣ 전등은 B 스위치로 점멸되도록 설계하고자 한다. 각 배선에 필요한 최소 전선 가닥수를 표시하시오.

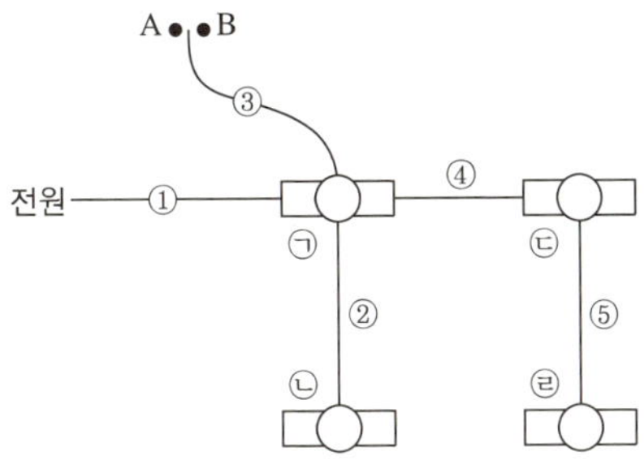

해설

문제의 조건대로 회로도 및 결선도를 그리면 다음과 같다.

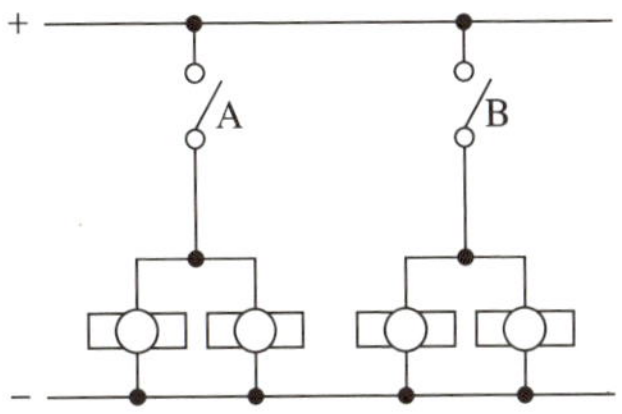

[회로도]

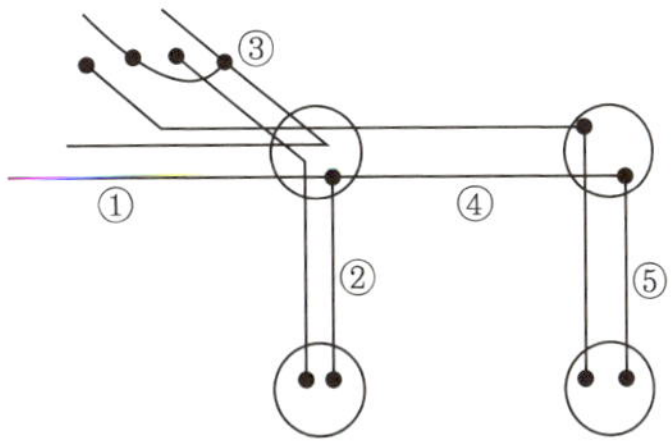

[결선도]

정답

① 

② 

③ 

④ 

⑤ 

60 다음은 교류변전소용 자동제어기구번호이다. 각 기구번호의 명칭을 쓰시오.

(1) 52C (2) 52T

정답

(1) 차단기 투입코일 (2) 차단기 트립코일

61 다음은 복도조명의 배선도이다. 물음에 답하시오.

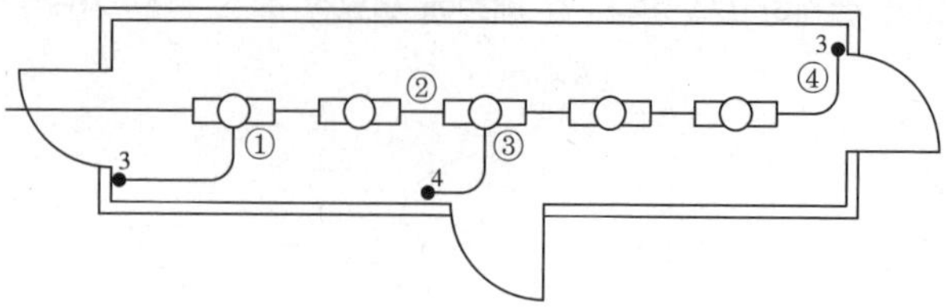

(1) ①, ②, ③, ④의 최소배선수는 얼마인지 순서대로 쓰시오(단, 접지선은 제외한다).

(2) 사용심벌(□○□, ———, $●_3$, $●_4$)의 명칭을 답하시오.

해설

(1) • 회로도

3로 2개, 4로 1개이고, 출입문이 3개소이므로 3장소에서 점멸하는 3개소 점멸이므로 회로를 그리면 다음과 같다.

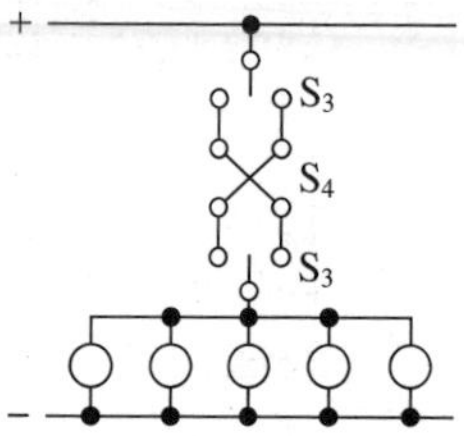

• 배선도

배관, 배선도를 그리면 다음과 같다. 편의상 형광등 심벌은 ○로 표기한다.

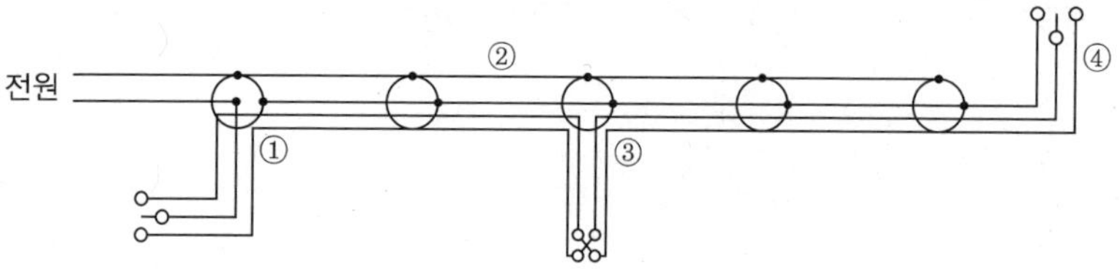

정답

(1) ① : 3가닥　　② : 4가닥
③ : 4가닥　　④ : 3가닥

(2) 형광등, 천장은폐배선, 3로 스위치, 4로 스위치

62 다음의 옥내 조명 배선도를 보고 다음 물음에 답하시오.

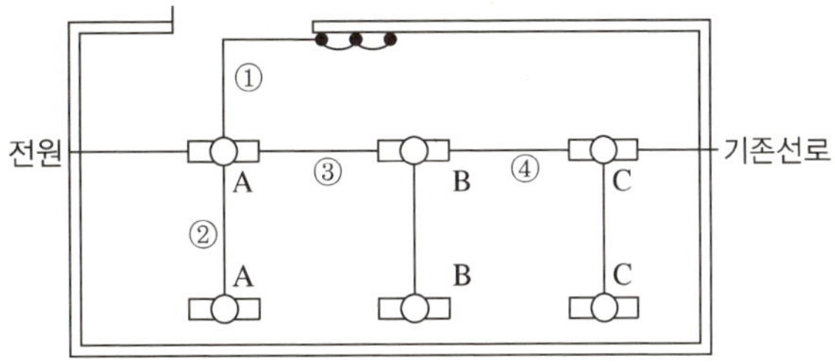

(1) 심벌()의 명칭을 순서대로 쓰시오.

(2) 배선 ①, ②, ③, ④의 가닥수를 순서대로 쓰시오. 단, 접지선은 제외한다.

해설

• 회로도(단극 스위치가 3개이므로 단극 스위치 1개에 형광등 2등씩 점멸한다)

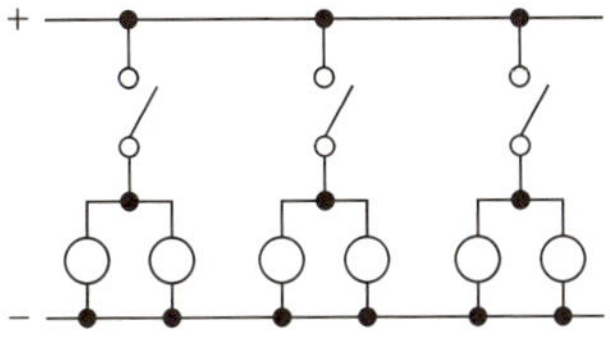

• 배선도

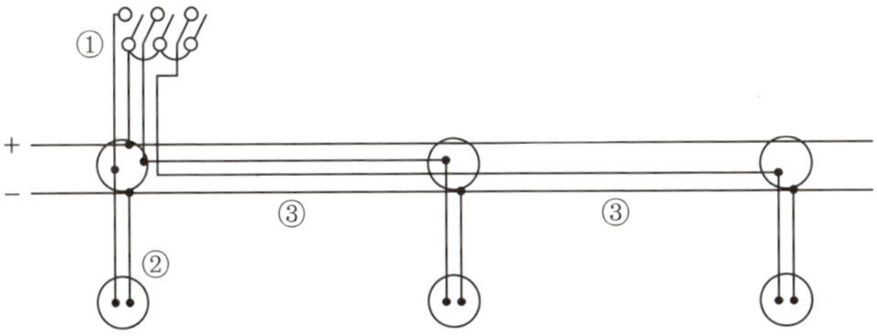

정답

(1) 형광등(1등용), 단극 스위치, 천장은폐배선

(2) ① 4가닥
② 2가닥
③ 4가닥
④ 3가닥

63 그림과 같이 전등 L_1은 3로 스위치 2개와 4로 스위치 1개를 사용하여 3개소 점멸을 할 수 있고 전등 L_2는 단극 텀블러스위치에 의해 점멸되도록 한 배선도이다. (1), (2), (3)으로 표시된 부분의 옥내 배선용 표준 심벌과 (4) 및 (5)로 표시된 곳의 최소 전선 가닥수를 표준 심벌로 표시하시오.

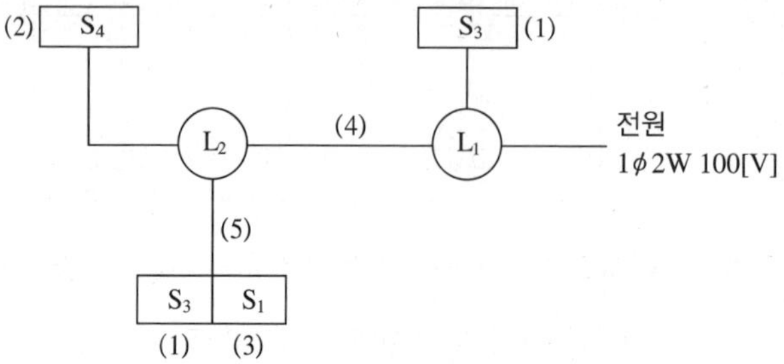

정답

(1) ●$_3$

(2) ●$_4$

(3) ●

(4) —////—

(5) —////—

64 옥내배선도에서 (가), (나), (다) 부분의 전선가닥수를 기호로 표기하시오.

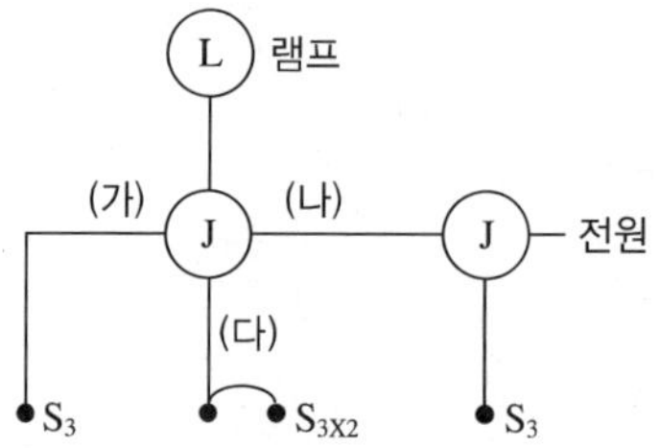

정답

(가) —///—

(나) —///—

(다) —////—

65 다음 도면을 보고 ①~④까지의 전선가닥수를 쓰시오(단, 접지선은 제외하고 최소가닥수를 기입한다).

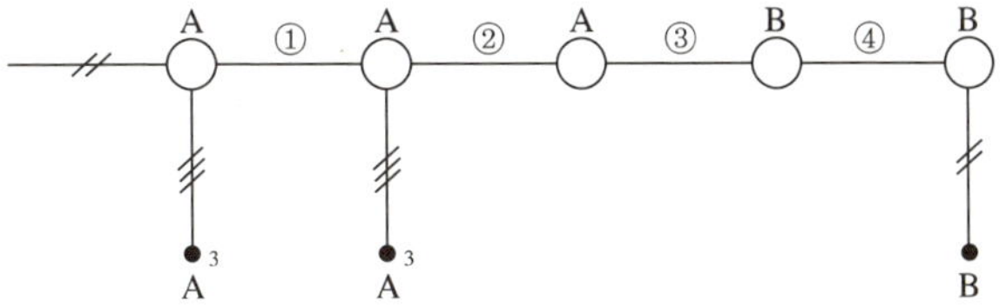

● : 단로 스위치 ●$_3$: 3로 스위치

○ : 전등기구 A, B : 점멸기호 표시이다.

정답

① 5가닥 ② 3가닥

③ 2가닥 ④ 3가닥

66 그림과 같이 외등 3등을 거실, 현관, 대문의 3장소에 각각 점멸할 수 있도록 아래 번호의 가닥수를 쓰고 각 점멸기의 기호를 그리시오.

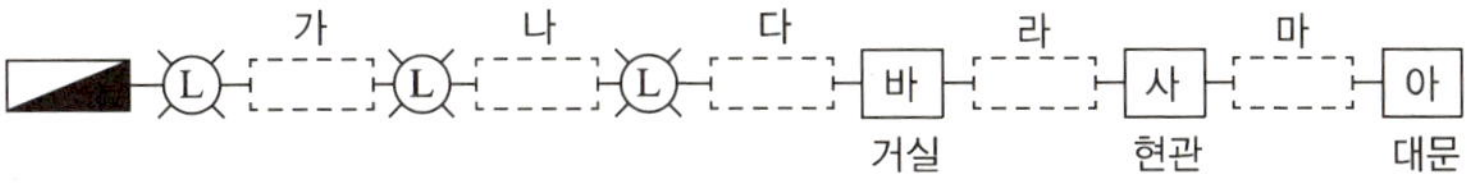

(1) 가~마까지 전선가닥수를 쓰시오.

(2) 바~아까지 점멸기의 전기기호를 그리시오.

해설

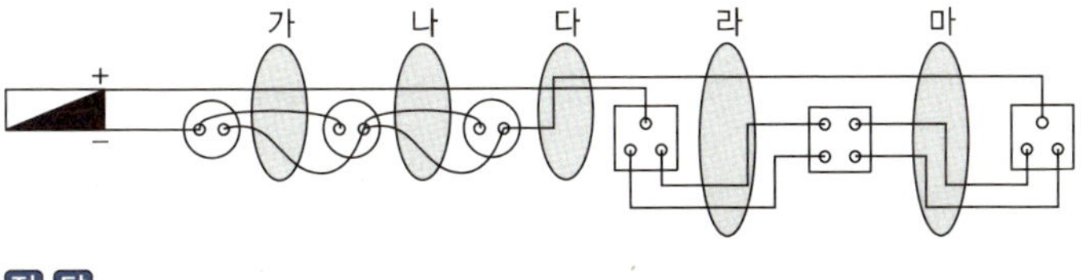

정답

(1) 가 : 3가닥 나 : 3가닥 다 : 2가닥 라 : 3가닥 마 : 3가닥

(2) 바 : ●$_3$ 사 : ●$_4$ 아 : ●$_3$

67 다음 도면을 보고 명칭을 (1)~(16)까지 쓰시오.

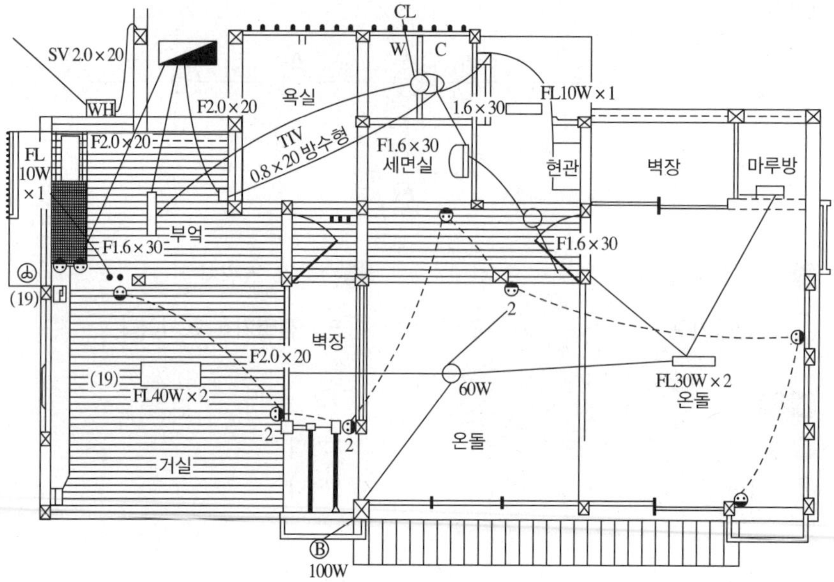

기 호	명 칭	기 호	명 칭	기 호	명 칭
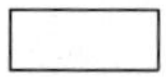	(1)		(7)	————	(13)
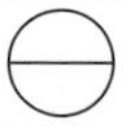	(2)	WH	(8)	- - - -	(14)
CL	(3)		(9)	●	(15)
B	(4)		(10)		(16)
	(5)		(11)		
	(6)	T	(12)		

정답

(1) 형광등
(2) 코드 펜던트
(3) 실링라이트
(4) 브래킷
(5) 환풍기
(6) 벽붙이 콘센트
(7) 분전반
(8) 전력량계(상자 매입)
(9) 누름버튼
(10) 벽붙이 누름버튼
(11) 버 저
(12) 내선전화기
(13) 천장은폐배선
(14) 바닥은폐배선
(15) 단극 스위치
(16) 전선없음

68 다음의 배선도와 결선도를 보고 물음에 답하시오.

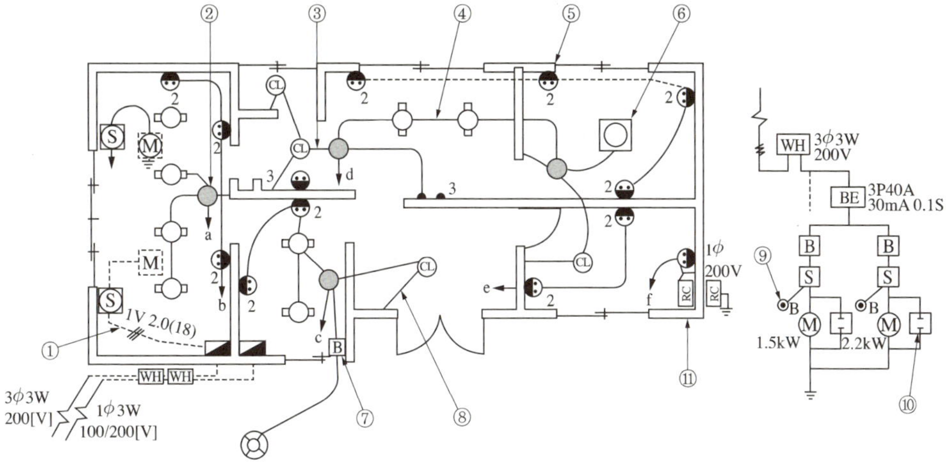

(1) ④ 부분의 배선 방법은?

(2) ②의 기기 명칭은 무엇이라 하는가?

(3) ⑩의 기기의 역할은 무엇인가?

(4) ⑦의 기기 명칭은 무엇이라 하는가?

(5) ①의 배선 방법은?

(6) ⑤의 배선기호를 보고 기기의 명칭과 취부 위치를 말하시오.

(7) ⑪의 기기 명칭은?

정답

(1) 천장은폐배선

(2) VVF용 조인트 박스

(3) 부하(전동기)의 역률 개선

(4) 배선용 차단기

(5) 바닥은폐배선(부하가 전동기이므로)

(6) • 명칭 : 2구 콘센트
 • 취부 위치 : 30[cm]

(7) 룸에어컨

69 다음 그림은 목조형 주택 및 가게의 배선도로 전기방식은 단상 3선식 220/110[V]이다. 다음 10개소 (1)~(10) 질문에 답하시오.

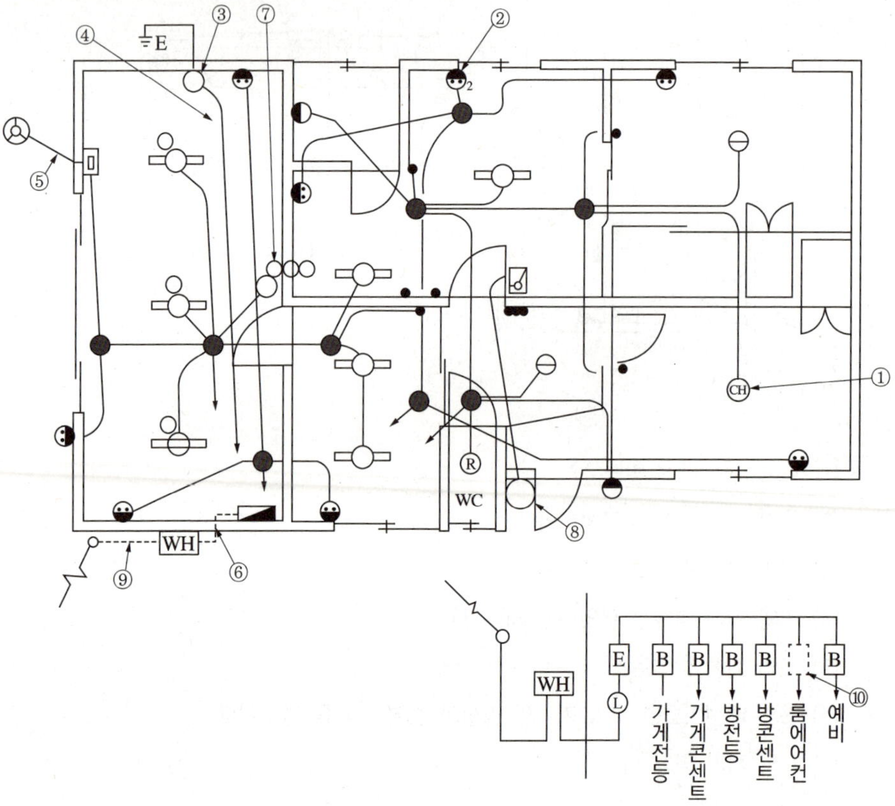

(1) ① 조명기구의 명칭은 무엇인가?

(2) ② 심벌에 방기된 2의 의미는 무엇인가?

(3) ③ 룸에어컨 심벌을 그리시오.

(4) ④ 배선의 명칭은 무엇인가?

(5) ⑤ 배선의 명칭은 무엇인가?

(6) ⑥ 부분의 명칭은 무엇인가?

(7) ⑦ 스위치용 전선의 심선수는 몇 가닥인가?

(8) ⑧ 취부해야 할 누름 스위치의 심벌을 그리시오.

(9) ⑨의 공사방법 종류는?

(10) ⑩ 부분에 취부할 수 있는 개폐기의 종류는 다음 중 어느 것인가?(단, 2극 1소자 배선용 차단기, 2극 1소자 전류제한기, 2극 2소자 배선용 차단기, 2극 2소자 전류제한기)

정답

(1) 샹들리에

(2) 2구

(3) RC

(4) 노출배선

(5) 지중매설배선

(6) 애 관

(7) 4가닥(단극 스위치 3개이므로)

(8) 

(9) 케이블공사(VVF)

(10) 2극 2소자 배선용 차단기

70 그림과 같은 배선평면도와 주어진 조건을 이용하여 다음 각 물음에 답하시오.

(1) A~F로 표시된 위치에 기구를 배치하여 배선평면도를 완성하려고 한다. 해당되는 기구의 그림 기호를 그리시오.

(2) 배선 평면도에서 ①~③의 배선가닥수는 몇 가닥인가?

(3) 도면 ④에 대한 그림기호의 명칭은 무엇인가?

(4) 본 배선평면도에 소요되는 4각 박스와 부싱은 몇 개인가?(단, 자재의 규격은 구분하지 않고 개수만 산정한다)

[조 건]
- 사용하는 전선은 모두 450/750[V] 일반용 단심 비닐절연전선 4[mm^2]이다.
- 박스는 모두 4각 박스를 사용하며 기구 1개에 박스 1개를 사용한다. 2개 연동인 경우에는 각 1개씩을 사용하는 것으로 한다.
- 전선관은 콘크리트 매입 후강금속관이다.
- 층고는 3[m]이고, 분전반의 설치 높이는 1.5[m]이다.
- 3로 스위치 이외의 스위치는 단극 스위치를 사용하며, 2개를 나란히 사용한 곳은 2개소이다.

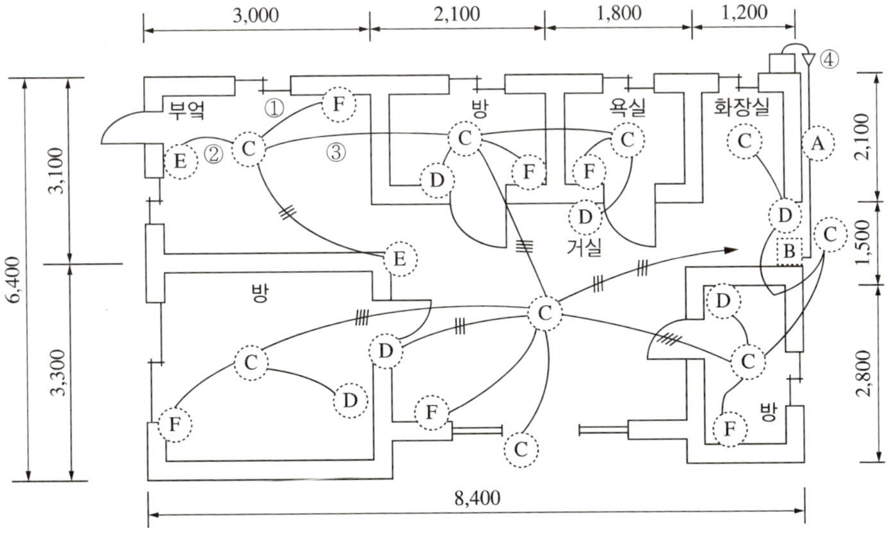

A : 전력량계, B : 분전반, C : 백열전등, D : 텀블러스위치, E : 텀블러스위치(3로), F : 15[A]콘센트

해설

(2)

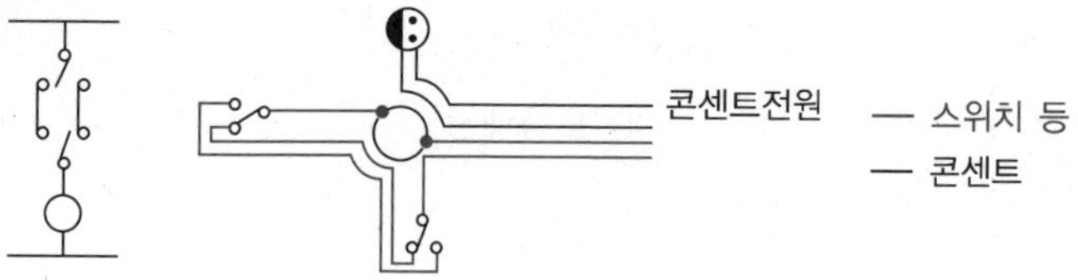

(4) 박스 : 23개 + 2개(2개 연동) = 25개

부싱 : 배관 × 2 = 23 × 2 = 46개

【참고】 로크너트 : 배관 × 4 = 23 × 4 = 92개

정답

(1) A : WH　　B : 　　C : 

D : 　　E : 　　F : 

(2) ① 2가닥

② 3가닥

③ 4가닥

(3) 케이블 헤드

(4) 박스 : 25개

부싱 : 46개

02 분기회로수

1 부하설비의 상정

수전설비의 기본계획을 인입하는 단계에서는 주요한 부하설비를 제외하고는 상세한 각 기기의 세목이 확정되어 있지 못하여 조사를 할 수가 없는 경우가 있다. 이러한 경우 부하의 세목이 전부 확정될 때까지 기다리지 말고 건물의 용도, 규모에 따라 과거의 실시 예나 유사한 곳의 실적 등을 참고하여 추정하는 방법이 있다. 이러한 경우 표1과 같이 건물의 부하밀도[W/m^2]에 그 건물의 연면적[m^2]을 곱하여 부하설비용량을 개략적으로 산출한다. 배선을 설계하기 위한 전등 및 소형 전기기계기구의 부하용량 상정은 다음과 같다.

(1) 건물의 종류에 대응한 표준부하

표1. 표준부하

건물의 종류	표준부하[VA/m^2]
공장, 공회당, 사원, 교회, 극장, 영화관, 연회장 등	10
기숙사, 여관, 호텔, 병원, 학교, 음식점, 다방, 대중 목욕탕	20
사무실, 은행, 상점, 이발소, 미장원	30
주택, 아파트	40

[비고 1] 건물의 음식점과 주택 부분의 2종류로 될 때에는 각각 그에 따른 표준부하를 사용할 것
[비고 2] 학교와 같이 건물의 일부분이 사용되는 경우에는 그 부분만을 적용한다.

(2) 건물(주택, 아파트를 제외) 중 별도 계산할 부분의 표준부하

표2. 부분적인 표준부하

건물의 부분	표준부하[VA/m^2]
복도, 계단, 세면장, 창고, 다락	5
강당, 관람석	10

(3) 표준부하에 따라 산출한 수치에 가산하여야 할 [VA]수

① 주택, 아파트(1세대마다)에 대하여는 500~1,000[VA]
② 상점의 진열창에 대하여는 진열창 폭 1[m]에 대하여 300[VA]
③ 옥외의 광고등, 전광사인, 네온사인 등의 [VA]수
④ 극장, 댄스홀 등의 무대조명, 영화관의 등의 특수 전등 부하의 [VA]수

(4) 수구의 종류에 의한 예상부하

배선설계의 부하상정은 표준부하에 의한 것이 원칙으로 되어 있으나 실제 설비되는 부하가 표준부하 이상일 경우에는 실제의 수치를 적용하고, 예상이 곤란한 점등 및 콘센트 등이 있을 경우에는 다음 표의 수치 이상으로 계산하여야 한다.

표3. 수구의 종류에 의한 예상부하

수구의 종류	예상부하[VA]
보통 전등 수구, 콘센트	150
대형 전등 수구	300

확인문제

01 단상 2선식 220[V], 28[W] × 2등용 형광등 기구 100대를 16[A]의 분기회로로 설치하려고 하는 경우 필요 회선수는 최소 몇 회로인지 구하시오(단, 형광등의 역률은 80[%]이고, 안정기의 손실은 고려하지 않으며, 1회로의 부하전류는 분기회로 용량의 80[%]이다).

해설

$$\text{분기회로수}(N) = \frac{28[\text{W}] \times 2 \times 100}{16[\text{A}] \times 220[\text{V}] \times 0.8 \times 0.8} \fallingdotseq 2.485 \text{(분기회로수 계산 시 소수점은 절상한다)}$$

정답

16[A] 분기회로수 : 3회로

02 전등, 콘센트만 사용하는 전압이 220[V]이고 총부하산정용량 12,000[VA]의 부하가 있을 시 이 부하의 분기회로수를 구하시오(단, 16[A] 분기회로로 한다).

해설

$$\text{분기회로수} = \frac{\text{상정부하 설비의 합}[\text{VA}]}{\text{전압}[\text{V}] \times \text{분기회로의 전류}[\text{A}]} = \frac{12{,}000}{220 \times 16} \fallingdotseq 3.409$$

정답

16[A] 분기회로수 : 4회로

03 단상 2선식 200[V]의 옥내배선에서 소비전력 60[W], 역률 65[%]의 형광등을 80등 설치할 때 이 시설을 16[A]의 분기회로로 하려고 한다. 이때 필요한 분기회로는 최소 몇 회선이 필요한가? (단, 한 회로의 부하전류는 분기회로 용량의 80[%]로 한다)

해설

$$\text{분기회로수} = \frac{\frac{60}{0.65} \times 80}{16[\text{A}] \times 200[\text{V}] \times 0.8} \fallingdotseq 2.884$$

정답

16[A] 분기회로수 : 3회로

04 단상 2선식 220[V] 옥내배선에서 용량 100[VA], 역률 80[%]의 형광등 50개와 소비전력 60[W]인 백열등 50개를 설치할 때 최소 분기회로수는 몇 회로인가?(단, 16[A] 분기회로로 하며, 수용률은 80[%]로 한다)

해설

(1) 형광등 유효전력 = 100×0.8×50 = 4,000[W]

형광등 무효전력 = 100×0.6×50 = 3,000[Var]

(2) 백열등 유효전력 = 60×50 = 3,000[W]

백열등 무효전력 = 0[Var]

※ 백열전등은 역률 = 1이므로 무효분 0

$$\text{피상전력} = \sqrt{(\text{형광등 유효전력} + \text{백열전등 유효전력})^2 + \text{형광등 무효전력}^2}$$

$$= \sqrt{(4{,}000+3{,}000)^2+3{,}000^2} \fallingdotseq 7{,}615.77[\text{VA}]$$

$$\text{분기회로수}(N) = \frac{7{,}615.77[\text{VA}]\times 0.8}{220[\text{V}]\times 16[\text{A}]} \fallingdotseq 1.7308$$

※ 설비용량에 수용률이 80[%]이므로 곱, 만약 여유계수 80[%]면 나누기

정답

16[A] 분기회로 : 2회로

05 다음의 그림과 같은 평면의 건물에 대한 배선설계를 하기 위하여 주어진 조건을 이용하여 분기회로수를 결정하시오.

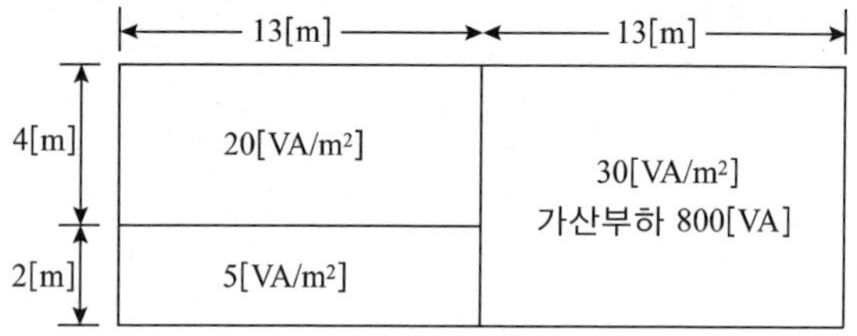

배전전압은 220[V], 16[A] 분기회로이다.

해설

$$\text{부하설비용량} = [\text{VA/m}^2]\times[\text{m}^2] = [\text{VA}]$$

$$\text{분기회로수} = \frac{\text{부하설비용량}[\text{VA}]}{\text{사용전압}[\text{V}]\times\text{분기회로수 전류}[\text{A}]}$$

$$= \frac{20\times4\times13+2\times13\times5+6\times13\times30+800}{220\times16} \fallingdotseq 1.224$$

정답

16[A] 분기회로 : 2회로

06 2층 건물의 평면도와 조건을 이용하여 각 물음에 답하시오(단, 룸에어컨은 별도로 분기한다)

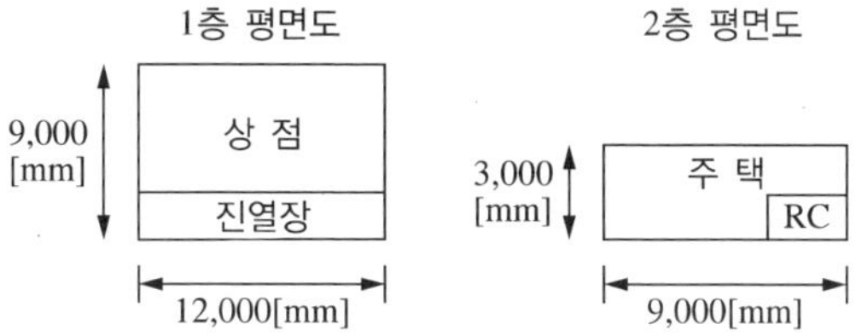

[조 건]

- 분기회로는 배전전압 220[V], 16[A]로 하고 80[%]의 정격이 되도록 한다.
- 주택의 표준부하는 40[VA/m^2], 상점의 표준부하는 30[VA/m^2]로 하되 1층, 2층 분리하여 분기회로수를 결정한다.
- 상점과 주거용에는 각각 1,000[VA]를 가산하여 적용한다.
- 상점의 진열장에 대해서는 1[m]당 300[VA]를 적용한다.
- 옥외 광고등은 500[VA] 한 등이 상점에 설치되어 있다.

(1) 상점의 분기회로수를 구하시오.

(2) 주택의 분기회로수를 구하시오.

해설

(1) 설비용량 = 12[m] × 9[m] × 30[VA/m^2] + 1,000[VA] + 12[m] × 300[VA/m] + 500[VA]
= 8,340[VA]

$$\text{분기회로수} = \frac{8{,}340[VA]}{220[V]\times 16[A]\times 0.8} = 2.961 \quad \therefore \ 3\text{회로}$$

(2) 설비용량 = 3[m] × 9[m] × 40[VA/m^2] + 1,000[VA] = 2,080[VA]

$$\text{분기회로수} = \frac{2{,}080[VA]}{220[V]\times 16[A]\times 0.8} = 0.738 \quad \therefore \ 1\text{회로}$$

룸에어컨 : 1회로

정답

(1) 16[A] 분기회로 3회로

(2) 16[A] 분기회로 2회로

07 그림에 제시된 건물의 표준부하표를 보고 건물단면도의 분기회로수를 산출하시오(단, ① 사용전압은 220[V]로 하고 룸에어컨은 별도 회로로 한다. ② 가산해야 할 [VA]수는 표에 제시된 값 범위 내에서 큰 값을 적용한다. ③ 부하의 상정은 표준부하법에 의해 설비 부하용량을 산출한다).

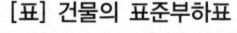

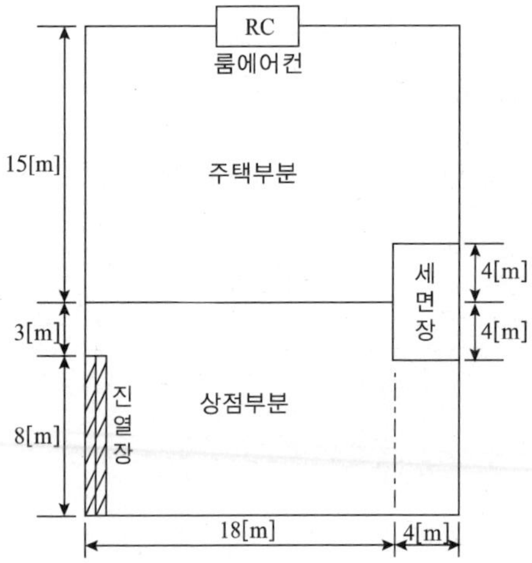

건물 단면도

[표] 건물의 표준부하표

	건물의 종류	표준부하 [VA/m²]
A	공장, 공회당, 사원, 교회, 극장, 연회장 등	10
	기숙사, 여관, 호텔, 병원, 학교, 음식점, 다방, 대중목욕탕 등	20
	주택, 아파트, 사무실, 은행, 상점, 이용소, 미장원	30
B	복도, 계단, 세면장, 창고, 다락	5
	강당, 관람석	10
C	주택, 아파트(1세대마다)에 대하여	500~1,000 [VA]
	상점의 진열장은 폭 1[m]에 대하여	300[VA]
	옥외의 광고등, 광전사인, 네온사인등	실 [VA]수
	극장, 댄스홀 등의 무대조명, 영화관의 특수 전등부하	실 [VA]수

단, A : 주건축물의 바닥면적[m^2], B : 건축물의 부분의 바닥면적[m^2], C : 가산해야 할 [VA]수임

해설

주택 = {(26×22)−(4×8)}×30 = 16,200

세면장 = 4×8×5 = 160

진열장 = 8×300 = 2,400

가산부하 = 1,000 (※ 가산부하는 조건이 없으면 최대치 적용)

상정부하 = 16,200+160+2,400+1,000 = 19,760

분기회로수 = $\frac{19,760[VA]}{220[V]\times 16[A]}$ ≒ 5.613 ∴ 6회로

룸에어컨 : 1회로

※ 주택, 아파트의 표준부하는 40[VA/m^2]으로 변경되었으나 문제에 값이 주어지면 주어진 값으로 문제를 풀어야 한다. 여기서는 주어진 표를 참고하여 계산한다.

정답

7회로

03 전선의 굵기

1 전기방식별 전선의 굵기 계산

$1\phi 2W \ A = \dfrac{35.6LI}{1,000e}$

$3\phi 3W \ A = \dfrac{30.8LI}{1,000e}$

$\begin{matrix} 3\phi 4W \\ 1\phi 3W \end{matrix} \ A = \dfrac{17.8LI}{1,000e}$

여기서, A : 단면적[mm^2]

L : 길이[m]

I : 전류[A]

e : 전압강하[V]

예

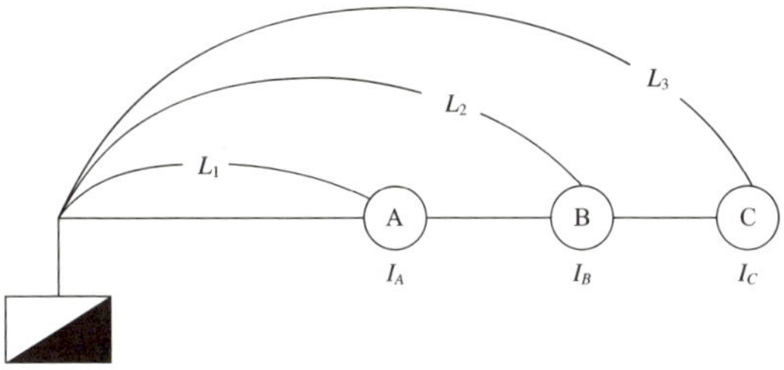

$$L = \frac{L_1 I_A + L_2 I_B + L_3 I_C + \cdots}{I_A + I_B + I_C + \cdots}$$

※ KEC 규격 단면적

1.5 2.5 4 6 10 16 25 35 50 70 95 120 150 185 240[mm^2]

2 전압강하 및 전선의 단면적 계산

[조 건]

- 교류의 경우 역률 : $\cos\theta = 1$
- 각 상 부하평형
- 전선의 도전율 : 97[%]

[전압강하 계산]

단상 3선식, 직류 3선식, 3상 4선식의 경우 전압강하 e_1

$$e_1 = IR = I \times \rho \frac{L}{A} = I \times \frac{1}{58} \times \frac{100}{C} \times \frac{L}{A}$$

$$= I \times \frac{1}{58} \times \frac{100}{97} \times \frac{L}{A} \fallingdotseq 0.0178 \times \frac{LI}{A}$$

$$= \frac{17.8LI}{1,000A}$$

3 전선의 길이에 따른 전압강하

전선길이 60[m]를 초과하는 경우의 전압강하

공급 변압기의 2차 측 단자 또는 인입선 접속점에서 최원단 부하에 이르는 사이의 전선 길이	전압강하[%]	
	사용장소 안에 시설한 전용 변압기에서 공급하는 경우	전기사업자로부터 저압으로 전기를 공급받는 경우
120[m] 이하	5 이하	4 이하
120[m] 초과 200[m] 이하	6 이하	5 이하
200[m] 초과	7 이하	6 이하

확인문제

01 3상 4선식 교류 380[V], 15[kVA] 3상 부하가 변전실 배전반 전용 변압기에서 190[m] 떨어져 설치되어 있다. 이 경우 간선 케이블의 최소 굵기를 계산하고 케이블은 선정하시오(단, 케이블 규격은 IEC에 의한다).

[전선길이 60[m]를 초과하는 경우의 전압강하]

공급 변압기의 2차 측 단자 또는 인입선 접속점에서 최원단 부하에 이르는 사이의 전선 길이	전압강하[%]	
	사용 장소 안에 시설한 전용 변압기에서 공급하는 경우	전기사업자로부터 저압으로 전기를 공급받는 경우
120[m] 이하	5 이하	4 이하
120[m] 초과 200[m] 이하	6 이하	5 이하
200[m] 초과	7 이하	6 이하

해설

$$I = \frac{P_a}{\sqrt{3}\,V} = \frac{15 \times 10^3}{\sqrt{3} \times 380} \fallingdotseq 22.79[\mathrm{A}]$$

$$A = \frac{17.8LI}{1{,}000e} = \frac{17.8 \times 190 \times 22.79}{1{,}000 \times 220 \times 0.06} \fallingdotseq 5.839$$

※ $3\phi 4W$식의 대지전압이 220[V]이므로 $e = 220 \times 0.06$

정답

6[mm^2]

02 분전반에서 30[m]인 거리에 5[kW]의 단상 교류 200[V]의 전열기용 아웃렛을 설치하여 그 전압강하를 4[V] 이하가 되도록 하려고 한다. 배선방법을 금속관공사로 한다고 할 때 여기에 필요한 전선의 굵기를 계산하고, 실제 사용되는 전선의 굵기를 정하시오.

해설

$$I = \frac{5{,}000}{200} = 25[\mathrm{A}]$$

$$A = \frac{35.6LI}{1{,}000e} = \frac{35.6 \times 30 \times 25}{1{,}000 \times 4} = 6.68[\mathrm{mm}^2]$$

$\therefore$ 10[mm^2]

정답

10[mm^2]

03 제조공장의 부하목록을 이용하여 부하중심위치$(X,\ Y)$를 구하시오(단, X는 X축 좌표, Y는 Y축 좌표를 의미한다. 주어지지 않은 조건은 무시한다).

[부하목록]

	분류	소비전력량	위치(X)	위치(Y)
1	물류저장소	120[kWh]	40[m]	40[m]
2	생산라인	320[kWh]	60[m]	120[m]
3	유틸리티	60[kWh]	90[m]	30[m]
4	사무실	20[kWh]	90[m]	90[m]

해설

$W = Pt[\text{kWh}]$

$3\phi\ P = \sqrt{3}\,VI\cos\theta$
$1\phi\ P = VI\cos\theta$ 에서 $P \propto I$이므로 소비전력량을 전류로 해석해서 계산한다.

$$l_X = \frac{I_1 l_1 + I_2 l_2 + I_3 l_3 + I_4 l_4}{I_1 + I_2 + I_3 + I_4} = \frac{120\times 40 + 320\times 60 + 60\times 90 + 20\times 90}{120+320+60+20} = 60[\text{m}]$$

$$l_Y = \frac{120\times 40 + 320\times 120 + 60\times 30 + 20\times 90}{120+320+60+20} = 90[\text{m}]$$

정답

(60, 90)

04 다음 그림과 같은 $1\phi 2\text{W}$ 분기회로의 전선 굵기를 공칭단면적으로 산정하시오(단, 전압강하는 2[V] 이하이고, 배선방식은 교류 200[V]이다).

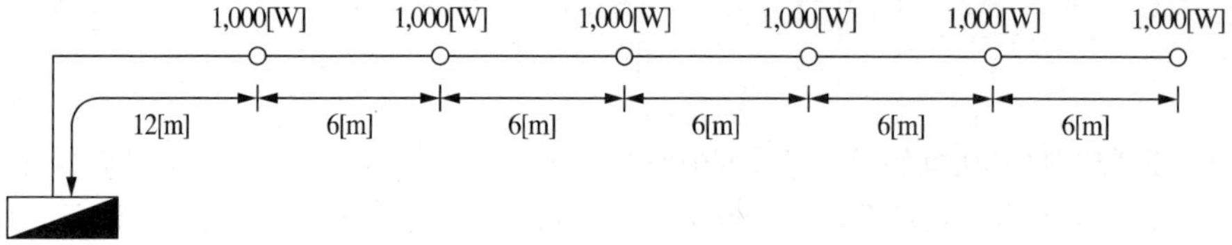

해설

$$I = \frac{P}{V} = \frac{1{,}000}{200} = 5[\text{A}]$$

$$\text{부하중심점 } L = \frac{I_1 l_1 + I_2 l_2 + \cdots}{I_1 + I_2 + \cdots} = \frac{5\times 12 + 5\times 18 + 5\times 24 + 5\times 30 + 5\times 36 + 5\times 42}{5+5+5+5+5+5} = 27[\text{m}]$$

$$A = \frac{35.6LI}{1{,}000e} = \frac{35.6\times 27\times 5\times 6}{1{,}000\times 2} \fallingdotseq 14.42[\text{mm}^2]$$

$\therefore\ 16[\text{mm}^2]$

정답 $16[\text{mm}^2]$

05 전원 측 전압이 380[V]인 3상 3선식 옥내배선이 있다. 그림과 같이 250[m] 떨어진 곳에서부터 10[m] 간격으로 용량 5[kVA]의 3상 동력을 5대 설치하려고 한다. 부하 끝부분까지의 전압강하를 5[%] 이하로 유지하려면 동력선의 단면적을 구하시오(단, 전선으로는 도전율이 97[%]인 비닐 절연동선을 사용하여 금속관 내에 설치하여 부하 끝부분까지 동일한 굵기의 전선을 사용한다).

[도 면]

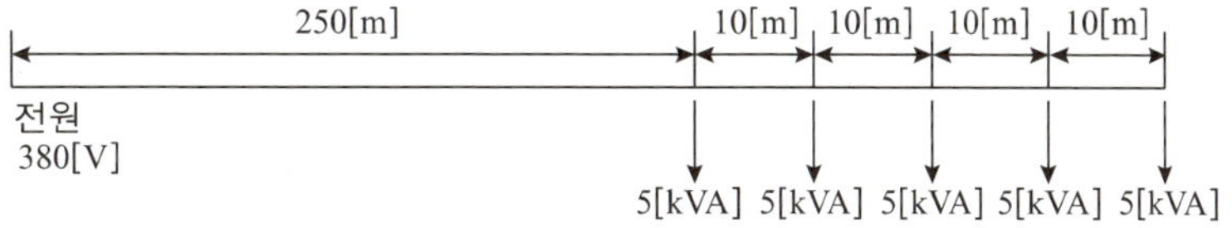

해설

$I = \dfrac{5 \times 10^3}{\sqrt{3} \times 380} \fallingdotseq 7.6[A]$

부하중심의 길이 $L = \dfrac{250 \times 7.6 + 260 \times 7.6 + 270 \times 7.6 + 280 \times 7.6 + 290 \times 7.6}{7.6 + 7.6 + 7.6 + 7.6 + 7.6} = 270[m]$

전 전류 $I = 7.6 \times 5 = 38[A]$, $e = 380 \times 0.05 = 19[V]$

$e = \sqrt{3} IR$

$19 = \sqrt{3} \times 38 \times R$

$R \fallingdotseq 0.2887$

$A = \rho \dfrac{l}{R} = \dfrac{1}{58} \times \dfrac{100}{97} \times \dfrac{270}{0.2887} = 16.62$

정답 $25[mm^2]$

06

송전단 전압이 3,300[V]인 변전소로부터 6[km] 떨어진 곳까지 지중으로 역률 0.9(지상) 600[kW]의 3상 동력부하에 전력을 공급할 때 케이블의 허용전류(또는 안전전류) 범위 내에서 전압강하가 10[%]를 초과하지 않는 케이블을 다음 표에서 선정하시오(단, 도체(동선)의 고유저항은 1/55[$\Omega \cdot mm^2/m$]로 하고 케이블의 정전용량 및 리액턴스 등은 무시한다).

심선의 굵기[mm^2]					
50	70	95	120	150	185

해설

$$\delta = \frac{V_s - V_r}{V_r} \times 100$$

$$10 = \frac{3{,}300 - V_r}{V_r} \times 100$$

$$V_r = 3{,}000$$

$$e = V_s - V_r = 300\,[\mathrm{V}]$$

$$I = \frac{P}{\sqrt{3}\,V_r \cos\theta} = \frac{600 \times 10^3}{\sqrt{3} \times 3{,}000 \times 0.9} \fallingdotseq 128.3\,[\mathrm{A}]$$

리액턴스는 무시하므로 $e = \sqrt{3}\,IR\cos\theta$에서

$$R = \frac{300}{\sqrt{3} \times 128.3 \times 0.9} = 1.5\,[\Omega]$$

$R = \rho \dfrac{l}{A}$ 에서

$$A = \rho \frac{l}{R} = \frac{1}{55} \times \frac{6 \times 10^3}{1.5} \fallingdotseq 72.727\,[\mathrm{mm}^2]$$

정답

$95\,[\mathrm{mm}^2]$

07 선로의 길이가 30[km]인 3ϕ3W 2회선 송전선로가 있다. 수전단 전압 30[kV], 부하 6,000[kW], 역률 0.8(지상)일 때 전력손실 10[%] 초과하지 않도록 전선의 굵기를 선정하시오(단, 도체(동선)의 고유저항 1/55[Ω·mm²/m]이고 단면적은 1.5, 2.5, 4, 6, 10, 16, 25, 35, 50, 70, 95[mm²]이다).

해설

$$P_l = 3I^2R = 3I^2\rho\frac{l}{A} \text{ 에서 } A = \frac{3I^2\rho l}{P_l} = \frac{3\times 72.17^2 \times \frac{1}{55}\times 30\times 10^3}{300\times 10^3} \fallingdotseq 28.41$$

$$P_l = 6{,}000\times\frac{1}{2}\times 0.1 = 300[\text{kW}]$$

$$I = \frac{P}{\sqrt{3}\,V\cos\theta} = \frac{3{,}000\times 10^3}{\sqrt{3}\times 30\times 10^3\times 0.8} \fallingdotseq 72.17[\text{A}]$$

(2회선 6,000[kW]이므로 1회선은 3,000[kW])

$\therefore$ 35[mm²]

정답

35[mm²]

08 다음의 표에서 금속관 부품의 특징에 해당하는 부품명을 쓰시오.

부품명	특 징
①	전선관공사에 있어 전등 기구나 점멸기 또는 콘센트의 고정, 접속함으로 사용되며 4각 및 8각이 있다.
②	매입형의 스위치나 콘센트를 고정하는 데 사용되며 1개용, 2개용, 3개용 등이 있다.
③	금속관을 아웃렛 박스의 녹아웃에 취부할 때 녹아웃의 구멍이 관의 구멍보다 클 때 사용된다.
④	배관의 직각 굴곡에 사용하며 양단에 나사가 나있어 관과의 접속에는 커플링을 사용한다.
⑤	노출 배관에서 금속관을 조영재에 고정시키는 데 사용되며 합성수지전선관, 가요전선관, 케이블공사에도 사용된다.
⑥	금속관 상호 접속 또는 관과 노멀밴드와의 접속에 사용되며 내면에 나사가 나있으며 관의 양측을 돌리어 사용할 수 없는 경우 유니언 커플링을 사용한다.
⑦	전선 관단에 끼우고 전선을 넣거나 빼는 데 있어서 전선의 피복을 보호하여 전선이 손상되지 않게 하는 것으로 금속제와 합성수지제의 2종류가 있다.
⑧	관과 박스를 접속할 경우 파이프 나사를 죄어 고정시키는 데 사용되며 6각형과 기어형이 있다.

정답

① 아웃렛 박스(Outlet Box)
② 스위치 박스(Switch Box)
③ 링 리듀서(Ring Reducer)
④ 노멀밴드(Normal Band)
⑤ 새들(Saddle)
⑥ 커플링(Coupling)
⑦ 부싱(Bushing)
⑧ 로크너트(Lock Nut)

09 금속관배선의 교류회로에서 1회로의 전선 전부를 동일 관 내에 넣는 것을 원칙으로 하는데 그 이유는 무엇인가?

정답

전자적 불평형을 방지하기 위하여

10 풀 박스(Pull Box)와 정크션 박스(Joint Box)의 용도를 쓰시오.

(1) 풀 박스(Pull Box)

(2) 정크션 박스(Joint Box)

정답

(1) 풀 박스(Pull Box) : 전선의 통과를 용이하게 하기 위하여 배관의 도중에 설치

(2) 정크션 박스(Joint Box) : 전선 상호 간의 접속 시 접속 부분이 외부로 노출되지 않도록 하기 위해 설치

11 사용전압이 400[V] 이상인 저압 옥내배선의 기능 여부를 시설장소에 따라 답안지 표의 빈칸에 ○, ×로 표시하시오(단, ○는 시설 가능장소, ×는 시설 불가능장소를 의미한다).

배선방법	노출장소		은폐장소				옥측 배선	
			점검 가능		점검 불가능			
합성수지관공사	건조한 장소	습기가 많은 장소	건조한 장소	습기가 많은 장소	건조한 장소	습기가 많은 장소	우선 내	우선 외
	(①)	(②)	○	(③)	(④)	(⑤)	○	(⑥)

해설

배선방법	노출장소		은폐장소				옥측 배선	
			점검 가능		점검 불가능			
합성수지관공사	건조한 장소	습기가 많은 장소	건조한 장소	습기가 많은 장소	건조한 장소	습기가 많은 장소	우선 내	우선 외
	○	○	○	○	○	○	○	○
금속관공사	○	○	○	○	○	○	○	○

정답

① ○　　② ○

③ ○　　④ ○

⑤ ○　　⑥ ○

12 금속덕트에 넣는 저압 전선의 단면적(전선의 피복 절연물을 포함)은 금속 덕트 내부 단면적의 몇 [%] 이하가 되도록 해야 하는가?

정답

20[%]

13 설비에서 사용되는 다음 용어의 정의를 쓰시오.

(1) 간 선

(2) 단락전류

(3) 사용전압

(4) 분기회로

정답

(1) 간선 : 인입구에서 분기과전류차단기에 이르는 배선으로서 분기회로의 분기점에서 전원측의 부분을 말한다.

(2) 단락전류 : 전로의 선간이 임피던스가 적은 상태로 접촉되었을 경우에 그 부분을 통하여 흐르는 대전류를 말한다.

(3) 사용전압 : 보통의 사용상태에서 그 회로에 가하여지는 선간전압을 말한다.

(4) 분기회로 : 간선에서 분기하여 분기과전류차단기를 거쳐서 부하에 이르는 사이의 배선을 말한다.

CHAPTER 02 기사단답

01 변압기

1 변압기용량 설계

(1) 수용률[%] = $\frac{\text{최대수요전력[kW]}}{\text{설비용량[kW]}} \times 100[\%]$

① 최대수요전력[kW]=설비용량[kW]×수용률

② 의미 : 설비용량에 대한 최대전력의 비를 백분율로 나타낸 값

(2) 부하율[%] = $\frac{\text{평균전력[kW]}}{\text{최대전력[kW]}} \times 100[\%] = \frac{\text{사용전력량[kWh]/시간[h]}}{\text{최대전력[kW]}} \times 100[\%]$

① 설명 : 최대전력에 대한 평균전력의 비를 백분율로 나타낸 값

② 정의 : 설비이용률과 부하변동에 의해 나타낸 값

③ 개선방법

- 실가동률을 높인다.
- 부하변동을 줄인다.

※ 최대전력손실량[kWh]=최대전력손실[kW]×시간[h]×손실계수

$$W_{l_m} = P_{l_m} \times T \times H = 3I_m^2 R \times T \times H$$

$H = \alpha F + (1-\alpha)F^2$ (여기서, α : 계수)

(3) 부등률 = $\frac{\text{개별 수요 최대전력의 합[kW]}}{\text{합성최대전력[kW]}} \geq 1$

① 설명 : 합성최대전력에 대한 개별 수요 최대전력의 합의 비

② 정의 : 전력소비기기를 동시에 사용하는 정도

③ 의미 : 변압기용량이 크다.

(4) 변압기용량 계산 = $\frac{\text{개별 수요 최대전력의 합[kW]}}{\text{부등률} \times \cos\theta \times \text{효율}}$

※ 정격(규격)용량 = 5, 10, 15, 20, 30, 50, 75, 100[kVA]

(5) 결 선

① Y − △

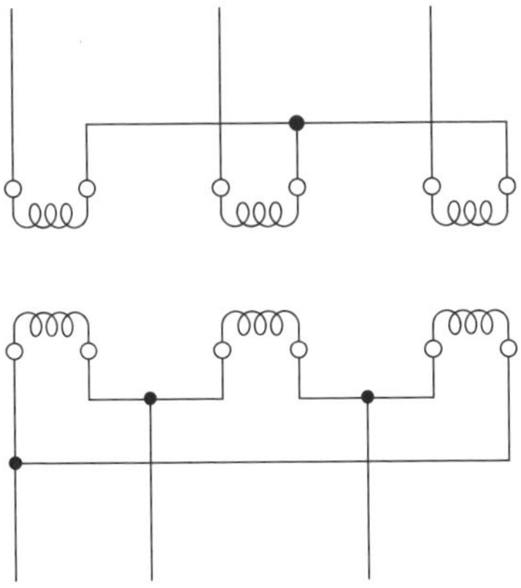

② 1ϕ3W

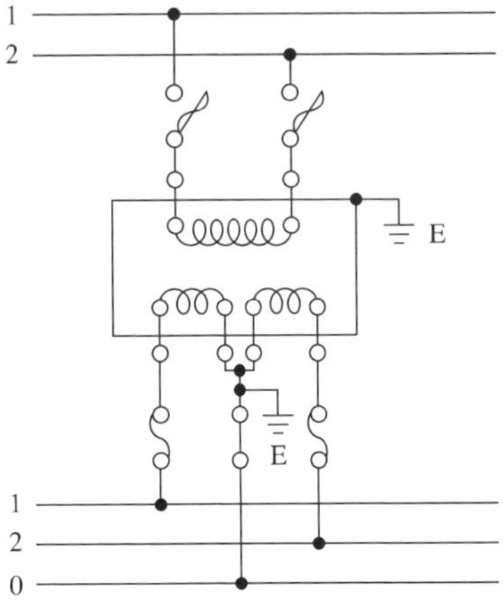

③ 3ϕ4W(V − V 결선)

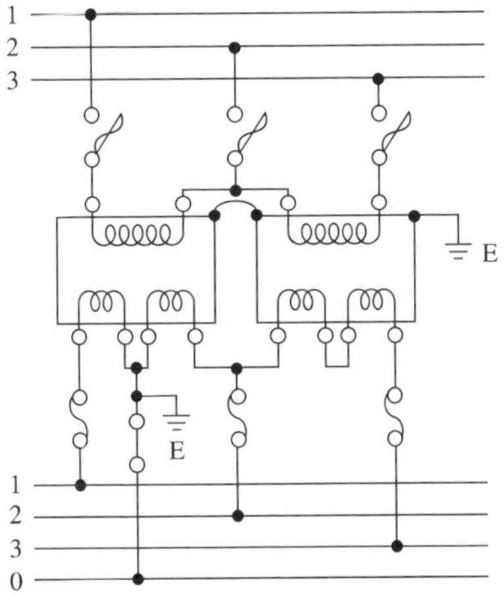

④ 역 V결선

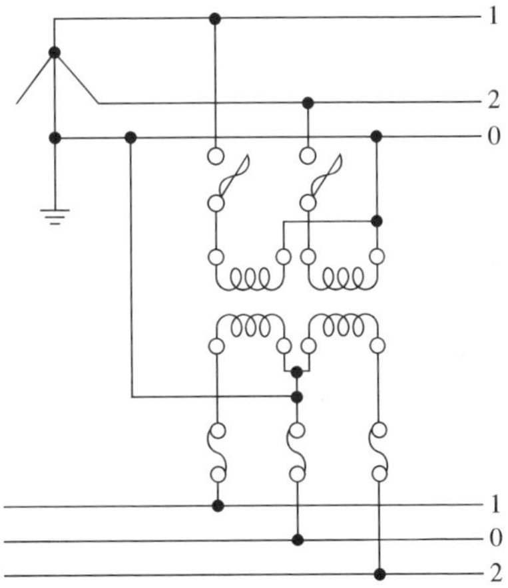

⑤ 스코트 결선

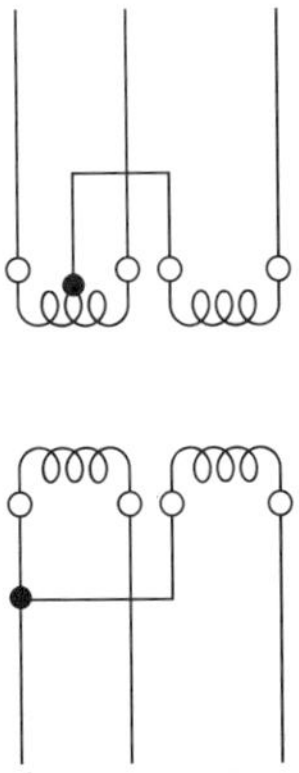

(6) 전일효율

$$\eta = \frac{P'}{P' + P_i' + P_C'} \times 100$$

여기서, P' 24시간 출력 : $mP_a \cos\theta\, T$[kWh]

P_i' 24시간 철손 : $24P_i$[kWh]

P_C' 24시간 동손 : $m^2 P_C T$[kWh]

※ 변압기 최대효율 $P_i = m^2 P_C$

(7) 변압기 결선의 장단점

① 3상 3선식 $\Delta - \Delta$ 결선

㉠ 장 점

- 제3고조파 전류가 Δ 결선 내에서 순환해 기전력 파형의 왜곡이 없다.
- 1대 고장 시 2대로 V결선 운전할 수 있다.
- 선전류가 상전류의 $\sqrt{3}$ 배여서 대전류에 유용하다.

㉡ 단 점

- 중성선 접지가 안 돼 지락사고 검출이 안 된다.
- 지락사고 시 대지전위 상승이 크다.
- 변압기의 권수비가 다를 경우 Δ 결선 내에 순환전류가 생긴다.
- 각 상의 임피던스가 다르면 부하가 평형이어도 변압기 부하는 불평형이다.

② 3상 4선식 Y-Y결선

㉠ 장 점

- 1선 지락사고 시 대지전압 상승이 거의 없다.
- 1선 지락사고 시 보호계전기의 동작이 확실하다.
- 변압기의 단절연이 가능해 변압기 중량과 비용이 절감된다.
- 개폐서지(아크 발생)를 낮출 수 있어 피뢰기 책무가 준다.

㉡ 단 점

- 지락사고 시 통신선의 유도장해가 크다.
- 지락전류가 크기 때문에 기기에 가해지는 충격과 부담이 크다.
- 계통사고의 70~80[%]가 지락사고이므로 보호장치의 잦은 동작은 기기의 수명을 단축시킨다.
- 지락전류는 저역률의 대전류이므로 계통 안정도가 낮다.

③ V-V결선

㉠ 장 점

$\Delta - \Delta$ 결선으로 공급 중 1대 변압기 고장 시 2대 변압기로 3상 공급을 할 수 있다.

㉡ 단 점

- 이용률이 3상 결선 때보다 86.6[%]로 떨어진다.
- 출력률은 3상 출력에 비해 57.7[%]로 떨어진다.
- V결선 두 단자전압이 불평형이고, 용량이 크면 클수록 불평형 정도가 커진다.

(8) 변압기 병렬운전

① 조 건

㉠ 극성이 같을 것 → 같지 않으면 큰 순환전류가 흘러 과열 소손된다.

㉡ 내부저항과 리액턴스비가 같을 것 → 같지 않으면 각 변압기의 전류값에 위상차가 생긴다.

㉢ $\%Z$ 강하비가 같을 것 → 같지 않으면 용량에 비례하여 부하분담을 하지 못하게 된다.

㉣ 권수비가 같을 것 → 같지 않으면 무효순환전류가 흘러 전선이 과열 소손된다.

※ 3ϕ 변압기 병렬운전 조건

위 4가지 조건에 다음 사항을 추가한다.

- 상회전 방향이 같을 것
- 위상 변위가 같을 것

② $\Delta-\Delta$와 $\Delta-\mathrm{Y}$ 병렬운전을 할 수 없는 이유

2차 전압에 30° 위상차가 생기므로, 큰 순환전류가 흘러 과열 소손된다.

③ 병렬운전이 불가능한 결선의 경우(4가지)

㉠ $\Delta-\Delta$와 $\Delta-\mathrm{Y}$

㉡ $\Delta-\Delta$와 $\mathrm{Y}-\Delta$

㉢ $\Delta-\mathrm{Y}$와 $\Delta-\Delta$

㉣ $\mathrm{Y}-\Delta$와 $\Delta-\Delta$

※ Y결선을 홀수로 결선했을 시 불가능하다.

(9) 변압기의 효율을 저하하는 경우

① 부하역률이 저하되는 경우

② 경부하 운전하는 경우

③ 부하변동이 심한 경우

(10) 결선에 따른 단권 변압기 용량

① 단상 결선

$$\frac{\text{자기용량}}{\text{부하용량}}=\frac{V_H-V_L}{V_H}$$

② Y결선

$$\frac{\text{자기용량}}{\text{부하용량}}=\frac{V_H-V_L}{V_H}$$

③ △결선

$$\frac{\text{자기용량}}{\text{부하용량}}=\frac{1}{\sqrt{3}}\left(\frac{V_H^2-V_L^2}{V_HV_L}\right)$$

④ V결선

$$\frac{\text{자기용량}}{\text{부하용량}}=\frac{2}{\sqrt{3}}\left(\frac{V_H-V_L}{V_H}\right)$$

[확인문제]

01 **대용량의 변압기 내부고장을 보호할 수 있는 보호장치 5가지만 쓰시오.**

정답

- 비율차동계전기
- 과전류계전기
- 온도계전기
- 부흐홀츠계전기
- 압력계전기

02 **특고압용 변압기의 내부고장 검출방법에 대한 다음 물음에 답하시오.**

(1) 전기적인 고장 검출장치 1가지를 쓰시오.

(2) 기계적인 고장 검출장치 2가지를 쓰시오.

정답

(1) 비율차동계전기

(2) • 부흐홀츠계전기
   • 충격압력계전기

03 **유입변압기와 비교한 몰드변압기의 장점 5가지를 쓰시오.**

정답

- 소형 경량화할 수 있다.
- 습기, 가스, 염분 및 소손 등에 대해 안정하다.
- 코로나 특성 및 임펄스 강도가 높다.
- 자기 소화성이 우수하므로 화재의 염려가 없다.
- 보수 및 점검이 용이하다.

04 옥외용 변전소 내의 변압기 사고라고 생각할 수 있는 사고의 종류 5가지만 쓰시오.

해설

- 권선의 상간단락 및 층간단락
- 권선과 철심 간의 절연파괴에 의한 지락사고
- 고저압 권선의 혼촉
- 권선의 단선
- Bushing Lead 선의 절연파괴
- 지속적 과부하 등에 의한 과열 사고

정답

- 권선의 상간단락 및 층간단락
- 권선과 철심 간의 절연파괴에 의한 지락사고
- 고저압 권선의 혼촉
- 권선의 단선
- Bushing Lead 선의 절연파괴

05 아몰퍼스변압기의 장점 3가지와 단점 3가지를 쓰시오.

정답

[장 점]

- 철손과 여자전류가 매우 적다.
- 전기저항이 높다.
- 결정 자기이방성이 없다.

[단 점]

- 포화자속 밀도가 낮다.
- 점적률이 나쁘다.
- 압축응력이 가해지면 특성이 저하된다.

06 단상 변압기의 병렬 운전 조건 4가지를 쓰고, 이들 각각에 대하여 조건이 맞지 않을 경우에 어떤 현상이 나타나는지 쓰시오.

정답

[조 건]

- 극성이 일치할 것
- 권수비가 같을 것
- %Z 강하비가 같을 것
- 내부저항과 리액턴스의 비가 같을 것

[현 상]

- 큰 순환 전류가 흘러 권선이 과열 소손된다.
- 무효순환전류가 흘러 권선이 과열 소손된다.
- 용량에 비례하여 부하 분담을 하지 못하게 된다.
- 각 변압기의 전류값에 위상차가 생긴다.

07 변전소의 주요기능 4가지를 쓰시오.

정답

- 전력 조류의 제어
- 전력의 집중과 배분
- 전압의 변성과 조정
- 송배전선로 및 변전소의 보호

08 배전용 변압기의 고압 측(1차 측)에 여러 개의 탭을 설치하는 이유를 설명하시오.

정답

선로의 길이가 긴 배전용 변압기일수록 낮은 탭 전압을 사용하여 선로전압에 맞춰 탭 전압을 선정하면 배전용 변압기의 위치에 관계없이 변압기 2차 측의 전압을 거의 일정하게 유지할 수 있다.

09 수용률을 식으로 나타내고 설명하시오.

정답

- $수용률 = \frac{최대수용전력[kW]}{설비용량[kW]} \times 100[\%]$
- 의미 : 설비용량에 대한 최대전력의 비를 백분율로 나타낸 값

10 "부하율"에 대하여 설명하고 부하율이 적다는 것은 무엇을 의미하는지 2가지를 쓰시오.

정답

(1) 부하율 : 최대전력에 대한 평균전력의 비를 백분율로 나타낸 값

즉, $부하율 = \frac{평균전력[kW]}{최대전력[kW]} \times 100[\%]$

(2) 부하율이 적다의 의미
- 설비이용률이 낮아진다.
- 부하변동이 심해진다.

11 어느 공장에 최대전류가 흐를 때의 손실이 100[kW]이며 부하율이 60[%]인 전선로의 평균손실은 몇 [kW]인가?(단, 배전선로의 손실계수를 구하는 α는 0.3이다)

해설

$H = \alpha F + (1-\alpha)F^2 = 0.3 \times 0.6 + (1-0.3) \times 0.6^2 = 0.432$

$손실계수(H) = \frac{평균전력손실}{최대전력손실} \times 100$

평균전력손실 = 최대전력손실 × H = 100 × 0.432 = 43.2[kW]

정답

43.2[kW]

12 부하설비가 각각 A-10[kW], B-20[kW], C-20[kW], D-30[kW] 되는 수용가가 있다. 이 수용장소의 수용률이 A와 B는 각각 60[%], C와 D는 각각 80[%]이고 이 수용장소의 부등률은 1.2이다. 이 수용장소의 종합최대전력은 몇 [kW]인가?

해설

$$합성최대전력[kW] = \frac{설비용량[kW] \times 수용률}{부등률} = \frac{(10+20)\times 0.6 + (20+30)\times 0.8}{1.2} \fallingdotseq 48.33[kW]$$

정답

48.33[kW]

13 그림과 같은 부하곡선을 보고 다음 각 물음에 답하시오.

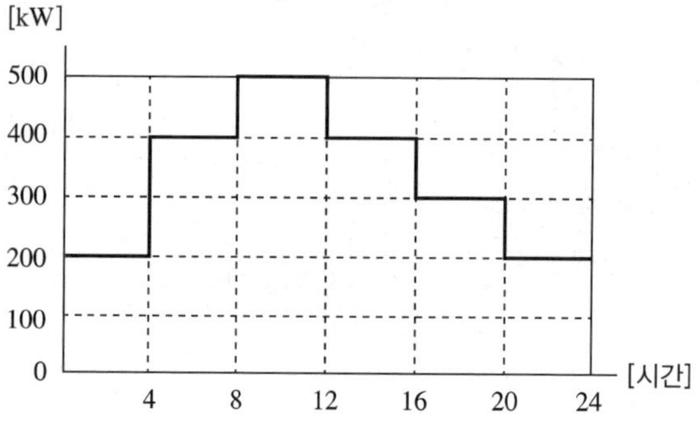

(1) 첨두부하는 몇 [kW]인가?

(2) 첨두부하가 지속되는 시간은 몇 시부터 몇 시까지인가?

(3) 일공급 전력량은 몇 [kWh]인가?

(4) 일부하율은 몇 [%]인가?

해설

(3) $전력량 = 200\times4+400\times4+500\times4+400\times4+300\times4+200\times4 = 8{,}000[kWh]$

(4) $일부하율 = \frac{사용전력량[kWh]}{시간[h]\times 최대전력[kW]} \times 100 = \frac{8{,}000}{24\times 500}\times 100 \fallingdotseq 66.67[\%]$

정답

(1) 500[kW]

(2) 8~12시

(3) 8,000[kWh]

(4) 66.67[%]

14 어떤 공장의 어느 날 부하실적이 1일 사용전력량 200[kWh]이며, 1일의 최대전력이 12[kW]이고, 최대전력일 때의 전류값이 33[A]이었을 경우 다음 각 물음에 답하시오(단, 이 공장은 220[V], 11[kW]인 3상 유도전동기를 부하설비로 사용한다고 한다).

(1) 일부하율은 몇 [%]인가?

(2) 최대 공급전력일 때의 역률은 몇 [%]인가?

해설

(1) 부하율 $= \dfrac{\text{평균전력[kW]}}{\text{최대전력[kW]}} \times 100[\%]$

$= \dfrac{200}{24 \times 12} \times 100 \fallingdotseq 69.44$

(2) $\cos\theta = \left(\dfrac{P}{\sqrt{3}\,VI}\right) \times 100 = \dfrac{12 \times 10^3}{\sqrt{3} \times 220 \times 33} \times 100 \fallingdotseq 95.429$

정답

(1) 69.44[%]

(2) 95.43[%]

15 다음 건물에 사용되는 변압기용량을 표준용량으로 구하시오(단, 종합역률 85[%], 부등률 1.3이고, 변압기용량은 최대부하에 20[%]의 여유를 준다).

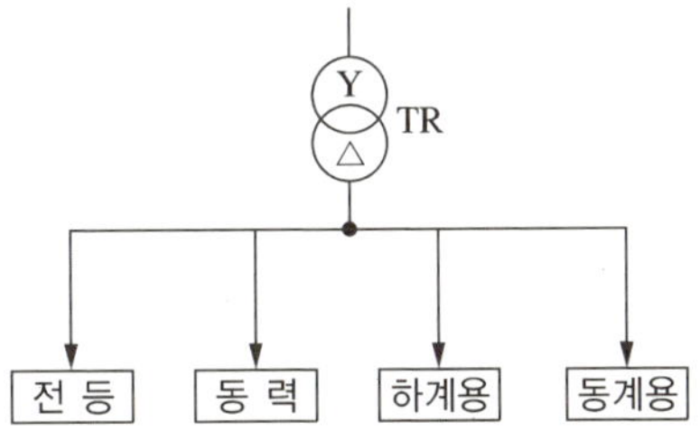

부 하	전등부하	동력부하	하절기 냉방부하	동절기 난방부하
전력[kW]	110	230	130	70
수용률[%]	65	80	70	75

변압기 표준용량[kVA]					
100	200	300	400	500	1,000

해설

변압기용량[kVA] $= \dfrac{\text{개별수요 최대전력의 합[kW]}}{\text{부등률} \times \text{역률}} \times \text{여유율}$

$= \dfrac{110 \times 0.65 + 230 \times 0.8 + 130 \times 0.7}{1.3 \times 0.85} \times 1.2$

$= 376.289[\text{kVA}]$

정답

400[kVA]

16 시설공장의 부하설비가 표와 같을 때 다음 각 물음에 답하시오.

변압기군	부하의 종류	설비용량[kW]	수용률[%]	부등률	역률[%]
A	플라스틱압축기(전동기)	50	60	1.3	80
	일반동력전동기	85	40	1.3	80
B	전등조명	60	80	1.1	90
C	플라스틱압출기	100	60	1.3	80

(1) 각 변압기군의 최대 수용전력은 몇 [kW]인가?

① 변압기 A의 최대 수용전력

② 변압기 B의 최대 수용전력

③ 변압기 C의 최대 수용전력

(2) 각 변압기의 최소 용량은 몇 [kVA]인가?(단, 효율은 98[%]로 한다)

① 변압기 A의 용량

② 변압기 B의 용량

③ 변압기 C의 용량

해설

(1) $최대수용전력 = \frac{개별\ 최대\ 수용전력(설비용량 \times 수용률)의\ 합}{부등률}[kW]$

① 변압기 A의 최대 수용전력$= \frac{(50 \times 0.6) + 85 \times 0.4}{1.3} ≒ 49.23[kW]$

② 변압기 B의 최대 수용전력$= \frac{60 \times 0.8}{1.1} ≒ 43.64[kW]$

③ 변압기 C의 최대 수용전력$= \frac{100 \times 0.6}{1.3} ≒ 46.15[kW]$

(2) $변압기\ 용량 = \frac{최대\ 수용전력[kW]}{효율 \times 역률}[kVA]$

① 변압기 A의 용량$= \frac{49.23}{0.98 \times 0.8} ≒ 62.79[kVA]$

② 변압기 B의 용량$= \frac{43.64}{0.98 \times 0.9} ≒ 49.48[kVA]$

③ 변압기 C의 용량$= \frac{46.15}{0.98 \times 0.8} ≒ 58.86[kVA]$

정답

(1) ① 49.23[kW]

② 43.64[kW]

③ 46.15[kW]

(2) ① 62.79[kVA]

② 49.48[kVA]

③ 58.86[kVA]

17

3상 3선식으로 전압 6,600[V](경동선의 전선굵기 150[mm^2])이며 저항 0.2[Ω/km], 선로 길이 1[km]인 경우 다음 물음에 답하시오(단, 부하의 역률은 0.85이다).

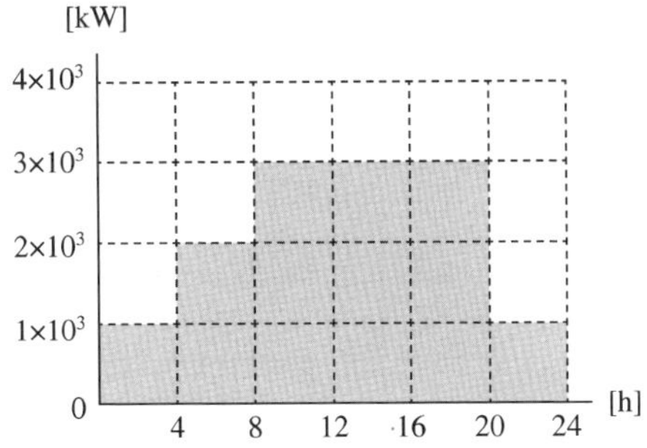

(1) 부하율을 구하시오.

(2) 손실계수를 구하시오.

(3) 1일 손실전력량을 구하시오.

해설

(1) $\text{부하율} = \dfrac{\text{사용전력량[kWh]}}{\text{시간[h]} \times \text{최대전력[kW]}} \times 100$

$$= \frac{4\times1{,}000+4\times2{,}000+12\times3{,}000+4\times1{,}000}{24\times3{,}000}\times100 \fallingdotseq 72.22[\%]$$

(2) 저항(R) = 0.2 × 1 = 0.2[Ω]

$$\text{평균전력} = \frac{4\times1{,}000+4\times2{,}000+12\times3{,}000+4\times1{,}000}{24} \fallingdotseq 2{,}166.67[\text{kW}]$$

$$\text{평균전력손실}(P_L) = 3I^2R = 3\times\left(\frac{2{,}166.67\times10^3}{\sqrt{3}\times6{,}600\times0.85}\right)^2\times0.2 \fallingdotseq 29{,}832.511[\text{W}]$$

$$\text{최대전력손실}(P_m) = 3I^2R = 3\times\left(\frac{3{,}000\times10^3}{\sqrt{3}\times6{,}600\times0.85}\right)^2\times0.2 \fallingdotseq 57{,}193.514[\text{W}]$$

$$\text{손실계수}(H) = \frac{\text{평균전력손실}}{\text{최대전력손실}} = \frac{29{,}832.511}{57{,}193.514} \fallingdotseq 0.521 \fallingdotseq 0.52$$

(3) $$\text{손실전력량} = 3I_m^2R\times10^{-3}\times T\times H = 3\times\left(\frac{3{,}000\times10^3}{\sqrt{3}\times6{,}600\times0.85}\right)^2\times0.2\times10^{-3}\times24\times0.52$$

$$= 713.775 \fallingdotseq 713.78[\text{kWh}]$$

정답

(1) 72.22[%]

(2) 0.52

(3) 713.78[kWh]

18

어떤 변전실에서 그림과 같은 일부하곡선 A, B, C인 부하에 전기를 공급하고 있다. 이 변전실의 총부하에 대한 다음 각 물음에 답하시오(단, A, B, C의 역률은 시간에 관계없이 각각 80[%], 100[%] 및 60[%]이다).

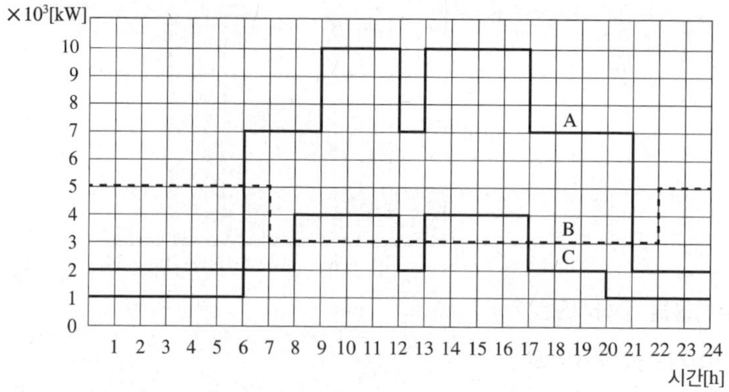

※ 부하전력은 부하곡선의 수치에 10^3을 한다는 의미이다. 즉, 수직 축의 5는 5×10^3[kW]라는 의미이다.

(1) 합성 최대전력은 몇 [kW]인가?

(2) A, B, C 각 부하에 대한 평균전력은 몇 [kW]인가?

(3) 총부하율은 몇 [%]인가?

(4) 부등률은 얼마인가?

(5) 최대부하일 때의 합성 총역률은 몇 [%]인가?

해설

(1) 합성 최대전력[kW] $= (10+3+4)\times10^3 = 17\times10^3$[kW]

∴ 9~12시, 13~17시 사이가 합성 최대전력 때의 시간이다.

(2) $\text{평균전력[kW]} = \dfrac{\text{사용전력량[kWh]}}{24[\text{h}]}$

$$\text{A 평균전력} = \frac{1{,}000\times6+7{,}000\times3+10{,}000\times3+7{,}000\times1+10{,}000\times4+7{,}000\times4+2{,}000\times3}{24}$$

$$=5{,}750[\text{kW}]$$

$$\text{B 평균전력} = \frac{5{,}000\times7+3{,}000\times15+5{,}000\times2}{24}=3{,}750[\text{kW}]$$

$$\text{C 평균전력} = \frac{2{,}000\times8+4{,}000\times4+2{,}000\times1+4{,}000\times4+2{,}000\times3+1{,}000\times4}{24}=2{,}500[\text{kW}]$$

(3) $\text{총부하율} = \dfrac{5{,}750+3{,}750+2{,}500}{17{,}000}\times100 \fallingdotseq 70.59[\%]$

(4) $\text{부등률} = \dfrac{10{,}000+5{,}000+4{,}000}{17{,}000} \fallingdotseq 1.1176 \fallingdotseq 1.12$

(5) 합성유효전력 $= 10{,}000+3{,}000+4{,}000 = 17{,}000$[kW]

$$\text{합성무효전력} = 10{,}000\times\frac{0.6}{0.8}+3{,}000\times\frac{0}{1}+4{,}000\times\frac{0.8}{0.6} \fallingdotseq 12{,}833.33[\text{kVar}]$$

$$\text{합성역률 } \cos\theta = \frac{17{,}000}{\sqrt{17{,}000^2+12{,}833.33^2}}\times100 \fallingdotseq 79.81[\%]$$

정답

(1) 17×10^3[kW]

(2) • A 평균전력 : 5,750[kW]

• B 평균전력 : 3,750[kW]

• C 평균전력 : 2,500[kW]

(3) 70.59[%]

(4) 1.12

(5) 79.81[%]

19

어떤 인텔리전트 빌딩에 대한 등급별 추정 전원용량에 대한 다음 표를 이용하여 각 물음에 답하시오.

등급별 추정 전원용량[VA/m^2]

내 용 \ 등급별	0등급	1등급	2등급	3등급
조 명	32	22	22	29
콘센트	–	13	5	5
사무자동화(OA) 기기	–	–	34	36
일반동력	38	45	45	45
냉방동력	40	43	43	43
사무자동화(OA) 동력	–	2	8	8
합 계	110	125	157	166

(1) 연면적 10,000[m^2]인 인텔리전트 2등급인 사무실 빌딩의 전력설비부하의 용량을 상기 "등급별 추정 전원용량[VA/m^2]"을 이용하여 빈칸에 계산과정과 답을 쓰시오.

부하 내용	면적을 적용한 부하용량[kVA]
조 명	
콘센트	
OA 기기	
일반동력	
냉방동력	
OA 동력	
합 계	

(2) 물음 (1)에서 조명, 콘센트, 사무자동화기기의 적정 수용률은 0.7, 일반동력 및 사무자동화동력의 적정 수용률은 0.5, 냉방동력의 적정 수용률은 0.8이고, 주변압기 부등률은 1.2로 적용한다. 이때 전압방식을 2단 강압방식으로 채택할 경우 변압기의 용량에 따른 변전설비의 용량을 산출하시오(단, 조명, 콘센트, 사무자동화기기를 3상 변압기 1대로, 일반동력 및 사무자동화동력을 3상 변압기 1대로, 냉방동력을 3상 변압기 1대로 구성하고, 상기부하에 대한 주변압기 1대를 사용하도록 하며, 변압기용량은 일반 규격용량으로 정하도록 한다).

① 조명, 콘센트, 사무자동화기기에 필요한 변압기용량 산정

② 일반동력, 사무자동화동력에 필요한 변압기용량 산정

③ 냉방동력에 필요한 변압기용량 산정

④ 주변압기용량 산정

(3) 주변압기에서부터 각 부하에 이르는 변전설비의 단선계통도를 간단하게 그리시오.

해설

(2) ① $Tr_1=(220+50+340)\times0.7=427[kVA]$

② $Tr_2=(450+80)\times0.5=265[kVA]$

③ $Tr_3=430\times0.8=344[kVA]$

∴ 변압기 정격용량은 400[kVA]가 없음

④ $STr=\dfrac{427+265+344}{1.2}\fallingdotseq 863.33[kVA]$

정답

(1)

부하 내용	면적을 적용한 부하용량[kVA]
조 명	$22\times10,000\times10^{-3}=220[kVA]$
콘센트	$5\times10,000\times10^{-3}=50[kVA]$
OA 기기	$34\times10,000\times10^{-3}=340[kVA]$
일반동력	$45\times10,000\times10^{-3}=450[kVA]$
냉방동력	$43\times10,000\times10^{-3}=430[kVA]$
OA 동력	$8\times10,000\times10^{-3}=80[kVA]$
합 계	$157\times10,000\times10^{-3}=1,570[kVA]$

(2) ① 500[kVA]

② 300[kVA]

③ 500[kVA]

④ 1,000[kVA]

(3)

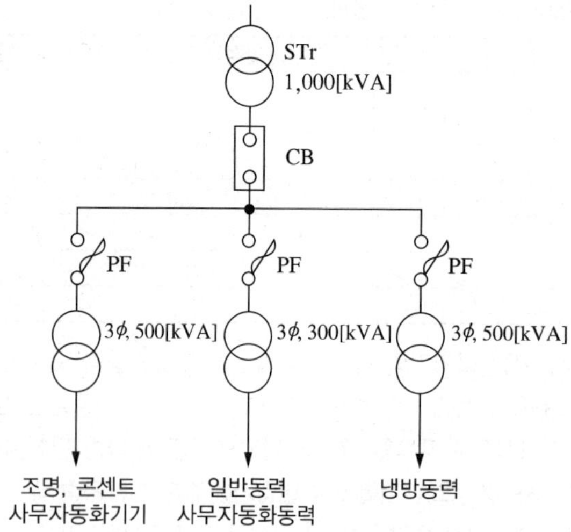

20 네트워크 수전으로서 회선수 4회선, 최대수요전력 5,000[kW], 부하역률 90[%]인 네트워크 변압기 용량은 몇 [kVA] 이상이어야 하는가?(단, 네트워크 변압기의 과부하율은 130[%]이다)

해설

$$\text{네트워크 변압기 용량} = \frac{\text{최대수요전력[kVA]}}{\text{수전 회선수} - 1} \times \frac{100}{\text{과부하율}}$$

$$= \frac{\frac{5{,}000}{0.9}}{4-1} \times \frac{100}{130} = 1{,}424.5\text{[kVA]}$$

정답

1,424.5[kVA]

21 각 단상 변압기의 권수비가 3,500/100[V]이고, 고압 측에 5,500[V]의 전압이 인가되고 있다. 저압 측에 3[Ω], 5[Ω]의 저항을 연결했을 경우 고압 측 전압 E_1과 E_2를 구하시오.

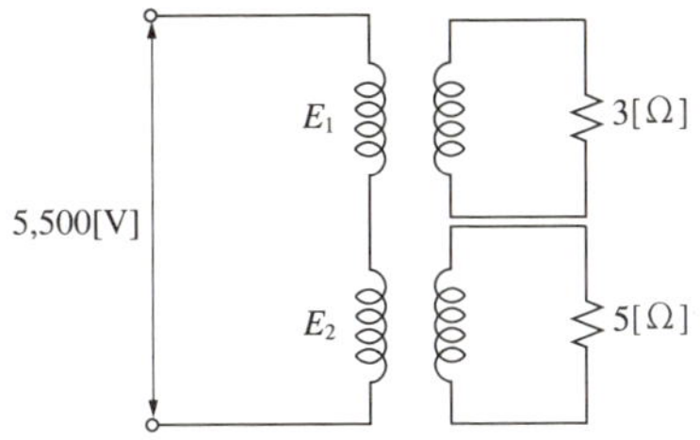

해설

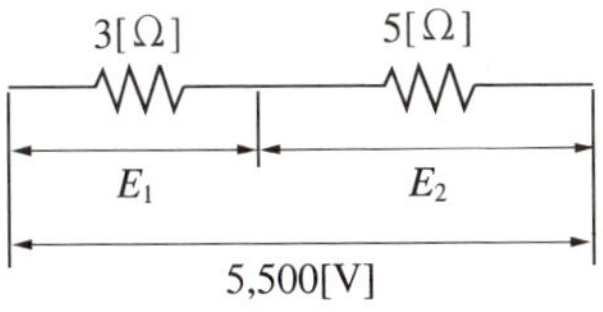

$$E_1 = \frac{3}{3+5} \times 5{,}500 = 2{,}062.5\text{[V]}$$

$$E_2 = \frac{5}{3+5} \times 5{,}500 = 3{,}437.5\text{[V]}$$

a(권수비) $= \sqrt{\dfrac{R_1}{R_2}}$ 에서 $\underset{\text{1차 측}}{R_1} = a^2 \underset{\text{2차 측}}{R_2}$

$R_1 = 3a^2$, $R_2 = 5a^2$

R_1과 R_2에 공통으로 들어간 a^2을 소거

1차 측 $R_1 = 3$, $R_2 = 5$

정답

E_1 : 2,062.5[V]

E_2 : 3,437.5[V]

22 3상 변압기가 있다. 이때 권수비 30, 1차 전압 6.6[kV]에 대한 다음 각 물음에 답하시오(단, 변압기의 손실은 무시한다).

(1) 2차 전압[V]을 구하시오.

(2) 2차 측에 부하 50[kW], 역률 80[%]를 2차에 연결할 때 2차 전류 및 1차 전류를 구하시오.

① 2차 전류

② 1차 전류

(3) 1차 입력[kVA]을 구하시오.

해설

(1) $V_2 = \frac{V_1}{a} = \frac{6,600}{30} = 220[\mathrm{V}]$

(2) ① $I_2 = \frac{P}{\sqrt{3}\, V_2 \cos\theta} = \frac{50 \times 10^3}{\sqrt{3} \times 220 \times 0.8} = 164.019[\mathrm{A}]$

② $a = \frac{I_2}{I_1}$ 에서 $I_1 = \frac{I_2}{a} = \frac{164.02}{30} = 5.467[\mathrm{A}]$

(3) 1차 입력[kVA]

$P = \sqrt{3}\, V_1 I_1 = \sqrt{3} \times 6,600 \times 5.47 \times 10^{-3} = 62.5304[\mathrm{kVA}]$

정답

(1) 220[V]

(2) ① 164.02[A]

② 5.47[A]

(3) 62.53[kVA]

23 단상 변압기 3대를 △-△ 결선하고 이 결선방식의 장점과 단점을 3가지씩 설명하시오.

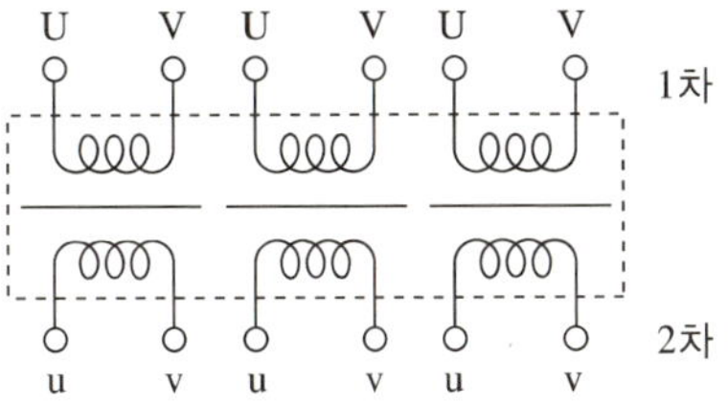

정답

[△ - △ 결선방식]

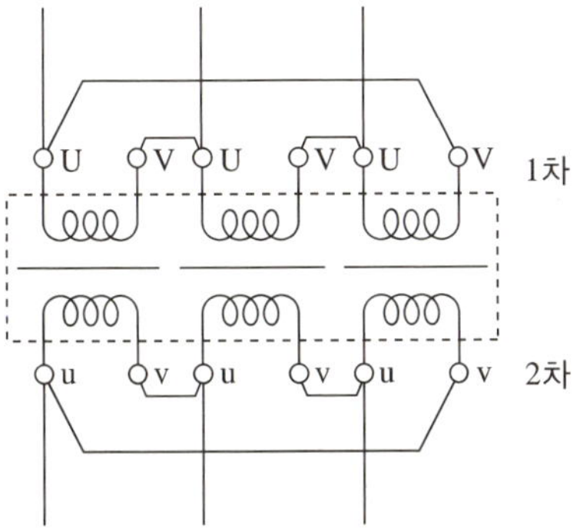

[장 점]

- △결선 내에 3고조파 전류가 순환되므로 기전력의 파형이 개선된다.
- 1대 고장 시 V결선하여 사용할 수 있다.
- 상전류가 선전류의 $\frac{1}{\sqrt{3}}$ 이 되어 대전류에 적합하다.

[단 점]

- 중성점을 접지할 수 없으므로 지락사고의 검출이 곤란하다.
- 권수비가 다른 변압기를 결선하면 순환전류가 흐른다.
- 각 상의 임피던스가 다를 경우 3상 부하가 평형이 되어도 변압기의 부하전류는 불평형이 된다.

24 다음과 같은 380[V] 선로에 대한 물음에 답하시오(단, 변압비는 380/110이다).

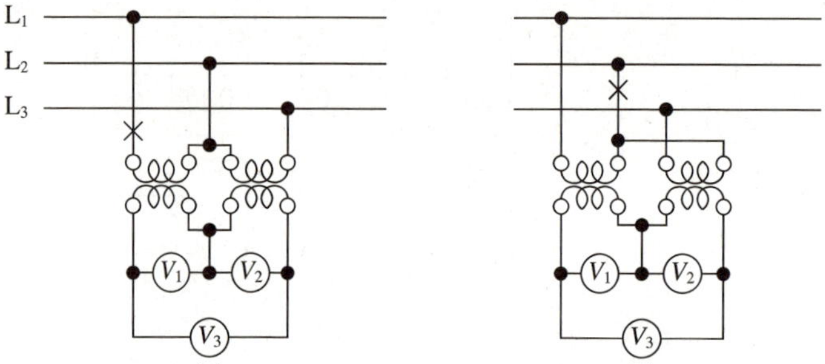

(a) (b)

(1) 그림 a의 × 지점에서 단선사고가 발생했을 경우 ⓥ1, ⓥ2, ⓥ3의 지시값을 구하시오.

(2) 그림 b의 × 지점에서 단선사고가 발생했을 경우 ⓥ1, ⓥ2, ⓥ3의 지시값을 구하시오.

정답

(1) $V_1 = 0[\text{V}]$, $V_2 = 110[\text{V}]$, $V_3 = 110[\text{V}]$

(2) $V_1 = \dfrac{110}{2} = 55[\text{V}]$, $V_2 = \dfrac{110}{2} = 55[\text{V}]$, $V_3 = 0[\text{V}]$

【참고】 1차 측 L_1과 L_3 선간전압 $\dfrac{380}{2} = 190[\text{V}]$, 2차 측 변압기가 감극성이므로 $V_3 = 0[\text{V}]$이다.

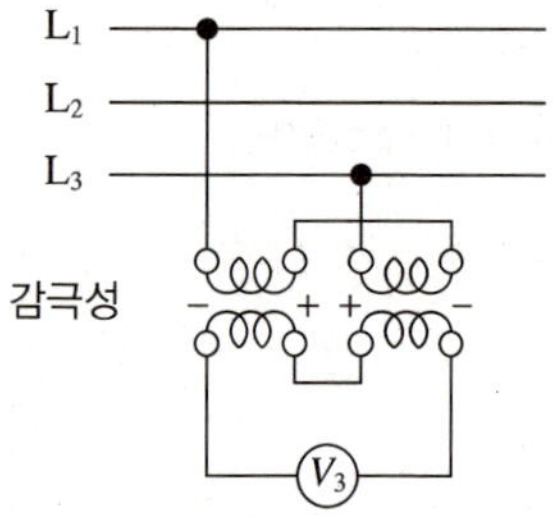

25 변압기 V결선과 Y결선의 한 상의 중심이 O에서 110[V]를 인출하여 사용할 때 각 물음에 답하시오.

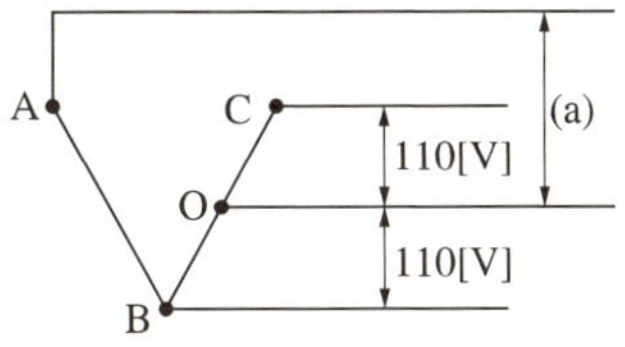

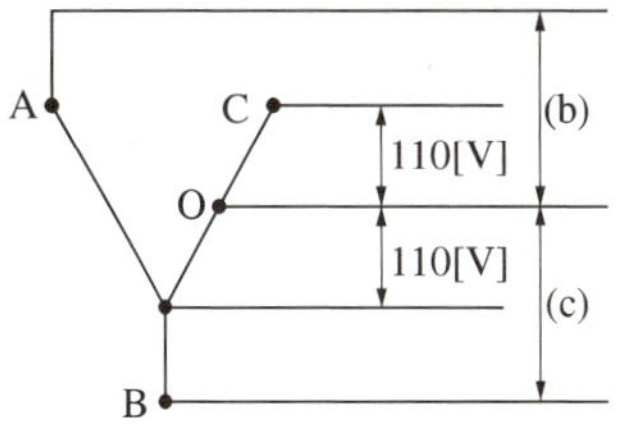

(1) 그림에서 (a)의 전압을 구하시오.

(2) 그림에서 (b)의 전압을 구하시오.

(3) 그림에서 (c)의 전압을 구하시오.

해설

(1) $V_{AO} = 220\angle 0° + 110\angle -120°$

$= 165 - j95.262 = \sqrt{165^2 + 95.262^2} \fallingdotseq 190.525[V]$

(2) $V_{AO} = V_A - V_O = 220\angle 0° - 110\angle 120°$

$= 275 - j95.263 = \sqrt{275^2 + 95.263^2} \fallingdotseq 291.032[V]$

(3) $V_{BO} = V_B - V_O = 220\angle -120° - 110\angle 120°$

$= -55 - j285.788 = \sqrt{55^2 + 285.788^2} \fallingdotseq 291.032[V]$

정답

(1) 190.53[V]

(2) 291.03[V]

(3) 291.03[V]

26 수전단 선간전압이 22.9[kV]이고, 변압기 2차 측이 380/220[V]일 때 2차 측 전압이 370[V]로 측정되었다. 1차 측 탭전압을 22.9[kV]에서 21.9[kV]로 변경한다면 2차 측 전압[V]은 얼마인가?

해설

V_2'(변경할 2차 측 전압)[V] $= \dfrac{\text{현재의 탭전압[V]}}{\text{변경할 탭전압[V]}} \times$ 2차 측 측정전압[V]

$V_2' = \dfrac{22,900}{21,900} \times 370 \fallingdotseq 386.894[V]$

정답

386.89[V]

27 A변압기, B변압기의 정격전압이 동일하고, 이 두 변압기를 병렬운전하고 있을 때 A변압기의 정격용량은 20[kVA], $\%Z_A$는 4[%]이고, B변압기의 정격용량은 75[kVA], $\%Z_B$는 5[%]일 때, 다음 각 물음에 답하시오(단, 변압기 A, B의 내부저항과 누설리액턴스비는 같다. $R_a/X_a = R_b/X_b$).

(1) 2차 측의 부하용량이 60[kVA]일 때 각 변압기가 분담하는 전력은 몇 [kVA]인가?

① A변압기

② B변압기

(2) 2차 측의 부하용량이 120[kVA]일 때 각 변압기가 분담하는 전력은 몇 [kVA]인가?

① A변압기

② B변압기

(3) 변압기가 과부하 되지 않는 범위 내에서 2차 측 최대 부하용량[kVA]은 얼마인가?

해설

(1) $\dfrac{P_{a(\text{분담})}}{P_{b(\text{분담})}} = \dfrac{\%Z_b}{\%Z_a} \times \dfrac{P_{A(\text{용량})}}{P_{B(\text{용량})}} = \dfrac{5}{4} \times \dfrac{20}{75} = \dfrac{1}{3}$

$P_a : P_b = 1 : 3$

① A변압기 : $60 \times \dfrac{1}{4} = 15[\text{kVA}]$

② B변압기 : $60 \times \dfrac{3}{4} = 45[\text{kVA}]$

(2) ① A변압기 : $120 \times \dfrac{1}{4} = 30[\text{kVA}]$

② B변압기 : $120 \times \dfrac{3}{4} = 90[\text{kVA}]$

(3) ① $P_a = P_A = 20[\text{kVA}]$

$P_a : P_b = 1 : 3$

$P_B = 60[\text{kVA}]$

② $P_b = P_B = 75[\text{kVA}]$

$P_A = P_B \times \dfrac{1}{3} = 75 \times \dfrac{1}{3} = 25[\text{kVA}]$

②는 과부하이므로 ①이 조건을 만족한다.

그러므로 20 + 60 = 80[kVA]

정답

(1) ① A변압기 : 15[kVA]

② B변압기 : 45[kVA]

(2) ① A변압기 : 30[kVA]

② B변압기 : 90[kVA]

(3) 80[kVA]

28 두 대의 단상 변압기 A, B가 있다. 이때 권수비는 6,600/220이고 A의 용량은 30[kVA]로서 2차로 환산한 저항과 리액턴스의 값은 $R_A = 0.03[\Omega]$, $X_A = 0.05[\Omega]$이고, B의 용량은 20[kVA]로서 2차로 환산한 저항과 리액턴스의 값은 $R_B = 0.05[\Omega]$, $X_B = 0.06[\Omega]$이다. 이 두 변압기를 병렬 운전해서 45[kVA]의 부하를 건 경우 A기의 분담부하[kVA]는 얼마인가?

해설

$$\%Z_A = \frac{PZ_A}{10V_2^2} = \frac{30 \times \sqrt{0.03^3 + 0.05^2}}{10 \times 0.22^2} = 3.614[\%]$$

$$\%Z_B = \frac{PZ_B}{10V_2^2} = \frac{20 \times \sqrt{0.05^3 + 0.06^2}}{10 \times 0.22^2} = 3.227[\%]$$

$$\frac{P_{A(\text{분담})}}{P_{B(\text{분담})}} = \frac{P_{A(\text{용량})}}{P_{B(\text{용량})}} \times \frac{\%Z_B}{\%Z_A} = \frac{30}{20} \times \frac{3.227}{3.614} = 1.339$$

$$P_{B(\text{분담})} = \frac{P_{A(\text{분담})}}{1.339}$$

$$\begin{aligned} P_{A(\text{분담})} + P_{B(\text{분담})} = P_{A(\text{분담})} + \frac{P_{A(\text{분담})}}{1.339} &= 45[\text{kVA}] \\ = \left(1 + \frac{1}{1.339}\right) P_{A(\text{분담})} &= 45[\text{kVA}] \\ = 1.747 P_{A(\text{분담})} &= 45[\text{kVA}] \end{aligned}$$

$$P_{A(\text{분담})} = 25.758[\text{kVA}]$$

정답

25.76[kVA]

29 단상 220[V], 50[kVA]의 변압기의 정격전압에서 철손은 10[W], 전부하에서 동손은 160[W]이면 효율이 가장 크게 되는 것은 몇 [%]인가?

해설

최대효율 조건 $P_i = m^2 P_c$

$$m = \sqrt{\frac{P_i}{P_c}} \times 100 = \sqrt{\frac{10}{160}} \times 100 = 25[\%]$$

정답

25[%]

30 500[kVA]의 변압기가 그림과 같이 운전되고 있다. 오전에는 역률 85[%]로, 오후에는 100[%]로 운전된다고 하면 전일효율은 몇 [%]가 되는가?(단, 이 변압기의 전부하 시 동손 10[kW], 철손 6[kW]이다)

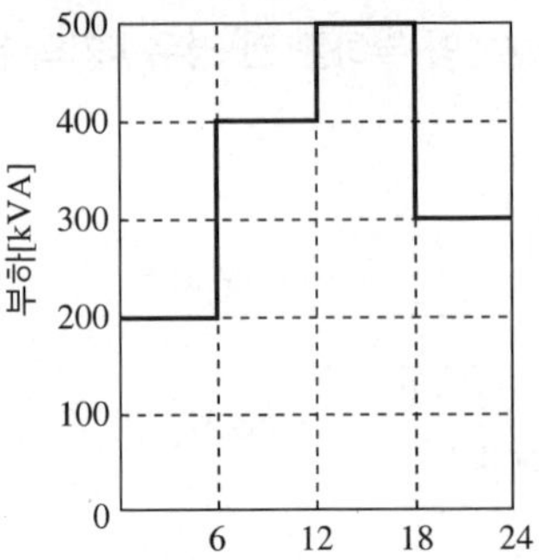

해설

24시간 출력

$P' = \{mP_a\cos\theta \times T + \cdots\cdots\}$

$= \left\{\left(\frac{200}{500}\right) \times 500 \times 6 \times 0.85 + \left(\frac{400}{500}\right) \times 500 \times 6 \times 0.85 + \left(\frac{500}{500}\right) \times 500 \times 6 \times 1 + \left(\frac{300}{500}\right) \times 500 \times 6 \times 1\right\}$

$= 7{,}860[\text{kWh}]$

24시간 철손 $P_i = 24P_i = 24 \times 6 = 144[\text{kWh}]$

24시간 동손 $P_c = \{m^2P_cT + \cdots\cdots\}$

$= \left\{\left(\frac{200}{500}\right)^2 \times 6 \times 10 + \left(\frac{400}{500}\right)^2 \times 6 \times 10 + \left(\frac{500}{500}\right)^2 \times 6 \times 10 + \left(\frac{300}{500}\right)^2 \times 6 \times 10\right\}$

$= 129.6[\text{kWh}]$

전일효율 $\eta = \frac{P'}{P' + P_i + P_c} \times 100 = \frac{7{,}860}{7{,}860 + 144 + 129.6} \times 100 \fallingdotseq 96.64[\%]$

정답

96.64[%]

31 **단상변압기 2차 측에 대한 전압 3,300[V], 전류 43.5[A], 저항 0.66[Ω], 철손 1,000[W]인 변압기에서 다음 조건일 때의 효율을 구하시오.**

(1) 전 부하 시 역률 100[%]와 80[%]인 경우

(2) $\frac{1}{2}$ 부하 시 역률 100[%]와 80[%]인 경우

해설

(1) 전 부하 시

- 역률 100[%]

$$\eta = \frac{m\,VI\cos\theta}{m\,VI\cos\theta + P_i + m^2 I^2 R} \times 100$$

$$= \frac{1 \times 3{,}300 \times 43.5 \times 1}{1 \times 3{,}300 \times 43.5 \times 1 + 1{,}000 + 1^2 \times 43.5^2 \times 0.66} \times 100 ≒ 98.46[\%]$$

- 역률 80[%]

$$\eta = \frac{1 \times 3{,}300 \times 43.5 \times 0.8}{1 \times 3{,}300 \times 43.5 \times 0.8 + 1{,}000 + 1^2 \times 43.5^2 \times 0.66} \times 100 ≒ 98.08[\%]$$

(2) $\frac{1}{2}$ 부하 시

- 역률 100[%]

$$\eta = \frac{\frac{1}{2} \times 3{,}300 \times 43.5 \times 1}{\frac{1}{2} \times 3{,}300 \times 43.5 \times 1 + 1{,}000 + \left(\frac{1}{2}\right)^2 \times 43.5^2 \times 0.66} \times 100 ≒ 98.2[\%]$$

- 역률 80[%]

$$\eta = \frac{\frac{1}{2} \times 3{,}300 \times 43.5 \times 0.8}{\frac{1}{2} \times 3{,}300 \times 43.5 \times 0.8 + 1{,}000 + \left(\frac{1}{2}\right)^2 \times 43.5^2 \times 0.66} \times 100 ≒ 97.77[\%]$$

정답

(1) • 역률 100[%] : 98.46[%]
  • 역률 80[%] : 98.08[%]

(2) • 역률 100[%] : 98.2[%]
  • 역률 80[%] : 97.77[%]

32 어느 수용가의 수전설비에서 100[kVA] 단상 변압기 3대를 △ 결선하여 250[kW] 부하에 전력을 공급하고 있다. 변압기 1대가 고장이 발생하여 단상 변압기 2대로 V결선하여 전력을 공급할 경우 다음 각 물음에 답하시오(단, 부하역률은 100[%]로 계산한다).

(1) V결선 시 공급할 수 있는 최대전력[kW]을 구하시오.

(2) V결선 상태에서 250[kW] 부하 모두를 연결할 때 과부하율[%]을 구하시오.

해설

(1) $P_V = \sqrt{3}\,P_1 \cos\theta = \sqrt{3} \times 100 \times 1 \fallingdotseq 173.21\,[\text{kW}]$

(2) $\text{과부하율} = \dfrac{\text{부하용량}}{\text{변압기 공급용량}} \times 100 = \dfrac{250}{173.21} \times 100 \fallingdotseq 144.33\,[\%]$

정답

(1) 173.21[kW]

(2) 144.33[%]

33 단권변압기 3대를 사용한 3상 △결선 승압기에 의해 40[kVA]인 3상 평형부하의 전압을 3,000[V]에서 3,300[V]로 승압하는 데 필요한 변압기의 총용량은 얼마인지 계산하시오.

해설

$$\frac{\text{자기용량}}{\text{부하용량}} = \frac{V_h^2 - V_l^2}{\sqrt{3}\,V_h V_l}$$

$$\text{자기용량} = \frac{V_h^2 - V_l^2}{\sqrt{3}\,V_h V_l} \times \text{부하용량} = \frac{3{,}300^2 - 3{,}000^2}{\sqrt{3} \times 3{,}300 \times 3{,}000} \times 40 \fallingdotseq 4.4089$$

정답

4.41[kVA]

34 $3\phi 3W$ 3,000[V] 200[kVA]의 배전선로의 전압을 3,100[V]로 승압하기 위해서 단상변압기 3대를 그림과 같이 접속하였다. 각 물음에 답하시오.

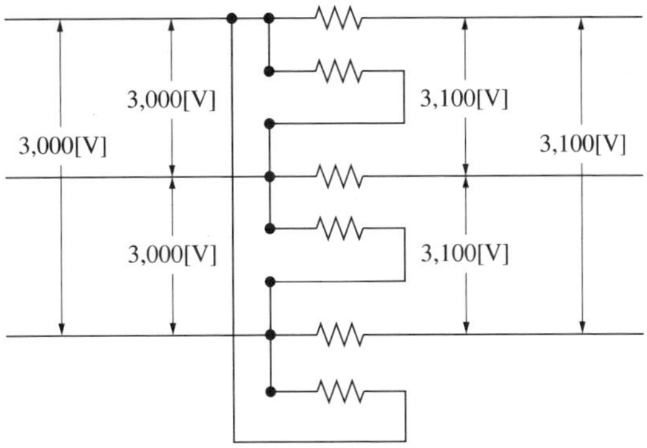

(1) 변압기 1차, 2차 전압을 구하시오.

(2) 변압기용량[kVA]을 구하시오.

해설

(1) 1차 전압=3,000[V]

$$2차\ 전압(V_n) = -\frac{V_1}{2} + \sqrt{\frac{V_2^2}{3} - \frac{V_1^2}{12}} = -\frac{3{,}000}{2} + \sqrt{\frac{3{,}100^2}{3} - \frac{3{,}000^2}{12}} = 66.31[V]$$

(2) $$\frac{자기용량}{선로출력(부하용량)} = \frac{3V_nI_2}{\sqrt{3}\,V_2I_2}$$

$$자기용량 = 선로출력 \times \frac{3V_n}{\sqrt{3}\,V_2} = 200 \times \frac{3 \times 66.31}{\sqrt{3} \times 3{,}100} = 7.409[kVA]$$

정답

(1) 1차 전압 : 3,000[V]

2차 전압 : 66.31[V]

(2) 7.41[kVA]

【참고】

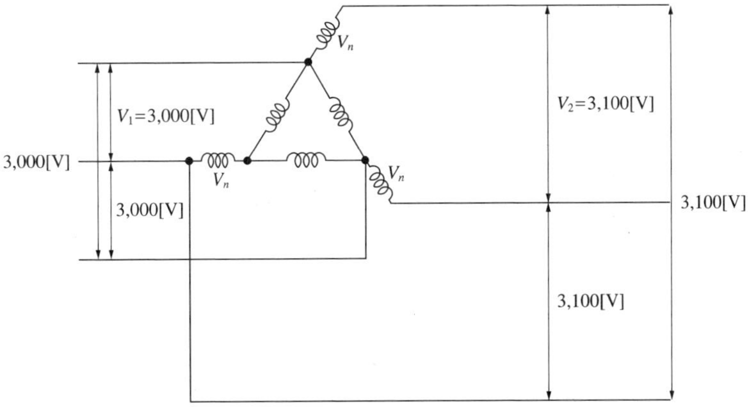

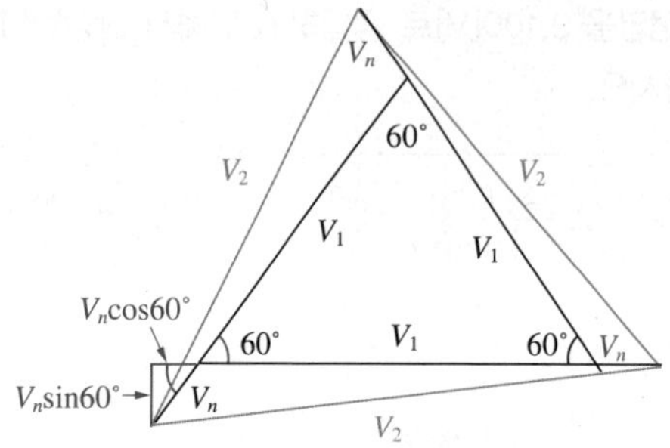

$$V_2 = \sqrt{(V_1 + V_n + V_n\cos 60°)^2 + (V_n\sin 60°)^2}$$

$$V_2^2 = (V_1 + V_n + V_n\cos 60°)^2 + (V_n\sin 60°)^2$$

$$= (V_1 + V_n + V_n\cos 60°)(V_1 + V_n + V_n\cos 60°) + V_n^2\sin^2 60°$$

$$= V_1^2 + V_1V_n + V_1V_n\cos 60° + V_1V_n + V_n^2 + V_n^2\cos 60°$$

$$+ V_1V_n\cos 60° + V_n^2\cos 60° + V_n^2\cos^2 60° + V_n^2\sin^2 60°$$

$$= V_n^2 + \frac{1}{2}V_n^2 + \frac{1}{2}V_n^2 + V_n^2(\cos^2 60° + \sin^2 60°) + 2V_1V_n + \frac{1}{2}V_1V_n + \frac{1}{2}V_1V_n + V_1^2$$

$$= 3V_n^2 + 3V_1V_n + V_1^2$$

$$3V_n^2 + 3V_1V_n + (V_1^2 - V_2^2) = 0$$

근의 공식 $V_n = \dfrac{-3V_1 + \sqrt{(3V_1)^2 - 4\times3\times(V_1^2 - V_2^2)}}{2\times3}$

$$= -\frac{1}{2}V_1 + \sqrt{\frac{9V_1^2 - 12V_1^2 + 12V_2^2}{36}}$$

$$= -\frac{1}{2}V_1 + \sqrt{\frac{-3V_1^2 + 12V_2^2}{36}}$$

$$= -\frac{1}{2}V_1 + \sqrt{\frac{1}{3}V_2^2 - \frac{1}{12}V_1^2}$$

02 계량장치

1 계량장치

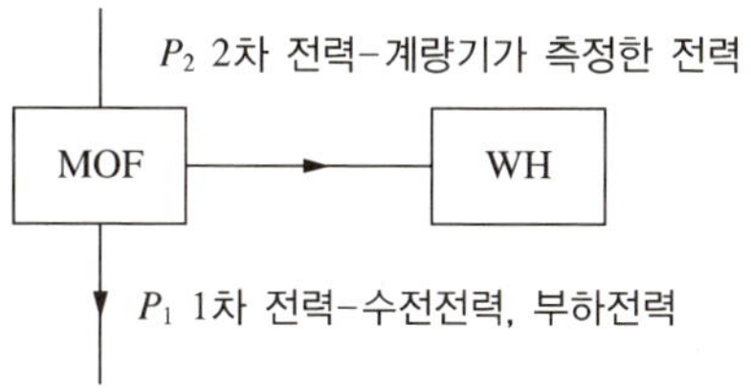

(1) 명 칭

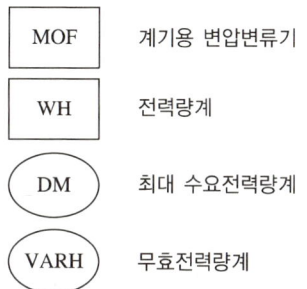

MOF	계기용 변압변류기
WH	전력량계
DM	최대 수요전력량계
VARH	무효전력량계

(2) 계 산

① ㉠ P_2[kW] · PT비 · CT비가 주어졌을 때

$$P_1 = P_2 \times \text{CT비} \times \text{PT비} \times 10^{-3}[\text{kW}]$$

㉡ 3ϕ V_1, I_2, CT비, $\cos\theta$가 주어졌을 때

$$P_1 = \sqrt{3}\,V_1 I_1 \cos\theta = \sqrt{3}\,V_1 I_2 \times \text{CT비} \times \cos\theta \times 10^{-3}[\text{kW}]$$

② $P_2 = \dfrac{3,600n}{TK}$

여기서, n : 회전수[rps]

T : 시간[s]

K : 계기정수[rev/kWh]

$$P_2[\text{kW}] = \sqrt{3}\,V_2 I_2 \cos\theta \times 10^{-3}$$

$$\varepsilon(\text{오차}) = \frac{\text{측정값} - \text{참값}}{\text{참값}}$$

※ 전력량계 구비조건

- 부하특성이 좋을 것
- 과부하 내량이 클 것
- 내부손실이 적을 것
- 온도 및 주파수 보상이 있을 것

※ 전력량계 잠동현상

- 현상 : 무부하 상태에서 정격주파수 및 정격전압의 110[%]를 인가하여 원판이 1회전 이상 회전하는 현상(소음이 발생하는 현상)
- 방지대책
  - 원판에 작은 구멍을 뚫는다.
  - 원판에 소철편을 붙인다.

(3) 결선도

① $1\phi2W$

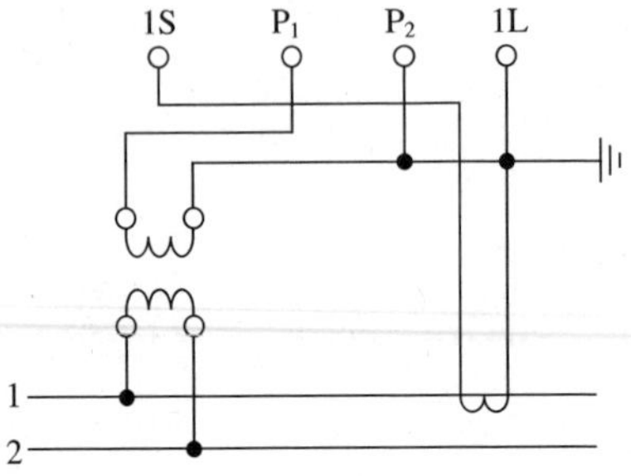

② $3\phi3W$

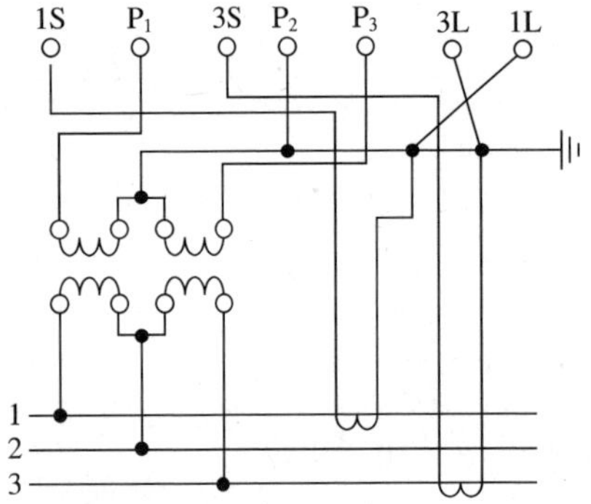

③ $3\phi4W$

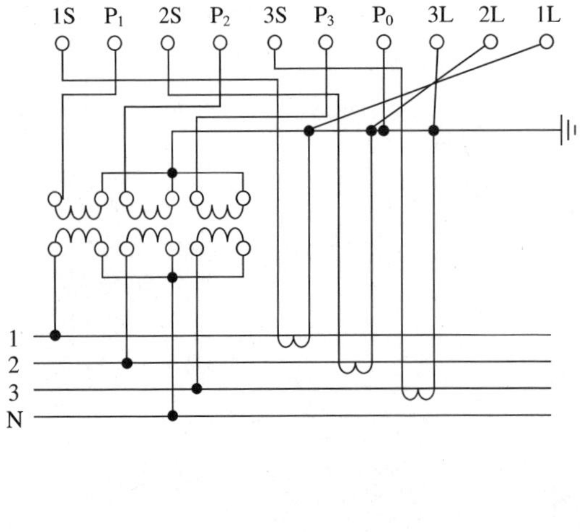

(4) 전력계법, 전압계 및 전류계 3개로 전력을 측정하는 방법

① 2전력계법

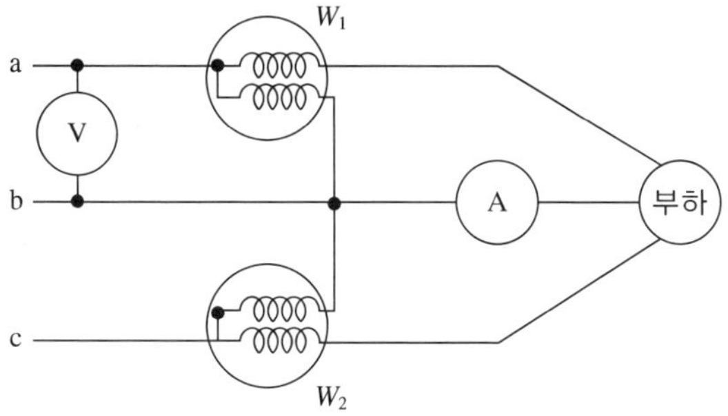

㉠ 유효전력 $P = W_1 + W_2$

㉡ 무효전력 $P_r = \sqrt{3}\ |W_1 - W_2|$

㉢ 피상전력 $P_a = 2\sqrt{W_1^{\ 2} + W_2^{\ 2} - W_1 W_2}$

㉣ 역률 $\cos\theta = \dfrac{P}{P_a} \times 100 = \dfrac{W_1 + W_2}{2\sqrt{W_1^{\ 2} + W_2^{\ 2} - W_1 W_2}}$

② 3전압계법

$$P = \frac{1}{2R}\left(V_1^2 - V_2^2 - V_3^2\right)[\mathrm{W}]$$

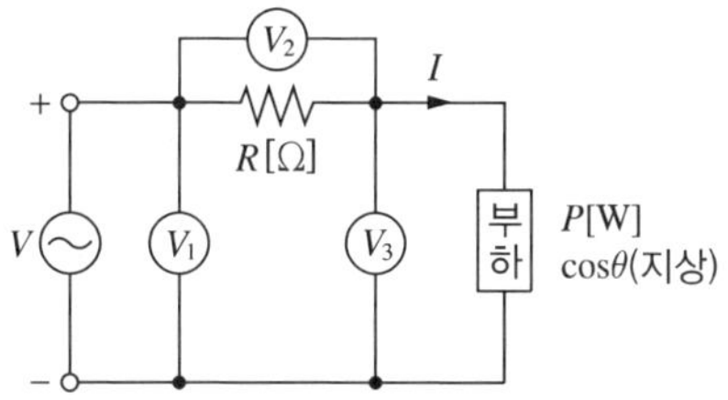

③ 3전류계법

$$P = \frac{R}{2}\left(A_1^2 - A_2^2 - A_3^2\right)[\mathrm{W}]$$

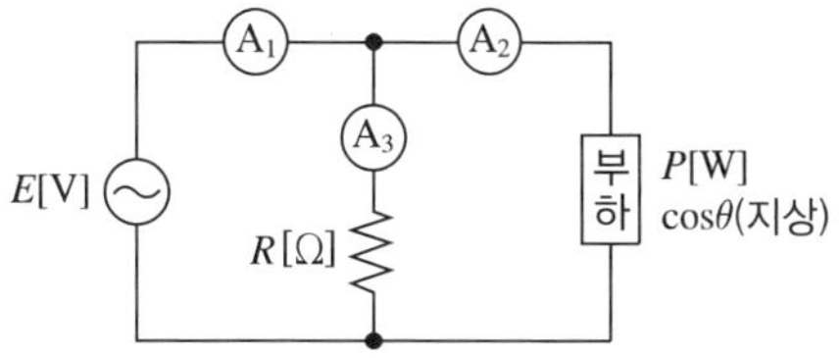

2 PT

(1) 명칭 : 계기용 변압기

(2) 역할 : 고전압을 저전압으로 변성하여 계기 및 계전기의 전원공급

(3) PT비

① 1차 전압/2차 전압 110[V]

② 6.6[kV] PT비 = 6,600/110

22.9[kV] PT비 = 13,200/110 = $\frac{22,900}{\sqrt{3}} / \frac{190}{\sqrt{3}}$

(4) PT 점검

① 2차 측을 개방한다.

이유 : 2차 측을 단락시키면 단락전류에 의해 과열 소손

② 퓨즈 1차 측 : 부착한다. ⇒ 내부 고장 시 고장전류 계통에 파급 방지

퓨즈 2차 측 : 부착한다. ⇒ 2차 측 단락 시 과전류로부터 계기용 변압기 보호

3 CT

(1) 명칭 : 계기용 변류기

(2) 역할 : 대전류를 소전류로 변류하여 계기 및 계전기에 전원 공급

(3) CT비

1차 측 전류 / 2차 측 전류

① 1차 측 전류 : $I = \frac{P[\text{kVA}]}{\sqrt{3}\,V[\text{kV}]} \times$ 여유계수

여기서, 여유계수 : 1.25~1.5

1.25 : 윗규격(적용)

1.5 : 근사치

② 2차 측 전류 : 5[A]

③ CT 1차 측 정격 : 5, 10, 15, 20, 30, 40, 50, 75, 100

(4) CT 1차 측 전류 계산

① CT비

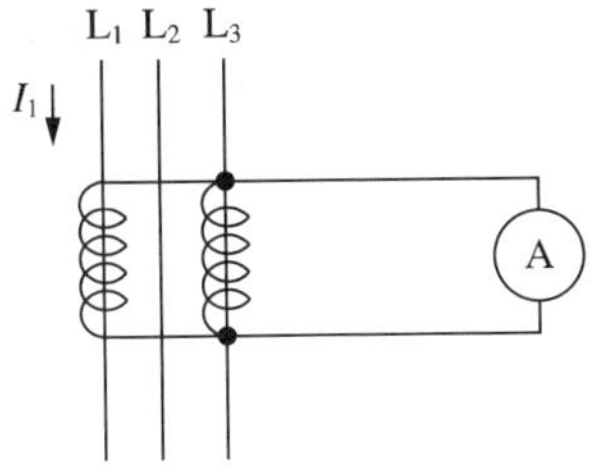

$I_1 = Ⓐ \times \text{CT비}$

$Ⓐ = I_1 \times \dfrac{1}{\text{CT비}}$

② 차동접속

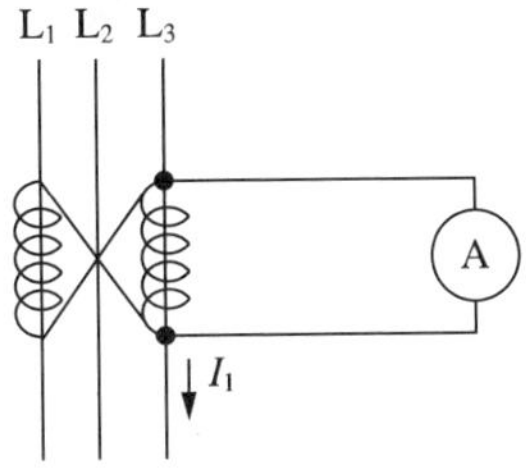

$I_1 = \dfrac{Ⓐ}{\sqrt{3}} \times \text{CT비}$

$Ⓐ = I_1 \times \dfrac{1}{\text{CT비}} \times \sqrt{3}$

(5) CT 점검

① 2차 측을 단락시킨다.

이유 : 2차 측 기기의 절연보호

② 퓨즈 1차 측 : 부착하지 않는다. → 퓨즈 용단 시 대전류를 소전류로 변류가 불가능

퓨즈 2차 측 : 부착하지 않는다. → 퓨즈 용단 시 고전압이 발생되어 2차 측 기기의 절연이 파괴된다.

(6)

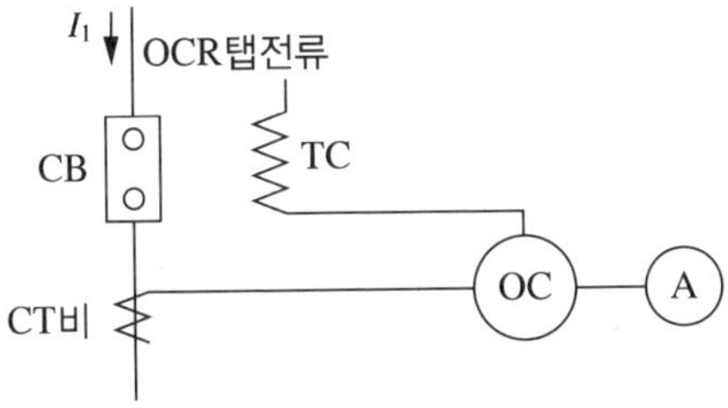

OCR탭전류 : $I_1 \times \dfrac{1}{\text{CT비}} \times \text{여유계수}$

OCR탭 : 2, 3, 4, 5, 6, 7, 8, 10, 12탭

[확인문제]

01 MOF에 대하여 간략히 설명하시오.

정답

계기용 변압기와 계기용 변류기를 한 탱크에 설치하여 전력량계 전원 공급

02 3상 3선식 6[kV] 수전점에서 100/5[A] CT 2대, 6,600/110[V] PT 2대를 정확히 결선하여 CT 및 PT의 2차 측에서 측정한 전력이 300[W]라면 수전전력은 얼마이겠는가?

해설

$$\text{수전전력} = \text{측정전력} \times \text{PT비} \times \text{CT비} \times 10^{-3} = 300 \times \frac{6,600}{110} \times \frac{100}{5} \times 10^{-3} = 360[\text{kW}]$$

정답

360[kW]

03 $3\phi 3W$식 고압수전설비에서 수전전압은 6,600[V], 변류기 2차 측 전류가 4.2[A]이다. 이때 변류비는 50/5, 역률은 100[%]라 할 때 수전전력[kW]을 계산하시오.

해설

$$P = \sqrt{3}\,V_1 I_1 \cos\theta = \sqrt{3} \times V_1 \times I_2 \times \text{CT 비} \times \cos\theta$$

$$= \sqrt{3} \times 6,600 \times 4.2 \times \frac{50}{5} \times 1 \times 10^{-3} = 480.124[\text{kW}]$$

정답

480.12[kW]

04 계기정수가 1,200[rev/kWh], 승률 1인 전력량계의 원판이 12회전하는 데 50초가 걸렸다. 이때 부하의 평균전력은 몇 [kW]인가?

해설

$$P_2 = \frac{3,600n}{TK} = \frac{3,600 \times 12}{50 \times 1,200} = 0.72[\text{kW}]$$

여기서, n : 회전수

T : 시간[s]

K : 계기정수[rev/kWh]

P_2 : 2차 측 전력

P_1(부하 평균전력) $= P_2 \times$ MOF승률 $= 0.72[\text{kW}] \times 1 = 0.72[\text{kW}]$

정답

0.72[kW]

05 20[A] 190[V] 1ϕ 전력량계에 어느 부하를 가할 때 원판이 1분 동안에 32회 회전하였다. 만일 이 계기의 20[A]에 있어서 오차가 2[%]라 하면 부하전력은 몇 [kW]인가?(단, 계기정수는 2,400 [rev/kWh]이다)

해설

$$\text{전력량계 측정값} = \frac{3,600n}{TK} = \frac{3,600 \times 32}{60 \times 2,400} = 0.8[\text{kW}]$$

$$\text{오차} = \frac{\text{측정값} - \text{참값}}{\text{참값}} \times 100[\%]$$

$$2 = \frac{0.8 - \text{참값}}{\text{참값}} \times 100$$

$$\frac{2 \times \text{참값}}{100} = 0.8 - \text{참값}$$

$$\left(1 + \frac{2}{100}\right) \times \text{참값} = 0.8$$

$$\text{참값} = \frac{0.8}{1 + \frac{2}{100}} \fallingdotseq 0.784[\text{kW}]$$

정답

0.78[kW]

06 계기용 변압기(2개)와 변류기(2개)를 부속하는 3상 3선식 전력량계를 결선하시오(단, 1, 2, 3은 상순을 표시하고 P1, P2, P3은 계기용 변압기에 1S, 1L, 3S, 3L은 변류기에 접속하는 단자이다).

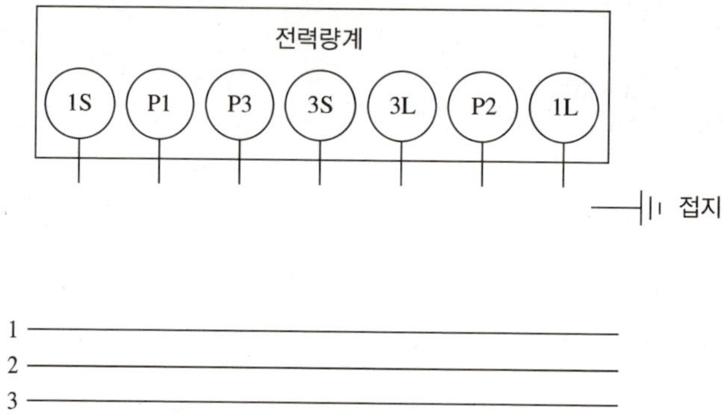

정답

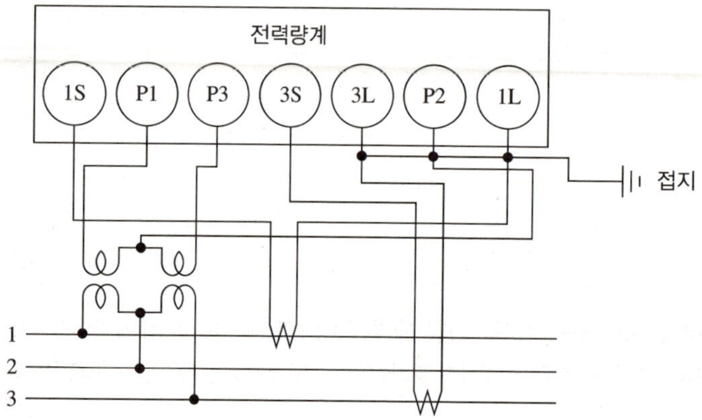

07 다음 그림은 배전반에서 계측을 하기 위한 계기용 변성기이다. 다음 그림을 보고 명칭, 약호, 심벌, 역할에 알맞은 내용을 쓰시오.

구 분		
명 칭		
약 호		
심 벌		
역 할		

정답

구 분		
명 칭	계기용 변류기	계기용 변압기
약 호	CT	PT
심 벌	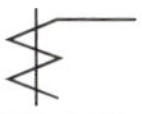	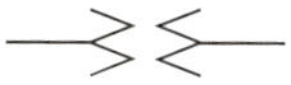
역 할	대전류를 소전류로 변류하여 계기 및 계전기에 전원 공급	고전압을 저전압으로 변성하여 계기 및 계전기에 전원 공급

08 CT 및 PT에 대한 다음 각 물음에 답하시오.

(1) CT는 운전 중에 개방하여서는 안 된다. 그 이유는?

(2) PT의 2차 측 정격전압과 CT의 2차 측 정격전류는 일반적으로 얼마로 하는가?

(3) 3상 간선의 전압 및 전류를 측정하기 위하여 PT와 CT를 설치할 때, 다음 그림의 결선도를 답안지에 완성하시오. 접지가 필요한 곳에는 접지 표시를 하시오.

퓨즈는 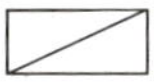, PT는 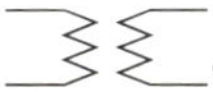, CT는 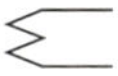 로 표현하시오.

정답

(1) 계기용 변류기의 2차 측 절연보호

(2) • PT의 2차 정격전압 : 110[V]

• CT의 2차 정격전류 : 5[A]

(3)

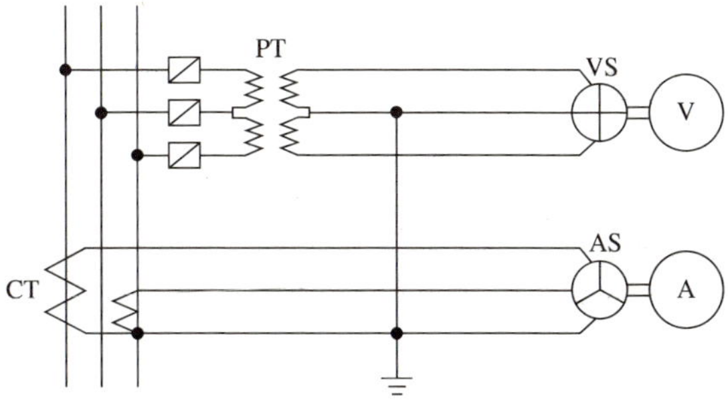

09 사용 중인 변류기 2차 측을 개로하면 변류기에는 어떤 현상이 발생하는지 원인과 결과를 쓰시오.

정답

계기용 변류기 2차 측에 고전압이 발생되어 변류기의 절연을 파괴한다.

10 CT비오차에 관하여 다음 물음에 답하시오.

(1) 비오차가 무엇인지 설명하시오.

(2) 비오차를 구하는 공식을 쓰시오(단, 비오차 : ε, 공칭변류비 : K_n, 측정변류비 : K이다).

정답

(1) 실제변류비가 공칭변류비와 얼마만큼 다른가를 백분율로 표시한 것을 말한다.

(2) $\varepsilon = \frac{K_n - K}{K} \times 100$

11 1차 측 전류 250[A]가 흐르고 2차 측에 실제 10[A]가 흐를 경우 변류비의 비오차를 계산하시오(단, 변류비는 100/5).

해설

$$\varepsilon = \frac{K_n - K}{K} \times 100 = \frac{\frac{100}{5} - \frac{250}{10}}{\frac{250}{10}} \times 100 = -20[\%]$$

정답

$-20[\%]$

12 보정률이 −0.8[%]인 전압계로 측정한 값이 103[V]라면 참값은 얼마인가?

해설

$$오차 = \frac{측정값 - 참값}{참값} \times 100[\%]$$

$$보정률 = \frac{참값 - 측정값}{측정값} \times 100[\%]$$

$$-0.8 = \frac{참값 - 103[V]}{103[V]} \times 100[\%]$$

$$\therefore \; 참값 = 102.176[V]$$

정답

102.18[V]

13 다음 변류기(CT)에 대한 물음에 답하시오.

(1) 변류기의 역할을 쓰시오.

(2) 정격부담이란?

정답

(1) 대전류를 소전류로 변성하여 계기나 계전기에 전원 공급

(2) 계기용 변류기 2차 측의 부하 임피던스가 소비하는 피상전력

14 다음 계기용 변류기(CT)의 과전류 강도에 대하여 물음에 답하시오.

• S : 통전시간(t[s])에 대한 열적 과전류 강도[A]	• S_n : 정격과전류 강도[A]
• t : 통전시간	• S_m : 기계적 과전류 강도
• I_n : CT 1차 정격전류[A]	• I_s : 최대고장전류(단락전류)[A]

(1) 기계적 과전류란 무엇인가?

(2) 열적 과전류 강도 관계식

(3) 기계적 과전류 강도 관계식

정답

(1) 단락 시 전자력에 의한 권선의 변형에 견디는 강도

(2) $S = \dfrac{S_n}{\sqrt{t}}$

(3) $S_m \geq \dfrac{\text{단락전류}(I_s)}{\text{CT1차 측정격전류}(I_n)}$

15 보호장치의 동작시간이 0.5초이고, 고장전류의 실횻값이 25[kA]인 경우 보호도체의 최소단면적 [mm^2]을 구하시오(단, 보호도체는 구리선으로 사용하고, 자동차단시간이 5초 이내인 경우 사용되는 경우에는 온도계수 $k=159$로 적용한다).

해설

$S = \dfrac{\sqrt{I^2 t}}{k}$

여기서, S : 단면적[mm^2]

I : 고장전류의 실횻값[A]

t : 보호장치의 동작시간[s]

k : 온도계수

$S = \dfrac{\sqrt{25{,}000^2 \times 0.5}}{159} = 111.18[\text{mm}^2]$

정답

120[mm^2]

※ KEC 규격

16 다음 그림과 같이 200/5[A] 1차 측에 150[A]의 3상 평형전류가 흐를 때 전류계 A_3에 흐르는 전류는 몇 [A]인가?

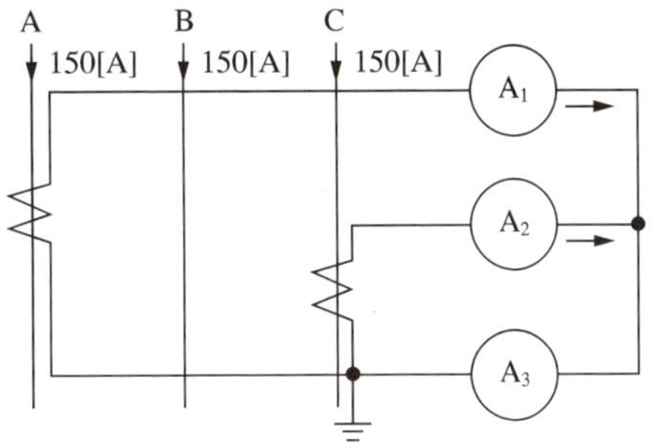

해설

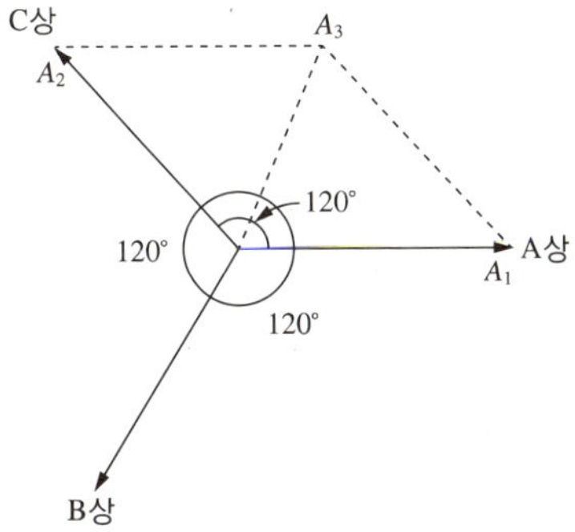

$$A_1 = A_2 = 150 \times \frac{5}{200} = 3.75[\text{A}]$$

$$\text{A}_3 = |A_1 + A_2| = \sqrt{A_1^{\ 2} + A_2^{\ 2} + 2A_1A_2\cos\theta}$$

$$= \sqrt{3.75^2 + 3.75^2 + 2 \times 3.75 \times 3.75 \times \cos 120^\circ} = 3.75[\text{A}]$$

정답

3.75[A]

17

그림과 같이 부하를 운전 중인 상태에서 변류기의 2차 측의 전류계를 교체할 때에는 어떠한 순서로 작업을 하여야 하는지 쓰시오(단, K와 L은 변류기 1차 단자, k와 l은 변류기 2차 단자, a와 b는 전류계 단자이다).

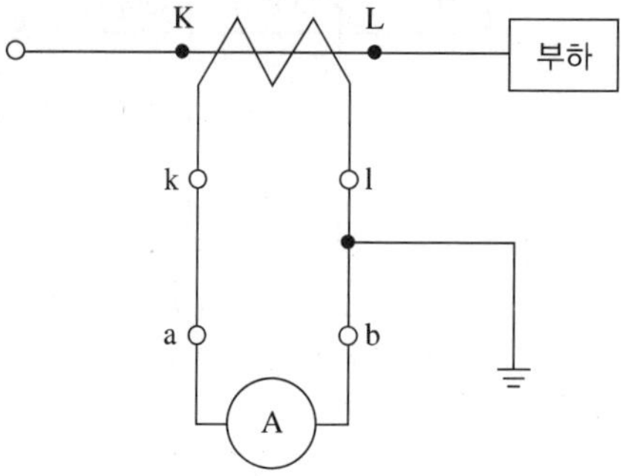

정답

1. 변류기 2차 측 단자 k와 l을 단락시킨다.
2. 전류계 단자 a와 b를 분리하여 전류계를 교체시킨다.
3. k와 l의 단락을 개방시킨다.

18

변압기 보호에 사용되는 과전류계전기의 탭(Tap)과 레버(Lever)를 정정하였다고 한다. 과전류계전기에서 탭(Tap)과 레버(Lever)는 각각 무엇을 정정하는지를 쓰시오.

정답

- 탭 : 과전류계전기의 최소동작전류
- 레버 : 과전류계전기의 동작시간

19

수전전압 6,600[V], 수전전력 450[kW](역률 0.8)인 고압 수용가의 수전용 차단기에 사용하는 과전류계전기의 사용탭은 몇 [A]인가?(단, CT의 변류비는 75/5로 하고 탭 설정값은 부하전류의 150[%]로 한다)

해설

$$\text{탭} = I_1 \times \frac{1}{\text{CT비}} \times \text{여유계수}$$

$$= \frac{P}{\sqrt{3}\,V\cos\theta} \times \frac{1}{\text{CT비}} \times \text{여유계수}$$

$$= \frac{450 \times 10^3}{\sqrt{3} \times 6{,}600 \times 0.8} \times \frac{5}{75} \times 1.5 \fallingdotseq 4.92$$

정답

5[A]탭

20 거리계전기의 설치점에서 고장점까지의 임피던스를 70[Ω]이라고 하면 계전기측에서 본 임피던스는 몇 [Ω]인가?(단, PT의 변압비는 154,000/110[V]이고, CT의 변류비는 500/5이다)

해설

$$\text{거리계전기 측에서 본 임피던스}(Z_2) = \text{선로임피던스}(Z_1) \times \text{CT비} \times \frac{1}{\text{PT비}}$$

$$= 70 \times \frac{500}{5} \times \frac{110}{154,000} = 5[\Omega]$$

정답

5[Ω]

21 변류비 40/5인 CT 2개를 그림과 같이 접속할 때 전류계에 2[A]가 흐른다면 CT 1차 측에 흐르는 전류는 몇 [A]인가?

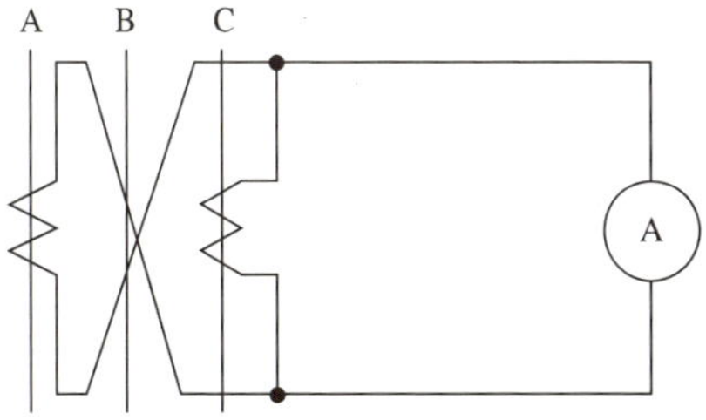

해설

$$\text{1차 측 전류} = \text{전류계 지시값} \times \text{CT비} \times \frac{1}{\sqrt{3}}$$

$$= 2 \times \frac{40}{5} \times \frac{1}{\sqrt{3}} \fallingdotseq 9.2376$$

정답

9.24[A]

22 3상 3선식 평형부하가 있다. 임피던스가 그림과 같이 접속되어 있을 때 전압계의 지시값이 220[V], 전류계의 지시값이 20[A], 전력계의 지시값이 2[kW]일 때, 다음 각 물음에 답하시오.

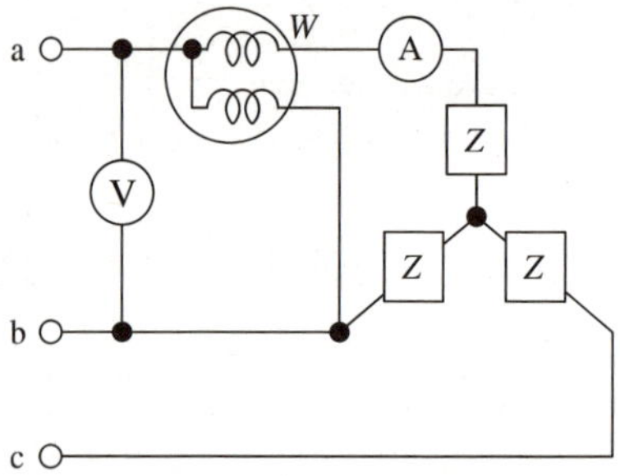

(1) 부하 Z의 소비전력[kW]을 구하시오.

(2) 부하의 임피던스 $Z[\Omega]$를 벡터(복소수)로 나타내시오.

해설

(1) $P = 2W = 2 \times 2 = 4[\text{kW}]$

(2) $Z = \dfrac{V_P}{I_P} = \dfrac{220/\sqrt{3}}{20} = 6.35[\Omega]$

$$\cos\theta = \frac{P}{P_a} = \frac{P}{\sqrt{3}\,V_l I_l} = \frac{4{,}000}{\sqrt{3} \times 220 \times 20} = 0.524$$

$$Z = Z(\cos\theta + j\sin\theta) = 6.35(0.524 + j\sqrt{1 - 0.524^2}) = 3.3274 + j5.4082$$

정답

(1) 4[kW]

(2) $Z = 3.33 + j5.41$

23

2전력계법에 의해 3상 부하의 전력을 측정한 결과 지시값이 W_1 = 2.2[kW], W_2 = 5.8[kW]일 때 다음 각 물음에 답하시오.

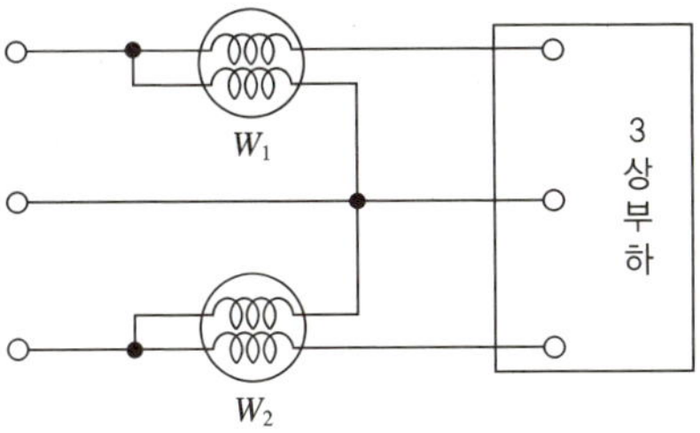

(1) 회로의 역률은 얼마인가?

(2) 역률을 85[%]로 개선할 때 필요한 전력용 콘덴서용량[kVA]은?

해설

(1) $\cos\theta = \dfrac{W_1 + W_2}{2\sqrt{W_1^2 + W_2^2 - W_1 W_2}} \times 100 = \dfrac{2.2+5.8}{2\sqrt{2.2^2+5.8^2-2.2\times 5.8}} \times 100 = 78.872[\%]$

(2) $$Q_C = P\left(\frac{\sqrt{1-\cos^2\theta_1}}{\cos\theta_1} - \frac{\sqrt{1-\cos^2\theta_2}}{\cos\theta_2}\right)$$

$$= (2.2+5.8)\left(\frac{\sqrt{1-0.7887^2}}{0.7887} - \frac{\sqrt{1-0.85^2}}{0.85}\right)$$

$$\fallingdotseq 1.277[\text{kVA}]$$

정답

(1) 78.87[%]

(2) 1.28[kVA]

24 그림과 같은 평형 3상 회로로 운전하는 유도전동기가 있다. 이 회로에 그림과 같이 2개의 전력계 W_1, W_2, 전압계 ⓥ, 전류계 Ⓐ를 접속한 후 지시값은 $W_1 = 6.2$[kW], $W_2 = 3.1$[kW], $V = 200$[V], $I = 30$[A]이었다.

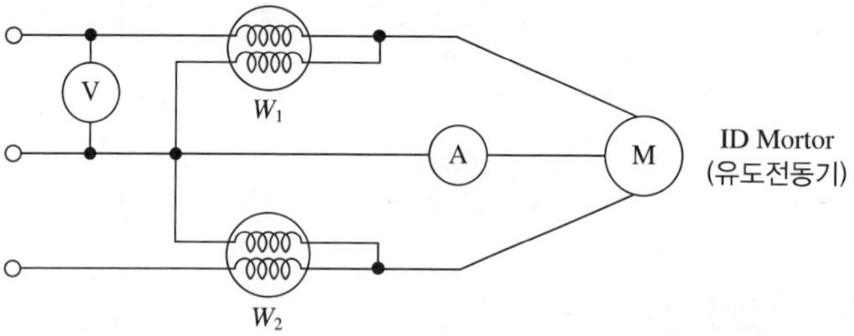

(1) 이 유도전동기의 역률은 몇 [%]인가?

(2) 역률을 90[%]로 개선시키려면 몇 [kVA] 용량의 콘덴서가 필요한가?

(3) 이 전동기로 만일 매 분 20[m]의 속도로 물체를 권상한다면 몇 [ton]까지 가능한가?(단, 종합 효율은 80[%]로 한다)

해설

(1) $\cos\theta = \frac{P}{P_a} \times 100 = \frac{W_1 + W_2}{\sqrt{3}\,VI} \times 100 = \frac{(6.2+3.1)\times 10^3}{\sqrt{3}\times 200 \times 30} \times 100 \fallingdotseq 89.489$

(2) $Q_C = P(\tan\theta_1 - \tan\theta_2)$

$= 9.3\left(\frac{\sqrt{1-0.8949^2}}{0.8949} - \frac{\sqrt{1-0.9^2}}{0.9}\right) \fallingdotseq 0.1335[\text{kVA}]$

(3) $P = \frac{W \cdot V}{6.12\eta} \Rightarrow W = \frac{6.12\eta P}{V} = \frac{6.12 \times 0.8 \times 9.3}{20} \fallingdotseq 2.28[\text{ton}]$

여기서, P : 출력[kW]

W : 무게[ton]

V : 속도[m/min]

정답

(1) 89.49[%]

(2) 0.13[kVA]

(3) 2.28[ton]

25 고압 동력부하의 사용전력량을 측정하려고 한다. CT 및 PT 취부 3상 전산전력량계를 그림과 같이 오결선(1S와 1L 및 P1과 P3가 바뀜)하였을 경우 어느 기간 동안 사용전력량이 300[kWh]였다면 그 기간 동안 실제 사용전력량은 몇 [kWh]이겠는가?(단, 부하의 역률은 0.8이라고 한다)

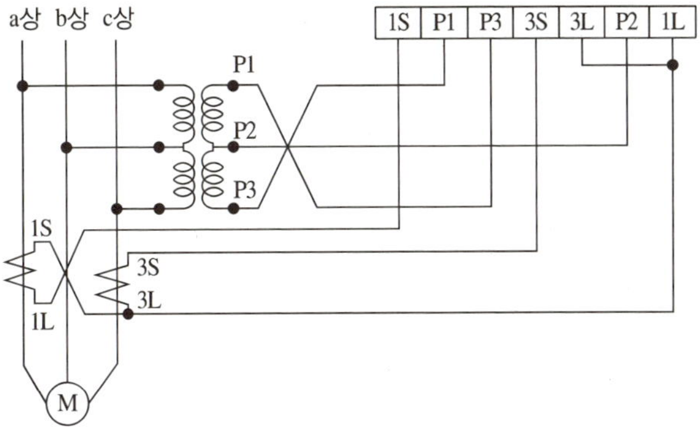

해설

$W_1 = V_{32}I_1\cos(90°-\theta) = VI\cos(90°-\theta)$

$W_2 = V_{12}I_3\cos(90°-\theta) = VI\cos(90°-\theta)$

$V_{32} = V_{12} = V$

$I_1 = I_3 = I$

$\therefore\ W = W_1 + W_2 = 2VI\cos(90°-\theta) = 2VI\sin\theta$

【참고】 $\cos(90°-\theta) = \cos 90°\cos\theta + \sin 90°\sin\theta = \sin\theta$

$W = W_1 + W_2 = 2VI\sin\theta$이므로 $VI = \dfrac{W_1 + W_2}{2\sin\theta} = \dfrac{300}{2\times 0.6} = \dfrac{150}{0.6}$

그러므로 실제 사용전력량 $W' = \sqrt{3}\,VI\cos\theta = \sqrt{3}\times\dfrac{150}{0.6}\times 0.8 \fallingdotseq 346.41[\text{kWh}]$

정답

346.41[kWh]

26 주어진 조건에 의하여 1년 동안 최대전력 2,000[kW], 월 기본요금 6,390[원/kW], 월간 평균 역률은 95[%]이다. 이때 조건을 보고 각 물음에 답하시오.

(1) 1개월의 기본요금을 구하시오.

(2) 1개월의 사용전력량이 540,000[kWh], 전력요금 89[원/kWh]라 할 때 1개월의 총 전력요금은 얼마인지 구하시오.

[조 건]
역률 90[%]를 기준하였을 때 1[%] 증가할 때마다 기본요금, 수요전력요금이 1[%] 할인되며, 1[%] 감소할 때마다 1[%] 할증요금을 지불해야 한다.

해설

(1) 기본요금

2,000[kW] × 6,390[원/kW] × (1 - 5 × 0.01) = 12,141,000[원]

(2) 1개월의 총 전력요금

12,141,000[원] + 540,000[kWh] × 89[원/kWh] = 60,201,000[원]

정답

(1) 12,141,000[원]

(2) 60,201,000[원]

03 전력용 콘덴서

1 전력용 콘덴서(SC)

(1) **역할** : 부하의 역률개선

(2) **역 률**

① **정의** : 피상전력에 대한 유효전력의 비를 백분율로 나타낸 값

② **원리** : 전류가 전압보다 위상이 앞서므로

③ **평균 역률** : 90~95[%]

④ 90~95[%]

㉠ 전압강하가 적다.

㉡ 전력손실이 적다.

㉢ 전기요금이 절감된다.

㉣ 설비이용률이 증가된다.

⑤ **식** : $\cos\theta = \frac{\text{유효전력}}{\text{피상전력}} \times 100[\%]$

(3) **Q_c식**

$$Q_c = P(\tan\theta_1 - \tan\theta_2)[\text{kVA}]$$

$$= P\left(\frac{\sin\theta_1}{\cos\theta_1} - \frac{\sin\theta_2}{\cos\theta_2}\right)$$

$$= P\left(\frac{\sqrt{1-\cos^2\theta_1}}{\cos\theta_1} - \frac{\sqrt{1-\cos^2\theta_2}}{\cos\theta_2}\right)$$

여기서, Q_c : 콘덴서 용량[kVar = kVA]

P : 유효전력[kW]

θ_1 : 개선 전 위상

θ_2 : 개선 후 위상

(4) 설비규정

① 개폐기

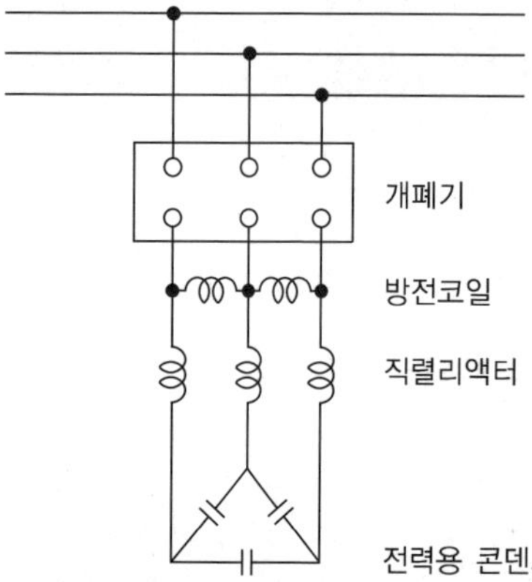

㉠ 100[kVA] 이상 : CB(52) 교류차단기
- OCR(51) 과전류계전기
- OVR(59) 과전압계전기
- UVR(27) 부족전압계전기

㉡ 50[kVA] 이상 100[kVA] 미만 : OS 유입개폐기

㉢ 30[kVA] 이상 50[kVA] 미만 : COS 컷아웃 스위치

㉣ 30[kVA] 미만 : DS(89) 단로기

② **뱅크(군)수 결정** : 300[kVA]마다 1군씩 분할하여 설치

③ Bank의 3요소

㉠ 방전코일(DC) : 전원 개방 시 잔류전하를 방전하여 인체의 감전사고 방지 및 전원 재투입 시 과전압발생 방지

㉡ 직렬 리액터 : 5고조파를 제거하여 전압의 파형개선

$X_L = 0.04X_C$
- 이론상 : 4[%]
- 실제 : 5~6[%] → 이유 : 주파수 변동을 고려하여 보상하려고

㉢ 전력용 콘덴서(SC) : 부하의 역률개선

(5) 역률 과보상 시 발생하는 현상

① 앞선 역률에 의한 전력손실이 발생한다.

② 고조파 왜곡이 증대한다.

③ 모선전압이 크게 증가할 수 있다.

(6) 전력용 콘덴서 정기점검의 육안검사 항목

① 유 누설 유무 점검

② 용기의 발청 유무 점검

③ 단자의 이완 및 과열 유무 점검

[확인문제]

01 **전력용 콘덴서의 방전코일과 직렬리액터의 설치목적은?**

정답

- 방전코일 : 전원 개방 시 잔류전하를 방전하여 인체의 감전사고 방지 및 전원 재투입 시 과전압 발생방지
- 직렬리액터 : 제5고조파를 제거하여 전압의 파형개선

02 **직렬콘덴서를 사용하는 목적에 대하여 쓰시오.**

정답

선로의 유도성 리액턴스를 보상하여 전압강하 감소 및 계통의 안정도 증진

03 **역률 과보상 시 발생하는 현상에 대하여 3가지만 쓰시오.**

정답

- 앞선 역률에 의한 전력손실이 발생한다.
- 모선전압이 크게 증가할 수 있다.
- 고조파 왜곡이 증대한다.

04 **정지형 무효전력 보상장치(SVC)에 대하여 간단히 설명하시오.**

정답

병렬콘덴서와 분로리액터에 흐르는 무효전력을 사이리스터를 이용하여 신속하게 제어하는 장치이다.

05 다음 물음에 답하시오.

(1) 역률을 개선하기 위한 전력용 콘덴서 용량은 최대 무슨 전력 이하로 설정하여야 하는지 쓰시오.

(2) 제5고조파를 제거하기 위해 콘덴서에 무엇을 설치해야 하는지 쓰시오.

(3) 역률 개선 시 나타나는 효과 4가지를 쓰시오.

정답

(1) 부하의 지상 무효전력

(2) 직렬리액터

(3) • 전력손실 경감
- 전압 강하의 감소
- 설비이용률이 증가
- 전기요금이 절약

06 전력용 진상콘덴서의 정기점검의 육안검사 항목 3가지를 쓰시오.

정답

- 유 누설 유무 점검
- 용기의 발청 유무 점검
- 단자의 이완 및 과열 유무 점검

07 역률을 높게 유지하기 위하여 개개의 부하에 고압 및 특별 고압 진상용 콘덴서를 설치하는 경우에는 현장 조작 개폐기보다도 부하 측에 접속하여야 한다. 콘덴서의 용량, 접속 방법 등은 어떻게 시설하는 것을 원칙으로 하는지와 고조파 전류의 증대 등에 대한 다음 각 물음에 답하시오.

(1) 콘덴서의 용량은 부하의 (　　)보다 크게 하지 말 것

(2) 콘덴서는 본선에 직접 접속하고 특히 전용의 (　　), (　　), (　　) 등을 설치하지 말 것

(3) 고압 및 특별 고압 진상용 콘덴서의 설치로 공급회로의 고조파전류가 현저하게 증대할 경우는 콘덴서회로에 유효한 (　　)를 설치하여야 한다.

(4) 가연성유봉입(可燃性油封入)의 고압 진상용 콘덴서를 설치하는 경우는 가연성의 벽, 천장 등과 (　　)[m] 이상 이격하는 것이 바람직하다.

정답

(1) 무효분

(2) 개폐기, 퓨즈, 유입차단기

(3) 직렬리액터

(4) 1

08 역률을 개선하면 전기요금의 저감과 배전선의 손실 경감, 전압강하 감소, 설비여력의 증가 등을 기할 수 있으나, 너무 과보상하면 역효과가 나타난다. 즉, 경부하 시에 콘덴서가 과대 삽입되는 경우의 결점을 4가지 쓰시오.

정답

- 진상역률에 의한 전력손실이 생긴다.
- 모선전압이 크게 상승한다.
- 설비용량이 감소하여 과부하가 될 수 있다.
- 고조파 왜곡의 증대된다.

09 전력계통의 발전기, 변압기 등의 증설이나 송전선의 신·증설로 인하여 단락·지락전류가 증가하여 송변전 기기에 손상이 증대되고, 부근에 있는 통신선의 유도장해가 증가하는 등의 문제점이 예상되므로, 단락용량의 경감대책을 세워야 한다. 이 대책을 3가지만 쓰시오.

정답

- 고 임피던스 기기를 채택한다.
- 모선계통을 분리 운용한다.
- 한류리액터를 설치한다.

10 부하의 역률을 개선하는 원리를 간단히 쓰시오.

정답

- 전류가 전압보다 위상이 앞서므로 역률 개선
- 진상전류를 흘림으로써 무효전력을 감소시켜 역률 개선

11 제3고조파의 유입으로 인한 유도장해를 방지하기 위하여 전력용 콘덴서 회로에 콘덴서 용량의 11[%]인 직렬 리액터를 설치하였다. 이 경우에 콘덴서의 정격전류가 10[A]라면 콘덴서 투입 시 전류는 몇 [A]인가?

해설

$$I = I_n\left(1+\sqrt{\frac{X_C}{X_L}}\right) = I_n\left(1+\sqrt{\frac{X_C}{0.11X_C}}\right) = 10\times\left(1+\sqrt{\frac{1}{0.11}}\right) \fallingdotseq 40.15[\mathrm{A}]$$

정답

40.15[A]

12 사용전압은 3상 380[V]이고, 주파수는 60[Hz]의 1[kVA]의 전력용 콘덴서를 설치하고자 할 때 필요한 콘덴서의 정전용량[μF]을 선정하시오(단, 표준용량은 10, 15, 20, 30, 50[μF]이다).

해설

$Q_C = 3\omega CE^2$

$$C = \frac{Q_C}{3\omega E^2} = \frac{1 \times 10^3}{3 \times (2\pi \times 60) \times \left(\frac{380}{\sqrt{3}}\right)^2} \times 10^6 ≒ 18.37[\mu\text{F}]$$

정답

20[μF]

13 전압 22,900[V], 주파수 60[Hz], 선로길이 7[km] 1회선의 3상 지중송전선로가 있다(단, 케이블의 1선당 작용 정전용량은 0.4[μF/km]라고 한다).

(1) 무부하 충전전류[A]를 구하시오. (2) 충전용량[kVA]을 구하시오.

해설

$$(1)\ I_C = \frac{E}{Z} = \frac{E}{X_C} = \frac{\frac{V}{\sqrt{3}}}{\frac{1}{\omega_C}} = \frac{1}{\sqrt{3}}\omega CV = \frac{1}{\sqrt{3}} \times 2\pi f CV$$

$$= \frac{1}{\sqrt{3}} \times 2\pi \times 60 \times 0.4 \times 10^{-6} \times 7 \times 22{,}900 ≒ 13.96[\text{A}]$$

$$(2)\ Q_C = \sqrt{3}\,VI_C = \sqrt{3} \times 22{,}900 \times 13.96 \times 10^{-3} ≒ 553.71[\text{kVA}]$$

정답

(1) 13.96[A] (2) 553.71[kVA]

14 어떤 콘덴서 3개를 선간전압 3,300[V], 주파수 60[Hz]의 선로에 △로 접속하여 60[kVA]가 되도록 하려면 콘덴서 1개의 정전용량[μF]은 약 얼마로 하여야 하는가?

해설

$$I_C = \frac{E}{Z} = \frac{E}{X_C} = \frac{E}{\frac{1}{\omega C}} = \omega CE$$

$Q_C = 3EI_C = 3\omega CE^2$

$$C = \frac{Q_C}{3\omega E^2} = \frac{60 \times 10^3}{3 \times 2\pi \times 60 \times 3{,}300^2} \times 10^6 ≒ 4.87[\mu\text{F}]$$

정답

4.87[μF]

※ △결선은 선간전압 상전압이 같다.

15

역률 80[%], 10,000[kVA]의 부하를 가진 변전소에 2,000[kVA]의 콘덴서를 설치하여 역률을 개선하면 변압기에 걸리는 부하는 몇 [kVA]인지 구하시오.

해설

$P = P_a \cos\theta = 10{,}000 \times 0.8 = 8{,}000$

$P_r = P_a \sin\theta = 10{,}000 \times 0.6 = 6{,}000$

$P_a = \sqrt{P^2 + (P_r - Q_C)^2} = \sqrt{8{,}000^2 + (6{,}000 - 2{,}000)^2} \fallingdotseq 8{,}944.272$

정답

8,944.27[kVA]

16

어떤 공장의 전기설비로 역률 0.8, 용량 200[kVA]인 3상 유도부하가 사용되고 있다. 이 부하에 병렬로 전력용 콘덴서를 설치하여 합성역률을 0.95로 개선할 경우 다음 각 물음에 답하시오.

(1) 전력용 콘덴서의 용량은 몇 [kVA]가 필요한가?

(2) 전력용 콘덴서의 직렬리액터를 함께 설치할 때 설치하는 이유와 용량은 몇 [kVA]를 설치하여야 하는지를 쓰시오.

해설

(1) $Q_C = P\left(\frac{\sin\theta_1}{\cos\theta_1} - \frac{\sqrt{1-\cos^2\theta_2}}{\cos\theta_2}\right) = 200 \times 0.8\left(\frac{0.6}{0.8} - \frac{\sqrt{1-0.95^2}}{0.95}\right) \fallingdotseq 67.4105$

(2) 용량 이론상 $67.41 \times 0.04 = 2.6964$

용량 실제 $67.41 \times 0.06 = 4.0446$

정답

(1) 67.41[kVA]

(2) • 이유 : 제5고조파를 제거하여 전압의 파형 개선

• 용량 : 4.04[kVA]

17

500[kVA]의 변압기에 역률 80[%]인 부하 500[kVA]가 접속되어 있다. 지금 변압기에 전력용 콘덴서 150[kVA]를 설치하여 변압기의 전 용량까지 사용하고자 할 경우 증가시킬 수 있는 유효전력은 몇 [kW]인가?(단, 증가되는 부하의 역률은 1이라고 한다)

해설

$500 = \sqrt{(500 \times 0.8 + \triangle P)^2 + (500 \times 0.6 - 150)^2}$

$500^2 = (500 \times 0.8 + \triangle P)^2 + (500 \times 0.6 - 150)^2$

$250{,}000 = (400 + \triangle P)^2 + 22{,}500$

$250{,}000 - 22{,}500 = (400 + \triangle P)^2$

$\sqrt{227{,}500} = (400 + \triangle P)$

$\sqrt{227{,}500} - 400 = \triangle P$

$\triangle P \fallingdotseq 76.9696$

정답

76.97[kW]

18

3상 380[V], 20[kW], 역률 80[%]인 부하의 역률을 개선하기 위하여 15[kVA]의 진상콘덴서를 설치하는 경우 전류의 차(역률 개선 전과 역률 개선 후)는 몇 [A]가 되겠는가?

해설

역률 개선 전

$I_1 = \dfrac{P}{\sqrt{3}\,V\cos\theta} = \dfrac{20{,}000}{\sqrt{3} \times 380 \times 0.8} \fallingdotseq 37.984$

콘덴서 설치 후

$Q = P\tan\theta = 20 \times \dfrac{0.6}{0.8} = 15$[kVA]에 15[kVA] 콘덴서를 설치하면 무효전력은 0[kVA]

그러므로 역률 1

$I_1 = \dfrac{20{,}000}{\sqrt{3} \times 380 \times 1} \fallingdotseq 30.387$

$\triangle I = 37.984 - 30.387 = 7.597$

정답

7.6[A]

19

3ϕ 송전선로에 1,000[kW], 역률 80[%]인 부하가 5[km] 지점에 있다. 여기에 전력용 콘덴서를 설치하여 역률 95[%]로 개선하였을 경우 개선 후 전압강하와 전력손실은 개선 전의 몇 [%]인가?(단, $Z=0.3+j0.4[\Omega/\text{km}]$, 부하의 단자전압은 6,000[V]로 일정하다)

(1) 전압강하 (2) 전력손실

해설

(1) $e=\dfrac{P}{V}(R+X\tan\theta)$ 에서

개선 전 $e=\dfrac{1{,}000\times10^3}{6{,}000}\left(0.3\times5+0.4\times5\times\dfrac{0.6}{0.8}\right)=500[\text{V}]$

개선 후 $e=\dfrac{1{,}000\times10^3}{6{,}000}\left(0.3\times5+0.4\times5\times\dfrac{\sqrt{1-0.95^2}}{0.95}\right)=359.561[\text{V}]$

【참고】 $R=0.3[\Omega/\text{km}]\times5[\text{km}]$, $X=0.4[\Omega/\text{km}]\times5[\text{km}]$

$$\frac{\text{개선 후}}{\text{개선 전}}=\frac{359.561}{500}\times100=71.912[\%]$$

(2) $P_l=3I^2R=\dfrac{P^2R}{V^2\cos^2\theta}$

개선 전 $P_l=\dfrac{(1{,}000\times10^3)^2\times0.3\times5}{6{,}000^2\times0.8^2}=65{,}104.167[\text{W}]$

개선 후 $P_l=\dfrac{(1{,}000\times10^3)^2\times0.3\times5}{6{,}000^2\times0.95^2}=46{,}168.051[\text{W}]$

$$\frac{\text{개선 후}}{\text{개선 전}}=\frac{46{,}168.051}{65{,}104.167}\times100=70.914[\%]$$

【참고】 $P_l=\dfrac{1}{\cos^2\theta}=\left(\dfrac{\frac{1}{0.95^2}}{\frac{1}{0.8^2}}\right)\times100=70.914[\%]$

정답

(1) 71.91[%]

(2) 70.91[%]

20 부하에 병렬로 콘덴서를 설치하고자 할 때, 다음 조건을 이용하여 각 물음에 답하시오.

[조 건]
부하 A은 역률이 60[%]이고, 유효전력은 180[kW], 부하 B는 유효전력 120[kW]이고, 무효전력이 160[kVar]이며, 배선 전력손실은 40[kW]이다.

(1) 부하 A와 부하 B의 합성용량은 몇 [kVA]인가?

(2) 부하 A와 부하 B의 합성역률은 얼마인가?

(3) 합성역률을 90[%]로 개선하는 데 필요한 콘덴서용량은 몇 [kVA]인가?

(4) 역률 개선 시 배전의 전력손실은 몇 [kW]인가?

해설

(1) 합성유효전력 $P = P_A + P_B = 180 + 120 = 300[\text{kW}]$

합성무효전력 $Q = Q_A + Q_B = 180 \times \dfrac{0.8}{0.6} + 160 = 400[\text{kVar}]$

합성용량 $P_a = \sqrt{P^2 + Q^2} = \sqrt{300^2 + 400^2} = 500[\text{kVA}]$

(2) 합성역률 $\cos\theta = \dfrac{P}{P_a} \times 100 = \dfrac{300}{500} \times 100 = 60[\%]$

(3) $Q_C = P\left(\dfrac{\sin\theta_1}{\cos\theta_1} - \dfrac{\sqrt{1-\cos^2\theta_2}}{\cos\theta_2}\right) = 300\left(\dfrac{0.8}{0.6} - \dfrac{\sqrt{1-0.9^2}}{0.9}\right) \fallingdotseq 254.7[\text{kVA}]$

(4) $P_l \propto \dfrac{1}{\cos^2\theta}$

전력손실[kW] $= \dfrac{\dfrac{1}{0.9^2}}{\dfrac{1}{0.6^2}} \times 40 \fallingdotseq 17.7778$

정답

(1) 500[kVA]

(2) 60[%]

(3) 254.7[kVA]

(4) 17.78[kW]

21 정격용량 500[kVA]의 변압기에서 배전선의 전력손실을 40[kW]로 유지하면서 부하 L_1, L_2에 전력을 공급하고 있다. 지금 그림과 같이 전력용 콘덴서를 기존 부하와 병렬로 연결하여 합성역률을 90[%]로 개선하고 새로운 부하를 증설하려고 할 때 다음 물음에 답하시오(단, 여기서 부하 L_1은 역률 60[%], 180[kW]이고, 부하 L_2의 전력은 120[kW], 160[kVar]이다).

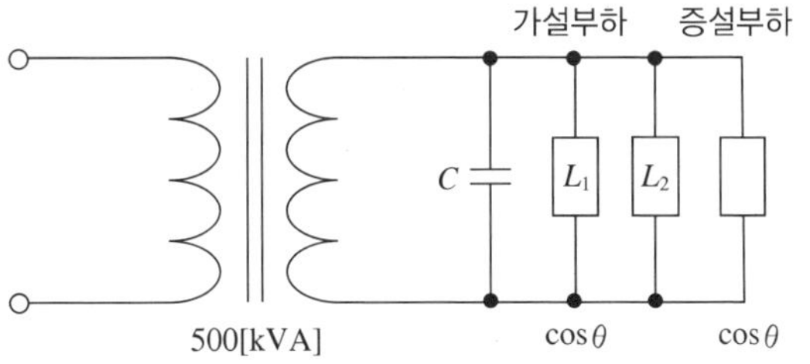

(1) 부하 L_1과 L_2의 합성용량[kVA]의 합성역률은?

① 합성용량 :

② 합성역률 :

(2) 역률 개선 시 변압기용량의 한도까지 부하설비를 증설하고자 할 때 증설부하용량은 몇 [kW]인가?

해설

(1) 합성용량

① 합성유효전력 $P = P_1 + P_2 = 180 + 120 = 300[\text{kW}]$

합성무효전력 $Q = Q_1 + Q_2 = 180 \times \dfrac{0.8}{0.6} + 160 = 400[\text{kVar}]$

합성용량 $P_a = \sqrt{P^2 + Q^2} = \sqrt{300^2 + 400^2} = 500[\text{kVA}]$

② 합성역률 $\cos\theta = \dfrac{P}{P_a} \times 100 = \dfrac{300}{500} \times 100 = 60[\%]$

(2) 역률 90[%] 개선 시 유효전력 $P = P_a \cos\theta = 500 \times 0.9 = 450[\text{kW}]$

$\Delta P = P - P_1 - P_2 - P_l = 450 - 180 - 120 - 40 = 110[\text{kW}]$

정답

(1) ① 500[kVA]

② 60[%]

(2) 110[kW]

22 다음 그림은 콘덴서 설비의 단선도이다. 그림에서 ①, ②의 명칭과 역할을 각각 쓰시오.

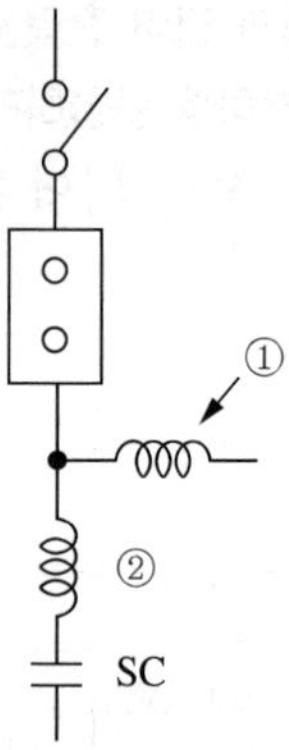

정답

① • 명칭 : 방전코일
  • 역할 : 전원 개방 시 잔류전하를 방전하여 인체감전사고 방지 및 전원 재투입 시 과전압 발생 방지

② • 명칭 : 직렬리액터
  • 역할 : 제5고조파를 제거하여 전압의 파형을 개선

23 다음 그림은 전력계통의 일부를 나타낸 것이다. 다음 물음에 답하시오.

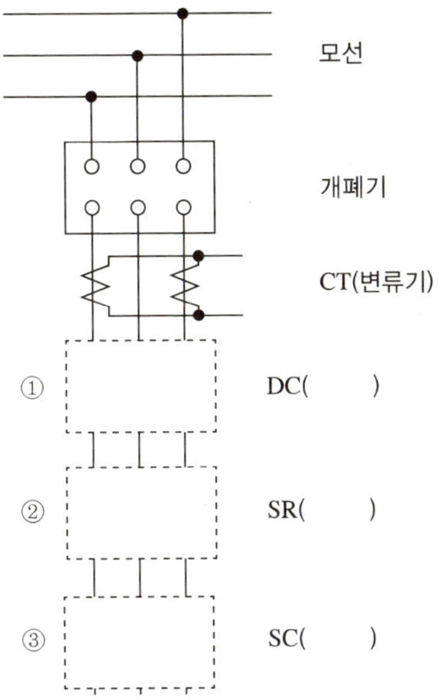

(1) ①, ②, ③의 미완성 회로를 완성하시오.

(2) ①, ②, ③의 명칭을 쓰시오.

(3) ①, ②, ③의 설치 이유를 쓰시오.

정답

(1) ①

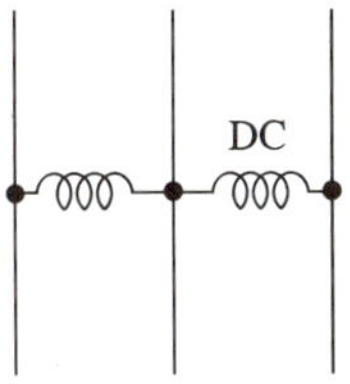

②

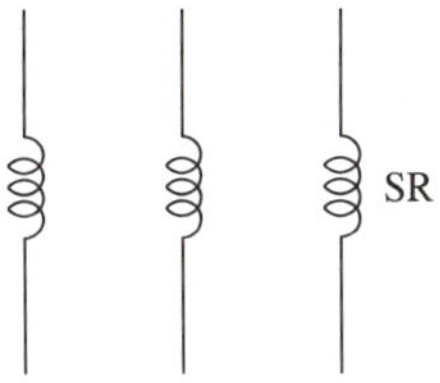

③

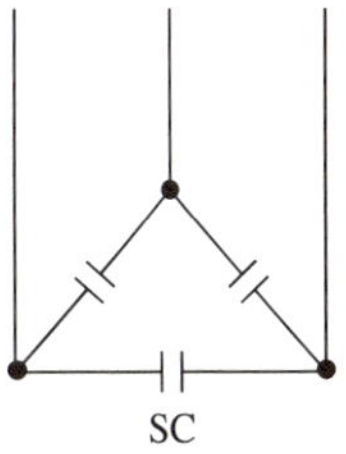

(2) ① 방전코일
　② 직렬리액터
　③ 전력용 콘덴서

(3) ① 전원 개방 시 잔류전하를 방전하여 인체의 감전사고 방지 및 전원 재투입 시 과전압 발생 방지
　② 제5고조파를 제거하여 전압의 파형 개선
　③ 부하의 역률 개선

24 고압 진상용 콘덴서의 내부고장 보호방식으로 NCS 방식과 NVS 방식이 있다. 다음 각 물음에 답하시오.

(1) NCS와 NVS의 기능을 설명하시오.

(2) [그림1] ①, [그림2] ②에 누락된 부분을 완성하시오.

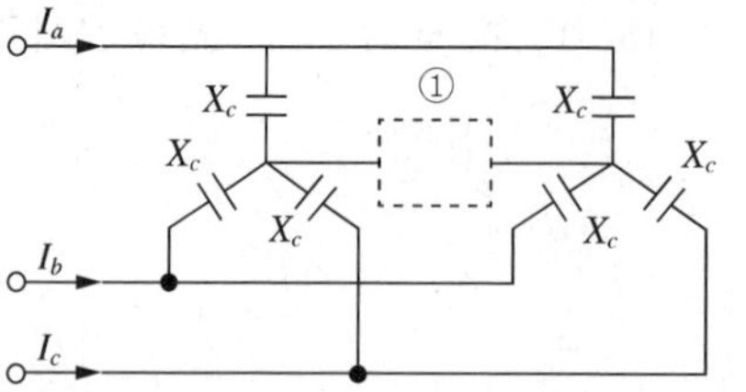

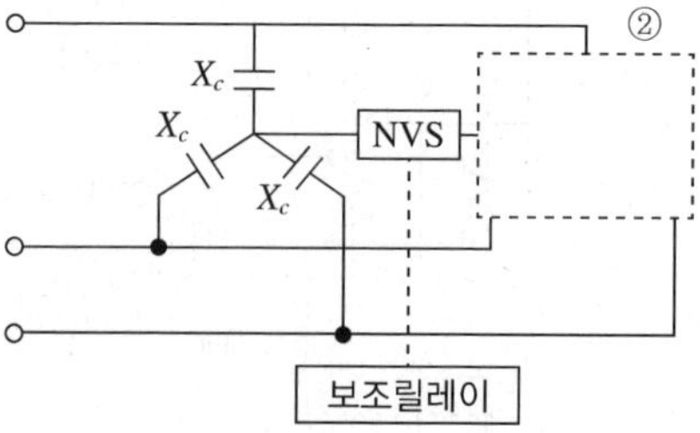

정답

(1) • NCS : 중성점 전류 검출방식

• NVS : 중성점 전압 검출방식

(2) ①

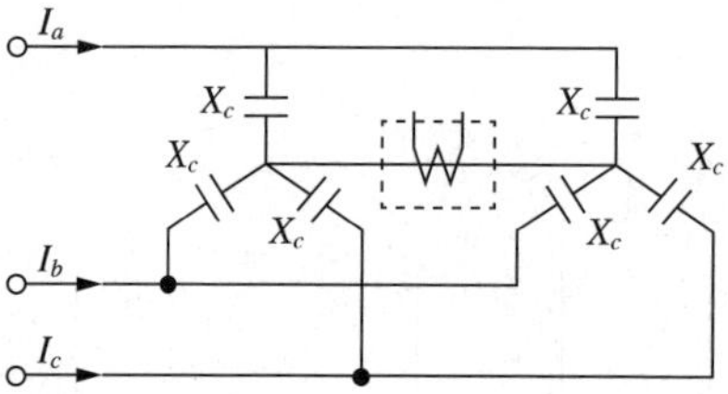

②

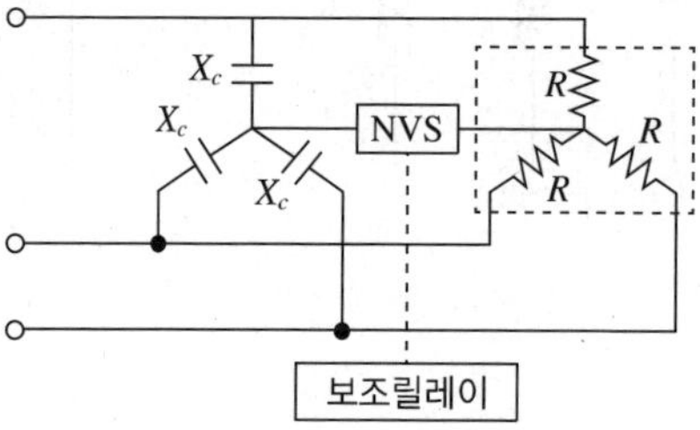

04 설비불평형률

1 설비불평형률, 1ϕ3W

(1) 계 산

① $1\phi 3W = \dfrac{\text{중성선과 전압 측 간의 설비용량[kVA]의 차}}{\text{총설비용량[kVA]} \times \frac{1}{2}} \times 100[\%]$

단, 40[%]를 초과할 수 없다.

② $\begin{matrix} 3\phi 3W \\ 3\phi 4W \end{matrix} = \dfrac{1\phi \text{ 설비용량[kVA]의 최대와 최소의 차}}{\text{총설비용량[kVA]} \times \frac{1}{3}} \times 100[\%]$

단, 30[%]를 초과할 수 없다.

(2) 설비불평형률 적용 제외 규정

① 설비규정제한을 받지 않고 쓰는 경우

㉠ 저압 수전으로서 전용의 변압기를 사용하는 경우

㉡ 고압, 특고압 수전으로서 1ϕ 부하용량이 100[kVA] 이하인 경우

㉢ 고압, 특고압 수전으로서 1ϕ 부하용량의 최대와 최소의 차가 100[kVA] 이하인 경우

㉣ 특고압 수전으로서 단상 100[kVA] 이하 변압기 2대를 역 V결선하는 경우

※ 대용량의 단상부하
- 1개 : 역 V결선
- 2개 : 스코트결선
- 접지 측 : 녹색

(3) 1ϕ3W

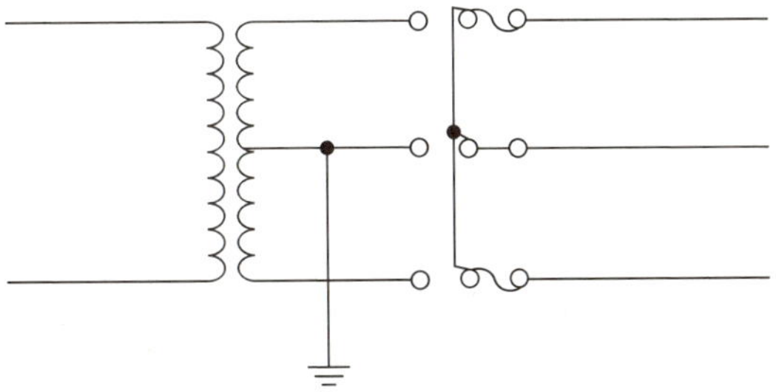

① 설비규정

㉠ 개폐기는 동시 동작형 개폐기를 설치할 것

㉡ 중성선은 퓨즈를 넣지 말고 직결시킬 것

㉢ 변압기 2차 측 1단자는 계통접지공사를 한다.

② 단 점

㉠ 부하불평형 시 전력손실이 커진다.

㉡ 중성선 단선 시 각 단자전압의 불평형이 생긴다.

확인문제

01 다음 그림에서 × 표시된 중성선이 단선되었을 때 부하 A, B에 걸리는 전압을 구하시오.

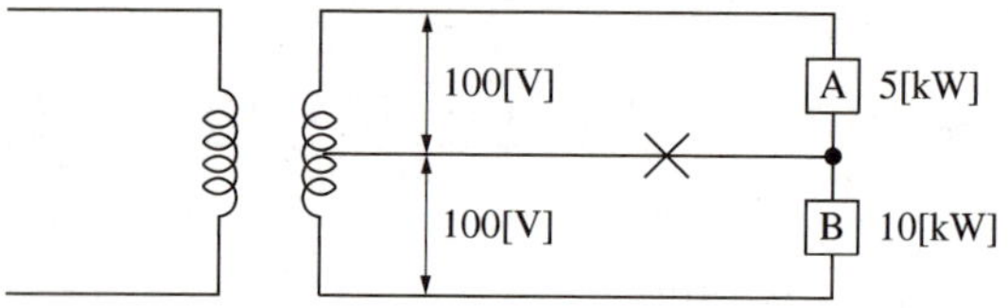

해설

$$R_A = \frac{V^2}{P_A} = \frac{100^2}{5 \times 10^3} = 2[\Omega]$$

$$R_B = \frac{V^2}{P_B} = \frac{100^2}{10 \times 10^3} = 1[\Omega]$$

$$V_A = \frac{2}{2+1} \times 200 = 133.333[V]$$

$$V_B = \frac{1}{2+1} \times 200 = 66.666[V]$$

정답

V_A : 133.33[V]

V_B : 66.67[V]

02 그림과 같은 단상 3선식 100/200[V] 수전의 경우 설비불평형률을 구하고 양호, 불량을 판단하시오(단, Ⓜ은 전동기 부하이고, Ⓗ는 전열기 부하이다).

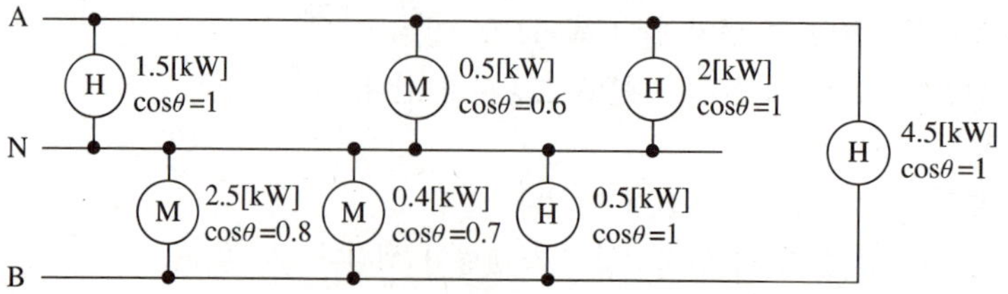

해설

$$P_{AN상} = \frac{1.5}{1} + \frac{0.5}{0.6} + \frac{2}{1} \fallingdotseq 4.333[\text{kVA}]$$

$$P_{BN상} = \frac{2.5}{0.8} + \frac{0.4}{0.7} + \frac{0.5}{1} \fallingdotseq 4.196[\text{kVA}]$$

$$P_{AB선간} = \frac{4.5}{1}[\text{kVA}]$$

$$설비불평형률 = \frac{4.333 - 4.196}{(4.333 + 4.196 + 4.5) \times \frac{1}{2}} \times 100 \fallingdotseq 2.103$$

40[%] 이하이므로 이 설비는 양호하다.

정답

2.1[%], 양호

03 단상 3선식의 설비불평형률은 몇 [%]인가?

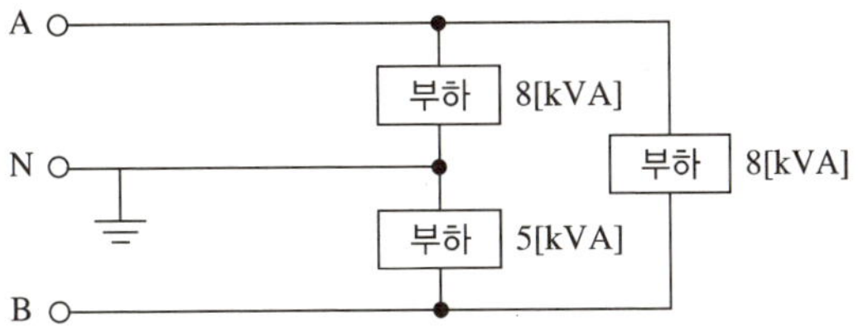

해설

$$설비불평형률 = \frac{8 - 5}{(8 + 5 + 8) \times \frac{1}{2}} \times 100 \fallingdotseq 28.5714$$

정답

28.57[%]

04 다음 3상 3선식 220[V]인 수전회로에서 Ⓗ는 전열부하이고, Ⓜ은 역률 0.8인 전동기이다. 이 그림을 보고 다음 각 물음에 답하시오.

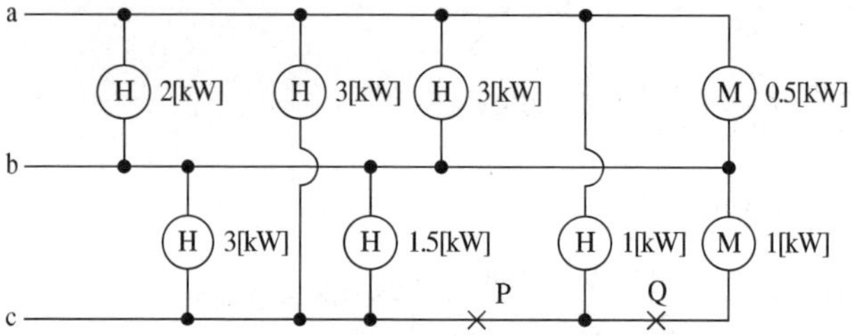

(1) 저압 수전의 3상 3선식 선로인 경우에 설비불평형률은 몇 [%] 이하로 하여야 하는가?

(2) 그림의 설비불평형률은 몇 [%]인가?(단, P, Q점은 단선이 아닌 것으로 계산한다)

(3) P, Q점에서 단선이 되었다면 설비불평형률은 몇 [%]가 되겠는가?

해설

(2) 설비불평형률 $= \dfrac{\left(3+1.5+\dfrac{1}{0.8}\right)-(3+1)}{\left(2+3+\dfrac{0.5}{0.8}+3+1.5+\dfrac{1}{0.8}+3+1\right)\times\dfrac{1}{3}}\times 100 \fallingdotseq 34.15[\%]$

(3) 설비불평형률 $= \dfrac{\left(2+3+\dfrac{0.5}{0.8}\right)-3}{\left(2+3+\dfrac{0.5}{0.8}+3+1.5+3\right)\times\dfrac{1}{3}}\times 100 = 60[\%]$

정답

(1) 30[%]

(2) 34.15[%]

(3) 60[%]

05 특, 고압수전에서 대용량의 단상 전기로 등의 사용으로 설비 부하평형의 제한에 따르기가 어려울 경우는 전기사업자와 협의하여 다음 각 호에 의하여 시설하는 것을 원칙으로 한다. 빈칸에 들어갈 말은?

(1) 단상 부하 1개의 경우는 (　　) 접속에 의할 것(다만, 300[kVA]를 초과하지 말 것)

(2) 단상 부하 2개의 경우는 (　　) 접속에 의할 것(다만, 1개의 용량이 200[kVA] 이하인 경우는 부득이한 경우에 한하여 보통의 변압기 2대를 사용하여 별개의 선간에 부하를 접속할 수 있다)

(3) 단상 부하 3개 이상인 경우는 가급적 선로전류가 (　　)이 되도록 각 선간에 부하를 접속할 것

정답

(1) 역 V결선

(2) 스코트결선

(3) 평 형

06 그림과 같은 3상 3선식 배전선로에서 불평형률을 구하시오.

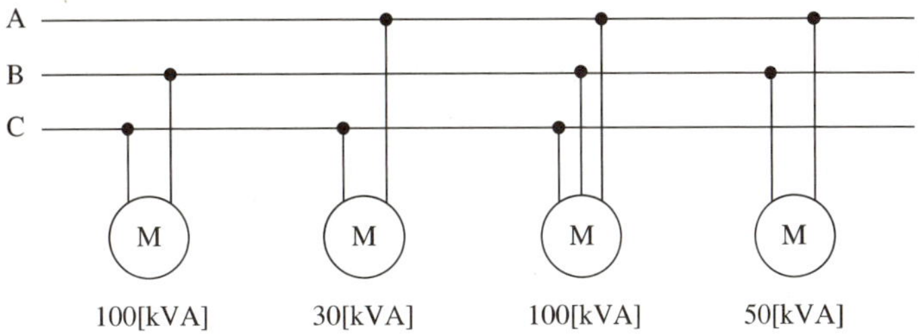

해설

$P_{AB}=50$, $P_{BC}=100$, $P_{CA}=30$, $P_{ABC}=100$

$$설비불평형률=\frac{100-30}{(50+100+30+100)\times\frac{1}{3}}\times100=75[\%]$$

정답

75[%]

07 불평형 부하의 제한에 관련된 다음 물음에 답하시오.

(1) 저압, 고압 및 특별 고압 수전의 3상 3선식 또는 3상 4선식에서 불평형 부하의 한도는 단상 접속 부하로 계산하여 설비불평형률을 몇 [%] 이하로 하는 것을 원칙으로 하는가?

(2) 물음 (1)의 제한 원칙에 따르지 않아도 되는 경우를 2가지만 쓰시오.

(3) 부하설비가 그림과 같을 때 설비불평형률은 몇 [%]인가?(단, Ⓗ는 전열기로 $\cos\theta=1$이고, Ⓜ은 전동기로 부하는 역률이 $\cos\theta=0.8$이다)

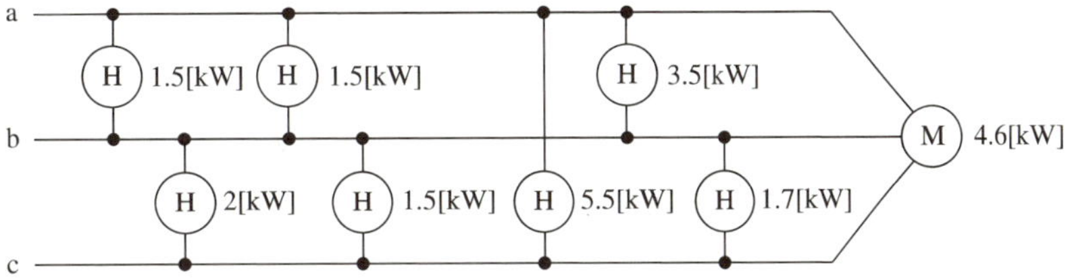

해설

(3) $P_{ab}=1.5+1.5+3.5=6.5$

$P_{bc}=2+1.5+1.7=5.2$

$P_{ca}=5.5$

$P_{ABC}=\frac{4.6}{0.8}=5.75$

$$설비불평형률=\frac{6.5-5.2}{(6.5+5.2+5.5+5.75)\times\frac{1}{3}}\times100 \fallingdotseq 16.9935$$

정답

(1) 30[%]

(2) • 저압 수전으로서 전용의 변압기를 사용하는 경우

• 고압, 특고압 수전으로서 단상 부하용량이 100[kVA] 이하인 경우

(3) 16.99[%]

08 그림과 같은 교류 단상 3선식 선로를 보고 다음 각 물음에 답하시오.

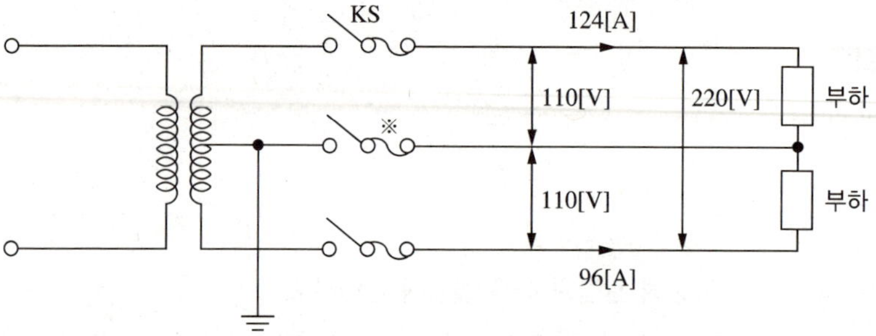

(1) 부하 불평형률은 몇 [%]인가?

(2) 도면에서 ※부분에 퓨즈를 넣지 않고 동선으로 직결시켰다. 그 이유를 설명하시오.

해설

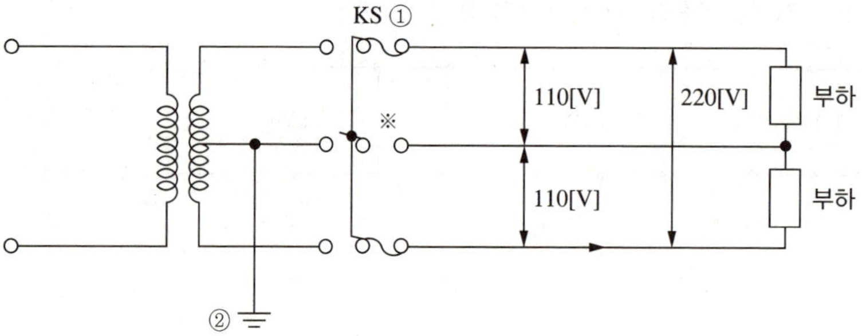

(1) $P_{aN} = 124 \times 110 = 13{,}640$

$P_{Nb} = 110 \times 96 = 10{,}560$

$$\text{설비불평형률} = \frac{13{,}640 - 10{,}560}{(10{,}560 + 13{,}640) \times \frac{1}{2}} \times 100 \fallingdotseq 25.4545$$

정답

(1) 25.45[%]

(2) 퓨즈용단 시 전압의 불평형이 발생되기 때문에

09 그림과 같이 1ϕ3W 선로에 전열기가 접속되어 있다. 이때 각 선에 흐르는 전류를 구하시오.

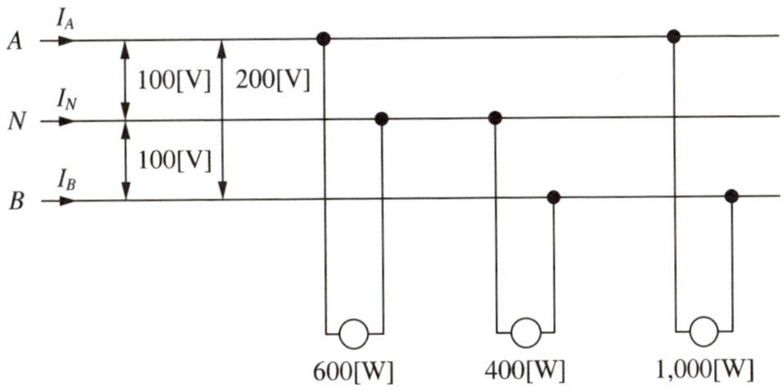

해설

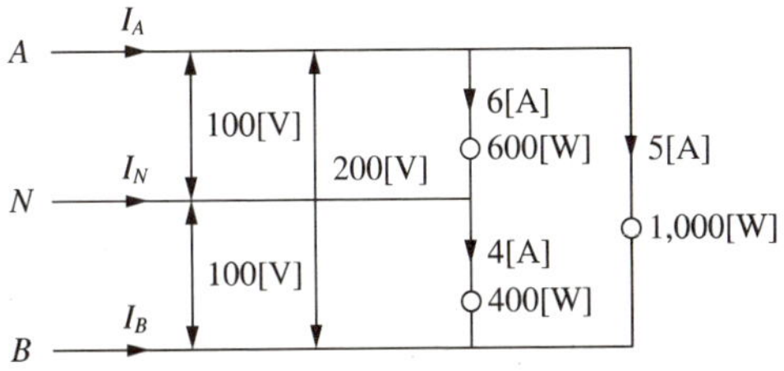

$I_{AN} = \dfrac{600}{100} = 6[A]$, $I_{NB} = \dfrac{400}{100} = 4[A]$, $I_{AB} = \dfrac{1,000}{200} = 5[A]$

키르히호프 제1법칙을 적용하면

$I_A = 6 + 5 = 11[A]$

$I_N = 4 - 6 = -2[A]$

$I_B = -(4+5) = -9[A]$

정답

$I_A = 11[A]$, $I_N = -2[A]$, $I_B = -9[A]$

10 100/200[V] 단상 3선식 회로를 보고 다음 물음에 답하시오.

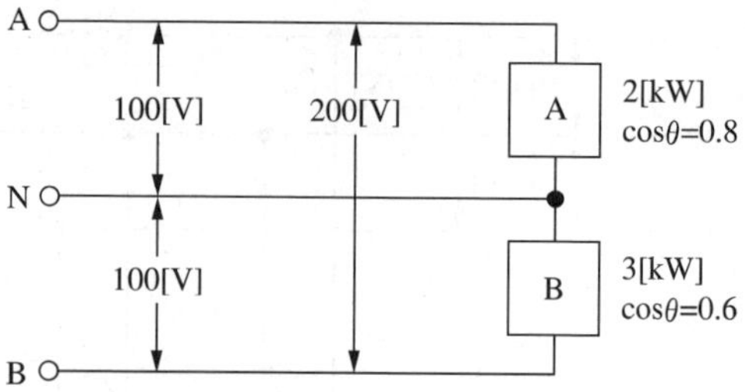

(1) 중성선 N에 흐르는 전류는 몇 [A]인가?

(2) 중성선의 굵기를 결정할 때의 전류는 몇 [A]를 기준하여야 하는가?

해설

(1) $I_A = \dfrac{P}{V\cos\theta} = \dfrac{2{,}000}{100 \times 0.8}(0.8 - j0.6)$

$I_B = \dfrac{P}{V\cos\theta} = \dfrac{3{,}000}{100 \times 0.6}(0.6 - j0.8)$

$I_N = \dfrac{2{,}000}{100 \times 0.8}(0.8 - j0.6) - \dfrac{3{,}000}{100 \times 0.6}(0.6 - j0.8) = -10 + j25 = \sqrt{10^2 + 25^2} \fallingdotseq 26.926$

※ 중성선에 흐르는 전류는 양쪽 전류차만큼 P_A와 P_B의 역률이 다르므로 각각 유효, 무효로 나누어서 계산한다.

(2) $I_A = \dfrac{2{,}000}{100 \times 0.8} = 25[\text{A}]$, $I_B = \dfrac{3{,}000}{100 \times 0.6} = 50[\text{A}]$ 둘 중 큰 전류값으로 중성선의 굵기를 선정한다.

정답

(1) 26.93[A]

(2) 중성선의 굵기를 결정하는 전류 : 50[A]

11 3상 4선식에서 역률 100[%]의 부하가 각 상과 중성선 간에 연결되어 있다. a상, b상, c상에 흐르는 전류가 각각 100[A], 87[A], 95[A]이다. 중성선에 흐르는 전류의 크기의 절댓값은 몇 [A]인가?

해설

$I_n = 100 + 87\angle -120° + 95\angle -240° \fallingdotseq 9 + j6.928 = \sqrt{9^2 + 6.928^2} \fallingdotseq 11.3577$

정답

11.36[A]

12

그림과 같은 단상 3선식 배전선의 a, b, c 각 선간에 부하가 접속되어 있다. 전선의 저항은 3선이 같고 각각 0.06[Ω]이라고 한다. ab, bc, ca 간의 전압을 구하시오. 단, 1차 측 22,900[V], 2차 측 전압선과 중성선은 100[V], 전압선과 전압선은 200[V]이고, 선로의 리액턴스는 무시한다.

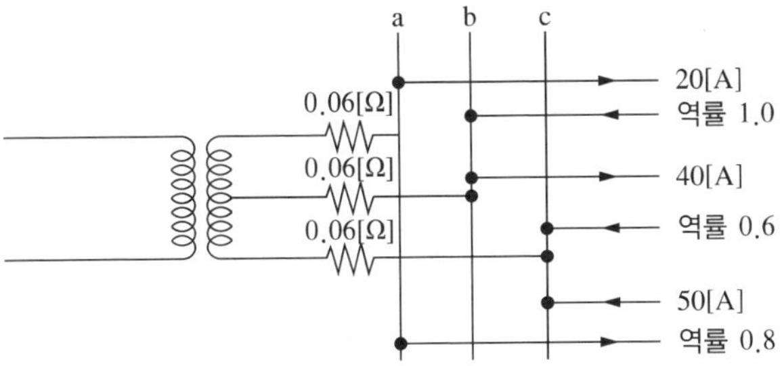

해설

전압강하 $e = I \cdot R$

$V_{ab} = 100 - (60 \times 0.06 - 4 \times 0.06) = 96.64[\text{V}]$

$V_{bc} = 100 - (4 \times 0.06 + 64 \times 0.06) = 95.92[\text{V}]$

$V_{ca} = 200 - (60 \times 0.06 + 64 \times 0.06) = 192.56[\text{V}]$

정답

$V_{ab} = 96.64[\text{V}]$

$V_{bc} = 95.92[\text{V}]$

$V_{ca} = 192.56[\text{V}]$

TIP

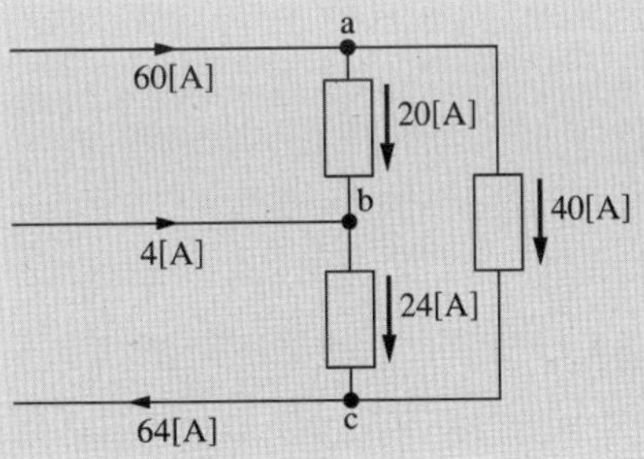

13 선로나 간선에 고조파 전류를 발생시키는 발생기기가 있을 경우 고조파 억제 대책을 5가지만 쓰시오.

정답

- 전력변환장치의 전원 측에 교류리액터를 설치한다.
- 부하 측 부근에 고조파 필터를 설치한다.
- 기기의 접지를 고조파 발생기기의 접지와 분리한다.
- 전력변환장치의 Pulse수를 크게 한다.
- 고조파 발생기기와 간격 확보 및 차폐 케이블을 사용한다.

14 TV나 형광등과 같은 전기제품 사용 시 플리커현상이 발생되는데 플리커현상을 경감시키기 위한 전원 측과 수용가 측에서의 대책을 각각 3가지씩 쓰시오.

(1) 전원 측

(2) 수용가 측

정답

(1) 전원 측
- 공급전압을 승압한다.
- 단락용량이 큰 계통에서 공급한다.
- 전용계통으로 공급한다.

(2) 수용가 측
- 직렬리액터를 설치한다.
- 직렬콘덴서를 설치한다.
- 부스터를 설치한다.

15 $i(t) = 100 + 50\sqrt{2}\sin\omega t + 20\sqrt{2}\sin\left(3\omega t + \frac{\pi}{6}\right)$[A]로 표현되는 비정현파 전류의 실횻값은 약 몇 [A]인가?

해설

$$I = \sqrt{I_0^{\ 2} + I_1^{\ 2} + I_3^{\ 2}}$$
$$= \sqrt{100^2 + 50^2 + 20^2}$$
$$\fallingdotseq 113.578[\text{A}]$$

정답

113.58[A]

16 **배전선의 기본파 전압 실횻값이 V_1[V], 고조파 전압의 실횻값이 V_3[V], V_5[V], V_n[V]이다. THD(Total Harmonics Distortion)의 정의와 계산식을 쓰시오.**

정답

- 정의 : 왜형률을 기본파전압의 실횻값에 대한 전고조파의 실횻값의 비로서 고조파 발생의 정도를 나타낸다.
- 계산식 : $\text{THD}=\dfrac{\sqrt{V_3^2+V_5^2+V_n^2}}{V_1}\times 100[\%]$

17 **선간전압 220[V], 역률 80[%], 용량 250[kW]를 6펄스 3상 UPS로 공급 중일 때 각 물음에 답하시오(단, 제5고조파 저감계수 $k=0.6$이다).**

(1) 기본파 전류

(2) 제5고조파 전류

해설

(1) $I=\dfrac{P}{\sqrt{3}\,V\cos\theta}=\dfrac{250\times 10^3}{\sqrt{3}\times 220\times 0.8}\fallingdotseq 820.0998[\text{A}]$

(2) 제5고조파 전류 $I_5=\dfrac{I_n}{n}\times k=\dfrac{820.1}{5}\times 0.6=98.412[\text{A}]$

정답

(1) 820.1[A]

(2) 98.41[A]

18 그림과 같은 Y결선에서 기본파와 제3고조파 전압만이 존재한다고 할 때 전압계의 눈금이 $V_p=$ 150[V], $V_l=$220[V]로 나타났다면 제3고조파 전압[V]과 왜형률을 구하시오.

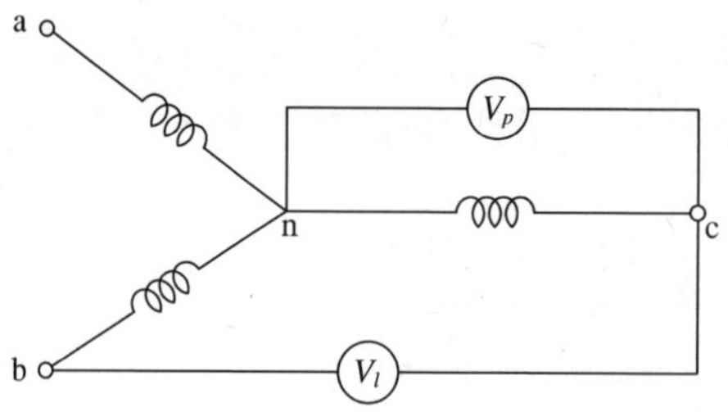

해설

$V_p=\sqrt{{V_1}^2+{V_3}^2}$

$150=\sqrt{{V_1}^2+{V_3}^2}$

Y결선이므로 선간전압에 3고조파분이 존재하지 않으므로

$V_l=\sqrt{3}\,V_1$

$V_1=\dfrac{220}{\sqrt{3}}\fallingdotseq 127.02[\text{V}]$

$150=\sqrt{127.02^2+{V_3}^2}$

$V_3=\sqrt{150^2-127.02^2}$

$\therefore\ V_3\fallingdotseq 79.79[\text{V}]$

$\text{왜형률}=\dfrac{\text{전고조파의 실횻값}}{\text{기본파의 실횻값}}\times 100=\dfrac{79.79}{127.02}\times 100\fallingdotseq 62.817[\%]$

정답

- 제3고조파 전압 : 79.79[V]
- 왜형률 : 62.82[%]

05 전동기

1 전동기

(1) 유도전동기의 기동법

유도전동기의 종류에는 농형 유도전동기, 권선형 유도전동기가 있다.

① 농형 유도전동기

㉠ 전전압 기동(직입 기동) : 5[kW] 소용량

㉡ Y − Δ 기동 : 5~15[kW] 용량

㉢ 기동 보상기법 기동 : 15[kW] 용량 이상

㉣ 리액터 기동 : 3상 각 상에 리액터(L)를 달아서 기동

② 권선형 유도전동기

㉠ 2차 저항 기동(비례추이 원리)

㉡ 2차 임피던스 기동

※ 전동기 기동방식 중 기기수명과 경제적인 면에서 가장 좋은 기동법은 기동 보상기법이며, 기동 보상기법 기동의 기동방법은 인가전압을 단권변압기로 감압해 공급하고 기동 완료 후 전전압을 가하는 방식이다. 전동기 기동방식 중 리액터 기동이란 전원에 리액터를 직렬로 연결하여 기동전류를 감압하여 기동하고 기동이 완료되면 전전압을 인가하는 기동방식을 말한다.

(2) 유도전동기의 속도제어

유도전동기의 속도제어에는 농형, 권선형이 있다.

① 농형 유도전동기

㉠ 극수 변환제어법

㉡ 주파수 변환제어법

㉢ 전원 전압제어법

② 권선형 유도전동기

㉠ 2차 저항제어(비례추이 원리)

㉡ 2차 여자제어

㉢ 슬립제어

(3) 단상 유도전동기의 기동 토크가 큰 순서

반발 기동 > 콘덴서 기동 > 분상 기동 > 셰이딩코일 기동

(4) 단상 반발전동기 종류

아트킨손, 톰슨, 데리

(5) 분상 기동형 단상 유도전동기의 회전 방향을 바꾸려면

기동권선 접속을 반대로 결선한다.

(6) 콘덴서 모터

모터의 보조권선에 콘덴서를 직렬로 접속하고, 위상차를 이용해 단상 전원으로 기동, 운전하는 유도 전동기이다.

(7) 전동기에 개별로 콘덴서를 설치할 경우 발생할 수 있는 자기여자현상의 발생 이유(원인)와 현상

① 이유 : 콘덴서전류가 전동기의 무부하전류보다 큰 경우 발생

② 현상 : 전동기 단자전압이 일시적으로 정격전압을 초과하는 현상

(8) 펌 프

$$P = \frac{9.8KQH}{\eta}$$

여기서, P : 출력[kW]

K : 축여유계수(안 주어지면 1)

Q : 유량[m^3/s]

H : 낙차[m]

η : 효율

$$P = \frac{KQH}{6.12\eta}$$

여기서, P : 출력[kW]

K : 축여유계수

Q : 유량[m^3/min]

H : 낙차[m]

η : 효율

권상기용 $P = \dfrac{\omega v}{6.12\eta}$

여기서, P : 출력[kW]

ω : 무게[ton]

v : 속도[m/min]

η : 효율

[확인문제]

01 3상 유도전동기는 농형과 권선형으로 구분되는데 각 형식별 기동법을 다음 빈칸에 쓰시오.

전동기 형식	기동법	기동법의 특징
농 형	①	전동기에 직접 전원을 접속하여 기동하는 방식으로 5[kW] 이하의 소용량에 사용
	②	1차 권선을 Y접속으로 하여 전동기를 기동 시 상전압을 감압하여 기동하고 속도가 상승되어 운전속도에 가깝게 도달하였을 때 △접속으로 바꿔 큰 기동전류를 흘리지 않고 기동하는 방식으로 보통 5.5~37[kW] 정도의 용량에 사용
	③	기동전압을 떨어뜨려서 기동전류를 제한하는 기동방식으로 고전압 농형 유도전동기를 기동할 때 사용
권선형	④	유도전동기의 비례추이 특성을 이용하여 기동하는 방법으로 회전자 회로에 슬립링을 통하여 가변저항을 접속하고 그의 저항을 속도의 상승과 더불어 순차적으로 바꾸어서 적게 하면서 기동하는 방법
	⑤	회전자 회로에 고정저항과 리액터를 병렬 접속한 것을 삽입하여 기동하는 방법

정답

① 전전압 기동
② Y-△기동
③ 기동 보상기법
④ 2차 저항 기동법
⑤ 2차 임피던스 기동법

02 다음 도면을 보고 각 물음에 답하시오.

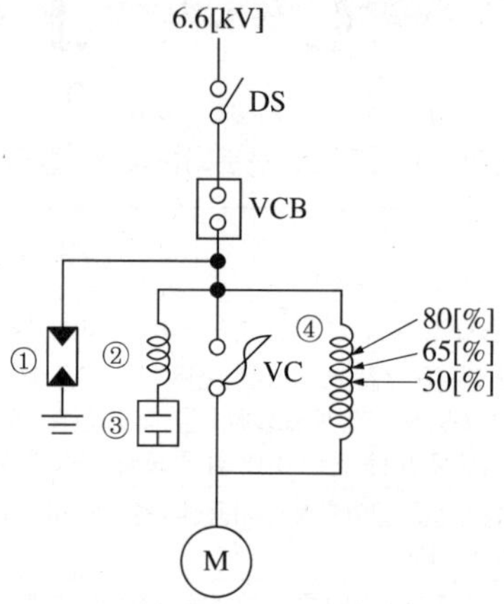

(1) 도면의 유도전동기 기동 방식을 쓰시오.

(2) ①~④의 명칭을 쓰시오.

정답

(1) 리액터기동법

(2) ① 서지흡수기
② 직렬리액터
③ 전력용 콘덴서
④ 기동용 리액터

03 단상 유도전동기에 대한 다음 각 물음에 답하시오.

(1) 기동방식을 4가지만 쓰시오.

(2) 분상 기동형 단상 유도전동기의 회전 방향을 바꾸려면 어떻게 하면 되는가?

(3) 단상 유도전동기의 절연을 A종 절연물로 하였을 경우 허용 최고 온도는 몇 [℃]인가?

해설

(3) 절연의 종류

종 류	Y종	A종	E종	B종	F종	H종	C종
최고사용온도[℃]	90	105	120	130	155	180	180 초과

정답

(1) 셰이딩 코일형, 콘덴서 기동형, 분상 기동형, 반발 기동형

(2) 기동권선의 접속을 반대로 바꾸어 준다.

(3) 105[℃]

04 3상 농형 유도전동기의 제동방법 중에서 역상제동에 대하여 설명하시오.

정답

전동기를 급속 정지시키고자 할 경우에 회전 중에 있는 전동기의 1차 권선의 3단자 중 임의의 2단자의 접속을 바꾸어 주면 상회전 방향이 반대가 되어 토크의 방향이 반대로 되므로 전동기는 제동되어 급속히 감속 정지하게 된다.

05 옥내에 시설되는 단상 전동기에 과부하 보호장치를 하지 않아도 되는 전동기의 용량은 몇 [kW] 이하인가?

정답

0.2[kW] 이하

06 전동기를 동력부하에 사용할 때 합리적으로 선정하기 위하여 고려할 사항 4가지를 쓰시오.

정답

- 사용장소의 상황에 알맞은 보호방식인가
- 운전형식에 합당한 정격 및 냉각방식인가
- 부하토크, 속도특성이 적합한가
- 용도에 알맞은 기계적 형식인가

07 다음 표를 보고 전동기의 정격을 쓰시오.

전동기 정격	특 징
(1)	차가운 상태에서 시작하여 일정한 단시간 지정 조건하에서 운전되었을 때 규정된 온도 상승, 기타 제반조건을 초과하지 않는 정격
(2)	지정된 조건으로 연속 사용할 때 규정된 온도 상승, 기타 제반조건을 초과하지 않는 정격
(3)	지정된 조건에서 일정한 부하로 운전, 정지를 주기적으로 반복 사용할 때 규정된 온도 상승, 기타 제반조건을 초과하지 않는 정격

정답

(1) 단시간 정격
(2) 연속 정격
(3) 반복 정격

08 75[kW]의 전동기를 사용하여 지상 15[m], 300[m³]의 저수조에 물을 채우려 한다. 펌프의 효율 85[%], $K=1.1$이라면 몇 분 후에 물이 가득 차겠는가?

해설

$P=\dfrac{K\times Q[\mathrm{m^3/min}]\times H[\mathrm{m}]}{6.12\eta}$에서

$$P=\dfrac{K\times \dfrac{V[\mathrm{m^3}]}{t[\mathrm{min}]}\times H[\mathrm{m}]}{6.12\eta}=\dfrac{K\times V[\mathrm{m^3}]\times H[\mathrm{m}]}{6.12\eta\cdot t[\mathrm{min}]}=\dfrac{1.1\times 300\times 15}{6.12\times 0.85\times t}=75$$

$$t=\dfrac{1.1\times 300\times 15}{6.12\times 0.85\times 75}\fallingdotseq 12.687$$

$\therefore 12.69$[분]

정답

12.69[분]

09 매분 18[m³]의 물을 높이 15[m]인 탱크에 양수하는 데 필요한 전력을 V결선한 변압기로 공급한다면, 여기에 필요한 단상 변압기 1대의 용량은 몇 [kVA]인가?(단, 펌프와 전동기의 합성효율은 70[%]이고, 전동기의 전부하 역률은 90[%]이며, 펌프의 축동력은 15[%]의 여유를 본다고 한다)

해설

$$P=\dfrac{KQH}{6.12\eta}=\dfrac{1.15\times 18\times 15}{6.12\times 0.7}\fallingdotseq 72.479[\mathrm{kW}]$$

$$\dfrac{72.479}{0.9}\fallingdotseq 80.532[\mathrm{kVA}]$$

$P_V=\sqrt{3}\,V_P I_P$에서 $V_P I_P=\dfrac{80.532}{\sqrt{3}}\fallingdotseq 46.495[\mathrm{kVA}]$

정답

46.50[kVA]

10 지표면상 10[m] 높이에 수조가 있다. 이 수조에 초당 1.2[m³]의 물을 양수하는 데 사용되는 펌프용 전동기에 3상 전력을 공급하기 위하여 단상 변압기 2대를 V결선하였다. 펌프 효율이 80[%]이고, 펌프 축동력에 20[%]의 여유를 두는 경우 다음 각 물음에 답하시오(단, 펌프용 3상 농형 유도전동기의 역률을 80[%]로 가정한다).

(1) 펌프용 전동기의 소요동력은 몇 [kW]인가?

(2) 변압기 1대의 용량은 몇 [kVA]인가?

해설

(1) $P=\frac{9.8KQH}{\eta}=\frac{9.8\times1.2\times1.2\times10}{0.8}=176.4[\text{kW}]$

(2) $P_V=\sqrt{3}\,V_P I_P\cos\theta$에서 $V_P I_P=\frac{P_V}{\sqrt{3}\cos\theta}=\frac{176.4}{\sqrt{3}\times0.8}\fallingdotseq 127.306$

정답

(1) 176.4[kW]

(2) 127.31[kVA]

11 지표면상 16[m] 높이에 있는 수조에서 시간당 4,500[m³]의 물을 양수하는 데 필요한 전동기의 소요동력은 몇 [kW]인가?(단, 펌프의 효율은 60[%]로 하고 여유계수는 1.2로 한다)

해설

$P=\frac{9.8QH}{\eta}\times\text{여유계수}=\frac{9.8\times1.25\times16}{0.6}\times1.2=392[\text{kW}]$

$Q=4{,}500[\frac{\text{m}^3}{\text{h}}\times\frac{1\text{h}}{3{,}600\text{s}}]=1.25[\text{m}^3/\text{s}]$

정답

392[kW]

12 권상하중이 1,500[kg], 권상속도가 40[m/min]인 권상기용 전동기용량[kW]을 구하시오(단, 여유율은 20[%], 효율은 80[%]로 한다).

해설

$P=\frac{\omega v K}{6.12\eta}=\frac{1.5\times40\times1.2}{6.12\times0.8}\fallingdotseq 14.7059$

정답

14.71[kW]

13 어느 공장에서 기중기의 권상하중 50[t], 15[m] 높이를 5분에 권상하려고 한다. 이것에 필요한 권상 전동기의 출력을 구하시오(단, 권상기구의 효율은 80[%]이다).

해설

$$P=\frac{\omega v}{6.12\eta}=\frac{50\times\left(\frac{15}{5}\right)}{6.12\times0.8}\fallingdotseq 30.637 \quad \left(\text{속도}(v)=\frac{\text{거리[m]}}{\text{시간[min]}}\right)$$

정답

30.64[kW]

14 수력발전소에서 유효낙차 81[m], 출력 10,000[kW], 특유속도 164[rpm]인 수차의 회전속도는 몇 [rpm]인가?(단, 소수점은 절상하여 회전수를 구한다)

해설

$$N_S=N\times\frac{P^{\frac{1}{2}}}{H^{\frac{5}{4}}} \text{ 에서}$$

$$N=N_S\times\frac{H^{\frac{5}{4}}}{P^{\frac{1}{2}}}=164\times\frac{81^{\frac{5}{4}}}{10{,}000^{\frac{1}{2}}}=398.52$$

정답

399[rpm]

06 송·배전선로

1 송전선로

(1) 전압관계

① 3ϕ3W

㉠ 전압강하

$$e = V_S - V_R = \sqrt{3}\,I(R\cos\theta + X\sin\theta) = \frac{P}{V}(R + X\tan\theta)$$

㉡ 전압강하율

$$\delta = \frac{V_S - V_R}{V_R} \times 100 = \frac{\sqrt{3}\,I(R\cos\theta + X\sin\theta)}{V_R} \times 100 = \frac{P}{V^2}(R + X\tan\theta) \times 100$$

㉢ 전압변동률

$$\varepsilon = \frac{V_{0r} - V_r}{V_R} \times 100$$

㉣ 전력손실

$$P_l = 3I^2R = \frac{P^2R}{V^2\cos^2\theta} = \frac{P^2\rho l}{V^2\cos^2\theta A}$$

② 1ϕ2W

㉠ 1선당

$$e = 2I(R\cos\theta + X\sin\theta)\,[\mathrm{V}]$$

㉡ 왕복선

$$e = I(R\cos\theta + X\sin\theta)\,[\mathrm{V}]$$

(2) 연 가

① 연가(Transposition) : 전선로 각 상의 선로정수를 평형이 되도록 선로 전체의 길이를 3등분하여 각 상의 위치를 개폐소나 연가철탑을 통하여 바꾸어 주는 것

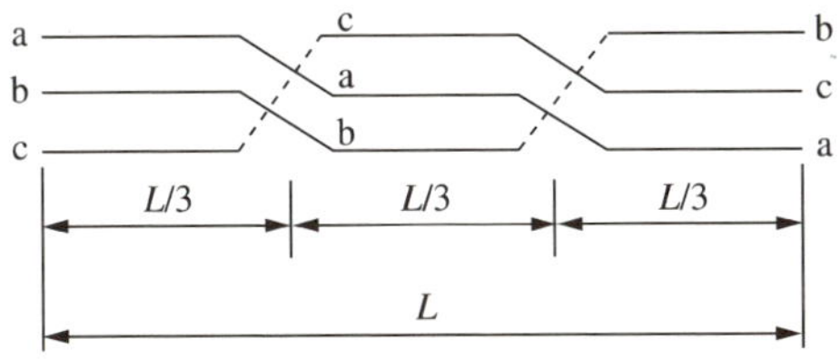

② 목적 : 선로정수 평형(LC 평형) → 무효분 평형 → 각 상의 전압강하 평형 → 각 상의 수전전압 평형 → 중성점의 전압이 0[V]

③ 연가의 효과 : 선로정수의 평형, 유도장해의 방지, 직렬공진 방지

※ 선간거리 $D' = \sqrt{D_1\,D_2\,D_3}$

(3) 코로나

① 코로나 : 전선 표면의 전위경도가 증가하는 경우 전선 주위의 공기의 절연이 부분적으로 파괴되는 현상

② 임계전압 : 전선로 주변의 공기의 절연 상태

$$E_0 = 24.3\, m_0\, m_1\, \delta\, d \log_{10}\frac{D}{r}\ [\text{kV}]$$

여기서, m_0 : 표면계수

m_1 : 기후계수

δ : 상대공기밀도

d : 전선의 지름

D : 선간거리

㉠ 직류 : 30[kV/cm]

㉡ 교류 : 21.1[kV/cm]

③ 영 향

㉠ 코로나 손실로 인한 송전용량 감소

Peek식 $P_C = \frac{241}{\delta}(f+25)\sqrt{\frac{d}{2D}}(E-E_0)^2 \times 10^{-5}$ [kW/km/1선]

㉡ 산화질소(오존) 발생으로 인한 전선의 부식 발생(오존+습기=초산(NHO_3) 발생)

㉢ 잡음으로 인한 전파장해 발생

㉣ 고주파로 인한 통신선의 유도장해 발생

※ 코로나 발생의 이점 : 송전선에 낙뢰 등으로 이상전압이 들어올 때 이상전압 진행파의 파곳값을 코로나의 저항작용으로 빨리 감쇠시킨다.

④ 방지대책

㉠ 임계전압을 크게 한다.

㉡ 복(다)도체 방식을 채용, 중공연선을 사용한다.

㉢ 가선금구 개량

2 배전선로

(1) 배전전압 승압의 필요성 및 효과

① 승압의 필요성

㉠ 전력사업자 측

- 저압 설비의 투자비 절감
- 전력손실 감소
- 전력판매원가 절감
- 전압강하 및 전압변동률을 감소시켜 양질의 전기 공급

㉡ 수용가 측

- 옥내배선의 증설 없이 대용량 기기 사용 가능
- 양질의 전기를 풍족하게 사용 가능

② 승압의 효과

㉠ 전압에 비례하여 공급능력 증대

㉡ 공급전력 증대(전력손실률이 동일한 경우 $P \propto V^2$)

㉢ 전력손실의 감소$\left(P_L \propto \dfrac{1}{V^2}\right)$

㉣ 전력강하율의 감소$\left(\varepsilon \propto \dfrac{1}{V^2}\right)$

㉤ 고압 배전선 연장의 감소

㉥ 대용량 전기기기 사용이 용이

(2) 처짐정도(이도) 계산

① 전선이 늘어진 정도 → 지지물의 대소관계 결정

② 고저차가 없고 지지점의 높이가 같은 경우

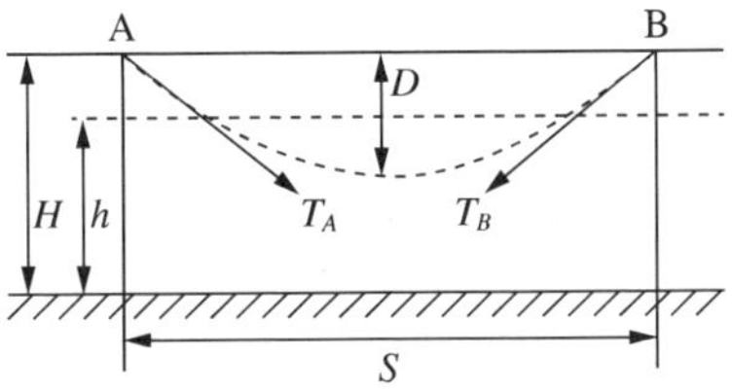

㉠ 처짐정도$(D) = \dfrac{WS^2}{8T}$[m]

여기서, W : 합성하중[kg/m]

S : 경간[m]

T : 수평장력[kg]

※ 안전율 $= \dfrac{\text{인장하중}}{\text{수평장력}}$

㉡ 실제길이 $L = S + \dfrac{8D^2}{3S}$[m]

㉢ 지지점 평균높이 $h = H - \dfrac{2}{3}D$[m]

㉣ 온도변화 시 처짐정도 계산

$t_1^\circ \rightarrow D_1,\ t_2^\circ \rightarrow D_2 = \sqrt{D_1^2 \pm \dfrac{3}{8}\alpha t S^2}$

※ 수직배열 : 빙설(Off-set) - 상하선의 혼촉 방지(단락 방지)

수평배열 : 최소절연간격 - 900[mm], 표준절연간격 - 1,400[mm](이격시킴)

확인문제

01 **가공전선로의 처짐정도(이도)가 크거나 작을 시 전선로에 미치는 영향 4가지만 쓰시오.**

정답

- 처짐정도가 크면 지지물 높이가 커야 된다.
- 처짐정도가 크면 다른 상의 전선에 접촉하거나 수목에 접촉하여 절연이 열화되어 단선사고가 일어난다.
- 처짐정도가 크면 차량, 철도, 통신선 등과 접촉되서 위험하다.
- 처짐정도가 작으면 전선의 장력이 증가하여 단선사고 및 지지물이 부러질 위험이 있다.

02 **전선이 정삼각형의 정점에 배치된 3상 선로에서 전선의 굵기, 선간거리, 표고, 기온에 의하여 코로나 파괴 임계전압이 받는 영향을 쓰시오.**

구 분	임계전압이 받는 영향
전선의 굵기	
선간거리	
표고[m]	
기온[℃]	

해설

임계전압 $E_o = 24.3 m_0 m_1 \delta d \log_{10}\frac{D}{r}$[kV]

여기서, E_o : 임계전압[kV], m_0 : 표면계수, m_1 : 천후계수, δ : 공기 상대밀도$=\frac{0.386b}{273+t}$, D : 선간거리, r : 반지름

정답

구 분	임계전압이 받는 영향
전선의 굵기	전선의 굵기가 커지면 코로나 임계전압이 높아진다.
선간거리	전선의 선간거리가 커지면 코로나 임계전압이 높아진다.
표고[m]	표고가 높아지면 기압이 낮아지므로 코로나 임계전압이 낮아진다.
기온[℃]	기온이 상승하면 코로나 임계전압이 낮아진다.

03 60[Hz] 154[kV] 3ϕ 송전선이 강심알루미늄연선으로 지름 1.6[cm], 기온 30[℃], 등가선간거리 400[cm]의 정삼각형으로 배치되어 있다. 다음 물음에 답하시오(단, 25[℃] 기준으로 기압은 760[mmHg], 공기상대밀도는 1이고, 날씨계수 $m_0=1$, 표면계수 $m_1=0.85$).

(1) 코로나 임계전압[kV]을 구하시오.

(2) 코로나 손실[kW/km/선]을 구하시오.

해설

공기상대밀도 $\delta=\frac{b}{760}\times\frac{273+25}{273+t}=\frac{760}{760}\times\frac{273+25}{273+30}\fallingdotseq 0.983$

(1) $E_0=24.3m_0m_1\delta d\log_{10}\frac{D}{r}$ [kV]

$=24.3\times1\times0.85\times0.983\times1.6\times\log_{10}\frac{400}{0.8}\fallingdotseq 87.679$ [kV]

(2) $P_c=\frac{241}{\delta}(f+25)\sqrt{\frac{d}{2D}}(E-E_0)^2\times10^{-5}$ [kW/km/선]

$=\frac{241}{0.983}(60+25)\sqrt{\frac{1.6}{2\times400}}\left(\frac{154}{\sqrt{3}}-87.68\right)^2\times10^{-5}$

$\fallingdotseq 0.0141$ [kW/km/선]

정답

(1) 87.68[kV]

(2) 0.01[kW/km/선]

04 송전선로에 사용되는 복도체(다도체)방식을 단도체 방식과 비교할 때 장점 4가지, 단점 2가지를 쓰시오.

정답

[장 점]

- 안정도 증대된다.
- 코로나 임계전압이 상승하여 코로나 발생을 방지할 수 있다.
- 선로의 정전용량 증가 및 인덕턴스가 감소한다.
- 송전손실이 감소된다.

[단 점]

- 각 소도체에 흐르는 전류 방향이 같아 흡입력이 발생된다.
- 무부하 시 정전용량 증가로 수전단 전압이 송전단보다 상승하는 페란티 효과가 발생될 수 있다.

05 스폿 네트워크(Spot Network) 수전방식에 대하여 설명하고 특징을 4가지만 쓰시오.

정답

[설 명]

대도시의 고층빌딩 또는 대규모 공장과 같은 부하밀도가 큰 대용량 집중부하에 적용되는 수전방식으로 변전소로부터 2회선 이상으로 수전받아 1회선에 고장이 발생할 경우 다른 건전한 회선으로 자동으로 수전받는 무정전 방식으로 공급 신뢰도가 높다.

[특 징]

- 무정전 공급이 가능하다.
- 전압변동률이 적다.
- 부하 증설에 적응성이 우수하다.
- 설비이용률이 향상된다.

06 지중선을 가공선과 비교하여 장단점을 각각 4가지만 쓰시오.

정답

[장 점]

- 날씨에 영향을 거의 받지 않는다.
- 인축의 감전사고에 안정성이 높다.
- 다회선 설치가 가능하다.
- 미관상 좋고, 화재 발생 우려가 없다.

[단 점]

- 건설비가 비싸다.
- 작업에 걸리는 시간이 많이 소요된다.
- 고장점 검출이 용이하지 않고 복구가 용이하지 않다.
- 교통 장해, 소음, 먼지 등 작업 시 어려움이 많다.

07 지중 케이블의 사고점 측정법 종류 3가지와 절연감시법 종류 3가지를 쓰시오.

정답

[사고점 측정법]

- 머레이 루프법
- 정전용량법
- 펄스인가법

[절연감시법]

- 메거법
- 부분방전법
- $\tan\delta$법

08 주파수 60[Hz], 선간전압 22.9[kV], 커패시턴스 0.03[μF/km], 유전체 역률 0.003의 경우 유전체 손실[W/km]을 구하시오.

해설

$$P_C = 3\omega CE^2 \tan\delta = 3\times 2\pi \times 60 \times 0.03 \times 10^{-6} \times \left(\frac{22,900}{\sqrt{3}}\right)^2 \times 0.003 \fallingdotseq 17.792$$

정답

17.79[W/km]

09 소선의 지름이 2.6[mm]이고 가닥수가 37가닥일 때, 연선의 바깥지름을 구하시오.

해설

$N = 3n(n+1)+1 = 3\times 3(3+1)+1 = 37$가닥일 때 3층권 연선이므로 층수$(n)=3$

$D = (2n+1)d = (2\times 3+1)\times 2.6 = 18.2$[mm]

정답

18.2[mm]

10 다음 물음에 답하시오.

(1) 그림과 같은 송전 철탑에서 등가선간거리[m]는?

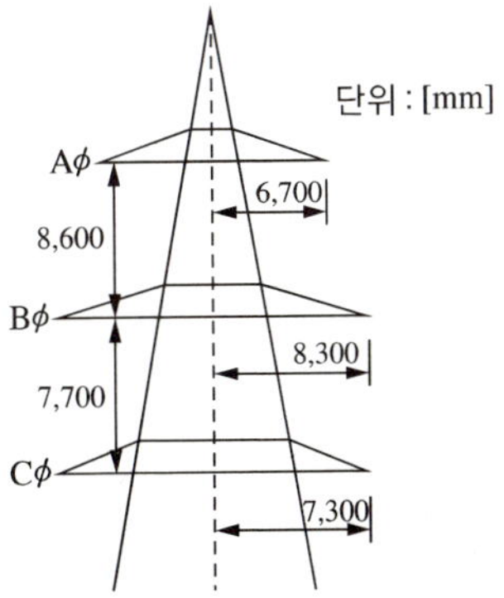

(2) 간격 400[mm]인 정4각형 배치의 4도체에서 소선 상호 간의 기하학적 평균 거리[m]는?

해설

(1) $D_{AB} = \sqrt{8.6^2 + (8.3-6.7)^2} \fallingdotseq 8.748$

$D_{BC} = \sqrt{7.7^2 + (8.3-7.3)^2} \fallingdotseq 7.765$

$D_{CA} = \sqrt{(8.6+7.7)^2 + (7.3-6.7)^2} \fallingdotseq 16.311$

등가선간거리 $D = \sqrt[3]{8.748 \times 7.765 \times 16.311} \fallingdotseq 10.348$

(2) $D = \sqrt[6]{2}\,d = \sqrt[6]{2} \times 0.4 \fallingdotseq 0.449$

정답

(1) 10.35[m]

(2) 0.45[m]

11 **지지물 간 거리가 200[m]인 가공송전선로가 있다. 전선 1[m]당 무게는 2.0[kg]이고 풍압하중이 없다고 한다. 인장강도 4,000[kg]의 전선을 사용할 때 처짐정도(Dip)와 전선의 실제 길이를 구하시오(단, 안전율은 2.2로 한다).**

해설

$$D(\text{처짐정도}) = \frac{WS^2}{8T} = \frac{2 \times 200^2}{8 \times \frac{4,000}{2.2}} = 5.5[\text{m}] \quad \left(T = \frac{\text{인장하중}}{\text{안전율}}\right)$$

$$\text{실제길이}(L) = S + \frac{8D^2}{3S} = 200 + \frac{8 \times 5.5^2}{3 \times 200} \fallingdotseq 200.4[\text{m}]$$

정답

- 처짐정도 : 5.5[m]
- 실제 길이 : 200.4[m]

12

그림과 같은 교류 3상 3선식 전로에 연결된 3상 평형부하가 있다. 이때 C상의 X점이 단선된 경우, 이 부하의 소비전력은 단선 전 소비전력에 비하여 어떻게 되는지 계산식을 이용하여 설명하시오(단, 선간전압은 $E[\mathrm{V}]$이며, 부하의 저항은 $R[\Omega]$이다).

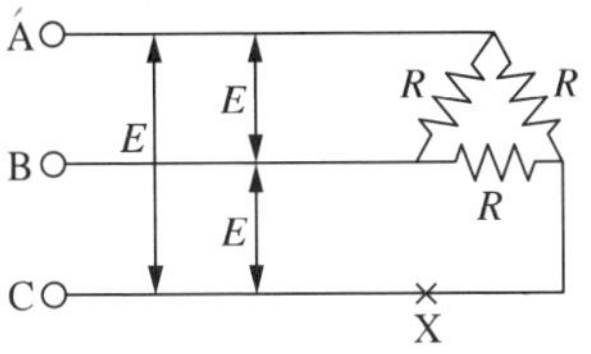

정답

X점이 단선 시 합성저항 $R_T = \dfrac{2R \times R}{2R+R} = \dfrac{2R^2}{3R} = \dfrac{2}{3}R$

X점이 단선 시 부하의 소비전력 $P' = \dfrac{E^2}{R_0} = \dfrac{E^2}{\dfrac{2}{3}R} = \dfrac{3E^2}{2R}$

X점 단선 전의 부하의 소비전력은 $P = \dfrac{3E^2}{R}$ 이므로 X점 단선 시 소비전력은 단선 전의 $\dfrac{1}{2}$ 배이다.

[답] $\dfrac{1}{2}$배

13

수전단 상전압 22,000[V], 전류 350[A], 선로의 저항 $R = 3[\Omega]$, 리액턴스 $X = 4[\Omega]$일 때, 전압 강하율은 몇 [%]인가?(단, 수전단 역률은 0.8이라 한다)

해설

$$\delta = \frac{\sqrt{3}\,I(R\cos\theta + X\sin\theta)}{V_r} \times 100 = \frac{\sqrt{3}\,I(R\cos\theta + X\sin\theta)}{\sqrt{3}\,E_r} \times 100$$

$$= \frac{I(R\cos\theta + X\sin\theta)}{E_r} \times 100 = \frac{350(3 \times 0.8 + 4 \times 0.6)}{22{,}000} \times 100 \fallingdotseq 7.636$$

정답

7.64[%]

14

3상 3선식 송전선로의 1선당 저항이 3[Ω], 리액턴스가 2[Ω]이고 수전단 전압이 6,000[V], 수전단에 용량 480[kW], 역률 0.8(지상)인 3상 평형부하가 접속되어 있을 경우에 송전단 전압 V_s, 송전단 전력 P_s 및 송전단 역률 $\cos\theta_s$를 구하시오.

(1) 송전단 전압

(2) 송전단 전력

(3) 송전단 역률

해설

(1) $V_s = V_r + \sqrt{3}I(R\cos\theta + X\sin\theta) = 6{,}000 + \sqrt{3} \times 57.74 \times (3 \times 0.8 + 2 \times 0.6) \fallingdotseq 6{,}360[\text{V}]$

$I = \dfrac{P}{\sqrt{3}\,V\cos\theta} = \dfrac{480 \times 10^3}{\sqrt{3} \times 6{,}000 \times 0.8} \fallingdotseq 57.74[\text{A}]$

(2) $P_s = P_r + P_l = P_r + 3I^2R = 480 + 3 \times 57.74^2 \times 3 \times 10^{-3} \fallingdotseq 510[\text{kW}]$

(3) $\cos\theta = \dfrac{P}{P_a} \times 100 = \dfrac{510 \times 10^3}{\sqrt{3} \times 6{,}360 \times 57.74} \times 100 \fallingdotseq 80.18[\%]$

정답

(1) 6,360[V]

(2) 510[kW]

(3) 80.18[%]

15

10,000[kW]의 전력을 40[km] 떨어진 지점에 송전하는 데 필요한 전압은 몇 [kV]인가?(단, Still 식에 의하여 산정한다)

해설

$V_s = 5.5\sqrt{0.6l + \dfrac{P}{100}}$ (V_s : 송전단전압[kV], l : 송전거리[km], P : 송전전력[kW])

$= 5.5\sqrt{0.6 \times 40 + \dfrac{10{,}000}{100}} = 61.245[\text{kV}]$

정답

61.25[kV]

16

우리나라 초고압 송전전압은 154[kV]이다. 선로 길이가 150[km]인 경우 1회선당 가능한 송전전력은 몇 [kW]인지 Still의 식에 의거하여 구하시오.

해설

$$V_s = 5.5\sqrt{0.6l + \frac{P}{100}}$$

$$V_s^2 = 5.5^2\left(0.6l + \frac{P}{100}\right)$$

$$\frac{V_s^2}{5.5^2} = 0.6l + \frac{P}{100}$$

$$P = \left\{\left(\frac{V_s^2}{5.5^2}\right) - 0.6l\right\} \times 100 = \left(\frac{154^2}{5.5^2} - 0.6 \times 150\right) \times 100 = 69{,}400[\text{kW}]$$

정답

69,400[kW]

17

3상 3선식 6,600[V]인 변전소에서 저항 6[Ω], 리액턴스 8[Ω]의 송전선을 통하여 역률 0.8의 부하에 전력을 공급할 때 수전단 전압을 6,000[V] 이상으로 유지하기 위해서 걸 수 있는 부하는 최대 몇 [kW]까지 가능하겠는가?

해설

$$\text{전압강하}(e) = \frac{P}{V}(R + X\tan\theta)$$

$$e = V_s - V_r = 6{,}600 - 6{,}000 = 600[\text{V}]$$

$$600 = \frac{P}{6{,}000}\left(6 + 8 \times \frac{0.6}{0.8}\right)$$

$$P = \frac{600 \times 6{,}000}{\left(6 + 8 \times \frac{0.6}{0.8}\right)} \times 10^{-3} = 300[\text{kW}]$$

정답

300[kW]

18 3상 3선식 송전선로가 있다. 수전단 전압이 60[kV], 역률 80[%], 전력손실률이 10[%]이고 저항은 0.3[Ω/km], 리액턴스는 0.4[Ω/km], 전선의 길이는 20[km]일 때 이 송전선로의 송전단 전압은 몇 [kV]인가?

해설

$V_s = V_r + \sqrt{3}I(R\cos\theta + X\sin\theta)$

전력손실률이 10[%]이므로 $P_l = 3I^2R = \sqrt{3}\,VI\cos\theta \times 0.1$

$$I^2 = \frac{\sqrt{3}\,VI\cos\theta \times 0.1}{3R}$$

$$I = \frac{\sqrt{3}\,V\cos\theta \times 0.1}{3R} = \frac{\sqrt{3} \times 60{,}000 \times 0.8 \times 0.1}{3 \times 0.3 \times 20} \fallingdotseq 461.88[\mathrm{A}]$$

$$V_s = \{60{,}000 + \sqrt{3} \times 461.88(0.3 \times 20 \times 0.8 + 0.4 \times 20 \times 0.6)\} \times 10^{-3} \fallingdotseq 67.679$$

정답

67.68[kV]

19 다음 그림을 보고 주어진 물음에 답하시오(단, 문제에서 주어지지 않은 조건은 고려하지 않는다).

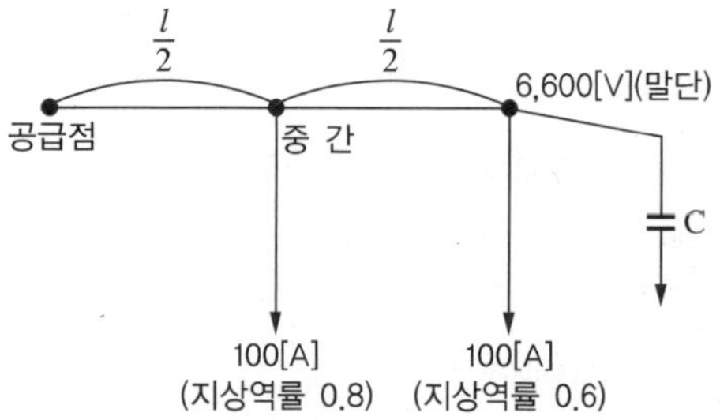

(1) 공급점의 역률 0.9(지상)로 개선하는 콘덴서 용량 Q_C[kVA] 값을 구하시오.

(2) 선로의 전력손실을 최소로 할 수 있는 콘덴서 용량 Q_C[kVA] 값을 구하시오(단, 말단 전압은 6,600[V]로 일정하고, γ[Ω/m]이다)

해설

(1) $I_{중간} = 100(0.8 - j0.6) = 80 - j60$

$I_{말단} = 100(0.6 - j0.8) = 60 - j80$

$I_C = jI_C$

$I_{공급점} = 80 - j60 + 60 - j80 + jI_C = 140 - j140 + jI_C$

$$역률\ \cos\theta = \frac{유효전류}{피상전류} = \frac{유효전류}{\sqrt{(유효전류)^2 + (무효전류)^2}}$$

$$= \frac{140}{\sqrt{140^2 + (140 - I_C)^2}} = 0.9, \ \therefore I_C \fallingdotseq 72.195[A]$$

$Q_C = \sqrt{3}\,VI_C = \sqrt{3} \times 6{,}600 \times 72.195 \times 10^{-3} \fallingdotseq 825.299[kVA]$

(2) 전력손실을 최소로 한다는 $\cos\theta = 1$이므로

피상전류 = 유효전류

$I_{공급점} = 140 - j140 + jI_C$

$I_C = 140[A]$

$Q_C = \sqrt{3}\,VI_C = \sqrt{3} \times 6{,}600 \times 140 \times 10^{-3} = 1{,}600.414[kVA]$

정답

(1) 825.30[kVA]

(2) 1,600.41[kVA]

20 **3상 배전선에서 변전소(A점)의 전압은 3,300[V], 중간(B점) 지점의 부하는 50[A], 역률 0.8(지상), 끝부분(C점)의 부하는 50[A], 역률 0.8이고, A와 B 사이의 길이는 2[km], B와 C 사이의 길이는 4[km]이며, 선로의 [km]당 임피던스는 저항 0.9[Ω], 리액턴스 0.4[Ω]이라고 할 때 다음 각 물음에 답하시오.**

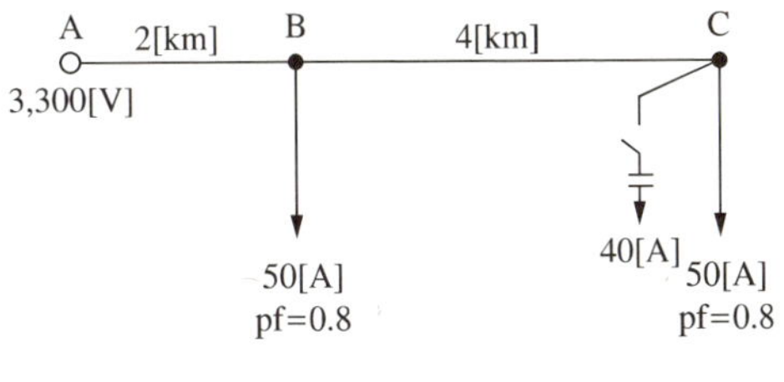

(1) 전력용 콘덴서 설치 전 B점과 C점의 전압은 몇 [V]인가?

① B점의 전압

② C점의 전압

(2) 전력용 콘덴서를 설치하여 진상전류 40[A]를 흘릴 때 B점과 C점의 전압은 몇 [V]인가?

① B점의 전압

② C점의 전압

(3) 전력용 콘덴서를 설치 후 전력손실의 감소분은 몇 [kW]인가?

해설

(1) ① $V_B = V_A - \sqrt{3}\,I_1(R_1\cos\theta + X_1\sin\theta) = 3{,}300 - \sqrt{3}\times 100(2\times 0.9\times 0.8 + 2\times 0.4\times 0.6)$

$\fallingdotseq 2{,}967.446$

② $V_C = V_B - \sqrt{3}\,I_2(R_2\cos\theta + X_2\sin\theta) = 2{,}967.45 - \sqrt{3}\times 50(4\times 0.9\times 0.8 + 4\times 0.4\times 0.6)$

$\fallingdotseq 2{,}634.896$

(2) ① $V_B = V_A - \sqrt{3}\,\{I_1\cos\theta R_1 + (I_1\sin\theta - I_C)x_1\}$

$= 3{,}300 - \sqrt{3}\,\{100\times 0.8\times 2\times 0.9 + (100\times 0.6 - 40)\times 2\times 0.4\} \fallingdotseq 3{,}022.872$

② $V_C = V_B - \sqrt{3}\,\{I_2\cos\theta R_2 + (I_2\sin\theta - I_C)x_2\}$

$= 3{,}022.87 - \sqrt{3}\,\{50\times 0.8\times 4\times 0.9 + (50\times 0.6 - 40)\times 4\times 0.4\} \fallingdotseq 2{,}801.167$

(3) • 설치 전

$P_{l_1} = \{3I_1^2R_1 + 3I_2^2R_2\}\times 10^{-3} = \{3\times 100^2\times 2\times 0.9 + 3\times 50^2\times 4\times 0.9\}\times 10^{-3} = 81[\text{kW}]$

• 설치 후

$I_1 = 100(0.8 - j0.6) + j40 = 80 - j20 = \sqrt{80^2 + 20^2} \fallingdotseq 82.462[\text{A}]$

$I_2 = 50(0.8 - j0.6) + j40 = 40 + j10 = \sqrt{40^2 + 10^2} \fallingdotseq 41.231[\text{A}]$

$P_{l_2} = \{3I_1^2R_1 + 3I_2^2R_2\}\times 10^{-3} = \{3\times 82.462^2\times 2\times 0.9 + 3\times 41.231^2\times 4\times 0.9\}\times 10^{-3}$

$\fallingdotseq 55.0798[\text{kW}]$

$\therefore\ \Delta P_l = 81 - 55.0798 = 25.9202$

정답

(1) ① 2,967.45[V]

② 2,634.9[V]

(2) ① 3,022.87[V]

② 2,801.17[V]

(3) $\Delta P_l = P_{l전} - P_{l후}$ = 감소분 : 25.92[kW]

21 정전용량 C[F]과 저항 4[Ω]인 직렬 회로에 주파수 60[Hz]의 전압을 인가한 경우 역률이 0.8이었다. 이 회로에 30[Hz], 220[V]의 교류 전압을 가하면 유효전력은 몇 [W]인지 구하시오.

해설

$f = 60[\text{Hz}]$

$$\cos\theta = \frac{R}{\sqrt{R^2 + X_C^2}} = \frac{4}{\sqrt{4^2 + X_C^2}} = 0.8$$

$$\frac{16}{4^2 + X_C^2} = 0.8^2$$

$$\frac{16}{0.8^2} = 4^2 + X_C^2$$

$$\frac{16}{0.8^2} - 4^2 = X_C^2$$

$$X_C = \sqrt{\frac{16}{0.8^2} - 4^2} = 3[\Omega]$$

$X_C = \dfrac{1}{2\pi f C}$에서 주파수와 반비례한다. 30[Hz]일 때 $X_C = 6[\Omega]$

$$P = I^2R = \left(\frac{V}{Z}\right)^2 \cdot R = \left(\frac{V}{\sqrt{R^2 + X_C^2}}\right)^2 \cdot R$$

$$P = \frac{V^2R}{R^2 + X_C^2} = \frac{220^2 \times 4}{4^2 + 6^2} \fallingdotseq 3{,}723.077$$

정답 3,723.08[W]

22 그림에서 각 지점 간의 저항이 동일할 때 간선 AD 사이에 전원을 공급 시 전력손실이 최대가 되는 지점과 최소가 되는 지점을 구하시오.

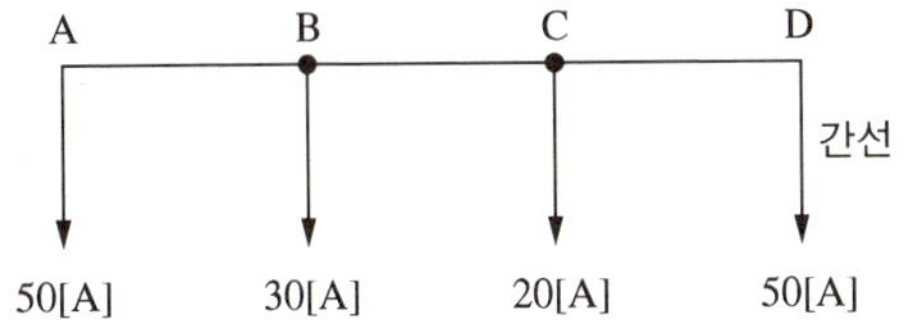

해설

$P_l = I^2R \propto I^2$

$P_A = 50^2 + 70^2 + 100^2 = 17{,}400$

$P_B = 50^2 + 70^2 + 50^2 = 9{,}900$

$P_C = 80^2 + 50^2 + 50^2 = 11{,}400$

$P_D = 100^2 + 80^2 + 50^2 = 18{,}900$

정답 최대 D점, 최소 B점

23 다음 그림과 같은 3상 3선식 배전선로가 있다. 각 물음에 답하시오(단, 전선 1가닥의 저항은 0.5[Ω/km]라고 한다).

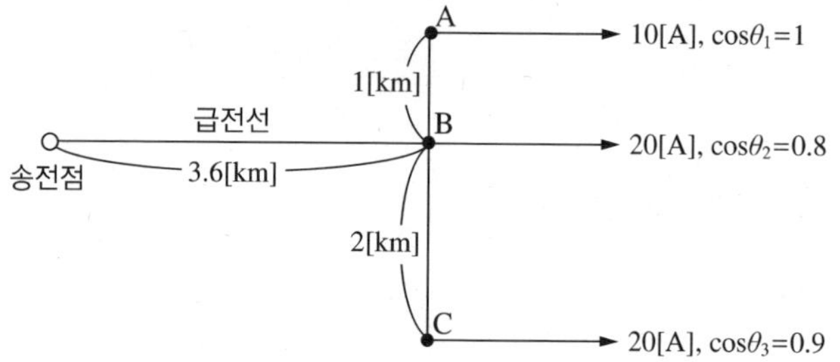

(1) 급전선에 흐르는 전류는 몇 [A]인가?

(2) 전체 선로손실은 몇 [kW]인가?

해설

(1) $I = 10(1+j0) + 20(0.8 - j0.6) + 20(0.9 - j\sqrt{1-0.9^2}) \fallingdotseq 44 - j20.718$

$= \sqrt{44^2 + 20.718^2} = 48.634$

(2) $P_l = \{3I^2R + 3I_A^2R + 3I_C^2R\} \times 10^{-3}$

$= \{3 \times 48.63^2 \times 3.6 \times 0.5 + 3 \times 10^2 \times 0.5 + 3 \times 20^2 \times 2 \times 0.5\} \times 10^{-3} \fallingdotseq 14.1203$

정답

(1) 48.63[A]

(2) 14.12[kW]

24 그림과 같이 환상 직류 배전선로에서 각 구간의 왕복 저항은 0.1[Ω], 급전점 A의 전압은 100[V]이고, 부하점 B, C의 부하전류는 각각 30[A], 50[A]일 때 부하점 B의 전압은 몇 [V]인가?

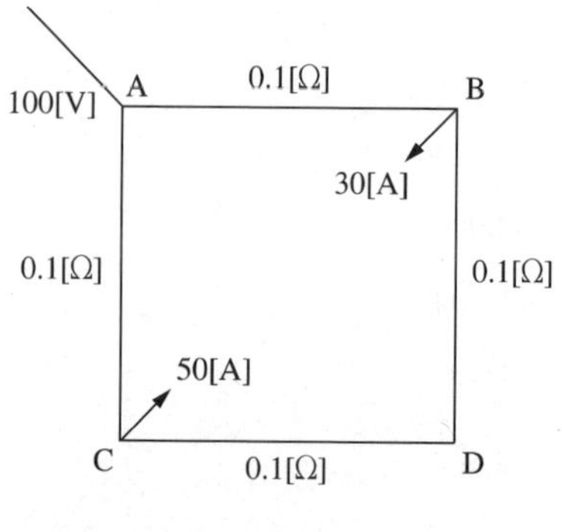

해설

$I_2 + I_1 - 30 = 50$

$I_1 + I_2 = 80 \ (I_2 = 80 - I_1)$

전압강하(폐회로에서)

$0.1I_1 + 0.1(I_1 - 30) + 0.1(I_1 - 30) - 0.1I_2 = 0$

$0.1I_1 + 0.1I_1 - 3 + 0.1I_1 - 3 - 0.1I_2 = 0$

$0.3I_1 - 6 - 0.1I_2 = 0$

$0.3I_1 - 6 - 0.1(80 - I_1) = 0$

$0.3I_1 - 6 - 8 + 0.1I_1 = 0$

$0.4I_1 = 14$

$I_1 = 35[A]$

$V_B = V_A - e = V_A - I_1 R = 100 - 35 \times 0.1 = 96.5[V]$

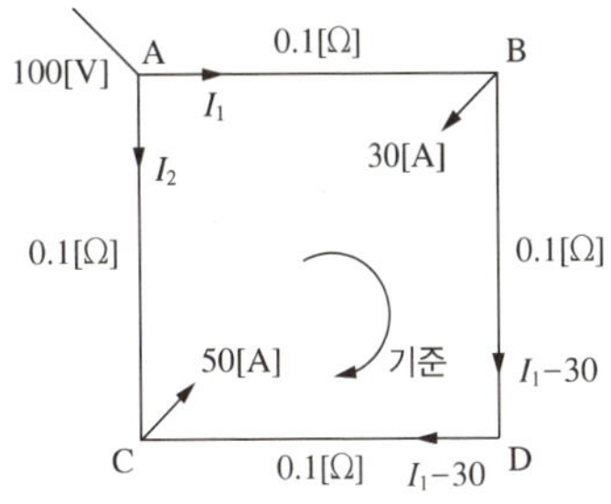

정답

96.5[V]

25 선로정수 A, B, C, D가 무부하 시 송전단의 선간전압 154[kV]를 인가할 때 다음 물음에 답하시오(단, 4단자 정수 값은 $A=D=0.9$, $B=j380$, $C=j0.5\times10^{-3}$이다).

(1) 수전단 전압

(2) 송전단 전류

(3) 무부하 시 수전단 전압을 140[kV]로 유지하기 위해 필요한 조상설비용량[kVar]은?

해설

(1) 전파방정식 $E_s = AE_r + BI_r$

$I_s = CE_r + DI_r$ 에서

무부하 시 $I_r = 0$이므로 $E_s = AE_r$

$$E_r = \frac{E_s}{A} = \frac{\frac{154}{\sqrt{3}}}{0.9} \fallingdotseq 98.791[\text{kV}]$$

$$V_r = \sqrt{3} \times 98.791 \fallingdotseq 171.111[\text{kV}]$$

(2) $I_s = CE_r = j0.5 \times 10^{-3} \times 98.791 \times 10^3 \fallingdotseq j49.395[\text{A}]$

(3) $Q_C = \sqrt{3}\ VI_r$

$$I_r = \frac{E_s - AE_r}{B} = \frac{\frac{154 \times 10^3}{\sqrt{3}} - 0.9 \times \frac{140 \times 10^3}{\sqrt{3}}}{j380} \fallingdotseq -j42.542[\text{A}]$$

$$Q_C = \sqrt{3} \times 140 \times 10^3 \times 42.542 \times 10^{-3} \fallingdotseq 10{,}315.886[\text{kVar}]$$

정답

(1) 171.11[kV]

(2) 49.40[A]

(3) 10,315.89[kVar]

26 **3상 송전선의 각 선의 전류가 $I_a = 220 + j50[\text{A}]$, $I_b = -150 - j300[\text{A}]$, $I_c = -50 + j150[\text{A}]$일 때 이것과 병행으로 가설된 통신선에 유기되는 전자 유도전압의 크기는 약 몇 [V]인가?(단, 송전선과 통신선 사이의 상호 임피던스는 15[Ω]이다)**

해설

$$E_m = j\omega Ml(I_a + I_b + I_c) = j15(220 + j50 - 150 - j300 - 50 + j150) = 1{,}500 + j300$$

$$= \sqrt{1{,}500^2 + 300^2} \fallingdotseq 1{,}529.706$$

정답

1,529.71[V]

27

66[kV]의 송전선이 연가되어 있을 때 중성점과 대지 간에 나타나는 잔류전압을 구하시오(단, 전선 1[km]당의 대지 정전용량은 맨 윗선 0.004[μF], 가운데선 0.0045[μF], 맨 아래선 0.005[μF]라 하고 기타 선로정수는 무시한다).

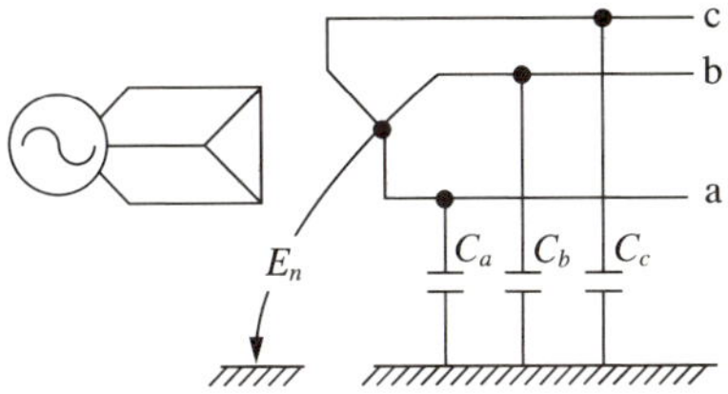

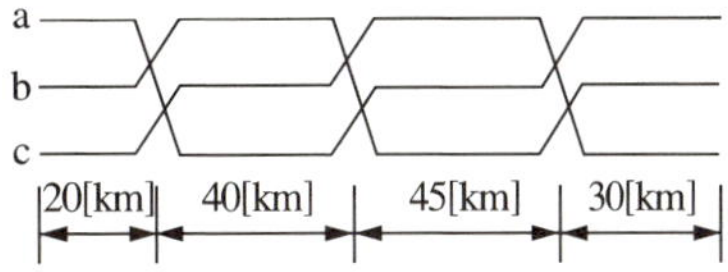

해설

$$C_a = 0.004 \times 20 + 0.005 \times 40 + 0.0045 \times 45 + 0.004 \times 30 = 0.6025[\mu\text{F}]$$

$$C_b = 0.0045 \times 20 + 0.004 \times 40 + 0.005 \times 45 + 0.0045 \times 30 = 0.61[\mu\text{F}]$$

$$C_c = 0.005 \times 20 + 0.0045 \times 40 + 0.004 \times 45 + 0.005 \times 30 = 0.61[\mu\text{F}]$$

$$E_n = \frac{\sqrt{C_a(C_a - C_b) + C_b(C_b - C_c) + C_c(C_c - C_a)}}{C_a + C_b + C_c} \times \frac{V}{\sqrt{3}}$$

$$= \frac{\sqrt{0.6025(0.6025 - 0.61) + 0.61(0.61 - 0.61) + 0.61(0.61 - 0.6025)}}{0.6025 + 0.61 + 0.61} \times \frac{66{,}000}{\sqrt{3}} \fallingdotseq 156.811$$

정답

156.81[V]

28

2회선 154[kV] 송전선이 있다. 2회선 중 1회선만이 송전 중일 때 휴전회선에 대한 정전유도전압은? (단, 송전 중의 회선과 휴전선 중의 회선과의 정전용량은 $C_a = 0.001[\mu\text{F}]$, $C_b = 0.0006[\mu\text{F}]$, $C_c = 0.0004[\mu\text{F}]$이고, 휴전선의 1선 대지정전용량은 $C_m = 0.0052[\mu\text{F}]$이다)

해설

$$E_n = \frac{\sqrt{C_a(C_a - C_b) + C_b(C_b - C_c) + C_c(C_c - C_a)}}{C_a + C_b + C_c + C_m} \times \frac{V}{\sqrt{3}}[\text{V}]$$

$$= \frac{\sqrt{0.001(0.001 - 0.0006) + 0.0006(0.0006 - 0.0004) + 0.0004(0.0004 - 0.001)}}{0.001 + 0.0006 + 0.0004 + 0.0052} \times \frac{154 \times 10^3}{\sqrt{3}}$$

$$\fallingdotseq 6{,}534.41[\text{V}]$$

정답

6,534.41[V]

07 사고대책

1 Fuse(퓨즈)

(1) 역 할

① 부하전류를 안전하게 흐르게 한다.

② 과전류로부터 전로나 기계기구를 보호한다.

※

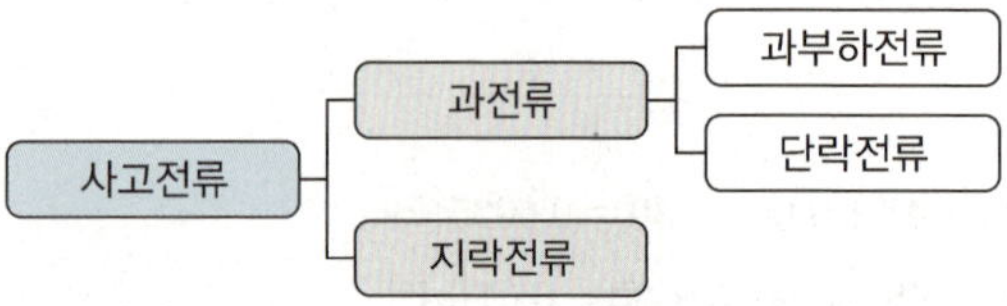

(2) 특성 : 용단특성, 단시간 허용특성, 전차단특성

(3) 고압용 퓨즈

① **명칭** : PF(전력용 퓨즈)

② **역할** : 단락전류 차단

③ **용도** : 6.6[kV] 이상

④ **구입 시 고려사항**

㉠ 사용장소

㉡ 정격차단용량

㉢ 정격전압

㉣ 정격전류

㉤ 전류-시간특성

㉥ 최소 차단전류

⑤ **장단점(CB와 비교)**

장 점	단 점
소형 경량	재투입이 불가능하다.
가격 저렴	보호계전기를 자유로이 조정할 수 없다.
보수가 간단하다.	과도전류에 용단되기 쉽다.
차단능력이 크다.	한류형은 과전압이 발생되기 쉽다.
고속차단된다.	고 임피던스 접지사고는 보호할 수 없다.
정전용량이 적다.	

2 CB

(1) **명칭** : 교류차단기(52)

(2) **역할** : 부하전류개폐 및 사고전류 차단

(3) 단선도, 복선도

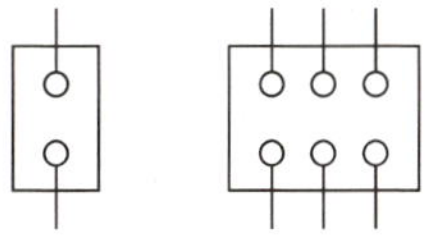

[단선도]　　[복선도]

※ 인출형 교류차단기(큐비클에 사용)

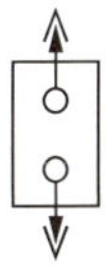

※ OS(유입개폐기)

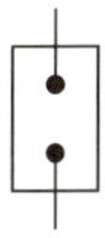

OS

(4) 종 류

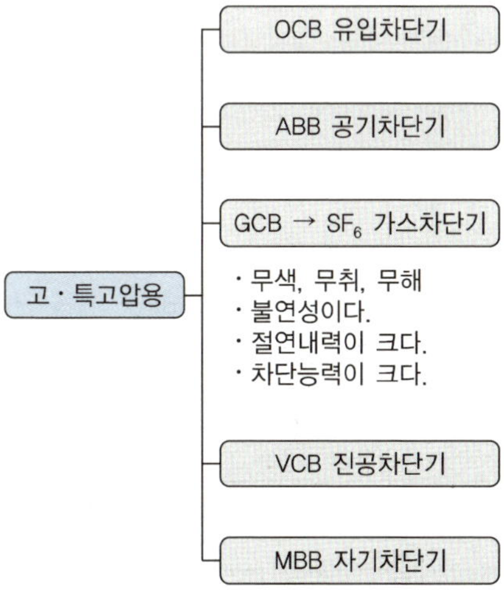

※ 재점호가 일어나지 않는 2가지 : GCB, VCB

1가지 : GCB

※ 저압 배전선로 보호방식

- 전 정격 보호방식
- 선택차단 보호방식
- 캐스케이딩 보호방식

※ 저압 차단기

간선보호	ACB(기중차단기)
분기선보호	MCCB(배선용 차단기), ELB(누전차단기)

(5) 공 식

① $\%Z = \dfrac{PZ}{10V^2} \rightarrow Z[\mathrm{P.U}] = \dfrac{PZ}{1,000V^2}$

$\%Z = \dfrac{I_n Z}{E_n} \times 100$

② $I_s = \dfrac{E}{Z}$

$I_s = \dfrac{100}{\%Z} \dfrac{P}{\sqrt{3}\,V}$

③ $P_s = \sqrt{3}\,VI_s$

$V \rightarrow 6.6 \times \dfrac{1.2}{1.1} = 7.2[\mathrm{kV}]$

$\rightarrow 22.9 \times \dfrac{1.2}{1.1} \fallingdotseq 24.98 \;\therefore\; 25.8[\mathrm{kV}]$

$\rightarrow 154 \times \dfrac{1.2}{1.1} = 168 \;\therefore\; 170[\mathrm{kV}]$

$P_s = \dfrac{100}{\%Z} \times P_n \rightarrow \%Z = \dfrac{P_n}{P_s} \times 100$

$Z[\mathrm{P.U}] = \dfrac{P_n}{P_s}$

능 력 / 기 능	정상운전		사고 시	
	무부하	부 하	과부하	단 락
퓨즈(고리)	○		○	○
전력퓨즈	○			○
단로기	○			
개폐기	○	○		
차단기	○	○	○	○
전자접촉기	○	○		
전자개폐기	○	○	○	

3 지락사고

(1) ZCT(6.6[kV])

① 명칭 : 영상변류기

② 역할 : 영상전류를 검출

③ 단선도, 복선도

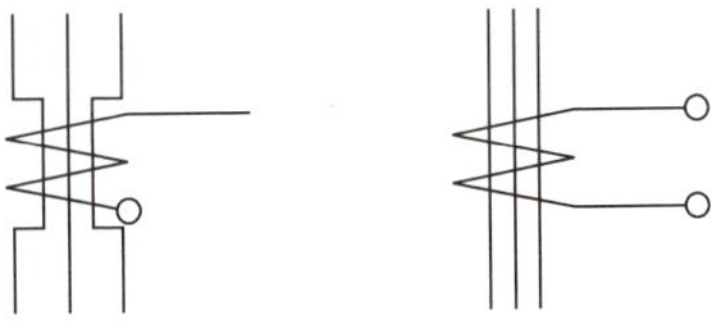

④ 1차 영상전류(200[mA])/2차 영상전류(1.5[mA])

(2) GPT

① 명칭 : 영상접지형 변압기

② 역할 : 영상전압 검출

③ 6.6[kV] : 경보설비

※ 154[kV]

- OVGR(64) : 지락 과전압계전기(지락사고 시 변압기 보호)
- DGR(67) : 방향 지락계전기

④ GPT설비

㉠ 사용기기 : 1ϕPT 3EA

㉡ 접속방법 : 1차 측은 Y결선 중성점 접지하고 2차 측은 개방 △결선한다.

㉢ 결 선

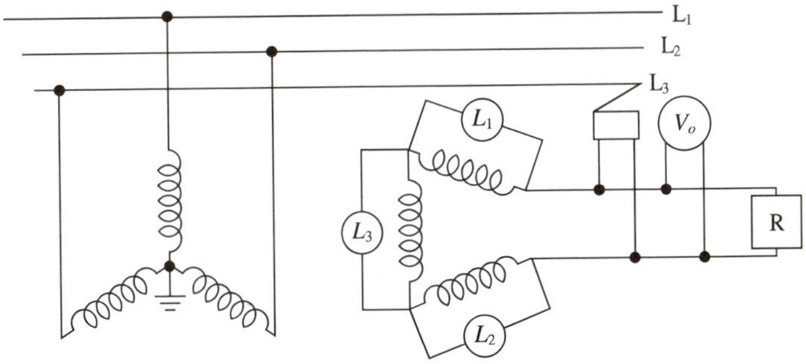

CLR → 한류전류제한저항기 = 지락사고 시 영상전압 크기조절

- 지락된 상전위 : 0[V]
- 지락되지 않은 상 : $\sqrt{3}$ 배[V] → 전위가 상승한다.
- 개방단 : $V_o = 3V_2 = 3 \times \dfrac{110}{\sqrt{3}} = \sqrt{3} \times 110 \fallingdotseq 190.53[V]$

(3)

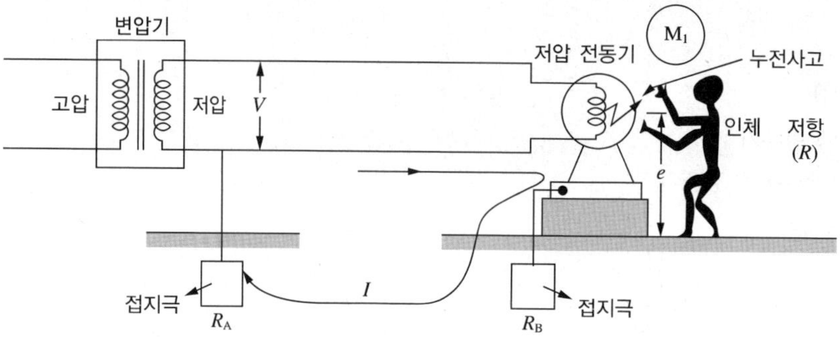

저압 전동기 외함의 전위 상승 $e = \dfrac{R_B}{R_A + R_B} \times V$

인체에 미치는 누전전류 $I_l = \left(\dfrac{R_B}{R + R_B} I_g \right) \times 10^{-3} [\mathrm{mA}]$

$$I_g = \frac{V}{\dfrac{R \cdot R_B}{R + R_B} + R_A}$$

(4) $R_2 = \dfrac{150}{I_g} = \dfrac{300}{I_g}$ **(ELB 2초 이내 차단 시)** $= \dfrac{600}{I_g}$ **(ELB 1초 이내 차단 시)**

가공전선로 $I_g = 1 + \dfrac{\dfrac{V'}{3}L - 100}{150}$

케이블 $I_g = 1 + \dfrac{\dfrac{V'}{3}L - 1}{2}$

(가공+케이블) $I_g = 1 + \dfrac{\dfrac{V'}{3}L - 100}{150} + \dfrac{\dfrac{V'}{3}L - 1}{2}$

※ R_2 저항값은 최대 75[Ω] 이하로 규정, I_g 지락전류는 2[A] 이상

[확인문제]

01 **수변전설비에 설치하고자 하는 전력용 퓨즈는 사용 장소, 정격차단용량, 정격전류 등을 고려하여 구입하여야 하는데, 이외에 고려하여야 할 주요 특성을 3가지만 쓰시오.**

정답

- 정격전압
- 최소 차단전류
- 전류-시간특성

02 **전력용 퓨즈의 기능과 장단점 5가지를 쓰시오.**

정답

[기 능]

- 부하전류를 안전하게 흐르게 한다.
- 과전류를 차단하여 전로나 기기를 보호한다.

[장 점]

- 소형경량이다.
- 차단능력이 크다.
- 고속차단 된다.
- 보수가 간단하다.
- 가격이 저렴하다.

[단 점]

- 재투입이 불가능하다.
- 과도전류에 용단되기 쉽다.
- 한류형은 과전압이 발생된다.
- 보호계전기를 자유로이 조정할 수 없다.
- 고 임피던스 접지사고는 보호할 수 없다.

03 수변전설비에 설치하는 전력용 퓨즈에 대해서 다음 각 물음에 답하시오.

(1) 전력용 퓨즈의 가장 큰 단점은 무엇인지를 쓰시오.

(2) 전력용 퓨즈를 구입하고자 한다. 기능상 고려해야 할 주요 요소 3가지를 쓰시오.

(3) 전력용 퓨즈의 성능 3가지를 쓰시오.

(4) PF-S형 큐비클은 큐비클의 주차단장치로서 어떤 종류의 전력퓨즈와 무엇을 조합한 것인가?

① 전력퓨즈의 종류

② 조합하여 설치하는 것

정답

(1) 재투입이 불가능하다.

(2) • 정격전압
• 정격전류
• 정격차단전류

(3) • 용단특성
• 전차단특성
• 단시간 허용특성

(4) ① 전력퓨즈의 종류 : 한류형 퓨즈
② 조합하여 설치하는 것 : 고압 개폐기

04 전력퓨즈 및 각종 개폐기들의 능력을 비교할 때, 그 능력이 가능한 곳에 ○ 표를 하시오.

능 력 / 기 능	회로분리		사고차단	
	무부하	부 하	과부하	단 락
퓨 즈				
차단기				
개폐기				
단로기				
전자 접촉기				

정답

능 력 / 기 능	회로분리		사고차단	
	무부하	부 하	과부하	단 락
퓨 즈	○			○
차단기	○	○	○	○
개폐기	○	○		
단로기	○			
전자 접촉기	○	○		

05 자가용 전기설비에 있어 고장전류의 종류 중 과전류 종류 2가지와 각각에 대한 용어의 정의를 쓰시오.

정답

- 과부하전류 : 기기에 대하여는 그 정격전류, 전선에 대하여는 그 허용전류를 어느 정도 초과하여 그 계속되는 시간을 합하여 생각하였을 때, 기기 또는 전선의 손상방지상 자동차단을 필요로 하는 전류를 말한다.
- 단락전류 : 전로의 선간이 임피던스가 적은 상태로 접촉되었을 경우에 그 부분을 통하여 흐르는 큰 전류를 말한다.

06 가스절연 개폐장치(GIS)의 구성품 4가지를 쓰시오.

정답

변류기, 계기용 변압기, 단로기, 차단기

07 220[kV] 간이 수변전설비에 사용하는 ASS(Auto Section Switch)와 인터럽터 스위치의 차이점을 비교 설명하시오.

- ASS(Auto Section Switch) :
- 인터럽터 스위치(Interrupter Switch) :

정답

- ASS(Auto Section Switch) : 고장구분개폐기로서 돌입전류 억제 기능과 과부하 시 자동으로 개폐가 가능하다.
- 인터럽터 스위치(Interrupter Switch) : 돌입전류 억제 기능이 없고 과부하 시 자동으로 개폐할 수 없으며 설비용량이 300[kVA] 이하에서 자동고장 구분 개폐기 대용으로 사용한다.

08 보호계전기에 필요한 특성 4가지를 쓰시오.

정답

감도, 속도, 선택성, 신뢰성

09

기계설비에 접속되어 있는 3상 교류전동기는 용량의 대소에 관계없이 고장이 발생하면 여러 가지 면에서 문제가 발생한다. 전동기를 보호하기 위하여 과부하보호 이외에 여러 가지 보호장치가 구성된다. 3상 교류전동기 보호를 위한 종류를 5가지만 쓰시오(단, 과부하보호는 제외한다).

정답

지락보호, 단락보호, 역상보호, 결상보호, 구속보호

10

DISCONNECTING SWITCH(단로기)와 CIRCUIT BREAKER(차단기)의 차이점을 설명하시오.

정답

- 단로기 : 전로나 전기기기의 수리 점검용으로 부하전류 개폐 및 고장전류 차단능력이 없으며 무부하 시에만 개폐가 가능하다.
- 차단기 : 부하전류 개폐 및 고장전류 차단이 가능하다.

11

다음 각 기기의 명칭을 쓰시오.

(1) 가공 배전선로에서 지락·단락 고장 사고가 발생하였을 때 고장을 검출하여 고장구간을 차단 후 일정시간이 지나면 자동으로 즉시 재투입이 가능한 개폐장치로서, 사고구간만을 계통에서 분리하여 선로에 파급되는 정전범위를 최소로 억제한다.

(2) 부하전류를 차단할 수 없으며 무부하 회로 개폐 시 기기의 수리 점검 시에 회로 접속변경 시 사용하는 것으로 반드시 무부하 상태에서 개방하여야 한다. 최근에는 ASS를 사용하며 66[kV] 이상의 경우에 이를 사용한다.

정답

(1) 리클로저

(2) 선로개폐기

12 고압에서 사용하는 진공차단기(VCB)의 특징 3가지를 적으시오.

정답

- 차단성능이 주파수의 영향을 받지 않는다.
- 화재에 가장 안전하다.
- 수명이 가장 길며 보수가 간단하다.

[기 타]

- 차단 시 소음이 작다.
- 동작 시 이상전압이 발생한다.

13 다음 개폐기의 종류를 나열한 것이다. 기기의 특징에 알맞은 명칭을 빈칸에 쓰시오.

구 분	명 칭	특 징
①		– 일정치 이상의 과부하전류에서 단락전류까지 대전류 차단 – 전로의 개폐능력은 없다. – 고압 개폐기와 조합하여 사용
②		– 전로의 접속을 바꾸거나 끊는 목적으로 사용 – 전류의 차단능력은 없음 – 무전류 상태에서 전로 개폐 – 변압기, 차단기 등의 보수점검을 위한 회로분리용 및 전력계통 변환을 위한 회로분리용으로 사용
③		– 평상시 부하전류의 개폐는 가능하나 이상 시(과부하, 단락) 보호 기능은 없음 – 개폐 빈도가 적은 부하의 개폐용 스위치로 사용 – 전력퓨즈와 사용 시 결상방지 목적으로 사용
④		– 평상시 부하전류 혹은 과부하전류까지 안전하게 개폐 – 부하의 개폐・제어가 주목적이고, 개폐 빈도가 많음 – 부하의 조작, 제어용 스위치로 이용 – 전력퓨즈와의 조합에 의해 Combination Switch로 널리 사용
⑤		– 평상시 전류 및 사고 시 대전류를 지장없이 개폐 – 회로보호가 주목적이며 기구, 제어회로가 Tripping 우선으로 되어 있음 – 주회로보호용 사용

정답

① 전력퓨즈
② 단로기
③ 부하개폐기
④ 전자개폐기
⑤ 차단기

14 배전선로 사고종류에 따라 보호장치 및 보호조치를 다음 표의 ①~②까지 답하시오(단, ①, ②는 보호장치이고, ③은 보호조치이다).

	사고 종류	보호장치 및 보호조치
고압 배전선	뇌해사고	피뢰기, 가공지선
	접지사고	①
	과부하, 단락사고	②
주상 변압기	과부하, 단락사고	고압 퓨즈
저압 배전선	과부하, 단락사고	저압 퓨즈

정답

① 접지계전기
② 과전류계전기

15 2중 모선에서 평상시에 No.1 T/L은 A모선에서 No.2 T/L은 B모선에서 공급하고 모선연락용 CB는 개방되어 있다. 다음 각 물음에 답하시오.

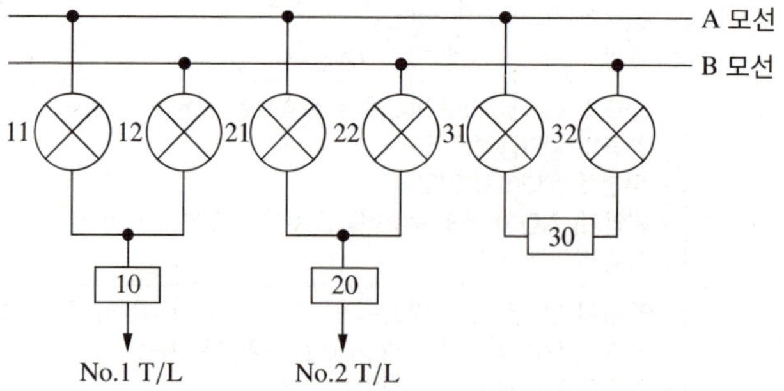

(1) A모선을 점검하기 위하여 절체하는 순서는?(단, 10-OFF, 20-ON 등으로 표시한다)
(2) A모선을 점검 후 원상 복구하는 조작 순서는?(단, 10-OFF, 20-ON 등으로 표시한다)
(3) 10, 20, 30에 대한 기기의 명칭은?
(4) 11, 21에 대한 기기의 명칭은?
(5) 2중 모선의 장점은?

정답

(1) 31-ON → 32-ON → 30-ON → 12-ON → 11-OFF → 30-OFF → 31-OFF → 32-OFF
(2) 31-ON → 32-ON → 30-ON → 11-ON → 12-OFF → 30-OFF → 31-OFF → 32-OFF
(3) 교류차단기
(4) 단로기
(5) 모선 수리 점검 시 무정전으로 부하에 전원을 공급하여 공급의 신뢰도가 높다.

16 어떤 발전소의 발전기가 용량 93,000[kVA], 정격전압 13.2[kV], %임피던스 95[%]일 때, 임피던스값을 구하시오.

해설

$$\%Z = \frac{PZ}{10V^2}$$

$$Z = \frac{10V^2 \%Z}{P} = \frac{10 \times 13.2^2 \times 95}{93,000} \fallingdotseq 1.7799$$

정답

1.78[Ω]

17 수전전압 22,900[V], 수전용량 300[kW]일 때, 3ϕ 단락전류가 7,000[A]이다. 이때 차단기의 용량[MVA]을 구하시오.

해설

$$P_s = \sqrt{3}\,VI_s = \sqrt{3} \times 25.8 \times 7 = 312.808[\text{MVA}]$$

$$V = 22.9[\text{kV}] \times \frac{1.2}{1.1} = 24.98[\text{kV}] \quad \therefore \ 25.8[\text{kV}]$$

정답

312.81[MVA]

18 교류발전기에 대한 다음 각 물음에 답하시오.

(1) 정격전압 6,000[V], 정격출력 5,000[kVA]인 3상 교류발전기에서 계자전류가 300[A], 그 무부하 단자전압이 6,000[V]이고, 이 계자전류에 있어서의 3상 단락전류가 700[A]라고 한다. 이 발전기의 단락비를 구하시오.

(2) 다음 ①~⑥에 알맞은 (　　) 안의 내용을 크다(고), 적다(고), 높다(고), 낮다(고) 등으로 답란에 쓰시오.

단락비가 큰 교류발전기는 일반적으로 기계의 치수가 (①), 가격이 (②), 풍손, 마찰손, 철손이 (③), 효율은 (④), 전압변동률은 (⑤), 안정도는 (⑥).

해설

(1) $I_n = \frac{P}{\sqrt{3}\,V_n} = \frac{5,000 \times 10^3}{\sqrt{3} \times 6,000} \fallingdotseq 481.125 \quad \therefore \ 481.13[\text{A}]$

단락비 $K_s = \frac{I_s}{I_n} = \frac{700}{481.13} \fallingdotseq 1.4549$

정답

(1) 1.45

(2) ① 크고, ② 높고, ③ 크고, ④ 낮고, ⑤ 작고, ⑥ 크다.

19

그림에서 B점의 차단기 용량을 100[MVA]로 제한하기 위한 한류 리액터의 리액턴스는 몇 [%]인가?(단, 20[MVA]를 기준으로 한다)

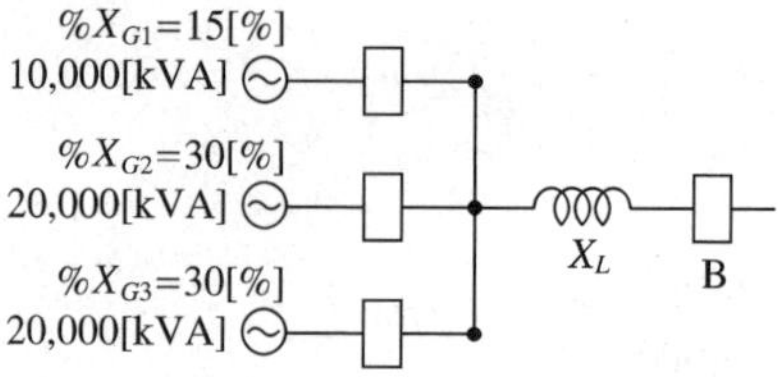

해설

$$\%X_{G1} = \frac{20}{10} \times 15 = 30[\%]$$

$$\%X_{G2} = \frac{20}{20} \times 30 = 30[\%]$$

$$\%X_{G3} = \frac{20}{20} \times 30 = 30[\%]$$

$$\text{합성}\%X_G = \frac{30}{3} = 10[\%]$$

$$P_s = \frac{100}{\%X} P_n$$

$$100 = \frac{100}{10 + X_L} \times 20$$

정답

$X_L = 10[\%]$

20

66[kV], 500[MVA], %임피던스 30[%]인 발전기에 변압기용량이 600[MVA], %임피던스 20[%]가 접속되어 있다. 변압기 2차 측 345[kV] 지점에 단락이 일어났을 때 단락전류는 몇 [A]인가?

해설

기준용량이 없을 땐 변압기용량을 기준용량으로 한다.

$$\text{발전기 } \%Z = \frac{600}{500} \times 30 = 36[\%]$$

$$\text{변압기 } I_{n2} = \frac{P_n}{\sqrt{3}\, V_{n2}} = \frac{600 \times 10^3}{\sqrt{3} \times 345} \fallingdotseq 1{,}004.087$$

$$I_{s2} = \frac{100}{\%Z} I_{n2} = \frac{100}{36 + 20} \times 1{,}004.087 = 1{,}793.0125$$

정답

1,793.01[A]

21

다음 도면에서 고장이 발생하였을 경우 이 지점에서의 3상 단락전류를 옴법에 의하여 구하시오 (단, 발전기 G_1, G_2 및 변압기의 %리액턴스는 자기용량 기준으로 각각 30[%], 30[%] 및 8[%]이며, 선로의 저항은 0.5$[\Omega/\text{km}]$ 이다).

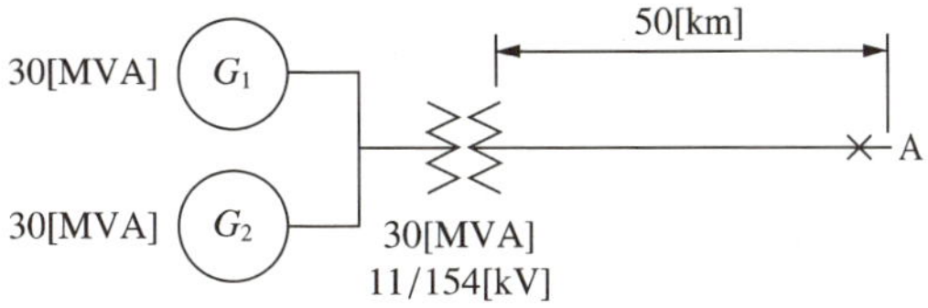

해설

G_1, G_2의 리액턴스 $\%X_G = \dfrac{PX_G}{10V^2}$

$$X_G = \frac{10V^2\%X_G}{P} = \frac{10 \times 154^2 \times 30}{30 \times 10^3} = 237.16[\Omega]$$

변압기 리액턴스 $X_{TR} = \dfrac{10V^2\%X_{TR}}{P} = \dfrac{10 \times 154^2 \times 8}{30 \times 10^3} ≒ 63.24[\Omega]$

합성 리액턴스 $X = \dfrac{237.16}{2} + 63.24 = 181.82[\Omega]$

선로의 저항 $R = 0.5 \times 50 = 25[\Omega]$

$$Z = \sqrt{R^2 + X^2} = \sqrt{25^2 + 181.82^2} ≒ 183.53[\Omega]$$

$$I_S = \frac{E}{Z} = \frac{\frac{154,000}{\sqrt{3}}}{183.53} ≒ 484.4545$$

정답

484.45[A]

22

다음 전력계통에서 기준용량 10[MVA]로 하였을 경우 차단기 A의 단락용량은 몇 [MVA]인지 구하시오(단, $\%R$은 무시하고 모든 값은 $\%X$이며, 차단기 F는 모선연락용 교류차단기로 개방상태이다).

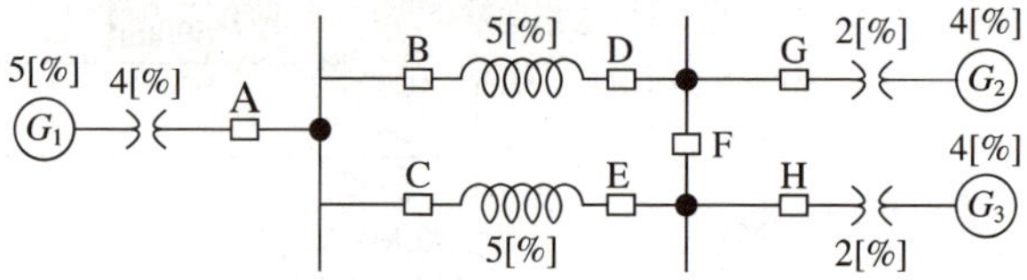

해설

① 고장점이 A차단기 우측

$$I_s = \frac{100}{\%Z} I_n = \frac{100}{4+5} I_n = 11.11 I_n$$

② 고장점이 A차단기 좌측

$$I_s = I_{G2s} + I_{G3s} = \frac{100}{5+2+4} I_n + \frac{100}{5+2+4} I_n = 18.18 I_n$$

①과 ② 중 큰 값을 적용 $I_s = 18.18 I_n$

②의 값으로 합성 $\%Z = \frac{5+2+4}{2} = 5.5[\%]$

$$P_s = \frac{100}{\%Z} P_n = \frac{100}{5.5} \times 10 = 181.818[\text{MVA}]$$

정답

181.82[MVA]

23 3ϕ 154[kV] 시스템의 회로와 조건을 이용하여 점 F에서 3ϕ 단락 고장이 발생하였을 때 154[kV], 100[MVA]를 기준으로 계산하여 점 F에서의 단락전류를 구하시오(단, 송전선로의 $\%Z_l$은 A-F 구간이며 주어지지 않은 조건은 무시한다).

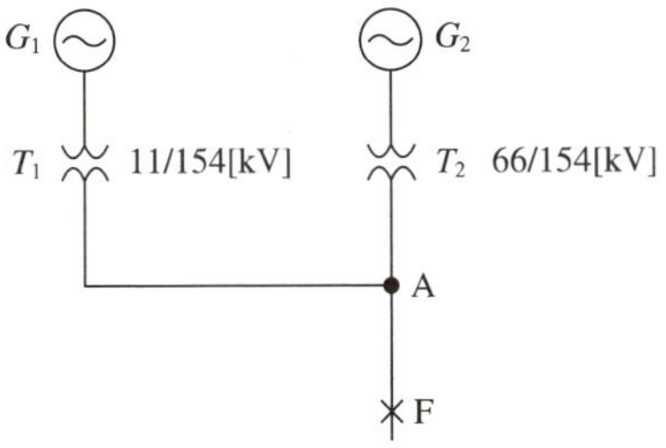

조 건	
G_1	20[MVA], $\%Z_{G1}=30[\%]$
G_2	5[MVA], $\%Z_{G2}=30[\%]$
T_1	11/154[kV], 용량 20[MVA], $\%Z_{T1}=10[\%]$
T_2	66/154[kV], 용량 5[MVA], $\%Z_{T2}=10[\%]$
송전선로	전압 154[kV], 용량 20[MVA], $\%Z_l=5[\%]$

해설

$$I_S=\frac{100}{\text{합성 }\%Z}\times\frac{P}{\sqrt{3}\,V}$$

100[MVA]로 환산하면

$$\%Z_{G1}=\frac{100}{20}\times30=150[\%]$$

$$\%Z_{G2}=\frac{100}{5}\times30=600[\%]$$

$$\%Z_{T1}=\frac{100}{20}\times10=50[\%]$$

$$\%Z_{T2}=\frac{100}{5}\times10=200[\%]$$

$$\%Z_l=\frac{100}{20}\times5=25[\%]$$

$$\text{합성 }\%Z=\frac{(150+50)\times(600+200)}{(150+50)+(600+200)}+25=185[\%]$$

$$I_S=\frac{100}{185}\times\frac{100\times10^3}{\sqrt{3}\times154}=202.65[\text{A}]$$

정답

202.65[A]

24 주어진 Impedance Map과 조건을 이용하여 다음 각 물음의 계산과정과 답을 쓰시오.

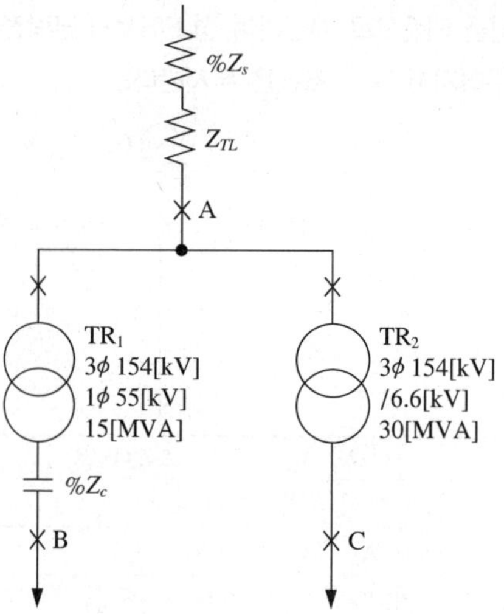

[조 건]

- $\%Z_S$: 한전 s/s의 154[kV] 인출 측의 전원 측 정상 임피던스 1.2[%](100[MVA] 기준)
- Z_{TL} : 154[kV] 송전선로의 임피던스 1.83[Ω]
- $\%Z_{TR1}$: 10[%](15[MVA] 기준)
- $\%Z_{TR2}$: 10[%](30[MVA] 기준)
- $\%Z_C$: 50[%](100[MVA] 기준)

(1) 100[MVA] 기준으로 %임피던스를 구하시오.

① $\%Z_{TL}$

② $\%Z_{TR1}$

③ $\%Z_{TR2}$

(2) 합성 %임피던스를 구하시오.

① $\%Z_A$

② $\%Z_B$

③ $\%Z_C$

(3) A, B, C 각 점에서 차단기의 차단전류는 몇 [kA]가 되겠는가?(단, 비대칭분을 고려한 상승계수는 1.6으로 한다)

① I_A

② I_B

③ I_C

정답

(1) ① [계산과정]

$$\%Z_{TL} = \frac{Z \cdot P}{10V^2} = \frac{1.83 \times 100 \times 10^3}{10 \times 154^2} \fallingdotseq 0.77[\%]$$

[답] 0.77[%]

② [계산과정]

$$\%Z_{TR1} = 10[\%] \times \frac{100}{15} \fallingdotseq 66.67[\%]$$

[답] 66.67[%]

③ [계산과정]

$$\%Z_{TR2} = 10[\%] \times \frac{100}{30} \fallingdotseq 33.33[\%]$$

[답] 33.33[%]

(2) ① [계산과정]

$$\%Z_A = \%Z_S + \%Z_{TL} = 1.2 + 0.77 = 1.97[\%]$$

[답] 1.97[%]

② [계산과정]

$$\%Z_B = \%Z_S + \%Z_{TL} + \%Z_{TR1} - \%Z_C = 1.2 + 0.77 + 66.67 - 50 = 18.64[\%]$$

[답] 18.64[%]

③ [계산과정]

$$\%Z_C = \%Z_S + \%Z_{TL} + \%Z_{TR2} = 1.2 + 0.77 + 33.33 = 35.3[\%]$$

[답] 35.3[%]

(3) ① [계산과정]

$$I_A = \frac{100}{\%Z_A} I_n = \frac{100}{1.97} \times \frac{100 \times 10^3}{\sqrt{3} \times 154} \times 1.6 \times 10^{-3} \fallingdotseq 30.45[\text{kA}]$$

[답] 30.45[kA]

② [계산과정]

$$I_B = \frac{100}{\%Z_B} I_n = \frac{100}{18.64} \times \frac{100 \times 10^3}{55} \times 1.6 \times 10^{-3} \fallingdotseq 15.61[\text{kA}]$$

[답] 15.61[kA]

③ [계산과정]

$$I_C = \frac{100}{\%Z_C} I_n = \frac{100}{35.3} \times \frac{100 \times 10^3}{\sqrt{3} \times 6.6} \times 1.6 \times 10^{-3} \fallingdotseq 39.65[\text{kA}]$$

[답] 39.65[kA]

25 송전계통 S점에서 3상 단락사고가 발생하였다. 주어진 도면과 조건을 이용하여 다음 각 물음에 답하시오.

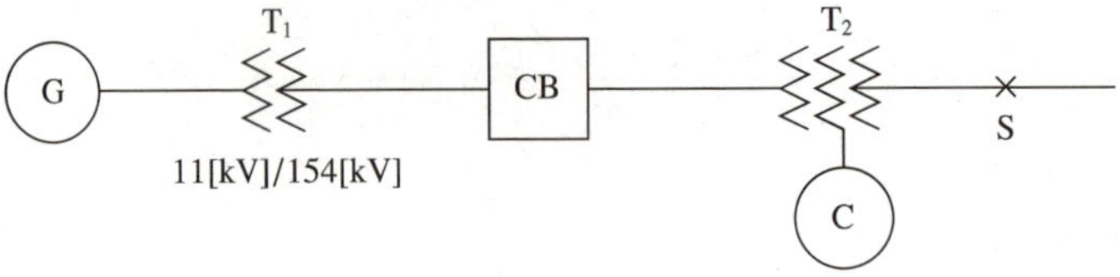

[조 건]

번 호	기기명	용 량	전 압	%X
1	발전기(G)	50,000[kVA]	11[kV]	30
2	변압기(T_1)	50,000[kVA]	11/154[kV]	12
3	송전선		154[kV]	10(10,000[kVA] 기준)
4	변압기(T_2)	1차 25,000[kVA]	154[kV]	12(25,000[kVA] 기준, 1~2차)
		2차 30,000[kVA]	77[kV]	15(25,000[kVA] 기준, 2~3차)
		3차 10,000[kVA]	11[kV]	10.8(10,000[kVA] 기준, 3~1차)
5	조상기(C)	10,000[kVA]	11[kV]	20

(1) 기준용량을 100[MVA]로 환산 시 발전기, 변압기(T_1), 송전선 및 조상기의 %리액턴스를 구하시오.

(2) 변압기(T_2)의 각각의 %리액턴스를 100[MVA] 출력으로 환산하고, 1차(P), 2차(T), 3차(S)의 %리액턴스를 구하시오.

(3) 고장점과 차단기를 통과하는 각각의 단락전류를 구하시오.

(4) 차단기의 차단용량은 몇 [MVA]인가?

해설

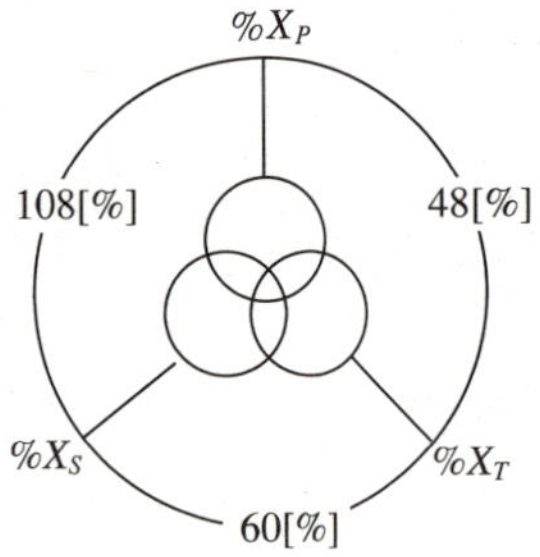

(1) • 발전기 $\%X = \frac{100}{50} \times 30 = 60[\%]$

• 변압기(T_1) $\%X = \frac{100}{50} \times 12 = 24[\%]$

• 송전선 $\%X = \frac{100}{10} \times 10 = 100[\%]$

• 조상기 $\%X = \frac{100}{10} \times 20 = 200[\%]$

(2) • 1~2차 $\%X_{P-T} = \frac{100}{25} \times 12 = 48[\%]$

• 2~3차 $\%X_{T-S} = \frac{100}{25} \times 15 = 60[\%]$

• 3~1차 $\%X_{S-P} = \frac{100}{10} \times 10.8 = 108[\%]$

• 1차 $\%X_P = \frac{1}{2}(48 + 108 - 60) = 48[\%]$

• 2차 $\%X_T = \frac{1}{2}(48 + 60 - 108) = 0[\%]$

• 3차 $\%X_S = \frac{1}{2}(108 + 60 - 48) = 60[\%]$

(3)

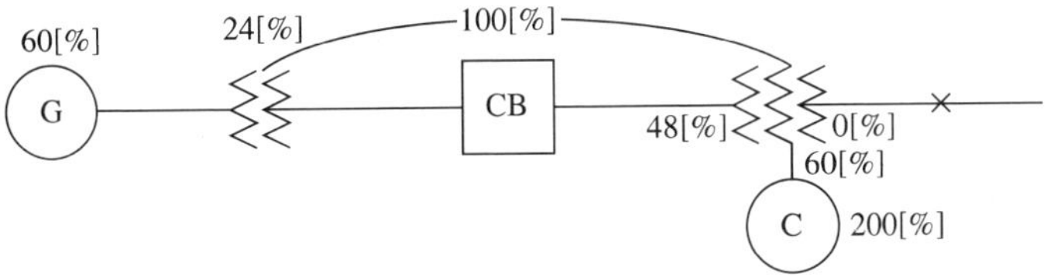

발전기(G)에서 T_2 변압기 1차까지 직렬 $\%X_1 = 60 + 24 + 100 + 48 = 232[\%]$

조상기에서 T_2 3차까지 직렬 $\%X_2 = 200 + 60 = 260[\%]$

단락점에서 봤을 때 $\%X_1$과 $\%Z_2$는 병렬

합성 $\%X = \frac{232 \times 260}{232 + 260} + 0 ≒ 122.6[\%]$

• 고장점의 단락전류 $I_s = \frac{100}{\%Z} I_n = \frac{100}{122.6} \times \frac{100 \times 10^3}{\sqrt{3} \times 77} ≒ 611.587[\text{A}]$

• 차단기의 단락전류 $I_s = \frac{\%X_2}{\%X_1 + \%X_2} \times I_s = \frac{260}{232 + 260} \times 611.59 ≒ 323.198[\text{A}]$

전압이 154[kV]이므로

$I_s' = 323.198 \times \frac{77}{154} = 161.599[\text{A}]$

(4) 차단기용량 $P_s = \sqrt{3}\, V_n I_s' = \sqrt{3} \times 170 \times 161.6 \times 10^{-3} ≒ 47.5829$

여기서, $V_n = 154 \times \frac{1.2}{1.1} = 168$

$\therefore$ 170[kV] 계통의 최고전압

정답

(1) • 발전기 $\%X = 60[\%]$
• 변압기(T_1) $\%X = 24[\%]$
• 송전선 $\%X = 100[\%]$
• 조상기 $\%X = 200[\%]$

(2) • 1~2차 $\%X_{P-T}=48[\%]$
• 2~3차 $\%X_{T-S}=60[\%]$
• 3~1차 $\%X_{S-P}=108[\%]$
• 1차 $\%X_P=48[\%]$
• 2차 $\%X_T=0[\%]$
• 3차 $\%X_S=60[\%]$

(3) • 고장점의 단락전류 : 611.59[A]
• 차단기의 단락전류 : 161.6[A]

(4) 47.58[MVA]

26

3권선 변압기가 설치된 154[kV]계통의 변전소가 있다. 다음의 표를 이용하여 각 물음에 답하시오(단, 기타 주어지지 않은 조건은 무시한다).

표

전 압	1차 입력	154[kV]
	2차 입력	66[kV]
	3차 입력	23[kV]
용 량	1차 측 용량	100[MVA]
	2차 측 용량	100[MVA]
	3차 측 용량	50[MVA]
$\%X$	1차와 2차 측	9[%](100[MVA] 기준)
	2차와 3차 측	3[%](50[MVA] 기준)
	3차와 1차 측	8.5[%](50[MVA] 기준)

(1) 각 권선의 $\%X$를 100[MVA]를 기준으로 구하시오.

① $\%X_1$

② $\%X_2$

③ $\%X_3$

(2) 1차 입력이 100[MVA], 역률 0.9(lead)이고 3차에 50[MVA]의 전력용 커패시터를 접속했을 경우 2차 출력[MVA]과 역률[%]을 각각 계산하시오.

(3) 물음 (2)의 조건으로 운전 중 1차 전압이 154[kV]이면 2차 및 3차 전압은 얼마인가?

① 2차 전압

② 3차 전압

해설

(1)

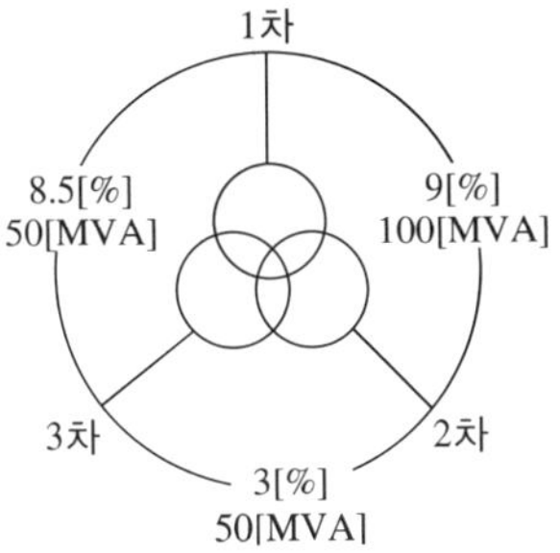

100[MVA]를 기준으로 하면

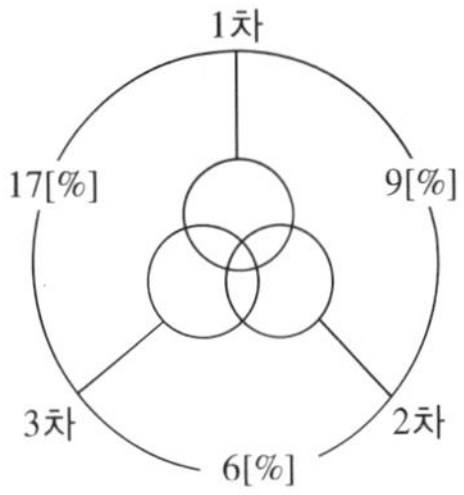

$\%X_1 = \frac{1}{2}(17+9-6) = 10[\%]$

$\%X_2 = \frac{1}{2}(9+6-17) = -1[\%]$

$\%X_3 = \frac{1}{2}(17+6-9) = 7[\%]$

(2)

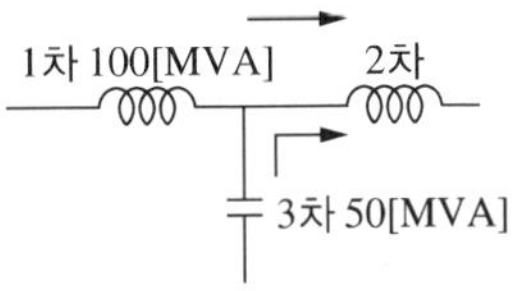

$P_1 = 100 \times 0.9 = 90[\text{MW}]$, $Q_1 = 100 \times \sqrt{1-0.9^2} = 43.588[\text{MVar}]$

역률이 lead(진상)이므로 Q_1은 앞선 용량

$Q_3 = 50[\text{MVA}]$

P_a합성 $= \sqrt{90^2+(43.588+50)^2} = 129.84[\text{MVA}]$

$\cos\theta$합성 $= \frac{P_1}{P_a\text{합성}} \times 100 = \frac{90}{129.84} \times 100 = 69.316[\%]$ ∴ $69.32[\%]$

(3) ① $\frac{50}{100} \times (-1) = -0.5[\%]$ (50[MVA]로 환산한 $\%X$값)

$\%\varepsilon = \frac{V_0 - V_n}{V_n}$ 에서 $V_0 = \%\varepsilon V_n + V_n = (1+\%\varepsilon)V_n$

$V_2 = (1-0.005) \times 66 = 65.67[\text{kV}]$

② $\frac{50}{100} \times 7 = 3.5[\%]$ (50[MVA]로 환산한 $\%X$값)

$V_3 = 23(1+0.035) = 23.805[\text{kV}]$

정답

(1) ① $\%X_1 = 10[\%]$

② $\%X_2 = -1[\%]$

③ $\%X_3 = 7[\%]$

(2) 2차 측 출력 : 129.84[MVA], 역률 : 69.32[%]

(3) ① 65.67[kV]

② 23.81[kV]

27 다음 그림에서 Ⓐ가 지시하는 것은 무엇인가?

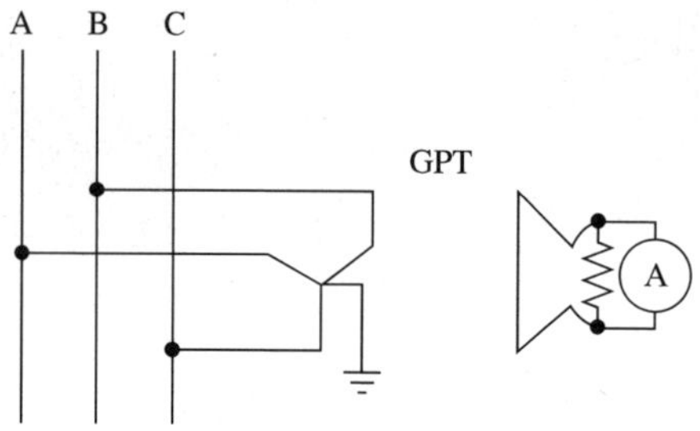

정답

영상전압

28 다음과 같은 상태에서 영상변류기(ZCT)의 영상전류 검출에 대해 설명하시오.

(1) 정상상태(평형부하)

(2) 지락상태

정답

(1) 평형부하이므로 영상전류가 검출되지 않는다.
(2) 지락상태에서는 영상전류가 검출된다.

29 비접지 선로의 접지전압을 검출하기 위하여 그림과 같은 (Y-Y-개방△)결선을 한 GPT가 있다. 다음 물음에 답하시오.

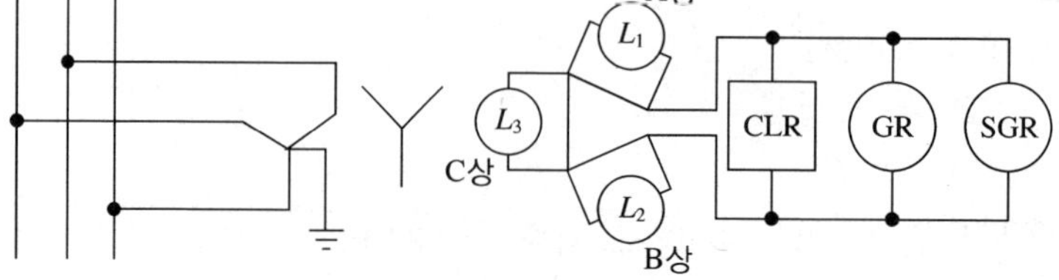

L_1~L_3 : 접지표시등
GPT 결선

(1) A상 고장 시(완전 지락 시) 2차 접지표시등 L_1, L_2, L_3의 점멸과 밝기를 비교하시오.

(2) 1선 지락사고 시 건전상(사고가 안 난 상)의 대지전위의 변화를 간단히 설명하시오.

(3) GR, SGR의 정확한 명칭을 우리말로 쓰시오.

정답

(1) • L_1 : 소등(어둡다)

• L_2, L_3 : 점등(더욱더 밝다)

(2) 지락사고 시 전위가 $\sqrt{3}$배 증가되어 110[V]가 된다.

(3) • GR : 지락계전기

• SGR : 선택지락계전기

30 고압선로에서의 접지사고 검출 및 경보장치를 그림과 같이 시설하였다. L_1선에 누전사고가 발생하였을 때 다음 각 물음에 답하시오(단, 전원이 인가되고 경보벨의 스위치는 닫혀 있는 상태라고 한다).

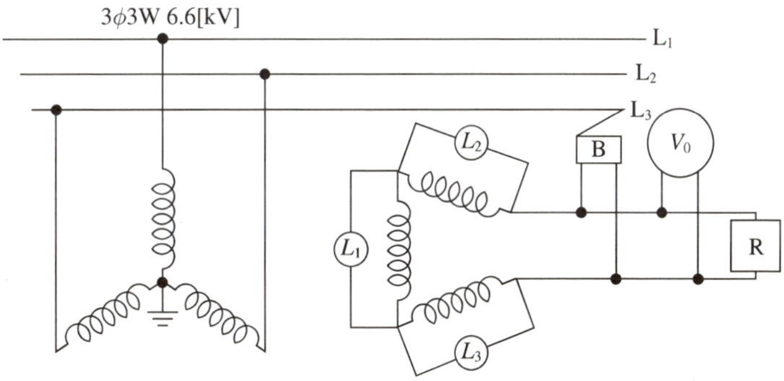

(1) 1차 측 L_1선의 대지전압이 0[V]인 경우 L_2선 및 L_3선의 대지전압은 각각 몇 [V]인가?

① L_2선의 대지전압

② L_3선의 대지전압

(2) 2차 측 전구 (L_1)의 전압이 0[V]인 경우 (L_2) 및 (L_3) 전구의 전압과 전압계 (V_0)의 지시전압, 경보벨 (B)에 걸리는 전압은 각각 몇 [V]인가?

① (L_2)의 대지전압

② (L_3)의 대지전압

③ 전압계 (V_0)의 지시전압

④ 경보벨 (B)에 걸리는 전압

해설

(1) ① L_2선의 대지전압 : $\frac{6,600}{\sqrt{3}} \times \sqrt{3} = 6,600[V]$

② L_3선의 대지전압 : $\frac{6,600}{\sqrt{3}} \times \sqrt{3} = 6,600[V]$

(2) ① Ⓛ₂의 대지전압 : $\frac{110}{\sqrt{3}} \times \sqrt{3} = 110[V]$

② Ⓛ₃의 대지전압 : $\frac{110}{\sqrt{3}} \times \sqrt{3} = 110[V]$

③ 전압계 $Ⓥ_0$의 지시전압 : $110 \times \sqrt{3} \fallingdotseq 190.53[V]$

④ 경보벨 Ⓑ에 걸리는 전압 : $110 \times \sqrt{3} \fallingdotseq 190.53[V]$

정답

(1) ① 6,600[V]
② 6,600[V]
(2) ① 110[V]
② 110[V]
③ 190.53[V]
④ 190.53[V]

31 단상 2선식 220[V]로 공급되는 전동기가 절연열화로 인하여 외함에 전압이 인가될 때 사람이 접촉하였다. 이때의 접촉전압은 몇 [V]인가?(단, 변압기 2차 측 접지저항은 9[Ω], 전로의 저항은 1[Ω], 전동기 외함의 접지저항은 100[Ω]이다)

해설

접촉전압 $e = I_g \cdot R = 2 \times 100 = 200[V]$

$I_g = \frac{220}{1+9+100} = 2[A]$

정답

200[V]

32 그림과 같은 계통의 기기의 A점에서 완전 지락이 발생하였다. 다음 각 물음에 답하시오.

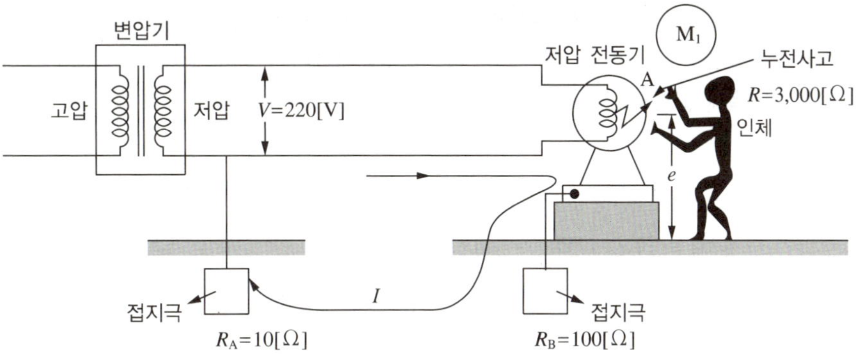

(1) 이 기기의 외함에 인체가 접촉하고 있지 않을 경우 이 외함의 대지전압은 몇 [V]인가?

(2) 이 기기의 외함에 인체가 접촉하였을 경우 인체를 통하여 흐르는 전류는 몇 [mA]인가?(단, 인체의 저항은 3,000[Ω]이다)

해설

(1) $e = \dfrac{R_B}{R_A + R_B} \times V = \dfrac{100}{10+100} \times 220 = 200[\mathrm{V}]$

(2) $I_l = \dfrac{R_B}{R_B + R} I_g = \dfrac{R_B}{R_B + R} \times \dfrac{V}{\left(R_A + \dfrac{R_B \cdot R}{R_B + R}\right)}$

$= \dfrac{100}{100 + 3{,}000} \times \dfrac{220}{\left(10 + \dfrac{100 \times 3{,}000}{100 + 3{,}000}\right)} \times 10^3 = 66.47[\mathrm{mA}]$

정답

(1) 200[V]

(2) 66.47[mA]

33 다음 그림은 저압전로에 있어서의 지락고장을 표시한 그림이다. 그림의 전동기 Ⓜ₁ 대신 M_1(단상 110[V])의 내부와 외함 간에 누전으로 지락사고를 일으킨 경우 변압기 저압 측 전로의 1선은 전기설비기술기준에 의하여 고・저압 혼촉 시의 대지전위 상승을 억제하기 위한 접지공사를 하도록 규정하고 있다. 다음 물음에 답하시오.

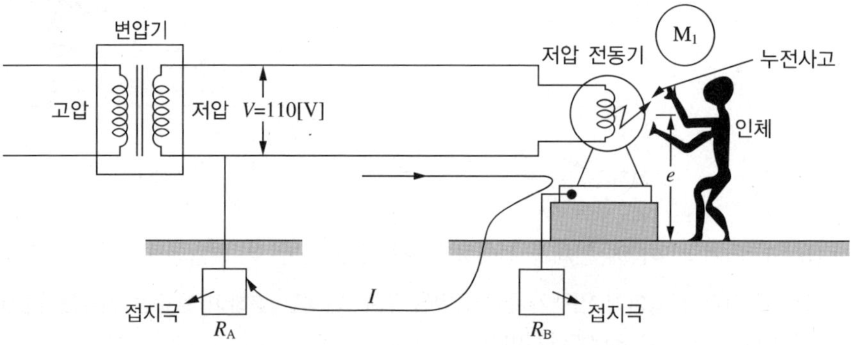

(1) 앞의 그림에 대한 등가회로를 그리면 다음과 같다. 물음에 답하시오.

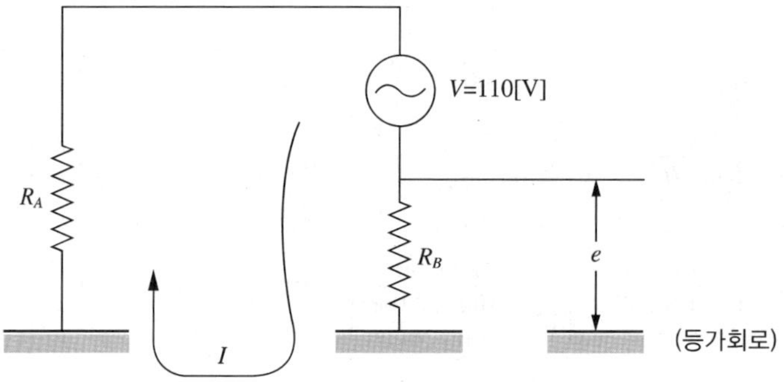

① 등가회로상의 e는 무엇을 의미하는가?

② 등가회로상의 e의 값을 표시하는 수식을 표시하시오.

③ 저압회로의 지락전류 $I=\dfrac{V}{R_A+R_B}$[A]로 표시할 수 있다. 고압 측 전로의 중성점이 비접지식인 경우에 고압 측 전로의 1선 지락전류가 4[A]라고 하면 변압기의 2차 측(저압 측)에 대한 접지저항값은 얼마인가? 또, 위에서 구한 접지저항값(R_A)을 기준으로 하였을 때의 R_B의 값을 구하고 위 등가회로상의 I, 즉 저압 측 전로의 1선 지락전류를 구하시오(단, e의 값은 25[V]로 제한하도록 한다).

(2) 접지극의 매설 깊이는 얼마 이상으로 하는가?

(3) 변압기 2차 측 접지선은 단면적 몇 [mm^2] 이상의 연동선이나 이와 동등 이상의 세기 및 굵기의 것을 사용하는가?

해설

(1) ③ $R_A = \frac{150}{I} = \frac{150}{4} = 37.5[\Omega]$

$$25 = \frac{R_B}{37.5 + R_B} \times 110$$

$$25(37.5 + R_B) = 110R_B$$

$$937.5 + 25R_B = 110R_B$$

$$937.5 = 85R_B$$

$$R_B \fallingdotseq 11.029 \fallingdotseq 11.03$$

$$I = \frac{V}{R_A + R_B} = \frac{110}{37.5 + 11.03} \fallingdotseq 2.267 \fallingdotseq 2.27[\mathrm{A}]$$

정답

(1) ① 접촉전압

② $e = \frac{R_B}{R_A + R_B} \times V$

③ $R_A = 37.5[\Omega]$, $R_B = 11.03[\Omega]$, $I = 2.27[\mathrm{A}]$

(2) 75[cm]

(3) 6[mm^2]

34 어떤 변전소로부터 3상 3선식 비접지식 배전선이 8회선 나와 있다. 이 배전선에 접속된 주상 변압기의 접지저항의 허용값[Ω]을 구하시오(단, 전선로의 공칭 전압은 3.3[kV] 배전선의 긍장은 모두 20[km/회선]인 가공선이며, 접지점의 수는 1로 한다).

해설

$$I_g = 1 + \frac{\frac{V'}{3}L - 100}{150} = 1 + \frac{\frac{3}{3}(3 \times 20 \times 8) - 100}{150} \fallingdotseq 3.53 \fallingdotseq 4[\mathrm{A}]$$

$$V' = \frac{3.3}{1.1} = 3$$

1선 지락전류는 소수점 이하 절상

$$R_g = \frac{150}{I_g} = \frac{150}{4} = 37.5[\Omega]$$

정답

37.5[Ω]

35 3상 3선식 비접지계통 6,600[V]의 4개 피더(Feeder)로 다음과 같이 부하에 전력을 공급하는 선로가 있다. 1선 지락전류를 구하시오.

종 류 / Feeder	케이블 이외의 것	케이블
A	긍장 15[km]	연장 1.5[km]
B	–	연장 2.5[km]
C	긍장 20[km]	–
D	긍장 25[km]	연장 3[km]

해설

$$I_g = 1 + \frac{\frac{V'}{3}L - 100}{150} + \frac{\frac{V'}{3}L - 1}{2}$$

$$= 1 + \frac{\frac{6}{3}(15+20+25)\times 3 - 100}{150} + \frac{\frac{6}{3}(1.5+2.5+3) - 1}{2} \fallingdotseq 9.233$$

정답

10[A]

36 접지저항을 측정하고자 한다. 다음 각 물음에 답하시오.

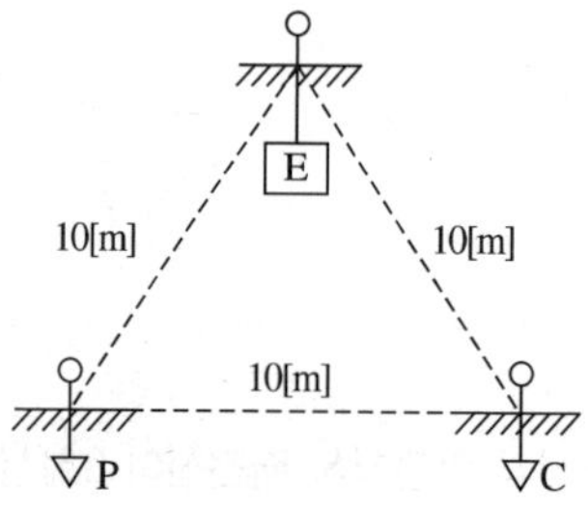

(1) 접지저항을 측정하는 계측기의 명칭과 방법을 쓰시오.

① 명칭 :

② 방법 :

(2) 본 접지극과 P점 사이의 저항은 86[Ω], 본 접지극과 C점 사이의 저항은 92[Ω], PC 간의 측정저항은 160[Ω]일 때 본 접지극의 저항은 얼마인지 계산하시오.

해설

(2) $R_E = \frac{1}{2}(R_{EP} + R_{EC} - R_{PC}) = \frac{1}{2}(86 + 92 - 160) = 9[\Omega]$

정답

(1) ① 명칭 : 어스테스터(접지저항계)

② 방법 : 콜라우슈 브리지법에 의한 3전극법 또는 3전극법 그 외 전위차계법, 전위강하법

(2) 9[Ω]

37

3심 전력케이블 55[mm^2](0.3195[Ω/km]), 전장 3.6[km]의 어떤 중간지점에서 1선 지락사고가 발생하여 전기적 사고점 탐지법의 하나인 머레이 루프법으로 측정한 결과 그림과 같은 상태에서 평형이 되었다고 한다. 측정점에서 사고지점까지의 거리를 구하시오.

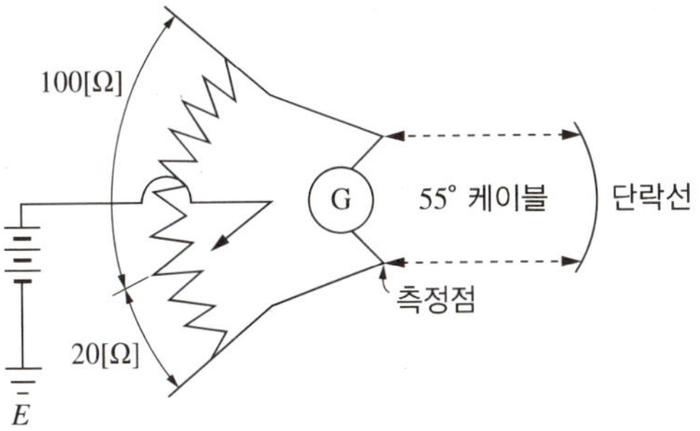

해설

고장점까지의 거리가 x, 전장 3.6[km]일 때 케이블의 전체 길이가 7.2[km]

$100x = 20(7.2 - x)$

$100x = 144 - 20x$

$120x = 144$

$\therefore x = \frac{144}{120} = 1.2[\text{km}]$

정답

1.2[km]

38 그림의 표시와 같이 AB 간 400[m]는 100[mm^2], BC 간 500[m]는 200[mm^2], CD 간 650[m]는 325[mm^2]인 3상 전력케이블에서 1선 지락사고가 발생하여 A점에서 머레이 루프법으로 고장점을 찾으려고 그림과 같이 휘트스톤 브리지의 원리를 이용하였다. A점에서부터 몇 [m]인 지점에서 1선 지락사고가 발생하였는가?(단, a의 저항이 400[Ω]이고, b의 저항은 600[Ω]이다)

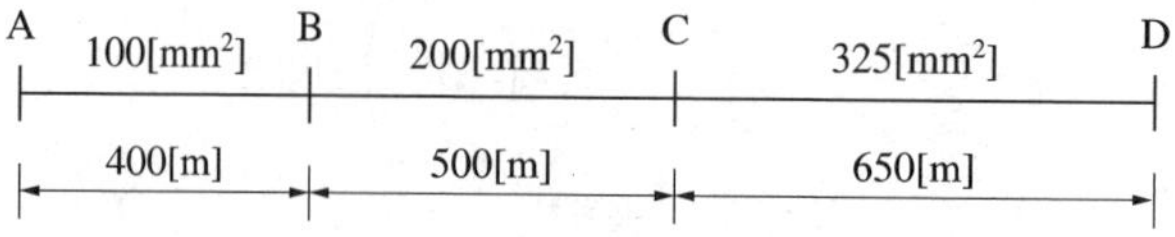

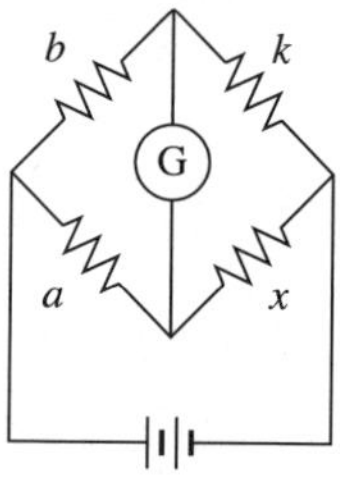

해설

먼저 케이블의 저항값을 구한다. 전선의 저항은 단면적에 반비례하므로

- 100[mm^2] 1[m]당 저항값을 1[Ω]을 기준으로 한다.

  ∴ 400[m]×1[Ω]=400[Ω]

- 200[mm^2] 1[m]당 저항값은 $1\times\frac{100}{200}=0.5$[Ω]

  ∴ 500[m]×0.5[Ω]=250[Ω]

- 325[mm^2] 1[m]당 저항값은 $1\times\frac{100}{325}\fallingdotseq 0.3077$[Ω]

  ∴ 650[m]×0.3077[Ω] ≒ 200[Ω]

왕복선 케이블의 저항값은 (400+250+200)×2=1,700[Ω]이므로 휘트스톤 브리지 회로를 그리면 다음과 같다.

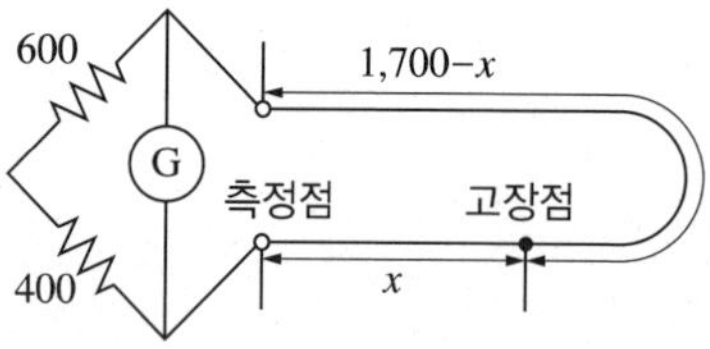

휘트스톤 브리지의 원리에 의하여 평형식을 세우면

$600x=400\times(1{,}700-x)$에서 $x=680$[Ω]

고장점까지의 저항값은 680[Ω]이고 처음 400[m]까지는 400[Ω], 900[m]까지는 650[Ω]이므로 680−650=30[Ω]은 325[mm^2] 구간이다.

30÷0.3077=97.5[m]

∴ 400+500+97.5=997.5[m] 지점에서 지락사고가 났다.

정답

997.5[m]

39 그림은 변류기를 영상 접속시켜 그 잔류 회로에 지락계전기 DG를 삽입시킨 것이다. 선로의 전압은 66[kV], 중성점에 300[Ω]의 저항접지로 하였고, 변류기의 변류비는 300/5[A]이다. 송전전력이 20,000[kW], 역률이 0.8(지상)일 때 a상에 완전 지락사고가 발생하였다. 물음에 답하시오(단, 부하의 정상, 역상 임피던스 기타의 정수는 무시한다).

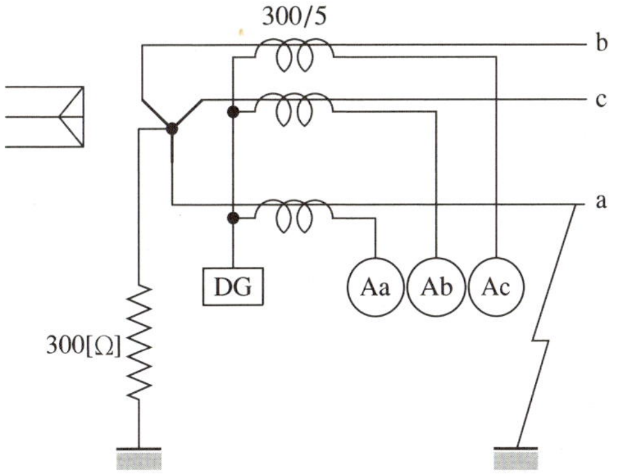

(1) 지락계전기 DG에 흐르는 전류[A]값은?

(2) a상 전류계 Aa에 흐르는 전류[A]값은?

(3) b상 전류계 Ab에 흐르는 전류[A]값은?

(4) c상 전류계 Ac에 흐르는 전류[A]값은?

해설

(1) $I_g = \dfrac{E}{R} = \dfrac{\frac{66,000}{\sqrt{3}}}{300} \fallingdotseq 127.017$

$I_{DG} = 127.017 \times \dfrac{5}{300} = 2.11695$

(2) 부하전류 $I_L = \dfrac{20,000}{\sqrt{3} \times 66 \times 0.8}(0.8 - j0.6) \fallingdotseq 174.955 - j131.216$

$I_A =$ 지락전류+부하전류 $= (174.955 + 127.017) - j131.216$

$= 301.972 - j131.216 = \sqrt{301.972^2 + 131.216^2} \fallingdotseq 329.249$

$\mathrm{Aa} = 329.249 \times \dfrac{5}{300} \fallingdotseq 5.487$

(3) $I_L = \dfrac{20,000}{\sqrt{3} \times 66 \times 0.8} \fallingdotseq 218.693$

$\mathrm{Ab} = 218.693 \times \dfrac{5}{300} \fallingdotseq 3.6448$

(4) $I_L = \dfrac{20,000}{\sqrt{3} \times 66 \times 0.8} = 218.693$

$\mathrm{Ac} = 218.693 \times \dfrac{5}{300} = 3.6448$

정답

(1) 2.12[A]

(2) 5.49[A]

(3) 3.64[A]

(4) 3.64[A]

40 그림은 누전차단기의 적용으로 CVCF 출력단의 접지용 콘덴서 $C_0 = 5[\mu F]$이고, 부하 측 라인 피터의 대지정전용량 $C_1 = C_2 = 0.1[\mu F]$, 누전차단기 ELB₁에서 지락점까지의 케이블 대지정전용량 $C_{L1} = 0.2[\mu F]$(ELB₁의 출력단에 지락 발생 예상), ELB₂에서 부하 2까지 케이블 대지정전용량 $C_{L2} = 0.2[\mu F]$이다. 지락저항은 무시하며, 사용전압은 220[V], 주파수 60[Hz]인 경우 다음 각 물음에 답하시오.

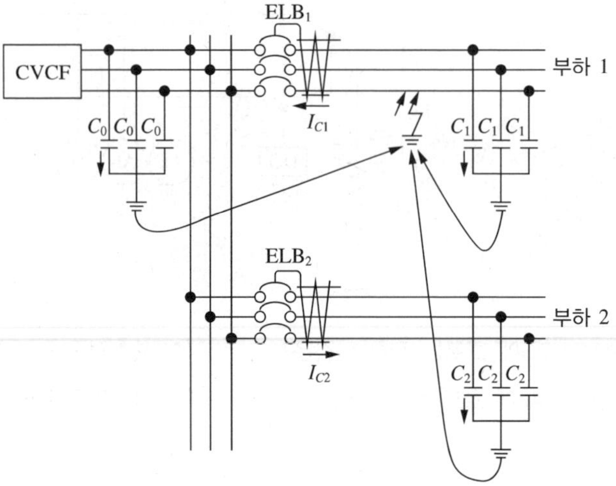

[조 건]

- ELB₁에 흐르는 지락전류 $I_g = 3 \times 2\pi f CE$에 의하여 계산한다.
- 누전차단기는 지락 시의 지락전류의 1/3에 동작 가능하여야 하며, 부동작전류는 건전 피더에 흐르는 지락전류의 2배 이상의 것으로 한다.
- 누전차단기의 시설 구분에 대한 표시 기호는 다음과 같다.
  - ○ : 누전차단기를 설치할 것
  - △ : 주택에 기계 기구를 시설하는 경우에는 누전차단기를 시설할 것
  - □ : 주택구내 또는 도로에 접한 면에 룸 에어컨디셔너, 아이스박스, 진열장, 자동판매기 등 전동기를 부품으로 한 기계 기구를 시설하는 경우에는 누전차단기를 시설하는 것이 바람직하다.
  - ※ : 사람이 조작하고자 하는 기계 기구를 시설한 장소보다 전기적인 조건이 나쁜 장소에서 접촉할 우려가 있는 경우에는 전기적 조건이 나쁜 장소에 시설된 것으로 취급한다.

(1) 도면에서 CVCF는 무엇인가?

(2) 건전 피더 ELB₂에 흐르는 지락전류 I_{g2}는 몇 [mA]인가?

(3) 누전차단기 ELB₁, ELB₂가 불필요한 동작을 하지 않기 위해서 정격감도전류는 몇 [mA] 범위의 것을 선정하여야 하는가?(단, 소수점 이하는 절사한다)

(4) 누전차단기의 시설 예에 대한 표의 빈칸에 ○, △, □를 표현하시오.

기계기구 / 시설장소 / 전로의 대지전압	옥 내		옥 측		옥 외	물기가 있는 장소
	건조한 장소	습기가 많은 장소	우선 내	우선 외		
150[V] 이하	–	–	–			
150[V] 초과 300[V] 이하			–			

해설

(2) $I_{g2}=3\times 2\pi fCE=3\times 2\pi f(C_2+C_{L2})\times 10^{-6}\times \frac{V}{\sqrt{3}}\times 10^3[\text{mA}]$

$$=3\times 2\pi\times 60\times(0.1+0.2)\times 10^{-6}\times\frac{220}{\sqrt{3}}\times 10^3=43.095[\text{mA}]$$

(3) 지락전류 $I_g=3\times 2\pi fCE$

$$=3\times 2\pi f(C_0+C_1+C_{L1}+C_2+C_{L2})\times 10^{-6}\times\frac{V}{\sqrt{3}}\times 10^3[\text{mA}]$$

$$=3\times 2\pi\times 60\times(5+0.1+0.2+0.1+0.2)\times 10^{-6}\times\frac{220}{\sqrt{3}}\times 10^3$$

$$=804.456[\text{mA}]$$

동작전류 = 지락전류$\times\frac{1}{3}=804.456\times\frac{1}{3}=268.152[\text{mA}]$ ∴ 268[mA]

건전한 피더 전류 $I_{g1}=3\times 2\pi fCE=3\times 2\pi f(C_1+C_{L1})\times 10^{-6}\times\frac{V}{\sqrt{3}}\times 10^3[\text{mA}]$

$$=3\times 2\pi\times 60\times(0.1+0.2)\times 10^{-6}\times\frac{220}{\sqrt{3}}\times 10^3$$

$$=43.095[\text{mA}]$$

부동작전류 = 건전한 피더 전류 × 2 = 43.095 × 2 = 86.19[mA] ∴ 86[mA]

ELB_1 정격감도전류 범위 : 86~268[mA]

건전한 피더 전류 $I_{g2}=3\times 2\pi fCE=3\times 2\pi f(C_2+C_{L2})\times 10^{-6}\times\frac{V}{\sqrt{3}}\times 10^3[\text{mA}]$

$$=3\times 2\pi\times 60\times(0.1+0.2)\times 10^{-6}\times\frac{220}{\sqrt{3}}\times 10^3$$

$$=43.095[\text{mA}]$$

부동작전류 = 건전한 피더 전류 × 2 = 43.095 × 2 = 86.19[mA] ∴ 86[mA]

ELB_2 정격감도전류 범위 : 86~268[mA]

정답

(1) 정전압 정주파수 공급 장치

(2) 43.1[mA]

(3) ELB_1 : 86~268[mA], ELB_2 : 86~268[mA]

(4)

기계기구 시설장소 / 전로의 대지전압	옥 내		옥 측		옥 외	물기가 있는 장소
	건조한 장소	습기가 많은 장소	우선 내	우선 외		
150[V] 이하	–	–	–	□	□	○
150[V] 초과 300[V] 이하	△	○	–	○	○	○

41 다중 접지계통에서 수전변압기를 단상 2부싱 변압기로 Y-△결선하는 경우에 1차 측 중성점은 접지하지 않고 부동(Floating)시켜야 한다. 그 이유를 설명하시오.

정답

결상이 발생되는 경우 전위가 $\sqrt{3}$배 상승하여 기기가 소손될 가능성이 있기 때문에 접지를 하지 않고 부동시켜야 한다.

42 허용 가능한 독립접지의 간격을 결정하게 되는 세 가지 요인은 무엇인가?

정답

- 그 지점의 대지저항률
- 전위상승의 허용값
- 발생하는 접지전류의 최댓값

43 접지공사의 목적을 3가지만 쓰시오.

정답

- 이상전압에 의한 전위상승을 억제하여 기기를 보호하기 위해
- 지락사고 시에 보호계전기의 동작을 신속히 하기 위해
- 누전에 의한 감전사고를 방지하기 위해

44 지중전선로의 매설방법 3가지를 쓰시오.

정답

- 직접매설식
- 관로인입식
- 암거식

45 과전류 차단기의 시설이 제한되는 장소 3가지를 쓰시오(단, 전동기 과부하보호를 제외한다).

정답

- 접지공사의 접지도체
- 다선식 전로의 중성선
- 저압 가공전선로의 접지측 전선

46 배전용 변전소에 접지공사를 하고자 한다. 접지 목적을 3가지만 쓰시오.

정답

- 고장 전류로부터 기기 보호
- 감전사고 방지 및 화재발생 방지
- 보호계전기의 확실한 동작 확보 및 전위 상승 억제

47 목적에 따른 접지의 분류에서 계통접지와 기기접지에 대한 접지목적을 쓰시오.

정답

- 계통접지는 고압전로와 저압전로가 혼촉되었을 시 감전사고 및 화재발생 방지
- 기기접지는 기기의 접촉으로 인한 감전사고 방지

48 대지전압이란 무엇과 무엇 사이의 전압을 말하는지 접지식 전로와 비접지식 전로를 구분하여 설명하시오.

정답

- 접지식 전로 : 전선과 대지 사이의 전압
- 비접지식 전로 : 전선과 임의의 다른 한 전선 사이의 전압

49 송전계통의 중성점 접지방식에서 어떻게 접지하는 것을 유효접지(Effective Grounding)라 하는지를 설명하고, 유효접지의 가장 대표적인 접지방식 한 가지만 쓰시오.

정답

- 1선 지락 시 전위상승이 1.3배를 넘지 않도록 접지 임피던스를 조절해서 접지하는 방식
- 접지방식 : 직접접지방식

50 접지저항의 저감법 중 물리적 방법 4가지와 대지저항률을 낮추기 위한 저감재의 구비조건 4가지를 쓰시오.

정답

[물리적인 저감법]

- 접지극의 병렬 접속
- 접지극의 길이를 길게 한다.
- 심타공법으로 시공한다.
- 접지봉의 매설깊이를 깊게 한다.

[저감재의 구비조건]

- 작업성이 좋을 것
- 지속성이 있을 것
- 전기적으로 양도체이고, 전극을 부식시키지 않을 것
- 환경에 무해하고 독성이 없을 것

51 Wenner의 4전극법에 대한 공식을 쓰고, 원리도를 그려 설명하시오.

정답

대지저항률 $\rho = 2\pi a R$

여기서, a : 전극간격[m], R : 접지저항[Ω]

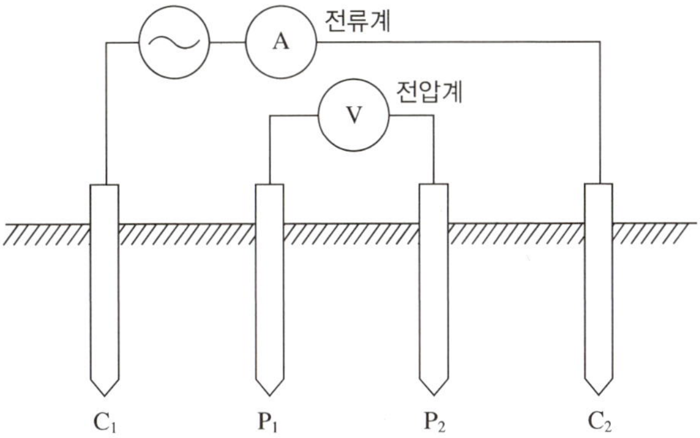

4개의 측정 전극(C_1, P_1, P_2, C_2)을 지표면에 일직선상, 일정한 간격으로 매설하고, 측정 장비 내에서 저주파 전류를 C_1, C_2 전극을 통해 대지에 흘려 보낸 후 P_1, P_2 사이의 전압을 측정하여 대지저항률을 구하는 방법이다.

52 그림은 전위강하법에 의한 접지저항 측정방법이다. E, P, C가 일직선상에 있을 때, 다음 물음에 답하시오(단, E는 반지름 r인 반구모양 전극(측정대상 전극)이다).

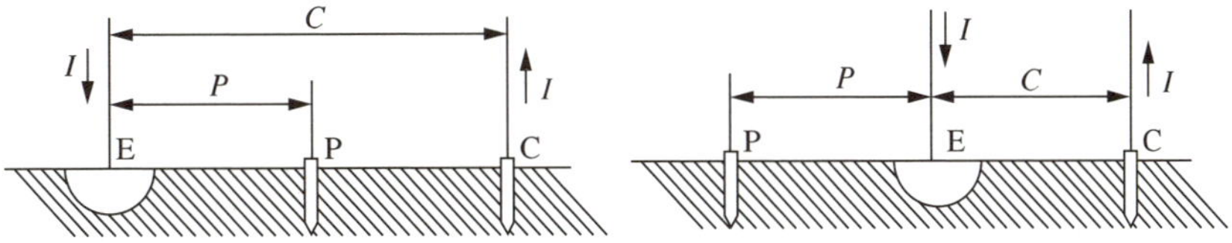

[그림 1] [그림 2]

(1) 그림 1과 그림 2의 측정방법 중 접지저항값이 참값에 가까운 측정방법은?

(2) 반구모양 접지 전극의 접지저항을 측정할 때 E-C 간 거리의 몇 [%]인 곳에 전위 전극을 설치하면 정확한 접지저항값을 얻을 수 있는지 설명하시오.

정답

(1) 그림 1

(2) 61.8[%]

53 대지 고유 저항률 400[Ω · m], 지름 19[mm], 길이 2,400[mm]인 접지봉을 전부 매입했다고 한다. 접지저항(대지저항)값은 얼마인가?

해설

$$R=\frac{\rho}{2\pi l}\ln\frac{2l}{r}=\frac{400}{2\pi\times 2.4}\times\ln\frac{2\times 2.4}{\frac{19\times 10^{-3}}{2}}\fallingdotseq 165.1254$$

정답

165.13[Ω]

54 전기 방폭설비란 무엇을 의미하는지 설명하시오.

정답

증기 또는 먼지 등에 전기설비가 원인이 되어 인화·폭발사고로부터 방지하기 위한 설비

55 전기설비를 방폭화한 방폭기기의 구조에 따른 종류 4가지만 쓰시오.

정답

- 압력 방폭구조
- 내압 방폭구조
- 유입 방폭구조
- 안전증 방폭구조

56 지중전선로의 시설에 관한 다음 각 물음에 답하시오.

(1) 지중전선로는 어떤 방식에 의하여 시설하여야 하는지 3가지만 쓰시오.

(2) 특고압용 지중전선에 사용하는 케이블의 종류를 2가지만 쓰시오.

정답

(1) 직접매설식, 관로인입식, 암거식

(2) 가교폴리에틸렌절연 비닐외장 케이블, 알루미늄피 케이블

08 피뢰기

1 피뢰기

(1) 역 할

뇌 전류를 대지로 방전, 속류를 차단 → 기능

(2) 구 조

① 직렬 갭 : 뇌 전류를 대지로 방전

② 특성요소 : 절연보호

※ 실드링 : 충격비를 완화시켜 동작지연시간 방지

※ 종 류

- 저항형 LA
- 밸브형 LA
- 밸브저항형 LA
- 산화아연형 LA
- 갭리스형 LA

※ 갭리스형 LA 특징

- 구조 간단
- 가격 저렴
- 소형 경량

(3) 서지흡수기(SA)

① 피뢰기와 콘덴서를 병렬로 조합하여 외부 이상전압 및 내부 이상전압을 흡수한다.

② 몰드변압기 1차 측, CB 2차 측 → 서지흡수기(SA)

(4) 단선도, 복선도

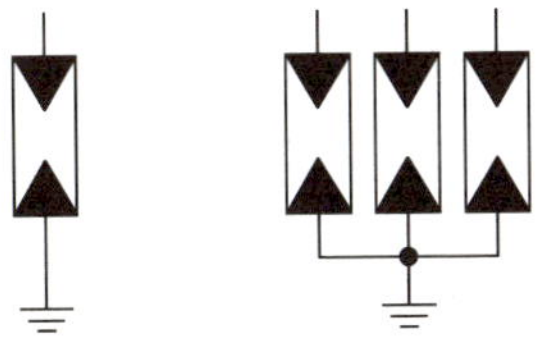

[단선도] [복선도]

(5) 설치장소

① 발·변전소 인입구 및 인출구

② 배전용 변전탑 인입구 및 인출구

③ 고·특고압 수용가 인입구

④ 가공전선로와 지중전선로 접속점

(6) 정 의

① 제한전압 : 피뢰기 동작 중 단자전압의 파고치

$$e_a = e_3 - V = \frac{2z_2}{z_1 + z_2} e_1 - \frac{z_1 z_2}{z_1 + z_2} i_a$$

여기서, e_a : 제한전압[kV]

e_3 : 투과파 전압[kV]

V : 피뢰기 단자전압[kV]

z_1 : 가공전선로 임피던스[Ω]

z_2 : 지중전선로 임피던스[Ω]

i_a : 공칭방전전류[A]

② 정격전압 : 속류가 차단되는 교류의 최곳값

154[kV] → 144[kV], 66 → 75[kV], 22.9 → 18[kV](21은 발·변전소용), 6.6 → 7.5[kV]

($P_s = \sqrt{3}\, VI_s$) V는 7.2[kV]

(7) 공칭방전전류

① 10,000[A] : 154[kV] 이상, 3,000[kVA] 이상 66[kV]

② 5,000[A] : 3,000[kVA] 이하, 66[kV]

③ 2,500[A] : 22.9[kV] 이하

(8) 구매 시 고려사항

① 사용장소

② 정격전압

③ 공칭방전전류

④ 전류 전압특성

(9) 구비조건

① 충격방전 개시전압은 낮을 것

② 상용주파 방전 개시전압은 높을 것

③ 제한전압은 낮을 것

④ 속류 차단능력은 클 것

(10) 절연협조

① 절연협조 : 보호기와 피보호기와의 상호 절연 협력관계

② 여유도 $= \frac{\text{기준충격절연강도} - \text{제한전압}}{\text{제한전압}} \times 100$

③ BIL : 기준 충격 절연강도

IKL : 연간 평균 뇌해 일수

[확인문제]

01 **피뢰기에 대한 다음 각 물음에 답하시오.**

(1) 피뢰기의 기능상 필요한 구비조건을 4가지만 쓰시오.

(2) 피뢰기의 설치장소 4개소를 쓰시오.

정답

(1) • 충격방전 개시전압은 낮을 것
- 상용주파 방전 개시전압은 높을 것
- 제한전압은 낮을 것
- 속류 차단능력은 클 것

(2) • 발전소, 변전소 또는 이에 준하는 장소의 가공전선 인입구 및 인출구
- 가공전선로에 접속하는 배전용 변압기의 고압 측 및 특별 고압 측
- 고압 및 특별 고압 가공전선로로부터 공급을 받는 수용장소의 인입구
- 가공전선로와 지중전선로가 접속되는 곳

02 **피뢰기 설치 시 점검사항 3가지를 쓰시오.**

정답

- 피뢰기 절연저항 측정
- 피뢰기 애자 부분 손상 여부 점검
- 피뢰기 1, 2차 측 단자 및 단자볼트 이상 유무 점검

03 피뢰기에 흐르는 정격방전전류는 변전소의 차폐 유무와 그 지방의 연간 뇌우(雷雨) 발생일수와 관계되나 모든 요소를 고려한 경우 일반적인 시설장소별 적용할 피뢰기의 공칭방전전류를 쓰시오.

공칭방전전류	설치장소	적용조건
①	변전소	• 154[kV] 이상의 계통 • 66[kV] 및 그 이하의 계통에서 Bank 용량이 3,000[kVA]를 초과하거나 특히 중요한 곳 • 장거리 송전케이블(배전선로 인출용 단거리 케이블은 제외) 및 정전축전기 Bank를 개폐하는 곳 • 배전선로 인출 측(배전 간선 인출용 장거리 케이블은 제외)
②	변전소	66[kV] 및 그 이하의 계통에서 Bank 용량이 3,000[kVA] 이하인 곳
③	선 로	배전선로

정답

① 10,000[A]

② 5,000[A]

③ 2,500[A]

04 피뢰기와 피뢰침의 차이를 간단히 쓰시오.

정답

[피뢰기]

- 이상전압으로부터 전력설비의 기기를 보호
- 방전된 경우만 접지
- 설치장소
  - 발・변전소 또는 이에 준하는 장소의 가공전선 인입구 및 인출구
  - 가공전선로에 접속하는 배전용 변압기의 고압 측 및 특고압 측
  - 고압 및 특고압 가공전선로로부터 공급을 받는 수용장소의 인입구
  - 가공전선로와 지중전선로가 접속되는 곳

[피뢰침]

- 건축물과 내부의 사람이나 물체를 뇌해로부터 보호
- 상시접지
- 설치장소
  - 지면상 20[m]를 초과하는 건축물이나 인공구조물
  - 소방법에서 정한 위험물, 화약류 저장소, 옥외탱크 저장소 등

05 피뢰기는 이상전압이 기기에 침입했을 때 그 파곳값을 저감하기 위해 뇌전류를 대지로 방전시켜 절연파괴를 방지하며 방전에 의하여 생기는 속류를 차단하여 원래 상태로 회복시키는 장치이다. 이 피뢰기의 제한전압과 정격전압에 대하여 쓰시오.

정답

- 제한전압 : 피뢰기 동작 중 단자전압의 파곳값
- 정격전압 : 속류가 차단되는 교류의 최곳값

06 전등전력용, 소세력회로용 및 출퇴표시등 회로용의 접지극 또는 접지선은 피뢰침용의 접지극 및 접지선에서 몇 [m] 이상 이격하여 시설하여야 하는가?(단, 건축물의 철골 등을 각각의 접지극 및 접지선에 사용하는 경우는 적용하지 않는다)

정답

2[m]

07 이상전압이 2차 기기에 악영향을 주는 것을 막기 위해 선로에 보호장치를 설치하는 회로이다. 그림 중 *의 명칭과 기능을 쓰시오.

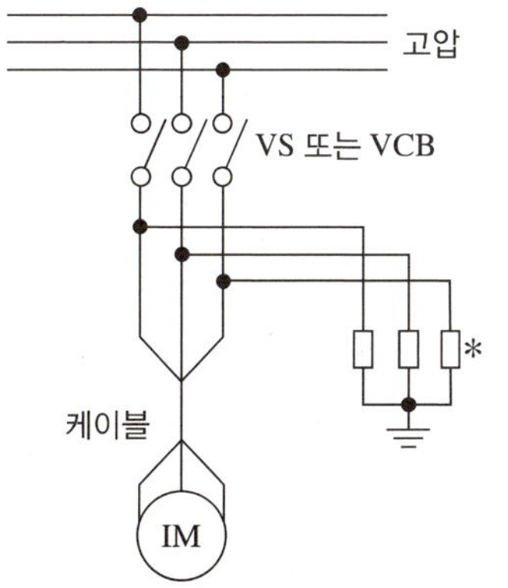

정답

- 명칭 : 서지흡수기
- 기능 : 개폐 서지 등 이상전압으로부터 변압기 등 기기보호

08 변압기와 고압 전동기에 서지흡수기를 설치하고자 한다. 각각의 경우에 대하여 서지흡수기를 도면에 그려 넣고, 각각의 서지흡수기의 정격전압[kV] 및 공칭방전전류[kA]를 쓰시오.

①
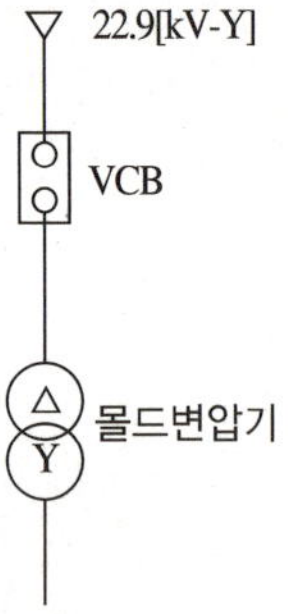

②
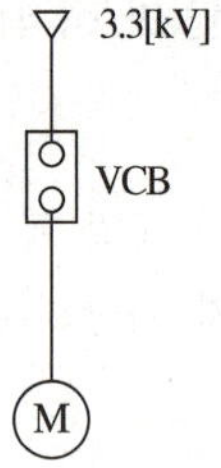

정답

①
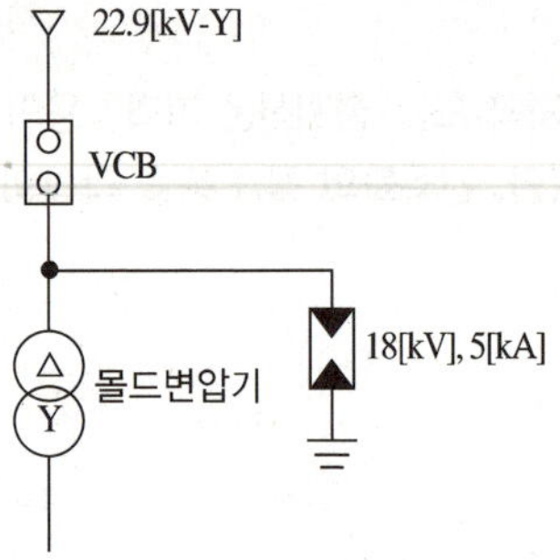

②
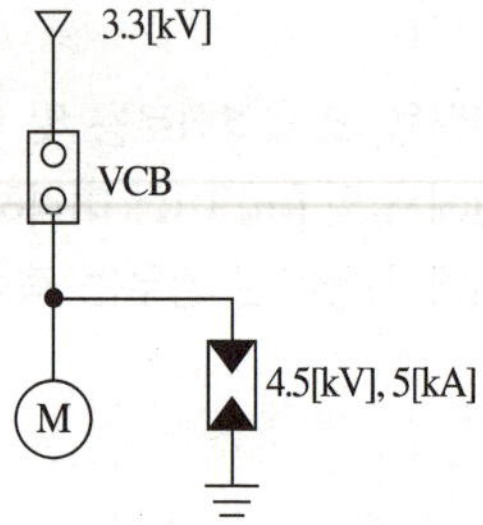

09 수전전압 22.9[kV] 변압기용량 3,000[kVA]의 수전설비를 계획할 때 외부와 내부의 이상전압으로부터 계통의 기기를 보호하기 위해 설치해야 할 기기의 명칭과 그 설치위치를 설명하시오(단, 변압기는 몰드형으로서 변압기 1차의 주차단기는 진공차단기를 사용하고자 한다).

(1) 낙뢰 등 외부 이상전압

(2) 개폐 이상전압 등 내부 이상전압

정답

(1) • 기기명 : 피뢰기
  • 설치위치 : 진공차단기 1차 측

(2) • 기기명 : 서지흡수기
  • 설치위치 : 진공차단기 2차 측과 몰드형 변압기 1차 측 사이

10 그림은 갭형 피뢰기와 갭리스형 피뢰기의 구조이다. ①~⑤의 각 부분의 명칭을 쓰시오.

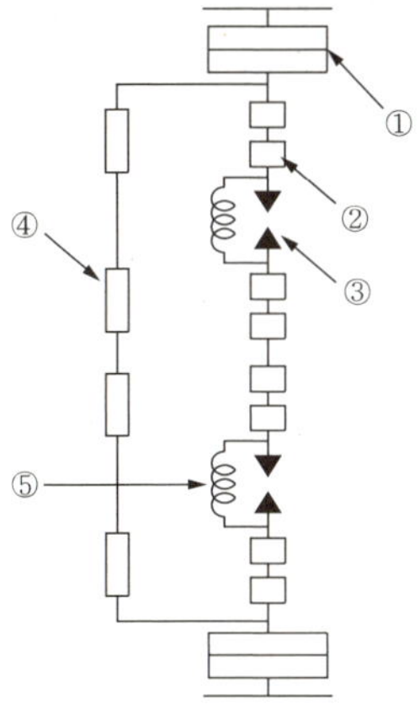

[갭형]

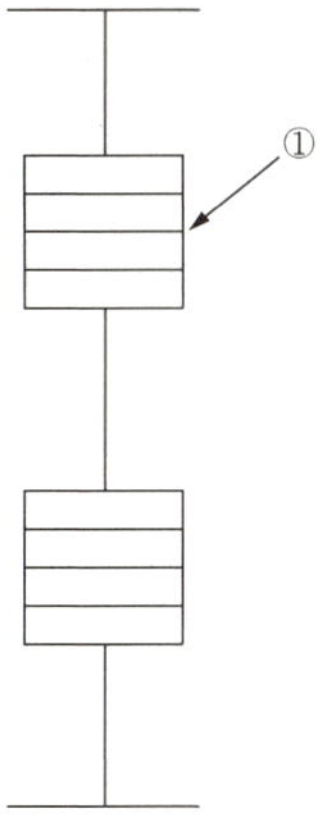

[갭리스형]

정답

① 특성요소　　② 주 갭
③ 측로갭　　④ 분로저항
⑤ 소호코일

11 154[kV] 중성점 직접 접지계통의 피뢰기 정격전압을 표에서 선정하시오(단, 접지계수 0.75, 유도계수 1.1이다)

피뢰기 정격전압[kV]					
126	144	154	168	182	196

해설

피뢰기 정격전압 E= 접지계수 × 유도계수 × 계통의 최고전압

$E = 0.75 \times 1.1 \times 170[\text{kV}] = 140.25[\text{kV}]$

계통의 최고전압 $= 154 \times \frac{1.2}{1.1} = 168[\text{kV}]$　∴ 170[kV]

정답

144[kV]

12

가공전선로의 파동 임피던스가 400[Ω], 케이블의 파동 임피던스가 50[Ω]인 전선로의 접속점에 피뢰기를 설치하였다. 피뢰기 투과전압이 600[kV], 이상전류가 2,500[A]일 때 피뢰기의 제한전압[kV]을 구하시오.

해설

제한전압 = 투과파 전압 − 피뢰기 단자전압

$$= \frac{2z_2}{z_1+z_2}e_1 - \frac{z_1z_2}{z_1+z_2}i_a$$

$$= 600 - \frac{400 \times 50}{400+50} \times 2,500 \times 10^{-3}$$

$$= 488.888[\text{kV}]$$

정답

488.89[kV]

13

다음 그림은 154[kV]계통 절연 협조를 위한 각 기기의 절연강도 비교표이다. 변압기, 선로애자, 개폐기지지애자, 피뢰기 제한전압이 속해 있는 부분은 어느 곳인지 순서대로 나열하시오.

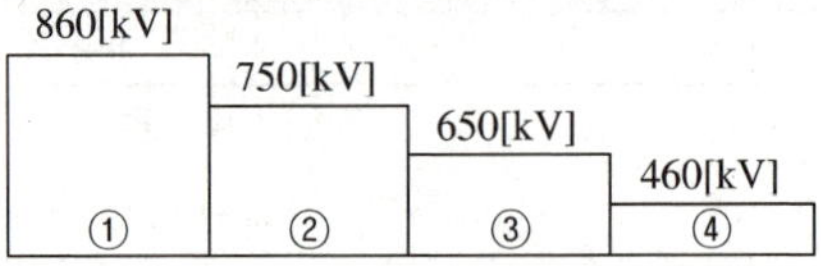

정답

① 선로애자
② 개폐기지지애자
③ 변압기
④ 피뢰기 제한전압

14 **차단기 명판에 BIL 150[kV], 정격차단전류 20[kA], 차단시간 3사이클, 솔레노이드형이라고 기재되어 있다(단, BIL 절연계급 20호 이상의 비유효 접지계에서 계산하는 것으로 할 경우). 다음 각 물음에 답하시오.**

(1) BIL이란 무엇인가?

(2) 이 차단기의 정격전압은 몇 [kV]인가?

(3) 이 차단기의 정격차단용량은 몇 [MVA]인가?

해설

(2) BIL = 절연계급 × 5 + 50[kV]

$$절연계급 = \frac{BIL-50}{5} = \frac{150-50}{5} = 20[kV]$$

$$절연계급 = \frac{공칭전압}{1.1}$$ 에서 공칭전압 = 절연계급 × 1.1 = 20 × 1.1 = 22[kV]

$$차단기의\ 정격전압 = 공칭전압 \times \frac{1.2}{1.1} = 22 \times \frac{1.2}{1.1} = 24[kV]$$

(3) $P_s = \sqrt{3}\,VI_s = \sqrt{3} \times 24 \times 20 \fallingdotseq 831.38[MVA]$

정답

(1) 기준 충격절연강도

(2) 24[kV]

(3) 831.38[MVA]

09 예비전원설비

1 UPS설비

UPS설비는 무정전 전원장치(UPS)로 직류전원장치와 컨버터, 인버터로 구성된다. 평상시 교류전원을 컨버터로 직류변환하여 전기를 축전지에 저장하고, 정전 시 축전지의 직류를 인버터로 교류변환하여 부하에 무정전전력공급하는 장치이다.

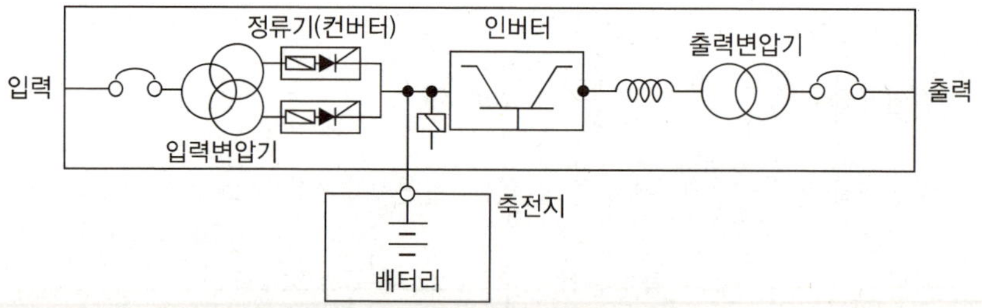

[UPS 구성도]

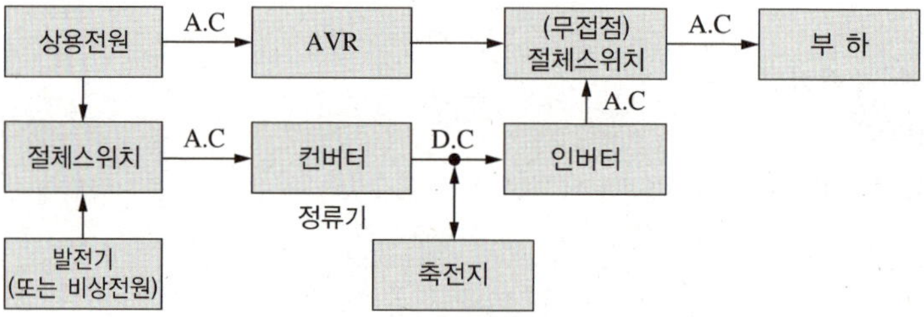

[UPS 블록 다이어그램]

2 축전지

(1) 충전방식 및 직류전원의 접지 유무 판별법

① 충전방식

축전지의 충전에는 충전 목적, 시기 등에 따라 사용하기 시작할 때의 초기 충전과 사용 중의 충전으로 나눌 수 있다.

㉠ 초기 충전 : 축전지에 전해액을 넣지 아니한 미충전 상태의 전지에 전해액을 주입하여 처음으로 행하는 충전이다.

㉡ 사용 중의 충전

- 보통충전 : 필요할 때마다 표준 시간율로 소정의 충전을 하는 방식이다.
- 급속충전 : 비교적 단시간에 보통 전류의 2~3배의 전류로 충전하는 방식이다.

• 부동충전 : 축전지의 자기방전을 보충함과 동시에 상용 부하에 대한 전력 공급은 충전기가 부담하도록 하되 충전기가 부담하기 어려운 일시적인 대전류 부하는 축전지로 하여금 부담하게 하는 방식이다.

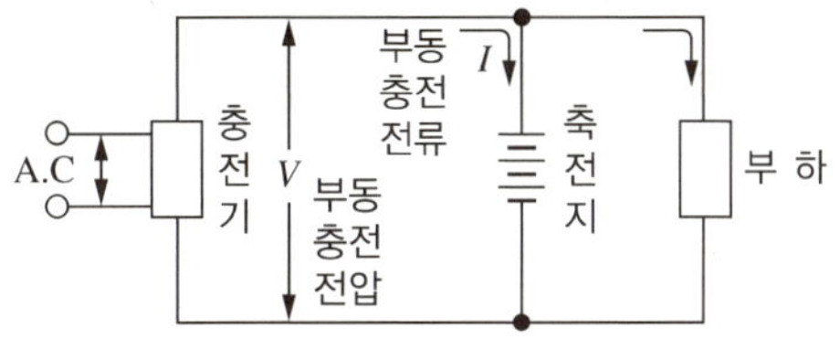

충전기 2차 충전전류[A]$=\dfrac{\text{축전지 용량[Ah]}}{\text{정격 방전율[h]}}+\dfrac{\text{상시 부하 용량[VA]}}{\text{표준 전압[V]}}$

• 세류충전 : 축전지의 자기방전을 보충하기 위해 부하를 OFF한 상태에서 미소전류를 충전하는 것이다(축전지의 자기방전으로 부족한 양만 충전).

• 회복충전
  - 축전지의 과방전이나 가벼운 설균현상을 해결하기 위해 충전하는 것이다.
  - 설균현싱의 해결 대책으로 CC–CV 충방전을 여러 번 반복한다.
  - 연 축전지 화학 반응식 : $PbO_2 + 2H_2SO_4 + Pb \rightarrow PbSO_4 + 2H_2O + PbSO_4$

【참고】 설균(설페이션)현상
방전상태로 오래 방치하면 극판에 내부저항이 증가하여, 충전 시 온도가 상승하고, 가스가 발생하며, 용량이 감소하고, 수명이 단축되는 현상이다.

3 발전기

(1) 자가발전설비

① 자가발전설비의 출력 결정

㉠ 단순 부하의 경우(전부하 정상 운전 시의 소요 입력에 의한 용량)

발전기의 출력 $P=\dfrac{\sum W_L \times L}{\cos\theta}$[kVA]

여기서, $\sum W_L$: 부하 입력 총계

L : 부하 수용률(비상용일 경우 1.0)

$\cos\theta$: 발전기의 역률(통상 0.8)

㉡ 기동용량이 큰 부하가 있을 경우(전동기 시동에 대처하는 용량)

자가발전설비에서 전동기를 기동할 때에는 큰 부하가 발전기에 갑자기 걸리게 되므로 발전기의 단자전압이 순간적으로 저하하여 개폐기의 개방 또는 엔진의 정지 등이 야기되는 수가 있다. 이런 경우의 발전기의 정격 출력[kVA]은

$P\text{[kVA]} > \left(\dfrac{1}{\text{허용전압강하}}-1\right)\times X_d \times \text{기동[kVA]}$

여기서, X_d : 발전기의 과도 리액턴스(보통 25~30[%])

허용전압강하 : 20~30[%]

확인문제

01 사용 중인 UPS의 2차 측에 단락사고 등이 발생했을 경우 UPS와 고장회로를 분리하는 방식 3가지를 쓰시오.

정답

- 속단 퓨즈에 의한 보호
- 배선용 차단기(MCCB)에 의한 보호
- 반도체 차단기에 의한 보호

02 UPS 장치 시스템의 CVCF의 기본 회로를 보고 다음 각 물음에 답하시오.

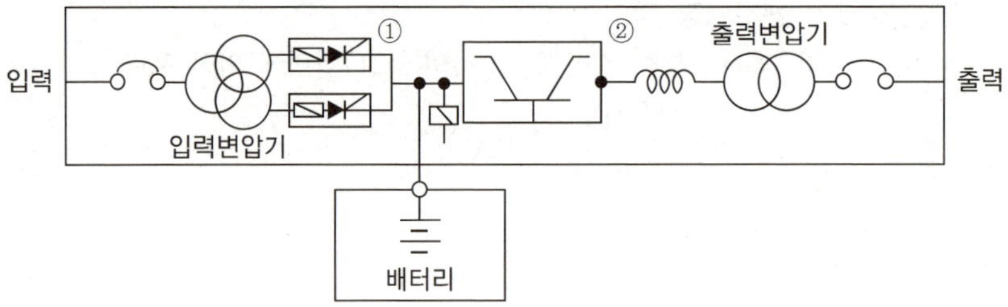

(1) CVCF는 무엇을 뜻하는가?

(2) UPS 장치는 어떤 장치인가?

(3) 도면의 ①, ②에 해당되는 것은 무엇인가?

정답

(1) 정전압 정주파수 장치

(2) 무정전 전원공급장치

(3) ① 정류기(컨버터)

② 인버터

03 다음은 컴퓨터 등의 중요한 부하에 대한 무정전 전원공급을 위한 그림이다. (가)~(마)에 적당한 전기 시설물의 명칭을 쓰시오.

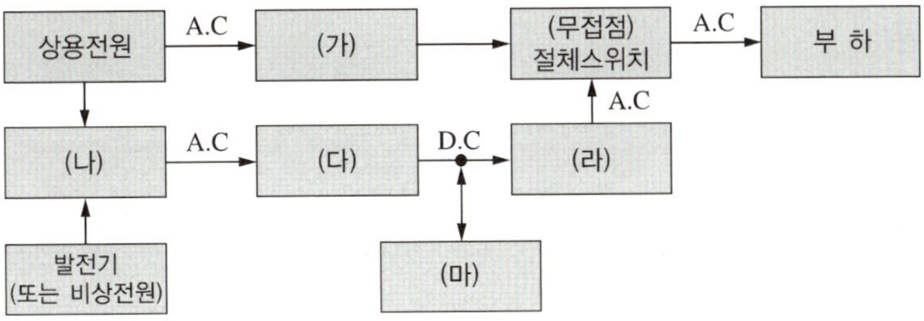

정답

(가) 자동전압조정기(AVR)

(나) 절체용 개폐기

(다) 정류기(컨버터)

(라) 인버터

(마) 축전지

04 상용전원과 예비전원운전에 관한 사항 중 ( ) 안에 알맞은 내용을 쓰시오.

상용전원과 예비전원 사이에는 병렬운전을 하지 않는 것이 원칙이므로 수전용 차단기와 발전용 차단기 사이에는 전기적 또는 기계적 (①)을 시설해야 하며 (②)를 사용해야 한다.

정답

① 인터로크

② 전환개폐기

05 다음 중 충전방식의 명칭을 쓰시오.

(1) 정류기가 축전지의 충전에만 사용되지 않고 평상시 다른 직류부하의 전원으로 병행하여 사용되는 충전방식을 쓰시오.

(2) 축전지의 각 전해조에 일어나는 전위차를 보정하기 위해 1~3개월마다 1회 정전압으로 10~12시간 충전하는 충전방식을 쓰시오.

정답

(1) 부동충전방식

(2) 균등충전방식

06 **부동충전방식에서 충전기 2차 측 전류는 몇 [A]인가?(단, 연축전지의 용량은 100[Ah], 상시 부하전류는 80[A]이다)**

해설

$$I=\frac{\text{충전지용량[Ah]}}{\text{방전율[h]}}+\text{부하전류[A]}=\frac{100}{10}+80=90[\text{A}]$$

정답

90[A]

07 **그림과 같은 방전특성을 갖는 부하에 필요한 축전지 용량은 몇 [Ah]인지 구하시오(단, 방전전류 : $I_1=180[\text{A}]$, $I_2=200[\text{A}]$, $I_3=150[\text{A}]$, $I_4=100[\text{A}]$, 방전시간 : $T_1=130$분, $T_2=120$분, $T_3=40$분, $T_4=5$분, 용량환산시간 : $K_1=2.45$, $K_2=2.45$, $K_3=1.46$, $K_4=0.45$, 보수율은 0.8을 적용한다).**

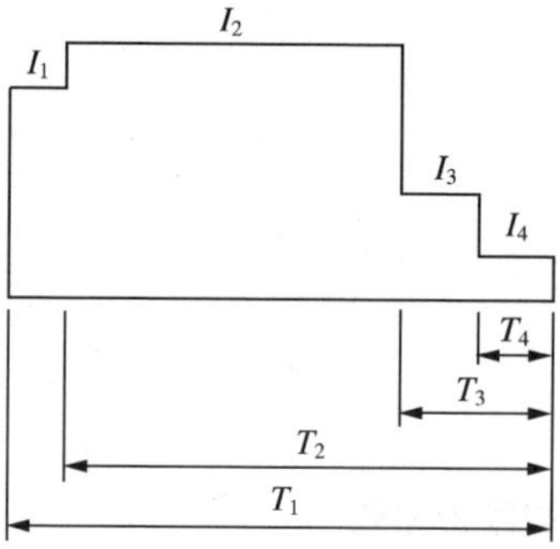

해설

축전지 용량 : $C=\frac{1}{L}KI[\text{Ah}]=\frac{1}{L}[K_1I_1+K_2(I_2-I_1)+K_3(I_3-I_2)+K_4(I_4-I_3)]$

$$=\frac{1}{0.8}[2.45\times180+2.45\times(200-180)+1.46\times(150-200)+0.45\times(100-150)]$$

$$=493.125$$

정답

493.13[Ah]

08 축전지 설비에 대한 다음 각 물음에 답하시오.

(1) 충전 장치 고장, 과충전, 액면 저하로 인한 극판 노출, 교류분 전류의 유입 과대 등의 원인에 의하여 발생될 수 있는 현상은?

(2) 연축전지설비의 초기에 단전지 전압의 비중이 저하되고, 전압계가 역전하였다. 어떤 원인으로 추정할 수 있는가?

(3) 축전지 용량은 $C=\frac{1}{L}KI$로 계산한다. 공식에서 L, K, I는 무엇을 의미하는가?

(4) 축전지와 부하를 충전기에 병렬로 접속하여 사용하는 충전방식은?

정답

(1) 충전지의 현저한 온도 상승 또는 소손

(2) 축전지의 역접속

(3) L : 보수율, K : 용량환산시간, I : 방전전류

(4) 부동충전방식

09 다음 각 물음에 답하시오.

(1) 축전지의 과방전 및 방치상태, 가벼운 Sulfation(설페이션) 현상 등이 생겼을 때 기능 회복을 위해 실시하는 충전방식은?

(2) 묽은 황산의 농도는 표준이고, 액면이 저하하여 극판이 노출되어 있다. 어떤 조치를 하여야 하는가?

(3) 알칼리축전지의 공칭전압은 몇 [V]인가?

(4) 부하의 허용 최저 전압이 115[V]이고, 축전지와 부하 사이의 전압강하가 5[V]일 경우 직렬로 접속한 축전지 개수가 55개라면 축전지 한 셀당 허용 최저 전압은 몇 [V]인가?

해설

(4) $V=\frac{V_a+V_c}{n}=\frac{115+5}{55}\fallingdotseq 2.18[\text{V}]$

정답

(1) 회복충전방식

(2) 증류수를 보충한다.

(3) 1.2[V]

(4) 2.18[V]

10

다음과 같은 부하 특성의 소결식 알칼리축전지의 용량 저하율 L은 0.8이고, 최저 축전지 온도는 5[℃], 허용 최저 전압은 1.06[V/cell]일 때 축전지 용량은 몇 [Ah]인가?(단, 여기서 용량환산시간 $K_1 = 1.32$, $K_2 = 0.96$, $K_3 = 0.54$이다)

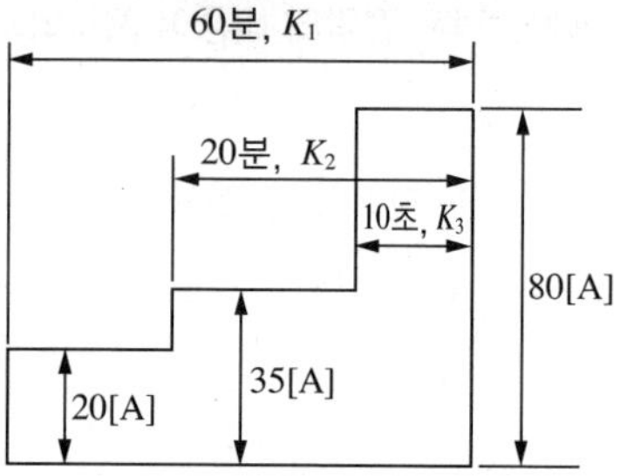

해설

$$C = \frac{1}{L}[K_1 I_1 + K_2(I_2 - I_1) + K_3(I_3 - I_2)]$$

$$= \frac{1}{0.8}[1.32 \times 20 + 0.96(35-20) + 0.54(80-35) = 81.375$$

정답

81.38[Ah]

11

비상용 조명 부하 110[V]용 100[W] 58등, 60[W] 50등이 있다. 방전시간 30분, 축전지 HS형 54[cell], 허용 최저 전압 100[V], 최저 축전지 온도 5[℃]일 때 축전지 용량은 몇 [Ah]인가?(단, 경년 용량 저하율 0.8, 용량환산시간 $K = 1.2$이다)

해설

부하전류 $I = \frac{P}{V} = \frac{100 \times 58 + 60 \times 50}{110} = 80[A]$

∴ 축전지 용량 : $C = \frac{1}{L}KI = \frac{1}{0.8} \times 1.2 \times 80 = 120[Ah]$

정답

120[Ah]

12 그림은 축전지 충전회로이다. 다음 물음에 답하시오.

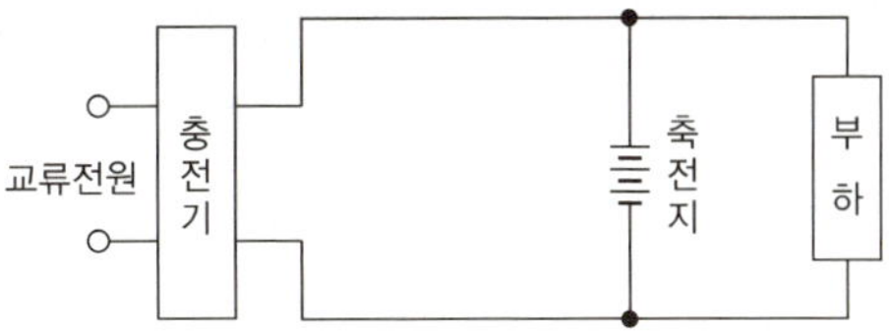

(1) 충전방식은? (2) 이 방식의 역할(특징)을 쓰시오.

정답

(1) 부동충전방식

(2) 충전기와 축전지를 병렬로 연결하여 부하에 공급하는 방식으로 상시일정부하는 정류기가 부담하고 일시적인 대전류는 축전지가 부담하는 방식

13 예비전원으로 이용되는 축전지에 대한 다음 각 물음에 답하시오.

(1) 그림과 같은 부하 특성을 갖는 축전지를 사용할 때 보수율은 0.8, 최저 축전지 온도 5[℃], 허용 최저 전압 90[V]일 때 몇 [Ah] 이상인 축전지를 선정하여야 하는가?(단, $I_1 = 50[\text{A}]$, $I_2 = 40[\text{A}]$, $K_1 = 1.25$, $K_2 = 0.96$이고 셀(Cell)당 전압은 1.06[V/cell]이다)

(2) 축전지의 과방전 및 방치 상태, 가벼운 설페이션(Sulfation) 현상 등이 생겼을 때 기능회복을 위하여 실시하는 충전방식은 무엇인가?

(3) 연축전지와 알칼리축전지의 공칭전압은 각각 몇 [V]인가?

(4) 축전지 설비를 하려고 한다. 그 구성을 크게 4가지로 구분하시오.

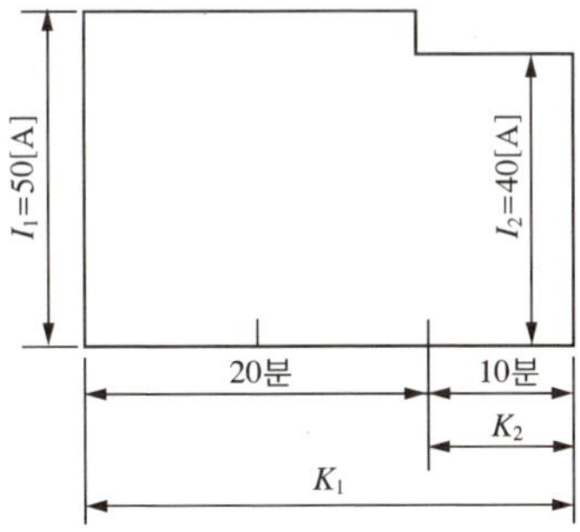

해설

(1) $C = \frac{1}{L}\{K_1 I_1 + K_2(I_2 - I_1)\} = \frac{1}{0.8}\{1.25 \times 50 + 0.96(40 - 50)\} = 66.125[\text{Ah}]$

정답

(1) 66.13[Ah]

(2) 회복 충전방식

(3) • 연축전지 : 2[V]

• 알칼리축전지 : 1.2[V]

(4) 축전지, 충전장치, 제어장치, 보안장치

14 비상용 조명으로 30[W] 120등, 60[W] 50등을 30분간 사용하려고 한다. 납 급방전형 축전지(HS형) 1.7[V/cell]을 사용하여 허용 최저 전압 90[V], 최저 축전지 온도를 5[℃]로 할 경우 참고 자료를 사용하여 물음에 답하시오(단, 비상용 조명 부하의 전압은 100[V]로 한다).

(1) 비상용 조명 부하의 전류는?

(2) HS형 납 축전지의 셀 수는?(단, 1셀의 여유를 준다)

(3) HS형 납 축전지의 용량[Ah]은?(단, 경년 용량 저하율은 0.8이다)

표1. 납 축전지 용량환산시간(K)

형 식	온도[℃]	10분			30분		
		1.6[V]	1.7[V]	1.8[V]	1.6[V]	1.7[V]	1.8[V]
CS	25	0.9 0.8	1.15 1.06	1.6 1.42	1.41 1.34	1.6 1.55	2.0 1.88
	5	1.15 1.1	1.35 1.25	2.0 1.8	1.75 1.75	1.85 1.8	2.45 2.35
	−5	1.35 1.25	1.6 1.5	2.65 2.25	2.05 2.05	2.2 2.2	3.1 3.0
HS	25	0.58	0.7	0.93	1.03	1.14	1.38
	5	0.62	0.74	1.05	1.11	1.22	1.54
	−5	0.68	0.82	1.15	1.2	1.35	1.68

※ 상단은 900[Ah]를 넘는 것(2,000[Ah]까지), 하단은 900[Ah] 이하인 것

해설

(1) $I=\dfrac{P}{V}$에서 $I=\dfrac{30\times120+60\times50}{100}=66[\mathrm{A}]$

(2) $n=\dfrac{90}{1.7}=52.94[\mathrm{cell}]$ 따라서, 1셀의 여유를 주어 54[cell]로 정한다.

(3) 표1에서 용량환산시간 1.22 선정

축전지 용량 $C=\dfrac{1}{L}KI=\dfrac{1}{0.8}\times1.22\times66=100.65[\mathrm{Ah}]$

정답

(1) 66[A]

(2) 54[Cell]

(3) 100.65[Ah]

15 동기발전기를 병렬로 접속하여 운전하는 경우에 생기는 횡류(橫流) 3가지를 쓰고, 각각의 작용에 대하여 설명하시오.

정답

- 동기화전류 : 출력이 주기적으로 동요하며 발전기가 과열된다.
- 무효순환전류 : 두 발전기의 역률이 달라지고 발전기가 과열된다.
- 고조파 무효순환전류 : 저항손실이 증가하고 권선을 과열시킨다.

16 발전기를 병렬 운전하려고 한다. 병렬 운전이 가능한 조건 4가지를 쓰시오.

정답

- 기전력의 크기가 같을 것
- 기전력의 위상이 같을 것
- 기전력의 파형이 같을 것
- 기전력의 주파수가 같을 것

17 태양광 발전의 장점 4가지와 단점 2가지를 쓰시오.

정답

[장 점]

- 자원이 반영구적이다.
- 태양이 비추는 곳이라면 어디에서나 설치할 수 있고 보수가 용이하다.
- 규모에 관계없이 발전 효율이 일정하다.
- 확산광(산란광)도 이용할 수 있다.

[단 점]

- 태양광의 에너지밀도가 낮다.
- 비가 오거나 흐린 날씨에는 발전능력이 저하한다.

18 출력 150[kW]의 디젤 발전기를 6시간 운전하여 발열량 10,000[kcal/kg]의 연료를 215[kg] 소비할 때 발전기 종합 효율은 몇 [%]인지 구하시오.

해설

$$\eta = \frac{860\omega}{mH} = \frac{860 \times 150[\mathrm{kW}] \times 6[\mathrm{h}]}{215[\mathrm{kg}] \times 10{,}000[\mathrm{kcal/kg}]} \times 100 = 36[\%]$$

정답

36[%]

19

물 15[℃] 6[L]를 용기에 넣고 2[kW] 전열기를 사용하여 85[℃]로 가열하는 데 25분이 소요되었다. 이때 전열기의 효율은 몇 [%]인가?

해설

$H = cm\Delta\theta = 860\eta Pt[\text{kcal}]$

$$\eta = \frac{cm\Delta\theta}{860Pt} = \frac{1\times 6\times(85-15)}{860\times 2\times\left(\frac{25}{60}\right)} = 0.5860\times 100 = 58.6[\%]$$

정답

58.6[%]

20

발전기 최소용량[kVA]을 다음 식을 이용하여 계산하시오.

발전기용량 산정식

$P_G \geq [\sum P + (\sum P_m - P_L)\times a + (P_L \times a \times c)]\times k$

여기서, P_G : 발전기용량[kVA]

P : 전동기 이외 부하의 입력용량[kVA]

P_m : 전동기 부하용량의 합[kW]

P_L : 기동용량이 가장 큰 전동기의 부하용량[kW]

a : 전동기의 [kW]당 입력용량[kVA] 환산계수

c : 전동기의 기동계수

k : 발전기의 허용전압강하계수

(단, 전동기의 [kW]당 입력용량 환산계수(a)는 1.45, 전동기의 기동계수(c)는 2, 발전기의 허용전압강하계수 k는 1.45이다)

	부하종류	부하용량
1	유도 전동기 부하	37[kW]×1대
2	유도 전동기 부하	10[kW]×5대
3	전동기 이외 부하의 입력용량	30[kVA]

해설

$P_G = \{30 + (87-37)\times 1.45 + (37\times 1.45\times 2)\}\times 1.45 = 304.21[\text{kVA}]$

정답

304.21[kVA]

21 주어진 표는 어떤 부하 데이터의 예이다. 이 부하 데이터를 수용할 수 있는 발전기 용량을 산정하시오(단, 발전기 표준 역률은 0.8, 허용 전압강하 25[%], 발전기 리액턴스 20[%], 원동기 기관 과부하 내량 1.2이다).

예	부하의 종류	출력 [kW]	전부하 특성				기동 특성		기동 순서	비 고
			역률 [%]	효율 [%]	입력 [kVA]	입력 [kW]	역률 [%]	입력 [kVA]		
200[V] 60[Hz]	조 명	10	100	–	10	10	–	–	1	
	스프링클러	55	86	90	71.1	61.1	40	142.2	2	Y-△ 기동
	소화전 펌프	15	83	87	21.0	17.2	40	42	3	Y-△ 기동
	양수펌프	7.5	83	86	10.5	8.7	40	63	3	직입 기동

(1) 전부하 정상 운전 시의 입력에 의한 것

(2) 전동기 기동에 필요한 용량

【참고】 $P[\text{kVA}]=\dfrac{(1-\triangle E)}{\triangle E}\cdot x_d\cdot Q_L[\text{kVA}]$

(3) 순시 최대 부하에 의한 용량

【참고】 $P[\text{kVA}]=\dfrac{\sum W_0[\text{kW}]+\{Q_{Lmax}[\text{kVA}]\cos\theta_{QL}\}}{K\times\cos\theta_G}$

해설

(1) $P=\dfrac{(10+61.1+17.2+8.7)}{0.8}=121.25[\text{kVA}]$

(2) $P=\left(\dfrac{1}{0.25}-1\right)\times 0.2\times 142.2=85.32[\text{kVA}]$

(3) $P=\dfrac{(\text{기운전 중인 부하의 합계})+(\text{기동돌입부하}\times\text{기동 시 역률})}{\text{원동기기관 과부하 내량}\times\text{발전기 표준 역률}}$

$=\dfrac{(10+61.1)+0.4(42+63)}{1.2\times 0.8}\fallingdotseq 117.81[\text{kVA}]$

정답

(1) 121.25[kVA]

(2) 85.32[kVA]

(3) 117.81[kVA]

22 부하가 유도전동기이며, 기동 용량이 1,500[kVA]이고, 기동 시 전압강하는 20[%]이며, 발전기의 과도 리액턴스가 25[%]이다. 이 전동기를 운전할 수 있는 자가발전기의 최소용량은 몇 [kVA]인지 계산하시오.

해설

$$발전기\ 정격용량=\left(\frac{1}{허용전압강하}-1\right)\times 기동용량\times 과도\ 리액턴스$$

$$=\left(\frac{1}{0.2}-1\right)\times 1{,}500\times 0.25=1{,}500[\mathrm{kVA}]$$

정답

1,500[kVA]

23 디젤발전기를 5시간 전부하로 운전할 때 중유의 소비량이 292[kg]이었다. 이 발전기의 정격출력[kVA]을 계산하시오(단, 중유의 열량은 10^4[kcal/kg], 기관효율 35.3[%], 발전기효율 85.7[%], 전부하 시 발전기역률 80[%]이다).

해설

$$\eta=\frac{860\,W}{mH}$$

$$\eta=\frac{860Pt}{mH}\text{에서 } P[\mathrm{kW}]=\frac{\eta mH}{860t},\ P[\mathrm{kVA}]=\frac{\eta mH}{860t\cos\theta}$$

$$=\frac{0.353\times 0.857\times 292\times 10^4}{860\times 5\times 0.8}$$

$$≒ 256.791$$

정답

256.79[kVA]

10 시험 및 측정

1 콜라우슈 브리지법

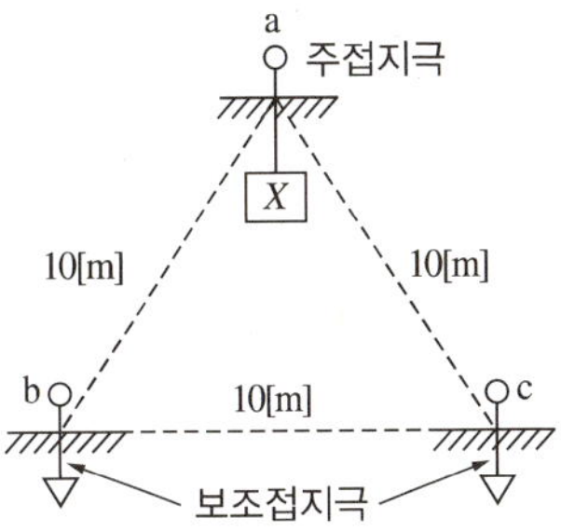

$$R_a = \frac{1}{2}(R_{ab} + R_{ac} - R_{bc})[\Omega]$$

여기서, $R_{ab}[\Omega]$: 주접지극 a와 보조접지극 b 사이의 저항

$R_{ac}[\Omega]$: 주접지극 a와 보조접지극 c 사이의 저항

$R_{bc}[\Omega]$: 보조접지극 b와 c 사이의 저항

2 머레이 루프법

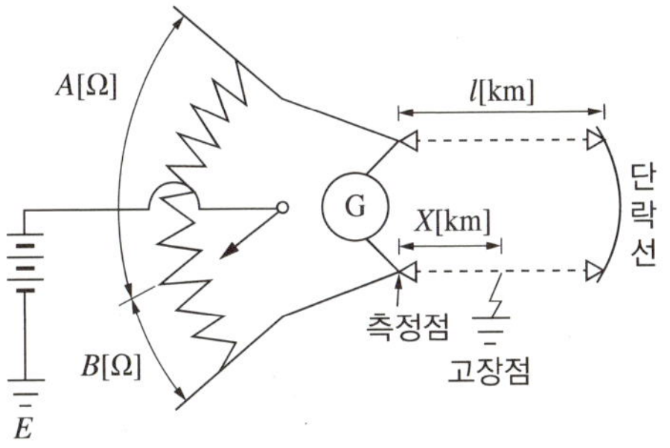

휘트스톤 브리지 원리를 이용하여 고장점까지의 거리를 구한다.

$A[\Omega] \cdot X[\text{km}] = B[\Omega] \cdot (2l[\text{km}] - X[\text{km}])$

3 정전용량법

케이블 단선사고에 의한 고장점까지의 거리를 정전용량측정법으로 구하는 경우 건전상의 정전용량이 C, 고장점까지의 정전용량이 C_x, 케이블의 길이가 l일 때 고장점까지의 거리를 구하는 방법(L : 고장점까지의 길이)

$C : C_x = l : L$

$CL = C_x l$

$$L = \frac{C_x l}{C}$$

4 변압기 절연내력시험

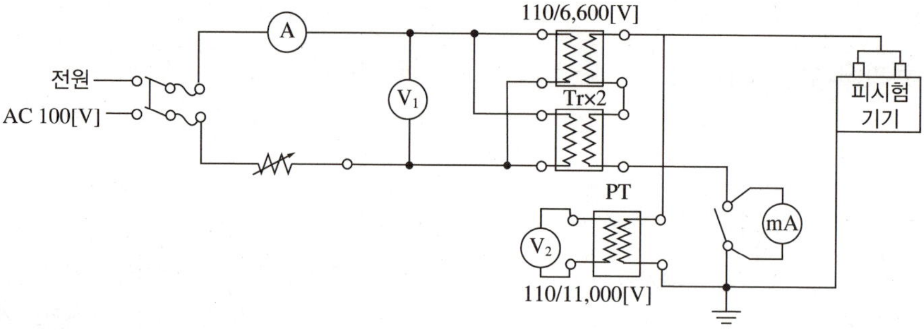

(V1) $=$ 시험전압[V] $\times \dfrac{n_1}{n_2} \times \dfrac{1}{2}$

여기서, 시험전압 : 최대 사용전압 7,000[V] 이하는 1.5배, 22.9[kV]는 0.92배

(V2) $=$ 시험전압[V] $\times \dfrac{1}{\text{PT비}}$

※ (mA) 전류계 : 누설전류를 측정

※ PT 설치목적 : 피시험기기의 절연내력시험을 측정

5 변압기 단락시험과 무부하(개방)시험

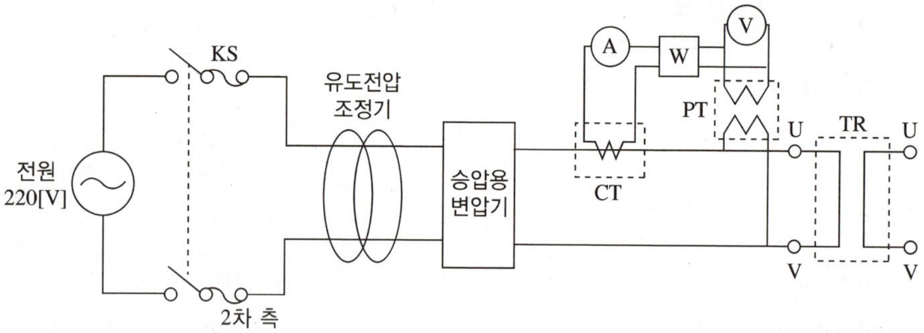

(1) 단락시험 : U, V 단자 단락

변압기 2차 측을 단락시키고, 1차 측에 전압을 가하여 1차 단락전류가 1차 정격전류와 같게 되었을 때 교류전력계 지시값 W[W]로 동손을 표시한다.

(2) 무부하(개방)시험 : U, V 단자 개방

유도전압조정기의 핸들을 서서히 돌려 전압계 지시값이 1차 정격전압이 되었을 때 교류전력계 지시값 W[W]로 철손을 표시한다.

6 접지저항계를 이용하여 접지극의 접지저항 측정

예제_1

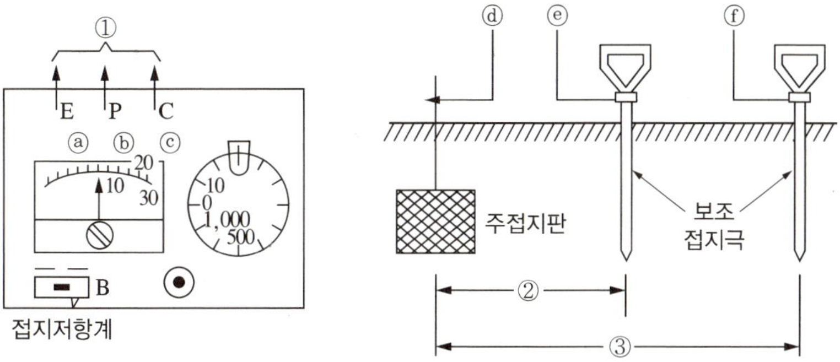

(1) 보조 접지극을 설치하는 이유는 무엇인가?

(2) ②와 ③의 설치 간격은 얼마인가?

(3) 그림에서 ①의 측정단자 접속은?

(4) 접지극의 매설 깊이는?

정답

(1) 전류와 전압을 공급하여 접지저항을 측정하기 위함

(2) ② 10[m], ③ 20[m]

(3) ⓐ → ⓓ, ⓑ → ⓔ, ⓒ → ⓕ

(4) 0.75[m] 이상

[확인문제]

01 **기자재가 그림과 같이 주어졌다.**

(1) 전류 전압계법으로 저항값을 측정하기 위한 회로를 완성하시오.

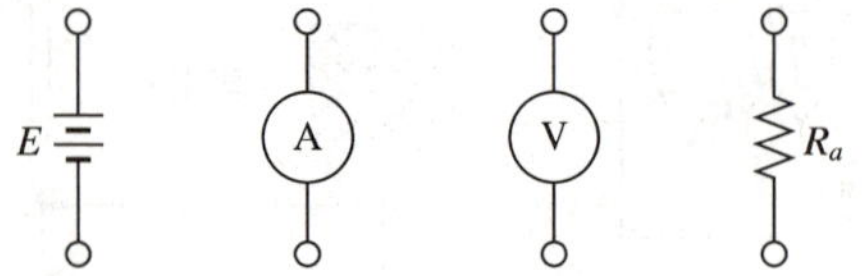

(2) 저항 R_a에 대한 식을 쓰시오.

정답

(1)

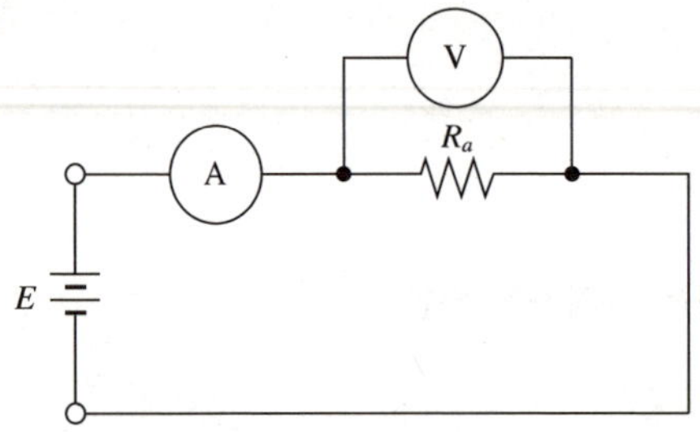

(2) $R_a = \dfrac{V(\text{Ⓥ})}{I(\text{Ⓐ})}$

02 연동선으로 사용한 코일의 저항이 0[℃]에서 4,000[Ω]이었다. 이 코일에 전류를 흘려 온도가 상승하여 코일의 저항이 4,500[Ω]으로 되었다고 한다. 이때 연동선의 온도를 구하시오.

해설

$R_t = R_0\{1+\alpha_0(t-t_0)\}$

여기서, R_t : 나중저항값[Ω]

R_0 : 처음저항값[Ω]

α_0 : 온도계수$=\dfrac{1}{234.5+t_0}$

t_0 : 처음온도[℃]

t : 나중온도[℃]

$$4{,}500 = 4{,}000\left\{1+\frac{1}{234.5}(t-0)\right\}$$

$$\frac{4{,}500}{4{,}000} = 1+\frac{1}{234.5}t$$

$$1.125 = 1+\frac{1}{234.5}t$$

$$(1.125-1)\times 234.5 = t$$

$$t = 29.3125[℃]$$

정답

29.31[℃]

03 최대 눈금 250[V]인 전압계 V_1, V_2를 직렬로 접속하여 측정하면 몇 [V]까지 측정할 수 있는가? (단, 전압계 내부저항 V_1은 15[kΩ], V_2는 20[kΩ]으로 한다)

해설

전압 분배법칙에 의해

$$250 = \frac{20\times10^3}{15\times10^3+20\times10^3}\times V \text{이므로,}$$

$$\therefore\ V = \frac{15\times10^3+20\times10^3}{20\times10^3}\times 250 = 437.5[\text{V}]$$

정답

437.5[V]

04 그림과 같은 회로에서 최대눈금 15[A]의 직류전류계 2개를 접속하고, 전류 20[A]를 흘리면 각 전류계의 지시는 몇 [A]인가?(단, 전류계 최대눈금의 전압강하는 A_1이 75[mV], A_2가 50[mV]이다)

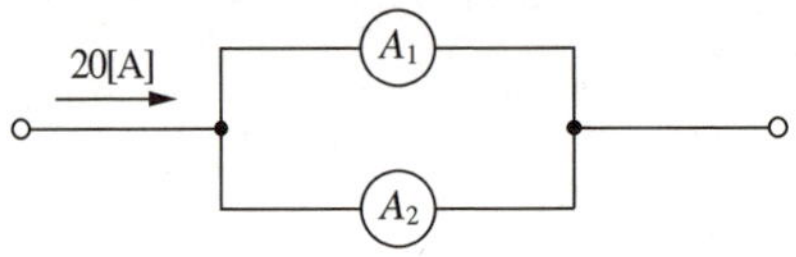

해설

$$R_1 = \frac{e_1}{I_1} = \frac{75\times10^{-3}}{15} = 5\times10^{-3}[\Omega]$$

$$R_2 = \frac{e_2}{I_2} = \frac{50\times10^{-3}}{15} = 3.33\times10^{-3}[\Omega]$$

$$A_1 = \frac{R_2}{R_1+R_2}\times I = \frac{3.33\times10^{-3}}{5\times10^{-3}+3.33\times10^{-3}}\times 20 = 8[\mathrm{A}]$$

$$A_2 = I - A_1 = 20-8 = 12[\mathrm{A}]$$

정답

- A_1 : 8[A]
- A_2 : 12[A]

05 다음 그림과 같이 L_1 전등 100[V] 250[W], L_2 전등 100[V] 200[W]을 직렬로 연결하고 200[V]를 인가하였을 때 L_1, L_2 전등에 걸리는 전압을 동일하게 유지하기 위하여 어느 전등에 몇 [Ω]의 저항을 병렬로 설치하여야 하는가?

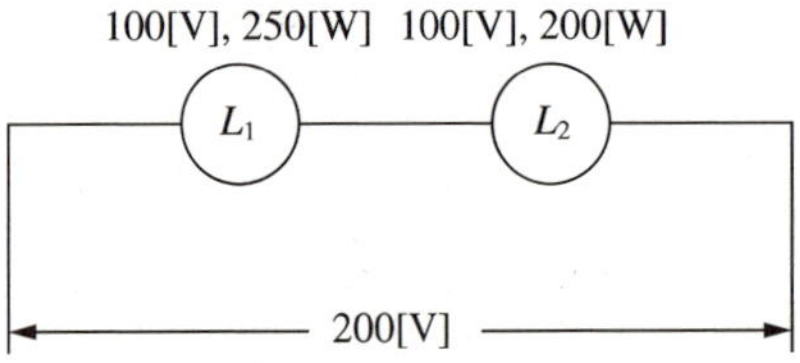

해설

L_1 전등 $R_1 = \frac{V^2}{P_1} = \frac{100^2}{250} = 40[\Omega]$ L_2 전등 $R_2 = \frac{V^2}{P_2} = \frac{100^2}{200} = 50[\Omega]$

전압이 동일하려면 저항이 동일

$$40 = \frac{50R}{50+R}$$

$$2{,}000 + 40R = 50R$$

$$2{,}000 = 10R$$

$$R = 200[\Omega]$$

정답 L_2 전등에 200[Ω]을 병렬로 설치하여야 한다.

06 다음 회로에서 전원전압이 공급될 때 최대 전류계의 측정 범위가 500[A]인 전류계로 전 전류값이 2,000[A]인 전류를 측정하려고 한다. 전류계와 병렬로 몇 [Ω]의 저항을 연결하면 측정이 가능한지 계산하시오(단, 전류계의 내부저항은 100[Ω]이다).

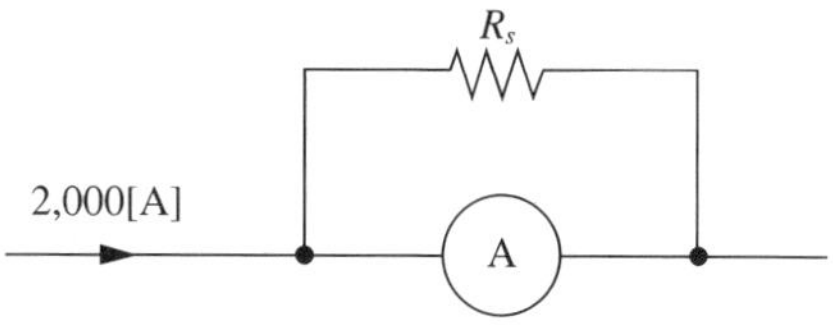

해설

$R_s = \frac{1}{m-1} R_a = \frac{1}{4-1} \times 100 \fallingdotseq 33.333$

m배수 $= \frac{2,000}{500} = 4$

정답

33.33[Ω]

07 가동코일형 전압계에 대한 물음에 답하시오(단, 45[mV]의 전압을 가할 때 30[mA]의 전류가 흐르는 경우이다).

(1) 전압계의 내부저항을 구하시오.

(2) 기전력 100[V]를 측정할 때 배율기의 저항값을 구하시오.

해설

(1) $R_a = \frac{V}{I} = \frac{45 \times 10^{-3}}{30 \times 10^{-3}} = 1.5[\Omega]$

(2) $R_s = (m-1)R_a = \left(\frac{V}{V_a} - 1\right)R_a = \left(\frac{100}{45 \times 10^{-3}} - 1\right) \times 1.5 \fallingdotseq 3,331.833[\Omega]$

정답

(1) 1.5[Ω]

(2) 3,331.83[Ω]

08 그림과 같은 회로에서 단자전압이 V일 때 전압계의 눈금 V_0로 측정하기 위해서는 배율기의 저항 R은 얼마로 하여야 하는지 유도과정을 쓰시오(단, 전압계의 내부저항은 R_0로 한다).

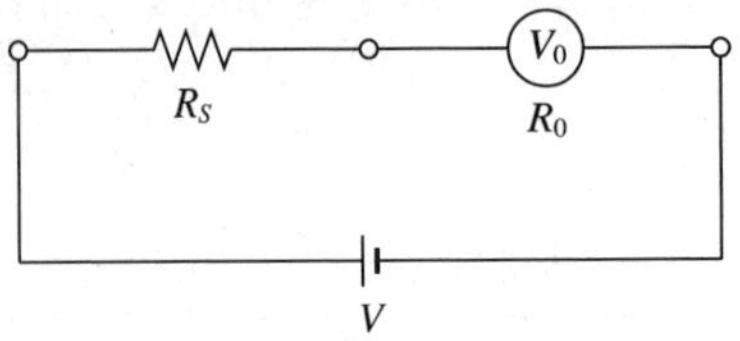

정답

$$V_0 = \frac{R_0}{R_S + R_0} V$$

$$m\,(\text{배율}) = \frac{V}{V_0} = \frac{R_S + R_0}{R_0} = 1 + \frac{R_S}{R_0}$$

$$\frac{R_S}{R_0} = \frac{V}{V_0} - 1$$

$$R_S = \left(\frac{V}{V_0} - 1\right) R_0 = (m-1) R_0$$

09 그림과 같이 전류계 A_1, A_2, A_3, 25[Ω]의 저항 R을 접속하였다. 전류계의 지시는 $A_1 = 10[\text{A}]$, $A_2 = 4[\text{A}]$, $A_3 = 7[\text{A}]$일 때 다음을 구하시오.

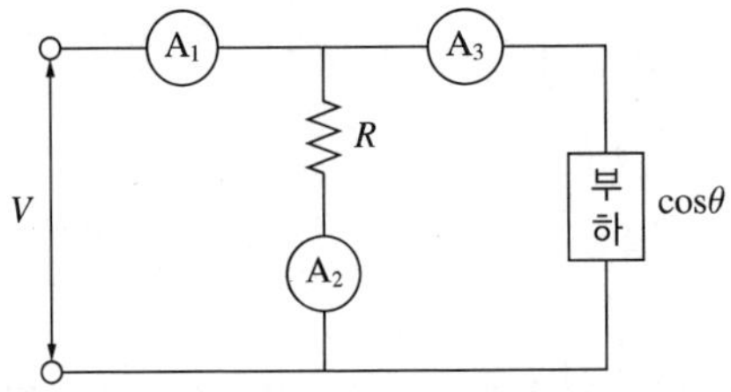

(1) 부하전력을 구하시오.

(2) 역률을 구하시오.

해설

(1) $P = \frac{R}{2}(A_1^2 - A_2^2 - A_3^2) = \frac{25}{2}(10^2 - 4^2 - 7^2) = 437.5[\text{W}]$

(2) $\cos\theta = \frac{A_1^2 - A_2^2 - A_3^2}{2A_2A_3} \times 100 = \frac{10^2 - 4^2 - 7^2}{2 \times 4 \times 7} \times 100 = 62.5[\%]$

【참고】 $P = VI\cos\theta$에서 $\cos\theta = \frac{P}{VI} \times 100 = \frac{P}{RA_2A_3} \times 100 = \frac{437.5}{25 \times 4 \times 7} \times 100 = 62.5[\%]$

정답

(1) 437.5[W]

(2) 62.5[%]

10 **오실로스코프의 감쇄 Probe는 입력 전압의 크기를 10배의 배율로 감소시키도록 설계되어 있다. 그림에서 오실로스코프의 입력 임피던스 R_s는 1[MΩ]이고 Probe의 내부저항 R_p는 9[MΩ]이다.**

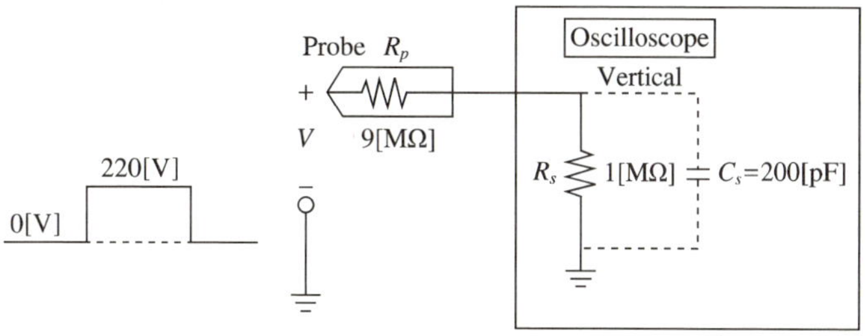

(1) Probe의 입력 전압이 $V = 220[V]$라면 Oscilloscope에 나타나는 전압은?

(2) Oscilloscope의 내부저항 $R_s = 1[M\Omega]$과 $C_s = 200[pF]$의 콘덴서가 병렬로 연결되어 있을 때 콘덴서 C_s에 대한 테브낭의 등가회로가 다음과 같다면 시정수 τ와 $V = 220[V]$일 때의 테브낭의 등가전압 E_{th}를 구하시오.

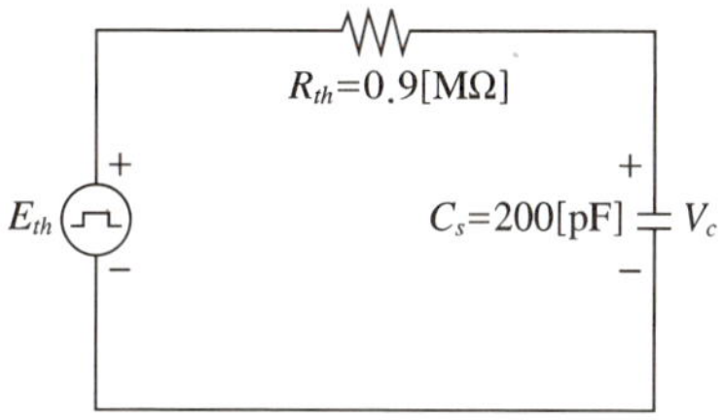

(3) 인가 주파수가 10[kHz]일 때 주기는 몇 [ms]인가?

해설

(1) $V_0 = \dfrac{V}{n} = \dfrac{220}{10} = 22[V]$ (단, 여기서 n : 배율, V : 입력전압)

(2) 시정수 $\tau = R_{th}C_s = 0.9 \times 10^6 \times 200 \times 10^{-12} = 180 \times 10^{-6}[s] = 180[\mu s]$

등가전압 $E_{th} = \dfrac{R_s}{R_p + R_s} \times V = \dfrac{1}{9+1} \times 220 = 22[V]$

(3) $T = \dfrac{1}{f} = \dfrac{1}{10 \times 10^3} = 0.1[ms]$

정답

(1) 22[V]

(2) • 시정수 $\tau = 180[\mu s]$

• 테브낭의 등가전압 $E_{th} = 22[V]$

(3) 0.1[ms]

11 회로도에서 a–b 사이에 저항을 연결하고자 할 때, 다음 각 물음에 답하시오.

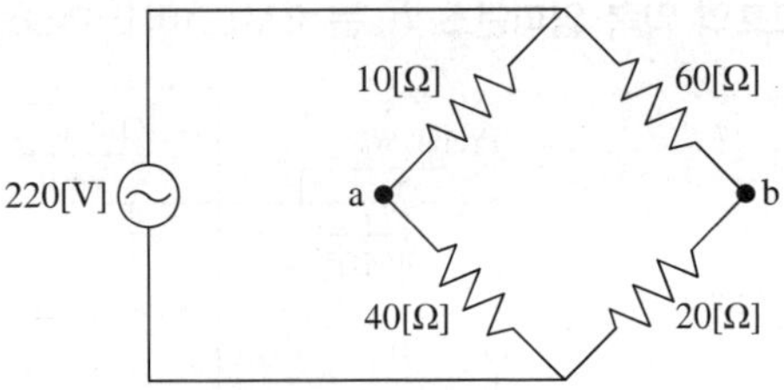

(1) 최대전력이 발생할 때의 a–b 사이 저항값을 구하시오.

(2) 10분간 전압을 가했을 때 a–b 사이 저항의 일량[kJ]을 구하시오(단, 효율은 90[%]이다).

해설

(1) 테브낭 정리를 이용한다.

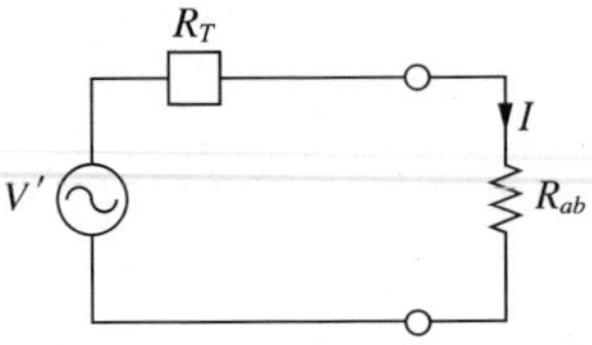

$$R_T = \frac{10\times 40}{10+40} + \frac{20\times 60}{20+60} = 23[\Omega]$$

최대전력 조건은 내부와 외부의 저항값이 같을 때이므로

$R_T = R_{ab}$ 따라서 23[Ω]

(2) $V' = \frac{40}{10+40}\times 220 - \frac{20}{60+20}\times 220 = 121[\mathrm{V}]$

$$I = \frac{V'}{R_T + R_{ab}} = \frac{121}{23+23} = 2.63[\mathrm{A}]$$

$$W = Pt\eta = I^2 R_{ab}\times t\times \eta = 2.63^2\times 23\times 10\times 60\times 0.9\times 10^{-3} = 85.907[\mathrm{kJ}]$$

정답

(1) 23[Ω]

(2) 85.91[kJ]

12 그림의 단상 전파 정류회로에서 교류 측 공급전압 $629\sin 314t[V]$ 직류 측 부하저항 20[Ω]이다. 물음에 답하시오.

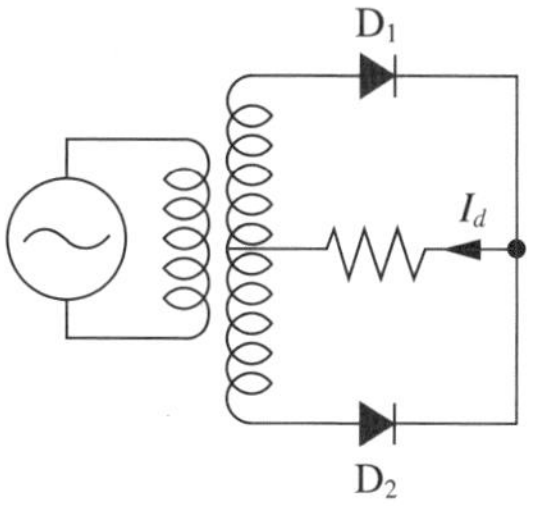

(1) 직류 부하전압의 평균값은?

(2) 직류 부하전류의 평균값은?

(3) 교류 전류의 실횻값은?

해설

(1) $E_d = 0.9E = 0.9 \times \frac{629}{\sqrt{2}} ≒ 400.293$

(2) $I_d = \frac{E_d}{R} = \frac{400.29}{20} = 20.0145$

(3) $I = \frac{E}{R} = \frac{629/\sqrt{2}}{20} ≒ 22.239$

정답

(1) 400.29[V]

(2) 20.01[A]

(3) 22.24[A]

13 계기용 변압기와 전압 절환개폐기로 모선 전압을 측정하고자 한다.

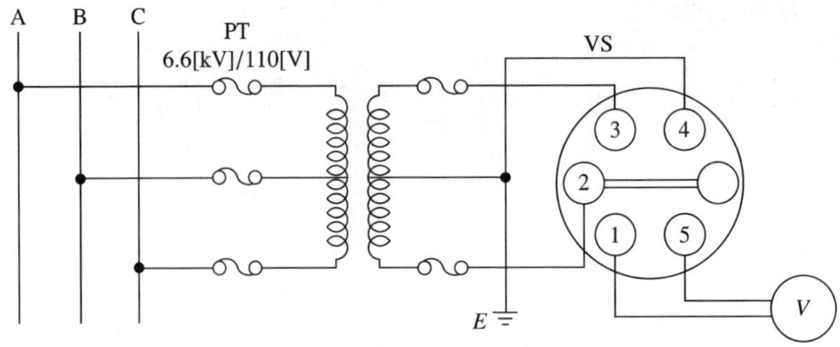

(1) V_{AB} 측정 시 VS 단자 중 단락되는 접점을 2가지 쓰시오.

(2) V_{BC} 측정 시 VS 단자 중 단락되는 접점을 2가지 쓰시오.

(3) PT 2차 측을 접지하는 이유를 기술하시오.

정답

(1) ①-③, ④-⑤

(2) ①-②, ④-⑤

(3) 계기용 변압기 내부고장 시 고·저압 혼촉사고로 인한 2차 측의 전위 상승을 방지하기 위하여

14 6,600[V] 3ϕ 전기설비에 변압비 30인 계기용 변압기(PT)를 그림과 같이 잘못 접속하였다. 각 전압계 V_1, V_2, V_3에 나타나는 단자전압[V]을 구하시오.

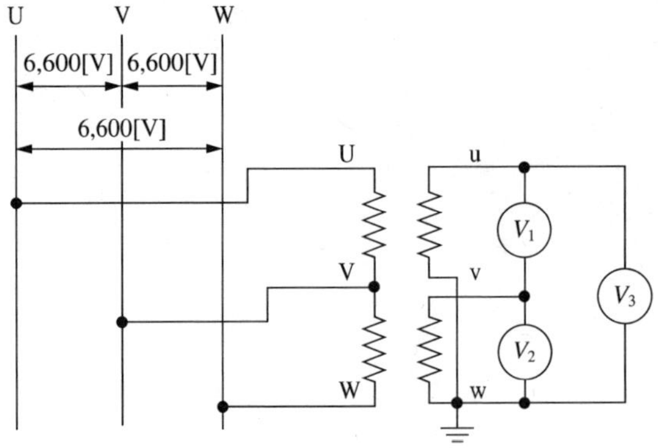

해설

$V_1 = \sqrt{3}\,V_2 = \sqrt{3} \times \frac{6,600}{30} ≒ 381.051$ $\qquad V_2 = \frac{6,600}{30} = 220[\mathrm{V}]$ $\qquad V_3 = \frac{6,600}{30} = 220[\mathrm{V}]$

정답

$V_1 = 381.05[\mathrm{V}]$, $V_2 = 220[\mathrm{V}]$, $V_3 = 220[\mathrm{V}]$

15

그림과 같이 변압기 2대를 사용하여 정전용량 1.5[μF]인 케이블의 절연내력시험을 행하였다. 60[Hz]인 시험전압으로 6,000[V]를 가했을 때 전압계 Ⓥ, 전류계 Ⓐ의 지시값은?(단, 여기서 변압기 탭 전압은 저압 측 105[V], 고압 측 3,300[V]로 하고 내부 임피던스 및 여자전류는 무시한다)

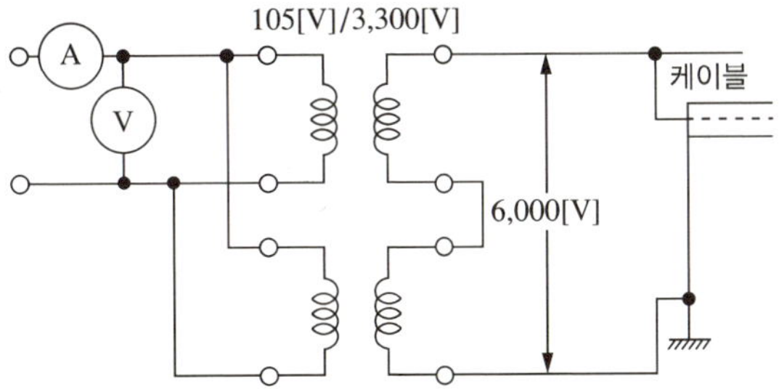

(1) 전압계 Ⓥ 지시값

(2) 전류계 Ⓐ 지시값

해설

(1) $V = 6{,}000 \times \dfrac{105}{3{,}300} \times \dfrac{1}{2} \fallingdotseq 95.4545$

(2) $I_c = \omega CE = 2\pi f CE = 2\pi \times 60 \times 1.5 \times 10^{-6} \times 6{,}000 \fallingdotseq 3.3929$

전류계 Ⓐ 지시값 $= 3.3929 \times \dfrac{3{,}300}{105} \times 2 = 213.268$

정답

(1) 95.45[V]

(2) 213.27[A]

16

그림은 최대 사용전압 6,900[V]인 변압기의 절연내력시험을 위한 시험 회로도이다. 그림을 보고 다음 각 물음에 답하시오.

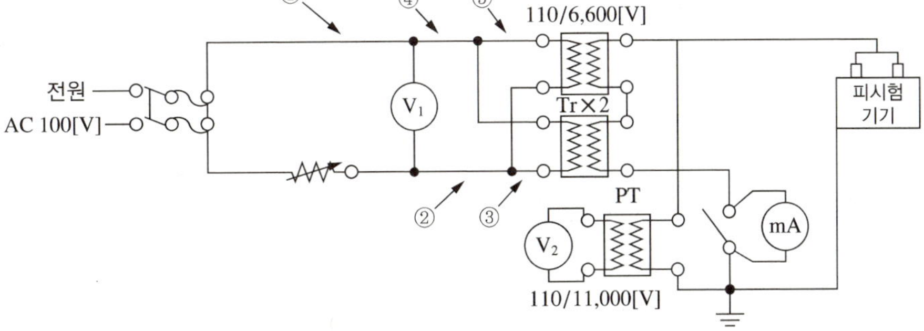

(1) 전원 측 회로에 전류계 Ⓐ를 설치하고자 할 때 ①~⑤번 중 어느 곳이 적당한가?

(2) 시험 시 전압계 V_1로 측정되는 전압은 몇 [V]인가?(단, 소수점 이하는 버릴 것)

(3) 시험 시 전압계 ⓥ₂로 측정되는 전압은 몇 [V]인가?

(4) PT의 설치 목적은 무엇인가?

(5) 전류계[mA]의 설치 목적은 어떤 전류를 측정하기 위함인가?

해설

(2) $V_1 = 6{,}900 \times 1.5 \times \dfrac{110}{6{,}600} \times \dfrac{1}{2} = 86.25[\mathrm{V}]$

(3) $V_2 = 6{,}900 \times 1.5 \times \dfrac{110}{11{,}000} = 103.5[\mathrm{V}]$

정답

(1) ①

(2) 86[V]

(3) 103.5[V]

(4) 피시험기기의 절연내력 시험전압을 측정한다.

(5) 누설전류의 측정

17 그림은 구내에 설치할 6,600[V], 220[V], 10[kVA]인 주상변압기의 무부하 시험방법이다. 이 도면을 보고 다음 각 물음에 답하시오.

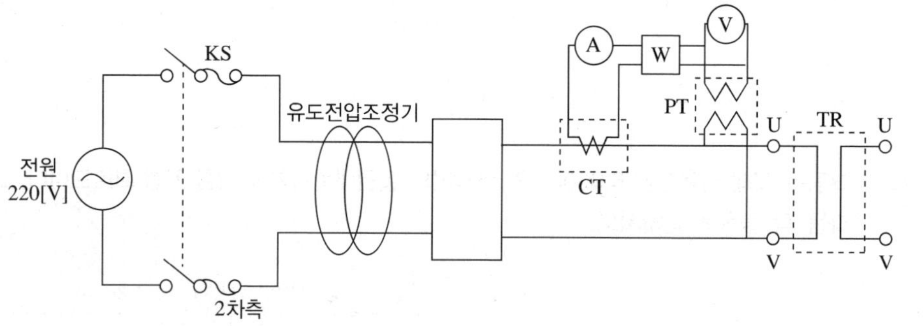

(1) 유도전압조정기의 2차 측 네모 속에는 무엇이 설치되어야 하는가?

(2) 시험할 주상변압기의 2차 측은 어떤 상태에서 시험을 하여야 하는가?

(3) 시험할 변압기를 사용할 수 있는 상태로 두고 유도전압조정기의 핸들을 서서히 돌려 전압계의 지시값이 1차 정격전압이 되었을 때 전력계가 지시하는 값은 어떤 값을 지시하는가?

정답

(1) 승압용 변압기

(2) 개 방

(3) 철 손

18 다음 그림은 전자식 접지저항계를 사용하여 접지극의 접지저항을 측정하기 위한 배치도이다. 물음에 답하시오.

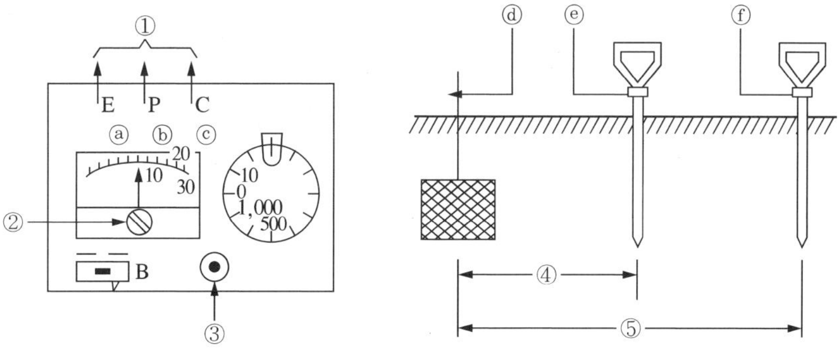

(1) 보조 접지극을 설치하는 이유는 무엇인가?

(2) ④와 ⑤의 설치 간격은 얼마인가?

(3) 그림에서 ①의 측정단자 접속은?

(4) 접지극의 매설 깊이는?

정답

(1) 전류와 전압을 공급하여 접지저항을 측정하기 위함

(2) ④ 10[m], ⑤ 20[m]

(3) ⓐ → ⓓ, ⓑ → ⓔ, ⓒ → ⓕ

(4) 0.75[m] 이상

19 그림은 자가용 수변전설비 주회로의 절연저항 측정시험에 대한 배치도이다. 다음 각 물음에 답하시오.

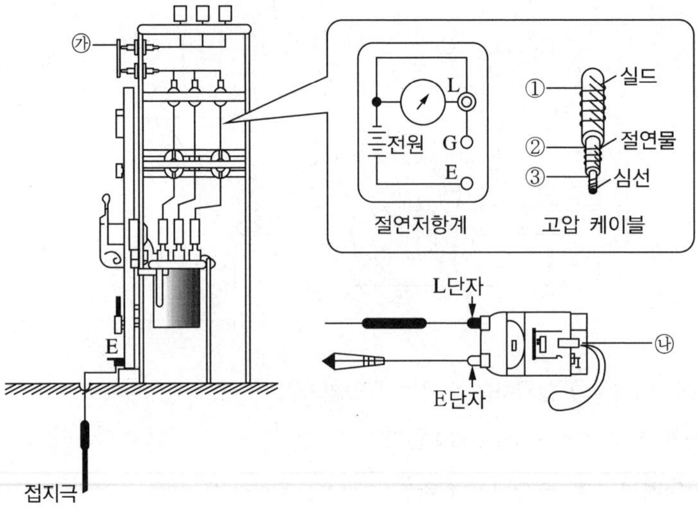

(1) 절연저항 측정에서 ㉮기기의 명칭을 쓰고 개폐 상태를 밝히시오.

(2) 기기 ㉯의 명칭은 무엇인가?

(3) 절연저항계의 L단자와 E단자의 접속은 어느 개소에 하여야 하는가?

정답

(1) 단로기 : 개방 상태

(2) 절연저항계

(3) • L단자 : 선로 측

• E단자 : 접지극

20 다음 각 항목을 측정하는 데 알맞은 측정방법 및 계측기를 쓰시오.

(1) 배전선의 전류
(2) 접지극의 접지저항
(3) 전해액의 저항
(4) 검류계의 내부저항
(5) 변압기의 절연저항

정답

(1) 훅 온 미터
(2) 접지저항계
(3) 콜라우슈 브리지
(4) 휘트스톤 브리지
(5) 절연저항계

21 계측장비를 주기적으로 교정하는 권장교정 및 시험주기의 빈칸을 쓰시오.

구 분		권장교정 및 시험주기[년]
계측장비 교정	절연내력시험기	(①)
	절연유내압시험기	(②)
	계전기시험기	(③)
	적외선열화상카메라	(④)
	전원품질분석기	(⑤)

정답

① 1[년]
② 1[년]
③ 1[년]
④ 1[년]
⑤ 1[년]

CHAPTER

03 수변전

01 3.3[kV] 수변전설비

1 사용하는 기기의 명칭, 약호, 기능

용어(명칭)	약 호	심 벌	기능(역할)
전류계용 절환개폐기	AS		전류계 1대로 3상의 각 선전류를 측정하기 위한 개폐기
전압계용 절환개폐기	VS		전압계 1대로 3상의 각 선간전압을 측정하기 위한 개폐기
계기용 변압기	PT		고전압을 저전압으로 변성하여 계기나 계전기에 공급한다.
변류기	CT		대전류를 소전류로 변류하여 계기나 계전기에 공급한다.
단로기	DS		무부하에서 회로개방
교류차단기	CB	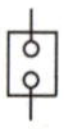	부하전류의 개폐 및 고장전류의 차단
유입개폐기	OS		부하전류의 개폐
피뢰기	LA		이상전압이 침입 시 전기를 대지로 방전시키고 속류를 차단한다.
트립코일	TC		사고 시에 여자되어 차단기를 개로
지락계전기	GR	GR	지락사고 시 트립코일여자
영상변류기	ZCT		지락사고 시 지락전류를 검출하여 지락계전기에 공급한다.
과전류 계전기	OCR	OCR	과전류 시 트립코일여자
계기용 변압변류기	MOF(PCT)	MOF	PT와 CT를 한 함 내에 설치하고, 고전압, 대전류를 저전압, 소전류로 변압·변류하여 전력량계에 공급한다.
전력용 콘덴서	SC	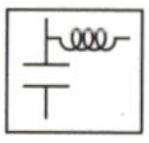	진상 무효전력을 공급하여 부하의 역률을 개선하는 것
방전코일	DC		콘덴서의 잔류전하를 방전시킨다.
직렬 리액터	SR		제5고조파 전류의 확대 방지 및 콘덴서 투입 시 돌입전류를 억제한다.
케이블 헤드	CH		고압 케이블의 단말과 가공전선을 접속하는 것
전력 퓨즈	PF		고장전류를 차단하여 계통으로 파급되는 것을 방지한다.

용어(명칭)	약 호	심 벌	기능(역할)
고압 컷아웃 스위치	COS		과부하전류로부터 변압기 1차 권선 보호와 사고 시에 과전류를 차단한다.
영상 계기용 변압기	GPT		지락사고 시 영상전압을 검출한다.

2 수전설비(보호계전기 및 개폐기)

(1) 간이수전설비(옥외 : 옥상, 주상) : PF형

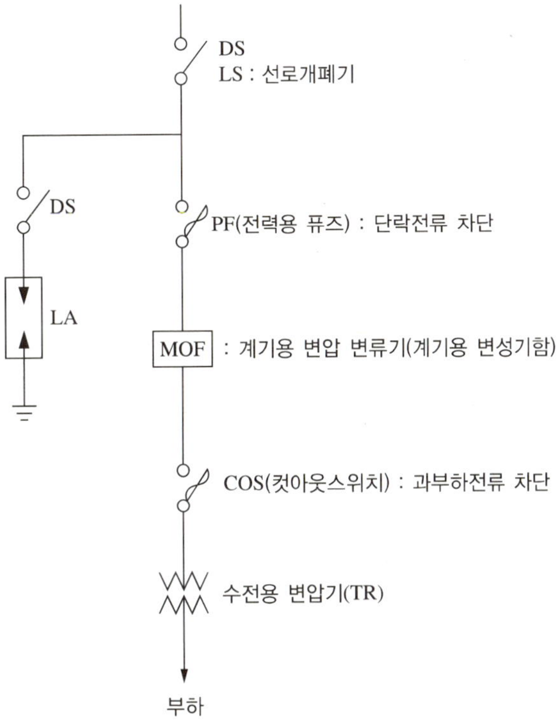

전력용 퓨즈의 장단점(차단기와 비교)

장 점	단 점
• 가격이 싸다. • 소형, 경량이다. • 고속 차단된다. • 보수가 간단하다. • 차단 능력이 크다.	• 재투입이 불가능하다. • 과도전류에 용단되기 쉽다. • 계전기를 자유로이 조정할 수 없다. • 한류형은 과전압을 발생한다. • 고 임피던스 접지사고는 보호할 수 없다.

(2) PF-CB : 6.6[kV]

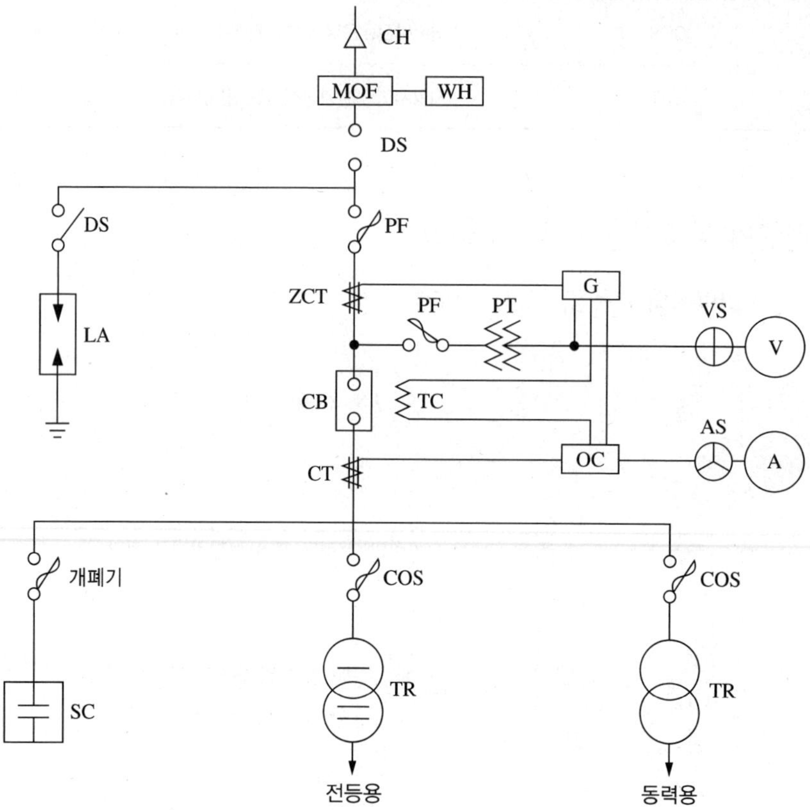
CH
MOF
WH
DS
DS
PF
LA
ZCT
G
PF
PT
VS
V
CB
TC
AS
OC
A
CT
개폐기
COS
COS
SC
TR
TR
전등용
동력용

(3) 22.9[kV-Y] 1,000[kVA] 이하를 시설하는 경우(간이수전설비)

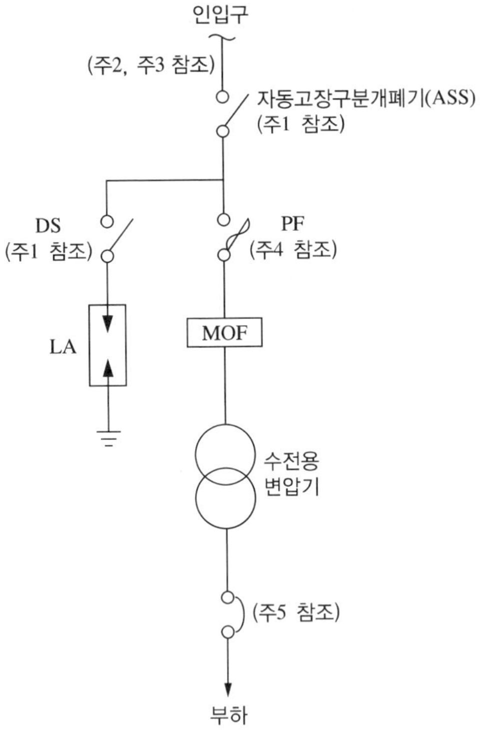

[주1] LA용 DS는 생략할 수 있으며 22.9[kV-Y]용의 LA는 Disconnector(또는 Isolator) 붙임형을 사용하여야 한다.

[주2] 인입선을 지중선으로 시설하는 경우로서 공동주택 등 고장 시 정전피해가 큰 경우에는 예비 지중선을 포함하여 2회선으로 시설하는 것이 바람직하다.

[주3] 지중인입선의 경우에 22.9[kV-Y] 계통은 CNCV-W 케이블(수밀형) 또는 TR CNCV-W(트리억제형)을 사용하여야 한다. 다만, 전력구·공동구·덕트·건물 구내 등 화재의 우려가 있는 장소에서는 FR CNCO-W(난연) 케이블을 사용하는 것이 바람직하다.

[주4] 300[kVA] 이하인 경우는 PF 대신 COS(비대칭차단전류 10[kA] 이상의 것)을 사용할 수 있다.

[주5] 특고압 간이수전설비는 PF의 용단 등의 결상사고에 대한 대책이 없으므로 변압기 2차 측에 설치되는 주차단기에는 결상계전기 등을 설치하여 결상사고에 대한 보호능력을 있도록 함이 바람직하다.

(4) CB 1차 측에 PT를 CB 2차 측에 CT를 시설하는 경우

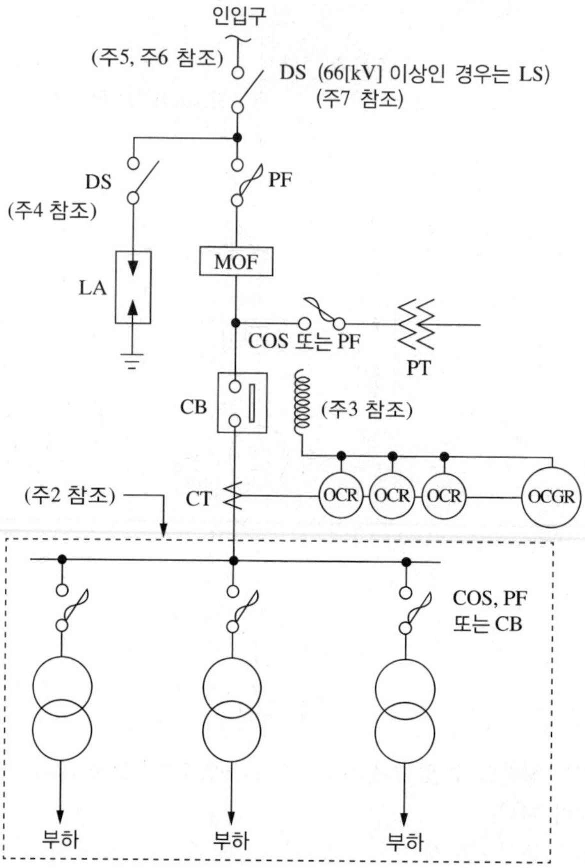

[주1] 22.9[kV-Y] 1,000[kVA] 이하인 경우는 간이수전설비

[주2] 결선도 중 점선 내의 부분은 참고용 예시이다.

[주3] 차단기의 트립전원은 직류(DC) 또는 콘덴서 방식(CTD)이 바람직하며, 66[kV] 이상의 수전설비는 직류(DC)이어야 한다.

[주4] LA용 DS는 생략할 수 있으며, 22.9[kV-Y]용의 LA는 Disconnector(또는 Isolator) 붙임형을 사용하여야 한다.

[주5] 인입선을 지중선으로 시설하는 경우에 공동주택 등 고장 시 정전피해가 큰 경우에는 예비 지중선을 포함하여 2회선으로 시설하는 것이 바람직하다.

[주6] 지중인입선의 경우에 22.9[kV-Y] 계통은 CNCV-W 케이블(수밀형) 또는 TR CNCV-W(트리억제형)을 사용하여야 한다. 다만, 전력구・공동구・덕트・건물 구내 등 화재의 우려가 있는 장소에서는 FR CNCO-W(난연) 케이블을 사용하는 것이 바람직하다.

[주7] DS 대신 자동고장 구분개폐기(7,000[kVA] 초과 시는 Sectionalizer)를 사용할 수 있으며, 66[kV] 이상의 경우는 LS를 사용하여야 한다.

(5) CB 1차 측에 CT를, CB 2차 측에 PT를 시설하는 경우

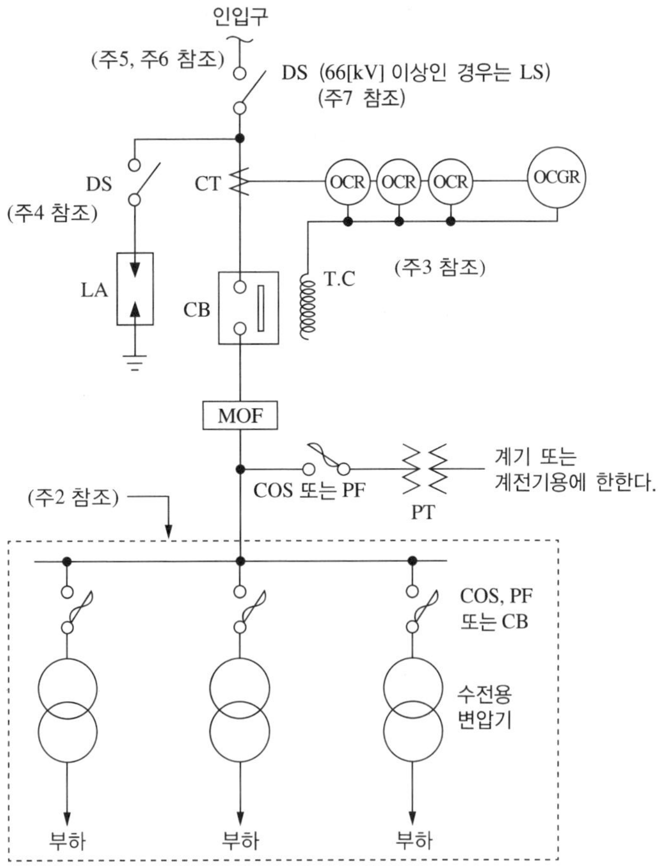

[주1] 22.9[kV-Y] 1,000[kVA] 이하인 경우는 간이수전설비

[주2] 결선도 중 점선 내의 부분은 참고용 예시이다.

[주3] 차단기의 트립전원은 직류(DC) 또는 콘덴서 방식(CTD)이 바람직하며, 66[kV] 이상의 수전설비는 직류(DC)이어야 한다.

[주4] LA용 DS는 생략할 수 있으며, 22.9[kV-Y]용의 LA는 Disconnector(또는 Isolator) 붙임형을 사용하여야 한다.

[주5] 인입선을 지중선으로 시설하는 경우에 공동주택 등 고장 시 정전피해가 큰 경우에는 예비 지중선을 포함하여 2회선으로 시설하는 것이 바람직하다.

[주6] 지중인입선의 경우에 22.9[kV-Y] 계통은 CNCV-W 케이블(수밀형) 또는 TR CNCV-W(트리 억제형)을 사용하여야 한다. 다만, 전력구・공동구・덕트・건물 구내 등 화재의 우려가 있는 장소에서는 FR CNCO-W(난연) 케이블을 사용하는 것이 바람직하다.

[주7] DS 대신 자동고장 구분개폐기(7,000[kVA] 초과 시는 Sectionalizer)를 사용할 수 있으며, 66[kV] 이상의 경우는 LS를 사용하여야 한다.

확인문제

01 도면은 고압 수전설비 결선도이다. 물음에 답하시오.

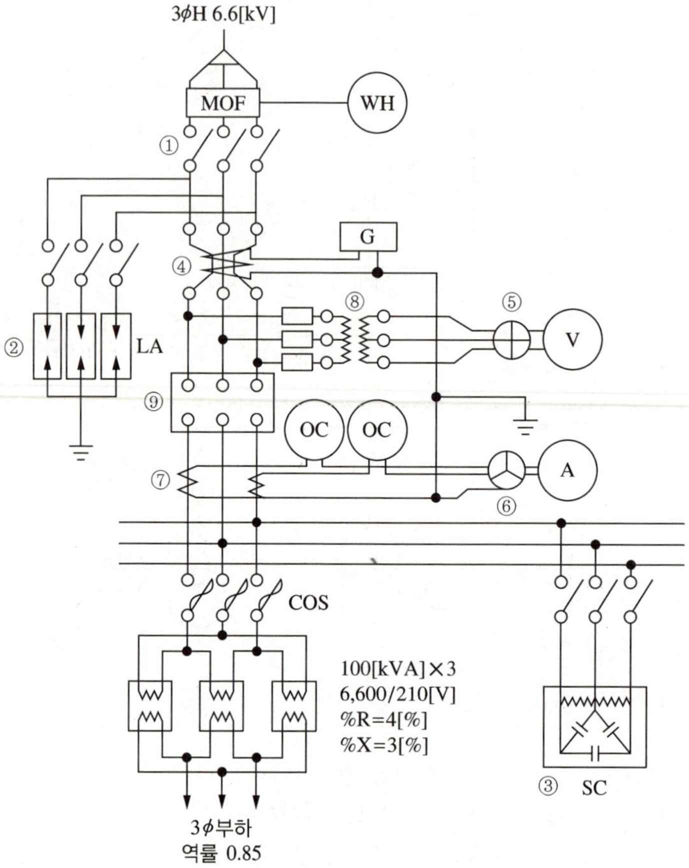

(1) ①의 기기의 명칭은?

(2) ②의 기기의 명칭은?

(3) ③의 SC는 무엇을 말하는가?

(4) ④의 기기의 명칭은?

(5) ⑤의 기기의 명칭은?

(6) ⑥의 기기의 명칭은?

(7) ⑦의 기기의 명칭은?

(8) ⑧의 기기의 명칭은?

(9) ⑨의 기기의 명칭은?

정답

(1) 단로기

(2) 피뢰기

(3) 전력용 콘덴서

(4) 영상변류기

(5) 전압 절환개폐기

(6) 전류 절환개폐기

(7) 계기용 변류기

(8) 계기용 변압기

(9) 교류차단기

02 도면은 자가용 수전설비의 복선결선도이다. 도면을 보고 다음 각 물음에 답하시오.

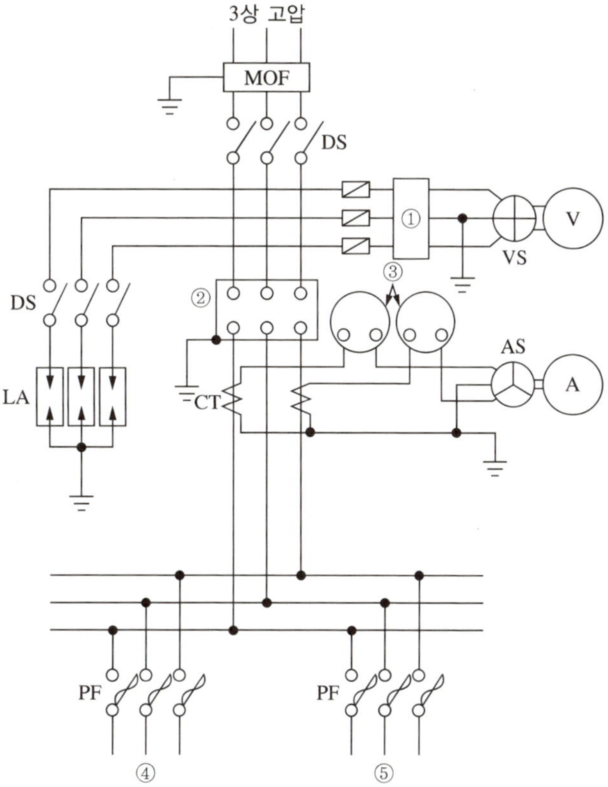

(1) ①과 ②의 기계기구의 명칭은 무엇인가?

(2) ③의 명칭은 무엇인가?

(3) ④는 단상 변압기 3대를 △-Y 결선하고, ⑤는 △-△결선하여 그리시오.

정답

(1) ① : 계기용 변압기

② : 교류차단기

(2) ③ : 과전류계전기

(3) ④ : △-Y 결선　　⑤ : △-△ 결선

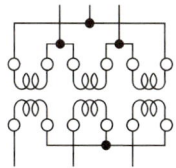

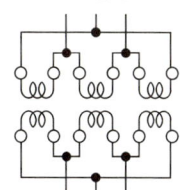

03 그림은 어느 빌딩의 고압 수전실의 기기 배치도이다. 물음에 답하시오(단, 고압 6,600[V] 수전).

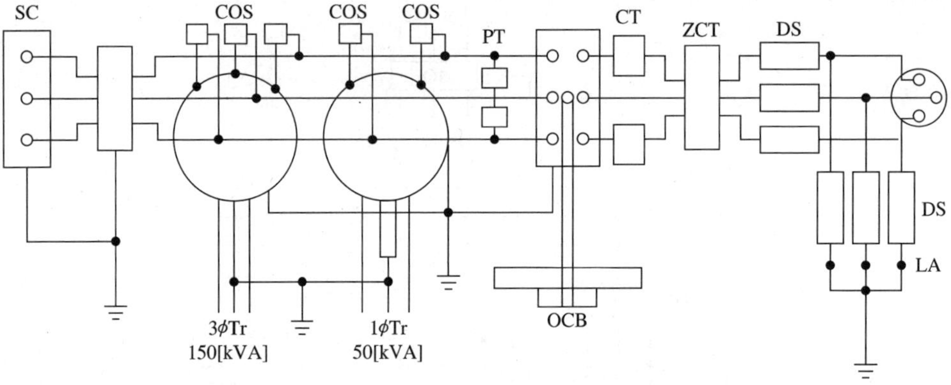

(1) 동작 시에 아크가 발생하는 DS는 목재의 벽으로부터 최소 간격은 몇 [m]인가?

(2) CT의 변류비는 얼마로 선정하는 것이 적당한가?

(3) ZCT의 관통선에는 어떤 선을 사용하여야 하는가?

해설

(2) $I=\left(\dfrac{150}{\sqrt{3}\times6.6}+\dfrac{50}{6.6}\right)\times1.25\sim1.5 \fallingdotseq 25.87\sim31.05[\text{A}]$

정답

(1) 1.0[m](특고압 2.0[m])

(2) 30/5

(3) 고압 케이블

02 22.9[kV] 수전설비

[확인문제]

01 1,000[kVA] 이하 22.9[kV-Y] 특고압 간이 수전설비 결선도를 보고 다음 각 물음에 답하시오.

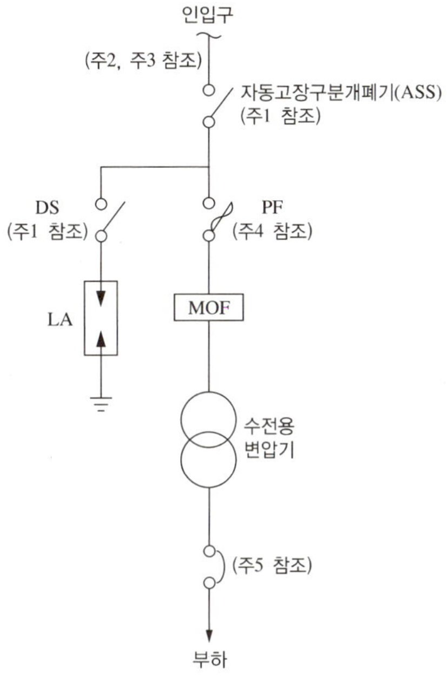

(1) 본 도면에서 생략 가능한 것은?

(2) 용량 300[kVA] 이하에서 ASS 대신 사용 가능한 것의 명칭을 쓰시오.

(3) 22.9[kV-Y]의 LA는 어떤 (　　) 붙임형을 사용해야 하는지를 쓰시오.

(4) 22.9[kV-Y] 지중인입선에는 어떤 케이블을 사용하는지 약호로 쓰시오.

(5) 지중인입선은 몇 회선으로 시설하여야 하는지 쓰시오.

(6) 300[kVA] 이하인 경우 PF 대신 COS를 사용하였다. 이것의 비대칭 차단 전류용량은 몇 [kA] 이상의 것을 사용하여야 하는지 쓰시오.

해설

[주1] LA용 DS는 생략할 수 있으며 22.9[kV-Y]용의 LA는 Disconnector(또는 Isolator) 붙임형을 사용하여야 한다.

[주2] 인입선을 지중선으로 시설하는 경우로서 공동주택 등 고장 시 정전피해가 큰 경우에는 예비 지중선을 포함하여 2회선으로 시설하는 것이 바람직하다.

[주3] 지중인입선의 경우에 22.9[kV-Y] 계통은 CNCV-W 케이블(수밀형) 또는 TR CNCV-W (트리 억제형)을 사용하여야 한다. 다만, 전력구·공동구·덕트·건물 구내 등 화재의 우려가 있는 장소에서는 FR CNCO-W(난연) 케이블을 사용하는 것이 바람직하다.

[주4] 300[kVA] 이하인 경우는 PF 대신 COS(비대칭차단전류 10[kA] 이상의 것)을 사용할 수 있다.

[주5] 특고압 간이수전설비는 PF의 용단 등의 결상사고에 대한 대책이 없으므로 변압기 2차 측에 설치되는 주차단기에는 결상계전기 등을 설치하여 결상사고에 대한 보호능력을 있도록 함이 바람직하다.

정답

(1) LA용 DS

(2) 인터럽터스위치(Int S/W)

(3) Disconnector 또는 Isolator

(4) CNCV-W

(5) 2회선

(6) 10

02 도면은 어느 수용가의 옥외 간이수전설비이다. 다음 물음에 답하시오.

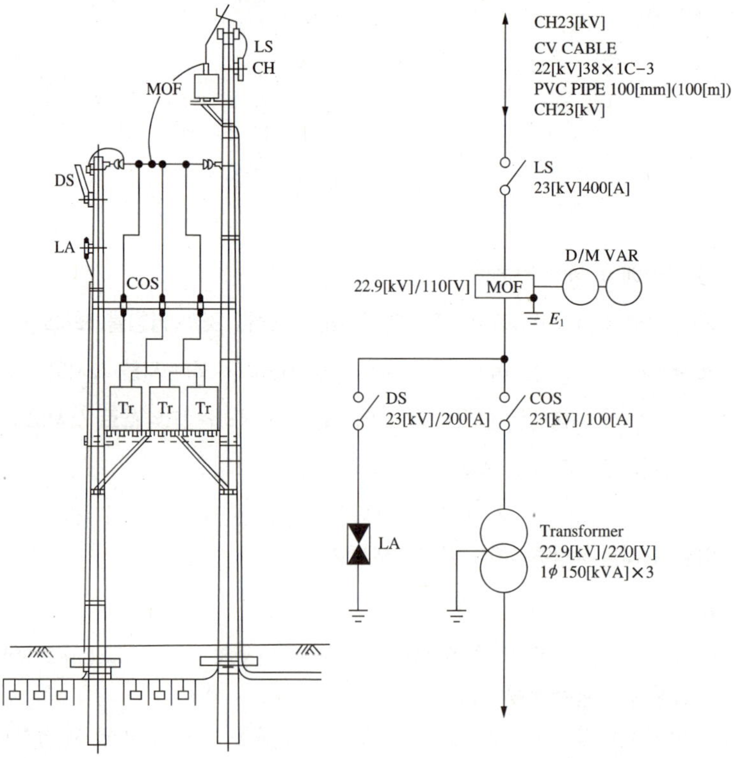

(1) MOF에서 부하용량에 적당한 CT비를 산출하시오. 단, CT 1차 측 전류의 여유율은 1.25배로 한다.

(2) LA의 정격전압은 얼마인가?

(3) 도면에서 VARH, D/M은 무엇인지 쓰시오.

해설

(1) $I = \dfrac{150 \times 3}{\sqrt{3} \times 22.9} \fallingdotseq 11.345$

$CT비 = 11.345 \times 1.25 \fallingdotseq 14.18$

정답

(1) 15/5

(2) 18[kV]

(3) • VARH : 무효전력량계

• D/M : 최대 수요전력량계

03 **그림 22.9[kV-Y] 특별 고압 간이수전설비 표준결선도이다. 그림에서 표시된 ①~③까지의 명칭을 쓰시오.**

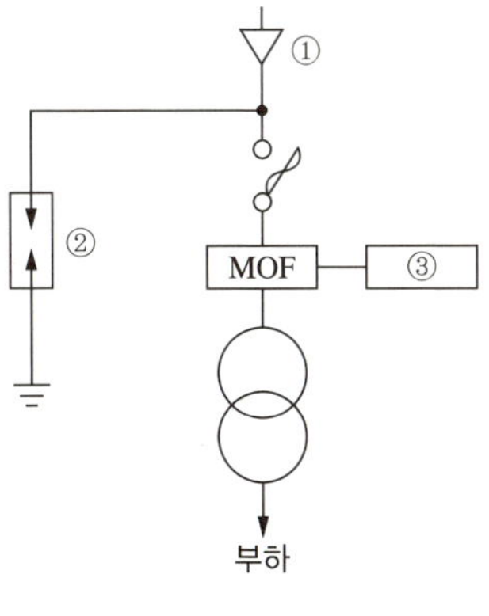

정답

① 케이블헤드

② 피뢰기

③ 전력량계

04 다음은 22.9[kV] 수변전설비 결선도이다. 물음에 답하시오.

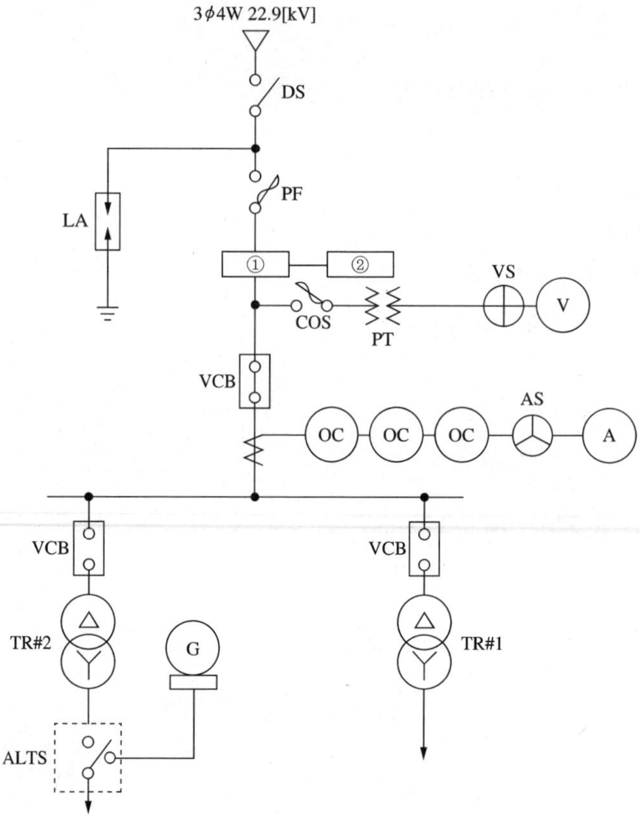

(1) 22.9[kV-Y] 계통에서는 수전설비 지중 인입선으로 어떤 케이블을 사용하여야 하는가?

(2) ①, ②의 약호는?

(3) ③의 ALTS 기능은 무엇인가?

(4) △-Y 변압기의 결선도를 그리시오.

(5) DS 대신 사용할 수 있는 기기는?

(6) 전력용 퓨즈의 가장 큰 단점은 무엇인가?

정답

(1) CNCV-W 동심 중성선 수밀형 전력 케이블

(2) ① MOF

② WH

(3) 상용전원 정전 시 예비 전원(발전기 전원)으로 자동 전환시킴으로써 부하의 정전시간을 단축시킬 수 있는 개폐기

(4)

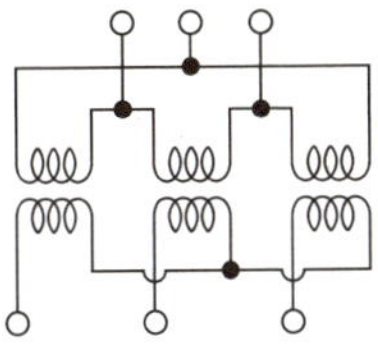

(5) 자동고장구분개폐기(ASS)

(6) 재투입이 불가능하다.

05 다음 도면은 어느 수전설비의 단선결선도이다. 다음 물음에 답하시오.

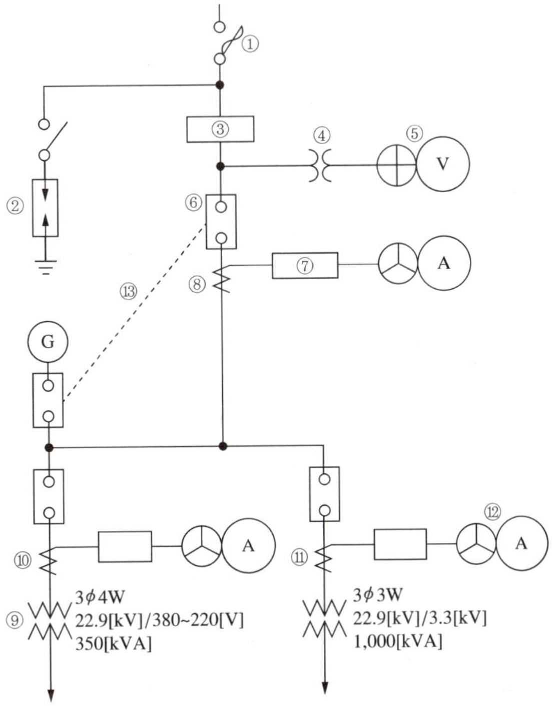

(1) ①~⑧, ⑫에 해당되는 부분의 명칭과 용도를 쓰시오.

(2) ④의 기기의 1차, 2차 전압은?

(3) ⑨변압기의 2차 측 결선 방법은?

(4) ⑩, ⑪ 변류기의 1차, 2차 전류는 몇 [A]인가?(단, CT 정격전류는 부하정격전류의 1.25배로 한다)

(5) ⑬과 같이 하는 목적은 무엇인가?

해설

(4) ⑩ 변류기

$$I_{11} = \frac{350}{\sqrt{3} \times 22.9} \fallingdotseq 8.824[\text{A}]$$

$8.824 \times 1.25 = 11.03[\text{A}]$

CT비 15/5

$$I_{11}(\text{2차 측}) = \frac{350}{\sqrt{3} \times 22.9} \times \frac{5}{15} \fallingdotseq 2.941$$

⑪ 변류기

$$I_{12} = \frac{1{,}000}{\sqrt{3} \times 22.9} \fallingdotseq 25.212$$

$25.212 \times 1.25 = 31.515$

CT비 40/5

$$I_{12}(\text{2차 측 전류}) = \frac{1{,}000}{\sqrt{3} \times 22.9} \times \frac{5}{40} \fallingdotseq 3.151$$

정답

(1) ① 전력퓨즈 : 단락전류를 차단하여 사고확대 방지
② 피뢰기 : 이상전압이 내습하면 이를 대지로 방전시키고 속류를 차단
③ 계기용 변압변류기 : 고전압을 저전압으로 대전류를 소전류로 변성시켜 전력량계 전원 공급
④ 계기용 변압기 : 고전압을 저전압으로 변성시켜 계기 및 계전기에 전원 공급
⑤ 전압계용 전환개폐기 : 1대의 전압계로 3상의 각상 전압을 측정하기 위한 전환개폐기
⑥ 교류차단기 : 부하전류개폐 및 사고전류차단
⑦ 과전류계전기 : 과전류가 흐르면 동작하여 트립코일여자
⑧ 계기용 변류기 : 대전류를 소전류로 변류하여 계기 및 계전기에 전원 공급
⑫ 전류계용 전환개폐기 : 1대의 전류계로 3상 각상 전류를 측정하기 위한 전환개폐기

(2) 1차 전압 : $\frac{22{,}900}{\sqrt{3}}$[V], 2차 전압 : $\frac{190}{\sqrt{3}}$[V]

(3) Y결선

(4) ⑩ 변류기 : 1차 전류 8.82[A], 2차 전류 2.94[A]
⑪ 변류기 : 1차 전류 25.21[A], 2차 전류 3.15[A]

(5) 상용전원과 예비전원 동시 투입 방지

06 다음 도면은 어느 수변전설비의 미완성 단선계통도이다. 도면을 읽고 물음에 답하시오.

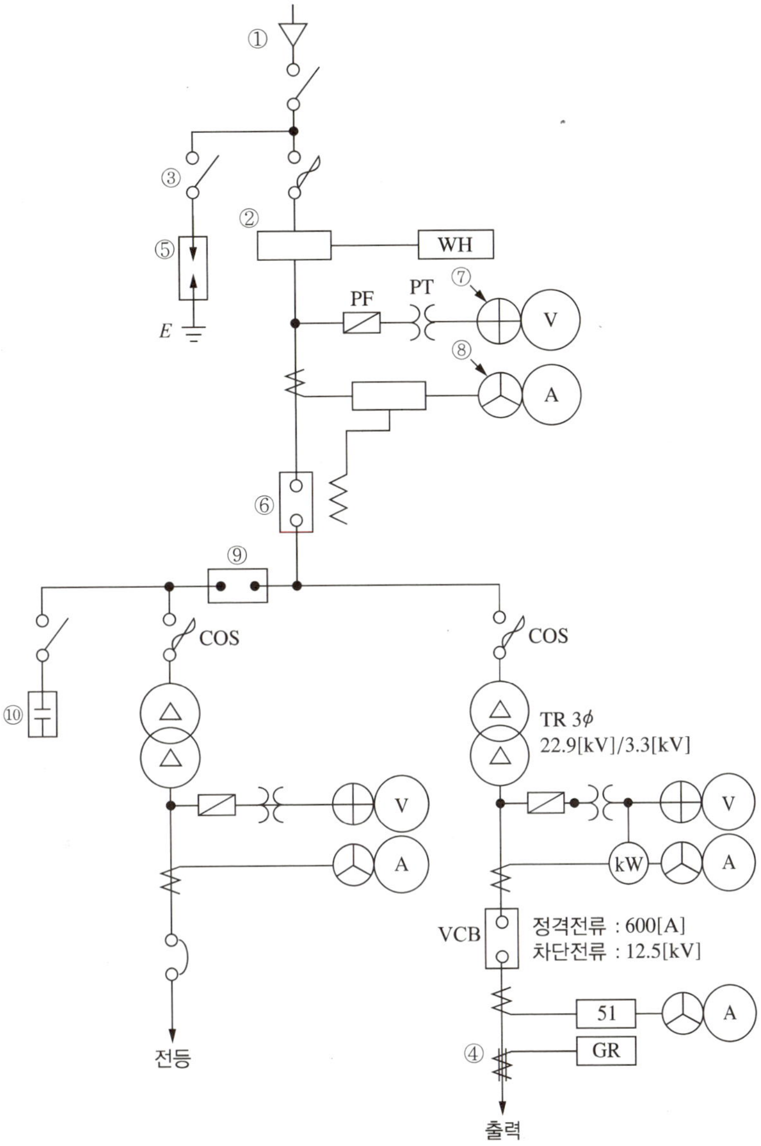

(1) 도면에 표시한 ①~⑩번까지의 약호와 명칭을 쓰시오.

(2) ⑩번을 직렬 리액터와 방전 코일이 부착된 상태로 복선도를 그리시오.

(3) 동력 부하로 3상 유도전동기 25[kW], 역률 80[%](지상) 부하가 연결되어 있다. 이 부하의 역률을 95[%]로 개선하는 데 필요한 전력용 콘덴서의 용량은 몇 [kVA]인가?

해설

(3) $Q_c = P\left(\frac{\sin\theta_1}{\cos\theta_1} - \frac{\sin\theta_2}{\cos\theta_2}\right)$[kVA]

$$= 25\left(\frac{0.6}{0.8} - \frac{\sqrt{1-0.95^2}}{0.95}\right) \fallingdotseq 10.533$$

정답

(1) ① CH 케이블헤드
② MOF 계기용 변압변류기
③ DS 단로기
④ ZCT 영상변류기
⑤ LA 피뢰기
⑥ CB 교류차단기
⑦ VS 전압계용 전환개폐기
⑧ AS 전류계용 전환개폐기
⑨ OS 유입개폐기
⑩ SC 전력용 콘덴서

(2)

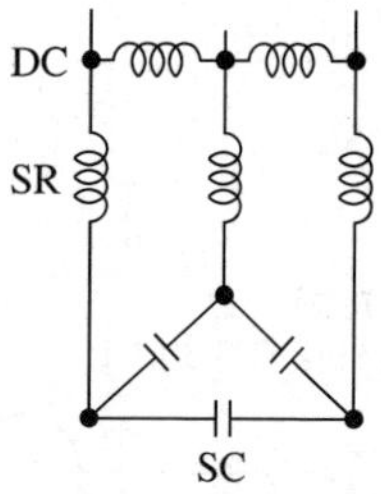

(3) 10.53[kVA]

07 22.9[kV-Y] 중성선 다중 접지 전선로에 정격전압 13.2[kV], 정격용량 250[kVA]의 단상 변압기 3대를 이용하여 다음 그림과 같이 Y-△결선하고자 한다. 다음 각 물음에 답하시오.

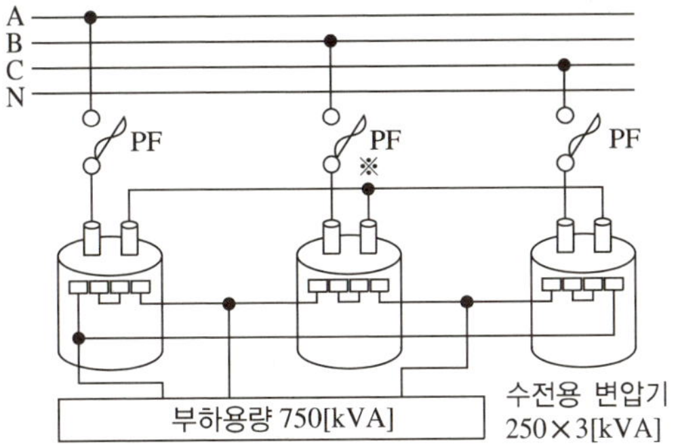

(1) 변압기 1차 측 Y결선의 중성점(※ 부분)을 전선로 N선에 연결해야 하는가? 연결해서는 안 되는가?

(2) 연결해야 한다면 연결해야 할 이유를, 연결해서는 안 된다면 연결해서는 안 되는 이유를 설명하시오.

(3) 전력퓨즈의 용량은 몇 [A]인지 선정하시오.

퓨즈의 정격용량[A]																	
1	3	5	10	15	20	30	40	50	60	75	100	125	150	200	250	300	400

해설

(3) $I = \dfrac{750}{\sqrt{3} \times 22.9} \fallingdotseq 18.909$

퓨즈용량 $= 18.909 \times 1.5 \fallingdotseq 28.364$

정답

(1) 연결해서는 안 된다.

(2) 중성점을 전선로 N상에 연결되는 경우 임의의 한 상에 설치된 전력퓨즈 용단 시 역V결선이 되므로 변압기가 과열 소손될 수 있다.

(3) 30[A]

08 다음 그림은 어느 수전설비의 단선계통도이다. 각 물음에 답하시오(단, 전원용량은 500,000[kVA]이고, 선로손실 등 제시되지 않은 조건은 무시한다).

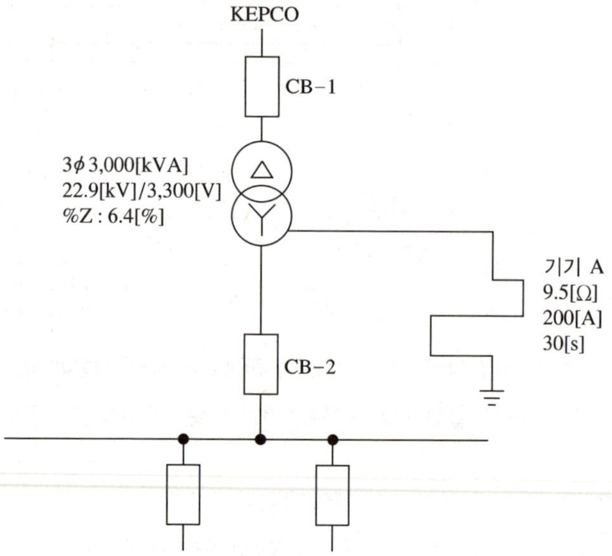

(1) CB−2의 정격을 구하시오(단, 차단용량은 [MVA]로 계산한다).

(2) 기기 A의 명칭과 그 기능을 쓰시오.

해설

(1) 전원 측 $\%Z_s = \dfrac{P_n}{P_s} \times 100 = \dfrac{3,000}{500,000} \times 100 = 0.6[\%]$

합성 $\%Z = 6.4 + 0.6 = 7[\%]$

차단용량 $P_s = \dfrac{100}{7} \times 3,000 \times 10^{-3} \fallingdotseq 42.857$

정답

(1) 42.86[MVA]

(2) • 명칭 : 중성점 접지저항기

• 기능 : 지락사고 시 지락전류 억제하여 건전상 전위 상승억제

09 도면을 보고 다음 각 물음에 답하시오.

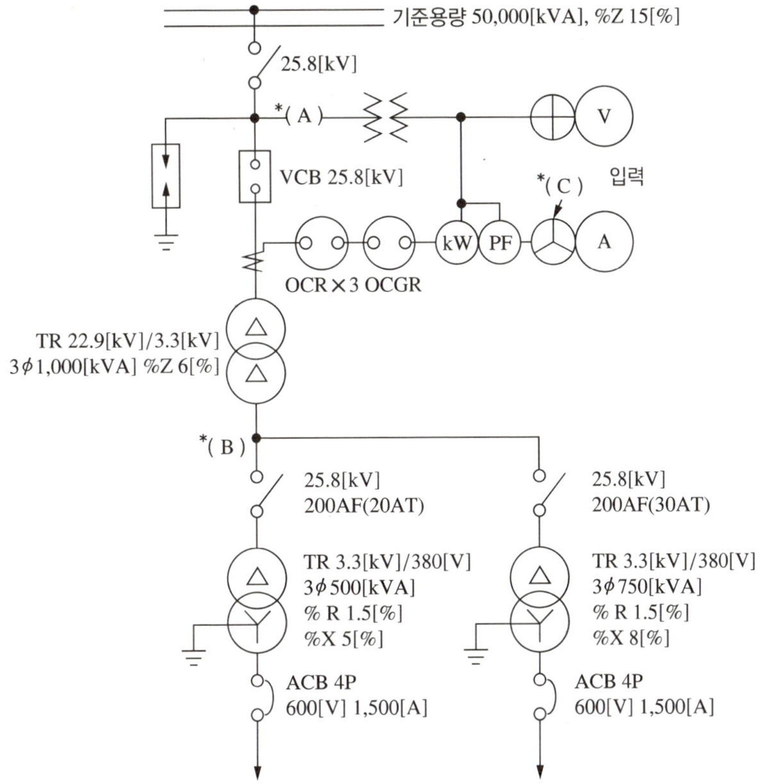

(1) (A)에 사용될 기기를 약호로 답하시오.

(2) (C)의 명칭과 약호를 답하시오.

(3) (B)점에서 단락되었을 경우 단락전류는 몇 [A]인가?(단, 선로 임피던스는 무시한다)

(4) VCB의 최소 차단용량은 몇 [MVA]인가?

(5) ACB의 우리말 명칭은 무엇인가?

(6) 단상 변압기 3대를 이용한 △-Y 결선도를 그리시오.

해설

(3) 기준용량 50,000[kVA]

$$\text{TR}\%Z = \frac{50,000}{1,000} \times 6 = 300$$

합성 $\%Z = 300 + 15 = 315$

$$I_s = \frac{100}{\%Z}\frac{P}{\sqrt{3}\,V} = \frac{100}{315} \times \frac{50,000 \times 10^3}{\sqrt{3} \times 3,300} \fallingdotseq 2,777.058$$

(4) $P_s = \dfrac{100}{\%Z}P_n = \dfrac{100}{15} \times 50,000 \times 10^{-3}$

$\fallingdotseq 333.333$

정답

(1) COS

(2) 전류계용 전환개폐기, AS

(3) 2,777.06[A]

(4) 333.33[MVA]

(5) 기중차단기

(6) △-Y

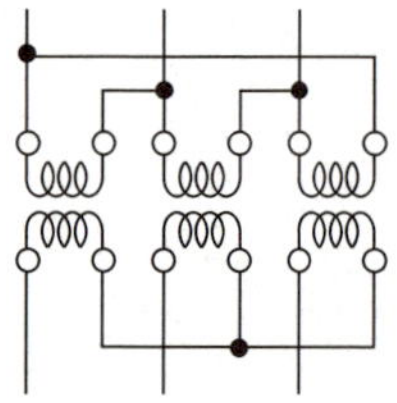

10 수변전설비의 단선도 일부분에서 과전류계전기와 관련된 각 물음에 답하시오.

[조 건]

- 계기용 변류기 1차 측 정격 : 20, 25, 30, 40, 50, 75[A]
- 계전기 타입 : 유도원판형
- 동작특성 : 반한시
- 타입 범위 : 한시 2~8[A]

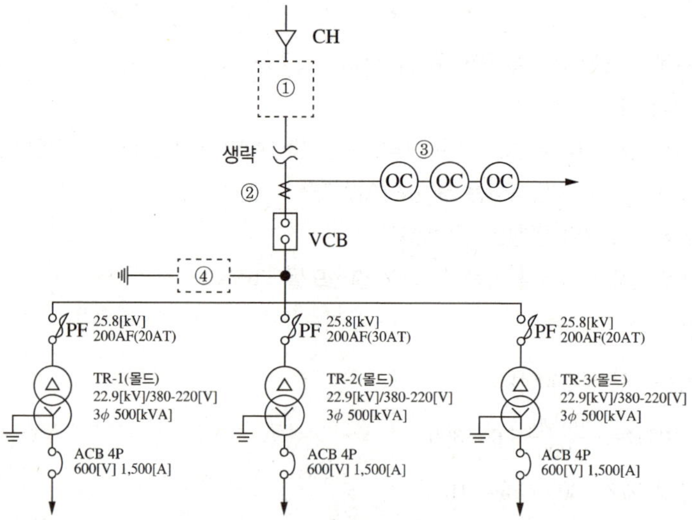

(1) 수변전설비에서 사용되는 개폐기로서 부하전류차단, 단락전류를 제한하기 위하여 한류형 전력퓨즈와 결합하여 단락전류를 차단할 수 있는 기능을 가진 ①에 들어갈 개폐기의 명칭은?

(2) ② 명칭 및 비를 구하시오(단, 여유율은 1.25배로 적용).

(3) ③ 명칭 및 탭전류를 구하시오(단, 정격전류에 150[%] 적용).

(4) ④ 개폐서지 또는 순간 과전압 등 이상전압으로부터 2차 측 기기를 보호하는 장치는 무엇인지 쓰시오.

해설

(2) 비 $I_1 = \frac{500 \times 3}{\sqrt{3} \times 22.9} \times 1.25 = 47.27$

(3) 탭전류 $I = \frac{500 \times 3}{\sqrt{3} \times 22.9} \times \frac{5}{50} \times 1.5 = 5.67[A]$

정답

(1) 부하개폐기(LBS)

(2) 명칭 : 변류기
  비 : 50/5

(3) 명칭 : 과전류계전기
  탭전류 : 6[A] 탭

(4) 서지흡수기(SA)

11 **다음 수전설비 단선도를 이용하여 물음에 답하시오(단, 기준용량은 100[MVA]이며, 소수점 다섯째자리에서 반올림한다).**

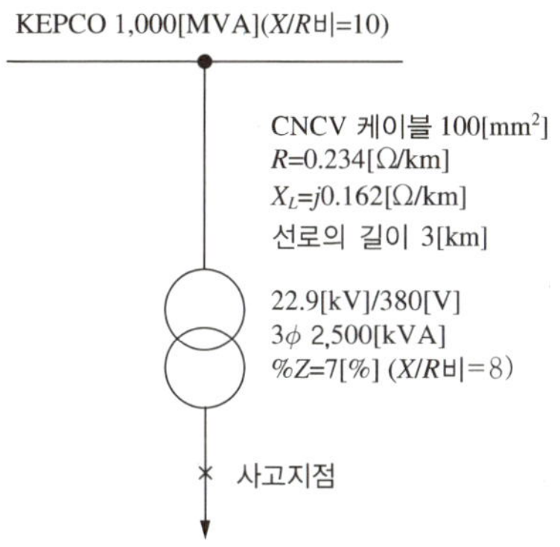

(1) 전원 측의 $\%Z$, $\%R$, $\%X$를 구하시오.
  ① $\%Z$
  ② $\%R$
  ③ $\%X$

(2) 케이블의 $\%Z$를 구하시오.

(3) 변압기의 $\%Z$, $\%R$, $\%X$를 구하시오.
  ① $\%Z$
  ② $\%R$
  ③ $\%X$

(4) 사고지점까지의 합성 $\%Z$를 구하시오(단, TR 2차 측에서부터 사고지점까지 선로의 $\%Z$는 무시한다).

(5) 사고지점의 단락전류[kA]를 구하시오.

해설

(1) $P_s = \frac{100}{\%Z} \cdot P_n$에서 $\%Z = \frac{P_n}{P_s} \times 100 = \frac{100}{1,000} \times 100 = 10[\%]$

조건에서 $\frac{X}{R}$비$=10$이므로 $\%X = 10 \cdot \%R$

- $\%Z = \sqrt{\%R^2 + \%X^2}$

  $\%Z^2 = \%R^2 + \%X^2 = \%R^2 + (10 \cdot \%R)^2 = 101\%R^2$

- $\%R^2 = \frac{\%Z^2}{101}$

  $\%R = \sqrt{\frac{\%Z^2}{101}} = \sqrt{\frac{10^2}{101}} \fallingdotseq 0.995037$

- $\%X = 10 \cdot \%R = 10 \times 0.995037 = 9.95037 \fallingdotseq 9.9504$

$\therefore\ \%Z = 10[\%],\ \%R = 0.9950[\%],\ \%X = 9.9504[\%]$

(2) • $\%R = \frac{PR}{10V^2} = \frac{100 \times 10^3 \times (0.234 \times 3)}{10 \times 22.9^2} \fallingdotseq 13.38647 \fallingdotseq 13.3865[\%]$

- $\%X = \frac{PX}{10V^2} = \frac{100 \times 10^3 \times (0.162 \times 3)}{10 \times 22.9^2} \fallingdotseq 9.26756 \fallingdotseq 9.2676[\%]$
- $\%Z = \sqrt{\%R^2 + \%X^2} = \sqrt{13.3865^2 + 9.2676^2} \fallingdotseq 16.28149 \fallingdotseq 16.2815[\%]$

$\therefore\ \%Z = 16.2815[\%],\ \%R = 13.3865[\%],\ \%X = 9.2676[\%]$

(3) $\%Z = 7 \times \frac{100}{2.5} = 280[\%]$

조건에서 $\frac{X}{R}$비$=8$이므로 $\%X = 8 \cdot \%R$

- $\%Z = \sqrt{\%R^2 + \%X^2}$

  $\%Z^2 = \%R^2 + \%X^2 = \%R^2 + (8 \cdot \%R)^2 = 65 \cdot \%R^2$

- $\%R^2 = \frac{\%Z^2}{65}$

  $\%R = \sqrt{\frac{\%Z^2}{65}} = \sqrt{\frac{280^2}{65}} \fallingdotseq 34.72973 \fallingdotseq 34.7297[\%]$

- $\%X = 8 \cdot \%R = 8 \times 34.72973 = 277.83784 \fallingdotseq 277.8378[\%]$

$\therefore\ \%Z = 280[\%],\ \%R = 34.7297[\%],\ \%X = 277.8378[\%]$

(4) • $\%R_0 = 0.9950 + 13.3865 + 34.7297 = 49.1112[\%]$

- $\%X_0 = 9.9504 + 9.2676 + 277.8378 = 297.0558[\%]$
- $\%Z_0 = \sqrt{49.1112^2 + 297.0558^2} \fallingdotseq 301.08811 \fallingdotseq 301.0881[\%]$

(5) $I_s = \frac{100}{\%Z} \cdot \frac{P}{\sqrt{3}\,V} = \frac{100}{301.0881} \times \frac{100 \times 10^6}{\sqrt{3} \times 380} \times 10^{-3} \fallingdotseq 50.4617[\text{kA}]$

정답

(1) ① 10[%]

② 0.9950[%]

③ 9.9504[%]

(2) 16.2815[%]

(3) ① 280[%]

② 34.7297[%]

③ 277.8378[%]

(4) 301.0881[%]

(5) 50.4617[kA]

12 주어진 도면은 어떤 수용가의 수전설비의 단선 결선도이다. 도면을 이용하여 물음에 답하시오.

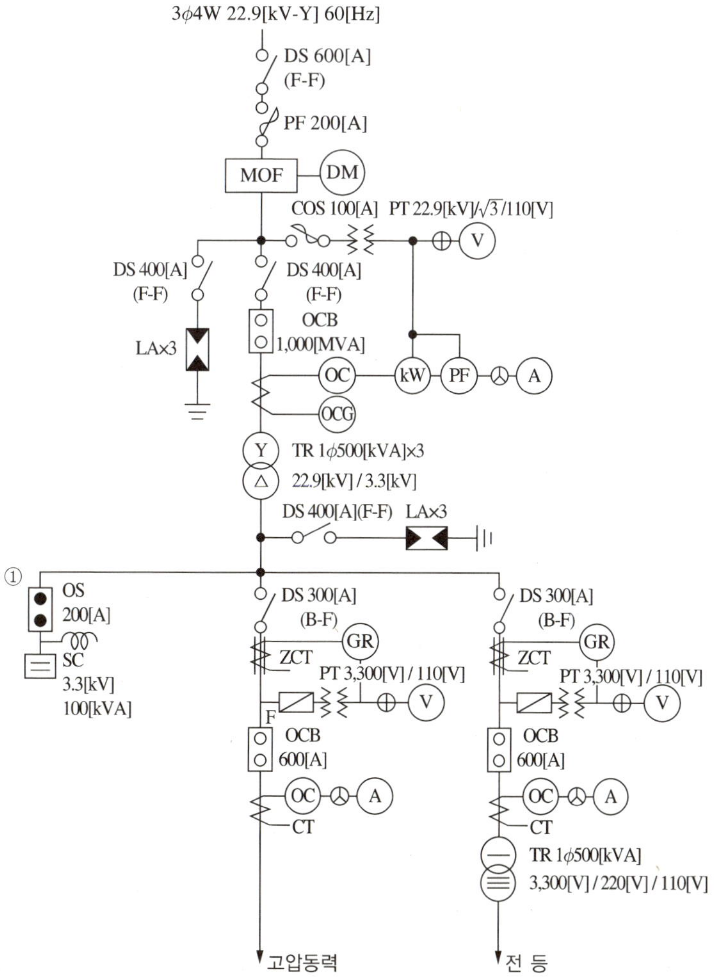

(1) 22.9[kV] 측에 DS의 정격전압은 몇 [kV]인가?

(2) ZCT의 기능을 쓰시오.

(3) GR의 기능을 쓰시오.

(4) MOF에 연결되어 있는 (DM)은 무엇인가?

(5) 1대의 전압계로 3상 전압을 측정하기 위한 개폐기를 약호로 쓰시오.

(6) 1대의 전류계로 3상 전류를 측정하기 위한 개폐기를 약호로 쓰시오.

(7) 22.9[kV]측 LA의 정격전압은 몇 [kV]인가?

(8) PF의 기능을 쓰시오.

(9) MOF의 기능을 쓰시오.

(10) 차단기의 기능을 쓰시오.

(11) SC의 기능을 쓰시오.

(12) OS의 명칭을 쓰시오.

(13) 3.3[kV] 측에 차단기에 적힌 전류값 600[A]는 무엇을 의미하는가?

정답

(1) 25.8[kV]

(2) 지락사고 시 지락전류(영상전류)를 검출하는 것으로 지락계전기를 동작시킨다.

(3) 지락전류로 트립코일을 여자시켜 차단기를 개로시킨다.

(4) 최대 수요전력량계

(5) VS

(6) AS

(7) 18[kV]

(8) • 부하전류를 안전하게 흐르게 한다.
• 단락전류를 차단하여 전로나 기기를 보호한다.

(9) 계기용 변압기와 변류기를 조합하여 전력량계에 전원을 공급한다.

(10) 부하전류 개폐 및 사고전류 차단

(11) 부하의 역률 개선

(12) 유입개폐기

(13) 정격전류

13 다음 수전설비 도면을 보고 다음 각 물음에 답하시오.

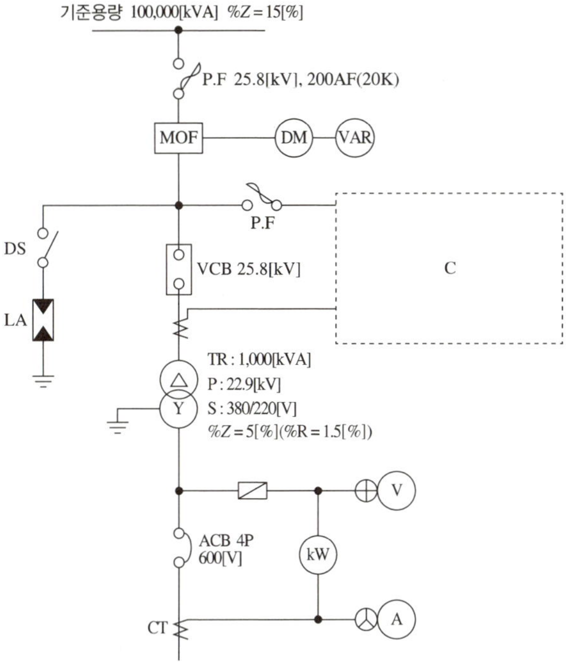

(1) LA의 명칭 및 기능은?

(2) VCB의 필요한 최소 차단용량은 몇 [MVA]인가?

(3) C 부분의 계통도에 그려져야 할 것들 중에서 그 종류를 3가지만 쓰시오.

(4) ACB의 최소 차단전류는 몇 [kA]인가?

(5) 최고 부하 800[kVA], 역률 80[%]일 때 변압기에 의한 전압변동률[%]은 얼마인가?

해설

(1) 피뢰기 목적 : 뇌전류를 대지로 방전하여 기기의 절연보호

기능 : 속류를 차단

(2) 기준용량 100,000[kVA]를 기준해서 전원 측 합성 $\%Z=15[\%]$이므로

$$\text{VCB 용량}=\frac{100}{\%Z}P=\frac{100}{15}\times 100{,}000\times 10^{-3}\fallingdotseq 666.666[\text{MVA}]$$

(3) 도면은 PF-CB형이다(가격이 비싸거나 부피가 큰 것부터 쓸 것).

(4) 변압기 $\%Z$를 100,000[kVA]로 환산하면

$$\text{변압기 }\%Z=5\times\frac{100{,}000}{1{,}000}=500[\%]$$

$$\text{합성 }\%Z=15+500=515[\%]$$

$$I_S=\frac{100}{\%Z}\times I_N=\frac{100}{\%Z}\times\frac{P[\text{kVA}]}{\sqrt{3}\times V[\text{kV}]}\times 10^{-3}[\text{kA}]=\frac{100}{515}\times\frac{100{,}000}{\sqrt{3}\times 0.38}\times 10^{-3}\fallingdotseq 29.501[\text{kA}]$$

(5) $\%Z=5[\%]$, $\%R=1.5[\%]$, $\%X=\sqrt{(\%Z)^2-(\%R)^2}=\sqrt{5^2-1.5^2}\fallingdotseq 4.769[\%]$

$$\varepsilon=p\cos\theta+q\sin\theta=\frac{800}{1{,}000}(1.5\times 0.8+4.769\times 0.6)\fallingdotseq 3.249[\%]$$

정답

(1) 명칭 : 피뢰기

기능 : 이상전압 내습 시 뇌전류를 대지로 방전하고 속류차단

(2) 666.67[MVA]

(3) • 계기용 변압기(PT)

• 과전류 계전기(OCR)

• 지락과전류 계전기(OCGR)

[기 타]

• 트립코일(TC)

• 전압계용 전환개폐기(VS)

• 전류계용 전환개폐기(AS)

• 전압계(V)

• 전류계(A)

(4) 29.5[kA]

(5) 3.25[%]

14 다음은 3ϕ4W 22.9[kV] 수전설비 단선결선도이다. 다음 각 물음에 답하시오.

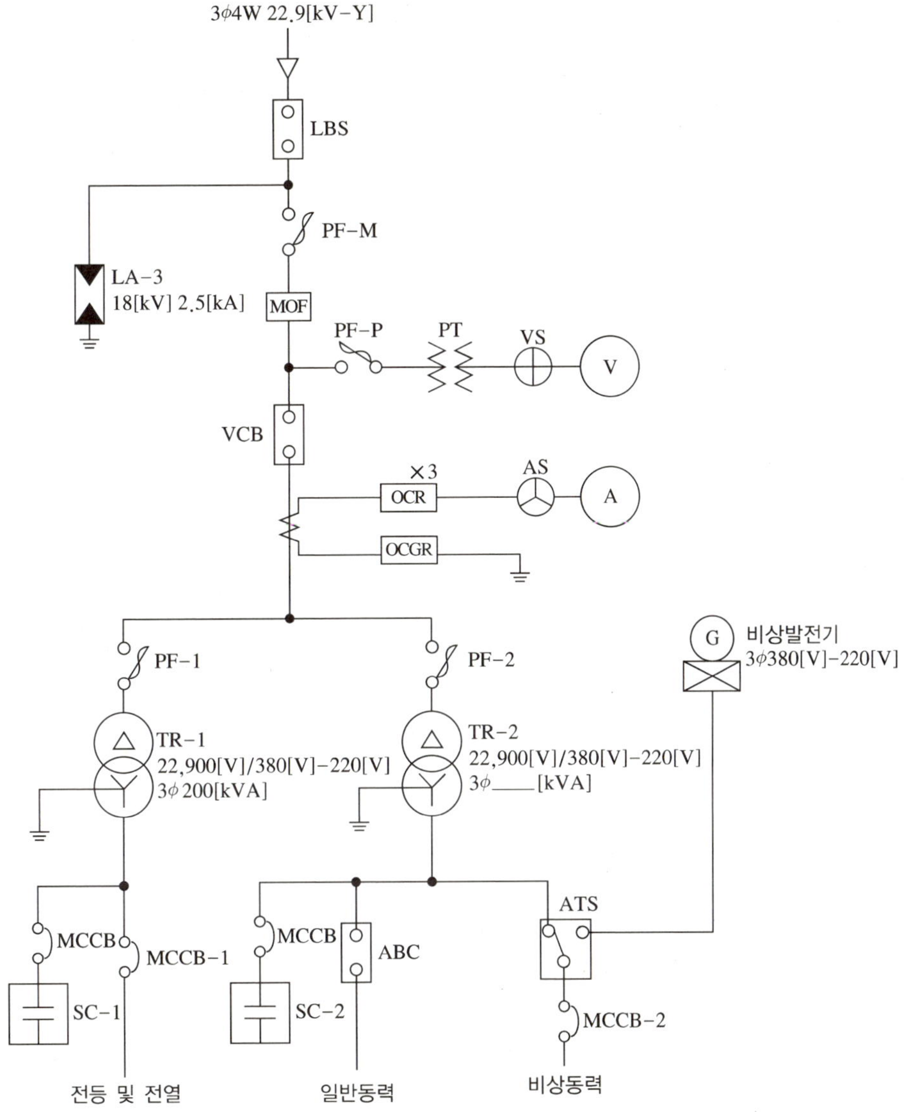

(1) 위 수전설비 단선결선도의 LA에 대하여 다음 물음에 답하시오.

① 우리말의 명칭은 무엇인가?

② 기능과 역할에 대해 간단히 설명하시오.

③ 요구되는 성능조건 4가지만 쓰시오.

(2) 다음 표는 수전설비 단선결선도의 부하집계 및 입력환산표이다. 표를 완성하시오(단, 입력환산 [kVA]은 계산값의 소수점 둘째자리에서 반올림한다).

구 분	전등 및 전열	일반동력	비상동력
설비용량 및 효율	합계 350[kW] 100[%]	합계 635[kW] 85[%]	유도전동기 1 7.5[kW] 2대 85[%] 유도전동기 2 11[kW] 1대 85[%] 유도전동기 3 15[kW] 1대 85[%] 비상조명 8,000[W] 100[%]
평균(종합) 역률	80[%]	90[%]	90[%]
수용률	60[%]	45[%]	100[%]

구 분		설비용량[kW]	효율[%]	역률[%]	입력환산[kVA]
전등 및 전열		350			
일반동력		635			
비상동력	유도전동기 1	7.5×2			
	유도전동기 2				
	유도전동기 3				
	비상조명				
	소 계	–			

(3) 단선결선도와 (2)의 부하집계표에 의한 TR-2의 적정용량은 몇 [kVA]인지 구하시오.

[참 고]
- 일반 동력군과 비상 동력군 간의 부등률은 1.3으로 본다.
- 변압기 용량은 15[%] 정도의 여유를 갖게 한다.
- 변압기의 표준규격[kVA]은 200, 300, 400, 500, 600으로 한다.

(4) 단선결선도에서 TR-2의 2차 측 중성점의 접지공사의 접지선 굵기[mm^2]를 구하시오.

[참 고]
- 접지선은 GV 전선을 사용하고 표준굵기[mm^2]는 6, 10, 16, 25, 35, 50, 70으로 한다.
- GV 전선의 허용최고온도는 160[℃]이고 고장전류가 흐르기 전의 접지선의 온도는 30[℃]으로 한다.
- 고장전류는 정격전류의 20배로 본다.
- 변압기 2차의 과전류 보호차단기는 고장전류에서 0.1초 이내에 차단되는 것이다.
- 변압기 2차의 과전류차단기의 정격전류는 변압기 정격전류의 1.5배로 한다.

해설

(3) 변압기 용량$= \dfrac{830.1 \times 0.45 + 62.5 \times 1}{1.3} \times 1.15 \fallingdotseq 385.73$[kVA]

(4) $\theta = 0.008\left(\dfrac{I_s}{A}\right)^2 \cdot t$

$$\frac{\theta}{0.008t} = \left(\frac{I_s}{A}\right)^2$$

$$\sqrt{\frac{\theta}{0.008t}} = \frac{I_s}{A}$$

$$A = \frac{I_s}{\sqrt{\dfrac{\theta}{0.008t}}} = \frac{18,232.2}{\sqrt{\dfrac{130}{0.008 \times 0.1}}} \fallingdotseq 45.23[\text{mm}^2]$$

$$I_s = 20I_n = 20 \times 1.5I_n = 20 \times 1.5 \times 607.74 = 18,232.2[\text{A}]$$

$$I_n = \frac{P}{\sqrt{3}\,V} = \frac{400 \times 10^3}{\sqrt{3} \times 380} \fallingdotseq 607.74[\text{A}]$$

$\theta = 160 - 30 = 130$[℃], $t = 0.1$[s]

여기서, I_s : 고장전류[A], θ : 온도상승[℃], t : 통전시간[s]

정답

(1) ① 피뢰기

② • 속류를 차단한다.

• 뇌전류를 대지로 방전시켜 이상전압 발생을 방지하여 기계·기구를 보호한다.

③ • 사용주파 방전개시전압이 높을 것

• 제한 전압이 낮을 것

• 충격방전개시전압이 낮을 것

• 속류차단능력이 클 것

(2) 부하집계 및 입력환산표

구 분		설비용량[kW]	효율[%]	역률[%]	입력환산[kVA]
전등 및 전열		350	100	80	$\frac{350}{0.8 \times 1} = 437.5$
일반동력		635	85	90	$\frac{635}{0.9 \times 0.85} \fallingdotseq 830.1$
비상동력	유도전동기 1	7.5×2	85	90	$\frac{7.5 \times 2}{0.9 \times 0.85} \fallingdotseq 19.6$
	유도전동기 2	11	85	90	$\frac{11}{0.9 \times 0.85} \fallingdotseq 14.4$
	유도전동기 3	15	85	90	$\frac{15}{0.9 \times 0.85} \fallingdotseq 19.6$
	비상조명	8	100	90	$\frac{8}{0.9 \times 1} \fallingdotseq 8.9$
	소 계	–	–	–	62.5

(3) 400[kVA]

(4) 50[mm^2]

15 다음 어느 생산공장의 수전설비이다. 이것을 이용하여 다음 각 물음에 답하시오(단, A, B, C, D 변압기의 모든 부하는 A 변압기의 부하와 같다).

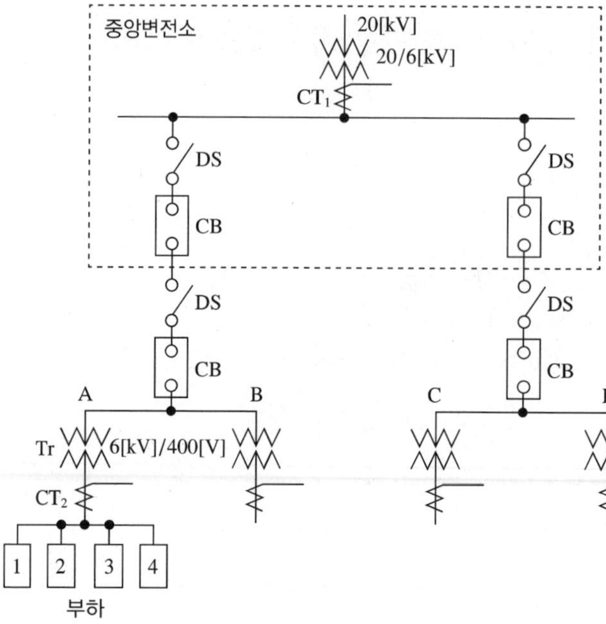

뱅크의 부하용량표

피 더	부하설비용량[kW]	수용률[%]
1	125	80
2	125	85
3	500	75
4	600	85

변류기 규격표

항 목	변류기
정격 1차 전류[A]	5, 10, 15, 20, 30, 40, 50, 75, 100, 150, 200, 300, 400, 500, 600, 750, 1,000, 1,500, 2,000, 2,500
정격 2차 전류[A]	5

(1) 표와 같이 A, B, C, D 4개의 뱅크가 있으며, 각 뱅크는 부등률이 1.1이다. 이때 중앙변전소의 변압기용량을 산정하시오(단, 각 부하의 역률은 0.9이며, 변압기용량은 표준규격으로 답을 한다).

(2) 변류기 CT_1과 CT_2의 변류비를 산정하시오. 단, 1차 수전전압은 20,000/6,000[V], 2차 수전전압은 6,000/400[V]이며, 변류비는 표준규격으로 답을 한다(단, 여유율은 125[%]로 한다).

해설

(1) 중앙변전소의 변압기용량 $= \dfrac{(125 \times 0.8 + 125 \times 0.85 + 500 \times 0.75 + 600 \times 0.85) \times 4}{1.1 \times 0.9}$

$\fallingdotseq 4{,}409.09[\text{kVA}]$

(2) CT_1 $I_1 = \dfrac{4{,}409.09}{\sqrt{3} \times 6} \times 1.25 \fallingdotseq 530.33$

CT_2 $I_2 = \left(\dfrac{125 \times 0.8 + 125 \times 0.85 + 500 \times 0.75 + 600 \times 0.85}{1.1 \times 0.9 \times \sqrt{3} \times 0.4} \right) \times 1.25 \fallingdotseq 1{,}988.74$

정답

(1) 5,000[kVA]

(2) • CT_1 : 600/5

• CT_2 : 2,000/5

확인문제

01 일반적으로 보호계전시스템은 사고 시의 오작동이나 부작동에 따른 손해를 줄이기 위해 그림과 같이 주보호와 후비보호로 구성된다. 각 사고점(F_1, F_2, F_3, F_4)별 주보호 및 후비보호 요소들의 보호계전기와 해당 CB를 빈칸에 쓰시오.

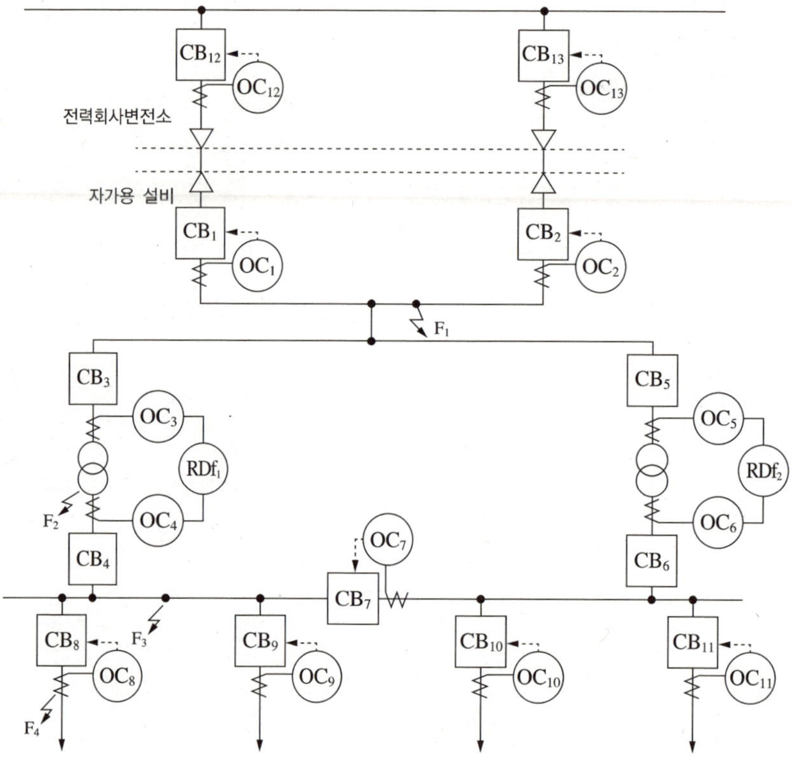

사고점	주보호	후비보호
F_1	예 OC_1+CB_1, OC_2+CB_2	①
F_2	②	③
F_3	④	⑤
F_4	⑥	⑦

정답

① $OC_{12}+CB_{12}$, $OC_{13}+CB_{13}$

② $RDf_1+OC_4+CB_4$, OC_3+CB_3

③ OC_1+CB_1, OC_2+CB_2

④ OC_4+CB_4, OC_7+CB_7

⑤ OC_3+CB_3, OC_6+CB_6

⑥ OC_8+CB_8

⑦ OC_4+CB_4, OC_7+CB_7

02 그림과 같은 수전계통을 보고 다음 각 물음에 답하시오.

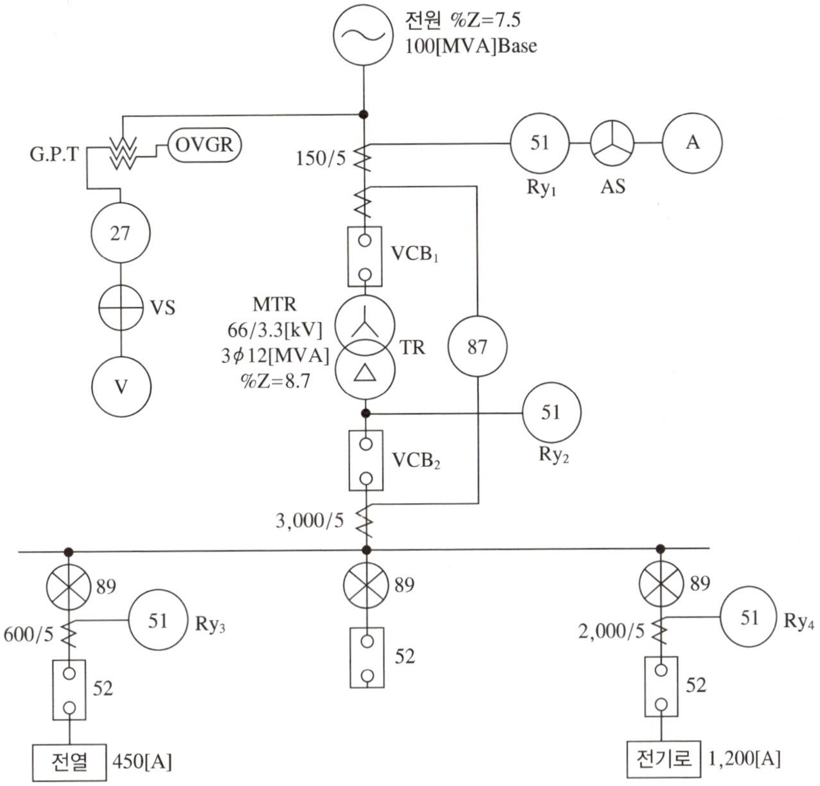

(1) “27”과 “87” 계전기의 명칭과 용도를 설명하시오.

(2) 다음의 조건에서 과전류계전기 Ry_1, Ry_2, Ry_3, Ry_4의 탭(Tap) 설정값은 몇 [A]가 가장 적정한지를 계산에 의하여 정하시오.

[조 건]

- Ry_1, Ry_2탭 설정값은 부하전류 160[%]에서 설정한다.
- Ry_3의 탭 설정값은 부하전류 160[%]에서 설정한다.
- Ry_4 부하가 변동부하이므로, 탭 설정값은 부하전류 200[%]에서 설정한다.
- 과전류계전기의 전류탭은 2[A], 3[A], 4[A], 5[A], 6[A], 7[A], 8[A]가 있다.

(3) 차단기 VCB_1의 정격전압은 몇 [kV]인가?

(4) 전원 측 차단기 VCB_1의 정격용량을 계산하고, 다음의 표에서 가장 적당한 것을 선정하도록 하시오.

차단기의 정격표준용량[MVA]			
1,000	1,500	2,500	3,500

해설

(2) Ry1 $I=\dfrac{12\times10^3}{\sqrt{3}\times66}\times\dfrac{5}{150}\times1.6 \fallingdotseq 5.599$

Ry2 $I=\dfrac{12\times10^3}{\sqrt{3}\times3.3}\times\dfrac{5}{3{,}000}\times1.6=5.599$

Ry3 $I=450\times\dfrac{5}{600}\times1.6=6$

Ry4 $I=1{,}200\times\dfrac{5}{2{,}000}\times2=6$

(3) $66\times\dfrac{1.2}{1.1}=72[\text{kV}]$

(4) $P_s=\dfrac{100}{\%Z}P_n=\dfrac{100}{7.5}\times100 \fallingdotseq 1{,}333.33[\text{MVA}]$

정답

(1) 27 : 부족전압계전기 : 상시전원 정전 시 또는 부족전압 시 동작하여 차단기 개로
87 : 비율차동계전기 : 발전기, 변압기의 내부고장 시 보호

(2) Ry1 : 6[A]
Ry2 : 6[A]
Ry3 : 6[A]
Ry4 : 6[A]

(3) 72[kV]

(4) 1,500[MVA]

03 그림은 발전기의 상간단락 보호계전방식을 도면화한 것이다. 이 도면을 보고 다음 각 물음에 답하시오.

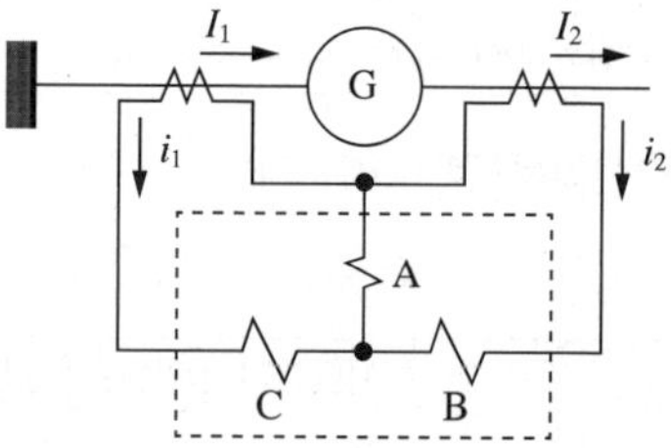

(1) 점선 안의 계전기의 명칭은?

(2) 동작 코일은 A, B, C 코일 중 어느 것인가?

(3) 발전기에 상간단락이 생길 때 코일 A의 전류 i_d는 어떻게 표현되는가?

(4) 발전기를 병렬운전하려고 한다. 병렬운전이 가능한 조건 4가지를 쓰시오.

정답

(1) 비율차동계전기

(2) A 코일

(3) $i_d = |i_1 - i_2|$

(4) • 기전력의 크기가 같을 것

• 기전력의 위상이 같을 것

• 기전력의 파형이 같을 것

• 기전력의 주파수가 같을 것

04 그림과 같이 3상 △-Y결선 30[MVA], 33/11[kV] 변압기가 차동계전기에 의하여 보호되고 있다. 고장전류가 정격전류의 160[%] 이상에서 동작하는 계전기의 전류(i_r) 정정값을 구하시오(단, 변압기 1차 측 및 2차 측 CT의 변류비는 각각 500/5[A], 2,000/5[A]이다).

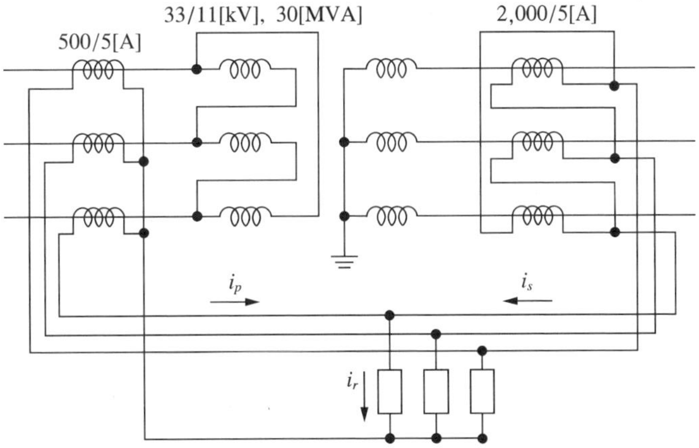

해설

$$i_p = \frac{30 \times 10^3}{\sqrt{3} \times 33} \times \frac{5}{500} \times 1.6 \fallingdotseq 8.398[A]$$

$$i_s = \frac{30 \times 10^3}{\sqrt{3} \times 11} \times \frac{5}{2,000} \times 1.6 \times \sqrt{3} \fallingdotseq 10.909[A]$$

$$i_r = |i_p - i_s| = 2.511[A]$$

정답

2.51[A]

05 도면은 어느 154[kV] 수용가의 수전설비 단선결선도의 일부분이다. 주어진 표와 도면을 이용하여 다음 각 물음에 답하시오.

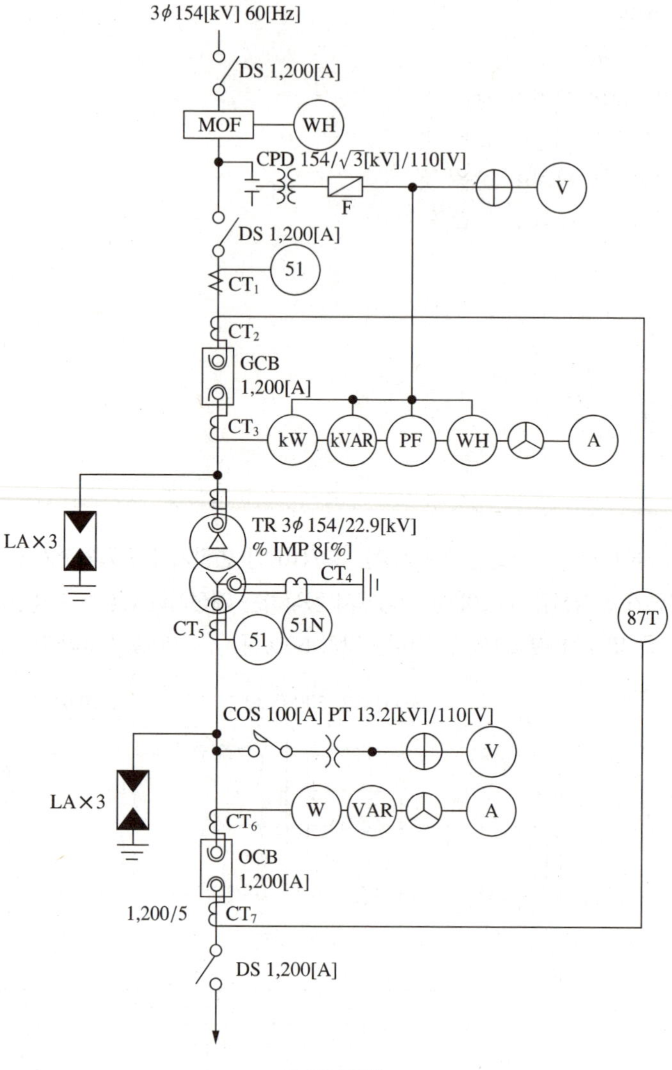

CT의 정격

1차 정격전류[A]	200	400	600	800	1,200	1,500
2차 정격전류[A]	5					

(1) 변압기 2차 부하설비 용량이 51[MW], 수용률이 70[%], 부하역률이 90[%]일 때 도면의 변압기 용량은 몇 [MVA]가 되는가?

(2) 변압기 1차 측 DS의 정격전압은 몇 [kV]인가?

(3) CT_1의 비는 얼마인지를 계산하고 표에서 선정하시오(단, 여유율은 125[%]로 한다).

(4) GCB 내에 사용되는 가스는 주로 어떤 가스가 사용되는지 그 가스의 명칭을 쓰시오.

(5) OCB의 정격차단전류가 23[kA]일 때, 이 차단기의 차단용량은 몇 [MVA]인가?

(6) 과전류계전기의 정격부담이 9[VA]일 때 이 계전기의 임피던스는 몇 [Ω]인가?

(7) CT_7 1차 전류가 600[A]일 때 CT_7의 2차에서 비율차동계전기의 단자에 흐르는 전류는 몇 [A]인가?

해설

(1) $변압기용량 = \dfrac{설비용량[MW] \times 수용률}{역률} = \dfrac{51 \times 0.7}{0.9} ≒ 39.667$

(2) $DS의\ 정격전압 = 154 \times \dfrac{1.2}{1.1} = 168$

(3) $CT\ 1차\ 측\ 전류 = \dfrac{P_a}{\sqrt{3}\,V} = \dfrac{39.667 \times 10^3}{\sqrt{3} \times 154} ≒ 148.713$

배수적용 $148.713 \times 1.25 ≒ 185.891$

(5) $P_s = \sqrt{3}\,VI_s = \sqrt{3} \times 25.8 \times 23 ≒ 1,027.799$

여기서, $V = 22.9 \times \dfrac{1.2}{1.1} ≒ 24.98 \quad \therefore\ 25.8[kV]$

(6) $P = I^2 Z \rightarrow Z = \dfrac{P}{I^2} = \dfrac{P}{5^2} = 0.36[\Omega]$

(7) $I_2 = 600 \times \dfrac{5}{1,200} \times \sqrt{3} ≒ 4.3301$

($\sqrt{3}$ 을 곱한 이유는 △결선 선전류는 상전류에 $\sqrt{3}$ 배이므로)

정답

(1) 40[MVA]

(2) 170[kV]

(3) 200/5

(4) SF_6

(5) 1,027.8[MVA]

(6) 0.36[Ω]

(7) 4.33[A]

06 △-Y결선방식의 주변압기 보호에 사용되는 비율차동계전기의 간략화한 회로도이다. 주변압기 1차 및 2차 측 변류기(CT)의 미결선된 2차 회로를 완성하시오.

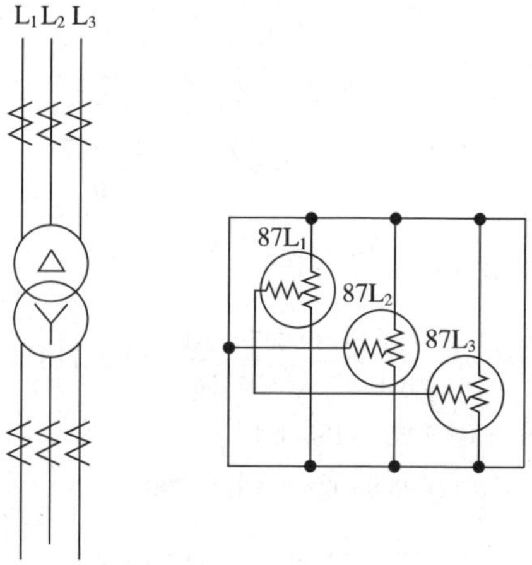

정답

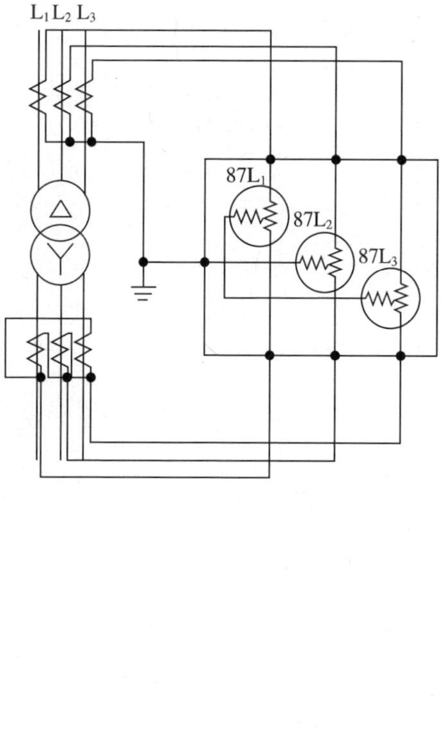

CHAPTER 04 KEC(한국전기설비규정)

01 옥내배선공사

1 전 선

(1) 전선의 식별(KEC 121.2)

① 국제표준에 따른 전선의 식별규정을 도입, 전선의 색별 표시 목적은 공사, 유지보수의 안전 및 편의 도모, 전압 측 전선 상호 및 중성선의 구별 등 오접속에 의한 사고 방지, 그리고 3상 계통에서 단상 부하 공급 시 상별 부하전류의 평형유지를 위한 접속 편의 등을 위해서이며 KEC 규정에 따른 전선의 식별은 다음 표와 같다.

[전선의 식별]

교류(AC) 도체		직류(DC) 도체	
상(문자)	색 상	극	색 상
L1	갈 색	L+	빨간색
L2	검은색	L−	흰 색
L3	회 색	중점선	파란색
N	파란색	N	
보호도체	녹색-노란색	보호도체	녹색-노란색

【참고】 KS C IEC 60445

② 전선의 색상 식별

종단 및 연결 지점에서만 이루어지는 나도체, 검정색의 케이블 등은 전선 종단부에 색상에 반영구적으로 유지될 수 있는 도색, 밴드(튜브), 색 테이프 등의 방법으로 표시해야 한다.

(2) 전선의 접속(KEC 123)

전선을 접속하는 경우에는 전선의 전기저항을 증가시키지 아니하도록 접속하여야 하며, 다음에 따라야 한다.

① 나전선 상호 또는 나전선과 절연전선과 접속

㉠ 전선의 세기 : 인장하중을 20[%] 이상 감소시키지 아니할 것

㉡ 접속 부분 : 접속관 기타의 기구를 사용할 것

② 전선의 상호접속

절연전선 상호·절연전선과 코드, 캡타이어 케이블과 접속하는 경우에는 ①의 규정에 준하는 이외의 접속 부분의 절연전선에 절연물과 동등 이상의 절연효력이 있는 접속기를 사용하는 경우 이외에는 접속 부분을 그 부분의 절연전선의 절연물과 동등 이상의 절연효력이 있는 것으로 피복할 것

③ 접속기·접속함 등 기구 사용

코드 상호, 캡타이어케이블 상호 또는 이들 상호를 접속하는 경우 코드 접속기·접속함 기타의 기구를 사용할 것

④ 전기 부식 방지

도체에 알루미늄을 사용하는 전선과 동을 사용하는 전선을 접속하는 등 전기 화학적 성질이 다른 도체를 접속하는 경우에는 접속 부분에 전기적 부식이 생기지 않도록 할 것

⑤ 두 개 이상의 전선을 병렬로 사용하는 경우

㉠ 병렬로 사용하는 각 전선의 굵기는 동선 50[mm^2] 이상 또는 알루미늄 70[mm^2] 이상으로 하고, 전선은 같은 도체, 같은 재료, 같은 길이 및 같은 굵기의 것을 사용할 것

㉡ 같은 극의 각 전선은 동일한 터미널러그에 완전히 접속할 것

㉢ 같은 극인 각 전선의 터미널러그는 동일한 도체에 2개 이상의 리벳 또는 2개 이상의 나사로 접속할 것

㉣ 병렬로 사용하는 전선에는 각각에 퓨즈를 설치하지 말 것

㉤ 교류회로에서 병렬로 사용하는 전선은 금속관 안에 전자적 불평형이 생기지 않도록 시설할 것

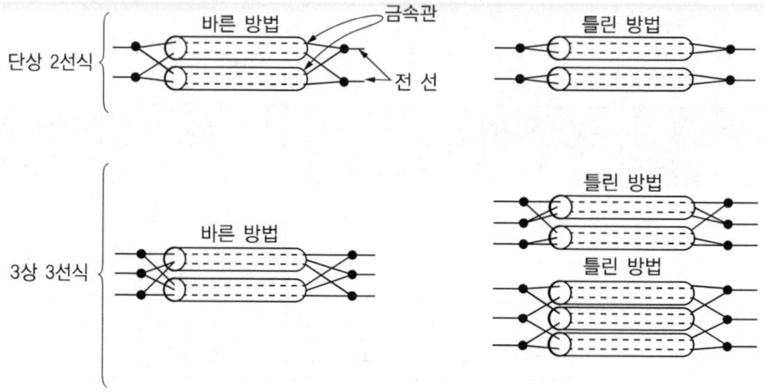

[병렬 사용 전선의 금속관 안에 전자적 불평형 방지 예]

(3) 배선설비 적용 시 고려사항

① 회로 구성

㉠ 하나의 회로도체는 다른 다심케이블, 다른 전선관, 다른 케이블덕팅시스템 또는 다른 케이블트렁킹시스템을 통해 배선해서는 안 된다.

㉡ 여러 개의 주회로에 공통 중성선을 사용하는 것은 허용되지 않는다.

㉢ 여러 회로가 하나의 접속 상자에서 단자 접속되는 경우 각 회로에 대한 단자는 단자블록에 관한 것을 제외하고 절연 격벽으로 분리해야 한다.

㉣ 모든 도체가 최대공칭전압에 대해 절연되어 있다면 여러 회로를 동일한 전선관시스템, 케이블덕트시스템 또는 케이블트렁킹시스템의 분리된 구획에 설치할 수 있다.

② 병렬접속

두 개 이상의 선도체(충전도체) 또는 PEN 도체를 계통에 병렬로 접속하는 경우, 다음에 따른다.

㉠ 병렬도체 사이에 부하전류가 균등하게 배분될 수 있도록 조치를 취한다.

㉡ 절연물의 허용온도에 적합하도록 부하전류를 배분하는 데 특별히 주의한다. 부하전류 분배를 할 수 없거나 4가닥 이상의 도체를 병렬로 접속하는 경우에는 버스바트렁킹시스템의 사용을 고려한다.

③ 전기적 접속

접속 방법은 다음 사항을 고려하여 선정한다.

㉠ 도체와 절연재료

㉡ 도체를 구성하는 소선의 가닥수와 형상

㉢ 도체의 단면적

㉣ 함께 접속되는 도체의 수

④ 교류회로-전기자기적 영향(맴돌이전류 방지)

⑤ 하나의 다심케이블 속의 복수회로

모든 도체가 최대공칭전압에 대해 절연되어 있는 경우, 동일한 케이블에 복수의 회로를 구성할 수 있다.

⑥ 화재의 확산을 최소화하기 위한 배선설비의 선정과 공사

⑦ 배선설비와 다른 공급설비와의 접근

㉠ 다른 전기 공급설비와의 접근

저압 옥내배선이 다른 저압 옥내배선 또는 관등회로의 배선과 접근하거나 교차 시 애자공사에 의하여 시설 : 저압 옥내배선과 다른 저압 옥내배선 또는 관등회로의 배선 사이의 간격은 0.1[m](애자공사 시 나전선인 경우에는 0.3[m]) 이상

㉡ 통신 케이블과의 접근

- 지중통신케이블과 지중전력케이블이 교차·접근하는 경우 100[mm] 이상 이격
- 지중전선이 지중약전류전선 등과 접근하거나 교차하는 경우에 상호 간의 간격이 저압 지중전선은 0.3[m] 이하(내화성 격벽)

⑧ 금속 외장 단심케이블

⑨ 수용가 설비에서의 전압강하

㉠ 다른 조건을 고려하지 않는다면 수용가 설비의 인입구로부터 기기까지의 전압강하는 다음 표의 값 이하이어야 한다.

[수용가 설비의 전압강하]

설비의 유형	조명[%]	기타[%]
A-저압으로 수전하는 경우	3	5
B-고압 이상으로 수전하는 경우[a]	6	8

a : 가능한 한 최종회로 내의 전압강하가 A유형의 값을 넘지 않도록 하는 것이 바람직하다. 사용자의 배선설비가 100[m]를 넘는 부분의 전압강하는 [m]당 0.005[%] 증가할 수 있으나 이러한 증가분은 0.5[%]를 넘지 않아야 한다.

㉡ 다음의 경우에는 위의 표보다 더 큰 전압강하를 허용할 수 있다.

- 기동시간 중의 전동기
- 돌입전류가 큰 기타 기기

㉢ 다음과 같은 일시적인 조건은 고려하지 않는다.

- 과도과전압
- 비정상적인 사용으로 인한 전압 변동

(4) 배선설비

① 배선설비공사의 종류

㉠ 전선 및 케이블의 구분에 따른 배선설비의 공사방법

㉡ 시설 상태를 고려한 배선설비의 설치방법

㉢ 설치방법에 따른 공사방법의 분류

② 공사방법의 분류

㉠ 설치방법에 따른 공사방법

종 류	공사방법
전선관시스템	합성수지관공사, 금속관공사, 가요전선관공사
케이블트렁킹시스템	합성수지몰드공사, 금속몰드공사, 금속트렁킹공사[a]
케이블덕팅시스템	플로어덕트공사, 셀룰러덕트공사, 금속덕트공사[b]
애자공사	애자공사
케이블트레이시스템(래더, 브래킷 포함)	케이블트레이공사
케이블공사	고정하지 않는 방법, 직접 고정하는 방법, 지지선 방법

- a : 금속본체와 덮개가 별도로 구성되어 덮개를 개폐할 수 있는 금속덕트공사를 말한다.
- b : 본체와 덮개 구분 없이 하나로 구성된 금속덕트공사를 말한다.

㉡ 전선 및 케이블의 구분에 따른 공사방법

전선 및 케이블		공사방법							
		케이블공사			전선관 시스템	케이블 트렁킹 시스템 (몰드형, 바닥매입형 포함)	케이블 덕팅 시스템	케이블 트레이 시스템 (래더, 브래킷 등 포함)	애자 공사
		비고정	직접 고정	지지선					
나전선		−	−	−	−	−	−	−	+
절연전선[b]		−	−	−	+	+[a]	+	−	+
케이블	다 심	+	+	+	+	+	+	+	○
	단 심	○	+	+	+	+	+	+	○

+ : 사용할 수 있다.
− : 사용할 수 없다.
○ : 적용할 수 없거나 실용상 일반적으로 사용할 수 없다.

a. 케이블트렁킹시스템이 IP4X 또는 IPXXD급[1]의 이상의 보호조건을 제공하고, 도구 등을 사용하여 강제적으로 덮개를 제거할 수 있는 경우에 한하여 절연전선을 사용할 수 있다.

b. 보호도체 또는 보호 본딩도체로 사용되는 절연전선은 적절하다면 어떠한 절연방법이든 사용할 수 있고 전선관시스템, 트렁킹시스템 또는 덕팅시스템에 배치하지 않아도 된다.

1) IP4X 또는 IPXX D급 : 1.0[mm] 이상의 철사 등의 물체가 침투되지 않는 수준

* 절연전선의 경우 외부보호에 대한 대책이 없는 사항으로 외부보호가 가능한 공사방법을 사용하여야 한다. 외부보호가 가능한 폐쇄배선방법인 전선관시스템, 케이블덕팅시스템, 케이블트렁킹시스템을 사용할 수 있으나 케이블트렁킹 시스템은 덮개와 본체가 분리되는 방법이므로 IP4X 또는 IPXX D급 이상의 조건으로 한정한다.

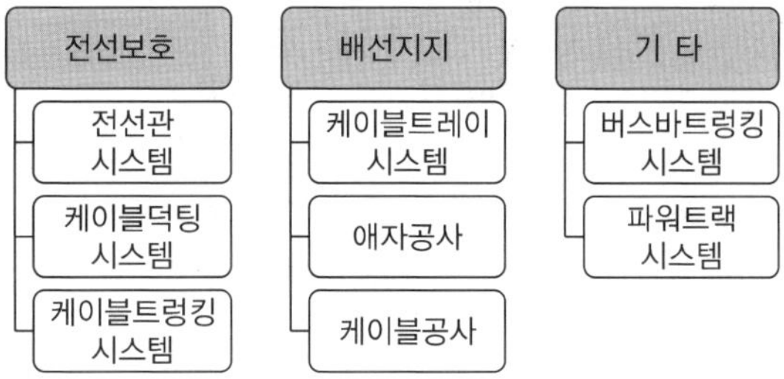

[배선설비 공사방법의 종류]

확인문제

01 **합성수지관공사에서 관 상호 및 관과 박스와의 접속 시에 삽입하는 깊이를 관 바깥지름의 몇 배 이상으로 하여야 하는가?(단, 접착제를 사용하지 않는 경우이다)**

해설

합성수지관공사에서 관 상호 및 관과 박스와의 접속 시에 삽입하는 깊이

- 접착제를 사용하는 경우 : 0.8배
- 접착제를 사용하지 않는 경우 : 1.2배

정답

1.2배

02 **옥내에서 전선을 병렬로 사용하는 경우의 원칙 5가지만 쓰시오.**

해설

전선의 접속(KEC 123)

- 병렬로 사용하는 각 전선의 굵기는 구리선 50[mm^2] 이상 또는 알루미늄 70[mm^2] 이상으로 하고, 전선은 같은 도체, 같은 재료, 같은 길이 및 같은 굵기의 것을 사용할 것
- 같은 극의 각 전선은 동일한 터미널러그에 완전히 접속할 것
- 같은 극인 각 전선의 터미널러그는 동일한 도체에 2개 이상의 리벳 또는 2개 이상의 나사로 접속할 것
- 병렬로 사용하는 전선에는 각각에 퓨즈를 설치하지 말 것
- 교류회로에서 병렬로 사용하는 전선은 금속관 안에 전자적 불평형이 생기지 않도록 시설할 것

정답

- 전선의 굵기는 구리선 50[mm^2] 이상 또는 알루미늄 70[mm^2] 이상일 것
- 동일한 도체, 동일한 굵기, 동일한 길이어야 한다.
- 병렬로 사용하는 전선은 각각에 퓨즈를 장착하지 말아야 한다.
- 각 전선에 흐르는 전류는 불평형을 초래하지 않도록 할 것
- 같은 극의 각 전선은 동일한 터미널 러그에 완전히 접속할 것

03 KEC 규정에 따라 수용가 설비에서의 전압강하는 다음 표에 따라 시설하여야 한다. 다음 ( )에 알맞은 내용을 답란에 쓰시오.

설비의 유형		조명[%]	기타[%]
A	저압으로 수전하는 경우	(①)	(②)
B	고압 이상으로 수전하는 경우[a]	(③)	(④)

a : 가능한 한 최종회로 내의 전압강하가 A유형의 값을 넘지 않도록 하는 것이 바람직하다. 사용자의 배선설비가 100[m]를 넘는 부분의 전압강하는 [m]당 0.005[%] 증가할 수 있으나 이러한 증가분은 0.5[%]를 넘지 않아야 한다.

정답

① 3[%]

② 5[%]

③ 6[%]

④ 8[%]

04 다음 공사방법에 대해 빈칸을 채우시오.

전선관공사	합성수지관공사, 금속관공사, 가요전선관공사
케이블트렁킹	(①), (②), 금속트렁킹공사
케이블덕트	플로어덕트공사, 셀룰러덕트공사, (③)

정답

① 금속몰드공사

② 합성수지몰드공사

③ 금속덕트공사

05 다음 가부터 라까지의 색상을 쓰시오.

상	L1	L2	L3	N	보호도체
색 상	가	검은색	나	다	라

정답

가 : 갈색, 나 : 회색, 다 : 파란색, 라 : 녹색-노란색

02 접지시스템 및 피뢰시스템

1 접지시스템

(1) 안전을 위한 보호

① 감전에 대한 보호

㉠ 기본보호 : 직접 접촉을 방지하는 것(전기설비의 충전부에 인축이 접촉하여 일어날 수 있는 위험으로부터 보호)

- 기초절연
- 격벽 및 외함
- 장애물
- 접촉 가능 범위 밖에 설치
- 인축의 몸을 통해 전류가 흐르는 것을 방지
- 인축의 몸에 흐르는 전류를 위험하지 않는 값 이하로 제한

㉡ 고장보호 : 기본절연의 고장에 의한 간접 접촉을 방지(노출도전부에 인축이 접촉하여 일어날 수 있는 위험으로부터 보호)

- 전원의 자동차단에 의한 보호
- 이중절연 또는 강화절연에 의한 보호
- 전기적 분리에 의한 보호
- SELV와 PELV를 적용한 특별저압에 의한 보호
- 숙련자와 기능자의 통제 또는 감독이 있는 설비에 적용 가능한 보호대책
- 인축의 몸을 통해 고장전류가 흐르는 것을 방지
- 인축의 몸에 흐르는 고장전류를 위험하지 않는 값 이하로 제한
- 인축의 몸에 흐르는 고장전류의 지속시간을 위험하지 않은 시간까지로 제한

② 과전류에 대한 보호

㉠ 과전류에 의한 과열 또는 전기・기계적 응력에 의한 위험으로부터 인축의 상해를 방지하고 재산을 보호

㉡ 과전류에 대한 보호는 과전류가 흐르는 것을 방지하거나 과전류의 지속시간을 위험하지 않는 시간까지로 제한함으로써 보호

③ 고장전류에 대한 보호

㉠ 고장전류가 흐르는 도체 및 다른 부분은 고장전류로 인해 허용온도 상승 한계에 도달하지 않도록 하여야 한다.

㉡ 도체를 포함한 전기설비는 인축의 상해 또는 재산의 손실을 방지하기 위하여 보호장치가 구비되어야 한다.

㉢ 고장으로 인해 발생하는 과전류에 대하여 보호되어야 한다.

④ 열영향에 대한 보호

고온 또는 전기 아크로 인해 가연물이 발화 또는 손상되지 않도록 전기설비를 설치하여야 한다. 또한 정상적으로 전기기기가 작동할 때 인축이 화상을 입지 않도록 하여야 한다.

⑤ 전압외란, 전자기 장애에 대한 대책

㉠ 회로의 충전부 사이의 결함으로 발생한 전압에 의한 고장으로 인한 인축의 상해가 없도록 보호하여야 하며, 유해한 영향으로부터 재산을 보호하여야 한다.

㉡ 저전압과 뒤이은 전압 회복의 영향으로 발생하는 상해로부터 인축을 보호하여야 하며, 손상에 대해 재산을 보호하여야 한다.

㉢ 설비는 규정된 환경에서 그 기능을 제대로 수행하기 위해 전자기 장애로부터 견디는 성질을 가져야 한다. 설비를 설계할 때는 설비 또는 설치 기기에서 발생되는 전자기 방사량이 설비 내의 전기사용기기와 상호 연결 기기들이 함께 사용되는 데 적합한지를 고려하여야 한다.

⑥ 전원공급 중단에 대한 보호

전원공급 중단으로 인해 위험과 피해가 예상되면, 설비 또는 설치기기에 보호장치를 구비하여야 한다.

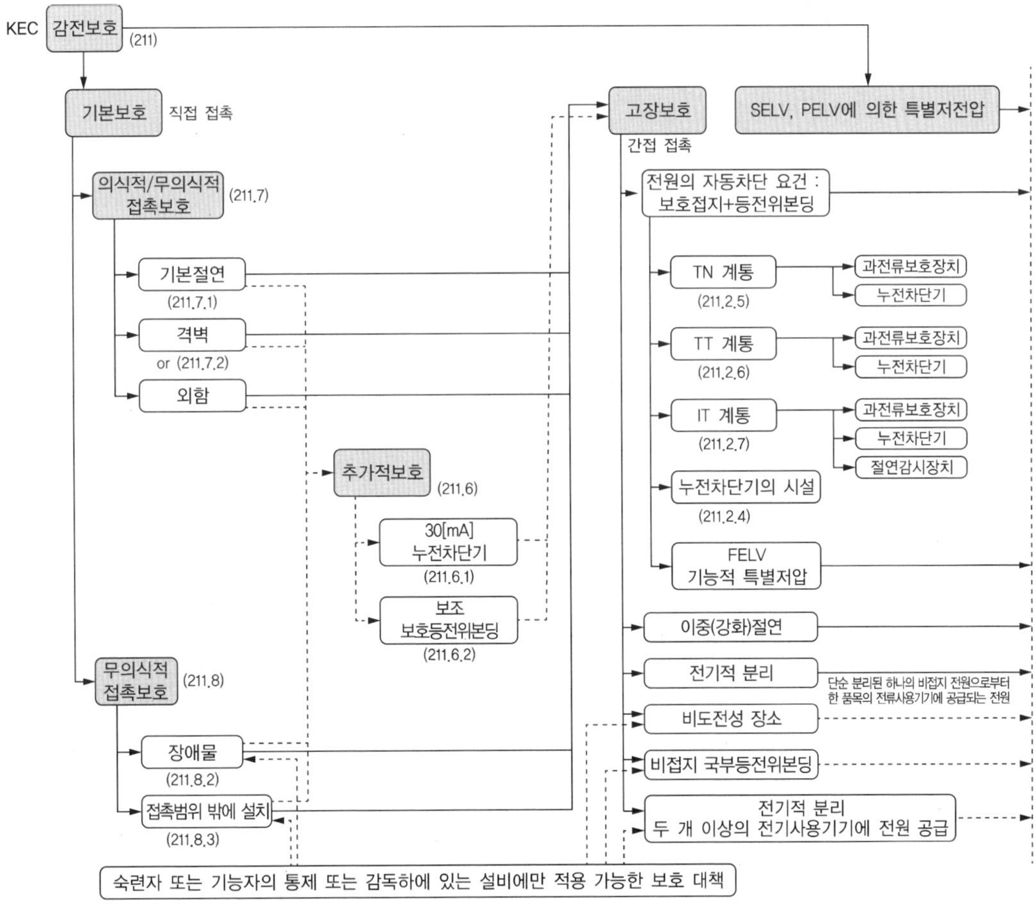

(2) 접지의 목적

① 중성점 접지의 목적

㉠ 지락고장 시 건전 상의 대지전위 상승을 억제하여 전선로 및 기기의 절연레벨을 경감시킨다.

㉡ 뇌, 아크지락, 기타에 의한 이상전압의 경감 및 발생을 방지한다.

㉢ 지락고장 시 접지계전기의 동작을 확실하게 한다.

㉣ 소호리액터 접지방식에서는 1선 지락 시의 아크지락을 신속히 소멸시켜 그대로 송전을 계속할 수 있게 한다.

② 배전용 변전소의 각종 전기시설물에 대한 접지

㉠ 접지 목적

- 감전 방지
- 기기의 손상 방지
- 보호계전기의 확실한 동작

㉡ 접지개소

- 전기기기의 금속제 프레임 또는 외함
- 금속제의 전선관, 덕트 등
- 케이블의 금속피복
- 전로의 중성점 또는 1단자
- 피뢰기의 접지단자
- 변성기의 2차 측 접지단자
- 기타 접지의 목적물

(3) 접지시스템의 구분 및 종류

① 구 분

㉠ 계통접지 : 전력계통의 이상현상에 대비하여 대지와 계통을 접지

㉡ 보호접지 : 감전보호를 목적으로 기기의 한 점 이상을 접지

㉢ 피뢰시스템접지 등 : 뇌격전류를 안전하게 대지로 방류하기 위한 접지

② 종 류

㉠ 단독접지

㉡ 공통접지

㉢ 통합접지

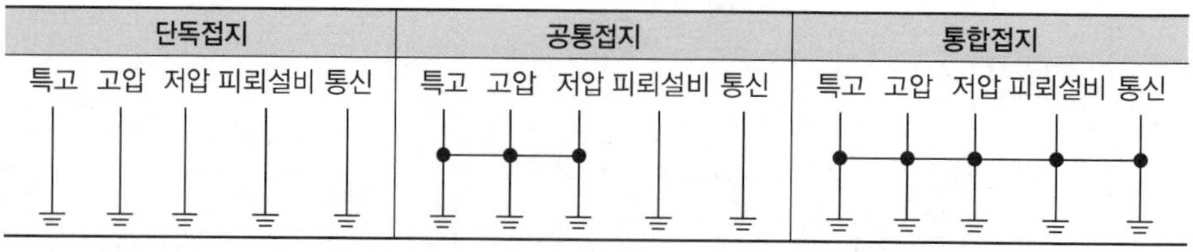

(4) 접지시스템의 시설

① 구성요소

㉠ 접지극 : 대지와 전기적으로 접촉하고 있는 토양 또는 특정 도전성 매체(예 콘크리트)에 매설된 도전부

• 콘크리트매입 기초접지극 : 건축물 기초 콘크리트에 매입된 접지극으로 일반적으로 폐루프를 형성
• 토양매설 기초접지극 : 건축물 기초 아래의 토양에 매설된 접지극으로 일반적으로 폐루프를 형성

ⓛ 접지도체 : 계통, 설비 또는 기기 안의 한 점과 접지극 사이의 전도 경로 또는 그 경로의 일부를 제공하는 도체

ⓒ 보호도체 : 감전에 대한 보호 등 안전을 목적으로 제공하는 도체

ⓔ 주접지단자(주접지 부스바) : 접지설비의 일부이며 접지를 목적으로 여러 개의 도체가 전기적으로 결합할 수 있는 단자 또는 부스바

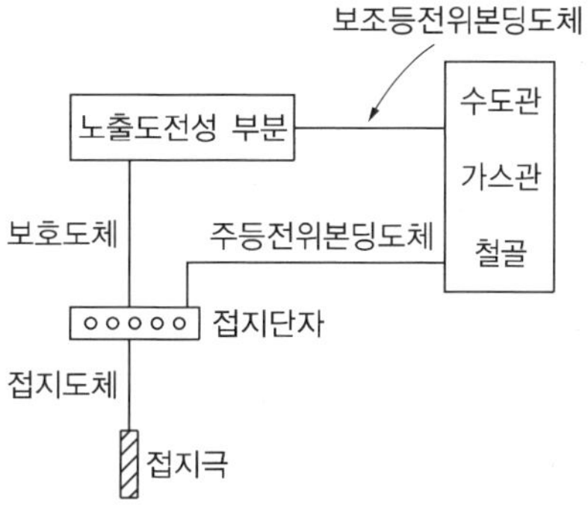

② 접지극의 시설 및 접지저항

㉠ 접지극의 시설은 다음 방법 중 하나 또는 복합하여 시설
• 콘크리트에 매입된 기초접지극
• 토양에 매설된 기초접지극
• 토양에 수직 또는 수평으로 직접 매설된 금속전극(봉, 전선, 테이프, 배관, 판 등)
• 케이블의 금속외장 및 그 밖에 금속피복
• 지중 금속구조물(배관 등)
• 대지에 매설된 철근콘크리트의 용접된 금속 보강재. 다만, 강화콘크리트는 제외한다.

ⓛ 접지극의 매설

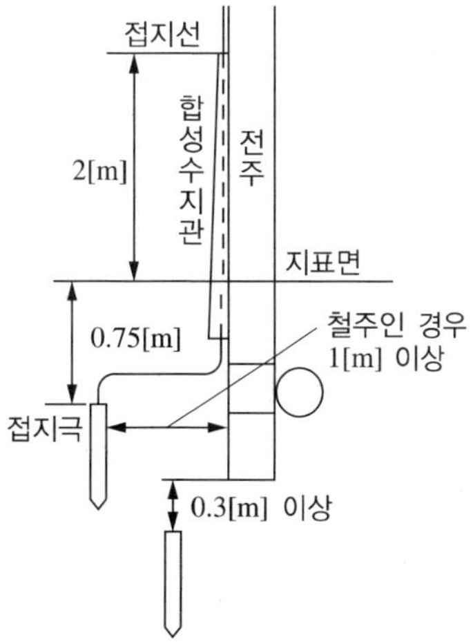

• 접지극은 지하 0.75[m] 이상 깊이 매설해야 한다.
• 접지도체를 철주 기타의 금속체를 따라서 시설하는 경우 접지극을 금속체로부터 1[m] 이상 이격해야 한다(밑 0.3[m] 이상 시는 예외).
• 접지도체 : 절연전선(OW 제외), 케이블을 사용한다.
• 접지도체의 지하 0.75[m] ~ 지표상 2[m] 부분은 합성수지관 또는 몰드로 덮는다.

㉢ 수도관 등을 접지극으로 사용하는 경우

• 지중에 매설되어 있고 대지와의 전기저항값이 3[Ω] 이하의 값을 유지하고 있는 금속제 수도관로가 다음에 따르는 경우 접지극으로 사용이 가능하다.
  – 접지도체와 금속제 수도관로의 접속은 안지름 75[mm] 이상인 부분 또는 여기에서 분기한 안지름 75[mm] 미만인 분기점으로부터 5[m] 이내의 부분에서 하여야 한다. 다만, 금속제 수도관로와 대지 사이의 전기저항값이 2[Ω] 이하인 경우에는 분기점으로부터의 거리는 5[m]를 넘을 수 있다.
  – 접지도체와 금속제 수도관로의 접속부를 수도계량기로부터 수도 수용가 측에 설치하는 경우에는 수도계량기를 사이에 두고 양측 수도관로를 등전위본딩하여야 한다.
  – 접지도체와 금속제 수도관로의 접속부를 사람이 접촉할 우려가 있는 곳에 설치하는 경우에는 손상을 방지하도록 방호장치를 설치하여야 한다.
  – 접지도체와 금속제 수도관로의 접속에 사용하는 금속제는 접속부에 전기적 부식이 생기지 않아야 한다.
• 건축물·구조물의 철골 기타의 금속제는 이를 비접지식 고압 전로에 시설하는 기계기구의 철대 또는 금속제 외함의 접지공사 또는 비접지식 고압 전로와 저압 전로를 결합하는 변압기의 저압 전로의 접지공사의 접지극으로 사용할 수 있다. 다만, 대지와의 사이에 전기저항값이 2[Ω] 이하인 값을 유지하는 경우에 한한다.

㉣ 접지저항 저감방법

• 물리적 저감방법
  – 접지극 길이를 길게 한다.
    ⓐ 직렬 접지 시공
    ⓑ 매설지선 시설
    ⓒ 평판 접지극 시설
  – 접지극의 병렬 접속

$$R = k\frac{R_1 R_2}{R_1 + R_2}$$

여기서, k : 결합계수(보통 1.2를 적용함)

  – 접지극의 매설 깊이를 깊게 한다(지표면하 0.75[m] 이하에 시설).
  – 접지극과 대지와의 접촉저항을 향상시키기 위하여 심타공법으로 시공
• 화학적 저감방법
  – 접지극 주변의 토양 개량(염, 유산, 암모니아, 탄산소다, 카본분말, 밴드나이트 등 화공약품을 사용하는 데 따른 환경오염 문제로 사용이 제한되고 있음)
  – 접지저항 저감제 사용(주로 아스롱을 사용)

③ 가공지선이 있는 지지물 표준 접지

㉠ 분포접지 : 탑각에서 방사형으로 매설지선을 포설하는 방식

㉡ 집중접지 : 탑각에서 10[m] 떨어진 지점의 분포접지에 대해 직각 방향으로 접지하는 방식

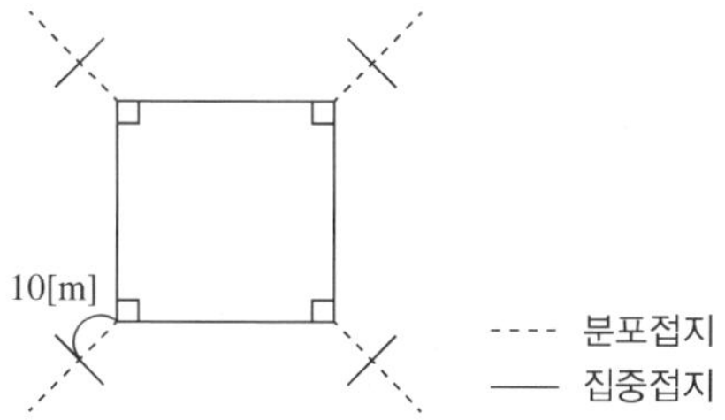

④ 계통접지 방식(저압)

㉠ 분 류

- TN계통
- TT계통
- IT계통

㉡ 문자정의

- 제1문자 : 전원계통과 대지의 관계
  - T : 한 점을 대지에 직접 접속
  - I : 모든 충전부를 대지와 절연시키거나 높은 임피던스를 통하여 한 점을 대지에 직접 접속
- 제2문자 : 전기설비의 노출도전부와 대지의 관계
  - T : 노출도전부를 대지로 직접 접속, 전원계통의 접지와는 무관
  - N : 노출도전부를 전원계통의 접지점(교류계통에서는 통상적으로 중성점, 중성점이 없을 경우는 선도체)에 직접 접속
- 그 다음 문자(문자가 있을 경우) : 중성선과 보호도체의 배치
  - S : 중성선 또는 접지된 선도체 외에 별도의 도체에 의해 제공되는 보호 기능
  - C : 중성선과 보호 기능을 한 개의 도체로 겸용(PEN도체)

㉢ 심벌 및 약호

- 심 벌

기호 설명	
	중성선(N), 중간도체(M)
	보호도체(PE)
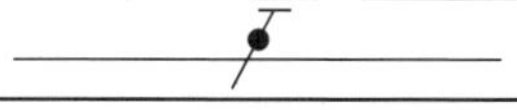	중성선과 보호도체 겸용(PEN)

• 약 호

T	Terra	대지(접지)
I	Isolated	절연(대지 사이에 고유임피던스 사용)
N	Neutral	중 성
S	Separate	분 리
C	Combined	결 합

㉣ 결선도

• TN계통

– TN-S : TN-S계통은 계통 전체에 대해 별도의 중성선 또는 PE도체를 사용한다. 배전계통에서 PE도체를 추가로 접지할 수 있다.

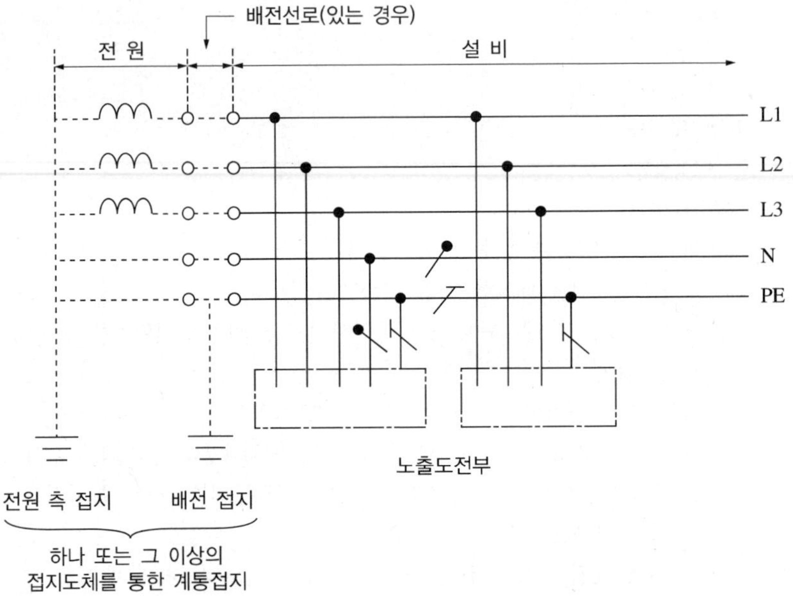

[계통 내에서 별도의 중성선과 보호도체가 있는 TN-S계통]

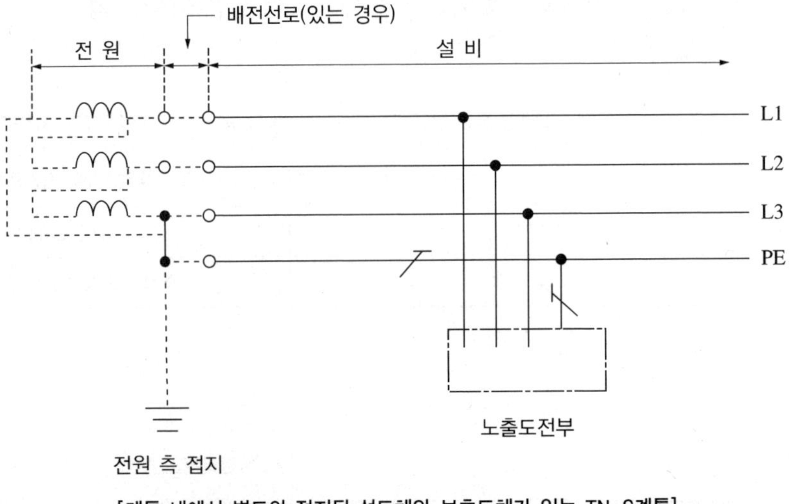

[계통 내에서 별도의 접지된 선도체와 보호도체가 있는 TN-S계통]

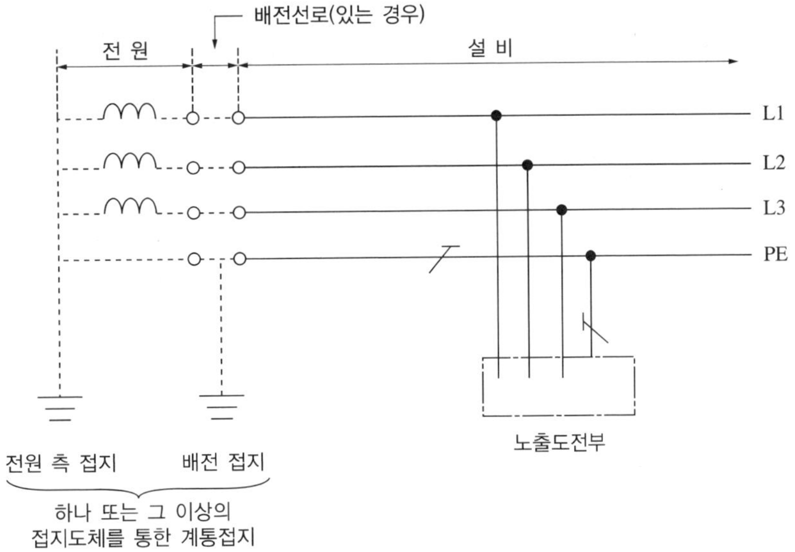

[계통 내에서 접지된 보호도체는 있으나 중성선의 배선이 없는 TN-S계통]

- TN-C : 그 계통 전체에 대해 중성선과 보호도체의 기능을 동일 도체로 겸용한 PEN도체를 사용한다. 배전계통에서 PEN도체를 추가로 접지할 수 있다.

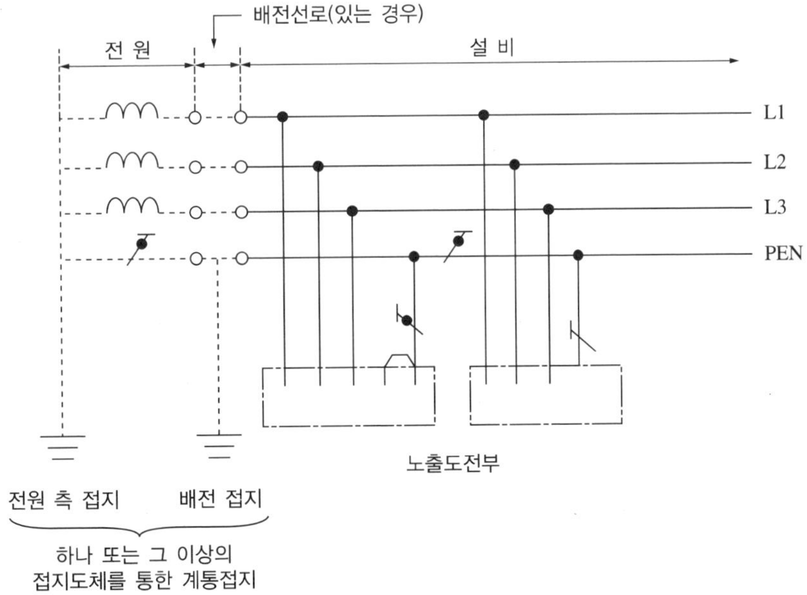

[TN-C계통]

- TN-C-S : 계통의 일부분에서 PEN도체를 사용하거나, 중성선과 별도의 PE도체를 사용하는 방식이 있다. 배전계통에서 PEN도체와 PE도체를 추가로 접지할 수 있다.

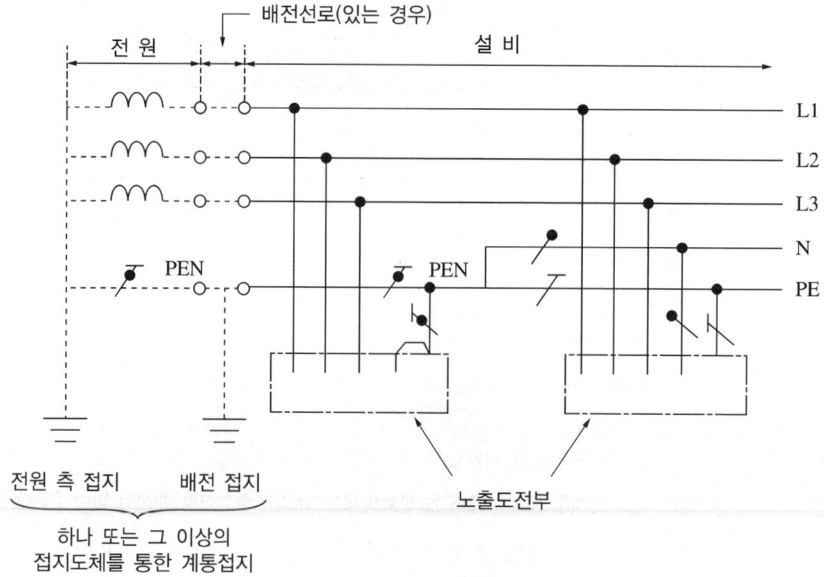

[설비의 어느 곳에서 PEN이 PE와 N으로 분리된 3상 4선식 TN-C-S계통]

- TT계통 : 전원의 한 점을 직접 접지하고 설비의 노출도전부는 전원의 접지전극과 전기적으로 독립적인 접지극에 접속시킨다. 배전계통에서 PE도체를 추가로 접지할 수 있다.

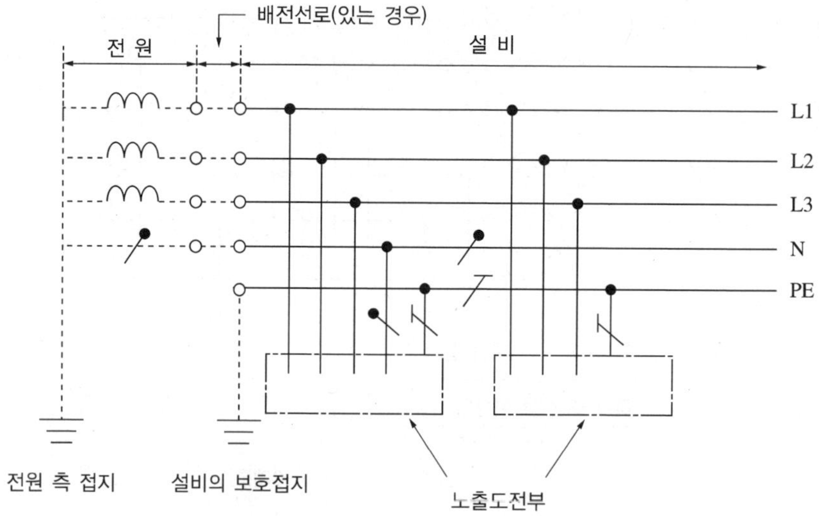

[설비 전체에서 별도의 중성선과 보호도체가 있는 TT계통]

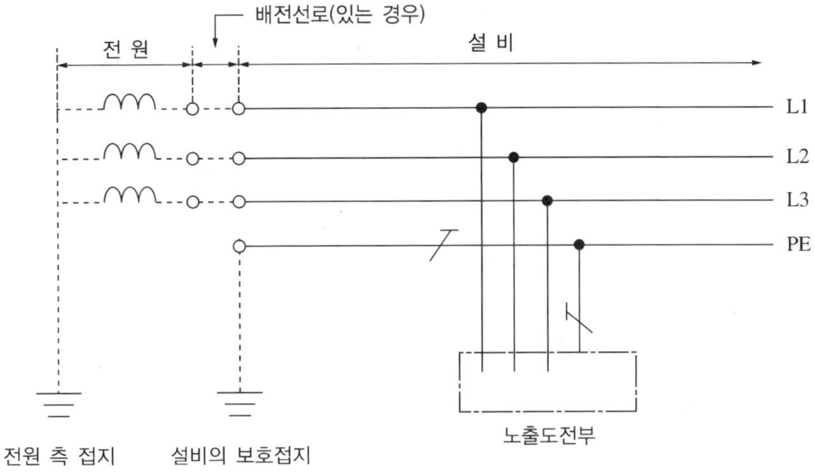

[설비 전체에서 접지된 보호도체가 있으나 배전용 중성선이 없는 TT계통]

- IT계통
  - 충전부 전체를 대지로부터 절연시키거나, 한 점을 임피던스를 통해 대지에 접속시킨다. 전기설비의 노출도전부를 단독 또는 일괄적으로 계통의 PE도체에 접속시킨다. 배전계통에서 추가 접지가 가능하다.
  - 계통은 높은 임피던스를 통하여 접지할 수 있다. 이 접속은 중성점, 인위적 중성점, 선도체 등에서 할 수 있다. 중성선은 배선할 수도 있고, 배선하지 않을 수도 있다.

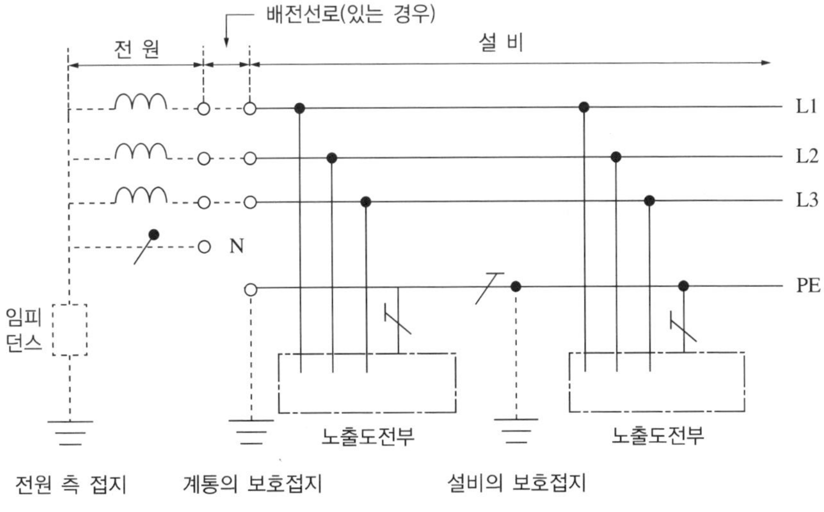

[계통 내의 모든 노출도전부가 보호도체에 의해 접속되어 일괄 접지된 IT계통]

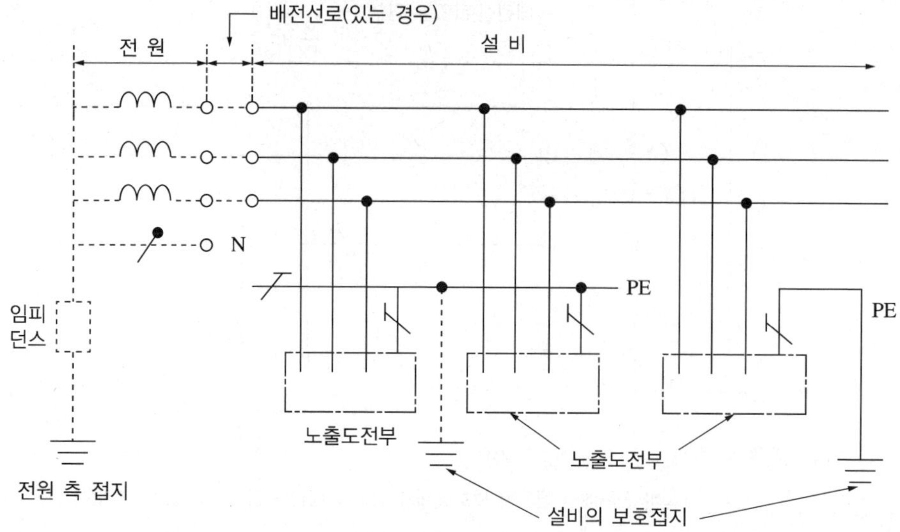

[노출도전부가 조합으로 또는 개별로 접지된 IT계통]

- 직류계통 : 직류계통의 계통접지 방식으로 아래 그림부터 297쪽의 그림까지는 직류계통의 특정 극을 접지하고 있지만 양극 또는 음극의 어느 쪽을 접지하는가는 운전환경, 부식방지 등을 고려하여 결정하여야 한다.
  - TN-S 계통 : 전원측 선도체 또는 중간도체의 한 점을 직접 접지하고, 설비의 노출도전부는 보호도체를 통해 그 점에 접속한다. 설비 내에서 별도의 보호도체가 사용된다. 설비 내에서 보호도체를 추가로 접지할 수 있다.

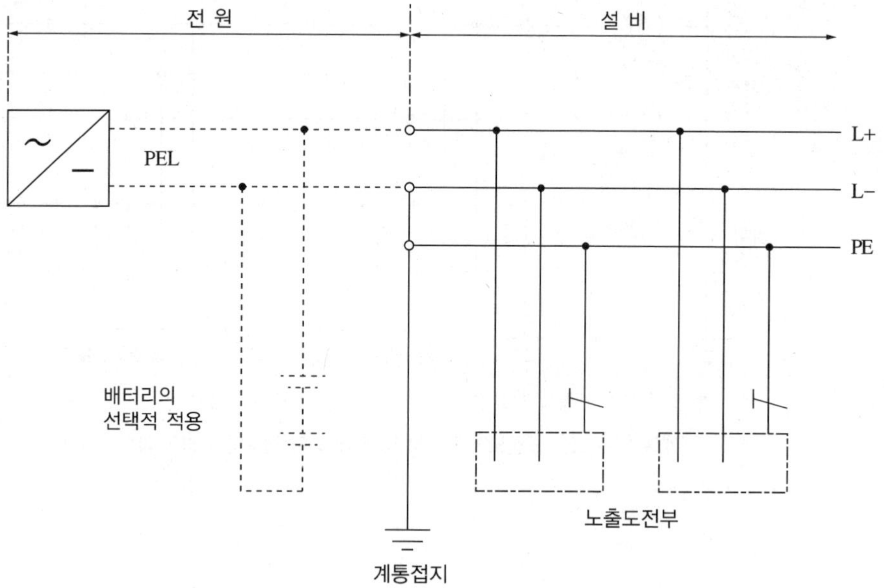

[중간도체가 없는 TN-S 직류계통]

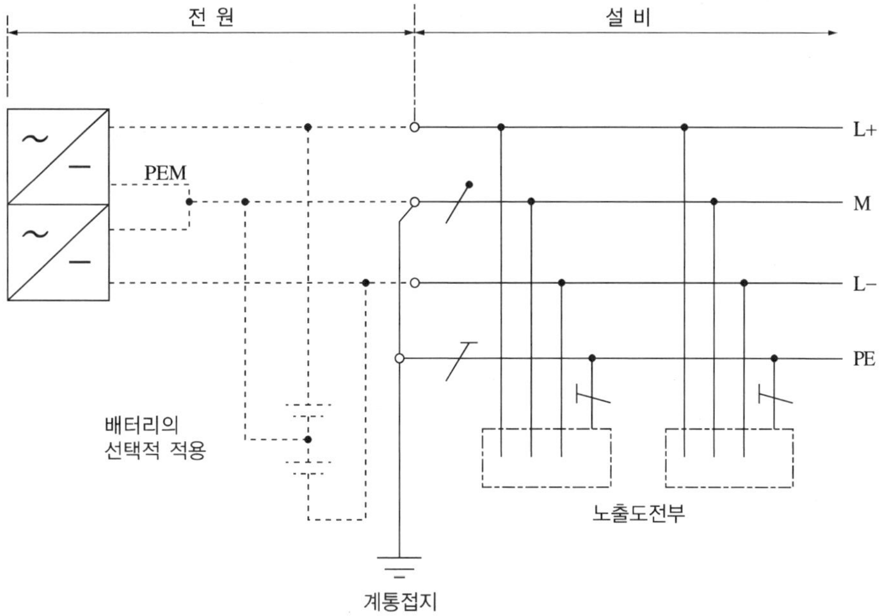

[중간도체가 있는 TN-S 직류계통]

- TN-C 계통 : 전원측 선도체 또는 중간도체의 한 점을 직접 접지하고, 설비의 노출도전부는 보호도체를 통해 그 점에 접속한다. 설비 내에서 접지된 선도체와 보호도체의 기능을 하나의 PEL도체로 겸용하거나, 설비 내에서 접지된 중간도체와 보호도체를 하나의 PEM으로 겸용한다. 설비 내에서 PEL 또는 PEM을 추가로 접지할 수 있다.

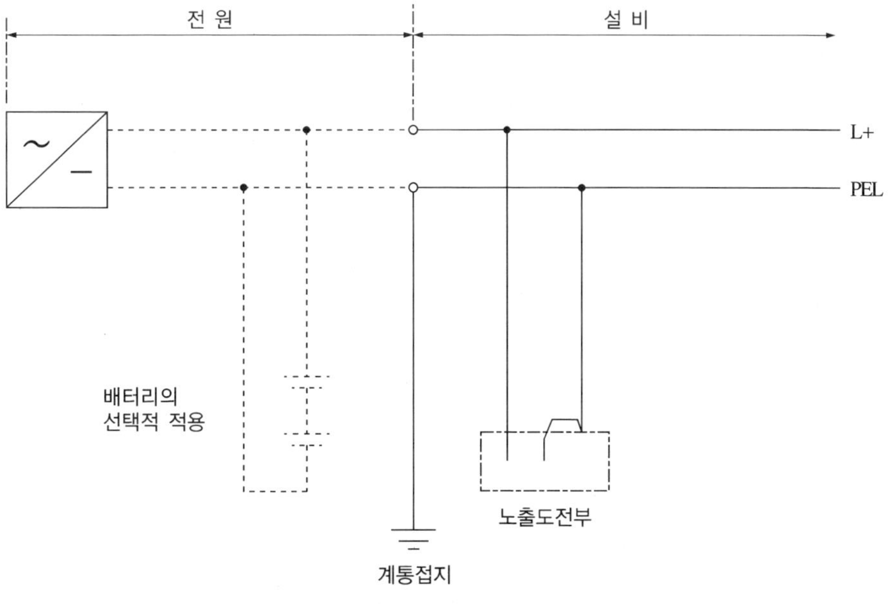

[중간도체가 없는 TN-C 직류계통]

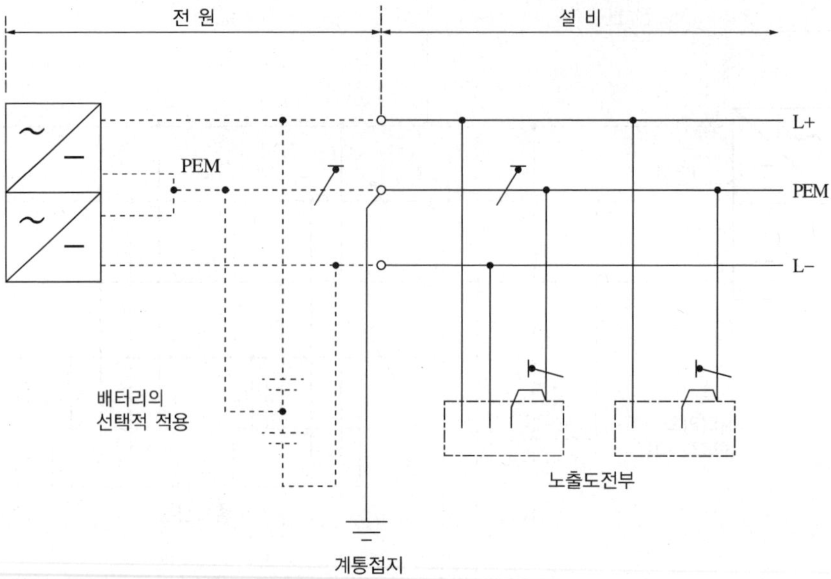

[중간도체가 있는 TN-C 직류계통]

- TN-C-S 계통 : 전원측 선도체 또는 중간도체의 한 점을 직접 접지하고, 설비의 노출도전부는 보호도체를 통해 그 점에 접속한다. 설비의 일부에서 접지된 선도체와 보호도체의 기능을 하나의 PEL도체로 겸용하거나, 설비의 일부에서 접지된 중간도체와 보호도체를 하나의 PEM도체로 겸용한다. 설비 내에서 보호도체를 추가로 접지할 수 있다.

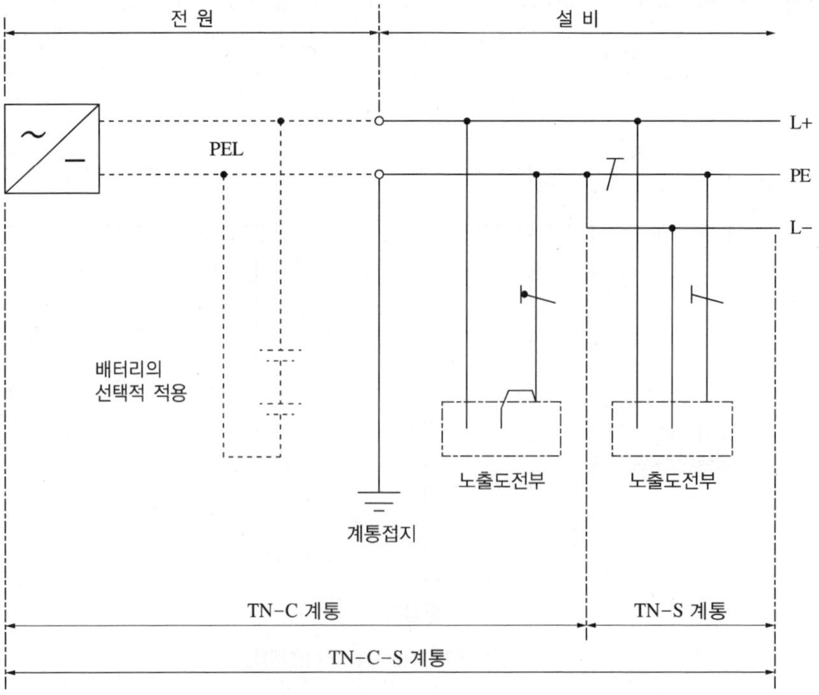

[중간도체가 없는 TN-C-S 직류계통]

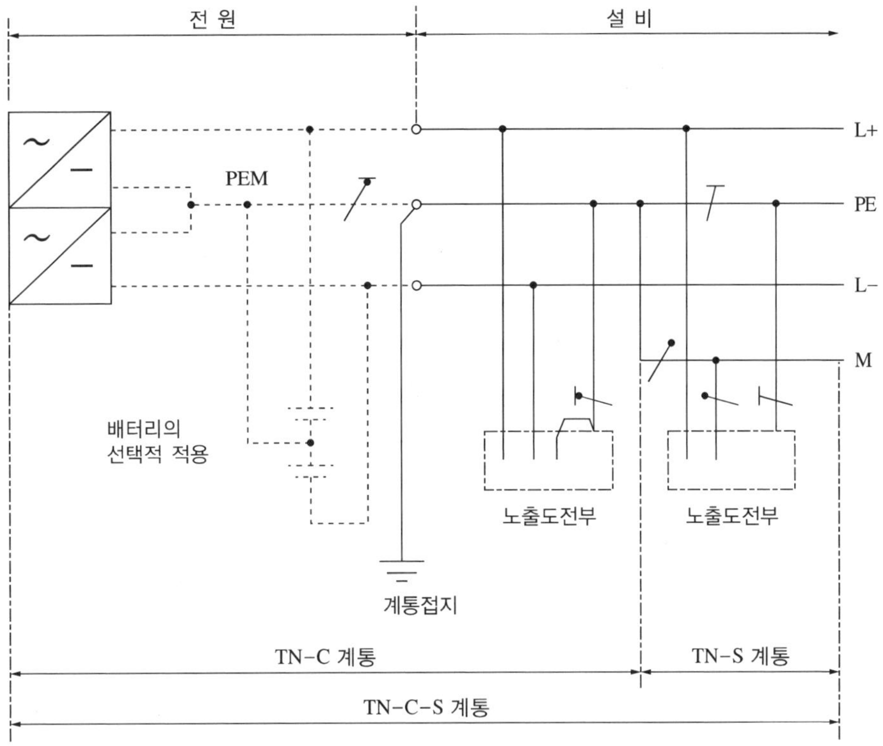

[중간도체가 있는 TN-C-S 직류계통]

- TT 계통

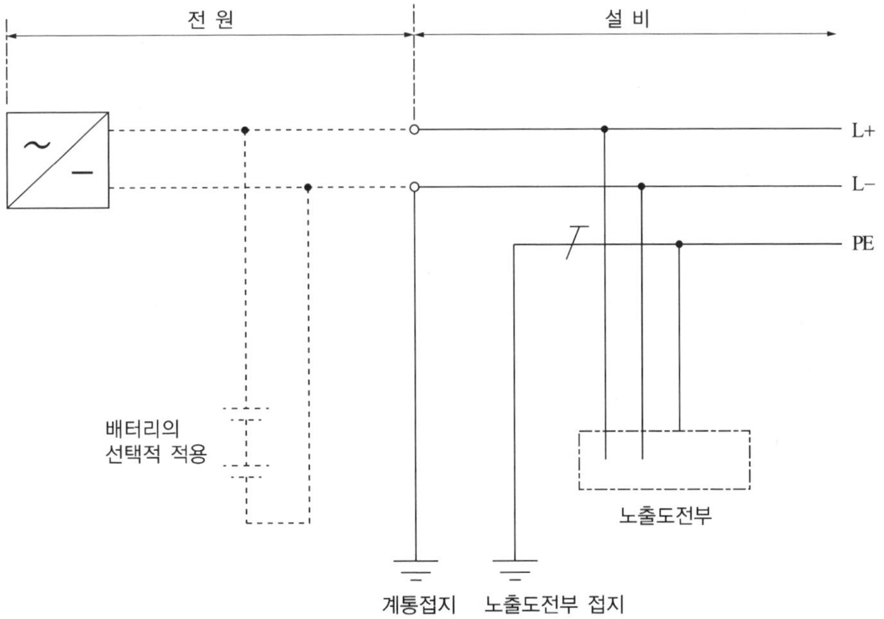

[중간도체가 없는 TT 직류계통]

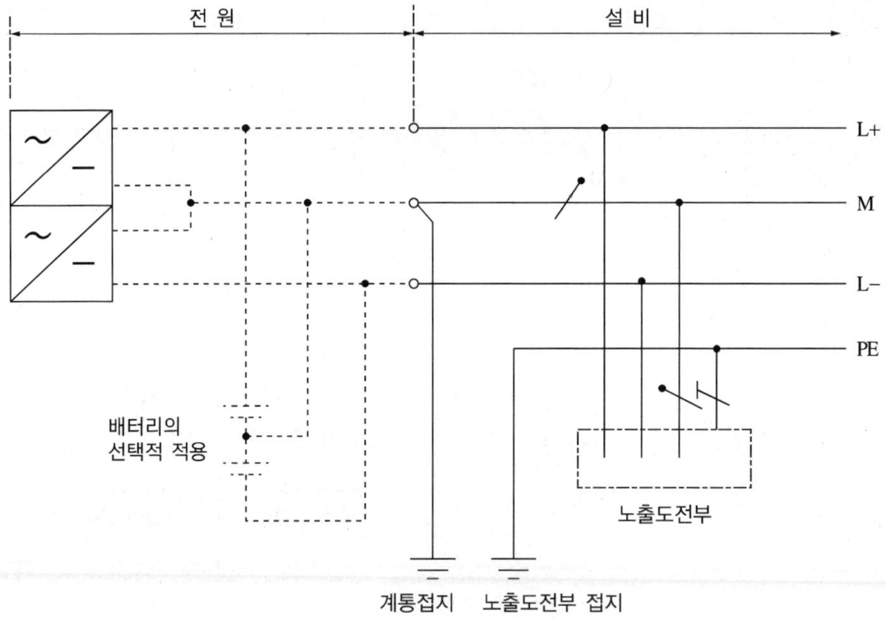

[중간도체가 있는 TT 직류계통]

- IT 계통

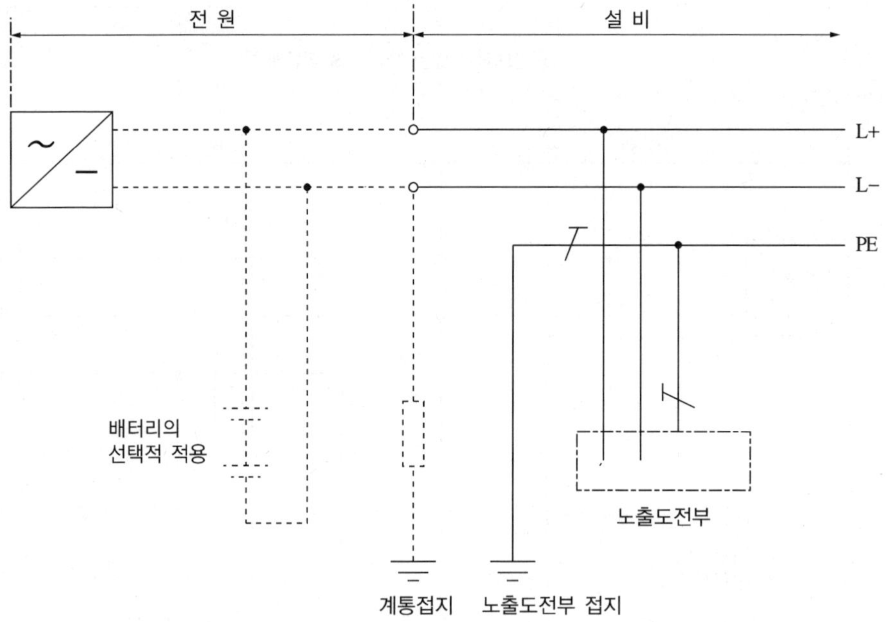

[중간도체가 없는 IT 직류계통]

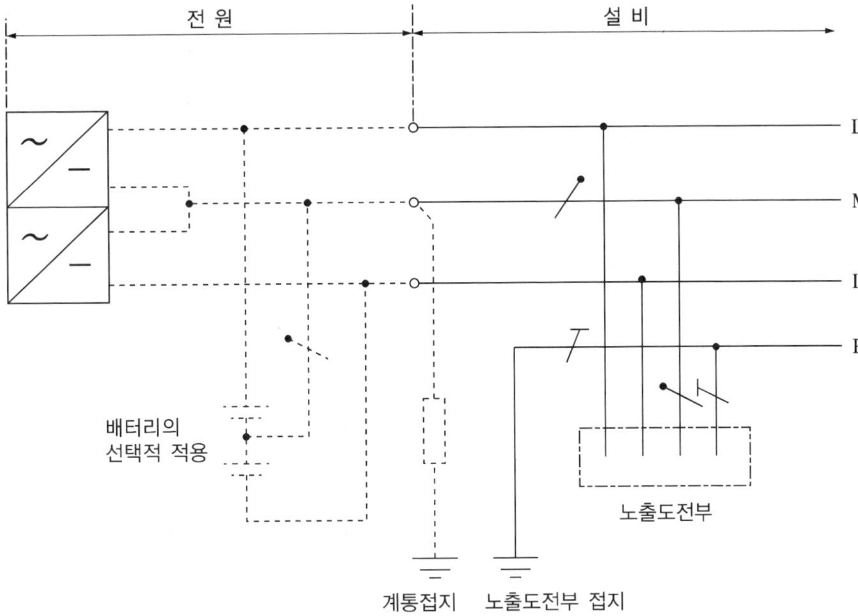

[중간도체가 있는 IT 직류계통]

⑤ 접지도체 · 보호도체

㉠ 용어정의

- 보호도체 : 안전을 목적으로 설치된 도체를 말한다. 보호도체는 일반적 용어로 접지도체, 보호등전위본딩도체, 보조 보호등전위본딩도체, 회로 보호도체를 포함한다는 것을 인식하는 것이 중요하며, 구체적으로 주접지단자와 노출도전부(기기 외함 등)의 접지점을 연결하는 도체이다.
- 접지도체 : 일반적으로 접지극과 주접지단자를 연결하는 도체로 계통, 설비 또는 기기의 1점과 접지극 간의 도전성 경로를 구성하는 도체이다.
- 본딩도체 : 접지단자와 금속제 수도관 등 계통외도전부의 접지점을 연결하는 도체이다.

㉡ 등전위본딩 시설

- 인입구 부근에서 인입 금속배관 본딩과 건축물 · 구조물의 철근, 철골 등을 본딩하는 보호등전위본딩
- 고장 시 전원 자동 차단시간이 계통별 최대 차단시간을 초과하는 경우 2.5[m] 이내의 노출도전부 및 계통의 도전부를 본딩하는 보조 보호등전위본딩
- 절연성 바닥으로 된 비접지 장소에서 2.5[m] 이내 전기설비 상호 간 및 전기설비를 지지하는 금속체를 본딩하는 비접지 국부 등전위본딩으로 구분하여 시설요건을 규정

ⓒ 접지도체 최소 굵기

	구 리	철 제
큰 고장전류가 흐르지 않는 경우	6[mm^2] 이상	50[mm^2] 이상
피뢰시스템이 접속된 경우	16[mm^2] 이상	
고장 시 전류를 안전하게 통할 수 있는 것		
특고압·고압 전기설비용	6[mm^2] 이상 연동선	
중성점 접지용	16[mm^2] 이상 연동선	
중성점 접지용 다음 경우 • 7[kV] 이하 전로 • 25[kV] 이하 특고압 가공전선로, 중성선 다중접지식(2초 이내 자동차단장치 시설)	6[mm^2] 이상 연동선	
이동 사용기계기구 금속제 외함 접지시스템		
특고압·고압 전기설비용 접지도체 및 중성점 접지도체 • 클로로프렌캡타이어케이블(3종 및 4종) • 클로로설포네이트폴리에틸렌캡타이어케이블(3종 및 4종)의 1개 도체 • 다심 캡타이어케이블의 차폐 • 기타의 금속체	10[mm^2]	
저압 전기설비용 접지도체		
다심 코드 또는 다심 캡타이어케이블	0.75[mm^2]	
유연성이 있는 연동연선	1.5[mm^2]	

ⓔ 보호도체

- 보호도체 종류(다음 중 하나 또는 복수로 구성)
  - 다심케이블의 도체
  - 충전도체와 같은 트렁킹에 수납된 절연도체 또는 나도체
  - 고정된 절연도체 또는 나도체
  - 금속케이블 외장, 케이블 차폐, 케이블 외장, 전선묶음(편조전선), 동심도체, 금속관(구조·접속이 기계적, 화학적 또는 전기화학적 열화에 대해 보호할 수 있으며 전기적 연속성을 유지하는 경우 및 보호도체 최소 굵기조건을 충족하는 경우)
- 보호도체 또는 보호본딩도체로 사용해서는 안 되는 곳
  - 금속 수도관
  - 가스·액체·가루와 같은 잠재적인 인화성 물질을 포함하는 금속관
  - 상시 기계적 응력을 받는 지지 구조물 일부
  - 가요성 금속배관. 다만, 보호도체의 목적으로 설계된 경우는 예외
  - 가요성 금속전선관
  - 지지선, 케이블트레이 및 이와 비슷한 것
- 보호도체의 최소 단면적(단, TT계통에서 전력공급계통의 접지극과 노출도전부의 접지극이 독립한 경우 구리 25[mm^2], 알루미늄 35[mm^2]를 초과할 필요는 없다)

선도체의 단면적 S([mm^2], 구리)	보호도체의 최소 단면적([mm^2], 구리)	
	보호도체의 재질이 선도체와 같은 경우	보호도체의 재질이 선도체와 다른 경우
$S \leq 16$	S	$\left(\frac{k_1}{k_2}\right) \times S$
$16 < S \leq 35$	16(a)	$\left(\frac{k_1}{k_2}\right) \times 16$
$S > 35$	$\frac{S(a)}{2}$	$\left(\frac{k_1}{k_2}\right) \times \left(\frac{S}{2}\right)$

- k_1 : 도체 및 절연의 재질에 따라 선정된 선도체에 대한 k값
- k_2 : KS C IEC에서 선정된 보호도체에 대한 k값
- a : PEN도체의 최소 단면적은 중성선과 동일하게 적용한다.

차단시간이 5초 이하인 경우에만 다음 계산식을 적용한다.

$$S = \frac{\sqrt{I^2 t}}{k}$$

여기서, S : 단면적[mm^2]

I : 보호장치를 통해 흐를 수 있는 예상 고장전류 실횻값[A]

t : 자동차단을 위한 보호장치의 동작시간[s]

k : 보호도체, 절연, 기타 부위의 재질 및 초기온도와 최종온도에 따라 정해지는 계수

- 보호도체가 케이블의 일부가 아니거나 선도체와 동일 외함에 설치되지 않으면 다음 굵기 이상으로 한다.

	구 리	알루미늄
기계적 손상에 보호되는 경우	2.5[mm^2] 이상	16[mm^2] 이상
기계적 손상에 보호되지 않는 경우	4[mm^2] 이상	16[mm^2] 이상

- 보호도체의 단면적 보강
  - 보호도체는 정상 운전상태에서 전류의 전도성 경로로 사용되지 않아야 한다.
  - 전기설비의 정상 운전상태에서 보호도체에 10[mA]를 초과하는 전류가 흐르는 경우, 보호도체를 증강하여 사용

  ※ 보호도체가 하나인 경우든 추가로 별도 단자 구비든 구리 10[mm^2] 이상 알루미늄 16[mm^2] 이상

㉤ 보호도체와 계통도체 겸용

- 겸용도체 종류
  - 중성선과 겸용(PEN)
  - 선도체와 겸용(PEL)
  - 중간도체와 겸용(PEM)
- 겸용도체는 다음에 의한다.
  - 고정된 전기설비에만 사용
  - 구리 10[mm^2], 알루미늄 16[mm^2] 이상
  - 중성선과 보호도체의 겸용도체는 전기설비의 부하 측에 시설하면 안 된다.
  - 폭발성 분위기 장소는 보호도체를 전용으로 하여야 한다.

ⓗ 주접지단자

- 접지시스템은 주접지단자를 설치하고, 다음의 도체들을 접속하여야 한다.
  - 등전위본딩도체
  - 접지도체
  - 보호도체
  - 기능성 접지도체
- 여러 개의 접지단자가 있는 장소는 접지단자를 상호 접속하여야 한다.
- 주접지단자에 접속하는 각 접지도체는 개별적으로 분리할 수 있어야 하며, 접지저항을 편리하게 측정할 수 있어야 한다.

⑥ 전기수용가 접지

㉠ 주택 등 저압 수용장소 접지

계통접지는 TN-C-S 방식인 경우 구리 10[mm^2] 이상 알루미늄 16[mm^2] 이상 사용

㉡ 변압기 중성점접지(고압·특고압 변압기)

일 반	접지저항값$(R) = \frac{150}{I_1}$
고압·특고압 전로 35[kV] 이하 특고압전로가 저압 측과 혼촉 시 저압 대지전압 150[V] 초과하는 경우	• 2초 이내 자동차단장치 시설 시$(R) = \frac{300}{I_1}$ • 1초 이내 자동차단장치 시설 시$(R) = \frac{600}{I_1}$

㉢ 공통접지 및 통합접지

고압 및 특고압과 저압 전기설비의 접지극이 서로 근접하여 시설되어 있는 변전소 또는 이와 유사한 곳에서는 다음과 같이 공통접지시스템으로 할 수 있다.

- 저압 전기설비의 접지극이 고압 및 특고압 접지극의 접지저항 형성영역에 완전히 포함되어 있다면 위험전압이 발생하지 않도록 이들 접지극을 상호 접속하여야 한다.
- 접지시스템에서 고압 및 특고압 계통의 지락사고 시 저압계통에 가해지는 상용주파 과전압은 다음 표에서 정한 값을 초과해서는 안 된다.

[저압 설비 허용 상용주파 과전압]

고압계통에서 지락고장시간[초]	저압 설비 허용 상용주파 과전압[V]	비 고
>5	$U_0 + 250$	중성선 도체가 없는 계통에서 U_0는 선간전압을 말한다.
≤5	$U_0 + 1,200$	

[비 고]
- 순시 상용주파 과전압에 대한 저압기기의 절연 설계기준과 관련된다.
- 중성선이 변전소 변압기의 접지계통에 접속된 계통에서, 건축물외부에 설치한 외함이 접지되지 않은 기기의 절연에는 일시적 상용주파 과전압이 나타날 수 있다.

※ 통합접지시스템은 공통접지에 의한다.

※ 낙뢰에 의한 과전압 등으로부터 전기전자기기 등을 보호하기 위해 서지보호장치를 설치하여야 한다.

(5) 감전보호용 등전위본딩

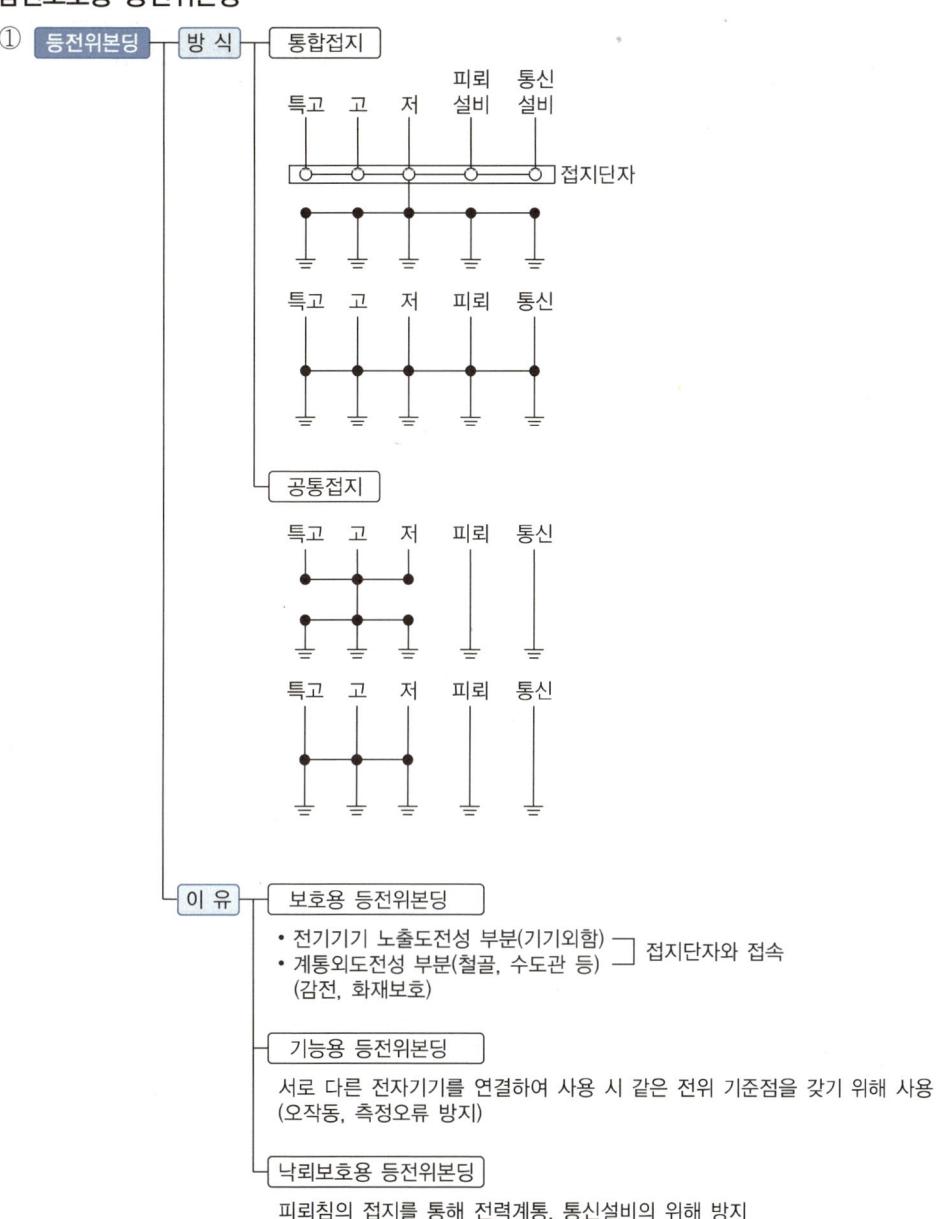

① 등전위본딩

- 방 식
  - 통합접지

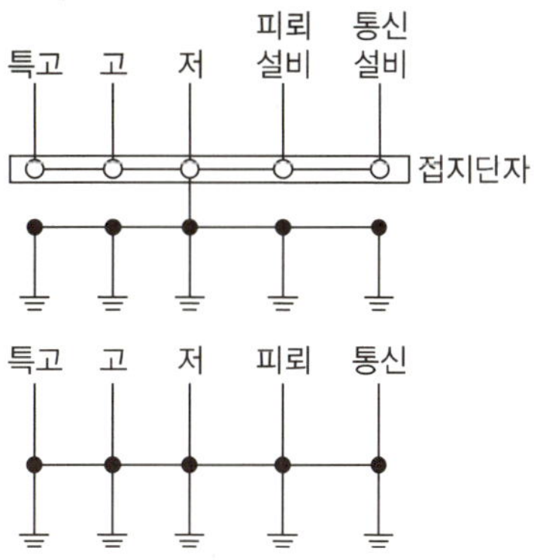

  - 공통접지

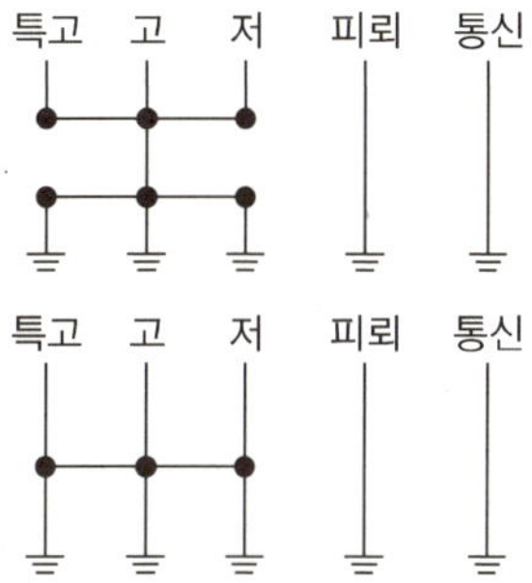

- 이 유
  - 보호용 등전위본딩
    - 전기기기 노출도전성 부분(기기외함)
    - 계통외도전성 부분(철골, 수도관 등)

    → 접지단자와 접속

    (감전, 화재보호)
  - 기능용 등전위본딩

    서로 다른 전자기기를 연결하여 사용 시 같은 전위 기준점을 갖기 위해 사용 (오작동, 측정오류 방지)
  - 낙뢰보호용 등전위본딩

    피뢰침의 접지를 통해 전력계통, 통신설비의 위해 방지 (접지 간 전위차에 의한 뇌전류에 대한 기기 손상 방지)

② 감전보호용 등전위본딩

보호등전위본딩의 적용 (건축물, 구조물에서 접지도체, 주접지단자와 다음 부분)	보호등전위본딩
수도관, 가스관 등 외부에서 내부로 인입되는 금속배관	수도관, 가스관 등 외부에서 내부로 인입되는 최초 밸브 후단에서 등전위본딩
건축물, 구조물의 철근, 철골 등의 금속 보강재	건축물, 구조물의 철근, 철골 등의 금속 보강재
일상생활에서 접촉가능한 금속제 난방 배관 및 공조설비 등 계통 외 도전부 ※ 주접지단자에 보호등전위본딩, 접지도체, 기능성 접지도체를 접속하여야 한다.	건축물, 구조물의 외부에서 내부로 들어오는 금속제 배관 • 1개소에 집중하여 인입, 인입구 부근에서 서로 접속하여 등전위본딩바에 접속 • 대형 건축물 등으로 1개소에 집중 어려운 경우 본딩도체를 1개의 본딩바에 연결

③ 보호등전위본딩 도체

주접지단자에 접속하기 위한 등전위본딩 도체는 설비 내 가장 큰 보호도체 $A \times \frac{1}{2}$ 이상이며, 다음 단면적 이상일 것

구 리	알루미늄	강 철	보호본딩도체의 최대 단면적(구리도체)
6[mm^2]	16[mm^2]	50[mm^2]	25[mm^2] 이하

④ 보조 보호등전위본딩

㉠ 보조 보호등전위본딩의 대상은 전원자동차단에 의한 감전보호방식에서 고장 시 자동차단시간이 고장 시 자동차단에서 요구하는 계통별 최대 차단시간을 초과하는 경우

㉡ ㉠의 차단시간을 초과하고 2.5[m] 이내에 설치된 고정기기의 노출도전부와 계통외도전부는 보조 보호등전위본딩을 하여야 한다(보조 보호등전위본딩의 유효성에 관해 의문이 생길 경우 동시에 접근 가능한 노출도전부와 계통외도전부 사이의 저항값(R)이 다음의 조건을 충족하는지 확인).

교류계통 : $R \leq \frac{50[V]}{I_a}[\Omega]$	직류계통 : $R \leq \frac{120[V]}{I_a}[\Omega]$
I_a : 보호장치의 동작전류[A](누전차단기의 경우 $I_{\Delta n}$(정격감도전류), 과전류보호장치의 경우 5초 이내 동작전류)	

㉢ 도체의 굵기

- 두 개의 노출도전부를 접속하는 보호본딩도체의 도전성은 노출도전부에 접속된 더 작은 보호도체의 도전성보다 커야 한다.
- 노출도전부를 계통외도전부에 접속하는 보호본딩도체의 도전성은 같은 단면적을 갖는 보호도체의 1/2 이상이어야 한다.
- 케이블의 일부가 아닌 경우 또는 선로도체와 함께 수납되지 않은 본딩도체는 다음 값 이상이어야 한다.

	구 리	알루미늄
기계적 보호가 된 것	2.5[mm^2]	16[mm^2]
기계적 보호가 없는 것	4[mm^2]	16[mm^2]

⑤ 비접지 국부등전위본딩

㉠ 절연성 바닥으로 된 비접지 장소에서 다음의 경우 국부등전위본딩을 하여야 한다.

- 전기설비 상호 간이 2.5[m] 이내인 경우
- 전기설비와 이를 지지하는 금속체 사이

㉡ 전기설비 또는 계통외도전부를 통해 대지에 접촉하지 않아야 한다.

(6) 접지공사의 생략이 가능한 장소

① 사용전압이 직류 300[V] 또는 교류 대지전압이 150[V] 이하인 기계기구를 건조한 곳에 시설하는 경우

② 저압용의 기계기구를 건조한 목재의 마루, 기타 이와 유사한 절연성 물건 위에서 취급하도록 시설하는 경우

③ 저압용이나 고압용의 기계기구, 특고압 배전용 변압기의 시설에서 규정하는 특고압 전선로에 접속하는 배전용 변압기나 이에 접속하는 전선에 시설하는 기계기구 또는 KEC 333.32(25[kV] 이하인 특고압 가공전선로의 시설)의 1과 4에서 규정하는 특고압 가공전선로의 전로에 시설하는 기계기구를 사람이 쉽게 접촉할 우려가 없도록 목주, 기타 이와 유사한 것의 위에 시설하는 경우

④ 철대 또는 외함의 주위에 절연대를 설치하는 경우

⑤ 외함이 없는 계기용 변성기가 고무·합성수지 기타의 절연물로 피복한 것일 경우

⑥ 전기용품 및 생활용품 안전관리법의 적용을 받는 2중 절연구조로 되어 있는 기계기구를 시설하는 경우

⑦ 저압용 기계기구에 전기를 공급하는 전로의 전원 측에 절연변압기(2차 전압이 300[V] 이하이며, 정격용량이 3[kVA] 이하인 것에 한한다)를 시설하고 또한 그 절연변압기의 부하 측 전로를 접지하지 않은 경우

⑧ 물기 있는 장소 이외의 장소에 시설하는 저압용의 개별 기계기구에 전기를 공급하는 전로에 전기용품 및 생활용품 안전관리법의 적용을 받는 인체감전보호용 누전차단기(정격감도전류가 30[mA] 이하, 동작시간이 0.03초 이하의 전류동작형에 한한다)를 시설하는 경우

⑨ 외함을 충전하여 사용하는 기계기구에 사람이 접촉할 우려가 없도록 시설하거나 절연대를 시설하는 경우

(7) 누전차단기

① 누전차단기의 시설

㉠ 전원의 자동차단에 의한 저압 전로의 보호대책

㉡ 누전차단기를 시설해야 할 대상

- 금속제 외함을 가지는 사용전압이 50[V]를 초과하는 저압의 기계기구로서 사람이 쉽게 접촉할 우려가 있는 곳에 시설
- 특고압 전로, 고압 전로 또는 저압 전로와 변압기에 의하여 결합되는 사용전압 400[V] 초과의 저압 전로(발전소 및 변전소와 이에 준하는 곳의 전로는 제외)

㉢ 누전차단기 시설 예

기계기구의 시설장소 / 전로의 대지전압	옥 내		옥 측		옥 외	물기가 있는 장소
	건조한 장소	습기가 많은 장소	우선 내	우선 외		
150[V]	×	×	×	□	□	○
150[V] 초과 300[V] 이하	△	○	×	○	○	○

[비 고]
표에 표시한 기호의 뜻은 다음과 같다.
- ○ : 누전차단기를 시설할 곳
- △ : 주택에 기계기구를 시설하는 경우에는 누전차단기를 시설할 것
- □ : 주택 구내 또는 도로에 접한 면에 룸에어컨디셔너, 아이스 박스, 진열창, 자동판매기 등 전동기를 부품으로 한 기계기구를 시설하는 경우 누전차단기를 시설하는 것이 바람직한 곳
- × : 누전차단기를 설치하지 않아도 되는 곳

② 누전차단기의 선정

㉠ 저압 전로에 시설하는 누전차단기는 전류 동작형으로 다음에 적합한 것이어야 한다.

누전차단기의 종류		정격감도전류[mA]	동작시간
고감도형	고속형	5, 10, 15, 30	• 정격감도전류에서 0.1[초] 이내 동작 • 인체감전보호용은 0.03[초] 이내 동작
	시연형		정격감도전류에서 0.1[초] 초과 2[초] 이내
	반한시형		• 정격감도전류에서 0.2[초]를 초과하고 1[초] 이내 동작 • 정격감도전류 1.4배의 전류에서 0.1[초]를 초과하고 0.5[초] 이내 동작 • 정격감도전류 4.4배의 전류에서 0.05[초] 이내 동작
중감도형	고속형	50, 100, 200, 500, 1,000	정격감도전류에서 0.1[초] 이내 동작
	시연형		정격감도전류에서 0.1[초]를 초과하고 2[초] 이내 동작

㉡ 인입구 장치 등에 시설하는 누전차단기는 충격파 부동작형일 것

※ 콘센트의 시설

욕조나 샤워시설이 있는 욕실 또는 화장실 등 인체가 물에 젖어 있는 상태에서 전기를 사용하는 장소에 콘센트를 시설하는 경우에는 다음에 따라 시설하여야 한다.

- 인체감전보호용 누전차단기(정격감도전류 15[mA] 이하, 동작시간 0.03[초] 이하의 전류 동작형의 것에 한함) 또는 절연변압기(정격용량 3[kVA] 이하인 것에 한함)로 보호된 전로에 접속하거나, 인체감전보호용 누전차단기가 부착된 콘센트를 시설하여야 한다.
- 방적형 콘센트 사용

확인문제

01 안전을 위한 보호대책 4가지를 쓰시오.

정답

- 감전에 대한 보호
- 과전류에 대한 보호
- 열영향에 대한 보호
- 고장전류에 대한 보호

02 다음 표의 색상을 옳게 넣으시오.

상(문자)	색 상
L1	(①)
L2	(②)
L3	(③)
N	(④)
보호도체	(⑤)

해설

KEC 121.2(전선의 식별)

- 전선의 색상은 다음 표에 따른다.

상(문자)	색 상
L1	갈 색
L2	검은색
L3	회 색
N	파란색
보호도체	녹색-노란색

- 색상 식별이 종단 및 연결 지점에서만 이루어지는 나도체 등은 전선 종단부에 색상이 반영구적으로 유지될 수 있는 도색, 밴드, 색 테이프 등의 방법으로 표시해야 한다.

정답

① 갈 색
② 검은색
③ 회 색
④ 파란색
⑤ 녹색-노란색

03 하나 또는 복합하여 시설하여야 하는 접지극의 방법 4가지를 쓰시오.

해설

접지극의 시설

- 콘크리트에 매입된 기초접지극
- 토양에 매설된 기초접지극
- 토양에 수직 또는 수평으로 직접 매설된 금속전극(봉, 전선, 테이프, 배관, 판 등)
- 케이블의 금속외장 및 그 밖에 금속피복
- 지중 금속구조물(배관 등)
- 대지에 매설된 철근콘크리트의 용접된 금속 보강재(다만, 강화콘크리트는 제외한다)

정답

- 콘크리트에 매입된 기초접지극
- 토양에 매설된 기초접지극
- 토양에 수직 또는 수평으로 직접 매설된 금속전극
- 케이블의 금속외장 및 그 밖에 금속피복

04 한국전기설비규정에 따른 접지시스템의 구분 및 종류에 대해 각각 3가지씩 쓰시오.

(1) 접지시스템의 구분

①

②

③

(2) 접지시스템의 종류

①

②

③

해설

접지시스템의 구분

- 계통접지 : 전력계통의 이상현상에 대비하여 대지와 계통을 접지
- 보호접지 : 감전보호를 목적으로 기기의 한 점 이상을 접지
- 피뢰시스템접지 : 뇌격전류를 안전하게 대지로 방류하기 위한 접지

접지시스템의 종류

- 단독접지
- 공통접지
- 통합접지

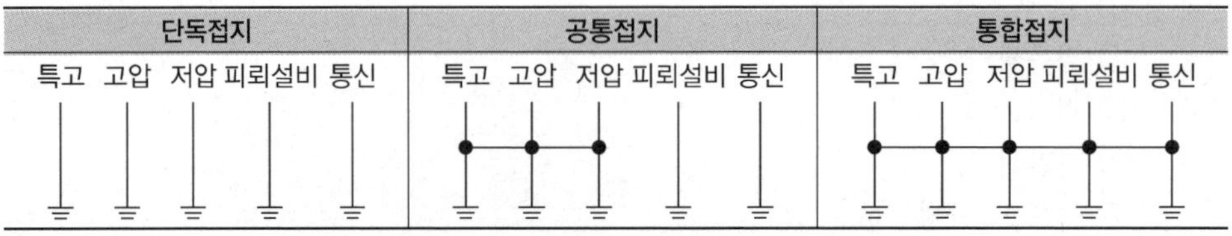

정답

(1) ① 계통접지
② 보호접지
③ 피뢰시스템접지

(2) ① 단독접지
② 공통접지
③ 통합접지

05

사람의 접촉 우려가 있는 장소에서 철주에 절연전선을 사용하여 접지공사를 그림과 같이 노출시공하고자 한다.

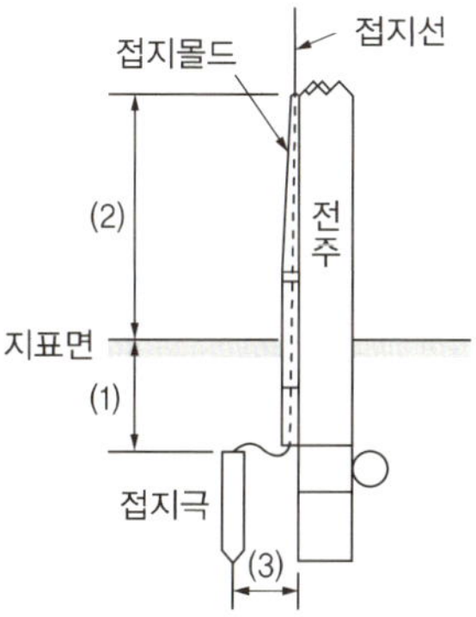

(1) 접지극의 지하 매설 깊이는?

(2) 지표상 접지몰드의 높이는 얼마인가?

(3) 전주와 접지극의 간격은?

해설

접지공사

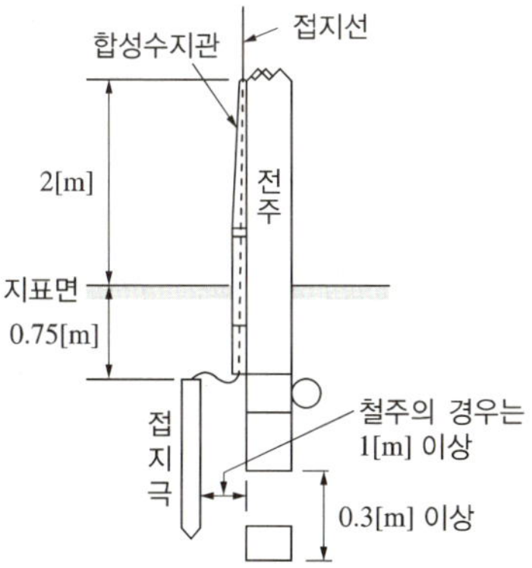

정답

(1) 0.75[m]

(2) 2[m]

(3) 1[m]

06 접지공사에 사용하는 접지선을 사람이 접촉할 우려가 있는 곳에 철주 기타의 금속체를 따라서 시설하는 경우에는 접지극을 그 금속체로부터 지중에서 몇 [m] 이상 이격시켜야 하는가?(단, 접지극을 철주의 밑면으로부터 0.3[m] 이상의 깊이에 매설하는 경우는 제외한다)

해설

KEC 142.2(접지극의 시설 및 접지저항)

- 접지극은 매설하는 토양을 오염시키지 않아야 하며, 가능한 다습한 부분에 설치한다.
- 접지극은 지표면으로부터 지하 0.75[m] 이상으로 하되 동결 깊이를 고려하여 매설 깊이를 정해야 한다.
- 접지도체를 철주 기타의 금속체를 따라서 시설하는 경우에는 접지극을 철주의 밑면으로부터 0.3[m] 이상의 깊이에 매설하는 경우 이외에는 접지극을 지중에서 그 금속체로부터 1[m] 이상 떼어 매설하여야 한다.

정답

1

07 가공지선이 있는 지지물의 표준 접지시공에 대해 다음 물음을 간단히 쓰시오.

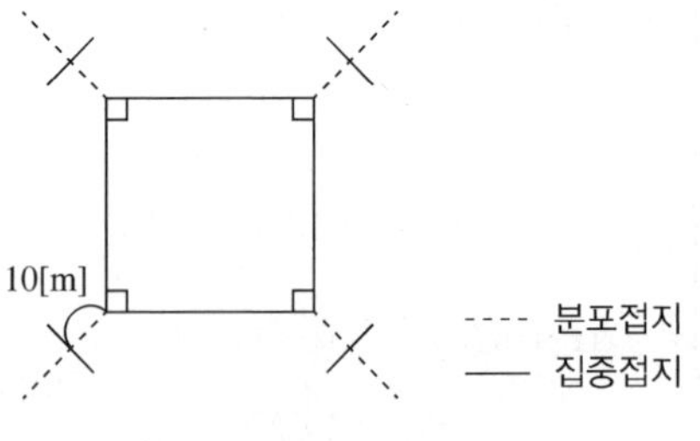

(1) 분포접지란?

(2) 집중접지란?

정답

(1) 분포접지 : 탑각에서 방사형으로 매설지선을 포설하여 접지하는 방식

(2) 집중접지 : 탑각에서 10[m] 떨어진 지점에서 분포접지에 직각 방향으로 접지하는 방식

08 배전용 변전소에 있어서 중요 접지개소 5개소를 쓰시오.

해설

- 고압 기계기구의 외함
- 피뢰기 및 피뢰침
- MOF의 외함
- 변압기 외함
- 전력수급용 계기용 변성기의 2차 측
- 케이블의 차폐선
- CT와 PT의 2차 측 전로의 1단자
- 다선식 전로의 중성선
- 옥외 철구
- 일반기기 및 제어반의 외함
- 변압기의 2차 측 중선선 또는 1단자
- 유입차단기 및 진공차단기의 외함

정답

- 고압 기계기구의 외함
- 피뢰기 및 피뢰침
- MOF의 외함
- 변압기 외함
- 전력수급용 계기용 변성기의 2차 측

09 저압 전로의 보호도체 및 중성선의 접속방식에 따른 접지계통의 분류 3가지를 쓰시오.

해설

KEC 203.1(계통접지 구성)

저압 전로의 보호도체 및 중성선의 접속 방식에 따라 접지계통의 분류

- TN계통
- TT계통
- IT계통

정답

- TN계통
- TT계통
- IT계통

10 KEC 규정에서 정하는 용어의 정의이다. (   )에 알맞은 용어를 쓰시오.

• (①)란 교류회로에서 중성선 겸용 보호도체를 말한다.
• (②)란 직류회로에서 중간도체 겸용 보호도체를 말한다.
• (③)란 직류회로에서 선도체 겸용 보호도체를 말한다.

해설

KEC 112(용어정의)

- PEN 도체(Protective Earthing Conductor and Neutral Conductor) : 교류회로에서 중성선 겸용 보호도체
- PEM 도체(Protective Earthing Conductor and a Mid-point Conductor) : 직류회로에서 중간도체 겸용 보호도체
- PEL 도체(Protective Earthing Conductor and a Line Conductor) : 직류회로에서 선도체 겸용 보호도체

정답

① PEN 도체
② PEM 도체
③ PEL 도체

11 KS C IEC 60364에서 전원의 한 점을 직접 접지하고, 설비의 노출도전성 부분을 전원계통의 접지극과 별도로 전기적으로 독립하여 접지하는 방식은?

해설

KEC 203.3(TT계통)

전원의 한 점을 직접 접지하고 설비의 노출도전부는 전원의 접지전극과 전기적으로 독립적인 접지극에 접속시킨다. 배전계통에서 PE도체를 추가로 접지할 수 있다.

정답

TT계통

12 주택 등 저압 수용장소에서 고정전기설비에 TN-C-S 접지방식으로 접지공사 시 중성선 겸용 보호도체(PEN)를 알루미늄으로 사용할 경우 단면적은 몇 [mm^2] 이상이어야 하는가?

해설

KEC 142.4(전기수용가 접지)

주택 등 저압 수용장소 접지 : 중성선 겸용 보호도체(PEN)는 고정 전기설비에만 사용할 수 있고, 그 도체의 단면적이 구리는 10[mm^2] 이상, 알루미늄은 16[mm^2] 이상이어야 하며, 그 계통의 최고 전압에 대하여 절연되어야 한다.

정답

16

13 공통접지공사 적용 시 선도체의 단면적이 16[mm^2]인 경우 보호도체(PE)에 적합한 단면적은?(단, 보호도체의 재질이 선도체와 같은 경우)

정답

16

14 선도체의 단면적이 25[mm^2]일 때 보호도체의 최소 단면적[mm^2]은?(단, 선도체와 보호도체의 재질이 구리로 같은 경우)

해설

KEC 142.3(접지도체 · 보호도체)

선도체의 단면적 S([mm^2], 구리)	보호도체의 최소 단면적([mm^2], 구리)	
	보호도체의 재질이 선도체와 같은 경우	보호도체의 재질이 선도체와 다른 경우
$S \leq 16$	S	$\left(\frac{k_1}{k_2}\right)\times S$
$16 < S \leq 35$	16(a)	$\left(\frac{k_1}{k_2}\right)\times 16$
$S > 35$	$\frac{S(a)}{2}$	$\left(\frac{k_1}{k_2}\right)\times\left(\frac{S}{2}\right)$

- k_1 : 도체 및 절연의 재질에 따라 선정된 선도체에 대한 k값
- k_2 : KS C IEC에서 선정된 보호도체에 대한 k값
- a : PEN도체의 최소 단면적은 중성선과 동일하게 적용한다.

정답

16

15 다음 그림의 접지종류는?

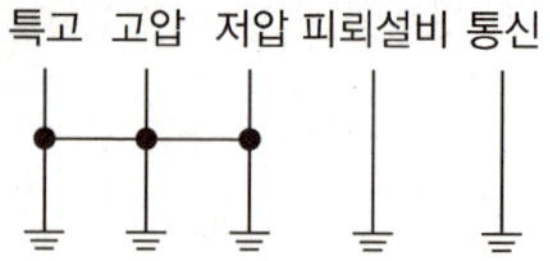

해설

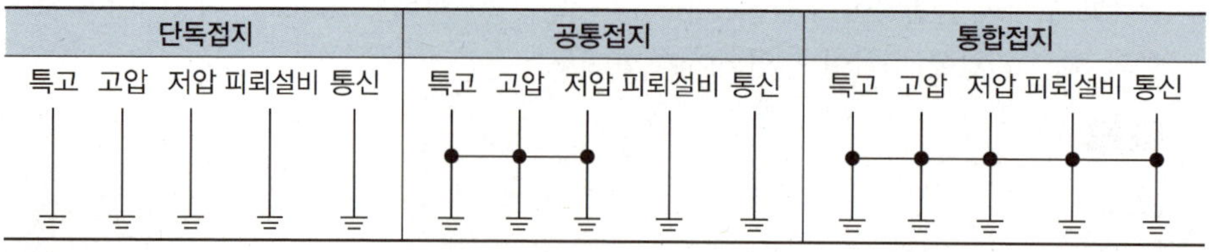

정답

공통접지

16 다음 접지시스템 구성회로 중 (　　　)에 해당하는 설비로 알맞은 것은?

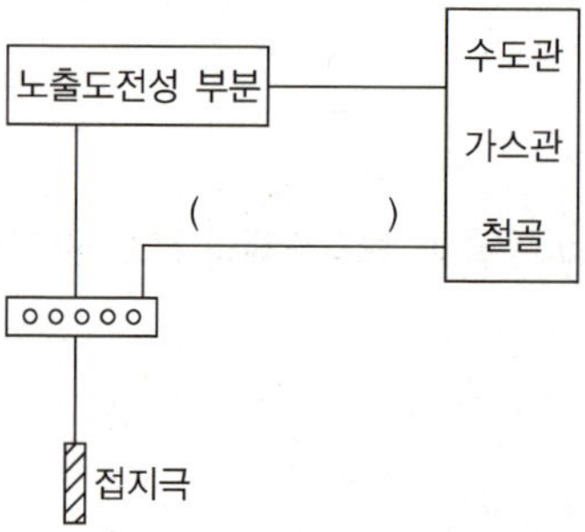

해설

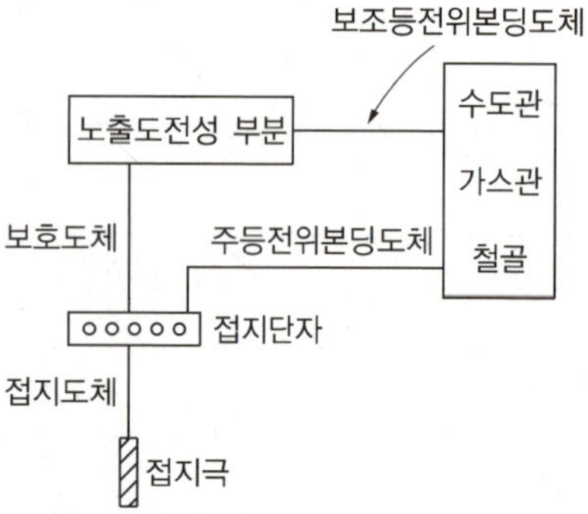

정답

주등전위본딩도체

17 접지시스템의 구성요소 3가지를 쓰시오.

해설

KEC 142.1(접지시스템의 구성요소 및 요구사항)

접지시스템 구성요소

- 접지시스템은 접지극, 접지도체, 보호도체 및 기타 설비로 구성
- 접지극은 접지도체를 사용하여 주접지단자에 연결하여야 한다.

정답

- 접지극
- 접지도체
- 보호도체

18 접지도체에 피뢰시스템이 접속된 경우, 접지도체의 최소 단면적[mm^2]은?(단, 구리도체를 사용하는 경우에 한한다)

해설

KEC 142.3(접지도체 · 보호도체)

- 큰 고장전류가 접지도체를 통하여 흐르지 않을 경우 접지도체의 최소 단면적
  - 구리 : 6[mm^2] 이상
  - 철제 : 50[mm^2] 이상
- 접지도체에 피뢰시스템이 접속되는 경우
  - 구리 : 16[mm^2] 이상
  - 철 : 50[mm^2] 이상

정답

16

19 특고압 · 고압 전기설비용 접지도체는 연동선 사용 시 최소 굵기[mm^2]는?

해설

KEC 142.3(접지도체 · 보호도체)

- 특고압 · 고압 전기설비용 접지도체는 단면적 6[mm^2] 이상의 연동선 또는 동등 이상의 단면적 및 강도를 가져야 한다.
- 중성점 접지용 접지도체는 공칭단면적 16[mm^2] 이상의 연동선 또는 동등 이상의 단면적 및 세기를 가져야 한다. 다만, 다음의 경우에는 공칭단면적 6[mm^2] 이상의 연동선 또는 동등 이상의 단면적 및 강도를 가져야 한다.
  - 7[kV] 이하의 전로
  - 사용전압이 25[kV] 이하인 특고압 가공전선로(단, 중성선 다중접지 방식의 것으로서 전로에 지락이 생겼을 때 2초 이내에 자동적으로 이를 전로로부터 차단하는 장치가 되어 있는 것)

정답

6

20 감전보호용 등전위본딩의 이유를 3가지 쓰시오.

정답

- 보호용
- 기능용
- 낙뢰보호용

21 보호등전위본딩도체는 설비 내 가장 큰 보호도체 단면적에 얼마 이상이어야 하는가?

정답

$A \times \frac{1}{2}$

22 다음은 등전위본딩도체에 관한 내용이다. ( )에 들어갈 도체의 굵기를 쓰시오.

(1) 주접지단자에 접속하기 위한 등전위본딩도체는 설비 내에 있는 가장 큰 보호접지도체 단면적의 1/2 이상의 단면적을 가져야 하며 다음의 단면적 이상이어야 한다.

- 구리도체 (①)[mm^2]
- 알루미늄도체 (②)[mm^2]
- 강철도체 (③)[mm^2]

(2) 주접지단자에 접속하기 위한 보호본딩도체의 단면적은 구리도체 ( )[mm^2] 또는 다른 재질의 동등한 단면적을 초과할 필요는 없다.

정답

(1) ① 6　　② 16　　③ 50

(2) 25

23 비접지 국부등전위본딩은 절연성 바닥으로 된 비접지 장소에서 전기설비 상호 간 간격[m]이 얼마 이하인 경우여야 하는가?

정답

2.5

24 계통 전체에 대해 별도의 중성선 또는 PE도체를 사용하는 방식은?

정답

TN-S계통

25 다음 접지계통은 어떤 접지계통인가?

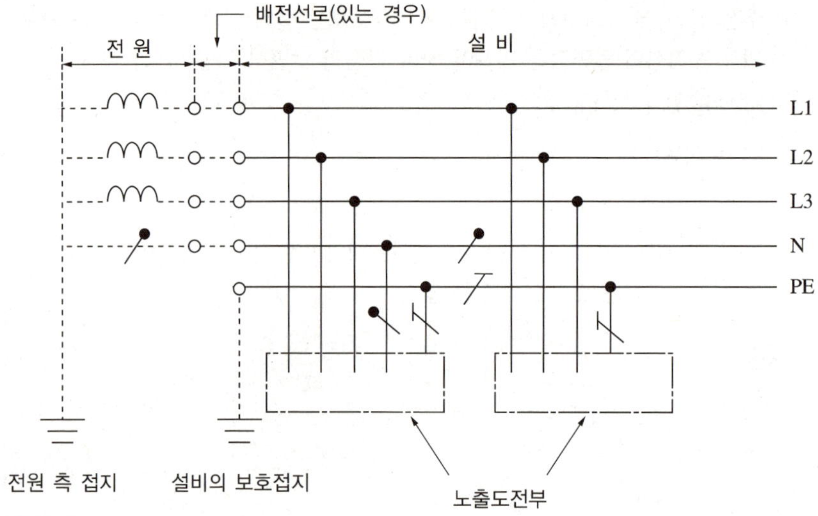

정답

TT계통

26 다음 그림은 TN-C 계통접지이다. 중성선(N), 보호선(PE), 보호선과 중성선을 겸한 선(PEN)으로 도면을 완성하고 표시하시오(단, 중성선은 ⟋•, 보호선은 ⟋, 보호선과 중성선을 겸한 선은 ⟋• 로 표시한다).

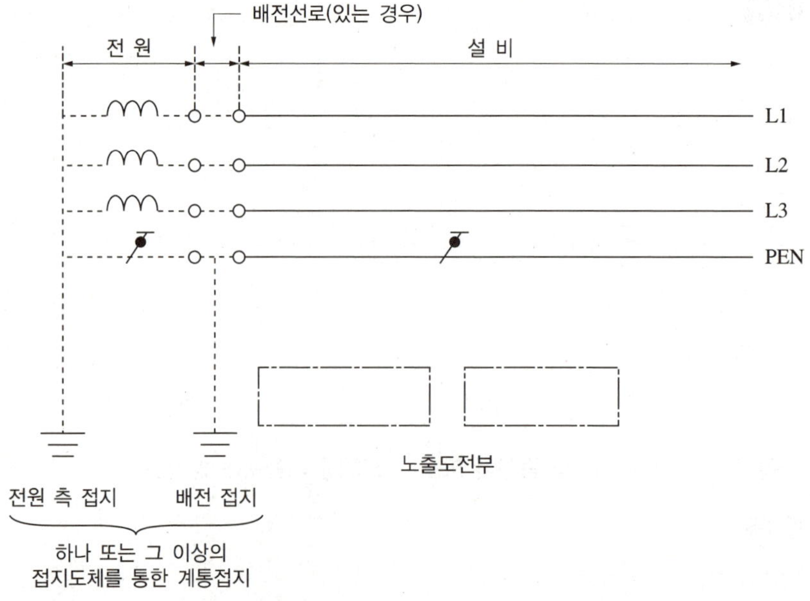

정답

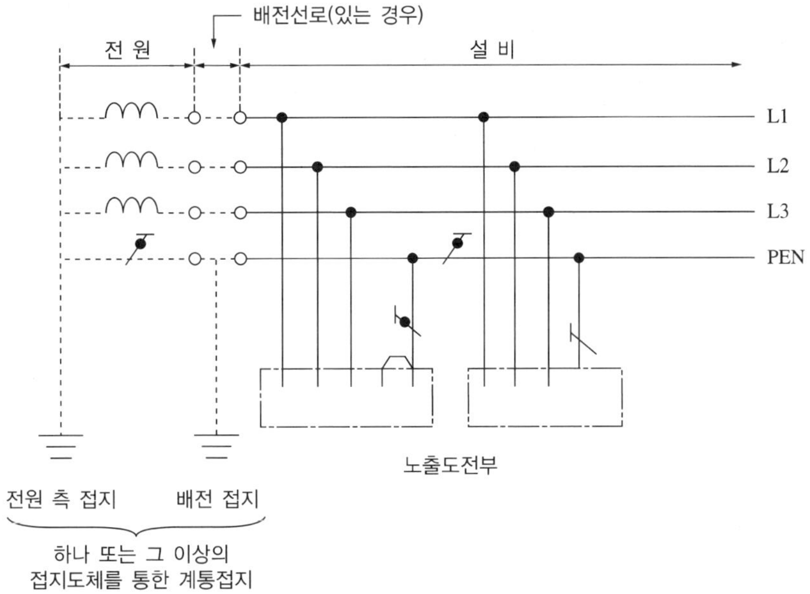

27 다음 회로는 TN-C-S 계통접지이다. 중성선(N), 보호선(PE), 보호선과 중성선을 겸한 선(PEN)을 도면에 완성하여 표시하시오(단, 중성선은 , 보호선은 , 보호선과 중성선을 겸한 선은 로 표시한다).

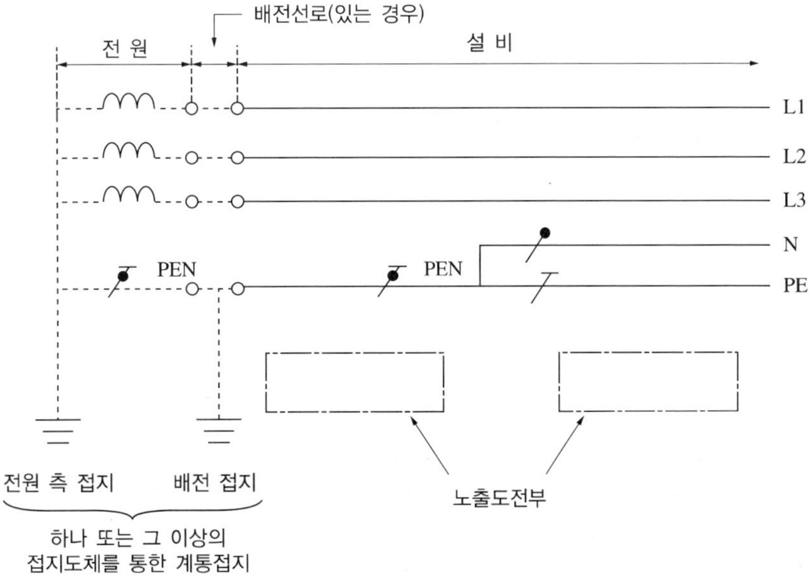

정답

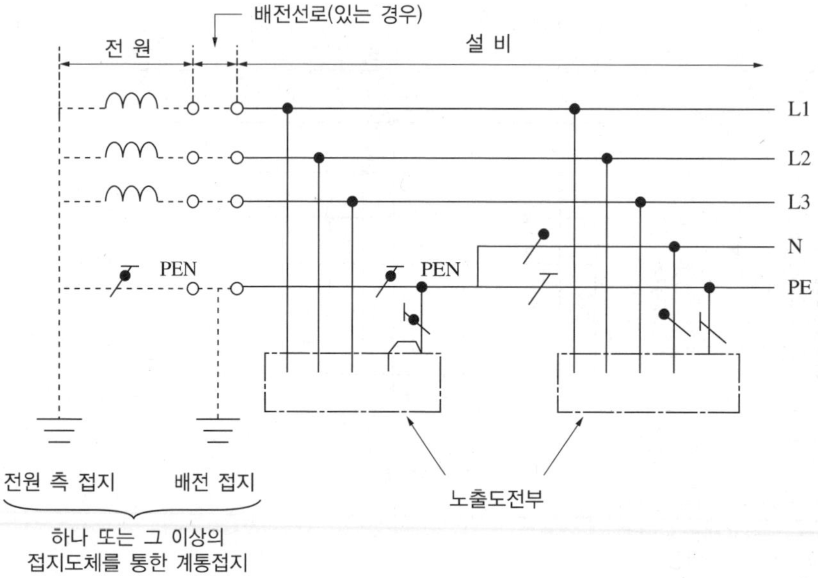

28 **다음은 한국전기설비규정에서 정하는 감전보호용 등전위본딩에 대한 설명이다. ( )에 들어갈 알맞은 내용을 답란에 적으시오.**

(1) 보호등전위본딩

1. 건축물·구조물의 외부에서 내부로 들어오는 각종 금속제 배관은 다음과 같이 하여야 한다.

   가. (①)에 집중하여 인입하고, 인입구 부근에서 서로 접속하여 등전위본딩 바에 접속하여야 한다.

   나. 대형건축물 등으로 1개소에 집중하여 인입하기 어려운 경우에는 본딩도체를 (②)개의 본딩 바에 연결한다.

2. 수도관·가스관의 경우 내부로 인입된 최초의 밸브 (③)에서 등전위본딩을 하여야 한다.

(2) 비접지 국부등전위본딩

1. 절연성 바닥으로 된 비접지 장소에서 다음의 경우 국부등전위본딩을 하여야 한다.

   가. 전기설비 상호 간이 (④)[m] 이내인 경우

   나. 전기설비와 이를 지지하는 (⑤) 사이

2. 전기설비 또는 계통외도전부를 통해 대지에 접촉하지 않아야 한다.

해설

KEC 143.2.1(보호등전위본딩)

1. 건축물·구조물의 외부에서 내부로 들어오는 각종 금속제 배관은 다음과 같이 하여야 한다.
   가. 1개소에 집중하여 인입하고, 인입구 부근에서 서로 접속하여 등전위본딩 바에 접속하여야 한다.
   나. 대형건축물 등으로 1개소에 집중하여 인입하기 어려운 경우에는 본딩도체를 1개의 본딩 바에 연결한다.
2. 수도관·가스관의 경우 내부로 인입된 최초의 밸브 후단에서 등전위본딩을 하여야 한다.
3. 건축물·구조물의 철근, 철골 등 금속보강재는 등전위본딩을 하여야 한다.

KEC 143.2.3(비접지 국부등전위본딩)

1. 절연성 바닥으로 된 비접지 장소에서 다음의 경우 국부등전위본딩을 하여야 한다.
   가. 전기설비 상호 간이 2.5[m] 이내인 경우
   나. 전기설비와 이를 지지하는 금속체 사이
2. 전기설비 또는 계통외도전부를 통해 대지에 접촉하지 않아야 한다.

정답

① 1개소 ② 1 ③ 후단 ④ 2.5 ⑤ 금속체

29

충전부 전체를 대지로부터 절연시키거나, 한 점을 임피던스를 통해 대지에 접속시키며 전기설비의 노출도전부를 단독 또는 일괄적으로 계통의 PE도체에 접속시키는 방식은 어떤 방식인가?

정답

IT계통

30

욕조나 샤워시설이 있는 욕실 또는 화장실 등 인체가 물에 젖어 있는 상태에서 전기를 사용하는 장소에 콘센트를 시설하는 경우에 대해 인체감전보호용 누전차단기의 정격 감도전류와 동작시간은 얼마 이하로 하여야 하는가?

(1) 정격감도전류[mA]

(2) 동작시간[s]

해설

[인체감전보호용 누전차단기의 정격 감도전류와 동작시간]

장 소	정격 감도전류	동작시간
욕조, 샤워시설 등 물기가 있는 장소	15[mA] 이하	0.03초 이하
그 외	30[mA] 이하	0.03초 이하

정답

(1) 15[mA]

(2) 0.03초

2 피뢰시스템(LPS ; Lightning Protection System)

구조물 뇌격으로 인한 물리적 손상을 줄이기 위해 사용되는 전체 시스템

(1) 용어정의

① **수뢰부시스템(Air-termination System)** : 낙뢰를 포착할 목적으로 피뢰침 그물망도체, 피뢰선 등과 같은 금속물체를 이용한 외부피뢰시스템의 일부

② **인하도선시스템(Down-conductor System)** : 뇌전류를 수뢰시스템에서 접지극으로 흘리기 위한 외부피뢰시스템의 일부

③ **피뢰레벨(LPL ; Lightning Protection Level)** : 자연적으로 발생하는 뇌 방전을 초과하지 않는 최대 그리고 최소 설계값에 대한 확률과 관련된 일련의 뇌격전류 매개변수(파라미터)로 정해지는 레벨

④ **피뢰구역(LPZ ; Lightning Protection Zone)** : 뇌전자 환경이 정의된 구역을 말하며, LPZ OA, LPZ OB, LPZ 1, LPZ 2 등으로 분할됨

⑤ **절연인터페이스(Isolating Interface)** : 피뢰구역(LPZ) 내로 인입되는 선로상의 전도서지를 감소시킬 수 있는 장치

⑥ **공간차폐(Space Shield)** : 기기에 직접 영향을 주는 방사전자계의 영향으로부터 보호하기 위해 구조물 전체나 일부 혹은 단일 차폐실 기기 외함으로 보호되는 구역

⑦ **뇌전자기 임펄스(LEMP ; Lightning Electromagnetic Impulse)** : 서지 및 방사상 전자계를 발생시키는 저항성, 유도성 및 용량성 결합을 통한 뇌전류에 의한 모든 전자기 영향

⑧ **피뢰 등전위본딩(Lightning Equipotential Bonding)** : 뇌전류에 의한 전위차를 줄이기 위해 직접적인 도전접속 또는 서지보호장치를 통해 분리된 금속부를 피뢰시스템에 본딩하는 것

⑨ **환상도체(Ring Conductor)** : 뇌전류의 균일한 분산을 위해 인하도선을 서로 접속할 수 있도록 구조물 둘레의 루프를 형성하는 도체

⑩ **접지극 시스템(Earth-termination System)** : 뇌전류를 대지로 흘려 방출시키기 위한 외부피뢰시스템의 일부

⑪ **접지극(Earthing Electrode)** : 대지와 직접 전기적으로 접속하고, 뇌전류를 대지로 방류시키는 접지시스템의 일부분 또는 그 집합

⑫ **환상접지극(Ring Earthing Electrode)** : 구조물 둘레의 대지면 또는 지중에서 폐루프를 형성하는 접지극

⑬ **기초접지극(Foundation Earthing Electrode)** : 구조물의 기초콘크리트에 매설된 철근 또는 철골의 접지극

⑭ **피뢰시스템의 자연적 구성부재(Natural Component of LPS)** : 피뢰의 목적으로 특별히 설치하지는 않았으나 추가로 피뢰시스템으로 사용될 수 있거나 피뢰시스템의 하나 이상의 기능을 제공하는 도전성 구성부재

(2) 적용범위

① 전기전자설비가 설치된 건축물·구조물로서 낙뢰로부터 보호가 필요한 것 또는 지상으로부터 높이가 20[m] 이상인 것

② 전기설비 및 전자설비 중 낙뢰로부터 보호가 필요한 설비

③ 고압 및 특고압 전기설비

(3) 구 성

① 직격뢰로부터 대상물을 보호하기 위한 외부피뢰시스템

② 간접뢰 및 유도뢰로부터 대상물을 보호하기 위한 내부피뢰시스템

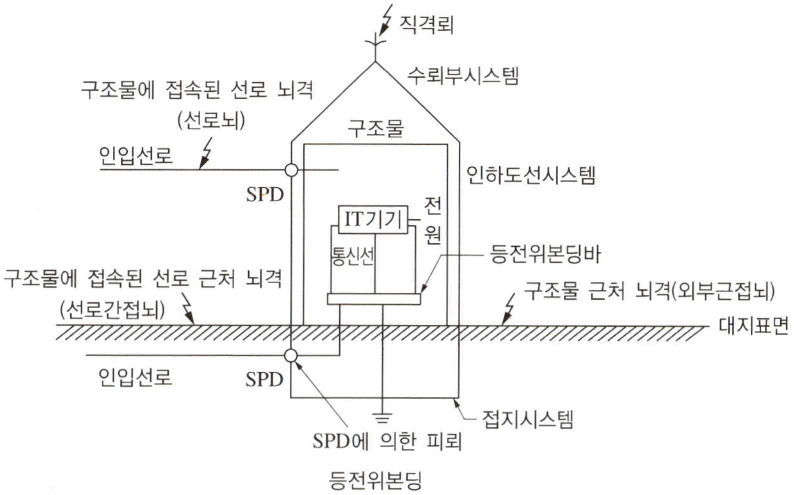

[SPD ; Surge Protective Device(서지보호기)]

(4) 외부피뢰시스템

① 수뢰부시스템

수뢰부시스템 방식	배 치
돌침, 수평도체, 그물망도체 자연적 구성부재 중 한 가지 또는 조합 사용	• 보호각법, 회전구체법, 그물망법 중 한 가지 또는 조합 사용 • 건축물·구조물의 뾰족한 부분, 모서리 등에 우선

㉠ 60[m]를 초과하는 건축물·구조물의 측격뢰 보호용 수뢰부시스템

60[m]를 초과하는 건축물·구조물의 최상부로부터 20[%] 부분에 한하며, 피뢰시스템 등급 IV의 요구사항에 따른다.

㉡ 건축물·구조물과 분리되지 않은 수뢰부시스템의 시설은 다음에 따른다.

- 지붕 마감재가 불연성 재료로 된 경우 지붕표면에 시설할 수 있다.
- 지붕 마감재가 높은 가연성 재료로 된 경우 지붕재료와 다음과 같이 이격하여 시설한다.
  - 초가지붕 또는 이와 유사한 경우 0.15[m] 이상
  - 다른 재료의 가연성 재료인 경우 0.1[m] 이상

보호각법	회전구체법	그물망법
일반적 건물에 적용	뇌격거리 개념 도입(회전구체와 접촉하는 모든 부분 설치)	구조물 표면이 평평하고 넓은 지붕 형태
	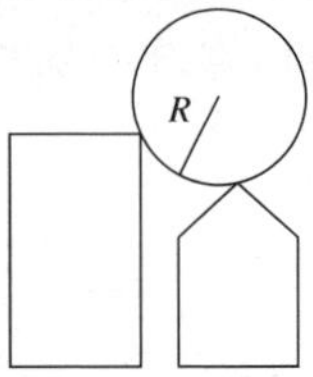	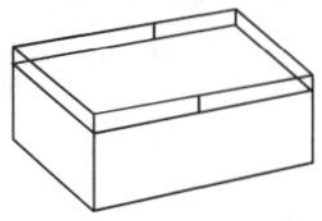

피뢰 레벨	20 [m]	30 [m]	45 [m]	60 [m]
I	25	–	–	–
II	35	25	–	–
III	45	35	25	–
IV	55	45	35	25

등 급	R(회전구체의 반지름)
I	20[m]
II	30[m]
III	45[m]
IV	60[m]

등 급	그물망 치수[m]
I	5×5
II	10×10
III	15×15
IV	20×20

보호레벨	h[m] / R[m]	20	30	45	60	폭
		$\alpha°$				
I	20	25	–	–	–	5
II	30	35	25	–	–	10
III	45	45	35	25	–	15
IV	60	55	45	35	25	20

② 인하도선시스템

㉠ 수뢰부시스템과 접지시스템을 연결하는 것으로 다음에 의한다.

- 복수의 인하도선을 병렬로 구성해야 한다. 다만, 건축물·구조물과 분리된 피뢰시스템인 경우 예외로 한다.
- 경로의 길이가 최소가 되도록 한다.
- 인하도선의 재료는 구리, 주석도금한 구리로 테이프형, 원형 단선, 연선의 형상으로 최소 단면적 50[mm^2] 이상이어야 한다.

※ 수뢰부시스템과 접지극시스템 사이에 전기적 연속성이 형성되도록 다음에 따라 시설

- 경로는 가능한 한 최단거리로 곧게 수직으로 시설하되 루프 형성이 되지 않아야 하며, 처마 또는 수직으로 설치된 홈통 내부에 시설하지 않아야 한다.
- 전기적 연속성이 보장되어야 한다(전기적 연속성 적합성은 해당하는 금속부재의 최상단부와 지표레벨 사이의 직류전기저항 0.2[Ω] 이하).
- 시험용 접속점을 접지극시스템과 가까운 인하도선과 접지극시스템의 연결 부분에 시설하고, 이 접속점은 항상 닫힌 회로가 되어야 하며 측정 시에 공구 등으로만 개방할 수 있어야 한다. 다만, 자연적 구성부재를 이용하거나, 자연적 구성부재 등과 본딩을 하는 경우에는 예외로 한다.

㉡ 배치방법

- 건축물·구조물과 분리된 피뢰시스템
  - 뇌전류의 경로가 보호대상물에 접촉하지 않도록 하여야 한다.
  - 별개의 지지기둥에 설치되어 있는 경우 각 지지기둥마다 1조 이상의 인하도선을 시설
  - 수평도체 또는 그물망도체인 경우 지지 구조물마다 1조 이상의 인하도선을 시설
- 건축물·구조물과 분리되지 않은 피뢰시스템
  - 벽이 불연성 재료로 된 경우에는 벽의 표면 또는 내부에 시설할 수 있다. 다만, 벽이 가연성 재료인 경우에는 0.1[m] 이상 이격하고, 이격이 불가능한 경우에는 도체의 단면적을 100[mm^2] 이상으로 한다.
  - 인하도선의 수는 2가닥 이상으로 한다.
  - 보호대상 건축물·구조물의 투영에 따른 둘레에 가능한 한 균등한 간격으로 배치한다. 다만, 노출된 모서리 부분에 우선하여 설치한다.
  - 병렬 인하도선의 최대 간격은 피뢰시스템 등급에 따라 I·II등급은 10[m], III등급은 15[m], IV등급은 20[m]로 한다.

※ 자연적 구성부재

- 전기적 연속성이 있는 구조물 등의 금속제 구조체(철골, 철근 등)
- 구조물 등의 상호 접속된 강제 구조체
- 건축물 외벽 등을 구성하는 금속 구조재의 크기가 인하도선에 대한 요구사항에 부합하고 두께가 0.5[mm] 이상인 금속판 또는 금속관
- 인하도선을 구조물 등의 상호 접속된 철근·철골 등과 본딩하거나, 철근·철골 등을 인하도선으로 사용하는 경우 수평 환상도체는 설치하지 않아도 된다.

③ 접지극시스템

방 식	수평 또는 수직접지극(A형)	환상도체접지극 또는 기초접지극(B형)
배 치	A형은 2개 이상을 균등 간격 배치	B형은 접지극 면적을 환산한 평균반지름이 등급별 접지극 최소길이 이상(단, 미만인 경우 수직·수평접지극 2개 이상 추가 시설)
접지저항	10[Ω] 이하인 경우 접지극 최소길이 이하로 시설할 수 있다.	
접지극	• 지표 하 0.75[m] 이상 • 암반지역(대지저항 큰 곳), 전자통신시스템이 많은 곳은 환상도체접지극 또는 기초접지극 사용 • 재료는 환경오염 및 부식 우려가 없어야 한다. • 철근 또는 금속제 지하구조물 등 자연적 구성부재는 접지극으로 사용 가능	

(5) 내부피뢰시스템

① 전기전자설비 보호용 피뢰시스템

㉠ 전기적 절연

수뢰부 또는 인하도선과 건축물·구조물의 금속 부분, 내부시스템 사이의 전기적인 절연은 외부피뢰시스템의 전기적 절연에 의한 간격

㉡ 접지와 본딩

- 뇌서지전류를 대지로 방류시키기 위한 접지를 시설
- 전위차를 해소하고 자계를 감소시키기 위한 본딩을 구성

※ 접지극은 접지시스템 규정 이외에는 환상도체접지극 또는 기초접지극으로 한다. 또한, 개별 접지시스템으로 된 복수의 건축물·구조물 등을 연결하는 콘크리트덕트·금속제 배관의 내부에 케이블(또는 같은 경로로 배치된 복수의 케이블)이 있는 경우 각각의 접지 상호 간은 병행 설치된 도체로 연결(다만, 차폐케이블인 경우는 차폐선을 양끝에서 각각의 접지시스템에 등전위본딩하는 것으로 한다)

- 전자·통신설비에서 위험한 전위차를 해소하고 자계를 감소시킬 경우 등전위본딩망 시설
  - 건축물·구조물의 도전성 부분 또는 내부설비 일부분을 통합
  - 등전위본딩망은 그물망 폭이 5[m] 이내, 구조물과 구조물 내부의 금속 부분은 다중으로 접속(다만, 금속 부분이나 도전성 설비가 피뢰구역의 경계를 지나가는 경우에는 직접 또는 서지보호장치를 통하여 본딩한다)
  - 도전성 부분의 등전위본딩은 방사형, 그물망형 또는 이들의 조합형

㉢ 서지보호장치 시설

- 전기전자설비 등에 연결된 전선로를 통하여 서지가 유입되는 경우, 해당 선로에는 서지보호장치를 설치하여 한다.
- 지중 저압수전의 경우 내부 진기전자기기의 과전압범주별 임펄스내전압이 규정값에 충족하는 경우 서지보호장치를 생략할 수 있다.

② 피뢰등전위본딩

㉠ 일반사항

피뢰시스템의 등전위화는 다음과 같은 설비들을 서로 접속함으로써 이루어진다.

- 금속제 설비
- 구조물에 접속된 외부 도전성 부분
- 내부시스템

㉡ 등전위본딩 상호접속

- 자연적 구성부재의 전기적 연속성이 확보되지 않은 경우에는 본딩도체로 연결
- 본딩도체로 직접 접속할 수 없는 장소의 경우에는 서지보호장치를 이용한다.
- 본딩도체로 직접 접속이 허용되지 않는 장소는 절연방전갭을 사용

㉢ 금속제설비의 등전위본딩

건축물·구조물과 분리된 외부피뢰시스템의 경우	건축물·구조물과 접속된 외부피뢰시스템의 경우
지표면 부근에 시설	• 지표면 부근 시설(기초 부분) – 등전위본딩도체는 등전위본딩바에 접속 – 등전위본딩바는 접지시스템에 접속 – 쉽게 점검 가능 • 절연 요구조건에 따른 안전거리 미확보 시 피뢰시스템과 건조물, 내부설비 도전성 부분은 등전위본딩하여 직접 접속 또는 충전부인 경우 서지보호장치 설치(서지보호장치 시설 시 보호레벨은 기기 임펄스내전압보다 낮을 것)

• 건조물 등전위본딩
건축물·구조물에는 지하 0.5[m]와 높이 20[m]마다 환상도체를 설치한다. 다만, 철근콘크리트, 철골구조물의 구조체에 인하도선을 등전위본딩하는 경우 환상도체는 설치하지 않아도 된다.

㉣ 인입설비의 등전위본딩
• 건조물의 외부에서 내부로 인입되는 설비의 도전성 부분은 인입구 부근에서 등전위본딩
• 전원선은 서지보호장치를 사용하여 등전위본딩
• 통신 및 제어선은 내부와의 위험한 전위차 발생을 방지하기 위해 직접 또는 서지보호장치를 통해 등전위본딩

㉤ 등전위본딩바
• 설치위치는 짧은 도전성 경로로 접지시스템에 접속할 수 있는 위치
• 접지시스템(환상접지전극, 기초접지전극, 구조물의 접지보강재 등)에 짧은 경로로 접속하여야 한다.
• 외부 도전성 부분, 전원선과 통신선의 인입점이 다른 경우 여러 개의 등전위본딩바를 설치할 수 있다.

(6) 측면 낙뢰에 대한 수뢰부시스템

① 높이 20[m] 미만 건축물의 수직면은 측면 낙뢰의 입사 가능성이 매우 낮아 일반적으로 피뢰설비를 고려할 필요는 없다.
② 높이 20[m] 이상인 건축물의 상층부(대체로 건축물 높이의 최상부 20[%])와 이 부분에 설치한 설비를 보호하기 위한 수뢰부시스템을 설치한다.
③ 측면 낙뢰를 방지하기 위하여 높이가 60[m]를 초과하는 건축물 등에는 지면에서 건축물 높이의 4/5가 되는 지점부터 최상단 부분까지의 측면에 수뢰부를 설치하여야 하며, 지표레벨에서 최상단부의 높이가 150[m]를 초과하는 건축물은 120[m] 지점부터 최상단 부분까지의 측면에 수뢰부를 설치할 것. 다만, 건축물의 외벽이 금속부재로 마감되고, 금속부재 상호 간에 전기적 연속성이 보장되며 피뢰시스템레벨에 적합하게 설치하여 인하도선에 연결한 경우에는 측면 수뢰부가 설치된 것으로 본다.
④ 건축물 상층부 수뢰부시스템 배치는 모퉁이, 모서리 및 중요한 돌출부(발코니, 전망대 등)에 수뢰장치를 위치시키며 최소한 피뢰시스템레벨 Ⅳ의 요건을 충족해야 한다.

(7) 종합적인 피뢰시스템의 설계

뇌로 인한 피해방지대책은 건축물의 물리적 손상과 인명을 보호하는 건축물 피뢰시스템(LPS)과 건축물 내부의 전기·전자시스템을 뇌서지로부터 보호하는 뇌전자임펄스보호대책(LPM)으로 구성된다.

[확인문제]

01 **외부피뢰시스템의 구성 3가지를 쓰시오.**

해설

KEC 152(외부피뢰시스템)
- 수뢰부시스템
- 인하도선시스템
- 접지극시스템

정답

- 수뢰부시스템
- 인하도선시스템
- 접지극시스템

02 **수뢰부시스템 방식에 대하여 설명하시오.**

정답

돌침, 수평도체, 그물망도체의 요소 중에 한 가지 또는 이를 조합한 형식으로 시설

03 **수뢰부시스템에서 건축물・구조물의 측격뢰 보호는 건물 높이 (①)[m] 초과하는 경우 최상부로부터 (②)[%] 부분에 한해서 시설한다. ①과 ②에 대해 답하시오.**

해설

KEC 152.1(수뢰부시스템)

전체 높이 60[m]를 초과하는 건축물・구조물의 최상부로부터 20[%] 부분에 한하며, 피뢰시스템 등급 IV의 요구사항에 따른다.

정답

① 60 ② 20

04 인하도선으로 구리 사용 시 원형 단선 형상인 경우 최소 단면적은 몇 [mm^2] 이상인가?

해설

KEC 152.2(인하도선시스템)

- 복수의 인하도선을 병렬로 구성해야 한다. 다만, 건축물·구조물과 분리된 피뢰시스템인 경우 예외로 한다.
- 경로의 길이가 최소가 되도록 한다.
- 인하도선의 재료는 구리, 주석도금한 구리로 테이프형, 원형 단선, 연선의 형상으로 최소 단면적 50[mm^2] 이상이어야 한다.

정답

50

05 KS C IEC 62305-3에 따른 피뢰시스템의 등급별 병렬 인하도선 사이의 최대 간격에 대한 표이다. 빈칸에 알맞은 답을 쓰시오.

피뢰시스템의 등급	간격[m]
I	①
II	②
III	③
IV	④

정답

① 10 ② 10 ③ 15 ④ 20

06 전기전자설비 등에 연결된 전선로를 통하여 서지가 유입되는 경우, 해당 선로에는 무엇을 설치하여야 하는가?

정답

서지보호장치

07 뇌서지전류를 대지로 방류시키기 위한 시설과 전위차를 해소하고 자계를 감소시키기 위한 설비는 무엇을 하여야 하는가?

해설

KEC 153.1(전기전자설비 보호)

전기전자설비를 보호하는 접지·피뢰등전위본딩은 다음에 따른다.

- 뇌서지전류를 대지로 방류시키기 위한 접지를 시설하여야 한다.
- 전위차를 해소하고 자계를 감소시키기 위한 본딩을 구성하여야 한다.

정답

접지·피뢰등전위본딩으로 보호

08 인하도선의 접속방법 3가지를 쓰시오.

해설

KEC 152.4(부품 및 접속)

도체의 접속부 수는 최소한으로 하여야 하며, 접속은 용접, 눌러 붙임, 봉합, 나사 조임, 볼트 조임 등의 방법으로 확실하게 하여야 한다.

정답

- 용 접
- 나사 조임 및 볼트 조임
- 눌러 붙임

09 회전구체법 사용 시 III 등급 반경은 몇 [m]인가?

정답

45

10 건축물·구조물과 분리되지 않은 피뢰시스템에서 벽이 가연성 재료인 경우에는 0.1[m] 이상 이격하고, 이격이 불가능한 경우에는 도체의 단면적을 몇 [mm^2] 이상으로 하여야 하는가?

정답

100

11 수뢰부시스템과 접지극시스템 사이에 전기적 연속성의 적합성은 해당하는 금속부재의 최상단부와 지표레벨 사이의 직류전기저항은 몇 [Ω] 이하이어야 하는가?

해설

KEC 152.2(인하도선시스템)

수뢰부시스템과 접지극시스템 사이에 전기적 연속성이 형성되도록 다음에 따라 시설하여야 한다.

- 경로는 가능한 한 루프 형성이 되지 않도록 하고, 최단거리로 곧게 수직으로 시설하여야 하며, 처마 또는 수직으로 설치된 홈통 내부에 시설하지 않아야 한다.
- 철근콘크리트 구조물의 철근을 자연적 구성부재의 인하도선으로 사용하기 위해서는 해당 철근 전체 길이의 전기저항값은 0.2[Ω] 이하가 되어야 한다.
- 시험용 접속점을 접지극시스템과 가까운 인하도선과 접지극시스템의 연결 부분에 시설하고, 이 접속점은 항상 닫힌 회로가 되어야 하며 측정 시에 공구 등으로만 개방할 수 있어야 한다. 다만, 자연적 구성부재를 이용하거나, 자연적 구성부재 등과 본딩을 하는 경우에는 예외로 한다.

정답

0.2

03 전로의 절연

1 저압전로의 절연성능

① 전기사용장소의 사용전압이 저압인 전로의 전선 상호 간 및 전로와 대지 사이의 절연저항은 개폐기 또는 과전류차단기로 구분할 수 있는 전로마다 다음 표에서 정한 값 이상이어야 한다. 다만, 전선 상호 간의 절연저항은 기계기구를 쉽게 분리가 곤란한 분기회로의 경우 기기 접속 전에 측정할 수 있다.

② 측정 시 영향을 주거나 손상을 받을 수 있는 SPD 또는 기타 기기 등은 측정 전에 분리시켜야 하고, 부득이하게 분리가 어려운 경우에는 시험전압을 250[V] DC로 낮추어 측정할 수 있지만 절연저항값은 1[MΩ] 이상이어야 한다.

전로의 사용전압[V]	DC시험전압[V]	절연저항[MΩ]
SELV 및 PELV	250	0.5
FELV, 500[V] 이하	500	1.0
500[V] 초과	1,000	1.0

[주] 특별저압(Extra Law Voltage : 2차 전압이 AC 50[V], DC 120[V] 이하)으로 SELV(비접지회로 구성) 및 PELV(접지회로 구성)은 1차와 2차가 전기적으로 절연된 회로, FELV는 1와 2차가 전기적으로 절연되지 않은 회로

※ 사용전압이 저압인 전로에서 정전이 어려운 경우 등 절연저항 측정이 곤란한 경우에는 누설전류를 1[mA] 이하로 유지하여야 한다.

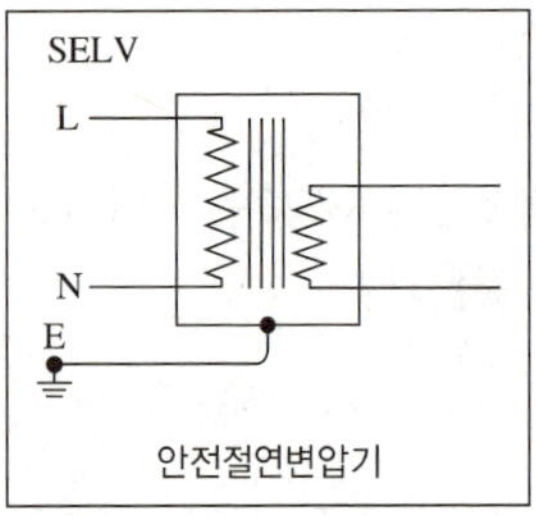

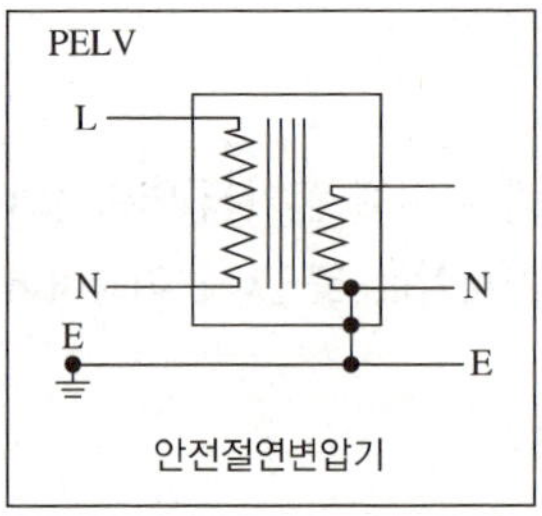

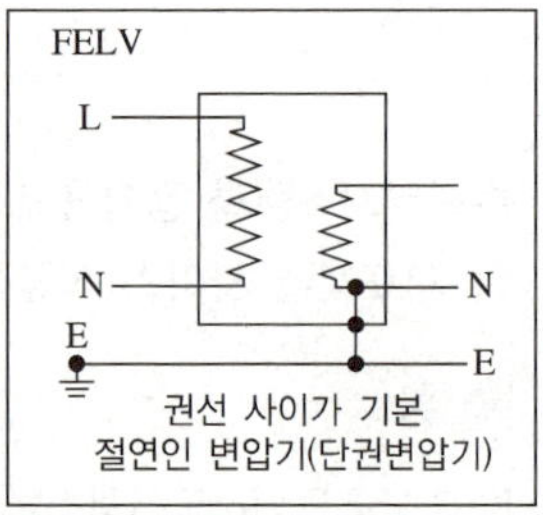

※ 특별저압(ELV ; Extra Low Voltage)

㉠ 인체에 위험을 초래하지 않을 정도의 저압을 말한다.

㉡ SELV(Safety Extra Low Voltage, 안전 특별저압) : 비접지회로에 해당

㉢ PELV(Protective Extra Low Voltage, 보호 특별저압) : 접지회로에 해당

㉣ FELV(Function Extra Low Voltage, 기능적 특별저압) : 단권변압기와 같은 단순 분리형 변압기에 의함

㉤ 시스템은 교류 50[V], 직류 120[V]를 초과하지 않는 시스템이다.

2 전로의 누설전류

전 로	단상 2선식	놀이용 전차
최대공급전류의 $\frac{1}{2,000}$ 이하	$\frac{1}{1,000}$ 이하	$\frac{1}{5,000}$ 이하

3 절연내력시험

① 절연내력시험 : 일정 전압을 가할 때 절연이 파괴되지 않은 한도로서 전선로나 기기에 일정 배수의 전압을 일정시간(10분) 동안 흘릴 때 파괴되지 않는 시험이다.

② 절연내력시험 시행 부분

㉠ 고압 및 특고압전로(전로와 대지 간)

㉡ 개폐기, 차단기, 전력용 콘덴서, 유도전압조정기, 계기용 변성기, 기타 기구의 전로, 발・변전소의 기계기구 접속선, 모선(충전 부분과 대지 간)

㉢ 발전기, 전동기, 무효 전력 보상 장치(권선과 대지 간)

㉣ 수은정류기(주 양극과 외함 간 경우 2배로 시험, 음극 및 외함과 대지 간인 경우 1배로 시험)

4 시험전압

<table>
<tr><th colspan="2">종 류</th><th>시험전압</th><th>최저시험전압</th></tr>
<tr><td colspan="2">최대사용전압 7[kV] 이하</td><td>최대사용전압 × 1.5</td><td>500[V]</td></tr>
<tr><td colspan="2">최대사용전압 7[kV] 초과 25[kV] 이하(중성선 다중접지 방식)</td><td>최대사용전압 × 0.92</td><td></td></tr>
<tr><td>최대사용전압 7[kV] 초과 60[kV] 이하</td><td rowspan="2">비접지</td><td rowspan="2">최대사용전압 × 1.25</td><td>10.5[kV]</td></tr>
<tr><td>최대사용전압 60[kV] 초과 비접지</td><td></td></tr>
<tr><td colspan="2">최대사용전압 60[kV] 초과 중성점 접지식</td><td>최대사용전압 × 1.1</td><td>75[kV]</td></tr>
<tr><td colspan="2">최대사용전압 60[kV] 초과 중성점 직접접지</td><td>최대사용전압 × 0.72</td><td></td></tr>
<tr><td colspan="2">최대사용전압 170[kV] 초과 중성점 직접접지(발・변전소 또는 이에 준하는 장소 시설)</td><td>최대사용전압 × 0.64</td><td></td></tr>
</table>

※ 전로에 케이블을 사용하는 경우에는 직류로 시험할 수 있으며, 시험전압은 교류의 경우 2배가 된다.

(1) 정 리

<table>
<tr><th>종 류</th><th>비접지</th><th>중성점 접지</th><th>중성점 직접접지</th></tr>
<tr><td>170[kV]</td><td rowspan="2">× 1.25(최저시험전압 10.5[kV])</td><td rowspan="2">× 1.1
(최저시험전압 75[kV])</td><td>× 0.64</td></tr>
<tr><td>60[kV]</td><td>× 0.72</td></tr>
<tr><td>7[kV]</td><td>× 1.5(최저시험전압 500[V])</td><td colspan="2">25[kV] 이하 중성점 다중접지 × 0.92</td></tr>
</table>

(2) 회전기 및 정류기(회전변류기 제외한 교류 회전기는 교류시험전압에 1.6배의 직류시험 가능)

<table>
<tr><th colspan="3">종 류</th><th>시험전압</th><th>시험방법</th></tr>
<tr><td rowspan="3">회
전
기</td><td rowspan="2">발전기 · 전동기 · 무효 전력 보상 장치 · 기타회전기(회전변류기를 제외한다)</td><td>최대사용전압 7[kV] 이하</td><td>최대사용전압의 1.5배의 전압(500[V] 미만으로 되는 경우에는 500[V])</td><td rowspan="3">권선과 대지 사이에 연속하여 10분간 가한다.</td></tr>
<tr><td>최대사용전압 7[kV] 초과</td><td>최대사용전압의 1.25배의 전압(10.5[kV] 미만으로 되는 경우에는 10.5[kV])</td></tr>
<tr><td colspan="2">회전변류기</td><td>직류 측의 최대사용전압의 1배의 교류전압(500[V] 미만으로 되는 경우에는 500[V])</td></tr>
<tr><td rowspan="2">정
류
기</td><td colspan="2">최대사용전압 60[kV] 이하</td><td>직류 측의 최대사용전압의 1배의 교류전압(500[V] 미만으로 되는 경우에는 500[V])</td><td>충전 부분과 외함 간에 연속하여 10분간 가한다.</td></tr>
<tr><td colspan="2">최대사용전압 60[kV] 초과</td><td>교류 측의 최대사용전압의 1.1배의 교류전압 또는 직류 측의 최대사용전압의 1.1배의 직류전압</td><td>교류 측 및 직류고전압 측 단자와 대지 사이에 연속하여 10분간 가한다.</td></tr>
</table>

(3) 연료전지 및 태양전지 모듈의 절연내력

연료전지 및 태양전지 모듈은 최대사용전압의 1.5배의 직류전압 또는 1배의 교류전압(500[V] 미만으로 되는 경우에는 500[V])을 충전 부분과 대지 사이에 연속하여 10분간 가하여 절연내력을 시험하였을 때에 이에 견디는 것이어야 한다.

확인문제

01 다음은 저압전로의 절연성능에 관한 표이다. 다음 빈칸을 완성하시오.

전로의 사용전압[V]	DC시험전압[V]	절연저항[MΩ]
SELV 및 PELV	①	0.5
FELV, 500[V] 이하	500	③
500[V] 초과	②	1.0

[주] 특별저압(Extra Law Voltage : 2차 전압이 AC 50[V], DC 120[V] 이하)으로 SELV(비접지회로 구성) 및 PELV(접지회로 구성)은 1차와 2차가 전기적으로 절연된 회로, FELV는 1차와 2차가 전기적으로 절연되지 않은 회로

정답

① 250

② 1,000

③ 1.0

02 다음 절연시험 전압을 계산하시오.

공칭전압[V]	최대사용전압[V]	접지방식	시험배수	시험전압[V]
6,600	6,900	비접지	×(①)	④
13,200	13,800	중성점 다중접지	×(②)	⑤
22,900	24,000	중성점 다중접지	×(③)	⑥

정답

① 1.5　② 0.92

③ 0.92　④ 10,350

⑤ 12,696　⑥ 22,080

03

한국전기설비규정에 따라 고압 및 특고압의 전로는 다음 표에서 정한 시험전압을 전로와 대지 사이(다심케이블은 심선 상호 간 및 심선과 대지 사이)에 대해 연속하여 10분간 가하여 절연내력을 시험하였을 때에 이에 견디어야 한다. 다음 표의 빈칸을 채워 완성하시오(단, 회전기, 정류기, 연료전지 및 태양전지 모듈의 전로, 변압기의 전로, 기구 등의 전로 및 직류식 전기철도용 전차선을 제외하며 기타 예외조건은 고려하지 않는다)

전로의 종류 및 시험전압

전로의 종류	시험전압
1. 최대사용전압 7[kV] 이하인 전로	최대사용전압의 (①)배의 전압
2. 최대사용전압 7[kV] 초과 25[kV] 이하인 중성점 접지식 전로(중성선을 가지는 것으로서 그 중성선을 다중접지 하는 것에 한한다)	최대사용전압의 (②)배의 전압

정답

① 1.5

② 0.92

04

사용전압 415[V]의 3상 3선식 전로(최대 공급전류 500[A])로의 1선과 대지 간에 필요한 절연저항값의 최솟값은?

• 계산 :

• 답 :

해설

전로의 누설전류

전 로	단상 2선식	놀이용 전차
최대 공급전류의 $\frac{1}{2,000}$ 이하	$\frac{1}{1,000}$ 이하	$\frac{1}{5,000}$ 이하

정답

• 계산 : 누설전류 $I_g = 500 \times \frac{1}{2,000} = 0.25[A]$

$$R = \frac{E}{I_g} = \frac{415}{0.25} = 1,660[\Omega]$$

∴ 절연저항의 최솟값은 1,660[Ω]

• 답 : 1,660[Ω]

05 1차 전압 6,600[V] 2차 2전압 210[V]일 때, 용량이 15[kVA]의 단상 변압기에서 누설전류의 최솟값은?

• 계산 :

• 답 :

해설

허용누설전류에 의한 절연저항

누설전류는 최대 공급전류의 $\frac{1}{2,000}$을 넘지 않도록 한다.

정답

• 계산 : $I_g = \frac{15 \times 10^3}{210} \times \frac{1}{2,000} \fallingdotseq 0.03571[A]$

• 답 : 35.71[mA]

06 KEC 규정에 의해 다음 용량에 대해 자동차단장치를 설치해야 한다. 다음 빈칸에 답하시오.

- 용량이 (①)[kVA] 이상의 발전기를 구동하는 수차의 압유장치의 유압 또는 전동식 가이드밴 제어장치, 전동식 니들 제어장치 또는 전동식 디플렉터 제어장치의 전원전압이 현저히 저하한 경우
- 용량이 (②)[kVA] 이상의 발전기를 구동하는 풍차(風車)의 압유장치의 유압, 압축 공기장치의 공기압 또는 전동식 브레이드 제어장치의 전원전압이 현저히 저하한 경우
- 용량이 (③)[kVA] 이상인 수차 발전기의 스러스트 베어링의 온도가 현저히 상승한 경우
- 용량이 (④)[kVA] 이상인 발전기의 내부에 고장이 생긴 경우
- 정격출력이 (⑤)[kW]를 초과하는 증기터빈은 그 스러스트 베어링이 현저하게 마모되거나 그의 온도가 현저히 상승한 경우

해설

기기의 종류	용 량	사고의 종류	보호장치
발전기	모든 발전기	과전류, 과전압	자동차단장치
	500[kVA] 이상	수차의 유압 및 전원 전압이 현저히 저하	자동차단장치
	2,000[kVA] 이상	베어링 과열로 온도가 상승	자동차단장치
	10,000[kVA] 이상	발전기의 내부고장	자동차단장치
특고압 변압기	5,000[kVA] 이상 10,000[kVA] 미만	변압기의 내부고장	경보장치, 자동차단장치
	10,000[kVA] 이상	변압기의 내부고장	자동차단장치
	타랭식 특고압용 변압기	냉각 장치의 고장, 온도상승	경보장치
전력콘덴서 및 분로리액터	500[kVA] 초과 15,000[kVA] 미만	내부고장 및 과전류	자동차단장치
	15,000[kVA] 이상	내부고장, 과전류 및 과전압	자동차단장치
무효 전력 보상 장치	15,000[kVA] 이상	내부고장	자동차단장치

정답

① 500 ② 100

③ 2,000 ④ 10,000

⑤ 10,000

07 다음 물음에 답하시오.

(1) 3상 4선식 22.9[kV] 중성선 다중접지식 가공전선로의 전로와 대지 간의 절연내력 시험전압은 얼마이며 몇 분간 견디어야 하는가?

(2) 최대사용 전압 69[kV]인 중성점 비접지식 지중 케이블 전선로의 절연내력 시험을 직류 전압으로 하는 경우 시험전압의 값[kV]은?

(3) 220[V]용 전동기의 절연내력 시험 시 시험전압은 몇 [V]인가?

(4) 최대사용전압이 440[V]인 전동기의 절연내력 시험전압[V]은?

해설

(1) 시험전압=22.9×0.92=21.068[kV]

(2) 시험전압=69×1.25×2(케이블 직류)=172.5[kV]

(3) 시험전압=220×1.5=330[V] ∴ 최저시험전압 : 500[V]

(4) 시험전압=440×1.5=660[V]

종 류		시험전압	최저시험전압
최대사용전압 7[kV] 이하		최대사용전압×1.5	500[V]
최대사용전압 7[kV] 초과 25[kV] 이하(중성선 다중접지 방식)		최대사용전압×0.92	
최대사용전압 7[kV] 초과 60[kV] 이하	비접지	최대사용전압×1.25	10.5[kV]
최대사용전압 60[kV] 초과 비접지	비접지	최대사용전압×1.25	
최대사용전압 60[kV] 초과 중성점 접지식		최대사용전압×1.1	75[kV]
최대사용전압 60[kV] 초과 중성점 직접접지		최대사용전압×0.72	
최대사용전압 170[kV] 초과 중성점 직접접지(발·변전소 또는 이에 준하는 장소 시설)		최대사용전압×0.64	

※ 진로에 케이블을 사용하는 경우에는 직류로 시험할 수 있으며, 시험전압은 교류의 경우 2배가 된다.

정답

(1) 시험전압 : 21.07[kV], 시험시간 : 10분

(2) 172.5[kV]

(3) 500[V]

(4) 660[V]

04 개폐기 및 과전류차단장치의 시설

1 저압전로 중의 개폐기의 시설

① 저압전로 중에 개폐기를 시설하는 경우 그곳의 각 극에 설치하여야 한다.
② 사용전압이 다른 개폐기는 상호 식별이 용이하도록 시설하여야 한다.

2 저압 옥내전로 인입구에서의 개폐기의 시설

① 저압 옥내전로에는 인입구에 가까운 곳으로서 쉽게 개폐할 수 있는 곳에 개폐기를 각 극에 시설하여야 한다.
② 사용전압이 400[V] 이하인 옥내전로로서 다른 옥내전로(정격전류가 16[A] 이하인 과전류차단기 또는 정격전류가 16[A]를 초과하고 20[A] 이하인 배선차단기로 보호되고 있는 것에 한한다)에 접속하는 길이 15[m] 이하의 전로에서 전기의 공급을 받는 것은 1번째의 규정에 의하지 아니할 수 있다.
③ 저압 옥내전로에 접속하는 전원 측의 전로의 그 저압 옥내전로의 인입구에 가까운 곳에 전용의 개폐기를 쉽게 개폐할 수 있는 곳의 각 극에 시설하는 경우에는 1번째의 규정에 의하지 아니할 수 있다.

3 저압전로 중의 과전류차단기의 시설

<table>
<tr><th colspan="4">퓨즈(gG)의 용단특성</th><th rowspan="4">시간</th><th colspan="6">배선차단기</th></tr>
<tr><th rowspan="3">정격전류의 구분</th><th rowspan="3">시간</th><th colspan="2">정격전류의 배수</th><th colspan="4">정격전류의 배수(과전류트립)</th><th colspan="2">순시트립(주택용)</th></tr>
<tr><th rowspan="2">불용단 전류</th><th rowspan="2">용단 전류</th><th colspan="2">주택용</th><th colspan="2">산업용</th><th rowspan="2">형</th><th rowspan="2">트립범위</th></tr>
<tr><th>부동작</th><th>동작</th><th>부동작</th><th>동작</th></tr>
<tr><td>4[A] 이하</td><td rowspan="3">60분</td><td rowspan="2">1.5배</td><td>2.1배</td><td rowspan="3">60분</td><td rowspan="6">1.13배</td><td rowspan="6">1.45배</td><td rowspan="6">1.05배</td><td rowspan="6">1.3배</td><td rowspan="2">B</td><td rowspan="2">$3I_n$ 초과 ~ $5I_n$ 이하</td></tr>
<tr><td>4[A] 초과
16[A] 미만</td><td>1.9배</td></tr>
<tr><td>16[A] 이상
63[A] 이하</td><td rowspan="4">1.25배</td><td rowspan="4">1.6배</td><td>C</td><td>$5I_n$ 초과 ~ $10I_n$ 이하</td></tr>
<tr><td>63[A] 초과
160[A] 이하</td><td>120분</td><td rowspan="3">120분</td><td rowspan="2">D</td><td rowspan="2">$10I_n$ 초과 ~ $20I_n$ 이하</td></tr>
<tr><td>160[A] 초과
400[A] 이하</td><td>180분</td></tr>
<tr><td>400[A] 초과</td><td>240분</td><td colspan="2">• B, C, D : 순시트립전류에 따른 차단기 분류
• I_n : 차단기 정격전류</td></tr>
</table>

[확인문제]

01 다음은 주택용 배선용 차단기 과전류트립 동작시간 및 특성을 나타낸 표이다. 다음 표의 ①~⑤에 들어갈 알맞은 내용을 쓰시오.

형	순시트립범위
①	$3I_n$ 초과 $5I_n$ 이하
②	$5I_n$ 초과 $10I_n$ 이하
③	$10I_n$ 초과 $20I_n$ 이하

<table>
<tr><th rowspan="2">정격전류의 구분</th><th rowspan="2">시 간</th><th colspan="2">정격전류의 배수(모든 극에 통전)</th></tr>
<tr><th>부동작전류</th><th>동작전류</th></tr>
<tr><td>63[A] 이하</td><td>60분</td><td>④</td><td>⑤</td></tr>
<tr><td>63[A] 초과</td><td>120분</td><td>④</td><td>⑤</td></tr>
</table>

해설

저압전로 중의 과전류차단기의 시설

<table>
<tr><th colspan="4">퓨즈(gG)의 용단특성</th><th rowspan="4">시간</th><th colspan="6">배선차단기</th></tr>
<tr><th rowspan="3">정격전류의 구분</th><th rowspan="3">시간</th><th colspan="2">정격전류의 배수</th><th colspan="4">정격전류의 배수(과전류트립)</th><th colspan="2">순시트립(주택용)</th></tr>
<tr><th rowspan="2">불용단 전류</th><th rowspan="2">용단 전류</th><th colspan="2">주택용</th><th colspan="2">산업용</th><th rowspan="2">형</th><th rowspan="2">트립범위</th></tr>
<tr><th>부동작</th><th>동작</th><th>부동작</th><th>동작</th></tr>
<tr><td>4[A] 이하</td><td rowspan="3">60분</td><td rowspan="2">1.5배</td><td>2.1배</td><td rowspan="3">60분</td><td rowspan="6">1.13배</td><td rowspan="6">1.45배</td><td rowspan="6">1.05배</td><td rowspan="6">1.3배</td><td rowspan="2">B</td><td rowspan="2">$3I_n$ 초과~
$5I_n$ 이하</td></tr>
<tr><td>4[A] 초과
16[A] 미만</td><td>1.9배</td></tr>
<tr><td>16[A] 이상
63[A] 이하</td><td rowspan="4">1.25배</td><td rowspan="4">1.6배</td><td>C</td><td>$5I_n$ 초과~
$10I_n$ 이하</td></tr>
<tr><td>63[A] 초과
160[A] 이하</td><td>120분</td><td rowspan="3">120분</td><td rowspan="2">D</td><td rowspan="2">$10I_n$ 초과~
$20I_n$ 이하</td></tr>
<tr><td>160[A] 초과
400[A] 이하</td><td>180분</td></tr>
<tr><td>400[A] 초과</td><td>240분</td><td colspan="2">• B, C, D : 순시트립전류에 따른 차단기 분류
• I_n : 차단기 정격전류</td></tr>
</table>

정답

① B ② C ③ D ④ 1.13 ⑤ 1.45

02 다음은 단락보호전용 퓨즈의 용단 및 동작특성에 관한 표이다. 괄호 안에 알맞은 내용을 쓰시오.

정격전류의 배수	불용단시간	용단시간
4배	(①)	–
6.3배	–	(①)
8배	(②)	–
10배	(③)	–
12.5배	–	(②)
19배	–	(④)

해설

[단락보호전용 퓨즈(aM)의 용단 특성]

정격전류의 배수	불용단시간	용단시간
4배	60초 이내	–
6.3배	–	60초 이내
8배	0.5초 이내	–
10배	0.2초 이내	–
12.5배	–	0.5초 이내
19배	–	0.1초 이내

정답

① 60초 이내
② 0.5초 이내
③ 0.2초 이내
④ 0.1초 이내

03 한국전기설비규정(KEC)에 따른 아크를 발생하는 기구의 시설에서 고압용 개폐기 · 차단기 · 피뢰기, 기타 이와 유사한 기구로서 동작 시에 아크가 생기는 것은 목재의 벽 또는 천장, 기타의 가연성 물체로부터 몇 [m] 이상 이격하여 시설하여야 하는가?

해설

KEC 341.7(아크를 발생하는 기구의 시설)
가연성 천장으로부터 일정거리 이격

전 압	고 압	특고압
간 격	1[m] 이상	2[m] 이상(단, 35[kV] 이하로 화재 위험이 없는 경우 : 1[m] 이상)

정답

1[m]

CHAPTER

05 시퀀스 제어

01 시퀀스 기본(유접점 회로, 릴레이 시퀀스)

1 시퀀스 제어의 정의

어떠한 기계기구의 조작의 순서를 정해두고 각 단계별로 조작하는 순차적 제어 행위

2 시퀀스 제어의 종류

(1) 릴레이 시퀀스(Relay Sequence)

① 유접점 릴레이에 의한 기계적 제어

② 부하 용량과 과부하 내량이 크고 고온에 견디지만, 소비 전력과 동작 속도가 느리고, 수명이 짧아 유지 보수가 곤란함

(2) 로직 시퀀스(Logic Sequence)

① 반도체 스위칭 소자를 사용한 제어 회로

② 동작 속도가 빠르고 정밀하며 수명이 길고 소형이지만, 열에 약하고 신뢰도가 떨어지며 입・출력 절연 결합 회로가 필요함

(3) PLC 시퀀스(Programmable Logic Controller)

컴퓨터(CPU)를 사용하여 시퀀스를 프로그램화한 것으로 소형화, 고기능화, 저렴화, 고속화가 쉽고 신뢰도가 높으며 수리 유지보수가 간단함

3 접점(Contact)

(1) 접점의 정의 : 회로를 On, Off 회로 상태를 결정하는 기능의 기구

(2) 종 류

① a접점 : 조작 전 Off 상태이고 조작 시 On하는 접점

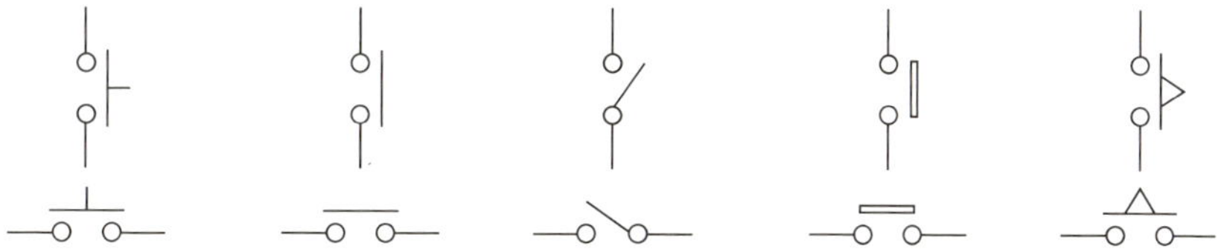

(복귀형, PB) (릴레이 보조접점) (유지접점) (위치검출, LS) (타이머 보조접점)

② b접점 : 조작 전 On이고 조작 시 Off접점

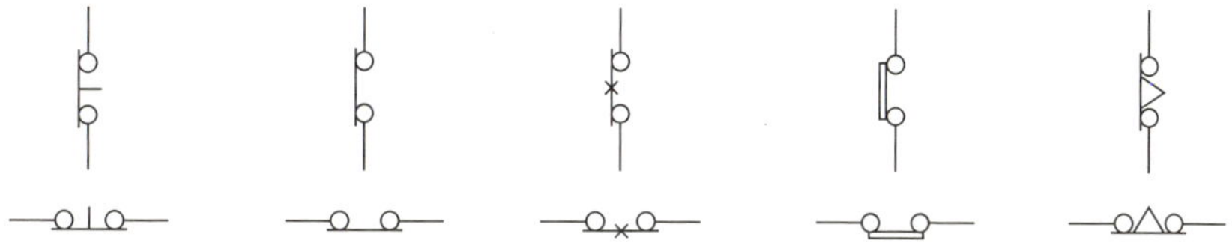

(복귀형, PB) (릴레이 보조접점) (유지접점, THR) (위치검출, LS) (타이머 보조접점)

③ c접점 : a ↔ b 변환 접점

4 계전기 및 스위치

(1) PB 스위치(누름버튼 스위치) : 누르고 있는 상태에서 동작하고 놓으면 자동복귀(수동동작 자동복귀)

(2) LS 스위치(리밋 스위치, 위치검출 스위치, 자동검출 스위치) : 물리적, 기계적, 물체 접촉으로 자동검출에 의해서 동작, 복귀는 물리적인 힘에서 벗어나야 복귀함

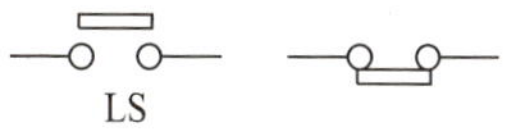

(3) 릴레이 : 전자력에 의하여 접점을 On, Off하는 기능을 갖는 제어용 보조릴레이

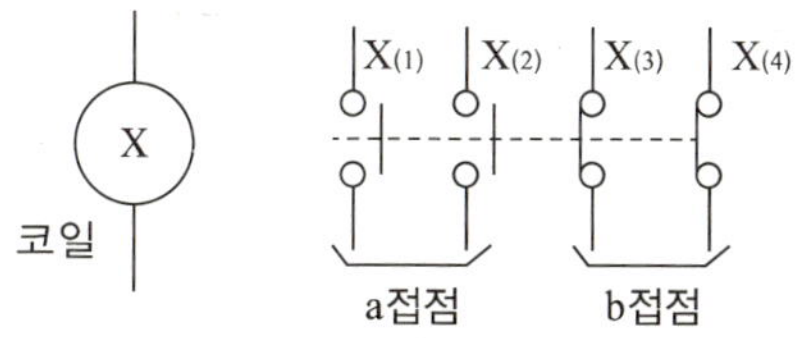

(4) Thr(열동 계전기) : 바이메탈 원리를 이용한 것으로 열을 감지하여 동작하는 것

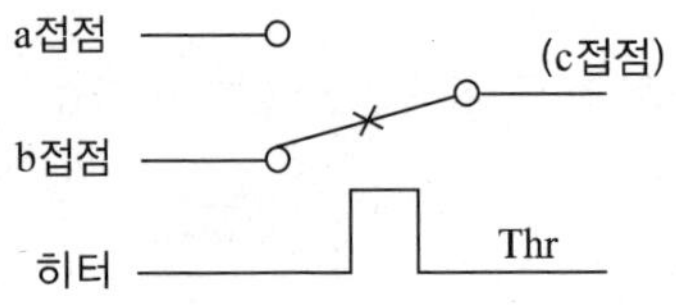

(5) MC(전자 접촉기) : 대전력을 소비하는 부하를 제어할 경우 사용

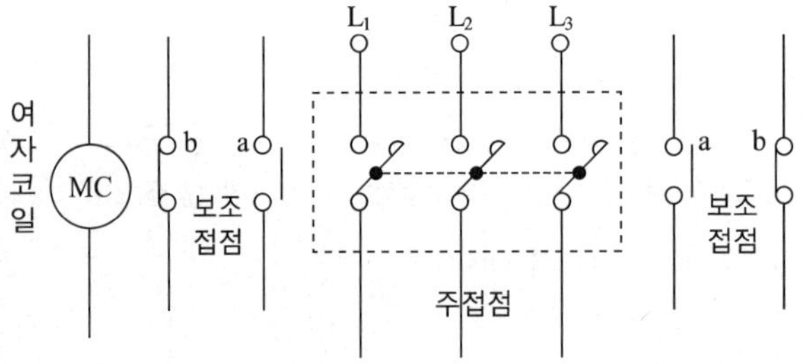

(6) 타이머 : 시간차를 두고 접점의 개폐 동작을 가능하게 하는 것

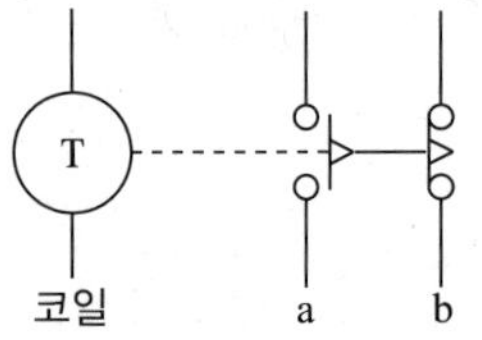

(7) 광전 스위치(Phs) : 빛에 의해서 동작하는 것

5 릴레이 및 로직 시퀀스 기본회로

(1) AND 회로(직렬접속)

① 유접점 회로

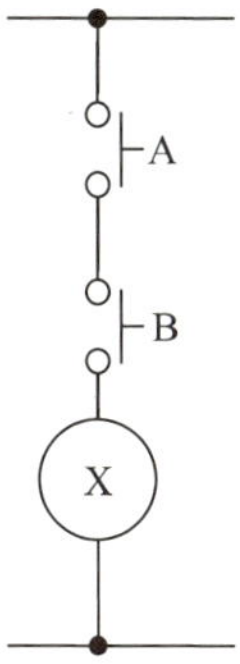

② 타임차트

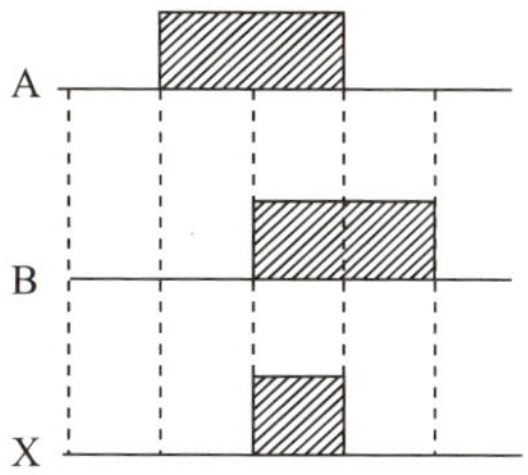

③ 진리표

A	B	X
0	0	0
0	1	0
1	0	0
1	1	1

④ 논리식

$X = A \cdot B$

⑤ 논리소자

(2) OR 회로(병렬접속)

① 유접점 회로

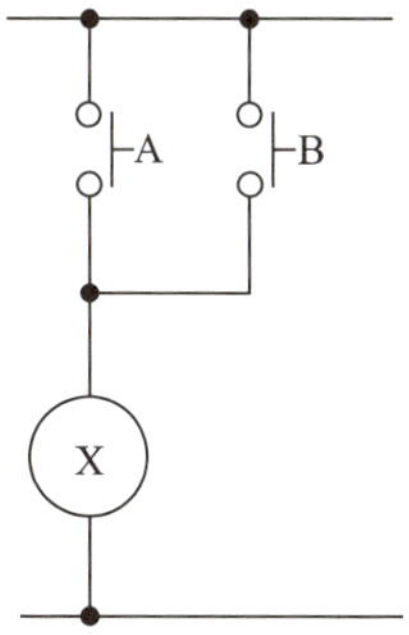

② 타임차트

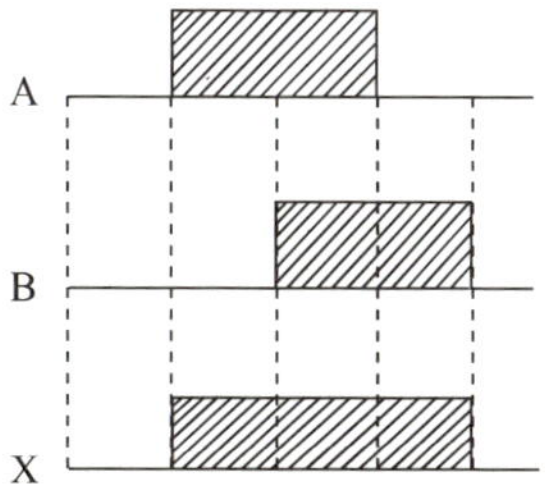

③ 진리표

A	B	X
0	0	0
0	1	1
1	0	1
1	1	1

④ 논리식

$X = A + B$

⑤ 논리소자

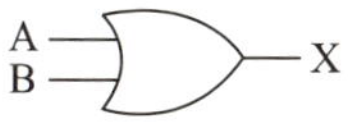

(3) NOT 회로

① 유접점 회로

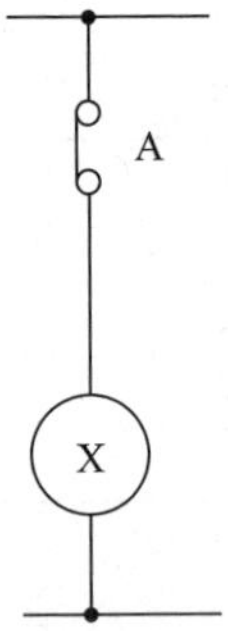

② 타임차트

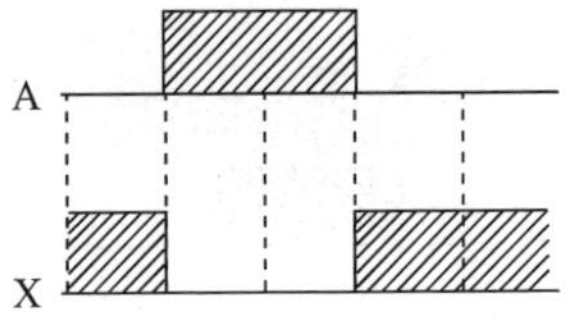

③ 진리표

A	X
0	1
1	0

④ 논리식

$X = \overline{A}$

⑤ 논리소자

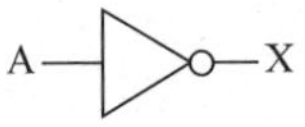

(4) 자기유지회로

① 유접점 회로

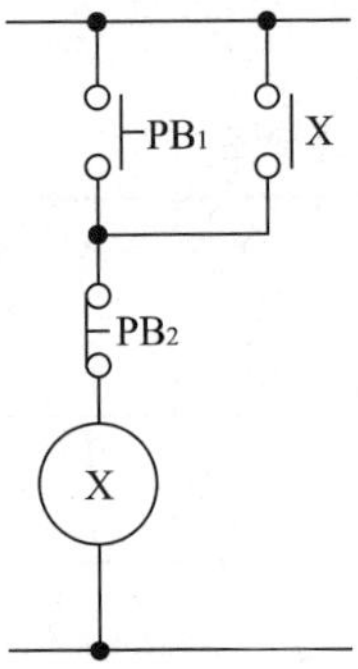

② 타임차트

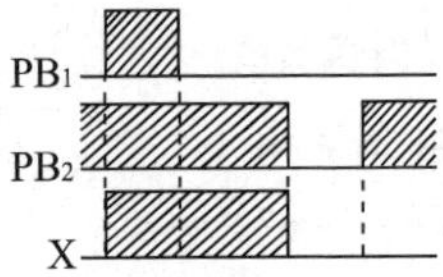

③ 논리회로

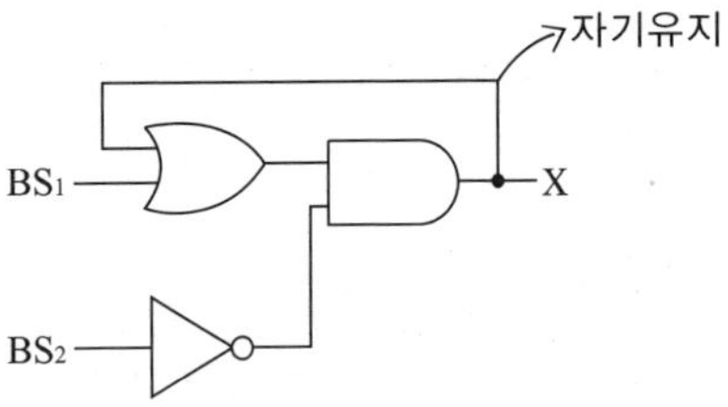

④ 논리식

$X = (PB_1 + X) \cdot \overline{PB_2}$

(5) 기동 우선회로(SET 우선회로) : BS_1과 BS_2를 동시 투입 시 On되는 회로

① 유접점 회로

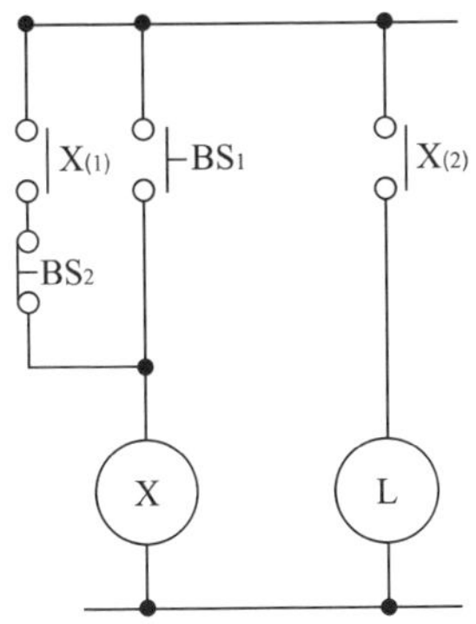

② 타임차트

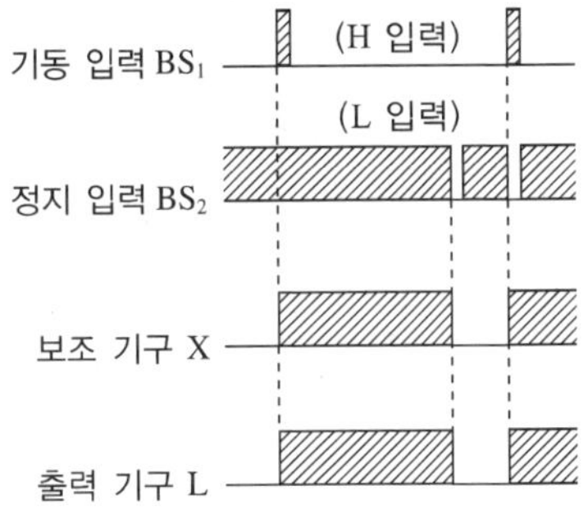

③ 논리식(출력식)

$$X = BS_1 + (X \cdot \overline{BS_2})$$

$$L = X$$

(6) 정지 우선회로(RESET 우선회로) : BS_1과 BS_2를 동시 누른 경우 Off되는 회로

① 유접점 회로

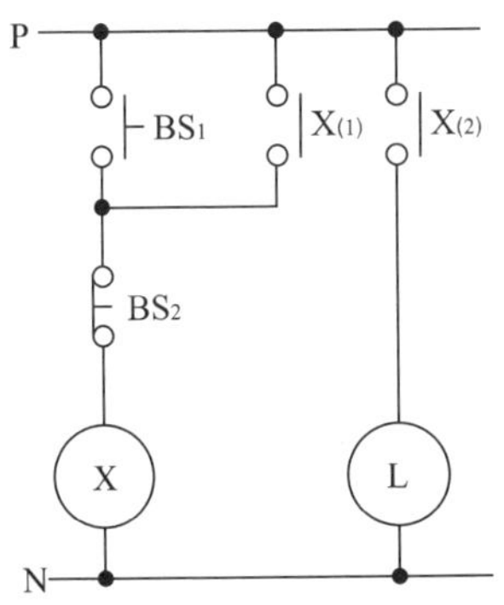

② 타임차트

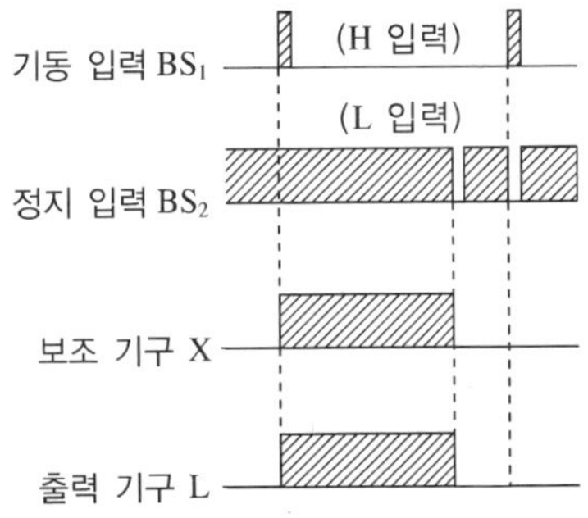

③ 논리식(출력식)

$$X = (BS_1 + X) \cdot \overline{BS_2}$$

$$L = X$$

(7) 인터로크 회로(병렬 우선회로, 선입력 우선회로) : 먼저 투입된 회로만 동작, 뒤에 투입된 회로는 동작금지

① 유접점 회로

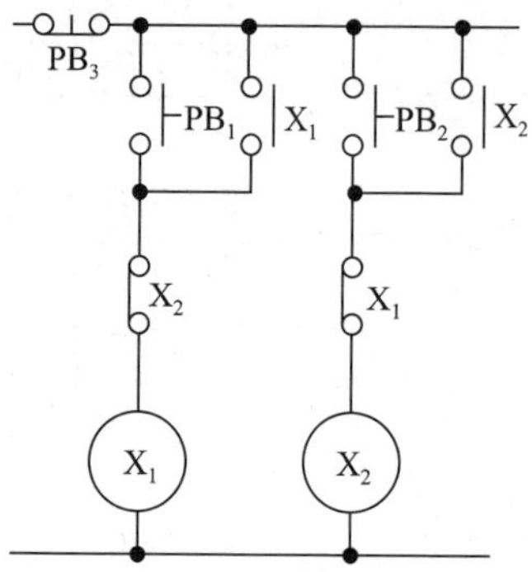

② 타임차트

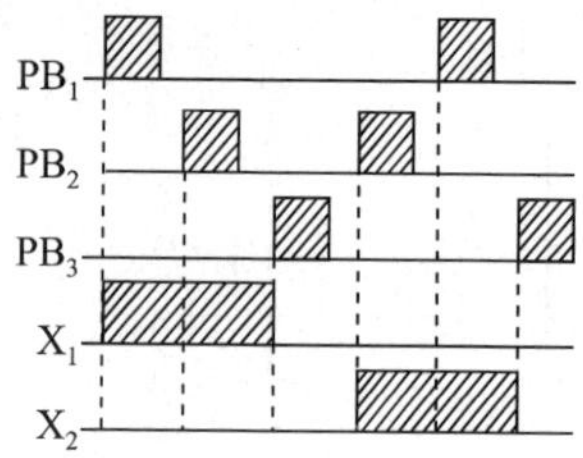

③ 논리회로

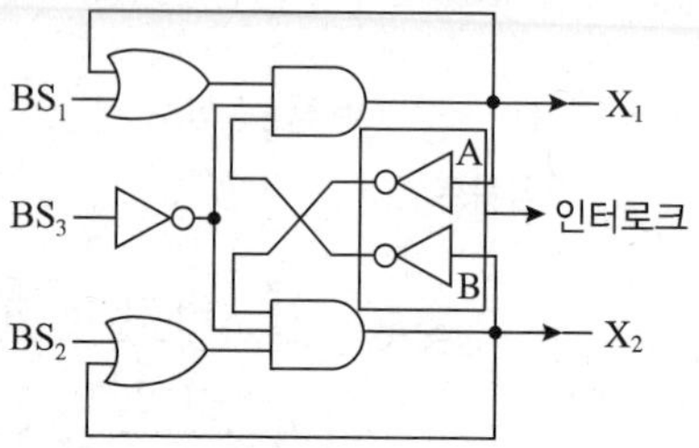

④ 논리식

$$X_1 = (PB_1 + X_1) \cdot \overline{X_2} \cdot \overline{PB_3}$$

$$X_2 = (PB_2 + X_2) \cdot \overline{X_1} \cdot \overline{PB_3}$$

(8) 후입력 우선회로(신입력 우선회로) : 나중에 투입된 회로가 동작하는 회로

① 유접점 회로

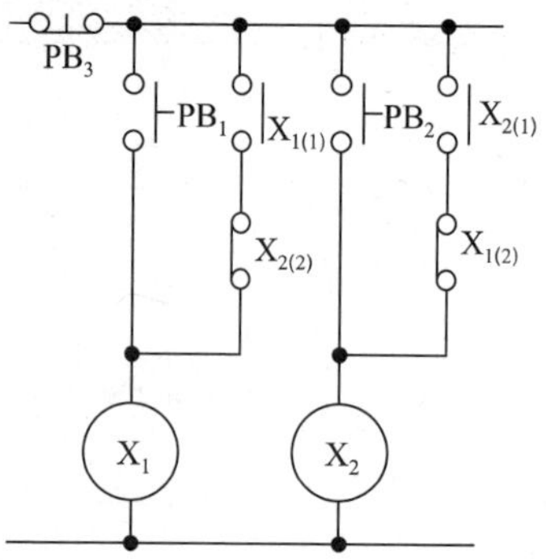

② 타임차트

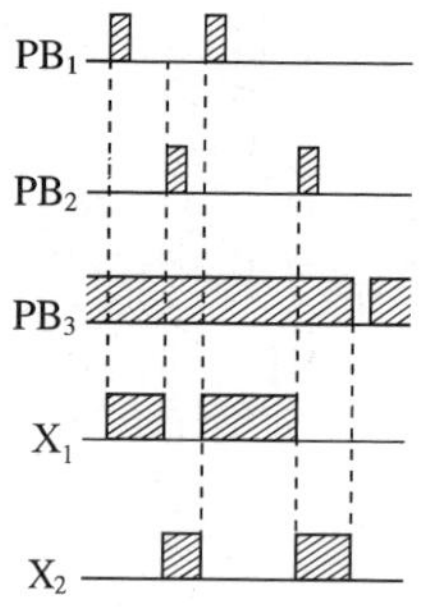

③ 논리회로

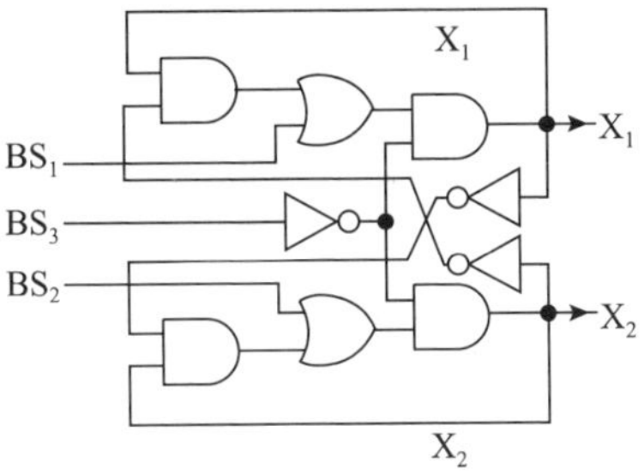

④ 논리식

$$X_1 = \overline{PB_3} \cdot (PB_1 + X_1 \cdot \overline{X_2})$$

$$X_2 = \overline{PB_3} \cdot (PB_2 + X_2 \cdot \overline{X_1})$$

(9) 직렬 우선회로(순차제어회로)

① 유접점 회로

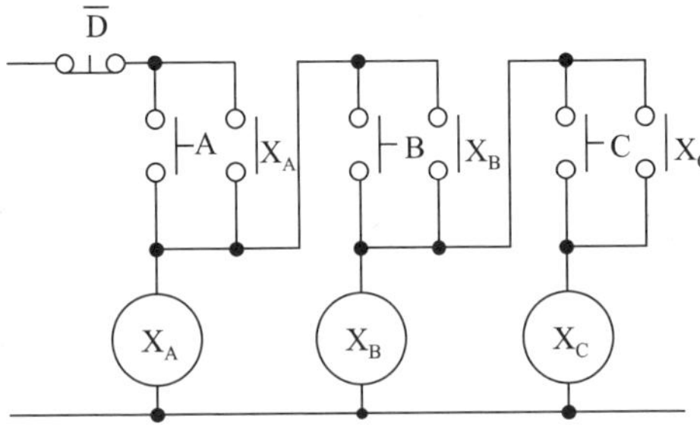

② 타임차트

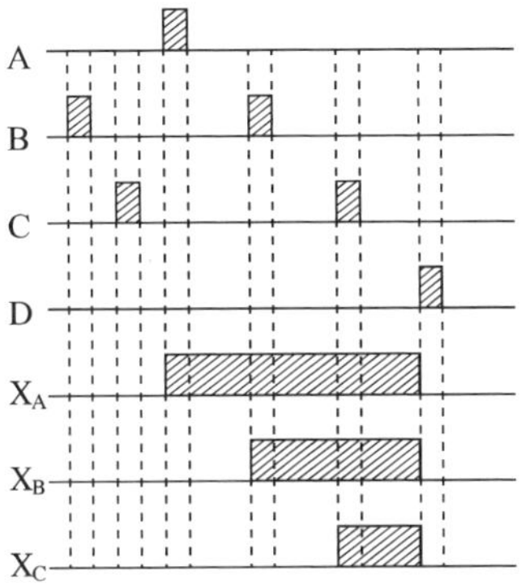

③ 논리회로

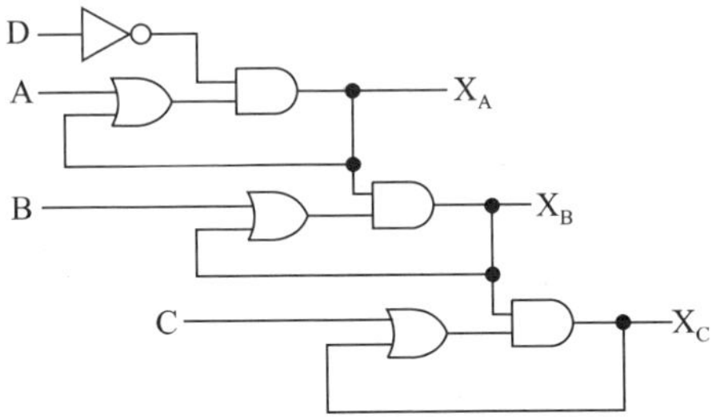

④ 논리식

$$X_A = \overline{D} \cdot (A + X_A)$$

$$X_B = \overline{D} \cdot (A + X_A) \cdot (B + X_B)$$

$$X_C = \overline{D} \cdot (A + X_A) \cdot (B + X_B) \cdot (C + X_C)$$

(10) **한시 회로(타이머)** : 일정한 시간차를 가지고 접점을 On, Off하기 때문에 시한 동작을 갖는 릴레이, 타이머는 동작 형식에 따라서 한시동작형과 한시복귀형으로 구분함

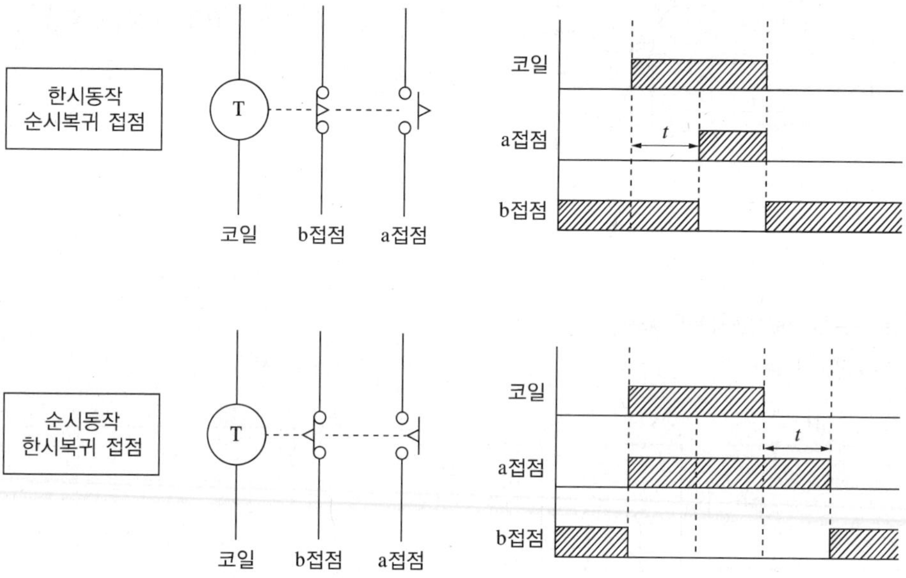

[한시동작과 순시동작 접점]

① 한시동작 순시복귀 접점 회로(On-Delay Timer)

㉠ a접점 : 코일이 여자된 후부터 정해진 시간이 경과하면 닫히는 접점 (닫힐 때 시간 지연)

㉡ b접점 : 코일이 여자된 후부터 정해진 시간이 경과하면 열리는 접점 (열릴 때 시간 지연)

㉢ 코일이 소자되면 즉시 접점이 여자 전의 상태로 복귀

② 순시동작 한시복귀 접점 회로(Off-Delay Timer)

㉠ a접점 : 코일이 여자되면 즉시 닫히는 접점

㉡ b접점 : 코일이 소자되면 즉시 열리는 접점

㉢ 코일이 소자되면 일정 시간 후 a접점은 Off(열림 : 열릴 때 시간 지연)되고, b접점은 On(닫힘 : 닫힐 때 시간 지연)으로 된다.

③ 한시 계전기 접점 표시

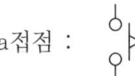

㉠ 한시동작형

a접점 : 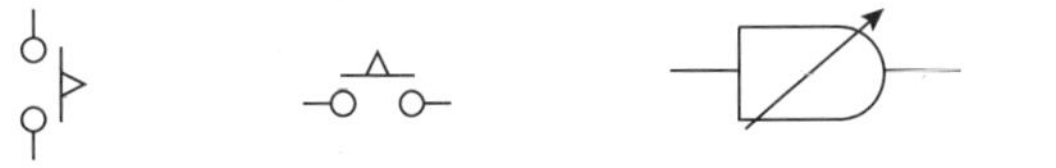

b접점 : 

㉡ 한시복귀형

a접점 : 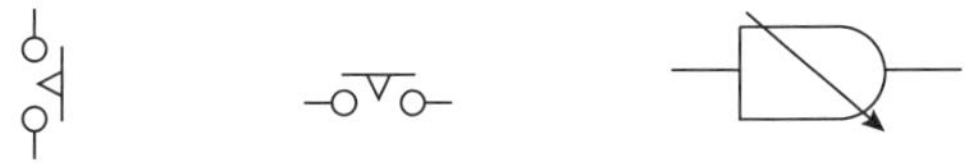

b접점 : 

㉢ 한시동작 한시복귀형

a접점 : 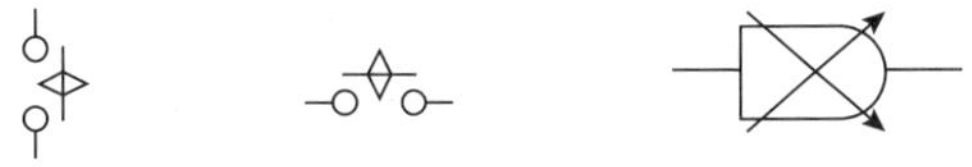

b접점 : 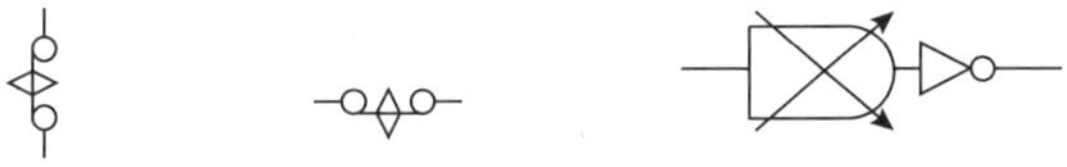

④ 설정시간 후 동작형

㉠ 유접점 회로

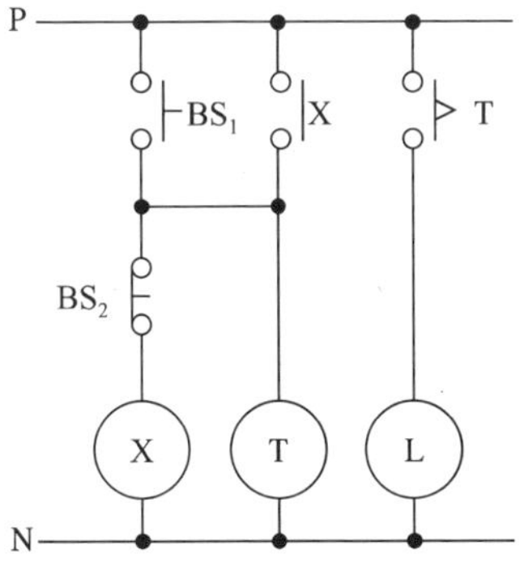

㉡ 타임차트

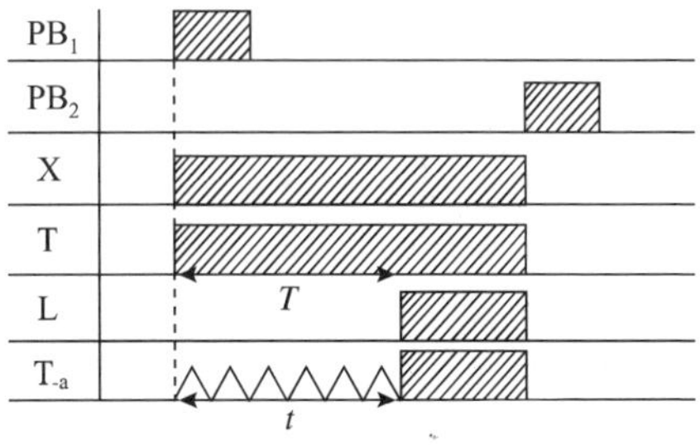

㉢ 논리회로

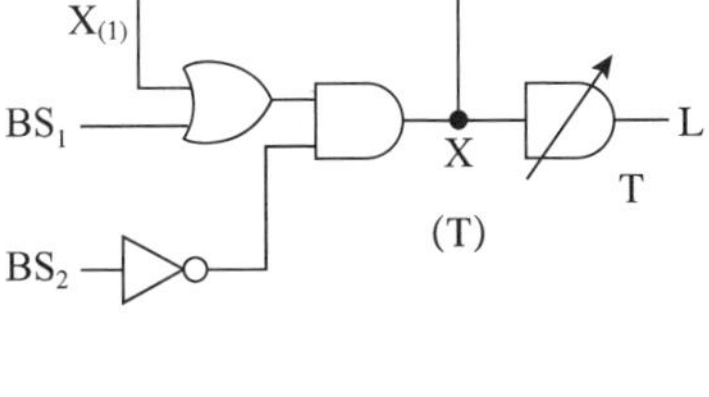

㉣ 논리식

$$X = (PB_1 + X) \cdot \overline{PB_2}$$

$$T = PB_1 + X$$

$$L = T_{-a}$$

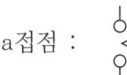

⑤ 설정시간 후 정지형

㉠ 유접점 회로

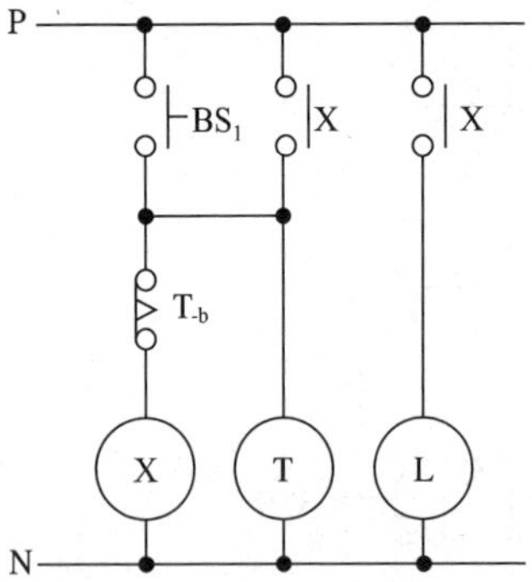

㉡ 타임차트

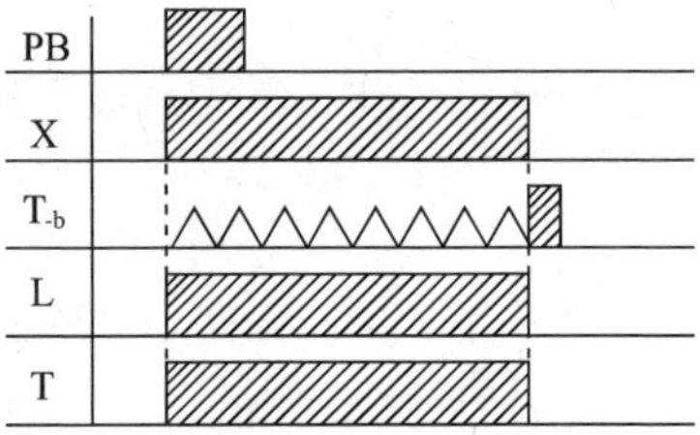

㉢ 논리회로

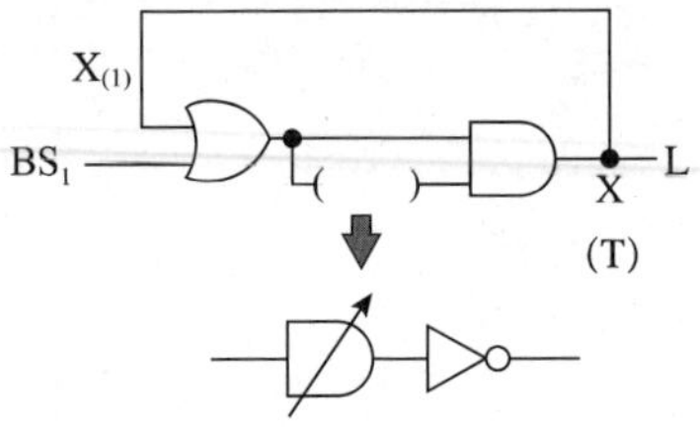

㉣ 논리식

$X = (PB + X_{-a}) \cdot \overline{T_{-b}}$

$T = PB + X_{-a}$

$L = X_{-a}$

(11) NOR 회로(OR+NOT)

① 유접점 회로

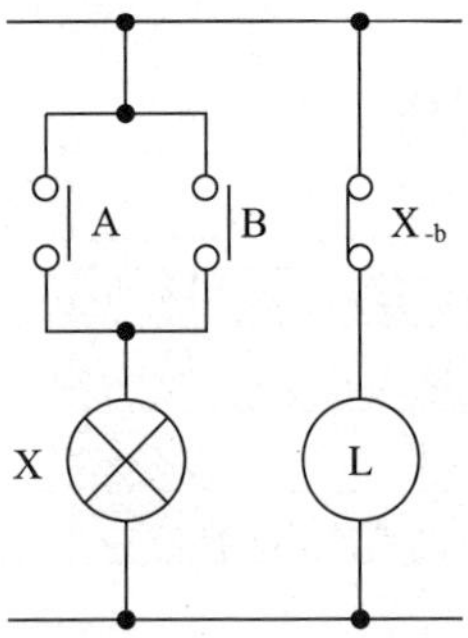

② 타임차트

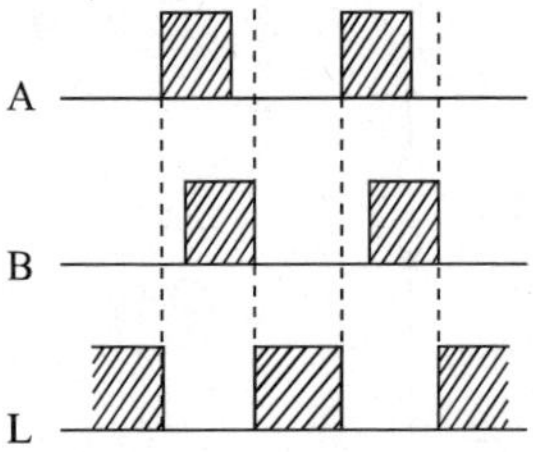

③ 진리표

A	B	X	L
0	0	0	1
0	1	1	0
1	0	1	0
1	1	1	0

④ 논리회로

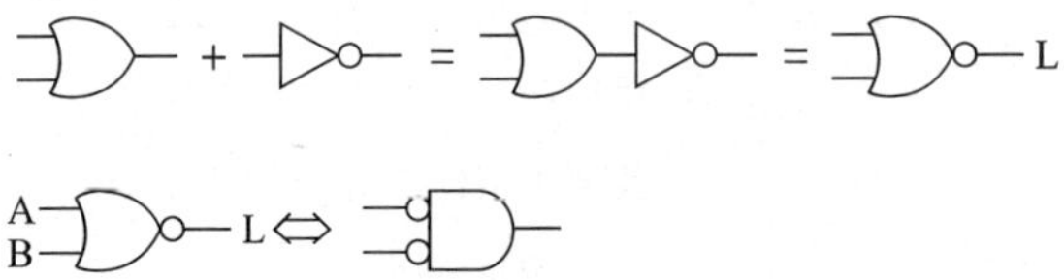

⑤ 논리식

$L = \overline{A + B} \Rightarrow \overline{A} \cdot \overline{B}$

(12) NAND 회로(AND+NOT)

① 유접점 회로

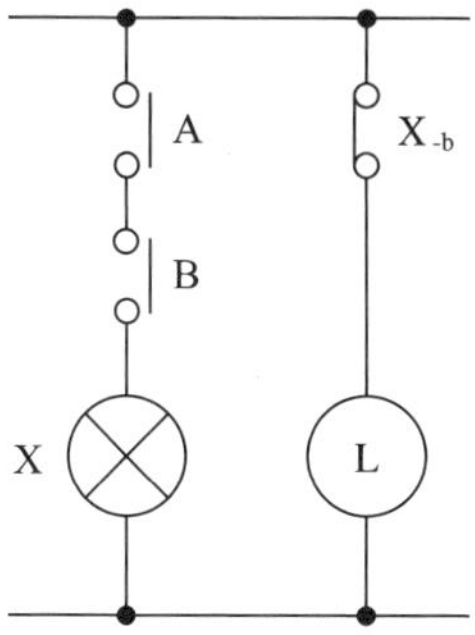

② 타임차트

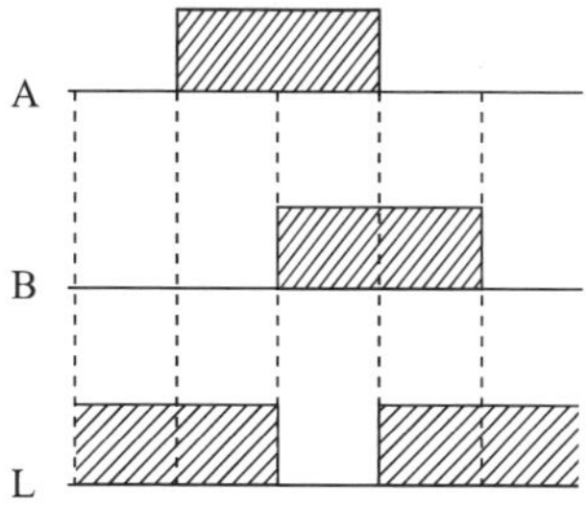

③ 진리표

A	B	X	L
0	0	0	1
0	1	0	1
1	0	0	1
1	1	1	0

④ 논리회로

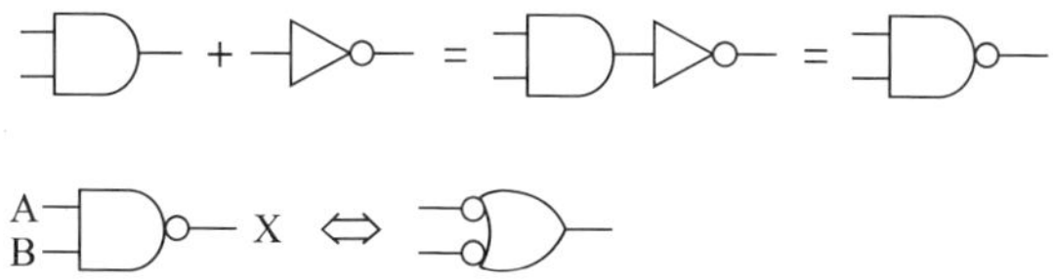

⑤ 논리식

$$L = \overline{A \cdot B} \Rightarrow \overline{A} + \overline{B}$$

(13) EOR 회로(배타적 논리합회로)

① 유접점 회로

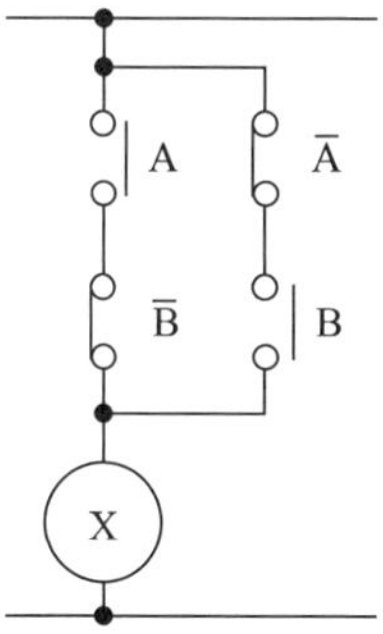

② 타임차트

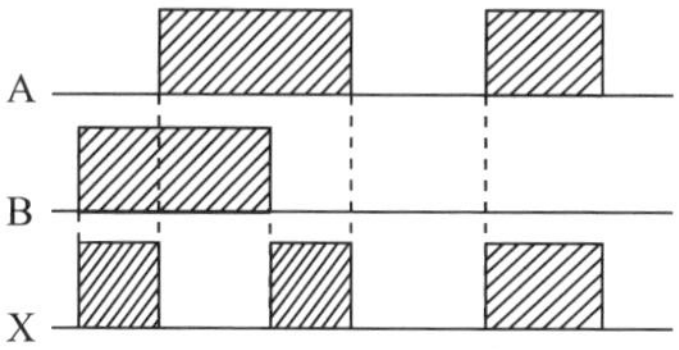

③ 진리표

A	B	X
0	0	0
0	1	1
1	0	1
1	1	0

④ 논리회로

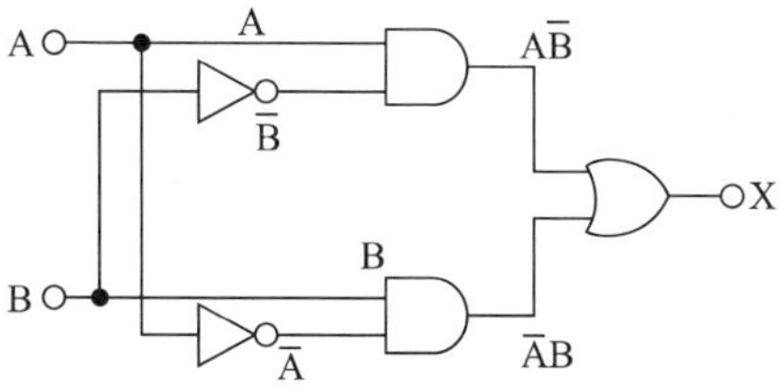

⑤ 논리식

$$X = \overline{A}B + A\overline{B}$$

⑥ 논리소자

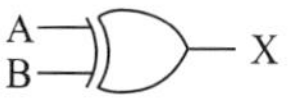

TIP

전동기회로

1 Y－△ **운전** : 기동 시 Y결선, 운전 시 △결선

기동 시 기동전류를 $\frac{1}{3}$로 줄이는 목적으로 사용됨

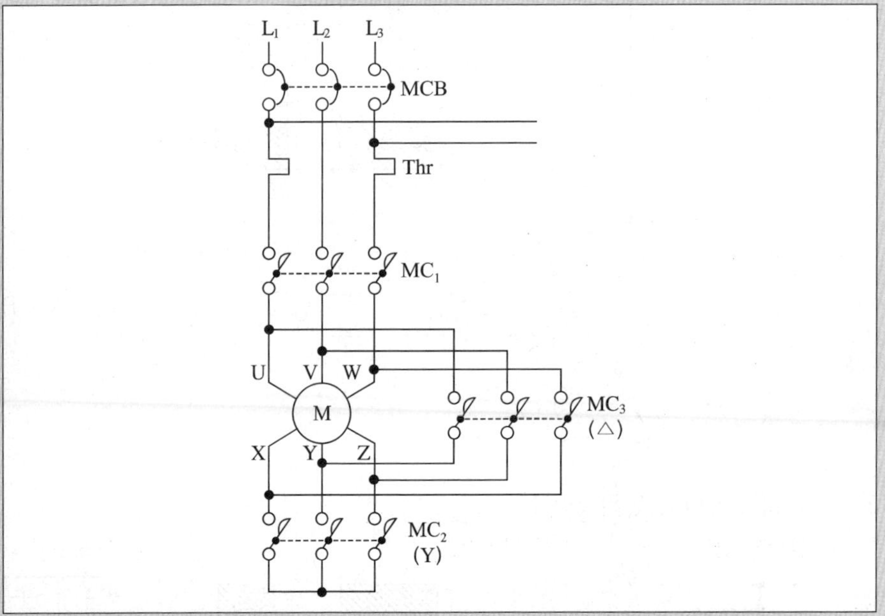

단 자	Y기동	△운전
전동기 1차	U V W	U V W
전동기 2차	X Y Z	X Y Z

2 정-역 운전

3상 중 아무 2상만 바꾸어 운전

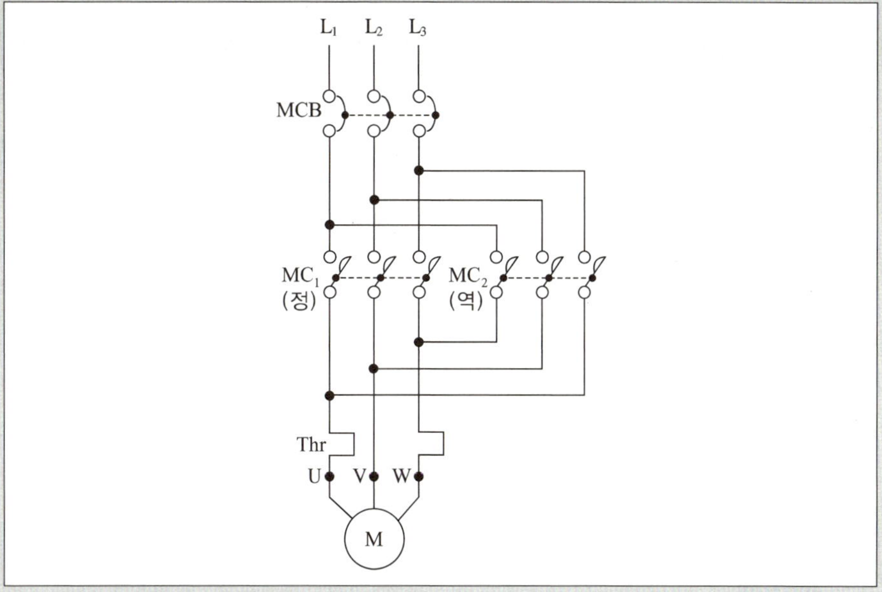

단 자	정회전	역회전		
전원 단자	L_1 L_2 L_3	L_1 L_2 L_3	L_1 L_2 L_3	L_1 L_2 L_3
전동기 단자	U V W	U V W	U V W	U V W

3 리액터 기동

기동 시 리액터 사용 후 운전 시 MC_2로 직입 운전하는 회로

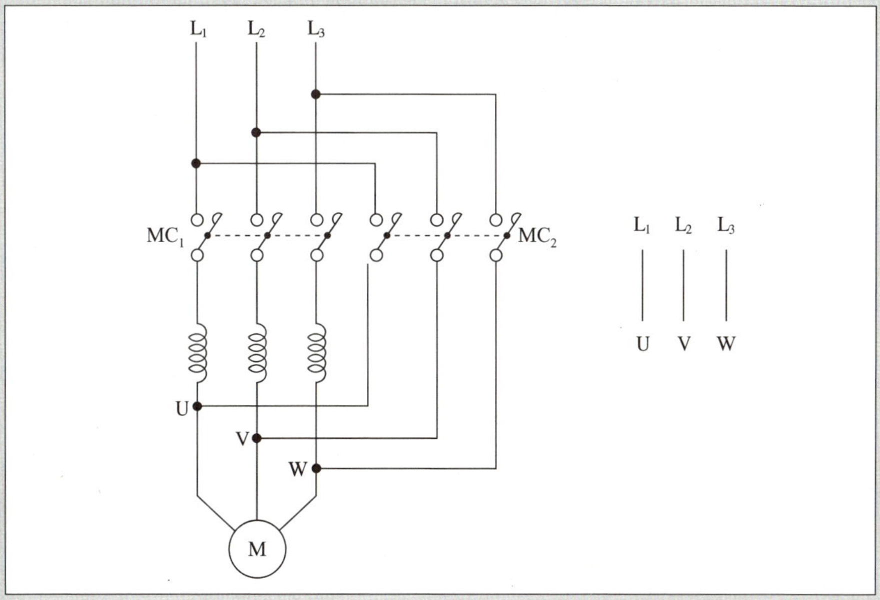

[확인문제]

01 그림의 회로를 먼저 On 조작된 측의 램프가 점등하는 병렬 우선 회로(PB_1 On 시 L_1이 점등된 상태에서 L_2가 점등되지 않고 PB_2 On 시 L_2가 점등된 상태에서 L_1이 점등되지 않는 회로)로 변경하여 그리시오. 단, 계전기 R_1, R_2의 보조접점을 사용하되 최소수를 사용하여 변경하시오.

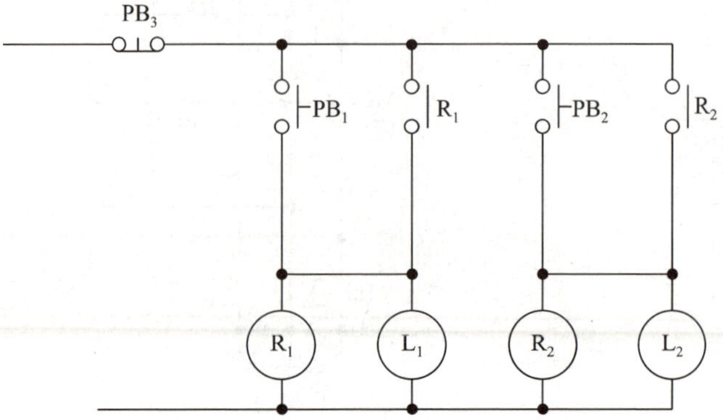

T I P

'선입력 우선회로로 변경하시오'란 뜻으로 뒤에 입력은 신호를 받지 않게 만드는 게 주임

정 답

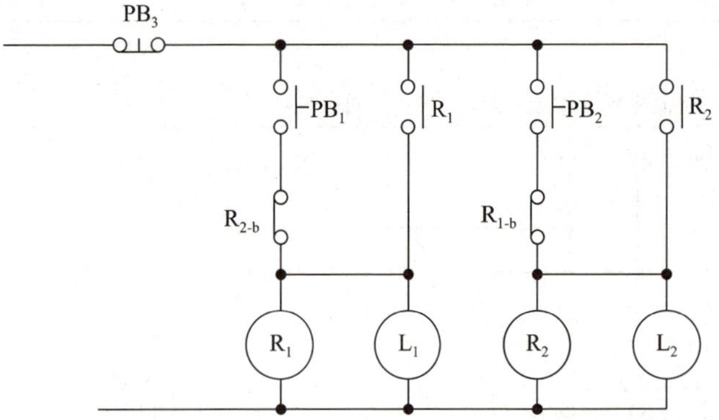

02 주어진 조건과 동작 설명을 이용하여 다음 물음에 답하시오.

[조 건]

- 누름버튼 스위치는 3개(BS_1, BS_2, BS_3)를 사용
- 보조릴레이는 3개(X_1, X_2, X_3)를 사용

∴ 보조릴레이 접점의 개수는 최소로 사용할 것

[동작 설명]

BS_1에 의하여 X_1이 여자되어 동작하던 중 BS_3를 누르면 X_3가 여자되어 동작하고 X_1은 복귀, 또 BS_2를 누르면 X_2가 여자되어 동작하고 X_3는 복귀한다. 즉, 항상 새로운 신호만 동작한다.

(1) 선택 동작회로(신입신호 우선회로)의 시퀀스 회로를 그리시오.

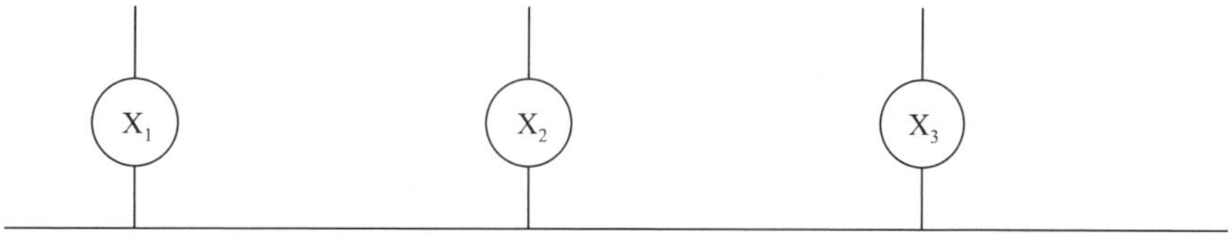

(2) 물음 (1)의 타임차트를 그리시오.

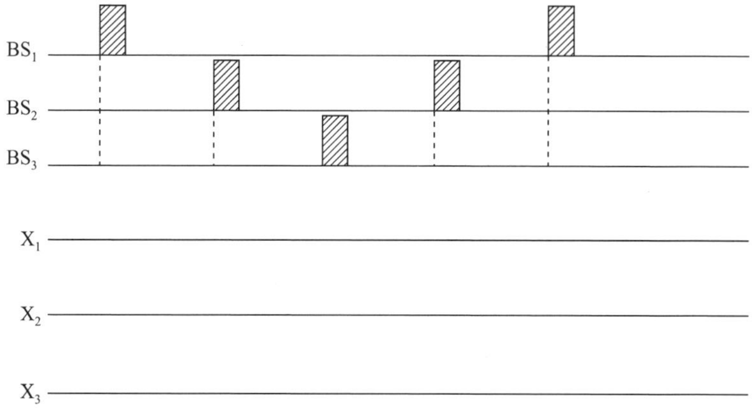

TIP

위 동작 설명을 보면 뒤에 신호에 동작하며 앞 신호는 제거되는 회로로서 후 입력(신 입력) 우선회로를 뜻한다.

정답

(1) 선택 동작 회로(신입신호 우선회로)의 시퀀스 회로

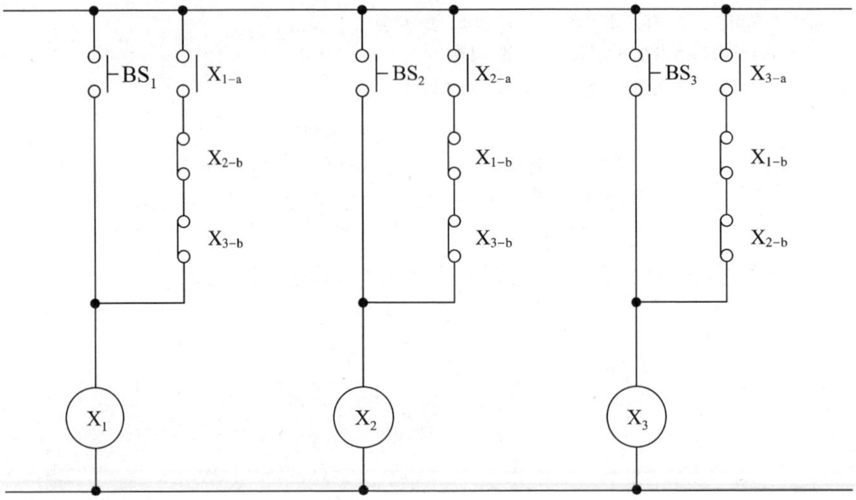

※ BS_1 누른 경우 X_1 여자되어 X_{1-a} On되어 자기유지된다. 이후 BS_2 또는 BS_3를 누르면 X_2 또는 X_3가 여자되어 X_{2-b}, X_{3-b}가 Off되어 기존 여자 X_1이 소자되는 회로, 이와 같이 모두 뒤에 동작되는 회로만 동작되는 회로임

(2) 타임차트

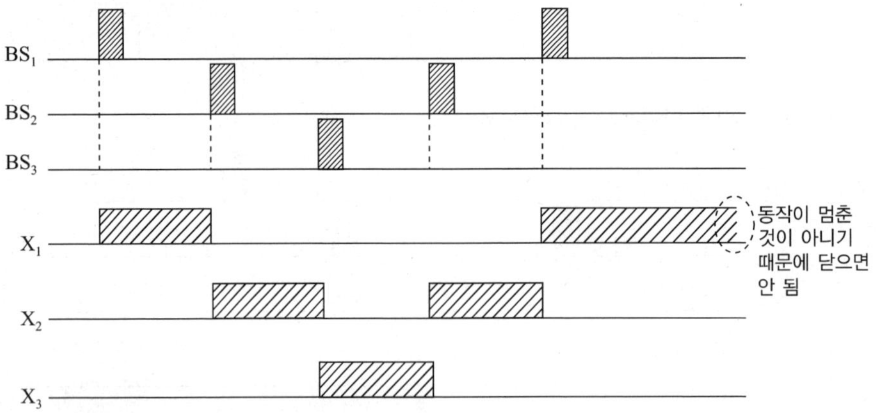

※ 타임차트는 입력신호를 보고 출력단자의 동작을 표현하는 것으로, 위 시퀀스 회로 동작을 표현하는 것임

03 주어진 조건을 이용하여 다음의 시퀀스 회로와 타임차트를 완성하시오.

[조 건]

- 푸시버튼 스위치 4개(PB_1, PB_2, PB_3, PB_4)
- 보조 릴레이 3개(X_1, X_2, X_3)
- 계전기의 보조 a접점 또는 b접점을 추가하여 작성하되 최소 접점을 사용할 것이며 보조 접점에는 접점의 명칭을 표시할 것

선 입력 회로만을 동작시키고 후 입력 신호를 주어도 동작하지 않는 회로를 구성하고 타임차트를 그리시오.

(1)

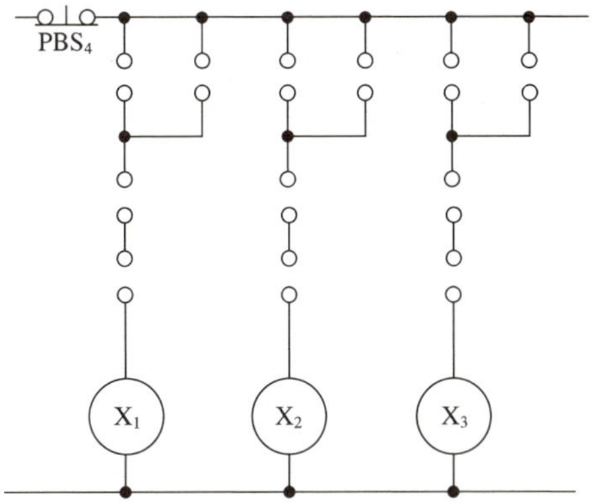

(2)

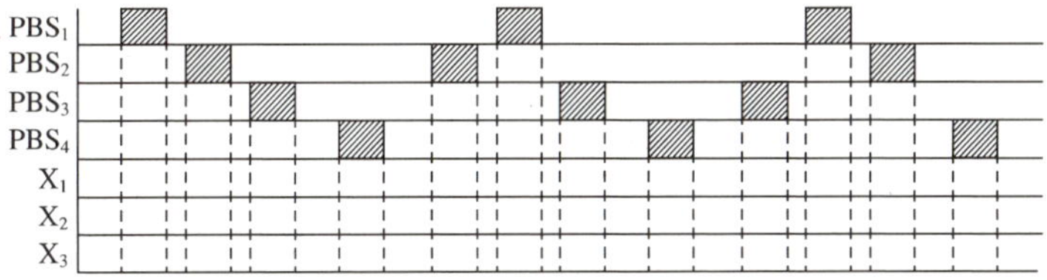

정답

(1)

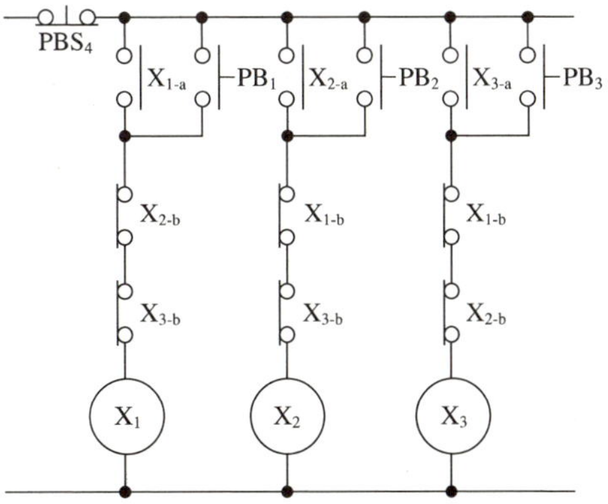

(2)

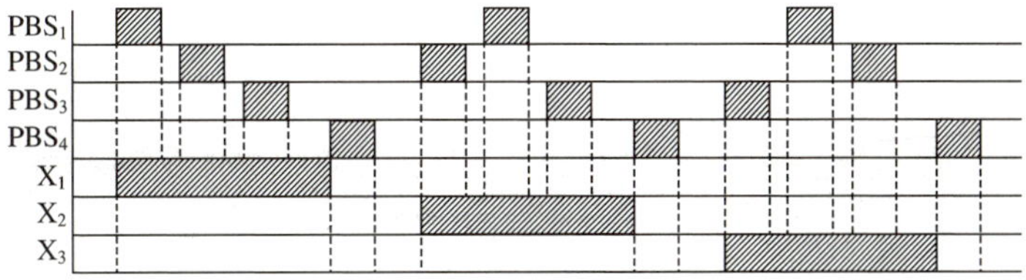

04 다음 그림의 회로에 대해서 각 물음에 답하시오.

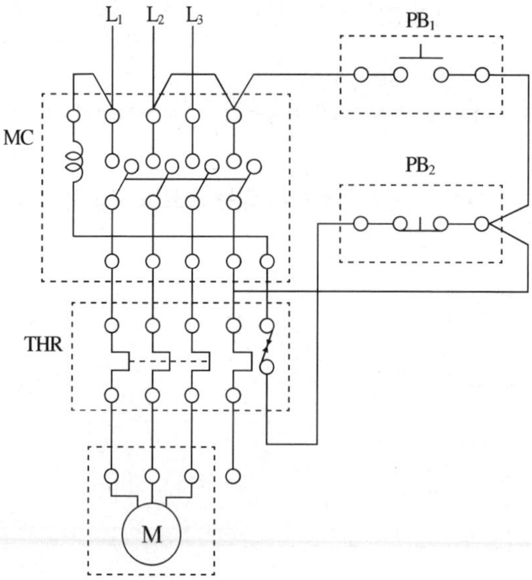

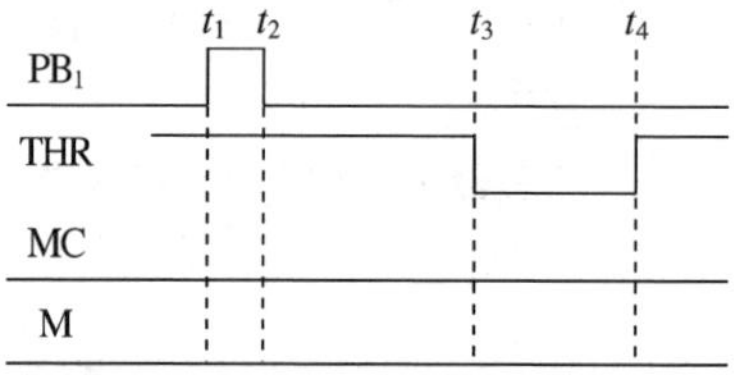

(1) 시퀀스도로 표현하시오.

(2) 시간 t_3에 서멀 릴레이(열동 계전기)가 작동하고, 시간 t_4에서 수동으로 복귀하였다. 이때 동작을 타임차트로 표시하시오.

정답

(1)

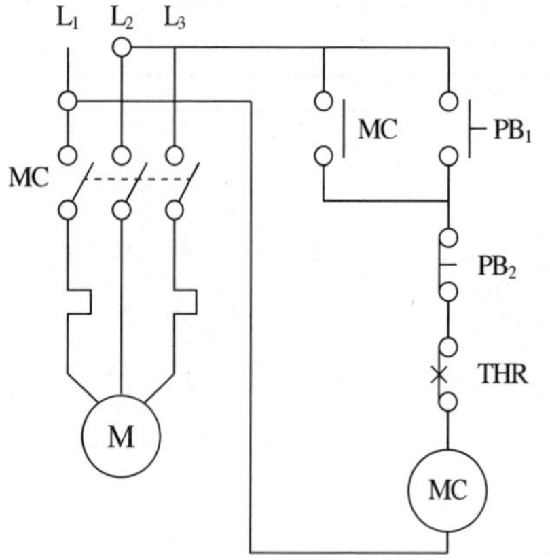

(2)

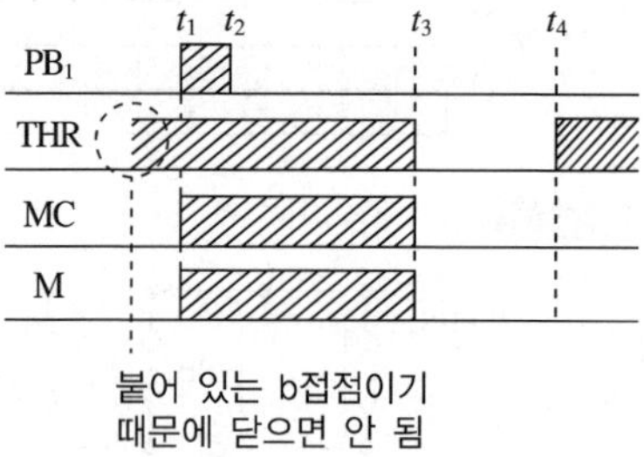

05 다음의 회로는 두 입력 중 선 동작한 쪽이 우선이고, 다른 쪽의 동작을 금지시키는 시퀀스 회로이다. 이 회로를 보고 다음 각 물음에 답하시오. 단, A, B는 입력 스위치이고, X_1, X_2는 계전기이다.

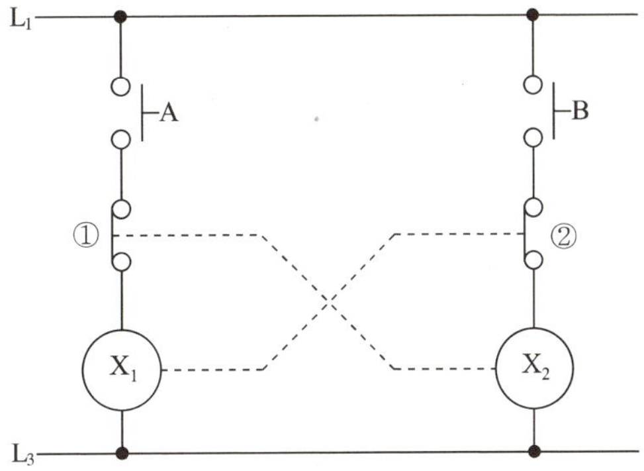

(1) ①, ②에 맞는 각 보조접점의 접점기호의 명칭을 쓰시오.

(2) 이 회로는 주로 기기의 보호와 조작자의 안전을 목적으로 하는데 이와 같은 회로의 명칭을 무엇이라 하는가?

(3) 주어진 진리표를 완성하시오.

입 력		출 력	
A	B	X_1	X_2
0	0		
0	1		
1	0		

(4) 그림과 같은 타임차트를 완성하시오.

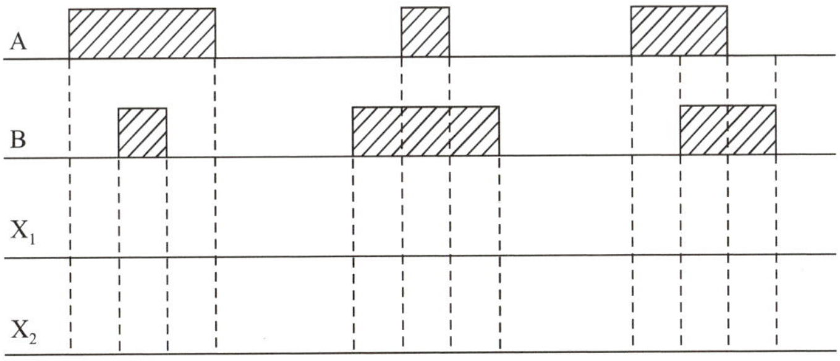

정답

(1) ① X_{2-b}

② X_{1-b}

(2) 인터로크 회로

(3)

출력	
X_1	X_2
0	0
0	1
1	0

(4)

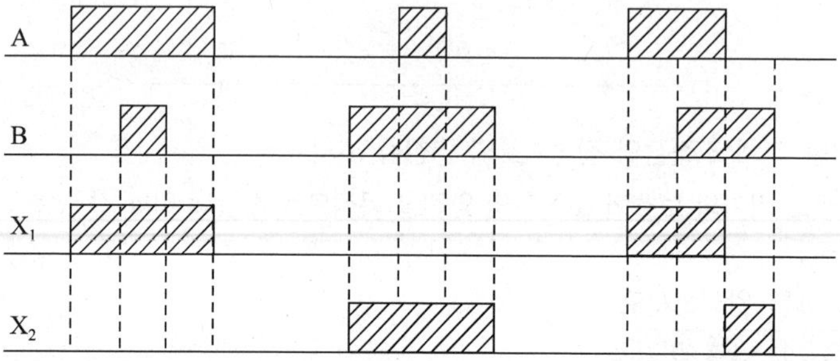

TIP

선 입력 우선회로로서 PB_A 누른 경우 X_1 여자되어 X_{1-b}를 Off시켜 PB_B를 눌러도 X_2가 여자 안 되는 회로이며 반대로 동작 시에도 동일하게 선 입력만 동작되는 회로이다.

06 다음 타이머 내부 접점번호와 동작 설명을 참고하여 동작 회로를 완성하시오.

[동작 설명]

- S_3 Off 시 R_2 점등되고 PB On하면 타이머 T 여자, T 설정시간 동안 R_3 점등, 설정시간 후 R_3 소등, R_4 점등된다.
- S_3 On 시 T 무여자, R_2, R_3 소등, 버저(BZ)동작, R_1 점등(단, 전원은 단상 2선식 220[V]이다)

[타이머 내부 접점 번호]

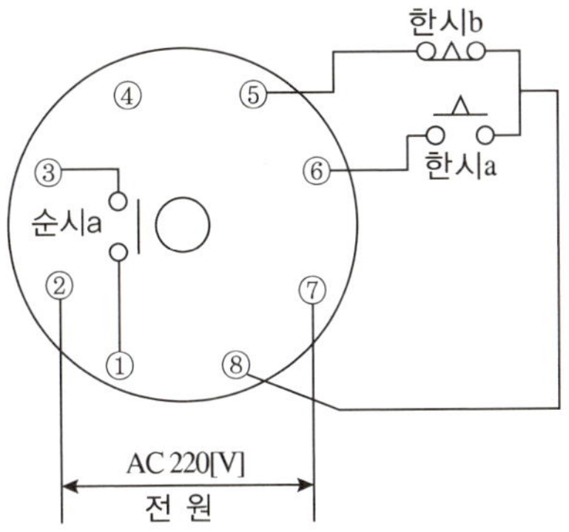

(1) 동작 회로도

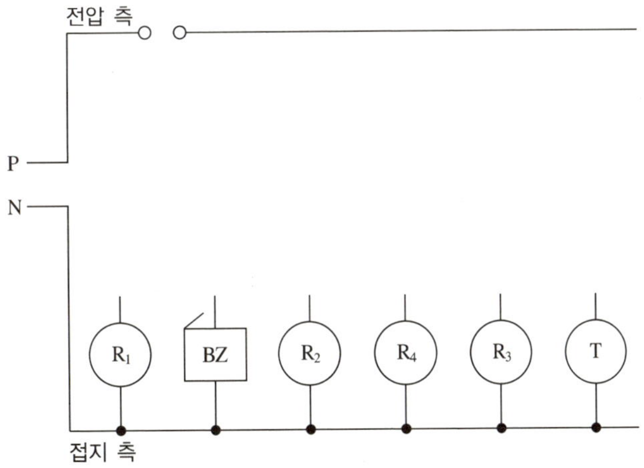

TIP

이러한 회로를 그릴 경우
① 동작시키는 말들은 직렬로 연결한다.
② 유지시키는 말들은 병렬로 연결한다.
③ 차단시키는 말들은 동작 부분과 출력 부분 사이에 직렬로 삽입한다.

정답

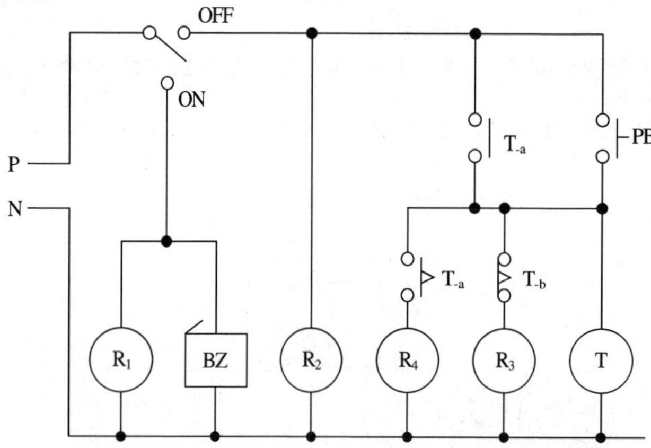

07 3로 스위치와 버튼 스위치를 이용하여 조건 ①, ②, ③을 만족하는 회로도를 완성하시오.

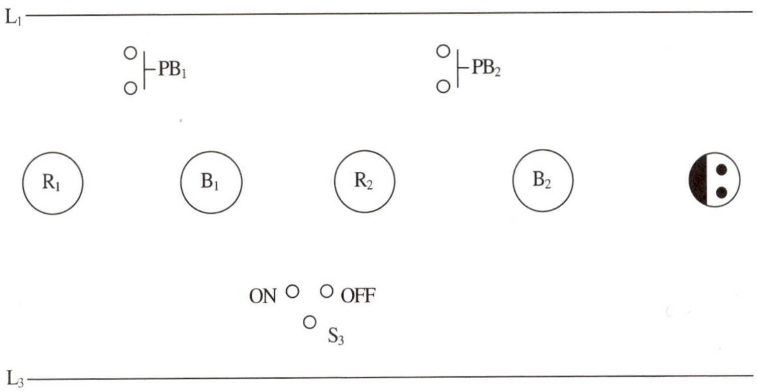

[조 건]

① S_3를 Off했을 때 PB_1을 누르면 B_1이 동작하고, PB_2를 누르면 B_2가 동작한다.
② S_3를 On했을 때 PB_1을 누르면 R_1이 동작하고, PB_2를 누르면 R_2가 동작한다.
③ 콘센트는 항상 전원이 연결되어 있다.

정답

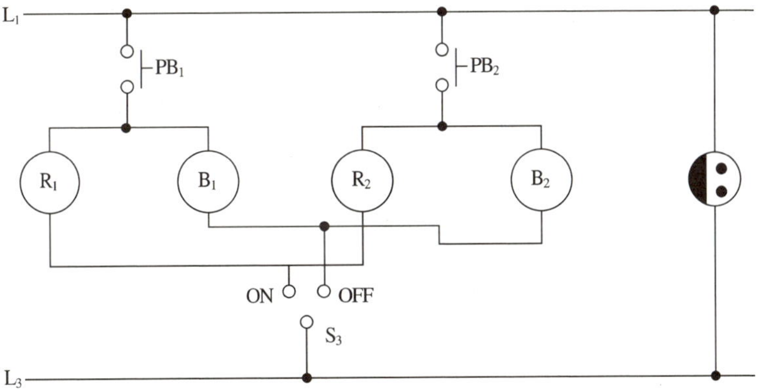

08 유도전동기 IM을 현장과 현장에서 조금 떨어진 제어실 어느 쪽에서든지 기동 및 정지가 가능하도록 전자접촉기 MC와 누름버튼 스위치 PB-On용 및 PB-Off용을 사용하여 제어회로를 점선 안에 그리시오.

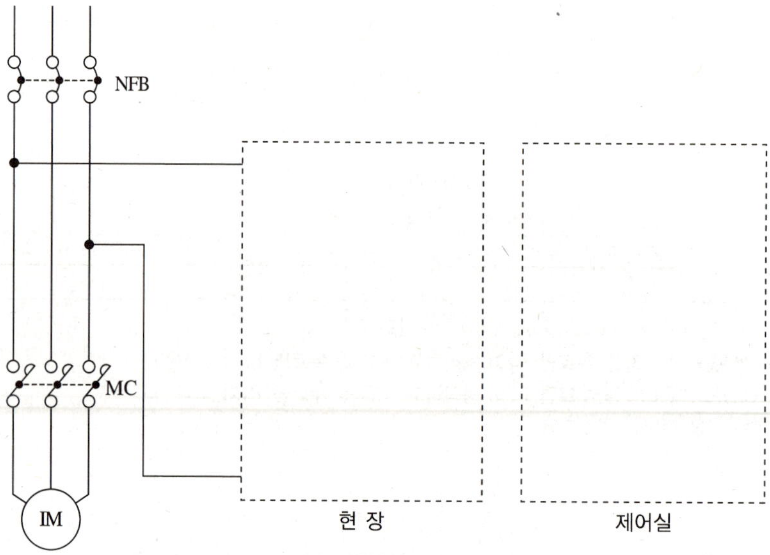

정답

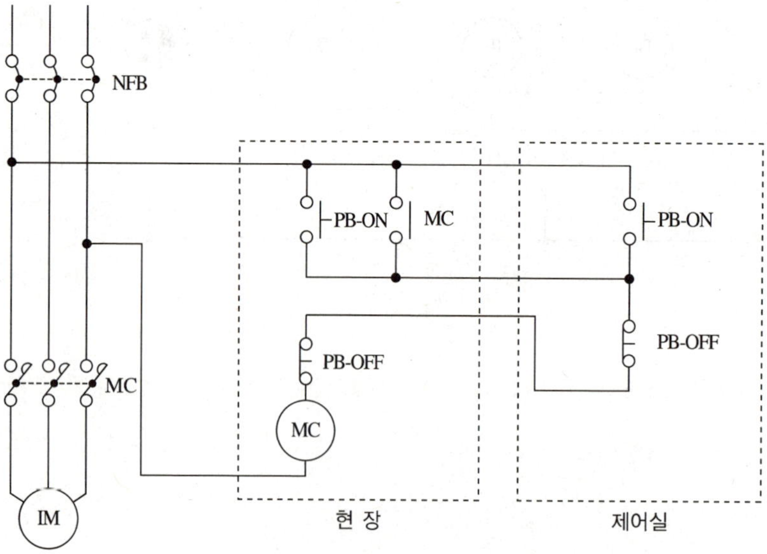

09 그림은 팬의 수동운전 및 고장표시등 회로의 일부이다. 이 회로에 대하여 다음 각 물음에 답하시오.

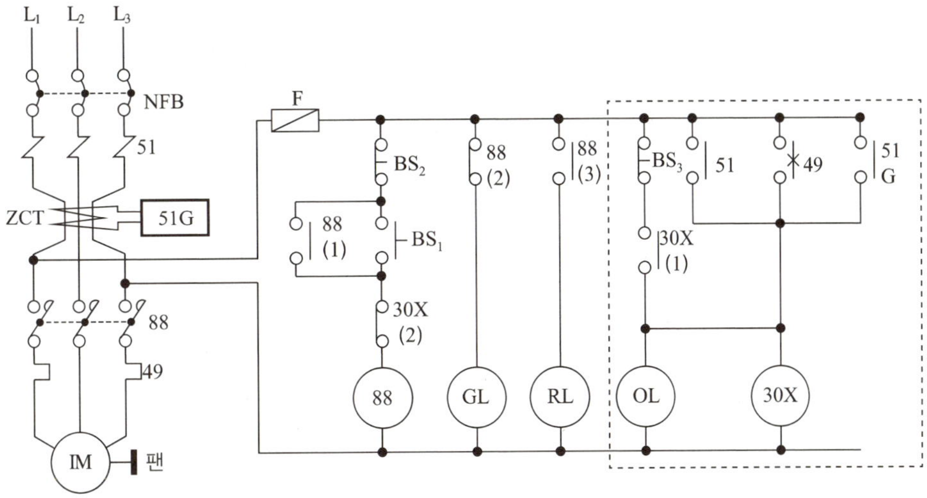

(1) 88은 MC로서 도면에서는 출력기구이다. 도면에 표시된 기구에 대하여 그 명칭을 그 약호로 쓰시오. 단, 중복은 없고, NFB, ZCT, IM, 팬은 제외, 해당되는 기구가 여러 가지일 경우 모두 쓰도록 한다.

① 고장표시기구 :

② 고장회복 확인기구 :

③ 기동기구 :

④ 정지기구 :

⑤ 운전표시램프 :

⑥ 정지표시램프 :

⑦ 고장표시램프 :

⑧ 고장검출기구 :

(2) 그림의 점선으로 표시된 회로를 AND, OR, NOT 회로를 사용하여 로직회로를 그리시오(3입력 이하로 한다).

정답

(1) ① 30X ② BS_3

③ BS_1 ④ BS_2

⑤ RL ⑥ GL

⑦ OL ⑧ 51, 49, 51G

(2)

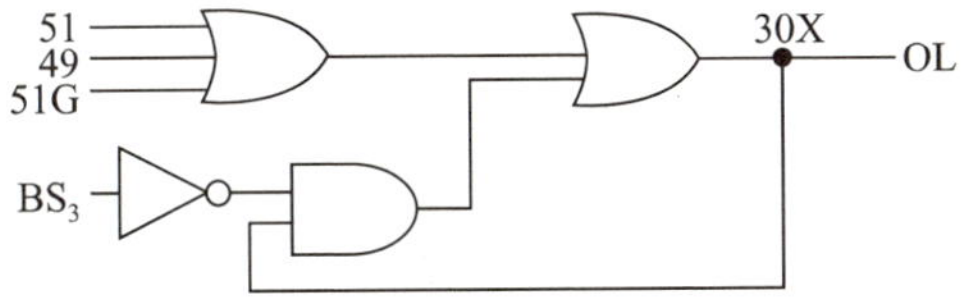

10 다음의 요구사항에 의해 회로의 미완성된 부분을 완성하시오.

> **[요구사항]**
> - 전원 스위치 KS를 On 시 GL이 점등되도록 한다.
> - 누름버튼 스위치(PB-On 스위치)를 누르면 MC 여자와 동시에 MC의 보조접점에 의하여 GL 소등, RL 점등, 전동기 동작
> - 타이머 T에 설정된 시간이 지나면 MC 소자되고 전동기는 정지, RL 소등, GL 점등된다.
> - T에 설정된 시간 전에도 누름버튼 스위치(PB-Off)를 누르면 전동기는 정지되며, RL 소등, GL 소등된다.
> - 전동기 운전 중 고장으로 과전류가 흘러 열동 계전기가 동작되면 모든 회로의 전원이 차단된다.

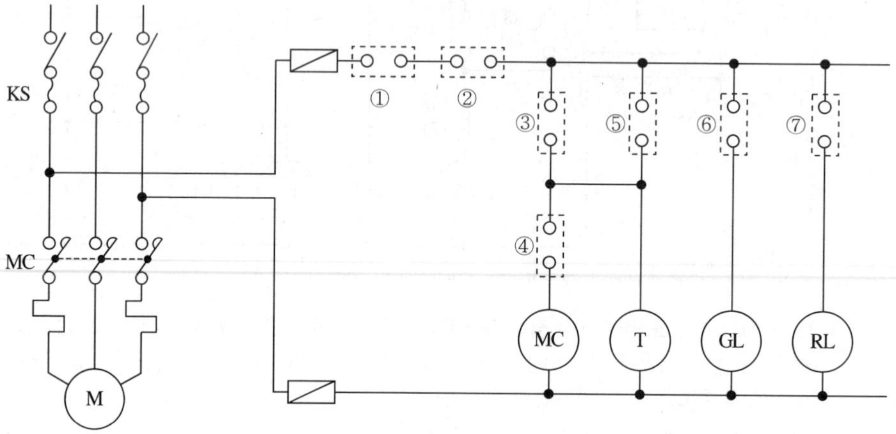

TIP

- KS On 시 GL 점등, 이 설명은 ①, ②, ⑥은 b접점
- PB-On 누르면 MC 여자한 설명은 ①, ②, ④는 b접점이며 자기유지를 하기 위해 ③이 PB 접점이 되고 ⑤은 보조접점 a가 들어간다라고 이해
- 이런 식으로 모든 회로 동작 완성 시에는 b접점과 a접점을 먼저 선택하고 접점 기호를 표기하는 것이 가장 편리하다.

정답

① 

② 

③ 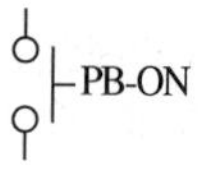

④ 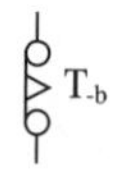

⑤ 

⑥ 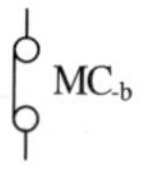

⑦ 

11 다음 주어진 릴레이 시퀀스도를 논리회로로 표현하고 타임차트를 완성하시오.

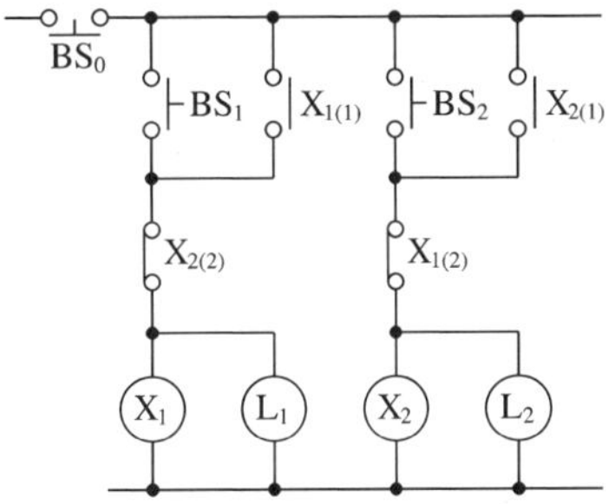

(1) 무접점 논리회로를 그리시오(단, OR(2입력 1출력), AND(3입력 1출력), NOT만을 사용하여 그린다).

(2) 주어진 타임차트를 완성하시오.

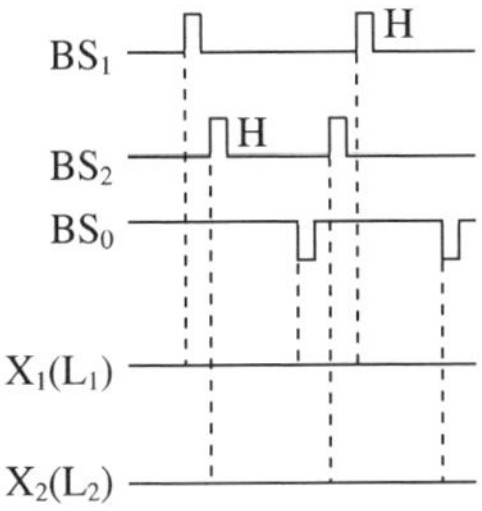

정답

(1)

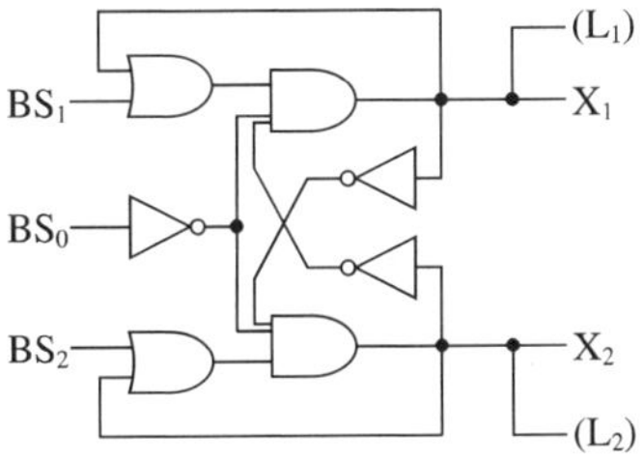

(2)

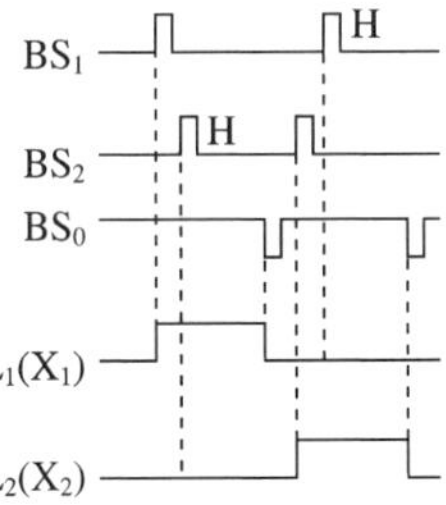

12 다음 논리회로를 보고 물음에 답하시오.

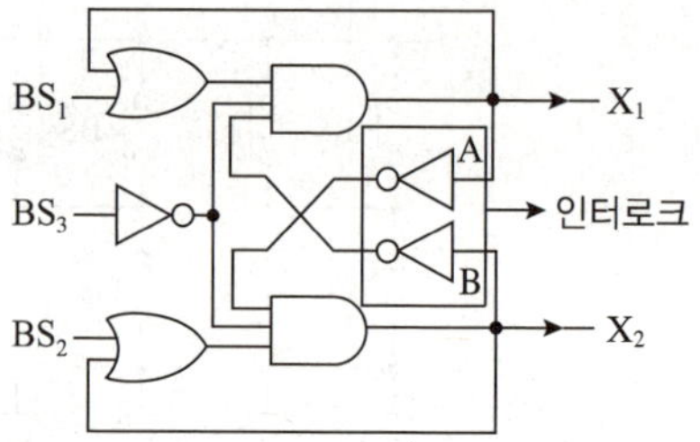

(1) 타임차트를 완성하시오(X_1, X_2).

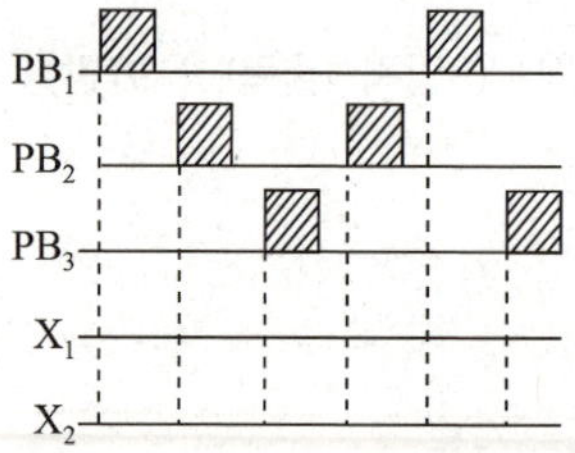

(2) 다음 유접점을 완성하시오.

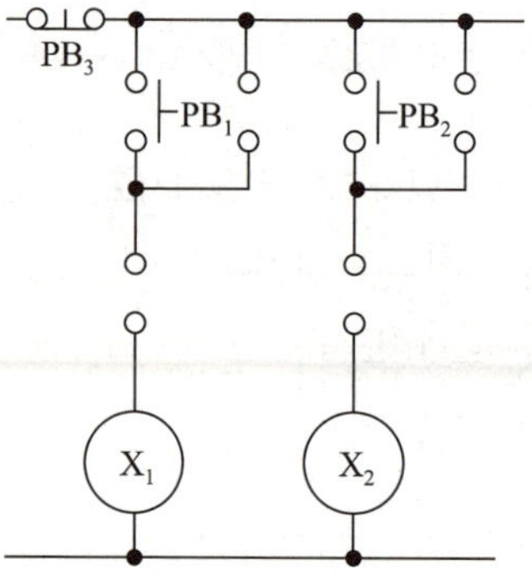

정답

(1)

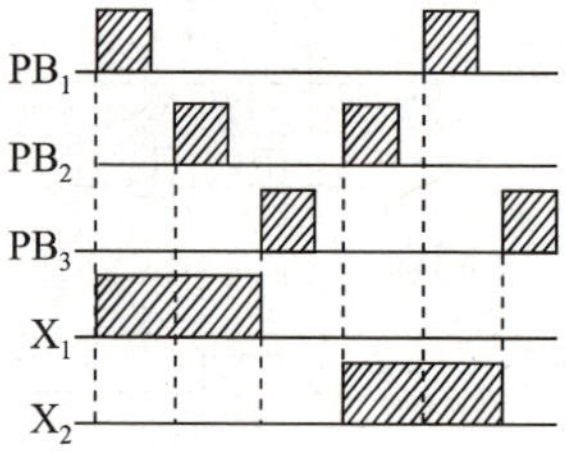

(2)

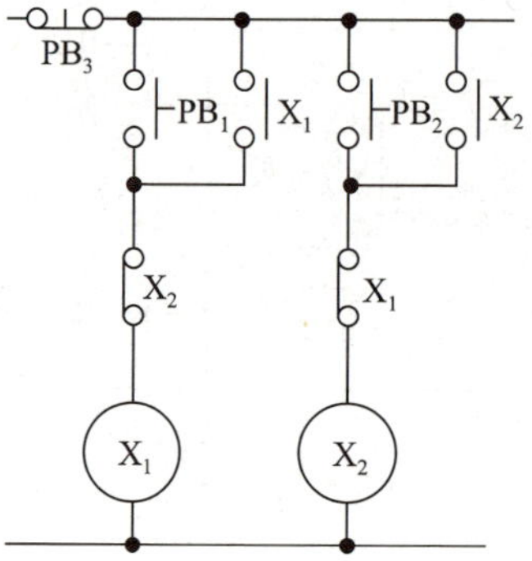

13 **다음 회로도는 누름버튼 스위치 하나로 전동기의 기동·정지를 제어하는 미완성 시퀀스도이다. 동작사항과 회로를 보고 물음에 답하시오(단, Ry_1, Ry_2 : 8핀 릴레이, MC : 5a2b 전자접촉기, PB : 누름버튼 스위치, RL : 적색램프이다)**

[동작사항]
- PB를 한 번 누르면 Ry_1에 의하여 MC 동작(전동기 운전), RL 램프가 점등된다.
- PB를 한 번 더 누르면 Ry_2에 의하여 MC 소자(전동기 정지), RL 램프는 소등된다.
- PB를 누를 때마다 전동기는 기동과 정지를 반복하여 동작한다.

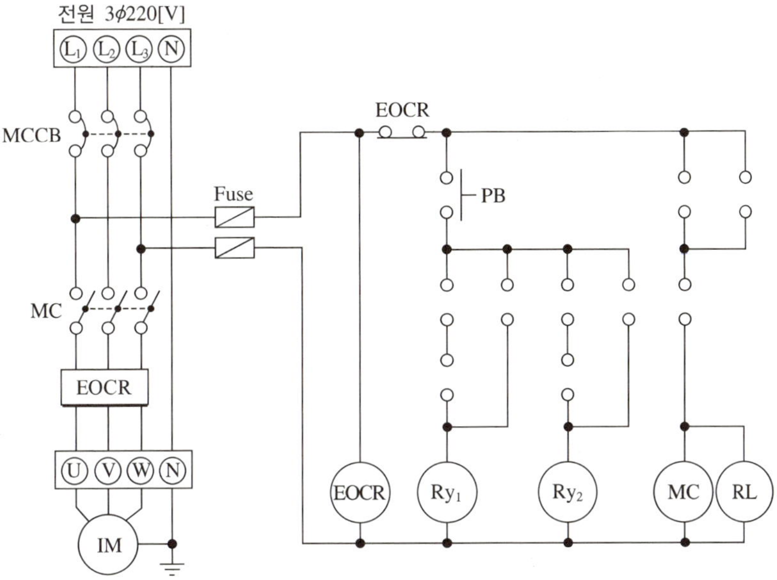

(1) 시퀀스도의 동작사항에 알맞도록 릴레이와 전자접촉기의 접점을 이용하여 제어회로를 완성하시오(단, 회로도에 접점의 기호를 직접 표시하고 접점의 명칭을 표기한다).

(2) MCCB의 우리말 명칭을 쓰시오.

(3) EOCR의 우리말 명칭과 사용목적에 대하여 쓰시오.

정답

(1)

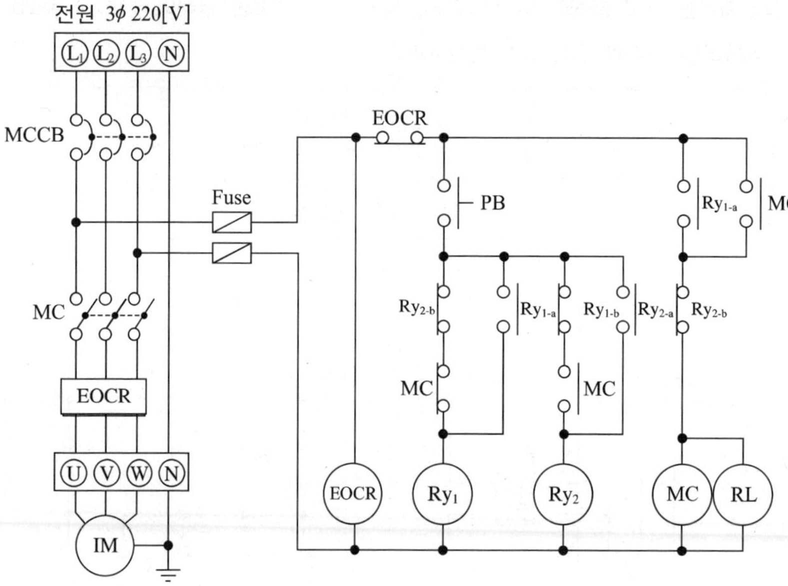

(2) 배선용 차단기

(3) • EOCR의 명칭 : 전자적 과부하계전기

• 사용 목적 : 전동기에 과부하 시 과전류가 흐르면 EOCR이 동작하여 모든 회로를 차단시켜 전동기 운전 정지시키는 데 그 목적이 있다.

14 그림은 전동기 정·역 시퀀스 회로도이다. 이 회로도를 보고 다음 물음에 답하시오. 단, 전동기는 기동 중 정·역을 바로 바꾸면 과전류와 기계적 손상이 발생되기 때문에 지연 타이머로 지연시간을 주도록 한다.

[주회로]

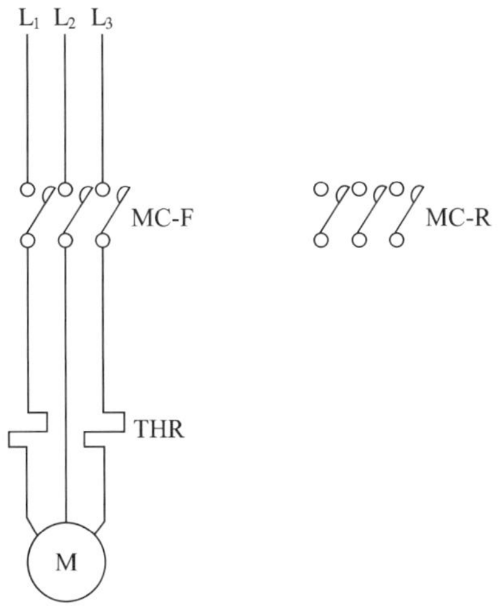

[보조회로]

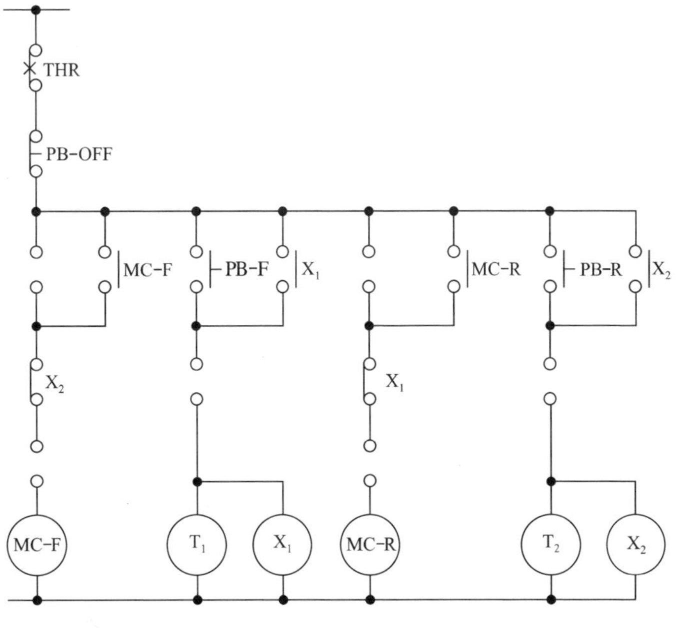

(1) 정·역 운전이 가능하도록 주어진 회로의 주회로의 미완성 부분을 완성하시오(단, $\mathrm{MC-F}$ 동작 시 T_1, X_1 소자, $\mathrm{MC-R}$ 동작 시 T_2, X_2 소자).

(2) 정·역 운전이 가능하도록 주어진 보조(제어)회로의 미완성 부분을 완성하시오(단, 접점에는 접점 명칭을 반드시 기록한다).

(3) 주회로 도면에서 약호 THR의 명칭과 용도를 쓰시오.

정답

(1)

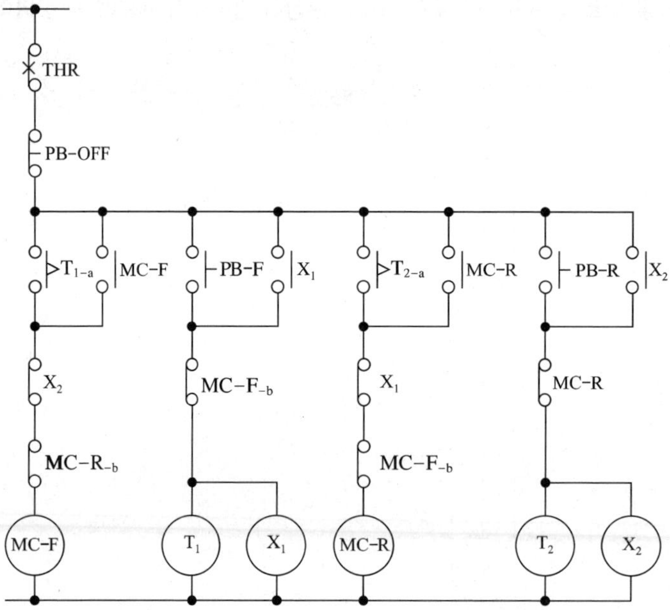

(2)

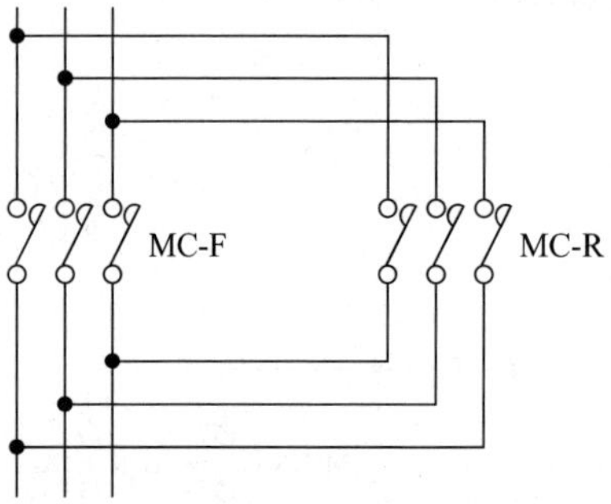

(3) • 명칭 : 열동계전기

• 용도 : 전동기 과부하 시 동작하여 전동기 코일 손상 방지

15 다음 회로는 Y－△ 기동 회로이다. 다음 각 물음에 답하시오.

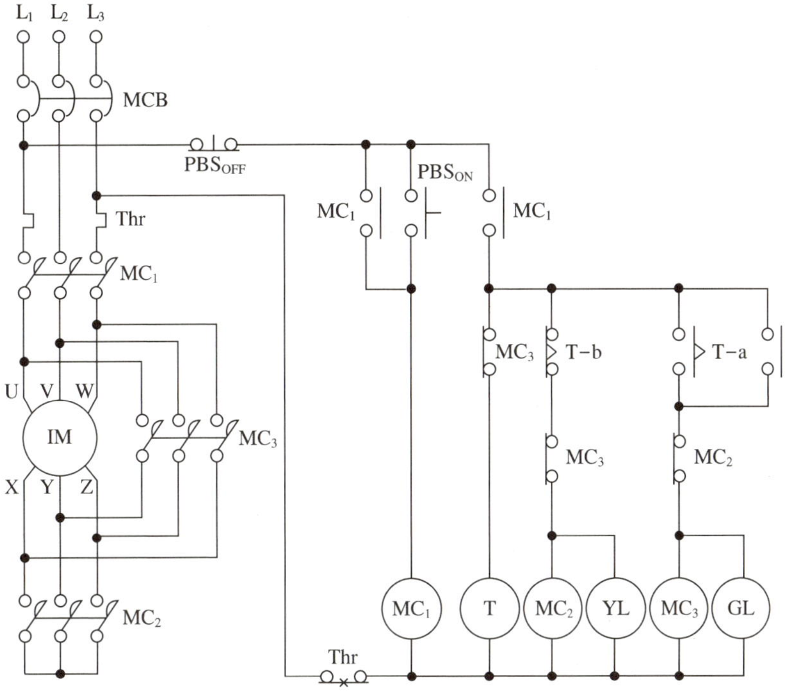

(1) 작동 설명의 (　　) 안에 알맞은 내용을 쓰시오.

- 기동 스위치 PBS_{ON}을 누르면 (①)이 여자되고, (②)가 여자되면 일정시간 동안 (③)와 (④) 접점에 의해 MC가 여자되어 MC_1, MC_2가 작동하여 (⑤)결선으로 전동기가 기동된다.
- 일정시간 이후에 (⑥) 접점에 의해 개회로가 되므로 (⑦)가 소자되고, (⑧)와 (⑨) 접점에 의해 MC_3이 여자되어 MC_1, (⑩)가 작동하여 (⑪)결선에서 (⑫)결선으로 변환되어 전동기가 운전된다.

(2) 주어진 기동 회로에 인터로크 회로의 표시를 한다면 어느 부분에 어떻게 표현하여야 하는가?

정답

(1) ① MC_1　② T　③ T－b　④ MC_{3-b}

⑤ Y　⑥ T－b　⑦ MC_2　⑧ T－a

⑨ MC_{2-b}　⑩ MC_3　⑪ Y　⑫ △

(2)

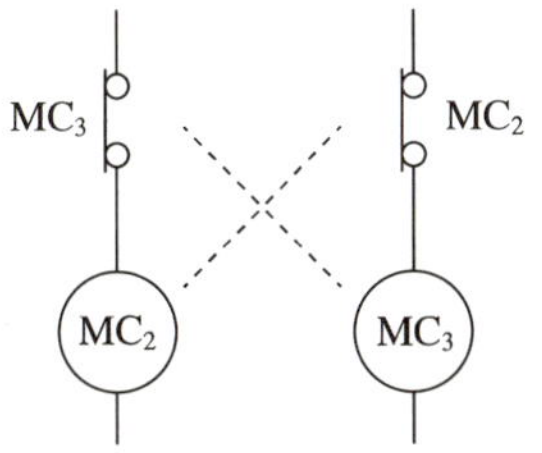

16 다음 회로도는 수동, 자동(하루 중 설정시간 동안 운전) $Y-\triangle$ 배기팬 MOTOR 결선도 및 조작 회로이다. 다음 물음에 답하시오.

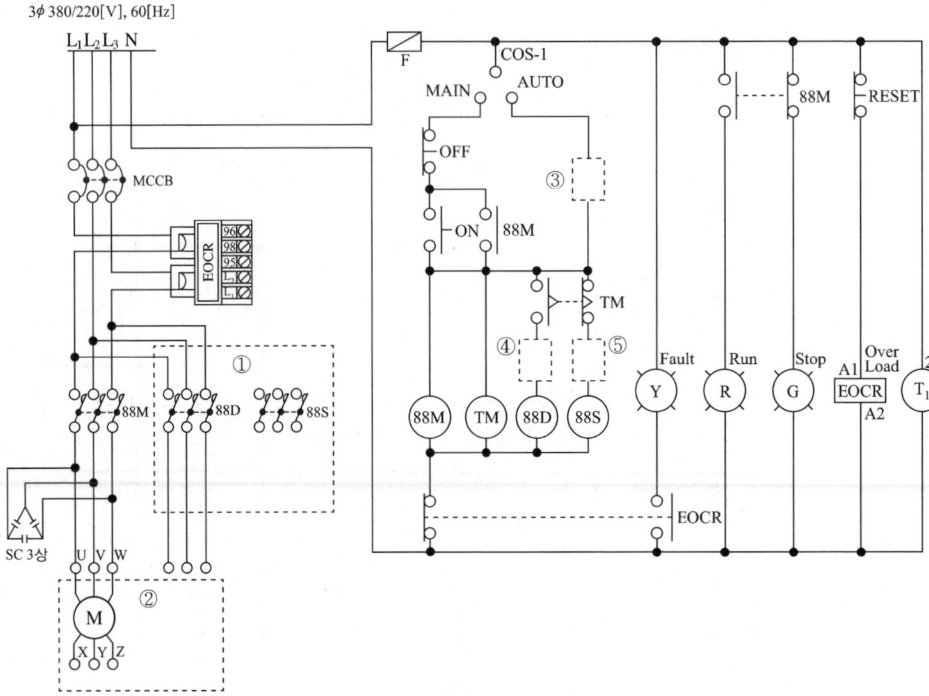

(1) ①, ② 결선을 완성하시오.

(2) ③, ④, ⑤의 미완성 부분의 접점과 그 접점기호를 표기하시오.

(3) 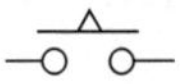 의 명칭(접점)을 쓰시오.

(4) Time Chart를 완성하시오.

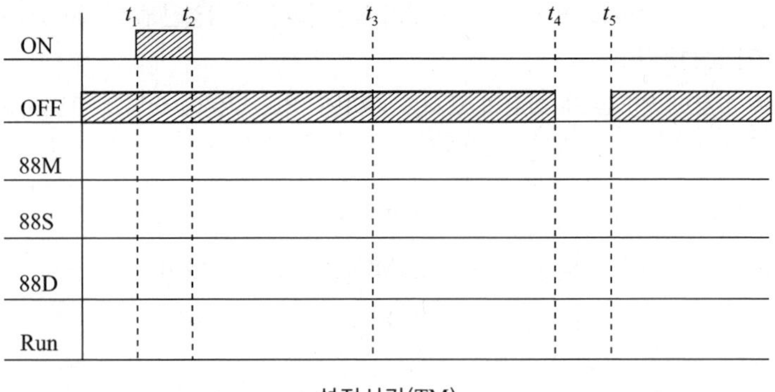

설정시간(TM)

정답

(1) ①

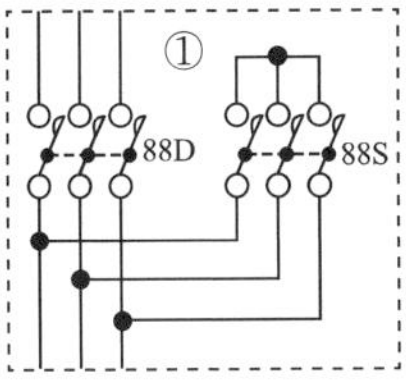

②

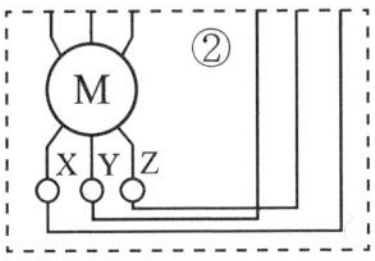

(2) ③

④

⑤

(3) 한시동작 순시복귀 a접점

(4)

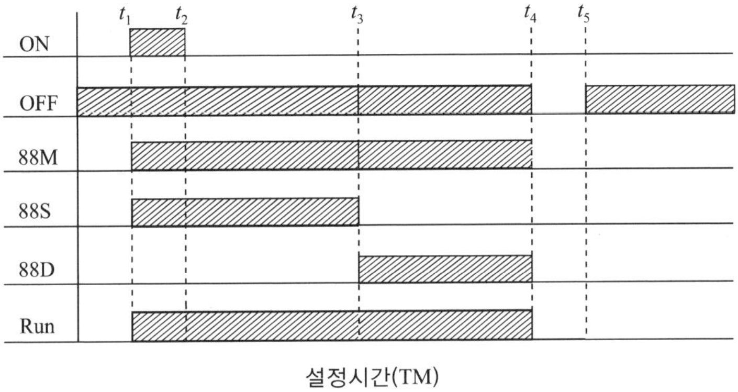

17 도면은 유도전동기 M의 정·역 회로의 미완성 도면이다. 이 도면을 이용하여 물음에 답하시오. 단, 주접점 및 보조접점을 그릴 때에는 해당되는 접점의 명칭도 함께 쓰시오.

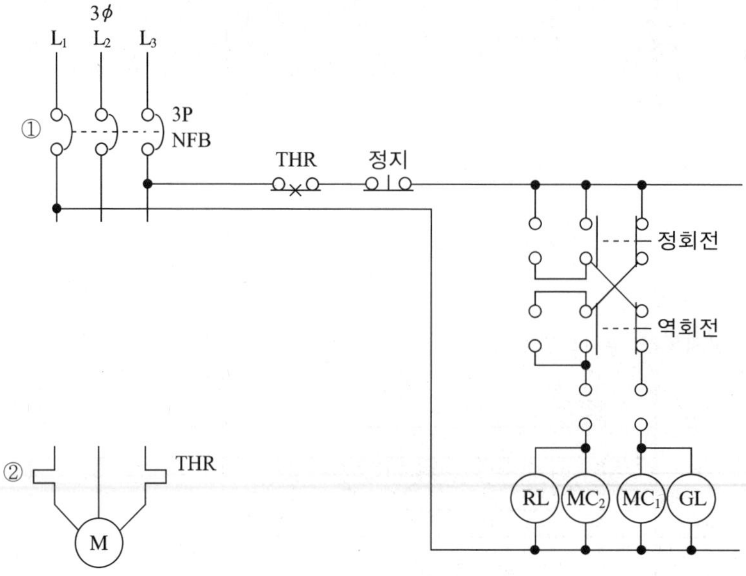

[동작조건]
• NFB를 투입 후 • 정회전 누름버튼 스위치를 누르면 전동기 M이 정회전하며, 이때 GL 램프가 점등된다. • 정지 누름버튼 스위치를 누르면 전동기 M은 정지한다. • 역회전 누름버튼 스위치를 누르면 전동기 M이 역회전하며, 이때 RL 램프가 점등된다. • 과부하 시에는 ─○×○─ 접점이 개방되어 전동기가 멈추게 된다. ※ 정회전 또는 역회전 중 회전 방향을 바꾸려면 전동기를 정지시킨 다음 회전 방향을 바꾸어야 한다. ※ 누름버튼 스위치를 누르는 것은 눌렀다가 즉시 손을 떼는 것을 의미한다. ※ 정회전과 역회전의 방향은 임의로 결정하도록 한다.

(1) 회로도의 ①, ②에 대한 우리말 명칭(기능)은 무엇인가?

(2) 정회전과 역회전이 되도록 주회로의 미완성 부분을 완성하시오.

(3) 정회전과 역회전이 되도록 다음의 동작조건을 이용하여 미완성된 보조회로를 완성하시오.

정답

(1) ① 배선용 차단기

② 열동계전기

(2), (3)

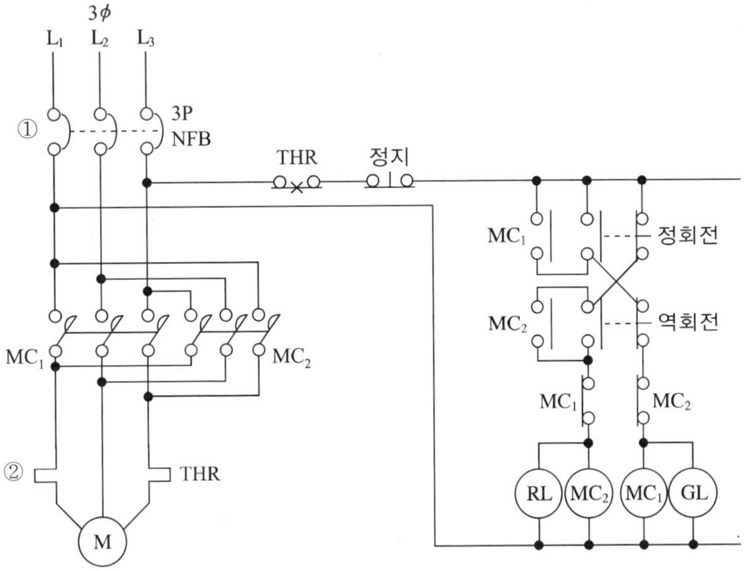

18 다음을 만족하는 미완성 결선도를 완성하시오(단, 접점기호와 명칭 등을 정확히 나타낸다).

[요구사항]

- 전원 스위치 MCCB를 투입하면 주회로 및 제어회로에 전원이 공급된다.
- 누름버튼 스위치(PB_1)를 누르면 MC_1이 여자되고 MC_1의 보조접점에 의하여 RL이 점등되며, 전동기는 정회전한다.
- 누름버튼 스위치(PB_1)를 누른 후 손을 떼어도 MC_1은 자기유지되어 전동기는 계속 회전한다.
- 운전 중 누름버튼 스위치(PB_2)를 누르면 연동에 의하여 MC_1이 소자되어 전동기가 정지되고, RL은 소등된다. 이때 MC_2는 자기유지되어 전동기는 역회전(역상제동을 함)하고 타이머가 여자되며, GL이 점등된다.
- 타이머 설정시간 후 역회전 중인 전동기는 정지하고 GL도 소등된다. 또한 MC_1과 MC_2의 보조접점에 의하여 상호 인터로크가 되어 동시 동작되지 않는다.
- 전동기 운전 중 과전류가 감지되어 EOCR이 동작되면, 모든 제어회로의 전원은 차단되고 YL만 점등된다.
- EOCR을 리셋하면 초기상태로 복귀한다.

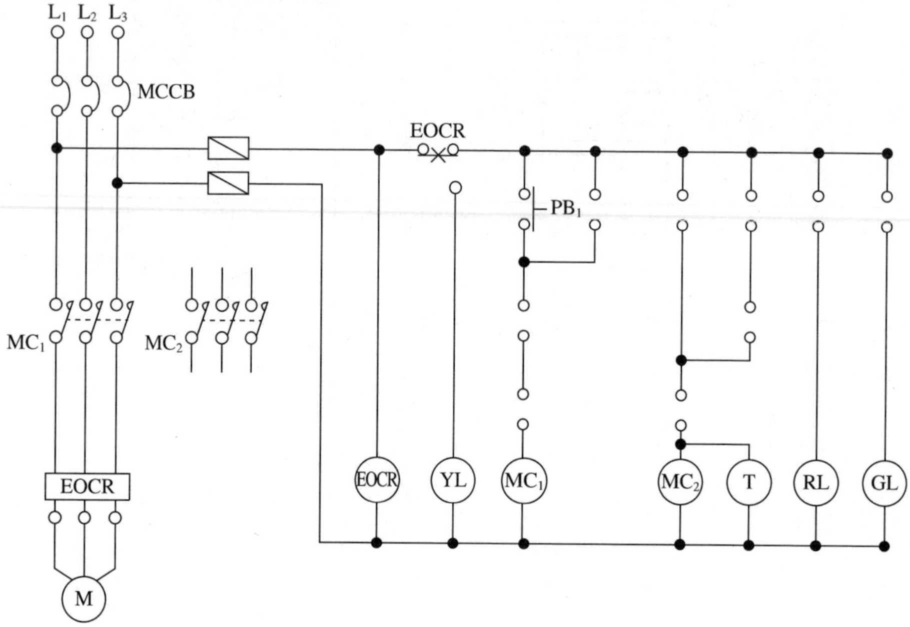

정답

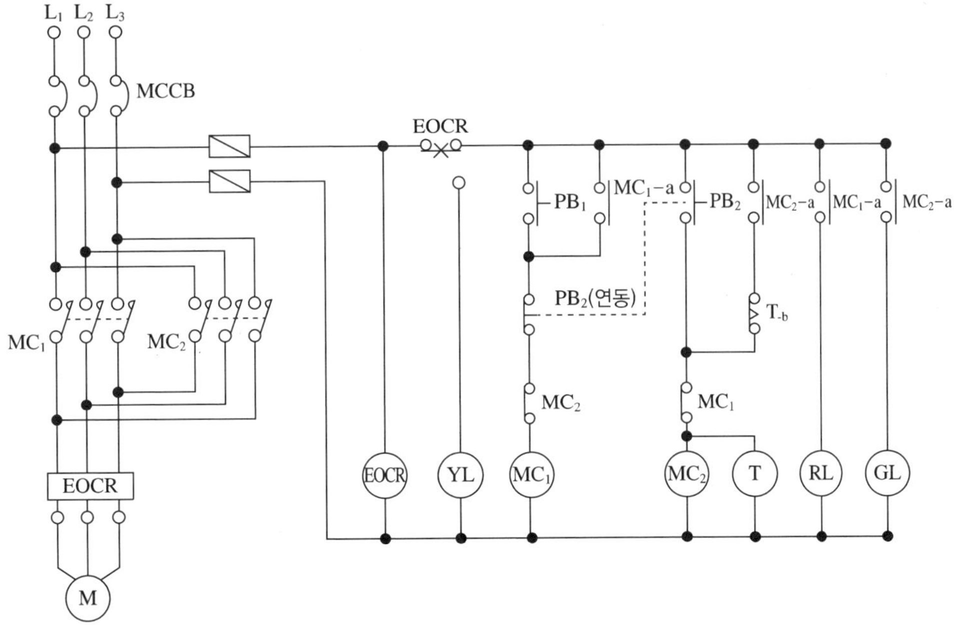

L1 L2 L3
MCCB
EOCR
PB1
MC1-a
PB2
MC2-a
MC1-a
MC2-a
PB2(연동)
T-b
MC2
MC1
MC1
MC2
EOCR
EOCR
YL
MC1
MC2
T
RL
GL
EOCR
M

19 다음 회로는 3상 유도전동기 플러깅(Plugging)의 회로도이다. 다음 각 물음에 답하시오.

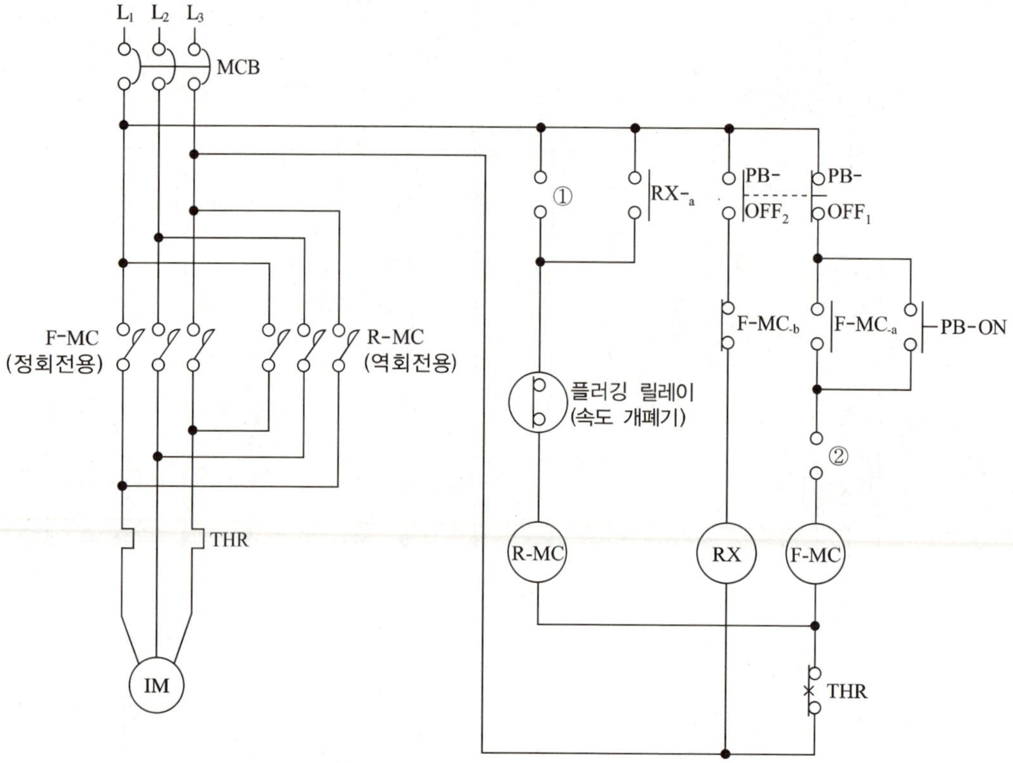

(1) ①, ②에 적당한 접점을 넣으시오.

(2) 

계전기를 사용하는 이유는?

(3) 전동기가 정회전하고 있는 중에 PB-OFF를 누를 시 동작 과정을 상세하게 설명하시오.

(4) 플러깅에 대하여 설명하시오.

정답

(1) ① 

② 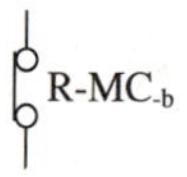

(2) 제동 시 과전류를 방지할 수 있는 시간적 여유를 주기 위해

(3) ① $PB-OFF_1$를 누르면 F-MC가 소자되어 전동기는 전원이 제거된 상태이나 계속 정회전하고 있다.

② 이때 연동되는 접점 $PB-OFF_2$에 의해 RX가 여자되고, RX-a에 의해 R-MC가 여자되어 전동기는 역회전하려 한다.

③ 그러면 전동기 속도가 0에 가까워지게 되고 이때 플러깅 릴레이 접점이 Off되어 R-MC가 소자되어 전동기는 급제동한다.

(4) 역상제동에 의한 급제동법

20 **다음 도면의 시퀀스도는 기동 보상기에 의한 전동기의 기동제어 회로의 미완성 회로이다. 이 회로를 보고 다음 각 물음에 답하시오.**

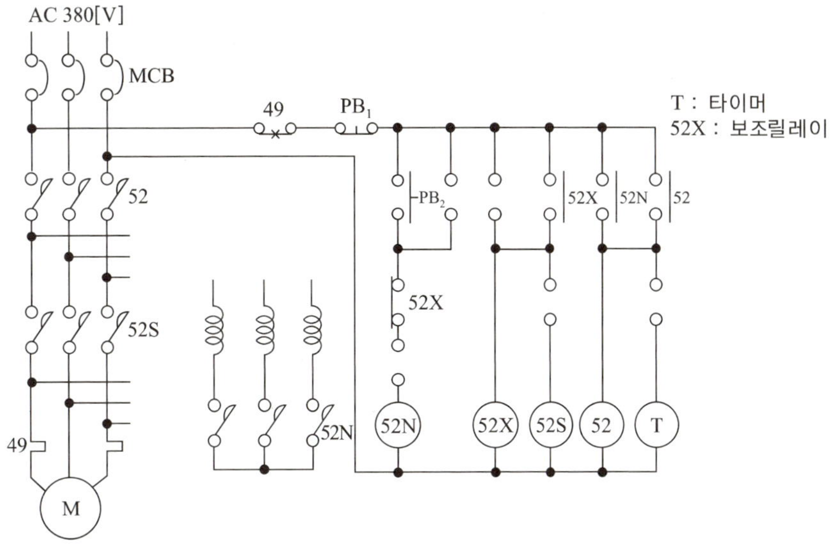

(1) 주회로에 대한 미완성 부분을 완성하시오.

(2) 보조회로의 미완성 접점을 표기하고 그 접점 명칭을 표기하시오.

(3) 기동 보상기 기동제어 방식이 어떤 방법인지 상세히 설명하시오.

정답

(1) (2)

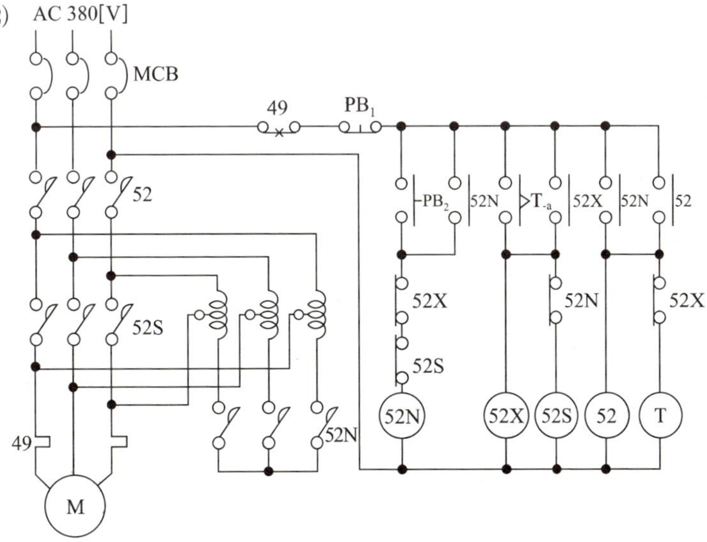

(3) 기동 시 전동기에 대한 인가전압을 단권 변압기를 사용 감압하여 공급함으로써 기동전류를 억제하고 기동 완료 후 전전압을 가하는 방식

21 다음 회로도는 기동 보상기에 의한 3ϕ 유도전동기 회로이다. 이 미완성 회로를 보고 다음 각 물음에 답하시오(단, MCCB는 배선용 차단기, M1~M3는 전자접촉기, THR은 과부하(열동)계전기, T는 타이머, X는 릴레이, PB1~PB2는 누름버튼 스위치이다).

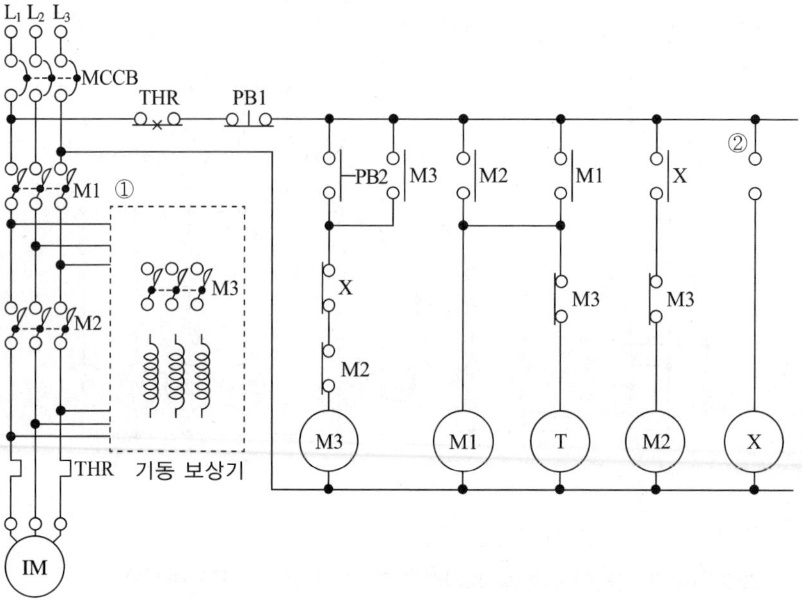

(1) ①의 부분에 들어갈 기동 보상기와 M3의 주회로 배선을 회로도에 완성하시오.

(2) ②의 부분에 들어갈 적당한 접점의 기호와 명칭을 회로도에 완성하시오.

(3) 제어회로에서 잘못된 부분이 있으면 모두 ◌로 표시하고 올바르게 나타내시오.

예

(4) 기동 보상기에 의한 유도전동기 기동방법을 간단히 설명하시오.

정답

(1), (2), (3)

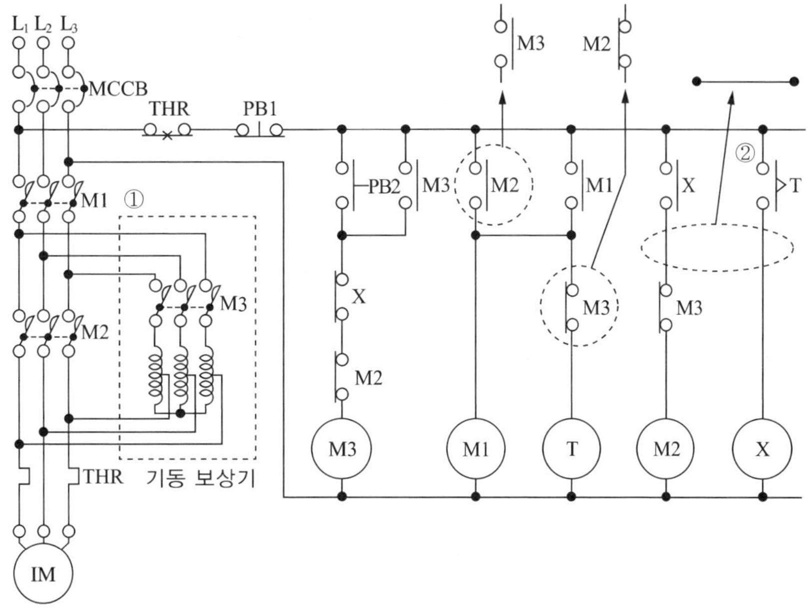

(4) 기동 시 전동기에 대한 인가전압을 단권변압기로 감압하여 공급함으로써 기동전류를 억제하고 기동 완료 후 전전압을 가하는 방식

TIP

PB2를 On하면 M3와 M1이 여자되어 기동 보상기에 의한 기동을 하고, T(타이머) 설정시간 후 M2가 여자되면 전전압으로 운전하게 된다.

22 다음 회로는 리액터 기동 정지 미완성 회로이다. 이 도면에 대하여 다음 물음에 답하시오.

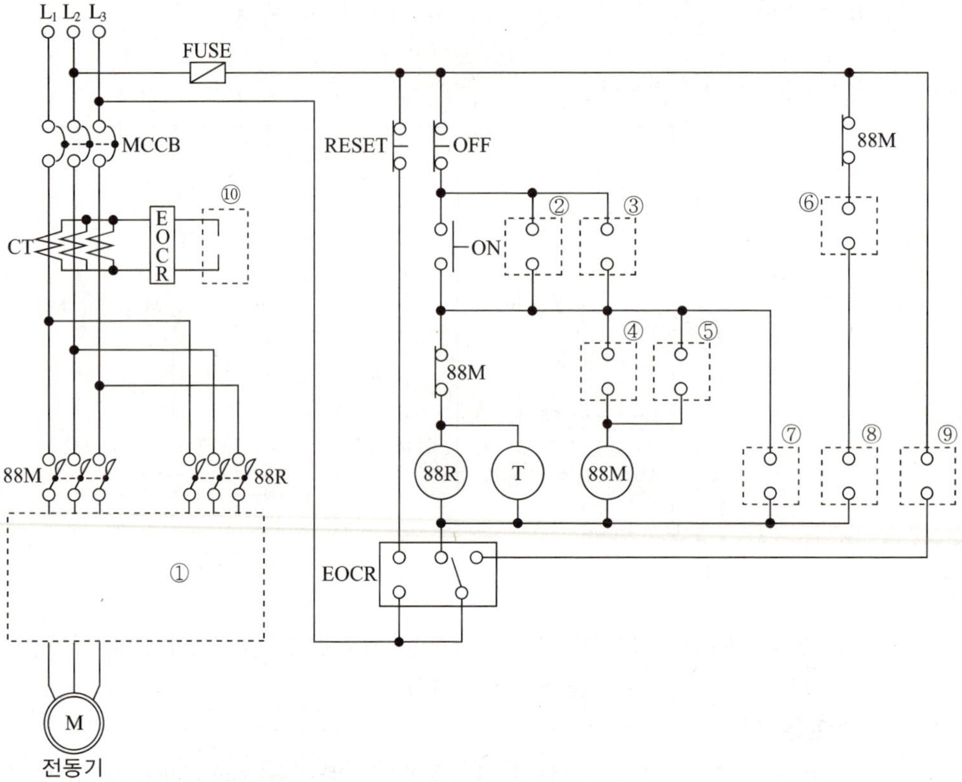

(1) ① 부분의 미완성 주회로를 회로도에 직접 그리시오.

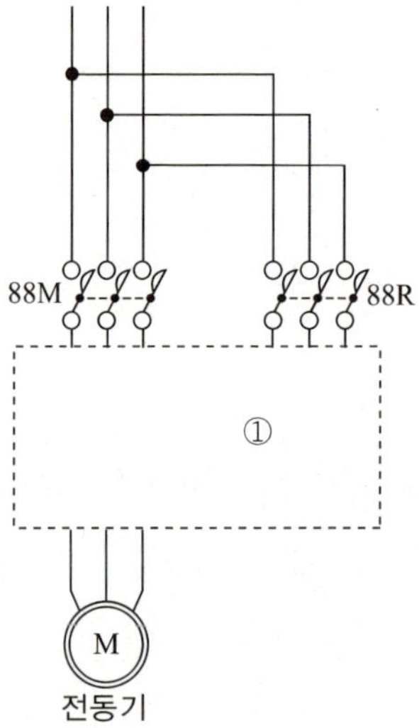

(2) 제어회로에서 ②, ③, ④, ⑤, ⑥ 부분의 접점을 완성하고 그 기호를 쓰시오.

구 분	②	③	④	⑤	⑥
접점 및 기호					

(3) ⑦, ⑧, ⑨, ⑩ 부분에 들어갈 LAMP와 계기의 그림기호를 그리시오.

(예 : Ⓖ 정지, Ⓡ 기동 및 운전, Ⓨ 과부하로 인한 정지)

구 분	⑦	⑧	⑨	⑩
그림기호				

(4) 직입 기동 시 시동전류가 정격전류의 6배가 되는 전동기를 65[%] 탭에서 리액터 시동한 경우 시동전류는 약 몇 배 정도가 되는지 계산하시오.

• 계산과정 • 답

(5) 직입 기동 시 시동토크가 정격토크의 2배였다고 하면 65[%] 탭에서 리액터 시동한 경우 시동토크는 어떻게 되는지 설명하시오.

해설

(4) 기동전류 $I_S \propto V_1$이고, 시동전류는 정격전류의 6배이므로

$I_S = 6I \times 0.65 = 3.9I$

(5) 시동토크 $T_S \propto V_1^2$이고, 시동토크는 정격토크의 2배이므로

$T_S = 2T \times 0.65^2 \fallingdotseq 0.85T$

정답

(1)

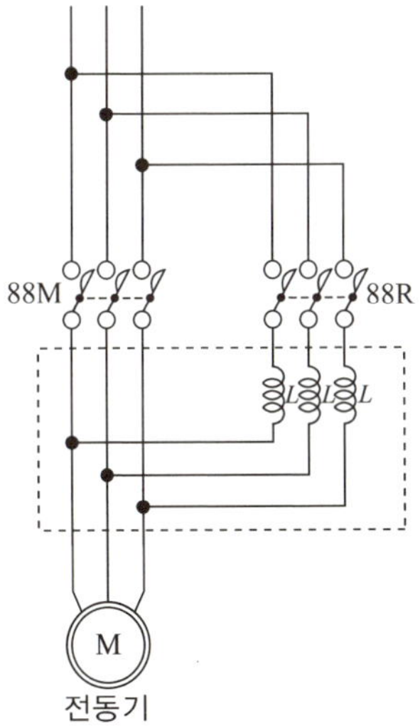

(2)

구 분	②	③	④	⑤	⑥
접점 및 기호	88R	88M	T-a	88M	88R

(3)

구 분	⑦	⑧	⑨	⑩
그림기호	Ⓡ	Ⓖ	Ⓨ	Ⓐ

(4) 3.9배

(5) 0.85배

23 다음 전동기 3대에 대한 동작설명이다. 이를 참고하여 유접점 회로와 타임차트를 완성하시오.

[동작설명]

- PB_1을 누르면 MC_1 여자, RL 점등, T_1 여자되며, 이때 X가 여자될 준비를 한다.
- t_1초 후 MC_2 여자, YL 점등, T_2 여자된다.
- t_2초 후 MC_3 여자, GL 점등한다.
- PB_2를 누르면 X 여자, T_3, T_4 여자, MC_3 소자, GL 소등한다.
- t_3초 후 MC_2 소자, YL 소등한다.
- t_4초 후 MC_1 소자, RL 소등한다.
- EOCR이 동작하여 모든 회로가 차단되며, PB_0를 누르면 정지한다.

(1) 시퀀스도

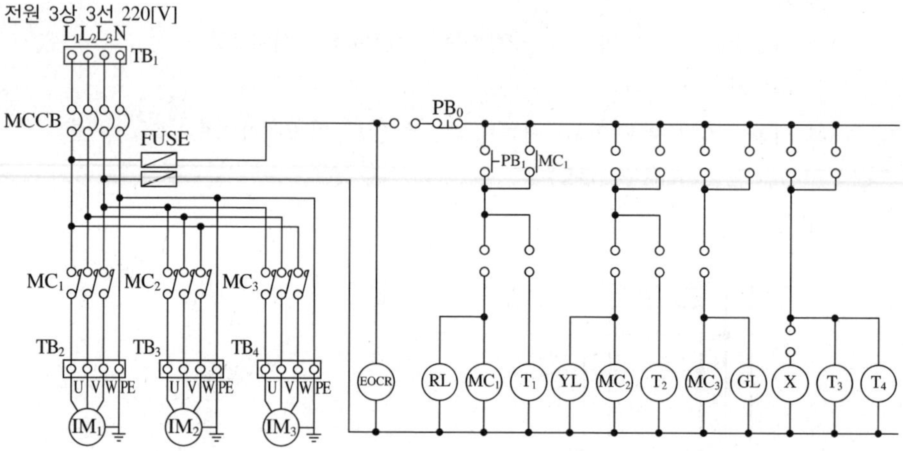

(2) 타임차트

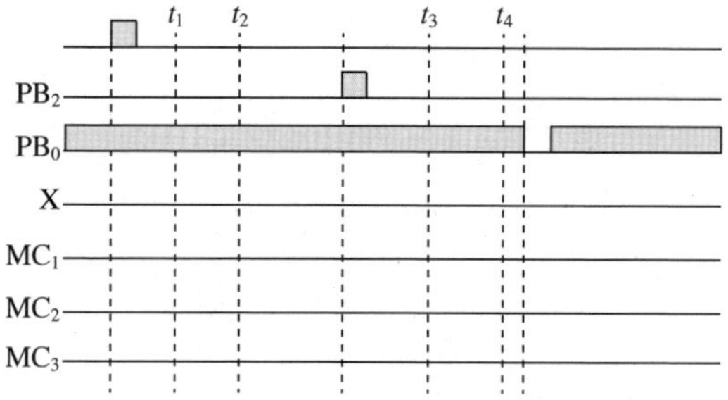

정답

(1) 전원 3상 3선 220[V]

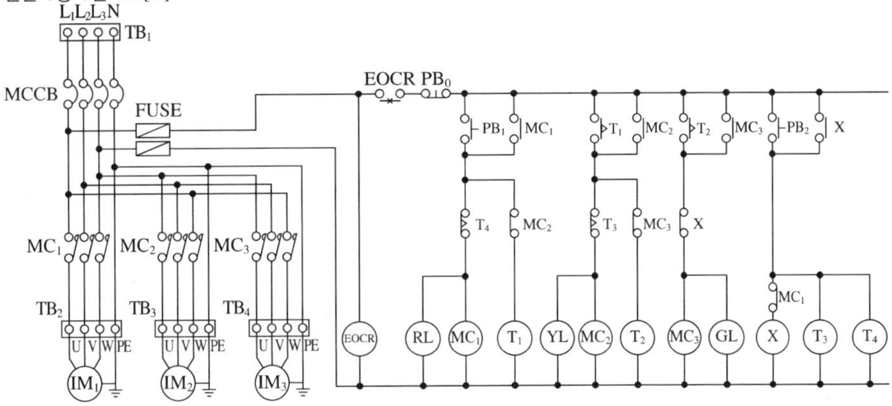

(2)

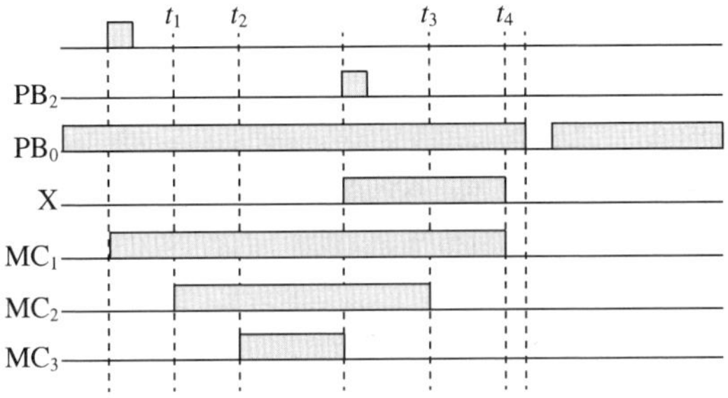

24 다음 동작사항을 읽고 미완성 시퀀스를 완성하시오.

[동작사항]

1. 주회로
   ① 보조회로의 PR1이 동작하면 PR1의 주접점이 붙으면서 M1 모터에 전원이 인가되어 동작한다.
   ② 보조회로의 PR2가 동작하면서 PR2의 주접점이 붙으면서 M2 모터에 전원이 인가되어 동작한다.
   ③ M1 모터나 혹은 M2 모터에 과전류가 흐르면 EOCR이 트립되어 보조회로가 초기화되면서 모터가 모두 정지된다.
2. 보조회로
   ① 차단기를 ON하면 EOCR에 전원이 바로 인가되어 EOCR(과전류 감시) 기능을 하기 시작하며, PLO 램프가 점등된다.
   ② PB1을 누르면
   - X1이 동작하면서 자기유지가 되고, TC가 온도감지를 하기 시작한다.
   - X1에 의해 PR1이 여자되어 M1 모터가 회전하고, PL2 램프가 점등된다.
   - TC가 동작하면 PR1이 소자되면서 M1 모터가 정지하고, T1이 동작한다.
   - T1의 설정시간이 되면 PR2가 여자되어 M2 모터가 회전하고, PL3 램프가 점등된다.
   - 동작 중 PB2를 누르면 모든 회로는 초기화된다.

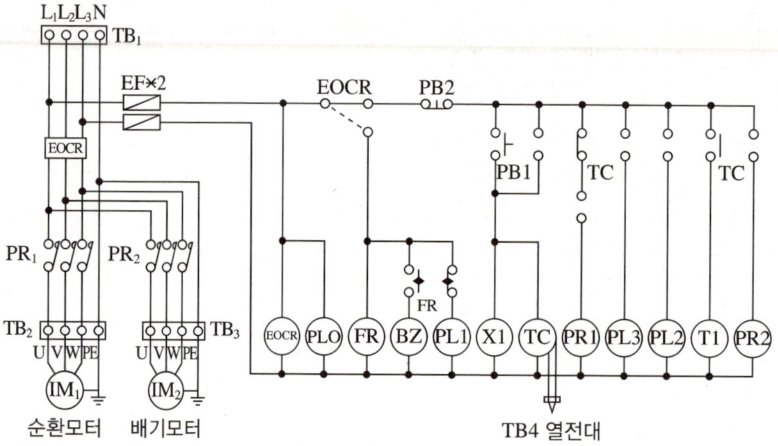

정답

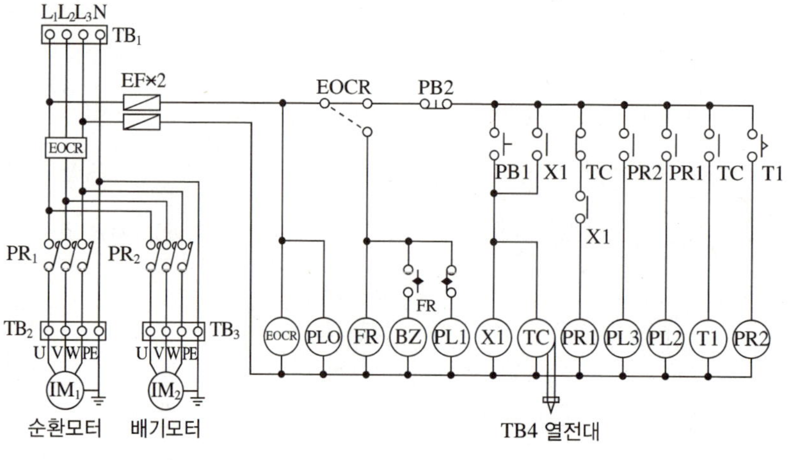

25 **그림은 플로트레스(플로트 스위치 없는) 액면 릴레이를 사용한 급수 제어의 시퀀스도이다. 다음 각 물음에 답하시오.**

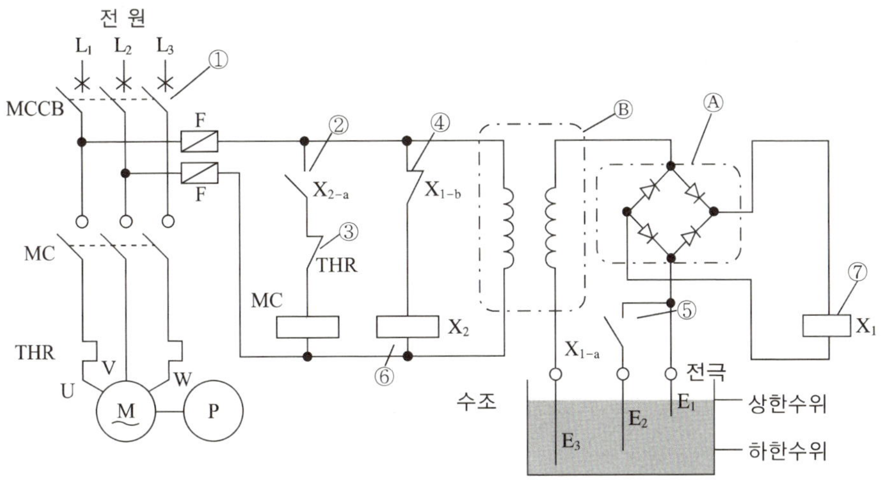

(1) 도면에서 기기 Ⓐ의 명칭과 그 기능을 설명하시오.

- 명칭 :
- 기능 :

(2) 전동 펌프가 과전류가 되었을 때 최초에 동작하는 계전기의 접점을 도면에 표시되어 있는 번호로 지적하고 그 명칭은 무엇인지 구체적(동작에 관련된 명칭)으로 쓰도록 하시오.

(3) 수조의 수위가 전극 E_1보다 올라갔을 때 전동 펌프는 어떤 상태로 되는가?

(4) 수조의 수위가 전극 E_1보다 내려갔을 때 전동 펌프는 어떤 상태로 되는가?

(5) 수조의 수위가 전극 E_2보다 내려갔을 때 전동 펌프는 어떤 상태로 되는가?

정답

(1) • 명칭 : 브리지 정류 회로
• 기능 : 직류 릴레이 X_1에 전원을 공급하기 위해 교류를 직류로 변환하기 위한 기능

(2) ③, 수동 복귀 b접점

(3) 정지 상태

(4) 정지 상태

(5) 운전 상태

26 다음 회로는 전동기 5대가 동작할 수 있는 제어 회로이다. 회로를 완전히 숙지한 다음 (   ) 안에 알맞은 말을 넣어 완성하시오.

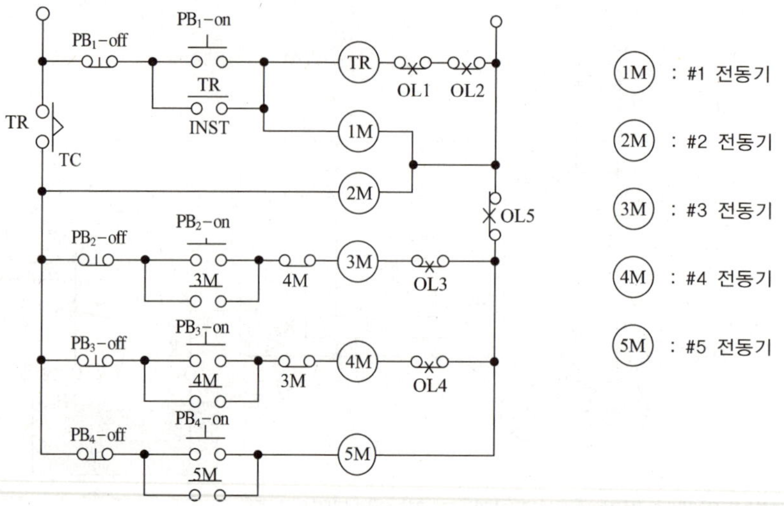

(1) #1 전동기가 기동하면 일정 시간 후에 (①) 전동기가 기동하고 #1 전동기가 운전 중에는 (②) 전동기도 운전된다.

(2) #1, #2 전동기가 운전 중이 아니면 (①) 전동기는 기동될 수 없다.

(3) #4 전동기가 운전 중일 때 (①) 전동기는 기동될 수 없으며 #3 전동기가 운전 중인 경우 (②) 전동기는 기동할 수 없다.

(4) #1 또는 #2 전동기의 과부하계전기가 동작하면 (①) 전동기가 정지한다.

(5) #5 전동기의 과부하계전기가 동작하면 (①) 전동기가 정지한다.

정답

(1) ① #2, ② #2

(2) ① #3 #4 #5

(3) ① #3, ② #4

(4) ① #1 #2 #3 #4 #5

(5) ① #3 #4 #5

02 시퀀스 논리회로(로직 시퀀스)

1 논리소자 등가변환

등가변환 시 모든 소자는 $\begin{pmatrix}\text{AND}\rightarrow\text{OR, 긍정}\rightarrow\text{부정} \\ \text{OR}\rightarrow\text{AND, 부정}\rightarrow\text{긍정}\end{pmatrix}$으로 바꾼다.

2 논리소자 등가

(1)

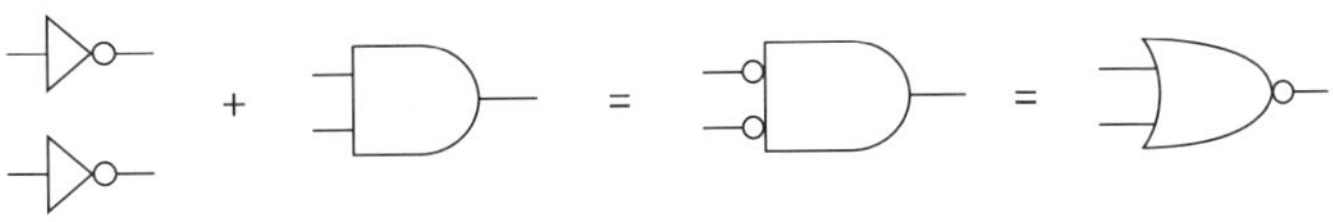

$X = \overline{A} \cdot \overline{B}$　　　$X = \overline{A} \cdot \overline{B} = \overline{A+B}$

(2)

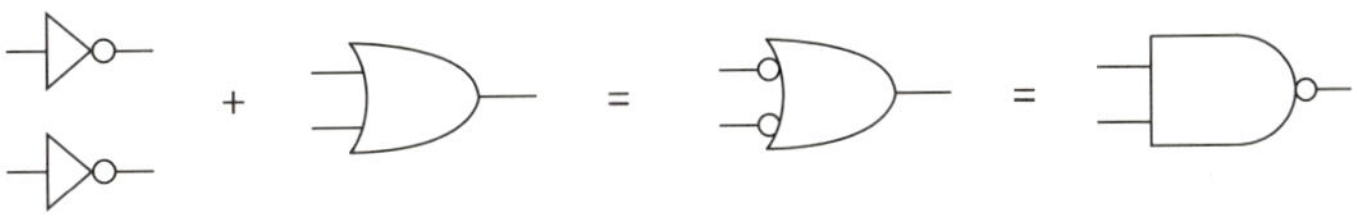

$X = \overline{A} + \overline{B}$　　　$X = \overline{A} + \overline{B} = \overline{A \cdot B}$

(3)

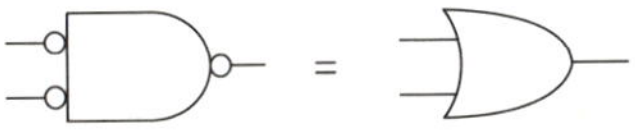

$\overline{\overline{A} \cdot \overline{B}} = A + B$

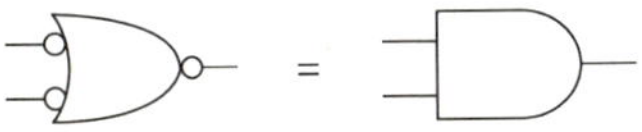

$\overline{\overline{A} + \overline{B}} = A \cdot B$

3 논리식 간소화

(1) 기본법칙

①

			·(직렬)
㉠	$0 \cdot 0 = 0$		$A \cdot 0 = 0$
㉡	$0 \cdot 1 = 0$		$A \cdot 1 = A$
㉢	$1 \cdot 0 = 0$	→	$A \cdot A = A$
㉣	$1 \cdot 1 = 1$		$A \cdot \overline{A} = 0$

㉠ $A \cdot 0 = 0$　㉡ $A \cdot 1 = A$　㉢ $A \cdot A = A$　㉣ $A \cdot \overline{A} = 0$

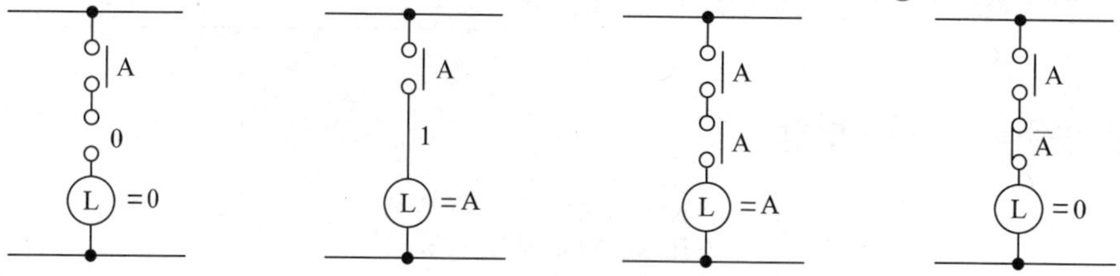

②

			+(병렬)
㉠	0+0= 0	→	A+0=A
㉡	0+1= 1		A+1=1
㉢	1+0= 1		A+A=A
㉣	1+1= 1		$A+\overline{A}=1$

㉠ $A + 0 = A$　㉡ $A + 1 = 1$　㉢ $A + A = A$　㉣ $A + \overline{A} = 1$

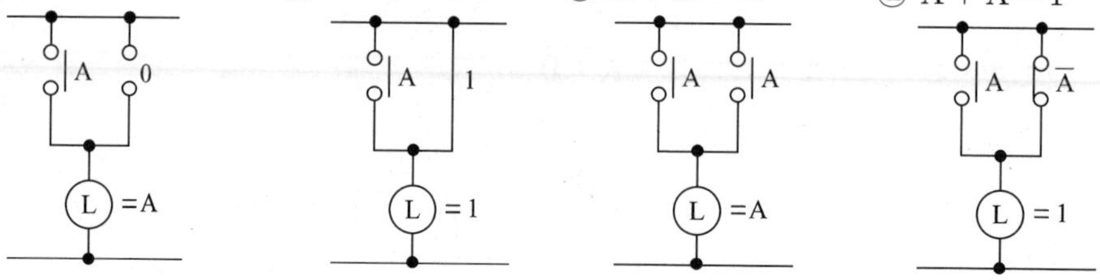

(2) 드모르간의 정리

① $\overline{A+B} = \overline{A} \cdot \overline{B}$

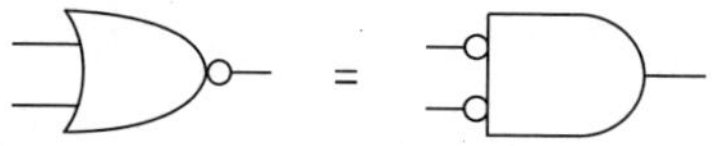

② $\overline{A \cdot B} = \overline{A} + \overline{B}$

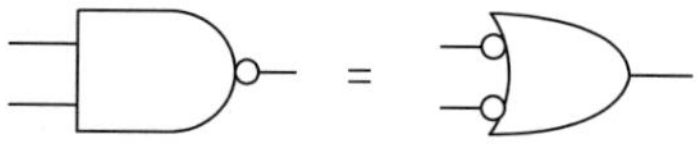

③ $X = A + \overline{A}B = A + B$

$X = A + \overline{A}\,\overline{B} = A + \overline{B}$

$X = \overline{A} + AB = \overline{A} + B$

(3) 흡수법칙

$A + AB = A(1 + B) = A$

$A \cdot (A + B) = A \cdot A + AB = A + AB = A(1 + B) = A$

(4) 결합법칙

$A \cdot (B + C) = AB + AC$

4 카르노 도표(Karnaugh Map)

(1) 논리식을 도표에 표시하는 것

(2) 서로 이웃된 식을 2^n개, 즉 2, 4, 8개 … 등으로 가능한 한 크게 묶어 묶음원(Subcube)을 그린다. 이때 중복이 적을수록 식이 간단해짐

(3) 묶어진 부분(Subcube) 중 변하지 않는 변수만을 골라 합으로 표시

① 2변수

A \ B	$\overline{B}$	B
$\overline{A}$		
A		

② 3변수

A \ BC	$\overline{B}\overline{C}$	$\overline{B}C$	BC	$B\overline{C}$
$\overline{A}$				
A				

③ 4변수

AB \ CD	$\overline{C}\overline{D}$	$\overline{C}D$	CD	$C\overline{D}$
$\overline{A}\overline{B}$				
$\overline{A}B$				
AB				
$A\overline{B}$				

(4) $A+\overline{A}\cdot B=A+B$**를 카르노 맵으로 표현**

그림과 같이 2개의 묶음원에서 변하지 않는 것은 가로원에서 A, 세로원에서 B뿐이므로

A \ B	$\overline{B}$	B
$\overline{A}$		$\overline{A}B$
A	$A\overline{B}$	AB

* A만 표시되는 것은 $A\cdot\overline{B}+A\cdot B=A\cdot(\overline{B}+B)$

$=A$ 이므로 다음 카르노 맵에 표시할 수 있다.

(5) $X=\overline{A}BC+\overline{A}B\overline{C}+A\overline{B}C+AB\overline{C}$**를 카르노 맵으로 표현**

A \ BC	$\overline{B}\overline{C}$	$\overline{B}C$	BC	$B\overline{C}$
$\overline{A}$			$\overline{A}BC$	$\overline{A}B\overline{C}$
A		$A\overline{B}C$		$AB\overline{C}$

$\therefore\ X=A\overline{B}C+\overline{A}B+B\overline{C}$

(6) $X = \overline{A}\,\overline{B}\,\overline{C} + A\overline{B}\,\overline{C} + \overline{A}B\overline{C} + AB\overline{C}$를 카르노 맵으로 표현

A \ BC	$\overline{B}\,\overline{C}$	$\overline{B}C$	BC	$B\overline{C}$
$\overline{A}$	$\overline{A}\,\overline{B}\,\overline{C}$			$\overline{A}B\overline{C}$
A	$A\overline{B}\,\overline{C}$			$AB\overline{C}$

* 4개의 칸을 동시에 묶어 변하지 않는 수만 찾음

$\therefore X = \overline{C}$

확인문제

01 다음과 같은 무접점의 논리회로도를 보고 다음 각 물음에 답하시오.

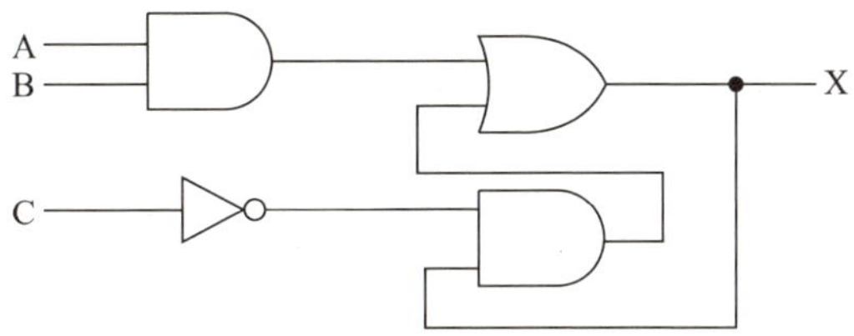

(1) 논리식으로 나타내시오.

(2) 주어진 논리회로를 유접점 논리회로로 바꾸어 그리시오.

(3) 타임차트를 완성하시오.

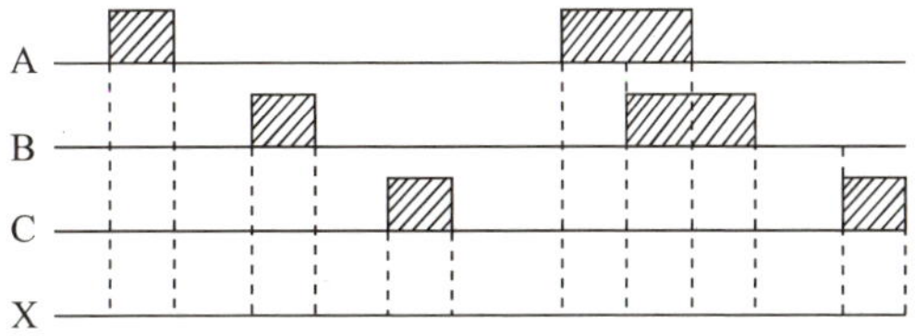

정답

(1) $X = A \cdot B + \overline{C} \cdot X$

(2)

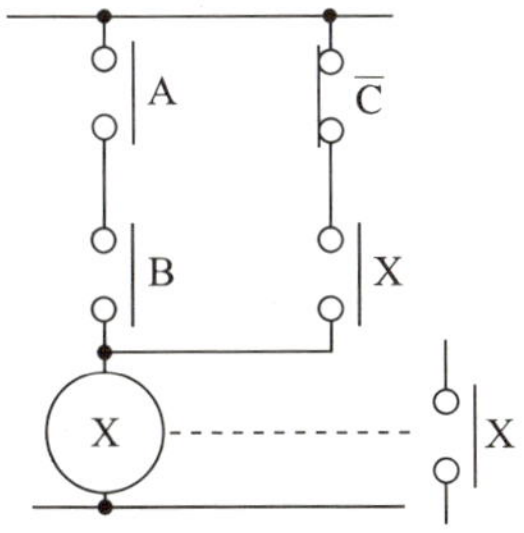

(3)

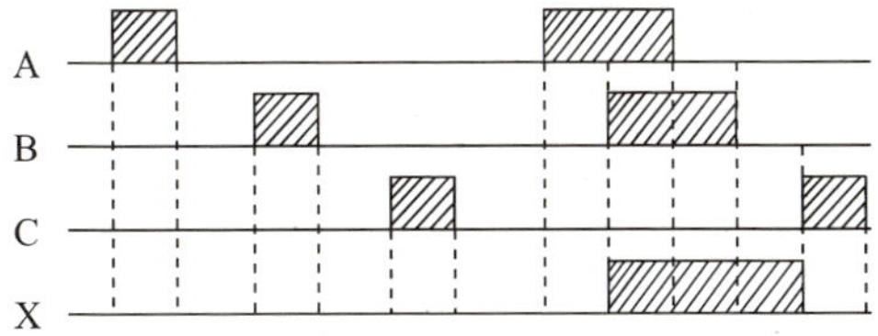

02 다음의 논리회로를 이용하여 각 물음에 답하시오.

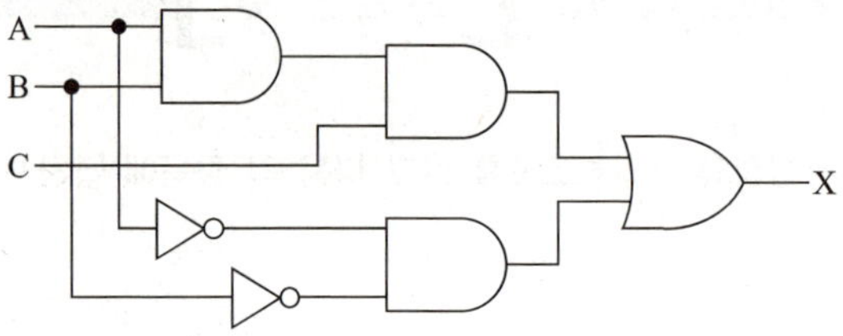

(1) 주어진 논리회로를 논리식으로 나타내시오.

(2) 논리회로의 동작 상태를 다음의 타임차트에 나타내시오.

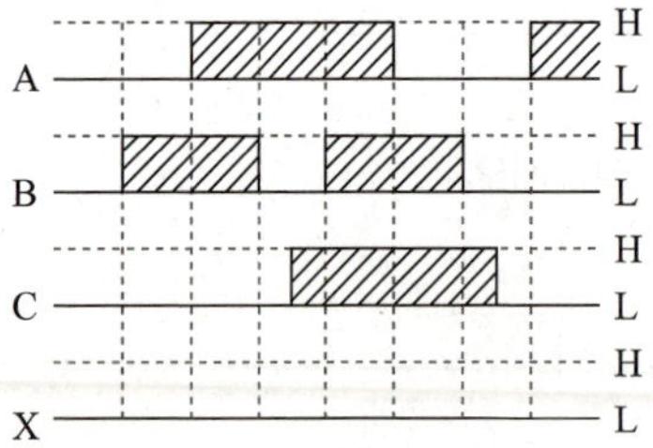

(3) 다음과 같은 진리표를 완성하시오. 단, L은 0이고, H는 1이다.

A	L	L	L	L	H	H	H	H
B	L	L	H	H	L	L	H	H
C	L	H	L	H	L	H	L	H
X								

정답

(1) $X = A \cdot B \cdot C + \overline{A} \cdot \overline{B}$

(2)

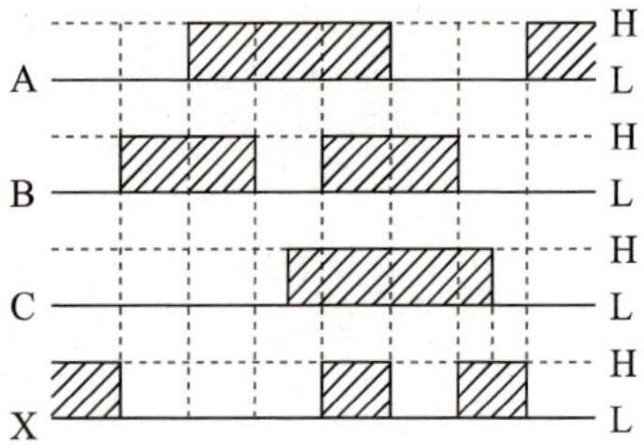

(3) H H L L L L L H

03 다음 논리식을 간단히 하시오.

$$X = AB + A(B+C) + B(B+C)$$

해설

$AB + A(B+C) + B(B+C) = AB + AB + AC + BB + BC$

$= AB + AC + B + BC$ ← 가장 많은 공통수로 묶는다(B).

$= AC + B(A + 1 + C)$ ← (1+○+○) 1에 합은 1이다.

$= AC + B$

정답

$X = AC + B$

04 그림과 같은 논리회로의 출력을 논리식으로 표시하시오.

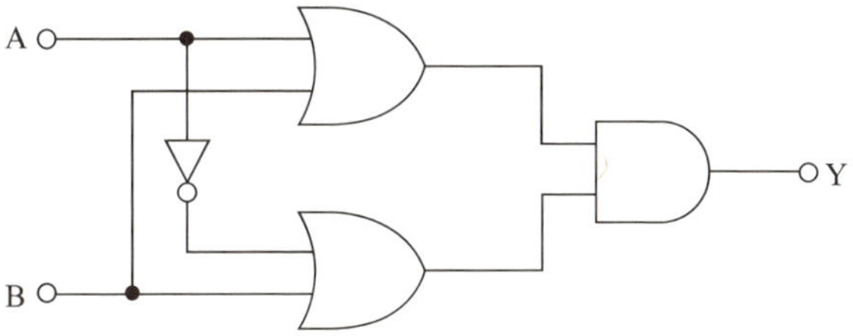

해설

$Y = (A+B) \cdot (\overline{A}+B) = A\overline{A} + AB + \overline{A}B + BB$

$= AB + \overline{A}B + B = B(A + \overline{A} + 1) = B$

정답

$Y = B$

05 다음 로직회로의 출력을 AND 회로 1개, OR 회로 2개, NOT 회로 1개를 이용한 출력식과 등가회로를 그리시오.

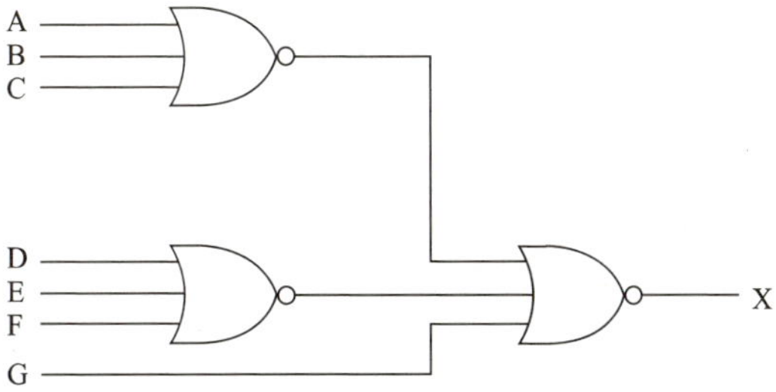

• 출력식

• 등가회로

해설

• 출력식

$X = \overline{\overline{(A+B+C)}+\overline{(D+E+F)}+G}$

$= \overline{\overline{(A+B+C)}} \cdot \overline{\overline{(D+E+F)}} \cdot \overline{G}$

$= (A+B+C) \cdot (D+E+F) \cdot \overline{G}$

정답

• 출력식

$X = (A+B+C) \cdot (D+E+F) \cdot \overline{G}$

• 등가회로

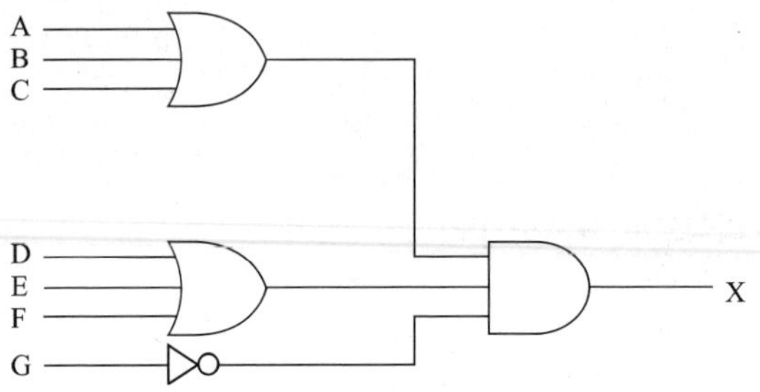

06 각 회로의 명칭과 그 기능을 간단히 쓰시오. 단, 회로명은 시퀀스 제어 회로 명칭으로 할 것(예 : AND 회로, NAND 회로, 금지 회로, 인터로크 회로, 플리플롭 회로, 자기유지 회로 등)

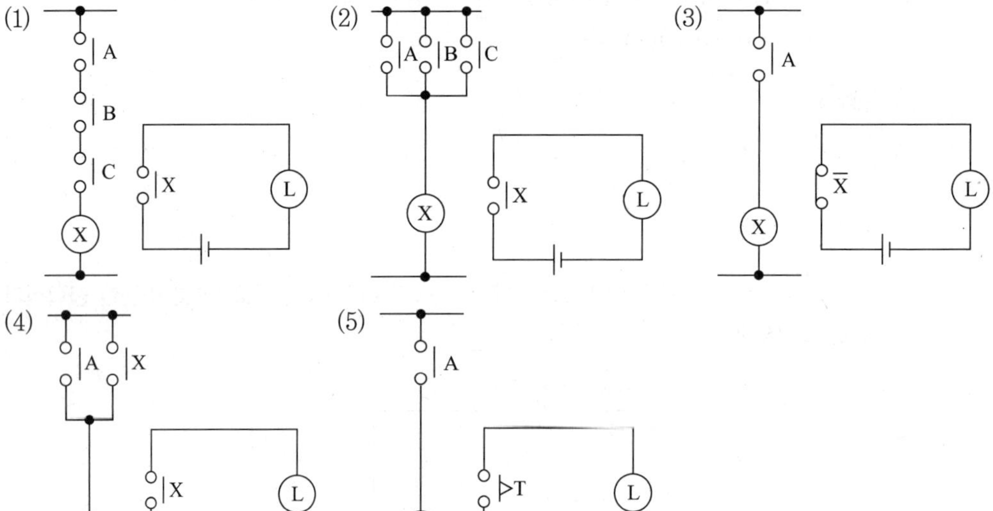

정답

(1) AND 회로 : 입력 ABC 모두 On인 경우만 출력이 On되는 회로
(2) OR 회로 : 입력 ABC 중 하나 이상이 On이면 출력이 On되는 회로
(3) NOT 회로 : 입력이 On이면 출력이 Off되고 입력이 Off이면 출력이 On되는 회로
(4) 자기유지 회로 : 입력을 On하면 출력이 On되고 입력을 Off해도 출력 On이 유지되는 회로
(5) 시한(한시) 회로 : 입력을 On하면 설정시간 후 출력이 On되는 회로

07 그림과 같은 무접점 릴레이 회로의 출력식 Z를 구하고, 이것을 전자 릴레이 회로로 바꾸어 그리시오.

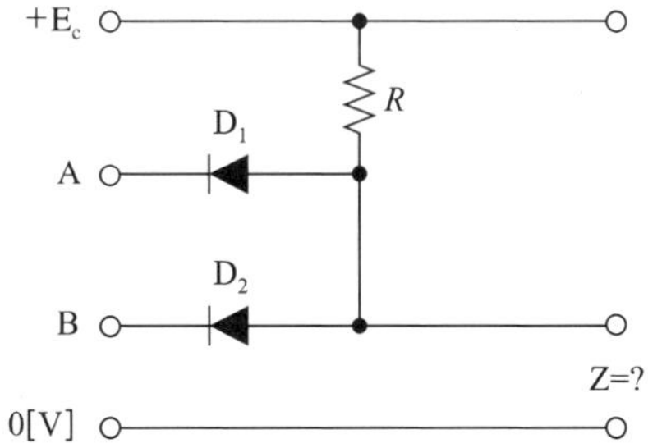

TIP

Z를 출력으로 보는 경우 A와 B 쪽으로 모든 전기가 흐른다고 생각, 누르는 경우 차단이라 생각, 즉 A, B 모두 누르는 경우에만 Z 쪽으로 흐른다고 생각

정답

$Z = A \cdot B$

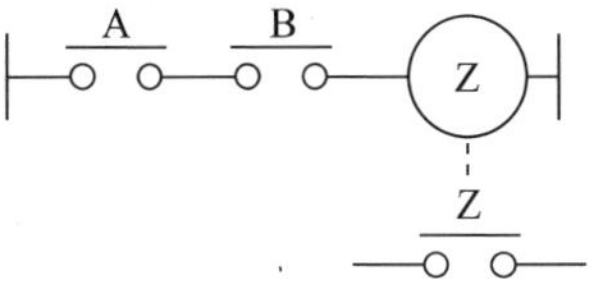

08 다음 회로를 보고 물음에 답하시오.

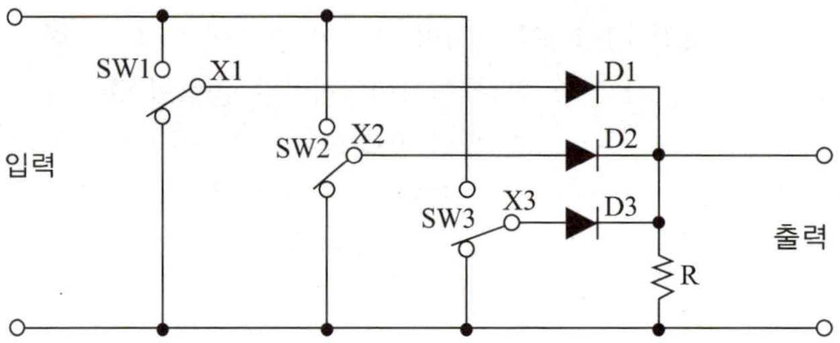

(1) 다이오드에 의한 회로는 어떤 회로인가?

(2) 그림에서 입력 스위치가 다음과 같이 동작한다고 할 때 출력을 나타내시오.

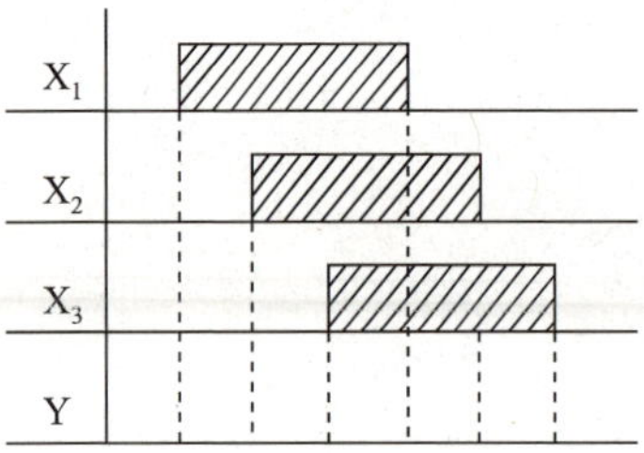

(3) 동작표를 주어진 답안지에 출력을 완성하시오.

X_1	X_2	X_3	Y
0	0	0	
0	0	1	
0	1	0	
0	1	1	
1	0	0	
1	0	1	
1	1	0	
1	1	1	

TIP

SW1, SW2, SW3 어느 것이든 1개 이상 동작 시 전원이 D1, D2, D3를 통해 출력으로 나오는 회로임

정답

(1) OR 회로

(2)

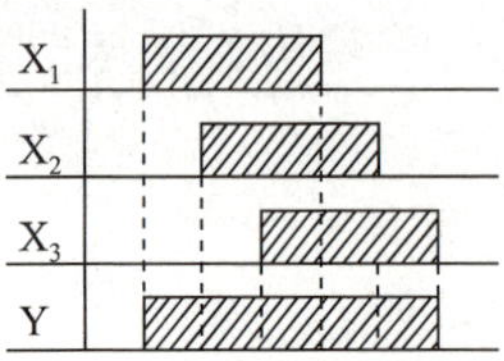

(3) 000일 때 : 0, 나머지 모두 1

09 다음 진리표 H, L로 완성하시오.

A B	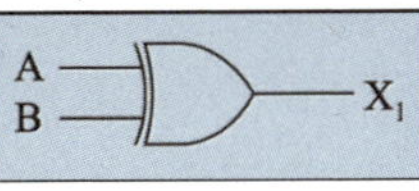	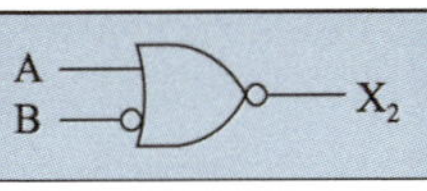	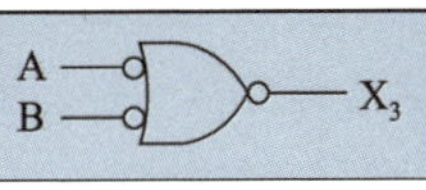	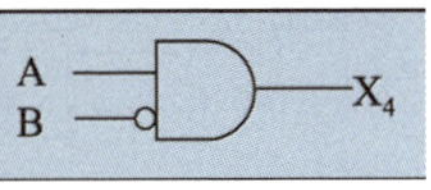
	(X_1)	(X_2)	(X_3)	(X_4)
H H				
H L				
L H				
L L				

T I P

식으로 먼저 표현하면

$X_1 = A \cdot \overline{B} + \overline{A} \cdot B$

$X_2 = \overline{A + \overline{B}} = \overline{A} \cdot B$

$X_3 = \overline{\overline{A} + \overline{B}} = A \cdot B$

$X_4 = A \cdot \overline{B}$

정 답

A B	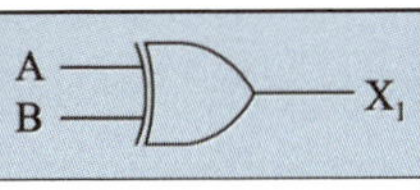	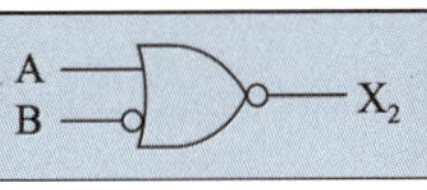	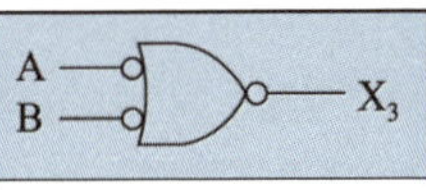	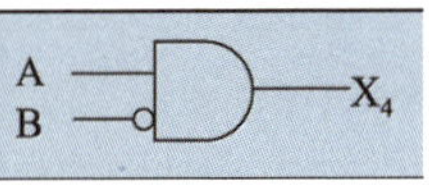
	(X_1)	(X_2)	(X_3)	(X_4)
H H	L	L	H	L
H L	H	L	L	H
L H	H	H	L	L
L L	L	L	L	L

10 다음 논리식을 이용하여 각 물음에 답하시오. 단, A, B, C는 입력이고, X는 출력이다.

논리식 : $X = (A + B) \cdot \overline{C}$

(1) 이 논리식을 로직을 이용한 시퀀스도(논리회로)로 나타내시오.

(2) 물음 (1)에서 로직 시퀀스도로 표현된 것을 2입력 NAND Gate만으로 등가 변환하시오.

T I P

OR을 AND로 바꾸면 앞, 뒤 모두 NOT을 붙인다. 그 후 NAND로 바꾸고, AND 앞에 NOT을 붙여 NAND를 만들면 그 앞에 또 하나의 NAND 회로를 붙여야 한다.

(3) 물음 (1)에서 로직 시퀀스도로 표현된 것을 2입력 NOR Gate만으로 등가 변환하시오.

정답

(1)
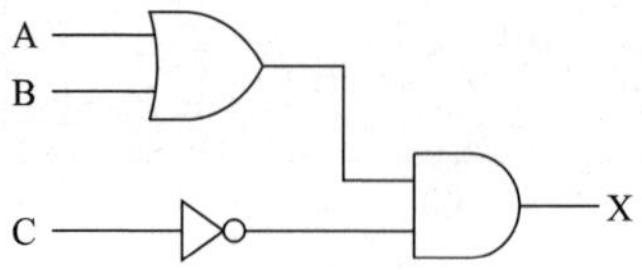

(2)
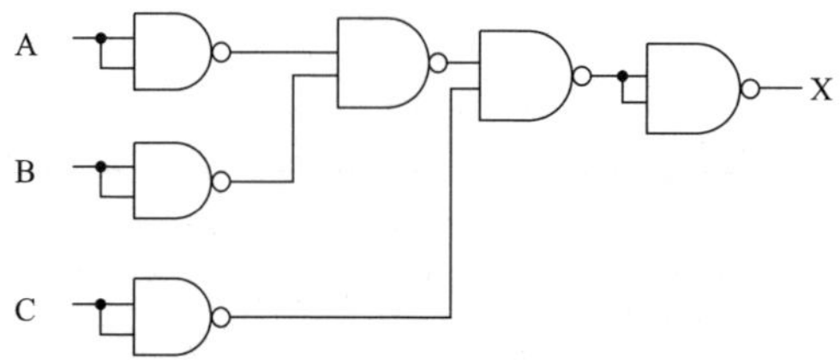

(3)
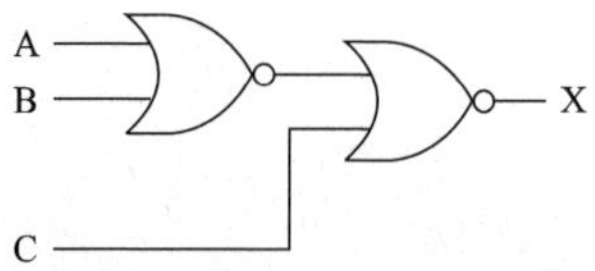

11 다음 논리식을 이용하여 다음 각 물음에 답하시오(단, 여기서 A, B, C는 입력이고 X는 출력이다).

$$X = \overline{A}B + C$$

(1) 이 논리식을 무접점 시퀀스도(논리회로)로 나타내시오.

(2) (1)에서 무접점 시퀀스도로 표현된 것을 2입력 NAND gate만으로 등가 변환하시오.

정답

(1)
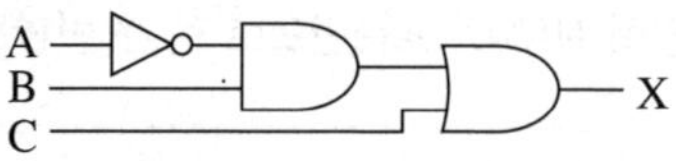

(2)
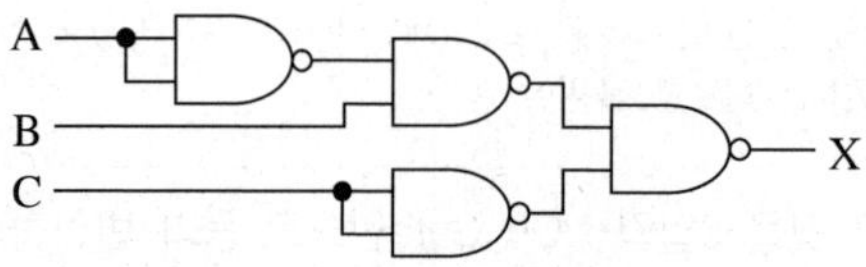

12 다음 논리식에 대한 유접점 회로를 완성하시오.

논리식 : $L = (\overline{X} + Y + \overline{Z})(X + \overline{Y} + \overline{Z})$

접속	비접속
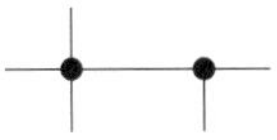	

• 유접점 회로

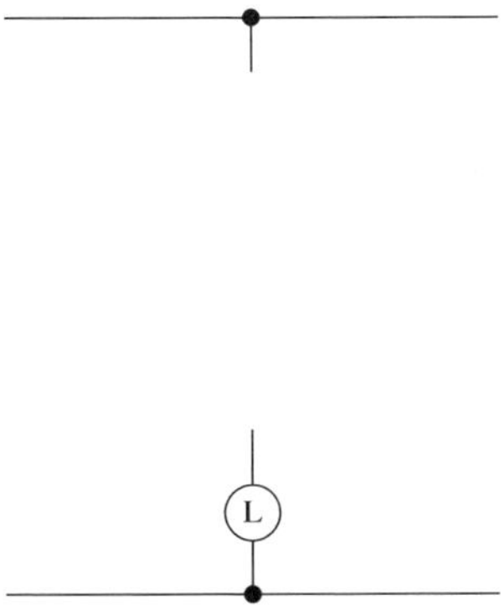

정답

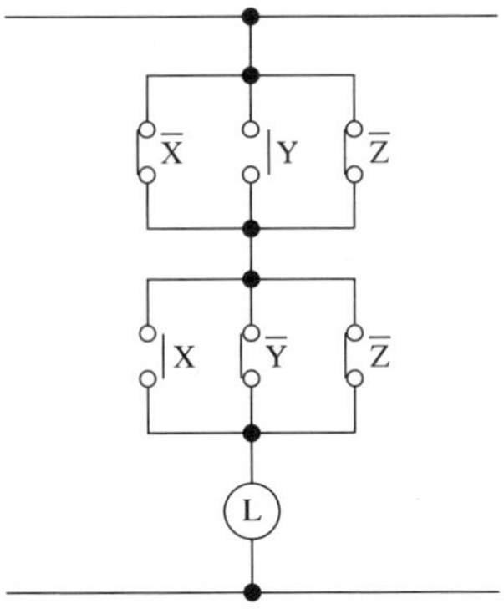

13 다음의 진리표를 보고 다음에 답하시오.

입 력			출 력
A	B	C	X
0	0	0	0
0	0	1	0
0	1	0	0
0	1	1	0
1	0	0	1
1	0	1	0
1	1	0	0
1	1	1	1

(1) 논리식으로 나타내시오.

(2) 무접점 회로로 나타내시오.

(3) 유접점 회로로 나타내시오.

해설 (1) $X = A\overline{B}\,\overline{C} + ABC = A(\overline{B}\,\overline{C} + BC)$

정답 (1) $X = A(\overline{B}\,\overline{C} + BC)$

(2)

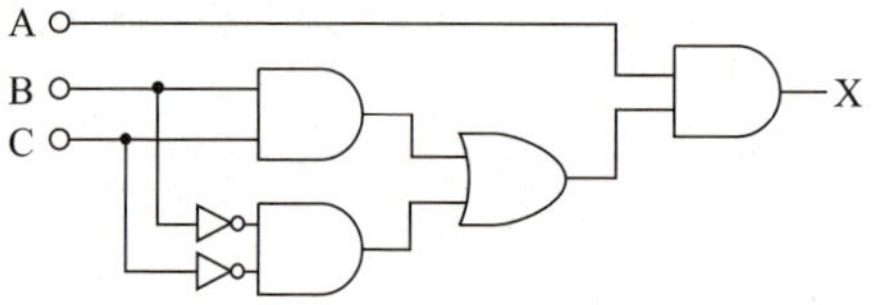

(3)

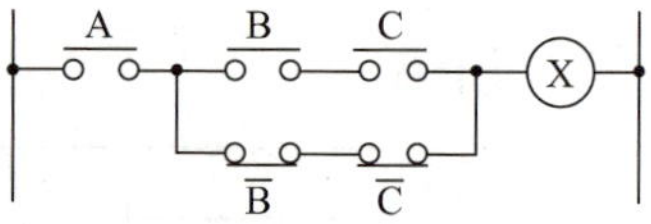

14 주어진 진리표는 3개의 입력 리밋 스위치 LS_1, LS_2, LS_3와 출력 X와의 관계도이다. 이 표를 이용하여 다음 각 물음에 답하시오.

[진리값 표]

LS_1	LS_2	LS_3	X
0	0	0	0
0	0	1	0
0	1	0	0
0	1	1	1
1	0	0	0
1	0	1	1
1	1	0	1
1	1	1	1

(1) 진리값 표를 이용하여 다음과 같은 Karnaugh도를 완성하시오.

LS_3 \ LS_1, LS_2	0 0	0 1	1 1	1 0
0				
1				

(2) 물음 (1)의 Karnaugh도에 대한 논리식을 쓰시오.

(3) 진리값과 물음 (2)의 논리식을 이용하여 이것을 무접점 회로도로 표시하시오.

정답

(1)

LS_1, LS_2 / LS_3	0 0	0 1	1 1	1 0
0			1	
1		1	1	1

(2) $X = LS_1LS_2 + LS_2LS_3 + LS_1LS_3$

(3)

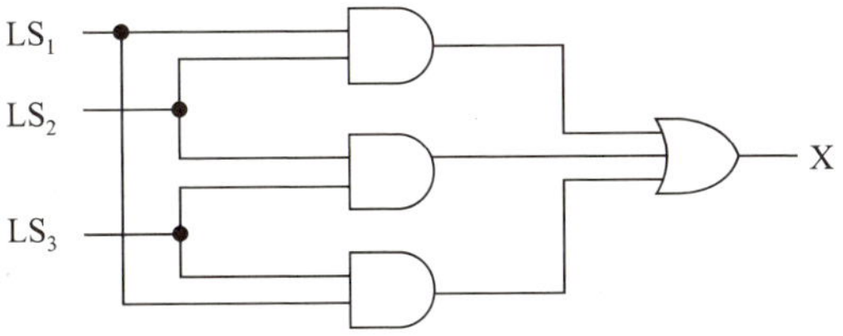

15

카르노 도표에 나타낸 것을 논리식과 무접점 논리회로로 나타내시오(단, "0" : L(Low Level), "1" : H(High Level)이며, 입력은 A, B, C, 출력은 X이다).

BC / A	0 0	0 1	1 1	1 0
0		1		1
1		1		1

(1) 논리식을 간략화하시오.

• $X =$

(2) 무접점 논리회로로 나타내시오.

해설

(1) $X = \overline{A}\,\overline{B}C + \overline{A}B\overline{C} + A\overline{B}C + AB\overline{C}$

$= \overline{B}C(\overline{A} + A) + B\overline{C}(\overline{A} + A)$

$= \overline{B}C + B\overline{C}$

정답

(1) $X = \overline{B}C + B\overline{C}$

(2)

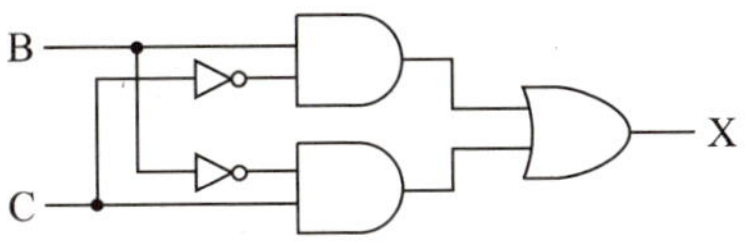

16 그림과 같은 논리회로의 명칭을 쓰고 진리표를 완성하시오.

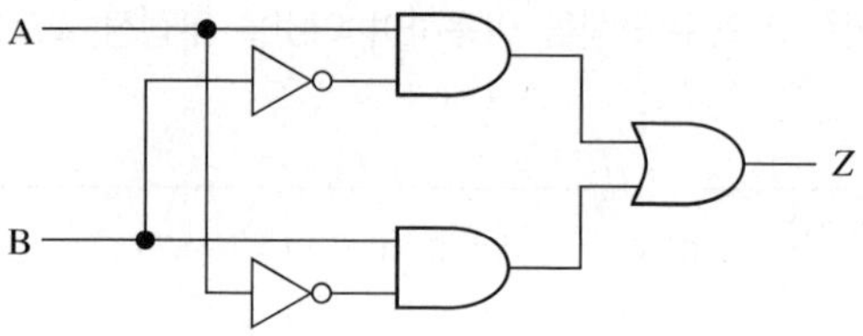

(1) 명칭을 쓰시오.

(2) 출력식을 쓰시오.

(3) 진리표를 완성하시오.

A	B	Z
0	0	
0	1	
1	0	
1	1	

정답

(1) 배타적 논리합회로

(2) 논리식 : $X = A\overline{B} + \overline{A}B$

(3)

A	B	Z
0	0	0
0	1	1
1	0	1
1	1	0

17 논리식 $Z = (A + B + \overline{C}) \cdot (A \cdot \overline{B} \cdot C + A \cdot B \cdot \overline{C})$를 논리식으로 간략화하고 논리회로로 나타내시오.

해설

• 논리식

$$Z = AA\overline{B}C + AAB\overline{C} + AB\overline{B}C + ABB\overline{C} + A\overline{B}C\overline{C} + AB\overline{C}\overline{C}$$

$$= A\overline{B}C + AB\overline{C} + AB\overline{C} + AB\overline{C}$$

$$= A\overline{B}C + AB\overline{C} = A(\overline{B}C + B\overline{C})$$

정답

• 논리식

$Z = A(\overline{B}C + B\overline{C})$

• 논리회로

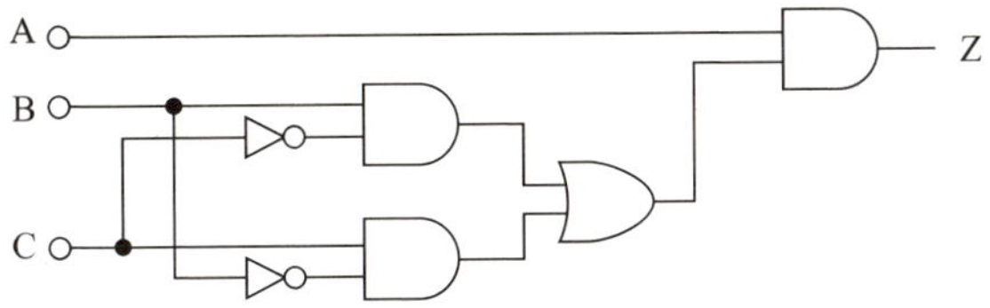

18 다음 논리회로의 출력을 논리식으로 나타내고 간략화 하시오.

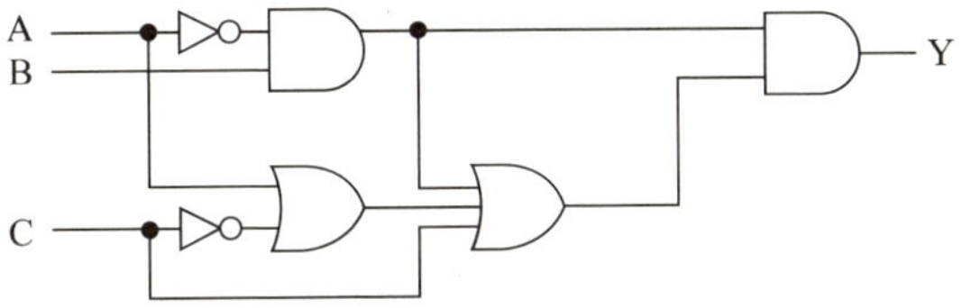

TIP

① 그림 순서대로 그대로 표현한다.

$Y = \{\underbrace{(\overline{A} \cdot B) + (A + \overline{C}) + C}_{ⓐ}\} \cdot (\overline{A} \cdot B)$

② ⓐ를 먼저 정리하면

$Y = (\overline{A} \cdot B + A + \underbrace{\overline{C} + C}_{ⓑ}) \cdot (\overline{A} \cdot B)$

③ ⓑ $\overline{C} + C = 1$이므로

$Y = (\underbrace{\overline{A} \cdot B + A + 1}_{ⓒ}) \cdot (\overline{A} \cdot B)$

④ ⓒ는 1이 되므로 $Y = \overline{A} \cdot B$

정답

$Y = (\overline{A} \cdot B)(\overline{A} \cdot B + A + \overline{C} + C)$

$= (\overline{A} \cdot B)(\overline{A} \cdot B + A + 1)$

$= \overline{A} \cdot B$

19 다음 무접점 회로를 보고 논리식을 적고 유접점 회로를 그리시오.

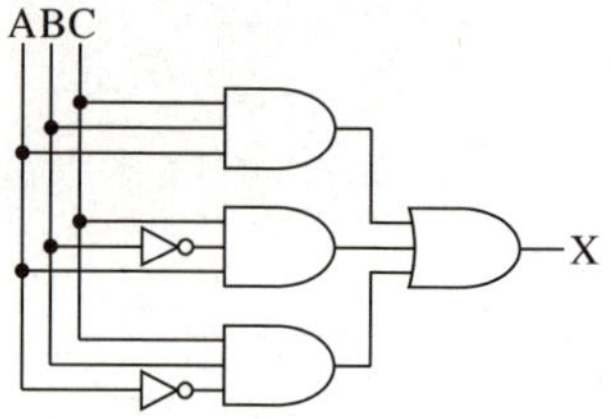

(1) 논리식을 표시하시오.

(2) 유접점 회로를 나타내시오.

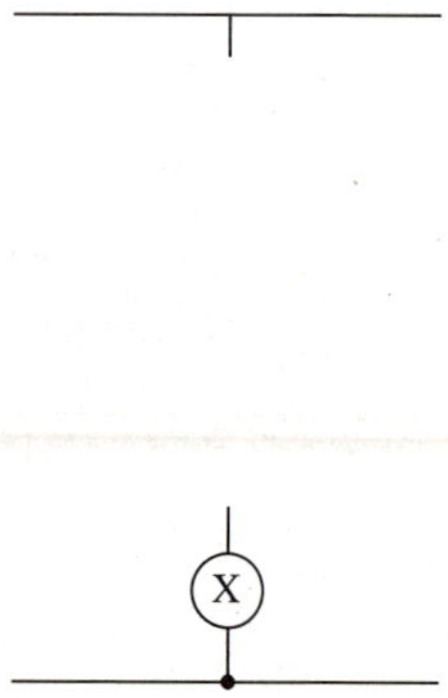

정답

(1) $X = A \cdot B \cdot C + A \cdot \overline{B} \cdot C + \overline{A} \cdot B \cdot C$

$= C \cdot (A \cdot B + A \cdot \overline{B} + \overline{A} \cdot B)$

$= C \cdot (B + A \cdot \overline{B})$

$= C \cdot (A + B)$

(2)

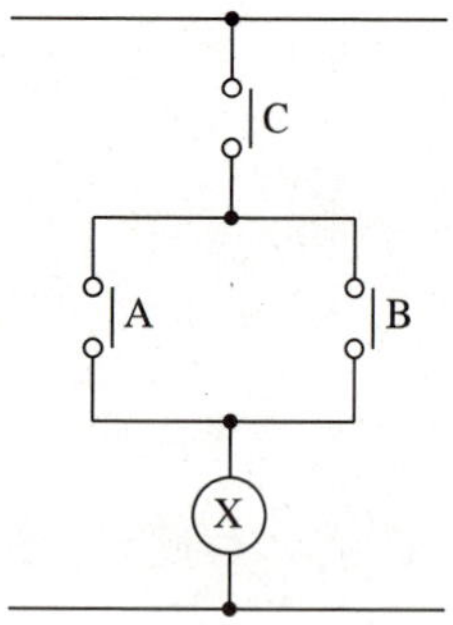

20 다음 진리표를 이용하여 다음 각 물음에 답하시오.

입 력			출 력
A	B	C	
0	0	0	X_1
0	0	1	X_1
0	1	0	X_1
0	1	1	X_2
1	0	0	X_1
1	0	1	X_2
1	1	0	X_2

(1) X_1, X_2의 출력식을 각각 쓰시오.

(2) 무접점 회로도를 그리시오.

해설

$X_1 = \overline{A}\,\overline{B}\,\overline{C} + \overline{A}\,\overline{B}C + \overline{A}B\overline{C} + A\overline{B}\,\overline{C}$

먼저 가장 많이 묶을 수 있는 것부터 묶음

$X_1 = \overline{A}(\overline{B}\,\overline{C} + \overline{B}C + B\overline{C}) + A\overline{B}\,\overline{C} = \overline{A}(\overline{B}(\overline{C} + C) + B\overline{C}) + A\overline{B}\,\overline{C}$

$= \overline{A}(\overline{B} + \overline{C}) + A\overline{B}\,\overline{C}$

이를 다시 풀어 묶으면

$= \overline{A}\,\overline{B} + \overline{A}\,\overline{C} + A\overline{B}\,\overline{C}$

$= \overline{A}\,\overline{B} + \overline{C}(\overline{A} + A\overline{B})$

$= \overline{A}\,\overline{B} + \overline{C}(\overline{A} + \overline{B})$

$X_2 = \overline{A}BC + A\overline{B}C + AB\overline{C}$

$= \overline{A}BC + A(\overline{B}C + B\overline{C})$

정답

(1) $X_1 = \overline{A}\,\overline{B} + (\overline{A} + \overline{B})\overline{C}$

$X_2 = \overline{A}BC + A(\overline{B}C + B\overline{C})$

(2)

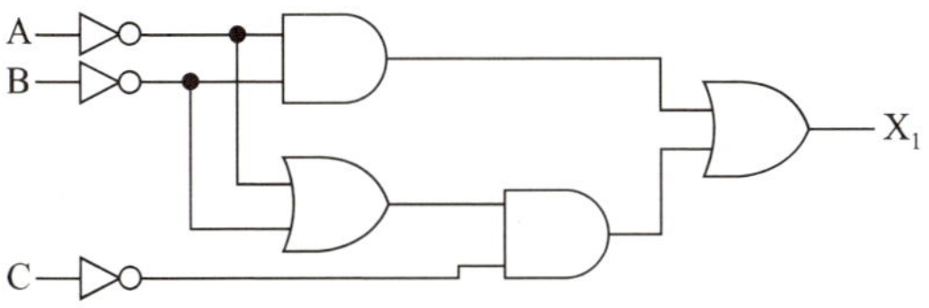

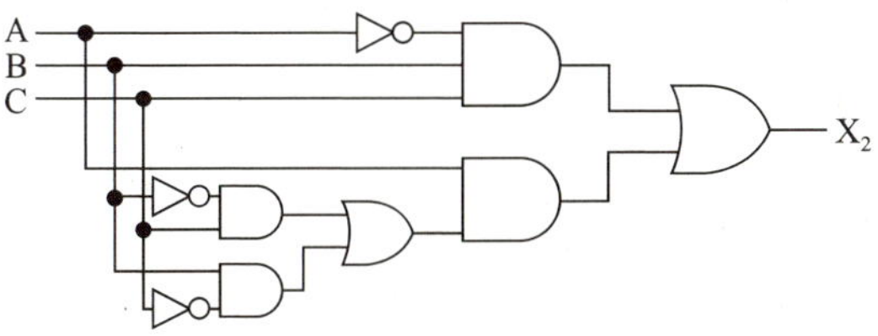

21 다음 릴레이 회로를 보고 물음에 답하시오.

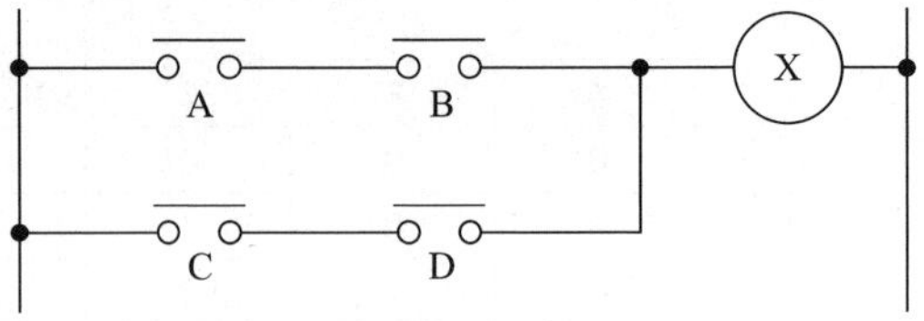

(1) 논리식을 쓰시오.

(2) 2입력 AND 소자, 2입력 OR 소자를 사용하여 로직 회로로 바꾸시오.

(3) 2입력 NAND 소자만으로 회로를 바꾸고 논리식도 쓰시오.

정답

(1) $X = A \cdot B + C \cdot D$

(2)

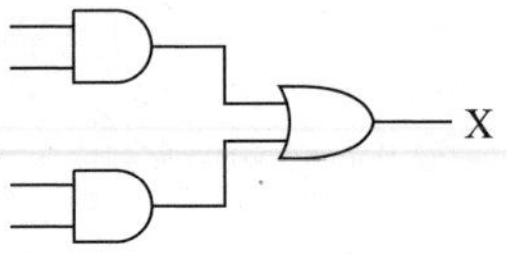

(3)

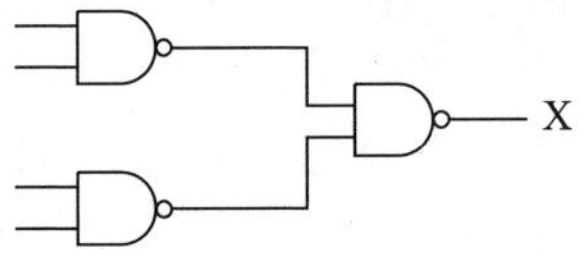

논리식 : $X = \overline{\overline{AB} \cdot \overline{CD}}$

22 그림과 같은 릴레이 시퀀스도를 이용하여 다음 각 물음에 답하시오.

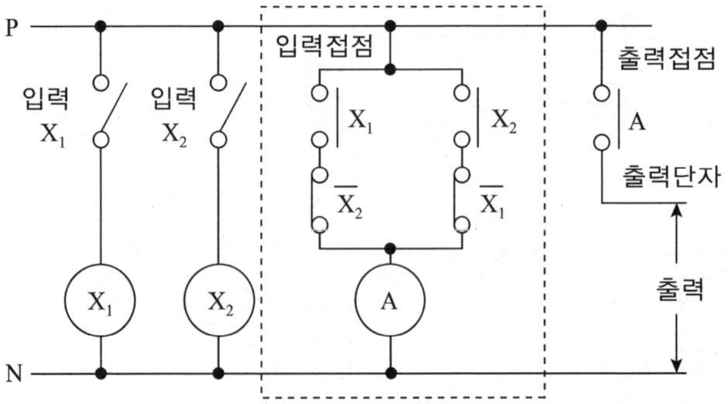

(1) 점선 안에 있는 회로를 논리게이트를 이용하여 논리회로로 바꾸어 그리시오.

(2) 위에서 작성된 회로에 대한 논리식을 쓰시오.

(3) 위 논리식에 대한 진리표를 완성하시오.

X_1	X_2	A
0	0	
0	1	
1	0	
1	1	

(4) 위 논리식을 로직 회로(Logic Circuit)로 간소화하여 그리시오.

(5) 주어진 타임차트를 완성하시오.

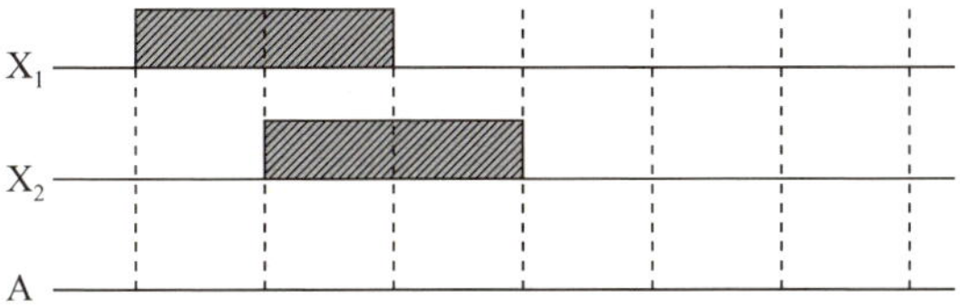

정답

(1)

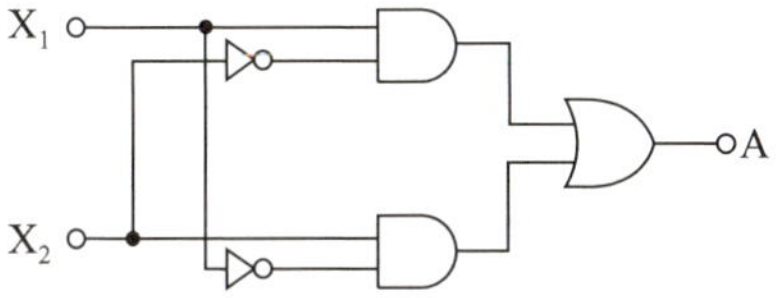

(2) $A = X_1 \cdot \overline{X_2} + \overline{X_1} \cdot X_2$

(3)

X_1	X_2	A
0	0	0
0	1	1
1	0	1
1	1	0

(4)

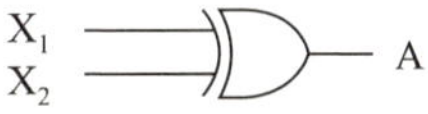

(5)

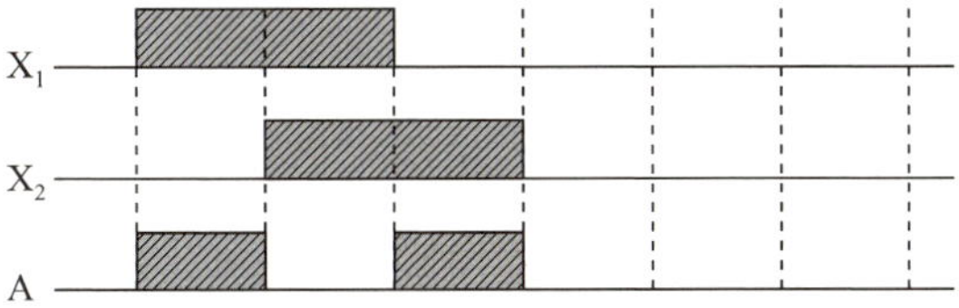

23 누름버튼 스위치 BS_1, BS_2, BS_3에 의하여 직접 제어되는 계전기 X_1, X_2, X_3가 있다. 이 계전기 3개가 모두 소자(복귀)되어 있을 때만 출력램프 L_1이 점등되고, 그 이외에는 출력램프 L_2가 점등되도록 제어회로를 설계하려고 한다. 이때 다음 각 물음에 답하시오.

(1) 진리표를 작성하시오.

입 력			출 력	
X_1	X_2	X_3	L_1	L_2
0	0	0		
0	0	1		
0	1	0		
0	1	1		
1	0	0		
1	0	1		
1	1	0		
1	1	1		

TIP

①번은 모두 Off인 경우, 즉 0인 경우 L_1, ①번 외에는 모두 L_2를 의미한다.

(2) 최소 접점수를 갖는 논리식을 쓰시오.

(3) 논리식에 대응되는 계전기 시퀀스 제어회로(유접점 회로)를 그리시오.

정답

(1)

L_1	L_2
1	0
0	1
0	1
0	1
0	1
0	1
0	1
0	1

(2) $L_1 = \overline{X_1} \cdot \overline{X_2} \cdot \overline{X_3}$

$L_2 = X_1 + X_2 + X_3$

(3)

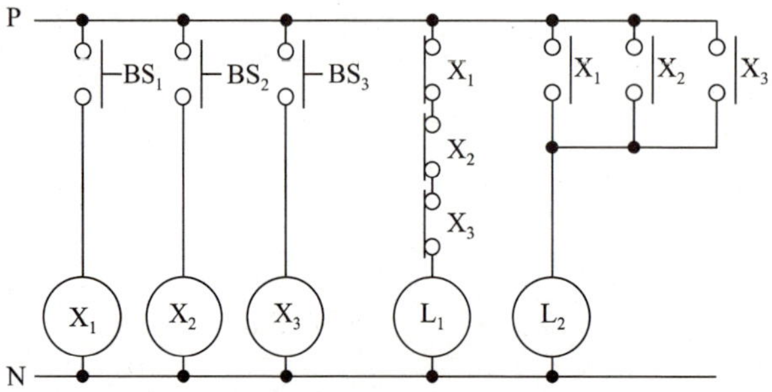

24 다음 회로는 한 부지에 A, B, C의 세 공장을 세워 3개의 급수 펌프 P_1(소형), P_2(중형), P_3(대형)을 사용하여 다음 계획에 따라 급수 계획을 세웠다. 다음 물음에 답하시오.

> **[계 획]**
>
> ① 모든 공장 A, B, C가 휴무일 때 또는 그중 한 공장만 가동할 때에는 펌프 P_1만 가동
> ② 모든 공장 A, B, C 중 어느 것이나 두 개의 공장만 가동할 때에는 P_2만 가동
> ③ 모든 공장 A, B, C가 모두 가동할 때에는 P_3만 가동

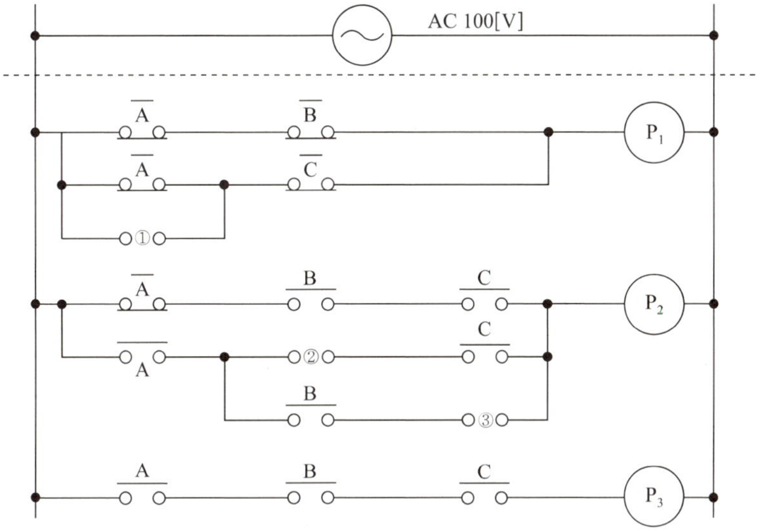

(1) 조건과 같은 진리표를 작성하시오.

(2) ①~③번의 접점 문자 기호를 쓰시오.

(3) P_1 ~ P_3의 출력식을 각각 쓰시오.

* 접점 심벌을 표시할 때는 A, B, C, $\overline{A}$, $\overline{B}$, $\overline{C}$ 등 문자 표시도 할 것

해설

(3) $P_1 = \overline{A}\,\overline{B}\,\overline{C} + \overline{A}\,\overline{B}C + \overline{A}B\overline{C} + A\overline{B}\,\overline{C}$

$= \overline{A}\,\overline{B}(\overline{C} + C) + \overline{A}B\overline{C} + A\overline{B}\,\overline{C}$

$= \overline{A}\,\overline{B} + \overline{A}B\overline{C} + A\overline{B}\,\overline{C} = \overline{A}(\overline{B} + B\overline{C}) + A\overline{B}\,\overline{C}$

$= \overline{A}(\overline{B} + \overline{C}) + A\overline{B}\,\overline{C} = \overline{A}\,\overline{B} + \overline{A}\,\overline{C} + A\overline{B}\,\overline{C}$

$= \overline{A}\,\overline{B} + \overline{C}(\overline{A} + A\overline{B}) = \overline{A}\,\overline{B} + \overline{C}(\overline{A} + \overline{B})$

정답

(1)

A	B	C	P_1	P_2	P_3
0	0	0	1	0	0
0	0	1	1	0	0
0	1	0	1	0	0
0	1	1	0	1	0
1	0	0	1	0	0
1	0	1	0	1	0
1	1	0	0	1	0
1	1	1	0	0	1

(2) ① $\overline{B}$　　② $\overline{B}$　　③ $\overline{C}$

(3) $P_1 = \overline{A}\overline{B} + \overline{C}(\overline{A} + \overline{B})$

$P_2 = \overline{A}BC + A\overline{B}C + AB\overline{C}$

$P_3 = A \cdot B \cdot C$

25 그림과 같은 전자 릴레이 회로를 답란의 미완성 도면에 다이오드를 추가시켜 다이오드 매트릭스 회로로 바꾸어 그리시오.

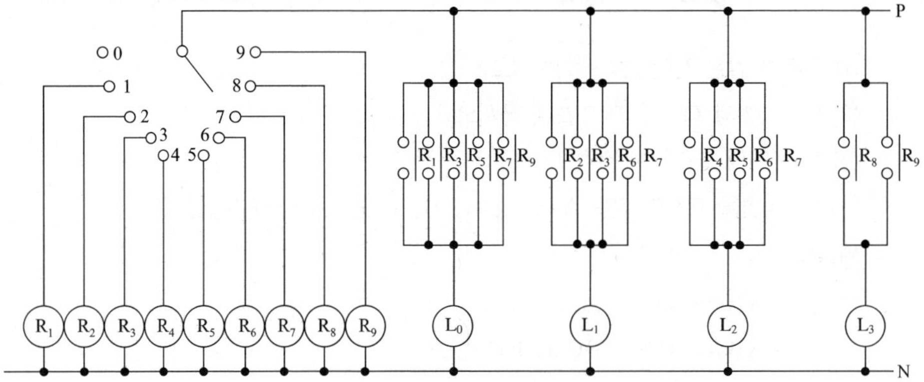

(전자 릴레이 회로)

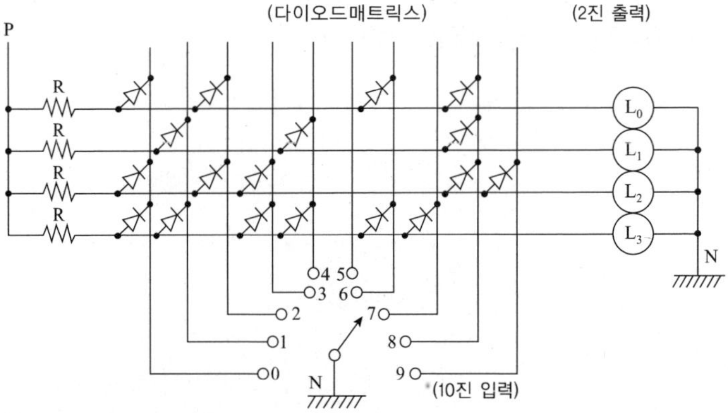

TIP

먼저 $L_0 + R_1 + R_3 + R_5 + R_7 + R_9$, $L_1 = R_2 + R_3 + R_6 + R_7$, $L_2 = R_4 + R_5 + R_6 + R_7$, $L_3 = R_8 + R_9$를 구하고 그 부분만 다이오드를 제거하고 나머지만 다이오드를 추가로 그린다.

정답

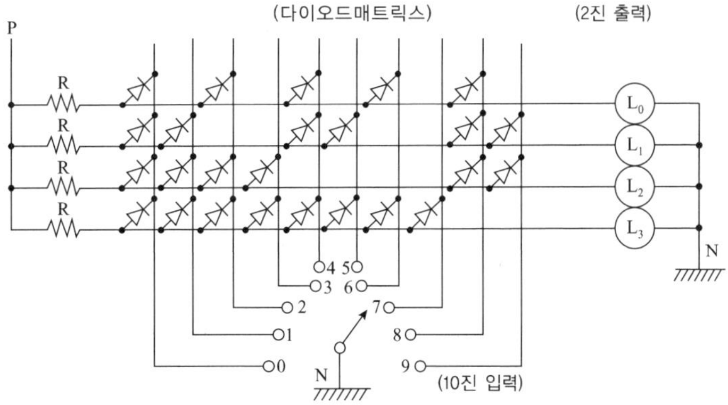

03 무접점 회로(PLC 시퀀스)

1 PLC 제어

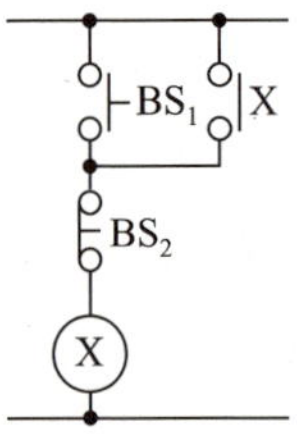

[시퀀스]

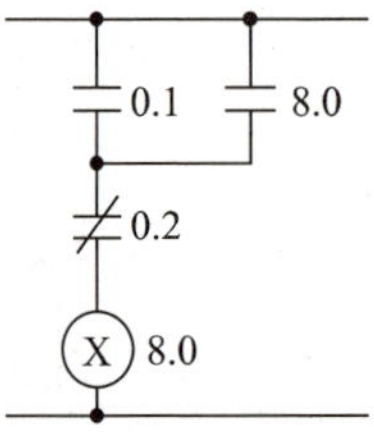

[래더 다이어그램]

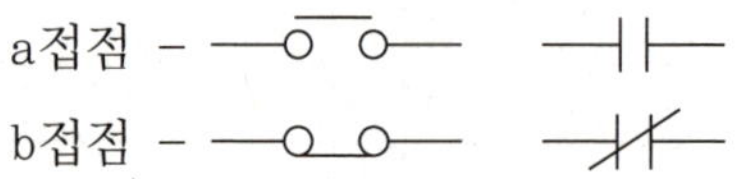

예

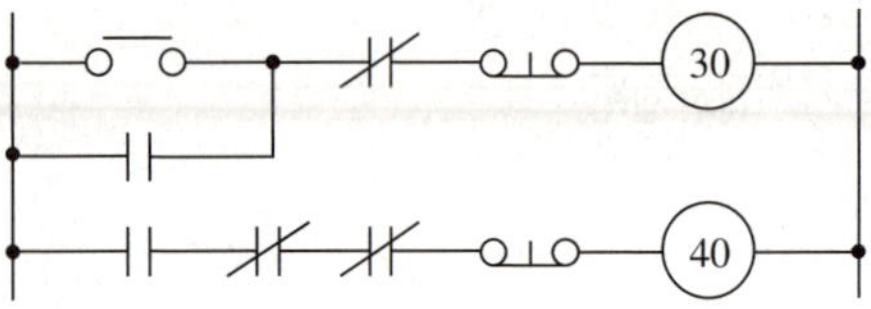

[시퀀스]

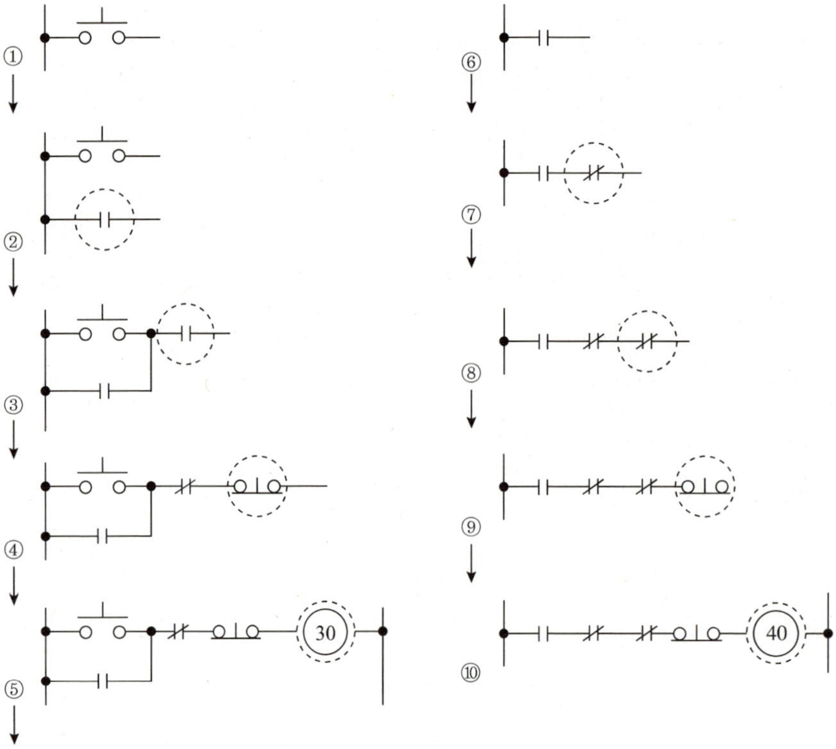

(1) 시작과 출력

시작 명령어 : R로 시작하는 경우 → 출력 명령어 : W로 끝나며

LOAD 또는 STR로 시작하면 → OUT으로 끝난다.

: R(Read), LD(LOAD), STR(Start)

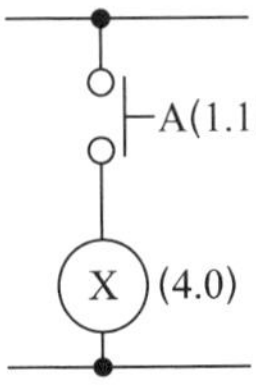

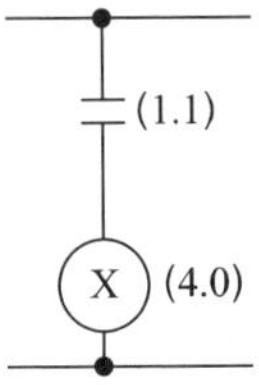

STEP	R	LOAD	STR
10	R-1.1	LOAD-1.1	STR-1.1
20	W-4.0	OUT-4.0	OUT-4.0

(2) 직렬(명령어 : AND → A), R로 시작 시 직렬은 A, LOAD, STR 시작 시 AND

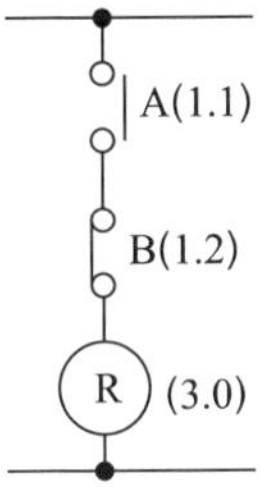

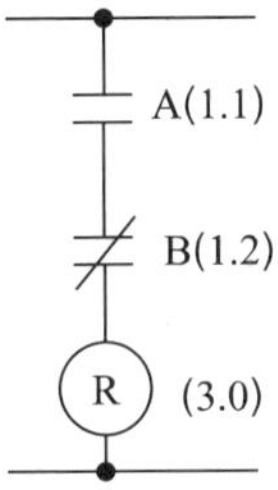

R	LOAD	STR
R-1.1	LOAD-1.1	STR-1.1
AN-1.2	AND NOT-1.2	AND NOT-1.2
W-3.0	OUT-3.0	OUT-3.0

- AN → AND NOT
- b접점 명령어 : 명령어 + NOT

(3) 병렬(명령어 : OR → O), R로 시작 시 병렬은 O, LOAD, STR 시작 시 OR

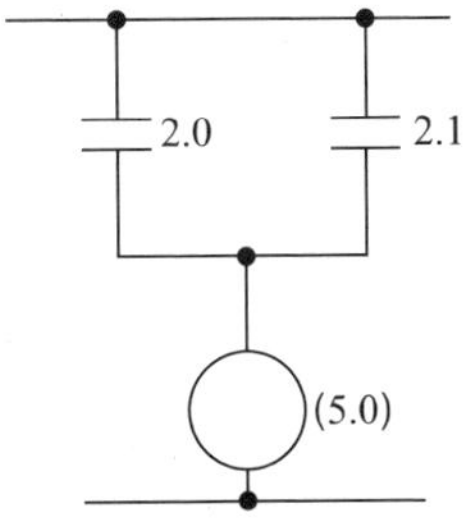

① OR 명령어는 항상 최근에 입력된 시작 명령어와 연결한다.
② 직, 병렬 구분이 불가 시 그룹화를 할 수 있다.
③ 그 그룹의 시작은 항상 시작 명령어를 사용하여야만 한다.

(4) 직렬묶음(명령어 : R로 시작 시 A-MRG, LOAD 또는 STR 시 AND LOAD, AND STR)

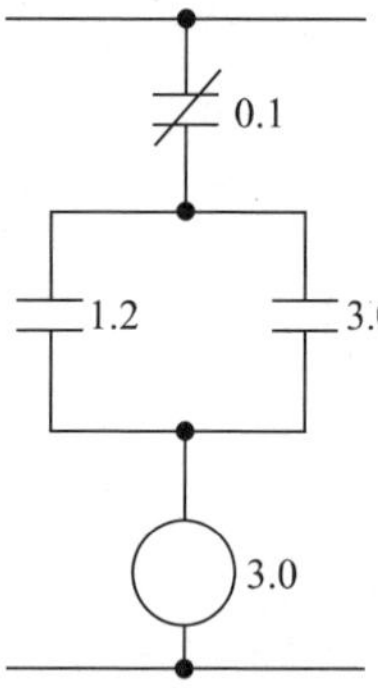

STR
LOAD NOT-0.1
LOAD-1.2
OR-3.0
AND LOAD
OUT-3.0

(5) 병렬묶음(명령어 : R로 시작 시 O-MRG, LOAD 또는 STR 시 OR LOAD, OR STR)

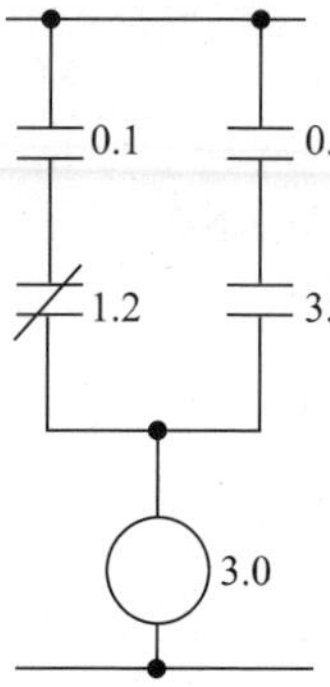

STR	R
STR-0.1	R-0.1
AND NOT-1.2	AN-1.2
STR-0.1	R-0.1
AND-3.0	A-3.0
OR STR	O-MRG
OUT-3.0	W-3.0

(6) b접점 : NOT ┌ 직렬 - AN : AND NOT
└ 병렬 - ORN : OR NOT

두 개의 Block ┌ 직렬 : AND STR, AND LOAD
└ 병렬 : OR, STR, OR LOAD

① 병렬 직렬 회로

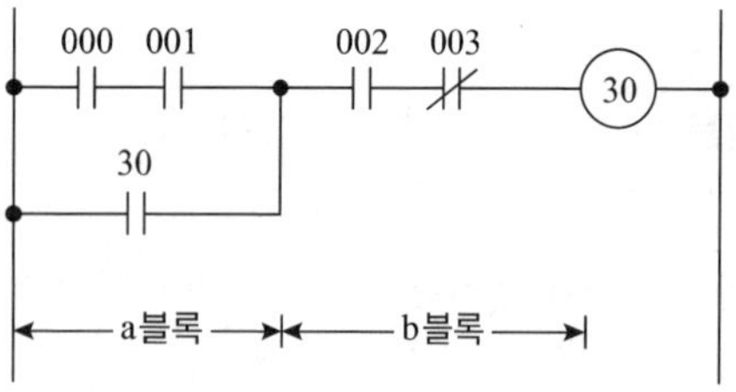

스 텝	명령 코드	데이터
0	STR	000
1	AND	001
2	OR	30
3	AND	002
4	AND NOT	003
5	OUT	30

② 직렬 병렬 회로

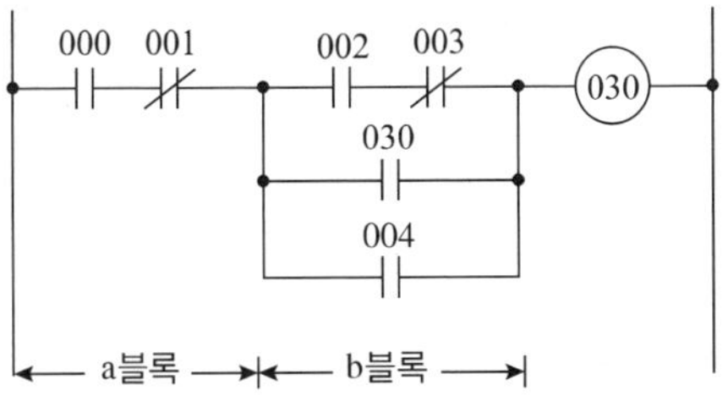

스 텝	명령 코드	데이터	설 명
0	STR	0	• a블록과 b블록으로 분할하여 각각 프로그램한다. • a블록과 b블록을 AND STR에서 정리한다.
1	AND NOT	1	
2	STR	2	
3	AND NOT	3	
4	OR	30	
5	OR	4	
6	AND STR		
7	OUT	30	

확인문제

01 PLC 래더 다이어그램이 다음과 같을 때 표에 ①~⑥의 프로그램을 완성하시오(단, 시작(STR), 출력(OUT), AND, OR, NOT 등의 명령어를 사용한다).

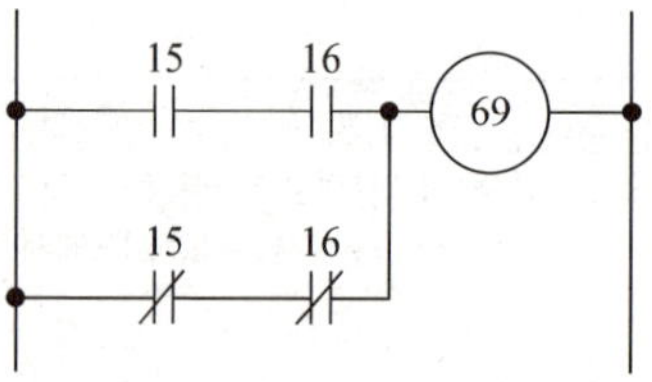

차 례	명 령	번 지
0	(①)	15
1	AND	16
2	(②)	(③)
3	(④)	16
4	OR STR	–
5	(⑤)	(⑥)

TIP

시작이 15이고 16은 직렬이나 15-b 16-b는 다른 직렬이므로 서로 시작하여 직렬 결합 후 묶어 주어야 함

정답

① STR ② STR NOT ③ 15 ④ AND NOT ⑤ OUT ⑥ 69

02 다음 그림은 PLC 시퀀스 회로의 일부를 나타낸 것이다. 입력 P000을 주면 출력 P011이 동작하고 이어 P012가 동작한다. 10초 후 T000이 동작하여 P012가 정지되며 P001은 정지 신호이고, 시간 단위는 0.1초이다. 이때 프로그램의 괄호 ①~⑤에 알맞은 것을 답안지에 쓰시오.

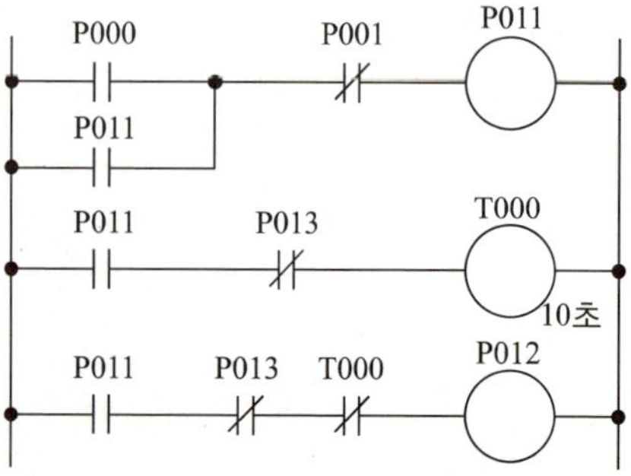

STEP	OP	add	ENT	Tip
생 략	LOAD OR (②) OUT	P000 (①) P001 P011	ENT 이하 생략	← 시 작 ← 병 렬 ← 직렬(부정) ← 출 력
	LOAD AND NOT TMR (DATA)	P011 P013 T000 (③)		← 시 작 ← 직렬(부정) ← 타이머를 표시 ← 타이머 시간을 표현
	(④) AND NOT AND NOT (⑤)	P011 P013 T000 P012		← 시 작 ← 직렬(부정) ← 직렬(부정) ← 출 력

정답

① P011 ② AND NOT ③ 100 ④ LOAD ⑤ OUT

03

표의 빈칸 ①~⑧에 알맞은 내용을 써서 그림 PLC 시퀀스의 프로그램을 완성하시오(단, 사용 명령어는 회로시작(R), 출력(W), AND(A), OR(O), NOT(N), 시간지연(DS)이고, 0.1초 단위이다).

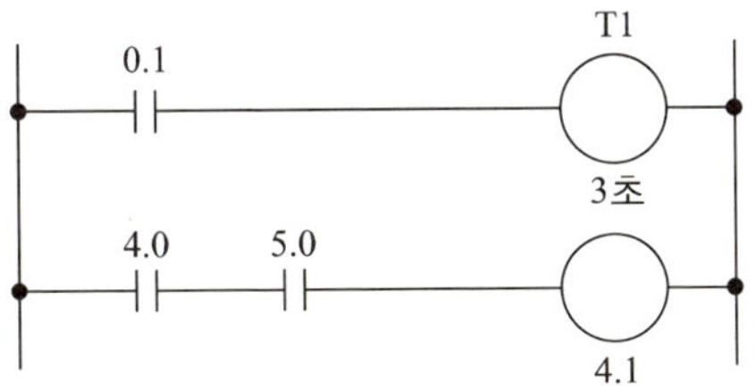

STEP	OP	ADD
0	R	①
1	DS	②
2	W	③
3	④	4.0
4	⑤	⑥
5	⑦	⑧

정답

① 0.1 ② 30 ③ T1 ④ R ⑤ A ⑥ 5.0 ⑦ W ⑧ 4.1

TIP

시간지연(DS)는 0.1초 단위이므로 30으로 입력하여야 3초가 된다.

04 다음 프로그램 표를 보고 물음에 답하시오.

단 계	명령어	번 지
0	LOAD	P000
1	OR	P010
2	AND NOT	P001
3	ANT NOT	P002
4	OUT	P010

(1) 래더 다이어그램을 그리시오.

(2) 논리회로를 완성하시오.

정답

(1)

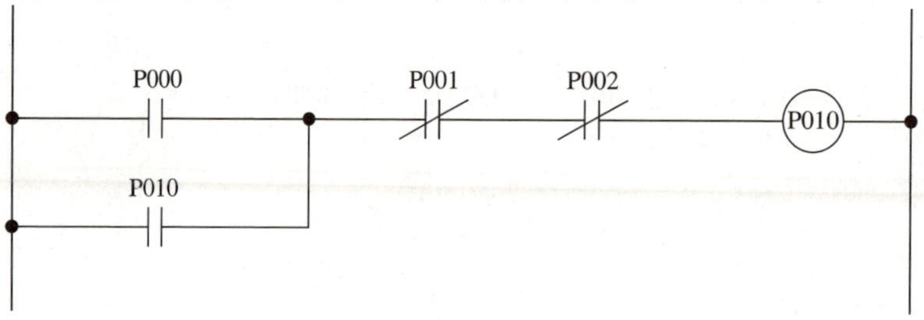

(2)

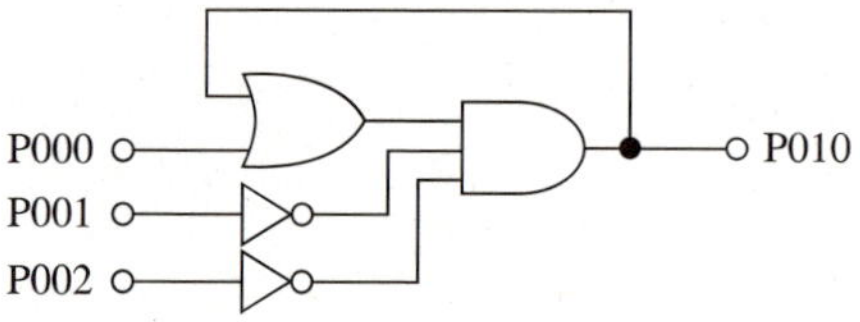

05 그림과 같은 PLC(래더 다이어그램)가 있다. 물음에 답하시오.

(1) PC 프로그램에서의 신호 흐름은 단방향이므로 시퀀스를 수정해야 한다. 문제의 도면을 바르게 작성하시오.

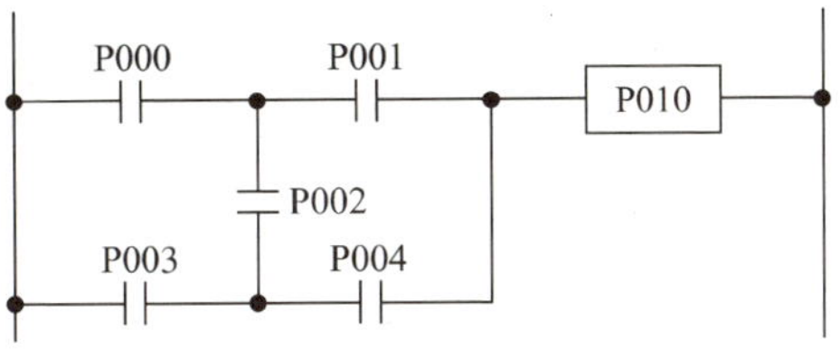

TIP

P002가 양방향이므로 양쪽으로 병렬 추가한다.

(2) 다음 PLC 프로그램 표의 ①~⑧을 완성하시오(단, 명령어는 LOAD, AND, OR, NOT, OUT를 사용한다).

주 소	명령어	번 지	주 소	명령어	번 지
0	LOAD	P000	7	AND	P002
1	AND	P001	8	⑤	⑥
2	①	②	9	OR LOAD	
3	AND	P002	10	⑦	⑧
4	AND	P004	11	AND	P004
5	OR LOAD		12	OR LOAD	
6	③	④	13	OUT	P010

정답

(1)

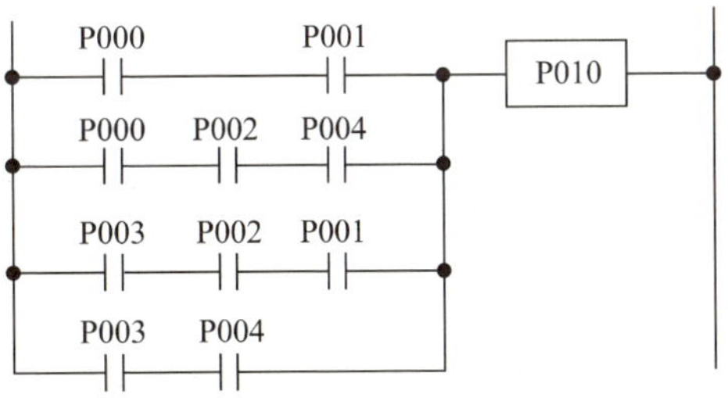

(2) ① LOAD ② P000
③ LOAD ④ P003
⑤ AND ⑥ P001
⑦ LOAD ⑧ P003

06 프로그램에 따라 PLC(래더 다이어그램)를 그리시오(단, 시작 입력 LOAD, 출력 OUT을 사용하며, P010~P012는 전자접촉기 MC를 각각 나타내며, P001과 P002는 버튼 스위치를 표시한 것이다).

(1)

	명 령	번 지	Tip
생 략	LOAD	P001	→ 시 작
	OR	M001	→ 병 렬
	LOAD NOT	P002	→ 시작(부정)
	OR	M000	→ 병 렬
	AND LOAD	–	→ 시작직렬묶음
	OUT	P017	

(2)

	명 령	번 지	Tip
생 략	LOAD	P001	→ 시 작
	AND	M001	→ 직 렬
	LOAD NOT	P002	→ 시작(부정)
	AND	M000	→ 직 렬
	OR LOAD	–	→ 시작병렬묶음
	OUT	P017	

정답

(1)

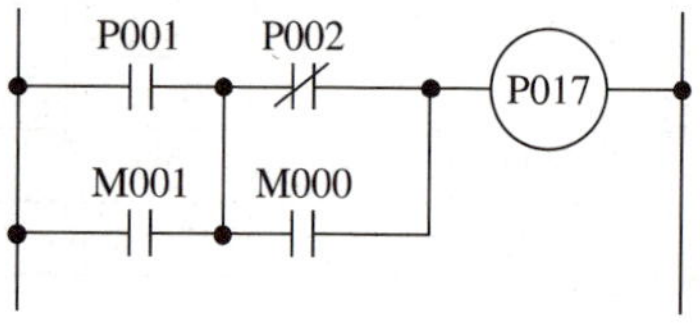

(2)

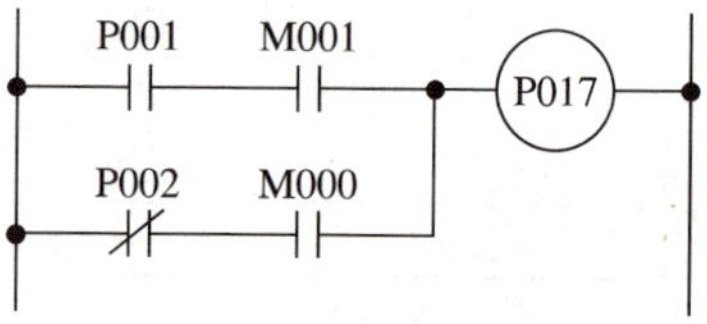

07 다음의 PLC 프로그램을 래더 다이어그램으로 완성하시오.

차 례	명 령	번 지	Tip
0	STR	P00	→ 시 작
1	OR	P01	→ 병 렬
2	STR NOT	P02	→ 시작(부정)
3	OR	P03	→ 병 렬
4	AND STR	–	→ 시작을 직렬묶음
5	AND NOT	P04	→ 직렬(부정)
6	OUT	P10	

TIP

STR : 입력, OUT : 출력, OR : 병렬접속, NOT : 부정, AND STR : 그룹 병렬접속

정답

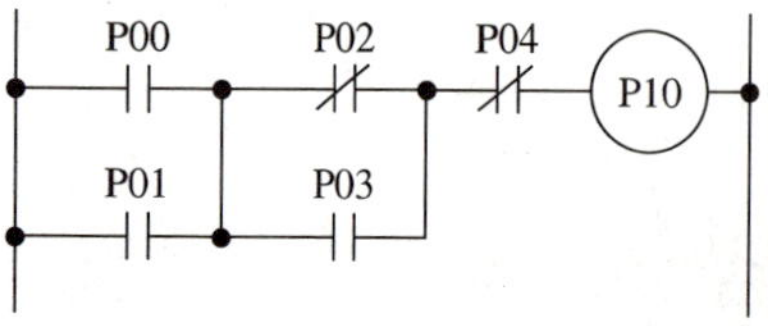

08

PLC 프로그램을 보고 PLC 접점 회로도를 완성하시오(단, ① STR : 입력 A접점(신호), ② STRN : 입력 B접점(신호), ③ AND : AND A접점, ④ ANDN : AND B접점, ⑤ OR : OR A접점, ⑥ ORN : OR B접점, ⑦ OB : 병렬 접속점, ⑧ OUT : 출력, ⑨ END : 끝, ⑩ W : 각 번지 끝).

어드레스	명령어	데이터	비 고
01	STR	001	W
02	STR	003	W
03	ANDN	002	W
04	OB	–	W
05	OUT	100	W
06	STR	001	W
07	ANDN	002	W
08	STR	003	W
09	OB	–	W
10	OUT	200	W
11	END	–	W

• PLC 접점 회로도

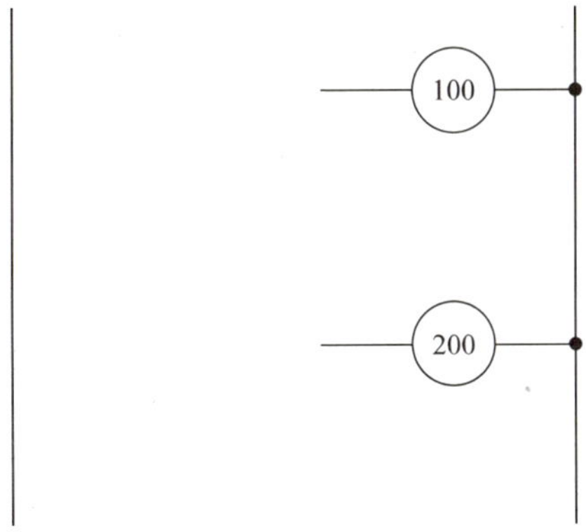

정답

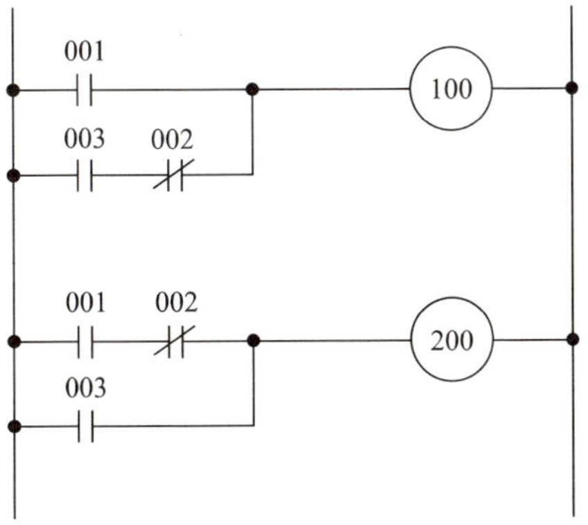

09 다음의 PLC 래더 다이어그램과 명령어를 참고하여 프로그램 표를 완성하시오.

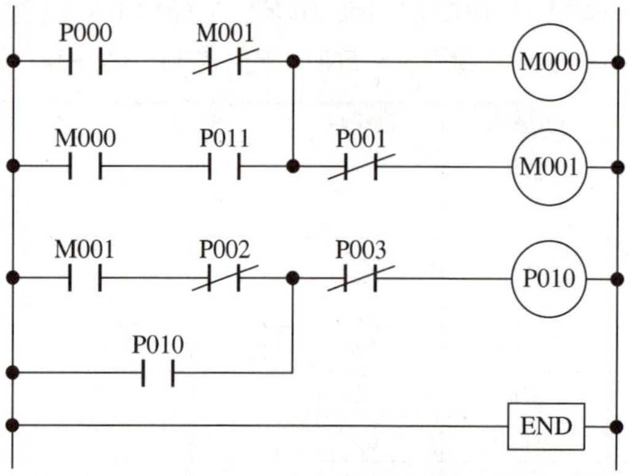

명령어
S(시작)
A(AND)
O(OR)
OS(그룹 간 병렬)
AS(그룹 간 직렬)
N(부정)
W(출력)
END

STEP	명 령	번 지	STEP	명 령	번 지
0	S	P000	7	W	M001
1	AN	M001	8	(⑤)	M001
2	(①)	(②)	9	AN	P002
3	A	(③)	10	(⑥)	(⑦)
4	(④)	–	11	AN	P003
5	W	M000	12	W	P010
6	AN	P001	13	(⑧)	–

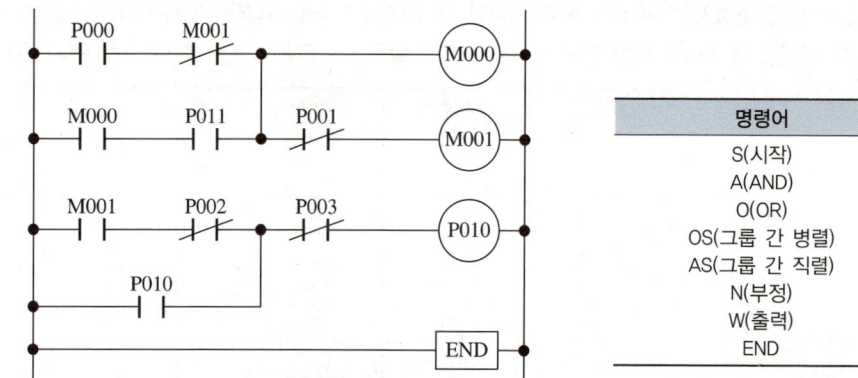

정답

① S　　② M000
③ P011　　④ OS
⑤ S　　⑥ O
⑦ P010　　⑧ END

10 그림과 같은 PLC 시퀀스를 프로그램하시오. 단, 명령어는 회로시작 STR, 출력 OUT, 그룹 접속 AND STR, OR STR 및 AND, OR, NOT로 한다.

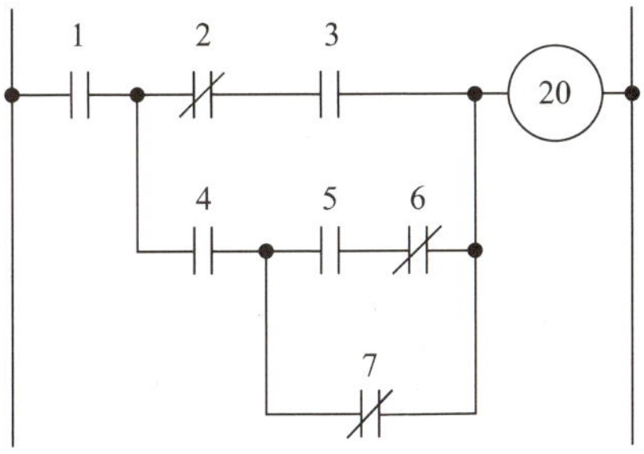

차 례	명 령	번 지	차 례	명 령	번 지
0		1	6		7
1		2	7		–
2		3	8		–
3		4	9		–
4		5	10		20
5		6	–	–	

정답

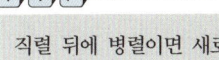

차 례	명 령	차 례	명 령
0	STR	6	OR NOT
1	STR NOT	7	AND STR
2	AND	8	OR STR
3	STR	9	AND STR
4	STR	10	OUT
5	AND NOT	–	–

TIP

직렬 뒤에 병렬이면 새로 시작
즉, 1번 뒤에 ②번 묶음

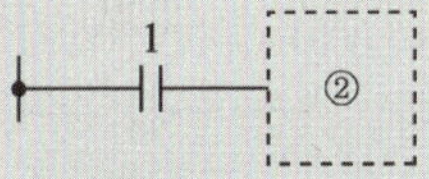

새로 시작한 ②번 안에 2, 3은 직렬이나 그 다음은
회로로 새로운 묶음이기 때문에 ③번의 새로운 시작

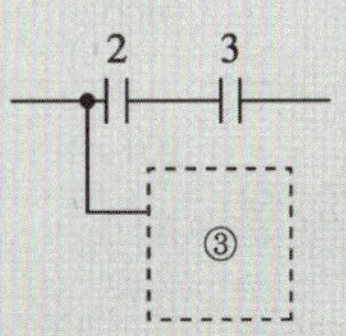

③번 안에 4번 뒤 새로운 병렬 묶음은 새로 시작 ④
④번 안에 5와 6은 직렬 전체 병렬 7은 순서대로 적어준다.
그 후 밑에서 위로 ④ → ③ → ② → 1순으로 묶어나간다.

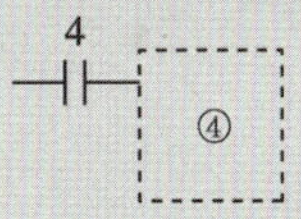

11 그림 (a)와 같은 PLC 시퀀스(래더 다이어그램)가 있다. 물음에 답하시오(단, D는 역방향 저지 다이오드이다).

(1) 다이오드를 사용하지 않으려면 시퀀스를 수정해야 한다. 답란의 그림 (b)란에 수정된 그림을 완성하고 번지를 적어 넣으시오(단, P011부터 그림을 그렸다(프로그램 참조)).

(2) PLC 프로그램을 표 ①~⑥에 완성하시오(단, 명령어는 LOAD, AND, OR, NOT, OUT를 사용한다).

(a)

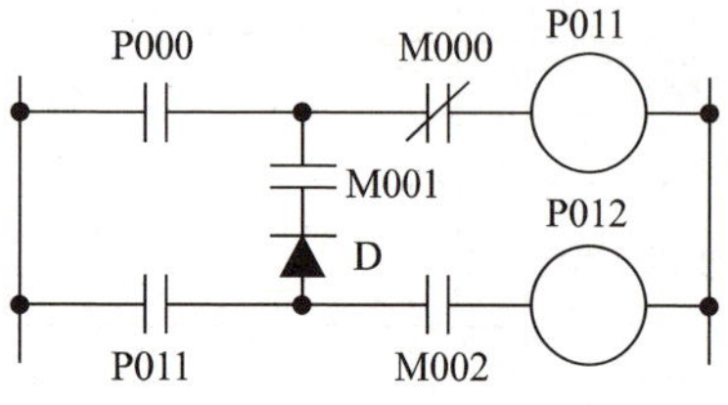

(b)

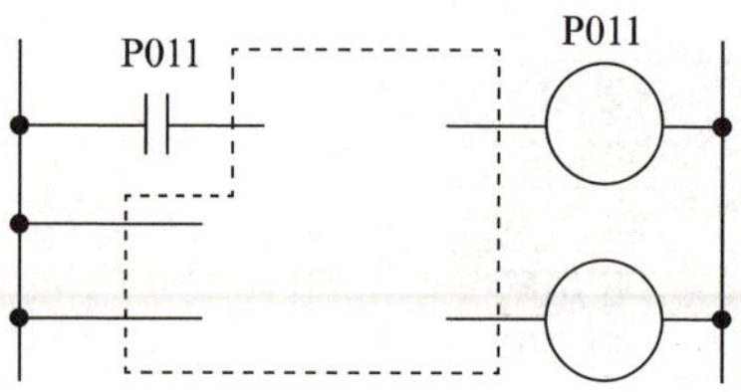

[프로그램]

STEP	명령어	번 지
생 략	LOAD	P011
	①	M001
	OR	②
	③	M000
	④	P011
	LOAD	⑤
	AND	M002
	OUT	⑥

정답

(1)

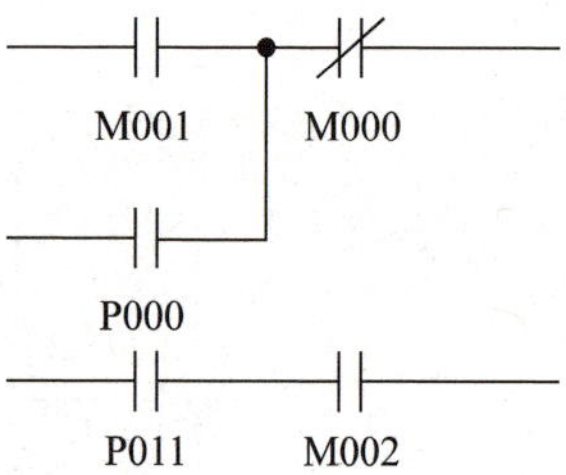

(2) ① AND ② P000 ③ AND NOT

④ OUT ⑤ P011 ⑥ P012

12 다음 PLC 래더 다이어그램을 이용하여 논리회로를 그리시오.

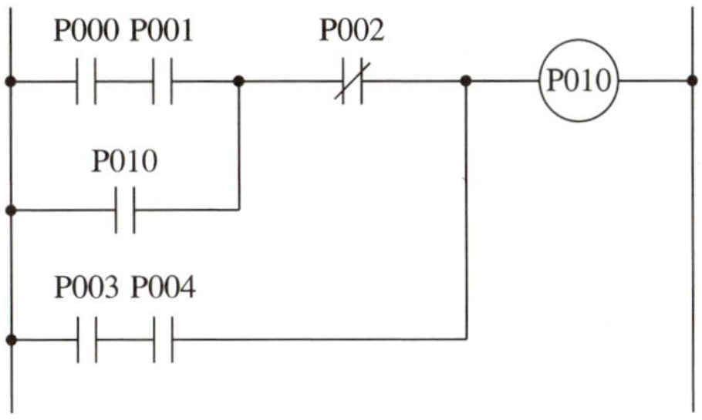

정답

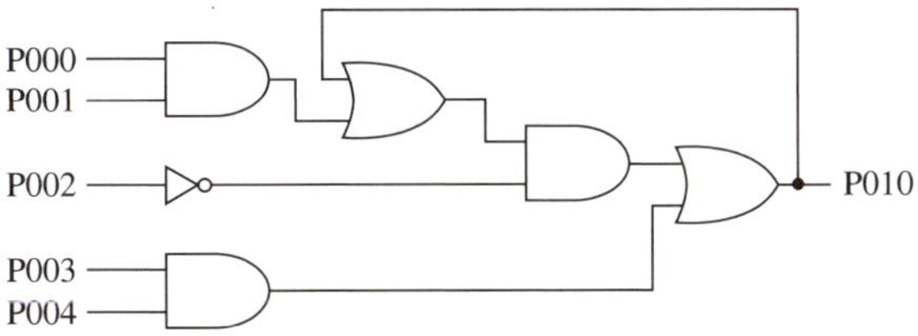

13 램프 L을 두 곳에 점멸할 수 있는 회로이다. 다음 물음에 답하시오.

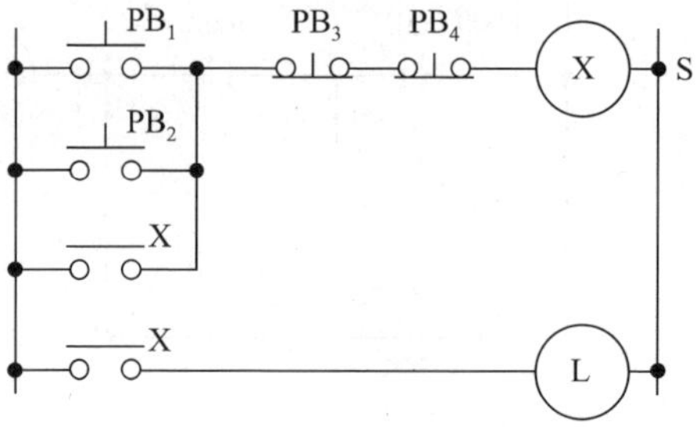

(1) X, L의 식을 쓰시오.

(2) 답안지의 무접점 회로를 완성하시오.

(3) PLC 프로그램을 완성하시오(4번부터 10번까지).

단, 1. STR : 입력 A접점(신호)
2. STRN : 입력 B접점(신호)
3. AND : AND A접점
4. ANDN : AND B접점
5. OR : OR A접점
6. ORN : OR B접점
7. OB : 병렬 접속점
8. X : 외부신호(접점)
9. Y : 내부신호(접점)
10. W : 각 번지 끝
11. OUT : 출력
12. END : 끝

프로그램번지 (어드레스)	명령어	데이터	비 고
01	STR	X PB_1	W
02	STR	X PB_2	W
03	OB		W
04			W
05			W
06			W
07			W
08			W
09			W
10			W
11	END		W

정답

(1) $X = (PB_1 + PB_2 + X) \cdot \overline{PB_3} \cdot \overline{PB_4}$

$L = X$

(2)

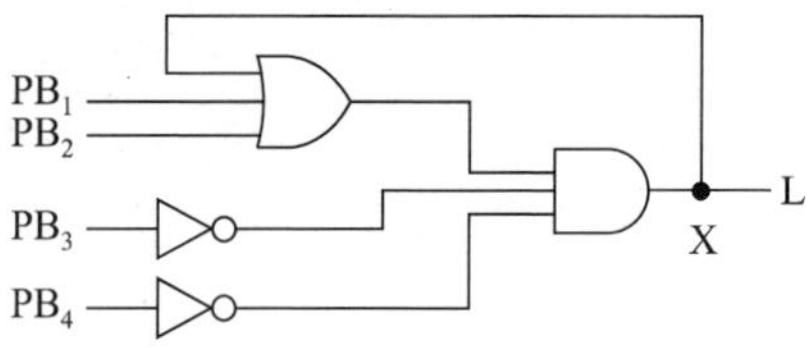

(3)

프로그램번지 (어드레스)	명령어	데이터
04	STR	Y X
05	OB	
06	ANDN	X PB_3
07	ANDN	X PB_4
08	OUT	X
09	STR	Y X
10	OUT	L

14 다음의 PLC 프로그램은 유도전동기의 Y-△ 기동운전 회로의 일부를 나타낸 것이다. AND, OR, NOT의 기호를 사용하여 로직 회로를 그리시오. 또한, Y 기동용 MC와 △ 운전용 MC의 번지는 어느 것인지 로직 회로상에 "Y기동", "△운전"으로 표시하시오(단, 명령어는 회로시작 입력 : STR, 출력 : OUT, 직렬 : AND, 병렬 : OR, 부정 : NOT를 사용하도록 한다).

차 례	명 령	번 지	차 례	명 령	번 지
생 략	STR	14	생 략	OUT	32
	OR	31		STR	15
	AND NOT	16		OR	33
	OUT	31		AND NOT	16
	STR	31		AND NOT	32
	AND NOT	15		OUT	33
	AND NOT	33			

정답

이러한 문제는 먼저 유접점으로 그리면 입력과 출력, 보조접점을 알 수 있음

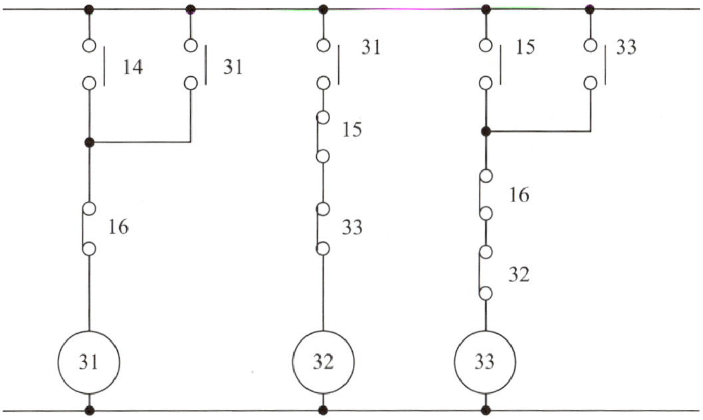

이렇게 그리고나면 14, 15, 16은 입력 31, 32, 33은 출력임을 알 수 있음

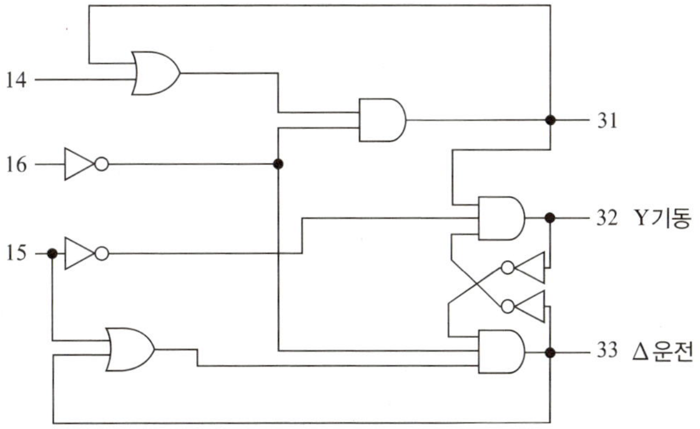

15 그림은 3대의 전동기를 순서에 따라 기동 및 정지를 하는 시퀀스 회로이다. 물음에 답하시오.

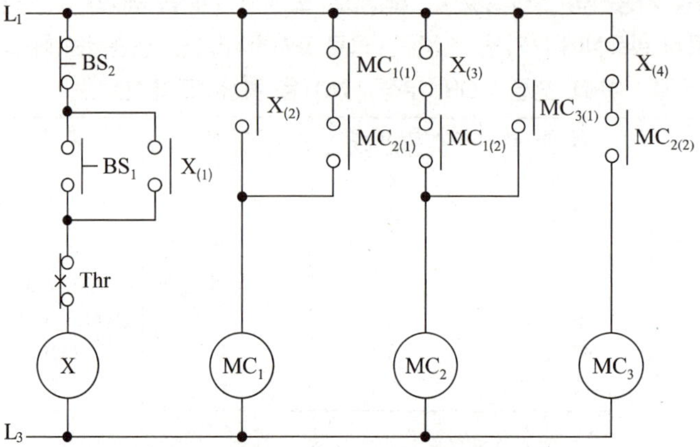

STEP	명령어	번 지	Tip
생 략	R	(가)	
	(나)	3.1	
	A	(다)	
	O	MRG	
	W	3.1	MC_1
	R	8.0	
	A	(라)	
	O	(마)	
	W	3.2	MC_2

[참 고]

BS_1(0.1), BS_2(0.2), MC_1(3.1), MC_2(3.2), MC_3(3.3), X(8.0)
R(입력), W(출력), A(직렬), O(병렬), MRG(그룹의 접속)

(1) 주어진 답안지 로직 회로를 각각 2입력 AND, OR 회로로 완성하시오.

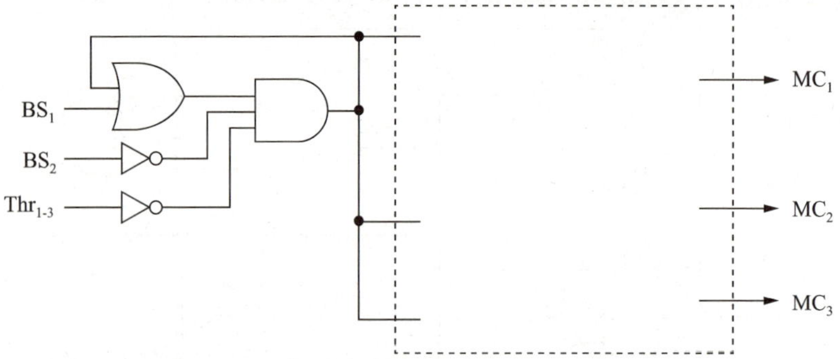

(2) 표의 PLC 프로그램을 (가) ~ (마)항까지를 완성하시오.

(3) 그림 (a)에서 자기유지 접점을 2개를 쓰시오(예 : MC_3(1) 등).

(4) 그림 (a)에서 MC_1의 정지 기능 접점을 쓰시오(예 : MC_2(1) 등).

(5) MC_1 ~ MC_3의 정지순서를 차례로 쓰시오.

정답

(1)

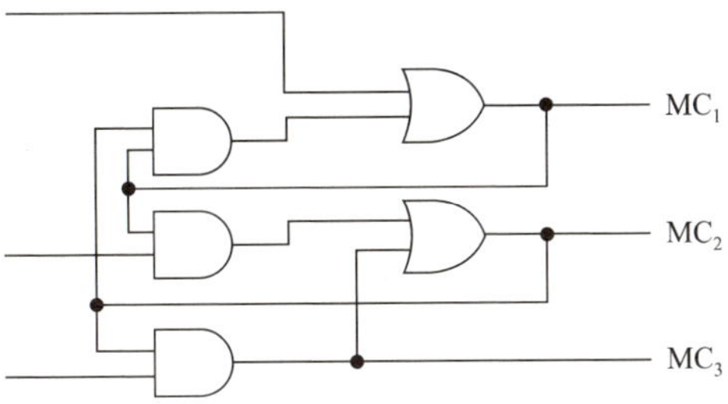

(2) (가) 80, (나) R, (다) 3.2, (라) 3.1, (마) 3.3

(3) X(1), MC_1(1)

(4) MC_2(1)

(5) MC_3, MC_2, MC_1

16 다음 제어시스템은 순차점등 순차소등 회로이다. 다음 타임차트와 동작 설명에 따라 래더 다이어그램의 PLC 프로그램 입력 ①~④를 답안지에 완성하시오.

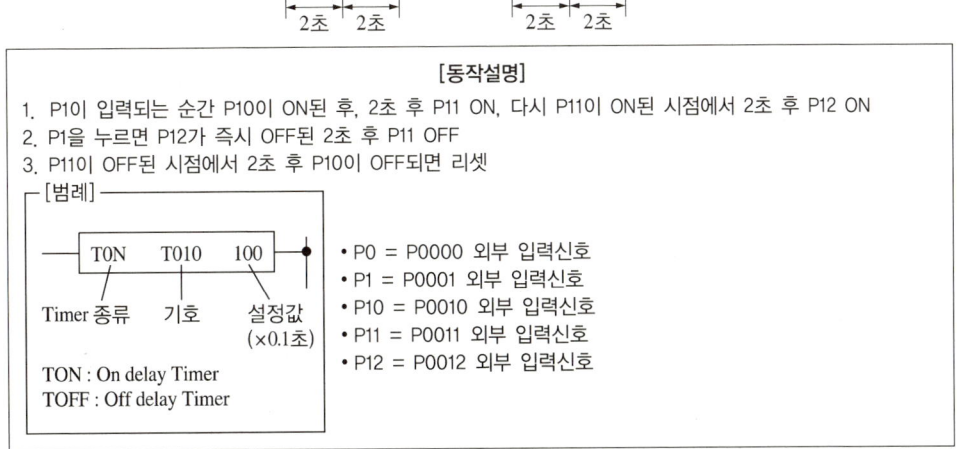

[타임차트]

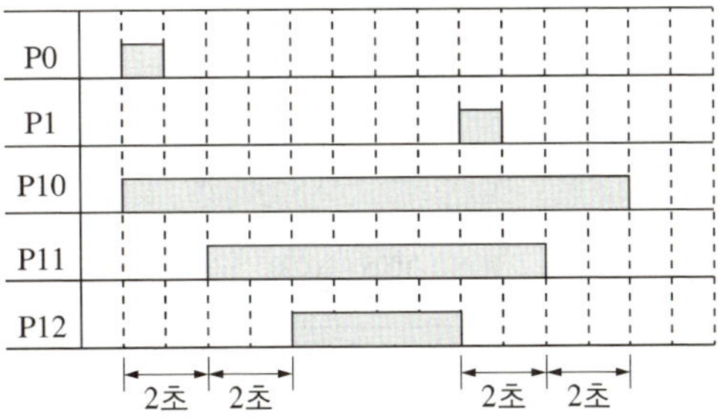

[동작설명]

1. P1이 입력되는 순간 P10이 ON된 후, 2초 후 P11 ON, 다시 P11이 ON된 시점에서 2초 후 P12 ON
2. P1을 누르면 P12가 즉시 OFF된 2초 후 P11 OFF
3. P11이 OFF된 시점에서 2초 후 P10이 OFF되면 리셋

[범례]

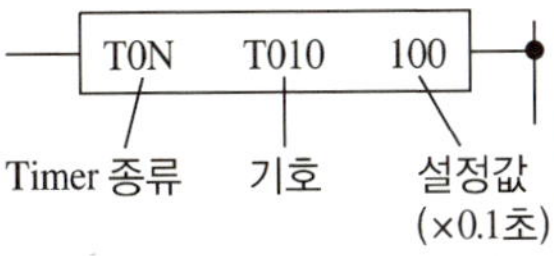

TON : On delay Timer
TOFF : Off delay Timer

- P0 = P0000 외부 입력신호
- P1 = P0001 외부 입력신호
- P10 = P0010 외부 입력신호
- P11 = P0011 외부 입력신호
- P12 = P0012 외부 입력신호

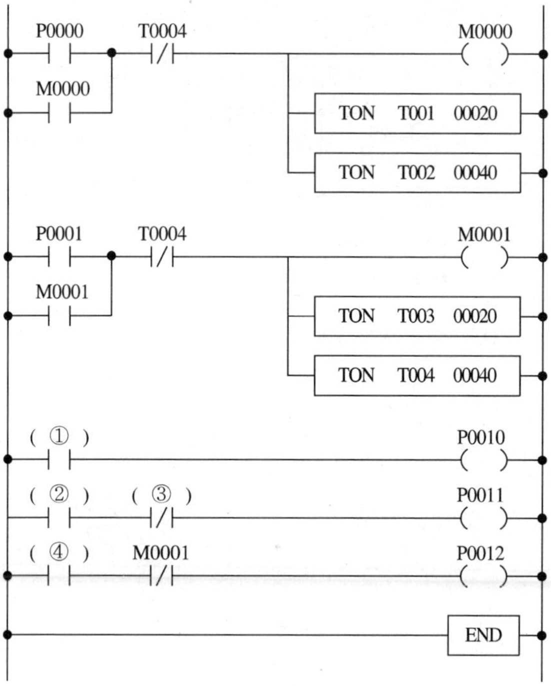

해설

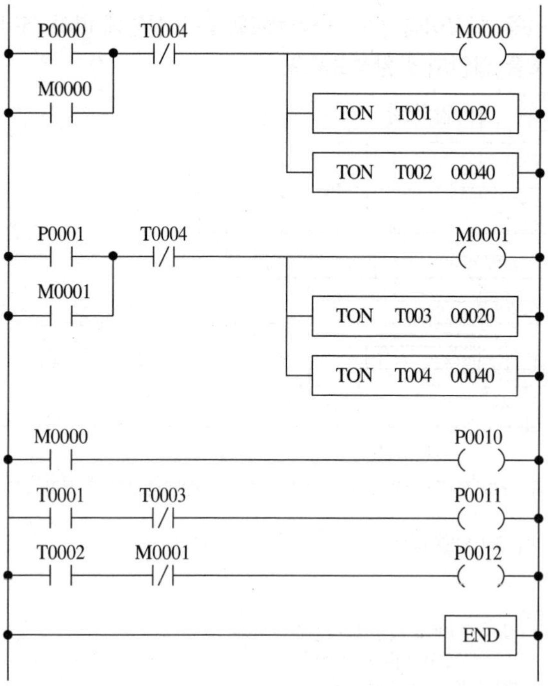

정답

① M0000 ② T0001
③ T0003 ④ T0002

CHAPTER

06 조명 설계

01 조 명

1 조명의 기초

(1) 빛과 전자파

지구상의 모든 공간에는 전자파가 존재, 이 전자파를 파장의 길이에 따라 나열하면 우주선, 감마(γ)선, X선, 자외선, 광선, 적외선, 전파순이다.

① 가시광선의 범위 380~760[nm]

㉠ 자외선 10~380[nm] : 살균, 형광작용

㉡ 적외선 760~3,000[nm] : 온열 효과(열선)

② 전자파의 공통된 성질

㉠ 직진의 전파성, 밀도가 다른 물질에 부딪히면 반사, 굴절 등이 일어남

㉡ 속도는 공기, 진공 속을 3×10^8[m/s]로 주파

㉢ 밀도가 큰 물질 통과할 때는 속도가 줄지만 주파수의 변화는 없다.

(2) 조명의 용어와 단위

① 복사(방사) : 전자파로 전파되는 에너지

② 방사속 : 단위시간에 복사되는 에너지의 양(단위 [W] = [J/s])

③ 시감도 : 어떤 파장 λ의 방사속 P_λ가 눈에 시감되는 정도를 시감도라 한다.

$$시감도 = \frac{광속}{복사속}$$

※ 최대 시감도는 빛의 파장 범위에서 파장 555[nm]의 황록색 빛이 최대 시감도(K_m = 680[lm/W])를 준다.

④ 비시감도 : 최대시감도에 대한 다른 파장의 시감도의 비

$$비시감도 = \frac{임의의\ 시감도}{최대시감도(680[lm/W])}$$

⑤ 연색성 : 광원의 성질에 의해 물체의 색이 다르게 보이는 정도(성질)
(조명에 의한 물체색의 보이기를 결정하는 광원성질)

⑥ **광속** : 빛의 세기, 단위시간에 복사되는 에너지, 복사속을 눈으로 보아 빛으로 느끼는 크기(가시광속, 단위 [lumen : lm])

총광속 $F = \omega I$

㉠ 구광원 $F = 4\pi I$(백열등)

㉡ 원통광원 $F = \pi^2 I$(형광등)

㉢ 평판광원 $F = \pi I$(EL등)

※ 원별 $\omega = 2\pi(1-\cos\theta)$

⑦ **광량** : 전구가 수명 중에 발산한 광의 양을 표시

$$Q = \int F \cdot dt[\text{lm} \cdot \text{h}]$$

⑧ **명시의 조건** : 물체가 보이는 조건

㉠ 명암(밝음)

㉡ 색

㉢ 대 비

㉣ 시 간

㉤ 크 기

⑨ **색 온도** : 어느 광원의 광색이 어느 온도의 흑체의 온도와 같을 때 흑체의 온도를 이 광원의 색온도라 한다.

⑩ **광도** : 광원에서 어느 방향에 대한 단위입체각당의 광속(단위 [cd])

$$I = \frac{dF}{d\omega}[\text{lm/sr}]$$

여기서, ω : 입체각

⑪ **조도** : 광속이 투과된 면의 단위면적당 입사 광속(단위 [lux : lx])

피조면의 밝기 $E = \frac{dF}{dA}[\text{lm/m}^2]$

㉠ 거리 역 제곱의 법칙

각 방향의 광도가 고르게 I[cd]의 점광원을 중심으로 반지름 r[m]의 구를 생각하여 구면상의 조도를 알아보면, 광원은 광속을 고르게 발산하므로 구면상의 입사광속 밀도도 고르고, 따라서 조도도 균일하다. 그런데 구의 표면적 A는 $4\pi r^2[\text{m}^2]$이며 광도 I[cd]의 점과 원의 광속 F는 $4\pi I$[lm]이므로 구면 내의 조도 E는 다음과 같다.

$$E = \frac{F}{A} = \frac{4\pi I}{4\pi r^2} = \frac{I}{r^2}[\text{lx}]$$

㉡ 입사각 여현의 법칙

그림과 같이 광선과 θ의 각을 이룬 평면 B에서의 조도 E_2

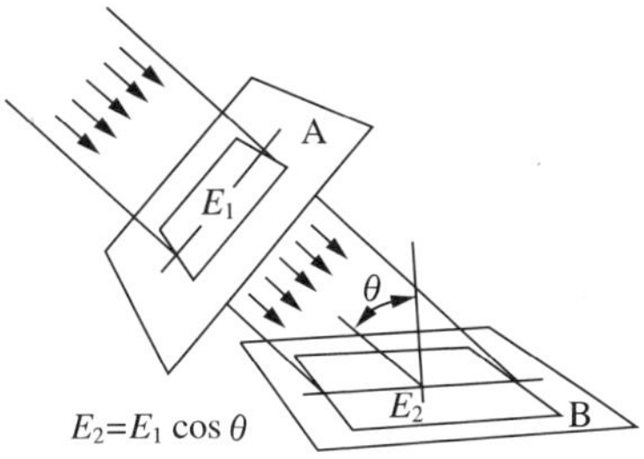

$$E_2 = E_1 \cos\theta = \frac{I}{r^2}\cos\theta\,[\mathrm{lx}]$$

즉, 임의의 면에서 한 점의 조도는 광원의 광도 및 입사각 θ의 cos에 비례하고 거리의 제곱에 반비례한다.

㉢ 입사각 여현의 법칙 : P점의 조도 분류

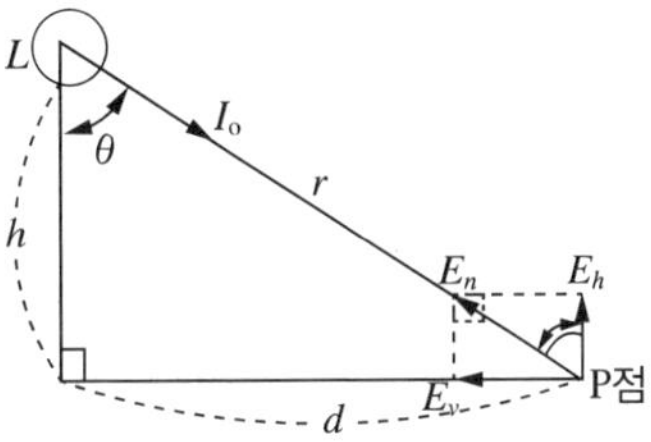

• 법선 조도 $E_n = \dfrac{I_0}{r^2}$

• 수평면 조도 $E_h = E_n \cos\theta = \dfrac{I_0}{r^2}\cos\theta\,[\mathrm{lx}]$

• 수직면 조도 $E_v = E_n \sin\theta = \dfrac{I_0}{r^2}\sin\theta\,[\mathrm{lx}]$

⑫ **휘도** : 광원의 임의의 방향에서 본 단위투영면적당 광도로서, 광원의 빛나는 정도(B[sb])

※ 휘도의 단위

$$\left.\begin{array}{l} 1[\mathrm{sb}] = 1[\mathrm{cd/cm^2}] \\ 1[\mathrm{nt}] = 1[\mathrm{cd/m^2}] \end{array}\right\} \; 1[\mathrm{sb}] = 10^4[\mathrm{nt}],\; 1[\mathrm{nt}] = 10^{-4}[\mathrm{sb}]$$

⑬ **광속발산도** : 광원의 단위면적으로부터 발산하는 광속으로, 광원 혹은 물체의 밝기(R[rlx])

$$R = \pi B = \underset{(\text{반사면})}{\rho E} = \underset{(\text{투과면})}{\tau E}$$

⑭ **전등효율** : 전등의 전 소비전력 P에 대한 전등의 전 발산광속 F의 비

$$\eta = \frac{F}{P}[\mathrm{lm/W}]$$

㉠ 투과율 τ + 흡수율 a + 반사율 ρ = 1

㉡ 글로브효율 $\eta = \dfrac{\tau}{1-\rho}$

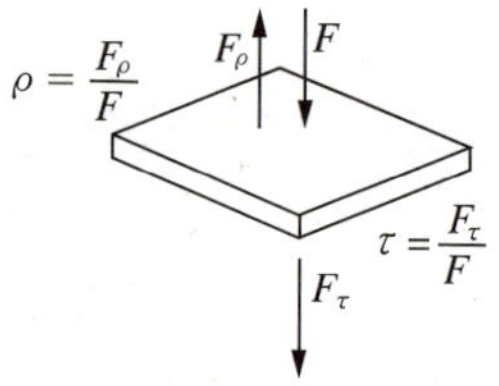

㉢ $\rho = \dfrac{F\rho}{F} \times 100[\%]$

㉣ $\tau = \dfrac{F\tau}{F} \times 100[\%]$

㉤ $a = \dfrac{Fa}{F} \times 100[\%]$

⑮ **발광효율** : 광원으로부터 방사속 ϕ[W]가 발산되면, 이 중에서 광속 F[lm]만이 육안으로 느끼게 되며 이 방사속에 대한 광속의 비율을 그 광원의 발광효율 ε이라 한다.

$\varepsilon = \dfrac{F}{\phi}$[lm/W]

2 조명설계

(1) 조명의 종류

① 백열전구

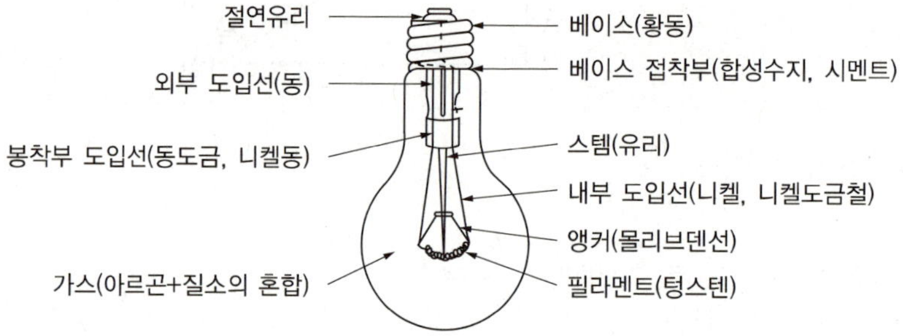

[백열전구의 구조 및 각부의 명칭]

㉠ 장점과 단점

- 장 점
  - 안정기가 불필요하다.
  - 가동시간이 짧다.
  - 점등방식 및 구조가 간단하다.
  - 역률이 좋다.
  - 값이 저렴하다.
- 단 점
  - 휘도가 높아 눈부심이 생긴다.
  - 수명이 짧다.
  - 효율이 떨어진다.

㉡ 필라멘트의 구비요건
- 융해점이 높을 것
- 고유저항이 클 것
- 선팽창 계수가 적을 것
- 가는 선으로 가공하기 위해 용이할 것
- 고온에서의 기계적 강도가 클 것
- 고온에서의 증발성이 적을 것
- 가스입 전구 : 단일 코일 필라멘트와 2중 코일 필라멘트 사용(2중 코일 필라멘트를 사용하면 코일의 지름이 증가하기 때문에 가스에 의한 열손실을 적게 할 수 있다)

② 형광등

㉠ 장점과 단점
- 장 점
  - 효율이 좋다.
  - 점등시간이 짧다.
  - 열방사가 적다.
  - 필요한 광색을 얻기가 쉽다.
  - 수명이 길다.
- 단 점
  - 내부에 코일이 있어 역률이 나쁘다.
  - 안정기 및 부속장치가 많아 고가이다.
  - 깜빡거림이 생긴다.

③ HID램프(고휘도 방전램프)

HID램프(High Intensity Discharge Lamp)는 고휘도 방전램프로서 고압 수은등, 고압 나트륨등, 메탈할라이드등, 초고압 수은등, 고압 크세논등이 있다.

(2) 조명설계

① 옥내 조명설계

㉠ 조명기구의 배치
- 광원의 높이(H) = 천장면의 높이 − 작업면의 높이
- 등기구의 간격
  - 등기구와 등기구 사이 : $S \leq 1.5H$ (원칙)
  - 등기구와 벽면 사이 : $S \leq \frac{1}{2}H$ (벽측을 사용하지 않을 경우)

    $S \leq \frac{1}{3}H$ (벽측을 사용할 경우)

㉡ 실지수(Room Index) : 광속에 대한 방의 크기의 척도

$$실지수 = \frac{X \cdot Y}{H(X+Y)}$$

여기서, H : 작업면으로부터 광원의 높이[m]

X : 방의 가로 길이[m]

Y : 방의 세로 길이[m]

㉢ 조명률(U) : 광원의 전광속과 작업면에 도달하는 유효광속 사이의 비를 말한다. 반사율, 배광, 효율에 비례된다. 조명률은 실지수, 조명기구의 종류, 실내면의 반사율에 따라 달라진다.

$$U = \frac{F}{F_0} \times 100[\%]$$

여기서, F_0 : 광원의 총광속

F : 작업면에 입사하는 광속

㉣ 감광보상률(D) : 조명설계 시 광속감퇴를 고려하여 소요광속에 여유를 두어야 하며 그 정도를 감광보상률이라 한다.

$$감광보상률\ D = \frac{1}{보수율} = \frac{1}{M}$$

※ 감광의 원인

- 광원의 노화로 인한 광속의 감소(필라멘트 증발, 흑화 현상 등)
- 실내 반사면(천장, 벽, 바닥)에 붙은 먼지, 오물 화학적 변질에 의한 광속의 흡수율 증가
- 조명기구 반사면에 오물, 먼지 부착 또는 화학적 변질에 의한 광속의 흡수율 증가
- 공급전압과 정격전압의 차에 의한 광속의 감소

② 조도계산

$$E = \frac{F \times U \times N}{A \times D} = \frac{F \times U \times N \times M}{A}[\text{lx}]$$

여기서, E : 평균조도[lx]

F : 등기구 1개의 총광속[lm]

N : 조명기구 개수

D : 감광보상률

M : 보수율

A : 면적

[실지수 기호표]

범 위	4.5 이상	4.5 ~3.5	3.5 ~2.75	2.75 ~2.25	2.25 ~1.75	1.75 ~1.38	1.38 ~1.12	1.12 ~0.9	0.9 ~0.7	0.7 이하
실지수	5.0	4.0	3.0	2.5	2.0	1.5	1.25	1.0	0.8	0.6
기 호	A	B	C	D	E	F	G	H	I	J

③ 교통도로조명

㉠ 광 원

- 고속도로, 간선도로, 다리, 안개지역에는 나트륨등을 사용
- 상가밀집지역, 관청가일 경우에는 연색성을 고려한 기구로서 메탈할라이드등이 많이 사용된다.

④ 조명기구

직선도로일 경우 한쪽 배치, 지그재그식, 중앙 배치식, 편측식 등으로 배치

한쪽 배치	지그재그식	대칭식	중앙 배치식
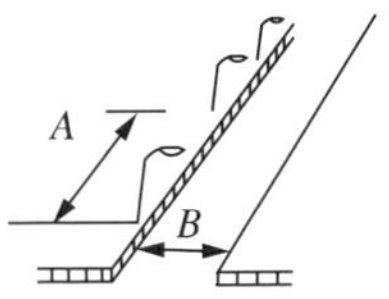	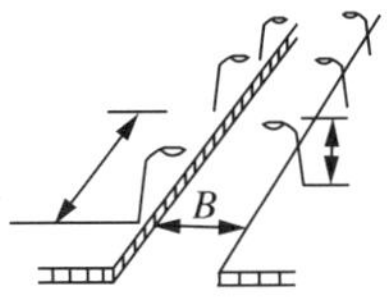	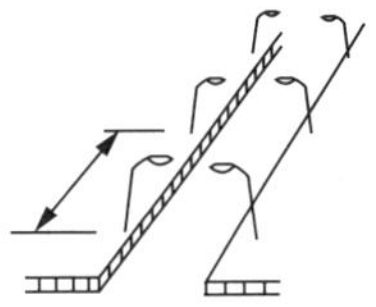	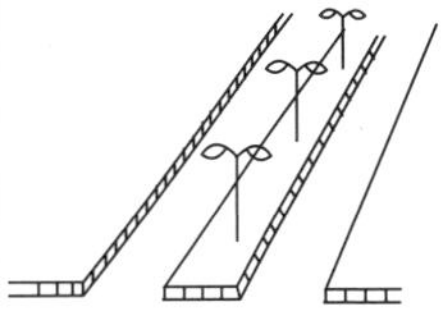
$S=A\times B$	$S=\frac{A\times B}{2}$	$S=\frac{A\times B}{2}$	$S=A\times B$

(3) 조명설계 시 주의사항

① 도로조명설계 시 주의사항

㉠ 노면 전체에 대하여 높은 평균 휘도를 가질 것

㉡ 눈부심이 적을 것

㉢ 광원의 광색, 연색성이 적절한 것

㉣ 보행자 및 운전자의 시야를 확보할 것

㉤ 도로 양측의 보도 혹은 건축물을 고려할 것

㉥ 도로 주변의 미관을 해치지 말 것

② 조명설계 시 주의사항

㉠ 조명대상에 대한 충분한 밝기를 가질 것

㉡ 균일한 밝기와 적당한 휘도를 유지할 것

㉢ 조명 영역 내 명암비가 크지 않을 것

㉣ 공간 디자인을 고려할 것

㉤ 경제적이며 합리적일 것

③ 조명설비에서 전력절약 방식(조명설계 시 에너지 절약 대책)

㉠ 슬림라인 형광등 또는 전구식 형광등을 사용

㉡ 적절한 조광량을 가질 것

㉢ 고효율(고역률) 등기구를 사용

㉣ 높은 조도와 낮은 휘도의 반사갓 사용

㉤ 센서를 사용하여 사람이 없을 때 절전한다.

㉥ 전반조명과 국부조명을 병용한다.

㉦ 등기구를 격등 제어회로로 구성한다.

㉧ 창측 조명기구는 개별 점등한다.

㉨ 주기적으로 유지·보수 관리한다.

④ 슬림라인 형광등(최근 많이 사용하는 형광등)의 장단점

㉠ 장 점

- 기동장치가 필요없어 점등시간이 매우 짧다.
- 점등 불량으로 인한 고장이 없다.
- 양광주가 길어 효율이 좋다.
- 전압변동으로 인한 수명저하가 없다.

㉡ 단 점

- 점등장치가 비싸다.
- 전압이 높아 기동 시 음극 손상의 위험성이 있다.

⑤ 눈부심을 일으키는 원인

㉠ 고휘도 광원·확산광인 경우

㉡ 눈에 조사되는 광속이 과다인 경우

㉢ 광원을 오래 주시하는 경우

㉣ 적응 시 부족으로 인한 경우

⑥ HID의 의미와 대표적 등기구의 종류

㉠ 의미 : 고휘도 방전램프

㉡ 종류 : 고압 수은등, 고압 나트륨등, 메탈할라이드등

⑦ 적외선 전구의 특징

㉠ 용도 : 적외선에 의한 내부가열 및 표면가열

㉡ 크기 : 250[W]

㉢ 효율 : 75[%]

㉣ 필라멘트 절대온도 : 2,500[K]

㉤ 빛의 파장 : 1~3[μm]

⑧ 백열전구의 플리커 현상이 생기는 경우

㉠ 조광상태에서 필라멘트 온도가 저하되는 경우

㉡ 인가되는 전압 및 전류파형이 사인파인 경우

⑨ 조명설비의 깜박임 현상을 줄일 수 있는 조치

㉠ 백열전구의 경우 : 직류로 점등한다.

㉡ 3상 전원인 경우 : 전체 램프를 1/3로 3군으로 나눠 각 군의 위상차가 120° 되게 접속하고 각 빛을 혼합한다.

㉢ 2등용인 방전등 기구 : 하나는 콘센트, 하나는 코일에 설치해 위상차를 만들어 점등한다.

확인문제

01 **다음 조명에 대한 각 물음에 답하시오.**

(1) 어느 광원의 광색이 어느 온도의 흑체의 광색과 같을 때 그 흑체의 온도를 이 광원의 무엇이라 하는가?

(2) 빛의 분광 특성이 색의 보임에 미치는 효과를 말하며, 동일한 색을 가진 광원이라도 조명하는 빛에 따라 다르게 보이는 특성을 무엇이라 하는가?

(3) 다음의 조명효율에 대해 설명하시오.

① 전등효율 :

② 발광효율 :

(4) 조명설계 시 용어 중 감광보상률이란 무엇을 의미하는지 설명하시오.

(5) 눈부심이 있는 경우 작업능률의 저하, 재해 발생, 시력의 감퇴 등의 원인이므로 조명설계의 경우 이 눈부심을 적극 피할 수 있도록 고려해야 한다. 눈부심을 일으키는 원인 5가지만 쓰시오.

(6) TV나 형광등과 같은 전기제품에서의 깜빡거림 현상을 플리커 현상이라 하는데, 이 플리커 현상을 경감시키기 위한 전원 측과 수용가 측에서의 대책을 각각 4가지씩 쓰시오.

① 전원 측 :

② 수용가 측 :

정답

(1) 색온도(Color Temperature)

(2) 연색성(Color Rendition)

(3) ① 전등효율 : 전력소비 P에 대한 전 발산광속 F의 비율을 전등효율 η라 한다.

$$\eta = \frac{F}{P}[\text{lm/W}]$$

② 발광효율 : 방사속 ϕ에 대한 광속 F의 비율을 그 광원의 발광효율 ε이라 한다.

$$\varepsilon = \frac{F}{\phi}[\text{lm/W}]$$

(4) 감광보상률 : 조명설비는 시간의 경과에 따라 광속의 감소나 조명기구의 오손에 의한 효율의 감소, 반사면의 변질에 따른 흡수율의 증가 등에 의하여 광속이 감소하므로 이러한 광속의 감소분을 예상하여 소요광속에 여유를 주는 것을 감광보상률이라 한다.

(5) • 순응이 잘 안될 때
- 눈에 입사광속이 너무 큰 경우
- 눈부심을 일으키는 광원에 장시간 노출된 경우
- 광원의 휘도가 과대할 때
- 광원과 배경 사이의 휘도 대비가 클 때

(6) ① 전원 측
- 전용계통으로 공급
- 공급 전압을 승압

- 단락 용량이 큰 계통에서 공급
- 전용변압기로 공급

② 수용가 측

- 직렬 콘덴서 설치
- 부스터 설치
- 직렬 리액터 설치
- 무효 전력 보상 장치와 리액터 설치

02 어느 조명의 전압이 220[V], 소비전력이 1,000[W]이고 램프에서 나오는 광속이 2,000[lm]일 때 이 램프의 효율은 얼마인가?(단, 단위는 반드시 쓰도록 한다)

해설

$$\eta = \frac{F}{P} = \frac{2,000}{1,000} = 2[\mathrm{lm/W}]$$

정답

2[lm/W]

03 대형 방전램프(HID Lamp)의 종류 5가지를 쓰시오.

정답

고압 수은등, 고압 나트륨등, 초고압 수은등, 고압 크세논 방전등, 메탈할라이드등

04 조명에서 사용되는 다음 용어를 설명하고, 그 단위를 쓰시오.

(1) 광 속

(2) 조 도

(3) 광 도

정답

(1) 광속[lm] : 방사속(단위시간당 방사되는 에너지의 양) 중 빛으로 느끼는 부분

(2) 조도[lx] : 어떤 면의 단위면적당 입사 광속

(3) 광도[cd] : 광원에서 어떤 방향에 대한 단위입체각으로 발산되는 광속

05 일반적으로 사용되고 있는 열음극 형광등과 비교하여 슬림라인(Slim Line) 형광등의 장점 5가지와 단점 3가지를 쓰시오.

정답

[장 점]

- 필라멘트를 예열할 필요가 없어 점등관등 기동장치가 불필요하다.
- 순시 기동으로 점등에 시간이 걸리지 않는다.
- 점등 불량으로 인한 고장이 없다.
- 관이 길어 양광주가 길고 효율이 좋다.
- 전압변동에 의한 수명의 단축이 없다.

[단 점]

- 점등장치가 비싸다.
- 전압이 높아 기동 시에 음극이 손상하기 쉽다.
- 전압이 높아 위험하다.

06 조명설비에서 전력을 절약하는 효율적인 방법 8가지를 쓰시오.

정답

- 고효율 등기구 채용
- 고조도와 저휘도의 반사갓 채용
- 슬림라인 형광등 및 전구식 형광등 채용
- 창측 조명기구 개별 점등
- 재실감지기 및 카드키 채용
- 적절한 조광 제어 실시
- 전반 조명과 국부조명(TAL 조명)을 적절히 병용하여 이용
- 고역률 등기구 채용

[기 타]

- 등기구의 격등 제어 및 회로 구성
- 등기구의 보수 및 유지 관리

07 다음의 조명방식, 특징, 용도 등을 종합하여 볼 때 어떤 조명방식인지 답하시오.

- 조명방식 : 천장면을 여러 형태의 시간, 심각, 원형 등으로 구멍을 내어 다양한 형태의 매입기구를 취부하여 실내의 단조로움을 피하는 조명방식이다.
- 특징 : 천장면에 매입된 등기구 하부에 주로 플라스틱을 부착하고 천장 중앙에 반간접형 기구를 매다는 조명방식이 일반적이다.
- 용도 : 고천장인 은행영업실, 1층홀, 백화점 1층 등에 사용된다.

정답

코퍼조명

08 EL 방전등(Electro-Luminescent Lamp)의 용도를 쓰시오.

해설

전계 루미네선스에 의하여 발광하는 고도체 등으로 주로 표시용·장식용으로 사용되고 있음

정답

표시등, 유도등

09 EL 램프(Electro-Luminescent Lamp)의 특징 5가지를 쓰시오.

정답

- 얇은 산화물 피막으로 전기저항이 낮다.
- 기계적으로 강하다.
- 빛의 투과율이 높다.
- 램프 충전 시 제1피크, 램프 방전 시 제2피크가 나타나는 일종의 콘덴서와 비슷하다.
- 정현파 전압을 높이면 광속발산도가 급격히 증가한다.

[기 타]

- 전압을 더욱 높이면 광속발산도가 포화상태가 된다.
- 주파수가 낮을 때는 광속발산도가 직선적으로 증가한다.
- 주파수가 높아지면 포화의 경향으로 표시된다.

10 조명방식, 광원, 방의 크기, 작업용도, 건축물과의 조화 등을 검토하여 적당한 조도와 광원 및 조명방식이 결정되면 조명기구를 선정해야 한다. 이때 조명기구를 선정함에 있어서 고려하여야 할 사항 5가지를 쓰시오.

정답

- 설치장소의 특성
- 휘 도
- 그림자
- 의장(Design)
- 효율 및 유지 관리

11 조도 계산에 필요한 요소에서 조도 계산을 하기 전에 건축도면을 입수하여 어떠한 사항을 검토하여야 하는지 4가지를 쓰시오.

정답

- 방의 마감상태(천장, 벽, 바닥 등의 반사율)
- 방의 사용목적과 작업내용
- 방의 크기(가로, 세로, 높이)
- 보와 기둥의 간격, 공조 덕트 등 설비와 천장 내부의 상태

12 조명기구의 설치 시에는 먼저 천장의 내부 상태를 잘 알고 있어야 시공할 때에 일어날 수 있는 분쟁을 미연에 방지할 수 있다. 어떠한 상황 등을 고려하여 면밀히 검토하여야 하는가를 3가지로 답하시오.

정답

- 매입형 기구가 공조 덕트, 급·배수 배관과의 접촉 여부
- 천장면에 설치하는 공조의 디퓨져(Diffuser) 등 다른 설비와 배치 관계
- 2중 천장의 바탕 재료가 무엇으로 구성되어 있는지의 여부

13 조명설비의 깜박임 현상을 줄일 수 있는 조치는 다음의 경우 어떻게 하여야 하는지 답하시오.

(1) 백열전등의 경우

(2) 3상 전원인 경우

(3) 전구가 2개씩인 방전등 기구

정답

(1) 직류를 사용하여 점등한다.

(2) 전체 램프를 1/3씩 3군으로 나누어 각 군의 위상이 120°가 되도록 접속하고 개개의 빛을 혼합한다.

(3) 2등용으로 하는 콘덴서, 다른 하나는 코일을 설치하여 위상차를 발생시켜 점등한다.

14 매입 방법에 따른 건축화 조명 방식으로 종류 5가지를 쓰시오.

정답

- 매입 형광등 방식
- 다운 라이트(Down Light) 방식
- 핀 홀 라이트(Pin Hole Light) 방식
- 코퍼 라이트(Coffer Light) 방식
- 라인 라이트(Line Light) 방식

15 관등회로의 정의를 쓰시오.

정답

방전등용 안정기(방전등용 변압기 포함)로부터 방전관까지의 전로

16 2중 천장 내에서 옥내배선으로부터 분기하여 조명기구에 접속하는 배선은 원칙적으로 어떤 배선인지 답하시오.

정답

케이블 배선 또는 금속제 가요전선관 배선(점검할 수 없는 장소에는 2종 금속제 가요전선관)

17 조명기구의 용도 중 화학공장이나 화약장소에 이용되는 형식은?

정답

전폐형

18 다음의 램프에서 효율([lm/W])이 높은 것부터 나열하시오.

① 백열전구	② 메탈할라이드 램프	③ 저압 나트륨 램프	④ 할로겐 램프

해설

효 율

램 프	효 율
나트륨 램프	80~150[lm/W]
메탈할라이드 램프	75~105[lm/W]
형광 램프	48~80[lm/W]
수은 램프	35~55[lm/W]
할로겐 램프	15~34[lm/W]
백열전구	7~22[lm/W]

정답

③ → ② → ④ → ①

19 대형 방전램프의 종류를 3가지만 쓰시오.

정답

- 고압 수은등
- 고압 나트륨등
- 메탈할라이드등

20 메탈할라이드등의 특징을 5가지로 구분하여 쓰시오.

정답

- 휘도가 높다.
- 한 등당 전력 및 광속이 크고, 배광제어가 용이하다.
- 수명이 길고, 효율이 전구에 비하여 높다.
- 시동에 수분간 시간이 소요된다(5~8분이 소요).
- 수은등에 비해 연색성이 좋다.

[기 타]

- 인체에 이상적인 주광색 빛을 발산한다.

21 할로겐 램프에 대하여 다음 물음에 답하시오.

(1) 용량의 범위는 최소 몇 [W]부터 최대 [W]까지인가?

(2) 효율의 범위는 최소 몇 [lm/W]부터 최대 몇 [lm/W]까지인가?

(3) 수명의 범위는?

(4) 용도는?

(5) 점등 부속장치는 필요한가, 불필요한가?

정답

(1) 500~1,500[W]

(2) 20~22[lm/W]

(3) 2,000~3,000[h]

(4) 장관형은 높은 천장이나 경기장, 광장 등의 투과조명에 적당하고 단광형은 영사기에 적당하다.

(5) 불필요하다.

22 반사율 70[%]의 완전 확산성 종이를 100[lx]의 조도로 비추었을 때 종이의 휘도는 얼마인가?

해설

$$B = \frac{\rho E}{\pi} = \frac{0.7 \times 100}{\pi} = 22.281\,[\mathrm{cd/m^2}]$$

정답

22.28[cd/m^2]

23 어느 구형외구의 지름이 12[cm]인 경우 이 구형외구의 광속발산도가 1,000[rlx]이며 외구의 투과율이 80[%]이다. 구형외구의 중심에는 균등점광원이 있으며 구형외구는 완전 확산형인 경우 점광원의 광도[cd]는 얼마인가?

해설

광속발산도$(R) = \eta E = \dfrac{\tau}{1-\rho} \times \dfrac{I}{r^2}$ 에서

$$I = \frac{1-\rho}{\tau} \times R \times r^2 = \frac{1}{0.8} \times 1{,}000 \times 0.06^2 = 4.5[\text{cd}]$$

정답

4.5[cd]

24 가로가 12[m], 세로가 18[m], 방바닥에서 천장까지의 높이가 3.85[m]인 방에서 조명기구를 천장에 직접 설치하고자 한다. 이 방의 실지수를 구하시오(단, 작업이 책상 위에서 행하여지며, 작업면은 방바닥에서 0.85[m]이다).

- 계산 :
- 답 :

정답

- 계산 : 실지수 $= \dfrac{X \cdot Y}{H(X+Y)} = \dfrac{12 \times 18}{(3.85-0.85) \times (12+18)} = 2.4$
- 답 : 2.4

25 다음 그림 A, B 중 실지수가 큰 것은?

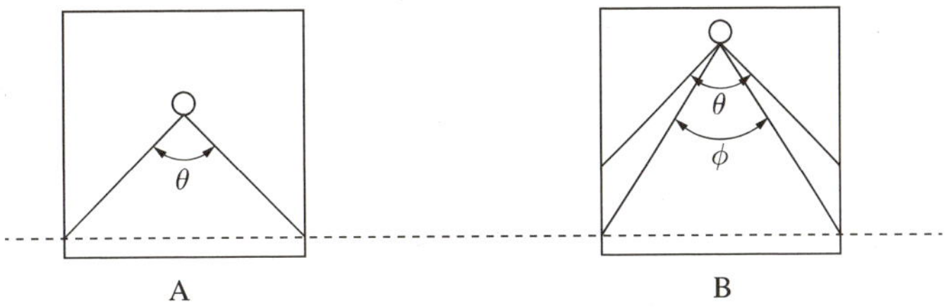

해설

실지수 $= \dfrac{X \cdot Y}{H(X+Y)}$ 에서 실지수는 H(등기구로부터 피조면까지의 거리)에 반비례한다.

정답

A

26 어떤 작업장의 실내에 조명설비설계에 필요한 다음 물음에 답하시오.

[조 건]

- 바닥에서 0.8[m]의 높이에 있는 작업면에서 작업이 이루어진다고 한다.
- 작업장 면적은 가로 20[m]×세로 25[m]이다.
- 바닥에서 천장까지의 높이는 4[m]이다.
- 이 작업장의 평균 조도는 200[lx]가 되도록 한다.
- 등기구는 40[W] 형광등을 사용하며, 형광등 1개의 전광속은 3,000[lm]이다.
- 조명률은 0.7, 감광보상률은 1.4로 한다.

(1) 이 작업장의 실지수는 얼마인가?

- 계산 :
- 답 :

(2) 이 작업장에 필요한 평균 조도를 얻으려면 형광등은 몇 등이 필요한가?

- 계산 :
- 답 :

(3) 일반적인 경우 공장에 시설하는 전체 조명용 전등은 부분 조명이 가능하도록 등기구수를 몇 개 이내의 전등군마다 점멸이 가능하도록 하여야 하는가?

정답

(1) • 계산 : 실지수$(R \cdot I) = \dfrac{X \cdot Y}{H(X+Y)} = \dfrac{20 \times 25}{(4-0.8) \times (20+25)} \fallingdotseq 3.47$

• 답 : 3.47

(2) • 계산 : 등수$(N) = \dfrac{EAD}{FU} = \dfrac{200 \times (20 \times 25) \times 1.4}{3{,}000 \times 0.7} \fallingdotseq 66.67$

• 답 : 67[등]

(3) 6[등]

27 그림과 같은 사무실에 조명시설을 하려고 한다. 다음 조건을 이용하여 각 물음에 답하시오.

[조 건]

- 천장고 3.2[m]
- 조명률 0.45
- 보수율 0.75
- 조명기구 FL 40[W]×2등용
- 분기 Breaker : 50 AF/30 AT
- 등기구당 광속 : 5,000[lm]

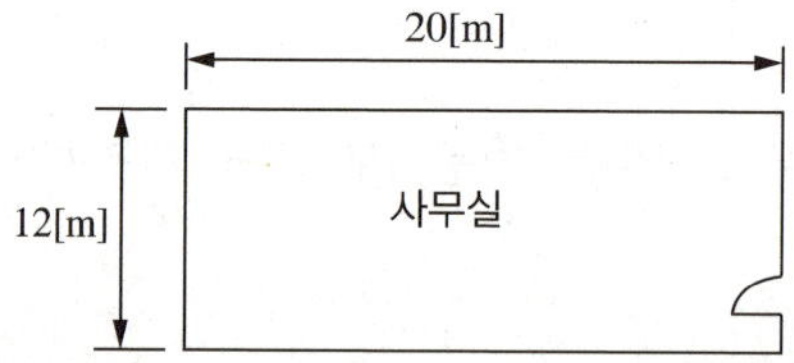

(1) 조도를 500[lx]로 기준할 때 설치해야 할 기구수는?

(2) 분기 Breaker의 50 AF/30 AT에서 AF와 AT의 의미는 무엇인가?

(3) 조명기구 배선에 사용할 수 있는 전선의 최소 굵기는 몇 [mm^2]인가?(단, 조명기구는 200[V]용이다)

해설

(1) $FUN = EAD$

여기서, F : 광원 1개당의 광속[lm]

U : 조명률[%]

N : 광원의 개수[등]

E : 작업면상의 평균 조도[lx]

A : 방의 면적[m^2]

D : 감광보상률$\left(=\frac{1}{M}\right)$

M : 유지율(보수율)

$$N = \frac{EAD}{FU} = \frac{500\times 12\times 20\times \frac{1}{0.75}}{5{,}000\times 0.45} ≒ 71.11[등]$$

정답

(1) 72[등]

(2) • AF : 차단기 프레임 전류

• AT : 차단기 트립 전류

(3) 2.5[mm^2]

28 폭이 20[m], 길이 25[m], 천장의 높이 3[m]인 방에 있는 책상면의 평균 조도를 200[lx]로 할 경우의 초기소요광속과 필요한 전등수를 산정하시오(단, U = 50[%], M = 0.8, F = 9,000[lm]이다).

• 계산 :

• 답 :

정답

• 계산 : 초기소요광속 $NF = \dfrac{EAD}{U} = \dfrac{200 \times 20 \times 25 \times \dfrac{1}{0.8}}{0.5} = 250{,}000[\text{lm}]$

$$전등수 = \frac{초기소요광속}{전구의\ 광속수} = \frac{250{,}000}{9{,}000} \fallingdotseq 27.78[등]$$

• 답 : 초기소요광속 : 250,000[lm], 전등수 : 28[등]

29 폭 30[m]인 도로의 양쪽에 지그재그식으로 250[W] 고압 나트륨등을 배치하여 도로의 평균 조도를 10[lux]로 하려면 조명기구의 배치 간격은 몇 [m]로 하여야 하는가?(단, 가로등 기구 조명률 20[%], 감광보상률 1.4, 고압 나트륨등의 광속은 25,000[lm]이며, 최종 답을 할 경우 소수점 이하는 버릴 것)

해설

$$면적(A) = \frac{FUN}{ED} = \frac{25{,}000 \times 0.2 \times 1}{10 \times 1.4} \fallingdotseq 357.14[\text{m}^2]$$

$$A = \frac{a \times b}{2} 에서\ a = \frac{2 \times 357.14}{30} \fallingdotseq 23.81[\text{m}]$$

정답

23[m]

TIP

지그재그 배치의 경우 다음과 같다.

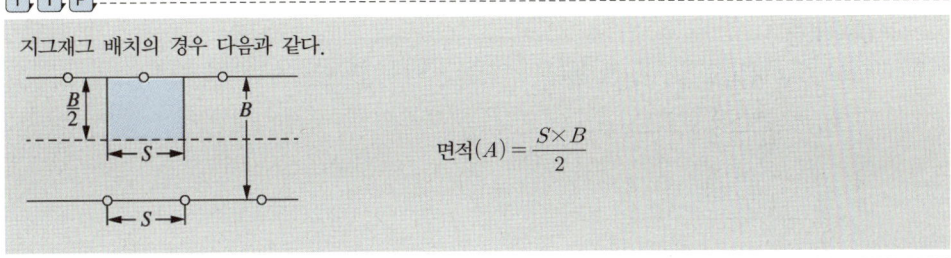

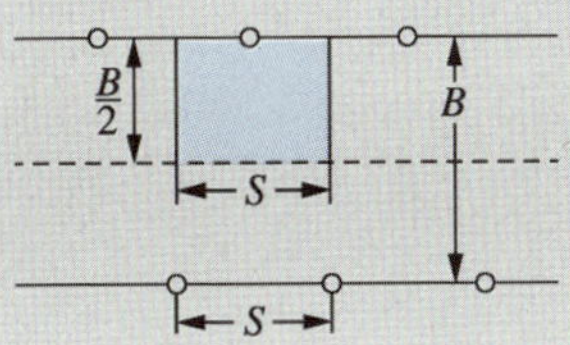

$$면적(A) = \frac{S \times B}{2}$$

30 폭 20[m]의 가로 양쪽에 간격 20[m]를 두고 맞보기 배열로 가로등이 점등되어 있다. 한 등당 전광속이 15,000[lm]이고, 조명률 30[%], 감광보상률이 1.4라면 이 도로의 평균 조도는?

해설

$FUN = EAD$

$$E = \frac{FUN}{AD} = \frac{15{,}000 \times 0.3 \times 1}{\frac{20 \times 20}{2} \times 1.4} \fallingdotseq 16.07[\text{lx}]$$

정답

16.07[lx]

TIP

대칭 배열 또는 맞보기 배열의 경우 다음과 같다.

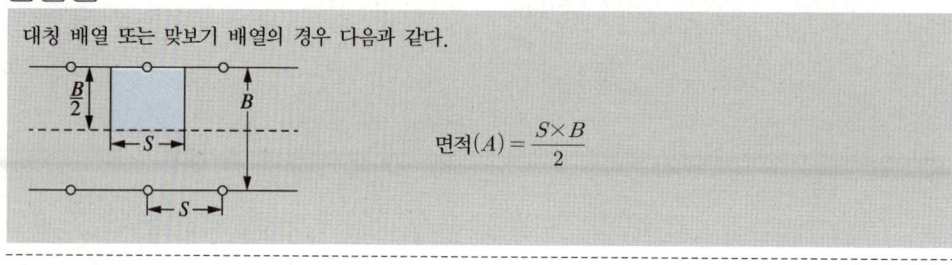

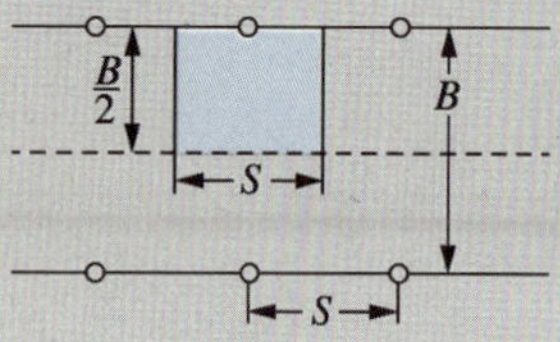

$$면적(A) = \frac{S \times B}{2}$$

31 폭 20[m], 등간격 30[m]에 200[W] 수은등을 설치할 때 도로면의 조도는 몇 [lx]가 되겠는가? (단, 등배열은 한쪽(편면)으로만 함. 조명률 : 0.5, 감광보상률 : 1.5, 200[W] 수은등의 광속 : 8,500[lm]이다)

해설

$$E = \frac{FUN}{AD} = \frac{8{,}500 \times 0.5 \times 1}{20 \times 30 \times 1.5} \fallingdotseq 4.72[\text{lx}]$$

정답

4.72[lx]

TIP

편면(한쪽 배열)의 경우 다음과 같다.

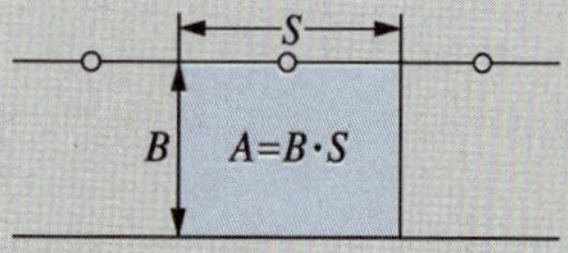

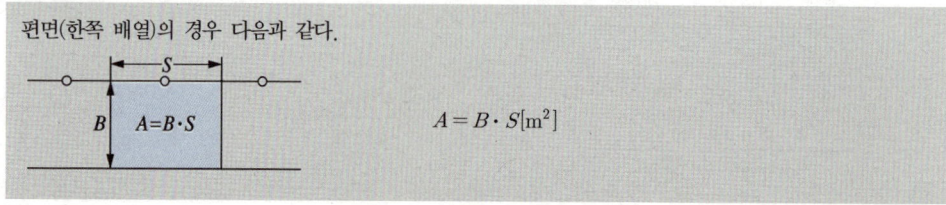

$A = B \cdot S[\text{m}^2]$

32 폭 24[m]의 도로 양쪽에 30[m] 간격으로 양쪽 배열로 가로등을 배치하여 노면의 평균 조도를 5[lx]로 한다면 각 등주상에 몇 [lm]의 전구가 필요한가?(단, 도로면에서의 광속이용률은 35[%], 감광보상률은 1.3이다)

해설

$FUN = EAD$에서

$$F = \frac{EAD}{UN} = \frac{5 \times \left(24 \times 30 \times \frac{1}{2}\right) \times 1.3}{0.35 \times 1} \fallingdotseq 6{,}685.71[\text{lm}]$$

정답

6,685.71[lm]

33 평균 조도 300[lx]의 전반조명을 한 144[m^2]의 방이 있다. 조명기구 1대당 4,600[lm], 조명률 0.5, 감광보상률 1.25로 되어 있을 때 조명기구당 소비전력이 80[W]로 할 경우 이 방에서 24시간 연속 점등을 한다면 소비전력[kWh]은?

- 계산 :
- 답 :

정답

- 계산 : 전등수 $N = \frac{EAD}{FU} = \frac{300 \times 144 \times 1.25}{4{,}600 \times 0.5} \fallingdotseq 23.48[\text{등}]$

  절상하면 24[등]

  소비전력량 $W = Pt = 80 \times 24 \times 24 \times 10^{-3} = 46.08[\text{kWh}]$
- 답 : 46.08[kWh]

34 면적 240[m^2]인 방에 평균 조도 200[lx]를 얻기 위해 300[W] 백열전등(전광속 5,500[lm], 램프 전류 1.5[A]) 또는 40[W] 형광등(전광속 2,300[lm], 램프 전류 0.435[A])을 사용할 경우, 둘 중 소비전력이 작은 것을 선정하시오(단, 조명률 55[%], 감광보상률 1.3, 공급전압은 200[V], 단상 2선식이다).

해설

- 백열전등인 경우

  $N = \frac{EAD}{FU} = \frac{200 \times 240 \times 1.3}{5,500 \times 0.55} \fallingdotseq 20.63[등]$

  전등의 수는 21[등] 선정

  소요전력 $P = VI = 200 \times 1.5 \times 21 = 6,300[VA]$

- 형광등인 경우

  $N = \frac{EAD}{FU} = \frac{200 \times 240 \times 1.3}{2,300 \times 0.55} \fallingdotseq 49.32[등]$

  전등의 수는 50[등] 선정

  소요전력 $P = VI = 200 \times 0.435 \times 50 = 4,350[VA]$

  따라서, 형광등 50[등] 선정

정답

형광등 50[등] 선정

35 12×18[m^2]인 사무실의 조도를 250[lx]로 할 경우에 램프 2개의 전광속 4,600[lm], 램프 2개의 전류가 0.87[A]인 2×40[W] 형광등을 시설할 경우에 조명률 50[%], 감광보상률 1.4로 가정하고, 전기방식은 220[V] 단상 2선식으로 할 때 이 사무실의 15[A] 분기회로수는?

해설

2×40[W]는 40[W] 형광등 2개를 한 개의 등기구에 설치한 것으로 소요 등기구수를 계산하여야 한다.

등기구수 $N = \frac{EAD}{FU} = \frac{250 \times 12 \times 18 \times 1.4}{4,600 \times 0.5} \fallingdotseq 32.87[등]$

∴ 33[등] 선정

분기회로수 $= \frac{33 \times 0.87}{15} = 1.914$

정답

15[A] 분기 2회로

36 1,000[lm]을 복사하는 전등 10개를 100[m^2]의 사무실에 설치하고 있다. 그 조명률을 0.5라고 하고, 감광보상률을 1.5라 하면 그 사무실의 평균 조도는 몇 [lx]인가?

해설

$$E = \frac{FUN}{AD} = \frac{1,000 \times 0.5 \times 10}{100 \times 1.5} \fallingdotseq 33.33[\text{lx}]$$

정답

33.33[lx]

37 평균 구면 광도 100[cd]의 전구 5개를 지름 10[m]의 원형의 사무실에 점등할 때 조명률 0.4, 감광보상률 1.6이라 하고, 사무실의 평균 조도[lx]를 구하시오.

- 계산 :
- 답 :

해설

$$F = 4\pi I,\ A = \left(\frac{d}{2}\right)^2 \pi$$

정답

- 계산 : 평균 조도 $E = \frac{FUN}{AD} = \frac{4\pi \times 100 \times 0.4 \times 5}{\left(\frac{10}{2}\right)^2 \pi \times 1.6} = 20[\text{lx}]$
- 답 : 20[lx]

38 **가로 10[m], 세로 16[m], 천장 높이 3.85[m], 작업면 높이 0.85[m]인 사무실에 천장 직부 형광등 F40×2를 설치하려고 한다.**

(1) F40×2의 심벌을 그리시오.

(2) 이 사무실의 실지수는 얼마인가?

(3) 이 사무실의 작업면 조도를 300[lx], 천장반사율 70[%], 벽반사율 50[%], 바닥반사율 10[%], 40[W] 형광등 1등의 광속 3,150[lm], 보수율 70[%], 조명률 61[%]로 한다면 이 사무실에 필요한 소요 등기구수는 몇 등인가?

해설

(2) 실지수$(RI) = \dfrac{XY}{H(X+Y)} = \dfrac{10 \times 16}{(3.85-0.85)\times(10+16)} \fallingdotseq 2.05$

(3) $N = \dfrac{EAD}{FU} = \dfrac{300 \times (10 \times 16)}{(3{,}150 \times 2) \times 0.61 \times 0.7} \fallingdotseq 17.84$

정답

(1) 

(2) 2.05

(3) 18[등]

39 **다음 그림과 같은 사무실이 있다. 이 사무실의 평균 조도를 200[lx]로 하고자 할 때 다음 각 물음에 답하시오.**

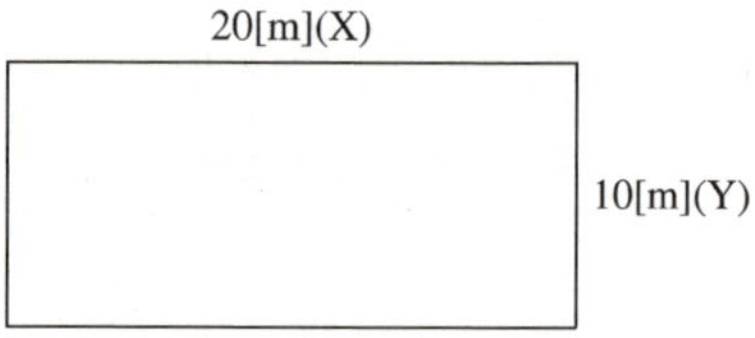

[조 건]
• 형광등은 40[W]를 사용, 이 형광등의 광속은 2,500[lm]로 한다. • 조명률은 0.6으로 사용한다. • 감광보상률은 1.2로 한다. • 간격은 등기구 센터를 기준으로 한다. • 등기구는 ○으로 표현하도록 한다.

(1) 이 사무실의 형광등의 수를 구하시오.

• 계산 :

• 답 :

(2) 등기구를 답안지에 배치하시오.

(3) 등간의 간격과 최외각에 설치된 등기구와 건물 벽간의 간격(A, B, C, D)은 각각 몇 [m]인가?

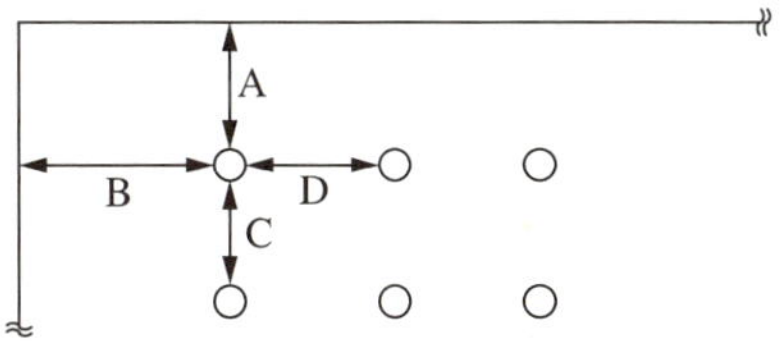

(4) 만일 주파수 60[Hz]에 사용하는 형광방전등을 50[Hz]에서 사용한다면 광속과 점등시간은 어떻게 변화되는지를 설명하시오.

(5) 양호한 전반 조명이라면 등간격은 등높이의 몇 배 이하로 해야 하는가?

정답

(1) • 계산 : $N=\dfrac{EAD}{FU}=\dfrac{200\times10\times20\times1.2}{2{,}500\times0.6}=32$[등]

• 답 : 32[등]

(2)

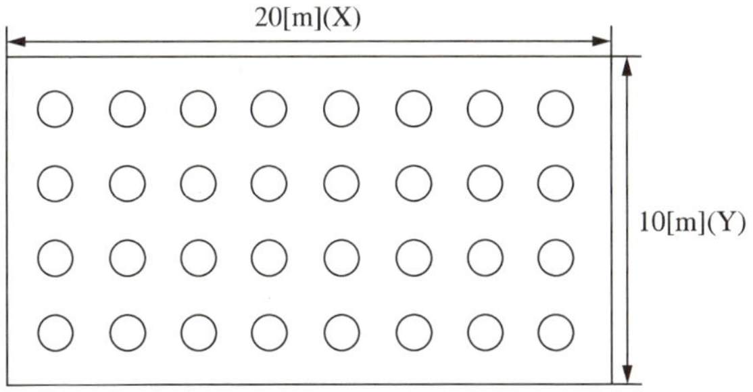

TIP

가로, 세로 비율이 1 : 2이므로 등비율도 4×8인 1 : 2의 비율로 맞춘다.

(3) A : 1.25[m], B : 1.25[m], C : 2.5[m], D : 2.5[m]

(4) • 광속 : 증가

• 점등시간 : 늦음

(5) 1.5배

40 가로 20[m], 폭 10[m], 사무실의 조명설계를 하려고 한다. 작업면에서 광원까지의 높이는 3.85[m], 실내 평균 조도는 100[lx], 조명률은 0.5, 유지율은 0.7이며, 40[W]의 백색 형광등(광속 2,500[lm])을 사용한다(단, 설계 시 등기구의 표시는 KS 심벌을 사용하고 40[W]×2를 사용하도록 하며, 배치 시 등기구의 중심과 중심 간, 등기구 중심과 벽 간의 치수를 기입하도록 한다).

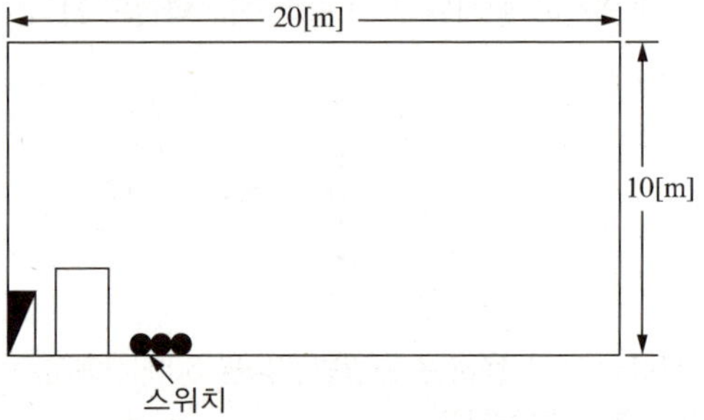

(1) 소요 등기구수를 계산하시오.

(2) 적절한 배치도를 주어진 답안지에 설계하시오.

해설

(1) 등기구수

$$N = \frac{EAD}{FU} = \frac{100 \times 20 \times 10 \times \dfrac{1}{0.7}}{2{,}500 \times 2 \times 0.5} \fallingdotseq 11.43[\text{등}]$$

정답

(1) 40[W]×2, 12[등]

(2) • 등간격 $S \le 1.5H$

$\therefore\ S \le 1.5 \times 3.85 = 5.78[\text{m}]$

• 등과 벽 사이의 간격 $S_1 \le 0.5H$

$\therefore\ S_1 \le 0.5 \times 3.85 = 1.93[\text{m}]$

• 배치도

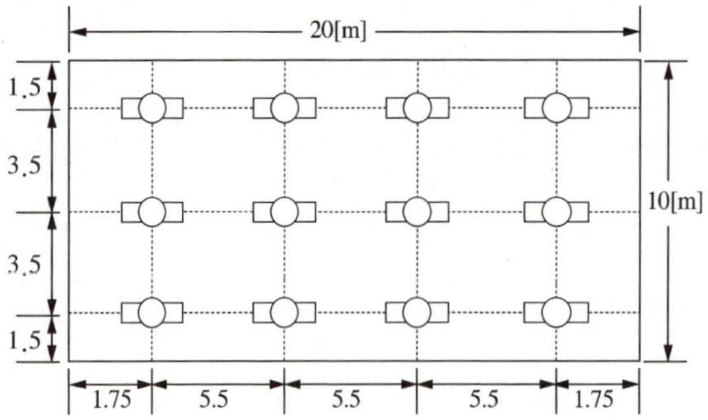

41 다음과 같은 철골 공장에 백열전등 전반 조명 시 작업면의 평균 조도를 200[lx]로 얻기 위한 광원의 소비전력[W]은 얼마이어야 하는지 주어진 참고 자료를 이용하여 답안지 순서에 의하여 계산하시오.

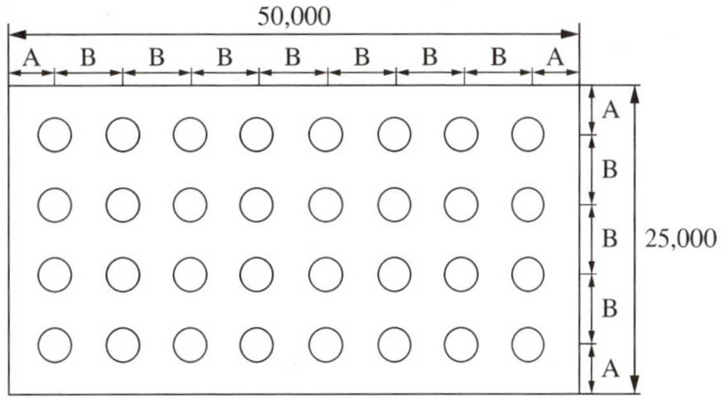

[조 건]
• 천장 및 벽면의 반사율 30[%] • 조명기구는 금속 반사갓 직부형 • 광원은 천장면하 1[m]에 부착한다. • 천장고는 9[m]이다. • 감광보상률은 보수상태양으로 적용한다. • 배광은 직접조명으로 한다.

(1) 광원의 높이

(2) 실지수

(3) 조명률

(4) 감광보상률

(5) 총소요광속

(6) 1등당 광속

(7) 백열전구의 크기 및 소비전력

표1. 조명률, 감광보상률 및 설치 간격

배 광	조명기구	감광보상률 (*D*)	반사율(ρ) 천장	0.75			0.50			0.30	
			벽	0.5	0.3	0.1	0.5	0.3	0.1	0.3	0.1
설치간격		보수상태 양중부	실지수	조명률 U[%]							
간 접 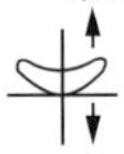 0.80 0 $S \le 1.2H$		전 구	J0.6	16	13	11	12	10	08	06	05
			I0.8	20	16	15	15	13	11	08	07
		1.5 1.7 2.0	H1.0	23	20	17	17	14	13	10	08
			G1.25	26	23	20	20	17	15	11	10
		형광등	F1.5	29	26	22	22	19	17	12	11
			E2.0	32	29	26	24	21	19	13	12
			D2.5	36	32	30	26	24	22	15	14
		1.7 2.0 2.5	C3.0	38	35	32	28	25	24	16	15
			B4.0	42	39	36	30	29	27	18	17
			A5.0	44	41	39	33	30	29	19	18
반간접 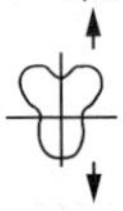 0.70 0.10 $S \le 1.2H$	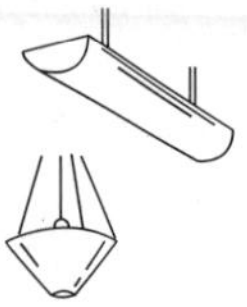	전 구	J0.6	18	14	12	14	11	09	08	07
			I0.8	22	19	17	17	15	13	10	09
		1.4 1.5 1.7	H1.0	26	22	19	20	17	15	12	10
			G1.25	29	25	22	22	19	17	14	12
		형광등	F1.5	32	28	25	24	21	19	15	14
			E2.0	35	32	29	27	24	21	17	15
			D2.5	39	35	32	29	26	24	19	18
		1.7 2.0 2.5	C3.0	42	38	35	31	28	27	20	19
			B4.0	46	42	39	34	31	29	22	21
			A5.0	48	44	42	36	33	31	23	22
전반확산  0.40 0.40 $S \le 1.2H$	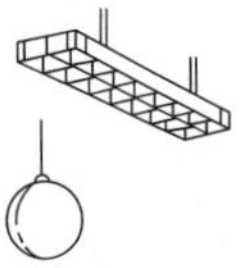	전 구	J0.6	27	19	16	22	18	15	16	14
			I0.8	29	25	22	27	23	20	21	19
		1.3 1.4 1.5	H1.0	33	28	26	30	26	24	24	21
			G1.25	37	32	29	33	29	26	26	24
		형광등	F1.5	40	36	31	36	31	29	29	26
			E2.0	45	40	36	40	36	33	32	29
			D2.5	48	43	39	43	39	36	34	33
		1.4 1.7 2.0	C3.0	51	46	42	45	40	38	37	34
			B4.0	55	50	47	49	45	42	40	37
			A5.0	57	53	49	51	47	44	41	40
반직접  0.25 0.05 $S \le H$	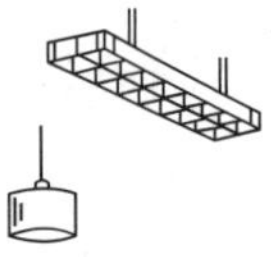	전 구	J0.6	26	22	19	24	21	18	19	17
			I0.8	33	28	26	30	26	24	25	23
		1.3 1.4 1.5	H1.0	36	32	30	33	30	28	28	26
			G1.25	40	36	33	36	33	30	30	29
		형광등	F1.5	43	39	35	39	35	33	33	31
			E2.0	47	44	40	43	39	36	36	34
			D2.5	51	47	43	46	42	40	39	37
		1.6 1.7 1.8	C3.0	54	49	45	48	44	42	42	38
			B4.0	57	53	50	51	47	45	43	41
			A5.0	59	55	52	53	49	47	47	43

배 광	조명기구	감광보상률 (D)	반사율(ρ) 천 장	0.75			0.50			0.30	
			벽	0.5	0.3	0.1	0.5	0.3	0.1	0.3	0.1
설치간격		보수상태 양중부	실지수	조명률 U[%]							
직 접 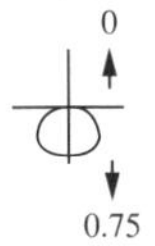 $S \leq 1.3H$	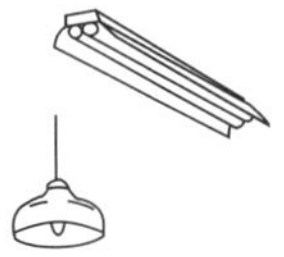	전 구	J0.6	24	29	26	32	29	27	29	27
			I0.8	43	38	35	39	36	35	36	34
		1.3 1.4 1.5	H1.0	47	43	40	41	40	38	40	38
			G1.25	50	47	44	44	43	41	42	41
			F1.5	52	50	47	46	44	43	44	43
		형광등	E2.0	58	55	52	49	48	46	47	46
			D2.5	62	58	56	52	51	49	50	49
		1.4 1.7 2.0	C3.0	64	61	58	54	52	51	51	50
			B4.0	67	64	62	55	53	52	52	52
			A5.0	68	66	64	56	54	53	54	52

표2. 실지수 기호

기 호	A	B	C	D	E	F	G	H	I	J
실지수	5.0	4.0	3.0	2.5	2.0	1.5	1.25	1.0	0.8	0.6
범 위	4.5 이상	4.5~ 3.5	3.5~ 2.75	2.75~ 2.25	2.25~ 1.75	1.75~ 1.38	1.38~ 1.12	1.12~ 0.9	0.9~ 0.7	0.7 이하

[실지수 그림]

표3. 각종 백열전등의 특성

형 식	종 별	유리구의 지름 (표준치) [mm]	길 이 [mm]	메이스	초기특성			50[%] 수명에서의 효율 [lm/W]	수 명 [h]
					소비전력 [W]	광 속 [lm]	효 율 [lm/W]		
L100V 10W	진공 단코일	55	101 이하	E26/25	10±0.5	76±8	7.6±0.6	6.5 이상	1,500
L100V 20W	진공 단코일	55	101 이하	E26/25	20±1.0	175±20	8.7±0.7	7.3 이상	1,500
L100V 30W	가스입단코일	55	108 이하	E26/25	80±1.5	290±30	9.7±0.8	8.8 이상	1,000
L100V 40W	가스입단코일	55	108 이하	E26/25	40±2.0	440±45	11.0±0.9	10.0 이상	1,000
L100V 60W	가스입단코일	50	114 이하	E26/25	60±3.0	760±75	12.6±1.0	11.5 이상	1,000
L100V 100W	가스입단코일	70	140 이하	E26/25	100±5.0	1,500±150	15.0±1.2	13.5 이상	1,000
L100V 150W	가스단일코일	80	170 이하	E26/25	150±7.5	2,450±250	16.4±1.3	14.8 이상	1,000
L100V 200W	가스입단코일	80	180 이하	E26/25	200±10	3,450±350	17.3±1.4	15.3 이상	1,000
L100V 300W	가스입단코일	95	220 이하	E39/41	300±15	5,550±550	18.3±1.5	15.8 이상	1,000
L100V 500W	가스입단코일	110	240 이하	E39/41	500±25	9,900±990	19.7±1.6	16.9 이상	1,000
L100V 1,000W	가스입단코일	165	332 이하	E39/41	1,000±50	21,000±2130	21.0±1.7	17.4 이상	1,000
Ld 100V 30W	가스입이중코일	55	108 이하	E26/25	30±1.5	30±35	11.1±0.9	10.1 이상	1,000
Ld 100V 40W	가스입이중코일	55	108 이하	E26/25	40±2.0	500±50	12.4±1.0	11.3 이상	1,000
Ld 100V 50W	가스입이중코일	60	114 이하	E26/25	50±2.5	660±65	13.2±1.1	12.0 이상	1,000
Ld 100V 60W	가스입이중코일	60	114 이하	E26/25	60±3.0	830±85	13.0±1.1	12.7 이상	1,000
Ld 100V 75W	가스입이중코일	60	117 이하	E26/25	75±4.0	1,100±110	14.7±1.2	13.2 이상	1,000
Ld 100V 100W	가스입이중코일	65 또는 67	128 이하	E26/25	100±5.0	1,570±160	15.7±1.3	14.1 이상	1,000

해설

(1) 광원높이$(H)=9-1=8[\mathrm{m}]$

(2) 실지수 $=\dfrac{x\cdot y}{H(x+y)}=\dfrac{50\times 25}{8\times(50+25)}\fallingdotseq 2.0833$

(5) 총광속$(NF)=\dfrac{DES}{U}=\dfrac{1.3\times 200\times(50\times 25)}{0.47}\fallingdotseq 691,489[\mathrm{lm}]$

(6) 1등당 광속$(F)=\dfrac{\text{전광속}}{\text{등수}}=\dfrac{691,489}{(4\times 8)}\fallingdotseq 21,609[\mathrm{lm}]$

(7) 백열전구의 크기 : 〈표3. 각종 백열전등의 특성〉에서 21,000±2,100[lm]인 1,000[W] 선정
소비전력 : $1,000\times 32=32,000[\mathrm{W}]$

정답

(1) 8[m]

(2) E2.0

(3) 47[%]

(4) 1.3

(5) 691,489[lm]

(6) 21,609[lm]

(7) 32,000[W]

42 가로 12[m], 세로 18[m], 천장 높이 3.85[m], 작업면 높이 0.85[m]인 사무실이 있다. 여기에 천장지부 형광등 기구(40[W], 2등용)를 설치하고자 한다. 다음 물음에 답하시오.

- 작업별 조도 500[lx], 천장반사율 50[%], 벽반사율 50[%], 바닥반사율 10[%]이고, 보수율 0.7, 40[W] 1개의 광속은 2,750[lm]으로 본다.
- 조명률 표〈기준〉

(1) 실지수를 구하시오.

(2) 조명률을 구하시오.

(3) 설치등기구의 수량을 구하시오.

(4) 40[W] 형광등 1개의 소비전력이 50[W]이고, 1일 24시간 연속점등할 경우 10일간의 최소 소비전력을 구하시오.

표1. 산형기구(2등용) FA 42006

반사율 천장	0[%]	30[%]				50[%]				70[%]				80[%]			
반사율 바닥	0[%]	10[%]				10[%]				10[%]				10[%]			
반사율 벽	0[%]	70	50	30	10	70	50	30	10	70	50	30	10	70	50	30	10
실지수	조명률(×0.01)																
0.6	14	34	27	21	18	30	29	23	19	42	32	25	20	44	33	26	21
0.8	20	40	33	28	24	45	36	30	26	50	40	33	27	52	41	34	28
1.0	25	45	38	33	29	50	42	36	31	55	45	38	33	58	47	40	34
1.25	29	49	43	38	34	54	47	41	36	60	51	44	39	63	53	46	40
1.5	33	52	46	42	38	58	51	45	41	64	55	49	43	67	58	50	45
2.0	38	57	52	48	44	62	56	51	47	69	61	55	50	72	64	57	52
2.5	42	60	55	52	48	65	60	56	52	72	66	60	55	75	68	62	57
3.0	45	65	58	55	52	68	63	59	55	74	69	64	59	78	71	66	61
4.0	50	65	62	59	56	71	67	64	61	77	73	69	65	81	76	71	67
5.0	52	67	64	62	60	73	70	67	64	79	75	72	69	83	78	75	71
7.0	56	79	67	65	64	75	73	71	68	82	79	76	73	85	82	79	76
10.0	59	71	70	68	67	78	76	75	72	84	82	79	77	87	85	82	80

표2. 실지수 기호표

범 위	4.5 이상	4.5~3.5	3.5~2.75	2.75~2.25	2.25~1.75	1.75~1.38	1.38~1.12	1.12~0.9	0.9~0.7	0.7 이하
실지수	5.0	4.0	3.0	2.5	2.0	1.5	1.25	1.0	0.8	0.6
기 호	A	B	C	D	E	F	G	H	I	J

해설

(1) 실지수 $= \frac{12 \times 18}{(3.85-0.85)\times(12+18)} = 2.4$

(3) $N = \frac{ESD}{FU} = \frac{ES}{FUM} = \frac{500 \times (12 \times 18)}{2{,}750 \times 0.6 \times 0.7} \fallingdotseq 93.5$[등]이므로 94[등]이며 2등용이므로

등기구수$(N) = \frac{94}{2} = 47$[등]

(4) $W = 50 \times 94 \times 24 \times 10 \times 10^{-3} = 1{,}128$[kWh]

정답

(1) D2.5

(2) 0.6(60[%])

(3) 47[등]

(4) 1,128[kWh]

43 그림과 같이 광원 L에서 P점 방향의 광도가 50[cd]일 때 P점의 수평면 조도는?

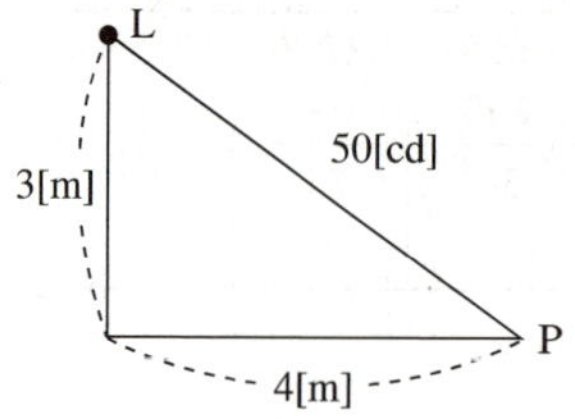

해설

수평면 조도$(E_h) = \frac{I}{r^2}\cos\theta = \frac{50}{(\sqrt{4^2+3^2})^2} \times \frac{3}{\sqrt{4^2+3^2}} = \frac{50}{25} \times \frac{3}{5} = 1.2$[lx]

정답

1.2[lx]

44 그림과 같이 완전 확산형의 조명기구가 설치되어 있다. A점에서의 수평면 조도를 계산하시오(단, 조명기구의 전 광속은 15,000[lm]이다).

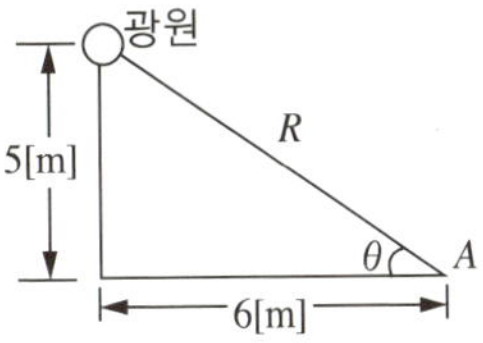

해설

광원의 크기보다 10배 이상의 거리에서는 이 광원을 점광원으로 보고 계산하여도 무방함
구광원의 광속$(F)=4\pi I$ 이므로

광원의 광도$(I)=\dfrac{F}{\omega}=\dfrac{F}{4\pi}=\dfrac{15{,}000}{4\pi}\fallingdotseq 1{,}193.66[\text{cd}]$

∴ 수평면의 조도 : $E_h=\dfrac{I}{R^2}\cos(90-\theta)=\dfrac{1{,}193.66}{5^2+6^2}\times\dfrac{5}{\sqrt{5^2+6^2}}\fallingdotseq 12.53[\text{lx}]$

정답

12.53[lx]

TIP

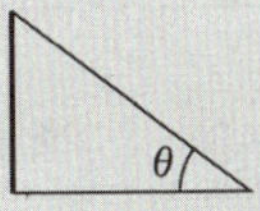

인 경우 수평면은 sinθ로

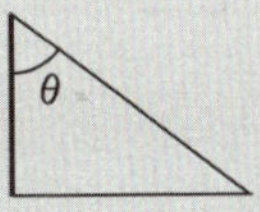

인 경우 수평면은 cosθ로

45 그림과 같이 높이 4[m]의 점에 있는 백열전등에서 광도 12,500[cd]의 빛이 수평 거리 6[m]의 점 P에 주어지고 있다. 다음 표를 이용하여 다음 각 물음에 답하시오.

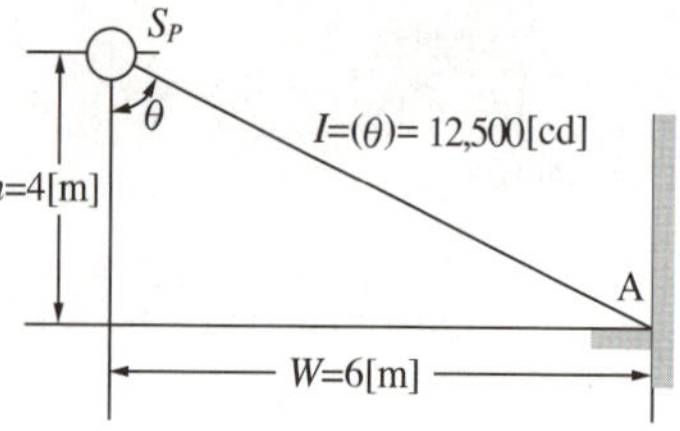

(1) A점의 수평면 조도를 구하시오.

(2) A점의 수직면 조도를 구하시오.

표1. [W/h]에서 구한 $\cos^2\theta\sin\theta$의 값

W	$0.1h$	$0.2h$	$0.3h$	$0.4h$	$0.5h$	$0.6h$	$0.7h$	$0.8h$	$0.9h$	$1.0h$	$1.5h$	$2.0h$
$\cos^2\theta\sin\theta$	.099	.189	.264	.320	.358	.378	.385	.381	.370	.354	.256	.179

표2. [W/h]에서 구한 $\cos^3\theta$의 값

W	$0.1h$	$0.2h$	$0.3h$	$0.4h$	$0.5h$	$0.6h$	$0.7h$	$0.8h$	$0.9h$	$1.0h$	$1.5h$	$2.0h$
$\cos^3\theta$	.985	.943	.879	.800	.716	.631	.550	.476	.411	.354	.171	.089

TIP

표가 나오는 경우에는 h를 기준으로 계산

해설

(1) 수평면 조도를 구할 경우($\cos^3\theta$이므로 표2)

그림에서 $\frac{W}{h}=\frac{6}{4}=1.5$이므로 $W=1.5h$이다.

표2에서 $1.5h$는 0.171이므로

$$E_h=\frac{I}{r^2}\cos\theta=\frac{I}{h^2}\cos^3\theta=\frac{12{,}500}{4^2}\times 0.171 \fallingdotseq 133.59[\text{lx}]$$

(2) 수직면 조도를 구할 경우($\cos^2\theta\sin\theta$이므로 표1)

그림에서 $\frac{W}{h}=\frac{6}{4}=1.5$이므로 $W=1.5h$이다.

표1에서 $1.5h$는 0.256이므로

$$E_v=\frac{I}{r^2}\sin\theta=\frac{I}{h^2}\cos^2\theta\cdot\sin\theta=\frac{12{,}500}{4^2}\times 0.256=200[\text{lx}]$$

정답

(1) 133.59[lx]

(2) 200[lx]

46 다음의 조명에 대해 4점합의 평균조도를 구하시오.

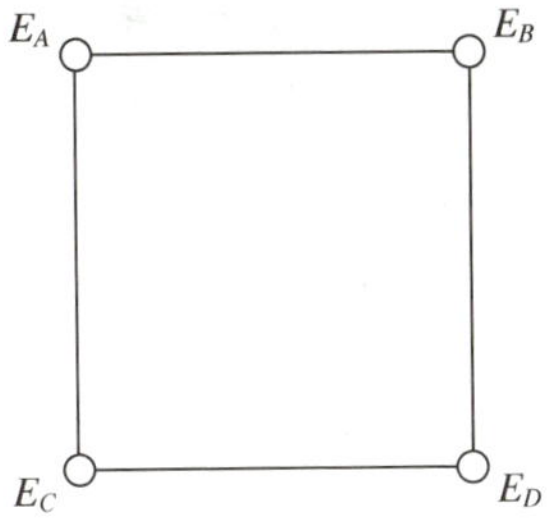

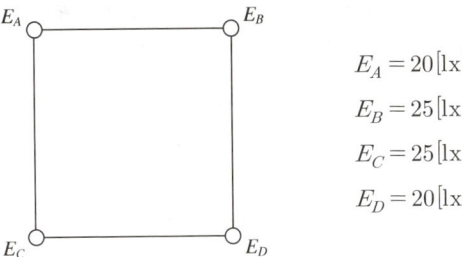

$E_A = 20[\text{lx}]$
$E_B = 25[\text{lx}]$
$E_C = 25[\text{lx}]$
$E_D = 20[\text{lx}]$

해설

$$\text{평균조도}(E) = \frac{E_A + E_B + E_C + E_D}{4} = \frac{20+25+25+20}{4} = 22.5[\text{lx}]$$

정답

22.5[lx]

47 다음 주어진 조건을 이용하여 A점에 대한 수평면 조도를 계산하시오(단, 전등의 전광속은 20,000[lm]이며, 광도의 θ는 그래프 상에서 값을 읽는다).

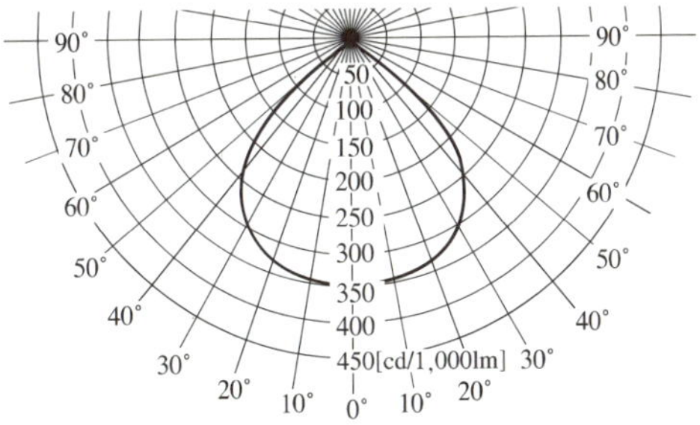

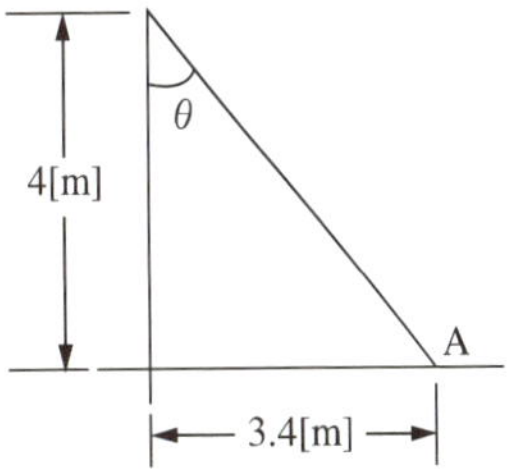

• 계산 :

• 답 :

정답

• 계산 : $\cos\theta = \dfrac{h}{\sqrt{h^2+a^2}} = \dfrac{4}{\sqrt{4^2+3.4^2}} \fallingdotseq 0.762$

$\therefore\ \theta = \cos^{-1}0.762 \fallingdotseq 40°$

표에서 각도 40°에서의 광도값은 250[cd/1,000lm]이므로

전등의 광도 $I = \dfrac{250}{1{,}000} \times 20{,}000 = 5{,}000[\text{cd}]$이다.

$\therefore$ 법선 조도 $E_n = \dfrac{I}{r^2} = \dfrac{5{,}000}{4^2+3.4^2} \fallingdotseq 181.42[\text{lx}]$

수평면 조도 $E_h = \dfrac{I}{r^2}\cos\theta = 181.42 \times 0.761 \fallingdotseq 138.06[\text{lx}]$

• 답 : 138.06[lx]

확인문제

01 주어진 참고 자료를 이용하여 물음에 답하시오.

(1) 600[V] 고무절연전선 6[mm^2] 3가닥과 16[mm^2] 3가닥을 동일 전선관에 삽입할 수 있는 후강 전선관의 최소굵기를 구하시오(단, 전선관의 내단면적의 32[%]가 되는 굵기를 구한다).

(2) 4[mm^2] 전선 3본과 25[mm^2] 전선 2본을 동일 전선관 내에 넣는 경우로 설계할 때 주어진 표를 이용하여 후강전선관에 넣을 경우와 박강전선관에 넣을 경우로 관의 최소굵기를 각각 구하시오.

표1. 전선(피복 절연물을 포함)의 단면적

도체 단면적[mm^2]	평균 완성 바깥지름[mm]	전선의 단면적[mm^2]	절연체 두께[mm]
1.5	3.3	9	0.7
2.5	4.0	13	0.8
4	4.6	17	0.8
6	5.2	21	0.8
10	6.7	35	1.0
16	7.8	48	1.0
25	9.7	74	1.2
35	10.9	93	1.2
50	12.8	128	1.4
70	14.6	167	1.4
95	17.1	230	1.6
120	18.8	277	1.6
150	20.9	343	1.8
185	23.3	426	2.0
240	26.6	555	2.2
300	29.6	688	2.4
400	33.2	865	2.6

표2. 절연전선을 금속관 내에 넣을 경우의 보정계수

도체 단면적[mm^2]	보정계수
2.5, 4	2.0
6, 10	1.2
16 이상	1.0

표3. 후강전선관의 내단면적의 32[%] 및 48[%]

관의 호칭 [mm]	내단면적의 48[%][mm^2]	내단면적의 32[%][mm^2]	관의 호칭 [mm]	내단면적의 48[%][mm^2]	내단면적의 32[%][mm^2]
16	101	67	54	1,098	732
22	180	120	70	1,825	1,216
28	301	201	82	2,552	1,701
36	513	342	92	3,308	2,205
42	690	460	104	4,265	2,843

표4. 박강전선관의 내단면적의 32[%] 및 48[%]

관의 호칭 [mm]	내단면적의 48[%][mm^2]	내단면적의 32[%][mm^2]	관의 호칭 [mm]	내단면적의 48[%][mm^2]	내단면적의 32[%][mm^2]
19	95	63	51	853	569
25	185	123	63	1,333	889
31	308	205	75	1,964	1,309
39	458	305			

TIP

전선관의 굵기는 피복 절연물을 포함한 단면적을 구하고 보정계수를 적용해야 함

해설

(1) 전선의 단면적(A) = $(21 \times 3 \times 1.2) + (48 \times 3 \times 1) = 219.6[mm^2]$

↳ 보정계수 표2에서 찾음 ↲

따라서 표3에서 32[%] 칸을 보면 36[mm]를 선정해야 함

(2) 전선의 단면적(A)=$(17 \times 3 \times 2)+(74 \times 2 \times 1)=250[mm^2]$

TIP

동일 전선 동일 굵기가 아닌 경우 32[%] 칸에서 찾음

정답

(1) 36[mm]

(2) ① 후강전선관 : 36[mm]

② 박강전선관 : 39[mm]

02 다음은 과년도에서 개별적으로 출제된 문제를 한 번에 묶어 문제 낸 것임

(1) 다음 그림과 같은 단상 2선식 회로의 전선(동선)의 굵기를 표를 이용하여 구하시오(단, 배선설계의 길이는 50[m], 부하의 최대사용전류는 200[A], 배선설계의 전압강하는 6[V]로 한다).

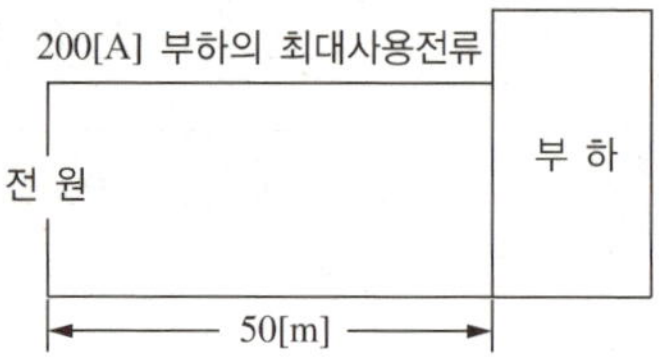

(2) 단상 2선식 회로에서 IV동선을 사용하여 금속관공사를 하는 경우 사용전선의 굵기 및 전선관의 굵기를 구하시오(단, 배전선로의 길이는 70[m]이며 사용전압은 220[V], 부하는 49.5[kVA], 배전설계 전압강하는 3[V]로 하며 부하의 역률은 80[%]로서 부하는 전등, 전열로 본다. 또한 전선관은 후강전선관을 사용하도록 한다).

(3) 그림과 같은 3상 3선식 회로의 전선굵기를 구하시오(단, 배선설계의 길이는 50[m], 부하의 최대사용전류는 300[A], 배선설계의 전압강하를 4[V]이며, 전선도체는 구리선이다).

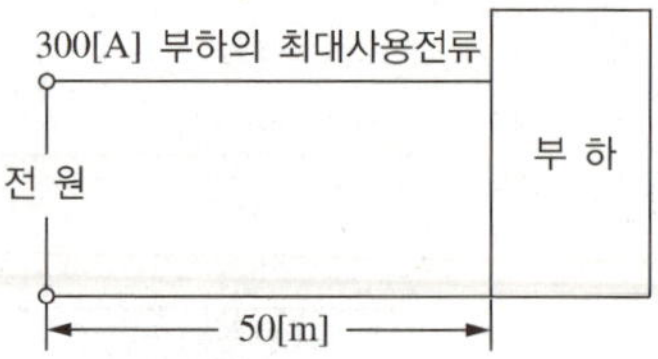

표1. 전선 최대길이(단상 2선식 · 전압강하 2.2[V])

전류 [A]	전선의 굵기[mm^2]												
	2.5	4	6	10	16	25	35	50	95	150	185	240	300
	전선 최대길이[m]												
1	154	247	371	618	989	1,545	2,163	3,090	5,871	9,270	11,433	14,831	18,539
2	77	124	185	309	494	772	1,081	1,545	2,935	4,635	5,716	7,416	9,270
3	51	82	124	206	330	515	721	1,030	1,957	3,090	3,811	4,944	6,180
4	39	62	93	154	247	386	541	772	1,468	2,317	2,858	3,708	4,635
5	31	49	74	124	198	309	433	618	1,174	1,854	2,287	2,966	3,708
6	26	41	62	103	165	257	360	515	978	1,545	1,905	2,472	3,090
7	22	35	53	88	141	221	309	441	839	1,324	1,633	2,119	2,648
8	19	31	46	77	124	193	270	386	734	1,159	1,429	1,854	2,317
9	17	27	41	69	110	172	240	343	652	1,030	1,270	1,648	2,060
12	13	21	31	51	82	129	180	257	489	772	953	1,236	1,545
14	11	18	26	44	71	110	154	221	419	662	817	1,059	1,324
15	10	16	25	41	66	103	144	206	391	618	762	989	1,236
16	9.7	15	23	39	62	97	135	193	367	579	715	927	1,159
18	8.6	14	21	34	55	86	120	172	326	515	635	824	1,030
25	6.2	10	15	25	40	62	87	124	235	371	457	593	742
35	4.4	7.1	11	18	28	44	62	88	168	265	327	424	530
45	3.4	5.5	8.2	14	22	34	48	69	130	187	254	330	412

[주] 1. 전압강하가 2[%] 또는 3[%]의 경우, 전선길이는 각각 이 표의 2배 또는 3배가 된다. 다른 경우에도 이 예에 따른다.
2. 전류가 20[A] 또는 200[A] 경우의 전선길이는 각각 이 표의 전류 2[A] 경우의 1/10 또는 1/100이 된다. 다른 경우에도 이 예에 따른다.
3. 이 표는 역률 1로 하여 계산한 것이다.

표2. 전선 최대길이(3상 3선식 · 380[V] · 전압강하 3.8[V])

전류[A]	전선의 굵기[mm^2]												
	2.5	4	6	10	16	25	35	50	95	150	185	240	300
	전선 최대길이[m]												
1	534	854	1,281	2,135	3,416	5,337	7,472	10,674	20,281	32,022	39,494	51,236	64,045
2	267	427	640	1,067	1,708	2,669	3,736	5,337	10,140	16,011	19,747	25,618	32,022
3	178	285	427	712	1,139	1,779	2,491	3,558	6,760	10,674	13,165	17,079	21,348
4	133	213	320	534	854	1,334	1,868	2,669	5,070	8,006	9,874	12,809	16,011
5	107	171	256	427	683	1,067	1,494	2,135	4,056	6,404	7,899	10,247	12,809
6	89	142	213	356	569	890	1,245	1,779	3,380	5,337	6,582	8,539	10,674
7	76	122	183	305	488	762	1,067	1,525	2,897	4,575	5,642	7,319	9,149
8	67	107	160	267	427	667	934	1,334	2,535	4,003	4,937	6,404	8,006
9	59	95	142	237	380	593	830	1,186	2,253	3,558	4,388	5,693	7,116
12	44	71	107	178	285	445	623	890	1,690	2,669	3,291	4,270	5,337
14	38	61	91	152	244	381	534	762	1,449	2,287	2,821	3,660	4,575
15	36	57	85	142	228	356	498	712	1,352	2,135	2,633	3,416	4,270
16	33	53	80	133	213	334	467	667	1,268	2,001	2,468	3,202	4,003
18	30	47	71	119	190	297	415	593	1,127	1,779	2,194	2,846	3,558
25	21	34	51	85	137	213	299	427	811	1,281	1,580	2,049	2,562
35	15	24	37	61	98	152	213	305	579	915	1,128	1,464	1,830
45	12	19	28	47	76	119	166	237	451	712	878	1,139	1,423

[주] 1. 전압강하가 2[%] 또는 3[%]의 경우, 전선길이는 각각 이 표의 2배 또는 3배가 된다. 다른 경우에도 이 예에 따른다.
2. 전류가 20[A] 또는 200[A] 경우의 전선길이는 각각 이 표 전류 2[A] 경우의 1/10 또는 1/100이 된다. 다른 경우에도 이 예에 따른다.
3. 이 표는 평형부하의 경우에 대한 것이다.
4. 이 표는 역률 1로 하여 계산한 것이다.

표3. 후강전선관 굵기의 선정

도체단면적[mm^2]	전선본수									
	1	2	3	4	5	6	7	8	9	10
	전선관의 최소굵기[mm]									
2.5	16	16	16	16	22	22	22	28	28	28
4	16	16	16	22	22	22	28	28	28	28
6	16	16	22	22	22	28	28	28	36	36
10	16	22	22	28	28	36	36	36	36	36
16	16	22	28	28	36	36	36	42	42	42
25	22	28	28	36	36	42	54	54	54	54
35	22	28	36	42	54	54	54	70	70	70
50	22	36	54	54	70	70	70	82	82	82
70	28	42	54	54	70	70	70	82	82	92
95	28	54	54	70	70	82	82	92	92	104
120	36	54	54	70	70	82	82	92		
150	36	70	70	82	92	92	104	104		
185	36	70	70	82	92	104				
240	42	82	82	92	104					

[주] 1. 전선 1본수는 접지선 및 직류 회로의 전선에도 적용한다.
2. 이 표는 실험 결과와 경험을 기초로 하여 결정한 것이다.
3. 이 표는 KS C IEC 60227-3의 450/750[V] 일반용 단심 비닐절연전선을 기준한 것이다.

해설

이 문제 예제는 모두 동일 표1, 2에서 구하는데 전선 최대길이를 구하여 찾는 방법(표의 전류는 $\frac{1}{10}$ 또는 $\frac{1}{100}$에 가까운 것으로 선정)

(1) 단상 2선식이므로 표1을 사용, 전선의 최대길이(L) = $\left(\dfrac{\text{선로의 길이} \times \dfrac{\text{사용전류}}{\text{표의 전류}}}{\dfrac{\text{선로 전압강하}}{\text{표의 전압강하}}} \right)$

* 이 식은 풀이과정에 쓰지 않아도 됨

$$\left(L' = \frac{50 \times \frac{200}{2}}{\frac{6}{2.2}} = 1{,}833.333[\text{m}] \right)$$ 이 부분만 쓰시오.

따라서 표1에서 2[A]를 기준으로 1,833.33을 넘는 2,935를 기준으로 하여

(2) ① $L' = \dfrac{70 \times \frac{225}{25}}{\frac{3}{2.2}} = 462[\text{m}]$

따라서 표1에서 25[A] 기준으로 462를 넘는 593을 기준으로 하여 240[mm^2] 선정

② $I = \dfrac{P}{V} = \dfrac{49{,}500}{220} = 225[\text{A}]$ (용량이 [VA]이므로 역률 사용 안 함)

표3에서 240[mm^2]와 그 본이 만나는 곳 82[mm]

(3) 이 문제는 3상 3선식이므로 표2에서

$$L' = \frac{50 \times \frac{300}{3}}{\frac{4}{3.8}} = 4{,}750[\text{m}]$$

정답

(1) 95[mm^2]

(2) ① 전선의 굵기 : 240[mm^2]

② 전선관의 굵기 : 82[mm]

(3) 95[mm^2]

03 290[m^2]의 건평의 주택이 있다. 다음의 표를 이용하여 각 물음에 답하시오.

(1) 이 주택에 전력을 공급할 간선의 최대사용전류를 계산하시오(단, 전등 및 소형 전기기구의 사용전압은 200[V]라고 가정한다).

(2) 이 주택에 전력을 공급할 간선의 굵기를 계산하시오(단, 간선의 선로길이는 40[m]이고, 전압강하는 2[V]로 한다).

표1. 전등 및 소형 전기기구의 설비와 수용률

건 물 종 별	[W/m^2]	수용률을 적용할 부하[W]	수용률[%]
일반 창고	2.5	12,500[W] 이하	100
		12,500[W] 초과	50
상업용 창고	5	총와트수	100
교회, 공회당, 병기고	10	총와트수	100
여 관	15	총와트수	100
호 텔	20	20,000[W] 이하	50
		20,001~100,000[W] 이하	40
		100,000[W] 초과	30
병 원	20	50,000[W] 이하	40
		50,000[W] 초과	20
식당, 은행, 회의소, 법원, 공장	20	총와트수	100
학교, 이발관, 미용원, 상점	30	총와트수	100
주택, 아파트	30	3,000[W] 이하	100
		3,001~120,000[W] 이하	35
		120,000[W] 초과	25
사무소	50	총와트수	100
주택, 아파트를 제외한 건물의			
─ 집회실, 관람석	10	각 그 건물의 수용률을 적용한다.	
─ 현관, 낭하			
─ 작은 창고	2.5		

[비 고]

1. 단위면적당의 부하와 수용률은 최소 부하상태에서 역률 100[%]인 경우의 값이다.
2. 방전등회로의 시설은 고역률형은 쓰거나 전선굵기를 증가할 것
3. 주택과 아파트는 각 세대별로 식당, 부엌, 세탁실의 전기기구용으로 3,000[W]를 가산하여 동일 수용률을 적용할 것
4. 병원의 수술실, 호텔의 무용실, 식당 등과 같이 전체 설비의 전등을 동시에 사용하는 곳은 간선설계에 있어서 수용률 100[%]를 적용한다.
5. 쇼윈도가 있는 상점은 쇼윈도 1[m]당 600[W]씩 가산한다.

표2. 전선 최대길이(단상 2선식 · 전압강하 2.2[V])

전류 [A]	전선의 굵기[mm^2]												
	2.5	4	6	10	16	25	35	50	95	150	185	240	300
	전선 최대길이[m]												
1	154	247	371	618	989	1,545	2,163	3,090	5,871	9,270	11,433	14,831	18,539
2	77	124	185	309	494	772	1,081	1,545	2,935	4,635	5,716	7,416	9,270
3	51	82	124	206	330	515	721	1,030	1,957	3,090	3,811	4,944	6,180
4	39	62	93	154	247	386	541	772	1,468	2,317	2,858	3,708	4,635
5	31	49	74	124	198	309	433	618	1,174	1,854	2,287	2,966	3,708
6	26	41	62	103	165	257	360	515	978	1,545	1,905	2,472	3,090
7	22	35	53	88	141	221	309	441	839	1,324	1,633	2,119	2,648
8	19	31	46	77	124	193	270	386	734	1,159	1,429	1,854	2,317
9	17	27	41	69	110	172	240	343	652	1,030	1,270	1,648	2,060
12	13	21	31	51	82	129	180	257	489	772	953	1,236	1,545
14	11	18	26	44	71	110	154	221	419	662	817	1,059	1,324
15	10	16	25	41	66	103	144	206	391	618	762	989	1,236
16	9.7	15	23	39	62	97	135	193	367	579	715	927	1,159
18	8.6	14	21	34	55	86	120	172	326	515	635	824	1,030
25	6.2	10	15	25	40	62	87	124	235	371	457	593	742
35	4.4	7.1	11	18	28	44	62	88	168	265	327	424	530
45	3.4	5.5	8.2	14	22	34	48	69	130	187	254	330	412

[주] 1. 전압강하가 2[%] 또는 3[%]의 경우, 전선길이는 각각 이 표의 2배 또는 3배가 된다. 다른 경우에도 이 예에 따른다.
2. 전류가 20[A] 또는 200[A] 경우의 전선길이는 각각 이 표의 전류 2[A] 경우의 1/10 또는 1/100이 된다. 다른 경우에도 이 예에 따른다.
3. 이 표는 역률 1로 하여 계산한 것이다.

해설

(1) 이 문제에서는 수용률 적용이 문제이며 (비고란 3번) 주택란에서 3,000[W]까지는 100[%]를 사용하고 3,000~120,000[W]까지는 35[%]를 적용하는 문제임

- 설비용량 = 290 × 30 + 3,000 = 11,700[W]
- 수용부하 = (11,700 − 3,000) × 0.35 + 3,000 = 6,045[W]
- 최대사용전류$(I) = \dfrac{6{,}045}{200} = 30.225[A]$

(2) 앞에 문제와 동일 (3)번

$$L = \frac{40 \times \dfrac{30.225}{3}}{\dfrac{2}{2.2}} = 443.3[m]$$

표2에 의해 25[mm^2]

정답

(1) 30.23[A]

(2) 25[mm^2]

04 사무실로 사용하는 건물에 110/220[V] $1\phi 3\mathrm{W}$를 채용하고 변압기가 설치된 수전실에서 60[m]가 되는 지점의 부하를 다음 표와 같이 배분하는 분전반을 시설하고자 한다. 다음 각 물음에 답하시오.

[조 건]

- 공사방법은 A1으로 PVC 절연전선 사용
- 전압강하는 3[%] 이하로 한다.

(1) 간선의 단면적[mm^2]을 구하시오(동도체).

(2) 간선보호용 퓨즈(A종)의 정격전류를 구하시오.

(3) 이 곳에 사용되는 후강전선관의 지름을 구하시오.

(4) 설비불평형률은 몇 [%]인가?

회로번호	부하명칭	총부하[VA]	부하분담[VA]		비 고
			A선	B선	
1	전 등	2,920	1,460	1,460	
2	전 등	2,680	1,340	1,340	
3	콘센트	1,100	1,100		
4	콘센트	1,400	1,400		
5	콘센트	800		800	
6	콘센트	1,000		1,000	
7	팬코일	750	750		
8	팬코일	700		700	
합 계		11,350	6,050	5,300	

[참고자료]

표1. 간선의 굵기, 개폐기 및 과전류차단기의 용량

최대 상정 부하 전류 [A]	배선종류에 의한 간선의 동 전선 최소굵기[mm^2]												개폐기의 정격 [A]	과전류차단기의 정격[A]	
	공사방법 A1				공사방법 B1				공사방법 C					B종 퓨즈	A종 퓨즈 또는 배선용 차단기
	 2개선		 3개선		 2개선		 3개선		 2개선		 3개선				
	PVC	XLPE, EPR	PVC	XLPE, EPR	PVC	XLPE, EPR	PVC	XLPE, EPR	PVC	XLPE, EPR	PVC	XLPE, EPR			
20	4	2.5	4	2.5	2.5	2.5	2.5	2.5	2.5	2.5	2.5	2.5	30	20	20
30	6	4	6	4	4	2.5	6	4	4	2.5	4	2.5	30	30	30
40	10	6	10	6	6	4	10	6	6	4	6	4	60	40	40
50	16	10	16	10	10	6	10	10	10	6	10	6	60	50	50
60	16	10	25	16	16	10	16	10	10	10	16	10	60	60	60
75	25	16	35	25	16	10	25	16	16	10	16	16	100	75	75
100	50	25	50	35	25	16	35	25	25	16	35	25	100	100	100
125	70	35	70	50	35	25	50	35	35	25	50	35	200	125	125
150	70	50	95	70	50	35	70	50	50	35	70	50	200	150	150
175	95	70	120	70	70	50	95	50	70	50	70	50	200	200	175
200	120	70	150	95	95	70	95	70	70	50	95	70	200	200	200
250	185	120	240	150	120	70	–	95	95	70	120	95	300	250	250
300	240	150	300	185	–	95	–	120	150	95	185	120	300	300	300
350	300	185	–	240	–	120	–	–	185	120	240	150	400	400	350
400	–	240	–	300	–	–	–	–	240	150	240	185	400	400	400

[주] 1. 단상 3선식 또는 3상 4선식 간선에서 전압강하를 감소하기 위하여 전선을 굵게 할 경우라도 중성선은 표의 값보다 굵은 것으로 할 필요는 없다.
2. 최소 전선 굵기는 1회선에 대한 것이며, 2회선 이상일 경우는 부록 500-2의 복수회로 보정계수를 적용하여야 한다.
3. 공사방법 A1은 벽 내의 전선관에 공사한 절연전선 또는 단심케이블, B1은 벽면의 전선관에 공사한 절연전선 또는 단심케이블, 공사방법 C는 벽면에 공사한 단심 또는 다심케이블을 시설하는 경우의 전선 굵기를 표시하였다.
4. B종 퓨즈의 정격전류는 전선의 허용전류의 0.96배를 초과하지 않는 것으로 한다.

표2. 후강전선관 굵기의 선정

도체 단면적 [mm^2]	전선본수									
	1	2	3	4	5	6	7	8	9	10
	전선관의 최소굵기[mm]									
2.5	16	16	16	16	22	22	22	28	28	28
4	16	16	16	22	22	22	28	28	28	28
6	16	16	22	22	22	28	28	28	36	36
10	16	22	22	28	28	36	36	36	36	36
16	16	22	28	28	36	36	36	42	42	42
25	22	28	28	36	36	42	54	54	54	54
35	22	28	36	42	54	54	54	70	70	70

도체 단면적 [mm²]	전선본수									
	1	2	3	4	5	6	7	8	9	10
	전선관의 최소굵기[mm]									
50	22	36	54	54	70	70	70	82	82	82
70	28	42	54	54	70	70	70	82	82	92
95	28	54	54	70	70	82	82	92	92	104
120	36	54	54	70	70	82	82	92		
150	36	70	70	82	92	92	104	104		
185	36	70	70	82	92	104				
240	42	82	82	92	104					

[주] 1. 전선 1본수는 접지선 및 직류 회로의 전선에도 적용한다.
2. 이 표는 실험 결과와 경험을 기초로 하여 결정한 것이다.
3. 이 표는 KS C IEC 60227-3의 450/750[V] 일반용 단심 비닐절연전선을 기준한 것이다.

표3. 간선의 수용률

건축물의 종류	수용률[%]
주택, 기숙사, 여관, 호텔, 병원, 창고	50
학교, 사무실, 은행	70

[주] 전등 및 소형 전기기계기구의 용량 합계가 10[kVA]를 초과하는 것은 그 초과 용량에 대해서는 표의 수용률을 적용할 수 있다.

해설

(1) 전압강하 $e = 110 \times 0.03 = 3.3[\text{V}]$

A선 전류 $I_A = \dfrac{6{,}050}{110} = 55[\text{A}]$

B선 전류 $I_B = \dfrac{5{,}300}{110} \fallingdotseq 48.18[\text{A}]$이므로

큰 전류를 기준 A선 전류 55[A]를 선정

단상 3선식이므로

전선 단면적 $A = \dfrac{17.8LI}{1{,}000e} = \dfrac{17.8 \times 60 \times 55}{1{,}000 \times 3.3} = 17.8[\text{mm}^2]$

표2에서 16 다음이 25[mm²]이므로 25[mm²] 선정

(2) 단상 3선식이므로 표1에서 공사방법 A1과 PVC 절연전선 3개 선을 사용하는 경우를 찾아 밑으로 쭉 내리다 전선의 굵기가 25[mm²]일 때 과전류차단기의 정격전류 60[A] 선정

(3) 표2에서 전선 25[mm²]을 옆으로 3가닥을 아래로 그어 만나는 곳을 보면 28[mm]가 나온다.

(4) 단상 3선식에서 설비불평형률

$$\text{설비불평형률} = \frac{\text{중성선과 각 전압 측 전선 간에 접속되는 부하설비용량[kVA]의 차}}{\text{총부하설비용량[kVA]의 1/2}} \times 100[\%]$$

$$\text{불평형률} = \frac{3{,}250 - 2{,}500}{11{,}350 \times \frac{1}{2}} \times 100 \fallingdotseq 13.22[\%]$$

정답

(1) 25[mm^2]

(2) 60[A]

(3) 28[mm]

(4) 13.22[%]

05 **사무실로 사용하는 건물에 110/220[V] 단상 3선식을 채용하여 변압기가 설치된 수전실에서 50[m] 되는 지점의 부하를 다음과 같이 배분하는 분전반을 시설하고자 한다. 다음 물음에 답하시오.**

(1) 간선으로 사용하는 전선(동도체)의 단면적은 몇 [mm^2]인가?

(2) 간선보호용 과전류차단기의 정격전류는 몇 [A]인가?

(3) 금속관공사 시 이곳에 사용되는 후강전선관의 지름은 몇 [mm]인가?

(4) 분전반의 복선 결선도를 완성하시오.

(5) 설비불평형률은 몇 [%]인가?

표1. 부하 집계표

회로번호	부하명칭	총부하[VA]	부하분담[VA]		NFB 크기			비 고
			A선	B선	극수	AF	AT	
1	전 등	2,760	1,380	1,380	2	50	15	
2	전 등	2,720	1,360	1,360	2	50	15	
3	콘센트	1,100	1,100		1	50	20	
4	콘센트	1,400	1,400		1	50	20	
5	콘센트	1,000		1,000	1	50	20	
6	콘센트	1,100		1,100	1	50	20	
7	팬코일	700	700		1	30	15	
8	팬코일	700		700	1	30	15	
합 계		11,480	5,940	5,540				

단, • 공사방법은 B2이며, 전선은 PVC 절연전선이다.
• 후강전선관공사로 한다.
• 3선 모두 같은 선으로 한다.
• 부하의 수용률은 100[%]로 적용
• 후강전선관 내 전선의 점유율은 60[%] 이내를 유지할 것
• 전압변동률 2[%] 이하
• 전압강하율 2[%] 이하

표2. 전선(피복 절연물을 포함)의 단면적

도체 단면적[mm^2]	절연체 두께[mm]	평균 완성 바깥지름[mm]	전선의 단면적[mm^2]
1.5	0.7	3.3	9
2.5	0.8	4.0	13
4	0.8	4.6	17
6	0.8	5.2	21
10	1.0	6.7	35
16	1.0	7.8	48
25	1.2	9.7	74
35	1.2	10.9	93
50	1.4	12.8	128
70	1.4	14.6	167
95	1.6	17.1	230
120	1.6	18.8	277
150	1.8	20.9	343
185	2.0	23.3	426
240	2.2	26.6	555
300	2.4	29.6	688
400	2.6	33.2	865

표3. 전선관 등의 공사에서의 전선의 허용전류

PVC 절연, 3개 부하전선, 동 또는 알루미늄
전선온도 : 70[℃], 주위온도 : 기중 30[℃], 지중 20[℃]

전선의 공칭단면적 [mm^2]	표 A.52-1의 공사방법					
	A1	A2	B1	B2	C	D

1	2	3	4	5	6	7
동						
1.5	13.5	13	15.5	15	17.5	18
2.5	18	17.5	21	20	24	24
4	24	23	28	27	32	31
6	31	29	36	34	41	39
10	42	39	50	46	57	52
16	56	52	68	62	76	67
25	73	68	89	80	96	86
35	89	83	110	99	119	103
50	108	99	134	118	144	122
70	136	125	171	149	184	151
95	164	150	207	179	223	179
120	188	172	239	206	259	203
150	216	196	-	-	299	230
185	245	223	-	-	341	258
240	286	261	-	-	403	297

해설

(1) A선의 전류 $I_A = \dfrac{5,940}{110} = 54[A]$

B선의 전류 $I_B = \dfrac{5,540}{110} \fallingdotseq 50.36[A]$

*(I_A, I_B 중 큰 값인 54[A]를 기준으로 함) → 답안지 작성 시 생략

$A = \dfrac{17.8LI}{1,000 \times e} = \dfrac{17.8 \times 50 \times 54}{1,000 \times 110 \times 0.02} \fallingdotseq 21.85[mm^2]$

(2) 저압 옥내 간선을 보호하기 위하여 시설하는 과전류차단기는 그 저압 옥내 간선의 허용전류 이하의 정격전류의 것이어야 한다.

표3에서 25[mm^2]란과 공사방법 B2란이 교차하는 곳의 허용전류는 80[A]이므로 배선용 차단기는 75[A] 선정

(3) 표2에서 25[mm^2] 전선의 피복 포함 단면적이 74[mm^2]이므로

전선의 총단면적 $A = 74 \times 3 = 222[mm^2]$

문제의 조건에서 후강전선관 내단면적의 60[%] 사용하므로

$A = \dfrac{1}{4}\pi d^2 \times 0.6 \geq 222$

$\therefore\ d = \sqrt{\dfrac{222 \times 4}{0.6 \times \pi}} \fallingdotseq 21.7[mm]$

(4)

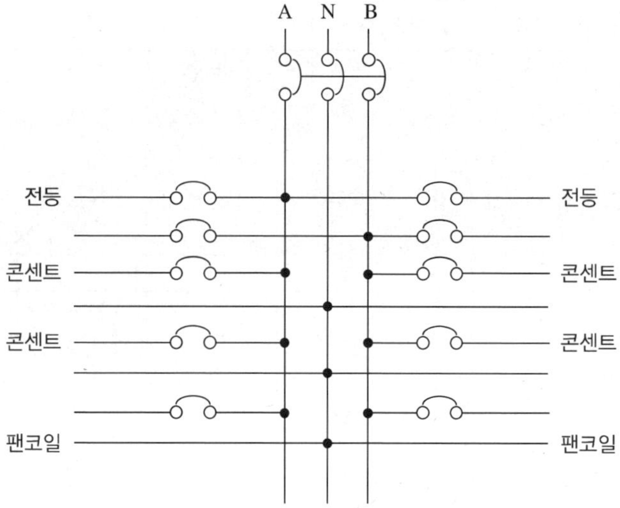

(5) 단상 3선식에서 설비불평형률

$$설비불평형률 = \frac{중성선과\ 각\ 전압\ 측\ 전선\ 간에\ 접속되는\ 부하설비용량[kVA]의\ 차}{총부하설비용량[kVA]의\ 1/2} \times 100[\%]$$

여기서, 불평형률은 40[%] 이하이어야 한다.

$$설비불평형률 = \frac{3,200 - 2,800}{\frac{1}{2} \times (5,940 + 5,540)} \times 100 \fallingdotseq 6.97[\%]$$

정답

(1) 25[mm^2]

(2) 75[A]

(3) 22[mm] 후강전선관 선정

(4)

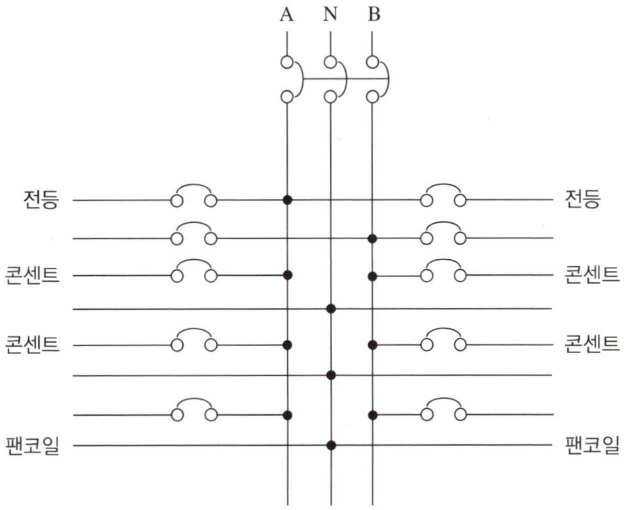

(5) 6.97[%]

06 어느 빌딩에 다음과 같은 부하의 종류와 특성을 이용하여 디젤발전기 용량을 산출하려고 한다. 다음 표를 완성하여 발전기 용량[kVA]을 선정하시오.

부하의 종류	출력[kW]	극수(극)	대수(대)	적용부하	기동방법
전동기	37	6	1	소화전 펌프	리액터 기동
	22	6	2	급수펌프	리액터 기동
	7.5	6	2	배풍기	Y-△ 기동
	5.5	4	1	배수펌프	직입 기동
전등, 기타	50	–	–	비상조명	–

[조 건]

- 참고자료의 수치는 최소치이다.
- 전동기 기동 시에 필요한 용량은 무시한다.
- 수용률 적용
  - 전동기 : 부하에 대한 전동기의 대수가 1대인 경우에는 100[%], 2대인 경우에는 75[%]를 적용한다.
  - 전등, 기타 : 100[%]를 적용한다.
- 부하의 종류가 전등, 기타인 경우의 역률은 100을 적용한다.
- 자가용 디젤발전기 용량은 50, 100, 150, 200, 300, 400, 500에서 선정한다(단위 : [kVA]).

[참고자료] 전동기 전부하 특성표

정격출력 [kW]	극수	동기회전 속도 [rpm]	전부하특성		참고값		
			역률 Pf[%]	효율 η[%]	무부하 I_0 (각 상의 평균치)[A]	전부하전류 I (각 상의 평균치)[A]	전부하슬립 s[%]
0.75	2	3,600	77.0 이상	70.0 이상	1.9	3.5	7.5
1.5			80.5 이상	76.5 이상	3.1	6.3	7.5
2.2			81.5 이상	79.5 이상	4.2	8.7	6.5
3.7			82.5 이상	82.5 이상	6.3	14.0	6.0
5.5			79.5 이상	84.5 이상	10.0	20.9	6.0
7.5			80.5 이상	85.5 이상	12.7	28.2	6.0
11			82.0 이상	86.5 이상	16.4	40.0	5.5
15			82.5 이상	88.0 이상	21.8	53.6	5.5
18.5			83.0 이상	88.0 이상	26.4	65.5	5.5
22			83.5 이상	89.0 이상	30.9	76.4	5.0
30			84.0 이상	89.0 이상	40.9	102.7	5.0
37			84.5 이상	90.0 이상	50.0	125.5	5.0
0.75	4	1,800	70.0 이상	71.5 이상	2.5	3.8	8.0
1.5			75.0 이상	78.0 이상	3.9	6.6	7.5
2.2			77.0 이상	81.0 이상	5.0	9.1	7.0
3.7			78.0 이상	83.0 이상	8.2	14.6	6.5
5.5			77.0 이상	85.0 이상	11.8	21.8	6.0
7.5			78.0 이상	86.0 이상	14.5	29.1	6.0
11			79.0 이상	87.0 이상	20.9	40.9	6.0
15			79.5 이상	88.0 이상	26.4	55.5	5.5
18.5			80.0 이상	88.5 이상	31.8	67.3	5.5

정격출력 [kW]	극수	동기회전 속도 [rpm]	전부하특성		참고값		
			역률 Pf[%]	효율 η[%]	무부하 I_0 (각 상의 평균치)[A]	전부하전류 I (각 상의 평균치)[A]	전부하슬립 s[%]
22	4	1,800	80.5 이상	89.0 이상	36.4	78.2	5.5
30			81.5 이상	89.5 이상	47.3	105.5	5.5
37			81.5 이상	90.0 이상	56.4	129.1	5.5
0.75	6	1,200	63.0 이상	70.0 이상	3.1	4.4	8.5
1.5			69.0 이상	76.0 이상	4.7	7.3	8.0
2.2			71.0 이상	79.5 이상	6.2	10.1	7.0
3.7			73.0 이상	82.5 이상	9.1	15.8	6.5
5.5			72.0 이상	84.5 이상	13.6	23.6	6.0
7.5			73.0 이상	85.5 이상	17.3	30.9	6.0
11			74.5 이상	86.5 이상	23.6	43.6	6.0
15			75.5 이상	87.5 이상	30.0	58.2	6.0
18.5			76.0 이상	88.0 이상	37.3	71.8	5.5
22			77.0 이상	88.5 이상	40.0	82.7	5.5
30			78.0 이상	89.0 이상	50.9	111.8	5.5
37			78.5 이상	90.0 이상	65.0	145.0	5.0

[발전기 용량 선정]

부하의 종류	출력 [kW]	극 수	전부하 특성			수용률[%]	수용률을 적용한 [kVA]용량
			역률[%]	효율[%]	입력[kVA]		
전동기	37×1	6					
	22×2	6					
	7.5×2	6					
	5.5×1	4					
전등, 기타	50	–	100	–			
합 계	151.5	–	–	–		–	

정답

부하의 종류	출력 [kW]	극 수	전부하 특성			수용률[%]	수용률을 적용한 [kVA]용량
			역률[%]	효율[%]	입력[kVA]		
전동기	37×1	6	78.5	90.0	$P=\dfrac{37\times1}{0.785\times0.9}\fallingdotseq52.37$	100	52.37
	22×2	6	77.0	88.5	$\dfrac{22\times2}{0.77\times0.885}\fallingdotseq64.57$	75	48.43
	7.5×2	6	73.0	85.5	$\dfrac{7.5\times2}{0.73\times0.855}\fallingdotseq24.03$	75	18.02
	5.5×1	4	77.0	85.0	$\dfrac{5.5\times1}{0.77\times0.85}\fallingdotseq8.4$	100	8.4
전등, 기타	50	–	100	–	50	100	50
합 계	151.5	–	–	–	199.37	–	177.22

발전기의 용량 : 200[kVA]로 선정

T I P

- 정격출력과 극수를 꼭 확인하여 그 칸에 해당되는 것을 적용
- 입력$(P) = \dfrac{\text{출력} \times \text{대수}}{\text{역률} \times \text{효율}}$

※ 출력은 [kW]이므로 $\cos\theta$로 나누며 $\eta = \dfrac{\text{출력}}{\text{입력}}$이니 입력 $= \dfrac{\text{출력}}{\eta}$이다.

07 3상 농형 유도전동기 부하가 다음 표와 같을 때 간선의 굵기를 구하려고 한다. 주어진 참고 표를 이용하여 간선의 최소 전선 굵기를 구하시오(단, 전선은 PVC 절연전선을 사용하며, 배선공사방법은 A1에 의하여 시공한다).

[부하내역]

상 수	전 압	용 량	대 수	기동방법
3상	200[V]	22[kW]	1대	기동기 사용
		7.5[kW]	1대	직입 기동
		5.5[kW]	1대	직입 기동
		1.5[kW]	1대	직입 기동
		0.75[kW]	1대	직입 기동

[참고 표1] 200[V] 전동기 공사 시 간선의 굵기, 개폐기, 차단기(퓨즈) 용량 표

① 전동기 [kW] 수의 총계 [kW] 이하	② 최대 사용 전류 [A] 이하	배선종류에 의한 간선의 최소굵기[mm²]						③ 직입 기동 전동기 중 최대용량의 것											
		공사방법 A1		공사방법 B1		공사방법 C1		0.75 이하	1.5	2.2	3.7	5.5	7.5	11	15	18.5	22	30	37~55
		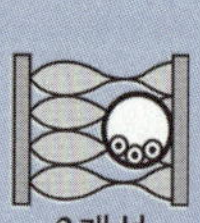 3개선		 3개선		 3개선		④ 기동기 사용 전동기 중 최대용량의 것											
								–	–	–	5.5	7.5	11 15	18.5 22	–	30 37	–	45	55
		PVC	XLPE EPR	PVC	XLPE EPR	PVC	XLPE EPR	⑤ 과전류차단기[A]······(칸 위) ⑥ 개폐기 용량[A]······(칸 아래)											
3	15	2.5	2.5	2.5	2.5	2.5	2.5	15	20	30	–	–	–	–	–	–	–	–	–
								30	30	30									
4.5	20	4	2.5	2.5	2.5	2.5	2.5	20	20	30	50	–	–	–	–	–	–	–	–
								30	30	30	60								
6.3	30	6	4	6	4	4	2.5	30	30	50	50	75	–	–	–	–	–	–	–
								30	30	60	60	100							
8.2	40	10	6	10	6	6	4	50	50	50	75	75	100	–	–	–	–	–	–
								60	60	60	100	100	100						
12	50	16	10	10	10	10	6	50	50	50	75	75	100	150	–	–	–	–	–
								60	60	60	100	100	100	200					
15.7	75	35	25	25	16	16	16	75	75	75	75	100	100	150	150	–	–	–	–
								100	100	100	100	100	100	200	200				

① 전동기 [kW] 수의 총계 [kW] 이하	② 최대 사용 전류 [A] 이하	배선종류에 의한 간선의 최소굵기[mm²]						③ 직입 기동 전동기 중 최대용량의 것											
		공사방법 A1		공사방법 B1		공사방법 C1		0.75 이하	1.5	2.2	3.7	5.5	7.5	11	15	18.5	22	30	37~55
		 3개선		 3개선		 3개선		④ 기동기 사용 전동기 중 최대용량의 것											
								–	–	–	5.5	7.5	11 15	18.5 22	–	30 37	–	45	55
		PVC	XLPE EPR	PVC	XLPE EPR	PVC	XLPE EPR	⑤ 과전류차단기[A]······(칸 위) ⑥ 개폐기 용량[A]······(칸 아래)											
19.5	90	50	25	35	25	25	16	100	100	100	100	150	100	150	200	200	–	–	–
								100	100	100	100	200	100	200	200	200			
23.2	100	50	35	35	25	35	25	100	100	100	100	100	150	150	200	200	200	–	–
								100	100	100	100	100	200	200	200	200	200		
30	125	70	50	50	35	50	35	150	150	150	150	150	150	150	200	200	200	–	–
								200	200	200	200	200	200	200	200	200	200		
37.5	150	95	70	70	50	70	50	150	150	150	150	150	150	150	200	300	300	300	–
								200	200	200	200	200	200	200	200	300	300	300	
45	175	120	70	95	50	70	50	200	200	200	200	200	200	200	200	300	300	300	300
								200	200	200	200	200	200	200	200	300	300	300	300
52.5	200	150	95	95	70	95	70	200	200	200	200	200	200	200	200	300	300	400	400
								200	200	200	200	200	200	200	200	300	300	400	400
63.7	250	240	150	–	95	120	95	300	300	300	300	300	300	300	300	300	400	400	500
								300	300	300	300	300	300	300	300	300	400	400	600
75	300	300	185	–	120	185	120	300	300	300	300	300	300	300	300	300	400	400	500
								300	300	300	300	300	300	300	300	300	400	400	600
86.2	350	–	240	–	–	240	150	400	400	400	400	400	400	400	400	400	400	400	600
								400	400	400	400	400	400	400	400	400	400	400	600

[비고] 1. 최소 전선의 굵기는 1회선에 대한 것이며, 2회선 이상인 경우에는 보정계수를 적용하여야 한다.
2. 공사방법 A1은 벽내의 전선관에 공사한 절연전선 또는 단심케이블, B1은 벽면의 전선관에 공사한 절연전선 또는 단심케이블, C1는 벽면에 공사한 단심 또는 다심케이블을 시설하는 경우의 전선의 굵기를 표시하였다.
3. 「전동기 중 최대의 것」에는 동시 기동하는 경우를 포함함
4. 과전류차단기의 용량은 해당 조항에 규정되어 있는 범위에서 실용상 거의 최댓값을 표시함
5. 과전류차단기의 선정은 최대용량의 정격전류의 3배에 다른 전동기의 정격전류의 합계를 가산한 값 이하를 표시한다.
6. 고리퓨즈는 300[A] 이하에서 사용하여야 한다.

해설

TIP

이렇게 전동기 여러 대 나온 문제에 표1이 주어지면 무조건 전동기 총계를 먼저 계산한다.
전동기 [kW]수의 총계 : $P = 22 + 7.5 + 5.5 + 1.5 + 0.75 = 37.25$[kW]
따라서, [표]에서 37.5[kW] 칸, 공사방법 A1, PVC절연전선에 해당되는 간선의 굵기는 95[mm²]이다.

정답

95[mm²]

08 **그림은 농형 유도전동기를 B1, PVC 절연전선에 의하여 시설한 것이다. 참고자료를 이용하여 다음 각 물음에 답하시오(단, 전동기 4대의 용량은 다음과 같다).**

- 3상 200[V] 7.5[kW] : 직접 기동
- 3상 200[V] 15[kW] : 기동기 사용
- 3상 200[V] 0.75[kW] : 직접 기동
- 3상 200[V] 3.7[kW] : 직접 기동

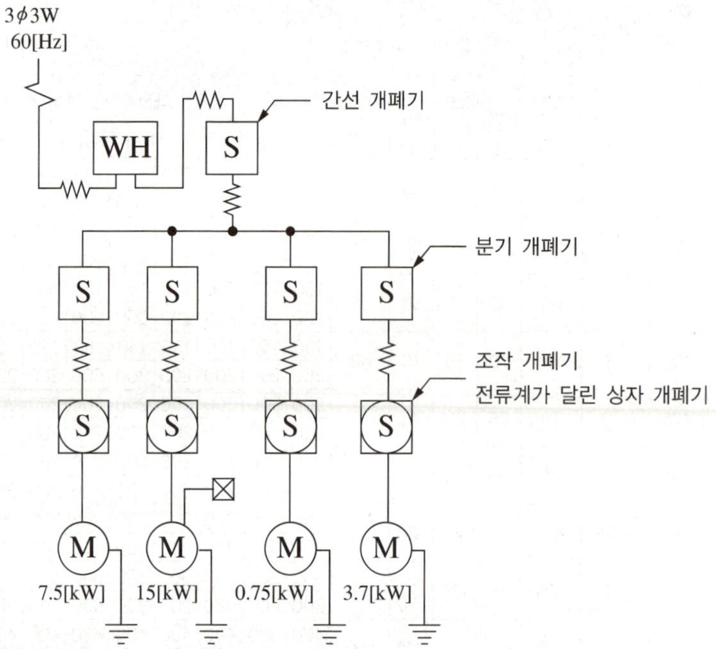

(1) 간선의 최소굵기는 몇 [mm^2]이며 간선금속관의 최소굵기는 몇 [mm]인가?

(2) 간선의 과전류보호기 용량은 몇 [A]이며 간선의 개폐기 용량은 몇 [A]인가?

(3) 7.5[kW] 전동기의 분기회로에 대해 다음을 구하시오.

① 개폐기 용량
 ㉠ 분기[A]
 ㉡ 조작[A]

② 과전류보호기 용량
 ㉠ 분기[A]
 ㉡ 조작[A]

③ 접지선 굵기[mm^2]

④ 초과눈금 전류계[A]

⑤ 금속관의 최소굵기[mm]

TIP

이 문제에서 중요한 점은 간선이냐 분기 부분이냐를 꼭 확인하여 표를 선정하는 게 중요하다. 표1은 간선 시에만 표2는 분기에서만 사용

[참고자료]

표1. 전동기 공사에서 간선의 전선 굵기·개폐기 용량 및 적정 퓨즈(200[V], B종 퓨즈)

전동기[kW] 수의 총계 ① [kW] 이하	최대 사용 전류 ①′ [A] 이하	배선종류에 의한 간선의 최소굵기[mm²] ②						직입 기동 전동기 중 최대용량의 것											
		공사방법 A1		공사방법 B1		공사방법 C		0.75 이하	1.5	2.2	3.7	5.5	7.5	11	15	18.5	22	30	37~55
		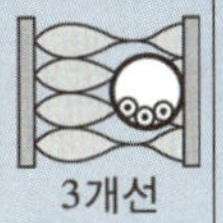 3개선		 3개선		 3개선		기동기 사용 전동기 중 최대용량의 것											
								–	–	–	5.5	7.5	11 15	18.5 22	–	30 37	–	45	55
		PVC	XLPE, EPR	PVC	XLPE, EPR	PVC	XLPE, EPR	과전류차단기[A]……(칸 위 숫자) ③ 개폐기 용량[A]……(칸 아래 숫자) ④											
3	15	2.5	2.5	2.5	2.5	2.5	2.5	15 30	20 30	30 30	–	–	–	–	–	–	–	–	–
4.5	20	4	2.5	2.5	2.5	2.5	2.5	20 30	20 30	30 30	50 60	–	–	–	–	–	–	–	–
6.3	30	6	4	6	4	4	2.5	30 30	30 30	50 60	50 60	75 100	–	–	–	–	–	–	–
8.2	40	10	6	10	6	6	4	50 60	50 60	50 60	75 100	75 100	100 100	–	–	–	–	–	–
12	50	16	10	10	10	10	6	50 60	50 60	50 60	75 100	75 100	100 100	150 200	–	–	–	–	–
15.7	75	35	25	25	16	16	16	75 100	75 100	75 100	75 100	100 100	100 100	150 200	150 200	–	–	–	–
19.5	90	50	25	25	25	25	16	100 100	100 100	100 100	100 100	100 100	150 200	150 200	200 200	200 200	–	–	–
23.2	100	50	35	35	25	35	25	100 100	100 100	100 100	100 100	100 100	150 200	150 200	200 200	200 200	200 200	–	–
30	125	70	50	50	35	50	35	150 200	150 200	150 200	150 200	150 200	150 200	150 200	200 200	200 200	200 200	–	–
37.5	150	95	70	70	50	70	50	150 200	150 200	150 200	150 200	150 200	150 200	150 200	200 200	300 300	300 300	300 300	–
45	175	120	70	95	50	70	50	200 200	200 200	200 200	200 200	200 200	200 200	200 200	200 200	300 300	300 300	300 300	300 300
52.5	200	150	95	95	70	95	70	200 200	200 200	200 200	200 200	200 200	200 200	200 200	200 200	300 300	300 300	400 400	400 400
63.7	250	240	150	–	95	120	95	300 300	300 300	300 300	300 300	300 300	300 300	300 300	300 300	300 300	400 400	400 400	500 600
75	300	300	185	–	120	185	120	300 300	300 300	300 300	300 300	300 300	300 300	300 300	300 300	300 300	400 400	400 400	500 600
86.2	350	–	240	–	–	240	150	400 400	400 400	400 400	400 400	400 400	400 400	400 400	400 400	400 400	400 400	400 400	600 600

[주] 1. 최소 전선 굵기는 1회선에 대한 것이며, 2회선 이상일 경우는 복수회로 보정계수를 적용하여야 한다.
2. 공사방법 A1은 벽 내의 전선관에 공사한 절연전선 또는 단심케이블, B1은 벽면의 전선관에 공사한 절연전선 또는 단심케이블, 공사방법 C는 벽면에 공사한 단심 또는 다심케이블을 시설하는 경우의 전선 굵기를 표시하였다.
3. 「전동기 중 최대의 것」에는 동시 기동하는 경우를 포함함
4. 과전류차단기의 용량은 해당 조항에 규정되어 있는 범위에서 실용상 거의 최댓값을 표시함
5. 과전류차단기의 선정은 최대용량의 정격전류의 3배에 다른 전동기의 정격전류의 합계를 가산한 값 이하를 표시함
6. 고리퓨즈는 300[A] 이하에서 사용하여야 한다.

표2. 전동기 분기회로의 전선 굵기 · 개폐기 용량 및 적정 퓨즈(200[V] 3상 유도전동기 1대의 경우)

정격출력 [kW]	전부하전류 [A]	배선종류에 의한 동 전선의 최소굵기[mm^2]					
		공사방법 A1		공사방법 B1		공사방법 C	
		 3개선		 3개선		 3개선	
		PVC	XLPE, EPR	PVC	XLPE, EPR	PVC	XLPE, EPR
0.2	1.8	2.5	2.5	2.5	2.5	2.5	2.5
0.4	3.2	2.5	2.5	2.5	2.5	2.5	2.5
0.75	4.8	2.5	2.5	2.5	2.5	2.5	2.5
1.5	8	2.5	2.5	2.5	2.5	2.5	2.5
2.2	11.1	2.5	2.5	2.5	2.5	2.5	2.5
3.7	17.4	2.5	2.5	2.5	2.5	2.5	2.5
5.5	26	6	4	4	2.5	4	2.5
7.5	34	10	6	6	4	6	4
11	48	16	10	10	6	10	6
15	65	25	16	16	10	16	10
18.5	79	35	25	25	16	25	16
22	93	50	25	35	25	25	16
30	124	70	50	50	35	50	35
37	152	95	70	70	50	70	50

정격출력 [kW]	전부하전류 [A]	개폐기용량[A]				과전류차단기(B종 퓨즈)[A]				전동기용 초과눈금 전류계의 정격전류 [A]	접지선의 최소굵기 [mm^2]
		직입 기동		기동기 사용		직입 기동		기동기 사용			
		현장 조작	분 기	현장 조작	분 기	현장 조작	분 기	현장 조작	분 기		
0.2	1.8	15	15			15	15			3	2.5
0.4	3.2	15	15			15	15			5	2.5
0.75	4.8	15	15			15	15			5	2.5
1.5	8	15	30			15	20			10	4
2.2	11.1	30	30			20	30			15	4
3.7	17.4	30	60			30	50			20	6
5.5	26	60	60	30	60	50	60	30	50	30	6
7.5	34	100	100	60	100	75	100	50	75	30	10
11	48	100	200	100	100	100	150	75	100	60	16
15	65	100	200	100	100	100	150	100	100	60	16
18.5	79	200	200	100	200	150	200	100	150	100	16
22	93	200	200	100	200	150	200	100	150	100	16
30	124	200	400	200	200	200	300	150	200	150	25
37	152	200	400	200	200	200	300	150	200	200	25

[주] 1. 최소 전선 굵기는 1회선에 대한 것이며, 2회선 이상일 경우는 복수회로 보정계수를 적용하여야 한다.
2. 공사방법 A1은 벽 내의 전선관에 공사한 절연전선 또는 단심케이블, B1은 벽면의 전선관에 공사한 절연전선 또는 단심케이블, 공사방법 C는 벽면에 공사한 단심 또는 다심케이블을 시설하는 경우의 전선 굵기를 표시하였다.
3. 전동기 2대 이상을 동일 회로로 할 경우는 간선의 표를 적용할 것

표3. 후강전선관 굵기의 선정

도체 단면적 $[mm^2]$	전선수(본)									
	1	2	3	4	5	6	7	8	9	10
	전선관의 최소굵기[mm]									
2.5	16	16	16	16	22	22	22	28	28	28
4	16	16	16	22	22	22	28	28	28	28
6	16	16	22	22	22	28	28	28	36	36
10	16	22	22	28	28	36	36	36	36	36
16	16	22	28	28	36	36	36	42	42	42
25	22	28	28	36	36	42	54	54	54	54
35	22	28	36	42	54	54	54	70	70	70
50	22	36	54	54	70	70	70	82	82	82
70	28	42	54	54	70	70	70	82	82	92
95	28	54	54	70	70	82	82	92	92	104
120	36	54	54	70	70	82	82	92		
150	36	70	70	82	92	92	104	104		
185	36	70	70	82	92	104				
240	42	82	82	92	104					

[주] 1. 전선 1본수는 접지선 및 직류 회로의 전선에도 적용한다.
2. 이 표는 실험 결과와 경험을 기초로 하여 결정한 것이다.
3. 이 표는 KS C IEC 60227-3의 450/750[V] 일반용 단심 비닐절연전선을 기준한 것이다.

해설

(1) 간선문제이므로 먼저 전동기 총계를 구한다.
$P = 7.5 + 15 + 0.75 + 3.7 = 26.95$[kW] 이 값을 가지고 표1에서 30[kW] 칸과 공사방법 B1 PVC를 보면 50[mm²]가 나온다. 이 값을 가지고 표3에서 50[mm²]와 3가닥을 보면 54[mm] 선정

(2) 표1 30[kW] 칸에서 기동기 사용값 중 큰 것과 직입 기동 중 큰 것을 비교하여 맨 오른쪽 것을 기준으로 함. 즉, 직입 7.5 기동기 15가 같은 칸이므로 이 칸과 만나는 곳을 보면 과전류 150[A], 개폐기 200[A] 선정

(3) 분기회로이니까 표2에서 7.5[kW] 칸만 사용하여 구한다.

정답

(1) ① 간선의 최소굵기 : 50[mm²]
② 금속관 굵기 : 54[mm]

(2) ① 과전류보호기 : 150[A]
② 개폐기 : 200[A]

(3) ① 개폐기
㉠ 분기 100[A]
㉡ 조작 100[A]
② 과전류보호기
㉠ 분기 100[A]
㉡ 조작 75[A]
③ 접지선 굵기 : 10[mm²]
④ 초과눈금 전류계 : 30[A]
⑤ 금속관 굵기 : 22[mm]
* B1 PVC 7.5[kW] 굵기는 6[mm²]이므로 22[mm]

09 전동기 M_1~M_5의 사양이 주어진 조건과 같고 이것을 그림과 같이 배치하여 금속관공사로 시설하고자 한다. 다음 물음에 답하시오. 단, 공사방법은 B_1, XLPE 절연전선을 사용한다.

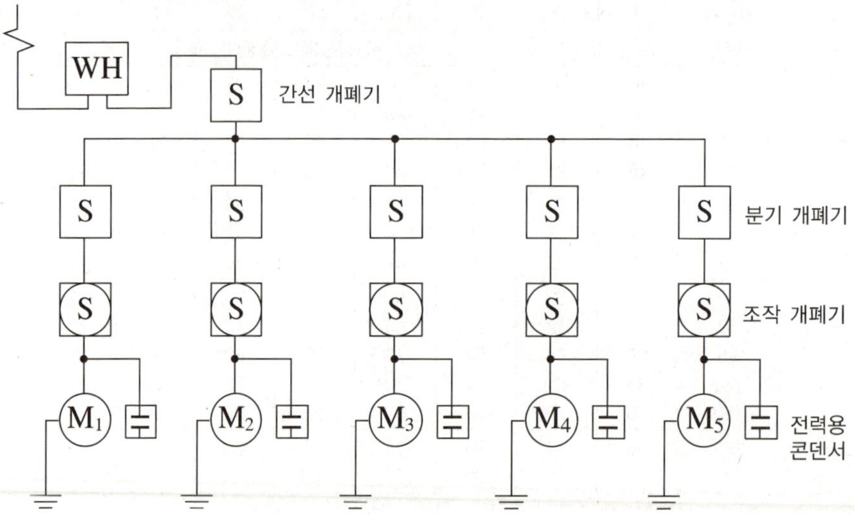

[조 건]

- M_1 : 3상 200[V] 0.75[kW] 농형 유도전동기(직입 기동)
- M_2 : 3상 200[V] 5.5[kW] 농형 유도전동기(직입 기동)
- M_3 : 3상 200[V] 3.7[kW] 농형 유도전동기(직입 기동)
- M_4 : 3상 200[V] 15[kW] 농형 유도전동기(Y-△ 기동)
- M_5 : 3상 200[V] 30[kW] 농형 유도전동기(기동보상기 기동)

(1) 다음 표는 각 전동기 분기회로의 설계 시 필요한 자료이다. 답란에 기입하시오.

구 분		M_1	M_2	M_3	M_4	M_5
규약전류[A]						
전 선	최소굵기[mm^2]					
개폐기 용량[A]	분 기					
	현장조작					
과전류보호기[A]	분 기					
	현장조작					
초과눈금 전류계[A]						
접지선의 굵기[mm^2]						
금속관의 굵기[mm]						
콘덴서 용량[μF]						

(2) 다음 표는 간선의 설계에 필요한 자료이다. 답란에 기입하시오.

전선 최소굵기[mm^2]	개폐기 용량[A]	과전류보호기 용량[A]	금속관의 굵기[mm]

표1. 후강전선관 굵기의 선정

도체 단면적[mm^2]	전선수(본)									
	1	2	3	4	5	6	7	8	9	10
	전선관의 최소굵기[mm]									
2.5	16	16	16	16	22	22	22	28	28	28
4	16	16	16	22	22	22	28	28	28	28
6	16	16	22	22	22	28	28	28	36	36
10	16	22	22	28	28	36	36	36	36	36
16	16	22	28	28	36	36	36	42	42	42
25	22	28	28	36	36	42	54	54	54	54
35	22	28	36	42	54	54	54	70	70	70
50	22	36	54	54	70	70	70	82	82	82
70	28	42	54	54	70	70	70	82	82	92
95	28	54	54	70	70	82	82	92	92	104
120	36	54	54	70	70	82	82	92		
150	36	70	70	82	92	92	104	104		
185	36	70	70	82	92	104				
240	42	82	82	92	104					

[비고] 1. 전선 1본수는 접지선 및 직류회로의 전선에도 적용한다.
2. 이 표는 실험 결과와 경험을 기초로 하여 결정한 것이다.
3. 이 표는 KS C IEC 60227-3의 450/750[V] 일반용 단심 비닐절연전선을 기준한 것이다.

표2. 콘덴서 설치용량 기준표(200[V], 380[V], 3상 유도전동기)

정격출력 [kW]	설치하는 콘덴서 용량(90[%]까지)					
	220[V]		380[V]		440[V]	
	[μF]	[kVA]	[μF]	[kVA]	[μF]	[kVA]
0.2	15	0.2262	–	–		
0.4	20	0.3016	–	–		
0.75	30	0.4524	–	–		
1.5	50	0.754	10	0.544	10	0.729
2.2	75	1.131	15	0.816	15	1.095
3.7	100	1.508	20	1.088	20	1.459
5.5	175	2.639	50	2.720	40	2.919
7.5	200	3.016	75	4.080	40	2.919
11	300	4.524	100	5.441	75	5.474
15	400	6.032	100	5.441	75	5.474
22	500	7.54	150	8.161	100	7.299
30	800	12.064	200	10.882	175	12.744
37	900	13.572	250	13.602	200	14.598

[비고] 1. 200[V]용과 380[V]용은 전기공급약관 시행세칙에 의한다.
2. 440[V]용은 계산하여 제시한 값으로 참고용이다.
3. 콘덴서가 일부 설치되어 있는 경우는 무효전력[kVar] 또는 용량([kVA] 또는 [μF]) 합계에서 설치되어 있는 콘덴서의 용량([kVA] 또는 [μF])의 합계를 뺀 값을 설치하면 된다.

표3. 200[V] 3상 유도전동기의 간선의 전선 굵기 및 기구의 용량(B종 퓨즈의 경우)

전동기[kW]수의 총계[kW] 이하	최대 사용 전류[A] 이하	배선종류에 의한 간선의 최소굵기[mm^2]						직입 기동 전동기 중 최대용량의 것									
		공사방법 A1		공사방법 B1		공사방법 C		0.75 이하	1.5	2.2	3.7	5.5	7.5	11	15	18.5	22
		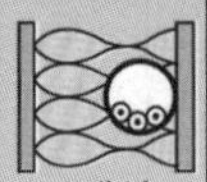 3개선		 3개선		 3개선		기동기 사용 전동기 중 최대용량의 것									
								–	–	–	5.5	7.5	11 15	18.5 22	–	30 37	–
		PVC	XLPE, EPR	PVC	XLPE, EPR	PVC	XLPE, EPR	과전류차단기[A]······(칸 위 숫자) 개폐기 용량[A]······(칸 아래 숫자)									
3	15	2.5	2.5	2.5	2.5	2.5	2.5	15 30	20 30	30 30	–	–	–	–	–	–	–
4.5	20	4	2.5	2.5	2.5	2.5	2.5	20 30	20 30	30 30	50 60	–	–	–	–	–	–
6.3	30	6	4	6	4	4	2.5	30 30	30 30	50 60	50 60	75 100	–	–	–	–	–
8.2	40	10	6	10	6	6	4	50 60	50 60	50 60	75 100	75 100	100 100	–	–	–	–
12	50	16	10	10	10	10	6	50 60	50 60	50 60	75 100	75 100	100 100	150 200	–	–	–
15.7	75	35	25	25	16	16	16	75 100	75 100	75 100	75 100	100 100	100 100	150 200	150 200	–	–
19.5	90	50	25	35	25	25	16	100 100	100 100	100 100	100 100	100 100	150 200	150 200	200 200	200 200	–
23.2	100	50	35	35	25	35	25	100 100	100 100	100 100	100 100	100 100	150 200	150 200	200 200	200 200	200 200
30	125	70	50	50	35	50	35	150 200	150 200	150 200	150 200	150 200	150 200	150 200	200 200	200 200	200 200
37.5	150	95	70	70	50	70	50	150 200	150 200	150 200	150 200	150 200	150 200	150 200	200 200	300 300	300 300
45	175	120	70	95	50	70	50	200 200	200 200	200 200	200 200	200 200	200 200	200 200	200 200	300 300	300 300
52.5	200	150	95	95	70	95	70	200 200	200 200	200 200	200 200	200 200	200 200	200 200	200 200	300 300	300 300
63.7	250	240	150	–	95	120	95	300 300	300 300	300 300	300 300	300 300	300 300	300 300	300 300	300 300	400 400
75	300	300	185	–	120	185	120	300 300	300 300	300 300	300 300	300 300	300 300	300 300	300 300	300 300	400 400
86.2	350	–	240	–	–	240	150	400 400	400 400	400 400	400 400	400 400	400 400	400 400	400 400	400 400	400 400

[비고] 1. 최소 전선 굵기는 1회선에 대한 것이며 2회선 이상일 경우 복수회로 보정계수를 적용하여야 한다.

2. 공사방법 A1은 벽 내의 전선관에 공사한 절연전선 또는 단심케이블, B1은 벽면의 전선관에 공사한 절연전선 또는 단심케이블, 공사방법 C는 벽면에 공사한 단심 또는 다심케이블을 시설하는 경우의 전선 굵기를 표시하였다.
3. 「전동기 중 최대의 것」에는 동시 기동하는 경우를 포함한다.
4. 과전류차단기의 용량은 해당 조항에 규정되어 있는 범위에서 실용상 거의 최댓값을 표시한다.
5. 과전류차단기의 선정은 최대용량의 정격전류의 3배에 다른 전동기의 정격전류의 합계를 가산한 값 이하를 표시한다.
6. 이 표의 전선 굵기 및 허용전류 공사방법 A1, B1, C는 표 A, 52-5에 의한 값으로 하였다.
7. 고리퓨즈는 300[A] 이하에서 사용하여야 한다.

표4. 200[V] 3상 유도전동기 1대인 경우의 분기회로(B종 퓨즈의 경우)

정격출력 [kW]	전부하 전류 [A]	배선종류에 의한 동 전선의 최소굵기[mm^2]					
		공사방법 A1		공사방법 B1		공사방법 C	
		 3개선		 3개선		 3개선	
		PVC	XLPE, EPR	PVC	XLPE, EPR	PVC	XLPE, EPR
0.2	1.8	2.5	2.5	2.5	2.5	2.5	2.5
0.4	3.2	2.5	2.5	2.5	2.5	2.5	2.5
0.75	4.8	2.5	2.5	2.5	2.5	2.5	2.5
1.5	8	2.5	2.5	2.5	2.5	2.5	2.5
2.5	11.1	2.5	2.5	2.5	2.5	2.5	2.5
3.7	17.4	2.5	2.5	2.5	2.5	2.5	2.5
5.5	26	6	4	4	2.5	4	2.5
7.5	34	10	6	6	4	6	4
11	48	16	10	10	6	10	6
15	65	25	16	16	10	16	10
18.5	79	35	25	25	16	25	16
22	93	50	25	35	25	25	16
30	124	70	50	50	35	50	35
37	152	95	70	70	50	70	50

정격출력 [kW]	전부하 전류 [A]	개폐기 용량[A]				과전류차단기(B종 퓨즈)[A]				전동기용 초과눈금 전류계의 정격전류 [A]	접지선의 최소굵기 [mm^2]
		직입 기동		기동기 사용		직입 기동		기동기 사용			
		현장 조작	분 기	현장 조작	분 기	현장 조작	분 기	현장 조작	분 기		
0.2	1.8	15	15			15	15			3	2.5
0.4	3.2	15	15			15	15			5	2.5
0.75	4.8	15	15			15	15			5	2.5
1.5	8	15	30			15	20			10	4
2.2	11.1	30	30			20	30			15	4
3.7	17.4	30	60			30	50			20	6
5.5	26	60	60	30	60	50	60	30	50	30	6
7.5	34	100	100	60	100	75	100	50	75	30	10
11	48	100	200	100	100	100	150	75	100	60	16
15	65	100	200	100	100	100	150	100	100	60	16
18.5	79	200	200	100	200	150	200	100	150	100	16
22	93	200	200	100	200	150	200	100	150	100	16
30	124	200	400	200	200	200	300	150	200	150	25
37	152	200	400	200	200	200	300	150	200	200	25

[비고] 1. 최소 전선 굵기는 1회선에 대한 것이며, 2회선 이상일 경우는 복수회로 보정계수를 적용하여야 한다.
2. 공사방법 A1은 벽 내의 전선관에 공사한 절연전선 또는 단심케이블, B1은 벽면의 전선관에 공사한 절연전선 또는 단심케이블, 공사방법 C는 벽면에 공사한 단심 또는 다심케이블을 시설하는 경우의 전선 굵기를 표시하였다.
3. 전동기 2대 이상을 동일 회로로 할 경우는 간선의 표를 적용할 것
4. 전동기용 퓨즈 또는 모터브레이커를 사용하는 경우는 전동기의 정격출력에 적합한 것을 사용할 것
5. 과전류차단기의 용량은 해당 조항에 규정되어 있는 범위에서 실용상 거의 최댓값을 표시한다.
6. 개폐기 용량이 [kW]로 표시된 것은 이것을 초과하는 정격출력의 전동기에는 사용하지 말 것

정답

(1) TIP

이 부분은 분기회로이므로 표4에서 권선굵기는 위의 표를 나머지는 아래표를 찾는다.

구 분		M_1	M_2	M_3	M_4	M_5
규약전류[A]		4.8	26	17.4	65	124
전선 최소굵기[mm^2]		2.5	2.5	2.5	10	35
개폐기 용량[A]	분 기	15	60	60	100	200
	현장조작	15	60	30	100	200
과전류차단기[A]	분 기	15	60	50	100	200
	현장조작	15	50	30	100	150
초과눈금 전류계[A]		5	30	20	60	150
접지선의 굵기[mm^2]		2.5	6	6	16	25
금속관의 굵기[mm]		16	16	16	36	36
콘덴서 용량[μF]		30	175	100	400	800

이 부분을 가지고 표 1번 사용

Y－Δ 기동이므로 6가닥 적용

(2) TIP

이 문제는 간선이므로
전동기수의 총계 = 0.75 + 5.5 + 3.7 + 15 + 30 = 54.95[kW]
전류 총계 = 4.8 + 26 + 17.4 + 65 + 124 = 237.2[A]
따라서, 표3에서 전동기수의 총계 63.7[kW], 250[A]란에서 선정한다.

구 분	전선 최소굵기[mm^2]	개폐기 용량[A]	과전류차단기 용량[A]	금속관의 굵기[mm]
간 선	95	300	300	54

10 주어진 조건이나 참고자료를 이용하여 다음 각 물음에 답하시오. 3층 사무실용 건물에 3상 3선식의 6,000[V]를 수전하여 200[V]로 강압하여 수전하는 수전설비를 하였다. 각종 부하설비가 다음 표와 같을 때 다음 물음에 답하시오.

표1. 동력부하설비

사용목적	용량[kW]	대 수	상용동력[kW]	하계동력[kW]	동계동력[kW]
난방 관계					
• 보일러 펌프	6.0	1			6.0
• 오일 기어 펌프	0.4	1			0.4
• 온수 순환 펌프	3.0	1			3.0
공기조화 관계					
• 1, 2, 3층 패키지 컴프레서	7.5	6		45.0	
• 컴프레서 팬	5.5	3	16.5		
• 냉각수 펌프	5.5	1		5.5	
• 쿨링 타워	1.5	1		1.5	
급수, 배수 관계					
• 양수 펌프	3.0	1	3.0		
기 타					
• 소화 펌프	5.5	1	5.5		
• 셔 터	0.4	2	0.8		
합 계			25.8	52.0	9.4

표2. 조명 및 콘센트 부하설비

사용목적	와트수[W]	설치수량	환산용량[VA]	총용량[VA]	비 고
전등 관계					
• 수은등 A	200	4	260	1,040	200[V] 고역률
• 수은등 B	100	8	140	1,120	200[V] 고역률
• 형광등	40	820	55	45,100	200[V] 고역률
• 백열전등	60	10	60	600	
콘센트 관계					
• 일반 콘센트		80	150	12,000	2P 15[A]
• 환기팬용 콘센트		8	55	440	
• 히터용 콘센트	1,500	2		3,000	
• 복사기용 콘센트		4		3,600	
• 텔레타이프용 콘센트		2		2,400	
• 룸 쿨러용 콘센트		6		7,200	
기타					
• 전화교환용 정류기		1		800	
계				77,300	

> **[참 고]**
> ① 환산 용량의 전력회사의 공급규정에 의함
> ② 변압기용량(계약회사에서 시판)
> 단상, 3상 공히 5, 10, 15, 20, 30, 50, 75, 100, 150[kVA]

(1) 동력난방계 온수 순환 펌프는 상시 운전하고, 보일러용과 오일 기어펌프의 수용률이 50[%]일 때 난방동력에 대한 수용부하는 몇 [kW]인가?

(2) 동력부하의 역률이 전부 70[%]라고 한다면 피상전력은 각각 몇 [kVA]인가?(단, 상용동력, 하계동력, 동계동력별로 각각 계산한다)

(3) 총전기설비용량은 몇 [kVA]를 기준하여야 하는가?

(4) 전등의 수용률은 60[%], 콘센트 설비의 수용률을 70[%]라 한다면 몇 [kVA]의 단상 변압기에 연결하여야 하는가?(단, 전화교환용 정류기는 100[%] 수용률로서 계산 결과에 포함시키면 변압기 예비율(여유율)은 무시한다)

(5) 동력설비 부하의 수용률이 모두 65[%]라면 동력부하용 3상 변압기의 용량은 몇 [kVA]인가?(단, 동력부하의 역률은 70[%]로 하면 변압기의 예비율은 무시한다)

(6) 상기 건물에 시설된 변압기 총용량은 몇 [kVA]인가?

(7) 단상 변압기와 3상 변압기의 1차 측의 전력 퓨즈값은 각각 정격전류 몇 [A]짜리를 선택하여야 하는가?

(8) 선정된 동력용 변압기용량에서 역률을 95[%]로 올리려면 콘덴서 용량은 몇 [kVA]인가?

[참고자료1] 전력 퓨즈의 정격전류표

상 수	1ϕ				3ϕ			
공칭전압	3.3[kV]		6.6[kV]		3.3[kV]		6.6[kV]	
변압기용량 [kVA]	변압기 정격전류[A]	정격전류 [A]	변압기 정격전류[A]	정격전류 [A]	변압기 정격전류[A]	정격전류 [A]	변압기 정격전류[A]	정격전류 [A]
5	1.52	3	0.76	1.5	0.88	1.5	–	–
10	3.03	7.5	1.52	3	1.75	3	0.88	1.5
15	4.55	7.5	2.28	3	2.63	3	1.3	1.5
20	6.06	7.5	3.03	7.5	–	–	–	–
30	9.10	15	4.56	7.5	5.26	7.5	2.63	3
50	15.2	20	7.60	15	8.45	15	4.38	7.5
75	22.7	30	11.4	15	13.1	15	6.55	7.5
100	30.3	50	15.2	20	17.5	20	8.75	15
150	45.5	50	22.7	30	26.3	30	13.1	15
200	60.7	75	30.3	50	35.0	50	17.5	20
300	91.0	100	45.5	50	52.0	75	26.3	30
400	121.4	150	60.7	75	70.0	75	35.0	50
500	152.0	200	75.8	100	87.5	100	43.8	50

[참고자료2] [kVA] 부하에 대한 콘덴서 용량 산출표[%]

구 분		개선 후의 역률																	
		1.00	0.99	0.98	0.97	0.96	0.95	0.94	0.93	0.92	0.91	0.90	0.89	0.88	0.87	0.86	0.85	0.83	0.80
개선 전의 역률	0.50	173	159	153	148	144	140	137	134	131	128	125	122	119	117	114	111	106	98
	0.55	152	138	132	127	123	119	116	112	108	106	103	101	98	95	92	90	85	77
	0.60	133	119	113	108	104	100	97	94	91	88	85	82	79	77	74	71	66	58
	0.62	127	112	106	102	97	94	90	87	84	81	78	75	73	70	67	65	59	52
	0.64	120	106	100	95	91	87	84	81	78	75	72	69	66	63	61	58	53	45
	0.66	114	100	94	89	85	81	78	74	71	68	65	63	60	57	55	52	47	39
	0.68	108	94	88	83	79	75	72	68	65	62	59	57	54	51	49	46	41	33
	0.70	102	88	82	77	73	69	66	63	59	56	54	51	48	45	43	40	35	27
	0.72	96	82	76	71	67	64	60	57	54	51	48	45	42	40	37	36	29	21
	0.74	91	77	71	68	62	58	55	51	48	45	43	40	37	34	32	29	24	16
	0.76	86	71	65	60	58	53	49	46	43	40	37	34	32	29	26	24	18	11
	0.78	80	66	60	55	51	47	44	41	38	35	32	29	26	24	21	18	13	5
	0.79	78	63	57	53	48	45	41	38	35	32	29	26	24	21	18	16	10	2.6
	0.80	75	61	55	50	46	42	39	36	32	29	27	24	21	18	16	13	8	
	0.81	72	58	52	47	43	40	36	33	30	27	24	21	18	16	13	10	5	
	0.82	70	56	50	45	41	37	34	30	27	24	21	18	16	13	10	8	2.6	
	0.83	67	53	47	42	38	34	31	28	25	22	19	16	13	11	8	5		
	0.84	65	50	44	40	35	32	28	25	22	19	16	13	11	8	5	2.6		
	0.85	62	48	42	37	33	29	25	23	19	16	14	11	8	5	2.7			
	0.86	59	45	39	34	30	28	23	20	17	14	11	8	5	2.6				
	0.87	57	42	36	32	28	24	20	17	14	11	8	6	2.7					
	0.88	54	40	34	29	25	21	18	15	11	8	6	2.8						
	0.89	51	37	31	26	22	18	15	12	9	6	2.8							
	0.90	48	34	28	23	19	16	12	9	6	2.8								
	0.91	46	31	25	21	16	13	9	8	3									
	0.92	43	28	22	18	13	10	8	3.1										
	0.93	40	25	19	14	10	7	3.2											
	0.94	36	22	16	11	7	3.4												
	0.95	33	19	13	8	3.7													
	0.96	29	15	9	4.1														
	0.97	25	11	4.8															
	0.98	20	8																
	0.99	14																	

해설

(1) 동계난방 칸에서 온수순환은 100[%] 나머지 50[%] 수용률 적용

수용부하=3+(6+0.4)×0.5=6.2[kW]

(2) 동력부하의 상용, 하계, 동계의 각각 용량합에 역률계산(0.7)

① 상용동력 피상전력$= \dfrac{25.8}{0.7} \fallingdotseq 36.86$[kVA]

② 하계동력 피상전력$= \dfrac{52}{0.7} \fallingdotseq 74.29$[kVA]

③ 동계동력 피상전력$= \dfrac{9.4}{0.7} \fallingdotseq 13.43$[kVA]

(3) 총전기설비용량 = $\underset{\text{상용}}{\underline{36.86}}+\underset{\text{(하계, 동계 중 큰 것)}}{\underline{74.29}}+\underset{\text{조명, 콘센트 상시}}{\underline{77.3}}$ = 188.45[kVA]

(4) ① 전등수용용량 $= (1,040+1,120+45,100+600)\times 0.6\times 10^{-3}$

$\fallingdotseq 28.72$[kVA]

② 콘센트수용용량 $= (12,000+440+3,000+3,600+2,400+7,200)\times 0.7\times 10^{-3}$

$\fallingdotseq 20.05$[kVA]

③ 기타 $= 800\times 1\times 10^{-3} = 0.8$[kVA]

④ 단상 변압기용량 $= 28.72+20.05+0.8 = 49.57$[kVA]

(5) 동력설비용량 $= \dfrac{25.8+52}{0.7}\times 0.65 \fallingdotseq 72.24$[kVA]

(6) 변압기 총용량 $= 50+75 = 125$[kVA]

(7) 참고자료1의 1ϕ 변압기 6.6[kV] 칸에서 용량 50[kVA]를 찾으면

1ϕ 변압기 : 15[A]

3ϕ 변압기 6.6[kV] 칸에서 용량 75[kVA]를 찾으면

3ϕ 변압기 : 7.5[A]

(8) 참고자료2를 사용하여 역률 70[%]를 95[%]로 개선하기 위한 콘덴서 용량 k=0.69이므로

콘덴서 소요용량[kVA] = [kW]$\times k$ = $\underbrace{75\text{[kVA]}\times 0.7}_{\text{[kW]}}\times 0.69 \fallingdotseq 36.23$[kVA]

정답

(1) 6.2[kW]

(2) ① 상용동력 : 36.86[kVA]

② 하계동력 : 74.29[kVA]

③ 동계동력 : 13.43[kVA]

(3) 188.45[kVA]

(4) 50[kVA]

(5) 75[kVA]

(6) 125[kVA]

(7) 단상 변압기 : 15[A], 3상 변압기 : 7.5[A]

(8) 36.23[kVA]

11 다음과 같은 규모의 아파트단지를 계획하고 있다. 주어진 도면을 이용하여 다음 각 물음에 답하시오.

[규 모]

• 아파트 동수 및 세대수 : 2개동 300세대
• 세대당 면적과 세대수

동 별	세대당 면적[m^2]	세대수	동 별	세대당 면적[m^2]	세대수
1동	50	50	2동	50	60
	70	40		70	30
	90	30		90	30
	110	30		110	30

• 계단, 복도, 지하실 등의 공용면적
1동 − 1,700[m^2]　　2동 − 1,700[m^2]

[조 건]

• 아파트 면적의 [m^2]인 상정부하는 다음과 같다.
아파트 : 30[VA/m^2], 공용면적부분 : 7[VA/m^2]
• 세대당 추가로 가산하여야 할 피상전력[VA]은 다음과 같다.
80[m^2] 이하의 세대 : 750[VA], 150[m^2] 이하인 경우 : 1,000[VA]
• 아파트 동별 수용률은 다음과 같다.
70세대 이하인 경우 : 65[%]
100세대 이하인 경우 : 60[%]
150세대 이하인 경우 : 55[%]
200세대 이하인 경우 : 50[%]
• 모든 계산은 피상전력을 기준한다.
• 역률은 100[%]로 보고 계산한다.
• 각 세대의 공급방식은 110/220[V]의 단상 3선식으로 한다.
• 주변전실로부터 1동까지는 150[m]이며, 동 내부의 전압강하는 무시한다.
• 변전실의 변압기는 단상 변압기 3대로 구성한다.
• 동 간 부등률은 1.4로 본다.
• 공용부분의 수용률은 100[%]로 한다.
• 주변전설비에서 각 동까지의 전압강하는 3[%]로 한다.
• 간선은 후강전선관배선으로 IV전선을 사용하며, 간선의 굵기는 325[mm^2] 이하를 시공하여야 한다.
• 아파트 단지의 수전은 13,200/22,900[V-Y]의 3상 4선식 계통에서 수전한다.

(1) 1동의 상정부하는 몇 [VA]인가?

(2) 2동의 수용부하는 몇 [VA]인가?

(3) 1, 2동의 변압기용량을 계산하기 위한 부하는 몇 [VA]인가?

(4) 이 단자의 변압기는 단상 몇 [kVA]짜리 3대를 설치하여야 하는가?(단, 변압기용량은 10[%]의 여유율을 두도록 하며, 단상 변압기의 표준용량은 75, 100, 150, 200, 300[kVA] 등이다)

해설

(1) 상정부하 = (바닥면적×[m^2]당 상정부하)+가산부하

세대당 면적[m^2]	상정부하 [VA/m^2]	가산부하 [VA]	세대수	상정부하[VA]
50	30	750	50	[(50×30)+750]×50=112,500
70	30	750	40	[(70×30)+750]×40=114,000
90	30	1,000	30	[(90×30)+1,000]×30=111,000
110	30	1,000	30	[(110×30)+1,000]×30=129,000
합 계	466,500[VA]			

∴ 공용면적까지 고려한 상정부하 = 466,500+1,700×7 = 478,400[VA]

(2) 수용부하 = 상정부하×수용률

세대당 면적[m^2]	상정부하 [VA/m^2]	가산부하 [VA]	세대수	상정부하[VA]
50	30	750	60	[(50×30)+750]×60=135,000
70	30	750	30	[(70×30)+750]×30=85,500
90	30	1,000	30	[(90×30)+1,000]×30=111,000
110	30	1,000	30	[(110×30)+1,000]×30=129,000
합 계	460,500[VA]			

∴ 공용면적까지 고려한 수용부하=460,500×0.55+1,700×7 = 265,175[VA]

(3) 합성 최대전력 $= \dfrac{\text{최대전력}}{\text{부등률}} = \dfrac{\text{설비용량} \times \text{수용률}}{\text{부등률}}$

$$= \frac{(466{,}500 \times 0.55) + (1{,}700 \times 7) + 265{,}175}{1.4}$$

$$\fallingdotseq 381{,}178.57[\text{VA}]$$

(4) 변압기용량 $= \dfrac{381{,}178.57}{3} \times 1.1 \times 10^{-3} \fallingdotseq 139.77[\text{kVA}]$

따라서, 표준용량 150[kVA]를 산정한다.

정답

(1) 478,400[VA]

(2) 265,175[VA]

(3) 381,178.57[VA]

(4) 150[kVA]

12 정격출력 500[kVA], 역률 70[%]의 부하를 역률 95[%]로 개선하기 위한 진상 콘덴서의 용량 [kVA]은 얼마인가?(다음 표를 이용하여 구한다)

[참고자료] 부하에 대한 콘덴서 용량 산출표[%]

구 분		개선 후의 역률														
		1.00	0.99	0.98	0.97	0.96	0.95	0.94	0.93	0.92	0.91	0.9	0.875	0.85	0.825	0.8
개선 전의 역률	0.4	230	216	210	205	201	197	194	190	187	184	181	175	168	161	155
	0.425	213	198	192	188	184	180	176	173	180	167	164	157	151	144	138
	0.45	198	183	177	173	168	165	161	158	155	152	149	142	136	129	123
	0.475	185	171	165	161	156	153	149	146	143	140	137	130	123	116	110
	0.5	173	159	153	148	144	140	137	134	130	128	125	118	112	104	98
	0.525	162	148	142	137	133	129	126	122	119	117	114	107	100	93	87
	0.55	152	138	132	127	123	119	116	112	109	106	104	97	90	87	77
	0.575	142	128	122	117	114	110	106	103	99	96	94	87	80	74	67
	0.6	133	119	113	108	104	101	97	94	91	88	85	78	71	65	58
	0.625	125	111	105	100	96	92	89	85	82	79	77	70	63	56	50
	0.65	117	103	97	92	88	84	81	77	74	71	69	62	55	48	42
	0.675	109	95	89	84	80	76	73	70	66	64	61	54	47	40	34
	0.7	102	88	81	77	73	69	66	62	59	56	54	46	40	33	27
	0.725	95	81	75	70	66	62	59	55	52	49	46	39	33	26	20
	0.75	88	74	67	63	58	55	52	49	45	43	40	33	26	19	13
	0.775	81	67	61	57	52	49	45	42	39	36	33	26	19	12	6.5
	0.8	75	61	54	50	46	42	39	35	32	29	27	19	13	6	
	0.825	69	54	48	44	40	36	33	29	26	23	21	14	7		
	0.85	62	48	42	37	33	29	26	22	19	16	14	7			
	0.875	55	41	35	30	26	23	19	16	13	10	7				
	0.9	48	34	28	23	19	16	12	9	6	2.8					
	0.91	45	31	25	21	16	13	9	6	2.8						
	0.92	43	28	22	18	13	10	6	3.1							
	0.93	40	25	19	15	10	7	3.3								
	0.94	36	22	16	11	7	3.6									
	0.95	33	18	12	8	3.5										

해설

콘덴서용량[kVA] $= p\cos\theta k = 500 \times 0.7 \times 0.69 = 241.5$[kVA]

정답

241.5[kVA]

CHAPTER 08 전기설비감리

01 감리 개요

1 감리업에 따른 감리원 분류

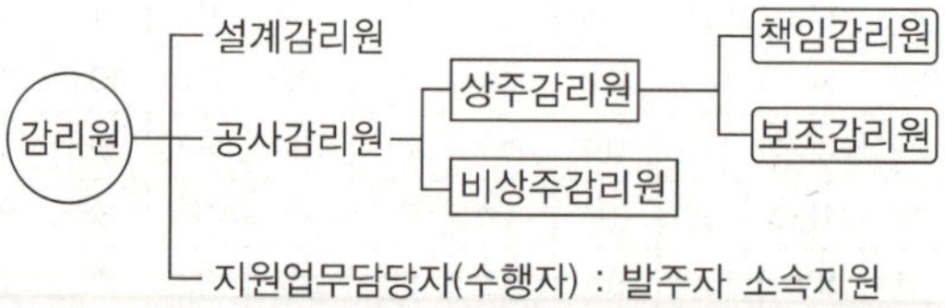

2 용어 정리

① 공사감리란 발주자의 위탁을 받은 감리업자가 설계도서, 그 밖의 관계서류의 내용대로 시공되는지 여부를 확인하고, 품질관리, 공사관리 및 안전관리 등에 대한 기술지도를 하며 발주자의 권한을 대행한다.

② 감리원이란 상주감리원과 비상주감리원을 말한다.

③ 책임감리원이란 감리업자를 대표하여 현장에 상주하며 공사전반에 관하여 책임감리 등의 업무를 총괄하는 사람을 말한다.

④ 상주감리원이란 현장에 상주하면서 감리업무를 수행, 책임감리원과 보조감리원을 말한다.

⑤ 보조감리원이란 책임감리원을 보좌하는 사람으로서 담당 감리업무를 책임감리원과 연대하여 책임지는 사람을 말한다.

⑥ 비상주감리원이란 감리업체에 근무하면서 상주감리원의 업무를 기술적, 행정적으로 지원하는 사람을 말한다.

⑦ 지원업무담당자란 감리업무 수행에 따른 업무 연락 및 문제점 파악, 민원해결, 용지보상지원 그 밖에 필요한 업무를 수행하게 하기 위하여 발주자가 지정한 발주자의 소속직원을 말한다.

⑧ 공사계약문서란 계약서, 설계도서, 공사입찰유의서, 공사계약 일반조건, 공사계약 특수조건 및 산출내역서 등으로 구성되며 상호 보완의 효력을 가진 문서를 말한다.

⑨ 감리용역계약문서란 계약서, 기술용역입찰유의서, 기술용역계약 일반조건, 감리용역계약 특수조건, 과업지시서, 감리비 산출내역서 등으로 구성되며 상호 보완의 효력을 가진 문서를 말한다.

3 상주감리원(현장근무)

① 상주감리원은 공사현장에서 운영요령에 따라 배치된 일수를 상주한다. 다른 업무 또는 부득이한 사유로 1일 이상 현장을 이탈하는 경우 반드시 감리업무일지에 기록하고 발주자(지원업무담당자)의 승인을 받아야 한다.
② 감리사무실 출입구 부근에 부착된 근무상황판에 현장근무위치 및 업무내용 등을 기록해야 한다.
③ 발주자의 요청이 있는 경우에는 초과근무를 하여야 한다. 공사업자의 요청이 있을 경우에는 발주자의 승인을 받아 초과근무를 하여야 한다.

4 비상주감리원의 업무수행(시공감리 제5조)

① 설계도서 등의 검토
② 상주감리원의 수행하지 못하는 현장조사 분석 및 시공상의 문제점에 대한 기술검토와 민원사항에 대한 현장조사 및 해결방안 검토
③ 중요한 설계변경에 대한 기술검토
④ 설계변경 및 계약금액 조정의 심사
⑤ 기성 및 준공검사
⑥ 정기적(분기 또는 월별)으로 현장시공 상태를 종합적으로 점검・확인・평가하고 기술지도
⑦ 공사와 관련하여 발주자(지원업무수행자 포함)가 요구한 기술적 사항 등에 대한 검토
⑧ 그 밖에 감리업무 추진에 필요한 기술지원업무

5 지원업무담당자 주요업무(시공감리 제6조)

① 입찰참가자격심사(PQ) 기준 작성
② 감리업무 수행계획서, 감리원 배치계획서 검토
③ 보상 담당부서에 수행하는 통상적인 보상업무 외에 감리원 및 공사업자와 협조하여 용지측량, 기공승락, 지장물 이설 확인 등의 용지보상 지원업무 수행
④ 감리원에 대한 지도, 점검
⑤ 감리원이 수행할 수 없는 공사와 관련한 각종 관・민원 업무 및 인・허가 업무를 해결하고 특히 지역성 민원해결을 위한 합동조사, 공청회 개최 등 추진
⑥ 설계변경, 공기연장 등 주요사항 발생 시 발주자로부터 검토, 지시가 있을 경우 현지 확인 및 검토, 보고
⑦ 공사관계자회의 등에 참석하여 발주자의 지시사항 전달 및 감리, 공사수행상 문제점 파악・보고
⑧ 필요시 기성검사 및 각종 검사 입회
⑨ 준공검사 입회
⑩ 준공도서 등의 인수
⑪ 하자 발생 시 현지조사 및 사후조치

6 감리원 배치기준

구 분	총 예정공사비	책임감리비	보조감리원
발전, 송전, 변전, 배전, 전기철도	총공사비 100억 이상	특급 감리원	초급 감리원 이상
	총공사비 50억 이상 100억 미만	고급 감리원 이상	초급 감리원 이상
	총공사비 50억 미만	중급 감리원 이상	초급 감리원 이상
수전, 구내배전, 가로등, 전력사용설비 및 그 밖의 설비	총공사비 20억 이상	특급 감리원	초급 감리원 이상
	총공사비 10억 이상 20억 미만	고급 감리원 이상	초급 감리원 이상
	총공사비 10억 미만	중급 감리원 이상	초급 감리원 이상

7 감리원 배치신고

(1) **배치신고** : 30일 이내 시·도지회(협회), 발주자 확인 필수

(2) **완료보고서 제출** : 30일 이내 시·도지회(협회), 발주자 확인 필수

(3) **배치신고서 첨부서류**

① 감리원 배치계획서(발주자 확인)

② 공사 예정 공정표 사본

③ 감리용역 계약서

④ 감리원 재직증명서(공기업, 사업자 등 자체감리 시)

⑤ 공사현장 간 거리 도면(인접공사 통합 관리하는 공기업)

※ 감리원 배치신고는 현장감리 배치 후 30일 이내 의미하며 완료보고서는 감리 종료 후 30일 이내 의미

8 시방서 종류와 설계도서 우선순위

(1) **표준시방서** : 시설물의 안전 및 공사시행의 적정성과 품질확보 등을 위하여 시설물별로 정한 표준적인 시공기준으로서 발주청 또는 건설기술용역업자가 공사시방서를 작성하는 경우에 활용하기 위한 시공기준

(2) **전문시방서** : 시설물별 표준시방서를 기본적으로 모든 공종을 대상으로 하여 특정한 공사의 시공 또는 공사시방서의 작성을 활용하기 위한 종합적인 시공기준

(3) 공사시방서

① 공사별로 건설공사 수행을 위한 기준으로서 계약문서의 일부가 되며, 설계도면에 표시하기 곤란하거나 불편한 내용과 당해 공사의 수행을 위한 재료, 공법, 품질시험 및 검사 등, 품질관리, 안전관리계획 등에 관한 사항을 기술하고, 당해 공사의 특수성, 지역여건, 공사방법 등을 고려하여 공사별, 공종별로 정하여 시행하는 시공기준

② 공사시방서는 표준시방서 및 전문시방서를 기준으로 작성

(4) 설계도서 우선순위

설계도서, 법령해석, 감리자의 지시 등이 서로 일치하지 아니하는 경우에 있어서 그 계약으로 적용의 우선순위를 정하지 아니한 때에는 다음의 순서를 원칙으로 한다.

① 공사시방서
② 설계도면
③ 전문시방서
④ 표준시방서
⑤ 산출내역서
⑥ 승인된 상세시공도면
⑦ 관계법령의 유권해석
⑧ 감리자의 지시사항

※ 편의상 별도의 공사시방서를 작성하지 않고 모든 공사에서 공동적으로 적용되는 시방을 규정한 시방서 : 표준시방서

02 설계감리

1 설계감리 대상 및 감리업, 설계감리원 자격

(1) 대 상

① 80만[kW] 이상 발전설비
② 30만[V] 이상 송·변전설비
③ 10만[V] 이상 수전, 구내배전, 전력사용설비
④ 전기철도의 수전, 철도신호, 구내배전, 전차선, 전력사용설비
⑤ 국제공항의 수전, 구내배전, 전력사용설비
⑥ 21층 이상 또는 연면적 50,000[m^2] 이상 건축물 전력시설물(아파트 제외)

(2) 감리업 : 종합설계업

(3) 설계감리원의 자격 : 전기분야 기술사, 또는 기술자 또는 고급 감리원 이상

2 설계감리원의 업무

① 주요 설계용역 업무에 대한 기술자문
② 사업기획 및 타당성 조사 등 전 단계 용역 수행 내용의 검토
③ 시공성 및 유지관리의 용이성 검토
④ 설계도서의 누락, 오류, 불명확한 부분에 대한 추가 및 정정 지시 및 확인
⑤ 설계업무의 공정 및 기성관리의 검토, 확인
⑥ 설계감리 결과보고서의 작성
⑦ 그 밖에 계약문서에 명시된 사항

03 착공감리

1 착공신고서를 발주자에게 승인 받을 때 신고서 첨부서류

① 감리업무 수행계획서
② 감리비 산출내역서
③ 상주, 비상주감리원 배치계획서와 감리원 경력확인서
④ 감리원 조직구성내용과 감리원별 투입기간 담당업무
※ 감리원 배치신고서 : 감리업체 → 협회
감리원 배치 착수(착공)신고서 : 감리업자 → 발주자
착공신고서 : 공사업자 → 감리원

2 설계도서 검토 관리(제8, 9조)

(1) 설계도서 검토 시 내용

① 현장 조건에 부합 여부
② 시공의 실제 가능 여부
③ 다른 사업 또는 다른 공정과의 상호부합 여부
④ 설계도면, 설계설명서, 기술계산서, 산출내역서 등의 내용에 대한 상호 일치 여부
⑤ 설계도서의 누락, 오류 등 불명확한 부분의 존재 여부
⑥ 발주자가 제공한 물량내역서와 공사업자가 제출한 산출내역서의 수량일치 여부
⑦ 시공상의 예상 문제점 및 대책 등

3 착공신고서 검토 및 보고(제11조)

(1) 착공신고서 첨부서류(공사업자)

① 시공관리책임자 지정통지서(현장관리조직, 안전관리자)
② 공사 예정공정표
③ 품질관리계획서
④ 공사도급계약서 사본 및 산출내역서
⑤ 현장기술자 경력사항 확인서 및 자격증 사본
⑥ 공사 시작 전 사진
⑦ 안전관리계획서
⑧ 작업인원 및 장비투입 계획서
⑨ 그 밖에 발주자가 지정한 사항
※ 공사업자로부터 착공신고서를 제출받아 7일 이내에 발주자에게 보고해야 하는 서류

4 감리원의 착공신고서 적정여부 검토 시 참고항목

(1) 계약내용의 확인

① 공사기간(착공~준공)
② 공사비 지급조건 및 방법(선급금, 기성부분 지급, 준공금 등)
③ 그 밖에 공사계약문서에 정한 사항

(2) 현장기술자의 적격여부

① 시공관리책임자 : 전기공사업법
② 안전관리자 : 산업안전보건법

(3) **공사 예정공정표** : 작업 간 선행, 동시 및 완료 등 공사 전후 간의 연관성이 명시되어 작성되고 예정공정률이 적정하게 작성되었는지 확인

(4) **품질관리계획** : 공사 예정공정표에 따라 공사용 자재의 투입시기와 시험방법, 빈도 등이 적정하게 반영되었는지 확인

(5) **공사 시작 전 사진** : 전경이 잘 나타나도록 촬영되었는지 확인

(6) **안전관리계획** : 산업안전보건법령에 따른 해당 규정 반영여부

(7) **작업인원 및 장비투입계획** : 공사의 규모 및 성격, 특성에 맞는 장비형식이나 수량의 적정여부 등

※ 처리기간 : 공사시작 → 착공신고서 접수(공사업자) → 적정여부 검토 → 7일 이내 발주자에게 보고

5 가설물 설치계획표 작성항목

감리원 → 공사 시작과 동시에 공사업자에게 가설시설물 설치계획표를 작성하여 제출

① 공사용 도로(발・변전, 송배전설비에 한함)

② 가설사무소, 작업장, 창고, 숙소, 식당, 기타 부대설비

③ 자재 야적장

④ 공사용 임시전력

※ 감리원 검토 후 지원업무담당자와 협의, 승인

6 착공감리 일정

① 감리원이 공사업자의 '착공신고서'를 제출받아 적정성 검토 후 7일 내 발주자에게 보고

② 감리원은 공사 '하도급계약서' 적정여부 검토 시 요청일부터 7일 내 발주자에 의견 제출

04 시공감리

1 감리업자가 발주자 승인을 받아야 하는 착수신고서 첨부항목

① 감리업무 수행계획서

② 감리비 산출내역서

③ 상주, 비상주감리원 배치계획서와 감리원의 경력확인서

④ 감리원 조직 구성내용과 감리원별 투입기간 및 담당업무

2 감리원이 현장에 비치, 기록, 보관해야 할 목록

① 감리업무일시

② 근무상황판

③ 지원업무수행기록부

④ 착수신고서

⑤ 회의 및 협의내용 관리대장

⑥ 문서접수대장

⑦ 문서발송대장
⑧ 교육실적 기록부
⑨ 민원처리부
⑩ 지시부
⑪ 발주자 지시사항 처리부
⑫ 품질관리 검사·확인대장
⑬ 설계 변경현황
⑭ 검사 요청서
⑮ 검사 체크리스트
⑯ 시공기술자 실명부
⑰ 검사결과통보서
⑱ 기술검토 의견서
⑲ 주요기자재 및 검수 및 수불부
⑳ 기성부분 감리조서
㉑ 발생품(잉여자재)정리부
㉒ 기성부분 검사조서
㉓ 기성부분 검사원
㉔ 준공검사원
㉕ 기성공정 내역서
㉖ 기성부분 내역서
㉗ 준공검사조서
㉘ 준공감리조서
㉙ 안전관리점검표
㉚ 사고보고서
㉛ 재해발생관리부
㉜ 사후환경영향조사 결과보고서

3 공사업자가 현장에 비치, 기록, 보관해야 할 서식

공사업자는 다음의 서식 중 해당 공사현장에서 공사업무 수행상 필요한 서식을 비치하고 기록·보관하여야 한다.

① 하도급 현황
② 주요인력 및 장비투입 현황
③ 작업계획서
④ 기자재 공급원 승인 현황
⑤ 주간공정계획 및 실적보고서
⑥ 안전관리비 사용실적 현황
⑦ 각종 측정기록표

4 책임감리원이 발주자에게 보고해야 할 항목

(1) 수시보고사항

① 긴급사항, 불특정 중요사항

② 보고서 서식이 없으므로 시안에 따라 수시보고

(2) 분기보고서

① 매 분기 말 다음달 7일 이내 제출

② 항목(보고서에 포함할 사항)

㉠ 공사추진 현황(공사계획의 개요와 공사 추진계획 및 실적, 공정 현황, 감리용역 현황, 감리조직, 감리원 조치내역 등)

㉡ 감리원 업무일지

㉢ 품질검사 및 관리 현황

㉣ 검사요청 및 결과통보내용

㉤ 주요기자재 검사 및 수불내용(주요기자재 검사 및 입·출고가 명시된 수불 현황)

㉥ 설계변경 현황

㉦ 그 밖에 책임감리원이 감리에 관하여 중요하다고 인정하는 사항

(3) 최종 감리보고서 첨부서류

① 감리기간 종료 후 14일 이내 제출

② 첨부서류

㉠ 공사 및 감리용역 개요 등 : 사업목적, 공사 개요, 감리용역 개요, 설계용역 개요

㉡ 공사추진실적 현황 : 기성 및 준공검사 현황, 공종별 추진실적, 설계변경 현황, 공사현장 실정보고 및 처리 현황, 지시사항 처리, 주요인력 및 장비투입 현황, 하도급 현황, 감리원 투입현황

㉢ 품질관리실적 : 검사요청 및 결과통보 현황, 각종 측정기록 및 조사표, 시험장비사용 현황, 품질관리 및 측정자 현황, 기술검토실적 현황 등

㉣ 주요기자재 사용실적 : 기자재 공급원 승인 현황, 주요기자재 투입 현황, 사용자재 투입 현황

㉤ 안전관리실적 : 안전관리조직, 교육실적, 안전점검실적, 안전관리비 사용실적

㉥ 환경관리실적 : 폐기물발생 및 처리실적

㉦ 종합분석

5 시공기술사 교체 해당사항

① 시공기술자 및 안전관리자가 관계 법령에 따른 배치기준, 겸직금지, 보수교육이수 및 품질관리 등의 법규를 위반하였을 때

② 시공관리책임자가 감리원과 발주자의 사전 승낙을 받지 아니하고 정당한 사유 없이 해당 공사현장을 이탈한 때

③ 시공관리책임자가 고의 또는 과실로 공사를 조잡하게 시공하거나, 부실시공을 하여 일반인에게 위해를 끼친 때
④ 시공관리책임자가 계약에 따른 시공 및 기술능력이 부족하다고 인정되거나 정당한 사유 없이 기성공정이 예정공정에 현격히 미달할 때
⑤ 시공관리책임자가 불법 하도급을 하거나 이를 방치하였을 때
⑥ 시공기술자의 기술능력이 부족하여 시공에 차질을 초래하거나 감리원의 정당한 지시에 응하지 아니할 때
⑦ 시공관리책임자가 감리원의 검사·확인 등 승인을 받지 아니하고 후속 공정을 진행하거나 정당한 사유 없이 공사를 중단할 때
※ 1차로 시정요구 → 불응 시 발주자 보고 → 지원업무담당자가 조사, 검토 → 교체요구 시 신속히 응해야 함

6 제3자 손해방지를 위하여 공사업자에게 인근 상황조사 지시 때 조사할 항목 5가지

① 지하매설물
② 인근의 도로
③ 교통시설물
④ 인접건조물
⑤ 농경지, 산림 등

7 사진촬영 후 보관하여 준공 시 발주자에게 제출할 항목

(1) 주요한 공사현황은 공사 시작 전, 시공 중, 준공 등 시공과정을 알 수 있도록 가급적 동일 장소에서 촬영

(2) 시공 후 검사가 불가능하거나 곤란한 부분

① 암반선 확인 사진(송·배·변전접지설비에 해당)
② 매몰, 수중 구조물
③ 매몰되는 옥내·외 배관 등 광경
④ 배전반 주변의 매몰 배관 등

8 공사 시작 전 '시공계획서'를 착공신고서와 별도로 제출받아 검토할 때 시공계획서 내용

① 현장조직표
② 공사 세부공정표
③ 주요 공정의 시공절차 및 방법
④ 시공일정
⑤ 주요 장비 동원계획
⑥ 주요 기자재 및 인력 투입계획
⑦ 주요 설비
⑧ 품질 · 안전 · 환경관리 대책 등
※ 착공신고서와 별도로 공사 시작 전 제출받음
공사 시작일부터 30일 이내 제출받아 검토 확인 → 7일 이내 승인, 시공
공사 중 중요내용 변경 시 변경 시공계획서를 제출받아 5일 이내 검토 확인, 승인, 시공

9 감리원의 조치사항에 대하여 적용항목

(1) 기술사 교체 해당사항

① 법규위반
② 무단이탈
③ 부실시공
④ 무단진행, 무단금지
⑤ 능력부족, 공정미달
⑥ 불법하도

(2) 응급조치 후 발주자 보고사항

① 천재지변
② 무단이탈 2일 이상
③ 무단공사중지
④ 능력부족, 공정미달
⑤ 불법하도
⑥ 기타 공사추진 지장 시

(3) 공사업자 재시공 지시사항

① 품질확보 미흡
② 위해우려
③ 무단진행
④ 규정위배시공

(4) 공사중지 지시사항

① 부분정지

㉠ 재시공 이행 않고 다음 공정 이행

㉡ 안전상 중대 위험 예상

㉢ 동일 공정 3회 이상 시정 지시 불이행

㉣ 동일 공정 2회 이상 경고 불이행

② 전면중지

㉠ 고의지연, 부실우려에 조치 않고 고의진행

㉡ 부분정지 불이행

㉢ 불가항력 사태로 시공 불가능(지진, 폭풍 등)

㉣ 천재지변 등 발주자 지시

10 공정관리 계획서 검토항목

① 공사업자의 공정관리기법이 공사의 규모, 특성에 적합한지 여부

② 계약서, 설계설명서 등에 공정관리기법이 명시되어 있는 경우에는 명시된 공정관리기법으로 시행되도록 감리

③ 계약서, 설계설명서 등에 공정관리기법이 명시되어 있지 않은 경우, 단순한 공종 및 보통의 공종 공사인 경우에는 공사조건에 적합한 공정관리기법을 적용하도록 하고 복잡한 공정의 공사 또는 감리원이 PERT/CPM 이론을 기본으로 한 공정관리가 필요하다고 판단하는 경우에는 별도의 PERT/CPM기법에 의한 공정관리를 적용하도록 조치

④ 감리원은 일정관리와 원가관리, 진도관리가 병행될 수 있는 종합관리형태의 공정관리가 되도록 조치

※ 감리원은 공사 시작일부터 30일 이내에 공사업자로부터 공정관리 계획서를 제출받아 제출받은 날로부터 14일 이내에 검토하여 승인하고 발주자에게 제출하여야 한다.

11 감리원이 공사업자의 안전관리 기록, 유지토록 지시할 서류

① 안전업무일지(일일보고)

② 안전점검실시(안전업무일지에 포함가능)

③ 안전교육(안전업무일지에 포함가능)

④ 각종 사고보고

⑤ 월간 안전통계(무재해, 사고)

⑥ 안전관리비 사용실적(월별)

12 감리원이 공사업자의 안전관리책임자 및 안전관리자로 하여금 현장기술자에게 안전교육을 실시하도록 해야 하는 항목

① 산업재해에 관한 통계 및 정보
② 작업자의 자질에 관한 사항
③ 안전관리 조직에 관한 사항
④ 안전제도, 기준 및 절차에 관한 사항
⑤ 작업공정에 관한 사항
⑥ 산업안전보건법 등 관계법규에 관한 사항
⑦ 작업환경관리 및 안전작업방법
⑧ 현장안전 개선방법
⑨ 안전관리기법
⑩ 이상발견 및 사고발생 시 처리방법
⑪ 안전점검 지도요령과 사고조사 분석요령

13 안전관리 결과보고서의 검토

감리원은 매 분기마다 공사업자로부터 안전관리 결과보고서를 제출받아 이를 검토하고 미비한 사항이 있을 때에는 시정하도록 조치하여야 하며, 안전관리 결과보고서는 다음과 같은 서류가 포함되어야 한다.

① 안전관리 조직표
② 안전보건 관리 체제
③ 재해발생 현황
④ 산재요양신청서 사본
⑤ 안전교육 실적표
⑥ 그 밖에 필요한 서류

14 환경관리 조직과 환경관리계획서 검토 확인사항

(1) 조 직

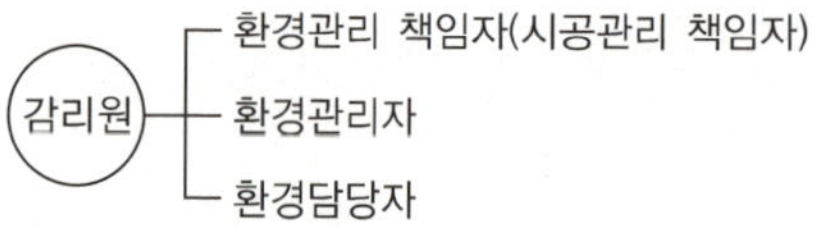

(2) 환경관리계획서는 '환경영향평가법' 기준

(3) 감리원의 검토 · 확인항목

감리원은 해당 공사에 대한 환경영향평가보고서 및 협의내용을 근거로 환경관리계획서가 수립되었는지 검토 · 확인하여야 한다.

① 공사업자의 환경관리 조직편성 및 임무의 법적 구비조건 충족 및 실질적인 활동 가능성 검토
② 환경영향평가 협의내용에 대한 관리계획의 실효성 검토
③ 환경영향 저감대책 및 공사 중, 공사 후 현장관리계획서의 적정성 검토
④ 환경관리자의 업무수행능력 및 권한여부 검토
⑤ 환경전문가 자문사항에 대한 검토
⑥ 환경관리 예산편성 및 집행계획의 적정성 검토

(4) 감리원은 환경영향평가법에 따른 환경영향 조사결과를 조사기간이 만료된 날부터 30일 이내 지방환경청장 및 승인기관의 장에게 통보

15 설계변경 및 계약금 조정 업무흐름도

(1) 업무흐름도

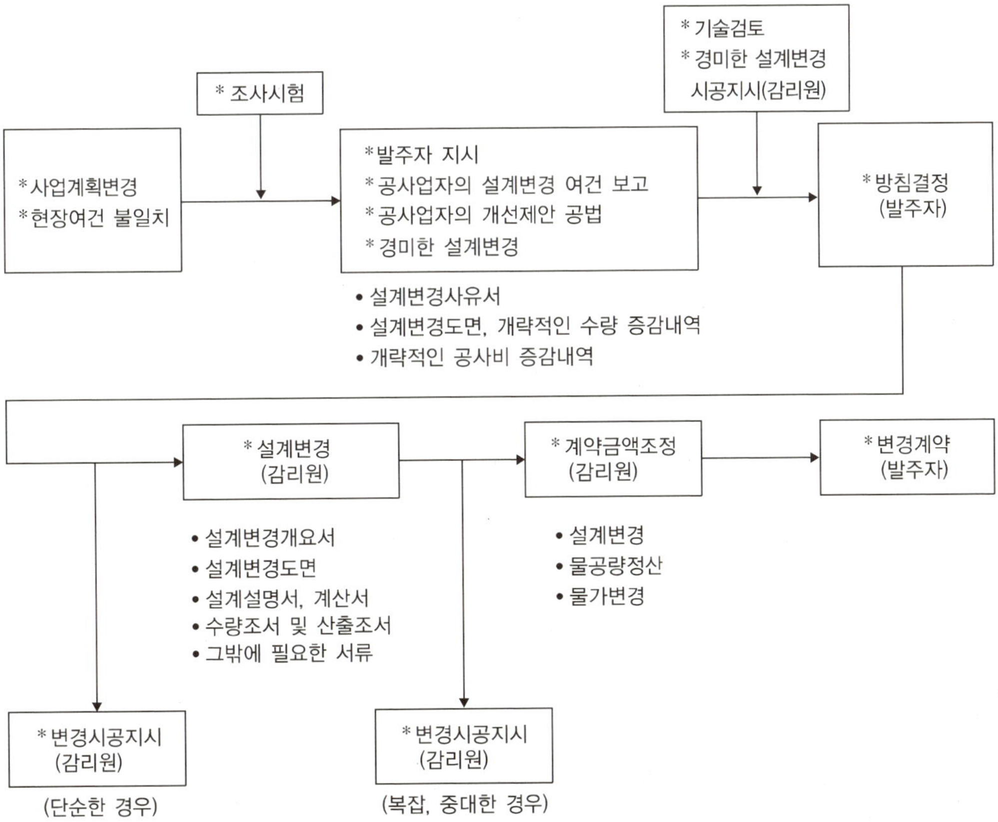

※ 감리원은 공사업자가 현지여건과 설계도서가 부합되지 않거나 공사비의 절감 및 공사의 품질향상을 위한 개선사항 등 설계변경이 필요하다고 설계변경사유서, 설계변경도면, 개략적인 수량증감내역 및 공사비 증감내역 등의 서류를 첨부하여 제출하면 이를 검토·확인하고 필요시 기술검토의견서를 첨부하여 발주자에게 실정을 보고하고, 발주자의 방침을 받은 후 시공토록 조치한다. 단순사항은 7일 이내, 그 외의 사항은 14일 이내 검토 처리하며 만일 기일 내 처리가 곤란하거나 기술검토가 미비한 경우에는 그 사유와 처리계획을 발주자에게 보고하고 공사업자에게 통보한다.

(2) 설계변경에 따른 계약금액 조정 업무처리절차

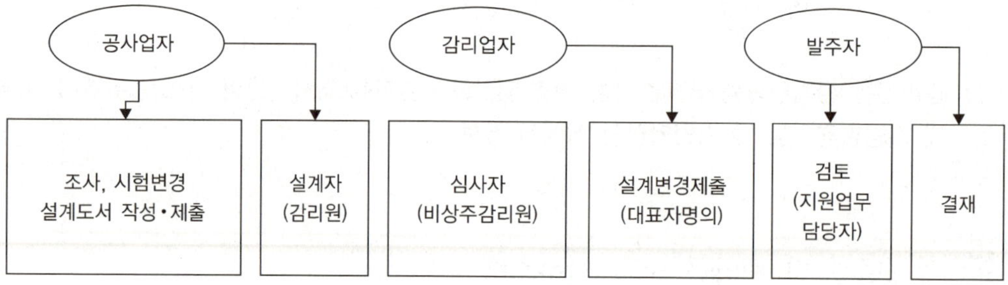

16 물가변동에 의한 계약금액조정 발생 시 공사업자에게 제출하도록 하는 서류

① 물가변동조정 요청서
② 계약금액조정 요청서
③ 품목조정률 또는 지수조정률 산출근거
④ 계약금액조정 산출근거
⑤ 그 밖에 설계변경에 필요한 서류

※ 감리원은 제출된 서류를 검토·확인하여 조정요청을 받은 날부터 14일 이내에 검토 의견을 첨부하여 발주자에게 보고하여야 한다.

17 중점 품질관리 공종 선정 시 고려할 사항

① 공정계획에 따른 월별, 공종별 시험종목 및 시험횟수
② 공사업자의 품질관리 요원 및 공정에 따른 충원 계획
③ 품질관리 담당감리원이 직접 입회, 확인이 가능한 적정 시험횟수
④ 공정의 특성상 품질관리 상태를 육안 등으로 간접 확인할 수 있는지 여부
⑤ 작업조건의 양호·불량상태
⑥ 다른 현장의 시공사례에서 하자발생 빈도가 높은 공종인지 여부
⑦ 품질관리 불량부위의 시정이 용이한지 여부
⑧ 시공 후 지중에 매몰되어 추후 품질 확인이 어렵고 재시공이 곤란하지 여부

⑨ 품질 불량 시 인근 부위 또는 다른 공종에 미치는 영향의 대소
⑩ 시공이 광활한 지역에서 이루어져 접근이 용이한지 여부

18 시공감리 일정

① 감리보고서를 발주자에게 보고, 제출해야 할 일자
　㉠ 긴급, 주요사항은 수시
　㉡ 분기보고는 매 분기 말 다음 달 7일 이내
　㉢ 최종 감리보고서는 감리기간 종료 후 14일 이내 제출
② 공사업자의 공법변경요구 시 요구일부터 7일 이내 검토(의견서 첨부), 발주자에게 보고하고 전문성 요구사항일 때는 14일 내 비상주감리원의 검토의견서를 첨부하여 발주자에게 보고
③ 시공계획서를 공사시작일부터 30일 내 제출받아 검토, 확인하여 7일 내 승인, 시공토록 한다. 시공계획서는 착공신고서와 별도로 공사 시작 전 받아야 하며, 중요변경 발생 시 시공계획서를 제출받은 후 5일 내로 검토, 확인 승인 후 시공토록 한다.
④ 감리원은 공사업자의 시공상세도를 제출받아 7일 내로 검토, 승인 후 시공토록 한다.
⑤ 감리원은 주요기자재 공급원 승인 신청서를 기자재 반입 7일 전까지 제출받아 7일 내 검토, 승인한다.
⑥ 감리원은 공정관리계획서를 공사시작 30일 이내 제출받아 14일 내 검토, 승인 후 발주자에게 보고한다.
⑦ 공사진도 관리방법으로 감리원은 공사업자로부터 월간 상세 공정표는 작업 착수 7일 전 제출, 주간 상세 공정표는 작업 착수 4일 전 제출, 특히 설계변경 등 수정공정계획은 7일 내 검토, 승인하여 발주자에게 보고한다.
⑧ 부진공정 만회대책으로 만회대책 및 만회공정표를 수립, 제출 지시해야 할 공사진도율은 공사진도율이 계획공정 대비 월간 공정실적 10[%] 이상 지연되거나 누계 공정실적이 5[%] 이상 지연시이다.
⑨ 환경영향평가법에 따른 환경영향 조사결과를 조사기간이 만료된 날부터 30일 내에 지방환경청장 및 승인기관의 장에게 통보할 수 있도록 해야 한다.
⑩ 설계변경 접수 후 단순한 사항은 7일 이내, 그 외 사항은 14일 이내 검토, 처리해야 하며 설계변경 등으로 최종계약금액의 조정은 예비 준공검사기간 등을 고려하여 늦어도 준공예정일 45일 전까지 발주자에게 제출한다.
⑪ 물가변동에 의한 계약금액조정은 조정요청일부터 14일 내 검토하여 발주자에게 보고한다.

05 기성 및 준공검사 감리 업무

1 기성 및 준공검사자의 임명

감리원은 기성부분검사원 또는 준공검사원을 접수하였을 때에는 신속히 검토·확인하고 기성부분 감리조서와 다음의 서류를 첨부하여 지체없이 감리업자에게 제출하여야 한다.

① 주요기자재 검수 및 수불부
② 감리원의 검사기록 서류 및 시공 당시의 사진
③ 품질시험 및 검사성과 총괄표
④ 발생품 정리부
⑤ 그 밖에 감리원이 필요하다고 인정하는 서류와 준공검사원에는 지급기자재 잉여분 조치 현황과 공사의 사전검사, 확인서류, 안전관리점검 총괄표 추가 첨부

2 감리원의 기성검사와 준공검사의 검사항목

(1) 기성검사항목

① 기성부분 내역이 설계도서대로 시공되었는지 여부
② 사용된 기자재의 규격 및 품질에 대한 실험의 실시 여부
③ 시험기구의 비치와 그 활용도의 판단
④ 지급기자재의 수불 실태
⑤ 주요 시공과정을 촬영한 사진의 확인
⑥ 감리원의 기성검사원에 대한 사전검토 의견서
⑦ 품질시험·검사성과 총괄표 내용
⑧ 그 밖에 검사자가 필요하다고 인정하는 사항

(2) 준공검사항목

① 완공된 시설물이 설계도서대로 시공되었는지의 여부
② 시공 시 현장 상주감리원이 작성·비치한 제 기록에 대한 검토
③ 폐품 또는 발생물의 유무 및 처리의 적정 여부
④ 지급기자재의 사용적부와 잉여자재의 유무 및 그 처리의 적정 여부
⑤ 제반 가설시설물의 제거와 원상복구 정리 상황
⑥ 감리원의 준공검사원에 대한 검토의견서
⑦ 그 밖에 검사자가 필요하다고 인정하는 사항

3 해당 공사 완료 후 준공검사 전 사전 시운전이 필요시 '시운전 계획서'에 포함될 항목과 시운전 절차

(1) **감리원은 해당 공사 완료 후 준공검사 전 사전 시운전이 필요시 다음을 포함한 시운전 계획을 수립하여 30일 내 제출 → 검토 후 발주자 제출**

① 시운전 일정
② 시운전 항목 및 종류
③ 시운전 절차
④ 시험장비 확보 및 보정
⑤ 기계 · 기구 사용 계획
⑥ 안전요원 및 검사요원 선임 계획

(2) **감리원은 공사업자로부터 시운전 계획서를 제출받아 검토, 확정하여 시운전 20일 이내에 발주자 및 공사업자에게 통보하여야 한다.**

(3) **감리원은 공사업자에게 다음과 같이 시운전 절차를 준비하도록 하여야 하며 시운전에 입회하여야 한다.**

① 기기점검
② 예비운전
③ 시운전
④ 성능보장운전
⑤ 검 수
⑥ 운전인도

(4) **시운전 완료 후 성과품 검토사항**

감리원은 시운전 완료 후에 다음의 성과품을 공사업자로부터 제출받아 검토 후 발주자에게 인계하여야 한다.

① 운전개시, 가동절차 및 방법
② 점검항목 점검표
③ 운전지침
④ 기기류 단독 시운전방법 검토 및 계획서
⑤ 실가동 다이어그램
⑥ 시험구분, 방법, 사용매체 검토 및 계획서
⑦ 시험성적서
⑧ 성능시험 성적서(성능시험 보고서)

4 공사업자의 예비준공검사 완료 후 '시설물 인수 · 인계 계획' 수립검토 항목

(1) 감리원은 공사업자에게 예비준공검사 완료 후 30일 내 시설물 인수 · 인계 계획을 수립토록 게시하고 검토

① 일반사항(공사개요 등)

② 운영지침서(필요한 경우)

㉠ 시설물의 규격 및 기능점검 항목

㉡ 기능점검 절차

㉢ TEST장비 확보 및 보정

㉣ 기자재 운전지침서

㉤ 제작도면 · 절차서 등 관련 자료

③ 시운전 결과 보고서(시운전 실적이 있는 경우)

④ 예비 준공검사결과

⑤ 특기사항

(2) 감리원은 공사업자로부터 시설물 인수 · 인계 계획서를 제출받아 7일 이내로 검토, 발주자 및 공사업자에게 통보

5 현장문서 인수인계

(1) 감리기록서류 중 다음의 서류를 포함하여 발주자와 협의하여 작성

① 준공사진첩

② 준공도면

③ 품질시험 및 검사성과 총괄표

④ 기자재 구매서류

⑤ 시설물 인수 · 인계서

⑥ 그 밖에 발주자가 필요하다고 인정하는 서류

(2) 감리업자는 해당 감리용역이 완료된 때에는 30일 이내에 공사감리 완료보고서를 협회에 제출

6 감리원이 작성할 '유지관리지침서'에 포함할 항목

감리원은 유지관리지침서를 작성하여 공사 준공 이후 14일 이내 발주자에 제출

① 시설물의 규격 및 기능설명서

② 시설물 유지관리기구에 대한 의견서

③ 시설물 유지관리방법

④ 특기사항

7 검사일정 및 처리방법

① 감리업자는 기성 또는 준공검사를 위해 3일 내 비상주감리원 임명, 검사토록 하고 발주자에게 보고해야 한다.

② 검사 절차

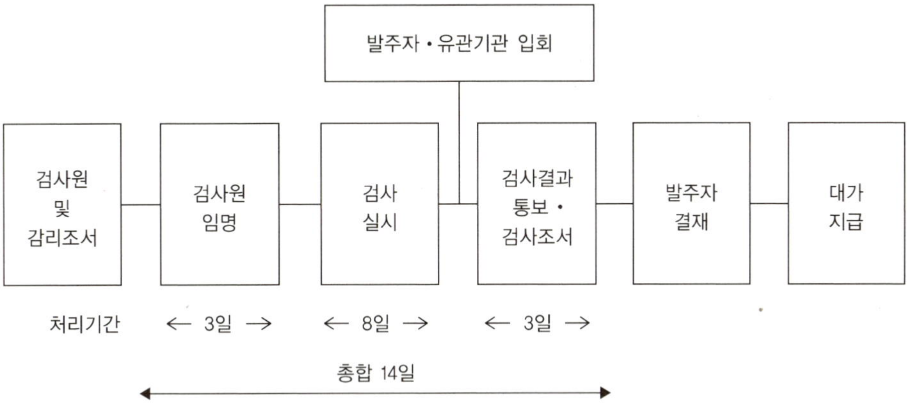

③ 감리원은 준공검사 전에 공사업자에게 30일 이내 시운전 계획을 수립, 제출토록 하고 이를 검토, 확정 후 시운전 20일 내 발주자 및 공사업자에게 통보한다.

④ 책임감리원은 준공예정일 2개월 전에 예비 준공검사를 실시해야 한다.

⑤ 감리원은 준공도면 확인 · 검토하기 위하여 공사업자로부터 공사 준공 예정일 2개월 전에 '준공 설계도서'를 제출받아 시공대비 검토하고 감리원의 확인 · 서명 후 발주자에 제출해야 한다.

⑥ 감리원은 공사업자에게 예비준공검사 완료 후 30일 이내 '시설물 인계 · 인수 대책'을 수립 지시하고 접수하여 7일 이내로 검토, 확정하여 발주자 및 공사업자에게 통보하여 인수 · 인계에 차질이 없도록 해야 한다. 시설물 인수 · 인계는 준공검사 시 지적사항 시정완료일부터 14일 내에 실시해야 한다.

⑦ 감리원은 '유지관리지침서'를 작성하여 공사 준공 후 14일 내 발주자에게 제출해야 한다.

⑧ 감리업자는 감리용역 완료 시 30일 내 '공사감리 완료보고서'를 협회에 제출해야 한다.

⑨ 안전공사의 사용 전 검사는 7일 전까지 신청하고 정기검사 기간은 4년 내 시행한다.

⑩ 안전공사의 무 정전 검사로 확인 못한 사항은 해당 법정검사 시기 2개월 이내 확인, 검사 완료해야 한다.

⑪ 불합격 판정 시 재검사 기간

㉠ 사용 전 검사 재검사 기간은 검사일 다음 일부터 15일 이내

㉡ 정기검사 재검사 기간은 검사일 다음날부터 3개월 이내

⑫ 불합격해도 안전상 지장이 없을 때는 임시 사용 가능하며 기간은 3개월 내로 한다.

※ 설계감리원의 업무

- 주요 설계 용역 업무에 대한 기술자문
- 사업기획 및 타당성조사 등 전 단계 용역 수행 내용의 검토
- 시공성 및 유지 관리의 용이성 검토
- 설계도서의 누락, 오류, 불명확한 부분에 대한 추가 및 정정 지시 및 확인
- 설계업무의 공정 및 기성관리의 검토 확인
- 설계감리 결과 보고서의 작성
- 그 밖에 계약 문서에 명시된 사항

※ 설계감리의 기성 및 준공

책임 설계감리원이 설계감리의 기성 및 준공을 처리한 때에는 다음의 준공서류를 구비하여 발주자에게 제출하여야 한다.

- 설계용역 기성부분 검사원 또는 설계용역 준공검사원
- 설계용역 기성부분 내역서
- 설계감리 결과보고서
- 감리기록서류
  - 설계감리일지
  - 설계감리지시부
  - 설계감리기록부
  - 설계감리요청서
  - 설계자와 협의사항 기록부
- 그 밖에 발주자가 과업지시서에서 요구한 사항

[확인문제]

01 감리원은 설계도서 등에 대하여 공사계약문서 상호 간의 모순되는 사항, 현장실정과 부합 여부 등 현장시공을 주안으로 하여 해당 공사 시작 전에 검토하여야 한다. 검토하여야 할 사항 3가지를 적으시오.

정답

- 현장조건에 부합 여부
- 시공의 실제 가능 여부
- 설계도서의 누락, 오류 등 불명확한 부분의 존재 여부

[기 타]

- 시공상의 예상 문제점 및 대책 등
- 다른 사업 또는 다른 공정과의 상호 부합 여부

02 설계감리원은 필요한 경우, 필요서류를 구비하고 그 세부양식은 발주자의 승인을 받아 설계감리 과정을 기록하여야 하며, 설계감리완료와 동시에 발주자에게 제출하여야 하는 서류 종류 5가지를 쓰시오.

정답

- 설계감리일지
- 설계감리지시부
- 설계감리기록부
- 설계감리요청서
- 설계자와 협의사항기록부

교육이란 사람이 학교에서 배운 것을 잊어버린 후에 남은 것을 말한다.

– 알버트 아인슈타인 –

PART 02
기출복원문제

전기
기사

2016년 제1회
기출복원문제

01 그림과 같은 유접점 회로에 대해 PLC 래더 다이어그램을 완성하고, 표의 빈칸 ①～⑥에 해당하는 프로그램을 완성하시오(단, 명령어는 시작 LOAD, 출력 OUT, 직렬 AND, 병렬 OR, b접점 NOT, 직렬 묶음 AND LOAD이다).

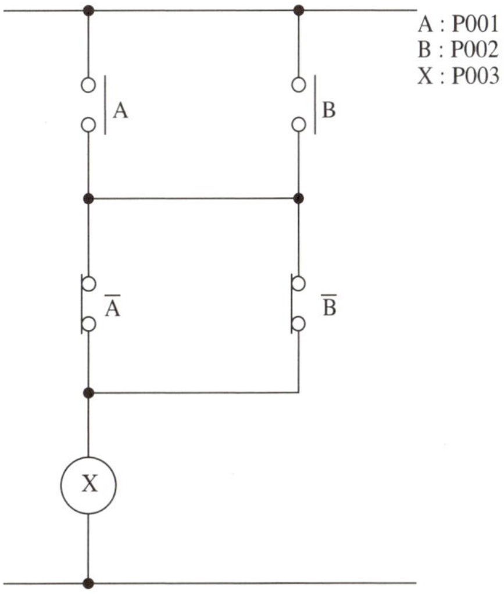

[프로그램]

차 례	명 칭	번 지
0	LOAD	P001
1	①	P002
2	②	③
3	④	⑤
4	⑥	–
5	OUT	P003

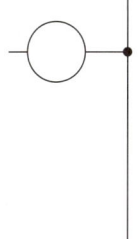

[래더 다이어그램]

정답

(1) ① OR ② LOAD NOT
③ P001 ④ OR NOT
⑤ P002 ⑥ AND LOAD

(2)

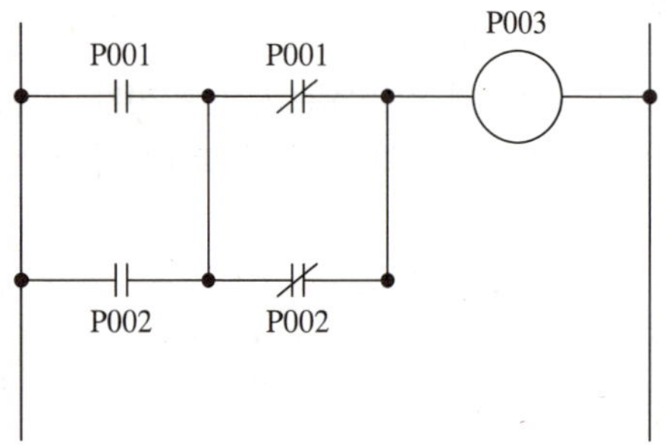

02

가로 12[m], 세로 18[m], 천장 높이 3.8[m], 작업면 높이 0.8[m]인 사무실에 천장직부 형광등 (22[W]×2등용)을 설치하고자 할 때 다음 물음에 답하시오(단, 직접조명방식으로 보수상태 : 양).

[참고자료]

표1. 확산형 기구(2등용)

감광보상률 (*D*)			반사율 천장	80[%]				70[%]				50[%]				30[%]			
			벽	70	50	30	10	70	50	30	10	70	50	30	10	70	50	30	10
			바닥	10[%]				10[%]				10[%]				10[%]			
			실지수	조명률[%]															
보수상태			1.5	67	58	50	45	64	55	49	43	58	51	45	41	52	46	42	38
양	중	부	2.0	72	64	57	52	69	61	55	50	62	56	51	47	57	52	48	44
전구			2.5	75	68	62	57	72	66	60	55	65	60	56	52	60	55	52	48
			3.0	78	71	66	61	74	69	64	59	68	63	59	55	62	58	55	52
1.3	1.4	1.5	4.0	81	76	71	67	77	73	69	65	71	67	64	61	65	62	59	56
형광등			5.0	83	78	75	71	79	75	72	69	73	70	67	64	67	64	62	60
			7.0	85	82	79	76	82	79	76	73	75	73	71	68	79	67	65	64
1.4	1.7	2.0	10.0	87	85	82	80	84	82	79	77	78	76	75	72	71	70	68	67

[조 건]

- 작업면 소요 조도 300[lx]
- 벽 반사율 70[%]
- 22[W] 1등의 광속 2,500[lm]
- 천장 반사율 70[%]
- 바닥 반사율 10[%]
- 보수상태 : 양

표2. 실지수 기호

B	C	D	E	F	G	H	I	J
4.0	3.0	2.5	2.0	1.5	1.25	1.0	0.8	0.6
4.5~3.5	3.5~2.75	2.75~2.25	2.25~1.75	1.75~1.38	1.38~1.12	1.12~0.9	0.9~0.7	0.7 이하

(1) 실지수와 기호를 구하시오.

(2) 조명률을 구하시오.

(3) 감광보상률을 구하시오.

(4) 등기구를 효율적으로 배치하기 위한 등기구의 최소 수량을 구하시오.

(5) 형광등의 입력과 출력이 같을 때 하루 8시간 30일 동작 시 최소 소비전력량을 구하시오.

해설

(1) 실지수$=\dfrac{XY}{H(X+Y)}=\dfrac{12\times18}{(3.8-0.8)\times(12+18)}=2.4$

(4) 소요등수$(N)=\dfrac{EAD}{FU}=\dfrac{300\times12\times18\times1.4}{2{,}500\times0.72\times2}=25.2$등

(5) 소요전력[kWh]$=22\times2\times26\times8\times30\times10^{-3}=274.56$[kWh]

정답

(1) 실지수 기호 : D, 실지수 : 2.5

(2) 72[%]

(3) $D=1.4$

(4) 26등

(5) 274.56[kWh]

03 배전용 변전소에서 사용하는 설치개소와 접지목적에 대해 쓰시오.

정답

① 설치개소

㉠ 피뢰기

㉡ 계기용 변압변류기, 교류차단기, 변압기 외함

㉢ 계기용 변압기, 계기용 변류기 2차측 1단자

㉣ 변압기 2차측 중성선 또는 1단자

㉤ 고압·특고압 기계기구 철대 및 외함

② 접지목적

㉠ 이상전압 억제

㉡ 인체의 감전사고 방지

㉢ 보호계전기의 확실한 동작

04 그림에서 저항 R이 접속되고 여기에 3상 평형전압 V가 가해져 있다. 지금 ×표에서 1선이 단선되었다고 하면 소비전력은 몇 배로 되는지를 계산식을 이용하여 설명하시오.

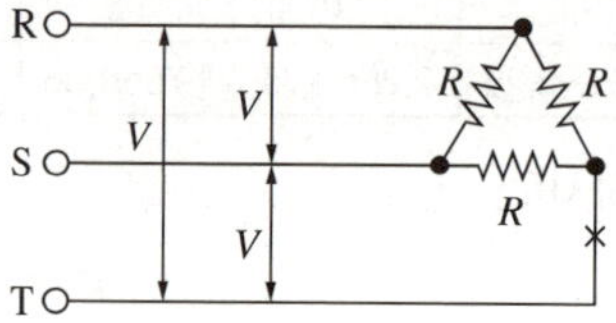

정답

① 단선되었을 때 단상부하용량 $P_1 = \dfrac{V^2}{R_L} = \dfrac{V^2}{\dfrac{2}{3}R} = \dfrac{3}{2}\dfrac{V^2}{R}$

여기서, 합성저항 $R_L = \dfrac{R \cdot 2R}{R+2R} = \dfrac{2}{3}R$

② 단선 전 3상의 소비전력 $P_3 = 3\dfrac{V^2}{R}$

소비전력비는 $\dfrac{P_1}{P_3} = \dfrac{\dfrac{3}{2}\dfrac{V^2}{R}}{3\dfrac{V^2}{R}} = \dfrac{1}{2}$

$P_1 = \dfrac{1}{2}P_3$, 따라서 이 부하의 소비전력은 단선 전 소비전력의 $\dfrac{1}{2}$배가 된다.

※ KEC 규정 적용으로 표현 변경 : R, S, T, E의 상의 명칭이 L1, L2, L3, N(또는 PE)으로 변경됨

05 우리나라 초고압 송전전압은 154[kV]이다. 송전거리가 154[km]인 경우 1회선당 가능한 송전전력은 몇 [kW]인지 Still식에 의해 구하시오.

해설

$$V_s = 5.5\sqrt{0.6l + \frac{P}{100}}$$

$$\left(\frac{V_s}{5.5}\right)^2 = 0.6l + \frac{P}{100}$$

$$\left(\frac{V_s}{5.5}\right)^2 - 0.6l = \frac{P}{100}$$

$$P = \left\{\left(\frac{V_s}{5.5}\right)^2 - 0.6l\right\} \times 100 = \left\{\left(\frac{154}{5.5}\right)^2 - 0.6 \times 154\right\} \times 100 = 69,160[\text{kW}]$$

정답

69,160[kW]

06 다음 변압기에 대한 물음에 답하시오.

(1) 변압기의 호흡작용을 설명하시오.

(2) 변압기 열화영향 3가지를 쓰시오.

(3) 방지대책을 쓰시오.

정답

(1) 변압기 부하증가 시 손실이 열로 소비되어 내부온도가 상승하여 절연유가 팽창하게 되고 경부하, 무부하 시 온도저하로 절연유가 수축하게 되는데 이때 변압기 내로 공기가 출입하게 되는 현상

(2) • 절연내력 저하
• 냉각효과 감소
• 침식작용 발생

(3) 콘서베이터 설치

07 380[V] 3상 농형 유도전동기 회로에 B_1, PVC 절연전선을 사용하여 간선의 굵기와 용량을 주어진 표에 의하여 설계하고자 한다. 다음 부하용량에 대한 간선의 최소 굵기와 과전류차단기의 용량을 구하시오.

[조 건]

부 하	0.75[kW]×1대 직입 기동 전동기(2.5[A])
	1.5[kW]×1대 직입 기동 전동기(4.2[A])
	3.7[kW]×1대 직입 기동 전동기(9[A])
	3.7[kW]×1대 직입 기동 전동기(9[A])
	7.5[kW]×1대 Y-△ 기동 전동기(18[A])

[380[V] 3상 유도전동기의 간선의 굵기 및 기구의 용량]

전동기 [kW] 수의 총계 [kW] 이하	최대 사용 전류 [A] 이하	배선종류에 의한 간선의 최소 굵기[mm²]						직입 기동 전동기 중 최대용량의 것											
		공사방법 A_1		공사방법 B_1		공사방법 C		0.75 이하	1.5	2.2	3.7	5.5	7.5	11	15	18.5	22	30	37
				 3개선		 3개선		Y-△기동기 사용 전동기 중 최대용량의 것											
								-	-	-	5.5	5.5	7.5	11	15	18.5	22	30	37
		PVC	XLPE EPR	PVC	XLPE EPR	PVC	XLPE EPR	과전류차단기 용량[A] 직입 기동[A](칸 위의 숫자) Y-△기동(칸 아래 숫자)											
3	7.9	2.5	2.5	2.5	2.5	2.5	2.5	15 -	15 -	30 -	-	-	-	-	-	-	-	-	-
4.5	10.5	2.5	2.5	2.5	2.5	2.5	2.5	15 -	15 -	20 -	30 -	-	-	-	-	-	-	-	-
6.3	15	2.5	2.5	2.5	2.5	2.5	2.5	20 -	20 -	30 -	30 -	40 30	-	-	-	-	-	-	-
8.2	21.8	4	2.5	2.5	2.5	2.5	2.5	30 -	30 -	30 -	30 -	40 30	50 30	-	-	-	-	-	-
12	26.3	6	4	4	2.5	4	2.5	40 -	40 -	40 -	40 -	40 40	50 40	75 40	-	-	-	-	-
15.7	40	10	6	10	6	6	4	50 -	50 -	50 -	50 -	50 50	60 50	75 50	100 60	-	-	-	-
19.5	47	16	10	10	6	10	6	60 -	60 -	60 -	60 -	60 60	75 60	75 60	100 60	125 75	-	-	-
23.2	52.6	16	10	16	10	10	10	75 -	75 -	75 -	75 -	75 75	75 75	100 75	100 75	125 75	125 100	-	-
30	65.8	25	16	16	0	6	10	100 -	100 -	100 -	100 -	100 100	100 100	100 100	125 100	125 100	125 100	-	-
37.5	78.9	35	25	25	16	25	16	100 -	100 -	100 -	100 -	100 100	100 100	100 100	125 100	125 100	125 100	125 125	-

해설

① 전동기수의 총계 = 0.75+1.5+3.7+3.7+7.5 = 17.15[kW]

② 최대사용전류 = 2.5+4.2+9+9+18 = 42.7[A]

따라서 표에서 19.5[kW]와 47[A] 칸 선택

TIP

과전류차단기 용량은 (1)에서 선정한 칸에서 전동기 중 용량별 제일 우측에 있는 것을 선정하므로 Y-△기동 7.5[kW]가 제일 크므로 이와 만나는 곳 중 아래 것을 선정

정답

① 간선의 굵기 : 10[mm²]

② 과전류차단기 용량 60[A]

08 그림과 같은 수전계통을 보고 다음 각 물음에 답하시오.

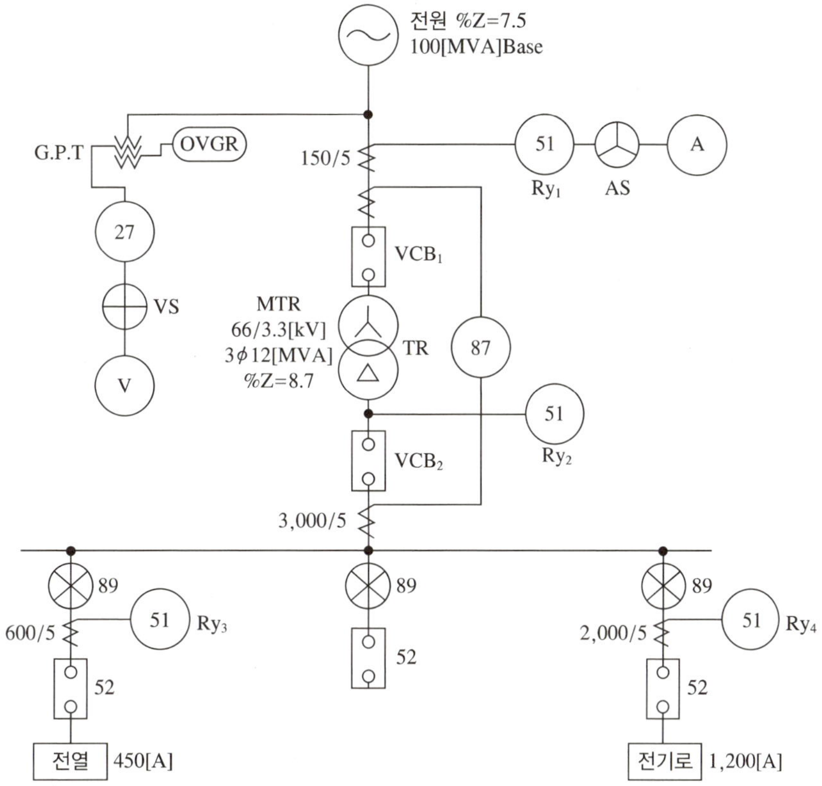

(1) "27"과 "87" 계전기의 명칭과 용도를 설명하시오.

(2) 다음의 조건에서 과전류계전기 R_{y1}, R_{y2}, R_{y3}, R_{y4}의 탭(Tap) 설정값은 몇 [A]가 가장 적정한 지를 계산에 의하여 정하시오.

[조 건]

- R_{y1}, R_{y2}탭 설정값은 부하전류 160[%]에서 설정한다.
- R_{y3}의 탭 설정값은 부하전류 160[%]에서 설정한다.
- R_{y4} 부하가 변동부하이므로, 탭 설정값은 부하전류 200[%]에서 설정한다.
- 과전류계전기의 전류탭은 2[A], 3[A], 4[A], 5[A], 6[A], 7[A], 8[A]가 있다.

(3) 차단기 VCB_1의 정격전압은 몇 [kV]인가?

(4) 전원측 차단기 VCB_1의 정격용량을 계산하고, 다음의 표에서 가장 적당한 것을 선정하도록 하시오.

차단기의 정격표준용량[MVA]			
1,000	1,500	2,500	3,500

해설

(2) Ry_1 $I = \frac{12 \times 10^3}{\sqrt{3} \times 66} \times \frac{5}{150} \times 1.6 \fallingdotseq 5.599$

Ry_2 $I = \frac{12 \times 10^3}{\sqrt{3} \times 3.3} \times \frac{5}{3,000} \times 1.6 \fallingdotseq 5.599$

Ry_3 $I = 450 \times \frac{5}{600} \times 1.6 = 6$

Ry_4 $I = 1,200 \times \frac{5}{2,000} \times 2 = 6$

(3) $66 \times \frac{1.2}{1.1} = 72[\text{kV}]$

(4) $P_s = \frac{100}{\%Z} P_n = \frac{100}{7.5} \times 100 \fallingdotseq 1,333.33[\text{MVA}]$

정답

(1) 27 : 부족전압계전기, 상시전원 정전 시 또는 부족전압 시 동작하여 차단기 개로
87 : 비율차동계전기, 발전기・변압기의 내부고장 시 보호
(2) $Ry_1 = 6[\text{A}]$, $Ry_2 = 6[\text{A}]$, $Ry_3 = 6[\text{A}]$, $Ry_4 = 6[\text{A}]$
(3) 72[kV]
(4) 1,500[MVA]

09 준공검사 전에 감리원은 공사업자로부터 시운전 절차를 준비하도록 하여 시운전에 입회할 수 있다. 시운전 완료 후 성과품을 공사업자로부터 제출받아 검토한 후 발주자에게 인계하여야 할 사항 5가지를 쓰시오.

정답

- 운전개시・가동절차 및 방법
- 점검항목 점검표
- 운전지침
- 기기류 단독 시운전방법 검토 및 계획서
- 실가동 다이어그램

[기 타]

- 시험구분방법 사용 매체 검토 및 계획서
- 시험 성적서
- 성능시험 성적서

10 그림과 같이 3상 4선식 배전선로에 역률 100[%]인 부하 N, A, B, C가 각 상과 중성선 간에 연결되어 있다. A, B, C 상에 흐르는 전류가 100[A], 87[A], 93[A]일 때 중성선에 흐르는 전류를 계산하시오.

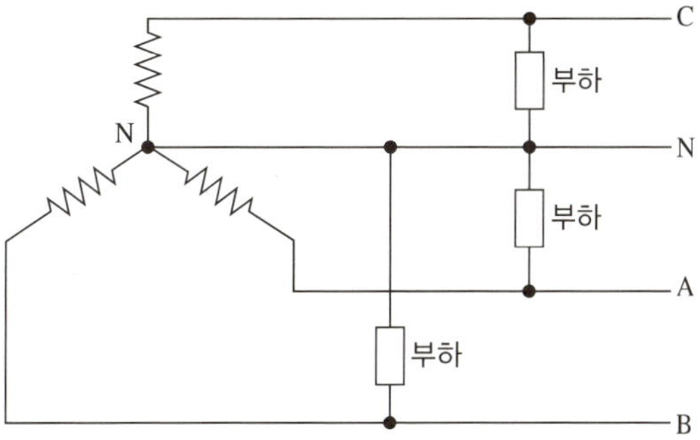

해설

$I_N = 100 + 87\angle 240° + 93\angle 120° ≒ 10 + j5.196$

$I_N = \sqrt{10^2 + 5.196^2} ≒ 11.2694[\text{A}]$

정답

11.27[A]

11 정격출력 500[kW]의 발전기가 있다. 이 발전기를 발열량 15,000[kcal/L]인 중유 250[L]를 사용하여 운전하는 경우 몇 시간 운전이 가능한지 계산하시오(단, 부하율은 0.6이고 발전기의 열효율은 34.4[%]이다).

해설

$$\eta = \frac{860W \times \text{부하율}}{mH} = \frac{860 \times Pt \times \text{부하율}}{mH}$$

$$t = \frac{\eta mH}{860P \times \text{부하율}} = \frac{0.344 \times 250 \times 15{,}000}{860 \times 500 \times 0.6} = 5[\text{h}]$$

정답

5시간

12 3상 3선식 3,000[V], 300[kVA]의 배전선로의 전압을 3,200[V]로 승압하기 위해서 단상 변압기 3대를 △ 접속하였다. 이 변압기의 승압기의 전압 및 용량을 구하시오(단, 변압기의 손실은 무시한다).

(1) 전 압

(2) 용 량

해설

(1) $E_2 = E_1\left(1+\frac{3}{2}\frac{e_2}{e_1}\right)$

$$\frac{E_2}{E_1}-1=\frac{3}{2}\frac{e_2}{e_1}$$

$$e_2=\left(\frac{E_2}{E_1}-1\right)\times\frac{2}{3}\times e_1=\left(\frac{3,200}{3,000}-1\right)\times\frac{2}{3}\times 3,000 \fallingdotseq 133.333[\text{V}]$$

(2) $\frac{\text{자기용량}}{\text{부하용량}}=\frac{V_h^2-V_l^2}{\sqrt{3}\,V_h V_l}$

$$\text{자기용량}=\frac{V_h^2-V_l^2}{\sqrt{3}\,V_h V_l}\times\text{부하용량}=\frac{3,200^2-3,000^2}{\sqrt{3}\times 3,200\times 3,000}\times 300 \fallingdotseq 22.372[\text{kVA}]$$

정답

(1) 133.33[V]

(2) 22.37[kVA]

13 단권변압기의 장점, 단점, 용도를 각각 3가지씩 쓰시오.

정답

[장 점]

- 동량을 줄일 수 있어 동손이 감소된다.
- 전압강하 및 전압변동률이 작다.
- 효율이 좋으며 소형화할 수 있다.

[단 점]

- 단락사고 시 단락전류가 크며, 차단기 용량도 증가한다.
- 1차측에 이상전압 발생 시 2차측에 고전압이 걸려 위험하다.
- 1차 권선과 2차 권선이 공통으로 되어 있고 절연되어 있지 않아 저압 특고절연을 해야 할 필요가 있다.

[용 도]

- 형광등용 승압변압기
- 승압 및 강압용 변압기
- 동기전동기나 유도전동기 등의 기동보상기

14 다음 물음에 답하시오.

(1) 피뢰기의 정격전압에 대해서 쓰시오.

(2) 피뢰기의 제한전압에 대해서 쓰시오.

(3) 피뢰기의 구성요소 2가지를 쓰시오.

정답

(1) 속류가 차단되는 상용주파 교류의 최곳값
(2) 피뢰기 동작 중 단자전압의 파고치
(3) 직렬갭, 특성요소

15 그림과 같이 수용가가 각각 1대씩의 변압기를 통해서 전력을 공급받고 있다. 각 군 수용가의 다음 그림을 보고 각 물음에 답하시오(단, 각 수용가의 수용률 : 0.5, 부등률 : $TR_1=1.2$, $TR_2=1.1$, $TR_3=1.2$, 부하율 : $TR_1=0.6$, $TR_2=0.7$, $TR_3=0.8$, 각 변압기 부하 상호 간의 부등률 : 1.3이며 전력손실은 무시한다).

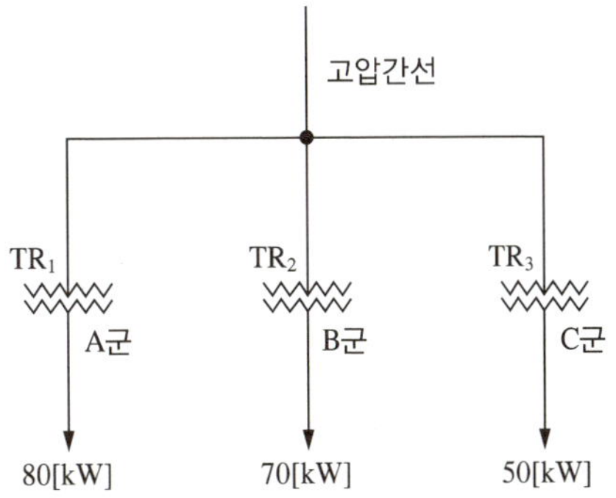

(1) 각 군의 종합 최대전력[kW]을 구하시오.

(2) 고압간선에 걸리는 최대전력[kW]을 구하시오.

(3) 각 변압기의 평균전력[kW]을 구하시오.

(4) 고압간선의 종합부하율[%]을 구하시오.

해설

(1) $최대전력[kW] = \frac{설비용량[kW] \times 수용률}{부등률}$

A군 : $\frac{80 \times 0.5}{1.2} \fallingdotseq 33.3333[kW]$

B군 : $\frac{70 \times 0.5}{1.1} \fallingdotseq 31.8182[kW]$

C군 : $\frac{50 \times 0.5}{1.2} \fallingdotseq 20.833[kW]$

(2) $최대전력[kW] = \frac{개별수요\ 최대전력의\ 합[kW]}{변압기\ 부하\ 상호\ 간의\ 부등률}$

$= \frac{33.33 + 31.82 + 20.83}{1.3} \fallingdotseq 66.1385[kW]$

(3) $부하율 = \frac{평균전력[kW]}{최대전력[kW]}$

A 평균전력 $33.33 \times 0.6 = 19.998[kW]$

B 평균전력 $31.82 \times 0.7 = 22.274[kW]$

C 평균전력 $20.83 \times 0.8 = 16.664[kW]$

(4) $종합부하율[\%] = \frac{각\ 평균전력의\ 합[kW]}{고압간선\ 최대전력[kW]} = \frac{20 + 22.27 + 16.66}{66.14} \times 100 \fallingdotseq 89.099[\%]$

정답

(1) A군 : 33.33[kW]
B군 : 31.82[kW]
C군 : 20.83[kW]

(2) 66.14[kW]

(3) A 평균전력 : 20[kW]
B 평균전력 : 22.27[kW]
C 평균전력 : 16.66[kW]

(4) 89.1[%]

16 다음 그림은 22.9[kV] 수전설비에서 계기용 변압기(GPT)의 미완성 결선도이다. 다음 각 물음에 답하시오.

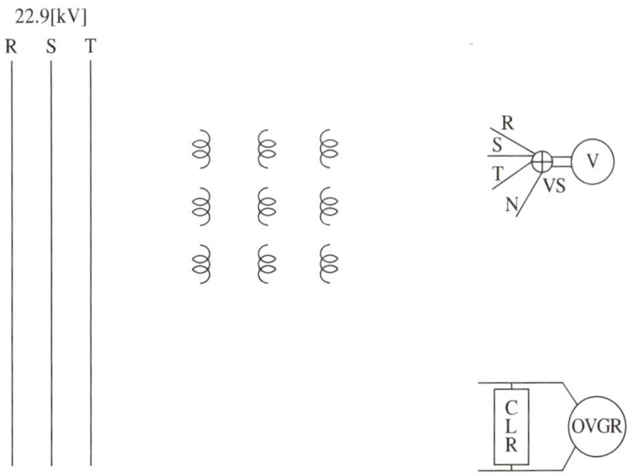

(1) 회로도에서 미완성 부분을 결선하시오(단, 접지 개소를 표시한다).

(2) GPT 사용용도에 대하여 쓰시오.

(3) GPT 정격 1차, 2차, 3차의 상전압을 쓰시오.

(4) GPT의 권선 각상에 110[V]의 램프 접속 시 어느 한 상에서 지락사고가 발생하였다면 램프의 점등 상태는 어떻게 되는가?

정답

(1)

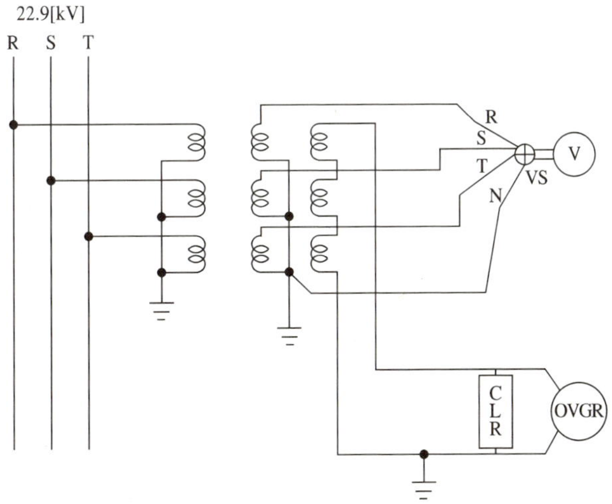

(2) 지락사고 시 영상전압을 검출하기 위해서

(3) 1차 정격전압 : $\frac{22,900}{\sqrt{3}}$[V], 2차 정격전압 : $\frac{110}{\sqrt{3}}$[V], 3차 정격전압 : $\frac{190}{3}$[V]

(4) 지락된 상의 램프는 소등, 지락되지 않은 상의 램프는 더욱 더 밝다.

※ KEC 규정 적용으로 표현 변경 : R, S, T, E의 상의 명칭이 L1, L2, L3, N(또는 PE)으로 변경됨

17 다음은 콘덴서 기동형 단상 유도전동기의 정역 회로도이다. 물음에 답하시오(단, PB_1을 누르면 정회전, PB_2를 누르면 역회전한다).

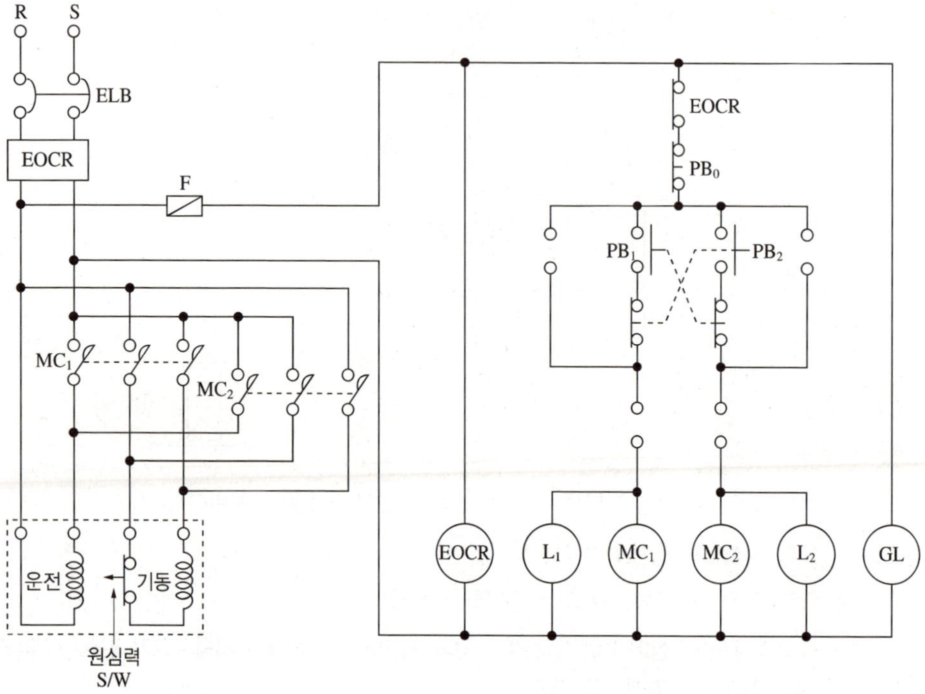

(1) 미완성 결선도를 완성하시오.

(2) 콘덴서 기동 단상 유도전동기의 기동원리를 쓰시오.

(3) L_1, L_2, GL은 어떤 표시등인지 쓰시오.

정답

(1)

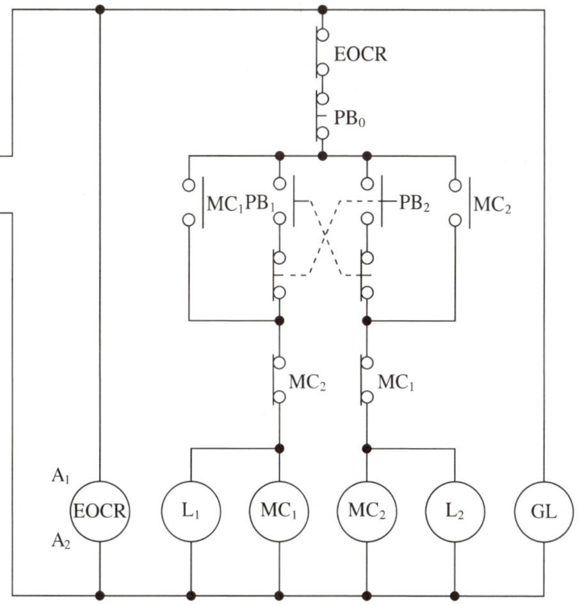

(2) 콘덴서에 의해 90° 빠른 위상전류를 보조권선에 공급하여 전자력의 불평형으로 인해 기동토크를 얻는 방식으로 이후 일정 회전속도가 되면 원심력 스위치에 의해 기동권선을 분리하여 운전하는 방식이다.

(3) L_1 : 정회전 운전표시등, L_2 : 역회전 운전표시등, GL : 전원표시등

※ KEC 규정 적용으로 표현 변경 : R, S, T, E의 상의 명칭이 L1, L2, L3, N(또는 PE)으로 변경됨

18

비상용 조명부하 110[V]용 100[W] 58등, 60[W] 50등이 있다. 방전시간 30분, 축전지 HS형 54[cell], 허용 최저전압 100[V], 최저 축전지 온도 5[℃]일 때 축전지용량은 몇 [Ah]인가?(단, 경년 용량 저하율 0.8, 용량 환산 시간 $K=1.2$이다)

해설

부하전류 $I=\dfrac{P}{V}=\dfrac{100\times58+60\times50}{110}=80[\text{A}]$

∴ 축전지용량 $C=\dfrac{1}{L}KI=\dfrac{1}{0.8}\times1.2\times80=120[\text{Ah}]$

정답

120[Ah]

전기 기사 2016년 제2회 기출복원문제

01 전력용 진상콘덴서의 정기점검의 육안검사 항목 3가지를 쓰시오.

정답

- 유 누설 유무 점검
- 용기의 발청 유무 점검
- 단자의 이완 및 과열 유무 점검

02 다음과 같은 그림에서 3상의 각 $Z=24-j32[\Omega]$일 때 소비전력[W], 무효전력[Var]을 구하시오.

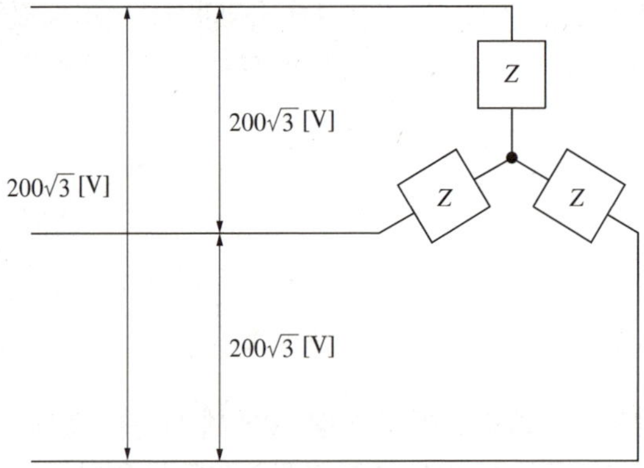

해설

소비전력 $P=3I_P^2R=3\left(\frac{V_P}{Z}\right)^2R=3\left(\frac{200}{\sqrt{24^2+32^2}}\right)^2\times 24=1,800[\text{W}]$

무효전력 $P_r=3I_P^2X=3\left(\frac{V_P}{Z}\right)^2X=3\left(\frac{200}{\sqrt{24^2+32^2}}\right)^2\times 32=2,400[\text{Var}]$

정답

- 소비전력 : 1,800[W]
- 무효전력 : 2,400[Var]

03 수전전압 22.9[kV-Y], 변압기 용량 500[kVA]이며, 변압기 $\%X$가 5%, 2차측 전압이 380[V]인 경우에 대해 물음에 답하시오(단, 선로에 임피던스 $\%R$은 무시한다).

(1) 변압기 2차측 정격전류[A]를 구하시오.

(2) 변압기 2차측 단락전류[kA]를 구하시오.

(3) 차단기 용량[MVA]을 계산하시오.

해설

(1) $I_2 = \dfrac{P_a}{\sqrt{3}\,V_2} = \dfrac{500 \times 10^3}{\sqrt{3} \times 380} \fallingdotseq 759.671[\mathrm{A}]$

(2) $I_{s2} = \dfrac{100}{\%X} I_v = \dfrac{100}{5} \times 759.67 \times 10^{-3} = 15.1934[\mathrm{kA}]$

(3) $P_s = \sqrt{3}\,VI_s = \sqrt{3} \times 380 \times \dfrac{1.2}{1.1} \times 10^{-3} \times 15.19 \fallingdotseq 10.907[\mathrm{MVA}]$

정답

(1) 759.67[A]

(2) 15.19[kA]

(3) 10.91[MVA]

04 기동용량 750[kVA]인 유도전동기를 발전기에 연결하고자 한다. 기동 시 순시 전압강하는 20[%], 발전기의 과도리액턴스 25[%]일 때이다. 전동기를 운전할 수 있는 자가발전기의 최소용량[kVA]을 구하시오.

해설

$P = \left(\dfrac{1}{\text{허용전압강하}} - 1\right) \times \text{과도리액턴스} \times \text{시동용량}$

$= \left(\dfrac{1}{0.2} - 1\right) \times 0.25 \times 750 = 750[\mathrm{kVA}]$

정답

750[kVA]

05 3상 3선식 배전선로의 각 선간의 전압강하의 근삿값을 구하고자 하는 경우에 이용할 수 있는 약산식을 다음 조건을 이용하여 구하시오.

[조 건]

- 배전선로의 길이 : L[m]
- 배전선의 굵기 : A[mm^2]
- 배전선의 전류 : I[A]
- 표준 연동선의 고유저항(20[℃]) : $\frac{1}{58}$[Ω · mm^2/m], 동선의 도전율 : 97[%]
- 선로의 리액턴스를 무시하며 역률은 1로 간주해도 무방한 경우이다.

해설

저항 $R = \frac{1}{58} \times \frac{100}{C} \times \frac{L}{A} = \frac{1}{58} \times \frac{100}{97} \times \frac{L}{A} = \frac{1}{56.26} \frac{L}{A}$

전압강하 $e = \sqrt{3}\,IR = \sqrt{3} \times I \times \frac{1}{56.26} \frac{L}{A} = \frac{1}{32.48} \frac{L}{A}$

정답

$e = \frac{1}{32.48} \times \frac{L}{A}$[V] 또는 $e = \frac{30.8LI}{1{,}000A}$[V]

06 안전관리 결과보고서는 감리원이 매 분기마다 공사업자로부터 제출받아 이를 검토하고 미비한 사항이 있을 때에 시정조치 해야 하는데 안전관리 결과보고서에 포함되어야 하는 서류 5가지는?

정답

- 안전관리 조직표
- 안전보건관리 체제
- 재해발생 현황
- 산재요양 신청서 사본
- 안전교육 실적표

[기 타]

- 그 밖의 필요한 서류

07 3상 380[V], 80[kVA] 전동기 1대가 분전반으로부터 100[m] 되는 지점에(전선 한 가닥의 길이로 본다) 설치되어 있다. 전압강하는 6[V]로 하여 분기회로의 전선을 정하고자 한다. 다음 표를 이용하여 물음에 답하시오(단, 전선관은 후강전선관으로 하며, 부하는 평형되어 있다고 한다).

표1. 전선 최대 길이(3상 3선식 · 380[V] · 전압강하 3.8[V])

전류 [A]	전선의 굵기[mm^2]												
	2.5	4	6	10	16	25	35	50	95	150	185	240	300
	전선 최대 길이[m]												
1	534	854	1,281	2,135	3,416	5,337	7,472	10,674	20,281	32,022	39,494	51,236	64,045
2	267	427	640	1,067	1,708	2,669	3,736	5,337	10,140	16,011	19,747	25,618	32,022
3	178	285	427	712	1,139	1,779	2,491	3,558	6,760	10,674	13,165	17,079	21,348
4	133	213	320	534	854	1,334	1,868	2,669	5,070	8,006	9,874	12,809	16,011
5	107	171	256	427	683	1,067	1,494	2,135	4,056	6,404	7,899	10,247	12,809
6	89	142	213	356	569	890	1,245	1,779	3,380	5,337	6,582	8,539	10,674
7	76	122	183	305	488	762	1,067	1,525	2,897	4,575	5,642	7,319	9,149
8	67	107	160	267	427	667	934	1,334	2,535	4,003	4,937	6,404	8,006
9	59	95	142	237	380	593	830	1,186	2,253	3,558	4,388	5,693	7,116
12	44	71	107	178	285	445	623	890	1,690	2,669	3,291	4,270	5,337
14	38	61	91	152	244	381	534	762	1,449	2,287	2,821	3,660	4,575
15	36	57	85	142	228	356	498	712	1,352	2,135	2,633	3,416	4,270
16	33	53	80	133	213	334	467	667	1,268	2,001	2,468	3,202	4,003
18	30	47	71	119	190	297	415	593	1,127	1,779	2,194	2,846	3,558
25	21	34	51	85	137	213	299	427	811	1,281	1,580	2,049	2,562
35	15	24	37	61	98	152	213	305	579	915	1,128	1,464	1,830
45	12	19	28	47	76	119	166	237	451	712	878	1,139	1,423

[주] 1. 전압강하가 2[%] 또는 3[%]의 경우, 전선길이는 각각 이 표의 2배 또는 3배가 된다. 다른 경우에도 이 예에 따른다.
2. 전류가 20[A] 또는 200[A] 경우의 전선길이는 각각 이 표 전류 2[A] 경우의 1/10 또는 1/100이 된다. 다른 경우에도 이 예에 따른다.
3. 이 표는 평형부하의 경우에 대한 것이다.
4. 이 표는 역률 1로 하여 계산한 것이다.

표2. 후강전선관 굵기의 선정

도체단면적 $[mm^2]$	전선본수									
	1	2	3	4	5	6	7	8	9	10
	전선관의 최소 굵기[mm]									
2.5	16	16	16	16	22	22	22	28	28	28
4	16	16	16	22	22	22	28	28	28	28
6	16	16	22	22	22	28	28	28	36	36
10	16	22	22	28	28	36	36	36	36	36
16	16	22	28	28	36	36	36	42	42	42
25	22	28	28	36	36	42	54	54	54	54
35	22	28	36	42	54	54	54	70	70	70
50	22	36	54	54	70	70	70	82	82	82
70	28	42	54	54	70	70	70	82	82	82
95	28	54	54	70	70	82	82	92	92	104
120	36	54	54	70	70	82	82	92		
150	36	70	70	82	92	92	104	104		
185	36	70	70	82	92	104				
240	42	82	82	92	104					

(1) 전선의 최소 굵기를 선정하시오.

(2) 전선관 규격을 선정하시오.

해설

(1) ① 부하전류$(I)=\dfrac{80,000}{\sqrt{3}\times 380}\fallingdotseq 121.547[A]$

② 전선최대길이$=\dfrac{100\times\dfrac{121.55}{12}}{\dfrac{6}{3.8}}\fallingdotseq 641.514[m]$

TIP

전류 12[A] 칸에서 641.5이므로 623보다 큰 890을 기준으로 답을 찾는다.

(2) **TIP**

$50[mm^2]$와 3가닥이 만나는 곳을 찾는다.

정답

(1) $50[mm^2]$

(2) 54[mm]

08 TV나 형광등과 같은 전기제품 사용 시 플리커현상이 발생되는데 플리커현상을 경감시키기 위한 전원측과 수용가측에서의 대책을 각각 3가지씩 쓰시오.

(1) 전원측

(2) 수용가측

정답

(1) 전원측
- 공급전압을 승압한다.
- 단락용량이 큰 계통에서 공급한다.
- 전용계통으로 공급한다.

(2) 수용가측
- 직렬리액터 설치
- 직렬콘덴서 설치
- 부스터 설치

09 변압기에 대한 각 물음에 답하시오.

(1) 변압기의 무부하손 및 부하손에 대하여 설명하시오.

(2) 변압기의 효율을 구하는 공식을 쓰시오.

(3) 최대효율 조건을 쓰시오.

정답

(1) 무부하손 : 부하가 있을 때나 없을 때나 항상 생기는 손실(철손)
무하손 : 부하가 있을 때 부하전류에 의한 변압기의 내부손실(동손)

(2) 효율$=\dfrac{\text{출력}}{\text{출력}+\text{철손}+\text{동손}}\times 100[\%]$

(3) 무부하손과 부하손이 같을 때

10 전력용 퓨즈에 대한 다음 각 물음에 답하시오.

(1) 전력용 퓨즈의 역할을 2가지로 대별하여 간단하게 설명하시오.

(2) 답안지 표와 같은 각종 개폐기와의 기능 비교표의 관계(동작)되는 해당란에 O표로 표시하시오.

기능 \ 능력	회로분리		사고차단	
	무부하	부 하	과부하	단 락
퓨 즈				
개폐기				
차단기				
단로기				
전자접촉기				

(3) 전력용 퓨즈의 성능(특성) 3가지를 쓰시오.

정답

(1) • 부하전류를 안전하게 흐르게 한다.
   • 과전류를 차단하여 전로나 기기를 보호한다.

(2)

기능 \ 능력	회로분리		사고차단	
	무부하	부 하	과부하	단 락
퓨 즈	○			○
개폐기	○	○		
차단기	○	○	○	○
단로기	○			
전자접촉기	○	○		

(3) 용단특성, 전차단특성, 단시간 허용특성

11 12×18[m]의 어느 사무실의 조도를 250[lx]로 할 경우에 광속 4,800[lm]의 형광등 40[W]×2를 시설할 경우 등수 및 사무실의 최소 분기회로수를 구하시오(단, 40[W]×2 형광등 기구 1개의 램프 전류는 0.87[A]이고 조명률 80[%], 감광보상률은 1.3, 전기방식은 단상 2선식 200[V]이다).

해설

(1) 등수$(N)=\frac{EAD}{FU}=\frac{250\times12\times18\times1.3}{4{,}800\times2\times0.8}\fallingdotseq9.14$, 따라서 10등기구

(2) 분기회로수$(N)=\frac{10\times0.87}{15}=0.58$

TIP

기구 1개의 전류 0.87[A], 최소 분기회로는 15[A] 기준

정답

(1) 등수 : 10등기구

(2) 분기회로수 : 1회로

12 다음은 3ϕ4W 22.9[kV] 수전설비 단선결선도이다. 다음 각 물음에 답하시오.

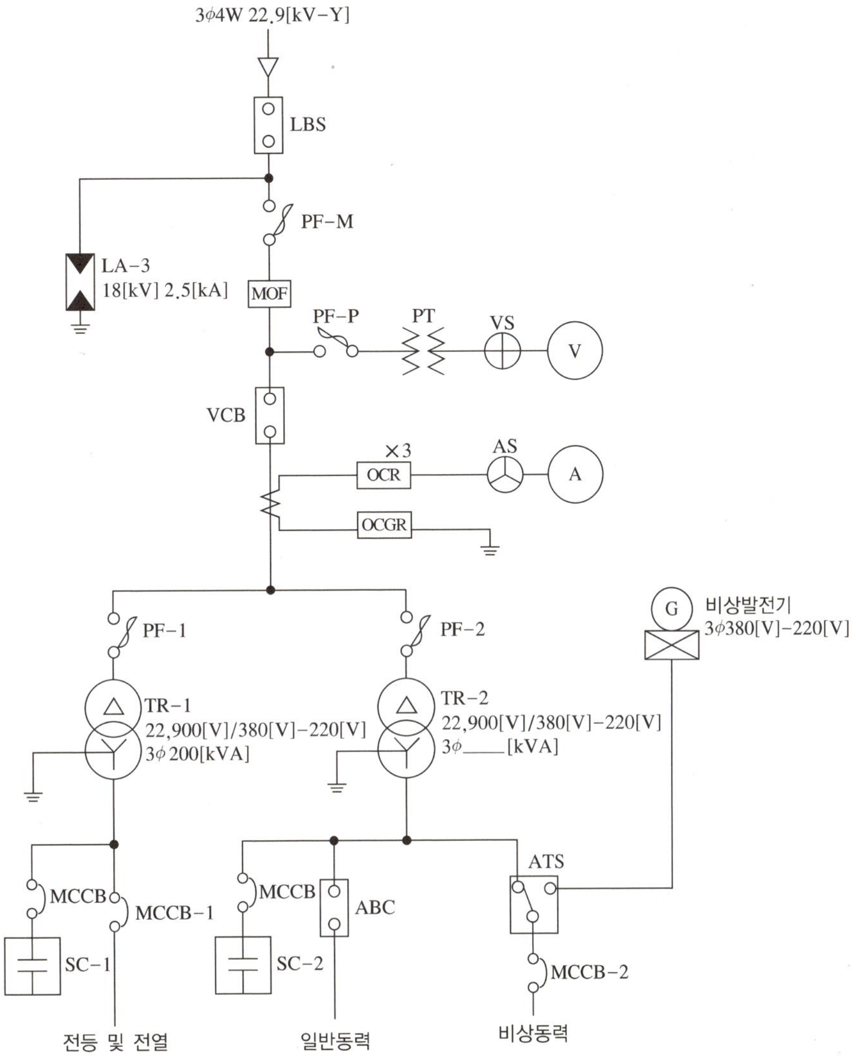

(1) 위 수전설비 단선결선도의 LA에 대하여 다음 물음에 답하시오.

① 우리말의 명칭은 무엇인가? ② 기능과 역할에 대해 간단히 설명하시오.

③ 요구되는 성능조건 4가지만 쓰시오.

(2) 다음의 표는 수전설비 단선결선도의 부하집계 및 입력환산표이다. 표를 완성하시오(단, 입력환산[kVA]은 계산값의 소수점 둘째자리에서 반올림한다).

구 분	전등 및 전열	일반동력	비상동력
설비용량 및 효율	합계 350[kW] 100[%]	합계 635[kW] 85[%]	유도전동기 1 7.5[kW] 2대 85[%] 유도전동기 2 11[kW] 1대 85[%] 유도전동기 3 15[kW] 1대 85[%] 비상조명 8,000[W] 100[%]
평균(종합) 역률	80[%]	90[%]	90[%]
수용률	60[%]	45[%]	100[%]

구 분		설비용량[kW]	효율[%]	역률[%]	입력환산[kVA]
전등 및 전열		350			
일반동력		635			
비상동력	유도전동기 1	7.5×2			
	유도전동기 2				
	유도전동기 3				
	비상조명				
	소 계	-			

(3) 단선결선도와 (2)의 부하집계표에 의한 TR-2의 적정용량은 몇 [kVA]인지 구하시오.

[참 고]

- 일반동력군과 비상동력군 간의 부등률은 1.3으로 본다.
- 변압기 용량은 15[%] 정도의 여유를 갖게 한다.
- 변압기의 표준규격[kVA]은 200, 300, 400, 500, 600으로 한다.

(4) 단선결선도에서 TR-2의 2차측 중성점의 접지공사의 접지선 굵기[mm^2]를 구하시오.

[참 고]

- 접지선은 GV 전선을 사용하고 표준굵기[mm^2]는 6, 10, 16, 25, 35, 50, 70으로 한다.
- GV 전선의 허용최고온도는 160[℃]이고 고장전류가 흐르기 전의 접지선의 온도는 30[℃]으로 한다.
- 고장전류는 정격전류의 20배로 본다.
- 변압기 2차의 과전류 보호차단기는 고장전류에서 0.1초 이내에 차단되는 것이다.
- 변압기 2차의 과전류차단기의 정격전류는 변압기 정격전류의 1.5배로 한다.

해설

(3) 변압기 용량 $= \dfrac{830.1 \times 0.45 + 62.5 \times 1}{1.3} \times 1.15 \fallingdotseq 385.73[\text{kVA}]$

(4) $\theta = 0.008\left(\dfrac{I_s}{A}\right)^2 \cdot t$

$$\frac{\theta}{0.008t} = \left(\frac{I_s}{A}\right)^2$$

$$\sqrt{\frac{\theta}{0.008t}} = \frac{I_s}{A}$$

$$A = \frac{I_s}{\sqrt{\dfrac{\theta}{0.008t}}} = \frac{18{,}232.2}{\sqrt{\dfrac{130}{0.008 \times 0.1}}} \fallingdotseq 45.23[\text{mm}^2]$$

$I_s = 20I_n = 20 \times 1.5I_n = 20 \times 1.5 \times 607.74 = 18{,}232.2[\text{A}]$

$I_n = \dfrac{P}{\sqrt{3}\,V} = \dfrac{400 \times 10^3}{\sqrt{3} \times 380} \fallingdotseq 607.74[\text{A}]$

$\theta = 160 - 30 = 130[℃]$, $t = 0.1[\text{s}]$

여기서, I_s : 고장전류[A], θ : 온도상승[℃], t : 통전시간[s]

정답

(1) ① 피뢰기

② 속류를 차단한다, 뇌전류를 대지로 방전시켜 이상전압 발생을 방지하여 기계·기구를 보호한다.

③ • 사용주파 방전개시전압이 높을 것
• 충격방전개시전압이 낮을 것
• 제한전압이 낮을 것
• 속류차단 능력이 클 것

(2) 부하집계 및 입력환산표

구 분		설비용량[kW]	효율[%]	역률[%]	입력환산[kVA]
전등 및 전열		350	100	80	$\frac{350}{0.8\times1}=437.5$
일반동력		635	85	90	$\frac{635}{0.9\times0.85}\fallingdotseq 830.1$
비상동력	유도전동기 1	7.5×2	85	90	$\frac{7.5\times2}{0.9\times0.85}\fallingdotseq 19.6$
	유도전동기 2	11	85	90	$\frac{11}{0.9\times0.85}\fallingdotseq 14.4$
	유도전동기 3	15	85	90	$\frac{15}{0.9\times0.85}\fallingdotseq 19.6$
	비상조명	8	100	90	$\frac{8}{0.9\times1}\fallingdotseq 8.9$
	소 계	–	–	–	62.5

(3) 400[kVA]

(4) 50[mm^2]

13

지표면상 25[m] 높이의 수조에 매초 0.3[m^3]의 물을 양수하려고 한다. 여기에 사용되는 펌프용 전동기에 3상 전력을 공급하기 위해 단상 변압기 2대를 사용하였다. 다음 물음에 답하시오(단, 펌프의 효율 85[%], 3상 유도전동기의 역률은 90[%]이다).

(1) 변압기 1대의 용량은 몇 [kVA]인가?

(2) 변압기 결선방식은 무엇인가?

해설

(1) $P=\frac{9.8QH}{\eta}$[kW]

$$P=\frac{9.8\times0.3\times25}{0.85}\fallingdotseq 86.4706[\text{kW}]$$

$$P_a=\frac{86.4706}{0.9}\fallingdotseq 96.0784[\text{kVA}]$$

$$P_a=\sqrt{3}\,V_PI_P \rightarrow V_PI_P=\frac{P_a}{\sqrt{3}}=\frac{96.0784}{\sqrt{3}}\fallingdotseq 55.4709[\text{kVA}]$$

정답

(1) 55.47[kVA]

(2) V–V결선

14 전구를 수요자가 부담하는 종량 수용가에서 A, B 어느 전구를 사용하는 편이 경제적인지 다음 표를 이용하여 산정하시오.

전구의 종류	전구의 수명	1[cd]당 소비전력[W] (수명 중의 평균)	평균 구면광도[cd]	1[kWh]당 전력요금[원]	전구의 값[원]
A	1,600시간	1.0	38	25	80
B	2,000시간	1.2	40	25	100

해설

전 구	전력비[원/시간]	전구비[원/시간]	계[원/시간]
A	$1 \times 38 \times 10^{-3} \times 25 = 0.95$	$\frac{80}{1,600} = 0.05$	1
B	$1.2 \times 40 \times 10^{-3} \times 25 = 1.2$	$\frac{100}{2,000} = 0.05$	1.25

정답

A전구가 유리하다.

15 발전기, 모선, 변압기 또는 이를 지지하는 애자는 어느 전류에 의하여 생기는 기계적 충격에 견디는 강도를 가져야 하는가?

정답

단락전류

16 다음은 수중 PUMP 회로도이다. 조건을 보고 각 물음에 답하시오.

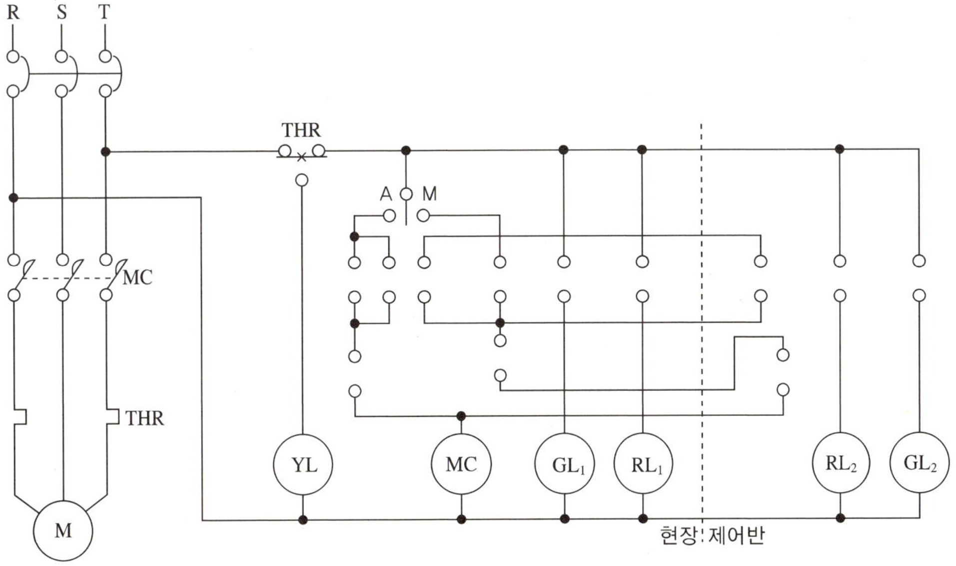

[조 건]
• A : 자동, M : 수동 전환개폐기 • 위치검출 S/W(리밋 S/W) 또는 플로트 S/W 사용 • MOTOR 정지 시 GL램프 MOTOR 운전 시 RL램프 과부하 트립 시 YL램프 • 제어반과 현장에서 모두 제어 가능하도록 설계하시오.

(1) 미완성 시퀀스도를 수동, 자동으로 제어가 가능한 시퀀스 회로로 작성하시오.

(2) 현장 조작용 스위치에 사용되는 케이블의 약호와 명칭을 쓰시오.

(3) 위의 회로에서 사용할 수 있는 가장 적당한 차단기의 약호와 명칭을 쓰시오.

정답

(1)

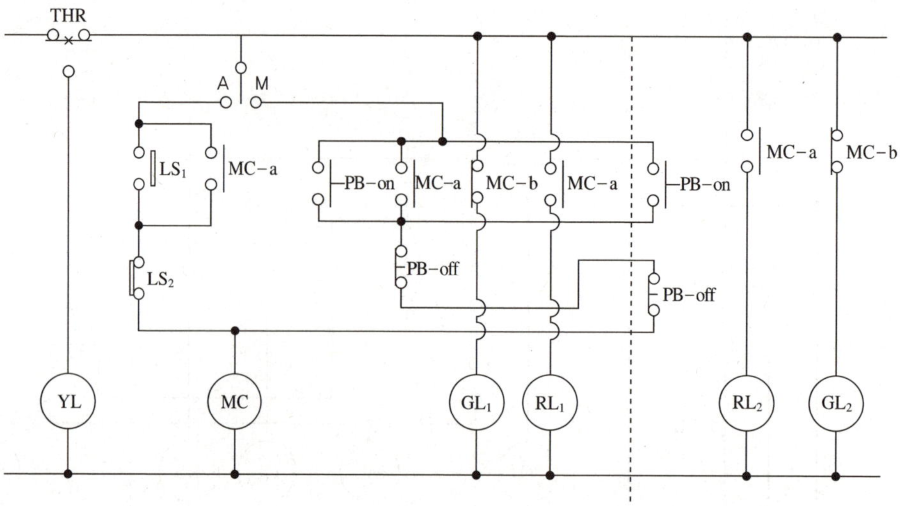

(2) • 약호 : CVV
• 명칭 : 제어용 비닐절연 비닐외장 케이블

(3) • 약호 : MCCB
• 명칭 : 배선용 차단기

※ KEC 규정 적용으로 표현 변경 : R, S, T, E의 상의 명칭이 L1, L2, L3, N(또는 PE)으로 변경됨

17 **공장들의 일부하곡선이 그림과 같을 때 다음 각 물음에 답하시오.**

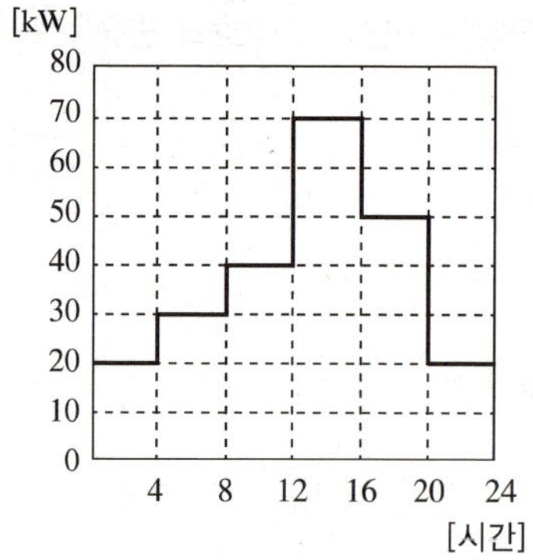

A공장

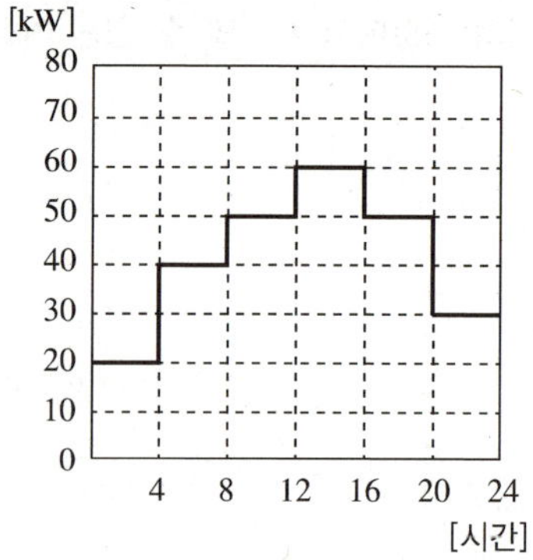

B공장

(1) A공장의 평균전력은 몇 [kW]인가?

(2) A공장의 첨두부하가 지속되는 시간은 몇 시부터 몇 시까지인가?

(3) A, B 각 공장의 수용률은 얼마인가?(단, 설비용량은 공장 모두 80[kW]이다)
① A공장 ② B공장

(4) A, B 각 공장의 일부하율은 얼마인가?

① A공장 ② B공장

(5) A, B 각 공장 상호 간의 부등률을 계산하고 부등률의 정의를 간단히 쓰시오.

① 부등률 계산 : ② 부등률의 정의 :

해설

(1) 평균전력[kW] $= \dfrac{\text{사용전력량[kWh]}}{\text{시간[h]}} = \dfrac{(20+30+40+70+50+20)\times 4}{24} ≒ 38.33[\text{kW}]$

(3) ① 수용률 $= \dfrac{\text{최대전력[kW]}}{\text{설비용량[kW]}} \times 100 = \dfrac{70}{80} \times 100 = 87.5[\%]$

② 수용률 $= \dfrac{60}{80} \times 100 = 75[\%]$

(4) ① 일부하율 $= \dfrac{\text{평균전력[kW]}}{\text{최대전력[kW]}} \times 100 = \dfrac{38.33}{70} \times 100 ≒ 54.76[\%]$

② 일부하율 $= \dfrac{(20+40+50+60+50+30)\times 4}{24 \times 60} \times 100 ≒ 69.44[\%]$

(5) ① 부등률 $= \dfrac{\text{개별 수용 최대전력의 합[kW]}}{\text{합성 최대전력[kW]}} = \dfrac{70+60}{130} = 1$

정답

(1) 38.33[kW]

(2) 12시에서 16시

(3) ① 87.5[%]

② 75[%]

(4) ① 54.76[%]

② 69.44[%]

(5) ① 1

② 전력소비기기가 동시에 사용되는 정도

18

콘덴서의 회로에 3고조파의 유입으로 인한 사고를 방지하기 위하여 콘덴서 용량의 13[%]인 직렬 리액턴스를 설치하고자 한다. 이 경우 투입 시의 전류는 콘덴서의 정격전류(정상 시 전류)의 몇 배의 전류가 흐르게 되는가?

해설

콘덴서 투입 시 돌입전류 $I = I_n\left(1 + \sqrt{\dfrac{X_C}{X_L}}\right)$

$$I = I_n\left(1 + \sqrt{\dfrac{X_C}{0.13X_C}}\right) ≒ 3.77I_n$$

정답

3.77배

전기 기사

2016년 제3회 기출복원문제

01 3상 3선식 중성점 비접지식 6,600[V] 가공전선로가 있다. 이 전선로의 전선 연장이 550[km]이다. 이 전로에 접속된 주상변압기 100[V]측 그 1단자에 접지공사를 할 때 접지저항값은 얼마 이하로 유지하여야 하는가?(단, 이 전선로는 고 · 저압 혼촉 시 1초 이내에 자동 차단하는 장치가 있다)

해설

$$I_g = 1 + \frac{\frac{V'}{3}L - 100}{150} = 1 + \frac{\frac{6}{3}\times 550 - 100}{150} \fallingdotseq 7.667 \fallingdotseq 8[\mathrm{A}]$$

여기서, $V' = \frac{6.6}{1.1} = 6$

$$R = \frac{600}{I_g} = \frac{600}{8} = 75[\Omega]$$

정답

75[Ω]

02 설비용량이 80[kW], 70[kW], 50[kW]이고 수용률이 각각 60[%], 70[%], 80[%]로 할 경우 변압기용량은 몇 [kVA]가 필요한지 표를 보고 선정하시오(단, 부등률은 1.1, 종합 부하역률은 90[%]이다).

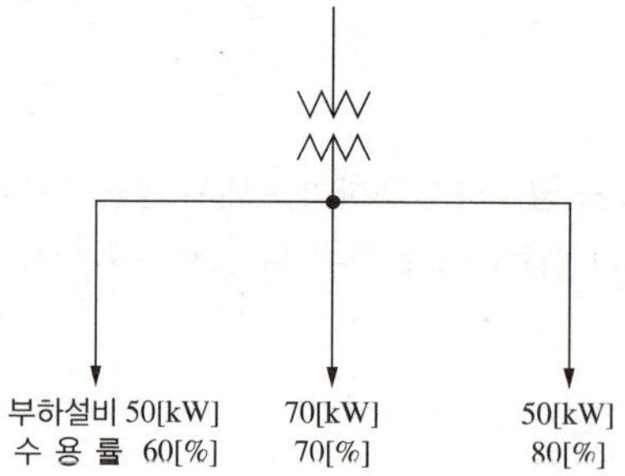

변압기 표준용량[kVA]					
50	75	100	150	200	300

해설

$$\text{변압기용량[kVA]} = \frac{\text{설비용량[kW]} \times \text{수용률}}{\text{부등률} \times \text{역률}} = \frac{80\times0.6 + 70\times0.7 + 50\times0.8}{1.1\times0.9} \fallingdotseq 138.384[\mathrm{kVA}]$$

정답

표에서 150[kVA] 선정

03

정격전압이 380[V]인 3상 직입 기동 전동기 1.5[kW] 2대, 3.7[kW] 2대와 3상 기동기 사용 전동기 15[kW] 1대 및 3상의 전열기 3[kW]를 사용 시 간선 굵기, 간선의 과전류차단기 용량을 주어진 표를 이용하여 구하시오(단, 공사방법은 A1, PVC 절연전선을 사용한 경우이다).

간선의 굵기[mm^2]	과전류차단기 용량[A]

표1. 3상 농형 유도전동기의 규약 전류값

정격출력 [kW]	규약전류[A]			
	저압 3상 농형 유도전동기		고압 3상 농형 유도전동기	
	200[V]급	380[V]급	3,000[V]	3,300[V]
0.20	1.8	0.95	–	–
0.40	3.2	1.68	–	–
0.75	4.8	2.53	–	–
1.5	8.0	4.21	–	–
2.2	11.1	5.84	–	–
3.7	17.4	9.16	–	–
5.5	26	13.68	–	–
7.5	34	17.89	–	–
11	48	25.26	–	–
15	65	34.21	–	–
19	79	41.58	–	–
22	93	48.95	–	–
30	125	65.79	–	–
37	160	84.21	–	–
45	190	100.0	14.5	13.2
55	230	121.0	17.1	15.5
75	310	163.0	22.5	20.5
90	360	189.5	26.5	24.1
110	440	231.6	31.8	28.9
132	500	263.0	37.7	34.3
160	–	–	45.1	41.0
200	–	–	55.7	50.6

표2. 380[V] 3상 유도전동기의 간선의 굵기 및 기구의 용량

전동기 [kW] 수의 총계 [kW] 이하	최대 사용 전류 [A] 이하	배선종류에 의한 간선의 최소 굵기[mm^2]						직입 기동 전동기 중 최대용량의 것											
		공사방법 A_1		공사방법 B_1		공사방법 C		0.75 이하	1.5	2.2	3.7	5.5	7.5	11	15	18.5	22	30	37
		 3개선		 3개선		 3개선		Y－△기동기 사용 전동기 중 최대 용량의 것											
								–	–	–	5.5	7.5	11 15	18.5 22	–	30 37	–	30	37
		PVC	XLPE, EPR	PVC	XLPE, EPR	PVC	XLPE, EPR	과전류차단기(배선용 차단기) 용량[A] 직입 기동 : 칸 위 숫자, Y－△기동 : 칸 아래 숫자											
3	7.9	2.5	2.5	2.5	2.5	2.5	2.5	15 –	15 –	15 –	–	–	–	–	–	–	–	–	–
4.5	10.5	2.5	2.5	2.5	2.5	2.5	2.5	15 –	15 –	20 –	30 –	–	–	–	–	–	–	–	–
6.3	15	2.5	2.5	2.5	2.5	2.5	2.5	20 –	20 –	30 –	30 –	40 30	–	–	–	–	–	–	–
8.2	21.8	4	2.5	2.5	2.5	2.5	2.5	30 –	30 –	30 –	30 –	40 30	50 30	–	–	–	–	–	–
12	26.3	6	4	4	2.5	4	2.5	40 –	40 –	40 –	40 –	40 40	50 40	75 40	–	–	–	–	–
15.7	40	10	6	10	6	6	4	50 –	50 –	50 –	50 –	50 50	60 50	75 50	100 60	–	–	–	–
19.5	47	16	10	10	6	10	6	60 –	60 –	60 –	60 –	60 60	75 60	75 60	100 60	125 75	–	–	–
23.2	52.6	16	10	16	10	10	10	75 –	75 –	75 –	75 –	75 75	75 75	100 75	100 75	125 75	125 100	–	–
30	65.8	25	16	16	10	16	10	100 –	100 –	100 –	100 –	100 100	100 100	100 100	125 100	125 100	125 100	–	–
37.5	78.9	35	25	25	16	25	16	100 –	100 –	100 –	100 –	100 100	100 100	100 100	125 100	125 100	125 100	125 125	–
45	92.1	50	25	35	25	25	16	125 –	125 –	125 –	125 –	100 100	125 125	125 125	125 125	125 125	125 125	125 125	125 125

[비 고]

1. 공사방법 A_1은 벽 내의 전선관에 공사한 절연전선 또는 단심 케이블, B_1은 벽면의 전선관에 공사한 절연전선 또는 단심케이블, 공사방법 C는 벽면에 공사한 단심 또는 다심케이블을 시설하는 경우의 전선 굵기를 표시하였다.
2. 「전동기 중 최대의 것」에 동시 기동하는 경우를 포함함
3. 과전류차단기의 용량은 해당 조항에 규정되어 있는 범위에서 실용상 거의 최댓값을 표시함
4. 과전류차단기의 선정은 최대용량의 정격전류의 3배에 다른 전동기의 정격전류의 합계를 가산한 값 이하를 표시함

해설

① 전동기수의 총계$=(1.5\times2)+(3.7\times2)+15+3=28.4$[kW]

② 최대사용전류$(I)=(4.21\times2)+(9.16\times2)+34.21+\dfrac{3{,}000}{\sqrt{3}\times380}\fallingdotseq65.5$[A]

정답

간선의 굵기[mm^2]	과전류차단기 용량[A]
25	100

04 비상용 자가발전기를 구입하고자 한다. 부하는 단일부하로서 유도전동기이며, 기동용량이 1,700[kVA]이고, 기동 시의 전압강하는 20[%]까지 허용되며, 발전기의 과도 리액턴스는 27[%]로 본다면 자가발전기의 용량은 이론(계산)상 몇 [kVA] 이상의 것을 선정하여야 하는지 구하시오.

해설

$$P=\left(\frac{1}{e}-1\right)\times X_d\times \text{기동용량}=\left(\frac{1}{0.2}-1\right)\times 0.27\times 1{,}700=1{,}836[\text{kVA}]$$

정답

1,836[kVA]

05 그림과 같은 도면을 보고 차단기의 차단용량을 구하시오.

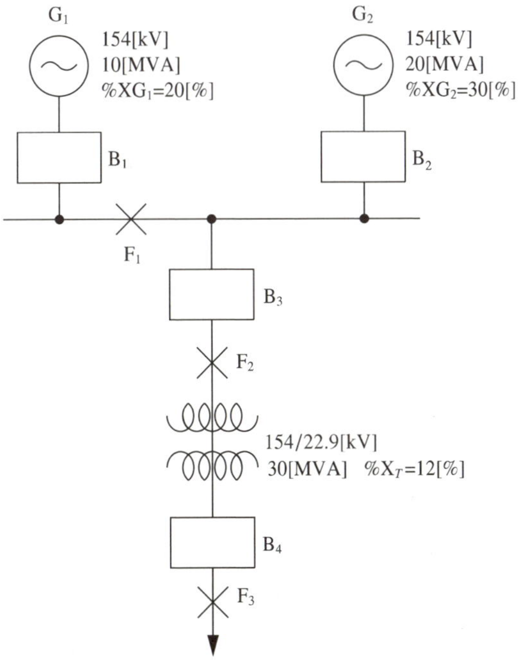

※ F_1, F_2, F_3는 단락사고 발생지점이며 단락전류는 고려하지 않는다.

(1) F_1 지점에서 단락사고가 발생하였을 때, B_1, B_2 차단기의 차단용량[MVA]을 계산하시오.

(2) F_2 지점에서 단락사고가 발생하였을 때, B_3 차단기의 차단용량[MVA]을 계산하시오.

(3) F_3 지점에서 단락사고가 발생하였을 때, B_4 차단기의 차단용량[MVA]을 계산하시오.

해설

(1) $\%G_1 = \frac{30}{10} \times 20 = 60[\%]$, $\%G_2 = \frac{30}{20} \times 30 = 45[\%]$

$P_{B1} = \frac{100}{\%X} P_v = \frac{100}{60} \times 30 = 50[\text{MVA}]$, $P_{B2} = \frac{100}{45} \times 30 \fallingdotseq 66.667[\text{MVA}]$

※ 조건이 없으면 변압기용량을 기준용량으로 선정

(2) 합성 $\%X = \frac{60 \times 45}{60 + 45} \fallingdotseq 25.7143$

$P_{B3} = \frac{100}{25.7143} \times 30 \fallingdotseq 116.667[\text{MVA}]$

(3) 합성 $\%X = 25.7143 + 12 = 37.7143$

$P_{B4} = \frac{100}{37.7143} \times 30 \fallingdotseq 79.545[\text{MVA}]$

정답

(1) B_1 50[MVA], B_2 66.67[MVA]

(2) B_3 116.67[MVA]

(3) B_4 79.55[MVA]

06 전기설비기술기준에 의하여 욕실 등 인체가 물에 젖어 있는 상태에서 물을 사용하는 장소에 콘센트 시설 시 설치하여야 하는 저압차단기의 정확한 명칭과 동작설명을 하시오.

정답

- 명칭 : 인체보호용 누전차단기
- 동작설명 : 정격감도전류 15[mA] 이하에 동작시간 0.03초 이내의 전류동작형

07 피뢰기 접지공사를 실시한 후, 접지저항을 보조접지 2개(A와 B)를 시설하여 측정하였더니 주접지와 A 사이의 저항은 100[Ω], A와 B 사이의 저항은 230[Ω], B와 주접지 사이의 저항은 145[Ω]이었다. 이때 피뢰기의 접지저항값을 구하시오.

해설

접지저항값 $= \frac{1}{2}(100 + 145 - 230) = 7.5[\Omega]$

정답

7.5[Ω]

08 다음은 가공송전계통도이다. 다음 각 물음에 답하시오(단, 전기설비기술기준 및 한국전기설비규정에 의한다).

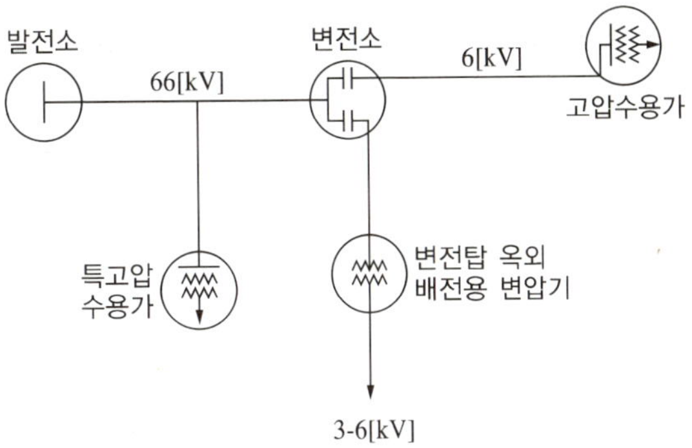

(1) 피뢰기를 설치하여야 하는 장소를 도면에 "●"로 표시하고 몇 개 장소인지 쓰시오.

(2) 전기설비기술기준 및 한국전기설비규정에 의한 피뢰기 설치장소에 대한 기준 4가지를 쓰시오.

정답

(1)

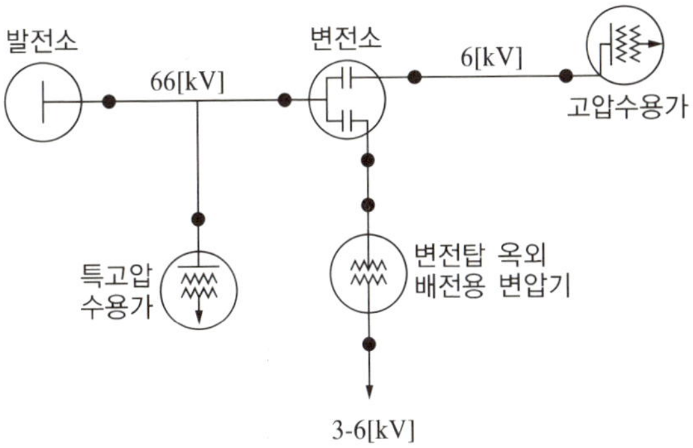

∴ 8개

(2)
- 발 · 변전소 또는 이에 준하는 장소의 가공전선 인입구, 인출구
- 가공전선로에 접속하는 특고압 배전용 변압기 고압 및 특고압측
- 고압, 특고압 가공전선로에서 공급받는 수용장소 인입구
- 가공전선로와 지중전선로가 접속되는 곳

09 최대전력이 200[kVA]이며, 뒤진 역률이 80[%]인 부하를 100[%]로 개선하기 위한 전력용 콘덴서의 용량은 몇 [kVar]가 필요한지 계산하시오.

해설

$$Q_C = P\left(\frac{\sin\theta_1}{\cos\theta_1} - \frac{\sin\theta_2}{\cos\theta_2}\right) = 200\times 0.8\left(\frac{0.6}{0.8} - \frac{0}{1}\right) = 120[\text{kVar}]$$

정답

120[kVar]

10 단상 유도전동기는 반드시 기동장치가 필요하다. 다음 물음에 답하시오.

(1) 기동장치가 필요한 이유를 설명하시오.

(2) 단상 유도전동기의 기동방식에 따라 분류할 때 그 종류를 4가지 쓰시오.

정답

(1) 단상 유도전동기는 교번자계로 인해 회전자계가 발생하지 않는다. 따라서 기동 시 회전자계를 얻기 위해서는 기동장치를 이용하여 기동토크를 얻어야 한다.

(2) • 셰이딩 코일형
- 콘덴서 기동형
- 분상 기동형
- 반발 기동형

11 다음 동작설명을 만족하는 주회로 및 보조회로의 미완성 결선도를 완성하시오(단, 접점기호와 명칭 등을 정확히 나타낸다).

[동작설명]

- 전원 스위치 MCCB를 투입하면 주회로 및 보조회로에 전원이 공급된다.
- 누름버튼 스위치(PB_1)를 누르면 MC_1이 여자되고 MC_1의 보조접점에 의하여 누름버튼 스위치(PB_1)에서 손을 떼어도 MC_1은 자기유지되고 전동기는 정회전하며 이때 RL_1이 점등된다.
- 전동기 운전 중 누름버튼 스위치(PB_2)를 누르면 연동에 의하여 MC_1이 소자되어 전동기가 정지되고, RL_1은 소등된다. 이때 MC_2는 여자되어 자기유지되며 전동기는 역회전(역상제동을 함)하고 타이머가 여자되며, RL_2가 점등된다.
- 타이머 설정시간 후 역회전 중인 전동기는 정지하고 RL_2도 소등된다. 또한 MC_1과 MC_2의 보조접점에 의하여 상호 인터로크가 되어 동시에 동작되지 않는다.
- 전동기 운전 중 과전류가 감지되어 EOCR이 동작되면, 모든 제어회로의 전원은 차단되고 YL만 점등된다.

[미완성 도면]

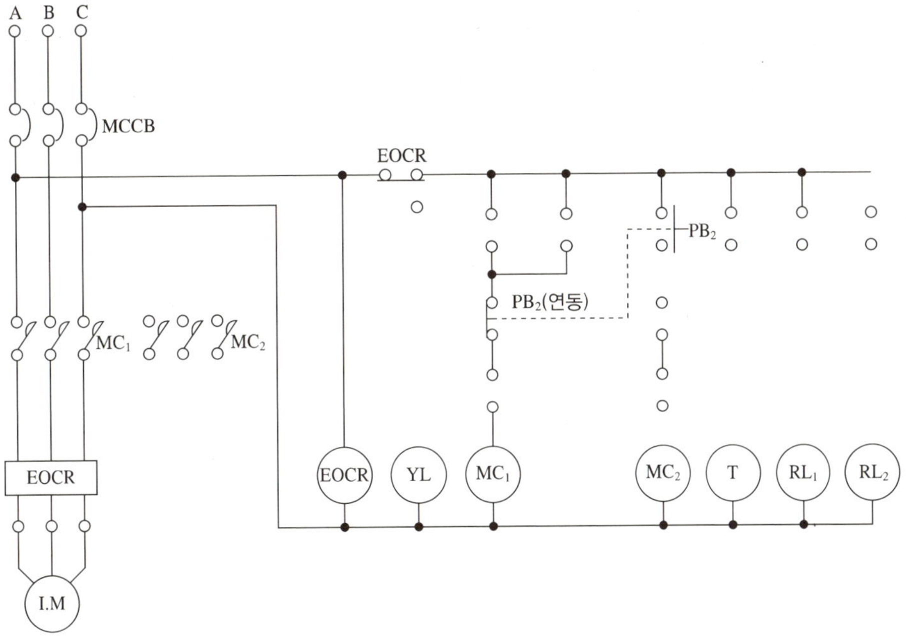
A B C
MCCB
EOCR
PB2
PB2(연동)
MC1
MC2
EOCR
I.M
EOCR
YL
MC1
MC2
T
RL1
RL2

정답

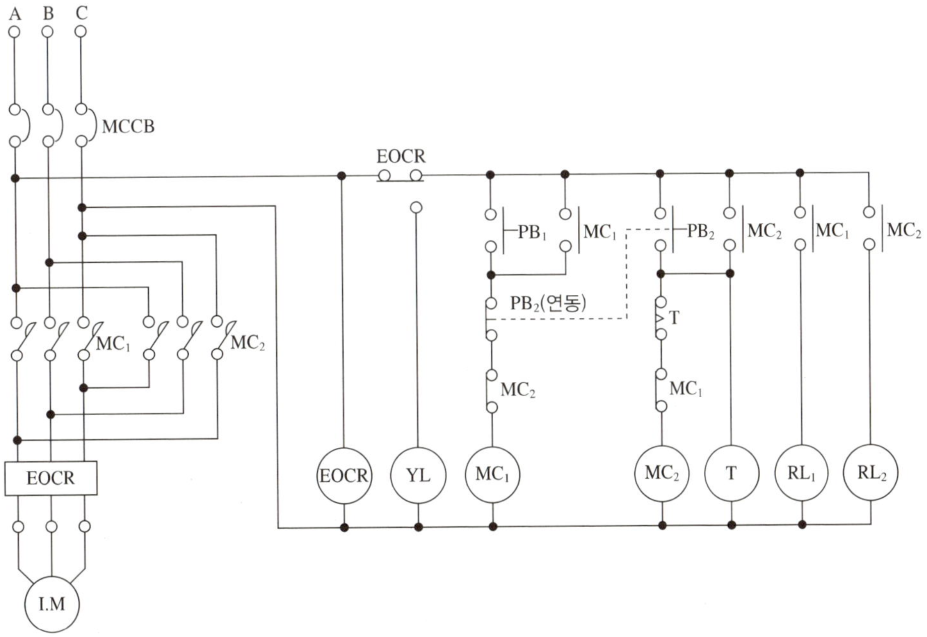
A B C
MCCB
EOCR
PB1
MC1
PB2
MC2
MC1
MC2
PB2(연동)
T
MC2
MC1
MC1
MC2
EOCR
I.M
EOCR
YL
MC1
MC2
T
RL1
RL2

12 누름버튼 스위치 BS_1, BS_2, BS_3에 의하여 직접 제어되는 계전기 X_1, X_2, X_3가 있다. 이 계전기 3개가 모두 소자(복귀)되어 있을 때만 출력램프 L_1이 점등되고, 그 이외에는 출력램프 L_2가 점등되도록 제어회로를 설계하려고 한다. 이때 다음 각 물음에 답하시오.

(1) 진리표를 작성하시오.

입 력			출 력	
X_1	X_2	X_3	L_1	L_2
0	0	0		
0	0	1		
0	1	0		
0	1	1		
1	0	0		
1	0	1		
1	1	0		
1	1	1		

(2) 최소 접점수를 갖는 논리식을 쓰시오.

(3) 논리식에 대응되는 계전기 시퀀스 제어회로(유접점 회로)를 그리시오.

정답

(1)

L_1	L_2
1	0
0	1
0	1
0	1
0	1
0	1
0	1
0	1

(2) $L_1 = \overline{X_1} \cdot \overline{X_2} \cdot \overline{X_3}$

$L_2 = X_1 + X_2 + X_3$

(3)

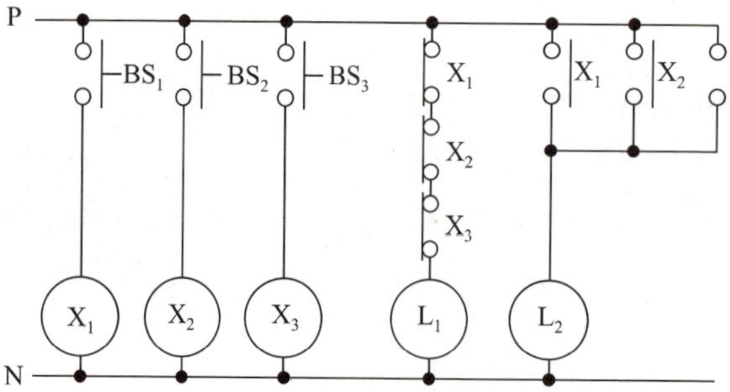

13 8[L]의 물을 10[℃]에서 75[℃]로 온도를 높이는 데 1.5[kW]의 전열기로 40분간 가열하였다. 이 전열기의 효율을 계산하시오.

해설

$$H = cm\Delta\theta = 860\eta Pt$$

$$\eta = \frac{cm\Delta\theta}{860Pt} = \frac{1\times 8\times(75-10)}{860\times 1.5\times \frac{40}{60}}\times 100 \fallingdotseq 60.465[\%]$$

정답

60.47[%]

14 전기설비기술기준 및 한국전기설비규정에 따라 사용전압 154[kV]인 중성점 직접 접지식 전로의 절연내력 시험 시 시험전압과 시험방법에 대하여 답하시오.

(1) 절연내력 시험전압

(2) 시험방법

해설

(1) 시험전압 $= 154{,}000\times 0.72 = 110{,}880[\mathrm{V}]$

정답

(1) 110,880[V]

(2) 전로와 대지 간에 대해 연속 10분간 시험전압 인가 시 견디어야 한다.

15 다음 도면은 어느 수용가 계통도이다. 물음에 답하시오.

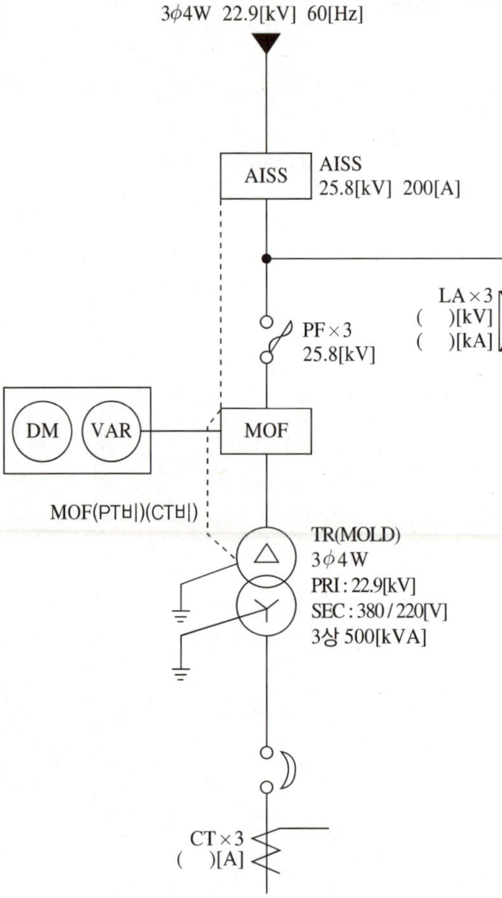

(1) AISS의 명칭을 쓰고 기능을 쓰시오.

(2) 피뢰기의 방전전류 및 정격전압을 쓰고 그림에서의 Disconnector의 기능을 간단히 설명하시오.

(3) MOF의 승률을 구하시오.

(4) 몰드형 변압기의 장점 및 단점을 각각 3가지만 쓰시오.

(5) ACB의 명칭을 쓰시오.

해설

(3) MOF 승률 $= \text{PT비} \times \text{CT비} = \dfrac{13,200}{110} \times \dfrac{20}{5} - 480$

여기서, PT비 : 13,200/110

CT비 : $\dfrac{500}{\sqrt{3} \times 22.9} \times (1.25 \sim 1.5) \fallingdotseq 15.7574 \sim 18.90885$ ∴ 20/5

정답

(1) • 명칭 : 기중절연 자동고장구분 개폐기

• 기능 : 수용가 인입점에 설치되어 과부하 또는 고장사고 발생 시 차단기 리클로저와 협조하여 고장구간만을 개방·분리함으로써 고장 확대를 방지한다.

※ ASS : 자동고장구분 개폐기 → 옥외용, AISS : 기중절연 자동고장구분 개폐기 → 옥내용

(2) 방전전류 : 2,500[A], 정격전압 18[kV]

Disconnector의 기능 : 피뢰기 고장 시 개방하여 대지로부터 분리하는 장치

(3) 480

(4) [장 점]

• 효율이 좋다.
• 화재 우려가 적다.
• 점검 및 보수가 용이하다.

[단 점]

• 진동이 크다.
• 소음이 크다.
• 가격이 비싸다.

(5) 기중차단기

16 전력시설물 공사감리업무 수행 중 공사 중지 명령을 하는데 부분중지와 전면중지로 구분된다. 부분중지를 명령하는 경우 4가지를 쓰시오.

정답

[부분중지]

• 재시공 이행 않고 다음 공정 이행
• 안전상 중대 위험 예상
• 동일 공정 3회 이상 시정 지시 불이행
• 동일 공정 2회 이상 경고 불이행

[전면중지]

• 고의지연, 부실 우려 조치 않고 고의진행
• 부분정지 불이행
• 불가항력 사태로 시공 불가능(지진, 폭동 등)
• 천재지변 등 발주자 지시

17 그림과 같이 전류계 A_1, A_2, A_3, 25[Ω]의 저항 R을 접속하였더니, 전류계의 지시는 $A_1 = 12[\mathrm{A}]$, $A_2 = 5[\mathrm{A}]$, $A_3 = 8[\mathrm{A}]$이다. 부하의 전력[W]과 역률을 구하면?

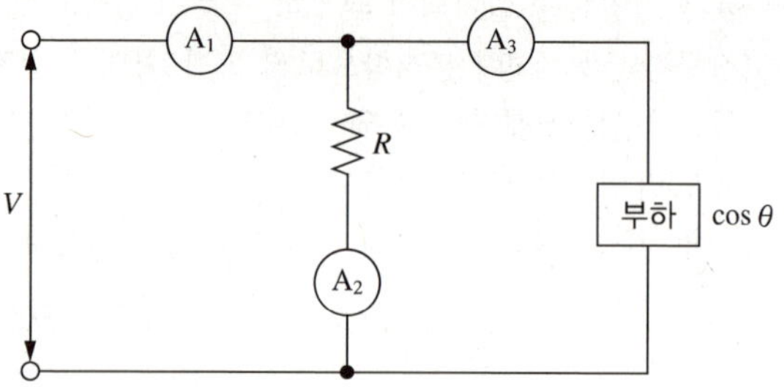

(1) 부하전력

(2) 부하역률

해설

(1) $P = \dfrac{R}{2}(A_1^2 - A_2^2 - A_3^2) = \dfrac{25}{2}(12^2 - 5^2 - 8^2) = 687.5[\mathrm{W}]$

(2) $\cos\theta = \dfrac{A_1^2 - A_2^2 - A_3^2}{2A_2A_3} \times 100 = \dfrac{12^2 - 5^2 - 8^2}{2 \times 5 \times 8} \times 100 = 68.75[\%]$

※ 3전압계 $P = \dfrac{1}{2R}(V_1^2 - V_2^2 - V_3^2)$, $\cos\theta = \dfrac{V_1^2 - V_2^2 - V_3^2}{2V_2V_3}$

정답

(1) 687.5[W]

(2) 68.75[%]

전기 산업기사 2016년 제1회 기출복원문제

01 수전전압이 3,000[V]인 3상 3선식 배전선로의 수전단에 역률 0.8(지상)이 되는 520[kW]의 부하가 접속되어 있다. 이 부하에 동일 역률의 부하 80[kW]를 추가하여 600[kW]로 증가시키되 부하와 병렬로 전력용 콘덴서를 설치하여 수전단전압 및 선로전류를 일정하게 불변으로 유지하고자 할 때, 다음 각 물음에 답하시오(단, 전선의 1선당 저항 및 리액턴스는 각각 1.78[Ω] 및 1.17[Ω]이다).

(1) 이 경우에 필요한 전력용 콘덴서 용량은 몇 [kVA]인가?

(2) 부하증가 전의 송전단전압은 몇 [V]인가?

(3) 부하증가 후의 송전단전압은 몇 [V]인가?

해설

(1) 부하증가 후의 역률 $\cos\theta_2$는 선로전류가 불변이므로

$$\frac{P_1}{\sqrt{3}\,V\cos\theta_1} = \frac{P_2}{\sqrt{3}\,V\cos\theta_2} \text{ 에서}$$

$$\cos\theta_2 = \frac{P_2}{P_1}\cos\theta_1 = \frac{600}{520}\times 0.8 ≒ 0.923$$

$$\therefore \text{ 콘덴서 용량 } Q_C = 600\left(\frac{0.6}{0.8} - \frac{\sqrt{1-0.923^2}}{0.923}\right) ≒ 199.86[\text{kVA}]$$

(2) 부하증가 전의 송전단전압

$$V_s = V_r + \sqrt{3}\,I(R\cos\theta + X\sin\theta)$$

$$= 3{,}000 + \sqrt{3}\times\frac{520\times 10^3}{\sqrt{3}\times 3{,}000\times 0.8}(1.78\times 0.8 + 1.17\times 0.6) ≒ 3{,}460.63[\text{V}]$$

(3) 부하증가 후의 송전단전압

$$V_s = 3{,}000 + \sqrt{3}\times\frac{600\times 10^3}{\sqrt{3}\times 3{,}000\times 0.923}(1.78\times 0.923 + 1.17\times\sqrt{1-0.923^2}) ≒ 3{,}453.55[\text{V}]$$

정답

(1) 199.86[kVA]

(2) 3,460.63[V]

(3) 3,453.55[V]

02 폭 24[m]의 도로 양쪽에 30[m] 간격으로 지그재그식으로 가로등을 배열하여 조명률 40[%], 감광보상률 1.2, 평균조도를 10[lx]로 한다면 이때 가로등의 광속을 구하시오.

해설

$$\text{광속}(F) = \frac{EAD}{UN} = \frac{10 \times 24 \times 30 \times 1.2}{0.4 \times 1 \times 2} = 10{,}800[\text{lm}]$$

지그재그식이므로

정답

10,800[lm]

03 어느 수용가의 500[kVA] 단상 변압기 3대를 △ 결선하여 1,000[kVA] 부하에 전력을 공급하고 있다. 변압기 1대가 고장났을 때 2대로 V결선하여 전력을 공급할 경우 과부하율은?

해설

$$P_v = \sqrt{3}\,V_p I_p = \sqrt{3} \times 500$$

$$\frac{1{,}000}{500\sqrt{3}} \fallingdotseq 1.1547$$

정답

115.47[%]

04 다음 그림을 보고 물음에 답하시오.

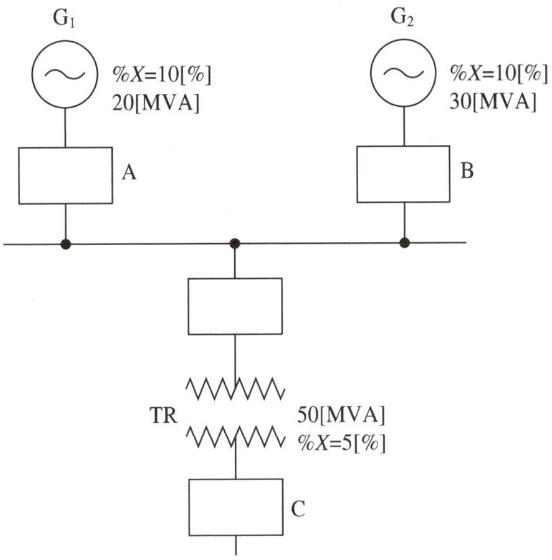

(1) 차단기 A의 차단용량[MVA]을 구하시오.

(2) 차단기 B의 차단용량[MVA]을 구하시오.

(3) 차단기 C의 차단용량[MVA]을 구하시오.

해설

(1) $\%X_{G1} = \dfrac{50}{20} \times 10 = 25[\%]$

$$P_s = \frac{100}{\%Z} P_v = \frac{100}{25} \times 50 = 200[\text{MVA}]$$

(2) $\%X_{G2} = \dfrac{50}{30} \times 10 ≒ 16.6667[\%]$

$$P_s = \frac{100}{\%Z} P_v = \frac{100}{16.6667} \times 50 ≒ 299.999[\text{MVA}]$$

(3) 합성 $\%X = \dfrac{25 \times 16.6667}{25 + 16.6667} + 5 ≒ 15[\%]$

$$P_s = \frac{100}{\%Z} P_v = \frac{100}{15} \times 50 ≒ 333.3333[\text{MVA}]$$

정답

(1) 200[MVA]

(2) 300[MVA]

(3) 333.33[MVA]

05 수전설비에서 단락전류 억제대책을 저압회로와 고압회로 각각 2가지를 쓰시오.

정답

- 저압회로 억제대책 : 한류리액터 사용, 캐스케이딩 보호방식
- 고압회로 억제대책 : 계통의 분리, 변압기 임피던스 제어

06 공사 시작 전 설계도서의 검토 시 내용 5가지를 쓰시오.

정답

- 현장조건에 부합 여부
- 시공의 실제 가능 여부
- 다른 사업 또는 다른 공정과의 상호 부합 여부
- 설계도면, 설계설명서, 기술계산서, 산출내역서 등의 내용에 대한 상호 일치 여부
- 설계도서의 누락, 오류 등 불명확한 부분의 존재 여부

07 지표면상 20[m] 높이의 수조가 있다. 이 수조에 20[m^3/min] 물을 양수하는 데 필요한 펌프용 전동기의 소요동력은 몇 [kW]인가?(단, 펌프의 효율은 80[%]로 하고, 여유계수는 1.2로 한다)

해설

$$소요동력(P)=k\frac{9.8QH}{\eta}=1.2\times\frac{9.8\times\frac{20}{60}\times 20}{0.8}=98[\mathrm{kW}]$$

정답

98[kW]

08 인텔리전트 빌딩의 등급별 추정 전원 용량에 대한 다음 표를 이용하여 각 물음에 답하시오.

등급별 추정 전원용량[VA/m²]

내 용 \ 등급별	0등급	1등급	2등급	3등급
조 명	33	22	21	28
콘센트	–	13	5	5
사무자동화(OA) 기기	–	–	34	36
일반동력	36	44	43	44
냉방동력	41	43	45	45
사무자동화(OA) 동력	–	3	8	8
합 계	110	125	157	166

(1) 연면적 10,000[m²]인 인텔리전트 2등급인 사무실 빌딩의 전력 설비용량을 상기 '등급별 추정 전원용량[VA/m²]'을 이용하여 빈칸에 계산과정과 답을 쓰시오.

부하내용	면적을 적용한 부하용량[kVA]
조 명	
콘센트	
OA 기기	
일반동력	
냉방동력	
OA 동력	
합 계	

(2) 물음 (1)에서 조명, 콘센트, 사무자동화기기의 적정 수용률은 0.8, 일반동력 및 사무자동화 동력의 적정 수용률은 0.55, 냉방동력의 적정 수용률은 0.75이고, 주변압기 부등률은 1.2로 적용한다. 이때 전압방식을 2단 강압방식으로 채택할 경우 변압기의 용량에 따른 변전설비의 용량을 산출하시오(단, 조명, 콘센트, 사무자동화기기를 3상 변압기 1대로, 일반동력 및 사무자동화 동력을 3상 변압기 1대로, 냉방동력을 3상 변압기 1대로 구성하고 상기 부하에 대한 주 변압기 1대를 사용하도록 하며, 변압기 용량은 일반 규격 용량으로 정하도록 한다).

① 조명, 콘센트, 사무자동화기기에 필요한 변압기 용량 산정

② 일반동력, 사무자동화 동력에 필요한 변압기 용량 산정

③ 냉방동력에 필요한 변압기 용량 산정

④ 주변압기 용량 산정

(3) 수전설비의 단선 계통도를 간단하게 그리시오.

해설

(2) ① $TR_1 = (210+50+340) \times 0.8 = 480$[kVA]

② $TR_2 = (430+80) \times 0.55 = 280.5$[kVA]

③ $TR_3 = 450 \times 0.75 = 337.5$[kVA]

※ 변압기 400[kVA]는 정격이 없음

④ 주변압기 용량$= \dfrac{480+280.5+337.5}{1.2} = 915$[kVA]

정답

(1)

부하 내용	면적을 적용한 부하용량[kVA]
조 명	$21[\text{VA/m}^2] \times 10{,}000[\text{m}^2] \times 10^{-3} = 210$
콘센트	$5 \times 10{,}000 \times 10^{-3} = 50$
OA 기기	$34 \times 10{,}000 \times 10^{-3} = 340$
일반동력	$43 \times 10{,}000 \times 10^{-3} = 430$
냉방동력	$45 \times 10{,}000 \times 10^{-3} = 450$
OA 동력	$8 \times 10{,}000 \times 10^{-3} = 80$
합 계	$157 \times 10{,}000 \times 10^{-3} = 1{,}570$

(2) ① 500[kVA]

② 300[kVA]

③ 500[kVA]

④ 1,000[kVA]

(3)

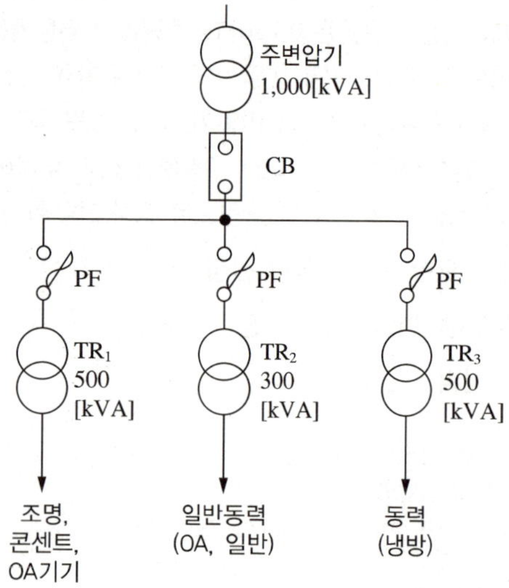

09 그림과 같은 PLC 시퀀스를 프로그램상 ①~⑤를 완성하시오(단, 명령어는 LOAD(시작입력), OUT(출력), AND, OR, NOT, 그룹 간의 접속은 AND LOAD, OR LOAD이다).

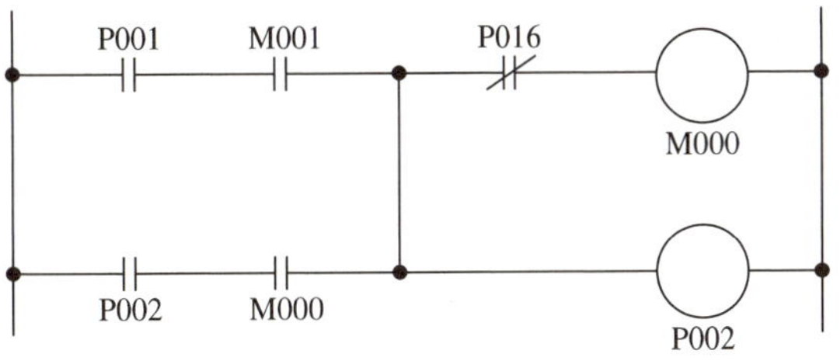

Step	Op	Add
0	LOAD	P001
1	AND	M001
2	①	P002
3	AND	M000
4	②	–
5	OUT	③
6	④	P016
7	OUT	⑤

정답

① LOAD
② OR LOAD
③ P002
④ AND NOT
⑤ M000

10 다음과 같은 수전설비에서 변압기나 각종 설비에서 사고가 발생하였을 때 가장 먼저 어떤 기구에 조치를 취해야 하는지 쓰시오.

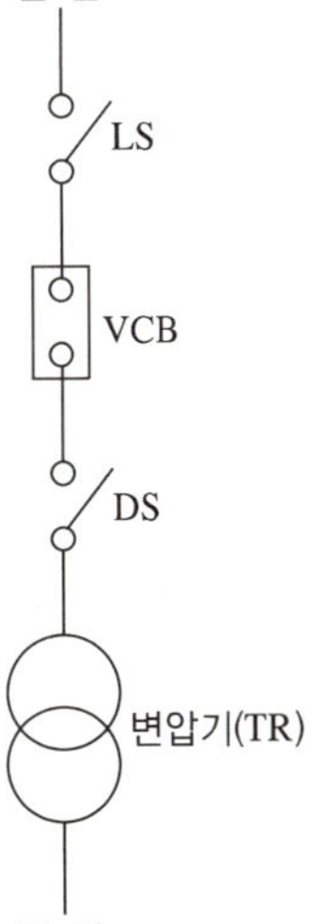

정답

VCB(진공차단기)를 개방시켜야 한다.

11 이상전압이 2차 기기에 악영향을 주는 것을 막기 위해 선로에 보호장치를 설치하는 회로이다. 그림 중 *의 명칭과 기능을 쓰시오.

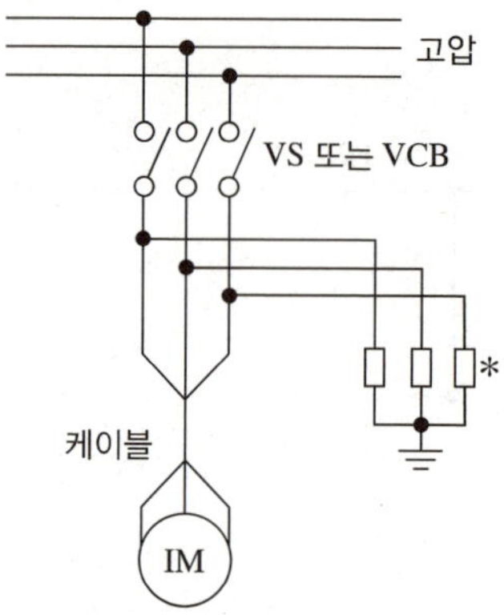

정답

- 명칭 : 서지흡수기
- 기능 : 개폐서지 등 이상전압으로부터 변압기 등 기기보호

12 다음 그림의 축전지 용량을 구하시오(단, 보수율 0.8, 축전지 온도 5[℃], 허용최저전압 90[V], 셀당 전압 1.06[V/cell], K_1=1.2, K_2=0.92이다).

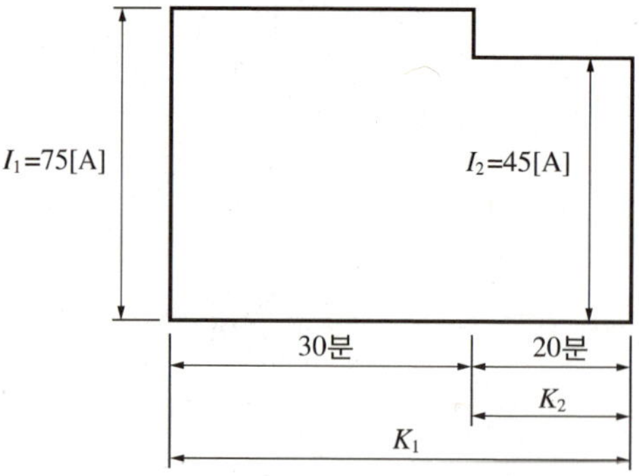

해설

$$C=\frac{1}{L}\{K_1I_1+K_2(I_2-I_1)\}=\frac{1}{0.8}\{1.2\times75+0.92\times(45-75)\}=78[Ah]$$

정답

78[Ah]

13 큐비클 배전반의 정의와 장점 3가지를 쓰시오.

정답

[정 의]

전기계통의 중추역할을 하며 기기나 회로를 감시제어하기 위한 계기류, 계전기류, 개폐기류를 1개소에 집중해서 시설한 것

[장 점]

- 유지보수점검이 용이
- 증설 확장의 유연성
- 특고압, 고압, 저압부를 별도 수납하여 신뢰성과 안전성이 우수

14 고압 수전설비의 부하전류가 100[A]이고 CT 100/5[A]의 2차측에 과전류계전기를 사용하여 1.2배의 과부하에서 부하를 차단할 때 과전류계전기의 Trip 설정값은 얼마인지 선정하시오(Trip : 2, 3, 4, 5, 6)(단, 단위는 [A]를 사용한다).

해설

$$\text{OCR탭전류} = I_1 \times \frac{1}{\text{CT비}} \times \text{여유계수} = 100 \times \frac{5}{100} \times 1.2 = 6[\text{A}]$$

정답

6[A]

15 3상 전원에 연결된 진상콘덴서를 △ 결선에서 Y결선으로 바꿀 때 콘덴서 용량은 어떻게 되는가?

정답

$\frac{1}{3}$ 배가 된다.

16 다음은 3상 유도전동기의 $Y-\Delta$ 기동회로이다. 다음 시퀀스회로를 보고 각 물음에 답하시오.

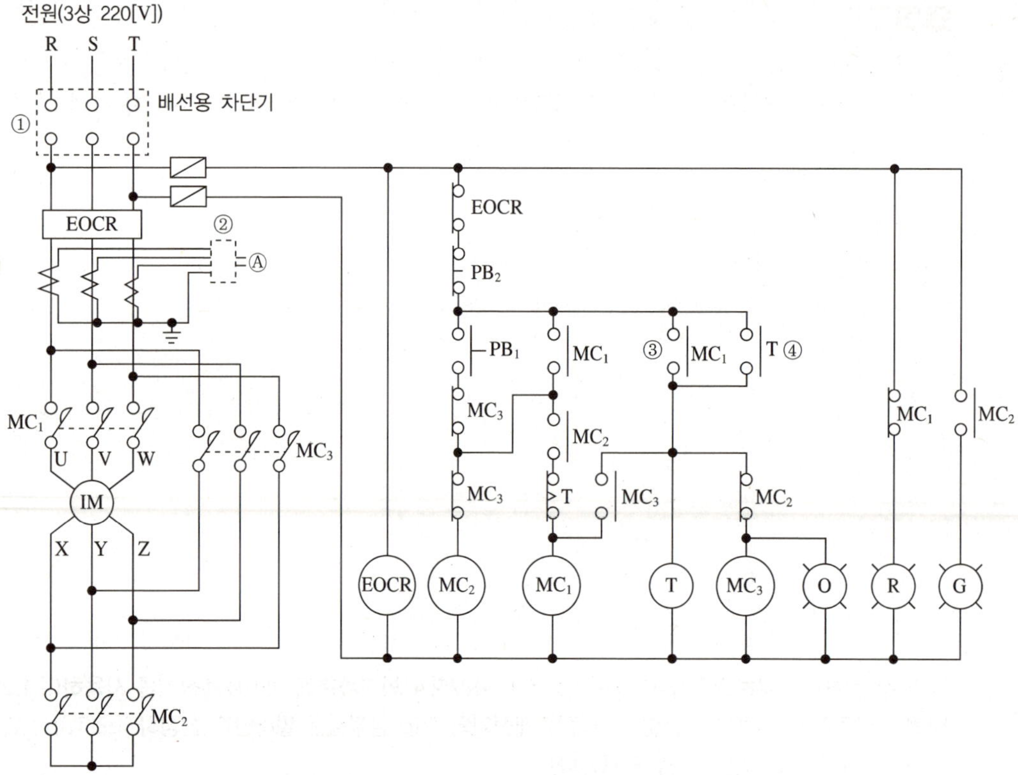

(1) 회로에서 ①의 배선용 차단기 그림기호를 3상 복선도용으로 나타내시오.

(2) $Y-\Delta$ 기동법을 사용하는 이유를 쓰시오.

(3) EOCR의 명칭과 기능을 쓰시오.

(4) 회로에서 ②의 명칭과 단선도 심벌을 그리시오.

(5) 회로에서 표시등 O, G, R의 용도를 쓰시오.

정답

(1)

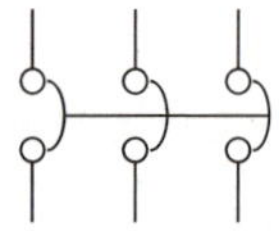

(2) 기동 시 기동전류를 $\frac{1}{3}$로 줄이기 위해 사용

(3) • 명칭 : 전자식 과전류계전기

• 기능 : 3상 유도전동기(IM)에 과부하, 과전류가 흐르면 차단한다.

(4) • 명칭 : 전류계용 절환개폐기

• 심벌 : 

(5) O : 운전표시등, G : 기동표시등, R : 정지표시등

※ KEC 규정 적용으로 표현 변경 : R, S, T, E의 상의 명칭이 L1, L2, L3, N(또는 PE)으로 변경됨

17 다음과 같은 직류 분권 전동기가 있다. 단자전압 220[V], 보극을 포함한 전기자 회로 저항 0.05[Ω], 계자 회로 저항 0.05[Ω], 무부하 공급전류 5[A], 전부하전류 30[A], 무부하 시 회전속도 2,000[rpm]일 때 다음 각 물음에 답하시오.

(1) 전부하 시 출력[kW]을 구하시오.

(2) 전부하 시 효율[%]은 얼마인가?

(3) 전부하 시 회전속도[rpm]를 계산하시오.

(4) 전부하 시 토크[N·m]를 계산하시오.

해설

(1) 출력$(P_o) = EI_a = (V - I_aR_a)I_a = (220 - 25 \times 0.05) \times 25 \times 10^{-3} \fallingdotseq 5.469[\text{kW}]$

여기서, 전부하전류$(I_a) = I - I_f = 30 - 5 = 25[\text{A}]$

(2) 효율$(\eta) = \dfrac{P_o}{P} \times 100 = \dfrac{E \cdot I_a}{VI} \times 100 = \dfrac{218.75 \times 25}{220 \times 30} \times 100 \fallingdotseq 82.8598[\%]$

(3) $E_o : N_o = E : N$

전부하속도$(N) = \dfrac{E}{E_o} N_o = \dfrac{218.75}{220} \times 2{,}000 \fallingdotseq 1{,}988.636[\text{rpm}]$

(4) 토크$(T) = \dfrac{60P_o}{2\pi N} = \dfrac{60 \times 5{,}470}{2\pi \times 1{,}988.64} \fallingdotseq 26.267[\text{N} \cdot \text{m}]$

정답

(1) 5.47[kW]

(2) 82.86[%]

(3) 1,988.64[rpm]

(4) 26.27[N·m]

18 다음 ( ) 안에 알맞은 수치를 쓰시오.

저압 옥내인입구장치를 설치해야 할 장소에서 개폐기의 합계가 ( )개 이하인 경우 또한 이들 개폐기를 집합하여 시설하는 경우에는 전용의 인입개폐기를 생략할 수 있다.

정답

6

전기 산업기사

2016년 제2회 기출복원문제

01 초당 1,500[kg]의 물을 양정 7[m]인 탱크에 양수하는 데 필요한 전력을 변압기로 공급한다면 여기에 필요한 변압기 용량은 몇 [kW]인가?(단, 펌프와 전동기 합성효율은 85[%]이고 펌프의 축동력은 20[%]의 여유를 본다고 한다)

해설

$$P=\frac{9.8kQH}{\eta}=\frac{9.8\times1.2\times1.5\times7}{0.85}\fallingdotseq145.2706[\mathrm{kW}]$$

정답

145.27[kW]

02 그림에서 각 지점 간의 저항을 동일할 때 간선 AD 사이에 전원을 공급 시 전력손실이 최대가 되는 지점과 최소가 되는 지점을 구하시오.

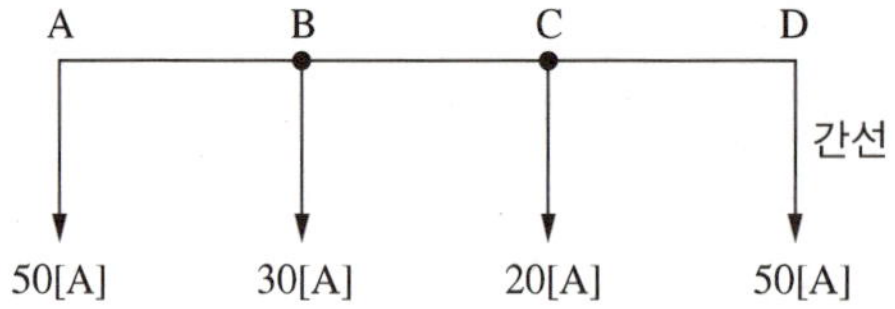

해설

$P_l=I^2R\propto I^2$

$P_A=50^2+70^2+100^2=17,400$

$P_B=50^2+70^2+50^2=9,900$

$P_C=80^2+50^2+50^2=11,400$

$P_D=100^2+80^2+50^2=18,900$

정답

최대 D점, 최소 B점

03 부하개폐기(LBS)의 역할을 쓰시오.

정답

부하전류 개폐 및 고장전류 차단능력이 없으므로 전력퓨즈와 조합하여 단락사고 방지

04 다음 기호의 명칭을 쓰시오.

① 

② 

③ 

④ 

정답

① 타임스위치
② 직류전원
③ 변류기
④ 전력량계

05 변전실 위치를 선정 시 고려하여야 할 사항을 5가지 쓰시오.

정답

- 지반이 견고하고 침수, 기타 재해의 우려가 적은 곳
- 외부로부터 인입선의 배선이 용이할 것
- 기기 반출에 지장이 없고 유지보수가 용이한 곳
- 주위에 화재·폭발 등의 위험이 없을 것
- 전력손실, 전압강하 및 배선비를 최소화하기 위해서 가능한 부하 중심의 가까운 곳에 위치를 선정

06 옥내 고압 수전 설비의 단선 결선도이다. 도면을 보고 다음 각 물음에 답하시오.

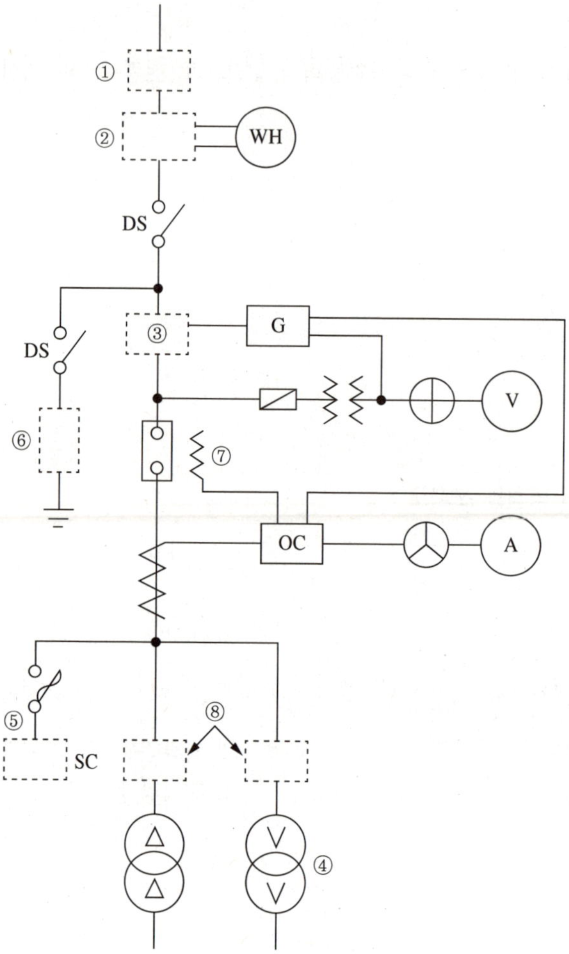

(1) 도면의 ①~③까지의 명칭과 단선도를 그리시오.

(2) 도면의 ④~⑥까지의 명칭과 복선도를 그리시오.

(3) 도면의 장치 ⑦의 약호와 이것을 설치하는 목적을 쓰시오.

(4) 도면의 ⑧에 사용되는 보호장치로 가장 적당한 것은?

정답

(1) ① 케이블헤드 

② 계기용 변압변류기 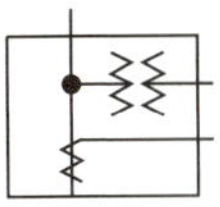

③ 영상변류기 

(2) ④ V-V결선 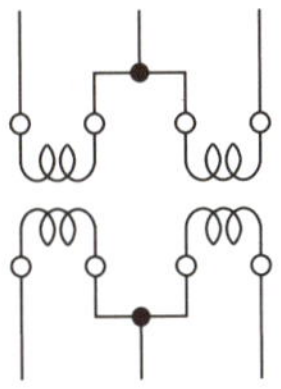

⑤ 전력용콘덴서 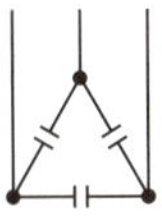

⑥ 피뢰기 

(3) 약호 : TC

목적 : 지락, 과부하 단락사고 시 여자되어 차단기 개방

(4) 컷아웃스위치(COS)

07 전력시설물의 현장적용 적합성 및 생애주기비용 등을 검토하는 것은?

정답

설계의 경제성 검토

08 도면은 농형 유도전동기의 직류 여자 방식 제어기기의 접속도이다. 그림 및 동작 설명을 참고하여 다음 물음에 답하시오.

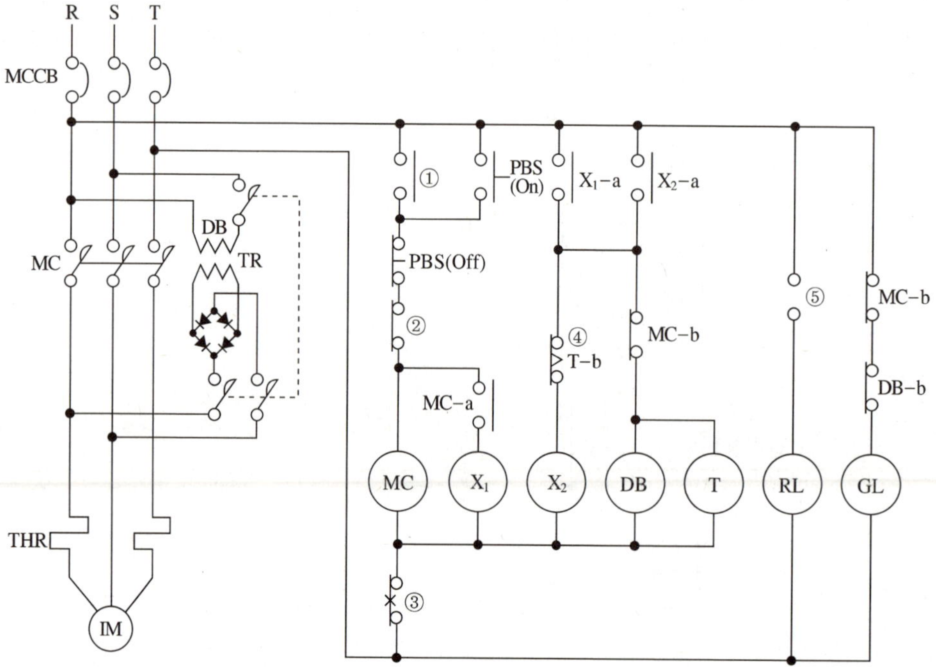

[범 례]

- MCCB : 배선용 차단기
- MC : 전자 접촉기
- SiRf : 실리콘 정류기
- T : 타이머
- PBS(ON) : 운전용 푸시버튼
- GL : 정지 램프
- THR : 열동형 과전류 계전기
- TR : 정류 전원 변압기
- X_1, X_2 : 보조 계전기
- DB : 제동용 전자 접촉기
- PBS(OFF) : 정지용 푸시버튼
- RL : 운전 램프

[동작 설명]

운전용 푸시버튼 스위치 PBS(ON)을 눌렀다 놓으면 각 접점이 동작하여 전자접촉기 MC가 투입되어 전동기는 가동하기 시작하며 운전을 계속한다. 운전을 마치기 위하여 정지용 푸시버튼 스위치 PBS(OFF)를 누르면 각 접점이 동작하여 전자접촉기 MC가 끊어지고 직류 제동용 전자접촉기 DB가 투입되며, 전동기에는 직류가 흐른다. 타이머 T에 세트한 시간만큼 직류 제동 전류가 흐르고 직류가 차단되며, 각 접점은 운전전의 상태로 복귀되고 전동기는 정지하게 된다.

(1) ①, ②, ③에 해당되는 접점의 기호를 쓰시오.

(2) ④에 대한 접점의 심벌 명칭은 무엇인가?

(3) 정지용 푸시버튼 PBS(OFF)를 누르면 타이머 T에 통전하여 설정(Set)한 시간만큼 타이머 T가 동작하여 직류 제어용 직류 전원이 차단하게 된다. 타이머 T에 의해 조작받는 계전기나 전자접촉기는 어느 것인가? 조작 받는 순서대로 2가지를 기호로 쓰시오.

(4) (RL)은 운전 중 점등되는 램프이다. 어느 보조 계전기를 사용하는지 ⑤에 대한 접점의 심벌을 그리고 그 기호를 쓰시오.

정답

(1) ① MC-a

② DB-b

③ THR-b

(2) 한시동작 순시복귀 b접점

(3) X_2, DB

(4)  X_1-a

※ KEC 규정 적용으로 표현 변경 : R, S, T, E의 상의 명칭이 L1, L2, L3, N(또는 PE)으로 변경됨

09

어느 건축물이 계약전력 3,000[kW], 월 기본요금 7,200[원/kW], 월 평균역률 95[%]라 할 때 1개월의 기본요금을 구하시오. 또한 1개월간의 사용 전력량이 50만[kWh], 전력량요금이 90[원/kWh]라 할 때 총전력요금은 얼마인가를 계산하시오.

해설

총전력요금 =(기본요금+사용요금)×할인

$= (3{,}000 \times 7{,}200 + 500{,}000 \times 90) \times 0.99 = 65{,}934{,}000$ 원

[할인율]

역 률	95[%]	94[%]	93[%]	92[%]	91[%]
할 인	1[%]	0.8[%]	0.6[%]	0.4[%]	0.2[%]

정답

65,934,000원

10

다음 접지공사 시 접지저항을 저감시킬 수 있는 방법을 5가지만 쓰시오.

정답

- 접지극을 병렬 추가접지한다.
- 접지저항 저감제를 사용한다.
- 접지극의 치수가 큰 것을 사용한다.
- 접지극의 주변 토량을 개선, 개발한다.
- 접지봉의 매설 깊이를 깊게 한다.

11 서지흡수기(SA)의 역할과 설치 위치를 쓰시오(단, 변압기는 몰드형으로서 변압기 1차의 주차단기는 진공차단기를 사용한다).

정답

- 역할 : 개폐서지를 억제하여 변압기 등을 보호한다.
- 설치 위치 : 진공차단기 2차측과 몰드형 변압기 1차측 사이

12 진상용 콘덴서에 직렬리액터의 설치 목적을 쓰시오.

정답

5고조파를 제거하여 전압의 파형 개선

13 CT 2차측을 개방할 경우 발생하는 문제점 및 대책을 쓰시오.

정답

- 문제점 : 과전압이 발생되어 절연이 파괴된다.
- 대책 : 2차측을 단락시킨다.

14 단상 변압기 3대를 △-△ 결선하고 이 결선방식의 장점과 단점을 3가지씩 설명하시오.

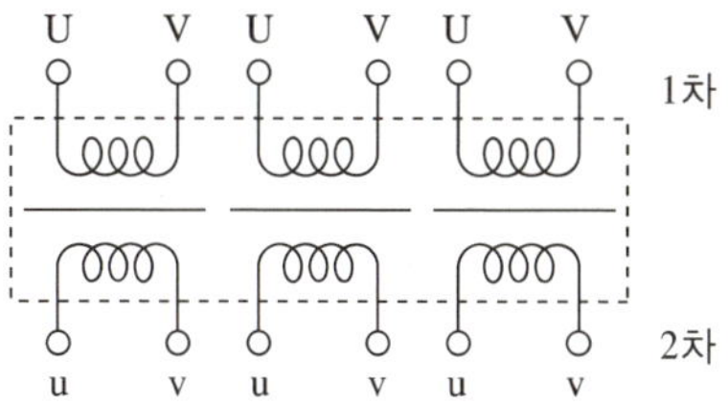

정답

△ - △ 결선방식

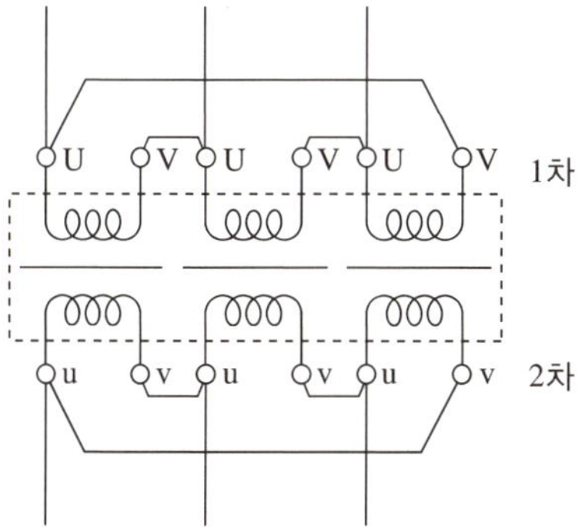

[장 점]

- △결선 내에 3고조파 전류가 순환되므로 기전력의 파형이 개선된다.
- 1대 고장 시 V결선하여 사용할 수 있다.
- 상전류가 선전류의 $\frac{1}{\sqrt{3}}$이 되어 대전류에 적합하다.

[단 점]

- 중성점을 접지할 수 없으므로 지락사고의 검출이 곤란하다.
- 권수비가 다른 변압기를 결선하면 순환전류가 흐른다.
- 각 상의 임피던스가 다를 경우 3상 부하가 평형이 되어도 변압기의 부하전류는 불평형이 된다.

15 60[Hz], 8극인 3상 유도전동기의 전부하에서 회전수가 855[rpm]이다. 이때 동기속도 및 슬립 [%]을 구하시오.

해설

- 동기속도(N_s)$= \frac{120f}{p} = \frac{120 \times 60}{8} = 900$[rpm]
- 슬립(s)$= \frac{N_s - N}{N_s} \times 100 = \frac{900-855}{900} \times 100 = 5$[%]

정답

- 동기속도(N_s) : 900[rpm]
- 슬립(s) : 5[%]

16 설비용량이 400[kW]인 변압기 정격용량을 선정하시오(단, 역률은 95[%]이고 수용률은 65[%]이다).

해설

$$\text{변압기 용량[kVA]} = \frac{\text{설비용량[kW]} \times \text{수용률}}{\text{역률}} = \frac{400 \times 0.65}{0.95} \fallingdotseq 273.684\text{[kVA]}$$

정답

300[kVA]

17 경간이 200[m]이고 전선 무게가 2.2[kg/m], 인장하중이 4,000[kg]일 때 이도와 실제길이를 구하시오(단, 안전율은 2.2이다).

(1) 이 도

(2) 실제길이

해설

(1) 이도 $D = \dfrac{WS^2}{8T} = \dfrac{WS^2}{8 \times \dfrac{\text{인장하중}}{\text{안전율}}} = \dfrac{2.2 \times 200^2}{8 \times \dfrac{4{,}000}{2.2}} = 6.05\text{[m]}$

(2) 실제길이 $L = S + \dfrac{8D^2}{3S} = 200 + \dfrac{8 \times 6.05^2}{3 \times 200} \fallingdotseq 200.488\text{[m]}$

정답

(1) 6.05[m]

(2) 200.49[m]

18 조명 설계 시 에너지 절약대책을 4가지 쓰시오.

정답

- 고효율 등기구 채용
- 슬림라인 형광등 및 전구식 형광등 채용
- 창측 조명기구 개별 점등
- 고역률 등기구 채용

[기 타]

- 등기구의 보수 및 유지관리
- 등기구의 격등제어회로 구성
- 적절한 조광제어 실시

19 면적이 240[m²]인 방에 평균조도 200[lx]를 얻기 위해 전광속 2,400[lm]의 32[W] 형광등을 사용했을 때 필요한 등수를 계산하시오(단, 조명률 0.8, 감광보상률 1.2이다).

해설

$$등수(N)=\frac{EAD}{FU}=\frac{200\times240\times1.2}{2,400\times0.8}=30등$$

정답

30등

전기 산업기사 2016년 제3회 기출복원문제

01 전등만의 2군 수용가가 각각 1대씩의 변압기로 공급받는 각 군 수용가의 총설비용량은 각각 30[kW] 및 50[kW]라고 한다. 각 군 수용가의 최대부하를 구하시오. 또한 고압 간선에 걸리는 최대부하는 얼마로 되겠는가?(단, 변압기 상호 간의 부등률은 1.2라고 한다)

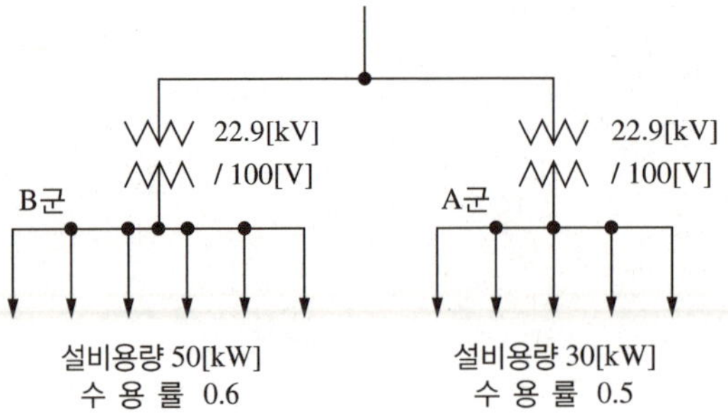

(1) A군의 최대부하

(2) B군의 최대부하

(3) 간선에 걸리는 최대부하

해설

(1) 최대부하 $= 30 \times 0.5 = 15$[kW]

(2) 최대부하 $= 50 \times 0.6 = 30$[kW]

(3) 최대부하 $= \dfrac{15+30}{1.2} = 37.5$[kW]

정답

(1) 15[kW]

(2) 30[kW]

(3) 37.5[kW]

02 다음 전선 약호의 명칭을 쓰시오.

(1) ACSR

(2) LPS

(3) VCT

(4) CN-CV-W

(5) FR CNCO-W

정답

(1) 강심알루미늄연선
(2) 연질비닐시스케이블
(3) 비닐절연 비닐캡타이어케이블
(4) 동심중성선 수밀형 전력케이블
(5) 동심중성선 수밀형 저독성 난연 전력케이블

03 단상 2선식 220[V]의 옥내배선에서 소비전력 40[W], 역률 90[%]의 형광등 100등을 설치할 때 15[A]의 분기회로수는 최소 몇 회로인지 구하시오(단, 한 회선의 부하전류는 분기회로 용량의 80[%]로 한다).

해설

$$\text{분기회로수} = \frac{\frac{40 \times 100}{0.9}[\text{VA}]}{220[\text{V}] \times 15[\text{A}] \times 0.8} \fallingdotseq 1.684$$

정답

15[A] 분기회로 2회로

04 그림은 고압 수전 결선도이다. 다음 각 물음에 답하시오.

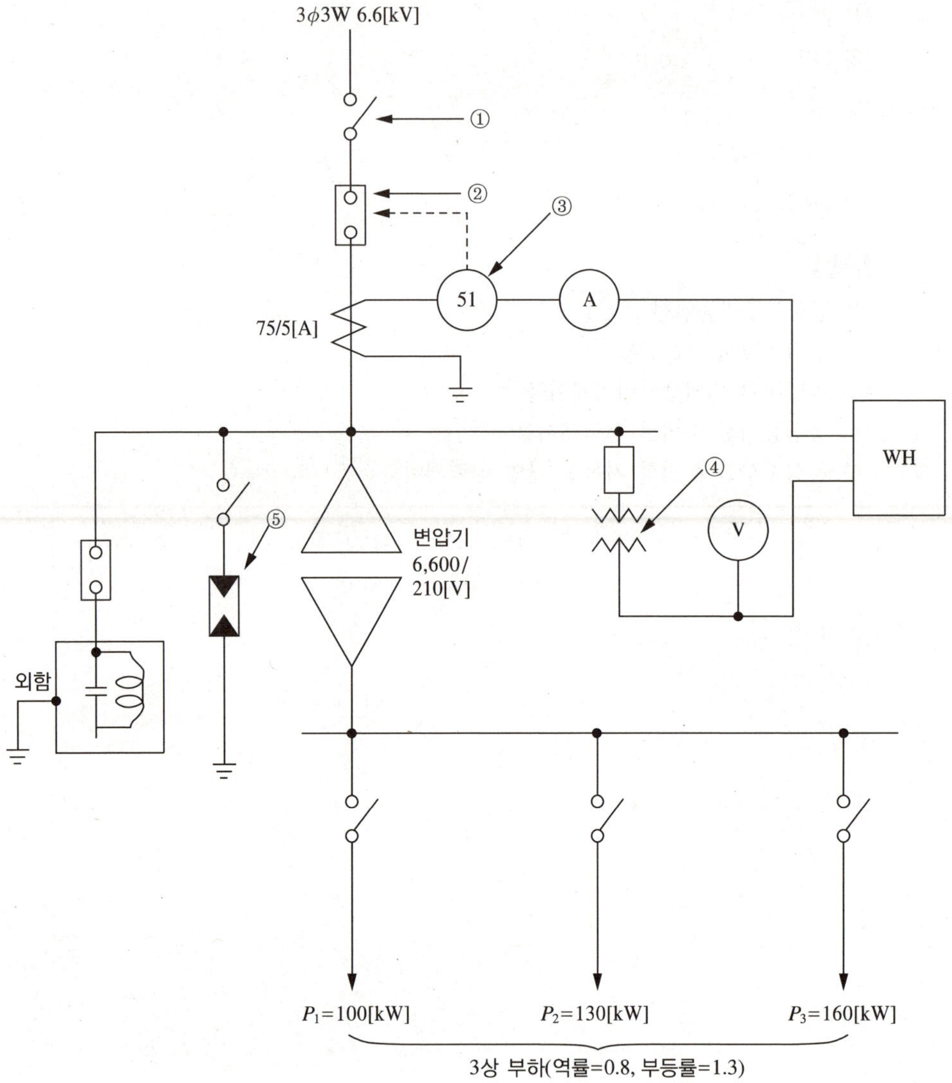

(1) 그림에서 ①~⑤의 명칭과 약호를 쓰시오.

(2) 각 부하의 최대전력이 그림과 같을 때 역률 0.8, 부등률 1.3일 때 변압기 1차측의 전류계 Ⓐ에 흐르는 전류의 최댓값을 구하고 또한 동일 조건에서 합성역률을 0.92 이상으로 유지하기 위한 전력용 콘덴서의 최소용량[kVA]을 구하시오.

(3) 피뢰기 정격전압[kV]과 방전전류[kA]는 얼마인지 쓰시오.

(4) DC(방전코일)의 설치 목적을 간단하게 쓰시오.

해설

(2) • 전류계Ⓐ에 흐르는 전류의 최댓값

$$P = \frac{100+130+160}{1.3} = 300[\text{kW}] \text{에서}$$

$$Ⓐ = \frac{300 \times 10^3}{\sqrt{3} \times 6{,}600 \times 0.8} \times \frac{5}{75} ≒ 2.18693$$

• 전력용 콘덴서의 최소용량

$$Q_C = P\left(\frac{\sin\theta_1}{\cos\theta_1} - \frac{\sqrt{1-\cos^2\theta_2}}{\cos\theta_2}\right) = 300\left(\frac{0.6}{0.8} - \frac{\sqrt{1-0.92^2}}{0.92}\right) ≒ 97.2[\text{kVA}]$$

정답

(1) ① 단로기(DS) ② 교류차단기(CB)
③ 과전류계전기(OCR) ④ 계기용변압기(PT)
⑤ 피뢰기(LA)

(2) • 전류계Ⓐ에 흐르는 전류의 최댓값 : 2.19[A]
• 전력용 콘덴서의 최소용량 : 97.2[kVA]

(3) 피뢰기 정격전압 7.5[kV], 방전전류 2.5[kA]

(4) 전원개방 시 잔류전하를 방전시켜 인체 감전사고 방지 및 전원 재투입 시 과전압 발생 방지

05

다음은 TN-C 방식의 저압 접지계통이다. 중성선(N), 보호선(PE) 등의 범례기호를 활용하여 노출 도전성 부분의 접지계통 결선도를 완성하여 그리시오.

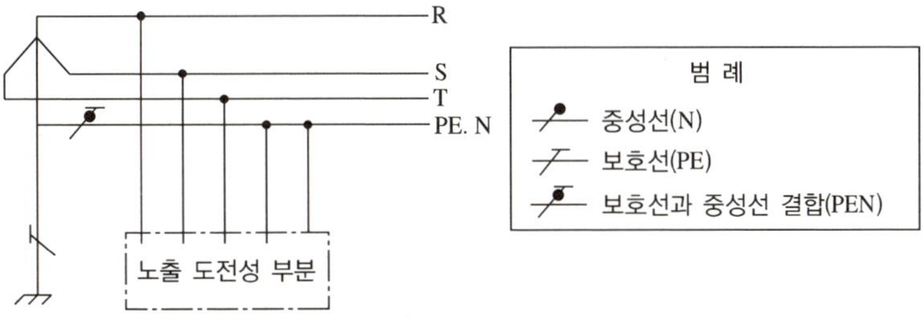

정답

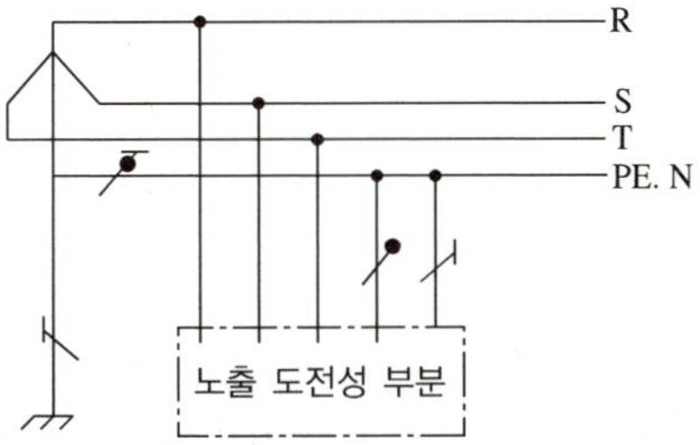

※ KEC 규정 적용으로 표현 변경 : R, S, T, E의 상의 명칭이 L1, L2, L3, N(또는 PE)으로 변경됨

T I P

접지계통 : 고저압 혼촉 방지(대지전위 상승 억제)

구분	방식	내용
TN 계통접지		고장점 임피던스를 고려한 차단기특성 및 도체의 크기를 고려하여야 한다.
	TN-S 방식	계통 전체를 중성선과 보호도체(접지선)로 분리한다. 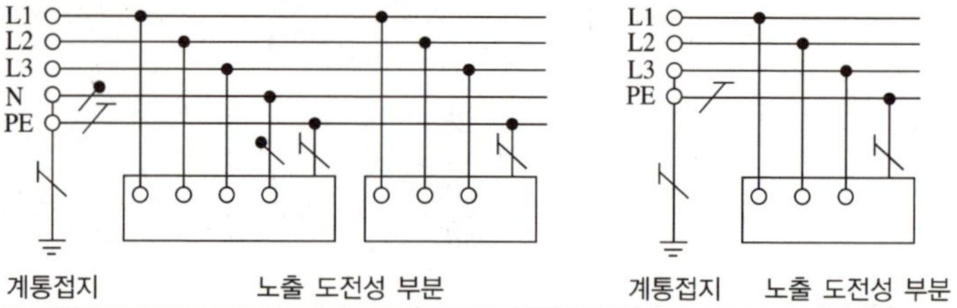
	TN-C 방식	계통 전체에 중성선과 보호도체가 하나로 Bonding 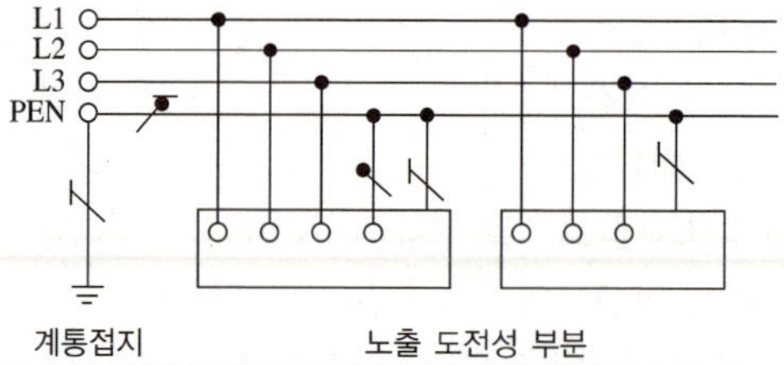
	TN-C-S 방식	계통 일부분에서 중성선과 보호도체의 기능을 동일한 도체로 겸용한다. 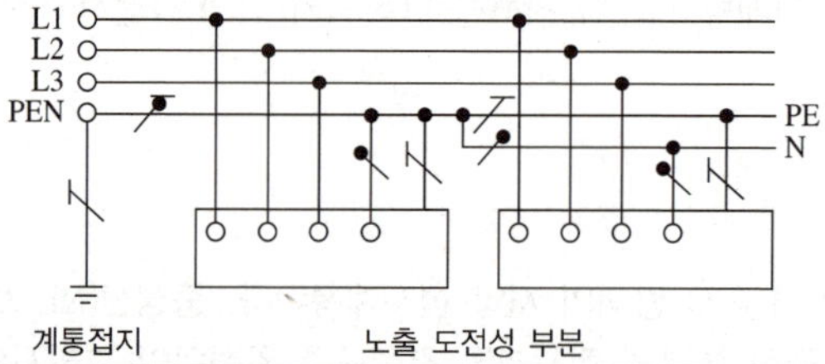
TT 계통접지		설비의 노출 도전성 부분은 계통접지와 전기적으로 독립된 접지(기기 접지) 지락은 과전류차단기 또는 누전차단기, 기기 프레임의 대지전위상승 제한대책 조건 필요 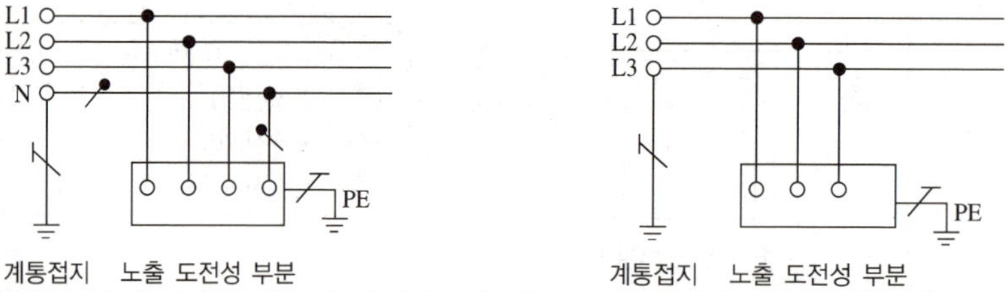
IT 계통접지		전원측은 계통의 충전전류를 고려하여 저항접지하고 노출 도전성 부분은 기기 접지로 한다. 1점 지락 시 프레임 접지저항을 낮추어 보호하고 2점 지락 시에는 대책 고려 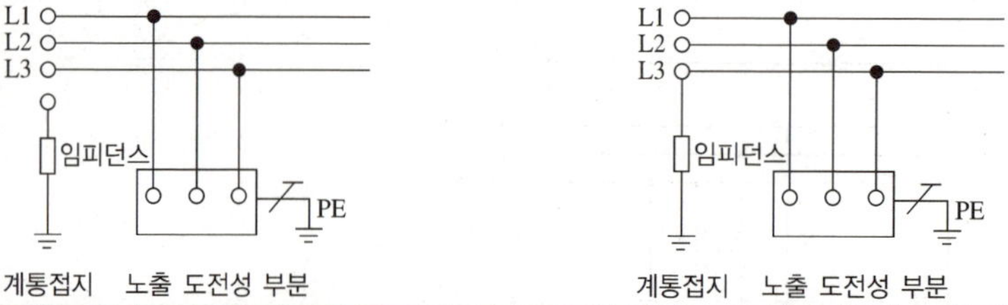

기호 설명

중성선(N)	보호도체(PE)	중성선 겸용과 보호도체(PEN)
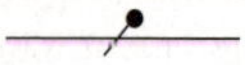	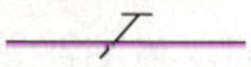	

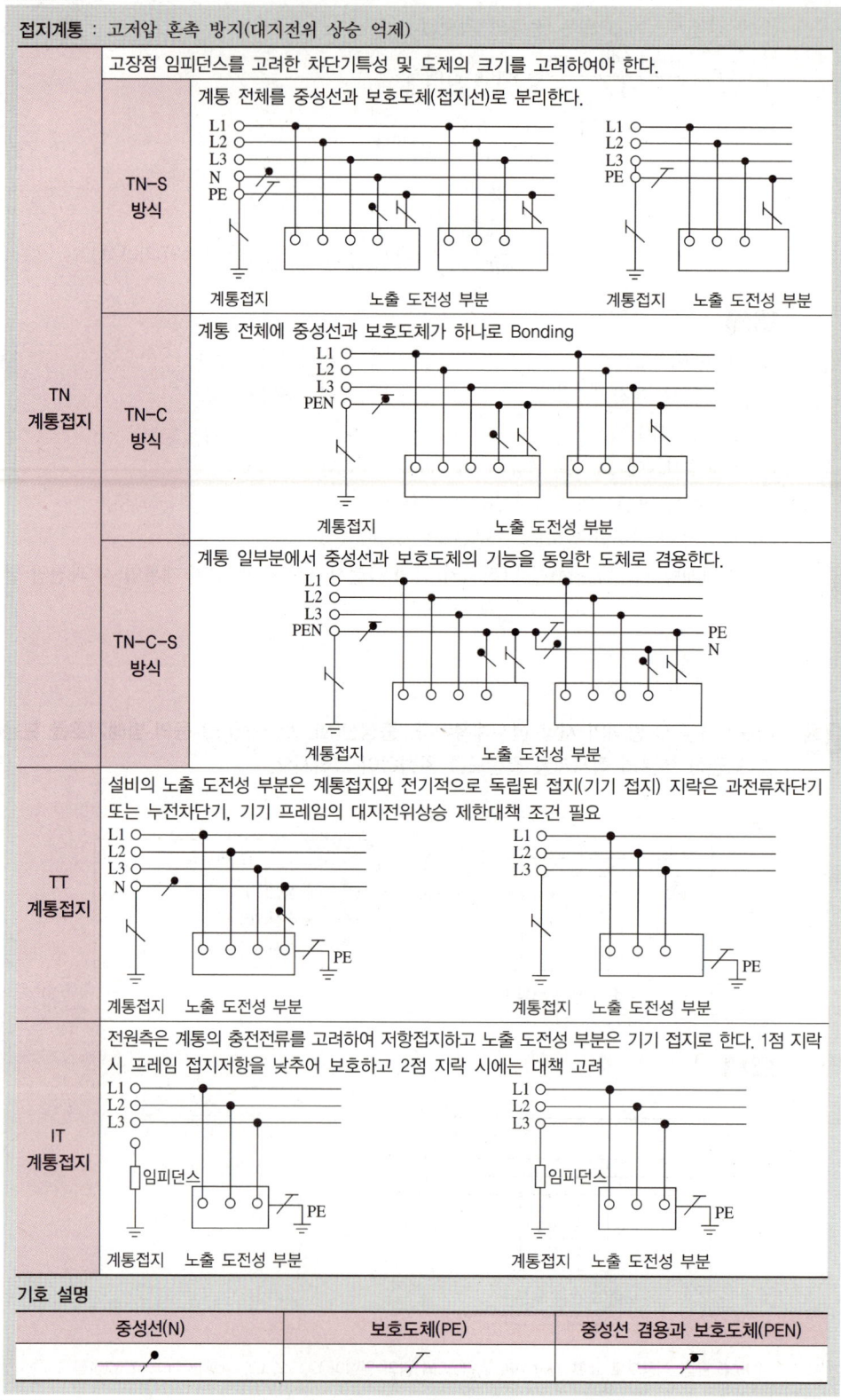

06 부하의 허용 최저전압이 DC 117[V]이고, 축전지와 부하 간의 전선에 의한 전압강하가 3[V]이다. 직렬로 접속한 축전지가 55셀일 때 축전지 셀당 허용 최저전압을 구하시오.

해설

$$축전지\ 허용최저전압[V] = \frac{부하의\ 허용최저전압[V] + 축전지와\ 부하\ 사이의\ 전압강하[V]}{셀수}$$

$$= \frac{117+3}{55} \fallingdotseq 2.18[V/cell]$$

정답

2.18[V/cell]

07 최대전력 650[kW], 3상 4선식 380[V]인 수용가의 CT비를 구하시오(단, 역률은 0.85, 배수는 1.25배로 한다).

[변류기의 정격]

1차 정격전류[A]	400	500	600	750	1,000	1,500	2,000	2,500
2차 정격전류[A]	5							

해설

$$I_1 = \frac{650 \times 10^3}{\sqrt{3} \times 380 \times 0.85} \times 1.25 \fallingdotseq 1,452.313 \quad \therefore\ 1,500/5$$

정답

1,500/5

08 그림과 같은 분기회로의 전선 굵기를 표준 공칭단면적으로 산정하여 쓰시오(단, 전압강하는 2[V] 이하이고, 1ϕ2W식 220[V] 배선은 600[V] 비닐절연전선 후강전선관을 사용하여 공사한다).

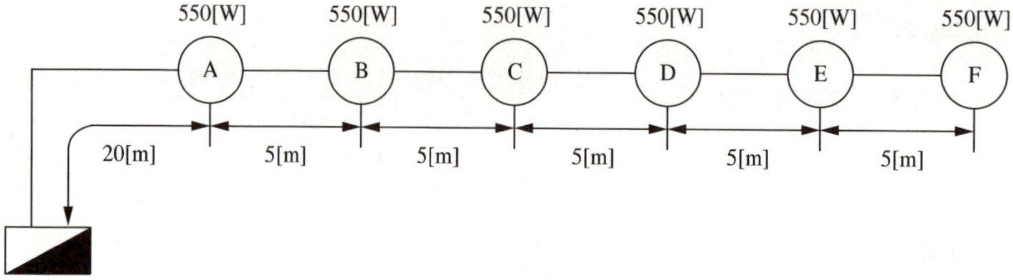

해설

$$L = \frac{I_1 l_1 + I_2 l_2 + I_3 l_3 + I_4 l_4 + I_5 l_5 + I_6 l_6}{I_1 + I_2 + I_3 + I_4 + I_5 + I_6} = \frac{2.5(20+25+30+35+40+45)}{2.5\times 6} = 32.5[\text{m}]$$

$$A = \frac{35.6LI}{1{,}000e} = \frac{35.6\times 32.5\times(2.5\times 6)}{1{,}000\times 2} = 8.6775[\text{mm}^2]$$

정답

$10[\text{mm}^2]$

09 30[kVar]의 전력용 콘덴서를 설치하고자 할 때 필요한 콘덴서의 정전용량[μF]을 각각 구하시오 (단, 사용전압은 380[V]이고, 주파수는 60[Hz]이다).

(1) 단상 콘덴서 3대를 △결선할 때 콘덴서의 정전용량[μF]

(2) 단상 콘덴서 3대를 Y결선할 때 콘덴서의 정전용량[μF]

(3) 콘덴서는 어떤 결선으로 하는 것이 유리한지 설명하시오.

해설

(1) $Q_C = 3\omega CE^2$에서 $C = \dfrac{Q_C}{3\omega E^2} = \dfrac{30\times 10^3}{3\times 2\pi\times 60\times 380^2}\times 10^6 \fallingdotseq 183.697[\mu\text{F}]$

(2) $Q_C = 3\omega CE^2$에서 $C = \dfrac{Q_C}{3\omega E^2} = \dfrac{30\times 10^3}{3\times 2\pi\times 60\times\left(\dfrac{380}{\sqrt{3}}\right)^2}\times 10^6 \fallingdotseq 551.09[\mu\text{F}]$

정답

(1) $183.697[\mu\text{F}]$

(2) $551.09[\mu\text{F}]$

(3) △결선으로 하면 Y결선보다 정전용량이 $\dfrac{1}{3}$이 되므로 용량을 작게 할 수 있다. 그러므로 △결선으로 한다.

10 다음 (　　) 안에 들어갈 내용을 답란에 쓰시오.

감리원은 공사업자로부터 (　　)을(를) 사전에 제출받아 다음 각 호의 사항을 고려하여 공사업자가 제출한 날부터 7일 이내에 검토·확인하여 승인한 후 시공할 수 있도록 하여야 한다. 다만, 7일 이내에 검토·확인이 불가능한 때에는 사유 등을 명시하여 통보하고, 통보사항이 없는 때에는 승인한 것으로 본다.
① 설계도면, 설계설명서 또는 관계 규정에 일치하는지 여부
② 현장의 시공기술자가 명확하게 이해할 수 있는지 여부
③ 실제 시공 가능 여부
④ 안정성의 확보 여부
⑤ 계산의 정확성
⑥ 제도의 품질 및 선명성, 도면작성 표준에 일치 여부
⑦ 도면으로 표시하기 곤란한 내용은 시공 시 유의사항으로 작성되었는지 등의 검토

정답

시공상세도

11 다음 시퀀스 회로에서 접점 "BS"를 눌러서 폐회로가 될 때 표시등 L의 동작에 대해 설명하시오 (단, X는 보조릴레이, T_1~T_2는 타이머이며 설정시간은 3초이다).

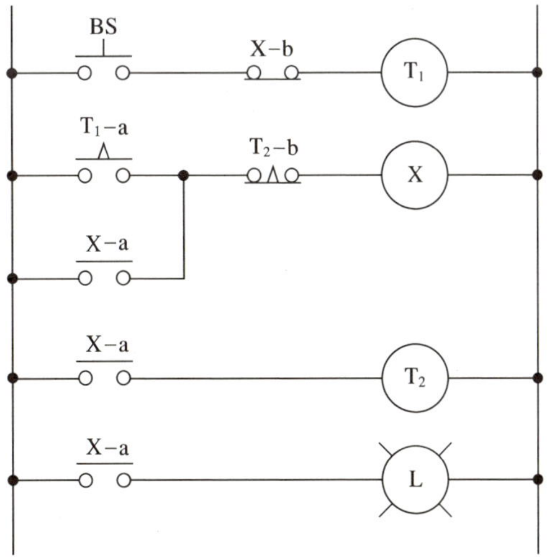

정답

BS를 누르는 동안 T_1이 여자되고 3초 후 X가 여자되어 X에 의해 T_2가 여자되며 동시에 L이 점등된다. 3초 후 T_2-b에 의해 X가 소자되어 L이 소등된다. 이때 다시 T_1이 여자되면서 반복 동작을 하게 되어 L이 3초 단위로 점멸동작한다. 어느 동작 중에도 BS를 떼면 모든 동작은 정지, 복귀한다.

12 축전지의 충전방식을 4가지만 쓰시오.

정답

- 보충충전방식
- 균등충전방식
- 급속충전방식
- 부동충전방식

13 그림과 같은 저압 배전방식의 명칭과 장점을 4가지만 쓰시오.

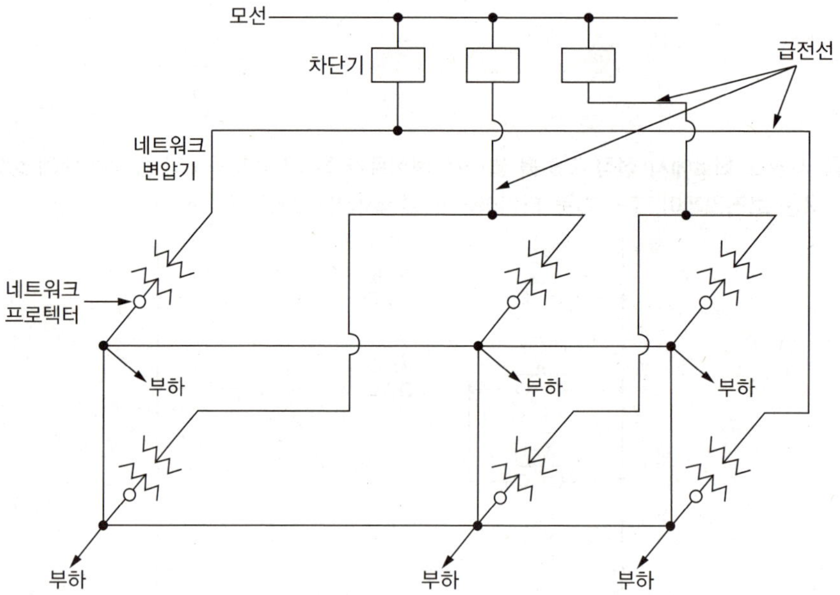

정답

[명 칭]

저압 네트워크 방식

[장 점]

- 신뢰도가 가장 좋다.
- 전압변동이 적다.
- 전력손실이 감소한다.
- 부하 증가에 대한 적응성이 좋다.

14 다음은 수용률, 부등률 및 부하율의 산정식을 나타낸 것이다. (   ) 안의 알맞은 내용을 답란에 쓰시오.

• 수용률 $= \dfrac{\text{최대수용전력}}{(\ ①\ )} \times 100[\%]$

• 부하율 $= \dfrac{\text{부하의 평균수용전력}}{(\ ②\ )} \times 100[\%]$

• 부등률 $= \dfrac{(\ ③\ )}{\text{합성최대수용전력}}$

정답

① 부하설비용량

② 최대수요전력

③ 개별수요 최대전력의 합

15 할로겐램프의 장점과 사용용도를 각각 3가지 이상 쓰시오.

정답

[장 점]

• 휘도가 매우 높다.

• 소형, 경량화가 가능하다.

• 광속이 크다.

• 수명이 길다.

[용 도]

• 자동차전조등

• 디스플레이용

• 복사기용

• 광학용

16 송전계통의 중성점을 접지하는 목적을 3가지만 쓰시오.

정답

• 1선 지락 시 전위상승을 억제하여 기기의 절연보호

• 보호계전기의 확실한 동작

• 지락아크를 방지하여 이상전압 억제

17 다음 진리표를 보고 논리회로의 명칭과 논리기호를 답하시오.

입 력		출 력
X_1	X_2	(Z)
0	0	0
1	0	0
0	1	0
1	1	1

정답

- 명칭 : AND 회로
- 논리기호 :

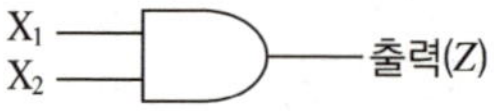

18 폭 8[m]의 4차선 도로에 가로등을 도로 한쪽 배치로 50[m] 간격으로 설치하고자 한다. 도로면의 평균조도는 20[lx]로 설계할 경우 가로등 1등당 필요한 광속을 구하시오(단, 감광보상률은 1.2, 조명률은 0.6로 한다).

해설

$$광속(F) = \frac{EAD}{UN} = \frac{20 \times 8 \times 50 \times 1.2}{0.6 \times 1} = 16,000[\mathrm{lm}]$$

정답

16,000[lm]

전기기사

2017년 제1회 기출복원문제

01 다음 표를 이용하여 일부하율[%]을 구하시오.

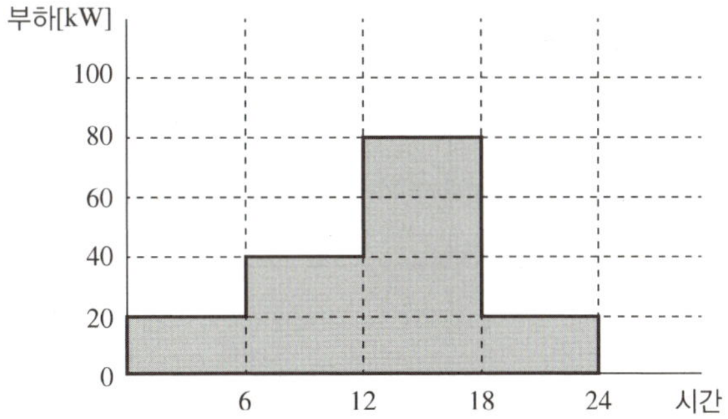

해설

$$\text{부하율} = \frac{20\times6+40\times6+80\times6+20\times6}{24\times80}\times100 = 50[\%]$$

정답

50[%]

02 그림과 같은 방전 특성을 갖는 부하에 필요한 축전지 용량[Ah]을 구하시오(단, 방전전류 : I_1 = 400[A], I_2 = 300[A], I_3 = 100[A], I_4 = 200[A], 방전시간 : I_1 = 120분, I_2 = 119.9분, T_3 = 60분, T_4 = 1분, 용량환산시간 : K_1 = 2.49, K_2 = 1.78, K_3 = 1.46, K_4 = 0.57, 보수율 : 0.8을 적용한다).

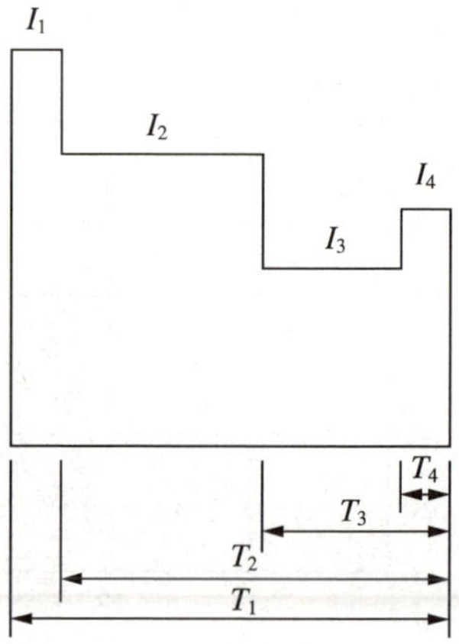

해설

$$\frac{1}{0.8}\times[2.49\times400+1.78\times(300-400)+1.46\times(100-300)+0.57\times(200-100)]=728.75[\text{Ah}]$$

정답

728.75[Ah]

03 그림과 같이 높이 4[m]의 점에 있는 백열 전등에서 광도 12,500[cd]의 빛이 수평 거리 6[m]의 점 P에 주어지고 있다. 다음 표를 이용하여 다음 각 물음에 답하시오.

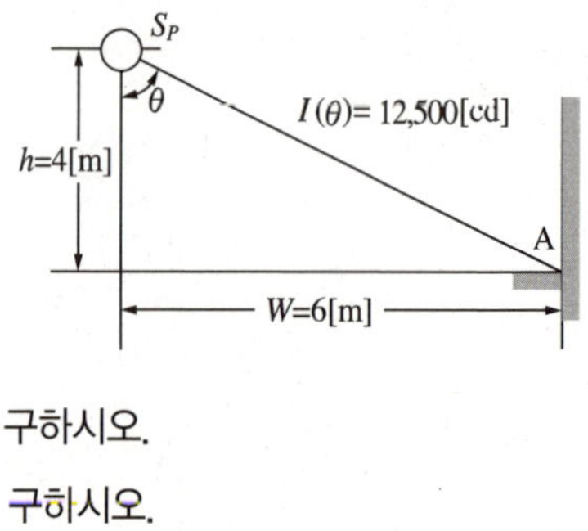

(1) A점의 수평면 조도를 구하시오.

(2) A점의 수직면 조도를 구하시오.

표1. [W/h]에서 구한 $\cos^2\theta\sin\theta$의 값

W	0.1h	0.2h	0.3h	0.4h	0.5h	0.6h	0.7h	0.8h	0.9h	1.0h	1.5h	2.0h
$\cos^2\theta\sin\theta$	.099	.189	.264	.320	.358	.378	.385	.381	.370	.354	.256	.179

표2. [W/h]에서 구한 $\cos^3\theta$의 값

W	0.1h	0.2h	0.3h	0.4h	0.5h	0.6h	0.7h	0.8h	0.9h	1.0h	1.5h	2.0h
$\cos^3\theta$	.985	.943	.879	.800	.716	.631	.550	.476	.411	.354	.171	.089

TIP

표가 나오는 경우에는 h를 기준으로 계산

해설

(1) 수평면 조도를 구할 경우($\cos^3\theta$이므로 표2)

그림에서 $\frac{W}{h}=\frac{6}{4}=1.5$이므로 $W=1.5h$이다.

표2에서 $1.5h$는 0.171이므로

$$E_h=\frac{I}{r^2}\cos\theta=\frac{I}{h^2}\cos^3\theta=\frac{12{,}500}{4^2}\times 0.171 \fallingdotseq 133.59[\text{lx}]$$

(2) 수직면 조도를 구할 경우($\cos^2\theta\sin\theta$이므로 표1)

그림에서 $\frac{W}{h}=\frac{6}{4}=1.5$이므로 $W=1.5h$이다.

표1에서 $1.5h$는 0.256이므로

$$E_v=\frac{I}{r^2}\sin\theta=\frac{I}{h^2}\cos^2\theta\cdot\sin\theta=\frac{12{,}500}{4^2}\times 0.256=200[\text{lx}]$$

정답

(1) 133.59[lx]

(2) 200[lx]

04 동력설비에 대한 에너지 절약 대책 5가지를 쓰시오.

정답

- 고효율 전동기 사용
- 전동기 역률 개선(콘덴서 설치)
- 전동기 제어를 통한 효율 개선
- 엘리베이터를 지능형 제어 시스템을 사용하여 효율 개선
- 에너지 절약형 공조기 사용

05 3상 농형 유도전동기의 기동방식 중 리액터 기동방식에 대하여 설명하시오.

해설

- 전동기의 1차측에 리액터를 넣어서 기동 시 전동기의 전압을 리액터 전압강하분만큼 낮추어서 기동(리액터를 직렬 접속하여 시동하고 단락하는 방식)
- 전동기 전원측에 리액터를 직렬로 연결하여 전동기에 인가되는 전압을 감압하여 기동하는 방식
- 전동기의 전원측에 직렬로 리액터를 넣어서 이 리액터로 전압강하를 시켜서 감압기동하고 기동 후에는 단락시키는 방식으로 기동보상기에 의한 기동에 비하여 기동조작이 간단하다. 따라서 리액터 기동기는 기동보상기와 함께 광범위하게 농형 유도전동기의 기동에 사용되고 있다.
- 전원과 전동기 사이에 직렬리액터를 삽입해서 전동기 단자에 가해지는 전압을 낮추어 기동한다.
- 전동기의 1차측에 직렬로 철심이 든 리액터를 설치하고 그 리액턴스의 값을 조정하여 전동기에 인가되는 전압을 제어함으로써 기동전류 및 토크를 제어하는 방식
- 3상 전원과 전동기 사이에 리액터를 직렬로 접속하여 기동하고 가속 후에는 이를 단락하는 방식

정답

전동기 전원측에 직렬로 리액터를 연결하여 전압강하를 시켜 감압기동하고 기동 후에 단락시키는 방식으로 기동보상기에 의한 기동보상, 기동조작이 간단하다.

06 특고압 수전설비에 대한 다음 각 물음에 답하시오.

(1) 동력용 변압기에 연결된 동력부하 설비용량이 350[kW], 부하역률은 80[%], 효율 95[%], 수용률 65[%]일 때 동력용 3상 변압기의 용량은 몇 [kVA]인지를 산정하시오(단, 변압기의 표준정격용량은 다음 표에서 산정한다).

동력용 3상 변압기의 표준정격용량[kVA]					
200	250	300	400	500	600

(2) 3상 농형 유도전동기에 전용 차단기를 설치할 때 전용 차단기의 정격전류[A]를 구하시오(단, 전동기는 160[kW]이고, 정격전압은 3,300[V], 역률은 80[%], 효율은 95[%], 차단기의 정격전류는 전동기 정격전류의 3배로 계산한다).

해설

(1) 변압기 용량 $= \dfrac{\text{설비용량} \times \text{수용률}}{\text{역률} \times \text{효율}} = \dfrac{350 \times 0.65}{0.8 \times 0.95} \fallingdotseq 299.34[\text{kVA}]$

(2) 유도전동기의 전류 $I = \dfrac{P}{\sqrt{3}\,V\cos\theta \times \eta} = \dfrac{160 \times 10^3}{\sqrt{3} \times 3{,}300 \times 0.8 \times 0.95} \fallingdotseq 36.833[\text{A}]$

차단기 정격전류는 전동기 정격전류의 3배로 계산

$\therefore I_v = 36.833 \times 3 = 110.499[\text{A}]$

정답

(1) 300[kVA]

(2) 110.5[A]

07 변압기 결선은 보통 $\Delta-Y$ 결선방식을 사용한다. 이 결선에 대한 장점과 단점을 각 2가지씩 쓰시오.

정답

[장 점]

- 2차측 선간전압을 높일 수 있고 중성점 접지를 할 수 있어 이상전압을 억제한다.
- 3고조파를 제거한다.

[단 점]

- 1, 2차 간 30°의 위상차가 난다.
- 1대 고장 시 V결선으로 운전이 불가능하다.

08 그림과 같은 단상 2선식 회로에서 공급점 A의 전압이 직류 200[V]일 때 B와 C점의 전압을 구하시오.

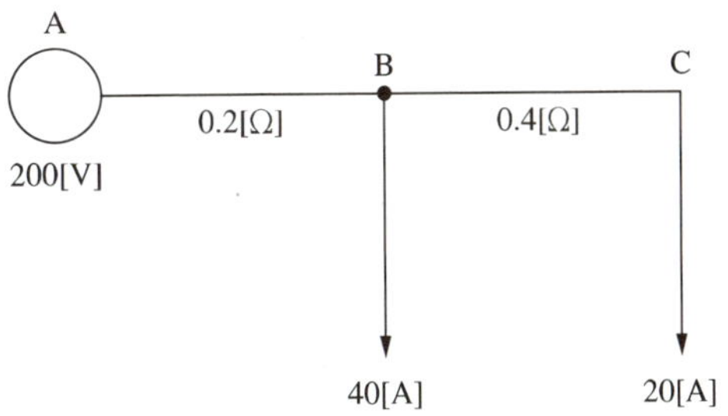

(1) B점의 전압

(2) C점의 전압

해설

(1) $V_B = V_A - IR$

$V_B = 200 - 60 \times 0.2 = 188[\text{V}]$

(2) $V_C = V_B - IR$

$V_C = 188 - 20 \times 0.4 = 180[\text{V}]$

정답

(1) 188[V]

(2) 180[V]

09 교류 동기발전기에 대한 다음 각 물음에 답하시오.

(1) 정격전압 6,000[V], 용량 5,000[kVA]인 3상 교류 동기발전기에서 여자전류 300[A], 무부하 단자전압 6,000[V], 단락전류 700[A]라고 한다. 이 발전기의 단락비를 구하시오.

(2) 다음 괄호 안에 알맞은 내용을 크다(고), 적다(고), 높다(고), 낮다(고) 등으로 쓰시오.

> 단락비가 큰 교류 발전기는 일반적으로 기계의 치수가 (①), 가격이 (②), 풍손, 마찰손, 철손이 (③), 효율은 (④), 전압변동률은 (⑤), 안정도는 (⑥).

(3) 비상용 동기발전기의 병렬운전조건 4가지를 쓰시오.

해설

(1) $I_n = \dfrac{P}{\sqrt{3}\,V} = \dfrac{5{,}000 \times 10^3}{\sqrt{3} \times 6{,}000} \fallingdotseq 481.125 \fallingdotseq 481.13$

단락비 $K_s = \dfrac{I_s}{I_n} = \dfrac{700}{481.13} \fallingdotseq 1.45$

정답

(1) 1.45

(2) ① 크고, ② 높고, ③ 크고, ④ 낮고, ⑤ 작고, ⑥ 크다.

(3) • 기전력의 크기가 같을 것
- 기전력의 주파수가 같을 것
- 기전력의 위상이 같을 것
- 기전력의 파형이 같을 것

10 다음은 전력시설물 공사감리업무 수행지침과 관련된 사항이다. 괄호 안에 알맞은 내용을 쓰시오.

> 감리원은 설계도서 등에 대하여 공사계약문서 상호 간의 모순되는 사항, 현장 실정과의 부합여부 등 현장 시공을 주안으로 하여 해당 공사 시작 전에 검토하여야 하며 검토내용에는 다음 각 호의 사항 등이 포함되어야 한다.
> 1. 현장조건에 부합 여부
> 2. 시공의 (①) 여부
> 3. 다른 사업 또는 다른 공정과의 상호 부합 여부
> 4. (②), 설계설명서, 기술계산서, (③) 등의 내용에 대한 상호 일치 여부
> 5. (④), 오류 등 불명확한 부분의 존재 여부
> 6. 발주자가 제공한 (⑤)와 공사업자가 제출한 산출내역서의 수량 일치 여부
> 7. 시공상의 예상 문제점 및 대책

정답

① 실제 가능　　② 설계도면
③ 산출내역서　　④ 설계도서의 누락
⑤ 물량내역서

11 조명의 발광효율과 전등효율에 대하여 설명하시오.

(1) 발광효율

(2) 전등효율

정답

(1) 발광효율 : 방사속 ϕ에 대한 광속 F의 비율을 그 광원의 발광효율 ε라 한다.

$$\varepsilon = \frac{F}{\phi}[\text{lm/W}]$$

(2) 전등효율 : 전력소비 P에 대한 전발산광속 F의 비율을 전등효율 η라 한다.

$$\eta = \frac{F}{P}[\text{lm/W}]$$

12 어느 공장 구내 건물에 220/440[V] 단상 3선식을 채용하고, 공장 구내 변압기가 설치된 변전실에서 50[m] 되는 곳의 부하를 다음의 표와 같이 배분하는 배전반을 시설하고자 한다. 다음 각 물음에 답하시오(단, 전압강하는 2[%]로 하고 후강전선관으로 시설하며, 간선의 수용률은 100[%]로 한다).

표1. 부하 집계표

회로번호	부하명칭	총부하[VA]	부하분담[VA]		MCCB 규격			비 고
			A선	B선	극 수	AF	AT	
1	전등 1	4,500	4,500		1	30	20	
2	전등 2	4,000		4,000	1	30	20	
3	전열기 1	4,000	4,000(A, B 간)		2	50	20	
4	전열기 2	2,000	2,000(A, B 간)		2	50	15	
합 계		14,500						

※ 전선 굵기 중 상과 중성선의 굵기는 같게 한다.

표2. 후강전선관 굵기 산정

도체단면적 [mm²]	전선 본수									
	1	2	3	4	5	6	7	8	9	10
	전선관의 최소 굵기[mm]									
2.5	16	16	16	16	22	22	28	28	28	28
4	16	16	16	22	22	28	28	28	28	28
6	16	16	22	22	28	28	28	28	36	36
10	16	22	22	28	36	36	36	36	36	36
16	16	22	28	36	36	36	42	42	42	42
25	22	28	28	36	42	54	54	54	54	54
35	22	28	36	54	54	54	70	70	70	70
50	22	36	54	70	70	70	82	82	82	82
70	28	42	54	70	70	70	82	82	82	82
95	28	54	54	70	82	82	92	92	92	104
120	36	54	54	70	82	82	92	92		
150	36	70	70	92	92	104	104	104		
185	36	70	70	92	104					
240	42	82	82	104						

[비고] 1. 전선의 1본수는 접지선 및 직류회로의 전선에도 적용한다.
2. 이 표는 실험결과와 경험을 기초로 하여 결정한 것이다.
3. 이 표는 KS C IEC 60227-3의 450/700[V] 일반 단심 비닐절연전선을 기준으로 한다.

(1) 간선의 단면적을 선정하시오.

(2) 간선 설비에 필요한 후강전선관의 굵기를 선정하시오.

(3) 분전반의 복선결선도를 작성하시오.

(4) 부하집계표에 의한 설비불평형률을 구하시오.

해설

(1) ① 부하전류$(I) = \dfrac{4{,}500 + (4{,}000 + 2{,}000) \times \dfrac{1}{2}}{220} \fallingdotseq 34.09[\text{A}]$

② 전압강하$(e) = 220 \times 0.02 = 4.4[\text{V}]$

③ 전선의 단면적$(A) = \dfrac{17.8LI}{1{,}000e} = \dfrac{17.8 \times 50 \times 34.09}{1{,}000 \times 4.4} \fallingdotseq 6.90[\text{mm}^2]$

(2) 10[mm²] 3본이므로 22[mm]를 선정

(4) $\dfrac{4{,}500 - 4{,}000}{(4{,}500 + 4{,}000 + 4{,}000 + 2{,}000) \times \dfrac{1}{2}} \times 100 \fallingdotseq 6.90[\%]$

정답

(1) 10[mm^2]

(2) 22[mm]

(3)

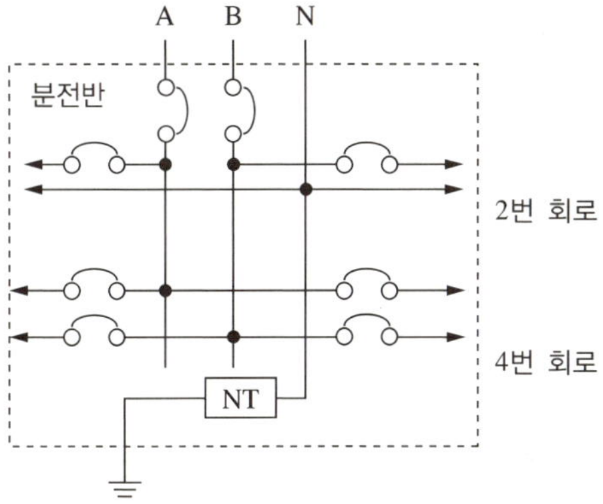

(4) 6.90[%]

13 그림과 같이 접속된 3상 3선식 고압 수전설비의 변류기 2차 전류가 언제나 3.7[A]이었다. 이때, 수전전력[kW]을 구하시오(단, 수전전압은 6,600[V], 변류비는 75/5[A], 역률은 80[%]이다).

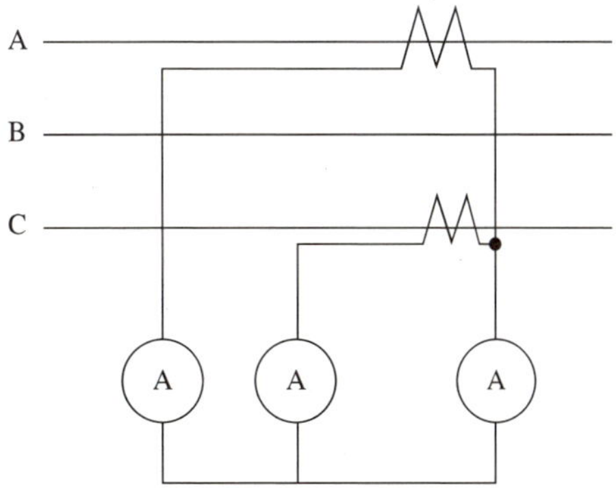

해설

$$P = \sqrt{3}\, V_1 I_1 \cos\theta \times 10^{-3} = \sqrt{3} \times V_1 I_2 \times \text{CT비} \times \cos\theta \times 10^{-3}$$

$$= \sqrt{3} \times 6{,}600 \times 3.7 \times \frac{75}{5} \times 0.8 \times 10^{-3} \fallingdotseq 507.56[\text{kW}]$$

정답

507.56[kW]

14 접지설비에서 보호선에 대한 다음 각 물음에 답하시오.

(1) 보호선이란 안전을 목적으로 설치된 전선으로서 다음 표의 ①~③에 알맞은 보호선 최소 단면적의 기준을 각각 쓰시오.

상전선 S의 단면적[mm²]	보호선의 최소 단면적[mm²]
$S \leq 16$	①
$16 < S \leq 35$	②
$S > 35$	③

(2) 보호선의 종류를 2가지만 쓰시오.

해설

접지선

접지선 최소 단면적은 기본적으로 보호도체와 동일하므로 보호도체 최소 단면적을 참조할 것

설비의 상도체 단면적 S[mm²]	보호도체 최소 단면적 S_F[mm²]
$S \leq 16$	S
$16 < S \leq 35$	16
$S > 35$	$\frac{S}{2}$

정답

(1) ① S ② 16 ③ $\frac{S}{2}$

(2) • 다심케이블
• 금속케이블 외장, 케이블 차폐, 케이블 외장

15 다음 릴레이 회로를 보고 물음에 답하시오.

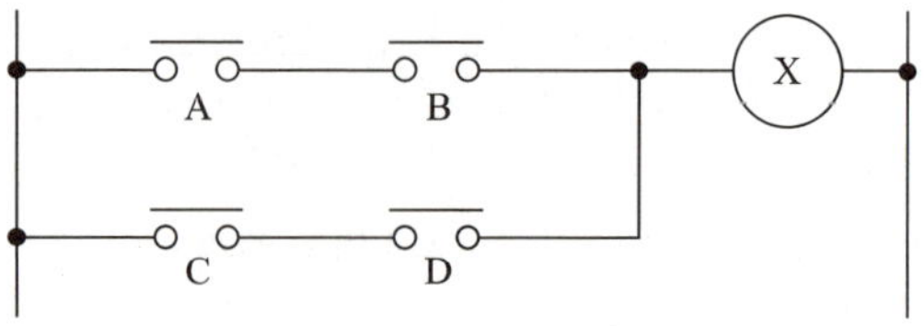

(1) 논리식을 쓰시오.

(2) 2입력 AND 소자, 2입력 OR 소자를 사용하여 로직 회로로 바꾸시오.

(3) 2입력 NAND 소자만으로 회로를 바꾸고 논리식도 쓰시오.

정답

(1) $X = A \cdot B + C \cdot D$

(2)

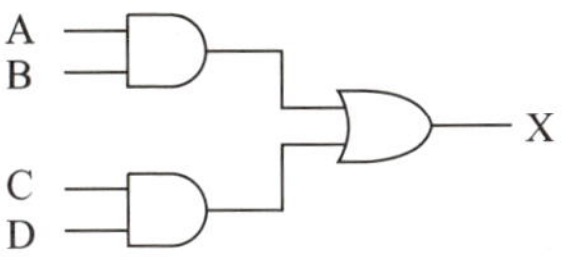

(3)

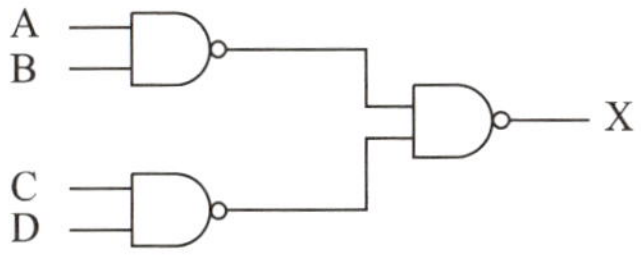

논리식 : $X = \overline{\overline{AB} \cdot \overline{CD}}$

16 그림과 같이 Y결선된 평형 부하의 전압을 측정할 때 전압계의 값이 $V_P = 150$[V], $V_l = 220$[V]로 나타났다. 다음 각 물음에 답하시오(단, 부하측에 인가된 전압은 각 상의 평형전압이고 기본파와 제3고조파분 전압만 포함되어 있다).

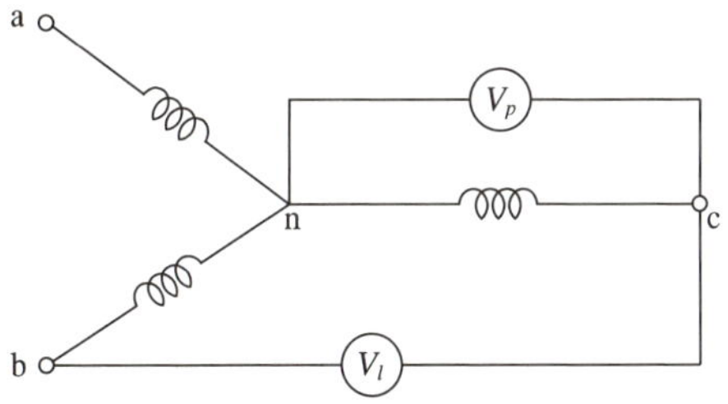

(1) 제3고조파 전압[V]을 구하시오.

(2) 전압의 왜형률[%]을 구하시오.

해설

(1) $V_p = \sqrt{V_1^2 + V_3^2}$

$150 = \sqrt{V_1^2 + V_3^2}$

Y결선은 선간전압에 제3고조파분이 존재하지 않으므로

$V_l = \sqrt{3}\, V_1$, $V_1 = \dfrac{V_l}{\sqrt{3}} = \dfrac{220}{\sqrt{3}} \fallingdotseq 127.02$[V]

$V_3 = \sqrt{150^2 - V_1^2} = \sqrt{150^2 - 127^2} \fallingdotseq 79.79$[V]

(2) 왜형률 $= \dfrac{\text{전고조파의 실효값}}{\text{기본파의 실효값}} \times 100 = \dfrac{79.79}{127.02} \times 100 \fallingdotseq 62.817$[%]

정답

(1) 79.79[V]

(2) 62.82[%]

17 다음 그림을 참고하여 부하 중심까지의 거리를 구하시오.

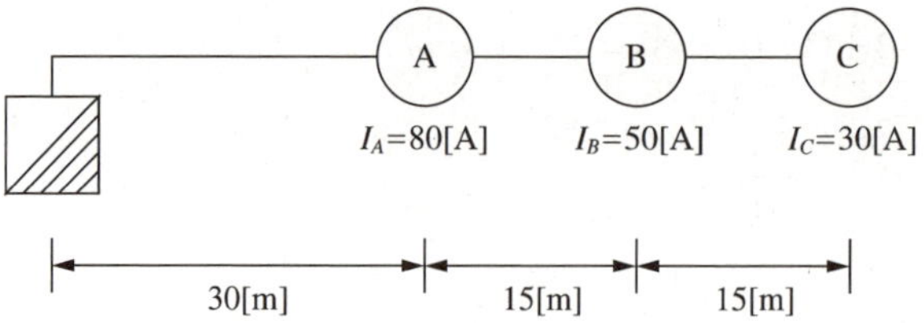

해설

$$\frac{30\times80+45\times50+60\times30}{80+50+30}=40.3125[\text{m}]$$

정답

40.31[m]

18 전동기에서 진동과 소음이 발생되는 원인에 대하여 각 물음에 답하시오.

(1) 진동이 발생하는 원인을 5가지만 쓰시오.

(2) 전동기 소음을 크게 3가지로 분류하고 각각에 대하여 설명하시오.

정답

(1) • 베어링 불량
• 회전자 편심
• 회전부의 정적 불평형
• 축이음의 중심 불균형
• 상대기기와의 연결 불량
[기 타]
• 고조파 등에 의한 회전자계 불평형

(2) • 기계적 소음 : 베어링 회전음, 회전자 불균형에 의한 소음, 브러시 섭동음
• 전기적 소음 : 고정자, 회전자에 작용하는 주기적인 전자기적 기전력에 의한 철심의 진동 소음
• 통풍 소음 : 통풍에 따라 냉각팬이나 회전자 덕트 등에서 발생하는 소음

전기기사 2017년 제2회 기출복원문제

01 다음은 3상 유도전동기 Y－△ 기동방식의 주회로 부분 그림이다. 다음 각 물음에 답하시오.

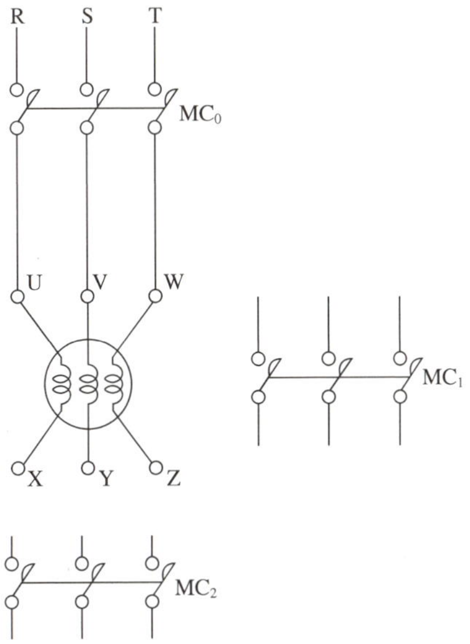

(1) 주회로 부분의 미완성 회로를 완성하여 그리시오.

(2) Y－△ 기동 시와 전전압 기동 시의 기동전류를 비교 설명하시오.

(3) 3상 유도전동기를 Y－△로 기동하여 운전하기 위한 제어회로의 동작사항을 설명하시오.

정답

(1)

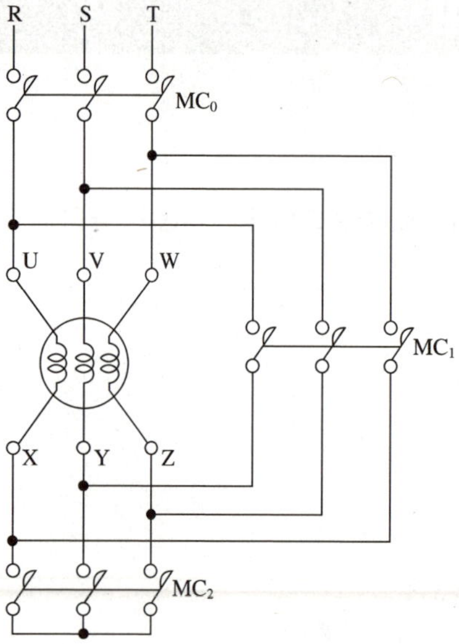

(2) Y-△ 전류비 $= \dfrac{I_Y}{I_\triangle} = \dfrac{\dfrac{V}{\sqrt{3}Z}}{\dfrac{\sqrt{3}V}{Z}} = \dfrac{1}{3}$

따라서 $I_Y = \dfrac{1}{3} I_\triangle$

즉, Y-△ 기동전류는 전전압 기동전류의 $\dfrac{1}{3}$ 이다.

(3) MC_0와 MC_2를 먼저 동작시켜 Y결선으로 기동 후 일정시간이 지나면 MC_2는 개방되고 이때 MC_1이 투입되어 MC_0와 MC_1에 의해 △결선으로 운전한다. Y-△ 운전 시에는 Y와 △는 동시투입 되어서는 안 된다.

※ KEC 규정 적용으로 표현 변경 : R, S, T, E의 상의 명칭이 L1, L2, L3, N(또는 PE)으로 변경됨

02

지표면에서 15[m] 높이의 수조가 있다. 이 수조에 20[m³/min]의 물을 양수하는 데 필요한 펌프용 전동기의 소요동력은 몇 [kW]인가?(단, 펌프의 효율은 80[%]로 하고, 여유계수는 1.1로 한다)

해설

$$P = \frac{kQH}{6.12\eta} = \frac{1.1 \times 20 \times 15}{6.12 \times 0.8} \fallingdotseq 67.402[\mathrm{kW}]$$

정답

67.4[kW]

03 다음의 논리회로를 이용하여 다음 각 물음에 답하시오.

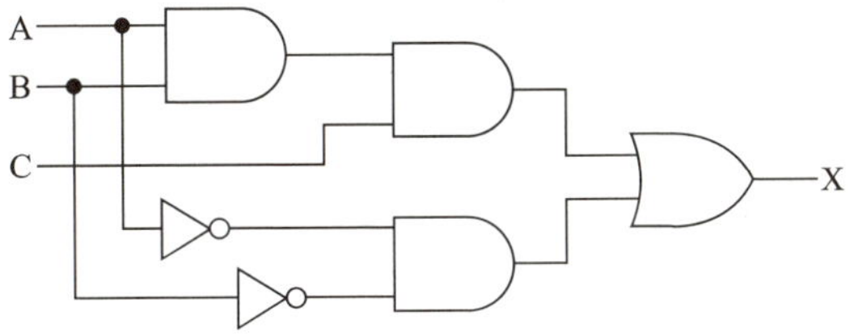

(1) 주어진 논리회로를 논리식으로 나타내시오.

(2) 논리회로의 동작 상태를 다음의 타임차트에 나타내시오.

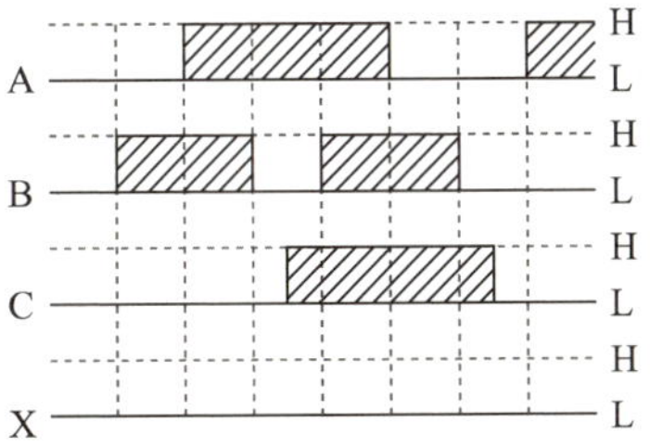

(3) 다음과 같은 진리표를 완성하시오. 단, L은 0이고, H는 1이다.

A	L	L	L	L	H	H	H	H
B	L	L	H	H	L	L	H	H
C	L	H	L	H	L	H	L	H
X								

정답

(1) $X = A \cdot B \cdot C + \overline{A} \cdot \overline{B}$

(2)

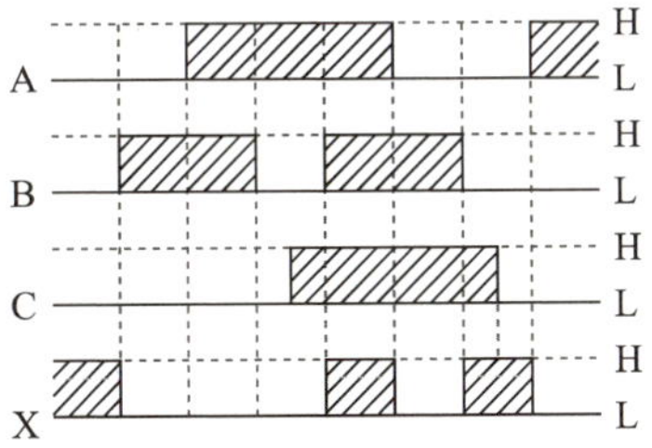

(3) H H L L L L L H

04 어떤 작업장의 실내 조명 설비 설계에 필요한 다음 물음에 답하시오.

[조 건]

- 바닥에서 0.8[m]의 높이에 있는 작업면에서 작업이 이루어진다.
- 작업장 면적은 가로 20[m]×세로 25[m]이다.
- 바닥에서 천장까지의 높이는 4[m]이다.
- 이 작업장의 평균 조도는 200[lx]가 되도록 한다.
- 등기구는 40[W] 형광등을 사용하며, 형광등 1개의 전광속은 3,000[lm]이다.
- 조명률은 0.7, 감광보상률은 1.4로 한다.

(1) 이 작업장의 실지수는 얼마인가?

• 계산과정 • 답

(2) 이 작업장에 필요한 평균 조도를 얻으려면 형광등은 몇 등이 필요한가?

• 계산과정 • 답

해설

(1) $\text{실지수}(R \cdot I) = \frac{X \cdot Y}{H(X+Y)} = \frac{20 \times 25}{(4-0.8) \times (20+25)} \fallingdotseq 3.47$

(2) $\text{등수}(N) = \frac{EAD}{FU} = \frac{200 \times (20 \times 25) \times 1.4}{3,000 \times 0.7} \fallingdotseq 66.67\text{등}$

정답

(1) 3.47 (2) 67등

05 다음 그림을 보고 합성최대전력[kW]을 계산하시오(단, 부등률은 1.1, 수용률은 각각 80[%]이다).

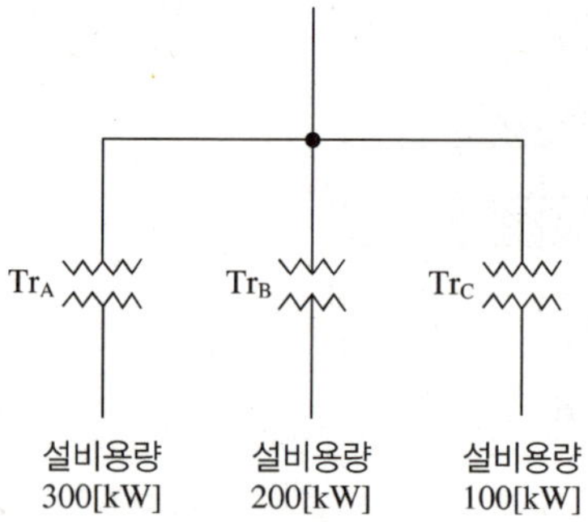

해설

$$\text{합성최대전력} = \frac{\text{개별 최대수용전력의 합}}{\text{부등률}} = \frac{(\text{설비용량} \times \text{수용률})\text{의 합}}{\text{부등률}}$$

$$= \frac{300 \times 0.8 + 200 \times 0.8 + 100 \times 0.8}{1.1} \fallingdotseq 436.36[\text{kW}]$$

정답

436[kW]

06 발주자는 노선 변경, 공법 변경, 그 밖의 시설물 추가 등으로 설계변경이 필요한 경우에는 반드시 서면으로 책임감리원에게 설계변경을 하도록 지시하여야 한다. 관련 서류 5가지를 쓰시오.

정답

• 설계변경 개요서
• 설계변경도면
• 설계설명서
• 계산서
• 수량조서
[기 타]
• 산출조서

07 고압 배전선로의 전압을 조정하는 장치를 3가지만 쓰시오.

정답

• 승압기
• 유도전압 조정기
• 변압기탭 조정기

08 접지계통에서 고장전류가 흐르는 경로를 순서대로 나타내시오.

단일접지계통	배전선 → 지락점 → 대지 → ① → 중성선 → 배전선
중성점접지계통	배전선 → 지락점 → 대지 → ② → 중성선 → 배전선
다중접지계통	배전선 → 지락점 → 대지 → ③ → 중성선 → 배전선

정답

① 중성선 접지점
② 중성선 접지저항
③ 다중접지극의 접지점

09 154[kV] 중성점의 직접 접지 계통에서 피뢰기의 정격전압은 어느 것으로 선택하여야 하는가? (단, 접지계수 0.75, 유도계수 1.1이다)

피뢰기의 정격전압(표준치[kV])					
126	144	154	168	182	196

해설

V=접지계수(α)×유도계수(β)×계통의 최고전압(V_m)

$V = 0.75 \times 1.1 \times 170 = 140.25$[kV]

정답

144[kV]

10 그림은 어떤 변전소의 도면이다. 변압기 상호 부등률이 1.3이고, 부하의 역률이 90[%]이다. ST_r의 내부 임피던스가 4.6[%], Tr_1, Tr_2, Tr_3의 내부 임피던스가 10[%], 154[kV] BUS의 내부 임피던스가 0.4[%]이다. 다음 물음에 답하시오.

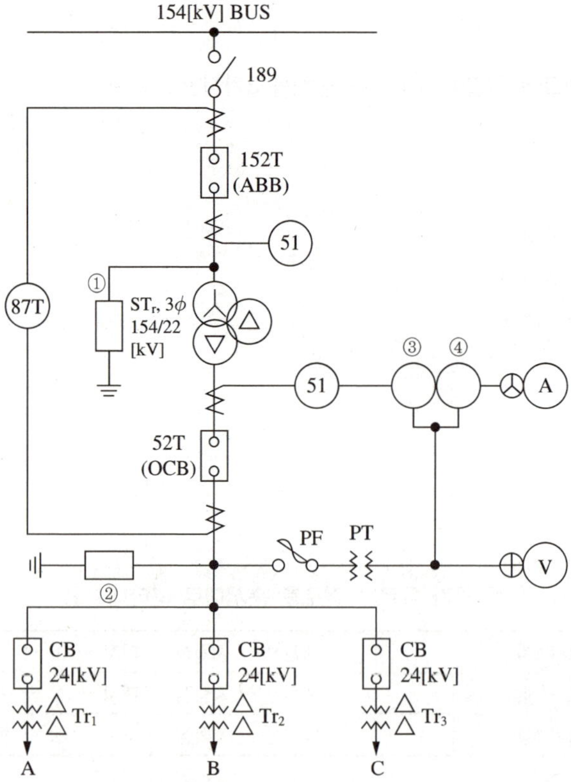

부 하	용 량	수용률	부등률
A	4,000[kW]	80[%]	1.2
B	3,000[kW]	84[%]	1.2
C	6,000[kW]	92[%]	1.2

154[kV] ABB 용량표[MVA]					
2,000	3,000	4,000	5,000	6,000	7,000

154[kV] 변압기 용량표[kVA]					
10,000	15,000	20,000	30,000	40,000	50,000

22[kV] OCB 용량표[MVA]					
200	300	400	500	600	700

22[kV] 변압기 용량표[kVA]					
2,000	3,000	4,000	5,000	6,000	7,000

(1) Tr_1, Tr_2, Tr_3 변압기의 용량[kVA]은?

(2) ST_r의 변압기 용량[kVA]은?

(3) 차단기 152T의 용량[MVA]은?

(4) 차단기 52T의 용량[MVA]은?

(5) 87T의 명칭은?

(6) 51의 명칭은?

(7) ①~④에 알맞은 심벌을 기입하시오.

해설

(1) $Tr_1 = \dfrac{4,000 \times 0.8}{1.2 \times 0.9} \fallingdotseq 2,962.96[\text{kVA}]$

$Tr_2 = \dfrac{3,000 \times 0.84}{1.2 \times 0.9} \fallingdotseq 2,333.33[\text{kVA}]$

$Tr_3 = \dfrac{6,000 \times 0.92}{1.2 \times 0.9} \fallingdotseq 5,111.11[\text{kVA}]$

(2) $\dfrac{2,962.96 + 2,333.33 + 5,111.11}{1.3} \fallingdotseq 8,005.69[\text{kVA}]$

(3) $\dfrac{100}{0.4} \times 10 = 2,500[\text{MVA}]$

(4) $\dfrac{100}{0.4 + 4.6} \times 10 = 200[\text{MVA}]$

정답

(1) Tr_1 : 3,000[kVA], Tr_2 : 3,000[kVA], Tr_3 : 6,000[kVA]

(2) 10,000[kVA]

(3) 3,000[MVA]

(4) 200[MVA]

(5) 주변압기 차동계전기

(6) 과전류계전기

(7) ①  LA ②  LA ③ (kW) ④ (PF)

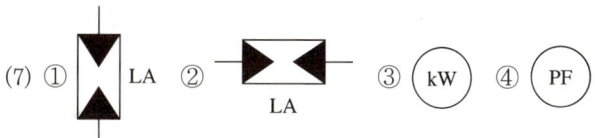

11 도면과 같은 22.9[kV-Y] 1,000[kVA] 이하인 특고압 수전설비 표준결선도를 보고 다음 각 물음에 답하시오.

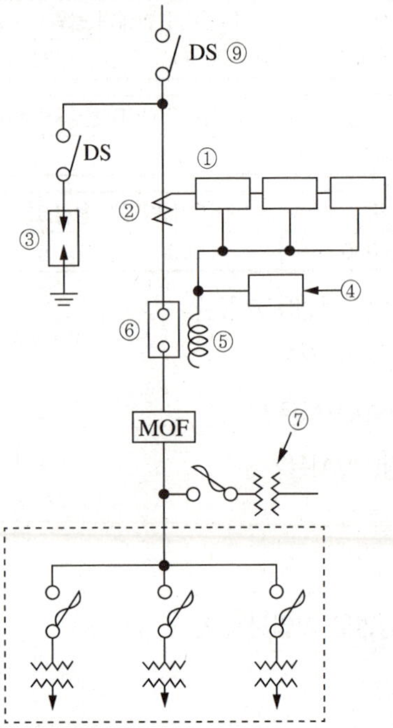

(1) ①~⑦에 해당하는 단선도용 심벌의 약호를 쓰시오.

(2) 인입구에 수전전압이 66[kV]인 경우에 ⑨의 DS 대신에 무엇을 사용하여야 하는가?

(3) 도면의 ⑦에 전압계를 연결하고자 한다. 전압계 바로 앞에 전압계용 절환개폐기를 부착할 때 그 심벌을 그리시오.

정답

(1) ① OCR ② CT ③ LA ④ GR ⑤ TC ⑥ CB ⑦ PT

(2) LS(선로개폐기)

(3) ⊕

12

3상 유도전동기에 정격전류 320[A](역률 0.85)가 선로에 흐를 때 선로의 전압강하를 계산하시오(단, 선로의 길이는 150[m], R=0.18[Ω/km], X=0.102[Ω/km]).

해설

$$e = \sqrt{3}\,I(R\cos\theta + X\sin\theta)$$
$$= \sqrt{3} \times 320(0.18 \times 0.15 \times 0.85 + 0.102 \times 0.15 \times \sqrt{1-0.85^2})$$
$$\fallingdotseq 17.19[\mathrm{V}]$$

정답

17.19[V]

13

주어진 조건을 이용하여 다음의 시퀀스회로와 타임차트를 완성하시오.

[조 건]

- 푸시버튼 스위치 4개(PB_1, PB_2, PB_3, PB_4)
- 보조 릴레이 3개(X_1, X_2, X_3)
- 계전기의 보조 a접점 또는 b접점을 추가하여 작성하되 최소 접점을 사용하며 보조 접점에는 접점의 명칭을 표시할 것

선 입력회로만을 동작시키고 후 입력 신호를 주어도 동작하지 않는 회로를 구성하고 타임차트를 그리시오.

(1)

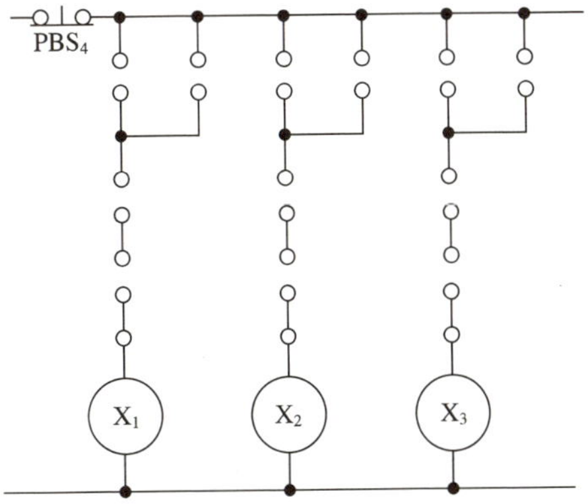

(2)

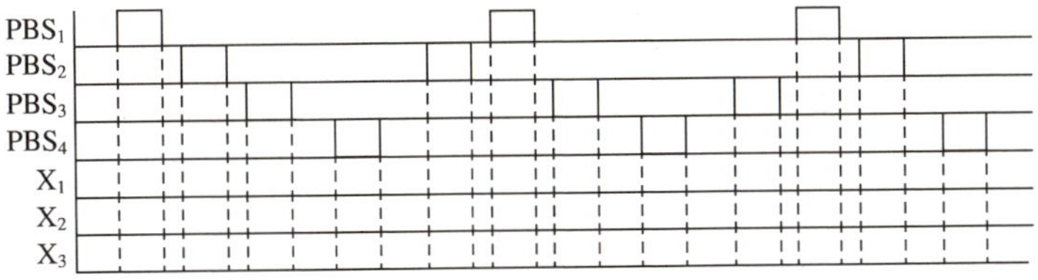

정답

(1)

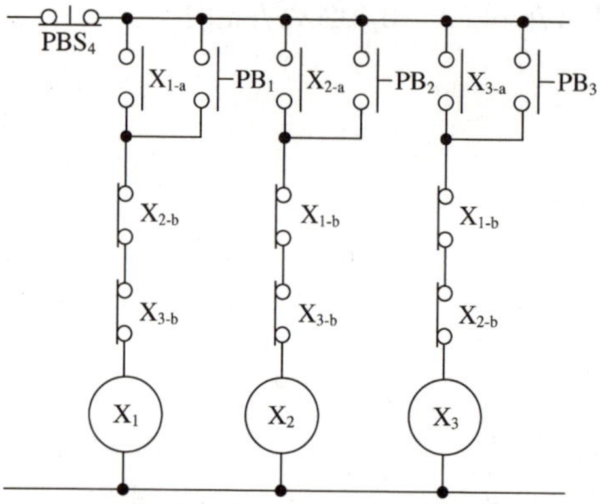

(2)

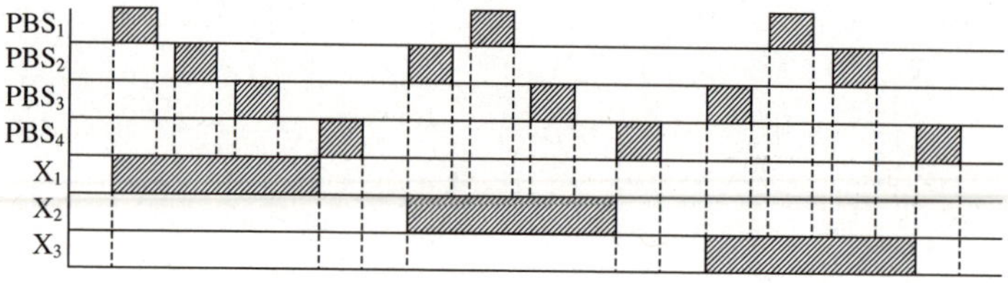

14 전력설비 점검 시 보호계전계통 보호계전기의 오작동 원인이 무엇인지 3가지를 쓰시오.

정답

- 변압기 여자돌입전류
- 변류기의 포화
- 3고조파 유입

15 22.9[kV] 수전설비에서 부하전류가 100[A]이다. 150/5의 변류기를 통하여 과전류계전기를 시설하였다. 150[%]의 과부하에서 차단시킨다면 과부하 트립 전류값은 몇 [A]로 설정해야 하는가?

해설

$$\text{OCR탭} = I \times \frac{1}{\text{CT비}} \times \text{여유계수} = 100 \times \frac{5}{150} \times 1.5 = 5[\text{A}]$$

정답

5[A]

16 전원에 고조파 성분이 포함되어 있는 경우 부하설비의 과열 및 이상현상이 발생하는 경우가 있다. 이러한 고조파 전류가 발생하는 경우 그 대책을 3가지만 쓰시오.

정답

- 전력변환장치의 Pulse수 증가
- 고조파 필터 사용
- 직렬리액터 사용
- 변압기 △결선

17 연축전지의 정격용량 200[Ah], 상시 부하 15[kW], 표준전압 100[V]인 부동충전방식이 있다. 다음 각 물음에 답하시오.

(1) 부동충전방식 충전기의 2차 전류는 몇 [A]인가?

(2) 부동충전방식의 회로도를 전원, 충전기(정류기), 축전지, 부하 등을 이용하여 간단히 그리시오 (단, 일반적인 기호로 표현하고, 기호 부근에 명칭을 표기한다).

(3) 부동충전방식의 역할(특징)을 쓰시오.

해설

(1) 부동충전방식 충전기의 2차 전류$=\dfrac{\text{축전지의 정격용량[Ah]}}{\text{정격 방전율[h]}}+\dfrac{\text{상시 부하용량[VA]}}{\text{표준전압[V]}}$

$$I=\frac{200}{10}+\frac{15{,}000}{100}=170[\text{A}]$$

정답

(1) 170[A]

(2)

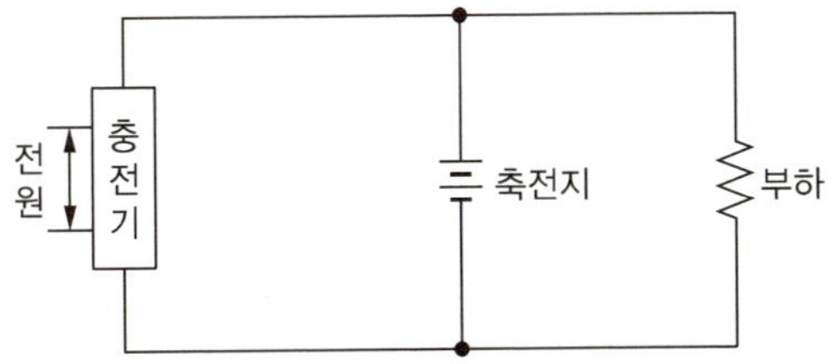

(3) 충전기와 축전지를 병렬로 연결하여 부하에 공급하는 방식으로 상시 일정부하는 정류기가 부담하고 일시적인 대전류는 축전지가 부담하는 방식

18 수용가에 직렬리액터를 설치하려고 한다. 다음 각 물음에 답하시오.

(1) 제5고조파를 제거하기 위한 리액터는 콘덴서 용량의 몇 [%]인가?

(2) 주파수 변동 등의 여유를 고려하였을 때 몇 [%]인가?

(3) 제3고조파를 제거하기 위한 리액터는 콘덴서 용량의 몇 [%]인가?

정답

(1) 4[%]

(2) 6[%]

(3) 11.11[%]

19 다음은 전위강하법에 의한 접지저항 측정방법이다. E, A, B가 일직선상에 있을 때, 다음 물음에 답하시오. 단, E는 반지름 a인 반구모양 전극(측정대상 전극)이다.

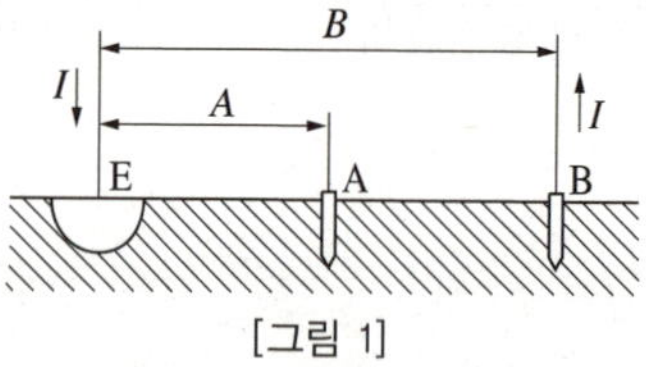

[그림 1]

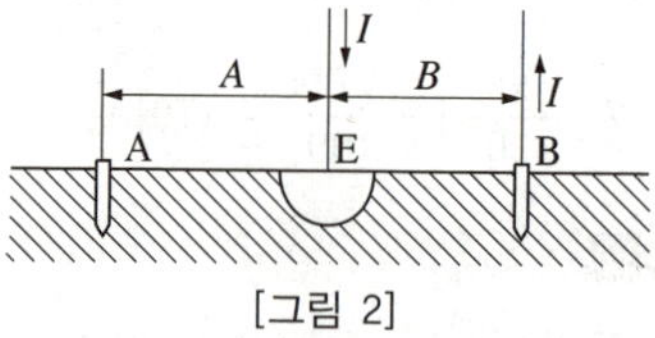

[그림 2]

(1) 그림 1과 그림 2의 측정방법 중 접지저항값이 참값에 근접한 측정방법은?

(2) 반구모양 접지 전극의 접지저항을 측정 시 E－B 간 거리의 몇 [%]인 곳에 전극을 설치하면 정확한 접지저항값을 얻을 수 있는지 설명하시오.

정답

(1) 그림 1

(2) 참값은 그림 1에 의해 얻어지는 것이므로 A점의 거리는 E－B 간 거리의 61.8[%]인 지점에 설치해야 한다.

전기기사 2017년 제3회 기출복원문제

01

평형 3상 회로에 변류비 150/5인 변류기 2개를 그림과 같이 접속하였을 때 전류계에 4[A]의 전류가 흘렀다. 1차 전류의 크기는 몇 [A]인가?

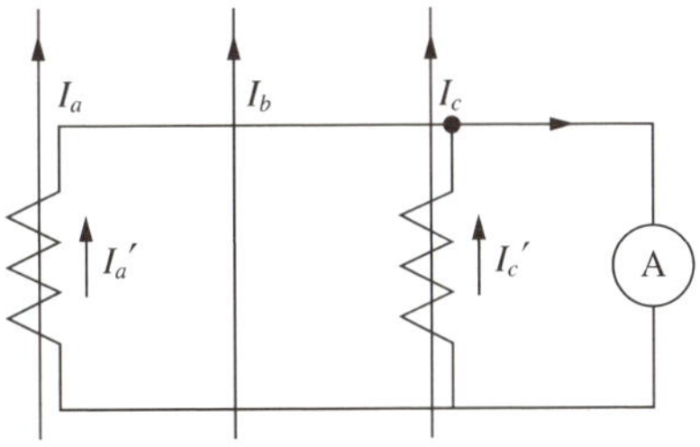

해설

$$I_1 = 4 \times \frac{150}{5} = 120[A]$$

정답

120[A]

02

고압, 특고압전로 및 변압기의 절연내력 시험전압에 대한 ①~⑧의 알맞은 내용을 쓰시오.

구 분	종류(최대사용전압을 기준으로)	시험전압
1	최대사용전압 7[kV] 이하인 전로(단, 시험전압이 500[V] 미만으로 되는 경우에는 500[V])	최대사용전압×(①)배
2	최대사용전압 7[kV] 초과 25[kV] 이하인 중성선 다중접지식 선로	최대사용전압×(②)배
3	7[kV] 초과 60[kV] 이하의 전로(중성선 다중접지 제외)(단, 시험전압이 10,500[V] 미만으로 되는 경우에는 10,500[V])	최대사용전압×(③)배
4	60[kV] 초과 중성점 비접지식 전로에 접속되는 것	최대사용전압×(④)배
5	60[kV] 초과 중성점 접지식 전로(단, 시험전압이 75[kV] 미만으로 되는 경우에는 75[kV])	최대사용전압×(⑤)배
6	60[kV] 초과 중성점 직접접지식 전로	최대사용전압×(⑥)배
7	170[kV] 초과 중성점 직접접지식 전로	최대사용전압×(⑦)배
(예시)	기타의 권선	최대사용전압×(⑧)배

정답

① 1.5
② 0.92
③ 1.25
④ 1.25
⑤ 1.1
⑥ 0.72
⑦ 0.64
⑧ 1.1

03 수전단전압이 6,000[V]인 2[km] 3상 3선식 선로에서 380[V], 1,000[kW](지역률 0.8) 부하가 연결되었다고 한다. 다음 물음에 답하시오(단, 1선당 저항은 0.3[Ω/km], 1선당 리액턴스는 0.4[Ω/km]이다).

(1) 선로의 전압강하를 구하시오.

(2) 선로의 전압강하율을 구하시오.

(3) 선로의 전력손실을 구하시오.

해설

(1) $e=\dfrac{P}{V}(R+X\tan\theta)=\dfrac{1{,}000\times10^3\left(0.3\times2+0.4\times2\times\dfrac{0.6}{0.8}\right)}{6{,}000}=200[\mathrm{V}]$

(2) $\delta=\dfrac{e}{V_r}\times100=\dfrac{200}{6{,}000}\times100 ≒ 3.333[\%]$

(3) $P_l=\dfrac{P^2R}{V^2\cos^2\theta}\times10^{-3}[\mathrm{kW}]$

$\therefore\ P_l=\dfrac{(1{,}000\times10^3)^2\times0.3\times2}{6{,}000^2\times0.8^2}\times10^{-3} ≒ 26.041[\mathrm{kW}]$

정답

(1) 200[V]

(2) 3.33[%]

(3) 26.04[kW]

04 그림은 3상 4선식 전력량계의 결선도를 나타낸 것이다. PT와 CT를 사용하여 미완성 부분의 결선도를 완성하시오(단, 접지는 생략한다).

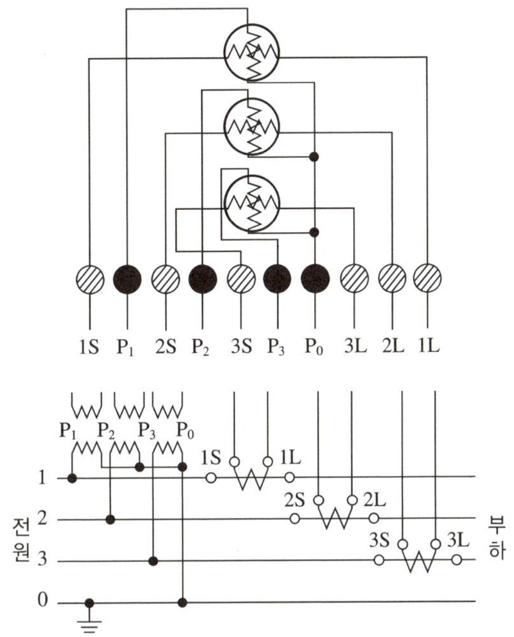

정답

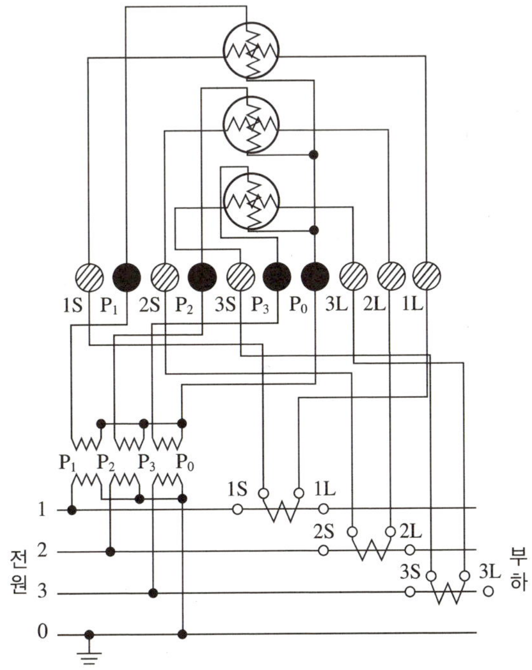

05 3.7[kW]와 7.5[kW]의 직입 기동 농형 전동기와 22[kW]의 권선형 전동기 등 3대를 그림과 같이 접속하였다. 다음 각 물음에 답하시오(단, A1 XLPE 공사로서 정격전압은 200[V]이고, 간선 및 분기회로에 사용되는 전선도체의 재질 및 종류는 같다고 한다).

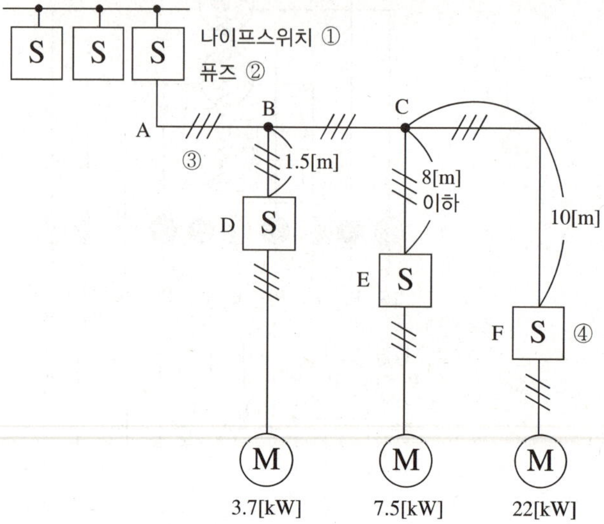

(1) 간선에 사용되는 스위치 ①의 최소용량은 몇 [A]인가?

(2) 간선에 사용되는 퓨즈 ②의 최소용량은 몇 [A]인가?

(3) 간선의 최소굵기는 몇 $[mm^2]$인가?

(4) 22[kW] 전동기 분기회로에 사용되는 ④의 개폐기 및 퓨즈의 최소용량은 몇 [A]인가?

(5) C~E 사이의 분기회로에 사용되는 전선의 최소굵기는 몇 $[mm^2]$인가?

(6) C~F 사이의 분기회로에 사용되는 전선의 최소굵기는 몇 $[mm^2]$인가?(단, 자동차단기의 설치는 생략된 것으로 본다)

표1. 200[V] 3상 유도전동기의 간선의 굵기 및 기구의 용량(B종 퓨즈의 경우) (동선)

전동기 [kW] 수의 총계 [kW] 이하	최대 사용 전류 [A] 이하	배선종류에 의한 간선의 최소굵기[mm^2]						직입 기동 전동기 중 최대용량의 것											
		공사방법 A1		공사방법 B1		공사방법 C		0.75 이하	1.5	2.2	3.7	5.5	7.5	11	15	18.5	22	30	37 ~55
		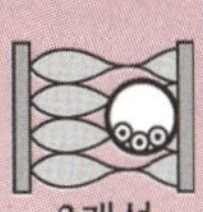 3개선		 3개선		 3개선		기동기 사용 전동기 중 최대용량의 것											
								–	–	–	5.5	7.5	11 15	18.5 22	–	30 37	–	45	55
		PVC	XLPE, EPR	PVC	XLPE, EPR	PVC	XLPE, EPR	과전류차단기[A]……(칸 위 숫자) 개폐기용량[A]……(칸 아래 숫자)											
3	15	2.5	2.5	2.5	2.5	2.5	2.5	15 30	20 30	30 30	–	–	–	–	–	–	–	–	–
4.5	20	4	2.5	2.5	2.5	2.5	2.5	20 30	20 30	30 30	50 60	–	–	–	–	–	–	–	–
6.3	30	6	4	6	4	4	2.5	30 30	30 30	50 60	50 60	75 100	–	–	–	–	–	–	–
8.2	40	10	6	10	6	6	4	50 60	50 60	50 60	75 100	75 100	100 100	–	–	–	–	–	–
12	50	16	10	10	10	10	6	50 60	50 60	50 60	75 100	75 100	100 100	150 200	–	–	–	–	–
15.7	75	35	25	25	16	16	16	75 100	75 100	75 100	75 100	100 100	100 100	150 200	150 200	–	–	–	–
19.5	90	50	25	35	25	25	16	100 100	100 100	100 100	100 100	100 100	150 200	150 200	200 200	200 200	–	–	–
23.2	100	50	35	35	25	35	25	100 100	100 100	100 100	100 100	100 100	150 200	150 200	200 200	200 200	200 200	–	–
30	125	70	50	50	35	50	35	150 200	150 200	150 200	150 200	150 200	150 200	150 200	200 200	200 200	200 200	–	–
37.5	150	95	70	70	50	70	50	150 200	150 200	150 200	150 200	150 200	150 200	150 200	200 200	300 300	300 300	300 300	–
45	175	120	70	95	50	70	50	200 200	200 200	200 200	200 200	200 200	200 200	200 200	200 200	300 300	300 300	300 300	300 300
52.5	200	150	95	95	70	95	70	200 200	200 200	200 200	200 200	200 200	200 200	200 200	200 200	300 300	300 300	400 400	400 400
63.7	250	240	150	–	95	120	95	300 300	300 300	300 300	300 300	300 300	300 300	300 300	300 300	300 300	400 400	400 400	500 600
75	300	300	185	–	120	185	120	300 300	300 300	300 300	300 300	300 300	300 300	300 300	300 300	300 300	400 400	400 400	500 600
86.2	350	–	240	–	–	240	150	400 400	400 400	400 400	400 400	400 400	400 400	400 400	400 400	400 400	400 400	400 400	600 600

[주] 1. 최소 전선 굵기는 1회선에 대한 것임
2. 공사방법 A1은 벽 내의 전선관에 공사한 절연전선 또는 단심케이블, B1은 벽면의 전선관에 공사한 절연전선 또는 단심케이블, 공사방법 C는 벽면에 공사한 단심 또는 다심케이블을 시설하는 경우의 전선 굵기를 표시하였다.
3. 「전동기 중 최대의 것」에는 동시 기동하는 경우를 포함함
4. 과전류차단기의 용량은 해당 조항에 규정되어 있는 범위에서 실용상 거의 최댓값을 표시함
5. 과전류차단기의 선정은 최대용량의 정격전류의 3배에 다른 전동기의 정격전류의 합계를 가산한 값 이하를 표시함
6. 고리퓨즈는 300[A] 이하에서 사용하여야 한다.

표2. 200[V] 3상 유도전동기 1대인 경우의 분기회로(B종 퓨즈의 경우)

정격출력 [kW]	전부하전류 [A]	배선종류에 의한 동 전선의 최소굵기[mm²]					
		공사방법 A1		공사방법 B1		공사방법 C	
		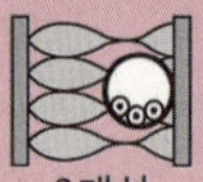 3개선		 3개선		 3개선	
		PVC	XLPE, EPR	PVC	XLPE, EPR	PVC	XLPE, EPR
0.2	1.8	2.5	2.5	2.5	2.5	2.5	2.5
0.4	3.2	2.5	2.5	2.5	2.5	2.5	2.5
0.75	4.8	2.5	2.5	2.5	2.5	2.5	2.5
1.5	8	2.5	2.5	2.5	2.5	2.5	2.5
2.2	11.1	2.5	2.5	2.5	2.5	2.5	2.5
3.7	17.4	2.5	2.5	2.5	2.5	2.5	2.5
5.5	26	6	4	4	2.5	4	2.5
7.5	34	10	6	6	4	6	4
11	48	16	10	10	6	10	6
15	65	25	16	16	10	16	10
18.5	79	35	25	25	16	25	16
22	93	50	25	35	25	25	16
30	124	70	50	50	35	50	35
37	152	95	70	70	50	70	50

정격출력 [kW]	전부하 전류 [A]	개폐기용량[A]				과전류차단기(B종 퓨즈)[A]				전동기용 초과눈금 전류계의 정격전류 [A]	접지선의 최소굵기 [mm²]
		직입 기동		기동기 사용		직입 기동		기동기 사용			
		현장조작	분 기	현장조작	분 기	현장조작	분 기	현장조작	분 기		
0.2	1.8	15	15			15	15			3	2.5
0.4	3.2	15	15			15	15			5	2.5
0.75	4.8	15	15			15	15			5	2.5
1.5	8	15	30			15	20			10	4
2.2	11.1	30	30			20	30			15	4
3.7	17.4	30	60			30	50			20	6
5.5	26	60	60	30	60	50	60	30	50	30	6
7.5	34	100	100	60	100	75	100	50	75	30	10
11	48	100	200	100	100	100	150	75	100	60	16
15	65	100	200	100	100	100	150	100	100	60	16
18.5	79	200	200	100	200	150	200	100	150	100	16
22	93	200	200	100	200	150	200	100	150	100	16
30	124	200	400	200	200	200	300	150	200	150	25
37	152	200	400	200	200	200	300	150	200	200	25

[주] 1. 최소 전선 굵기는 1회선에 대한 것이며, 2회선 이상일 경우는 복수회로 보정계수를 적용하여야 한다.
2. 공사방법 A1은 벽 내의 전선관에 공사한 절연전선 또는 단심케이블, B1은 벽면의 전선관에 공사한 절연전선 또는 단심케이블, 공사방법 C는 벽면에 공사한 단심 또는 다심케이블을 시설하는 경우의 전선 굵기를 표시하였다.
3. 전동기 2대 이상을 동일 회로로 할 경우는 간선의 표를 적용할 것

해설

(1) ① 선정과정 : 전동기 총화 = 3.7+7.5+22 = 33.2[kW]

따라서 총화 37.5[kW] 칸만 확인. 이때 기동기 15[kW]가 가장 오른쪽(큰 것)이므로 답은 200[A]

(3) 37.5[kW]와 A1 XLPE 칸을 보면 70[mm^2]

(4) 분기회로이므로 표2에서 22[kW] 칸을 보면 기동기에 분기 칸에서

① 개폐기 : 200[A]

② 차단기 : 150[A]

(5) C~E 칸은 8[m] 이하이므로 $70 \times \frac{1}{5} = 14[mm^2]$이므로 16[$mm^2$] 선정

(6) C~F 칸은 10[m](8[m] 초과)이므로 $70 \times \frac{1}{2} = 35[mm^2]$이므로 35[$mm^2$] 선정

정답

(1) 200[A]

(2) 150[A]

(3) 70[mm^2]

(4) ① 개폐기 : 200[A]

② 차단기 : 150[A]

(5) 16[mm^2]

(6) 35[mm^2]

06 그림은 고압 전동기를 사용하는 고압 수전설비 결선도이다. 이 그림을 보고 다음 각 물음에 답하시오.

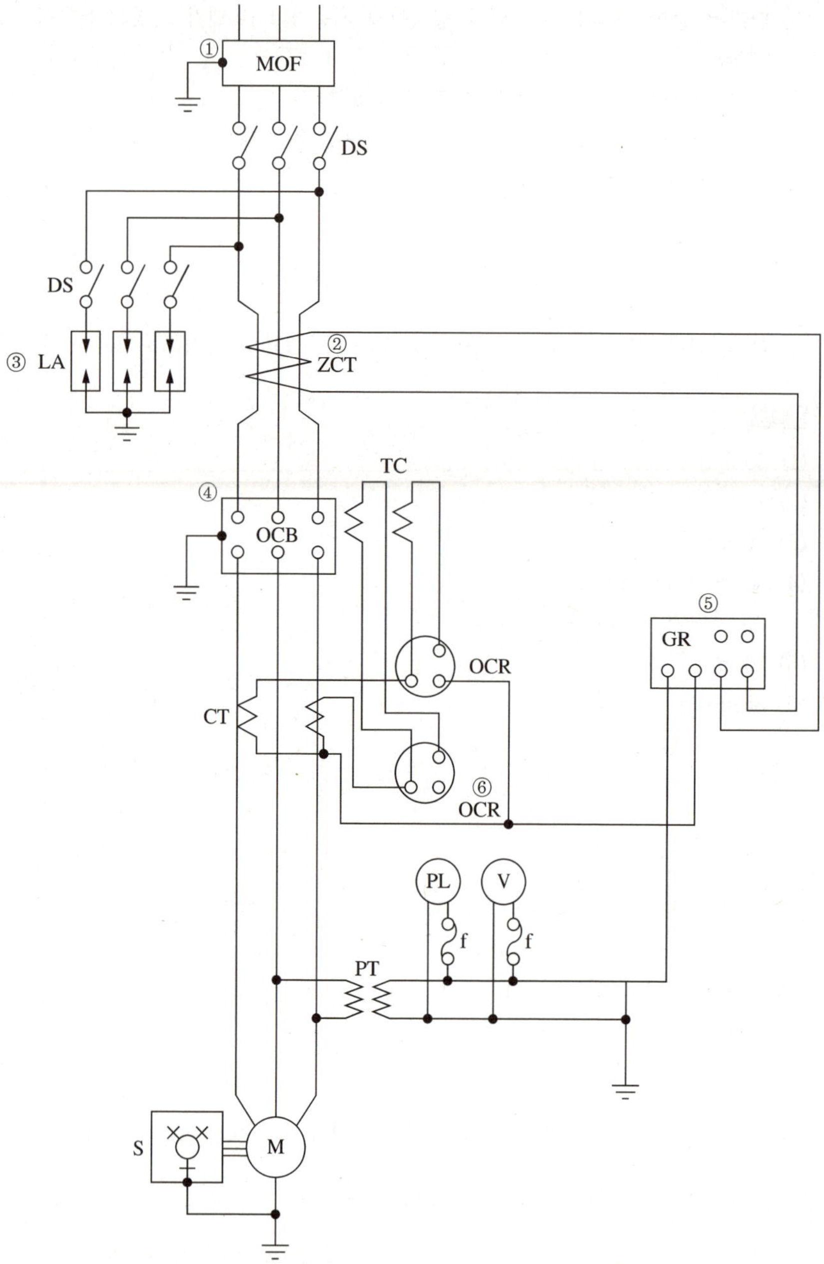

(1) ①~⑥까지 명칭과 용도 또는 역할을 쓰시오.

(2) 본 도면에서 생략할 수 있는 부분을 쓰시오.

(3) 전력용 콘덴서에 5고조파를 제거하는 기기는 무엇인지 쓰시오.

정답

(1)

구 분	약 호	명 칭	용도 또는 역할
①	MOF	전력수급용 계기용 변성기	PT와 CT를 조합하여 사용 전력량을 측정
②	ZCT	영상변류기	지락전류를 검출하여 지락계전기에 공급
③	LA	피뢰기	뇌전류를 방전하고 속류 차단
④	OCB	유입차단기	사고전류를 차단
⑤	GR	지락계전기	지락전류로 트립코일을 여자시켜 차단기를 개로시킴
⑥	OCR	과전류계전기	과전류로부터 동작하여 차단기 개방

(2) LA용 DS

(3) 직렬리액터

07 다음 기기의 명칭을 쓰시오.

(1) 가공배전선로 사고의 대부분이 나무에 의한 접촉이나 강풍 등에 의해 일시적으로 발생한 사고이므로 이를 막기 위해 신속하게 고장구간을 차단하고 재투입하는 개폐장치이다.

(2) 책임분기점에서 무부하 상태로 선로를 개폐하기 위하여 시설하는 것으로 근래에는 ASS를 사용하며, 66[kV] 이상의 경우에 사용하는 개폐장치이다.

정답

(1) 리클로저

(2) 선로개폐기(LS)

08 전압 100[V], 저항 4[Ω], 유도성 리액턴스 3[Ω]일 때 콘덴서를 병렬로 연결하여 역률 1로 만들기 위해 병렬 연결하는 용량성 리액턴스는 몇 [Ω]인가?

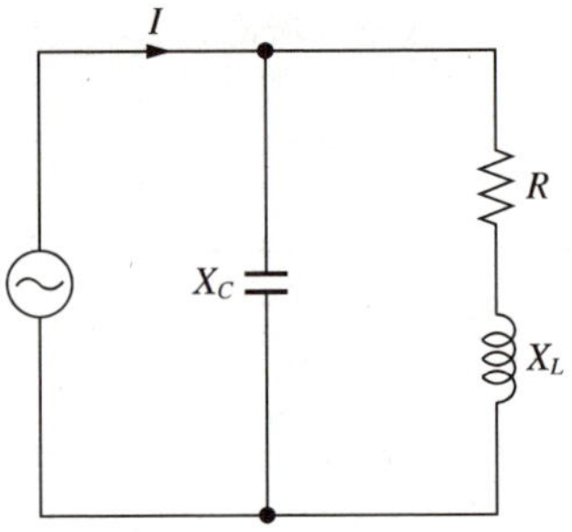

해설

$$\dot{Y} = \dot{Y}_1 + \dot{Y}_2 = \frac{1}{R+j\omega L} + j\omega C = \frac{1}{R+j\omega L}\frac{(R-j\omega L)}{(R-j\omega L)} + j\omega C$$

$$= \frac{R-j\omega L}{R^2+(\omega L)^2} + j\omega C = \frac{R}{R^2+(\omega L)^2} + j\left(\omega C - \frac{\omega L}{R^2+(\omega L)^2}\right)$$

역률이 1이면 무효분이 0이 되어야 하므로

$$\omega C = \frac{\omega L}{R^2+(\omega L)^2}$$

$$X_C = \frac{1}{\omega C} = \frac{R^2+(\omega L)^2}{\omega L} = \frac{4^2+3^2}{3} \fallingdotseq 8.333[\Omega]$$

정답

8.33[Ω]

09 다음은 컴퓨터 등의 중요한 부하에 대한 무정전 전원공급을 위한 그림이다. (가)~(마)에 적당한 전기 시설물의 명칭을 쓰시오.

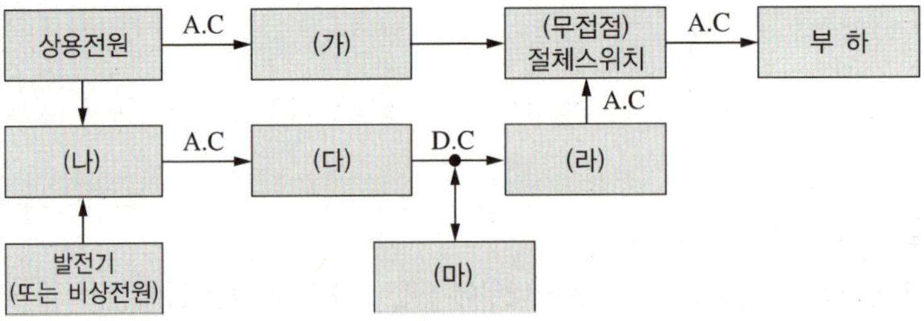

정답

(가) 자동전압조정기(AVR)
(나) 무접점 절체스위치
(다) 정류기
(라) 인버터
(마) 축전지

10 전압과 역률이 일정할 때 전력손실이 2배가 되려면 전력은 몇 [%] 증가하여야 하는가?

해설

$P_l = \dfrac{P^2 R}{V^2 \cos^2\theta}$, $P_l \propto P^2$

$2P_l = (\sqrt{2}\,P)^2$, $2P_l = (1.4142P)^2$

정답

41.42[%]

11 주택 및 아파트에 설치하는 콘센트의 수는 주택의 크기, 생활수준, 생활방식 등이 다르기 때문에 일률적으로 규정하기는 어렵다. 내선규정에서는 이 점에 대하여 다음의 표와 같이 규모별로 표준적인 콘센트수와 바람직한 콘센트수를 규정하고 있다. 다음 표를 완성하시오.

방의 크기[m^2]	표준적인 설치수	바람직한 설치수
5 미만	1	2
5~10 미만	2	3
10~15 미만	3	4
15~20 미만	①	③
부 엌	②	④

정답

① 3 ② 2 ③ 5 ④ 4

12 다음 물음에 답하시오.

(1) 전압계, 전류계법으로 저항값을 측정하기 위한 회로를 완성하시오.

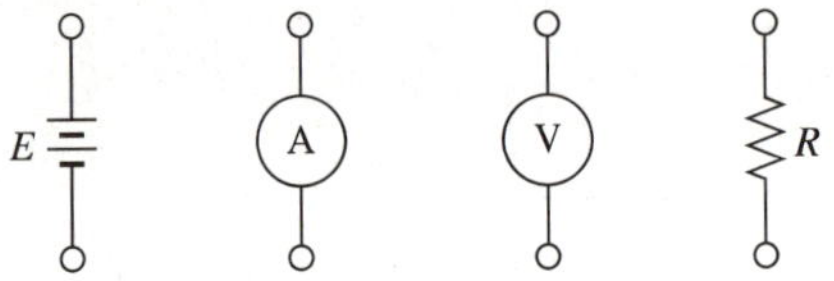

(2) 저항 R에 대한 식을 쓰시오.

정답

(1)

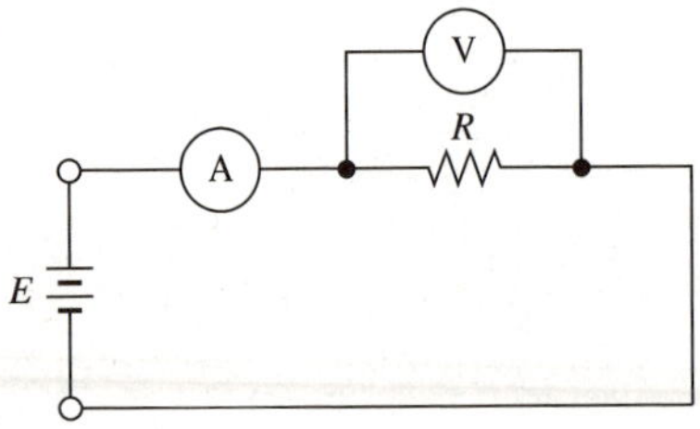

(2) $R = \dfrac{V(Ⓥ)}{I(Ⓐ)}$

13 각 방향의 동일 광도를 가지고 있는 광원을 지름 3[m]의 원탁 중심 바로 위 2[m]에 놓고 탁상 평균조도를 200[lx]로 하려고 할 때 필요한 광원의 광도[cd]를 구하시오.

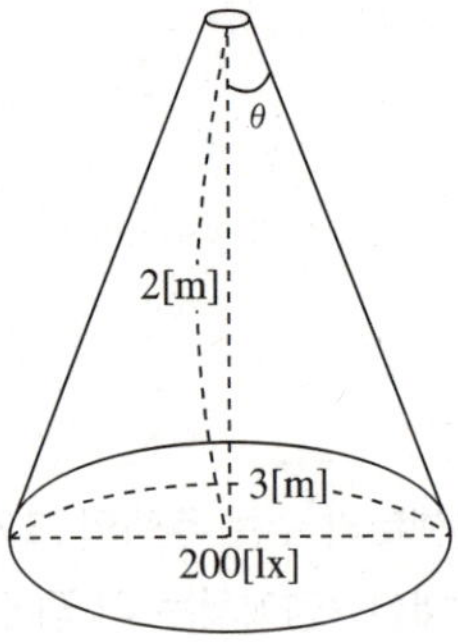

해설

$E = \dfrac{F}{S} = \dfrac{\omega I}{\pi r^2} = \dfrac{2\pi(1-\cos\theta)I}{\pi r^2} = \dfrac{2I(1-\cos\theta)}{r^2}$ 에서 $200 = \dfrac{2I\left(1-\dfrac{2}{\sqrt{2^2+1.5^2}}\right)}{1.5^2}$

따라서 광도 $I = \dfrac{200 \times 1.5^2}{2 \times \left(1-\dfrac{2}{\sqrt{2^2+1.5^2}}\right)} = 1{,}125[\text{cd}]$

정답

1,125[cd]

14 변압기의 1일 부하곡선이 그림과 같은 분포일 때 다음 물음에 답하시오(단, 변압기 전부하 동손은 130[W], 철손은 100[W]이다).

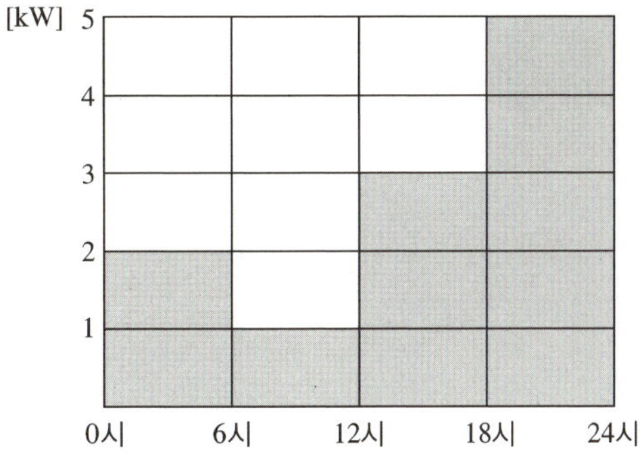

(1) 1일 중의 사용 전력량은 몇 [kWh]인가?

(2) 1일 중의 전손실 전력량은 몇 [kWh]인가?

(3) 1일 중 전일효율은 몇 [%]인가?

해설

(1) $W = 2\times6+1\times6+3\times6+5\times6 = 66[\text{kWh}]$

(2) 동손 $P_c = \left(\frac{2}{5}\right)^2\times6\times0.13+\left(\frac{1}{5}\right)^2\times6\times0.13+\left(\frac{3}{5}\right)^2\times6\times0.13+\left(\frac{5}{5}\right)^2\times6\times0.13$

$= 1.2168[\text{kWh}]$

철손 $P_i = 24\times0.1 = 2.4[\text{kWh}]$

전손실 = 철손 + 동손 = 2.4+1.2168 = 3.6168

(3) 효율 $\eta = \frac{\text{출력}}{\text{출력}+\text{손실}}\times100[\%] = \frac{66}{66+3.62}\times100 ≒ 94.8[\%]$

정답

(1) 66[kWh]

(2) 3.62[kWh]

(3) 94.8[%]

15 다음의 회로는 두 입력 중 선 동작한 쪽이 우선이고, 다른 쪽의 동작을 금지시키는 시퀀스 회로이다. 이 회로를 보고 다음 각 물음에 답하시오. 단, A, B는 입력 스위치이고, X_1, X_2는 계전기이다.

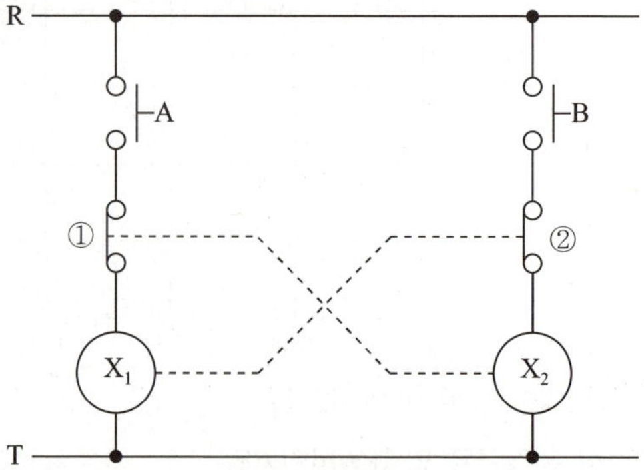

(1) ①, ②에 맞는 각 보조접점의 접점기호의 명칭을 쓰시오.

(2) 이 회로는 주로 기기의 보호와 조작자의 안전을 목적으로 하는데 이와 같은 회로의 명칭을 무엇이라 하는가?

(3) 주어진 진리표를 완성하시오.

입 력		출 력	
A	B	X_1	X_2
0	0		
0	1		
1	0		

(4) 그림과 같은 타임차트를 완성하시오.

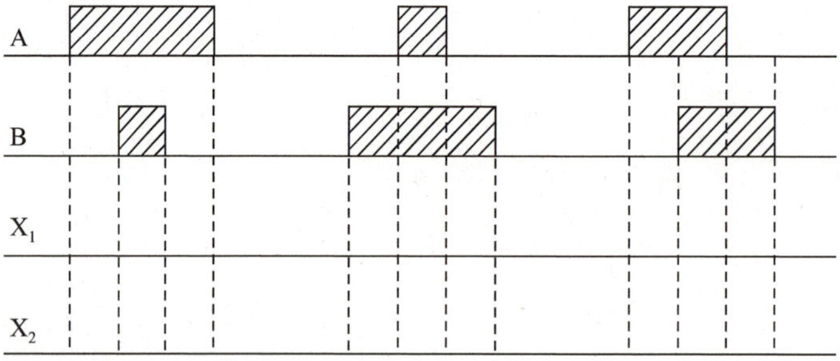

(5) 논리회로를 완성하시오.

정답

(1) ① X_{2-b}

② X_{1-b}

(2) 인터로크 회로

(3)

출 력	
X_1	X_2
0	0
0	1
1	0

(4)

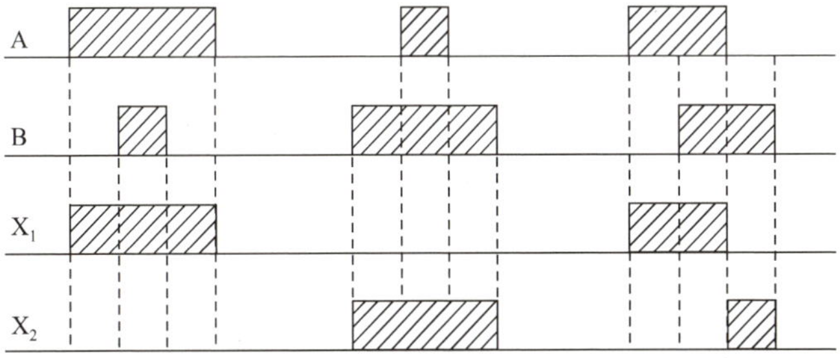

TIP

선 입력 우선회로로서 PB_A 누른 경우 X_1 여자되어 X_{1-b}를 Off시켜 PB_B를 눌러도 X_2가 여자 안 되는 회로이며 반대로 동작 시에도 동일하게 선 입력만 동작되는 회로이다.

(5)

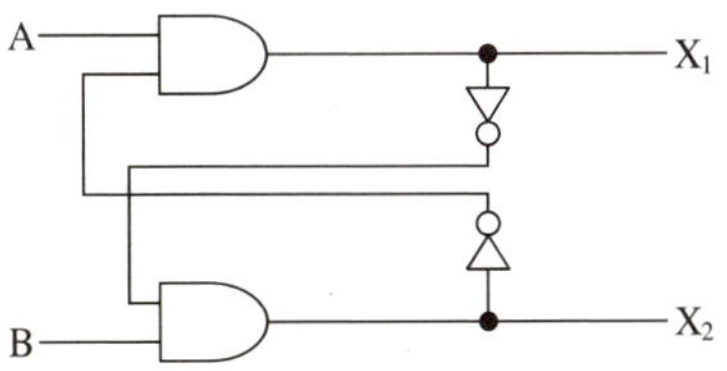

※ KEC 규정 적용으로 표현 변경 : R, S, T, E의 상의 명칭이 L1, L2, L3, N(또는 PE)으로 변경됨

16

그림은 3상 유도전동기의 역상 제동 시퀀스회로이다. 각 물음에 답하시오(단, 플러깅 릴레이 Sp는 전동기가 회전하면 접점이 닫히고, 속도가 0에 가까우면 열리도록 되어 있다).

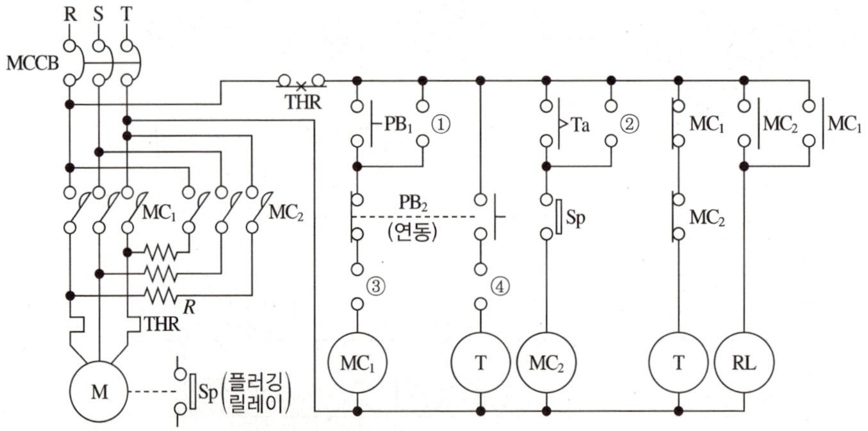

(1) 회로에서 ①~④에 접점과 기호를 쓰시오.

(2) MC_1, MC_2의 동작과정을 간단히 설명하시오.

(3) 보조 릴레이 T와 저항 R의 용도 및 역할에 대하여 간단히 설명하시오.

정답

(1)

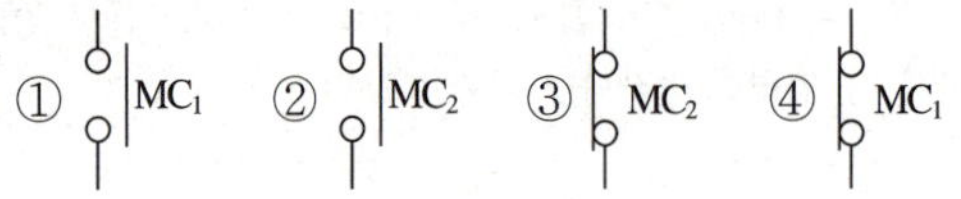

(2) PB_1을 누르면 MC_1이 여자되어 MC_1 보조접점에 의해 자기유지되고 전동기는 기동 정회전한다. 이후 PB_2를 누르면 MC_1이 소자되고 T가 여자되며, 전동기 속도가 급격히 감소 시 0에 가까워지면 플러깅 릴레이에 의해 전동기는 전원에서 분리 급정지하며 PB_2를 누르고 있는 동안 Time 설정시간 후 MC_2가 여자되어 전동기는 역회전한다.

(3) T : 제동 시 과전류를 방지할 수 있는 시간적 여유를 주기 위해

R : 역상제동 시 저항의 전압 강하로 전압을 줄이고 제동력을 제한

※ KEC 규정 적용으로 표현 변경 : R, S, T, E의 상의 명칭이 L1, L2, L3, N(또는 PE)으로 변경됨

17

중성점 직접 접지계통에 인접한 통신선의 전자유도장해 경감대책에 관한 각 물음에 답하시오.

(1) 근본대책을 쓰시오.

(2) 전력선측 대책 3가지를 쓰시오.

(3) 통신선측 대책 3가지를 쓰시오.

정답

(1) • 전력선과 통신선 사이 간격을 둔다.
- 전력선과 통신선을 수직으로 교차시킨다.

(2) • 차폐선을 설치한다.
- 지중전선로 방식을 채용한다.
- 소호리액터 접지방식을 한다.

[기 타]
- 고속도 지락 보호 계전 방식을 채용한다.
- 중성점을 접지할 경우 저항값을 가능한 한 큰 값으로 한다.

(3) • 배류 코일을 설치한다.
- 전력선과 교차 시 수직교차한다.
- 통신선에 우수한 피뢰기를 사용한다.

[기 타]
- 연피통신케이블을 사용한다.
- 절연변압기를 설치하여 구간을 분할한다.

18 비접지선로의 접지전압을 검출하기 위하여 그림과 같은 Y-개방 △ 결선을 한 GPT가 있다. 다음 물음에 답하시오.

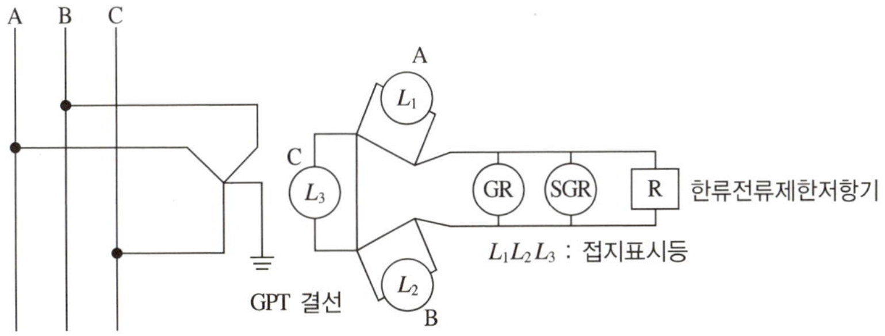

(1) A상 고장 시(완전 지락 시), 2차 접지표시등 (L_1), (L_2), (L_3)의 점멸 여부와 밝기를 비교하시오.

(2) 1선 지락사고 시 건전상(사고가 나지 않은 상)의 대지 전위의 변화를 간단히 설명하시오.

(3) GR, SGR의 정확한 명칭을 우리말로 쓰시오.

정답

(1) (L_1) : 소등, 어둡다.

(L_2), (L_3) : 점등, 더욱 밝아진다.

(2) 전위가 상승한다.

(3) GR : 지락(접지) 계전기, SGR : 선택지락(접지) 계전기

전기 산업기사

2017년 제1회 기출복원문제

01 지상 7[m]에 있는 300[m^2]의 저수조에 양수하는 데 30[kW]의 전동기를 사용할 경우 저수조에 물을 가득 채우는 데 소요되는 시간(분)을 구하시오(단, 펌프의 효율은 80[%], k = 1.2이다).

해설

$$P = \frac{kQH}{6.12\eta}$$

$$30 = \frac{1.2 \times 300/t \times 7}{6.12 \times 0.8} \text{에서 } 30 \times 6.12 \times 0.8 = 1.2 \times \frac{300}{t} \times 7$$

$$t = \frac{1.2 \times 300 \times 7}{30 \times 6.12 \times 0.8} \fallingdotseq 17.1569$$

정답

17.16분

02 역률 과보상 시 발생하는 현상에 대하여 3가지만 쓰시오.

정답

- 앞선 역률에 의한 전력손실이 발생한다.
- 모선전압이 크게 증가할 수 있다.
- 고조파 왜곡이 증대한다.

03 그림은 전동기 정·역 시퀀스 회로도이다. 이 회로도를 보고 다음 물음에 답하시오. 단, 전동기는 기동 중 정·역을 바로 바꾸면 과전류와 기계적 손상이 발생되기 때문에 지연 타이머로 지연시간을 주도록 한다.

[주회로]

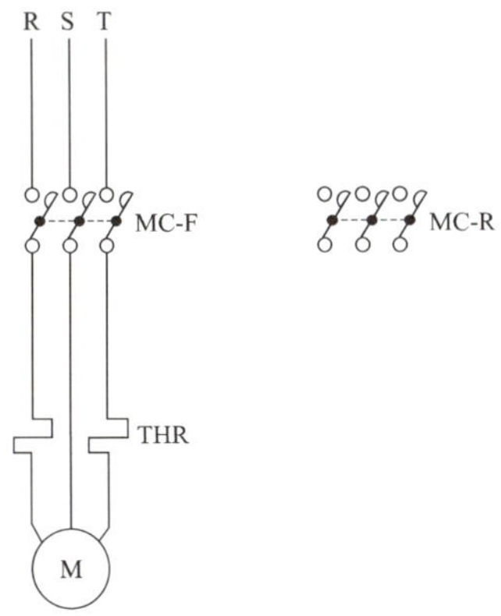

[보조회로]

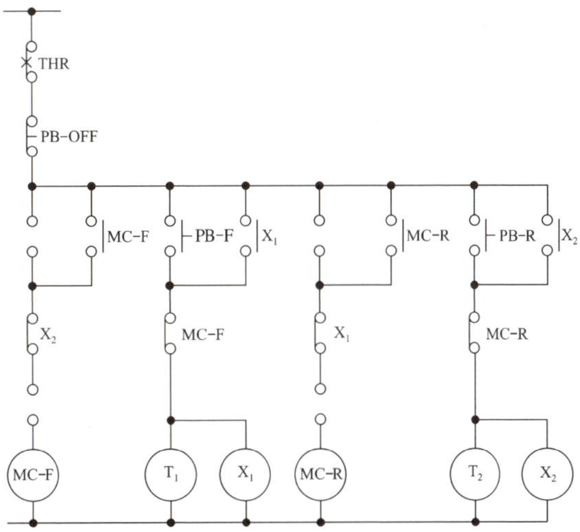

(1) 정·역 운전이 가능하도록 주어진 회로의 주회로의 미완성 부분을 완성하시오(단, MC－F 동작 시 T_1, X_1 소자, MC－R 동작 시 T_2, X_2 소자).

(2) 정·역 운전이 가능하도록 주어진 보조(제어)회로의 미완성 부분을 완성하시오(단, 접점에는 접점 명칭을 반드시 표기한다).

(3) 주회로 도면에서 약호 THR의 명칭과 용도를 쓰시오.

정답

(1)

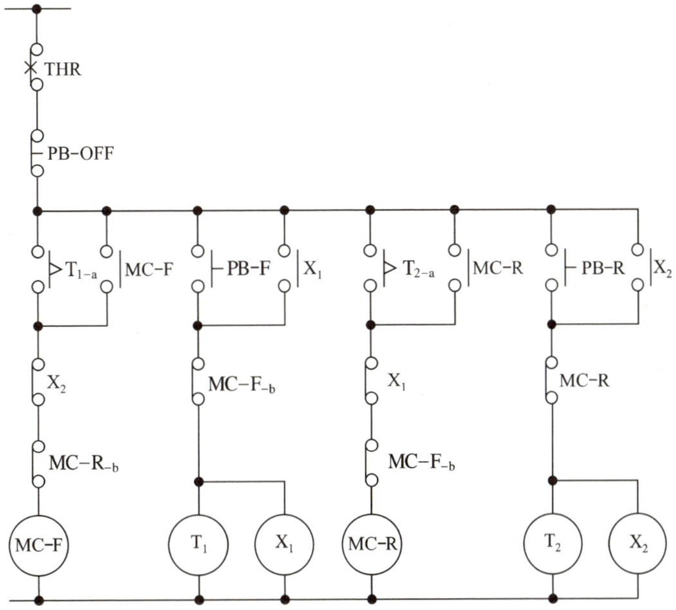

(2)

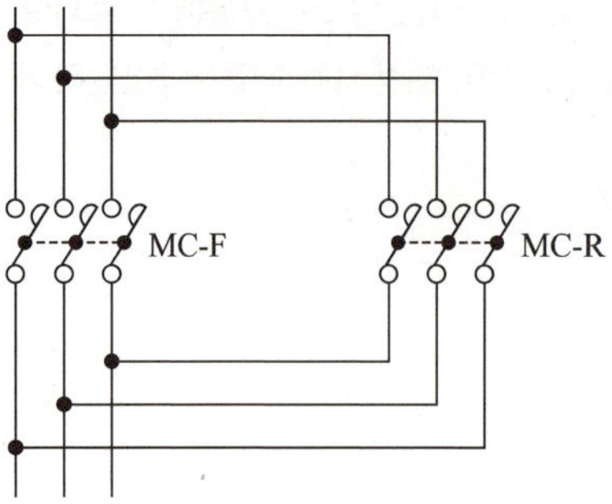

(3) ① 명칭 : 열동계전기

② 용도 : 전동기 과부하 시 동작하여 전동기 코일 손상 방지

※ KEC 규정 적용으로 표현 변경 : R, S, T, E의 상의 명칭이 L1, L2, L3, N(또는 PE)으로 변경됨

04 전기사업자는 그가 공급하는 전기의 품질(표준전압, 표준주파수)을 허용오차 범위 안에서 유지하도록 전기사업법에 규정되어 있다. 다음 표의 괄호 안에 알맞은 표준전압 또는 표준주파수에 대해 쓰시오.

1. 표준전압 및 허용오차

표준전압	허용오차
110[V]	110[V]의 상하로 ① [V] 이내
220[V]	220[V]의 상하로 ② [V] 이내
380[V]	380[V]의 상하로 ③ [V] 이내

2. 표준주파수 및 허용오차

표준주파수	허용오차
60[Hz]	60[Hz] 상하로 ④ [Hz] 이내

3. 비 고

제1호 및 제2호 외의 구체적인 품질유지 항목 및 그 세부기준은 산업통상자원부장관이 정하여 고시한다.

정답

① 6 ② 13 ③ 38 ④ 0.2

05 전력시설물 공사감리업무 수행 시 비상주감리원의 업무를 5가지만 쓰시오.

정답

- 설계도서 등의 검토
- 기성 및 준공검사
- 설계 변경 및 계약금액 조정의 심사
- 중요한 설계 변경에 대한 기술 검토
- 감리업무 추진에 필요한 기술지원 업무

06 주어진 도면을 보고 다음 각 물음에 답하시오.

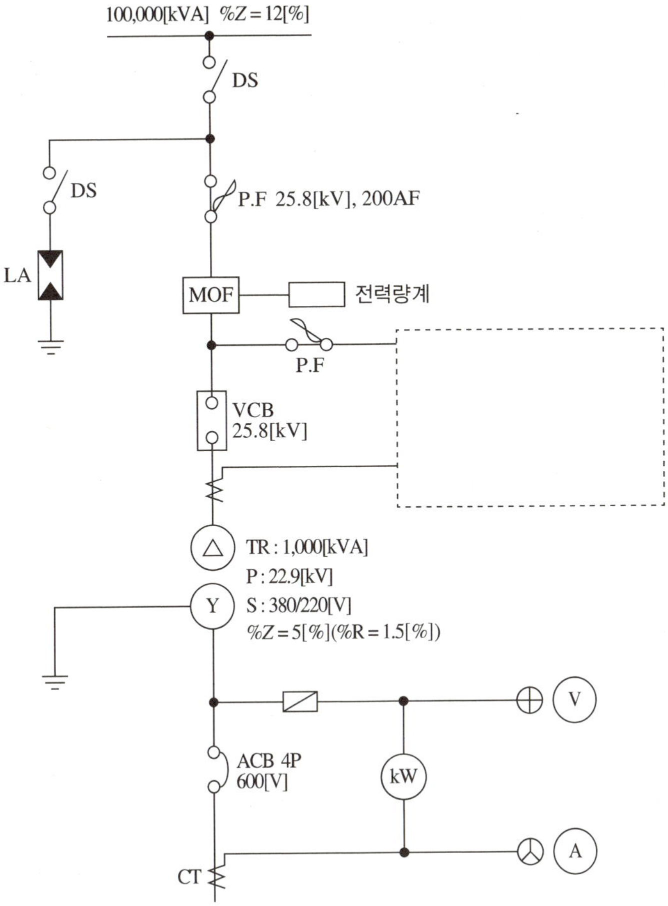

(1) LA의 명칭과 그 기능을 설명하시오.

(2) VCB에 필요한 최소 차단용량[MVA]을 구하시오.

(3) 미완성된 도면 부분의 계통도에 그려져야 할 것들 중에서 7가지만 쓰시오.

(4) ACB의 최소 차단전류[kA]를 구하시오.

(5) 최대 부하 800[kVA], 역률 80[%]인 경우 변압기에 의한 전압변동률[%]을 구하시오.

해설

(2) $P_s = \frac{100}{12} \times 100{,}000 \fallingdotseq 833{,}333.33[\mathrm{kVA}] \times 10^{-3} \fallingdotseq 833.333[\mathrm{MVA}]$

(4) 변압기 $\%Z$를 100[MVA]으로 환산한 $\%Z = \frac{100}{1} \times 5 = 500[\%]$

차단전류 $I_s = \frac{100}{512} \times \frac{100 \times 10^6}{\sqrt{3} \times 380} \times 10^{-3} \fallingdotseq 29.675[\mathrm{kA}]$

(5) $\%X = \sqrt{\%Z^2 - \%R^2} = \sqrt{5^2 - 1.5^2} \fallingdotseq 4.77$

$\varepsilon = p\cos\theta + q\sin\theta = \frac{800}{1{,}000}(1.5 \times 0.8 + 4.77 \times 0.6) \fallingdotseq 3.249[\%]$

정답

(1) 명칭 : 피뢰기

기능 : 뇌전류를 대지로 방전하고 속류를 차단

(2) 833.33[MVA]

(3) • 계기용 변압기
• 전압계용 전환개폐기
• 전압계
• 과전류계전기
• 지락과전류계전기
• 전류계용 전환개폐기
• 전류계

(4) 29.68[kA]

(5) 3.25[%]

07 다음과 같은 무접점의 논리회로도를 보고 다음 각 물음에 답하시오.

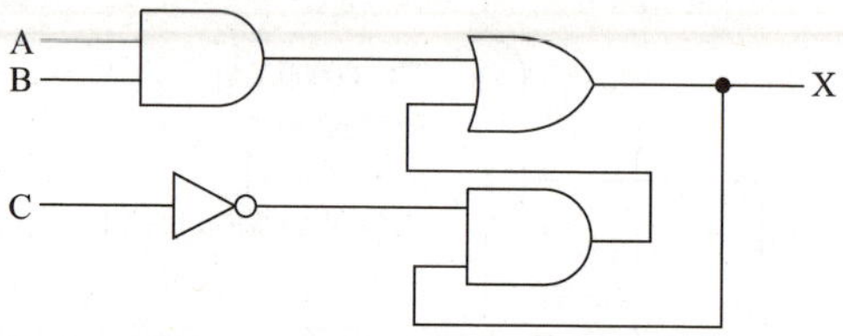

(1) 논리식으로 나타내시오.

(2) 주어진 논리회로를 유접점 논리회로로 바꾸어 그리시오.

(3) 타임차트를 완성하시오.

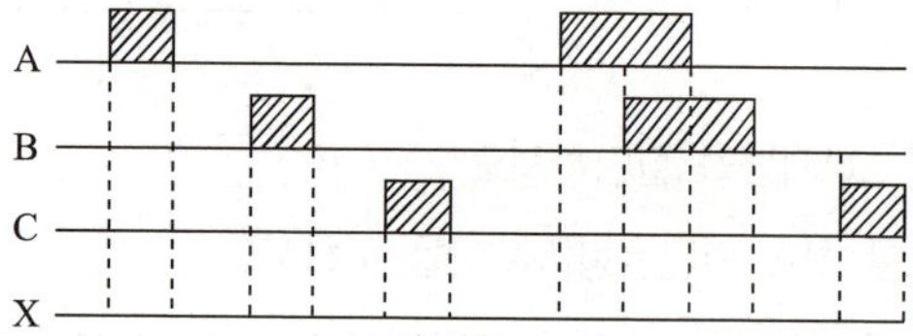

정답

(1) $X = A \cdot B + \overline{C} \cdot X$

(2)

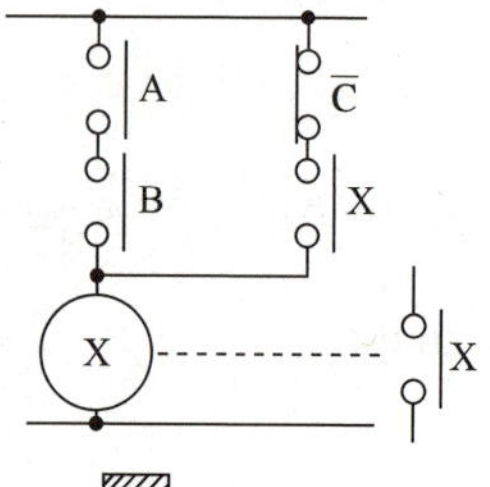

(3)

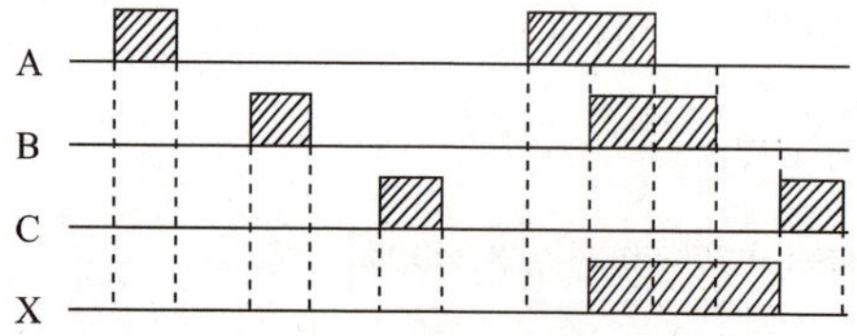

08 변류비 40/5인 CT 2개를 그림과 같이 접속할 때 전류계에 2[A]가 흐른다면 CT 1차측에 흐르는 전류는 몇 [A]인가?

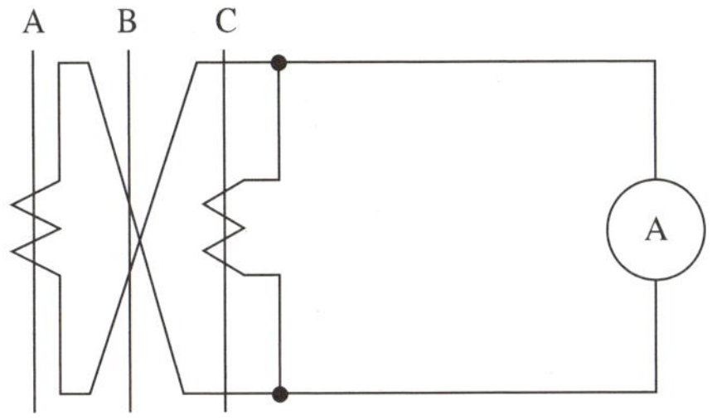

해설

$$1\text{차측 전류} = \text{전류계 지시값} \times \text{CT 비} \times \frac{1}{\sqrt{3}}$$

$$= 2 \times \frac{40}{5} \times \frac{1}{\sqrt{3}} \fallingdotseq 9.2376$$

정답

9.24[A]

09 500[kVA]의 변압기가 그림과 같이 운전되고 있다. 오전에는 역률 85[%]로, 오후에는 100[%]로 운전된다고 하면 전일효율은 몇 [%]가 되는가?(단, 이 변압기의 전부하 시 동손 10[kW], 철손 6[kW]이다)

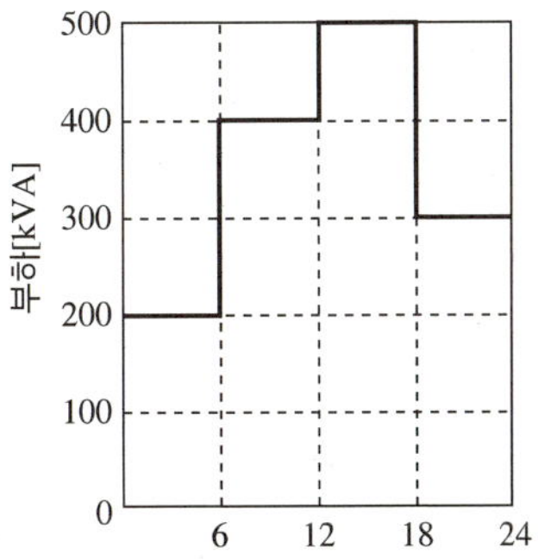

해설

24시간 출력

$P' = \{mP_a\cos\theta \times T + \cdots\cdots\}$

$= \left\{\left(\frac{200}{500}\right) \times 500 \times 6 \times 0.85 + \left(\frac{400}{500}\right) \times 500 \times 6 \times 0.85 + \left(\frac{500}{500}\right) \times 500 \times 6 \times 1 + \left(\frac{300}{500}\right) \times 500 \times 6 \times 1\right\}$

$= 7{,}860[\text{kWh}]$

24시간 철손 $P_i = 24P_i = 24 \times 6 = 144[\text{kWh}]$

24시간 동손 $P_c = \{m^2 P_c T + \cdots\cdots\}$

$= \left\{\left(\frac{200}{500}\right)^2 \times 6 \times 10 + \left(\frac{400}{500}\right)^2 \times 6 \times 10 + \left(\frac{500}{500}\right)^2 \times 6 \times 10 + \left(\frac{300}{500}\right)^2 \times 6 \times 10\right\}$

$= 129.6[\text{kWh}]$

전일효율 $\eta = \dfrac{P'}{P' + P_i + P_c} \times 100 = \dfrac{7{,}860}{7{,}860 + 144 + 129.6} \times 100 \fallingdotseq 96.64[\%]$

정답 96.64[%]

10 **단상 2선식 200[V]의 옥내배선에서 소비전력 60[W], 역률 65[%]의 형광등을 80등 설치할 때 이 시설을 15[A]의 분기회로로 하려고 한다. 이때 필요한 분기회로는 최소 몇 회선이 필요한가? (단, 한 회로의 부하전류는 분기회로 용량의 80[%]로 한다)**

해설 분기회로수 $= \dfrac{\dfrac{60}{0.65} \times 80}{15[\text{A}] \times 200[\text{V}] \times 0.8} \fallingdotseq 3.077$

정답 15[A] 분기회로수 : 4회로

11 **수전전압 6,000[V], 역률 0.8의 부하를 지름 5[mm]의 경동선으로 20[km]의 거리에 10[%] 이내의 손실률로 보낼 수 있는 3상 전력[kW]을 구하시오.**

해설

$k = \dfrac{PR}{V^2\cos^2\theta} = \dfrac{P\rho l}{V^2 A\cos^2\theta}$ 에서

$P = \dfrac{kV^2 A\cos^2\theta}{\rho l} = \dfrac{0.1 \times 6{,}000^2 \times \pi \times (2.5 \times 10^{-3})^2 \times 0.8^2}{\frac{1}{55} \times 10^{-6} \times 20 \times 10^3} \times 10^{-3} \fallingdotseq 124.407$

정답

124.41[kW]

12 "부하율"에 대하여 설명하고 부하율이 적다는 것은 무엇을 의미하는지 2가지를 쓰시오.

정답

(1) 부하율 : 최대전력에 대한 평균전력의 비를 백분율로 나타낸 값

즉, $\text{부하율} = \dfrac{\text{평균전력[kW]}}{\text{최대전력[kW]}} \times 100[\%]$

(2) 부하율이 적다의 의미
- 설비이용률이 낮아진다.
- 부하변동이 심해진다.

13 그림과 같은 교류 100[V] 단상 2선식 분기회로의 전선 굵기를 결정하되 표준규격으로 결정하시오. 단, 전압강하는 2[V] 이하, 배선은 600[V] 고무절연전선을 사용하는 애자사용공사로 한다.

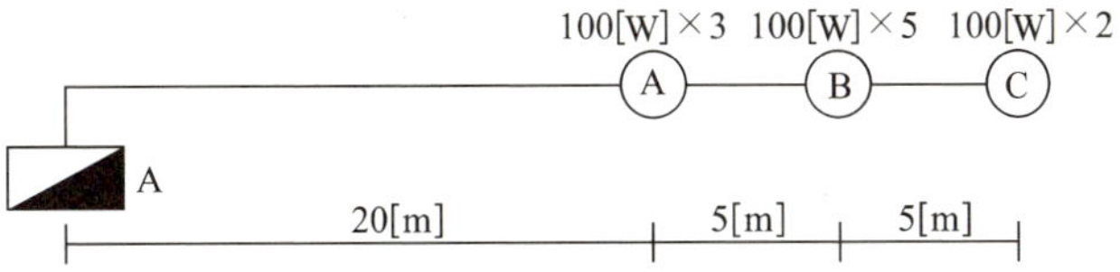

해설

$$I_A = \frac{300}{100} = 3[\text{A}],\ I_B = \frac{500}{100} = 5[\text{A}],\ I_C = \frac{200}{100} = 2[\text{A}]$$

$$L = \frac{3\times20+5\times25+2\times30}{3+5+2} = 24.5[\text{m}]$$

$$A = \frac{35.6LI}{1{,}000e} = \frac{35.6\times24.5\times(3+5+2)}{1{,}000\times2} = 4.361$$

정답 6[mm^2]

14 다음 조건에 콘센트의 그림기호를 그리시오.

(1) 벽붙이용　　(2) 천장에 부착하는 경우

(3) 바닥에 부착하는 경우　　(4) 방수형

(5) 타이머 붙이　　(6) 2구용

(7) 의료용

정답

(1) 

(2) 

(3) 

(4) 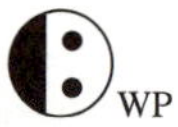

(5) 

(6) 

(7) 

15 피뢰기 설치 시 점검사항 3가지를 쓰시오.

정답

- 피뢰기 절연저항 측정
- 피뢰기 애자 부분 손상 여부 점검
- 피뢰기 1, 2차 측 단자 및 단자볼트 이상 유무 점검

16 30[kVA], 3상 380[V], 60[Hz]용 전력용 콘덴서의 결선방식에 따른 용량을 [μF]으로 구하시오.

(1) △결선인 경우 $C_1[\mu F]$

(2) Y결선인 경우 $C_2[\mu F]$

해설

(1) $Q_\triangle = 3\omega CE^2 = 6\pi f CE^2$

$$C = \frac{Q_\triangle}{6\pi f E^2} = \frac{30 \times 10^3}{6\pi \times 60 \times 380^2} \times 10^6 \fallingdotseq 183.697$$

(2) $Q_Y = 3\omega CE^2 = 3\omega C\left(\frac{V}{\sqrt{3}}\right)^2 = \omega CV^2 = 2\pi f CV^2$

$$C = \frac{Q_Y}{2\pi f V^2} = \frac{30 \times 10^3}{2\pi \times 60 \times 380^2} \times 10^6 \fallingdotseq 551.09$$

정답

(1) 183.7[μF]　　(2) 551.09[μF]

전기 산업기사

2017년 제2회 기출복원문제

01 도면은 어느 154[kV] 수용가의 수전설비 단선결선도의 일부분이다. 주어진 표와 도면을 이용하여 다음 각 물음에 답하시오.

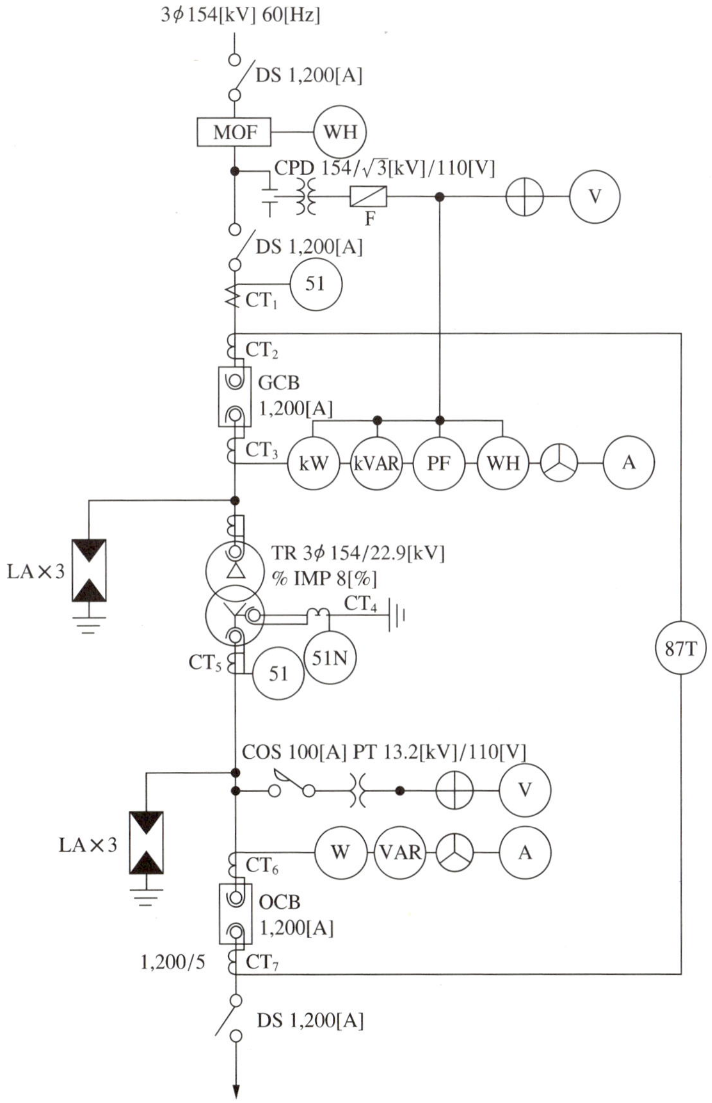

CT의 정격

1차 정격전류[A]	200	400	600	800	1,200	1,500
2차 정격전류[A]	5					

(1) 변압기 2차 부하 설비용량이 51[MW], 수용률이 70[%], 부하역률이 90[%]일 때 도면의 변압기 용량은 몇 [MVA]가 되는가?

(2) 변압기 1차측 DS의 정격전압은 몇 [kV]인가?

(3) CT_1의 비는 얼마인지를 계산하고 표에서 선정하시오(단, 여유율은 125[%]로 한다).

(4) GCB 내에 사용되는 가스는 주로 어떤 가스가 사용되는지 그 가스의 명칭을 쓰시오.

(5) OCB의 정격차단전류가 23[kA]일 때, 이 차단기의 차단용량은 몇 [MVA]인가?

(6) 과전류 계전기의 정격부담이 9[VA]일 때 이 계전기의 임피던스는 몇 [Ω]인가?

(7) CT_7 1차 전류가 600[A]일 때 CT_7의 2차에서 비율차동계전기의 단자에 흐르는 전류는 몇 [A]인가?

해설

(1) 변압기용량 $= \dfrac{\text{설비용량[MW]} \times \text{수용률}}{\text{역률}} = \dfrac{51 \times 0.7}{0.9} \fallingdotseq 39.667$

(2) DS의 정격전압 $= 154 \times \dfrac{1.2}{1.1} = 168$

(3) CT 1차측 전류 $= \dfrac{P_a}{\sqrt{3}\,V} = \dfrac{39.667 \times 10^3}{\sqrt{3} \times 154} \fallingdotseq 148.713$

배수적용 $148.713 \times 1.25 = 185.891$

(5) $P_s = \sqrt{3}\,VI_s = \sqrt{3} \times 25.8 \times 23 \fallingdotseq 1,027.799$

여기서, $V = 22.9 \times \dfrac{1.2}{1.1} \fallingdotseq 24.98$ $\quad \therefore$ 25.8[kV]

(6) $P = I^2 Z \rightarrow Z = \dfrac{P}{I^2} = \dfrac{P}{5^2} = 0.36[\Omega]$

(7) $I_2 = 600 \times \dfrac{5}{1,200} \times \sqrt{3} \fallingdotseq 4.3301$

($\sqrt{3}$을 곱한 이유는 △결선 선전류는 상전류에 $\sqrt{3}$ 배이므로)

정답

(1) 40[MVA]

(2) 170[kV]

(3) 200/5

(4) SF_6

(5) 1,027.8[MVA]

(6) 0.36[Ω]

(7) 4.33[A]

02 부하설비의 역률이 저하하는 경우, 수용가가 볼 수 있는 손해 4가지를 쓰시오.

정답

- 전력손실이 커진다.
- 전압강하가 커진다.
- 전기요금이 증가한다.
- 설비이용률이 감소한다.

03 부하용량이 250[kW]이고, 전압이 3상 380[V]인 전기설비의 계기용 변류기 1차 전류는 몇 [A]용을 사용하는 것이 적절하겠는가?

[조 건]
• 수용가의 인입회로나 전력용 변압기의 1차측에 설치하는 것임 • 실제 사용하는 정도의 1차 전류 용량을 산정할 것 • 부하역률 : 90[%] • 변류기 1차 정격전류 : 400, 600, 800, 1,000

해설

$$I = \frac{250 \times 10^3}{\sqrt{3} \times 380 \times 0.9} \times (1.25 \sim 1.5) \fallingdotseq 527.55 \sim 633.06 \quad \text{CT비 : } 600/5$$

정답

600[A]

04 그림은 고압 배전선로에 접속되어 있는 2대 이상의 배전용 변압기를 이용한 배전방식이다. 다음 그림에 해당하는 배전방식의 명칭과 특징 4가지를 쓰시오(단, 특징은 단상 변압기 1대와 저압선로가 연결된 형태와 비교하여 작성한다).

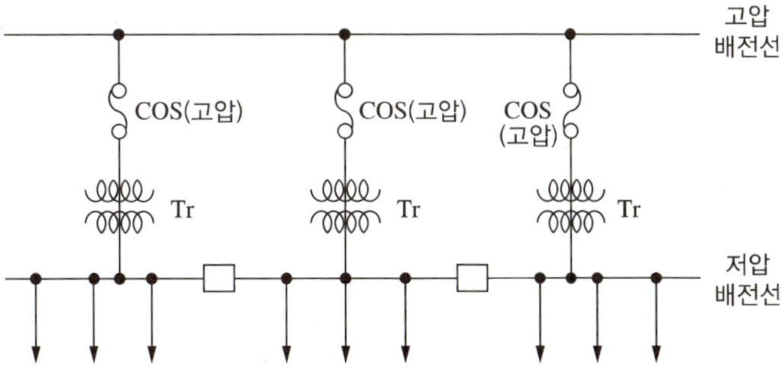

(1) 명칭 :

(2) 특징 :

정답

(1) 저압뱅킹방식

(2) • 캐스케이딩 현상이 발생한다.
- 전압변동 및 전력손실이 경감된다.
- 변압기의 공급전력을 서로 융통시킴으로써 변압기 용량을 저감할 수 있다.
- 부하의 증가에 대응할 수 있는 탄력성이 향상된다.

05

단상변압기 2차 측에 대한 전압 3,300[V], 전류 43.5[A], 저항 0.66[Ω], 철손 1,000[W]인 변압기에서 다음 조건일 때의 효율을 구하시오.

(1) 전부하 시 역률 100[%]와 80[%]인 경우

(2) $\frac{1}{2}$ 부하 시 역률 100[%]와 80[%]인 경우

해설

(1) 전부하 시

- 역률 100[%]

$$\eta = \frac{m\,VI\cos\theta}{m\,VI\cos\theta + P_i + m^2 I^2 R} \times 100$$

$$= \frac{1 \times 3{,}300 \times 43.5 \times 1}{1 \times 3{,}300 \times 43.5 \times 1 + 1{,}000 + 1^2 \times 43.5^2 \times 0.66} \times 100 \fallingdotseq 98.46[\%]$$

- 역률 80[%]

$$\eta = \frac{1 \times 3{,}300 \times 43.5 \times 0.8}{1 \times 3{,}300 \times 43.5 \times 0.8 + 1{,}000 + 1^2 \times 43.5^2 \times 0.66} \times 100 \fallingdotseq 98.08[\%]$$

(2) $\frac{1}{2}$ 부하 시

- 역률 100[%]

$$\eta = \frac{\frac{1}{2} \times 3{,}300 \times 43.5 \times 1}{\frac{1}{2} \times 3{,}300 \times 43.5 \times 1 + 1{,}000 + \left(\frac{1}{2}\right)^2 \times 43.5^2 \times 0.66} \times 100 \fallingdotseq 98.2[\%]$$

- 역률 80[%]

$$\eta = \frac{\frac{1}{2} \times 3{,}300 \times 43.5 \times 0.8}{\frac{1}{2} \times 3{,}300 \times 43.5 \times 0.8 + 1{,}000 + \left(\frac{1}{2}\right)^2 \times 43.5^2 \times 0.66} \times 100 \fallingdotseq 97.77[\%]$$

정답

(1) • 역률 100[%]인 경우 : 98.46[%]
- 역률 80[%]인 경우 : 98.08[%]

(2) • 역률 100[%]인 경우 : 98.2[%]
- 역률 80[%]인 경우 : 97.77[%]

06 다음 시퀀스도를 보고 각 물음에 답하시오.

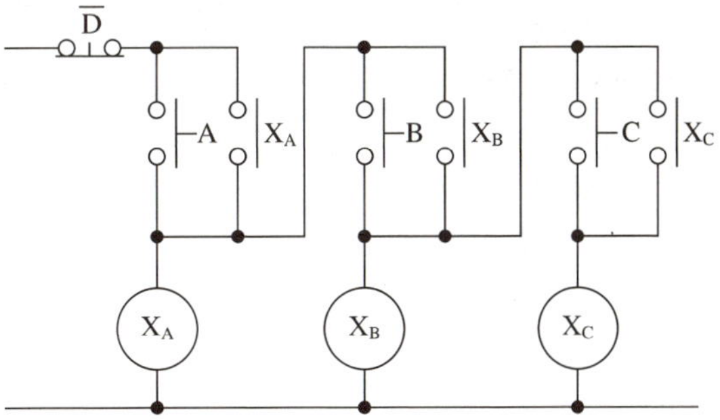

(1) 논리식을 완성하시오.

(2) 논리회로를 완성하시오.

(3) 타임차트를 완성하시오.

정답

(1) $X_A = \overline{D} \cdot (A + X_A)$

$X_B = \overline{D} \cdot (A + X_A) \cdot (B + X_B)$

$X_C = \overline{D} \cdot (A + X_A) \cdot (B + X_B) \cdot (C + X_C)$

(2)

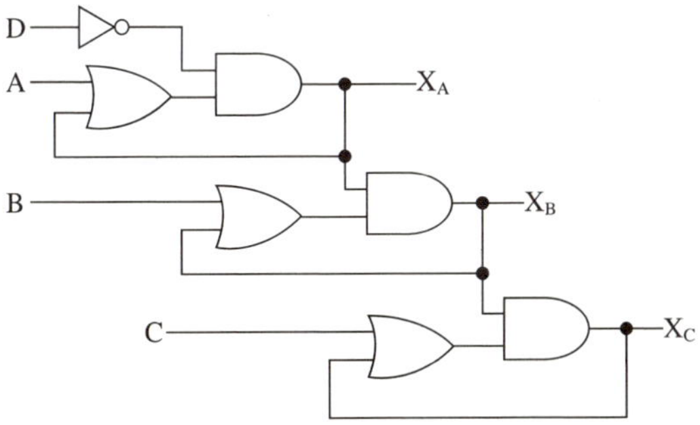

(3)

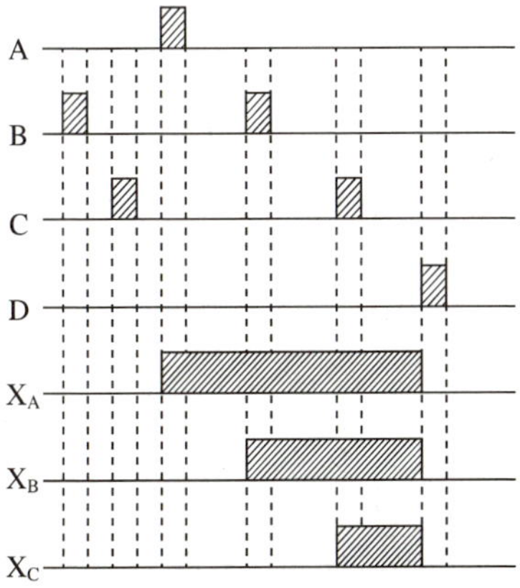

07 고압 가공인입선의 지표상 높이가 몇 [m]인지 다음 표를 완성하시오.

도로횡단	(①) 이상
철도 또는 궤도횡단	(②) 이상
횡단보도교	(③) 이상
일반도로	(④) 이상
구내인입선(위험표지가 있는 경우)	(⑤) 이상

정답

① 6[m] ② 6.5[m] ③ 3.5[m] ④ 5[m] ⑤ 3.5[m]

08 책임 설계감리원이 설계감리의 기성 및 준공을 처리할 때에는 준공서류를 구비하여 발주자에게 제출하여야 한다. 감리기록 서류 5가지를 쓰시오.

정답

- 설계감리일지
- 설계감리지시부
- 설계감리기록부
- 설계감리요청서
- 설계자와의 협의사항 기록부

09 폭이 20[m], 길이 25[m], 천장의 높이 3[m]인 방에 있는 책상면의 평균 조도를 200[lx]로 할 경우의 초기 소요 광속과 필요한 전등수를 산정하시오(단, $U = 50[\%]$, $M = 0.8$, $F = 9{,}000[\text{lm}]$이다).

- 계산 :
- 답 :

정답

- 계산 : 초기소요광속 $NF = \frac{EAD}{U} = \frac{200 \times 20 \times 25 \times \frac{1}{0.8}}{0.5} = 250{,}000[\text{lm}]$

$$\text{전등수} = \frac{\text{초기소요광속}}{\text{전구의 광속수}} = \frac{250{,}000}{9{,}000} \fallingdotseq 27.78[\text{등}]$$

- 답 : 초기소요광속 : 250,000[lm], 전등수 : 28[등]

10 전력계통에 이용되는 리액터의 설치목적을 간단히 설명하시오.

(1) 직렬 리액터

(2) 소호 리액터

(3) 한류 리액터

(4) 분로(병렬) 리액터

정답

(1) 제5고조파를 제거하여 전압의 파형을 개선
(2) 지락전류를 제한
(3) 단락전류를 제한하여 차단기용량을 줄임
(4) 페란티현상을 방지

11 비상용 조명 부하 110[V]용 100[W] 58등, 60[W] 50등이 있다. 방전 시간 30분, 축전지 HS형 54[cell], 허용 최저 전압 100[V], 최저 축전지 온도 5[℃]일 때 축전지 용량은 몇 [Ah]인가?(단, 경년 용량 저하율 0.8, 용량 환산 시간 $K=1.2$이다)

해설

부하전류 $I=\frac{P}{V}=\frac{100\times 58+60\times 50}{110}=80[\mathrm{A}]$

∴ 축전지 용량 $C=\frac{1}{L}KI=\frac{1}{0.8}\times 1.2\times 80=120[\mathrm{Ah}]$

정답

120[Ah]

12 **3상 4선식 송전선에서 한 선의 저항이 10[Ω], 리액턴스가 20[Ω]이고, 송전단 전압이 6,600[V], 수전단 전압이 6,100[V]이었다. 수전단의 부하를 끊은 경우 수전단 전압이 6,300[V], 부하 역률이 0.8일 때 다음 각 물음에 답하시오.**

(1) 전압강하율을 구하시오.

(2) 전압변동률을 구하시오.

(3) 이 송전선로의 수전 가능한 전력[kW]을 구하시오.

해설

(1) $\delta = \frac{V_s - V_r}{V_r} \times 100 = \frac{6,600 - 6,100}{6,100} \times 100 \fallingdotseq 8.197$

(2) $\varepsilon = \frac{V_{0r} - V_r}{V_r} \times 100 = \frac{6,300 - 6,100}{6,100} \times 100 \fallingdotseq 3.279$

(3) $e = \frac{P}{V_r}(R + X\tan\theta)$

$$P = \frac{e\,V_r}{R + X\tan\theta} = \frac{(6,600 - 6,100) \times 6,100}{10 + 20 \times \frac{0.6}{0.8}} \times 10^{-3} = 122$$

정답

(1) 8.2[%]

(2) 3.28[%]

(3) 122[kW]

13 **충전방식에 대해 3가지를 쓰고 각각에 대하여 간단히 설명하시오.**

정답

- 보통 충전 : 필요할 때마다 표준 시간율로 소정의 충전을 하는 방식
- 급속 충전 : 비교적 단시간에 보통전류의 2~3배의 전류로 충전하는 방식
- 부동 충전 : 축전지의 자기 방전을 보충함과 동시에 사용 부하에 대한 전력공급은 충전기가 부담하도록 하되 충전기가 부담하기 어려운 일시적인 대전류의 부하는 축전지가 부담하도록 하는 방식

14 다음은 특고압 수전설비 중 지락보호회로의 복선도이다. ①~⑤번까지의 명칭을 쓰시오.

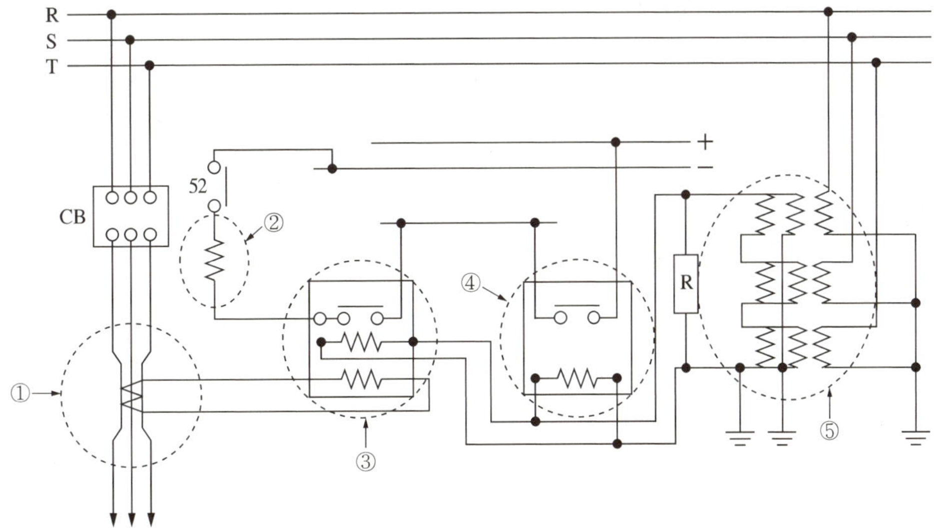

정답

① 영상 변류기(ZCT)

② 트립코일(TC)

③ 선택 접지계전기(SGR)

④ 지락 과전압계전기(OVGR)

⑤ 접지형 계기용 변압기(GPT)

※ KEC 규정 적용으로 표현 변경 : R, S, T, E의 상의 명칭이 L1, L2, L3, N(또는 PE)으로 변경됨

15 단상 변압기의 병렬운전조건 4가지를 쓰고, 이들 각각에 대하여 조건이 맞지 않을 경우에 어떤 현상이 나타나는지 쓰시오.

정답

[조 건]

- 극성이 일치할 것
- 권수비가 같을 것
- $\%Z$ 강하비가 같을 것
- 내부저항과 리액턴스의 비가 같을 것

[현 상]

- 큰 순환 전류가 흘러 권선이 과열 소손된다.
- 무효순환전류가 흘러 권선이 과열 소손된다.
- 용량에 비례하여 부하 분담을 하지 못하게 된다.
- 각 변압기의 전류값에 위상차가 생긴다.

16 표와 같이 어느 수용가 A, B, C에 공급하는 배전선로의 최대전력은 600[kW]이다. 이때 수용가의 부등률은 얼마인가?

수용가	설비용량[kW]	수용률[%]
A	400	65
B	450	70
C	500	60

해설

$$부등률 = \frac{400 \times 0.65 + 450 \times 0.7 + 500 \times 0.6}{600} \fallingdotseq 1.458$$

정답

1.46

17 50[Hz]로 사용하던 역률개선용 콘덴서를 같은 전압의 60[Hz]로 사용하면 전류는 어떻게 되는지 전류비를 구하시오.

해설

$$I_c = \omega CE = 2\pi f CE$$

$I_c \propto f$ 하므로 $\frac{60}{50} = 1.2$

정답

1.2

18 그림과 같은 부하곡선을 보고 다음 각 물음에 답하시오.

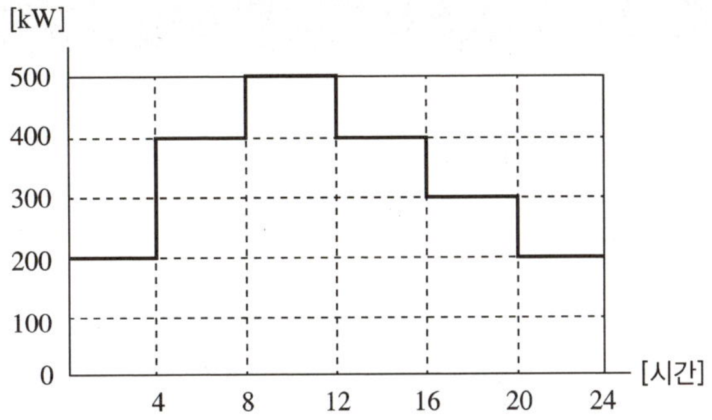

(1) 첨두부하는 몇 [kW]인가?

(2) 첨두부하가 지속되는 시간은 몇 시부터 몇 시까지인가?

(3) 일공급 전력량은 몇 [kWh]인가?

(4) 일부하율은 몇 [%]인가?

해설

(3) 전력량 $= 200\times4+400\times4+500\times4+400\times4+300\times4+200\times4 = 8{,}000[\text{kWh}]$

(4) 일부하율 $= \dfrac{\text{사용전력량[kWh]}}{\text{시간[h]} \times \text{최대전력[kW]}} \times 100 = \dfrac{8{,}000}{24\times500} \times 100 \fallingdotseq 66.67[\%]$

정답

(1) 500[kW]

(2) 8~12시

(3) 8,000[kWh]

(4) 66.67[%]

전기 산업기사 2017년 제3회 기출복원문제

01 **옥내 배선용 그림 기호에 대한 다음 각 물음에 답하시오.**

(1) 일반적인 콘센트의 그림 기호는 ◐이다. 어떤 경우에 사용되는가?

(2) 점멸기의 그림 기호로 $●_{2P}$, $●_{3}$의 의미는 무엇인가?

(3) 누전차단기, 배선용 차단기의 그림 기호를 그리시오.

(4) HID등으로서 M400, N400의 의미는 무엇인가?

정답

(1) 벽에 부착되어 있는 경우에 사용한다.

(2) 2극 스위치, 3로 스위치

(3) 누전차단기 : E, 배선용 차단기 : B

(4) M400 : 메탈할라이드등 400[W]

N400 : 나트륨등 400[W]

02 **매분 18[m³]의 물을 높이 15[m]인 탱크에 양수하는 데 필요한 전력을 V결선한 변압기로 공급한다면, 여기에 필요한 단상 변압기 1대의 용량은 몇 [kVA]인가?(단, 펌프와 전동기의 합성효율은 70[%]이고, 전동기의 전부하 역률은 90[%]이며, 펌프의 축동력은 15[%]의 여유를 본다고 한다)**

해설

$$P = \frac{KQH}{6.12\eta} = \frac{1.15 \times 18 \times 15}{6.12 \times 0.7} \fallingdotseq 72.479[\text{kW}]$$

$$\frac{72.479}{0.9} \fallingdotseq 80.532[\text{kVA}]$$

$P_V = \sqrt{3}\, V_P I_P$에서 $V_P I_P = \dfrac{80.532}{\sqrt{3}} \fallingdotseq 46.495[\text{kVA}]$

정답

46.50[kVA]

03 주어진 도면과 동작설명을 보고 다음 각 물음에 답하시오.

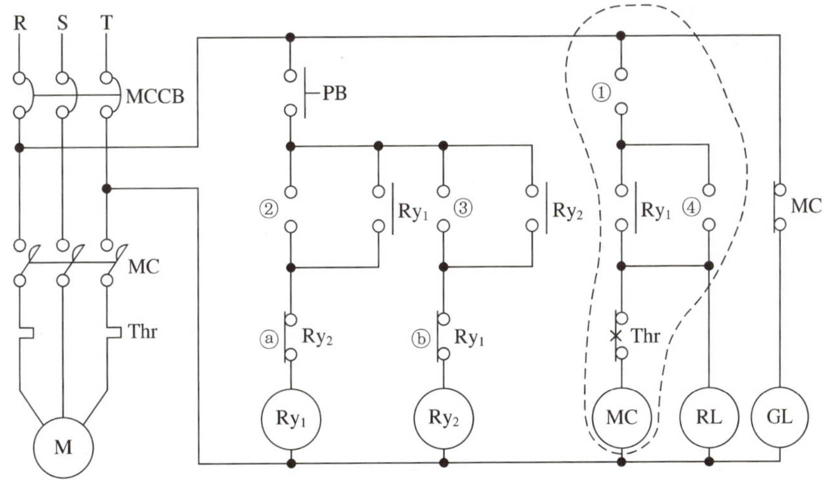

[동작설명]

- PB를 한 번 누르면 Ry_1에 의하여 MC 동작(전동기 운전), RL 램프가 점등된다.
- PB를 한 번 더 누르면 Ry_2에 의하여 MC 소자(전동기 정지), RL 램프는 소등된다.
- PB를 누를 때마다 전동기는 기동과 정지를 반복하여 동작한다.

(1) ⓐ, ⓑ의 릴레이 b접점의 역할에 대하여 이것을 무슨 접점이라 하는가?

(2) 운전 중에 과전류로 인하여 Thr이 작동되면 점등되는 램프는 어떤 램프인가?

(3) 그림의 점선부분을 논리식과 무접점 논리회로로 표시하시오.

(4) 동작에 관한 타임차트를 완성하시오.

(5) ①~④의 접점을 그리고 기호를 적으시오.

정답

(1) 인터로크 접점(Ry_1, Ry_2 동시 투입 방지)

(2) GL 램프

(3) 논리식 : $MC = \overline{Ry_2}(Ry_1 + MC) \cdot \overline{Thr}$

논리회로

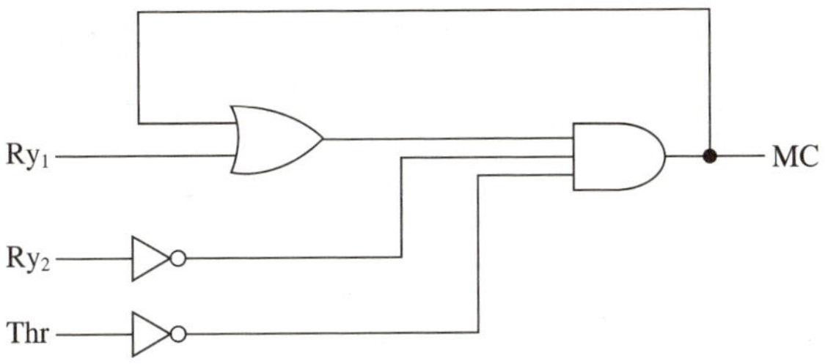

(4)

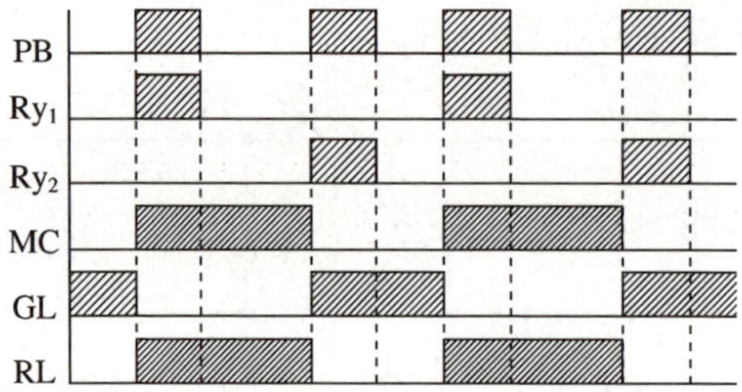

(5)

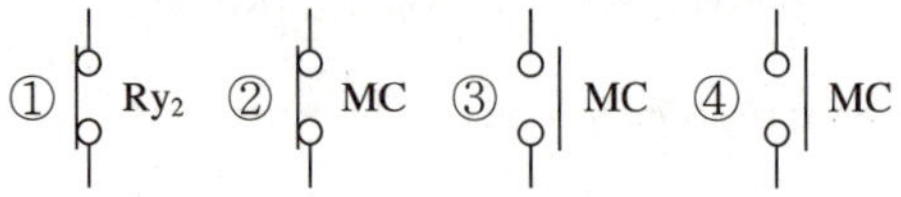

※ KEC 규정 적용으로 표현 변경 : R, S, T, E의 상의 명칭이 L1, L2, L3, N(또는 PE)으로 변경됨

04 전력용 퓨즈의 기능과 장단점 5가지를 쓰시오.

정답

[기능] 부하전류를 안전하게 흐르게 한다, 과전류를 차단하여 전로나 기기를 보호한다.

[장점]
- 소형경량이다.
- 차단능력이 크다.
- 고속차단 된다.
- 보수가 간단하다.
- 가격이 저렴하다.

[단점]
- 재투입이 불가능하다.
- 과도전류에 용단되기 쉽다.
- 한류형은 과전압이 발생된다.
- 보호계전기를 자유로이 조정할 수 없다.
- 고 임피던스 접지사고는 보호할 수 없다.

05 특고압 가공전선과 삭도의 접근 또는 교차에 관한 내용이다. 다음 ①~④에 답하시오.

- 삭도와 제1차 접근상태로 시설 : 특고압 가공전선로는 제(①) 특고압 보안공사를 하여야 한다.
- 삭도와 제2차 접근상태로 시설 : 특고압 가공전선로는 제(②) 특고압 보안공사를 하여야 한다.

60[kV] 이하	표준 (③)[m]
60[kV] 초과	• 간격=2+단수×(④)[m] • 단수 = $\frac{(전압[kV]) - 60}{10}$ (단수 계산에서 소수점 이하는 절상)

정답

① 3종 ② 2종 ③ 2 ④ 0.12

06 다음 그래프 특성을 갖는 계전기의 명칭을 쓰시오.

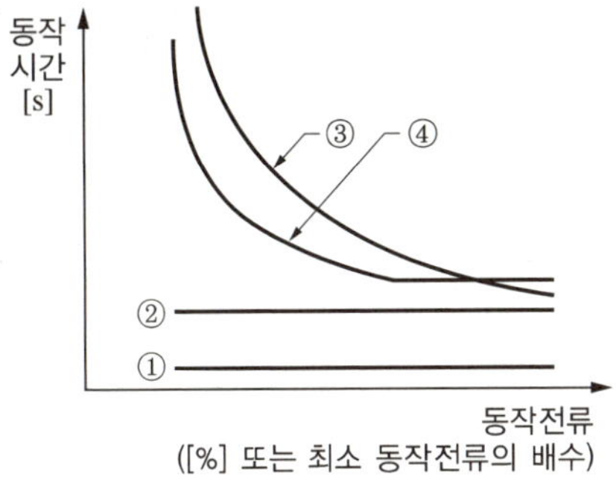

정답

① 순한시 계전기

② 정한시 계전기

③ 반한시 계전기

④ 반한시성 정한시 계전기

07 그림과 같은 부하곡선을 보고 다음 각 물음에 답하시오.

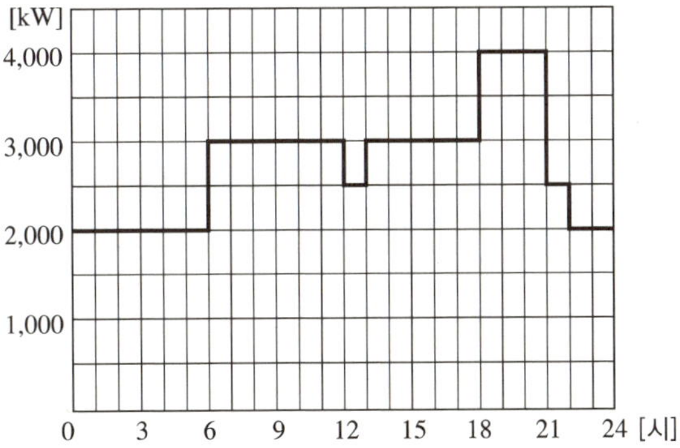

(1) 일공급 전력량은 몇 [kWh]인가?

(2) 일부하율은 몇 [%]인가?

해설

(1) $2,000\times6+3,000\times6+2,500\times1+3,000\times5+4,000\times3+2,500\times1+2,000\times2$

$=66,000[\mathrm{kWh}]$

(2) 일부하율$=\dfrac{66,000}{24\times4,000}\times100=68.75[\%]$

정답

(1) 66,000[kWh]

(2) 68.75[%]

08 변전소에서 200[Ah]의 연축전지가 55개 설치되어 있다. 다음 각 물음에 답하시오.

(1) 묽은 황산의 농도는 표준이고, 액면이 저하하여 극판이 노출되어 있다. 어떤 조치를 하여야 하는지 쓰시오.

(2) 부동 충전 시 알맞은 전압을 쓰시오.

(3) 충전 시에 발생하는 가스의 종류를 쓰시오.

(4) 가스 발생 시 주의사항을 쓰시오.

(5) 충전이 부족할 때 극판에서 발생하는 현상을 무엇이라 하는지 쓰시오.

해설

(2) $2.15 \times 55 = 118.25$

정답

(1) 증류수를 보충한다.
(2) 118.25[V]
(3) 수소(H_2) 가스
(4) 창문을 열어 환기시키고 화재폭발에 주의한다.
(5) 설페이션 현상

09 작업장의 크기가 20[m]×25[m]이다. 이 작업장의 평균조도를 200[lx] 이상으로 하는 경우 작업장에 시설하여야 할 최소 등기구는 몇 개인가?(단, 형광등 40[W]의 전광속은 2,500[lm], 기구의 조명률은 0.8, 감광보상률은 1.2로 한다)

해설

$$등수(N) = \frac{EAD}{FU} = \frac{200 \times (20 \times 25) \times 1.2}{2{,}500 \times 0.8} = 60개$$

정답

60개

10 CT 및 PT에 대한 다음 각 물음에 답하시오.

(1) CT는 운전 중에 개방하여서는 안 된다. 그 이유는?

(2) PT의 2차측 정격전압과 CT의 2차측 정격전류는 일반적으로 얼마로 하는가?

(3) 3상 간선의 전압 및 전류를 측정하기 위하여 PT와 CT를 설치할 때, 다음 그림의 결선도를 답안지에 완성하시오. 접지가 필요한 곳에는 접지 표시를 하시오.

퓨즈는 , PT는 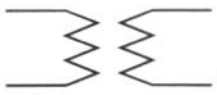, CT는 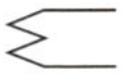 로 표현하시오.

정답

(1) 계기용 변류기의 2차측 절연보호

(2) PT의 2차 정격전압 : 110[V]

CT의 2차 정격전류 : 5[A]

(3)

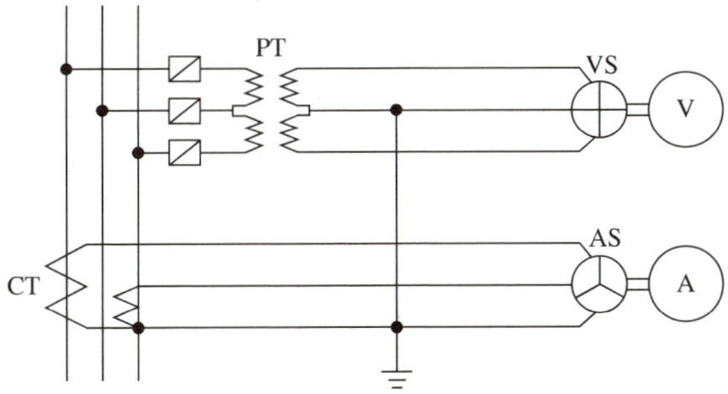

11 몰드변압기의 절연파괴 원인 4가지를 쓰시오.

정답

- 과부하 및 단락전류
- 고압 · 저압 혼촉
- 온도상승에 따른 절연내력 저하
- 서지흡수기의 고장으로 인한 낙뢰사고

12 그림은 발전기의 상간단락 보호계전방식을 도면화한 것이다. 이 도면을 보고 다음 각 물음에 답하시오.

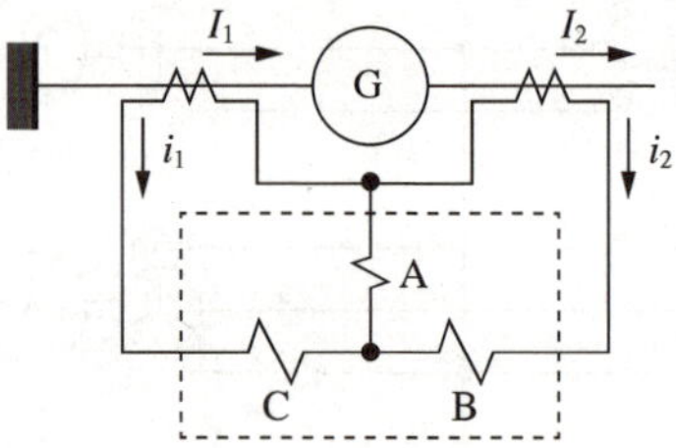

(1) 점선 안의 계전기의 명칭은?

(2) 동작 코일은 A, B, C 코일 중 어느 것인가?

(3) 발전기에 상간단락이 생길 때 코일 A의 전류 i_d는 어떻게 표현되는가?

(4) 발전기를 병렬운전하려고 한다. 병렬운전이 가능한 조건 4가지를 쓰시오.

정답

(1) 비율차동계전기

(2) A 코일

(3) $i_d = |i_1 - i_2|$

(4) • 기전력의 크기가 같을 것
- 기전력의 위상이 같을 것
- 기전력의 파형이 같을 것
- 기전력의 주파수가 같을 것

13 다음은 어느 생산공장의 수전설비이다. 이것을 이용하여 다음 각 물음에 답하시오(단, A, B, C, D 변압기의 모든 부하는 A 변압기의 부하와 같다).

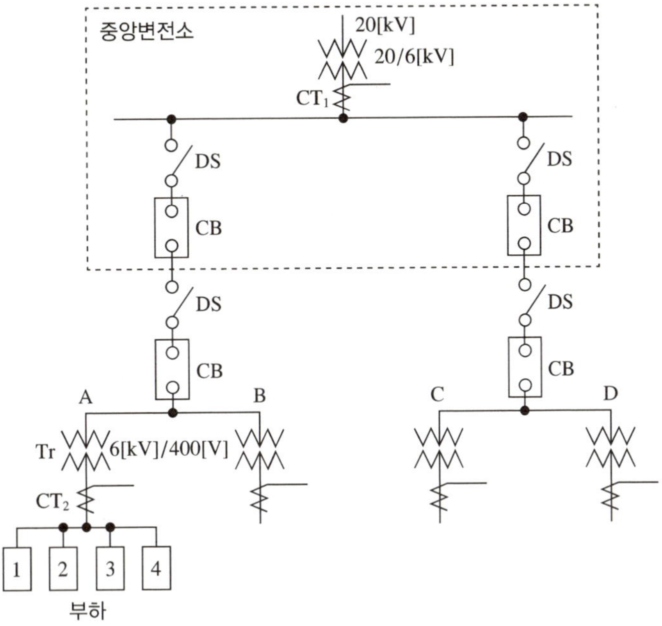

뱅크의 부하용량표

피 더	부하설비용량[kW]	수용률[%]
1	125	80
2	125	85
3	500	75
4	600	85

변류기 규격표

항 목	변류기
정격 1차 전류[A]	5, 10, 15, 20, 30, 40, 50, 75, 100, 150, 200, 300, 400, 500, 600, 750, 1,000, 1,500, 2,000, 2,500
정격 2차 전류[A]	5

(1) 표와 같이 A, B, C, D 4개의 뱅크가 있으며, 각 뱅크는 부등률이 1.1이다. 이때 중앙변전소의 변압기용량을 산정하시오(단, 각 부하의 역률은 0.9이며, 변압기용량은 표준규격으로 답을 한다).

(2) 변류기 CT_1과 CT_2의 변류비를 산정하시오. 단, 1차 수전전압은 20,000/6,000[V], 2차 수전전압은 6,000/400[V]이며, 변류비는 표준규격으로 답을 한다(단, 여유율은 125[%]로 한다).

해설

(1) 중앙변전소의 변압기용량 $= \dfrac{(125\times0.8+125\times0.85+500\times0.75+600\times0.85)\times4}{1.1\times0.9}$

$\fallingdotseq 4{,}409.09[\text{kVA}]$

(2) $\text{CT}_1\ \ I_1 = \dfrac{4{,}409.09}{\sqrt{3}\times6}\times1.25 \fallingdotseq 530.33$

$\text{CT}_2\ \ I_2 = \left(\dfrac{125\times0.8+125\times0.85+500\times0.75+600\times0.85}{1.1\times0.9\times\sqrt{3}\times0.4}\right)\times1.25 \fallingdotseq 1{,}988.74$

정답

(1) 5,000[kVA]

(2) • CT_1의 변류비 : 600/5

• CT_2의 변류비 : 2,000/5

14 다음 용어의 정의를 쓰시오.

(1) 변전소

(2) 개폐소

(3) 급전소

정답

(1) 변전소 : 변전소의 밖으로부터 전송받은 전기를 변전소 안에 시설한 변압기 · 전동발전기 · 회전변류기 · 정류기 그 밖의 기계기구에 의하여 변성하는 곳으로서 변성한 전기를 다시 변전소 밖으로 전송하는 곳을 말한다.

(2) 개폐소 : 개폐소 안에 시설한 개폐기 및 기타 장치에 의하여 전로를 개폐하는 곳으로서 발전소 · 변전소 및 수용장소 이외의 곳을 말한다.

(3) 급전소 : 전력계통의 운용에 관한 지시 및 급전조작을 하는 곳을 말한다.

15 다음은 제어계의 조절부 동작에 의한 분류이다. 다음 빈칸 안에 들어갈 용어를 쓰시오.

- (①) 제어 : 설정값과 제어결과, 즉 검출값 편차의 크기에 비례하여 조작부를 제어하는 것으로 정상 오차를 수반한다. 사이클링은 없으나 잔류편차가 생기는 결점이 있다.
- (②) 제어 : 오차의 크기와 오차가 발생하고 있는 시간에 대해 둘러싸고 있는 면적을 말하고, 적분값의 크기에 비례하여 조작부를 제어하는 것으로, 잔류 오차가 없도록 제어할 수 있는 장점이 있다.
- (③) 제어 : 제어계 오차가 검출될 때 오차가 변화하는 속도에 비례하여 조작량을 가·감산하도록 하는 동작으로 오차가 커지는 것을 미리 방지하는 데 있다.
- (④) 제어 : 제어 결과에 빨리 도달하도록 미분 동작을 부가한 것이다. 응답 속응성의 개선에 사용된다.
- (⑤) 제어 : 이 동작은 PI 동작에 미분 동작(D 동작)을 하나 더 추가한 것으로, 미분 동작에 의해 응답의 오버슈트를 감소시키고, 정정 시간을 적게 하는 효과가 있으며, 적분 동작에 의해 잔류 편차를 없애는 작용도 있으므로 연속 선형 제어로서는 가장 고급의 장점을 갖는 제어 방식이다.

정답

① 비례 ② 적분동작 ③ 미분동작 ④ 비례 미분 ⑤ 비례 적분 미분

16 어느 수용가가 역률(지상) 80[%]로 80[kW]의 부하를 사용하고 있었는데 새로 역률(지상) 60[%]로 40[kW]의 부하를 증가해서 사용하게 되었다. 이때 콘덴서로 합성역률을 95[%]로 개선하려고 할 경우 콘덴서의 소요 용량은 몇 [kVA]인가?

해설

80[kW]의 무효전력 $Q_1 = 80 \times \dfrac{0.6}{0.8} = 60[\text{kVA}]$

40[kW]의 무효전력 $Q_2 = 40 \times \dfrac{0.8}{0.6} \fallingdotseq 53.33[\text{kVA}]$

합성 유효전력 : $80 + 40 = 120[\text{kW}]$

합성 무효전력 : $60 + 53.33 = 113.33[\text{kVA}]$

합성 역률 : $\cos\theta_1 = \dfrac{120}{\sqrt{120^2 + 113.33^2}} \fallingdotseq 0.727$

$\cos\theta_2 = 0.95$로 개선하기 위한 콘덴서 소요 용량

$$Q_C = 120\left(\frac{\sqrt{1-0.727^2}}{0.727} - \frac{\sqrt{1-0.95^2}}{0.95}\right) \fallingdotseq 73.896$$

정답

73.90[kW]

17 그림은 변압기의 절연내력을 시험하기 위한 회로도이다. 그림을 보고 다음 각 물음에 답하시오.

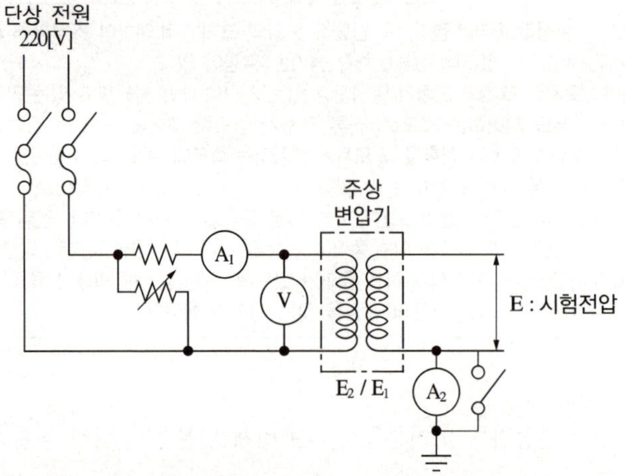

(1) 시험 시 A_1 전류계로 측정하는 전류는 무엇인가?

(2) 시험 시 A_2 전류계로 측정하는 전류는 무엇인가?

(3) 절연내력시험 측정전압을 6[kV]로 설정하면 최대사용전압은 몇 [V]가 되는가?

해설

(3) 절연내력 시험전압=최대사용전압×1.5이므로

$$최대사용전압=\frac{6,000}{1.5}=4,000[V]$$

정답

(1) 절연내력시험 전류

(2) 피시험기기의 누설전류

(3) 4,000[V]

18 선임된 전기안전관리자의 자격 및 직무에서 공사의 감리업무 중 공사의 종류 2가지만 쓰시오.

해설

전기안전관리자의 자격 및 직무(전기안전관리법 시행규칙 제30조)

선임된 전기안전관리자의 직무 범위는 다음과 같다.

- 전기설비의 공사 · 유지 및 운용에 관한 업무 및 이에 종사하는 사람에 대한 안전교육
- 전기설비의 안전관리를 위한 확인 · 점검 및 이에 대한 업무의 감독
- 전기설비의 운전 · 조작 또는 이에 대한 업무의 감독
- 전기안전관리에 관한 기록의 작성 · 보존
- 공사계획의 인가신청 또는 신고에 필요한 서류의 검토
- 다음의 어느 하나에 해당하는 공사의 감리업무
  - 비상용 예비발전설비의 설치 · 변경공사로서 총공사비가 1억원 미만인 공사
  - 전기수용설비의 증설 또는 변경공사로서 총공사비가 5천만원 미만인 공사
  - 신에너지 및 재생에너지 설비의 증설 또는 변경 공사로서 총공사비가 5천만원 미만인 공사
- 전기설비의 일상점검 · 정기점검 · 정밀점검의 절차, 방법 및 기준에 대한 안전관리규정의 작성
- 전기재해의 발생을 예방하거나 그 피해를 줄이기 위하여 필요한 응급조치

정답

- 비상용 예비발전설비의 설치 · 변경공사로서 총공사비가 1억원 미만인 공사
- 전기수용설비의 증설 또는 변경공사로서 총공사비가 5천만원 미만인 공사

전기기사 2018년 제1회 기출복원문제

01 그림은 옥내배선도의 일부를 표시한 것이다. ㉠, ㉡ 전등은 A 스위치로, ㉢, ㉣ 전등은 B 스위치로 점멸되도록 설계하고자 한다. 각 배선에 필요한 최소 전선 가닥수를 표시하시오.

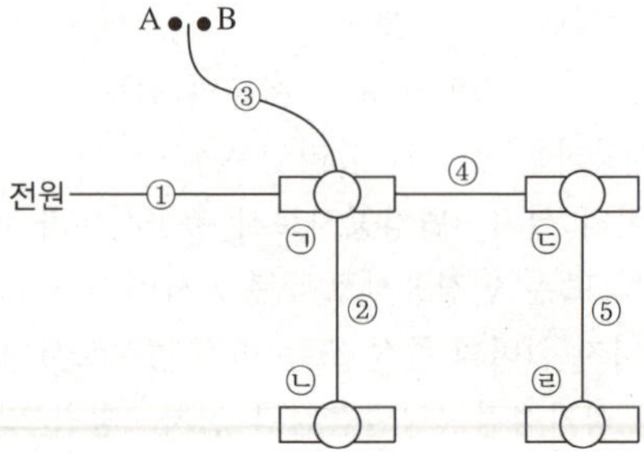

해설

문제의 조건대로 회로로 및 결선도를 그리면 다음과 같다.

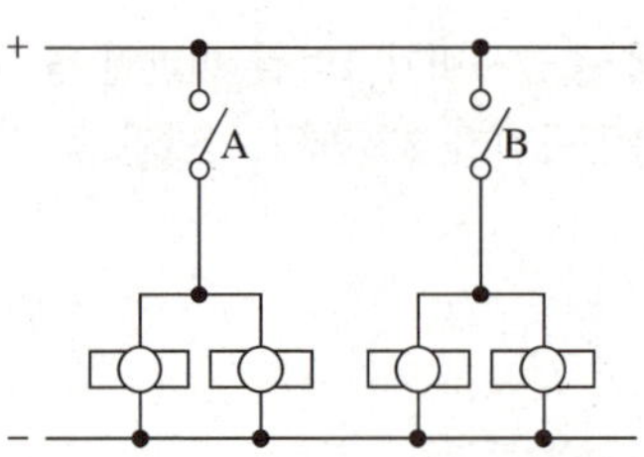

[회로도]

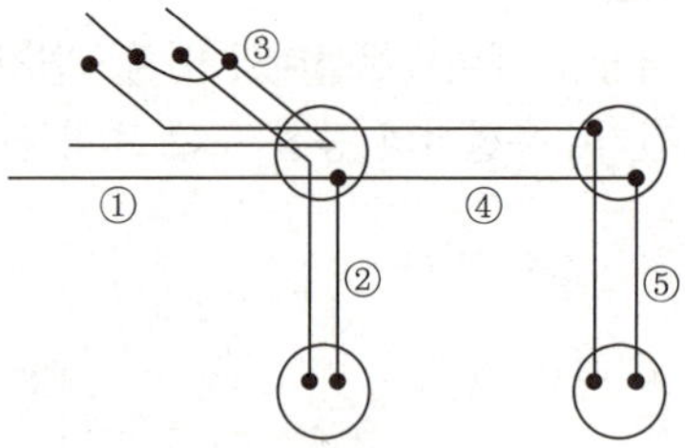

[결선도]

정답

① 

② 

③ 

④ 

⑤ 

02 그림과 같은 단상 3선식 배전선의 a, b, c 각 선간에 부하가 접속되어 있다. 전선의 저항은 3선이 같고 각각 0.06[Ω]이라고 한다. ab, bc, ca 간의 전압을 구하시오. 단, 1차측 22,900[V], 2차측 전압선과 중성선은 100[V], 전압선과 전압선은 200[V]이고, 선로의 리액턴스는 무시한다.

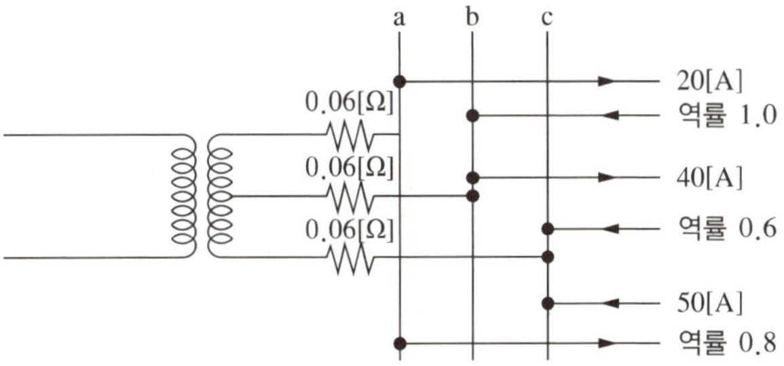

해설

전압강하 $e = I \cdot R$

$V_{ab} = 100 - (60 \times 0.06 - 4 \times 0.06) = 96.64[V]$

$V_{bc} = 100 - (4 \times 0.06 + 64 \times 0.06) = 95.92[V]$

$V_{ca} = 200 - (60 \times 0.06 + 64 \times 0.06) = 192.56[V]$

TIP

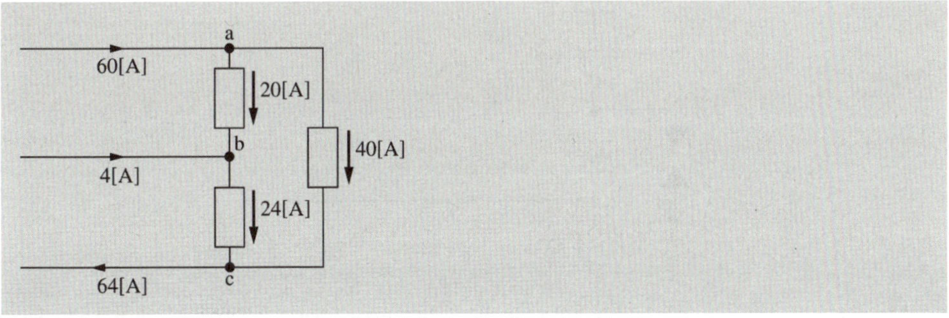

정답

$V_{ab} = 96.64[V]$

$V_{bc} = 95.92[V]$

$V_{ca} = 192.56[V]$

03 전력설비(건축전기설비)에서 수용가의 간선을 설계하고자 한다. 간선 결정 시 고려할 사항 5가지를 쓰시오.

정답

- 설계조건
- 간선계통
- 간선경로
- 배선방식
- 간선의 굵기 선정

TIP

간선의 굵기 선정 : 허용전류, 전압강하, 기계적 강도, 온도 증설 등

04 송전선로에서 외부 이상전압 발생을 방지하기 위한 방법 3가지만 쓰시오.

정답

- 가공지선을 설치
- 매설지선을 설치
- 소호환, 소호각

TIP

가공전선로이므로 철탑 등에서 설치된 것으로 작성

05 그림과 같은 특고압 간이 수전설비에 대한 결선도를 보고 다음 각 물음에 답하시오.

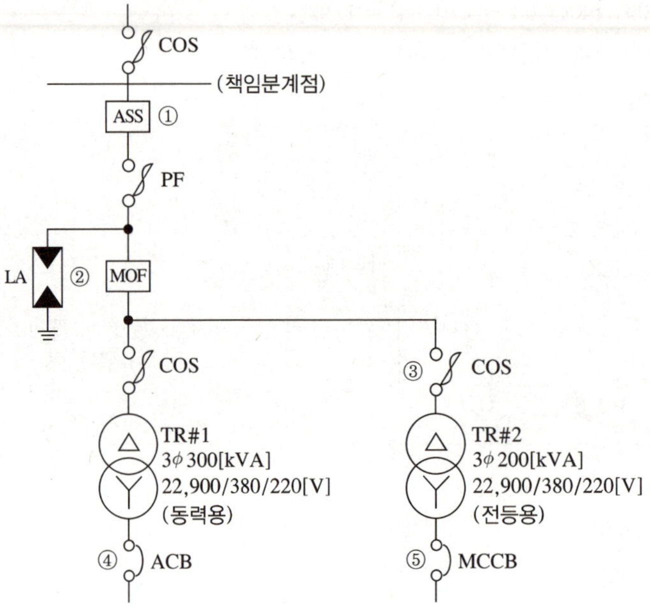

(1) 수전실의 형태를 Cubicle Type으로 할 경우 고압반(HV ; High Voltage)과 저압반(LV ; Low Voltage) 몇 개의 면으로 구성되는지 구분하고 수용되는 기기의 명칭을 각각 쓰시오.

(2) ①, ②, ③의 정격전압과 정격전류를 구하시오.

① ASS, ② LA, ③ COS

(3) ④, ⑤ 차단기의 용량(AF, AT)은 어느 것을 선정하면 되겠는가?(단, 역률은 100[%]로 계산한다)

해설

(3) ④ $I_1 = \dfrac{300 \times 10^3}{\sqrt{3} \times 380} \fallingdotseq 455.80[\text{A}]$

⑤ $I_1 = \dfrac{200 \times 10^3}{\sqrt{3} \times 380} \fallingdotseq 303.87[\text{A}]$

정답

(1) [고압반] 4면

1면 : 자동고장구분 개폐기, 피뢰기, 전력퓨즈

2면 : 전력수급용 계기용 변성기

3면 : 전등용 변압기

4면 : 동력용 변압기

[저압반] 2면

1면 : 기중 차단기

2면 : 배선용 차단기

(2) ① 정격전압 : 25.8[kV], 정격전류 : 200[A]

② 정격전압 : 18[kV], 정격전류 : 2,500[A]

③ 정격전압 : 25[kV] 또는 25.8[kV], 정격전류 : 100[AF], 8[A]

(3) ④ AF : 630[A], AT : 600[A]

⑤ AF : 400[A], AT : 350[A]

06 수전전압이 6.6[kV], 가공전선로의 %임피던스가 58.5[%]일 때 수전점의 3상 단락전류가 8[kA]인 경우 기준용량과 수전용 차단기의 차단용량은 얼마인가?

차단기의 정격용량[MVA]										
10	20	30	50	75	100	150	250	300	400	500

(1) 기준용량

(2) 차단용량

해설

(1) 기준용량

$I_s = \frac{100}{\%Z} I_n$에서 $I_n = \frac{\%Z}{100} I_s = \frac{58.5}{100} \times 8{,}000 = 4{,}680[A]$

$\therefore P_n = \sqrt{3}\, V_n I_n = \sqrt{3} \times 6{,}600 \times 4{,}680 \times 10^{-6} \fallingdotseq 53.4996[MVA]$

(2) 차단용량

$V_n = 6.6 \times \frac{1.2}{1.1} = 7.2[kV]$

$P_s = \sqrt{3}\, V_n I_s = \sqrt{3} \times 7.2 \times 8 \fallingdotseq 99.77[MVA]$

표에서 100[MVA] 선정

정답

(1) 53.5[MVA]

(2) 100[MVA]

07 **CT 및 PT에 대한 다음 각 물음에 답하시오.**

(1) CT는 운전 중에 개방하여서는 안 된다. 그 이유는?

(2) PT의 2차측 정격전압과 CT의 2차측 정격전류는 일반적으로 얼마로 하는가?

(3) 3상 간선의 전압 및 전류를 측정하기 위하여 PT와 CT를 설치할 때, 다음 그림의 결선도를 답안지에 완성하시오. 접지가 필요한 곳에는 접지 표시를 하시오.

퓨즈는 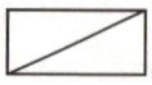, PT는 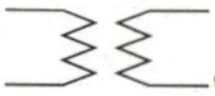, CT는 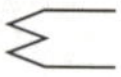 로 표현하시오.

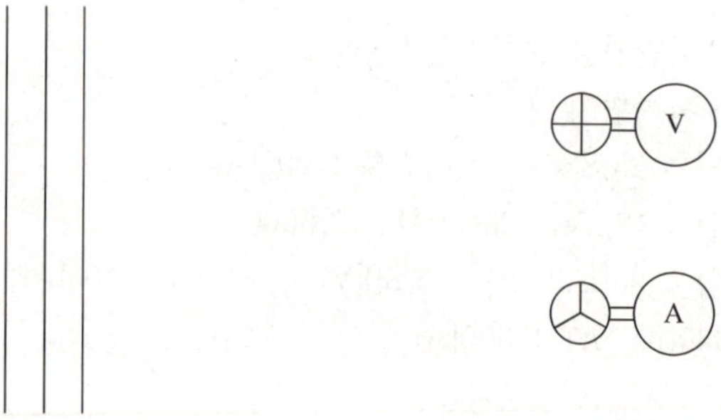

정답

(1) 계기용 변류기의 2차측 절연보호

(2) PT의 2차 정격전압 : 110[V]

CT의 2차 정격전류 : 5[A]

(3)

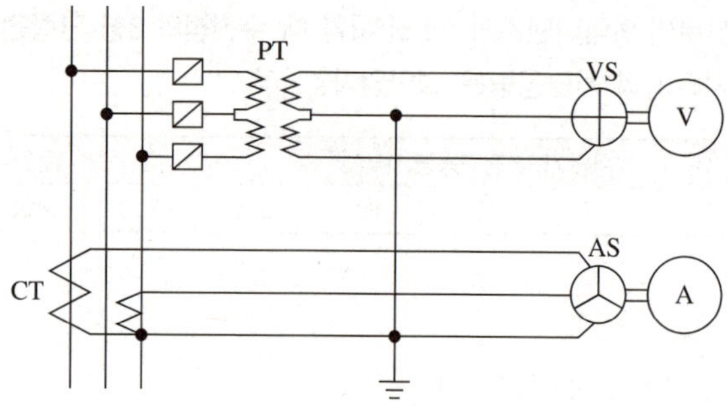

08 **△ 결선 변압기에서 50[kW](역률 1.0)와 100[kW](역률 0.8)인 부하가 연결되어 있다. 다음 물음에 답하시오.**

(1) △ 결선 운전 시 변압기의 1대에 걸리는 변압기 용량을 선정하시오.

(2) 변압기를 △ 결선하여 운전 중 1대가 고장인 경우 V결선하여 운전을 하였다. 과부하율을 구하시오.

(3) △ 결선의 동손을 $P_{\triangle C}$, V결손의 동손을 P_{VC}라 했을 때 $\frac{P_{\triangle C}}{P_{VC}}$를 구하시오(단, 변압기의 과부하는 무시한다).

해설

(1) $P=50+100=150[\text{kW}]$

$Q=0+100\times\dfrac{0.6}{0.8}=75[\text{kVar}]$

$P_a=\sqrt{150^2+75^2}\fallingdotseq 167.705[\text{kVA}]$

$3P_1=167.705[\text{kVA}]$에서 $P_1=\dfrac{167.705}{3}\fallingdotseq 55.9[\text{kVA}]$

(2) $P_V=\sqrt{3}\,P_1=167.705[\text{kVA}]$

$P_1=\dfrac{167.705}{\sqrt{3}}\fallingdotseq 96.825[\text{kVA}]$

과부하율$=\dfrac{96.825}{75}\times 100=129.1[\%]$

(3) $\triangle$부하율$(m)=\dfrac{167.705}{75\times 3}\fallingdotseq 0.7454$

$P_{\triangle C}=m^2P_C\times 3$

$=(0.7454)^2\times P_C\times 3$

$\fallingdotseq 1.667P_C$

V부하율$(m)=\dfrac{96.825}{75}=1.291$

$P_{VC}=m^2P_C\times 2=(1.291)^2\times P_C\times 2$

$\fallingdotseq 3.333P_C$

$\dfrac{P_{\triangle C}}{P_{VC}}=\dfrac{1.667P_C}{3.333P_C}\fallingdotseq 0.5$

TIP

① 변압기 1대의 동손이므로 $3P_C$(△결선), $2P_C$(V결선)

② TR 용량 $=\sqrt{유^2+무^2}\,[\text{kVA}]$

③ 무효전력$(Q)=P\times\tan\theta=P\times\dfrac{\sin\theta}{\cos\theta}$

정답

(1) 75[kVA]

(2) 129.1[%]

(3) 0.5

09 다음 물음에 답하시오.

(1) 단상 변압기의 권수비가 30이고 1차 전압이 6.6[kV]일 때 2차 전압[V]을 구하시오.

(2) 부하 50[kW], 역률 0.8, 2차에 연결할 때 1차 전류 및 2차 전류를 구하시오.

① 1차 전류

② 2차 전류

(3) 1차측 표준용량[kVA]을 계산하시오.

해설

(1) $V_2 = \frac{V_1}{a} = \frac{6,600}{30}$[V]

(2) ① 1차 전류

$$I_1 = \frac{P}{V_1 \cos\theta} = \frac{50 \times 10^3}{6,600 \times 0.8} \fallingdotseq 9.47[\mathrm{A}]$$

② 2차 전류

$$I_2 = \frac{P}{V_2 \cos\theta} = \frac{50 \times 10^3}{220 \times 0.8} \fallingdotseq 284.091[\mathrm{A}]$$

(3) $P = V_1 I_1 = 6,600 \times 9.47 \times 10^{-3} = 62.502[\mathrm{kVA}]$

정답

(1) 220[V]

(2) ① 1차 전류 : 9.47[A]

② 2차 전류 : 284.09[A]

(3) 75[kVA]

10 고장전류가 10,000[A], 전류통전시간 0.5[s], 접지선(동선)의 허용온도 상승을 1,000[℃]로 하였을 경우 접지선 단면적을 계산하시오.

전선규격[mm²]						
2.5	4	6	10	16	25	35

해설

접지도선에 I[A]가 t초 동안 흐를 때 전선의 상승온도 θ는

$$\theta = 0.008\left(\frac{I}{A}\right)^2 t[℃]$$

$$A = \sqrt{\frac{0.008 \times t}{\theta}} \times I = \sqrt{\frac{0.008 \times 0.5}{1,000}} \times 10,000 = 20[\mathrm{mm}^2]$$

정답

25[mm²]

11 **감리원은 해당 공사현장에서 감리업무 수행상 필요한 서식을 비치하고 기록, 보관하여야 한다. 해당 서류 5가지만 쓰시오.**

정답

- 감리업무일지
- 근무상황판
- 지원업무수행 기록부
- 착수 신고서
- 회의 및 협의내용 관리대장

[기 타]

- 문서접수대장
- 문서발송대장
- 교육실적 기록부
- 민원처리부
- 지시부
- 발주자 지시사항 처리부
- 품질관리 검사・확인대장
- 설계변경 현황
- 검사 요청서
- 검사 체크리스트
- 시공기술자 실명부
- 검사결과 통보서
- 기술검토 의견서
- 주요기자재 검수 및 수불부
- 기성부분 감리조서
- 발생품(잉여자재) 정리부
- 기성부분 검사조서
- 기성부분 검사원
- 준공 검사원
- 기성공정 내역서
- 기성부분 내역서
- 준공검사조서
- 준공감리조서
- 안전관리 점검표
- 사고 보고서
- 재해발생 관리부
- 사후환경영향조사 결과보고서

12 어느 수용가의 단상 3선식 110/220[V]를 사용하고 있는 어떤 건축물이 있다. 변압기가 설치된 수전실로부터 60[m]되는 곳에 부하 집계표와 같은 분전반을 시설하고자 한다. 다음 표를 참고하여 전압변동률 2[%] 이하, 전압강하율 2[%] 이하가 되도록 다음 사항을 구하시오. 공사 방법은 B1이며 전선은 PVC 절연전선이다(단, ① 후강전선관공사로 한다. ② 3선 모두 같은 선으로 한다. ③ 부하의 수용률은 100[%]로 적용 ④ 후강전선관 내 단면적은 전선 단면적의 48[%] 이내를 유지한다).

표1. 부하 집계표

회로 번호	부하 명칭	총부하 [VA]	부하 분담[VA]		NFB 크기			비 고
			A	B	극수	AF	AT	
1	전 등	2,400	1,200	1,200	2	50	15	
2	전 등	1,400	700	700	2	50	15	
3	콘센트	1,000	1,000	–	1	50	20	
4	콘센트	1,400	1,400	–	1	50	20	
5	콘센트	600	–	600	1	50	20	
6	콘센트	1,000	–	1,000	1	50	20	
7	팬코일	700	700	–	1	30	15	
8	팬코일	700	–	700	1	30	15	
합 계		9,200	5,000	4,200				

표2. 전선(피복 절연물을 포함)의 단면적

도체 단면적[mm^2]	절연체 두께[mm]	평균 완성 바깥지름[mm]	전선의 단면적[mm^2]
1.5	0.7	3.3	9
2.5	0.8	4.0	13
4	0.8	4.6	17
6	0.8	5.2	21
10	1.0	6.7	35
16	1.0	7.8	48
25	1.2	9.7	80
35	1.2	10.9	93
50	1.4	12.8	128
70	1.4	14.6	167
95	1.6	17.1	230
120	1.6	18.8	277
150	1.8	20.9	343
185	2.0	23.3	426
240	2.2	26.6	555
300	2.4	29.6	688
400	2.6	33.2	865

[비고] 1. 전선의 단면적은 평균완성 바깥지름의 상한 값을 환산한 값이다.
2. KS C IEC 60227-3의 450/750[V] 일반용 단심 비닐절연전선(연선)을 기준한 것이다.

표3. 간선의 굵기, 개폐기 및 과전류차단기의 용량

최대 상정 부하 전류 [A]	배선종류에 의한 간선의 동 전선 최소 굵기[mm^2]												개폐기의 정격 [A]	과전류차단기의 정격[A]	
	공사방법 A1				공사방법 B1				공사방법 C					B종 퓨즈	A종 퓨즈 또는 배선용 차단기
	2개선		3개선		2개선		3개선		2개선		3개선				
	PVC	XLPE, EPR	PVC	XLPE, EPR	PVC	XLPE, EPR	PVC	XLPE, EPR	PVC	XLPE, EPR	PVC	XLPE, EPR			
20	4	2.5	4	2.5	2.5	2.5	2.5	2.5	2.5	2.5	2.5	2.5	30	20	20
30	6	4	6	4	4	2.5	6	4	4	2.5	4	2.5	30	30	30
40	10	6	10	6	6	4	10	6	6	4	6	4	60	40	40
50	16	10	16	10	10	6	10	10	10	6	10	6	60	50	50
60	16	10	25	16	16	10	16	10	10	10	16	10	60	60	60
75	25	16	35	25	16	10	25	16	16	10	16	16	100	75	75
100	50	25	50	35	25	16	35	25	25	16	35	25	100	100	100
125	70	35	70	50	35	25	50	35	35	25	50	35	200	125	125
150	70	50	95	70	50	35	70	50	50	35	70	50	200	150	150
175	95	70	120	70	70	50	95	50	70	50	70	50	200	200	175
200	120	70	150	95	95	70	95	70	70	50	95	70	200	200	200
250	185	120	240	150	120	70	–	95	95	70	120	95	300	250	250
300	240	150	300	185	–	95	–	120	150	95	185	120	300	300	300
350	300	185	–	240	–	120	–	–	185	120	240	150	400	400	350
400	–	240	–	300	–	–	–	–	240	120	240	185	400	400	400

[비고] 1. 단상 3선식 또는 3상 4선식 간선에서 전압강하를 감소하기 위하여 전선을 굵게 할 경우라도 중성선은 표의 값보다 굵은 것으로 할 필요 없다.
2. 최소 전선 굵기는 1회선에 대한 것이며, 2회선 이상일 경우 복수회로 보정계수를 적용하여야 한다.
3. 공사방법 A1은 벽 내의 전선관에 공사한 절연전선 또는 단심케이블, B1은 벽면의 전선관에 공사한 절연전선 또는 단심케이블, 공사방법 C는 벽면에 공사한 단심 또는 다심케이블을 시설하는 경우 전선 굵기를 표시하였다.
4. B종 퓨즈의 정격전류는 전선의 허용전류의 0.96배를 초과하지 않는 것으로 한다.

(1) 간선의 굵기를 구하고 간선용 차단기의 AT 및 AF를 구하시오.

① 간선의 굵기

② AT 및 AF

(2) 후강전선관의 굵기는?

① 계산 :

② 답 :

(3) 간선보호용 과전류차단기의 정격전류는?

(4) 분전반의 복선 결선도를 완성하시오.

(5) 설비불평형률은?

① 계산 :

② 답 :

해설

(1) ① 간선의 굵기

A선의 전류 $I_A = \dfrac{5,000}{110} ≒ 45.45[A]$

B선의 전류 $I_B = \dfrac{4,200}{110} ≒ 38.18[A]$

I_A, I_B 중 큰 값인 45.45[A]를 기준으로 전선의 굵기를 선정

$$A = \frac{17.8LI}{1,000e} = \frac{17.8 \times 60 \times 45.45}{1,000 \times 110 \times 0.02} = 22.064[mm^2]$$

② AT 및 AF

큰 부하를 기준으로 A선의 전류 $I_A = \dfrac{5,000}{110} ≒ 45.45[A]$

(2) ① 표2에서 25[mm^2] 전선의 피복 포함 단면적이 80[mm^2]

(3) 표3에서 25[mm^2]란과 공사방법 B1이 교차하는 곳이 89[A]이므로 배선용 차단기는 75[A] 선정

정답

(1) ① 25[mm^2]

② AT 50[A], AF 50[A]

(2) ① • 전선의 총단면적 $A = 80 \times 3 = 240[mm^2]$

• $A = \dfrac{1}{4}\pi d^2 \times 0.48 \geq 240$에서 $d = \sqrt{\dfrac{240 \times 4}{0.48 \times \pi}} ≒ 25.231[mm]$

② 28[mm] 후강전선관

(3) 75[A]

(4)

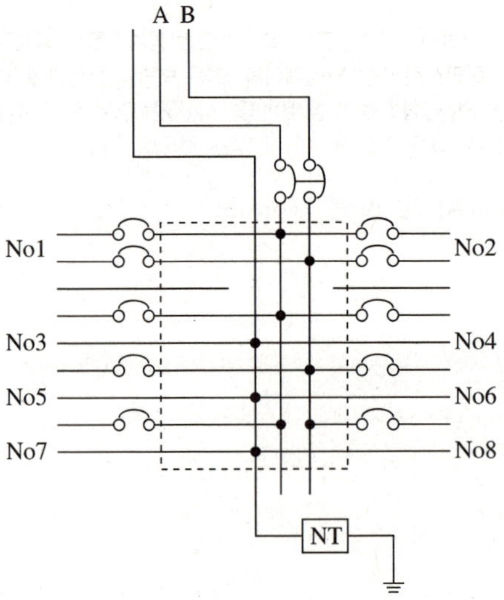

(5) ① 설비불평형률$= \dfrac{3,100 - 2,300}{\frac{1}{2}(5,000 + 4,200)} \times 100 ≒ 17.39[\%]$

② 17.39[%]

13 다음 회로는 TN-C-S 계통접지이다. 중성선(N), 보호선(PE), 보호선과 중성선을 겸한 선(PEN)을 도면에 완성하여 표시하시오(단, 중성선은 ⌿●, 보호선은 ⌿, 보호선과 중성선을 겸한 선은 ⌿로 표시한다).

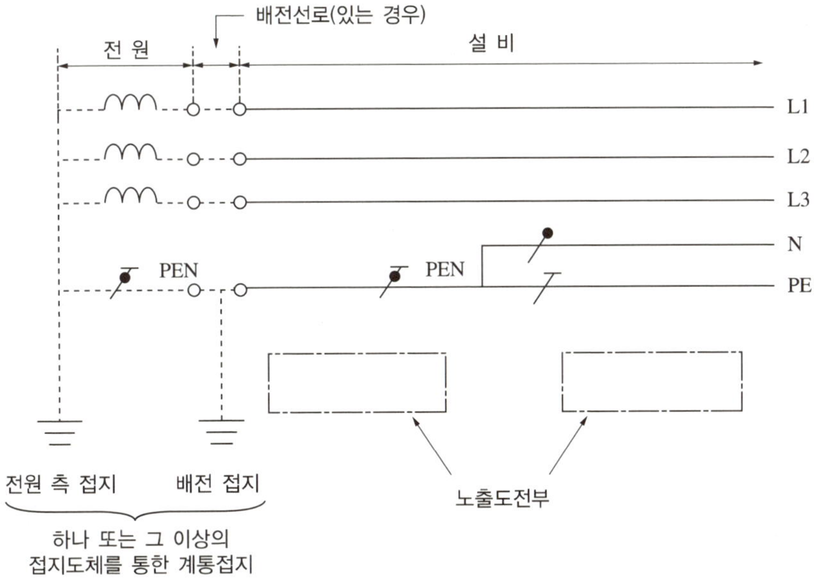

정답

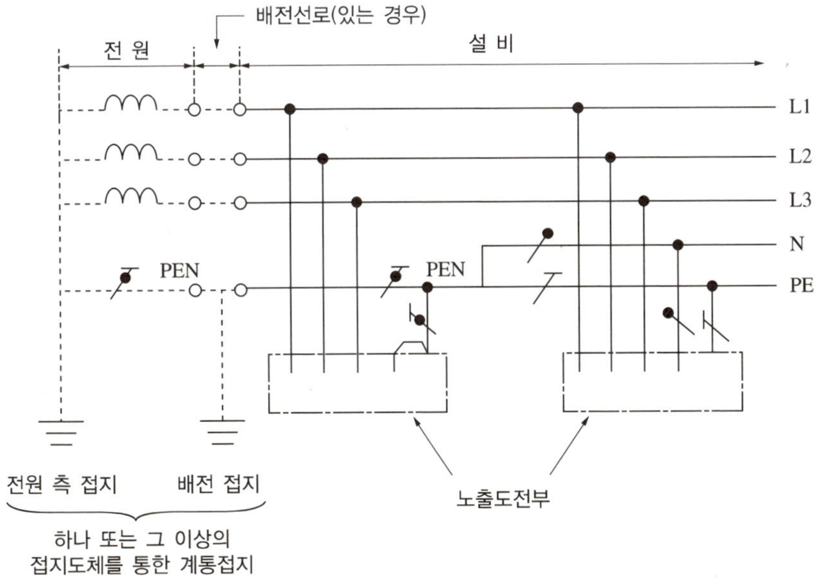

14 전력용 퓨즈의 역할을 간단히 쓰시오.

정답

부하전류를 안전하게 흐르게 하고 일정값 이상의 과전류를 차단하여 전로와 기기를 보호한다.

15 다음 유접점 시퀀스 회로를 무접점 시퀀스 회로로 바꾸어 그리시오.

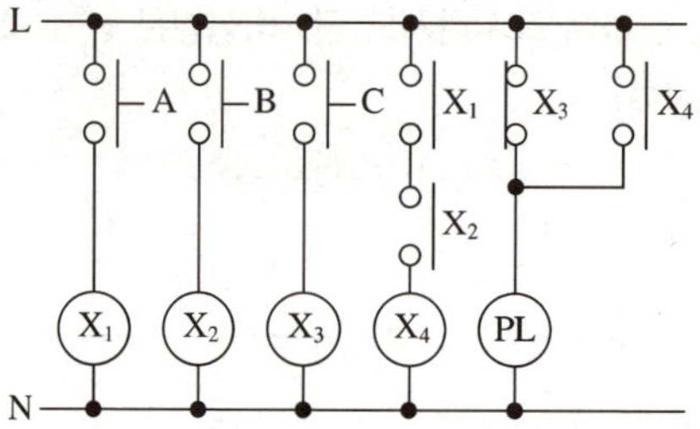

해설

- $PL = (\overline{X_3} + X_4)$

  $= \overline{X_3} + (X_1 \cdot X_2)$

  $= \overline{C} + (A \cdot B)$

- $X_4 = X_1 \cdot X_2$

정답

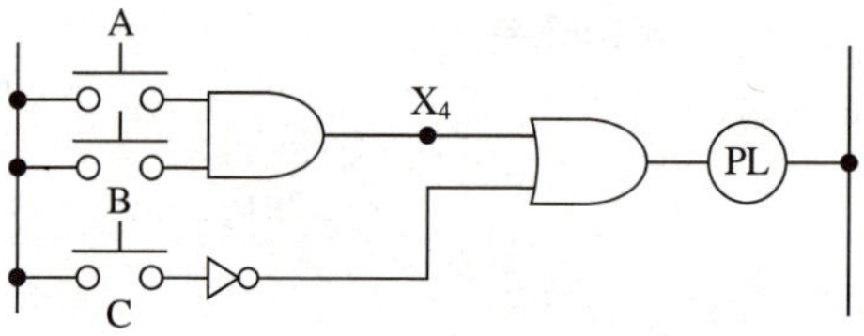

16 그림은 PB-ON 스위치를 ON한 후 일정 시간이 지난 다음에 Ⓜⓒ가 동작하여 전동기 Ⓜ이 운전되는 회로이다. 타이머 Ⓣ는 입력 신호가 소멸된 경우 동작이 멈추는 방법으로 전동기가 회전하면 릴레이 Ⓧ가 복구되어 타이머의 입력신호가 소멸되고 전동기는 계속 운전할 수 있도록 할 때의 회로이다. 이 회로를 완성하시오.

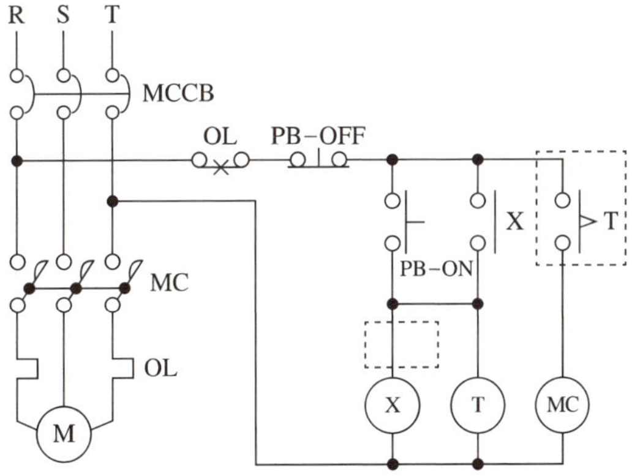

정답

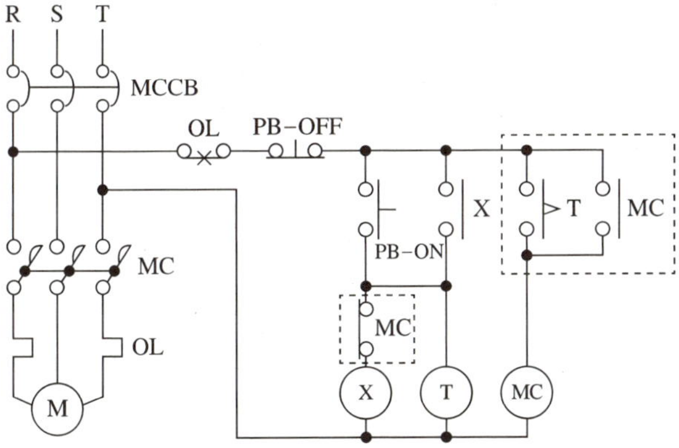

※ KEC 규정 적용으로 표현 변경 : R, S, T, E의 상의 명칭이 L1, L2, L3, N(또는 PE)으로 변경됨

전기
기사

2018년 제2회 기출복원문제

01 도면은 어떤 배전용 변전소의 단선결선도이다. 이 도면과 주어진 조건을 이용하여 다음 각 물음에 답하시오.

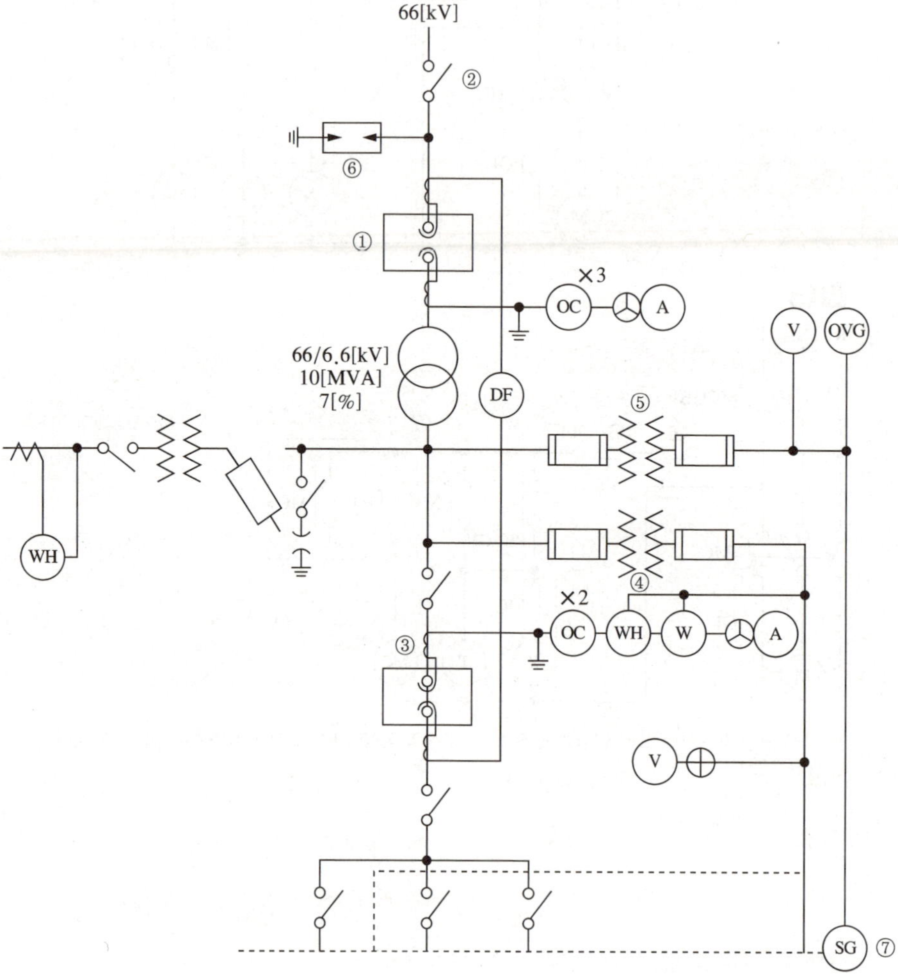

(1) 차단기 ①에 대한 정격차단용량과 정격전류를 산정하시오.

(2) 선로개폐기 ②에 대한 정격전류를 산정하시오.

(3) 변류기 ③에 대한 1차 정격전류를 산정하시오.

(4) PT ④에 대한 1차 정격전압은 얼마인가?

(5) ⑤로 표시된 기기의 명칭은 무엇인가?

(6) 피뢰기 ⑥에 대한 역할을 쓰시오.

(7) ⑦의 역할을 간단히 설명하시오.

[조 건]

① 주변압기의 정격은 1차 정격전압 66[kV], 2차 정격전압 6.6[kV], 정격용량은 3상 10[MVA]라고 한다.

② 주변압기의 1차측(즉, 1차 모선)에서 본 전원측 등가 임피던스는 100[MVA] 기준으로 16[%]이고, 변압기의 내부 임피던스는 자기 용량 기준으로 7[%]라고 한다.

③ 또한 각 Feeder에 연결된 부하는 거의 동일하다고 한다.

④ 차단기의 정격차단용량, 정격전류, 단로기의 정격전류, 변류기의 1차 정격전류 표준은 다음과 같다.

정격전압[kV]	공칭전압[kV]	정격차단용량[MVA]	정격전류[A]	정격차단시간[Hz]
7.2	6.6	25	200	5
		50	400, 600	5
		100	400, 600, 800, 1,200	5
		150	400, 600, 800, 1,200	5
		200	600, 800, 1,200	5
		250	600, 800, 1,200, 2,000	5
72	66	1,000	600, 800	3
		1,500	600, 800, 1,200	3
		2,500	600, 800, 1,200	3
		3,500	800, 1,200	3

• 단로기(또는 선로개폐기 정격전류의 표준규격)
72[kV] : 600[A], 1,200[A]
7.2[kV] 이하 : 400[A], 600[A], 1,200[A], 2,000[A]

• CT 1차 정격전류 표준규격(단위 : [A])
50, 75, 100, 150, 200, 300, 400, 600, 800, 1,200, 1,500, 2,000

• CT 2차 정격전류는 5[A], PT의 2차 정격전압은 110[V]이다.

해설

(1) $P_s = \dfrac{100}{\%Z} P_n = \dfrac{100}{16} \times 100 = 625[\text{MVA}]$

차단용량은 표에서 1,000[MVA] 선정

$I_n = \dfrac{P}{\sqrt{3} \times V} = \dfrac{10 \times 10^3}{\sqrt{3} \times 66} \fallingdotseq 87.48[\text{A}]$이므로 정격전류는 표에서 600[A] 선정

(2) 선로개폐기에 흐르는 전류

$I_n = \dfrac{P}{\sqrt{3} \times V} = \dfrac{10 \times 10^3}{\sqrt{3} \times 66} \fallingdotseq 87.48[\text{A}]$이므로 조건에서 600[A] 선정

(3) $I_{2n} = \dfrac{10 \times 10^3}{\sqrt{3} \times 6.6} \fallingdotseq 874.77[\text{A}]$이므로 변류기 1차 전류는

$I_{2n} \times (1.25 \sim 1.5) = 874.77 \times (1.25 \sim 1.5) \fallingdotseq 1{,}093.46 \sim 1{,}312.16[\text{A}]$

따라서, 변류기 1차 정격전류는 표에서 1,200[A] 선정

정답

(1) 차단용량 : 1,000[MVA], 정격전류 : 600[A]
(2) 600[A]
(3) 1,200[A]
(4) 6,600[V]
(5) 접지 계기용 변압기
(6) 뇌전류를 대지로 방전시켜 이상전압 발생 방지
(7) 지락사고 시 지락 회선을 선택, 차단하는 선택 접지계전기

02 건축 조명방식 중 가구 배광에 따른 조명방식 종류 5가지를 쓰시오.

정답

- 직접조명
- 반직접조명
- 전반확산조명
- 간접조명
- 반간접조명

03 중성점 접지목적 3가지를 쓰시오.

정답

- 1선 지락 시 전위 상승을 억제하여 기기의 절연 보호
- 보호계전기를 신속히 동작시킨다.
- 단절연이 가능하므로 기기값이 절감된다.

04 1ϕ 변압기 200[kVA]를 두 대로 V결선하여 사용할 경우 최대용량은 몇 [kVA]인가?(단, 소수점 첫째자리에서 반올림한다)

해설

최대용량$= \sqrt{3} \times P_1 = \sqrt{3} \times 200 ≒ 346.41$

정답

346[kVA]

05 인텔리전트 빌딩(Intelligent Building)은 빌딩 자동화시스템, 사무자동화시스템, 정보통신시스템, 건축환경을 총망라한 건설과 유지관리의 경제성을 추구하는 빌딩이라 할 수 있다. 이러한 빌딩의 전산시스템을 유지하기 위하여 비상전원으로 사용되고 있는 UPS에 대해서 다음 각 물음에 답하시오.

(1) UPS를 우리말로 하면 어떤 것을 뜻하는가?

(2) UPS에서 AC → DC부와 DC → AC부로 변환하는 부분의 명칭을 각각 쓰시오.

(3) UPS가 동작되면 전력 공급을 위한 축전지가 필요한데 그때의 축전지 용량을 구하는 공식을 쓰시오(단, 사용기호로 사용할 경우 사용기호의 의미와 단위도 쓴다).

정답

(1) 무정전 전원 공급 장치

(2) • AC → DC : 컨버터
  • DC → AC : 인버터

(3) $C = \frac{1}{L} KI$[Ah]

여기서, C : 축전지의 용량[Ah]
L : 보수율(경년용량 저하율)
K : 용량환산 시간 계수
I : 방전전류[A]

06 다음은 사용전원과 예비전원 운전 시 유의하여야 할 사항이다. ( ) 안에 알맞은 내용을 쓰시오.

> 예비전원과 사용전원 사이에는 병렬운전을 하지 않는 것이 원칙이므로 발전용 차단기와 상용전원용 차단기 사이에는 전기적 또는 기계적 (①) 장치를 시설해야 하며 또한 (②)를 사용해야 한다.

정답

① 인터로크

② 자동전환(절체)개폐기

07 전기설비를 하루에 240[kW]로 5시간, 100[kW]로 8시간, 75[kW]로 나머지 시간을 사용한다. 이에 따른 수전설비를 450[kVA]로 하였을 때, 부하의 평균역률이 0.8인 경우 다음 각 물음에 답하시오.

(1) 이 건물의 수용률[%]을 구하시오.

(2) 이 건물의 일부하율[%]을 구하시오.

해설

(1) $수용률 = \frac{최대전력}{설비용량} \times 100 = \frac{240}{450 \times 0.8} \times 100 \fallingdotseq 66.667[\%]$

(2) $부하율 = \frac{사용전력량[kWh]}{시간[h] \times 최대전력[kW]} \times 100$

$= \frac{240 \times 5 + 100 \times 8 + 75 \times 11}{24 \times 240} \times 100 \fallingdotseq 49.045[\%]$

정답

(1) 66.67[%]

(2) 49.05[%]

08 다음 주어진 표의 절연내력 시험전압 ①, ②, ③을 계산하여 답하시오.

공칭전압	6,000[V] 비접지	13,200[V] 중성점 다중접지	22,900[V] 중성점 다중접지
최대전압	6,900[V]	13,800[V]	24,000[V]
시험전압	①	②	③

해설

① $V_T = 6{,}900 \times 1.5 = 10{,}350[V]$

(7,000[V] 이하 $V_T = V_m \times 1.5$)

② $V_T = 13{,}800 \times 0.92 = 12.696[V]$

(25[kV] 이하 중성점 다중접지 $V_T = V_m \times 0.92$)

③ $V_T = 24{,}000 \times 0.92 = 22{,}080[V]$

정답

① 10,350[V]

② 12,696[V]

③ 22,080[V]

09

3심 전력케이블 55[mm^2](0.3195[Ω/km]), 전장 3.6[km]의 어떤 중간지점에서 1선 지락사고가 발생하여 전기적 사고점 탐지법의 하나인 머레이 루프법으로 측정한 결과 그림과 같은 상태에서 평형이 되었다고 한다. 측정점에서 사고지점까지의 거리를 구하시오.

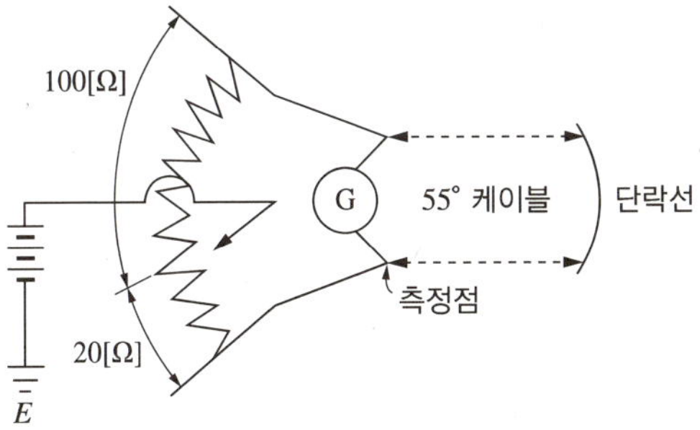

해설

고장점까지의 거리가 x, 전장 3.6[km]일 때 케이블의 전체 길이 7.2[km]

$100x = 20(7.2 - x)$

$100x = 144 - 20x$

$120x = 144$

$\therefore x = \frac{144}{120} = 1.2[\text{km}]$

정답 1.2[km]

10

$V_a = 7.3\angle 12.5°$, $V_b = 0.4\angle 45°$, $V_c = 4.4\angle 75°$일 때 다음 값을 구하시오.

(1) V_0의 값

(2) V_1의 값

(3) V_2의 값

해설

(1) $V_0 = \frac{1}{3}(V_a + V_b + V_c) = \frac{1}{3}(7.3\angle 12.5° + 0.4\angle 45° + 4.4\angle 75°)$

$\fallingdotseq 2.850 + j2.038 \fallingdotseq 3.503\angle 35.57°$

(2) $V_1 = \frac{1}{3}(V_a + aV_b + a^2V_c) = \frac{1}{3}(7.3\angle 12.5° + 1\angle 120° \times 0.4\angle 45° + 1\angle 240° \times 4.4\angle 75°)$

$\fallingdotseq 3.284 - j0.476 \fallingdotseq 3.318\angle -8.246°$

(3) $V_2 = \frac{1}{3}(V_a + a^2V_b + aV_c) = \frac{1}{3}(7.3\angle 12.5° + 1\angle 240° \times 0.4\angle 45° + 1\angle 120° \times 4.4\angle 75°)$

$\fallingdotseq 0.993 + j0.018 \fallingdotseq 0.994\angle 1.054°$

정답

(1) $3.5\angle 35.57°$

(2) $3.32\angle -8.25°$

(3) $0.99\angle 1.05°$

11 최근 수용가에서 전력사용이 증가하여 최대전력이 증가하고 있다. 최대전력을 억제할 수 있는 방법 3가지를 쓰시오.

정답

- 최대전력 제어장치
- 분산형 전원에 의한 제어 방식
- 설비부하의 프로그램 제어

[기 타]

- 부하의 피크커트 제어
- 부하의 피크시프트 제어
- 디맨드 제어 장치
- 자가용 발전설비의 가용에 의한 피크 제어 변수
- 에너지저장장치(ESS)를 설치

12 다음 시퀀스도는 3상 농형 유도전동기(IM)의 Y-△ 기동 운전제어의 미완성 회로도이다. 이 회로도에 대해 다음 각 물음에 답하시오.

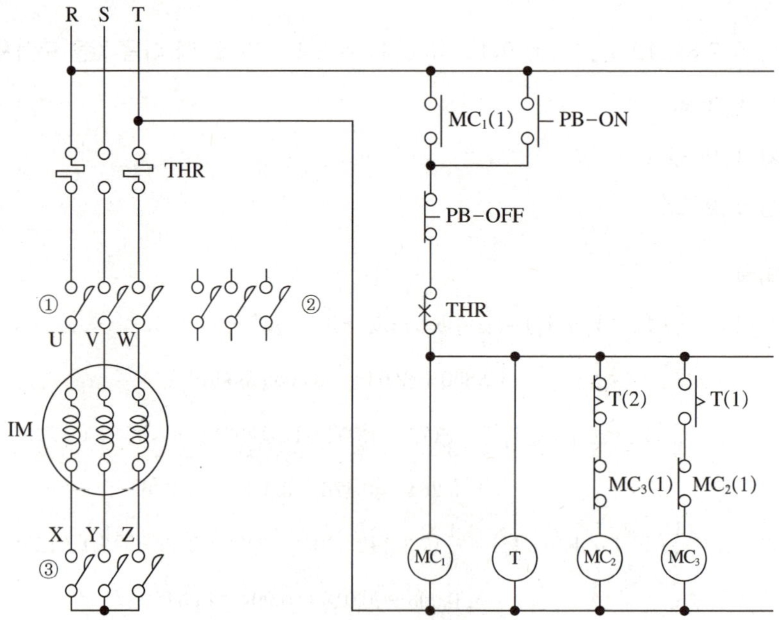

(1) ①~③에 해당하는 전자접촉기 접점의 약호를 쓰시오.

(2) 전자접촉기 MC_2는 운전 중에는 어떤 상태인지 쓰시오.

(3) 미완성 회로도의 주회로 부분에 Y-△ 기동 운전결선도를 완성하시오.

정답

(1) ① MC_1

② MC_3

③ MC_2

(2) 소자 상태

(3)

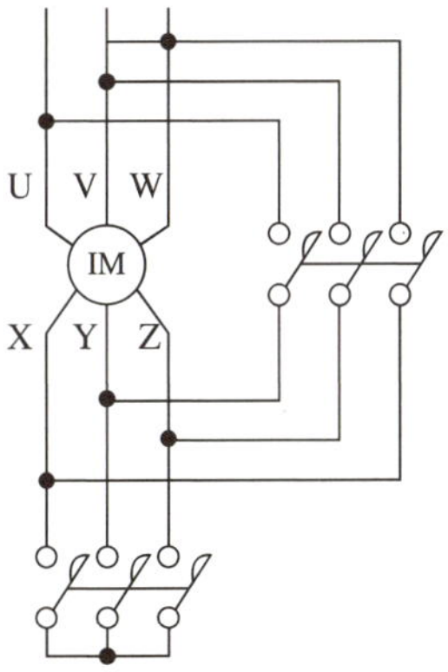

※ KEC 규정 적용으로 표현 변경 : R, S, T, E의 상의 명칭이 L1, L2, L3, N(또는 PE)으로 변경됨

13 다음 조건에 주어진 PLC 프로그램에 대해 다음 물음에 답하시오.

주 소	명령어(OP)	번지(ADD)
1	S	P000
2	AN	M000
3	ON	M001
4	W	P010

(1) PLC 로직회로를 나타내시오.

(2) 논리식을 완성하시오.

(3) PLC 회로도를 완성하시오.

정답

(1)

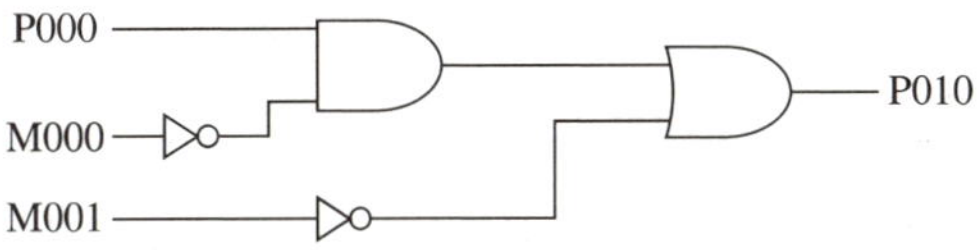

(2) $P010 = P000 \cdot \overline{M000} + \overline{M001}$

(3)

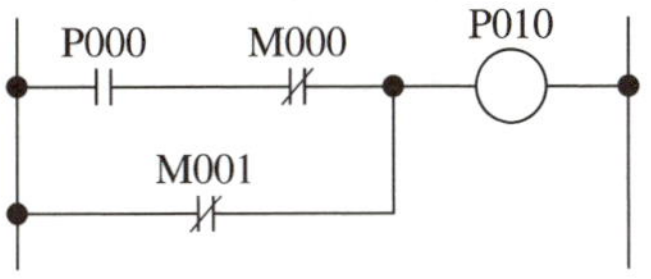

14 다음 논리식을 간단히 하시오(단, 풀이과정을 서술한다).

(1) $Z=(A+B+C)A$

(2) $Z=\overline{A}C+BC+AB+\overline{B}C$

정답

(1) $Z=(A+B+C)A=AA+AB+AC=A+AB+AC=A(1+B+C)=A$ ∴ $Z=A$

(2) $Z=C(B+\overline{B})+\overline{A}C+AB=C+\overline{A}C+AB=C(1+\overline{A})+AB=C+AB$ ∴ $Z=AB+C$

15 송전계통 S점에서 3상 단락사고가 발생하였다. 주어진 도면과 조건을 이용하여 다음 각 물음에 답하시오.

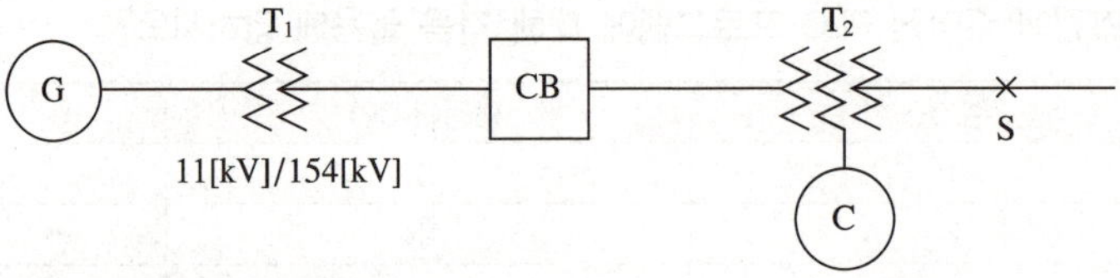

[조 건]

번 호	기기명	용 량	전 압	$\%X$
1	발전기(G)	50,000[kVA]	11[kV]	30
2	변압기(T_1)	50,000[kVA]	11/154[kV]	12
3	송전선		154[kV]	10(10,000[kVA] 기준)
4	변압기(T_2)	1차 25,000[kVA]	154[kV]	12(25,000[kVA] 기준, 1~2차)
		2차 30,000[kVA]	77[kV]	15(25,000[kVA] 기준, 2~3차)
		3차 10,000[kVA]	11[kV]	10.8(10,000[kVA] 기준, 3~1차)
5	조상기(C)	10,000[kVA]	11[kV]	20

(1) 기준용량을 100[MVA]로 환산 시 발전기, 변압기(T_1), 송전선 및 조상기의 %리액턴스를 구하시오.

(2) 변압기(T_2)의 각각의 %리액턴스를 100[MVA] 출력으로 환산하고, 1차(P), 2차(T), 3차(S)의 %리액턴스를 구하시오.

(3) 고장점과 차단기를 통과하는 각각의 단락전류를 구하시오.

(4) 차단기의 차단용량은 몇 [MVA]인가?

해설

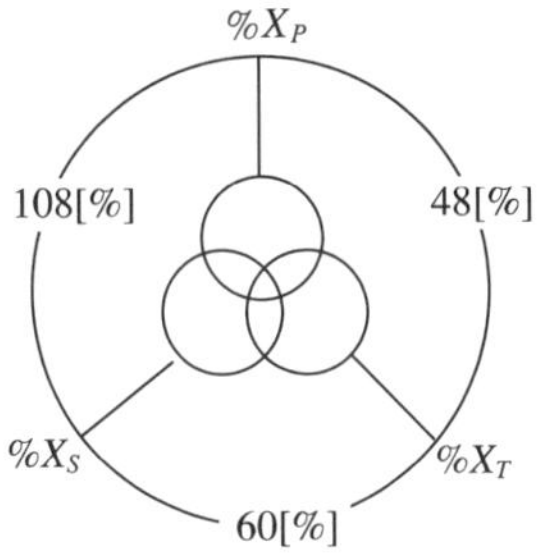

(1) • 발전기 $\%X = \frac{100}{50} \times 30 = 60[\%]$

• 변압기(T_1) $\%X = \frac{100}{50} \times 12 = 24[\%]$

• 송전선 $\%X = \frac{100}{10} \times 10 = 100[\%]$

• 조상기 $\%X = \frac{100}{10} \times 20 = 200[\%]$

(2) • 1~2차 $\%X_{P-T} = \frac{100}{25} \times 12 = 48[\%]$

• 2~3차 $\%X_{T-S} = \frac{100}{25} \times 15 = 60[\%]$

• 3~1차 $\%X_{S-P} = \frac{100}{10} \times 10.8 = 108[\%]$

• 1차 $\%X_P = \frac{1}{2}(48 + 108 - 60) = 48[\%]$

• 2차 $\%X_T = \frac{1}{2}(48 + 60 - 108) = 0[\%]$

• 3차 $\%X_S = \frac{1}{2}(108 + 60 - 48) = 60[\%]$

(3)

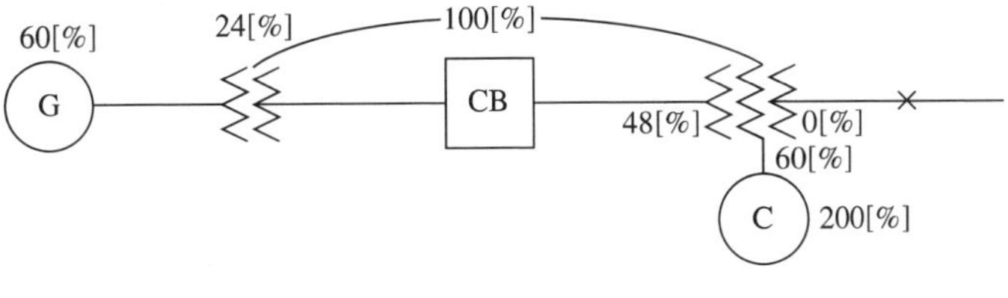

발전기(G)에서 T_2 변압기 1차까지 직렬 $\%X_1 = 60 + 24 + 100 + 48 = 232[\%]$

조상기에서 T_2 3차까지 직렬 $\%X_2 = 200 + 60 = 260[\%]$

단락점에서 봤을 때 $\%X_1$과 $\%Z_2$는 병렬

합성 $\%X = \frac{232 \times 260}{232 + 260} + 0 ≒ 122.6[\%]$

• 고장점의 단락전류 $I_s = \frac{100}{\%Z} I_n = \frac{100}{122.6} \times \frac{100 \times 10^3}{\sqrt{3} \times 77} ≒ 611.587[A]$

• 차단기의 단락전류 $I_s = \dfrac{\%X_2}{\%X_1 + \%X_2} \times I_s = \dfrac{260}{232+260} \times 611.59 \fallingdotseq 323.198[A]$

전압이 154[kV]이므로

$I_s' = 323.198 \times \dfrac{77}{154} = 161.599[A]$

(4) 차단기용량 $P_s = \sqrt{3}\, V_n I_s' = \sqrt{3} \times 170 \times 161.6 \times 10^{-3} \fallingdotseq 47.5829$

$V_n = 154 \times \dfrac{1.2}{1.1} = 168$

∴ 170[kV] 계통의 최고전압

정답

(1) • 발전기 $\%X = 60[\%]$
• 변압기(T_1) $\%X = 24[\%]$
• 송전선 $\%X = 100[\%]$
• 조상기 $\%X = 200[\%]$

(2) • 1~2차 $\%X_{P-T} = 48[\%]$
• 2~3차 $\%X_{T-S} = 60[\%]$
• 3~1차 $\%X_{S-P} = 108[\%]$
• 1차 $\%X_P = 48[\%]$
• 2차 $\%X_T = 0[\%]$
• 3차 $\%X_S = 60[\%]$

(3) • 고장점 단락전류 : 611.59[A]
• 차단기 단락전류 : 161.6[A]

(4) 47.58[MVA]

전기기사 2018년 제3회 기출복원문제

01 다음은 가공송전선로의 코로나 임계전압을 나타낸 식이다. 이 식을 보고 다음 각 물음에 답하시오.

$$E_0 = 24.3 m_0 m_1 \delta d \log_{10}\frac{D}{r}[\text{kV}]$$

(1) 기온 t[℃]에서의 기압을 b[mmHg]라고 할 때 $\delta = \frac{0.386b}{273+t}$로 나타내는데, 이때 δ는 무엇을 의미하는지 쓰시오.

(2) m_1이 날씨에 의한 계수라면 m_0는 무엇에 의한 계수인지 쓰시오.

(3) 코로나에 의한 장해의 종류를 4가지만 쓰시오.

(4) 코로나 발생을 방지하기 위한 주요 대책을 2가지만 쓰시오.

정답

(1) 공기상대밀도

(2) 전선 표면의 상태 계수

(3) • 코로나손에 의한 송전 용량 감소
• 오존에 의한 전선의 부식
• 잡음으로 인한 전파 장해 발생
• 고주파로 인한 유도 장해 발생

(4) • 전선의 지름을 증가시킨다.
• 복도체(다도체)를 사용한다.

02 ALTS의 명칭 및 기능을 쓰시오.

정답

• 명칭 : 자동 부하 전환 개폐기
• 기능 : 특고압 수용가 인입구에서 사용되며 이중 전원을 확보하여 주전원이 정전 시 다른 전원으로 자동 전환되어 무정전 전원 공급을 수행하는 개폐기

03 오실로스코프의 감쇄 Probe는 입력 전압의 크기를 10배의 배율로 감소시키도록 설계되어 있다. 그림에서 오실로스코프의 입력 임피던스 R_s는 $1[\mathrm{M\Omega}]$이고 Probe의 내부저항 R_p는 $9[\mathrm{M\Omega}]$이다.

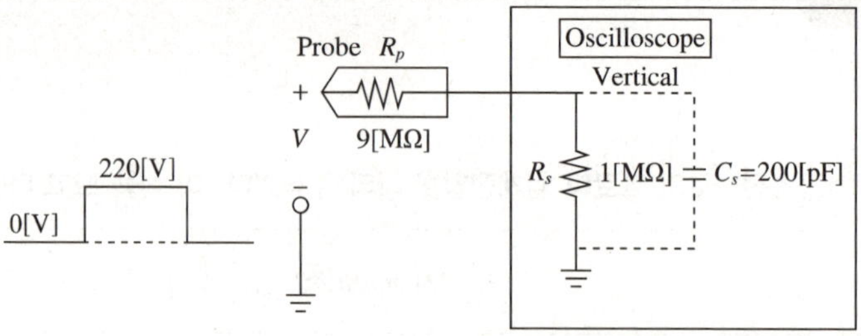

(1) Probe의 입력 전압이 $V=220[\mathrm{V}]$라면 Oscilloscope에 나타나는 전압은?

(2) Oscilloscope의 내부저항 $R_s=1[\mathrm{M\Omega}]$과 $C_s=200[\mathrm{pF}]$의 콘덴서가 병렬로 연결되어 있을 때 콘덴서 C_s에 대한 테브낭의 등가회로가 다음과 같다면 시정수 τ와 $V=220[\mathrm{V}]$일 때의 테브낭의 등가전압 E_{th}를 구하시오.

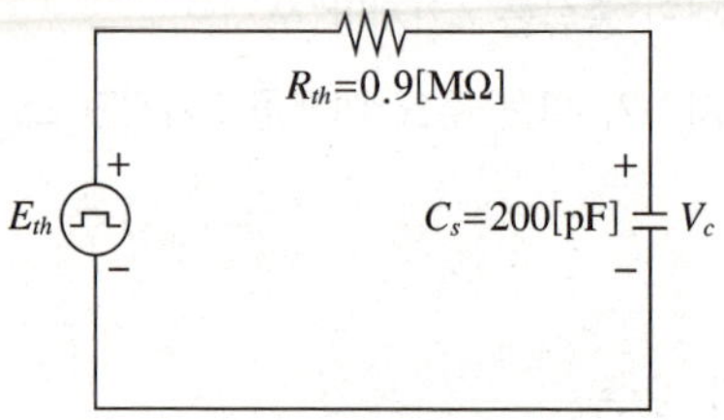

(3) 인가 주파수가 10[kHz]일 때 주기는 몇 [ms]인가?

해설

(1) $V_0=\dfrac{V}{n}=\dfrac{220}{10}=22[\mathrm{V}]$

여기서, n : 배율, V : 입력 전압

(2) 시정수 $\tau=R_{th}C_s=0.9\times10^6\times200\times10^{-12}=180\times10^{-6}[\mathrm{s}]=180[\mu\mathrm{s}]$

등가전압 $E_{th}=\dfrac{R_s}{R_p+R_s}\times V=\dfrac{1}{9+1}\times220=22[\mathrm{V}]$

(3) $T=\dfrac{1}{f}=\dfrac{1}{10\times10^3}=0.1[\mathrm{ms}]$

정답

(1) 22[V]

(2) • 시정수 $\tau=180[\mu\mathrm{s}]$

• 테브낭의 등가전압 $E_{th}=22[\mathrm{V}]$

(3) 0.1[ms]

04 그림에서 각 지점 간의 저항이 동일할 때 간선 AD 사이에 전원을 공급 시 전력 손실이 최대가 되는 지점과 최소가 되는 지점을 구하시오.

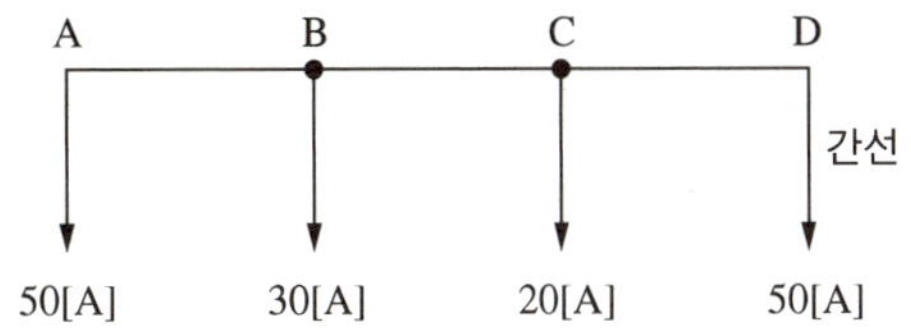

해설

$P_l = I^2 R \propto I^2$

$P_A = 50^2 + 70^2 + 100^2 = 17{,}400$

$P_B = 50^2 + 70^2 + 50^2 = 9{,}900$

$P_C = 80^2 + 50^2 + 50^2 = 11{,}400$

$P_D = 100^2 + 80^2 + 50^2 = 18{,}900$

정답

최대 D점, 최소 B점

05 지중선을 가공선과 비교하였을 때 지중선의 장단점을 각각 4가지만 쓰시오.

(1) 지중선의 장점

(2) 지중선의 단점

정답

(1) • 미관상 좋다.
• 기상 조건에 대한 영향이 적다.
• 화재 발생이 적다.
• 통신선 유도 장해가 적다.

(2) • 공사비용이 비싸고 공사기간이 길다.
• 고장점 검출이 어렵고 복구가 용이하지 않다.
• 송전용량이 가공선에 비해 낮다.
• 고장형태의 외상사고, 접속개소 시공불량에 의한 영구사고가 발생한다.

06 중성선, 분기회로, 등전위본딩에 대한 정의를 쓰시오.

정답

• 중성선 : 다선식전로에서 전원의 중성극에 접속된 전선
• 분기회로 : 간선에서 분기하여 분기과전류차단기를 거쳐서 부하에 이르는 사이의 배선
• 등전위본딩 : 등전위를 형성하기 위해 도전부 상호 간을 전기적으로 연결하는 것

07 어느 건물의 부하는 하루에 240[kW]로 5시간, 100[kW]로 8시간, 75[kW]로 나머지 시간을 사용한다. 이에 따른 수전설비를 450[kVA]로 하였을 때, 부하의 평균 역률이 0.8인 경우 다음 각 물음에 답하시오.

(1) 이 건물의 수용률[%]을 구하시오.

(2) 이 건물의 일부하율[%]을 구하시오.

해설

(1) $\text{수용률} = \dfrac{\text{최대수용전력}}{\text{설비용량}} \times 100 = \dfrac{240}{450 \times 0.8} \times 100 \fallingdotseq 66.667[\%]$

(2) $\text{일부하율} = \dfrac{\text{평균전력}}{\text{최대전력}} \times 100 = \dfrac{\text{사용전력량}[kWh]}{\text{시간}[h] \times \text{최대전력}[kW]} \times 100$

$$= \frac{\dfrac{240 \times 5 + 100 \times 8 + 75 \times 11}{24}}{240} \times 100$$

$$= \frac{240 \times 5 + 100 \times 8 + 75 \times 11}{24 \times 240} \times 100 \fallingdotseq 49.05[\%]$$

정답

(1) 66.67[%]

(2) 49.05[%]

08 변압기 모선방식의 종류 3가지를 쓰시오.

정답

- 단일모선방식
- 2중모선방식
- 환상모선방식

09 1,000[kVA], 22.9[kV]인 폐쇄형 큐비클식 변전실이 있다. 이 변전실의 높이 및 면적을 구하시오(단, 추정계수는 1.4).

해설

면적 : $\text{변전실 추정 면적} = \text{추정계수} \times (\text{변압기 용량})^{0.7}$

$1.4 \times 1{,}000^{0.7} \fallingdotseq 176.2496$

정답

- 높이 : 4.5[m] 이상
- 면적 : 176.25[m^2]

10 도면은 어느 154[kV] 수용가의 수전설비 단선결선도의 일부분이다. 주어진 표와 도면을 이용하여 다음 각 물음에 답하시오.

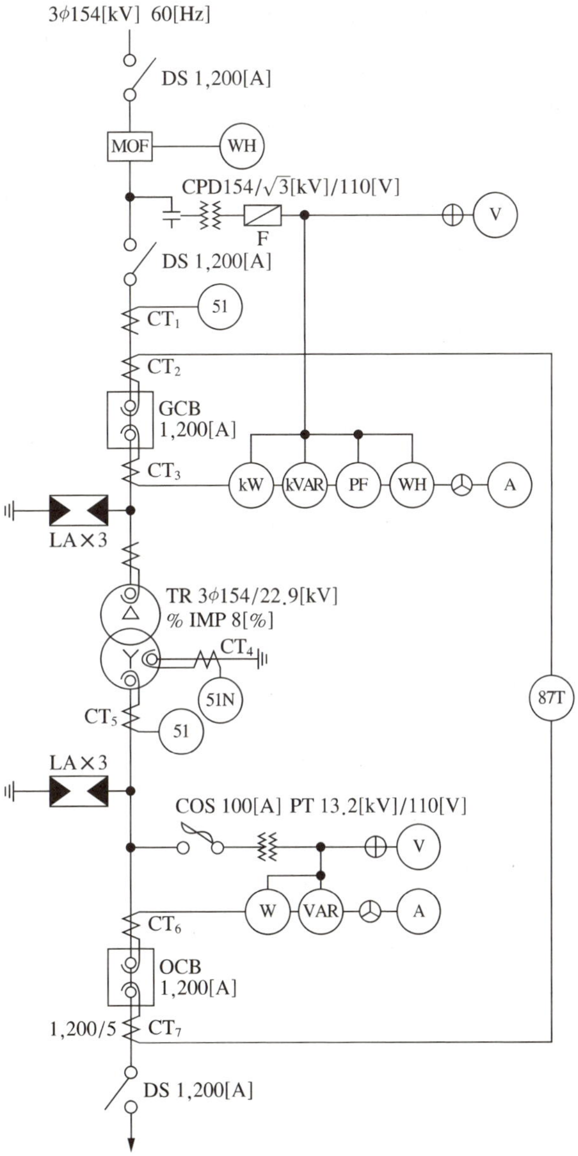

CT의 정격

1차 정격전류[A]	200	400	600	800	1,200
2차 정격전류[A]	5				

(1) 변압기 2차 부하 설비용량이 51[MW], 수용률이 70[%], 부하역률이 90[%]일 때 도면의 변압기 정격용량은 몇 [MVA]가 되는가?

(2) 변압기 1차측 DS의 정격전압은 몇 [kV]인가?

(3) CT_1의 비는 얼마인지를 계산하고 표에서 산정하시오(단, 여유율은 1.25를 적용한다).

(4) GCB 내에는 주로 어떤 가스가 사용되는지 그 가스의 명칭을 쓰시오.

(5) OCB의 정격차단전류가 23[kA]일 때, 이 차단기의 차단용량은 몇 [MVA]인가?

(6) 과전류계전기의 정격부담이 9[VA]일 때 이 계전기의 임피던스는 몇 [Ω]인가?

(7) CT_7 1차 전류가 600[A]일 때 CT_7의 2차에서 비율차동계전기의 단자에 흐르는 전류는 몇 [A]인가?

해설

(1) $\text{변압기 용량} = \dfrac{\text{설비용량} \times \text{수용률}}{\text{부등률} \times \text{역률}} = \dfrac{51 \times 0.7}{1 \times 0.9} \fallingdotseq 39.667[\text{MVA}]$

(2) $154 \times \dfrac{1.2}{1.1} = 168[\text{kVA}]$

(3) CT비 선정 방법

① CT 1차측 전류 : $I_1 = \dfrac{P}{\sqrt{3} \cdot V} = \dfrac{39.67 \times 10^3}{\sqrt{3} \cdot 154} \fallingdotseq 148.72[\text{A}]$

② CT의 여유 배수 적용 : $I_1 \times 1.25 = 185.9[\text{A}]$

③ CT 정격을 선정 : $\dfrac{200}{5}$

(5) $V_n = 22.9 \times \dfrac{1.2}{1.1} \fallingdotseq 24.98 \qquad \therefore 25.8[\text{kV}]$

차단용량 $P_s = \sqrt{3}\,V_n I_s = \sqrt{3} \times 25.8 \times 23 \fallingdotseq 1{,}027.799[\text{MVA}]$

(6) 2차 부담 임피던스 $P = I_n^2 \cdot Z[\text{VA}]$

$Z = \dfrac{P}{I^2} = \dfrac{9}{5^2} = 0.36[\Omega]$

(7) $600 \times \dfrac{5}{1{,}200} \times \sqrt{3} \fallingdotseq 4.33[\text{A}]$

정답

(1) 40[MVA]

(2) 170[kVA]

(3) $\dfrac{200}{5}$

(4) SF_6 가스

(5) 1,027.8[MVA]

(6) 0.36[Ω]

(7) 4.33[A]

11 디젤발전기를 운전할 때 연료 소비량이 250[L]이었다. 이 발전기의 정격출력은 500[kVA]일 때 발전기 운전시간[h]은?(단, 중유의 열량은 10,000[kcal/kg], 기관 효율, 발전기 효율 34.4[%], 1/2 부하이다)

해설

$$\eta = \frac{860\,W}{mH}$$

$$\eta = \frac{860\,Pt}{mH}$$

$$t = \frac{\eta mH}{860P} = \frac{0.344 \times 250 \times 10{,}000}{860 \times 500 \times \dfrac{1}{2}} = 4[\mathrm{h}]$$

정답

4시간

12 교류용 적산전력계에 대한 다음 각 물음에 답하시오.

(1) 잠동(Creeping) 현상에 대하여 간단히 설명하고 대책 2가지를 쓰시오.

(2) 적산전력계가 구비해야 할 전기적, 기계적 및 성능상 특성을 3가지만 쓰시오.

정답

(1) • 잠동 : 무부하 상태에서 정격주파수 및 정격전압의 110[%]를 인가하여 계기의 원판이 1회전 이상 회전하는 현상

• 대책 : 원판에 작은 구멍을 뚫는다. 원판에 작은 철편을 붙인다.

(2) 적산전력계가 구비해야 할 특성

• 과부하 내량이 클 것

• 기계적 강도가 클 것

• 부하특성이 좋을 것

13 다음은 3ϕ4W 22.9[kV] 수전설비 단선결선도이다. 다음 각 물음에 답하시오.

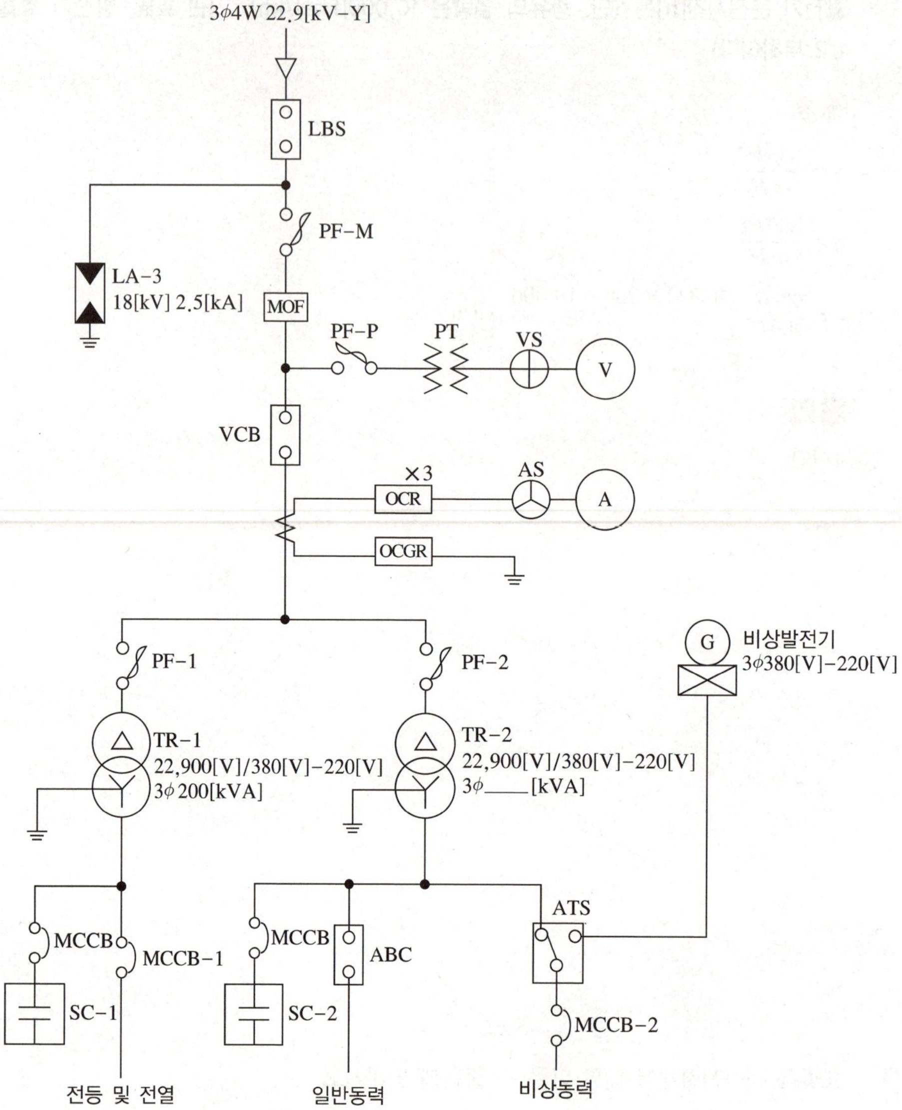

(1) 위 수전설비 단선결선도의 LA에 대하여 다음 물음에 답하시오.

① 우리말의 명칭은 무엇인가?

② 기능과 역할에 대해 간단히 설명하시오.

③ 요구되는 성능조건 4가지만 쓰시오.

(2) 다음의 표는 수전설비 단선결선도의 부하집계 및 입력환산표이다. 표를 완성하시오(단, 입력환산[kVA]은 계산값의 소수점 둘째자리에서 반올림한다).

구 분	전등 및 전열	일반동력	비상동력
설비용량 및 효율	합계 350[kW] 100[%]	합계 635[kW] 85[%]	유도전동기 1 7.5[kW] 2대 85[%] 유도전동기 2 11[kW] 1대 85[%] 유도전동기 3 15[kW] 1대 85[%] 비상조명 8,000[W] 100[%]
평균(종합) 역률	80[%]	90[%]	90[%]
수용률	60[%]	45[%]	100[%]

구 분		설비용량[kW]	효율[%]	역률[%]	입력환산[kVA]
전등 및 전열		350			
일반동력		635			
비상동력	유도전동기 1	7.5×2			
	유도전동기 2				
	유도전동기 3				
	비상조명				
	소 계	−			

(3) 단선결선도와 (2)의 부하집계표에 의한 TR-2의 적정용량은 몇 [kVA]인지 구하시오.

[참 고]

- 일반동력군과 비상동력군 간의 부등률은 1.3으로 본다.
- 변압기 용량은 15[%] 정도의 여유를 갖게 한다.
- 변압기의 표준규격[kVA]은 200, 300, 400, 500, 600으로 한다.

(4) 단선결선도에서 TR-2의 2차측 중성점의 접지공사의 접지선 굵기[mm^2]를 구하시오.

[참 고]

- 접지선은 GV 전선을 사용하고 표준굵기[mm^2]는 6, 10, 16, 25, 35, 50, 70으로 한다.
- GV 전선의 허용최고온도는 160[℃]이고 고장전류가 흐르기 전의 접지선의 온도는 30[℃]으로 한다.
- 고장전류는 정격전류의 20배로 본다.
- 변압기 2차의 과전류 보호차단기는 고장전류에서 0.1초 이내에 차단되는 것이다.
- 변압기 2차의 과전류차단기의 정격전류는 변압기 정격전류의 1.5배로 한다.

해설

(3) 변압기 용량$=\dfrac{830.1\times0.45+62.5\times1}{1.3}\times1.15\fallingdotseq385.73[\mathrm{kVA}]$

(4) $\theta=0.008\left(\dfrac{I_s}{A}\right)^2\cdot t$

$$\frac{\theta}{0.008t}=\left(\frac{I_s}{A}\right)^2$$

$$\sqrt{\frac{\theta}{0.008t}}=\frac{I_s}{A}$$

$$A=\frac{I_s}{\sqrt{\dfrac{\theta}{0.008t}}}=\frac{18{,}232.2}{\sqrt{\dfrac{130}{0.008\times0.1}}}\fallingdotseq45.23[\mathrm{mm}^2]$$

$$I_s=20I_n=20\times1.5I_n=20\times1.5\times607.74=18{,}232.2[\mathrm{A}]$$

$$I_n = \frac{P}{\sqrt{3}\,V} = \frac{400\times10^3}{\sqrt{3}\times380} ≒ 607.74[\text{A}]$$

$\theta = 160 - 30 = 130[℃]$, $t = 0.1[\text{s}]$

여기서, I_s : 고장전류[A], θ : 온도상승[℃], t : 통전시간[s]

정답

(1) ① 피뢰기

② 속류를 차단한다, 뇌전류를 대지로 방전시켜 이상전압 발생을 방지하여 기계・기구를 보호한다.

③ • 사용주파 방전개시전압이 높을 것
• 제한 전압이 낮을 것
• 충격방전개시전압이 낮을 것
• 속류차단 능력이 클 것

(2) 부하집계 및 입력환산표

구 분		설비용량[kW]	효율[%]	역률[%]	입력환산[kVA]
전등 및 전열		350	100	80	$\frac{350}{0.8\times1} = 437.5$
일반동력		635	85	90	$\frac{635}{0.9\times0.85} ≒ 830.1$
비상동력	유도전동기 1	7.5×2	85	90	$\frac{7.5\times2}{0.9\times0.85} ≒ 19.6$
	유도전동기 2	11	85	90	$\frac{11}{0.9\times0.85} ≒ 14.4$
	유도전동기 3	15	85	90	$\frac{15}{0.9\times0.85} ≒ 19.6$
	비상조명	8	100	90	$\frac{8}{0.9\times1} ≒ 8.9$
	소 계	−	−	−	62.5

(3) 400[kVA]

(4) 50[mm^2]

14 **선로정수 A, B, C, D가 무부하 시 송전단에 154[kV]를 인가할 때 다음 물음에 답하시오. 이때, $A = 0.9$, $B = j70.7$, $C = j0.52\times10^{-3}$, $D = 0.9$이다.**

(1) 수전단 전압

(2) 송전단 전류

(3) 무부하 시 수전단 전압을 140[kV]로 유지하기 위해 필요한 조상설비용량[kVar]은?

해설

(1) $E_s = AE_r + BI_r$(무부하 시 $I_r = 0$)

$$V_r = \frac{V_s}{A} = \frac{154}{0.9} ≒ 171.111[\text{kV}]$$

(2) $I_s = CE_r + DI_r$(무부하 시 $I_r = 0$)

$$I_s = CE_r = j0.52 \times 10^{-3} \times \frac{171.11 \times 10^3}{\sqrt{3}} ≒ j51.371[\text{A}]$$

(송전선로는 Y결선이고 상전류이므로 선간전압을 상전압으로 바꿔야 함)

(3) $\frac{154}{\sqrt{3}} = 0.9 \times \frac{140}{\sqrt{3}} + j70.7I_r$

$$I_r = \frac{(88.91 - 72.75)}{j70.7} \times 10^3 ≒ -j228.57[\text{A}]$$

$$Q_C = \sqrt{3}\,VI_r = \sqrt{3} \times 140 \times 228.57 ≒ 55{,}425.28[\text{kVar}]$$

정답

(1) 171.11[kV]

(2) 51.37[A](진상)

(3) 55,425.28[kVar]

15

다음 표에 표시된 부하를 운전하는 경우 아래 사항에 대하여 답하시오.

No	부하종류	출력[kW]	전부하의 특성				시동특성	
			역률[%]	효율[%]	입력[kVA]	입력[kW]	역률[%]	시동[kVA]
1	유도전동기	6대×37	87.0	80.5	53×6대	46×6대	40	336×6
2	유도전동기	6대×11	84.0	77.0	17	14.3	40	108
3	전등 기타	30	100		30	30		
합 계		263	88		365	320.3	−	−

(1) 발전기를 전부하로 운전하는 데 필요한 용량[kVA]은 얼마 이상이어야 하는가?

(2) 발전기 운전 시 엔진출력[PS]은 얼마인가?(단, 발전기 효율은 92[%]로 본다)

해설

(1) 전부하 특성에서 입력[kW]의 합계는 320.3[kW]이고 역률이 88[%]이므로

$$\text{발전기 용량} = \frac{320.3}{0.88} ≒ 363.98[\text{kVA}]$$

(2) $$\text{엔진출력[PS]} = \frac{\text{발전기 용량[kVA]} \times \text{역률}(\cos\theta)}{\text{효율} \times 0.736} = \frac{363.98 \times 0.88}{0.92 \times 0.736} ≒ 473.036$$

정답

(1) 375[kVA]

(2) 473.04[PS]

전기 산업기사

2018년 제1회 기출복원문제

01 다음 내용에 알맞은 ①, ②, ③의 명칭을 쓰시오.

임의의 면에서 한 점의 조도는 광원의 광도 및 입사각의 코사인에 비례하고 거리의 제곱에 반비례한다. 이와 같이 입사각의 코사인에 비례하는 것을 Lambert's Cosine Law라고 한다. 또 광선과 피조면의 위치에 따라 조도를 (①)조도, (②)조도, (③)조도 등으로 분류할 수 있다.

정답

① 법 선

② 수직면

③ 수평면

02 F점에서 3ϕ 단락고장이 발생하였을 경우 다음 조건을 이용하여 단락전류 등을 154[kV], 100[MVA] 기준으로 계산하는 과정에 대한 다음 각 물음에 답하시오.

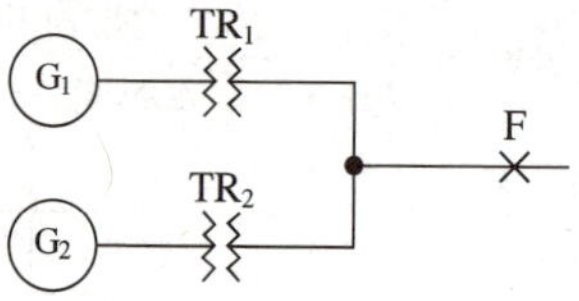

[조 건]

① 발전기 $G_1 : P_{G_1} = 20[\text{MVA}]$, $\%Z_{G_1} = 30[\%]$

$G_2 : P_{G_2} = 5[\text{MVA}]$, $\%Z_{G_2} = 30[\%]$

② 변압기 TR_1 : 11/154[kV], 용량 : 20[MVA], $\%Z_{T_1} = 10[\%]$

TR_2 : 22/154[kV], 용량 : 5[MVA], $\%Z_{T_2} = 10[\%]$

③ 송전선로 : 전압 154[kV], 용량 : 20[MVA], $\%Z_{TL} = 5[\%]$

(1) 정격전압 154[kV], 기준용량을 100[MVA]로 할 때 정격선류(I_n)를 구하시오.

(2) 발전기(G_1, G_2), 변압기(T_1, T_2) 및 송전선로의 %임피던스 $\%Z_{G_1}$, $\%Z_{G_2}$, $\%Z_{T_1}$, $\%Z_{T_2}$, $\%Z_{TL}$을 각각 구하시오.

(3) 점 F에서의 합성 %임피던스를 구하시오.

(4) 점 F에서의 3상 단락전류 I_s를 구하시오.

(5) 점 F에서 설치할 차단기의 용량을 구하시오.

해설

(1) $I_n = \dfrac{100 \times 10^6}{\sqrt{3} \times 154 \times 10^3} \fallingdotseq 374.903$

(2) ① $\%Z_{G_1} = 30[\%] \times \dfrac{100}{20} = 150[\%]$

② $\%Z_{G_2} = 30[\%] \times \dfrac{100}{5} = 600[\%]$

③ $\%Z_{T_1} = 10[\%] \times \dfrac{100}{20} = 50[\%]$

④ $\%Z_{T_2} = 10[\%] \times \dfrac{100}{5} = 200[\%]$

⑤ $\%Z_{TL} = 5[\%] \times \dfrac{100}{20} = 25[\%]$

(3)
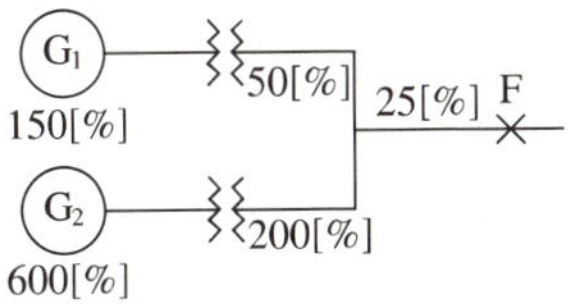

$\%Z = \dfrac{(150+50) \times (600+200)}{(150+50)+(600+200)} + 25 = 185[\%]$

(4) $I_s = \dfrac{100}{\%Z} I_n = \dfrac{100}{185} \times 374.9 \fallingdotseq 202.649[A]$

(5) $P_s = \dfrac{100}{185} \times 100 \fallingdotseq 54.054[MVA]$

정답

(1) 374.9[A]

(2) ① $\%Z_{G_1} = 150[\%]$

② $\%Z_{G_2} = 600[\%]$

③ $\%Z_{T_1} = 50[\%]$

④ $\%Z_{T_2} = 200[\%]$

⑤ $\%Z_{TL} = 25[\%]$

(3) 185[%]

(4) 202.65[A]

(5) 54.05[MVA]

03 어떤 공장의 전기설비로 역률 0.8, 용량 200[kVA]인 3상 유도부하가 사용되고 있다. 이 부하에 병렬로 전력용 콘덴서를 설치하여 합성역률을 0.95로 개선할 경우 다음 각 물음에 답하시오.

(1) 전력용 콘덴서의 용량은 몇 [kVA]가 필요한가?

(2) 전력용 콘덴서의 직렬리액터를 함께 설치할 때 설치하는 이유와 용량은 몇 [kVA]를 설치하여야 하는지를 쓰시오.

해설

(1) $Q_C = P\left(\frac{\sin\theta_1}{\cos\theta_1} - \frac{\sqrt{1-\cos^2\theta_2}}{\cos\theta_2}\right) = 200 \times 0.8\left(\frac{0.6}{0.8} - \frac{\sqrt{1-0.95^2}}{0.95}\right) \fallingdotseq 67.4105$

(2) 용량 이론상 67.41×0.04=2.6964

용량 실제 67.41×0.06=4.0446

정답

(1) 67.41[kVA]

(2) • 이유 : 제5고조파를 제거하여 전압의 파형 개선

• 4.04[kVA]

04 단상 2선식 200[V]의 옥내 배선에서 소비전력 60[W], 역률 65[%]의 형광등을 80등 설치할 때 이 시설을 15[A]의 분기회로로 하려고 한다. 이때 필요한 분기회로는 최소 몇 회선이 필요한가? (단, 한 회로의 부하전류는 분기회로 용량의 80[%]로 한다)

해설

$$\text{분기회로수} = \frac{\frac{60}{0.65} \times 80}{15[A] \times 200[V] \times 0.8} \fallingdotseq 3.077$$

정답

15[A] 분기회로수 : 4회로

05 지상역률 80[%]인 100[kW] 부하에 지상역률 60[%]인 80[kW] 부하를 연결하였다. 두 부하의 합성역률을 95[%]로 개선하는 데 필요한 진상 콘덴서 용량은 몇 [kVA]인가?

해설

$P_0 = 100 + 80 = 180[kW]$

$Q_0 = 100 \times \frac{0.6}{0.8} + 80 \times \frac{0.8}{0.6} \fallingdotseq 181.667[kVA]$

$\cos\theta_0 = \frac{180}{\sqrt{180^2 + 181.667^2}} \times 100 \fallingdotseq 70.4[\%]$

$Q_c = 180\left(\frac{\sqrt{1-0.704^2}}{0.704} - \frac{\sqrt{1-0.95^2}}{0.95}\right) \fallingdotseq 122.422[kVA]$

정답

122.42[kVA]

06 3ϕ4W 22.9[kV] 수전설비 단선결선도이다. 다음 물음에 답하시오.

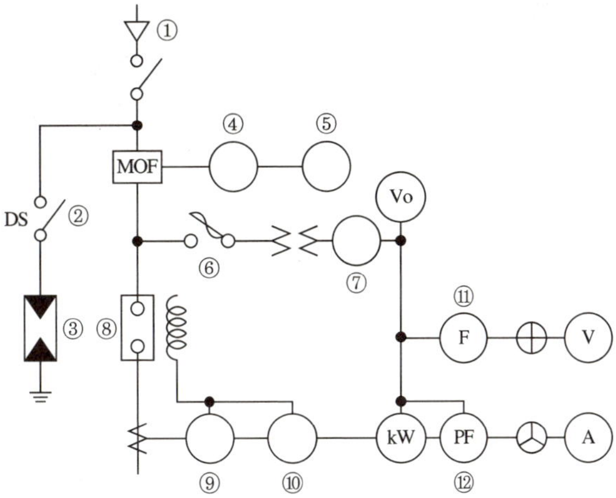

(1) ①의 심벌의 명칭과 용도를 쓰시오.

(2) ②의 심벌의 명칭과 용도를 쓰시오.

(3) ③의 심벌의 명칭과 용도를 쓰시오.

(4) ④부터 ⑫까지의 심벌의 명칭을 쓰시오.

정답

(1) • 명칭 : 케이블헤드
• 용도 : 케이블의 단말처리

(2) • 명칭 : 단로기
• 용도 : 피뢰기 수리 점검용 단로기

(3) • 명칭 : 피뢰기
• 용도 : 뇌전류를 대지로 방전시켜 이상전압 발생 방지 및 속류를 차단

(4) ④ 무효전력량계
⑤ 최대수요전력량계
⑥ 전력퓨즈
⑦ 지락과전압계전기
⑧ 교류차단기
⑨ 과전류계전기
⑩ 지락과전류계전기
⑪ 주파수계
⑫ 역률계

07 3ϕ3W식 6,000[V]를 200[V]로 강압하여 수전하는 3층 건물의 수전설비가 있다. 표1과 표2를 참고하여 다음 물음에 답하시오.

표1. 조명 및 콘센트 부하설비

사용 목적	와트수[W]	설치수량	환산용량[VA]	총용량[VA]	비 고
전등 관계					
• 수은등 A	200	2	260	520	200[V] 고역률
• 수은등 B	100	8	140	1,120	100[V] 고역률
• 형광등	40	820	55	45,100	200[V] 고역률
• 백열전등	60	20	60	1,200	
콘센트 관계					
• 일반 콘센트		70	150	10,500	2P 15[A]
• 환기팬용 콘센트		8	55	440	
• 히터용 콘센트	1,500	2		3,000	
• 복사기용 콘센트		4		3,600	
• 텔레타이프용 콘센트		2		2,400	
• 룸 쿨러용 콘센트		6		7,200	
기 타					
• 전화교환용 정류기		1		800	
합 계				75,880	

표2. 동력부하설비

사용 목적	용량[kW]	대수	상용동력[kW]	하계동력[kW]	동계동력[kW]
난방 관계					
• 보일러 펌프	6.7	1			6.7
• 오일 기어 펌프	0.4	1			0.4
• 온수 순환 펌프	3.7	1			3.7
공기조화 관계					
• 1, 2, 3층 패키지 컴프레서	7.5	6		45.0	
• 컴프레서 팬	5.5	3	16.5		
• 냉각수 펌프	5.5	1		5.5	
• 쿨링 타워	1.5	1		1.5	
급수·배수 관계					
• 양수 펌프	3.7	1	3.7		
기 타					
• 소화 펌프	5.5	1	5.5		
• 셔 터	0.4	2	0.8		
합 계			26.5	52.0	10.8

[조 건]

• 동력부하의 역률은 모두 80[%]이며, 기타는 100[%]로 간주한다.
• 조명 및 콘센트 부하설비의 수용률은 다음과 같다.
  - 전등 설비 : 55[%]
  - 콘센트 설비 : 60[%]
  - 전화교환용 정류기 : 100[%]
• 변압기 용량 산출 시 예비율(여유율)은 고려하지 않으며 용량은 표준규격으로 답을 한다.
• 변압기 용량 산정 시 필요한 동력부하설비의 수용률은 전체 평균 65[%]로 한다.

(1) 동계 난방 때 온수 순환 펌프는 상시 운전하고, 보일러용과 오일 기어 펌프의 수용률이 55[%]일 때 난방동력 수용부하는 몇 [kW]인가?

(2) 상용동력, 하계동력, 동계동력에 대한 피상전력은 몇 [kVA]가 되겠는가?

① 상용동력

② 하계동력

③ 동계동력

(3) 이 건물의 총전기설비 용량은 몇 [kVA]를 기준으로 하여야 하는가?

(4) 조명 및 콘센트 부하설비에 대한 단상 변압기의 정격용량은 최소 몇 [kVA]가 되어야 하는가?

(5) 동력부하용 3상 변압기의 정격용량은 몇 [kVA]가 되겠는가?

(6) 단상과 3상 변압기의 전류계용으로 사용되는 변류기의 1차측 정격전류는 각각 몇 [A]인가?

① 단상

② 3상

(7) 역률개선을 위하여 각 부하마다 전력용 콘덴서를 설치하려고 할 때 보일러 펌프의 역률을 95[%]로 개선하려면 몇 [kVA]의 전력용 콘덴서가 필요한가?

해설

(1) 수용부하 $= 3.7 + (6.7 + 0.4) \times 0.55 \fallingdotseq 7.61[\text{kW}]$

(2) ① 상용동력 $= \dfrac{26.5}{0.8} = 33.125[\text{kVA}]$

② 하계동력의 피상전력 $= \dfrac{52.0}{0.8} = 65[\text{kVA}]$

③ 동계동력의 피상전력 $= \dfrac{10.8}{0.8} = 13.5[\text{kVA}]$

(3) $33.13 + 65 + 75.88 = 174.01[\text{kVA}]$

(4) 전등 관계 : $(520 + 1{,}120 + 45{,}100 + 1{,}200) \times 0.55 \times 10^{-3} = 26.367[\text{kVA}]$

콘센트 관계 : $(10{,}500 + 440 + 3{,}000 + 3{,}600 + 2{,}400 + 7{,}200) \times 0.6 \times 10^{-3} = 16.284[\text{kVA}]$

기타 : $800 \times 1 \times 10^{-3} = 0.8[\text{kVA}]$

$26.367 + 16.284 + 0.8 = 43.451[\text{kVA}]$

(5) 동계동력과 하계동력 중 큰 부하를 기준으로 하고 사용동력과 합산하여 계산하면

$\dfrac{26.5 + 52}{0.8} \times 0.65 \fallingdotseq 63.781[\text{kVA}]$이므로 3상 변압기 용량은 75[kVA]가 된다.

(6) ① $I = \dfrac{50 \times 10^3}{6 \times 10^3} \times (1.25 \sim 1.5) \fallingdotseq 10.42 \sim 12.5[\text{A}]$

② $I = \dfrac{75 \times 10^3}{\sqrt{3} \times 6 \times 10^3} \times (1.25 \sim 1.5) \fallingdotseq 9.02 \sim 10.83[\text{A}]$

(7) $Q_c = P(\tan\theta_1 - \tan\theta_2) = 6.7\left(\dfrac{\sqrt{1-0.8^2}}{0.8} - \dfrac{\sqrt{1-0.95^2}}{0.95}\right) \fallingdotseq 2.823[\text{kVA}]$

정답

(1) 7.61[kW]

(2) ① 33.13[kVA]

② 65[kVA]

③ 13.5[kVA]

(3) 174.01[kVA]

(4) 50[kVA]

(5) 75[kVA]

(6) ① 15[A] 선정

② 10[A] 선정

(7) 2.82[kVA]

08 고압 이상에 사용되는 차단기의 종류를 3가지만 쓰시오.

정답

- 가스차단기
- 유입차단기
- 진공차단기

TIP

공기차단기, 자기차단기 등 사용 가능

09 25[m]의 거리에 있는 분전함에서 4[kW]의 교류 단상 200[V] 전열기를 설치하였다. 배선 방법으로 금속관공사로 하고 전압강하를 2[%] 이하로 하기 위해서 전선의 굵기를 얼마로 선정하는 것이 적당한가?(단, 전선규격은 1.5, 2.5, 4, 6, 10, 16, 25, 35에서 선정한다)

해설

$$I = \frac{P}{V} = \frac{4 \times 10^3}{200} = 20[\text{A}]$$

$$e = 200 \times 0.02 = 4[\text{V}]$$

$$A = \frac{35.6LI}{1{,}000 \cdot e} = \frac{35.6 \times 25 \times 20}{1{,}000 \times 4} = 4.45[\text{mm}^2]$$

정답

$6[\text{mm}^2]$

10 연축전지와 알칼리축전지에 대하여 다음 각 물음에 답하시오.

(1) 연축전지와 비교할 때 알칼리축전지의 장점과 단점을 1가지씩만 쓰시오.

(2) 연축전지와 알칼리축전지의 공칭전압은 각각 몇 [V]인지 쓰시오.

(3) 축전지의 일상적인 충전방식 중 부동충전방식에 대하여 설명하시오.

(4) 연축전지의 정격용량이 150[Ah]이고, 상시부하가 15[kW]이며, 표준전압이 100[V]인 부동충전방식 충전기의 2차 전류는 몇 [A]인지 구하시오(단, 상시부하의 역률은 1로 간주한다).

해설

(4) $I_2 = \frac{\text{축전지용량[Ah]}}{\text{방전율[h]}} + \frac{\text{상시부하용량[VA]}}{\text{표준전압[V]}}$

$I_2 = \frac{150}{10} + \frac{15 \times 10^3}{100} = 165[\text{A}]$

정답

(1) • 장점 : 과충전, 과방전에 강하다.
• 단점 : 연축전지보다 공칭전압이 낮다.

(2) • 연축전지 : 2.0[V/cell]
• 알칼리축전지 : 1.2[V/cell]

(3) 축전지와 충전기를 병렬로 접속하여 부하에 공급하는 방식으로 상시일정부하는 충전기가 공급하고 일시적인 대전류는 축전지가 공급하는 방식

(4) 165[A]

11 50[Hz]로 설계된 3상 유도전동기를 일정 전압으로 60[Hz]에 사용할 경우 다음 요소의 변화값을 수치를 이용하여 설명하시오.

(1) 무부하전류

(2) 온도 상승

(3) 속 도

정답

(1) 5/6으로 감소

(2) 5/6으로 감소

(3) 6/5로 증가

12 지중전선로에서 케이블의 매설 시 관로식인 경우와 직접매설식(차량 및 기타 중량물의 압력을 받을 우려가 있는 경우임)인 경우에 각각 얼마 이상 깊이로 매설하여야 하는가?

시설장소	매설깊이[m]
관로식	(1)
직접매설식	(2)

정답

(1) 1.0[m] 이상

(2) 1.0[m] 이상

13 지표면상 15[m] 높이의 수조가 있다. 이 수조에서 분당 100[m^3]의 물을 양수하는 데 필요한 펌프용 전동기의 소요 출력은 몇 [kW]인가?(단, 펌프의 효율은 65[%]로 하고, 여유계수는 1.1로 한다)

해설

$$P=\frac{9.8QH}{\eta}K=\frac{9.8\times\frac{100}{60}\times 15}{0.65}\times 1.1 \fallingdotseq 414.615[\text{kW}]$$

정답

414.62[kW]

14 다음 논리식을 이용하여 각 물음에 답하시오(단, A, B, C는 입력이고, X는 출력이다).

$$X=(A+B)\cdot\overline{C}$$

(1) 이 논리식을 로직을 이용한 시퀀스도(논리회로)로 나타내시오.

(2) 물음 (1)에서 로직 시퀀스도로 표현된 것을 2입력 NAND Gate만으로 등가 변환하시오.

(3) 물음 (1)에서 로직 시퀀스도로 표현된 것을 2입력 NOR Gate만으로 등가 변환하시오.

정답

(1)

(2)

(3)

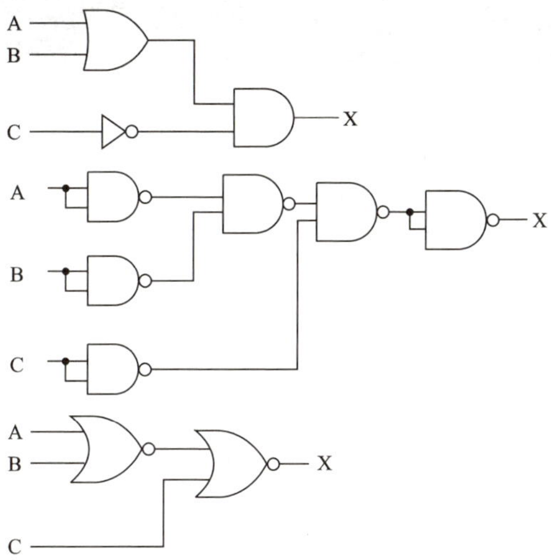

15 태양광발전소 발전용량이 1,000[kW]이고 출력단 변환효율이 20[%], 발전효율이 85[%]일 때 태양광 모듈의 면적을 구하시오.

해설

$$변환효율 = \frac{발전용량[kW] \times 발전효율}{설치면적 \times 1,000[W/m^2]} \times 100[\%]$$

$$0.2 = \frac{1,000 \times 10^3 \times 0.85}{설치면적 \times 1,000[W/m^2]} \text{에서 } 설치면적 = \frac{1,000 \times 10^3 \times 0.85}{0.2 \times 1,000}$$

설치면적 = $4,250[m^2]$

정답

$4,250[m^2]$

전기 산업기사 2018년 제2회 기출복원문제

01 그림은 어느 수용가의 일부하 곡선이다. 이 수용가의 평균전력[kW]과 일부하율을 구하시오.

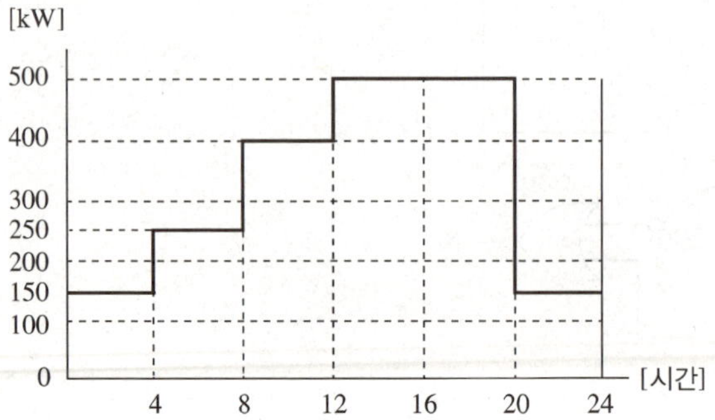

해설

• 평균전력 $= \dfrac{(150+250+400+500+500+150)\times 4}{24} = 325[\text{kW}]$

• 부하율 $= \dfrac{325}{500}\times 100 \fallingdotseq 65[\%]$

정답

평균전력 : 325[kW], 부하율 : 65[%]

02 3상 3선식 6[kV] 수전점에서 100/5[A] CT 2대, 6,600/110[V] PT 2대를 정확히 결선하여 CT 및 PT의 2차측에서 측정한 전력이 300[W]라면 수전전력은 얼마이겠는가?

해설

수전전력 $=$ 측정전력 $\times$ PT비 $\times$ CT비 $\times 10^{-3} = 300\times\dfrac{6,600}{110}\times\dfrac{100}{5}\times 10^{-3} = 360[\text{kW}]$

정답

360[kW]

03 송전선로에 대한 다음 물음에 답하시오.

(1) 송전선로에서 사용하는 중성점 접지방식의 종류 4가지를 쓰시오.

(2) 송전선로에서 사용하는 유효접지계통의 접지방식을 쓰시오.

(3) 유효접지의 배수는?

정답

(1) • 직접접지방식
- 저항접지방식
- 비접지방식
- 소호리액터접지방식

(2) 직접접지방식

(3) 1.3배

04 SPD(서지흡수기)에 대한 각 물음에 답하시오.

(1) 구조별 종류 2가지를 쓰시오.

(2) 기능별 종류 3가지를 쓰시오.

정답

(1) • 1포트 SPD
- 2포트 SPD

(2) • 전압스위치형 SPD
- 조합형 SPD
- 전압억제형 SPD

05 어떤 발전소의 발전기가 13.2[kV], 9.3[MVA] 동기임피던스가 94[%]일 때 임피던스는 몇 [Ω]인가?

해설

$$\%Z = \frac{PZ}{10V^2}$$

$$Z = \frac{\%Z \times 10V^2}{P} = \frac{94 \times 10 \times 13.2^2}{9.3 \times 10^3} \fallingdotseq 17.61[\Omega]$$

정답

17.61[Ω]

06 부하가 유도전동기이며, 기동 용량이 1,500[kVA]이고, 기동 시 전압강하는 20[%]이며, 발전기의 과도 리액턴스가 25[%]이다. 이 전동기를 운전할 수 있는 자가발전기의 최소용량은 몇 [kVA]인지 계산하시오.

해설

$$발전기\ 정격용량 = \left(\frac{1}{허용전압강하} - 1\right) \times 기동용량 \times 과도\ 리액턴스$$

$$= \left(\frac{1}{0.2} - 1\right) \times 1,500 \times 0.25 = 1,500[\text{kVA}]$$

정답

1,500[kVA]

07 전력 계통에 이용되는 리액터측에 대하여 그 설치 목적을 간단히 쓰시오.

(1) 분로리액터

(2) 직렬리액터

(3) 소호리액터

(4) 한류리액터

정답

(1) 페란티현상 방지
(2) 제5고조파의 제거
(3) 지락전류의 제한
(4) 단락전류의 제한

08 변압기의 병렬운전조건 4가지를 쓰시오.

정답

- 각 변압기의 극성이 같을 것
- 권수비가 같을 것
- %임피던스강하가 같을 것
- 1차, 2차 정격전압이 같을 것

09 폭 20[m], 등간격 30[m]에 200[W] 수은등을 설치할 때 도로면의 조도는 몇 [lx]가 되겠는가? (단, 등배열은 한쪽(편면)으로 함, 조명률 : 0.5, 감광보상률 : 1.5, 200[W] 수은등의 광속 : 8,500[lm]이다)

해설

$$4E = \frac{FUN}{AD} = \frac{8{,}500 \times 0.5 \times 1}{20 \times 30 \times 1.5} \fallingdotseq 4.72[\text{lx}]$$

정답

4.72[lx]

TIP

편면(한쪽 배열)의 경우 다음과 같다.

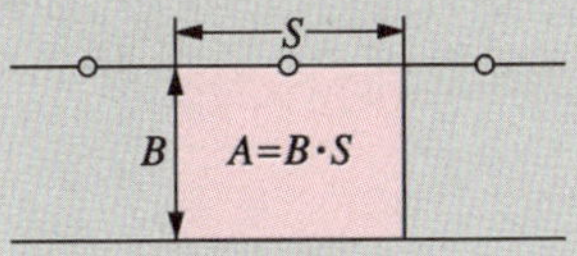

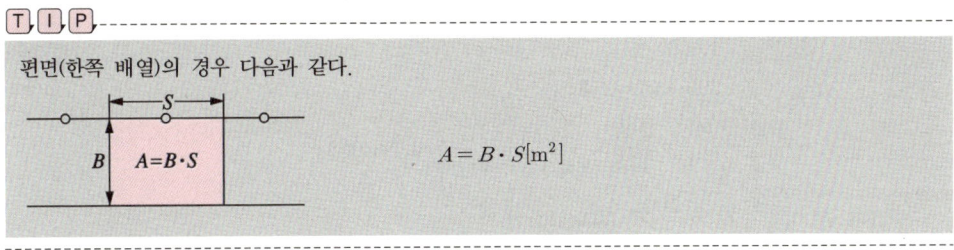

$A = B \cdot S[\text{m}^2]$

10 도면을 보고 다음 각 물음에 답하시오.

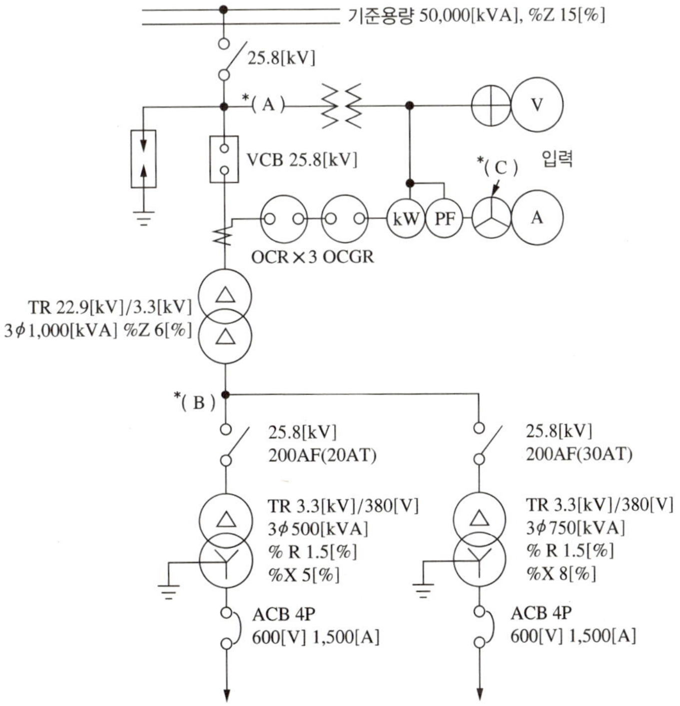

(1) (A)에 사용될 기기를 약호로 답하시오.

(2) (C)의 명칭과 약호를 답하시오.

(3) B점에서 단락되었을 경우 단락전류는 몇 [A]인가?(단, 선로 임피던스는 무시한다)

(4) VCB의 최소 차단용량은 몇 [MVA]인가?

(5) ACB의 우리말 명칭은 무엇인가?

(6) 단상 변압기 3대를 이용한 △-Y 결선도를 그리시오.

해설

(3) 기준용량 50,000[kVA]

TR $\%Z=\dfrac{50,000}{1,000}\times 6=300$

합성 $\%Z=300+15=315$

$I_s=\dfrac{100}{\%Z}\dfrac{P}{\sqrt{3}\,V}=\dfrac{100}{315}\times\dfrac{50,000\times 10^3}{\sqrt{3}\times 3,300}\fallingdotseq 2,777.058$

(4) $P_s=\dfrac{100}{\%Z}P_n=\dfrac{100}{15}\times 50,000\times 10^{-3}$

$\fallingdotseq 333.333$

정답

(1) COS

(2) 전류계용 전환개폐기, AS

(3) 2,777.06[A]

(4) 333.33[MVA]

(5) 기중차단기

(6) △-Y

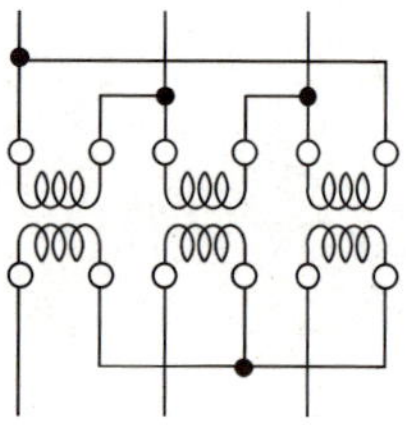

11 도면은 어느 수용가의 옥외 간이수전설비이다. 다음 물음에 답하시오.

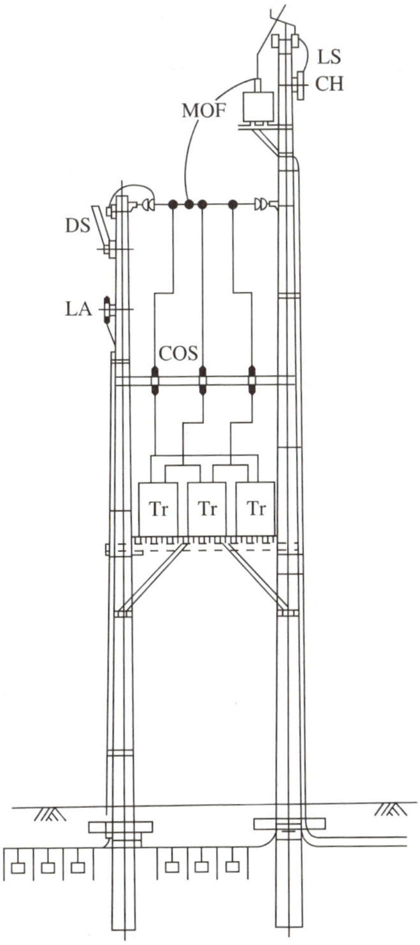

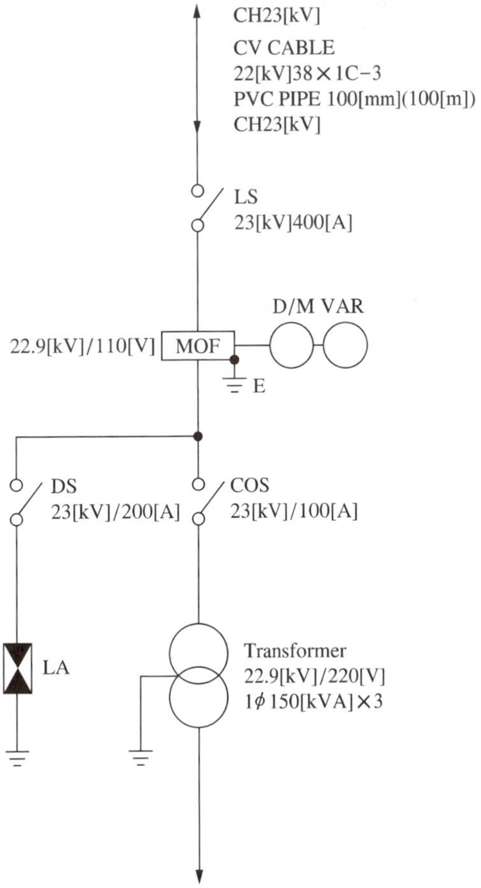

(1) MOF에서 부하용량에 적당한 CT비를 산출하시오. 단, CT 1차측 전류의 여유율은 1.25배로 한다.

(2) LA의 정격전압은 얼마인가?

(3) 도면에서 VARH, D/M은 무엇인지 쓰시오.

해설

(1) $I = \dfrac{150 \times 3}{\sqrt{3} \times 22.9} \fallingdotseq 11.345$

CT비 $= 11.345 \times 1.25 \fallingdotseq 14.18$

정답

(1) 15/5

(2) 18[kV]

(3) VARH : 무효전력량계

D/M : 최대 수요전력량계

12 변전실에서 변압기, 배전반 등 수전설비의 보수 점검 시 공간 및 방화상 유효한 공간을 유지하기 위하여 적정한 유지거리를 정하고 있다. 표를 보고 최소유지거리를 쓰시오.

기기별 \ 위치별	열 상호 간(점검하는 면)	앞면 또는 조작·계측면	뒷면 또는 점검면
특고압 배전반			
저압 배전반			

해설

수전설비의 배전반 등의 최소유지거리

기기별 \ 위치별	앞면 또는 조작·계측면	뒷면 또는 점검면	열 상호 간 (점검하는 면)	기타의 면
특고압 배전반	1.7	0.8	1.4	–
고압 배전반	1.5	0.6	1.2	–
저압 배전반	1.5	0.6	1.2	–
변압기 등	0.6	0.6	1.2	0.3

정답

기기별 \ 위치별	열 상호 간(점검하는 면)	앞면 또는 조작·계측면	뒷면 또는 점검면
특고압 배전반	1.4[m]	1.7[m]	0.8[m]
저압 배전반	1.2[m]	1.5[m]	0.6[m]

13 다음 그림은 배전반에서 계측을 하기 위한 계기용 변성기이다. 다음 그림을 보고 명칭, 약호, 심벌, 역할에 알맞은 내용을 쓰시오.

구 분		
명 칭		
약 호		
심 벌		
역 할		

정답

구 분		
명 칭	계기용 변류기	계기용 변압기
약 호	CT	PT
심 벌	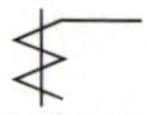	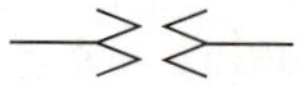
역 할	대전류를 소전류로 변류하여 계기 및 계전기에 전원 공급	고전압을 저전압으로 변성하여 계기 및 계전기에 전원 공급

14 옥내배선도에서 (가), (나), (다) 부분의 전선가닥수를 기호로 표기하시오.

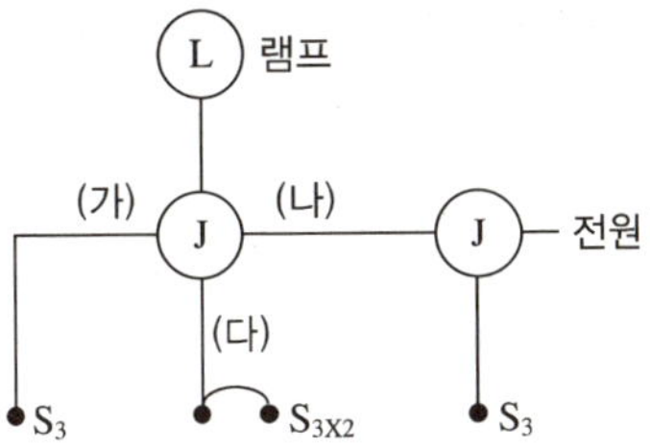

정답

(가) 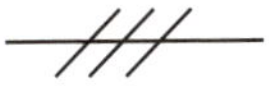　(나) 　(다) 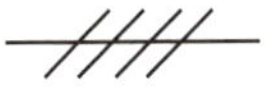

15 다음 유접점에 대한 논리식을 쓰시오.

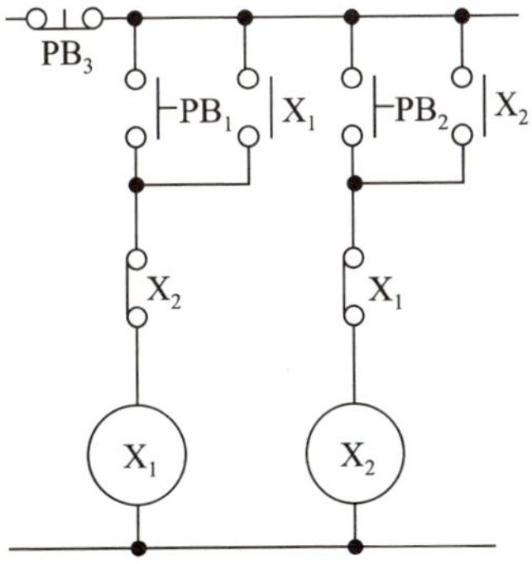

정답

$X_1 = (PB_1 + X_1) \cdot \overline{X_2} \cdot \overline{PB_3}$

$X_2 = (PB_2 + X_2) \cdot \overline{X_1} \cdot \overline{PB_3}$

16 그림과 같은 PLC(래더 다이어그램)가 있다. 물음에 답하시오.

(1) PC 프로그램에서의 신호 흐름은 단방향이므로 시퀀스를 수정해야 한다. 문제의 도면을 바르게 작성하시오.

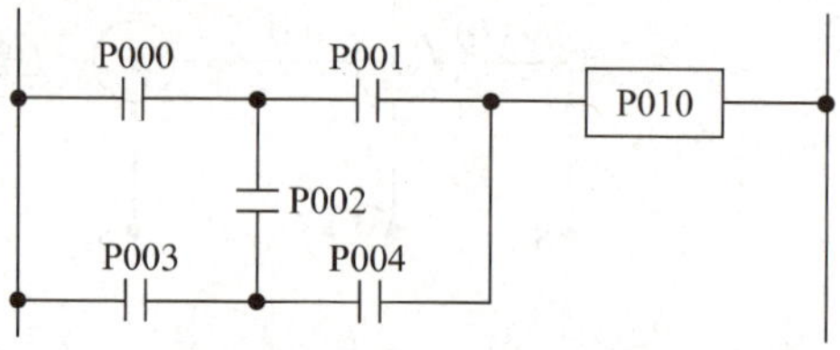

(2) 다음 PLC 프로그램 표의 ①~⑧을 완성하시오(단, 명령어는 LOAD, AND, OR, NOT, OUT를 사용한다).

주 소	명령어	번 지	주 소	명령어	번 지
0	LOAD	P000	7	AND	P002
1	AND	P001	8	⑤	⑥
2	①	②	9	OR LOAD	
3	AND	P002	10	⑦	⑧
4	AND	P004	11	AND	P004
5	OR LOAD		12	OR LOAD	
6	③	④	13	OUT	P010

정답

(1)

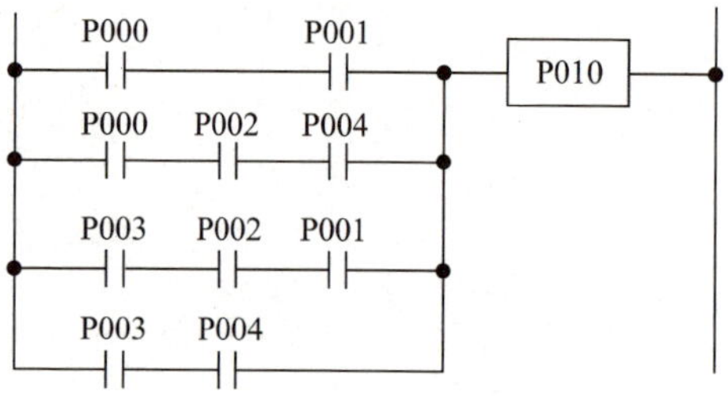

(2) ① LOAD

② P000

③ LOAD

④ P003

⑤ AND

⑥ P001

⑦ LOAD

⑧ P003

전기 산업기사 2018년 제3회 기출복원문제

01 주어진 진리표는 3개의 입력 리밋 스위치 LS_1, LS_2, LS_3와 출력 X와의 관계도이다. 이 표를 이용하여 다음 각 물음에 답하시오.

표1. 진리값표

LS_1	LS_2	LS_3	X
0	0	0	0
0	0	1	0
0	1	0	0
0	1	1	1
1	0	0	0
1	0	1	1
1	1	0	1
1	1	1	1

(1) 표1 진리값표를 이용하여 다음과 같은 Karnaugh도를 완성하시오.

LS_3 \ LS_1, LS_2	0 0	0 1	1 1	1 0
0				
1				

(2) (1)의 Karnaugh도에 대한 논리식을 쓰시오.

(3) 진리값과 (2)의 논리식을 이용하여 이것을 무접점 회로도로 표시하시오.

정답

(1)

LS_3 \ LS_1, LS_2	0 0	0 1	1 1	1 0
0			1	
1		1	1	1

(2) $X = LS_1LS_2 + LS_2LS_3 + LS_1LS_3$

(3)

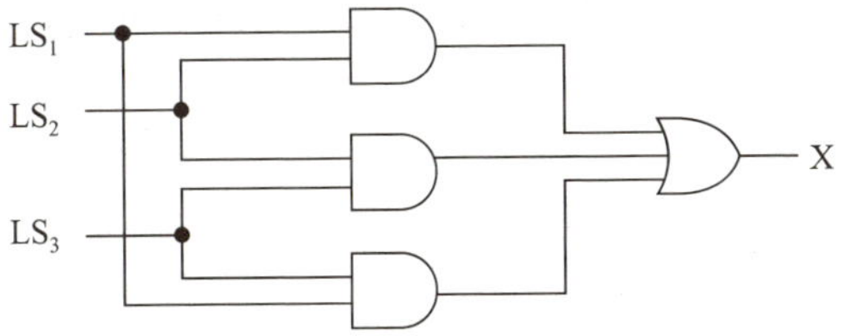

02 다음 어느 생산공장의 수전설비이다. 이것을 이용하여 다음 각 물음에 답하시오(단, A, B, C, D 변압기의 모든 부하는 A 변압기의 부하와 같다).

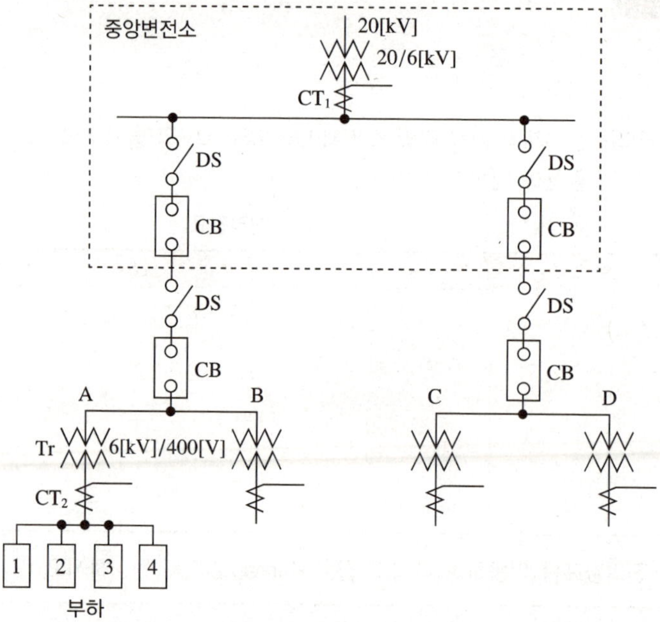

뱅크의 부하용량표

피 더	부하설비용량[kW]	수용률[%]
1	125	80
2	125	85
3	500	75
4	600	85

변류기 규격표

항 목	변류기
정격 1차 전류[A]	5, 10, 15, 20, 30, 40, 50, 75, 100, 150, 200, 300, 400, 500, 600, 750, 1,000, 1,500, 2,000, 2,500
정격 2차 전류[A]	5

(1) 표와 같이 A, B, C, D 4개의 뱅크가 있으며, 각 뱅크는 부등률이 1.1이다. 이때 중앙변전소의 변압기용량을 산정하시오(단, 각 부하의 역률은 0.9이며, 변압기용량은 표준규격으로 답을 한다).

(2) 변류기 CT_1과 CT_2의 변류비를 산정하시오. 단, 1차 수전전압은 20,000/6,000[V], 2차 수전전압은 6,000/400[V]이며, 변류비는 표준규격으로 답을 한다(단, 여유율은 125[%]로 한다).

해설

(1) 중앙변전소의 변압기용량 $= \dfrac{(125\times0.8+125\times0.85+500\times0.75+600\times0.85)\times4}{1.1\times0.9}$

$\fallingdotseq 4{,}409.09[\text{kVA}]$

(2) • CT_1의 변류비

$CT_1\ \ I_1 = \dfrac{4{,}409.09}{\sqrt{3}\times6}\times1.25 \fallingdotseq 530.33$

• CT_2의 변류비

$CT_2\ \ I_2 = \left(\dfrac{125\times0.8+125\times0.85+500\times0.75+600\times0.85}{1.1\times0.9\times\sqrt{3}\times0.4}\right)\times1.25 \fallingdotseq 1{,}988.74$

정답

(1) 5,000[kVA]

(2) • CT_1의 변류비 : 600/5 • CT_2의 변류비 : 2,000/5

03 다음 회로는 한 부지에 A, B, C의 세 공장을 세워 3개의 급수 펌프 P_1(소형), P_2(중형), P_3(대형)을 사용하여 다음 계획에 따라 급수 계획을 세웠다. 다음 물음에 답하시오.

[계 획]

① 모든 공장 A, B, C가 휴무일 때 또는 그중 한 공장만 가동할 때에는 펌프 P_1만 가동

② 모든 공장 A, B, C 중 어느 것이나 두 개의 공장만 가동할 때에는 P_2만 가동

③ 모든 공장 A, B, C가 모두 가동할 때에는 P_3만 가동

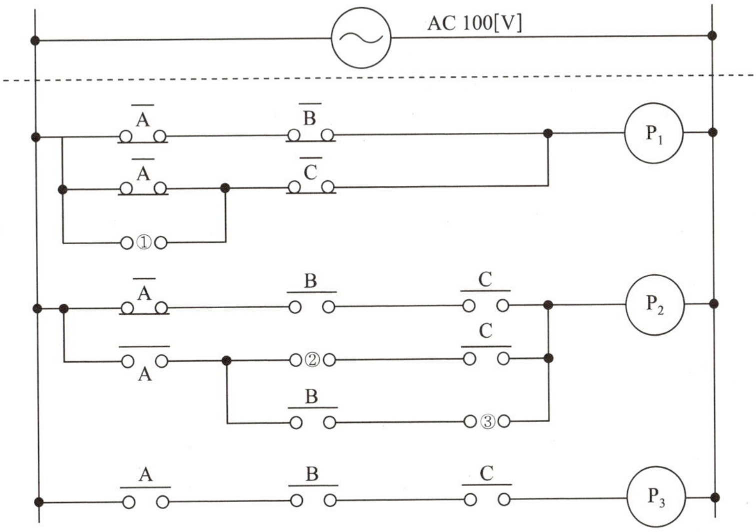

(1) 조건과 같은 진리표를 작성하시오.

(2) ①~③번의 접점 문자 기호를 쓰시오.

(3) P_1~P_3의 출력식을 각각 쓰시오.

* 접점 심벌을 표시할 때는 A, B, C, $\overline{A}$, $\overline{B}$, $\overline{C}$ 등 문자 표시도 할 것

해설

(3) $P_1 = \overline{A}\,\overline{B}\,\overline{C} + \overline{A}\,\overline{B}C + \overline{A}B\overline{C} + A\overline{B}\,\overline{C}$

$= \overline{A}\,\overline{B}(\overline{C}+C) + \overline{A}B\overline{C} + A\overline{B}\,\overline{C}$

$= \overline{A}\,\overline{B} + \overline{A}B\overline{C} + A\overline{B}\,\overline{C} = \overline{A}(\overline{B}+B\overline{C}) + A\overline{B}\,\overline{C}$

$= \overline{A}(\overline{B}+\overline{C}) + A\overline{B}\,\overline{C} = \overline{A}\,\overline{B} + \overline{A}\,\overline{C} + A\overline{B}\,\overline{C}$

$= \overline{A}\,\overline{B} + \overline{C}(\overline{A}+A\overline{B}) = \overline{A}\,\overline{B} + \overline{C}(\overline{A}+\overline{B})$

정답

(1)

A	B	C	P_1	P_2	P_3
0	0	0	1	0	0
0	0	1	1	0	0
0	1	0	1	0	0
0	1	1	0	1	0
1	0	0	1	0	0
1	0	1	0	1	0
1	1	0	0	1	0
1	1	1	0	0	1

(2) ① $\overline{B}$　　② $\overline{B}$　　③ $\overline{C}$

(3) $P_1 = \overline{A}\,\overline{B} + \overline{C}(\overline{A}+\overline{B})$

$P_2 = \overline{A}BC + A\overline{B}C + AB\overline{C}$

$P_3 = A \cdot B \cdot C$

04

3ϕ3W식 6,000[V]를 200[V]로 강압하여 수전하는 3층 건물의 수전설비가 있다. 표1과 표2를 참고하여 다음 물음에 답하시오.

표1. 조명 및 콘센트 부하설비

사용 목적	와트수[W]	설치수량	환산용량[VA]	총용량[VA]	비 고
전등 관계					
• 수은등 A	200	2	260	520	200[V] 고역률
• 수은등 B	100	8	140	1,120	100[V] 고역률
• 형광등	40	820	55	45,100	200[V] 고역률
• 백열전등	60	20	60	1,200	
콘센트 관계					
• 일반 콘센트		70	150	10,500	2P 15[A]
• 환기팬용 콘센트		8	55	440	
• 히터용 콘센트	1,500	2		3,000	
• 복사기용 콘센트		4		3,600	
• 텔레타이프용 콘센트		2		2,400	
• 룸 쿨러용 콘센트		6		7,200	
기 타					
• 전화교환용 정류기		1		800	
합 계				75,880	

표2. 동력부하설비

사용 목적	용량[kW]	대수	상용동력[kW]	하계동력[kW]	동계동력[kW]
난방 관계					
• 보일러 펌프	6.7	1			6.7
• 오일 기어 펌프	0.4	1			0.4
• 온수 순환 펌프	3.7	1			3.7
공기조화 관계					
• 1, 2, 3층 패키지 컴프레서	7.5	6		45.0	
• 컴프레서 팬	5.5	3	16.5		
• 냉각수 펌프	5.5	1		5.5	
• 쿨링 타워	1.5	1		1.5	
급수·배수 관계					
• 양수 펌프	3.7	1	3.7		
기 타					
• 소화 펌프	5.5	1	5.5		
• 셔 터	0.4	2	0.8		
합 계			26.5	52.0	10.8

[조 건]

- 동력부하의 역률은 모두 80[%]이며, 기타는 100[%]로 간주한다.
- 조명 및 콘센트 부하설비의 수용률은 다음과 같다.
  - 전등 설비 : 55[%]
  - 콘센트 설비 : 60[%]
  - 전화교환용 정류기 : 100[%]
- 변압기 용량 산출 시 예비율(여유율)은 고려하지 않으며 용량은 표준규격으로 답을 한다.
- 변압기 용량 산정 시 필요한 동력부하설비의 수용률은 전체 평균 65[%]로 한다.

(1) 동계 난방 때 온수 순환 펌프는 상시 운전하고, 보일러용과 오일 기어 펌프의 수용률이 55[%]일 때 난방동력 수용부하는 몇 [kW]인가?

(2) 상용동력, 하계동력, 동계동력에 대한 피상전력은 몇 [kVA]가 되겠는가?

① 상용동력

② 하계동력

③ 동계동력

(3) 이 건물의 총전기설비 용량은 몇 [kVA]를 기준으로 하여야 하는가?

(4) 조명 및 콘센트 부하설비에 대한 단상 변압기의 정격용량은 최소 몇 [kVA]가 되어야 하는가?

(5) 동력부하용 3상 변압기의 정격용량은 몇 [kVA]가 되겠는가?

(6) 단상과 3상 변압기의 전류계용으로 사용되는 변류기의 1차측 정격전류는 각각 몇 [A]인가?

① 단상

② 3상

(7) 역률개선을 위하여 각 부하마다 전력용 콘덴서를 설치하려고 할 때 보일러 펌프의 역률을 95[%]로 개선하려면 몇 [kVA]의 전력용 콘덴서가 필요한가?

해설

(1) 수용부하 $= 3.7 + (6.7 + 0.4) \times 0.55 \fallingdotseq 7.61[\text{kW}]$

(2) ① 사용동력$= \dfrac{26.5}{0.8} = 33.125[\text{kVA}]$

② 하계동력의 피상전력$= \dfrac{52.0}{0.8} = 65[\text{kVA}]$

③ 동계동력의 피상전력$= \dfrac{10.8}{0.8} = 13.5[\text{kVA}]$

(3) $33.13 + 65 + 75.88 = 174.01[\text{kVA}]$

(4) 전등 관계 : $(520 + 1{,}120 + 45{,}100 + 1{,}200) \times 0.55 \times 10^{-3} = 26.367[\text{kVA}]$

콘센트 관계 : $(10{,}500 + 440 + 3{,}000 + 3{,}600 + 2{,}400 + 7{,}200) \times 0.6 \times 10^{-3} = 16.284[\text{kVA}]$

기타 : $800 \times 1 \times 10^{-3} = 0.8[\text{kVA}]$

$26.367 + 16.284 + 0.8 = 43.451[\text{kVA}]$

(5) 동계동력과 하계동력 중 큰 부하를 기준으로 하고 사용동력과 합산하여 계산하면

$\dfrac{26.5 + 52}{0.8} \times 0.65 \fallingdotseq 63.781[\text{kVA}]$이므로 3상 변압기 용량은 75[kVA]가 된다.

(6) ① $I = \dfrac{50 \times 10^3}{6 \times 10^3} \times (1.25 \sim 1.5) \fallingdotseq 10.42 \sim 12.5[\text{A}]$

② $I = \dfrac{75 \times 10^3}{\sqrt{3} \times 6 \times 10^3} \times (1.25 \sim 1.5) \fallingdotseq 9.02 \sim 10.83[\text{A}]$

(7) $Q_c = P(\tan\theta_1 - \tan\theta_2) = 6.7\left(\dfrac{\sqrt{1-0.8^2}}{0.8} - \dfrac{\sqrt{1-0.95^2}}{0.95}\right) \fallingdotseq 2.823[\text{kVA}]$

정답

(1) 7.61[kW]

(2) ① 33.13[kVA]

② 65[kVA]

③ 13.5[kVA]

(3) 174.01[kVA]

(4) 50[kVA]

(5) 75[kVA]

(6) ① 15[A] 선정

② 10[A] 선정

(7) 2.82[kVA]

05 단상 변압기 3대를 △-Y 결선 시 복선도를 그리시오.

정답

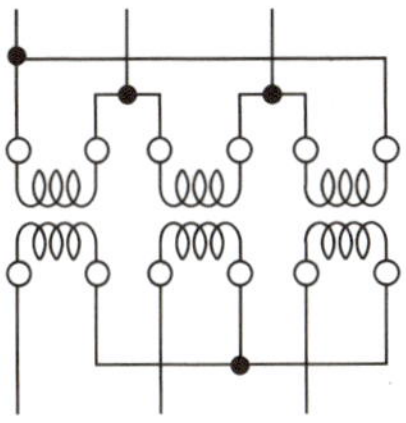

06 전력용 퓨즈의 기능과 장단점 5가지를 쓰시오.

정답

[기 능]

부하전류를 안전하게 흐르게 한다, 과전류를 차단하여 전로나 기기를 보호한다.

[장 점]

- 소형경량이다.
- 차단능력이 크다.
- 고속차단 된다.
- 보수가 간단하다.
- 가격이 저렴하다.

[단 점]

- 재투입이 불가능하다.
- 과도전류에 용단되기 쉽다.
- 한류형은 과전압이 발생된다.
- 보호계전기를 자유로이 조정할 수 없다.
- 고 임피던스 접지사고는 보호할 수 없다.

07 FL-20W 형광등의 전압이 100[V], 전류가 0.3[A]일 때 역률은 몇 [%]인가?(단, 안정기의 손실은 5[W]이다)

해설

$P = VI\cos\theta$에서 $\cos\theta = \frac{P}{VI} = \frac{25}{100 \times 0.3} ≒ 0.8333 \times 100[\%]$

정답

83.33[%]

08 폭이 20[m], 길이 25[m], 천장의 높이 3[m]인 방에 있는 책상면의 평균 조도를 200[lx]로 할 경우의 초기 소요 광속과 필요한 전등수를 산정하시오(단, $U=50[\%]$, $M=0.8$, $f=9,000[\text{lm}]$이다).

• 계산 :

• 답 :

정답

• 계산 : 초기소요광속 $NF=\dfrac{EAD}{U}=\dfrac{200\times 20\times 25\times \dfrac{1}{0.8}}{0.5}=250,000[\text{lm}]$

$$\text{전등수}=\frac{\text{초기소요광속}}{\text{전구의 광속수}}=\frac{250,000}{9,000}\fallingdotseq 27.78[\text{등}]$$

• 답 : 초기소요광속 : 250,000[lm], 전등수 : 28[등]

09 배전선로에 있어서 전압을 3[kV]에서 6[kV]로 상승시켰을 경우, 승압 전후의 장단점을 비교하여 쓰시오.

정답

[장 점]

① $P_l=\dfrac{1}{V^2}=\dfrac{1}{4}=0.25$, 전력손실이 75[%] 감소된다.

② $\delta=\dfrac{1}{V^2}=\dfrac{1}{4}=0.25$, $\varepsilon=\dfrac{1}{V^2}=\dfrac{1}{4}=0.25$, 전압강하율, 전압변동률이 감소된다.

③ $P=V^2=4$, 공급전력이 4배 증가한다.

[단 점]

① 기계기구의 전압이 높게 걸리므로 절연레벨이 높아 기기값이 비싸다.

② 전선로 애자 등 절연레벨이 높아 비용이 비싸진다.

10 책임감리원은 감리기간 종료 후 14일 이내에 발주자에게 최종감리보고서를 제출해야 하는데, 서류 사항 중 안전관리 실적 3가지를 쓰시오.

정답

• 안전관리조직
• 교육실적
• 안전점검실적
• 안전관리비 사용실석

11 다음 그림은 PLC 기호이다. 심벌 명칭과 용도를 쓰시오.

명령어	Loader상의 Symbol
LOAD	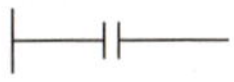
LOAD NOT	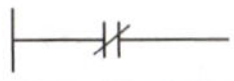

정답

[LOAD]

- 명칭 : 시작입력 a접점
- 용도 : 논리연산의 a접점 시작

[LOAD NOT]

- 명칭 : 시작입력 b접점
- 용도 : 논리연산의 b접점 시작

12 일반적으로 사용되고 있는 열음극 형광등과 비교하여 슬림라인(Slim Line) 형광등의 장점 5가지와 단점 3가지를 쓰시오.

정답

[장 점]

- 필라멘트를 예열할 필요가 없어 점등관등 기동 장치가 불필요하다.
- 순시 기동으로 점등에 시간이 걸리지 않는다.
- 점등 불량으로 인한 고장이 없다.
- 관이 길어 양광주가 길고 효율이 좋다.
- 전압 변동에 의한 수명의 단축이 없다.

[단 점]

- 점등 장치가 비싸다.
- 전압이 높아 기동 시에 음극이 손상하기 쉽다.
- 전압이 높아 위험하다.

13 어느 수용가의 3상 전력이 30[kW]일 때 역률이 75[%]이다. 이 부하의 역률을 95[%]로 개선하려면 진상 콘덴서의 용량은?

해설

$$Q_c = P\left(\frac{\sqrt{1-\cos^2\theta_1}}{\cos\theta_1} - \frac{\sqrt{1-\cos^2\theta_2}}{\cos\theta_2}\right) = 30\left(\frac{\sqrt{1-0.75^2}}{0.75} - \frac{\sqrt{1-0.95^2}}{0.95}\right)$$

$$\fallingdotseq 16.597[\text{kVA}]$$

정답

16.6[kVA]

14 지지물의 경관과 이도가 동일한 상태로 가설된 전주가 있다. 지금 지지물 B에서 전선이 지지점에서 떨어졌다고 하면, 전선의 이도 D_2는 전선이 떨어지기 전 D_1의 몇 배가 되겠는가?

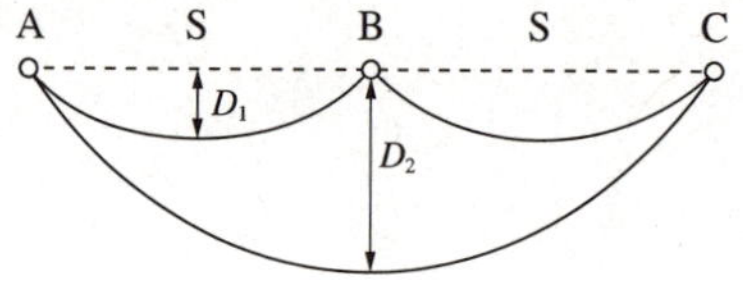

해설

$$2L_1 = L_2$$

$$2\left(S+\frac{8D_1^2}{3S}\right) = 2S+\frac{8D_2^2}{6S}$$

$$2S+\frac{16D_1^2}{3S} = 2S+\frac{8D_2^2}{6S}$$

$$\frac{16D_1^2}{3S} = \frac{8D_2^2}{6S}$$

$$\frac{32D_1^2}{6S} = \frac{8D_2^2}{6S}$$

$$4D_1^2 = D_2^2$$

$$2D_1 = D_2$$

정답

2배

15 전력회사로부터 전력을 공급받을 경우에는 수용가의 사용전력을 추정하여 용량에 따라 저압, 고압, 특고압을 수전한다. 1회선 수전방식의 특징을 3가지만 쓰시오.

정답

- 정전범위가 넓고 정전시간이 길다.
- 경제적이다.
- 소규모 부하에 적합하다.

16 A, B, C 수용가에 공급하는 특고압 배전선로의 최대전력은 700[kW]이다. 이때 수용가의 부등률은 얼마인가?

수용가	설비용량[kW]	수용률[%]
A	600	55
B	700	60
C	800	65

해설

$$부등률 = \frac{600 \times 0.55 + 700 \times 0.6 + 800 \times 0.65}{700} ≒ 1.814$$

정답

1.81

전기기사

2019년 제1회 기출복원문제

01 태양광발전의 장점 4가지와 단점 3가지를 쓰시오.

정답

[장 점]
- 무인화 운전이 가능하다.
- 유지보수가 용이하다.
- 에너지 자원이 반영구적이다.
- 확산광(산란광)을 이용할 수 있다.

[단 점]
- 태양광의 에너지밀도가 낮다.
- 발전량이 일사량에 의존하므로 발전능력이 저하될 수 있다.
- 설치면적이 크고 설치비용이 많이 든다.

02 스폿 네트워크(Spot Network) 수전방식의 장점을 3가지만 쓰시오.

정답

- 무정전 전원공급이 가능하다.
- 공급의 신뢰도가 높다.
- 부하증가에 따른 적응성이 좋다.

03 3상 3선식 배전선로의 말단에 지역률 80[%]인 평형 3상의 말단집중부하가 있다. 변전소 인출구의 전압이 6,600[V]인 경우 부하의 단자전압을 6,000[V] 이하로 떨어뜨리지 않으려면 부하전력[kW]은 얼마인가?(단, 전선 1선의 저항은 1.4[Ω], 리액턴스는 1.8[Ω]으로 하고 그 외의 선로정수는 무시한다)

해설

$V_s - V_r = e$

$e = 6{,}600 - 6{,}000 = 600[\text{V}]$

$e = \frac{P}{V}(R + X\tan\theta)$

$600 = \frac{P}{6{,}000}\left(1.4 + 1.8 \times \frac{0.6}{0.8}\right)$

$P = \frac{600 \times 6{,}000}{\left(1.4 + 1.8 \times \frac{0.6}{0.8}\right)} \times 10^{-3} ≒ 1{,}309.09[\text{kW}]$

$\therefore P ≒ 1{,}309.09[\text{kW}]$

정답

1,309.09[kW]

04 단상 변압기 2대를 V결선하여 출력 11[kW], 역률 0.8, 효율 0.85의 전동기를 운전하려고 한다. 변압기 한 대의 용량을 선정하시오(단, 변압기 표준용량은 5, 7.5, 10, 15, 20, 25, 50, 75, 100[kVA]이다).

해설

단상 변압기 2대를 V결선했을 경우의 출력 $P_V = \sqrt{3}P_1[\text{kVA}]$

$P_a = \frac{P}{\cos\theta \cdot \eta} = \frac{11}{0.8 \times 0.85} ≒ 16.18[\text{kVA}]$

$P_V = \sqrt{3}P_1 = 16.18[\text{kVA}]$

$P_1 = \frac{16.18}{\sqrt{3}} ≒ 9.34[\text{kVA}]$

표준용량 10[kVA] 선정

정답

10[kVA]

05 다음 로직회로의 출력을 AND 회로 1개, OR 회로 2개, NOT 회로 1개를 이용한 출력식과 등가회로를 그리시오.

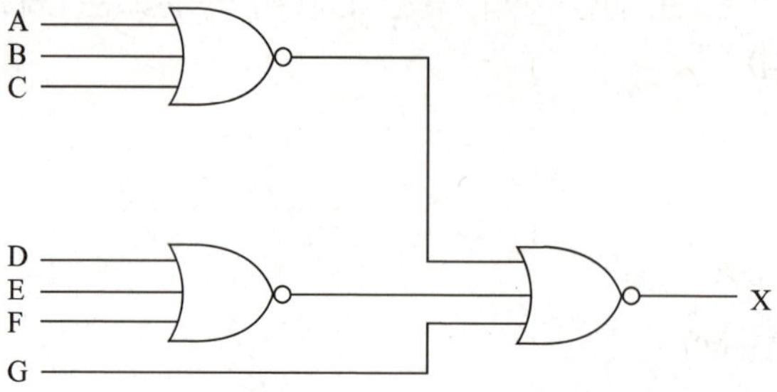

(1) 출력식

(2) 등가회로

해설

(1) 출력식

$$X = \overline{\overline{(A+B+C)} + \overline{(D+E+F)} + G}$$
$$= \overline{\overline{(A+B+C)}} \cdot \overline{\overline{(D+E+F)}} \cdot \overline{G}$$
$$= (A+B+C) \cdot (D+E+F) \cdot \overline{G}$$

정답

(1) 출력식

$X = (A+B+C) \cdot (D+E+F) \cdot \overline{G}$

(2) 등가회로

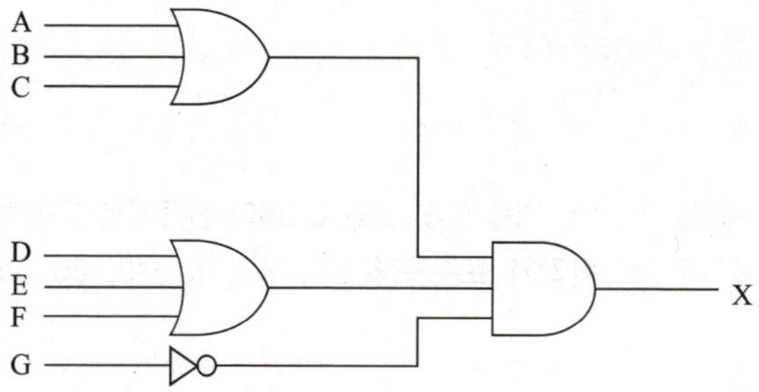

06 다음 도면을 참고하여 수용가의 역률이 0.9일 경우 변압기 용량을 구하시오(단, 부등률은 1.35, 변압기 용량은 20[%] 여유를 두며, 변압기 표준용량은 100, 200, 300, 500[kVA]이다).

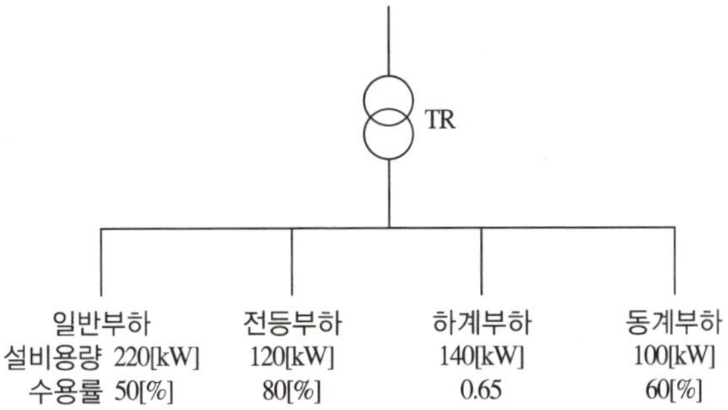

해설

$$변압기\ 용량 = \frac{설비용량 \times 수용률}{부등률 \times 역률} \times 여유율$$

$$= \frac{220 \times 0.5 + 120 \times 0.8 + 140 \times 0.65}{1.35 \times 0.9} \times 1.2 \fallingdotseq 293.33$$

∴ 표준용량 300[kVA] 선정

정답

300[kVA]

07 부하의 역률개선에 대한 다음 각 물음에 답하시오.

(1) 역률을 개선하는 원리를 간단히 설명하시오.

(2) 부하설비의 역률이 저하하는 경우 수용기가 볼 수 있는 손해를 두 가지만 쓰시오.

(3) 어느 공장의 3상 부하가 30[kW]이고, 역률이 65[%]이다. 이것을 역률 90[%]로 개선하려면 전력용 콘덴서는 몇 [kVA]가 필요한가?

해설

(3) $Q_c = 30\left(\frac{\sqrt{1-0.65^2}}{0.65} - \frac{\sqrt{1-0.9^2}}{0.9}\right) \fallingdotseq 20.54[\text{kVA}]$

정답

(1) 전류가 전압에 위상이 앞서므로 진상전류를 흘려줌으로써 무효전력을 감소시켜 역률을 개선한다.

(2) • 전력손실이 커진다.
  • 전압강하가 커진다.

(3) 20.54[kVA]

08 다음 그림과 같은 3상 3선식 배전선로가 있다. 각 물음에 답하시오(단, 전선 1가닥의 저항은 0.5 [Ω/km]이다).

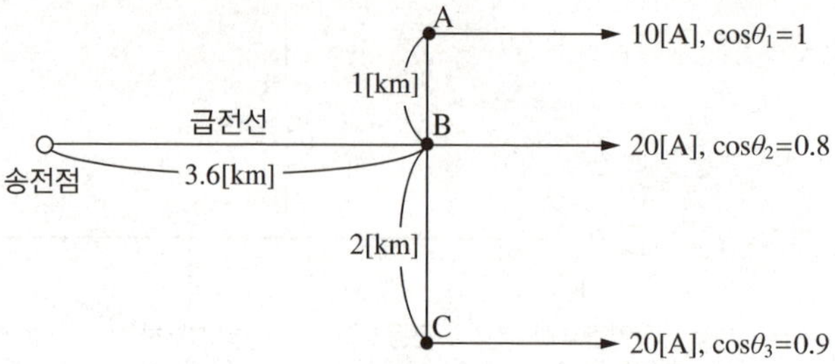

(1) 급전선에 흐르는 전류는 몇 [A]인가?

• 계산 :

• 답 :

(2) 전체 선로 손실은 몇 [kW]인가?

해설

(1) $I = 10(1+j0) + 20(0.8 - j0.6) + 20(0.9 - j\sqrt{1-0.9^2}) \fallingdotseq 44 - j20.718$

$= \sqrt{44^2 + 20.718^2} = 48.634$

(2) $P_l = \{3I^2R + 3I_A^2R + 3I_C^2R\} \times 10^{-3}$

$= \{3 \times 48.63^2 \times 3.6 \times 0.5 + 3 \times 10^2 \times 0.5 + 3 \times 20^2 \times 2 \times 0.5\} \times 10^{-3} \fallingdotseq 14.1203$

정답

(1) 48.63[A]

(2) 14.12[kW]

09 그림과 같이 완전 확산형의 조명 기구가 설치되어 있다. A점에서의 수평면 조도를 계산하시오(단, 조명 기구의 전 광속은 15,000[lm]이다).

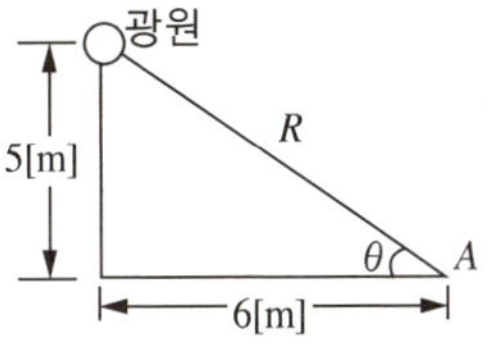

해설

광원의 크기보다 10배 이상의 거리에서는 이 광원을 점광원으로 보고 계산하여도 무방함

구광원의 광속$(F)=4\pi I$이므로

광원의 광도$(I)=\dfrac{F}{\omega}=\dfrac{F}{4\pi}=\dfrac{15,000}{4\pi}\fallingdotseq 1,193.66[\text{cd}]$

∴ 수평면의 조도 : $E_h=\dfrac{I}{R^2}\cos(90-\theta)=\dfrac{1,193.66}{5^2+6^2}\times\dfrac{5}{\sqrt{5^2+6^2}}\fallingdotseq 12.53[\text{lx}]$

정답

12.53[lx]

TIP

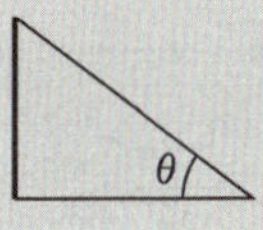

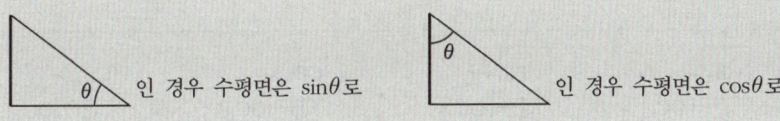

인 경우 수평면은 $\sin\theta$로

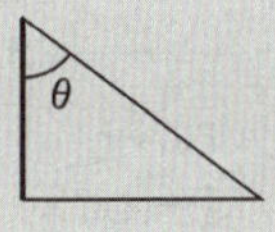

인 경우 수평면은 $\cos\theta$로

10 태양광 발전의 장점 4가지와 단점 2가지를 쓰시오.

정답

[장 점]

- 자원이 반영구적이다.
- 태양이 비추는 곳이라면 어디에서나 설치할 수 있고 보수가 용이하다.
- 규모에 관계없이 발전 효율이 일정하다.
- 확산광(산란광)도 이용할 수 있다.

[단 점]

- 태양광의 에너지밀도가 낮다.
- 비가 오거나 흐린 날씨에는 발전능력이 저하한다.

11 일반적으로 보호계전시스템은 사고 시의 오작동이나 부작동에 따른 손해를 줄이기 위해 그림과 같이 주보호와 후비보호로 구성된다. 각 사고점(F_1, F_2, F_3, F_4)별 주보호 및 후비보호 요소들의 보호계전기와 해당 CB를 빈칸에 쓰시오.

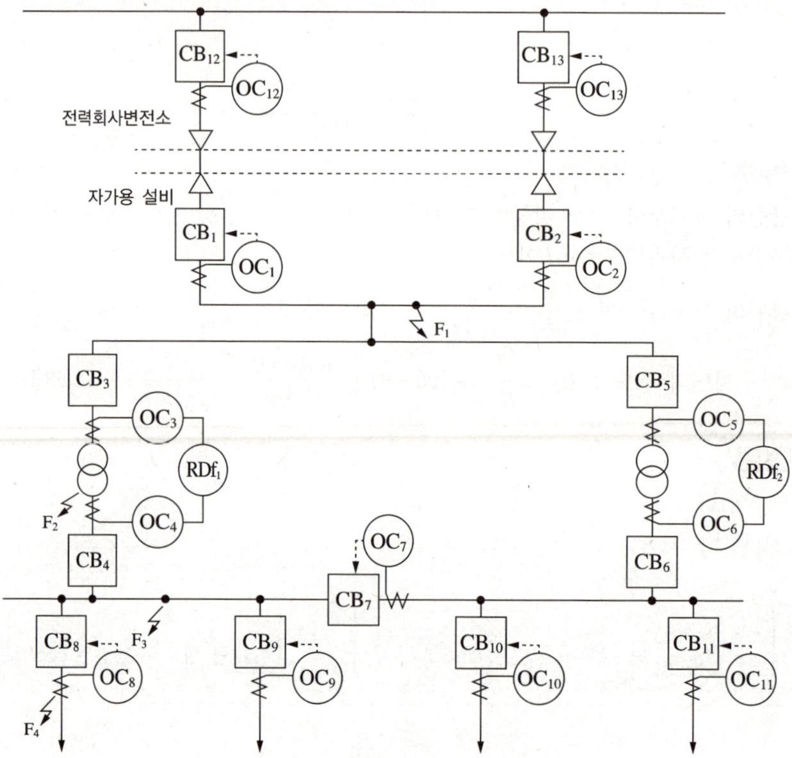

사고점	주보호	후비보호
F_1	예 OC_1+CB_1, OC_2+CB_2	①
F_2	②	③
F_3	④	⑤
F_4	⑥	⑦

정답

① $OC_{12}+CB_{12}$, $OC_{13}+CB_{13}$

② $RDf_1+OC_4+CB_4$, OC_3+CB_3

③ OC_1+CB_1, OC_2+CB_2

④ OC_4+CB_4, OC_7+CB_7

⑤ OC_3+CB_3, OC_6+CB_6

⑥ OC_8+CB_8

⑦ OC_4+CB_4, OC_7+CB_7

12 고압에서 사용하는 진공차단기(VCB)의 특징 3가지를 적으시오.

해설

- 차단성능이 주파수의 영향을 받지 않는다.
- 화재에 가장 안전하다.
- 수명이 가장 길며 보수가 간단하다.
- 차단 시 소음이 작다.
- 동작 시 이상전압이 발생한다.

정답

- 차단 시 소음이 작다.
- 화재 발생 위험이 없다.
- 차단성능이 주파수의 영향을 받지 않는다.

13 답안지의 그림과 같은 수전설비 계통도의 미완성 도면을 보고 다음 각 물음에 답하시오.

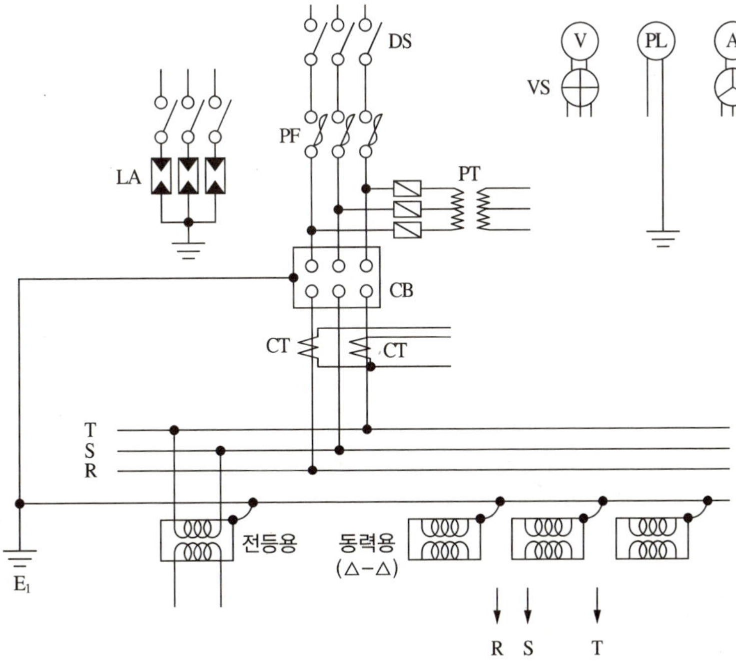

(1) 계통도를 완성하시오.

(2) 통전 중에 있는 변류기 2차측 기기를 교체하고자 할 때 가장 먼저 취하여야 할 조치 및 그 이유를 쓰시오.

(3) 인입구 개폐기에서 단로기(DS) 대신 주로 사용하는 것의 명칭과 그 약호를 쓰시오.

(4) 진공차단기(VCB)와 몰드변압기를 사용할 때 보호기기 명칭과 설치위치를 쓰시오.

정답

(1)

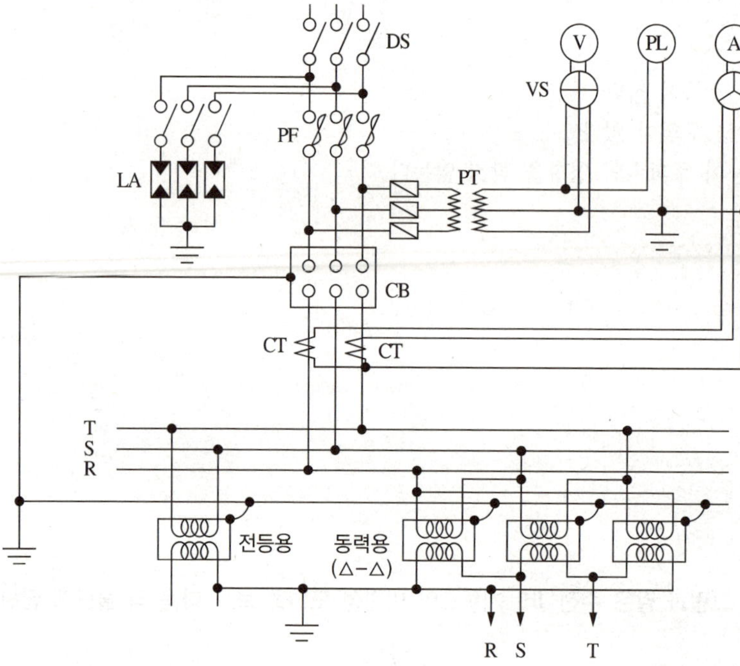

(2) • 조치 : 2차측을 단락시킨다.

• 이유 : 변류기의 2차측을 개방하면 변류기 2차측에 과전압에 의한 절연이 파괴되므로

(3) • 명칭 : 자동고장구분개폐기

• 약호 : ASS

(4) • 명칭 : 서지흡수기(SA)

• 설치위치 : 진공차단기 2차측 또는 몰드변압기 1차측에 설치

※ KEC 규정 적용으로 표현 변경 : R, S, T, E의 상의 명칭이 L1, L2, L3, N(또는 PE)으로 변경됨

14 접지저항을 측정하고자 한다. 다음 각 물음에 답하시오.

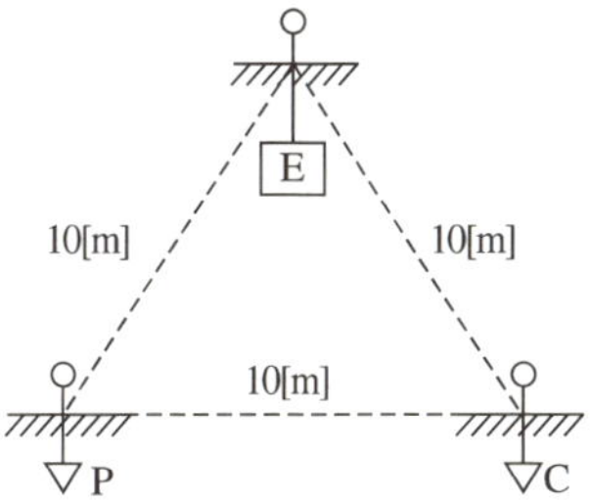

(1) 접지저항을 측정하는 계측기의 명칭과 방법을 쓰시오.

① 명칭 :

② 방법 :

(2) 본 접지극과 P점 사이의 저항은 86[Ω], 본 접지극과 C점 사이의 저항은 92[Ω], PC 간의 측정저항은 160[Ω]일 때 본 접지극의 저항은 얼마인지 계산하시오.

해설

(2) $R_E = \frac{1}{2}(R_{EP} + R_{EC} - R_{PC}) = \frac{1}{2}(86 + 92 - 160) = 9[\Omega]$

정답

(1) ① 명칭 : 어스테스터(접지저항계)

② 방법 : 콜라우슈 브리지법에 의한 3전극법 또는 3전극법 그 외 전위차계법, 전위강하법

(2) 9[Ω]

15 수용가에서 공급하는 전선의 길이가 60[m]를 넘는 경우의 전압강하표이다. 다음 표의 전압강하 [%]를 완성하시오.

전선 긍장	전기사업자로부터 저압으로 전기를 공급받는 경우	사용장소 안에 시설한 전용 변압기에서 공급하는 경우
120[m] 이하	4[%] 이하	(③)[%] 이하
200[m] 이하	(①)[%] 이하	6[%] 이하
200[m] 초과	(②)[%] 이하	(④)[%] 이하

정답

전선 긍장	전기사업자로부터 저압으로 전기를 공급받는 경우	사용장소 안에 시설한 전용 변압기에서 공급하는 경우
120[m] 이하	4[%] 이하	③ 5[%] 이하
200[m] 이하	① 5[%] 이하	6[%] 이하
200[m] 초과	② 6[%] 이하	④ 7[%] 이하

16

다음 3상 3선식 220[V]인 수전회로에서 Ⓗ는 전열부하이고, Ⓜ은 역률 0.8인 전동기이다. 이 그림을 보고 다음 각 물음에 답하시오.

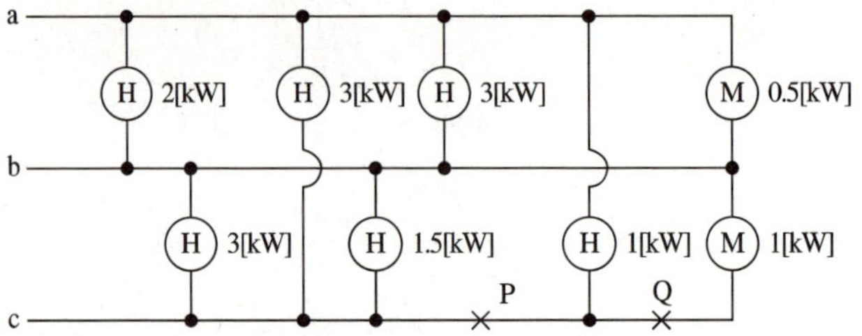

(1) 저압 수전의 3상 3선식 선로인 경우에 설비불평형률은 몇 [%] 이하로 하여야 하는가?

(2) 그림의 설비불평형률은 몇 [%]인가?(단, P, Q점은 단선이 아닌 것으로 계산한다)

(3) P, Q점에서 단선이 되었다면 설비불평형률은 몇 [%]가 되겠는가?

해설

(2) 설비불평형률$=\dfrac{\left(3+1.5+\dfrac{1}{0.8}\right)-(3+1)}{\left(2+3+\dfrac{0.5}{0.8}+3+1.5+\dfrac{1}{0.8}+3+1\right)\times\dfrac{1}{3}}\times 100 \fallingdotseq 34.15[\%]$

(3) 설비불평형률$=\dfrac{\left(2+3+\dfrac{0.5}{0.8}\right)-3}{\left(2+3+\dfrac{0.5}{0.8}+3+1.5+3\right)\times\dfrac{1}{3}}\times 100 = 60[\%]$

정답

(1) 30[%]

(2) 34.15[%]

(3) 60[%]

17 다음 회로도를 보고 물음에 답하시오.

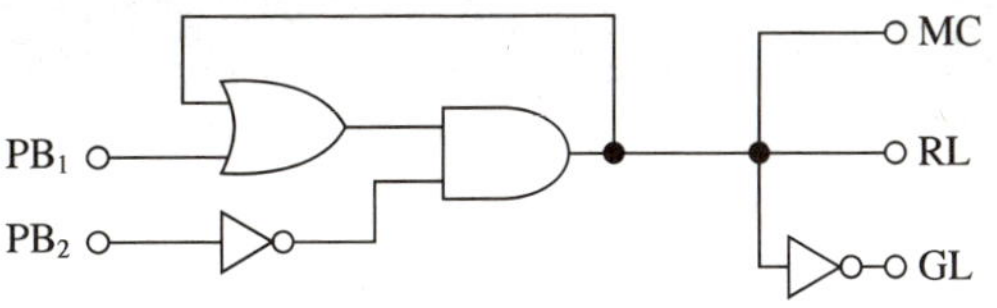

(1) 답안지의 시퀀스 회로도를 완성하시오.

(2) 논리식을 쓰시오.

정답

(1)

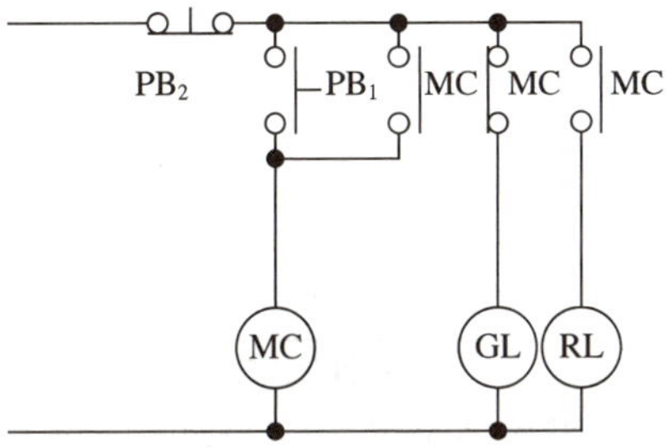

(2) $MC = (PB_1 + MC) \cdot \overline{PB_2}$

$GL = \overline{MC}$

$RL = MC$

전기
기사

2019년 제2회
기출복원문제

01 3상 4선식 교류 380[V], 50[kVA] 부하가 전기실 배전반에서 260[m] 떨어져 설치되어 있다. 허용전압강하는 얼마이며 이 경우 배전용 케이블의 최소 단면적은 얼마로 하여야 하는지 선정하시오(단, 전기사용장소 내 시설한 변압기이며, 케이블은 KEC 규격에 의하여 6, 10, 16, 25, 35, 50, 70[mm^2]이다).

(1) 허용전압강하

(2) 케이블의 단면적을 구하시오.

해설

전선길이 60[m]를 초과하는 경우의 전압강하

공급 변압기의 2차측 단자 또는 인입선 접속점에서 최원단 부하에 이르는 사이의 전선 길이	전압강하[%]	
	전기사업자로부터 저압으로 전기를 공급받는 경우	사용장소 안에 시설한 전용 변압기에서 공급하는 경우
120[m] 이하	4 이하	5 이하
200[m] 이하	5 이하	6 이하
200[m] 초과	6 이하	7 이하

(1) 전압강하 $e = 380 \times 0.07 = 26.6[\text{V}]$

(2) $I = \dfrac{P}{\sqrt{3}\,V} = \dfrac{50 \times 10^3}{\sqrt{3} \times 380} ≒ 75.97[\text{A}]$

$A = \dfrac{17.8LI}{1{,}000e} = \dfrac{17.8 \times 260 \times 75.97}{1{,}000 \times 220 \times 0.07} ≒ 22.83[\text{mm}^2]$

$\therefore\ 25[\text{mm}^2]$

정답

(1) 26.6[V]

(2) 25[mm^2]

02 접지계기용 변압기(GPT)의 변압비는 $\frac{3,300}{\sqrt{3}} / \frac{110}{\sqrt{3}}$ 이다. 이때 2차측의 영상전압을 구하시오.

해설

$\frac{110}{\sqrt{3}} \times 3 \fallingdotseq 190.53[\mathrm{V}]$

정답

190.53[V]

03 지중선을 가공선과 비교하여 이에 대한 장단점을 각각 3가지만 쓰시오.

(1) 지중선의 장점

(2) 지중선의 단점

정답

(1) • 뇌 · 풍수해 등에 의한 사고에 대해 신뢰도가 높다.
  • 인축에 대한 감전사고의 우려가 없다.
  • 지중에 매설되어 있으므로 도시 미관을 해치지 않는다.

(2) • 고장점 검출이 어렵고 복구가 용이하지 않다.
  • 건설비가 비싸다.
  • 송전용량이 가공전선에 비해 낮다.

04 도로폭 20[m], 등주 높이 10[m](폴)인 등을 대칭배열로 설계하고자 한다. 조도는 22.5[lx], 감광보상률 1.5, 조명률 0.5, 등은 20,000[lm], 300[W]의 메탈할라이드등을 사용한다. 물음에 답하시오.

(1) 등주 간격을 구하시오.

(2) 운전자의 눈부심을 방지하기 위하여 컷오프 조명 시 최소 등간격을 구하시오.

(3) 보수율을 구하시오.

해설

(1) $FUN = DEA$에서 면적$(S) = \frac{a \times b}{2} = \frac{FUN}{DE}$

따라서, $a = \frac{2FUN}{bDE} = \frac{2 \times 20,000 \times 0.5 \times 1}{20 \times 1.5 \times 22.5} \fallingdotseq 29.63[\mathrm{m}]$

(2) $S \leq 3H = 3 \times 10 = 30[\mathrm{m}]$

(3) 보수율$= \frac{1}{1.5} \fallingdotseq 0.67$

정답

(1) 29.63[m]

(2) 30[m] 이하

(3) 0.67

TIP

등기구별 차도폭(W)에 따른 높이(H) 및 간격(S) 기준

배열구분	컷오프형		세미컷오프형	
	H	S	H	S
한 쪽	1.0W 이상	3H 이하	1.2W 이상	3.5H 이하
지그재그	0.7W 이상	3H 이하	0.8W 이상	3.5H 이하
마주보기	0.5W 이상	3H 이하	0.6W 이상	3.5H 이하
중 앙	0.5W 이상	3H 이하	0.6W 이상	3.5H 이하

05 주어진 345[kV] 변전소 단선도와 변전소에 사용되는 주요 제원을 이용하여 다음 물음에 답하시오.

(1) 도면의 345[kV]측 모선방식은?

(2) 도면의 ①번 기기의 설치목적은?

(3) 도면에 주어진 제원을 참조하여 주변압기에 대한 등가 %임피던스(Z_H, Z_M, Z_L)를 구하고 ②번 23[kV] VCB의 차단 용량을 계산하시오(단, 그림과 같은 임피던스 회로 100[MVA] 기준이다).

(4) 도면 24[kV] GCB에 내장된 계전기용 BCT의 오차 계급은 C800이다. 부담은 몇 [VA]인가?

(5) 도면 ③번 차단기의 설치목적은?

(6) 도면의 주변압기 1Bank(1ϕ × 3대)를 증설하여 병렬운전하고자 한다. 병렬운전조건 4가지를 쓰시오.

[주요 제원]

※ 주변압기

• 단권 변압기 345[kV] / 154[kV] / 22[kV](Y－Y－△) 166.7[MVA] × 3대 = 500[MVA]

• OLTC부 %M · TR(500[MVA] 기준)

－ 1~2차 : 10[%]

－ 1~3차 : 78[%]

－ 2~3차 : 67[%]

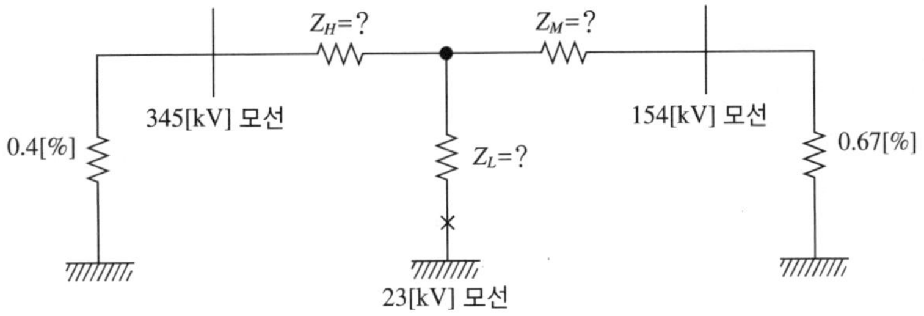
Z_H=?
Z_M=?
345[kV] 모선
154[kV] 모선
0.4[%]
0.67[%]
Z_L=?
23[kV] 모선

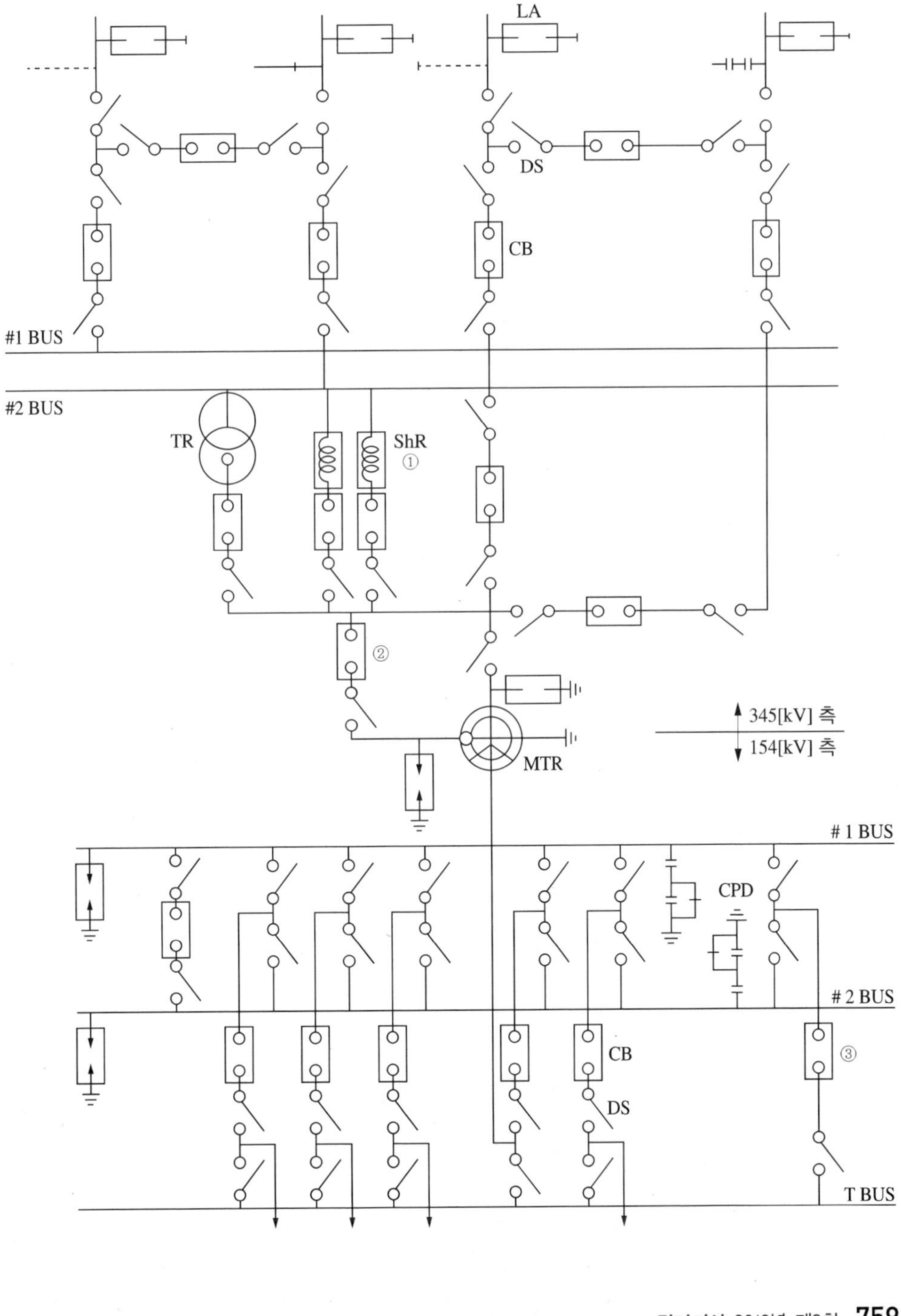
LA
DS
CB
#1 BUS
#2 BUS
TR
ShR
①
②
MTR
345[kV] 측
154[kV] 측
1 BUS
CPD
2 BUS
CB
③
DS
T BUS

해설

(3) 문제 제원대로 그리면

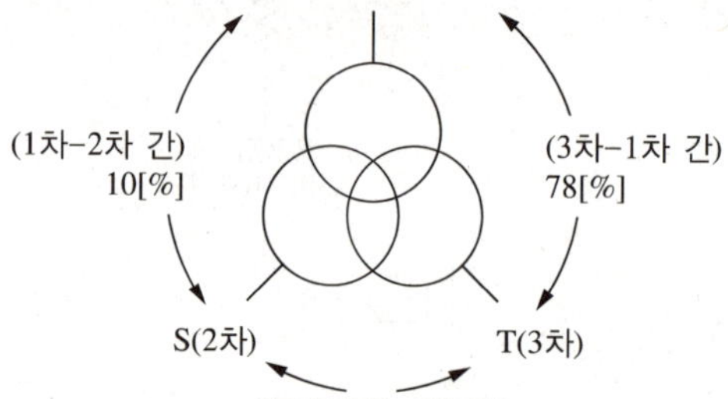

500[MVA]를 기준으로 1차, 2차, 3차를 분리하여 환산한다. → 100[MVA] 기준으로 바꾼다.

$\%Z_P(1차) = \frac{1}{2}(10+78-67) = 10.5[\%]$ → $\%\acute{Z}_P(Z_H)(1차) = 10.5 \times \frac{100}{500} = 2.1[\%]$

$\%Z_S(2차) = \frac{1}{2}(10+67-78) = -0.5[\%]$ → $\%\acute{Z}_S(Z_M)(2차) = -0.5 \times \frac{100}{500} = -0.1[\%]$

$\%Z_T(3차) = \frac{1}{2}(67+78-10) = 67.5[\%]$ → $\%\acute{Z}_T(Z_L)(3차) = 67.5 \times \frac{100}{500} = 13.5[\%]$

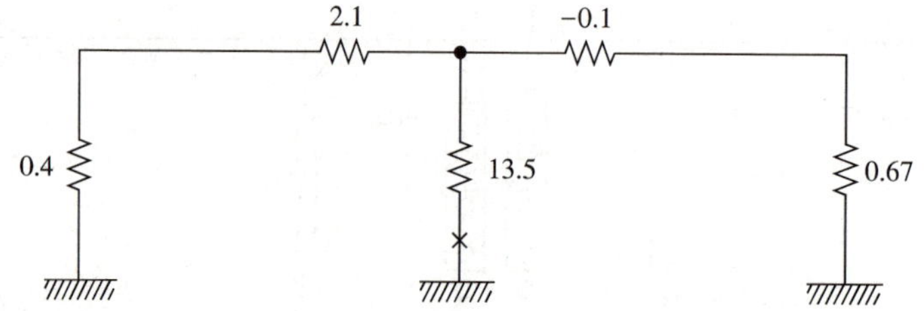

23[kV] 모선에서 전원측의 합성

$\%Z = 13.5 + \frac{(2.1+0.4)(-0.1+0.67)}{(2.1+0.4)+(-0.1+0.67)} ≒ 13.96[\%]$

$\therefore$ 차단용량$(P_s) = \frac{100}{\%Z}P = \frac{100}{13.96} \times 100 ≒ 716.33[MVA]$

(4) 오차 계급 C800에서 임피던스는 8[Ω]이다.

$P = I^2 Z = 5^2 \times 8 = 200[VA]$

정답

(1) 2중 모선 1.5차단방식(2중 모선 $1\frac{1}{2}$ 차단방식)

(2) 페란티현상 방지

(3) • $Z_H = 2.1[\%]$

• $Z_M = -0.1[\%]$

• $Z_L = 13.5[\%]$

• 차단용량(P_s)=716.33[MVA]

(4) 200[VA]

(5) 주모선 수리 점검 시 무정전으로 점검하기 위해서

(6) • 극성이 같을 것
- 정격전압이 같을 것
- 내부저항과 누설리액턴스비가 같을 것
- %Z강하비가 같을 것

06 주어진 도면은 어떤 수용가의 수전설비의 단선 결선도이다. 도면을 이용하여 물음에 답하시오.

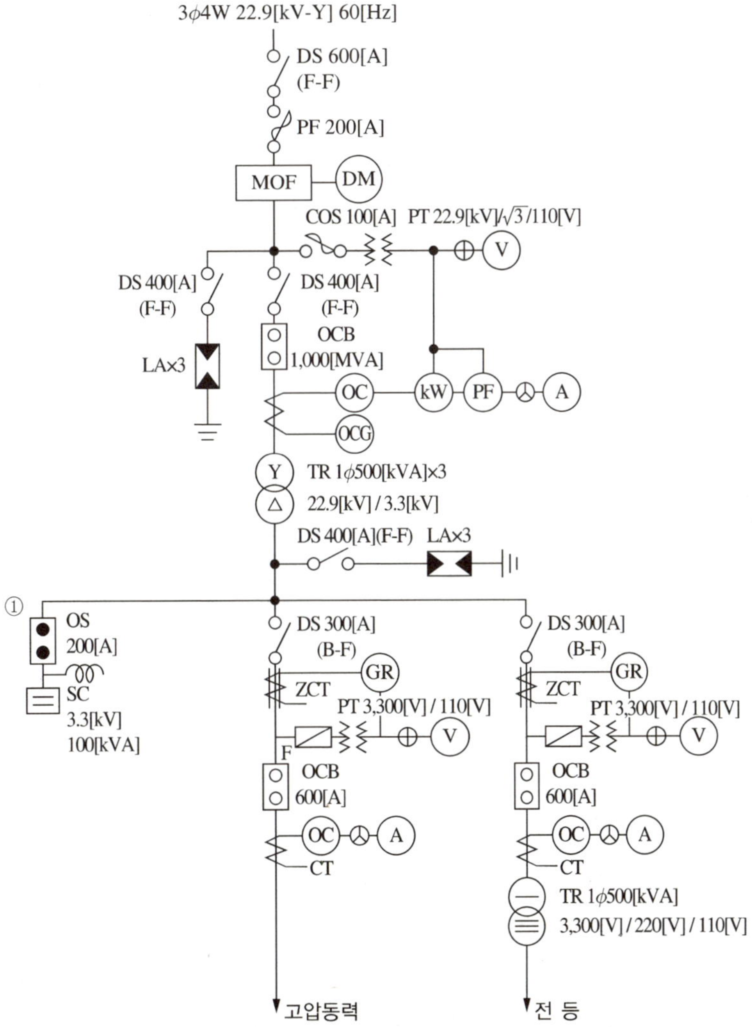

(1) 22.9[kV]측에 DS의 정격전압은 몇 [kV]인가?

(2) ZCT 기능을 쓰시오.

(3) GR 기능을 쓰시오.

(4) MOF에 연결되어 있는 (DM)은 무엇인가?

(5) 1대의 전압계로 3상 전압을 측정하기 위한 개폐기를 약호로 쓰시오.

(6) 1대의 전류계로 3상 전류를 측정하기 위한 개폐기를 약호로 쓰시오.

(7) 22.9측 LA의 정격전압은 몇 [kV]인가?

(8) PF의 기능을 쓰시오.

(9) MOF의 기능을 쓰시오.

(10) 차단기의 기능을 쓰시오.

(11) SC의 기능을 쓰시오.

(12) OS의 명칭을 쓰시오.

(13) 3.3[kV]측에 차단기에 적힌 전류값 600[A]는 무엇을 의미하는가?

정답

(1) 25.8[kV]

(2) 지락사고 시 지락전류(영상전류)를 검출하는 것으로 지락계전기를 동작시킨다.

(3) 지락전류로 트립코일을 여자시켜 차단기를 개로시킨다.

(4) 최대 수요 전력량계

(5) VS

(6) AS

(7) 18[kV]

(8) • 부하전류를 안전하게 흐르게 한다.
  • 단락전류를 차단하여 전로나 기기를 보호한다.

(9) 계기용 변압기와 변류기를 조합하여 전력량계에 전원을 공급한다.

(10) 부하전류 개폐 및 사고전류 차단

(11) 부하의 역률 개선

(12) 유입 개폐기

(13) 정격전류

07 CT비오차에 관하여 다음 물음에 답하시오.

(1) 비오차가 무엇인지 설명하시오.

(2) 비오차를 구하는 공식을 쓰시오(단, 비오차 : ε, 공칭변류비 : K_n, 측정변류비 : K이다).

정답

(1) 실제변류비가 공칭변류비와 얼마만큼 다른가를 백분율로 표시한 것을 말한다.

(2) $\varepsilon = \dfrac{K_n - K}{K} \times 100$

08 도면은 유도전동기 IM의 정·역운전의 단선도이다. 이 도면을 이용하여 다음 각 물음에 답하시오 (단, 52F는 정회전용 전자접촉기이고, 52R은 역회전용 전자접촉기이다).

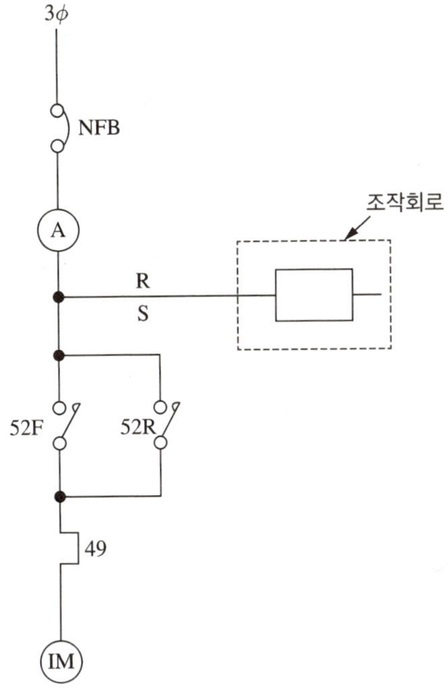

(1) 단선도를 이용하여 3선 결선도를 그리시오(단, 점선 내의 조작회로는 제외한다).

(2) 주어진 단선결선도를 이용하여 정·역운전을 할 수 있도록 조작회로를 그리시오(단, 누름버튼 스위치 OFF버튼 2개, ON버튼 2개 및 정회전 표시램프 GL, 역회전 표시램프 RL을 사용한다).

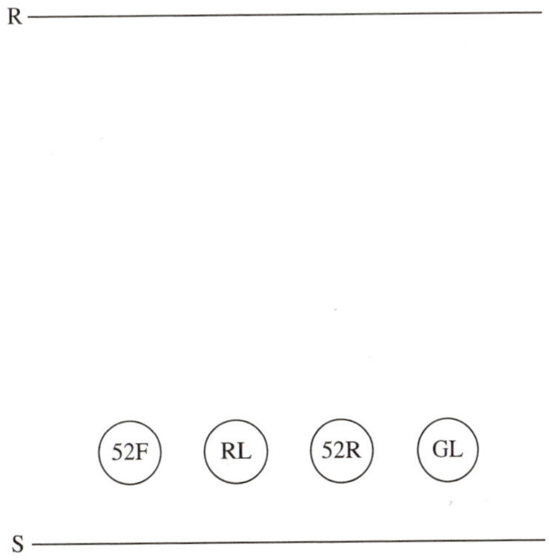

정답

(1)

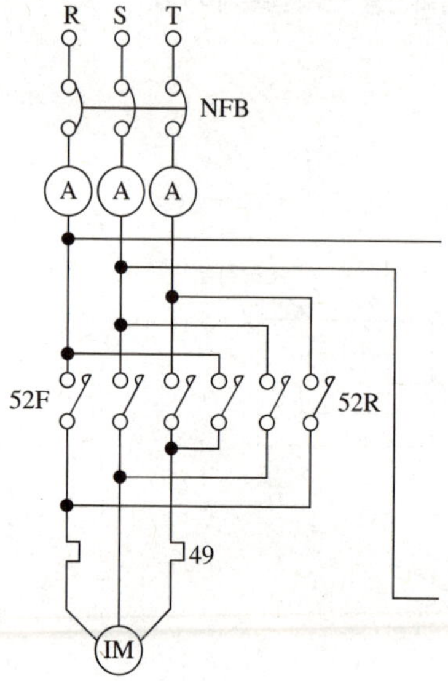

(2)

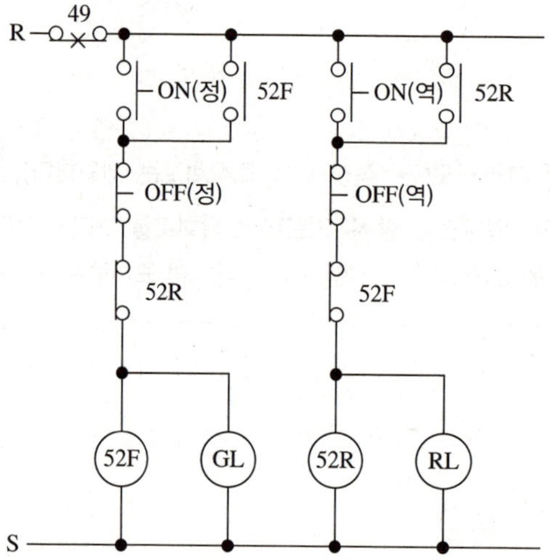

※ KEC 규정 적용으로 표현 변경 : R, S, T, E의 상의 명칭이 L1, L2, L3, N(또는 PE)으로 변경됨

09 다음 각 물음에 답하시오.

(1) 축전지의 과방전 및 방치상태, 가벼운 Sulfation(설페이션) 현상 등이 생겼을 때 기능 회복을 위해 실시하는 충전방식은?

(2) 묽은 황산의 농도는 표준이고, 액면이 저하하여 극판이 노출되어 있다. 어떤 조치를 하여야 하는가?

(3) 알칼리축전지의 공칭전압은 몇 [V]인가?

(4) 부하의 허용 최저 전압이 115[V]이고, 축전지와 부하 사이의 전압강하가 5[V]일 경우 직렬로 접속한 축전지 개수가 55개라면 축전지 한 셀당 허용 최저 전압은 몇 [V]인가?

해설

(4) $V = \dfrac{V_a + V_c}{n} = \dfrac{115+5}{55} \fallingdotseq 2.18[\text{V}]$

정답

(1) 회복 충전방식
(2) 증류수를 보충한다.
(3) 1.2[V]
(4) 2.18[V]

10 주파수가 60[Hz], 전압이 22,900[V], 선로길이 7[km]인 1회선의 3상 지중송전선로가 있다. 이 지중전선로의 3상 무부하 충전전류 및 충전용량을 구하시오(단, 케이블의 1선당 작용 정전용량은 0.4[μF/km]이다).

(1) 충전전류[A]

(2) 충전용량[kVA]

해설

(1) 충전전류 $I_c = \omega CE = 2\pi f C\left(\dfrac{V}{\sqrt{3}}\right) = 2\pi \times 60 \times 0.4 \times 10^{-6} \times 7 \times \dfrac{22{,}900}{\sqrt{3}} \fallingdotseq 13.96[\text{A}]$

(2) 충전용량 $Q_c = 3\omega CE^2 = 3 \times (2\pi f) \times \left(\dfrac{V}{\sqrt{3}}\right)^2$

$$= 3 \times 2\pi \times 60 \times 0.4 \times 10^{-6} \times 7 \times \left(\dfrac{22{,}900}{\sqrt{3}}\right)^2 \times 10^{-3} \fallingdotseq 553.55[\text{kVA}]$$

정답

(1) 13.96[A]
(2) 553.55[kVA]

11

다음 고압 6.6[kV]에 설치하는 SA의 시설 적용을 나타낸 표이다. 빈칸에 적용 또는 불필요를 구분하여 쓰시오.

2차 보호기기 / 차단기 종류	전동기	변압기			콘덴서
		유입식	몰드식	건 식	
VCB	①	②	③	④	⑤

정답

① 적 용　② 불필요

③ 적 용　④ 적 용

⑤ 불필요

12

고압 동력부하의 사용전력량을 측정하려고 한다. CT 및 PT 취부 3상 전산전력량계를 그림과 같이 오결선(1S와 1L 및 P1과 P3가 바뀜)하였을 경우 어느 기간 동안 사용전력량이 300[kWh]였다면 그 기간 동안 실제 사용전력량은 몇 [kWh]이겠는가?(단, 부하의 역률은 0.8이라고 한다).

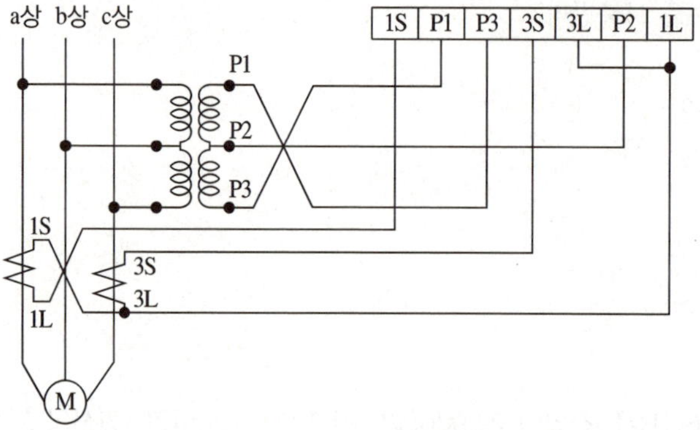

해설

$W_1 = V_{32}I_1\cos(90° - \theta) = VI\cos(90° - \theta)$

$W_2 = V_{12}I_3\cos(90° - \theta) = VI\cos(90° - \theta)$

$V_{32} = V_{12} = V$

$I_1 = I_3 = I$

$\therefore \ W = W_1 + W_2 = 2VI\cos(90° - \theta) = 2VI\sin\theta$

TIP

$\cos(90° - \theta) = \cos 90° \cos\theta + \sin 90° \sin\theta = \sin\theta$

$W = W_1 + W_2 = 2VI\sin\theta$이므로 $VI = \dfrac{W_1 + W_2}{2\sin\theta} = \dfrac{300}{2 \times 0.6} = \dfrac{150}{0.6}$

그러므로, 실제 사용전력량 $W' = \sqrt{3}\,VI\cos\theta = \sqrt{3} \times \dfrac{150}{0.6} \times 0.8 ≒ 346.41[\text{kWh}]$

정답

346.41[kWh]

13 지락사고 시 계전기가 동작하기 위하여 영상전류를 검출하는 방법 3가지를 쓰시오.

정답

- 영상변류기에 의한 방법
- Y결선 잔류회로를 이용하는 방법
- 3권선 CT를 이용하는 방법

14 다음 분전반설치에 관한 설명에 대해 괄호 안에 들어갈 내용을 완성하시오.

(1) 분전반은 각 층마다 설치한다.

(2) 분전반은 분기회로의 길이가 (①)[m] 이하가 되도록 설계하며 사무실 용도인 경우 하나의 분전반에 담당하는 면적은 일반적으로 1,000[m^2] 내외로 한다.

(3) 1개 분전반 또는 개폐기함 내에 설치할 수 있는 과전류장치는 예비회로(10~20[%])를 포함하여 42개 이하(주개폐기 제외)로 하고, 이 회로수를 넘는 경우는 2개 분전반으로 분리하거나 (②)으로 한다. 다만, 2극, 3극 배선용 차단기는 과전류장치 소자 수량의 합계로 계산한다.

(4) 분전반의 설치높이는 긴급 시 도구를 사용하거나 바닥에 앉지 않고 조작할 수 있어야 하며, 일반적으로는 분전반 상단을 기준으로 하여 바닥 위 (③)[m]로 하고, 크기가 작은 경우는 분전반의 중간을 기준으로 하여 바닥 위 (④)[m]로 하거나 하단을 기준으로 하여 바닥 위 (⑤)[m] 정도로 한다.

(5) 분전반과 분전반은 도어의 열림 반경 이상으로 이격하거나 안전성을 확보하고 2개 이상의 전원이 하나의 분전반에 수용되는 경우에는 각각의 전원 사이에는 해당하는 분전반과 동일한 재질로 (⑥)을 설치해야 한다.

정답

① 30
② 자립형
③ 1.8
④ 1.4
⑤ 1.0
⑥ 격 벽

15 감리원은 설계도서 등에 대하여 공사계약문서 상호 간의 모순되는 사항, 현장실정과 부합 여부 등 현장시공을 주안으로 하여 해당 공사 시작 전에 검토하여야 한다. 검토하여야 할 사항 3가지를 적으시오.

정답

- 현장조건에 부합 여부
- 시공의 실제 가능 여부
- 설계도서의 누락, 오류 등 불명확한 부분의 존재 여부

[기 타]

- 시공상의 예상 문제점 및 대책 등
- 다른 사업 또는 다른 공정과의 상호 부합 여부

전기기사

2019년 제3회 기출복원문제

01 그림과 같이 30[kW], 50[kW], 25[kW], 15[kW] 부하설비에 수용률이 각각 65[%], 65[%], 60[%], 60[%]로 할 경우 변압기 용량은 몇 [kVA]가 필요한지 선정하시오(단, 부등률은 1.3, 종합 부하역률은 80[%]이다).

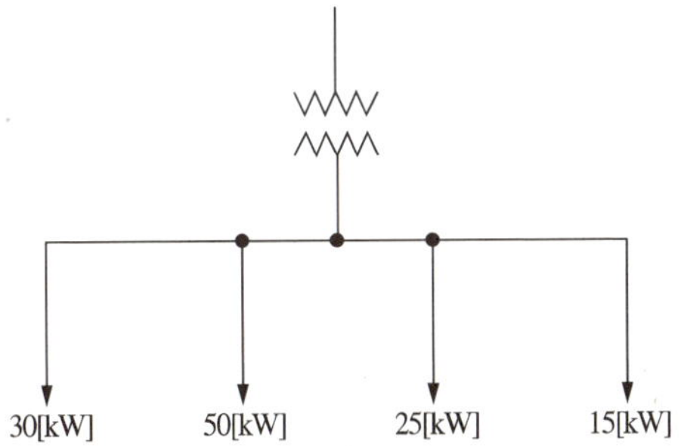

변압기 표준용량[kVA]				
25	30	50	75	100

해설

$$\text{변압기 용량} = \frac{30 \times 0.65 + 50 \times 0.65 + 25 \times 0.6 + 15 \times 0.6}{1.3 \times 0.8} \fallingdotseq 73.08[\text{kVA}]$$

$\therefore 75[\text{kVA}]$

정답

75[kVA]

02 전압 1.0183[V]를 측정하는 데 전압계 측정값이 1.0092[V]이었다. 이 경우의 다음 각 물음에 답하시오(단, 소수점 넷째자리까지 계산한다).

(1) 오 차

- 계산 :
- 답 :

(2) 오차율

- 계산 :
- 답 :

(3) 보정계수(값)

- 계산 :
- 답 :

(4) 보정률

- 계산 :
- 답 :

해설

(1) 오차 = 측정값 − 참값 = 1.0092 − 1.0183 = −0.0091

(2) $\text{오차율} = \dfrac{\text{측정값} - \text{참값}}{\text{참값}} \times 100 = \dfrac{1.0092 - 1.0183}{1.0183} \times 100 \fallingdotseq -0.8936[\%]$

(3) 보정값 = 참값 − 측정값 = 1.0183−1.0092 = 0.0091

(4) $\text{보정률} = \dfrac{\text{보정값}}{\text{측정값}} \times 100 = \dfrac{0.0091}{1.0092} \times 100 \fallingdotseq 0.9017[\%]$

정답

(1) −0.0091

(2) −0.8936[%]

(3) 0.0091

(4) 0.9017[%]

03 피뢰기 접지공사를 실시한 후, 접지저항을 보조접지 2개(A와 B)를 시설하여 측정하였더니 본 접지와 A 사이의 저항은 86[Ω], A와 B 사이의 저항은 156[Ω], B와 본 접지 사이의 저항은 80[Ω]이었다. 이때 피뢰기의 접지저항값을 구하시오.

해설

$$R_x = \frac{1}{2}(R_{xA} + R_{xB} - R_{AB}) = \frac{1}{2}(86 + 80 - 156) = 5[\Omega]$$

정답

5[Ω]

04 부하 40[kW], 단자전압 3,000[V]에 3,000/210[V] 승압기 2대를 이용하여 승압할 경우 승압기 1대의 용량[kVA]은 얼마인가?(단, 역률은 75[%]이다)

해설

$$V_h = 3{,}000\left(1 + \frac{210}{3{,}000}\right) = 3{,}210[\text{V}]$$

$$\text{승압기 용량} = e_2 I_2 = 210 \times \frac{40 \times 10^3}{\sqrt{3} \times 3{,}210 \times 0.75} \times 10^{-3} \fallingdotseq 2.01[\text{kVA}]$$

정답

2.01[kVA]

05 다음 회로는 리액터 기동 정지 미완성 회로이다. 이 도면에 대하여 다음 물음에 답하시오.

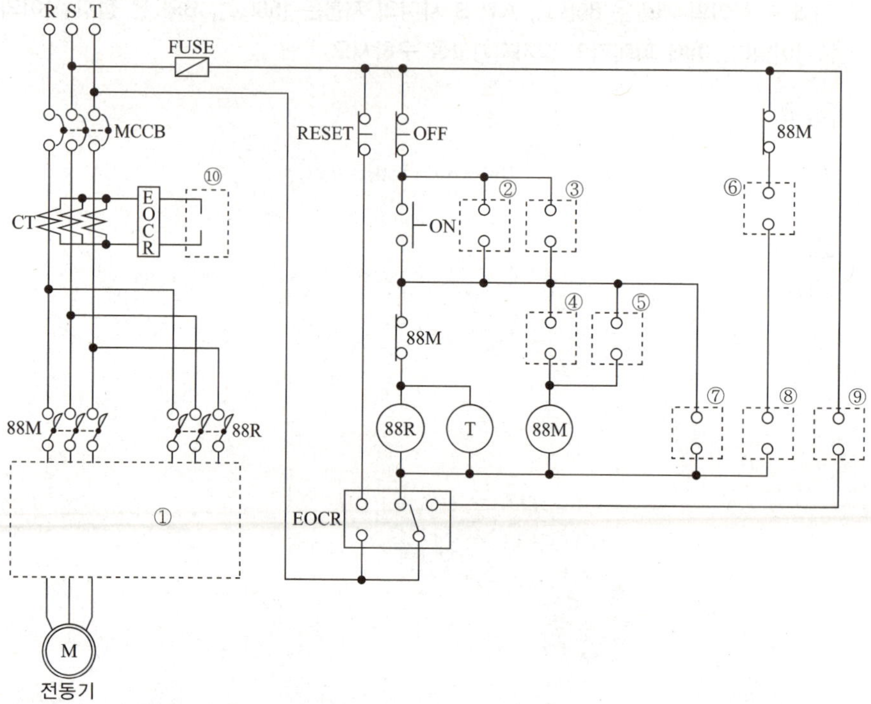

(1) ① 부분의 미완성 주회로를 회로도에 직접 그리시오.

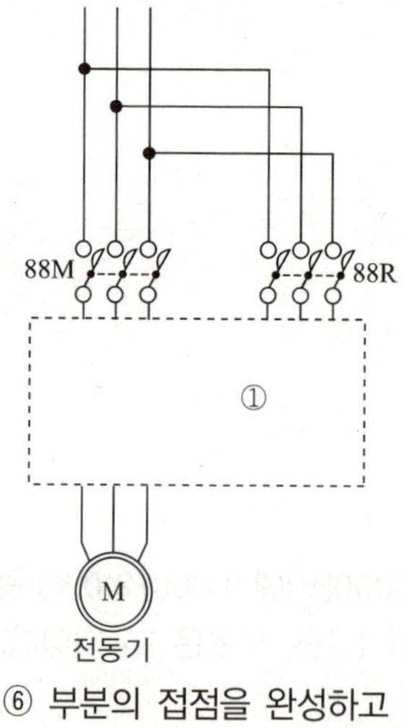

(2) 제어회로에서 ②, ③, ④, ⑤, ⑥ 부분의 접점을 완성하고 그 기호를 쓰시오.

구 분	②	③	④	⑤	⑥
접점 및 기호					

(3) ⑦, ⑧, ⑨, ⑩ 부분에 들어갈 LAMP와 계기의 그림기호를 그리시오.
(예 : (G) 정지, (R) 기동 및 운전, (Y) 과부하로 인한 정지)

구 분	⑦	⑧	⑨	⑩
그림기호				

(4) 직입 기동 시 시동전류가 정격전류의 6배가 되는 전동기를 65[%] 탭에서 리액터 시동한 경우 시동전류는 약 몇 배 정도가 되는지 계산하시오.

- 계산과정
- 답

(5) 직입 기동 시 시동토크가 정격토크의 2배였다고 하면 65[%] 탭에서 리액터 시동한 경우 시동토크는 어떻게 되는지 설명하시오.

해설

(4) 기동전류 $I_S \propto V_1$이고, 시동전류는 정격전류의 6배이므로

$I_S = 6I \times 0.65 = 3.9I$

(5) 시동토크 $T_S \propto V_1^2$이고, 시동토크는 정격토크의 2배이므로

$T_S = 2T \times 0.65^2 ≒ 0.85T$

정답

(1)

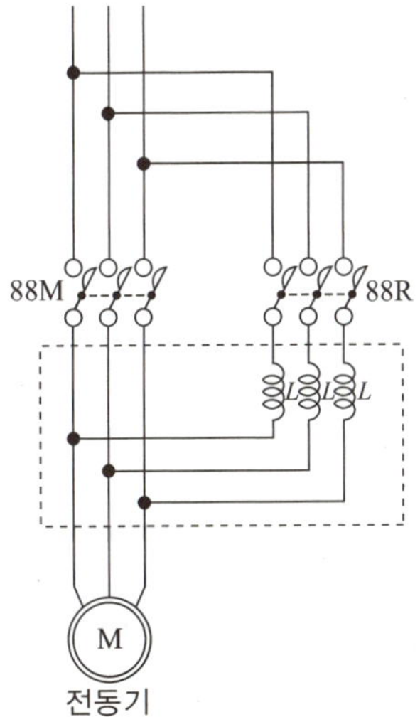

(2)

구 분	②	③	④	⑤	⑥
접점 및 기호	 88R	 88M	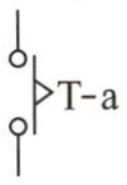 T-a	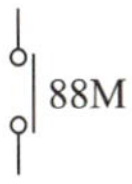 88M	 88R

(3)

구 분	⑦	⑧	⑨	⑩
그림기호	 R	 G	 Y	 A

(4) 3.9배

(5) 0.85배

※ KEC 규정 적용으로 표현 변경 : R, S, T, E의 상의 명칭이 L1, L2, L3, N(또는 PE)으로 변경됨

06 가스절연변전소(G.I.S)의 특징을 5가지만 설명하시오(단, 경제적이거나 비용에 관한 답은 제외하고 서술한다).

정답

- 화재의 위험이 작다.
- 조작 중 소음이 작다.
- 설치공사기간이 단축된다.
- 보수가 편리하고, 충전부가 완전히 밀폐되어 안전성이 높다.
- 대기 중의 오염물의 영향을 받지 않아 신뢰도가 높다.

07 선로의 길이가 30[km]인 3ϕ3W 2회선 송전선로가 있다. 수전단 전압 30[kV], 부하 6,000[kW], 역률 0.8(지상)일 때 전력손실 10[%] 초과하지 않도록 전선의 굵기를 선정하시오(단, 도체(동선)의 고유저항 1/55[Ω · mm²/m]이고 단면적은 1.5, 2.5, 4, 6, 10, 16, 25, 35, 50, 70, 95[mm²]이다).

해설

$P_l = 3I^2R = 3I^2\rho\frac{l}{A}$ 에서 $A = \frac{3I^2\rho l}{P_l} = \frac{3\times 72.17^2 \times \frac{1}{55} \times 30 \times 10^3}{300 \times 10^3} \fallingdotseq 28.41$

$P_l = 6{,}000 \times \frac{1}{2} \times 0.1 = 300[\text{kW}]$

$I = \frac{P}{\sqrt{3}\,V\cos\theta} = \frac{3{,}000\times 10^3}{\sqrt{3}\times 30\times 10^3 \times 0.8} \fallingdotseq 72.17[\text{A}]$

(2회선 6,000[kW]이므로 1회선은 3,000[kW])

$\therefore 35[\text{mm}^2]$

정답

$35[\text{mm}^2]$

08 시설장소에 따른 적용할 피뢰기의 공칭방전전류를 쓰시오.

공칭방전전류	설치장소	적용조건
① [A]	변전소	• 154[kV] 이상의 계통 • 66[kV] 및 그 이하의 계통에서 Bank 용량이 3,000[kVA]를 초과하거나 특히 중요한 곳 • 장거리 송전케이블(배전선로 인출용 단거리 케이블은 제외) 및 정전축전기 Bank를 개폐하는 곳 • 배전선로 인출측(배전간선 인출용 장거리 케이블은 제외)
② [A]	변전소	66[kV] 및 그 이하의 계통에서 Bank 용량이 3,000[kVA] 이하인 곳
③ [A]	선 로	배전선로

정답

① 10,000[A]

② 5,000[A]

③ 2,500[A]

09 그림은 고압 수전설비 결선도이다. 이 그림을 보고 다음 각 물음에 답하시오.

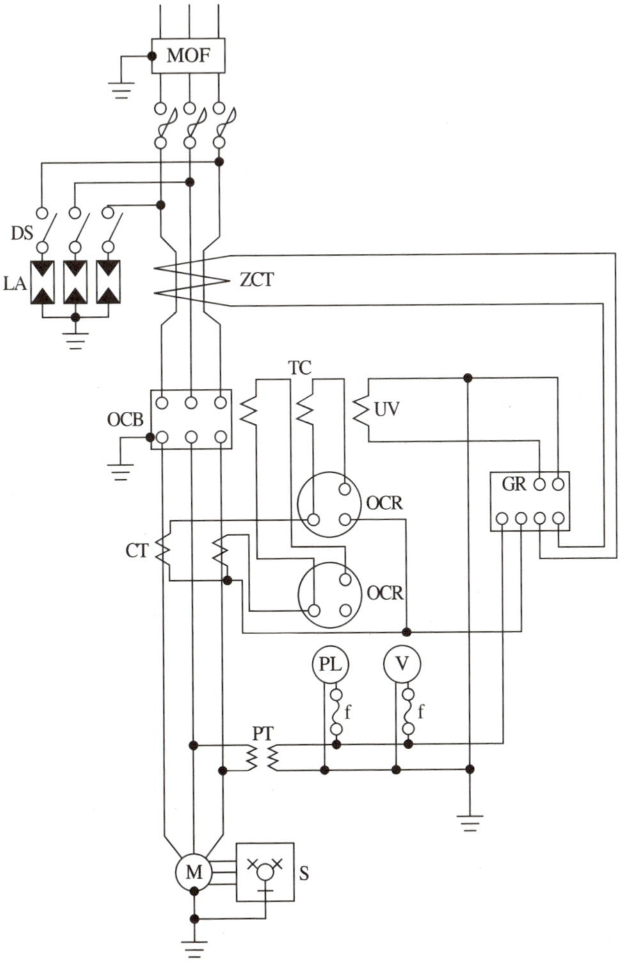

(1) 계전기용 변류기는 차단기의 전원측에 설치하는 것이 바람직하다. 무슨 이유에서인가?

(2) 본 도면에서 생략할 수 있는 부분은?

(3) TC와 ZCT의 명칭을 쓰시오.

① TC :

② ZCT :

(4) 콘덴서에 설치하는 방전코일의 역할은?

정답

(1) 고장점 보호 범위를 넓히기 위해

(2) 피뢰기(LA)용 단로기(DS)

(3) ① TC : 트립코일

② ZCT : 영상변류기

(4) 전원 개방 시 잔류전하를 방전하여 인체의 감전사고 방지

10 다음 프로그램표를 보고 물음에 답하시오.

단 계	명령어	번 지
0	LOAD	P000
1	OR	P010
2	AND NOT	P001
3	ANT NOT	P002
4	OUT	P010

(1) 래더 다이어그램을 그리시오.

(2) 논리회로를 완성하시오.

정답

(1)

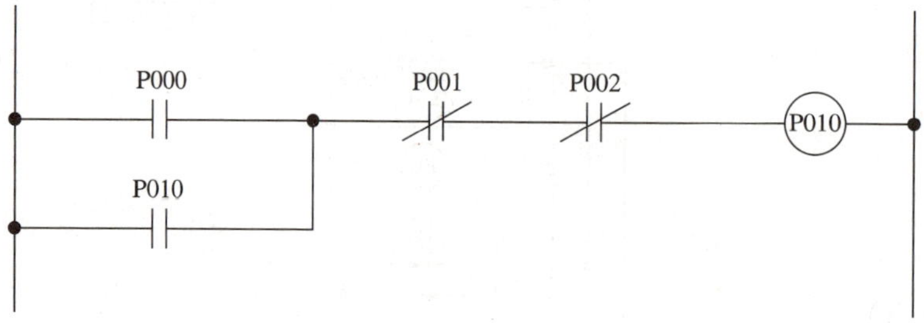

(2)

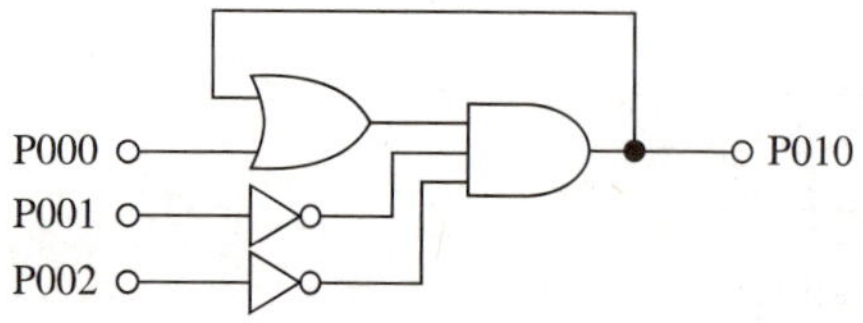

11 **그림은 구내에 설치할 6,600[V], 220[V], 10[kVA]인 주상변압기의 무부하 시험방법이다. 이 도면을 보고 다음 각 물음에 답하시오.**

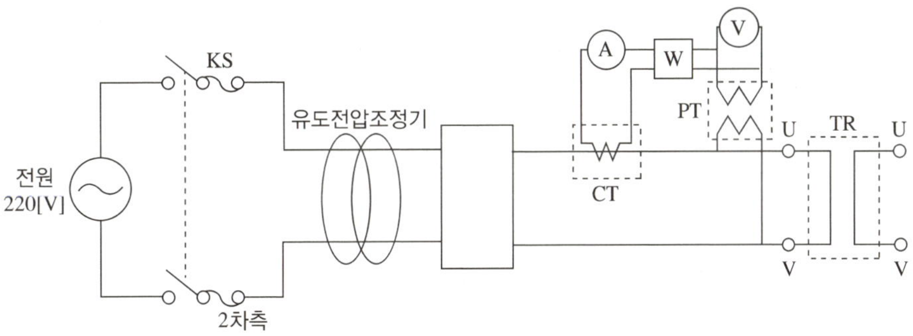

(1) 유도전압조정기의 2차측 네모 속에는 무엇이 설치되어야 하는가?

(2) 시험할 주상변압기의 2차측은 어떤 상태에서 시험을 하여야 하는가?

(3) 시험할 변압기를 사용할 수 있는 상태로 두고 유도전압조정기의 핸들을 서서히 돌려 전압계의 지시값이 1차 정격전압이 되었을 때 전력계가 지시하는 값은 어떤 값을 지시하는가?

정답

(1) 승압용 변압기
(2) 개 방
(3) 철 손

12 **역률이 0.6인 30[kW] 전동기 부하와 24[kW]의 전열기 부하에 전원을 공급하는 변압기가 있다. 이 때 변압기 용량을 선정하시오(단, 변압기 표준용량은 5, 10, 15, 20, 25, 50, 75, 100[kVA]이다).**

• 계산 :

• 답 :

해설

전동기 유효전력 $P = 30[\text{kW}]$

전동기 무효전력 $P_r = 30 \times \dfrac{0.8}{0.6} = 40[\text{kVar}]$

전열기 유효전력 $P = 24[\text{kW}]$

전열기 무효전력 $P_r = 0$

변압기 용량 $= \sqrt{(30+24)^2 + 40^2} \fallingdotseq 67.201[\text{kVA}]$

$\therefore 75[\text{kVA}]$

정답

75[kVA]

13

차단기 명판에 BIL 150[kV], 정격차단전류 20[kA], 차단시간 3사이클, 솔레노이드형이라고 기재되어 있다(단, BIL 절연계급 20호 이상의 비유효 접지계에서 계산하는 것으로 한다). 다음 각 물음에 답하시오.

(1) BIL이란 무엇인가?

(2) 이 차단기의 정격전압은 몇 [kV]인가?

(3) 이 차단기의 정격차단용량은 몇 [MVA]인가?

해설

(2) BIL = 절연계급 × 5 + 50[kV]

$$\text{절연계급} = \frac{\text{BIL}-50}{5} = \frac{150-50}{5} = 20[\text{kV}]$$

$$\text{절연계급} = \frac{\text{공칭전압}}{1.1}$$ 에서 공칭전압 = 절연계급 × 1.1 = 20 × 1.1 = 22[kV]

$$\text{차단기의 정격전압} = \text{공칭전압} \times \frac{1.2}{1.1} = 22 \times \frac{1.2}{1.1} = 24[\text{kV}]$$

(3) $P_s = \sqrt{3}\,VI_s = \sqrt{3} \times 24 \times 20 \fallingdotseq 831.38[\text{MVA}]$

정답

(1) 기준 충격절연강도

(2) 24[kV]

(3) 831.38[MVA]

14

제3고조파의 유입으로 인한 유도장해를 방지하기 위하여 전력용 콘덴서 회로에 콘덴서 용량의 11[%]인 직렬 리액터를 설치하였다. 이 경우에 콘덴서의 정격전류가 10[A]라면 콘덴서 투입 시 전류는 몇 [A]인가?

해설

$$I = I_n\left(1+\sqrt{\frac{X_C}{X_L}}\right) = I_n\left(1+\sqrt{\frac{X_C}{0.11X_C}}\right) = 10 \times \left(1+\sqrt{\frac{1}{0.11}}\right) \fallingdotseq 40.15[\text{A}]$$

정답

40.15[A]

15 우리나라에서 송전계통에 사용하는 차단기의 정격전압과 정격차단시간을 나타낸 표이다. 다음 빈칸을 채우시오(단, 사이클은 60[Hz] 기준이다).

공칭전압[kV]	345	154	22.9
정격전압[kV]	①	②	③
정격차단시간 (사이클은 60[Hz] 기준)	④	⑤	⑥

정답

① 362

② 170

③ 25.8

④ 3

⑤ 3

⑥ 5

전기 산업기사

2019년 제1회 기출복원문제

01 큐비클의 종류 3가지를 쓰시오.

정답

- PF-S형
- PF-CB형
- CB형

02 피뢰기에 대한 다음 각 물음에 답하시오.

(1) 피뢰기의 구성요소를 쓰시오.

(2) 피뢰기의 구비조건 4가지를 쓰시오.

(3) 피뢰기의 제한전압이란 무엇인가?

(4) 피뢰기의 정격전압이란 무엇인가?

(5) 충격방전 개시전압이란 무엇인가?

정답

(1) 직렬 갭과 특성요소

(2) • 충격방전 개시전압이 낮을 것
• 상용주파의 방전 개시전압이 높을 것
• 제한전압이 낮을 것
• 속류 차단능력이 클 것

(3) 피뢰기 동작 중 단자전압의 파고치

(4) 속류를 차단할 수 있는 최고의 교류전압

(5) 피뢰기 단자 간에 충격전압을 인가하였을 경우 방전을 개시하는 전압

03 사용전압은 3상 380[V]이고, 주파수는 60[Hz]의 1[kVA]의 전력용 콘덴서를 설치하고자 할 때 필요한 콘덴서의 정전용량[μF]을 선정하시오(단, 표준용량은 10, 15, 20, 30, 50[μF]이다).

해설

$Q_c = 3\omega CE^2$

$$C = \frac{Q_c}{3\omega E^2} = \frac{1\times 10^3}{3\times(2\pi\times 60)\times\left(\frac{380}{\sqrt{3}}\right)^2}\times 10^6 \fallingdotseq 18.37[\mu\text{F}]$$

정답

20[μF]

04 최대 사용전압이 22.9[kV]인 중성점 다중접지방식의 절연내력 시험전압은 몇 [V]이며, 이 시험전압을 몇 분간 가하여 이에 견디어야 하는가?

(1) 절연내역 시험전압

(2) 시험전압을 가하는 시간

해설

(1) 22,900 × 0.92 = 21,068[V]

정답

(1) 21,068[V]

(2) 연속하여 10분

05 조명에서 사용되는 다음 용어를 설명하고, 그 단위를 쓰시오.

(1) 광 속

(2) 조 도

(3) 광 도

정답

(1) 광속[lm] : 방사속(단위시간당 방사되는 에너지의 양) 중 빛으로 느끼는 부분

(2) 조도[lx] : 어떤 면의 단위면적당 입사 광속

(3) 광도[cd] : 광원에서 어떤 방향에 대한 단위입체각으로 발산되는 광속

06 회로도의 펌프용 3.3[kV] 모터 및 GPT 단선 결선도이다. 회로도를 보고 다음 물음에 답하시오.

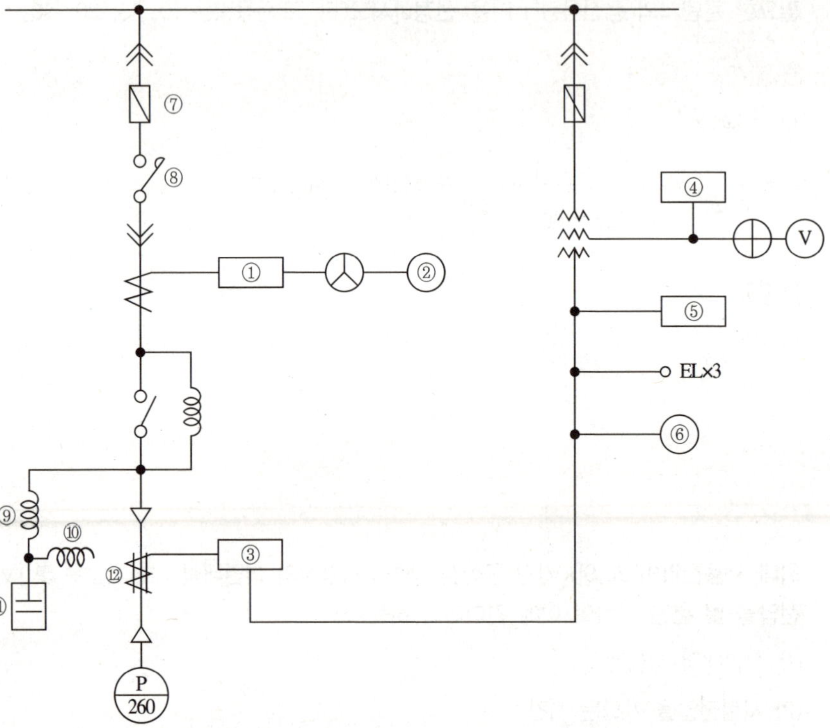

(1) ①~⑥으로 표시된 보호계전기 및 기기의 명칭을 쓰시오.

①

②

③

④

⑤

⑥

(2) ⑦~⑫로 표시된 전기기계기구의 명칭과 용도를 간단히 기술하시오.

	명 칭	용 도
⑦		
⑧		
⑨		
⑩		
⑪		
⑫		

(3) 펌프용 모터의 출력이 275[kW], 역률이 85[%]인 뒤진 역률 부하를 95[%]로 개선하는 데 필요한 전력용 콘덴서의 용량을 계산하시오.

• 계산 :　　　　　　　　　　• 답 :

해설

(3) $Q_c = P(\tan\theta_1 - \tan\theta_2) = P\left(\frac{\sqrt{1-\cos^2\theta_1}}{\cos\theta_1} - \frac{\sqrt{1-\cos^2\theta_2}}{\cos\theta_2}\right)$

$= 275 \times \left(\frac{\sqrt{1-0.85^2}}{0.85} - \frac{\sqrt{1-0.95^2}}{0.95}\right) \fallingdotseq 80.04[\text{kVA}]$

정답

(1) ① 과전류계전기 ② 전류계

③ 지락 방향계전기 ④ 부족 전압계전기

⑤ 지락 과전압계전기 ⑥ 영상전압계

(2)

	명 칭	용 도
⑦	전력퓨즈	단락전류 차단
⑧	개폐기	전동기의 기동 정지
⑨	직렬 리액터	제5고조파 제거
⑩	방전코일	잔류전하 방전
⑪	전력용 콘덴서	부하의 역률 개선
⑫	영상변류기	지락사고 시 지락전류 검출

(3) 80.04[kVA]

07 한시성 보호계전기의 종류를 4가지 쓰시오.

정답

• 순한시 계전기
• 반한시 계전기
• 정한시 계전기
• 반한시성 정한시 계전기

08 단상 2선식 220[V]인 옥내배선에서 소비전력이 60[W], 역률이 60[%]인 형광등을 100개 설치할 때 15[A] 분기회로의 최소 분기회로수를 구하시오(단, 회로의 부하전류는 분기회로 용량의 80[%]로 한다).

해설

$$\text{분기회로수} = \frac{\frac{60 \times 100}{0.6}}{220 \times 15 \times 0.8} \fallingdotseq 3.79$$

∴ 4회로

정답

15[A] 분기회로 4회로

09 시설공장의 부하설비가 표와 같을 때 다음 각 물음에 답하시오.

변압기군	부하의 종류	설비용량[kW]	수용률[%]	부등률	역률[%]
A	플라스틱압축기(전동기)	50	60	1.3	80
	일반동력전동기	85	40	1.3	80
B	전등조명	60	80	1.1	90
C	플라스틱압출기	100	60	1.3	80

(1) 각 변압기군의 최대 수용전력은 몇 [kW]인가?

① 변압기 A의 최대 수용전력

② 변압기 B의 최대 수용전력

③ 변압기 C의 최대 수용전력

(2) 각 변압기의 최소 용량은 몇 [kVA]인가?(단, 효율은 98[%]로 한다)

① 변압기 A의 용량

② 변압기 B의 용량

③ 변압기 C의 용량

해설

(1) $최대수용전력 = \frac{개별\ 최대\ 수용전력(설비용량 \times 수용률)의\ 합}{부등률}[kW]$

① 변압기 A의 최대 수용전력$= \frac{(50 \times 0.6)+85 \times 0.4}{1.3} \fallingdotseq 49.23[kW]$

② 변압기 B의 최대 수용전력$= \frac{60 \times 0.8}{1.1} \fallingdotseq 43.64[kW]$

③ 변압기 C의 최대 수용전력$= \frac{100 \times 0.6}{1.3} \fallingdotseq 46.15[kW]$

(2) $변압기용량 = \frac{최대\ 수용전력[kW]}{효율 \times 역률}[kVA]$

① 변압기 A의 용량$= \frac{49.23}{0.98 \times 0.8} \fallingdotseq 62.79[kVA]$

② 변압기 B의 용량$= \frac{43.64}{0.98 \times 0.9} \fallingdotseq 49.48[kVA]$

③ 변압기 C의 용량$= \frac{46.15}{0.98 \times 0.8} \fallingdotseq 58.86[kVA]$

정답

(1) ① 49.23[kW]

② 43.64[kW]

③ 46.15[kW]

(2) ① 62.79[kVA]

② 49.48[kVA]

③ 58.86[kVA]

10 어떤 변전소의 공급구역 내 총부하용량은 동력 800[kW], 전등 600[kW]이다. 각 수용가의 수용률은 동력 80[%], 전등 60[%], 각 수용가 간의 부등률은 동력 1.6, 전등 1.2이며, 변전소에서 전등부하와 동력부하 간의 부등률은 1.4일 때, 변전소의 최대 수용전력은 몇 [kW]인가?(단, 배전선로(주상변압기를 포함)의 전력손실은 전등부하, 동력부하 모두 부하전력의 10[%]이다)

(1) 전등의 종합 최대 수용전력은 몇 [kW]인가?

(2) 동력의 종합 최대 수용전력은 몇 [kW]인가?

(3) 변전소의 종합 최대 수용전력은 몇 [kW]인가?

해설

(1) 전등부하$=\dfrac{600\times 0.6}{1.2}=300[\text{kW}]$

(2) 동력부하$=\dfrac{800\times 0.8}{1.6}=400[\text{kW}]$

(3) 최대부하$=\dfrac{300+400}{1.4}\times 1.1=550[\text{kW}]$

정답

(1) 300[kW]
(2) 400[kW]
(3) 550[kW]

11 그림은 22.9[kV] 특고압 수전설비의 단선도이다. 이 도면을 보고 다음 각 물음에 답하시오.

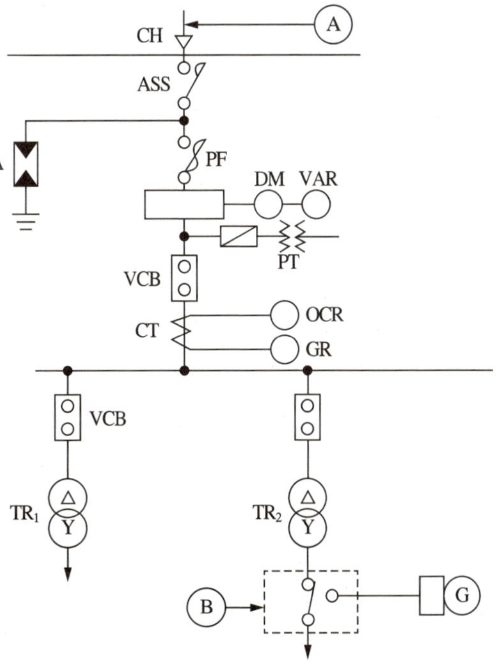

(1) 도면에 표시되어 있는 다음 약호의 명칭을 우리말로 쓰시오.

① ASS :

② LA :

③ VCB :

④ DM :

(2) TR_1 쪽의 부하용량의 합이 300[kW]이고, 역률 및 효율이 각각 0.8, 수용률이 0.6이라면 TR_1 변압기의 용량은 몇 [kVA]가 적당한지를 계산하고 표준용량으로 답하시오.

(3) Ⓐ에는 어떤 종류의 케이블이 사용되는가?

(4) Ⓑ의 명칭은 무엇인가?

(5) 변압기의 결선도를 복선도로 그리시오.

해설

(2) $TR_1 = \dfrac{300 \times 0.6}{0.8 \times 0.8} = 281.25[\text{kVA}]$

정답

(1) ① ASS : 자동고장구분개폐기

② LA : 피뢰기

③ VCB : 진공차단기

④ DM : 최대 수요전력량계

(2) 300[kVA]

(3) CNCV-W케이블(수밀형)

(4) 자동전환개폐기

(5)

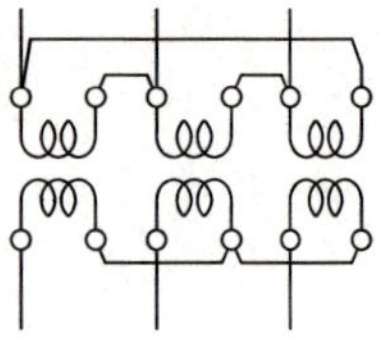

12

비상용 조명으로 40[W] 120등, 60[W] 50등을 30분간 사용하려고 한다. 급방전형 축전지(HS형), 1.7[V/셀]을 사용하여 허용 최저전압 90[V], 최저 축전지 온도를 5[℃]로 할 경우 참고자료를 사용하여 물음에 답하시오(단, 비상용 조명부하의 전압은 100[V]로 한다).

납축전지 용량 환산시간(K)

형 식	온도[℃]	10분			30분		
		1.6[V]	1.7[V]	1.8[V]	1.6[V]	1.7[V]	1.8[V]
CS	25	0.9 0.8	1.15 1.06	1.6 1.42	1.41 1.34	1.6 1.55	2.0 1.88
	5	1.15 1.1	1.35 1.25	2.0 1.8	1.75 1.75	1.85 1.8	2.45 2.35
	−5	1.35 1.25	1.6 1.5	2.65 2.25	2.05 2.05	2.2 2.2	3.1 3.0
HS	25	0.58	0.7	0.93	1.03	1.14	1.38
	5	0.62	0.74	1.05	1.11	1.22	1.54
	−5	0.68	0.82	1.15	1.2	1.35	1.68

(1) 비상용 조명부하의 전류는?

(2) HS형 납축전지의 셀 수는?(단, 1셀의 여유를 준다)

(3) HS형 납축전지의 용량[Ah]은?(단, 경년용량 저하율은 0.8이다)

해설

(1) $I = \dfrac{40 \times 120 + 60 \times 50}{100} = 78[\text{A}]$

(2) $N = \dfrac{V}{V_c} = \dfrac{90[\text{V}]}{1.7[\text{V/셀}]} \fallingdotseq 52.94\text{셀} + 1\text{셀} = 53.94\text{셀}(\text{절상})$

(3) $C = \dfrac{1}{L}KI[\text{Ah}] = \dfrac{1}{0.8} \times 1.22 \times 78 = 118.95[\text{Ah}]$

정답

(1) 78[A]

(2) 54셀

(3) 118.95[Ah]

13

다음 변류기(C.T)에 대한 물음에 답하시오.

(1) 변류기의 역할을 쓰시오.

(2) 정격부담이란?

정답

(1) 대전류를 소전류로 변성하여 계기나 계전기에 전원 공급

(2) 계기용 변류기 2차측의 부하 임피던스가 소비하는 피상전력

14 교류차단기에서 52C, 52T의 각 명칭을 쓰시오.

정답

- 52C : 차단기 투입코일(Closing Coil)
- 52T : 차단기 트립코일(Trip Coil)

15 바닥에서 3[m] 떨어진 높이에 300[cd] 광원이 있다. 그 광원 밑에서 수평으로 4[m] 떨어진 지점의 수평면 조도를 구하시오.

해설

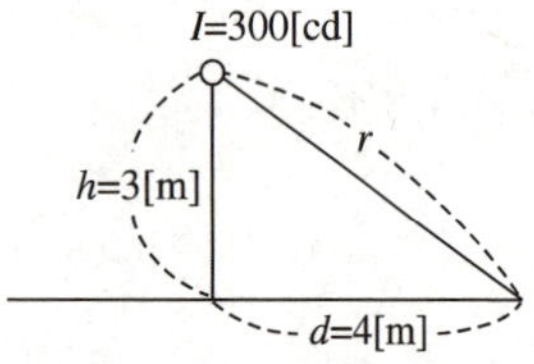

수평면 조도(E_r)$=\frac{I}{r^2}\cos\theta$이다.

따라서, 수평면 조도(E_r)$=\frac{I}{r^2}\cos\theta=\frac{300}{\left(\sqrt{3^2+4^2}\right)^2}\times\frac{3}{\sqrt{3^2+4^2}}=7.2$[lx]

정답

7.2[lx]

16 용량 30[kVA]인 단상 주상변압기가 있다. 이 변압기의 어느 날의 부하가 30[kW]로 4시간, 24[kW]로 8시간 및 8[kW]로 10시간이었다고 할 경우, 이 변압기의 일부하율 및 전일효율을 계산하시오(단, 부하의 역률은 100[%], 변압기의 전부하 철손은 250[W], 동손은 500[W]이다).

해,설,

• 일부하율

$$\text{일부하율} = \frac{\text{평균전력}}{\text{최대전력}} \times 100[\%] \text{에서 부하율} = \frac{(30\times 4 + 24\times 8 + 8\times 10)}{24\times 30} \times 100 ≒ 54.44[\%]$$

• 전일효율

출력 $P = 30\times 4 + 24\times 8 + 8\times 10 = 392[\text{kWh}]$

철손 $P_i = 250\times 24\times 10^{-3} = 6[\text{kWh}]$

동손 $P_c = \left\{\left(\frac{30}{30}\right)^2 \times 4 + \left(\frac{24}{30}\right)^2 \times 8 + \left(\frac{8}{30}\right)^2 \times 10\right\} \times 500\times 10^{-3} ≒ 4.92[\text{kWh}]$

전일효율 $\eta = \frac{392}{392+6+4.92} \times 100 ≒ 97.289[\%]$

정,답,

• 일부하율 : 54.44[%]
• 전일효율 : 97.29[%]

17 최대 사용전압이 22.9[kV]인 중성점 다중접지방식의 절연내력 시험전압은 몇 [V]이며, 이 시험전압을 몇 분간 가하여 이에 견디어야 하는가?

(1) 절연내역 시험전압

(2) 시험전압을 가하는 시간

해,설,

25[kV] 이하 중성점 다중접지는 0.92배의 시험전압을 가하여야 한다.

(1) 22,900 × 0.92 = 21,068[V]

정,답,

(1) 21,068[V]

(2) 10분간

전기 산업기사 2019년 제2회 기출복원문제

01 3상 3선식 송전선로의 1선당 저항이 3[Ω], 리액턴스가 2[Ω]이고 수전단 전압이 6,000[V], 수전단에 용량 480[kW], 역률 0.8(지상)인 3상 평형부하가 접속되어 있을 경우에 송전단 전압 V_s, 송전단 전력 P_s 및 송전단 역률 $\cos\theta_s$를 구하시오.

(1) 송전단 전압

(2) 송전단 전력

(3) 송전단 역률

해설

(1) $V_s = V_r + \sqrt{3}\,I(R\cos\theta + X\sin\theta) = 6{,}000 + \sqrt{3} \times 57.74 \times (3 \times 0.8 + 2 \times 0.6) \fallingdotseq 6{,}360[\mathrm{V}]$

$$I = \frac{P}{\sqrt{3}\,V\cos\theta} = \frac{480 \times 10^3}{\sqrt{3} \times 6{,}000 \times 0.8} \fallingdotseq 57.74[\mathrm{A}]$$

(2) $P_s = P_r + P_l = P_r + 3I^2R = 480 + 3 \times 57.74^2 \times 3 \times 10^{-3} \fallingdotseq 510[\mathrm{kW}]$

(3) $\cos\theta = \dfrac{P}{P_a} \times 100 = \dfrac{510 \times 10^3}{\sqrt{3} \times 6{,}360 \times 57.74} \times 100 \fallingdotseq 80.18[\%]$

정답

(1) 6,360[V]

(2) 510[kW]

(3) 80.18[%]

02 축전지설비에 대하여 다음 각 물음에 답하시오.

(1) 연축전지의 전해액이 변색되며, 충전하지 않고 방치된 상태에서도 다량의 가스가 발생되고 있다. 어떤 원인의 고장으로 추정되는가?

(2) 연축전지와 알칼리축전지의 공칭전압은 몇 [V/셀]인가?

① 연축전지 :

② 알칼리축전지 :

(3) 거치용 축전설비에서 가장 많이 사용되는 충전방식으로 자기방전을 보충함과 동시에 상용부하에 대한 전력공급은 충전기가 부담하도록 하되 충전기가 부담하기 어려운 일시적인 대전류부하는 축전지로 하여금 부담하게 하는 충전방식은?

(4) 축전기 용량을 구하는 식

$C_B = \frac{1}{L}\left[K_1 I_1 + K_2(I_2 - I_1) + K_3(I_3 - I_2) + \cdots\cdots + K_n(I_n - I_{n-1})\right]$[Ah]에서 L은 무엇을 나타내는가?

정답

(1) 전해액 불순물의 혼입

(2) ① 연축전지 : 2.0[V/셀]

② 알칼리축전지 : 1.2[V/셀]

(3) 부동충전방식

(4) 보수율

03 다음 빈칸을 채우시오.

전기방식설비의 전원장치는 ( ), ( ), ( ), ( ) 4가지로 구성되어 있으며 최대 사용전압은 직류 ( )[V] 이하이다.

정답

- 절연변압기
- 정류기
- 개폐기
- 과전류차단기
- 60

04 다음과 같은 무접점의 논리회로도를 보고 다음 각 물음에 답하시오.

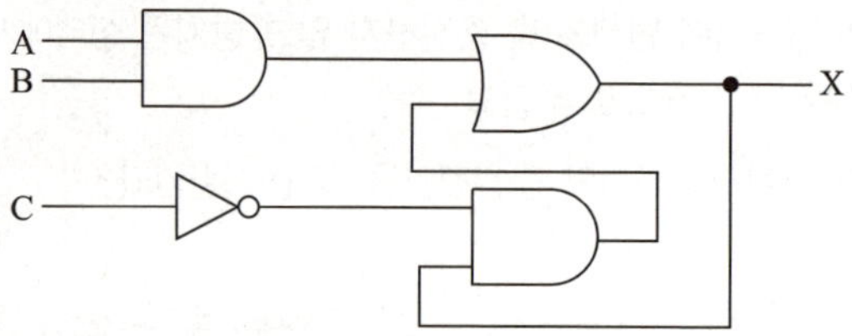

(1) 논리식으로 나타내시오.

(2) 주어진 논리회로를 유접점 논리회로로 바꾸어 그리시오.

(3) 타임차트를 완성하시오.

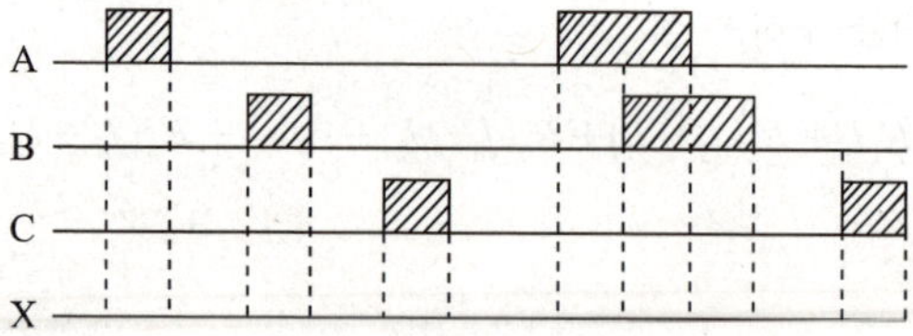

정답

(1) $X = A \cdot B + \overline{C} \cdot X$

(2)

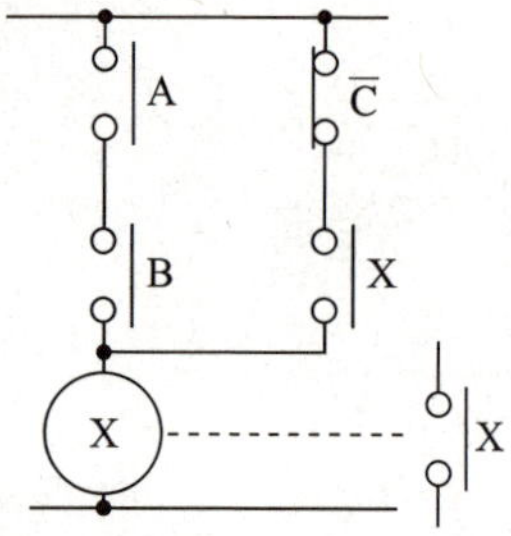

(3)

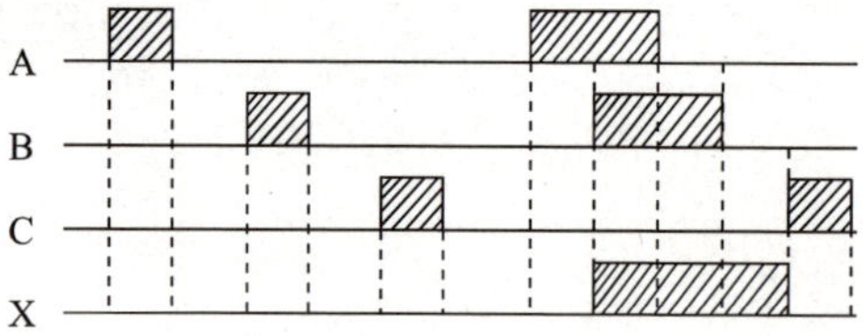

05 다음 전동기들의 회전방향을 반대로 하려면 어떻게 해야 하는지 각 문항에 대해 설명하시오.

(1) 직류 직권전동기

(2) 3상 유도전동기

(3) 단상 유도전동기 분상기동법

정답

(1) 전기자권선 또는 계자권선 둘 중 1개만 접속을 반대로 한다.
(2) 전원 3선 중 2선의 접속을 반대로 한다.
(3) 기동권선의 접속을 반대로 한다.

06 폭이 20[m], 길이 25[m], 천장의 높이 3[m]인 방에 있는 책상면의 평균 조도를 200[lx]로 할 경우의 초기 소요 광속과 필요한 전등수를 산정하시오(단, $U=50[\%]$, $M=0.8$, $F=9{,}000[\text{lm}]$이다).

• 계산 :

• 답 :

정답

• 계산 : 초기소요광속 $NF=\dfrac{EAD}{U}=\dfrac{200\times20\times25\times\dfrac{1}{0.8}}{0.5}=250{,}000[\text{lm}]$

$$\text{전등수}=\frac{\text{초기소요광속}}{\text{전구의 광속수}}=\frac{250{,}000}{9{,}000}\fallingdotseq 27.78[\text{등}]$$

• 답 : 초기소요광속 : 250,000[lm], 전등수 : 28[등]

07 다음 그림은 22.9[kV] 간이수전설비도이다. 다음 물음에 답하시오.

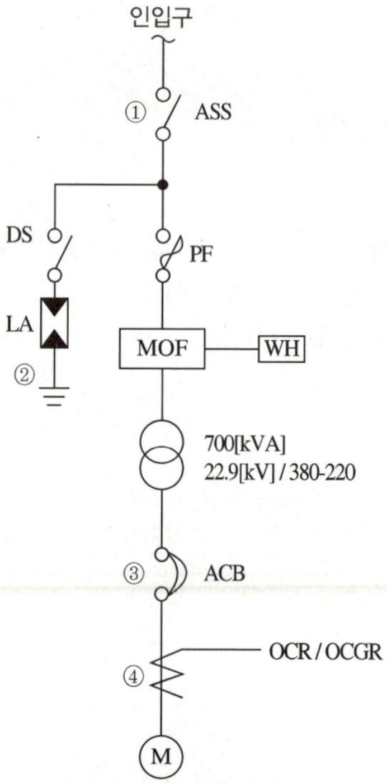

(1) ①이 수전설비의 (㉠)[kVA] 이하일 때 사용하고 300[kVA] 이하일 경우 ASS 대신 (㉡)을 사용할 수 있다.

(2) ②의 전선의 접지선 굵기 계산 시 과전류차단기는 정격전류의 (㉢)배 전류에서 (㉣)초 이하에서 끊어져야 한다.

(3) ②의 전선의 접지선 굵기 계산 시 고장전류가 흐를 때 허용온도는 (㉤)[℃]이다.

(4) ③은 변압기 2차 개폐기 ACB이다. 보호요소 3가지를 쓰시오.

(5) ④의 변류비를 구하시오. 변류비 1차 정격전류는 1,000, 1,200, 1,500, 2,000, 2,500[A]이며, 2차 전류는 5[A]이다. 여유는 1.5비를 적용한다.

해설

(5) $I = \dfrac{700 \times 10^3}{\sqrt{3} \times 380} \times 1.5 \fallingdotseq 1{,}595.31$

정답

(1) ㉠ 1,000
㉡ Int-S/W(인터럽터 스위치)

(2) ㉢ 20
㉣ 0.1

(3) ㉤ 160

(4) 결상보호, 단락보호, 과부하보호

(5) 1,500/5

08 어떤 변전소의 공급구역 내 총부하용량은 전등 600[kW], 동력 800[kW]이다. 각 수용가의 수용률은 전등 60[%], 동력 80[%], 각 수용가 간의 부등률은 전등 1.2, 동력 1.6이며, 또한 변전소에서 전등부하와 동력부하 간의 부등률을 1.4라 하고, 배전선(주상변압기 포함)의 전력손실을 전등부하, 동력부하 각각 10[%]라 할 때 다음 각 물음에 답하시오.

(1) 전등의 종합 최대 수용전력은 몇 [kW]인가?

(2) 동력의 종합 최대 수용전력은 몇 [kW]인가?

(3) 변전소에 공급하는 최대전력은 몇 [kW]인가?

해설

(1) 전등의 최대 수용전력$=\dfrac{600\times 0.6}{1.2}=300$[kW]

(2) 동력의 최대 수용전력$=\dfrac{800\times 0.8}{1.6}=400$[kW]

(3) 최대전력$=\dfrac{300+400}{1.4}\times(1+0.1)=550$[kW]

정답

(1) 300[kW]
(2) 400[kW]
(3) 550[kW]

09 송전 계통의 중성점 접지방식에서 유효접지(Effective Grounding)에 대하여 설명하고, 유효접지의 가장 대표적인 접지방식 한 가지만 쓰시오.

정답

- 유효접지 : 1선 지락사고 시 건전상의 전압상승이 상규 대지전압의 1.3배를 넘지 않도록 접지 임피던스를 조절해서 접지하는 것
- 접지방식 : 직접 접지방식

10

변압기와 고압 전동기에 서지흡수기를 설치하고자 한다. 각각의 경우에 대하여 서지흡수기를 도면에 그려 넣고, 각각의 서지흡수기의 정격전압[kV] 및 공칭방전전류[kA]를 쓰시오.

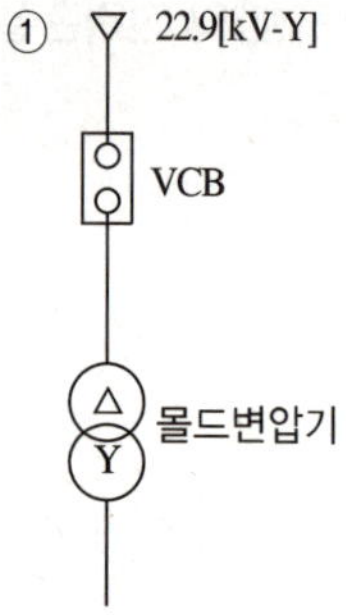

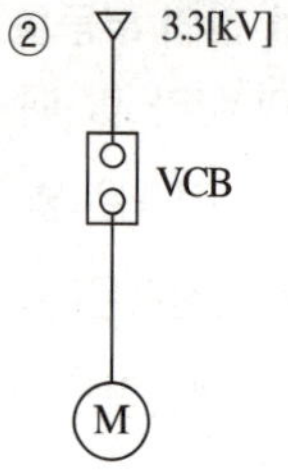

정답

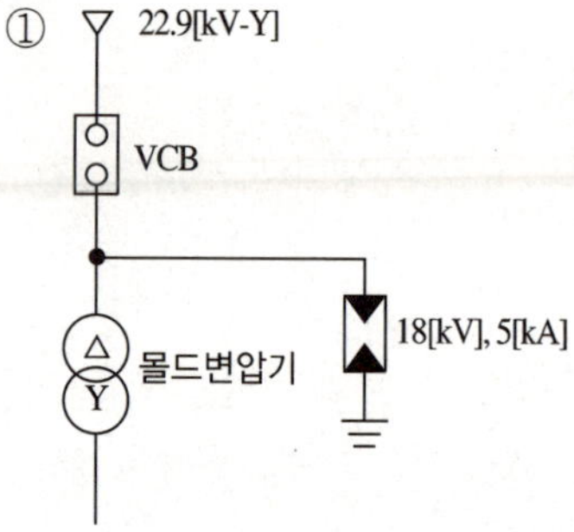

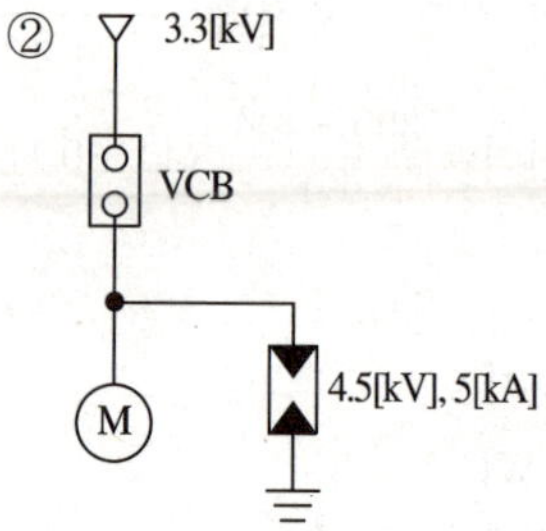

11

거리계전기의 설치점에서 고장점까지의 임피던스를 70[Ω]이라고 하면 계전기측에서 본 임피던스는 몇 [Ω]인가?(단, PT의 변압비는 154,000/110[V]이고, CT의 변류비는 500/5이다)

해설

거리계전기측에서 본 임피던스(Z_2)=선로임피던스$(Z_1)$$\times$CT비$\times \frac{1}{\text{PT비}}$

$$= 70 \times \frac{500}{5} \times \frac{110}{154{,}000} = 5[\Omega]$$

정답

5[Ω]

12 최대 눈금 250[V]인 전압계 V_A, V_B 전압계를 직렬로 접속하여 측정하면 몇 [V]까지 측정할 수 있는가?(단, 전압계 내부저항 V_A는 15[kΩ], V_B는 18[kΩ]으로 한다)

해설

$$V_B = \frac{R_1}{R_1 + R_2} V$$

$$250 = \frac{18}{15+18} V$$

$$\therefore\ V \fallingdotseq 458.33[\text{V}]$$

정답

458.33[V]

13 다음 문제를 읽고 다음 물음에 답하시오.

(1) 수용률, 부등률 및 부하율을 식으로 나타내시오.

(2) 부하율을 비례 또는 반비례를 이용하여 수용률과 부등률과의 관계를 쓰시오.

정답

(1) • $\text{수용률} = \dfrac{\text{최대전력[kW]}}{\text{설비용량[kW]}} \times 100[\%]$

• $\text{부등률} = \dfrac{\text{개별 수용 최대전력의 합[kW]}}{\text{합성 최대전력[kW]}} \geq 1$

• $\text{부하율} = \dfrac{\text{평균전력[kW]}}{\text{최대전력[kW]}} \times 100[\%]$

(2) $\text{부하율} = \dfrac{\text{평균전력}}{\text{최대전력}} = \dfrac{\text{평균전력}}{\dfrac{\text{설비용량} \times \text{수용률}}{\text{부등률}}} = \dfrac{\text{평균전력} \times \text{부등률}}{\text{설비용량} \times \text{수용률}}$

따라서, 부하율은 수용률에 반비례하고 부등률에 비례한다.

14 PLC 프로그램을 보고 PLC 접점 회로도를 완성하시오(단, ① STR : 입력 A접점(신호), ② STRN : 입력 B접점(신호), ③ AND : AND A접점, ④ ANDN : AND B접점, ⑤ OR : OR A접점, ⑥ ORN : OR B접점, ⑦ OB : 병렬 접속점, ⑧ OUT : 출력, ⑨ END : 끝, ⑩ W : 각 번지 끝).

어드레스	명령어	데이터	비 고
01	STR	001	W
02	STR	003	W
03	ANDN	002	W
04	OB	–	W
05	OUT	100	W
06	STR	001	W
07	ANDN	002	W
08	STR	003	W
09	OB	–	W
10	OUT	200	W
11	END	–	W

• PLC 접점 회로도

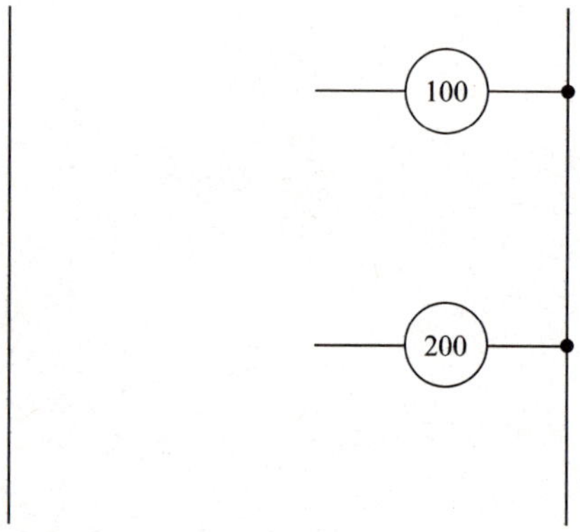

정답

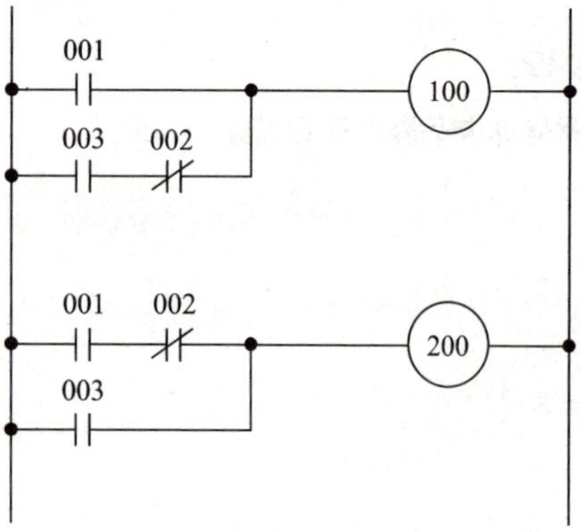

15 그림은 팬의 수동 운전 및 고장 표시등 회로의 일부이다. 이 회로에 대하여 다음 각 물음에 답하시오.

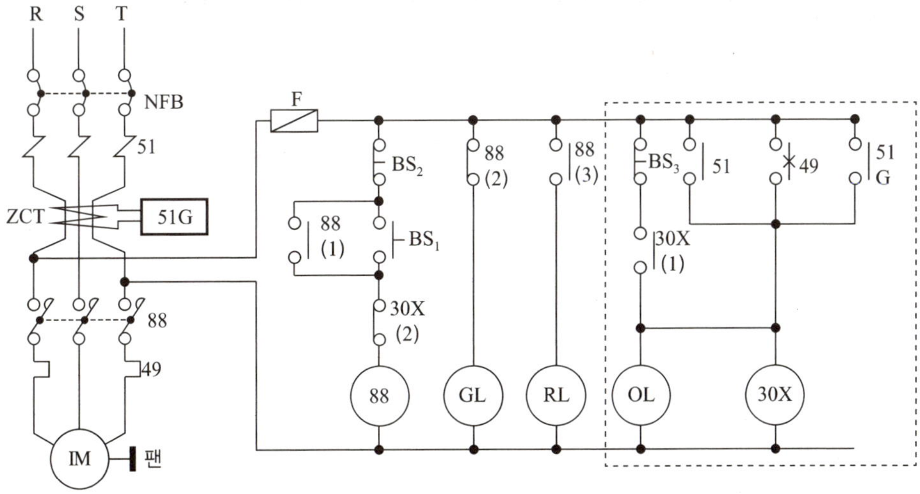

(1) 88은 MC로서 도면에서는 출력기구이다. 도면에 표시된 기구에 대하여 그 명칭을 그 약호로 쓰시오. 단, 중복은 없고, NFB, ZCT, IM, 팬은 제외, 해당되는 기구가 여러 가지일 경우 모두 쓰도록 한다.

① 고장 표시 기구 :

② 고장회복 확인기구 :

③ 기동기구 :

④ 정지기구 :

⑤ 운전표시램프 :

⑥ 정지표시램프 :

⑦ 고장표시램프 :

⑧ 고장검출기구 :

(2) 그림의 점선으로 표시된 회로를 AND, OR, NOT 회로를 사용하여 로직회로를 그리시오(단, 3입력 이하로 한다).

정답

(1) ① 30X ② BS_3 ③ BS_1 ④ BS_2 ⑤ RL ⑥ GL ⑦ OL ⑧ 51, 49, 51G

(2)

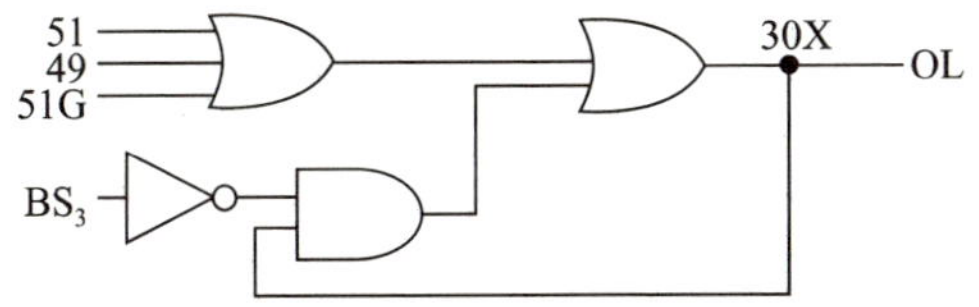

※ KEC 규정 적용으로 표현 변경 : R, S, T, E의 상의 명칭이 L1, L2, L3, N(또는 PE)으로 변경됨

전기 산업기사 2019년 제3회 기출복원문제

01 다음 도면은 어느 수전설비의 단선결선도이다. 다음 물음에 답하시오.

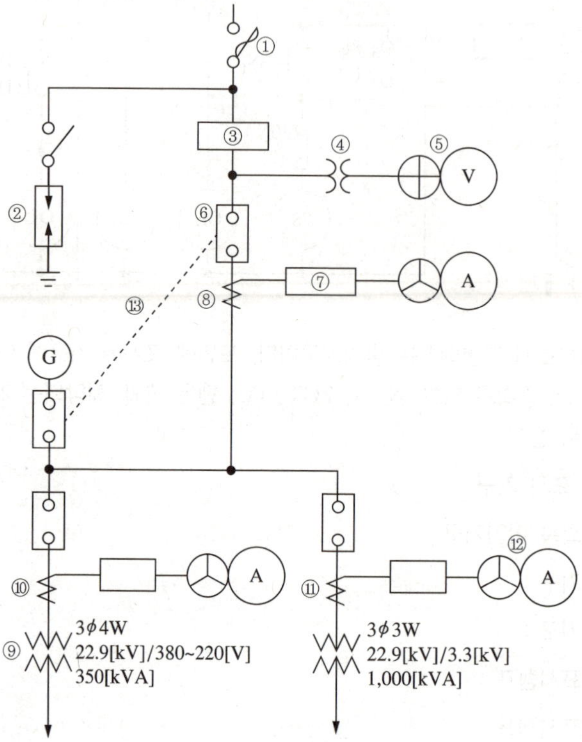

(1) ①~⑧, ⑫에 해당되는 부분의 명칭과 용도를 쓰시오.

(2) ④의 기기의 1차, 2차 전압은?

(3) ⑨변압기의 2차측 결선 방법은?

(4) ⑩, ⑪ 변류기의 1차, 2차 전류는 몇 [A]인가?(단, CT 정격전류는 부하정격전류의 1.25배로 한다)

(5) ⑬과 같이 하는 목적은 무엇인가?

해설

(4) ⑩ 변류기

$I_{11} = \frac{350}{\sqrt{3} \times 22.9} \fallingdotseq 8.824[A]$

$8.824 \times 1.25 = 11.03[A]$

CT비 15/5

$I_{11}(2차측) = \frac{350}{\sqrt{3} \times 22.9} \times \frac{5}{15} \fallingdotseq 2.9414$

⑪ 변류기

$I_{12} = \frac{1,000}{\sqrt{3} \times 22.9} \fallingdotseq 25.212$

$25.212 \times 1.25 = 31.515$

CT비 40/5

$I_{12}(2차측\ 전류) = \frac{1,000}{\sqrt{3} \times 22.9} \times \frac{5}{40} \fallingdotseq 3.1515$

정답

(1) ① 전력퓨즈 : 단락전류를 차단하여 사고확대 방지
② 피뢰기 : 이상 전압이 내습하면 이를 대지로 방전시키고 속류를 차단
③ 계기용 변압변류기 : 고전압을 저전압으로 대전류를 소전류로 변성시켜 전력량계 전원 공급
④ 계기용 변압기 : 고전압을 저전압으로 변성시켜 계기 및 계전기에 전원 공급
⑤ 전압계용 전환개폐기 : 1대의 전압계로 3상의 각상 전압을 측정하기 위한 전환개폐기
⑥ 교류차단기 : 부하전류개폐 및 사고전류차단
⑦ 과전류계전기 : 과전류가 흐르면 동작하여 트립코일여자
⑧ 계기용 변류기 : 대전류를 소전류로 변류하여 계기 및 계전기에 전원 공급
⑫ 전류계용 전환개폐기 : 1대의 전류계로 3상 각상 전류를 측정하기 위한 전환개폐기

(2) 1차 전압 : $\frac{22,900}{\sqrt{3}}$[V], 2차 전압 : $\frac{190}{\sqrt{3}}$[V]

(3) Y결선

(4) ⑩ 변류기 : 1차 전류 8.82[A], 2차 전류 2.94[A]
⑪ 변류기 : 1차 전류 25.21[A], 2차 전류 3.15[A]

(5) 상용전원과 예비전원 동시 투입 방지

02 다음 그림과 같은 1ϕ3W 선로에서 설비불평형률은 몇 [%]인가?

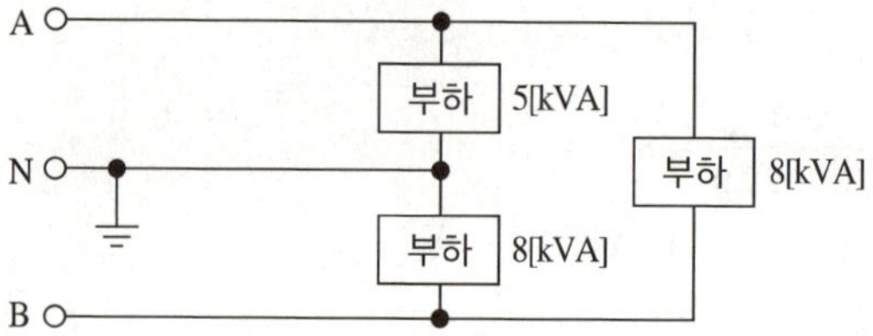

해설

$$\text{설비불평형률} = \frac{8-5}{(8+5+8)\times\frac{1}{2}}\times 100 \fallingdotseq 28.571[\%]$$

정답

28.57[%]

03 설비용량이 350[kW]이고, 역률 70[%], 수용률 60[%]일 때 다음 변압기 용량[kVA]을 구하시오.

해설

$$TR = \frac{350\times 0.6}{0.7} = 300[\text{kVA}]$$

정답

300[kVA]

04 유입변압기와 비교하여 몰드변압기에 대한 장단점을 각각 3가지를 쓰시오(단, 경제적, 비용에 관해서는 제외한다).

정답

[장 점]
- 보수 및 점검이 용이하다.
- 전력손실이 작다.
- 소형, 경량화가 가능하다.

[단 점]
- 옥외설치 및 대용량 제작이 어렵다.
- 서지에 대한 대책을 수립해야 한다.
- 진공차단기를 설치하는 경우 서지흡수기를 설치해야 한다.

05 다음 그림과 같은 1ϕ2W 분기회로의 전선 굵기를 공칭단면적으로 산정하시오(단, 전압강하는 2[V] 이하이고, 배선방식은 교류 200[V]이다).

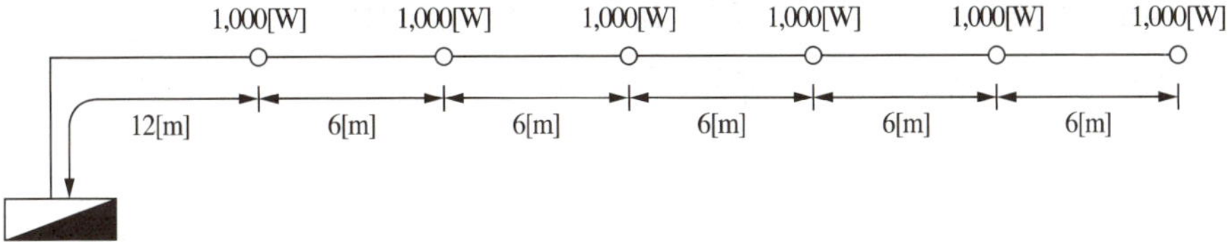

해설

$$I = \frac{P}{V} = \frac{1,000}{200} = 5[\text{A}]$$

부하중심점 $L = \dfrac{I_1 l_1 + I_2 l_2 + \cdots}{I_1 + I_2 + \cdots} = \dfrac{5\times12+5\times18+5\times24+5\times30+5\times36+5\times42}{5+5+5+5+5+5} = 27[\text{m}]$

$$A = \frac{35.6LI}{1,000e} = \frac{35.6\times27\times5\times6}{1,000\times2} ≒ 14.42[\text{mm}^2]$$

$\therefore 16[\text{mm}^2]$

정답

16[mm²]

06 서지흡수기(Surge Absorber)의 역할(기능)과 설치위치에 대하여 쓰시오.

정답

- 역할(기능) : 개폐서지를 억제하여 서지로부터 기계기구를 보호한다.
- 설치위치 : 개폐서지를 발생하는 차단기(VCB) 2차측과 각 상의 전로와 대지 간에 설치

07 어느 수용가의 수전설비에서 100[kVA] 단상 변압기 3대를 △ 결선하여 250[kW] 부하에 전력을 공급하고 있다. 변압기 1대가 고장이 발생하여 단상 변압기 2대로 V결선하여 전력을 공급할 경우 다음 각 물음에 답하시오(단, 부하역률은 100[%]로 계산한다).

(1) V결선 시 공급할 수 있는 최대전력[kW]을 구하시오.

(2) V결선 상태에서 250[kW] 부하 모두를 연결할 때 과부하율[%]을 구하시오.

해설

(1) $P_V = \sqrt{3}\,P_1 \cos\theta = \sqrt{3} \times 100 \times 1 \fallingdotseq 173.21[\text{kW}]$

(2) $\text{과부하율} = \dfrac{\text{부하용량}}{\text{변압기 공급용량}} \times 100 = \dfrac{250}{173.21} \times 100 \fallingdotseq 144.33[\%]$

정답

(1) 173.21[kW]

(2) 144.33[%]

08 전력퓨즈에서 다음 각 물음에 답하시오.

(1) 전력퓨즈의 역할을 크게 2가지와 가장 큰 단점 1가지를 쓰시오.

(2) 주어진 표는 개폐장치(기구)의 동작 가능한 곳에 ○표를 한 것이다. ①~③은 어떤 개폐장치이겠는가?

능력 / 기능	회로분리		사고차단	
	무부하	부 하	과부하	단 락
퓨 즈	○			○
①	○	○	○	○
②	○	○	○	
③	○			

(3) 큐비클의 종류 중 PF-S형 큐비클은 주차단장치로서 어떤 것들을 조합하여 사용하는 것을 말하는가?

정답

(1) • 역할 : 부하전류를 안전하게 흐르게 한다. 과전류를 차단하여 전로나 기기를 보호한다.
  • 단점 : 재투입할 수 없다.

(2) ① 차단기
  ② 전자개폐기
  ③ 단로기

(3) 전력퓨즈와 고압개폐기

09

그림과 같은 교류 3상 3선식 전로에 연결된 3상 평형부하가 있다. 이때 C상의 X 점이 단선된 경우, 이 부하의 소비전력은 단선 전 소비전력에 비하여 어떻게 되는지 계산식을 이용하여 설명하시오(단, 선간전압은 E[V]이며, 부하의 저항은 $R[\Omega]$이다).

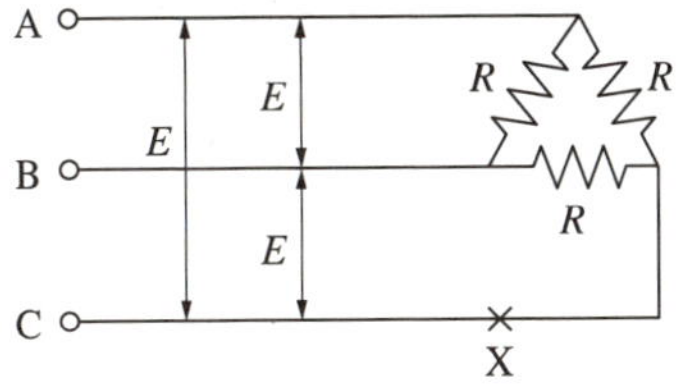

해설

X점이 단선 시 합성저항 $R_T = \frac{2R \times R}{2R+R} = \frac{2R^2}{3R} = \frac{2}{3}R$

X점이 단선 시 부하의 소비전력 $P' = \frac{E^2}{R_0} = \frac{E^2}{\frac{2}{3}R} = \frac{3E^2}{2R}$

X점 단선 전의 부하의 소비전력은 $P = \frac{3E^2}{R}$ 이므로 X점 단선 시 소비전력은 단선 전의 $\frac{1}{2}$ 배이다.

정답

$\frac{1}{2}$ 배

10

단상 2선식 선로에 3[kW] 전동기를 연결하여 전력을 공급하려고 한다. 전원측 전압을 구하시오(단, 수전단 전압 220[V], 선로의 저항은 1선당 저항값으로 0.03[Ω]이다).

해설

$$V_s = V_r + 2IR = V_r + 2 \cdot \frac{P}{V} \cdot R = 220 + 2 \times \frac{3 \times 10^3}{220} \times 0.03 \fallingdotseq 220.82[\text{V}]$$

정답

220.82[V]

11 6,600/210[V], 60[Hz], 50[kVA]의 단상 변압기에 저압측이 단락하고 1차측에 170[V]의 전압을 가하니 1차측에 정격전류가 흘렀다. 이때 변압기에 입력이 700[W]라고 한다. 이 변압기에 정격부하를 걸었을 때의 전압변동률을 구하시오(단, 역률은 80[%]이다).

해설

임피던스 전압(V_s) = 170[V]

임피던스 와트(P_c) = 700[W]

$\%R = \frac{I_n R_{21}}{V_n} \times 100$에서 분모, 분자에 I_n을 곱하면

$$\%R = \frac{I_n R_{21}}{V_n} \times 100 = \frac{I_n^2 R_{21}}{V_n I_n} \times 100 = \frac{P_c}{P_n} \times 100 = \frac{700}{50 \times 10^3} \times 100 = 1.4[\%]$$

$$\%X = \sqrt{\%Z^2 - \%R^2} = \sqrt{2.58^2 - 1.4^2} \fallingdotseq 2.17[\%]$$

$$\%Z = \frac{I_n Z_s}{V_n} = \frac{V_s}{V_n} = \frac{170}{6,600} \fallingdotseq 2.58[\%]$$

$$\varepsilon = \%R\cos\theta + \%X\sin\theta = 1.4 \times 0.8 + 2.17 \times 0.6 \fallingdotseq 2.42[\%]$$

정답

2.42[%]

12

스위치 S_1, S_2, S_3, S_4에 의하여 직접 제어되는 계전기 A_1, A_2, A_3, A_4가 있다. 전등 X, Y, Z가 동작표와 같이 점등되었다고 할 때 다음 각 물음에 답하시오.

A_1	A_2	A_3	A_4	X	Y	Z
0	0	0	0	0	1	0
0	0	0	1	0	0	0
0	0	1	0	0	0	0
0	0	1	1	0	0	0
0	1	0	0	0	0	0
0	1	0	1	0	0	0
0	1	1	0	1	0	0
0	1	1	1	1	0	0
1	0	0	0	0	0	0
1	0	0	1	0	0	1
1	0	1	0	0	0	0
1	0	1	1	1	1	0
1	1	0	0	0	0	1
1	1	0	1	0	0	1
1	1	1	0	0	0	0
1	1	1	1	1	0	0

- 출력램프 X에 대한 논리식

$X = \overline{A_1} A_2 A_3 \overline{A_4} + \overline{A_1} A_2 A_3 A_4 + A_1 A_2 A_3 A_4 + A_1 \overline{A_2} A_3 A_4 = A_3(\overline{A_1} A_2 + A_1 A_4)$

- 출력램프 Y에 대한 논리식

$Y = \overline{A_1}\,\overline{A_2}\,\overline{A_3}\,\overline{A_4} + A_1 \overline{A_2} A_3 A_4 = \overline{A_2}(\overline{A_1}\,\overline{A_3}\,\overline{A_4} + A_1 A_3 A_4)$

- 출력램프 Z에 대한 논리식

$Z = A_1 \overline{A_2}\,\overline{A_3} A_4 + A_1 A_2 \overline{A_3}\,\overline{A_4} + A_1 A_2 \overline{A_3} A_4 = A_1 \overline{A_3}(A_2 + A_4)$

(1) 답란에 미완성 부분을 최소 접점수로 접점 표시를 하고 접점 기호를 써서 유접점 회로를 완성하시오(예 : a_1 $\overline{a_1}$).

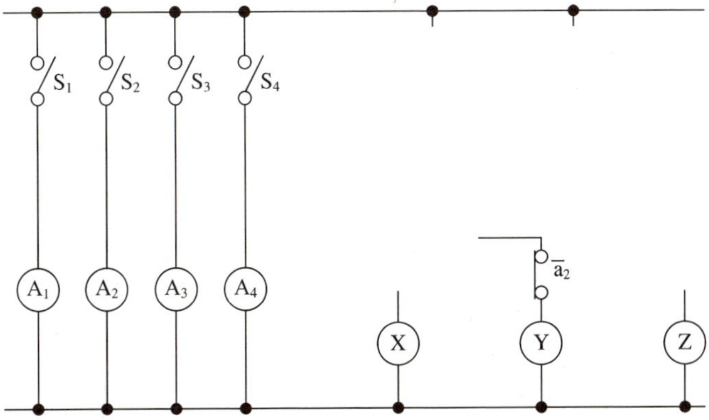

(2) 답란에 미완성 무접점 회로도를 완성하시오.

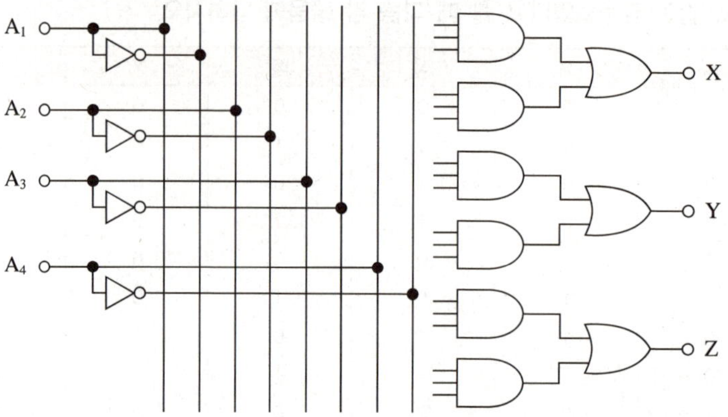

해설

(1) $X=\overline{A_1}A_2A_3+A_1A_3A_4$

$Y=\overline{A_1}\,\overline{A_2}\,\overline{A_3}\,\overline{A_4}+A_1\overline{A_2}A_3A_4$

$Z=A_1A_2\overline{A_3}+A_1\overline{A_3}A_4$

여기에서 가장 공동으로 들어간 접점을 보면 다음과 같다.

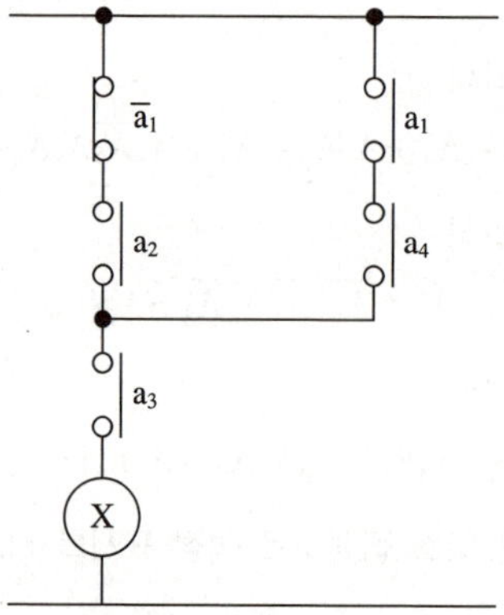

그 다음 Y항을 묶어 진행한 후 Z항을 진행하면 다음과 같다.

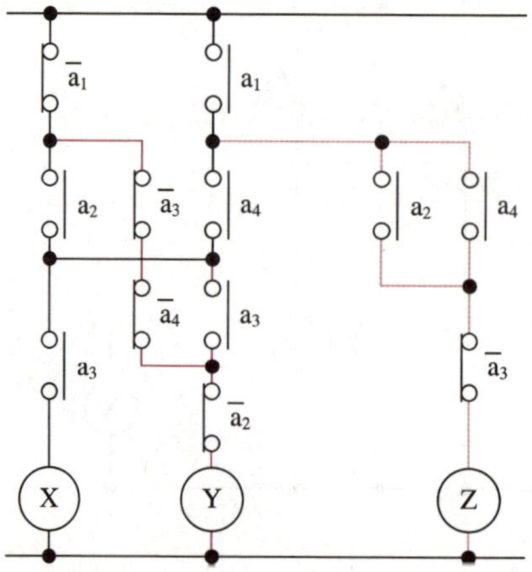

따라서, 최종 유접점 회로는 다음과 같다.

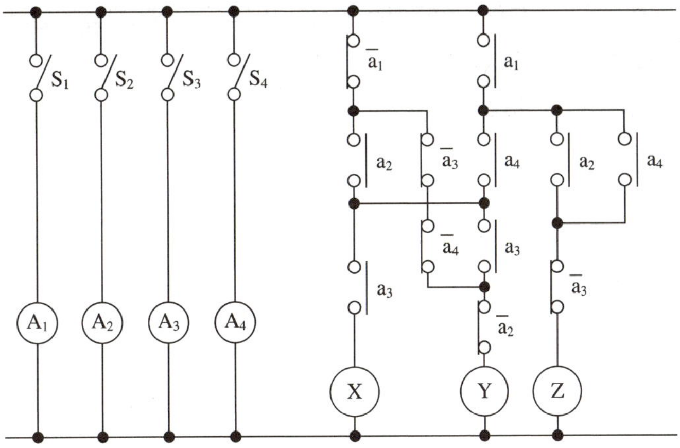

정답

(1)

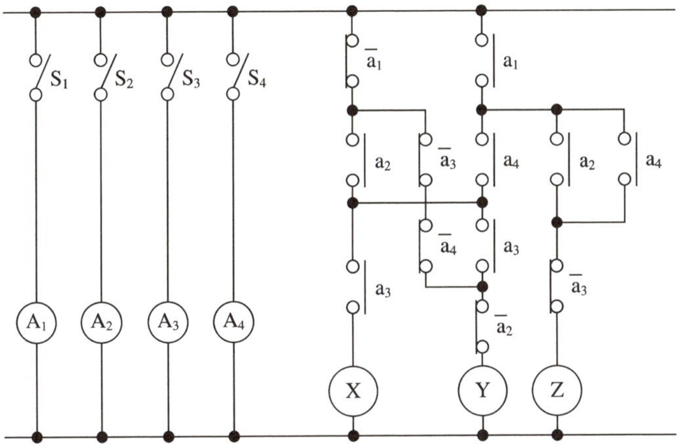

(2)

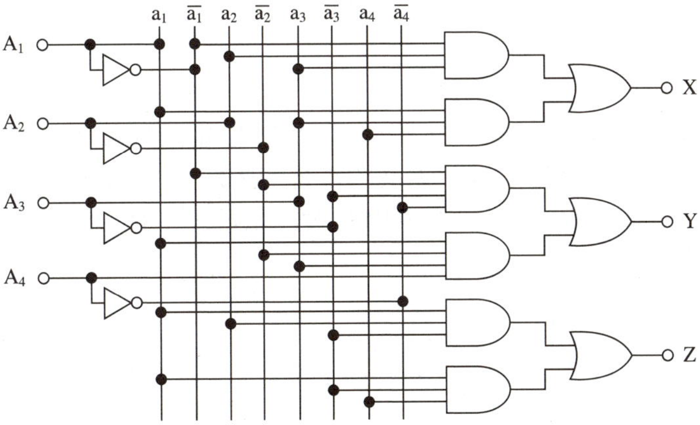

13

1일 사용전력량이 100[kWh]이고 최대전력이 7[kW]일 때의 전류값이 20[A]이고 220[V], 10[kVA]의 3상 유도전동기로 부하에 공급하는 공장이 있다. 다음 각 물음에 답하시오.

(1) 일부하율은 몇 [%]인가?

(2) 최대전력일 때의 역률은 몇 [%]인가?

해설

(1) $\text{일부하율} = \frac{\text{사용전력량[kWh]}}{\text{시간[h]} \times \text{최대수용전력[kW]}} \times 100 = \frac{100}{24 \times 7} \times 100 ≒ 59.52[\%]$

(2) $\cos\theta = \frac{P}{P_a} \times 100 = \frac{7 \times 10^3}{\sqrt{3} \times 220 \times 20} \times 100 ≒ 91.85[\%]$

정답

(1) 59.52[%]

(2) 91.85[%]

14

형광방전램프의 점등방법에서 점등회로 3가지를 쓰시오.

정답

• 글로스타터회로
• 수동식기동회로
• 순시기동회로

15

3상 3선식 중성점 비접지식 6,600[V] 고압 가공전선로가 있다. 이 전선로의 전선 연장이 550[km]이다. 이 전로에 접속된 주상변압기 100[V]측 1단자에 접지공사를 할 때 접지저항값은 얼마 이하인가?(단, 이 전선로는 고·저압 혼촉 시 1초 이내에 자동 차단하는 장치가 있다)

해설

$$I_g = 1 + \frac{\frac{V}{3}L - 100}{150} = 1 + \frac{\left(\frac{6.6/1.1}{3}\right) \times 550 - 100}{150} ≒ 7.67[A]$$

$\therefore 8[A]$

$$R = \frac{600}{8} = 75[\Omega]$$

정답

75[Ω]

전기기사 2020년 제1회 기출복원문제

01 전등을 3개소에서 점멸하기 위하여 3로 스위치 2개와 4로 스위치 1개를 조합하는 경우 계통도(실제 배선도)를 완성하시오.

정답

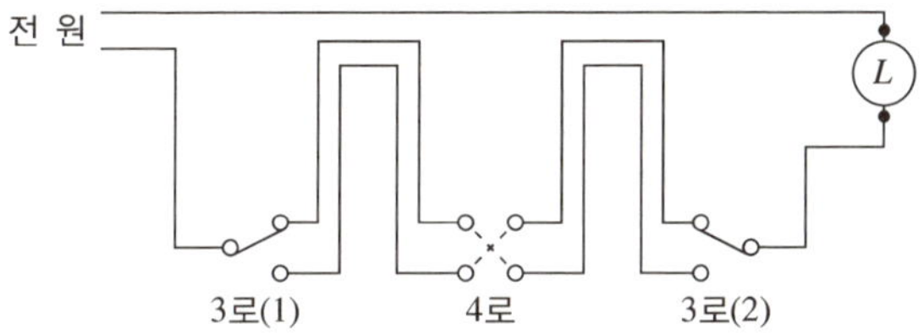

02 1차측 전류 250[A]가 흐르고 2차측에 실제 10[A]가 흐를 경우 변류비의 비오차를 계산하시오(단, 변류비는 100/5).

해설

$$\varepsilon = \frac{K_n - K}{K} \times 100 = \frac{\frac{100}{5} - \frac{250}{10}}{\frac{250}{10}} \times 100 = -20[\%]$$

정답

$-20[\%]$

03 그림은 변류기를 영상 접속시켜 그 잔류 회로에 지락계전기 DG를 삽입시킨 것이다. 선로의 전압은 66[kV], 중성점에 300[Ω]의 저항접지로 하였고, 변류기의 변류비는 300/5[A]이다. 송전전력이 20,000[kW], 역률이 0.8(지상)일 때 a상에 완전 지락 사고가 발생하였다. 물음에 답하시오(단, 부하의 정상, 역상 임피던스 기타의 정수는 무시한다).

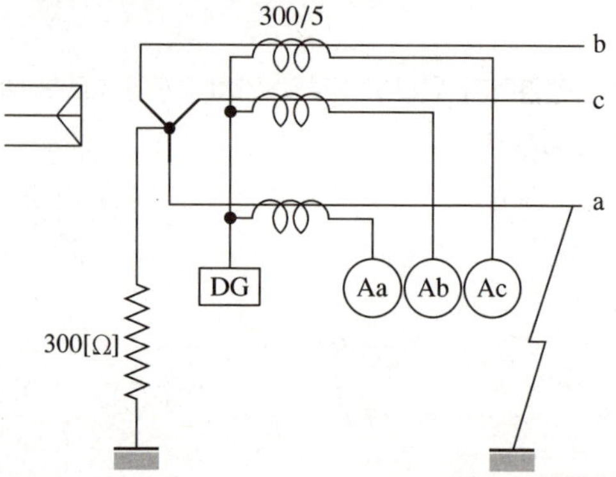

(1) 지락계전기 DG에 흐르는 전류[A]값은?

(2) a상 전류계 Aa에 흐르는 전류[A]값은?

(3) b상 전류계 Ab에 흐르는 전류[A]값은?

(4) c상 전류계 Ac에 흐르는 전류[A]의 값은?

해설

(1) $I_g = \dfrac{E}{R} = \dfrac{\dfrac{66{,}000}{\sqrt{3}}}{300} ≒ 127.017$

$I_{DG} = 127.017 \times \dfrac{5}{300} = 2.11695$

(2) 부하전류 $I_L = \dfrac{20{,}000}{\sqrt{3} \times 66 \times 0.8}(0.8 - j0.6) ≒ 174.955 - j131.216$

I_A = 지락전류 + 부하전류 $= (174.955 + 127.017) - j131.216$

$= 301.972 - j131.216 = \sqrt{301.972^2 + 131.216^2} ≒ 329.249$

$\mathrm{Aa} = 329.249 \times \dfrac{5}{300} ≒ 5.487$

(3) $I_L = \dfrac{20{,}000}{\sqrt{3} \times 66 \times 0.8} ≒ 218.693$

$\mathrm{Ab} = 218.693 \times \dfrac{5}{300} ≒ 3.6448$

(4) $I_L = \dfrac{20{,}000}{\sqrt{3} \times 66 \times 0.8} = 218.693$

$\mathrm{Ac} = 218.693 \times \dfrac{5}{300} = 3.6448$

정답

(1) 2.12[A]

(2) 5.49[A]

(3) 3.64[A]

(4) 3.64[A]

04 주어진 조건이나 참고자료를 이용하여 다음 각 물음에 답하시오. 3층 사무실용 건물에 3상 3선식의 6,000[V]를 수전하여 200[V]로 강압하여 수전하는 수전설비를 하였다. 각종 부하설비가 다음 표와 같을 때 다음 물음에 답하시오.

표1. 동력부하설비

사용목적	용량[kW]	대 수	상용동력[kW]	하계동력[kW]	동계동력[kW]
난방 관계					
• 보일러 펌프	6.0	1			6.0
• 오일 기어 펌프	0.4	1			0.4
• 온수 순환 펌프	3.0	1			3.0
공기조화 관계					
• 1, 2, 3층 패키지 컴프레서	7.5	6		45.0	
• 컴프레서 팬	5.5	3	16.5		
• 냉각수 펌프	5.5	1		5.5	
• 쿨링 타워	1.5	1		1.5	
급수, 배수 관계					
• 양수 펌프	3.0	1	3.0		
기 타					
• 소화펌프	5.5	1	5.5		
• 셔 터	0.4	2	0.8		
합 계			25.8	52.0	9.4

표2. 조명 및 콘센트 부하설비

사용목적	왓트수[W]	설치수량	환산용량[VA]	총용량[VA]	비 고
전등 관계					
• 수은등 A	200	4	260	1,040	200[V] 고역률
• 수은등 B	100	8	140	1,120	200[V] 고역률
• 형광등	40	820	55	45,100	200[V] 고역률
• 백열전등	60	10	60	600	
콘센트 관계					
• 일반 콘센트		80	150	12,000	2P 15[A]
• 환기팬용 콘센트		8	55	440	
• 히터용 콘센트	1,500	2		3,000	
• 복사기용 콘센트		4		3,600	
• 텔레타이프용 콘센트		2		2,400	
• 룸 쿨러용 콘센트		6		7,200	
기 타					
• 전화교환용 정류기		1		800	
계				77,300	

[참 고]

① 환산 용량의 전력회사의 공급규정에 의함
② 변압기용량(계약회사에서 시판)
단상, 3상 공히 5, 10, 15, 20, 30, 50, 75, 100, 150[kVA]

(1) 동력난방계 온수 순환 펌프는 상시 운전하고, 보일러용과 오일 기어 펌프의 수용률이 50[%]일 때 난방동력에 대한 수용부하는 몇 [kW]인가?

(2) 동력부하의 역률이 전부 70[%]라고 한다면 피상전력은 각각 몇 [kVA]인가?(단, 상용동력, 하계동력, 동계동력별로 각각 계산한다)

(3) 총전기설비용량은 몇 [kVA]를 기준하여야 하는가?

(4) 전등의 수용률은 60[%], 콘센트 설비의 수용률을 70[%]라 한다면 몇 [kVA]의 단상 변압기에 연결하여야 하는가?(단, 전화교환용 정류기는 100[%] 수용률로서 계산 결과에 포함시키면 변압기 예비율(여유율)은 무시한다)

(5) 동력설비 부하의 수용률이 모두 65[%]라면 동력부하용 3상 변압기의 용량은 몇 [kVA]인가? (단, 동력부하의 역률은 70[%]로 하면 변압기의 예비율은 무시한다)

(6) 상기 건물에 시설된 변압기 총용량은 몇 [kVA]인가?

(7) 단상 변압기와 3상 변압기의 1차측의 전력 퓨즈값은 각각 정격전류 몇 [A]짜리를 선택하여야 하는가?

(8) 선정된 동력용 변압기용량에서 역률을 95[%]로 올리려면 콘덴서 용량은 몇 [kVA]인가?

[참고자료1] 전력 퓨즈의 정격전류표

상 수	1ϕ				3ϕ			
공칭전압	3.3[kV]		6.6[kV]		3.3[kV]		6.6[kV]	
변압기용량 [kVA]	변압기 정격전류[A]	정격전류[A]	변압기 정격전류[A]	정격전류[A]	변압기 정격전류[A]	정격전류[A]	변압기 정격전류[A]	정격전류[A]
5	1.52	3	0.76	1.5	0.88	1.5	–	–
10	3.03	7.5	1.52	3	1.75	3	0.88	1.5
15	4.55	7.5	2.28	3	2.63	3	1.3	1.5
20	6.06	7.5	3.03	7.5	–	–	–	–
30	9.10	15	4.56	7.5	5.26	7.5	2.63	3
50	15.2	20	7.60	15	8.45	15	4.38	7.5
75	22.7	30	11.4	15	13.1	15	6.55	7.5
100	30.3	50	15.2	20	17.5	20	8.75	15
150	45.5	50	22.7	30	26.3	30	13.1	15
200	60.7	75	30.3	50	35.0	50	17.5	20
300	91.0	100	45.5	50	52.0	75	26.3	30
400	121.4	150	60.7	75	70.0	75	35.0	50
500	152.0	200	75.8	100	87.5	100	43.8	50

[참고자료2] [kVA] 부하에 대한 콘덴서 용량 산출표[%]

구 분		개선 후의 역률																	
		1.00	0.99	0.98	0.97	0.96	0.95	0.94	0.93	0.92	0.91	0.90	0.89	0.88	0.87	0.86	0.85	0.83	0.80
개선 전의 역률	0.50	173	159	153	148	144	140	137	134	131	128	125	122	119	117	114	111	106	98
	0.55	152	138	132	127	123	119	116	112	108	106	103	101	98	95	92	90	85	77
	0.60	133	119	113	108	104	100	97	94	91	88	85	82	79	77	74	71	66	58
	0.62	127	112	106	102	97	94	90	87	84	81	78	75	73	70	67	65	59	52
	0.64	120	106	100	95	91	87	84	81	78	75	72	69	66	63	61	58	53	45
	0.66	114	100	94	89	85	81	78	74	71	68	65	63	60	57	55	52	47	39
	0.68	108	94	88	83	79	75	72	68	65	62	59	57	54	51	49	46	41	33
	0.70	102	88	82	77	73	69	66	63	59	56	54	51	48	45	43	40	35	27
	0.72	96	82	76	71	67	64	60	57	54	51	48	45	42	40	37	36	29	21
	0.74	91	77	71	68	62	58	55	51	48	45	43	40	37	34	32	29	24	16
	0.76	86	71	65	60	58	53	49	46	43	40	37	34	32	29	26	24	18	11
	0.78	80	66	60	55	51	47	44	41	38	35	32	29	26	24	21	18	13	5
	0.79	78	63	57	53	48	45	41	38	35	32	29	26	24	21	18	16	10	2.6
	0.80	75	61	55	50	46	42	39	36	32	29	27	24	21	18	16	13	8	
	0.81	72	58	52	47	43	40	36	33	30	27	24	21	18	16	13	10	5	
	0.82	70	56	50	45	41	37	34	30	27	24	21	18	16	13	10	8	2.6	
	0.83	67	53	47	42	38	34	31	28	25	22	19	16	13	11	8	5		
	0.84	65	50	44	40	35	32	28	25	22	19	16	13	11	8	5	2.6		
	0.85	62	48	42	37	33	29	25	23	19	16	14	11	8	5	2.7			
	0.86	59	45	39	34	30	28	23	20	17	14	11	8	5	2.6				
	0.87	57	42	36	32	28	24	20	17	14	11	8	6	2.7					
	0.88	54	40	34	29	25	21	18	15	11	8	6	2.8						
	0.89	51	37	31	26	22	18	15	12	9	6	2.8							
	0.90	48	34	28	23	19	16	12	9	6	2.8								
	0.91	46	31	25	21	16	13	9	8	3									
	0.92	43	28	22	18	13	10	8	3.1										
	0.93	40	25	19	14	10	7	3.2											
	0.94	36	22	16	11	7	3.4												
	0.95	33	19	13	8	3.7													
	0.96	29	15	9	4.1														
	0.97	25	11	4.8															
	0.98	20	8																
	0.99	14																	

해설

(1) 동계난방 칸에서 온수순환은 100[%] 나머지 50[%] 수용률 적용

수용부하=3+(6+0.4)×0.5=6.2[kW]

(2) 동력부하의 상용, 하계, 동계의 각각 용량합에 역률계산(0.7)

① 상용동력 피상전력$=\dfrac{25.8}{0.7}\fallingdotseq 36.86$[kVA]

② 하계동력 피상전력$=\dfrac{52}{0.7}\fallingdotseq 74.29$[kVA]

③ 동계동력 피상전력$=\dfrac{9.4}{0.7}\fallingdotseq 13.43$[kVA]

(3) 총전기설비용량 = <u>36.86</u>+<u>74.29</u>+<u>77.3</u> = 188.45[kVA]

상용 (하계, 동계 중 큰 것) 조명, 콘센트 상시

(4) ① 전등수용용량 = $(1,040+1,120+45,100+600)\times0.6\times10^{-3}$

$\fallingdotseq 28.72$[kVA]

② 콘센트수용용량 = $(12,000+440+3,000+3,600+2,400+7,200)\times0.7\times10^{-3}$

$\fallingdotseq 20.05$[kVA]

③ 기타 = $800\times1\times10^{-3} = 0.8$[kVA]

④ 단상 변압기용량 = 28.72+20.05+0.8 = 49.57[kVA]

(5) 동력설비용량 = $\dfrac{25.8+52}{0.7}\times0.65 \fallingdotseq 72.24$[kVA]

(6) 변압기 총용량 = 50+75 = 125[kVA]

(7) 참고자료1의 1ϕ 변압기 6.6[kV] 칸에서 용량 50[kVA]를 찾으면

1ϕ 변압기 : 15[A]

3ϕ 변압기 6.6[kV] 칸에서 용량 75[kVA]를 찾으면

3ϕ 변압기 : 7.5[A]

(8) 참고자료2를 사용하여 역률 70[%]를 95[%]로 개선하기 위한 콘덴서 용량 k=0.69이므로

콘덴서 소요용량[kVA] = [kW]×k = $\underbrace{75[\text{kVA}]\times0.7}_{[\text{kW}]}\times0.69 \fallingdotseq 36.23$[kVA]

정답

(1) 6.2[kW]

(2) ① 상용동력 : 36.86[kVA]

② 하계동력 : 74.29[kVA]

③ 동계동력 : 13.43[kVA]

(3) 188.45[kVA]

(4) 50[kVA]

(5) 75[kVA]

(6) 125[kVA]

(7) 단상 변압기 : 15[A], 3상 변압기 : 7.5[A]

(8) 36.23[kVA]

05 건물의 등공사를 하는데 32[W]×2 매입하면 개방형 형광등 30등을 32[W]×3 매입 루버형으로 교체하고, 20[W]×2 펜던트형 형광등 20등을 20[W]×2 직부 개방형으로 교체하였다. 철거되는 20[W]×2 펜던트형 등기구는 재사용할 것이다. 천장 구멍뚫기 및 취부테설치와 등기구 보강작업은 계산하지 않으며, 공구손류 등을 제외한 직접 노무비만 계산하시오(단, 인공계산은 소수점 셋째자리까지 구하고, 내선전공의 노임단가는 224,000원으로 한다).

(등당 : 내선전공인)

종 별	직부형	펜던트형	반매입형 및 매입형
10[W] 이하×1	0.123	0.150	0.182
20[W] 이하×1	0.141	0.168	0.214
20[W] 이하×2	0.177	0.215	0.273
20[W] 이하×3	0.223	–	0.335
20[W] 이하×4	0.323	–	0.489
30[W] 이하×1	0.150	0.177	0.227
30[W] 이하×2	0.189	–	0.310
40[W] 이하×1	0.223	0.268	0.340
40[W] 이하×2	0.277	0.332	0.415
40[W] 이하×3	0.359	0.432	0.545
40[W] 이하×4	0.468	–	0.710
110[W] 이하×1	0.414	0.495	0.627
110[W] 이하×2	0.505	0.601	0.764

해설

① 매입 및 반매입 등기구에 등기구보강대를 별도로 설치할 경우 이 품의 20[%] 별도 계상
② 하면 개방형 기준임. 루버 또는 아크릴 커버형일 경우 해당 등기구 설치품의 110[%]
③ 등기구 조립·설치, 결선, 지지금구류 설치, 장내 소운반 및 잔재정리 포함
④ 형광등 안정기 교환은 해당 등기구 시설품의 110[%]. 단, 펜던트형은 90[%]
⑤ 매입 또는 반매입 등기구의 천장 구멍뚫기 및 취부테설치 별도 가산
⑥ T-5(28[W]) 및 FLP(36[W], 55[W])는 FL 40[W] 기준품 적용
⑦ 광천장 방식은 직부형품 적용
⑧ 방폭형 200[%]
⑨ 높이 1.5[m] 이하의 Pole형 등기구는 직부형품의 150[%] 적용(기초대 설치 별도)
⑩ 철거 30[%], 재사용 철거 50[%]
⑪ 아크릴간판의 형광등 안정기 교환은 매입형 등기구 설치품의 120[%]
⑫ 펜던트형은 파이프 펜던트형 기준, 체인 펜던트는 90[%]
⑬ 공동주택 및 교실 등과 같이 동일 반복 공정으로 비교적 쉬운 공사의 경우는 90[%]
⑭ 형광 램프만 교체 시 해당 등기구 1등용 설치품의 10[%]

⑮ 등의 증가 시 매 증가 1등에 대하여 직부형은 0.005인, 매입 및 반매입형은 0.015인 가산

- 설치인공

  32[W] × 3 매입루버형 : 30 × 0.545 × 1.1 = 17.985인

  20[W] × 2 직부개방형 : 20 × 0.177 = 3.54인

- 철거인공

  32[W] × 2 매입하면개방형 : 30 × 0.415 × 0.3 = 3.735인

  20[W] × 2 펜던트형 : 20 × 0.215 × 0.5 = 2.15인

- 총소요인공 : 17.985 + 3.54 + 3.735 + 2.15 = 27.41인
- 직접노무비 : 27.41 × 224,000 = 6,139,840원

정답

6,139,840원

06 다음 계기용 변류기(CT)의 과전류 강도에 대하여 물음에 답하시오.

• S : 통전시간(t[초])에 대한 열적 과전류 강도[A]	• S_n : 정격과전류 강도[A]
• t : 통전시간	• S_m : 기계적 과전류 강도
• I_n : CT 1차 정격전류[A]	• I_s : 최대고장전류(단락전류)[A]

(1) 기계적 과전류란 무엇인가?

(2) 열적 과전류 강도 관계식

(3) 기계적 과전류 강도 관계식

정답

(1) 단락 시 전자력에 의한 권선의 변형에 견디는 강도

(2) $S = \dfrac{S_n}{\sqrt{t}}$

(3) $S_m \geq \dfrac{\text{단락전류}(I_s)}{\text{CT 1차측 정격전류}(I_n)}$

07 다음의 조명방식, 특징, 용도 등을 종합하여 볼 때 어떤 조명방식인가 답하시오.

- 조명방식 : 천장면을 여러 형태의 사각, 삼각, 원형 등으로 구멍을 내어 다양한 형태의 매입기구를 취부하여 실내의 단조로움을 피하는 조명방식이다.
- 특징 : 천장면에 매입된 등기구 하부에 주로 플라스틱을 부착하고 천장 중앙에 반간접형 기구를 매다는 조명방식이 일반적이다.
- 용도 : 고천장인 은행영업실, 1층홀, 백화점 1층 등에 사용된다.

정답

코퍼조명

08 그림과 같이 3상 △-Y결선 30[MVA], 33/11[kV] 변압기가 차동계전기에 의하여 보호되고 있다. 고장전류가 정격전류의 160[%] 이상에서 동작하는 계전기의 전류(i_r) 정정값을 구하시오(단, 변압기 1차측 및 2차측 CT의 변류비는 각각 500/5[A], 2,000/5[A]이다).

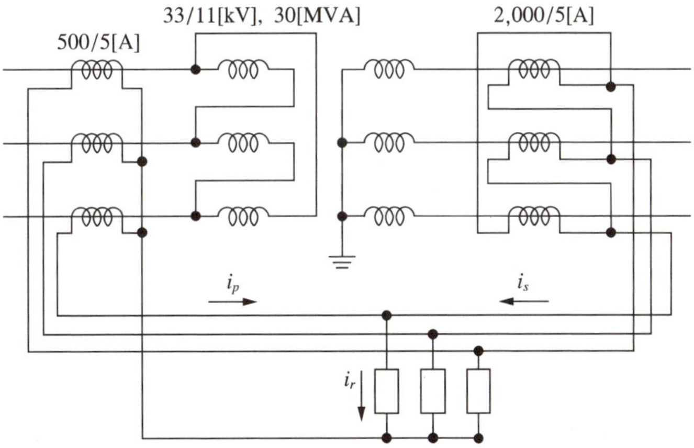

해설

$$i_p = \frac{30\times 10^3}{\sqrt{3}\times 33}\times\frac{5}{500}\times 1.6 ≒ 8.398[A]$$

$$i_s = \frac{30\times 10^3}{\sqrt{3}\times 11}\times\frac{5}{2,000}\times 1.6\times\sqrt{3} ≒ 10.909[A]$$

$$i_r = |i_p - i_s| = 2.511[A]$$

정답

2.51[A]

09 소선의 지름이 2.6[mm]이고 가닥수가 37가닥일 때, 연선의 외경을 구하시오.

해설

$N=3n(n+1)+1=3\times3(3+1)+1=37$가닥일 때 3층권 연선이므로 층수$(n)=3$

$D=(2n+1)d=(2\times3+1)\times2.6=18.2[\text{mm}]$

정답

18.2[mm]

10 22.9[kV] 간이수전설비를 보고 물음에 답하시오.

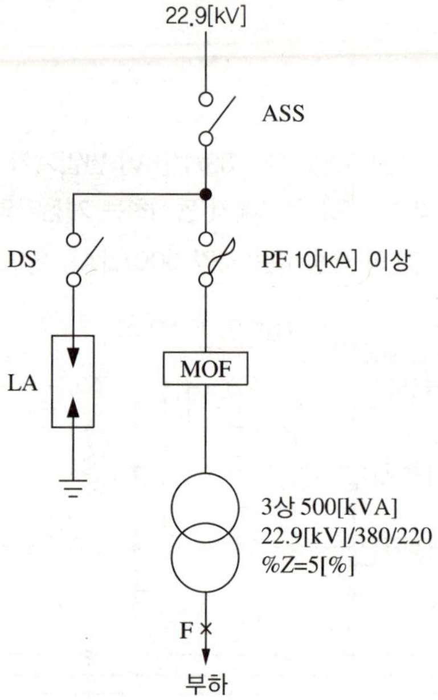

(1) ASS의 최대과전류 LOCK에 대한 물음에 답하시오.

① LOCK 전류값

② LOCK 전류의 의미

(2) LA 정격전압과 제1보호대상을 쓰시오.

① 정격전압

② 제1보호대상

(3) 전력용 퓨즈(한류형)의 단점 2가지를 쓰시오.

(4) MOF의 과전류 강도는 각 설치점에서 단락전류에 의해 계산하되, 22.9[kV]에서 60[A] 이하일 때 전기사업자 규격에 의한 MOF 최소과전류 강도는 (①)배이고, 계산한 값이 (②)배 이상인 경우에는 (③)배를 적용하며, 60[A]를 초과 시 MOF 과전류 강도는 (④)배를 적용한다.

(5) 고장점 F에 흐르는 3상 단락전류와 선간(2상) 단락전류를 구하시오.

① 3상 단락전류[kA]

② 선간(2상) 단락전류[kA]

해설

(5) ① $I_s = \frac{100}{\%Z} \cdot \frac{P}{\sqrt{3}\,V} = \frac{100}{5} \times \frac{500 \times 10^3}{\sqrt{3} \times 380} \times 10^{-3} \fallingdotseq 15.19[\mathrm{kA}]$

② 선간(2상) 단락전류는 3ϕ 단락전류에 86.6[%]반 해냥하므로

$I_s = 15.19[\mathrm{kA}] \times 0.866 \fallingdotseq 13.16[\mathrm{kA}]$

정답

(1) ① 800[A]

② LOCK 전류 이상의 전류가 발생 시 리클로저의 차단 후 ASS가 개방되어 고장구간을 자동분리한다.

(2) ① 18[kV]

② 전력용 변압기(수전용 변압기)

(3) • 재투입이 불가능하다.

• 과도전류에 용단되기 쉽다.

(4) ① 75배

② 75배

③ 150배

④ 40배

(5) ① 15.19[kA]

② 13.16[kA]

11 가로가 12[m], 세로가 18[m], 방바닥에서 천장까지의 높이가 3.85[m]인 방에서 조명기구를 천장에 직접 설치하고자 한다. 이 방의 실지수를 구하시오(단, 작업이 책상 위에서 행하여지며, 작업면은 방바닥에서 0.85[m]이다).

• 계산 :

• 답 :

정답

• 계산 : 실지수 $= \frac{X \cdot Y}{H(X+Y)} = \frac{12 \times 18}{(3.85 - 0.85) \times (12 + 18)} = 2.4$

• 답 : 2.4

12 그림과 같은 평형 3상 회로로 운전하는 유도전동기가 있다. 이 회로에 그림과 같이 2개의 전력계 W_1, W_2, 전압계 ⓥ, 전류계 Ⓐ를 접속한 후 지시값은 W_1 = 6.2[kW], W_2 = 3.1[kW], V = 200[V], I = 30[A]이었다.

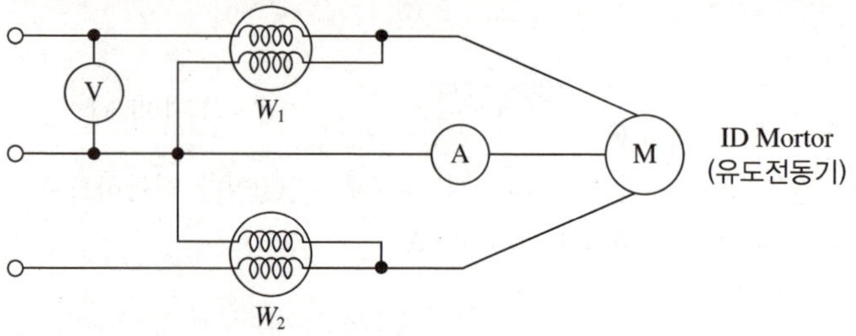

(1) 이 유도전동기의 역률은 몇 [%]인가?

(2) 역률을 90[%]로 개선시키려면 몇 [kVA] 용량의 콘덴서가 필요한가?

(3) 이 전동기로 만일 매 분 20[m]의 속도로 물체를 권상한다면 몇 [ton]까지 가능한가?(단, 종합 효율은 80[%]로 한다)

해설

(1) $\cos\theta = \dfrac{P}{P_a} \times 100 = \dfrac{W_1 + W_2}{\sqrt{3}\,VI} \times 100 = \dfrac{(6.2+3.1)\times 10^3}{\sqrt{3}\times 200 \times 30} \times 100 \fallingdotseq 89.489$

(2) $Q_c = P(\tan\theta_1 - \tan\theta_2)$

$= 9.3\left(\dfrac{\sqrt{1-0.8949^2}}{0.8949} - \dfrac{\sqrt{1-0.9^2}}{0.9}\right) \fallingdotseq 0.1335[\text{kVA}]$

(3) $P = \dfrac{W \cdot V}{6.12\eta} \Rightarrow W = \dfrac{6.12\eta P}{V} = \dfrac{6.12 \times 0.8 \times 9.3}{20} \fallingdotseq 2.28[\text{ton}]$

여기서, P : 출력[kW], W : 무게[ton], V : 속도[m/min]

정답

(1) 89.49[%]

(2) 0.13[kVA]

(3) 2.28[ton]

13 피뢰기 설치장소를 3가지 쓰시오.

정답

- 발전소, 변전소 또는 이에 준하는 장소의 가공전선 인입구 및 인출구
- 가공전선로에 접속하는 배전용 변압기의 고압측 및 특고압측
- 고압 및 특고압 가공전선로로부터 공급을 받는 수용장소의 인입구
- 가공전선로와 지중전선로가 접속되는 곳

14

1ϕ TR 500[kVA] 3대를 $\triangle-\triangle$ 사용하는 도중 부하증가로 500[kVA] 변압기 1대를 추가로 공급할 때 몇 [kVA]로 공급할 수 있는가?

해설

$P_V = \sqrt{3} \times 500 \times 2 \fallingdotseq 1{,}732.05$

정답

1,732.05[kVA]

15

그림과 같은 방전특성을 갖는 부하에 필요한 축전지 용량은 몇 [Ah]인지 구하시오(단, 방전전류 : $I_1 = 180[\mathrm{A}]$, $I_2 = 200[\mathrm{A}]$, $I_3 = 150[\mathrm{A}]$, $I_4 = 100[\mathrm{A}]$, 방전시간 : $T_1 = 130$분, $T_2 = 120$분, $T_3 = 40$분, $T_4 = 5$분, 용량환산시간 : $K_1 = 2.45$, $K_2 = 2.45$, $K_3 = 1.46$, $K_4 = 0.45$, 보수율은 0.8을 적용한다).

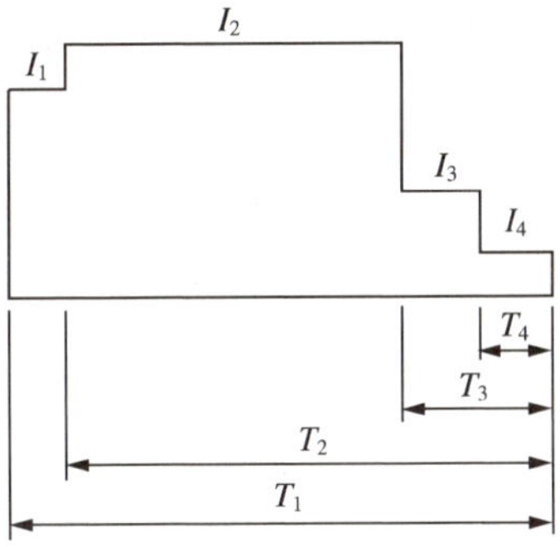

해설

축전지 용량 : $C = \frac{1}{L}KI[\mathrm{Ah}] = \frac{1}{L}[K_1 I_1 + K_2(I_2 - I_1) + K_3(I_3 - I_2) + K_4(I_4 - I_3)]$

$= \frac{1}{0.8}[2.45 \times 180 + 2.45 \times (200 - 180) + 1.46 \times (150 - 200) + 0.45 \times (100 - 150)]$

$= 493.125$

정답

493.13[Ah]

16

강심알루미늄연선(ACSR)에 댐퍼를 설치하는 이유를 쓰시오.

정답

전선의 진동을 흡수하여 단선사고를 방지

전기 기사

2020년 제2회 기출복원문제

01 3.7[kW]와 7.5[kW]의 직입 기동 농형 전동기와 22[kW]의 권선형 전동기 등 3대를 그림과 같이 접속하였다. 다음 각 물음에 답하시오(단, A1 XLPE 공사로서 정격전압은 200[V]이고, 간선 및 분기회로에 사용되는 전선도체의 재질 및 종류는 같다고 한다).

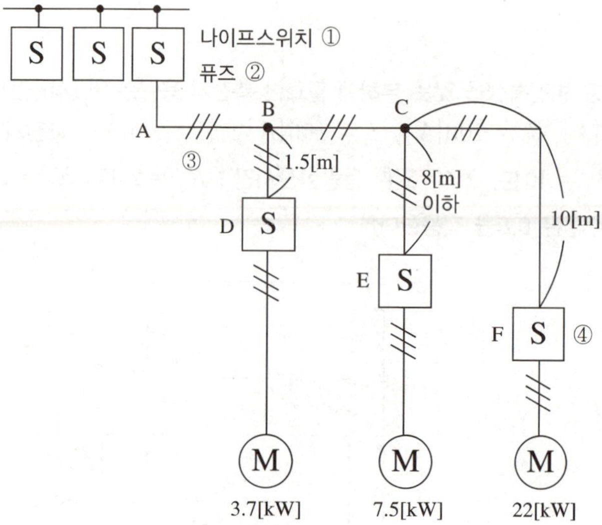

(1) 간선에 사용되는 스위치 ①의 최소용량은 몇 [A]인가?

(2) 간선에 사용되는 퓨즈 ②의 최소용량은 몇 [A]인가?

(3) 간선의 최소굵기는 몇 [mm^2]인가?

(4) 22[kW] 전동기 분기회로에 사용되는 ④의 개폐기 및 퓨즈의 최소용량은 몇 [A]인가?

(5) C~E 사이의 분기회로에 사용되는 전선의 최소굵기는 몇 [mm^2]인가?

(6) C~F 사이의 분기회로에 사용되는 전선의 최소굵기는 몇 [mm^2]인가?(단, 자동차단기의 설치는 생략된 것으로 본다)

표1. 200[V] 3상 유도전동기의 간선의 굵기 및 기구의 용량(B종 퓨즈의 경우) (동선)

전동기[kW] 수의 총계[kW] 이하	최대 사용 전류[A] 이하	배선종류에 의한 간선의 최소굵기[mm²]						직입 기동 전동기 중 최대용량의 것											
		공사방법 A1		공사방법 B1		공사방법 C		0.75 이하	1.5	2.2	3.7	5.5	7.5	11	15	18.5	22	30	37~55
								기동기 사용 전동기 중 최대용량의 것											
		 3개선		 3개선		 3개선		–	–	–	5.5	7.5	11 15	18.5 22	–	30 37	–	45	55
		PVC	XLPE, EPR	PVC	XLPE, EPR	PVC	XLPE, EPR	과전류차단기[A]……(칸 위 숫자) 개폐기용량[A]……(칸 아래 숫자)											
3	15	2.5	2.5	2.5	2.5	2.5	2.5	15 30	20 30	30 30	–	–	–	–	–	–	–	–	–
4.5	20	4	2.5	2.5	2.5	2.5	2.5	20 30	20 30	30 30	50 60	–	–	–	–	–	–	–	–
6.3	30	6	4	6	4	4	2.5	30 30	30 30	50 60	50 60	75 100	–	–	–	–	–	–	–
8.2	40	10	6	10	6	6	4	50 60	50 60	50 60	75 100	75 100	100 100	–	–	–	–	–	–
12	50	16	10	10	10	10	6	50 60	50 60	50 60	75 100	75 100	100 100	150 200	–	–	–	–	–
15.7	75	35	25	25	16	16	16	75 100	75 100	75 100	75 100	100 100	100 100	150 200	150 200	–	–	–	–
19.5	90	50	25	35	25	25	16	100 100	100 100	100 100	100 100	100 100	150 200	150 200	200 200	200 200	–	–	–
23.2	100	50	35	35	25	35	25	100 100	100 100	100 100	100 100	100 100	150 200	150 200	200 200	200 200	200 200	–	–
30	125	70	50	50	35	50	35	150 200	150 200	150 200	150 200	150 200	150 200	150 200	200 200	200 200	200 200	–	–
37.5	150	95	70	70	50	70	50	150 200	150 200	150 200	150 200	150 200	150 200	150 200	200 200	300 300	300 300	300 300	–
45	175	120	70	95	50	70	50	200 200	200 200	200 200	200 200	200 200	200 200	200 200	200 200	300 300	300 300	300 300	300 300
52.5	200	150	95	95	70	95	70	200 200	200 200	200 200	200 200	200 200	200 200	200 200	200 200	300 300	300 300	400 400	400 400
63.7	250	240	150	–	95	120	95	300 300	300 300	300 300	300 300	300 300	300 300	300 300	300 300	300 300	400 400	400 400	500 600
75	300	300	185	–	120	185	120	300 300	300 300	300 300	300 300	300 300	300 300	300 300	300 300	300 300	400 400	400 400	500 600
86.2	350	–	240	–	–	240	150	400 400	400 400	400 400	400 400	400 400	400 400	400 400	400 400	400 400	400 400	400 400	600 600

[주] 1. 최소 전선 굵기는 1회선에 대한 것임
2. 공사방법 A1은 벽 내의 전선관에 공사한 절연전선 또는 단심케이블, B1은 벽면의 전선관에 공사한 절연전선 또는 단심케이블, 공사방법 C는 벽면에 공사한 단심 또는 다심케이블을 시설하는 경우의 전선 굵기를 표시하였다.
3. 「전동기 중 최대의 것」에는 동시 기동하는 경우를 포함함
4. 과전류차단기의 용량은 해당 조항에 규정되어 있는 범위에서 실용상 거의 최댓값을 표시함
5. 과전류차단기의 선정은 최대용량의 정격전류의 3배에 다른 전동기의 정격전류의 합계를 가산한 값 이하를 표시함
6. 고리퓨즈는 300[A] 이하에서 사용하여야 한다.

표2. 200[V] 3상 유도전동기 1대인 경우의 분기회로(B종 퓨즈의 경우)

정격출력 [kW]	전부하전류 [A]	배선종류에 의한 동 전선의 최소굵기[mm²]					
		공사방법 A1		공사방법 B1		공사방법 C	
		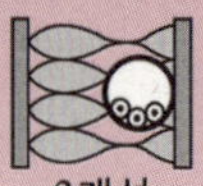 3개선		 3개선		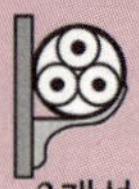 3개선	
		PVC	XLPE, EPR	PVC	XLPE, EPR	PVC	XLPE, EPR
0.2	1.8	2.5	2.5	2.5	2.5	2.5	2.5
0.4	3.2	2.5	2.5	2.5	2.5	2.5	2.5
0.75	4.8	2.5	2.5	2.5	2.5	2.5	2.5
1.5	8	2.5	2.5	2.5	2.5	2.5	2.5
2.2	11.1	2.5	2.5	2.5	2.5	2.5	2.5
3.7	17.4	2.5	2.5	2.5	2.5	2.5	2.5
5.5	26	6	4	4	2.5	4	2.5
7.5	34	10	6	6	4	6	4
11	48	16	10	10	6	10	6
15	65	25	16	16	10	16	10
18.5	79	35	25	25	16	25	16
22	93	50	25	35	25	25	16
30	124	70	50	50	35	50	35
37	152	95	70	70	50	70	50

정격출력 [kW]	전부하 전류 [A]	개폐기용량[A]				과전류차단기(B종 퓨즈)[A]				전동기용 초과눈금 전류계의 정격전류 [A]	접지선의 최소굵기 [mm²]
		직입 기동		기동기 사용		직입 기동		기동기 사용			
		현장조작	분 기	현장조작	분 기	현장조작	분 기	현장조작	분 기		
0.2	1.8	15	15			15	15			3	2.5
0.4	3.2	15	15			15	15			5	2.5
0.75	4.8	15	15			15	15			5	2.5
1.5	8	15	30			15	20			10	4
2.2	11.1	30	30			20	30			15	4
3.7	17.4	30	60			30	50			20	6
5.5	26	60	60	30	60	50	60	30	50	30	6
7.5	34	100	100	60	100	75	100	50	75	30	10
11	48	100	200	100	100	100	150	75	100	60	16
15	65	100	200	100	100	100	150	100	100	60	16
18.5	79	200	200	100	200	150	200	100	150	100	16
22	93	200	200	100	200	150	200	100	150	100	16
30	124	200	400	200	200	200	300	150	200	150	25
37	152	200	400	200	200	200	300	150	200	200	25

[주] 1. 최소 전선 굵기는 1회선에 대한 것이며, 2회선 이상일 경우는 복수회로 보정계수를 적용하여야 한다.
2. 공사방법 A1은 벽 내의 전선관에 공사한 절연전선 또는 단심케이블, B1은 벽면의 전선관에 공사한 절연전선 또는 단심케이블, 공사방법 C는 벽면에 공사한 단심 또는 다심케이블을 시설하는 경우의 전선 굵기를 표시하였다.
3. 전동기 2대 이상을 동일 회로로 할 경우는 간선의 표를 적용할 것

해설

(1) ① 선정과정 : 전동기 총화 = 3.7+7.5+22 = 33.2[kW]
따라서, 총화 37.5[kW] 칸만 확인. 이때 기동기 22[kW]가 가장 오른쪽(큰 것)이므로 답은 200[A]

(3) 37.5[kW]와 A1 XLPE 칸을 보면 70[mm^2]

(4) 분기회로이므로 표2에서 22[kW] 칸을 보면 기동기에 분기칸에서
① 개폐기 : 200[A], ② 차단기 : 150[A]

(5) C~E 칸은 8[m] 이하이므로 $70\times\frac{1}{5}=14[\mathrm{mm}^2]$이므로 16[mm^2] 선정

(6) C~F 칸은 10[m](8[m] 초과)이므로 $70\times\frac{1}{2}=35[\mathrm{mm}^2]$이므로 35[mm^2] 선정

정답

(1) 200[A]
(2) 150[A]
(3) 70[mm^2]
(4) ① 개폐기 : 200[A], ② 차단기 : 150[A]
(5) 16[mm^2]
(6) 35[mm^2]

02 축전지의 용량 200[Ah], 상시부하 용량이 10[kW], 표준전압 100[V]인 부동충전방식에서 2차측 충전전류값은 얼마인지 계산하시오(단, 납축전지의 방전율은 10[h], 알칼리축전지는 5[h]을 방전율로 한다).

(1) 납축전지

(2) 알칼리축전지

해설

$$I_2=\frac{\text{축전지용량[Ah]}}{\text{방전율[h]}}+\frac{\text{상시부하용량[kW]}}{\text{표준전압[V]}}$$

(1) $I_2=\frac{200}{10}+\frac{10\times10^3}{100}=120[\mathrm{A}]$

(2) $I_2=\frac{200}{5}+\frac{10\times10^3}{100}=140[\mathrm{A}]$

정답

(1) 120[A]
(2) 140[A]

03 고압선로에서의 접지사고 검출 및 경보장치를 그림과 같이 시설하였다. L_1선에 누전사고가 발생하였을 때 다음 각 물음에 답하시오(단, 전원이 인가되고 경보벨의 스위치는 닫혀 있는 상태이다).

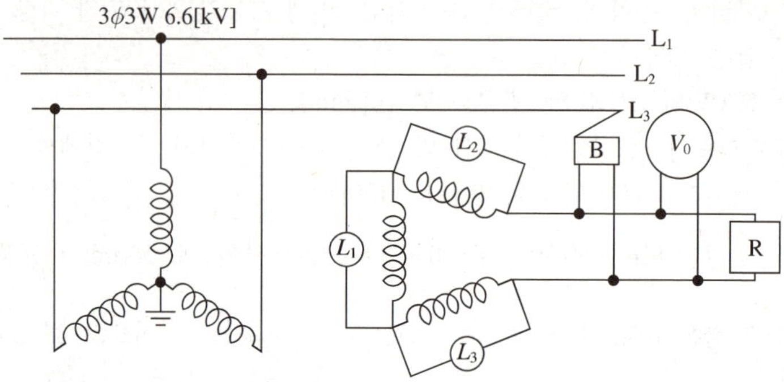

(1) 1차측 L_1선의 대지전압이 0[V]인 경우 L_2선 및 L_3선의 대지전압은 각각 몇 [V]인가?

① L_2선의 대지전압　　② L_3선의 대지전압

(2) 2차측 전구 Ⓛ1의 전압이 0[V]인 경우 Ⓛ2 및 Ⓛ3 전구의 전압과 전압계 Ⓥ0의 지시전압, 경보벨 Ⓑ에 걸리는 전압은 각각 몇 [V]인가?

① Ⓛ2의 대지전압　　② Ⓛ3의 대지전압

③ 전압계 Ⓥ0의 지시전압　　④ 경보벨 Ⓑ에 걸리는 전압

해설

(1) ① L_2선의 대지전압 : $\frac{6,600}{\sqrt{3}} \times \sqrt{3} = 6,600[V]$

② L_3선의 대지전압 : $\frac{6,600}{\sqrt{3}} \times \sqrt{3} = 6,600[V]$

(2) ① Ⓛ2의 대지전압 : $\frac{110}{\sqrt{3}} \times \sqrt{3} = 110[V]$

② Ⓛ3의 대지전압 : $\frac{110}{\sqrt{3}} \times \sqrt{3} = 110[V]$

③ 전압계 Ⓥ0의 지시전압 : $110 \times \sqrt{3} \fallingdotseq 190.53[V]$

④ 경보벨 Ⓑ에 걸리는 전압 : $110 \times \sqrt{3} \fallingdotseq 190.53[V]$

정답

(1) ① 6,600[V]
② 6,600[V]

(2) ① 110[V]
② 110[V]
③ 190.53[V]
④ 190.53[V]

04 다음 시퀀스도는 3상 농형 유도전동기(IM)의 Y-△ 기동 운전제어의 미완성 회로도이다. 이 회로도에 대해 다음 각 물음에 답하시오.

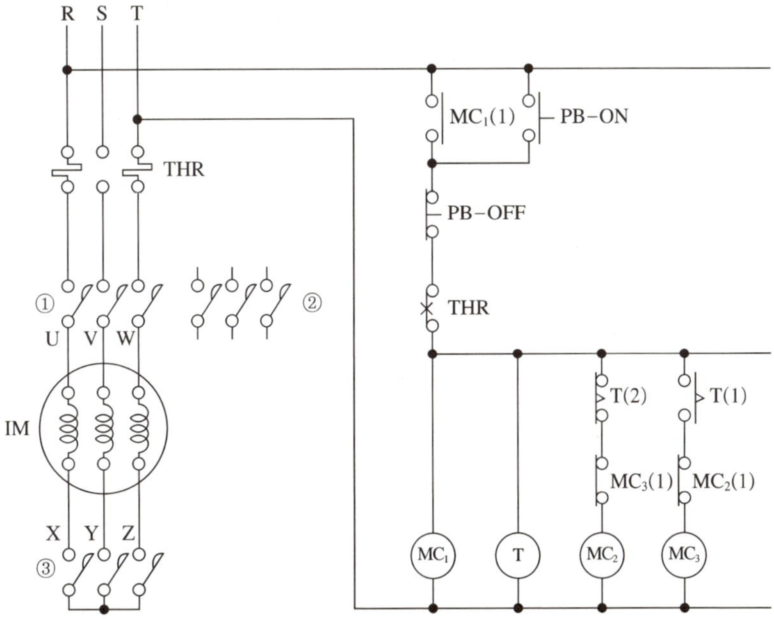

(1) ①~③에 해당하는 전자접촉기 접점의 약호를 쓰시오.

(2) 전자접촉기 MC_2는 운전 중에는 어떤 상태인지 쓰시오.

(3) 미완성 회로도의 주회로 부분에 Y-△ 기동 운전결선도를 완성하시오.

정답

(1) ① MC_1

② MC_3

③ MC_2

(2) 소자 상태

(3)

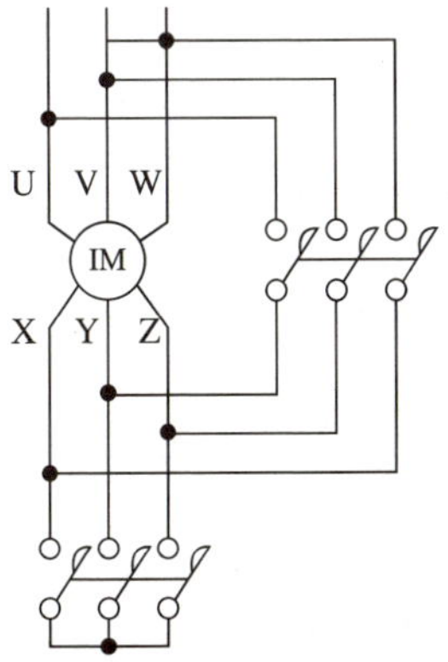

※ KEC 규정 적용으로 표현 변경 : R, S, T, E의 상의 명칭이 L1, L2, L3, N(또는 PE)으로 변경됨

05 수전 전압 6,600[V], 가공전선로의 %임피던스가 58.5[%]일 때 수전점의 3상 단락 전류가 7,000[A]인 경우 정격용량[MVA]과 수전용 차단기의 차단용량[MVA]은 얼마인가?

차단기의 정격용량[MVA]										
10	20	30	50	75	100	150	250	300	400	500

해설

$I_s = \frac{100}{\%Z} I_n$에서 $I_n = \frac{\%Z}{100} \times I_s = \frac{58.5}{100} \times 7{,}000 = 4{,}095[\text{A}]$

정격용량 $P_n = \sqrt{3}\, V_n I_n = \sqrt{3} \times 6{,}600 \times 4{,}095 \times 10^{-6} \fallingdotseq 46.812[\text{MVA}]$

차단용량 $V_n = 6.6 \times \frac{1.2}{1.1} = 7.2[\text{kV}]$

$P_s = \sqrt{3}\, V_n I_s = \sqrt{3} \times 7.2 \times 7{,}000 \times 10^{-3} \fallingdotseq 87.295[\text{MVA}]$

정답

정격용량 : 46.81[MVA], 차단용량 : 100[MVA]

06 다음의 표에서 금속관 부품의 특징에 해당하는 부품명을 쓰시오.

부품명	특 징
①	전선관공사에 있어 전등 기구나 점멸기 또는 콘센트의 고정, 접속함으로 사용되며 4각 및 8각이 있다.
②	매입형의 스위치나 콘센트를 고정하는 데 사용되며 1개용, 2개용, 3개용 등이 있다.
③	금속관을 아웃렛 박스의 녹아웃에 취부할 때 녹아웃의 구멍이 관의 구멍보다 클 때 사용된다.
④	배관의 직각 굴곡에 사용하며 양단에 나사가 나있어 관과의 접속에는 커플링을 사용한다.
⑤	노출 배관에서 금속관을 조영재에 고정시키는 데 사용되며 합성수지전선관, 가요전선관, 케이블공사에도 사용된다.
⑥	금속관 상호 접속 또는 관과 노멀밴드와의 접속에 사용되며 내면에 나사가 나있으며 관의 양측을 돌리어 사용할 수 없는 경우 유니언 커플링을 사용한다.
⑦	전선 관단에 끼우고 전선을 넣거나 빼는 데 있어서 전선의 피복을 보호하여 전선이 손상되지 않게 하는 것으로 금속제와 합성수지제의 2종류가 있다.
⑧	관과 박스를 접속할 경우 파이프 나사를 죄어 고정시키는 데 사용되며 6각형과 기어형이 있다.

정답

① 아웃렛 박스(Outlet Box)
② 스위치 박스(Switch Box)
③ 링 리듀서(Ring Reducer)
④ 노멀밴드(Normal Band)
⑤ 새들(Saddle)
⑥ 커플링(Coupling)
⑦ 부싱(Bushing)
⑧ 로크너트(Lock Nut)

07 송전계통 S점에서 3상 단락사고가 발생하였다. 주어진 도면과 조건을 이용하여 다음 각 물음에 답하시오.

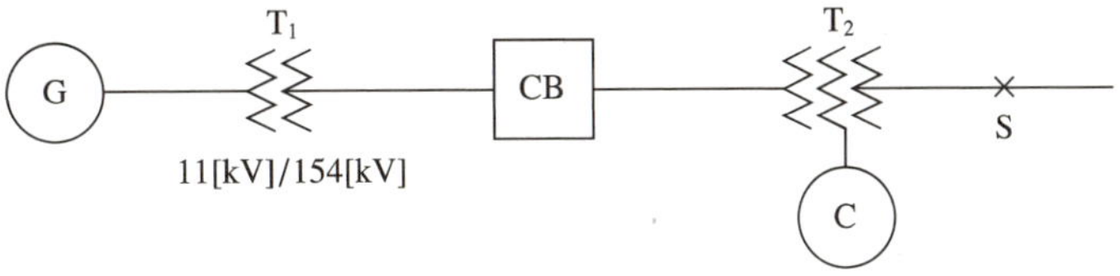

[조 건]

번 호	기기명	용 량	전 압	$\%X$
1	발전기(G)	50,000[kVA]	11[kV]	30
2	변압기(T_1)	50,000[kVA]	11/154[kV]	12
3	송전선		154[kV]	10(10,000[kVA] 기준)
4	변압기(T_2)	1차 25,000[kVA]	154[kV]	12(25,000[kVA] 기준, 1~2차)
		2차 30,000[kVA]	77[kV]	15(25,000[kVA] 기준, 2~3차)
		3차 10,000[kVA]	11[kV]	10.8(10,000[kVA] 기준, 3~1차)
5	조상기(C)	10,000[kVA]	11[kV]	20

(1) 기준용량을 100[MVA]로 환산 시 발전기, 변압기(T_1), 송전선 및 조상기의 %리액턴스를 구하시오.

(2) 변압기(T_2)의 각각의 %리액턴스를 100[MVA] 출력으로 환산하고, 1차(P), 2차(T), 3차(S)의 %리액턴스를 구하시오.

(3) 고장점과 차단기를 통과하는 각각의 단락전류를 구하시오.

(4) 차단기의 차단용량은 몇 [MVA]인가?

해설

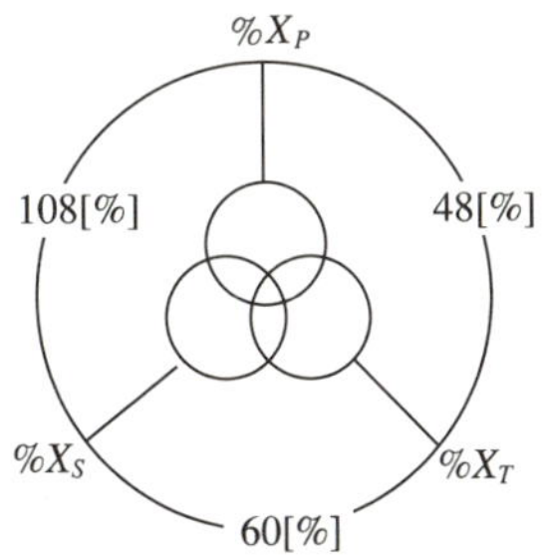

(1) • 발전기 $\%X = \dfrac{100}{50} \times 30 = 60[\%]$

• 변압기(T_1) $\%X = \dfrac{100}{50} \times 12 = 24[\%]$

• 송전선 $\%X = \dfrac{100}{10} \times 10 = 100[\%]$

• 조상기 $\%X = \dfrac{100}{10} \times 20 = 200[\%]$

(2) • 1~2차 $\%X_{P-T} = \frac{100}{25} \times 12 = 48[\%]$

• 2~3차 $\%X_{T-S} = \frac{100}{25} \times 15 = 60[\%]$

• 3~1차 $\%X_{S-P} = \frac{100}{10} \times 10.8 = 108[\%]$

• 1차 $\%X_P = \frac{1}{2}(48 + 108 - 60) = 48[\%]$

• 2차 $\%X_T = \frac{1}{2}(48 + 60 - 108) = 0[\%]$

• 3차 $\%X_S = \frac{1}{2}(108 + 60 - 48) = 60[\%]$

(3)

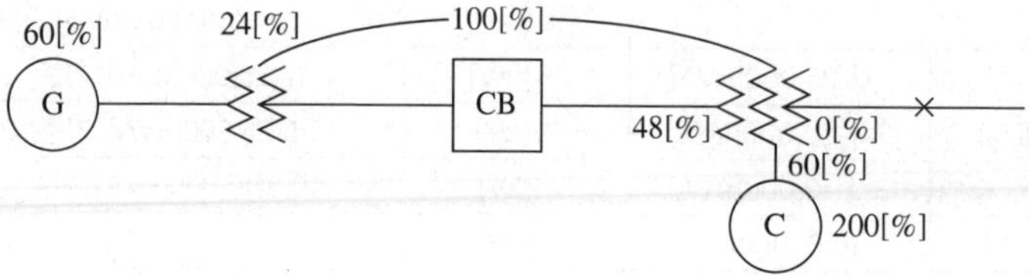

발전기(G)에서 T_2 변압기 1차까지 직렬 $\%X_1 = 60 + 24 + 100 + 48 = 232[\%]$

조상기에서 T_2 3차까지 직렬 $\%X_2 = 200 + 60 = 260[\%]$

단락점에서 봤을때 $\%X_1$과 $\%Z_2$는 병렬

합성 $\%X = \frac{232 \times 260}{232 + 260} + 0 ≒ 122.6[\%]$

• 고장점의 단락전류 $I_s = \frac{100}{\%Z} I_n = \frac{100}{122.6} \times \frac{100 \times 10^3}{\sqrt{3} \times 77} ≒ 611.587[\text{A}]$

• 차단기의 단락전류 $I_s = \frac{\%X_2}{\%X_1 + \%X_2} \times I_s = \frac{260}{232 + 260} \times 611.59 ≒ 323.198[\text{A}]$

전압이 154[kV]이므로

$I_s' = 323.198 \times \frac{77}{154} = 161.599[\text{A}]$

(4) 차단기용량 $P_s = \sqrt{3}\, V_n I_s' = \sqrt{3} \times 170 \times 161.6 \times 10^{-3} ≒ 47.5829$

$V_n = 154 \times \frac{1.2}{1.1} = 168$

$\therefore$ 170[kV] 계통의 최고전압

정답

(1) • 발전기 $\%X = 60[\%]$
  • 변압기(T_1) $\%X = 24[\%]$
  • 송전선 $\%X = 100[\%]$
  • 조상기 $\%X = 200[\%]$

(2) • 1~2차 $\%X_{P-T} = 48[\%]$
  • 2~3차 $\%X_{T-S} = 60[\%]$
  • 3~1차 $\%X_{S-P} = 108[\%]$
  • 1차 $\%X_P = 48[\%]$
  • 2차 $\%X_T = 0[\%]$
  • 3차 $\%X_S = 60[\%]$

(3) • 고장점의 단락전류 : 611.59[A]
  • 차단기의 단락전류 : 161.6[A]

(4) 47.58[MVA]

08 단상 유도전동기의 역회전이 가능한 방법을 보기에서 찾아 고르시오.

[보 기]

① 역회전이 불가능하다.
② 기동권선의 접속을 반대로 한다.
③ 브러시의 위치를 바꾼다.

(1) 반발기동형 ( )

(2) 셰이딩코일형 ( )

(3) 분상기동형 ( )

정답

(1) ③

(2) ①

(3) ②

09 다음 수전설비 단선도를 이용하여 물음에 답하시오(단, 기준용량은 100[MVA]이며, 소수점 다섯째자리에서 반올림한다).

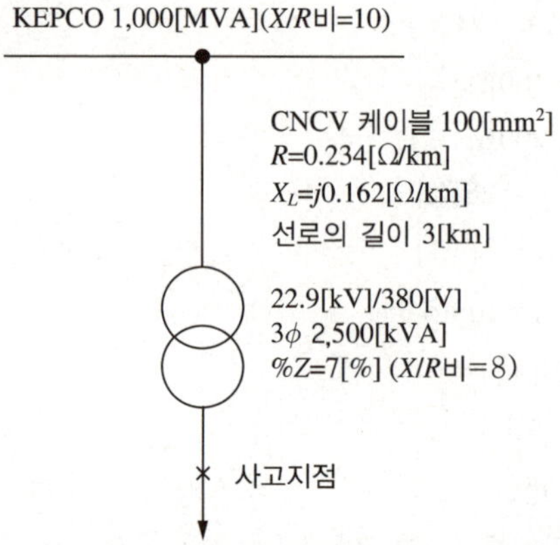

(1) 전원측의 $\%Z$, $\%R$, $\%X$를 구하시오.

① $\%Z$

② $\%R$

③ $\%X$

(2) 케이블의 $\%Z$를 구하시오.

(3) 변압기의 $\%Z$, $\%R$, $\%X$를 구하시오.

① $\%Z$

② $\%R$

③ $\%X$

(4) 사고지점까지의 합성 $\%Z$를 구하시오(단, TR 2차측에서부터 사고지점까지 선로의 $\%Z$는 무시한다).

(5) 사고지점의 단락전류[kA]를 구하시오.

해설

(1) $P_s = \dfrac{100}{\%Z} \cdot P_n$에서 $\%Z = \dfrac{P_n}{P_s} \times 100 = \dfrac{100}{1{,}000} \times 100 = 10[\%]$

조건에서 $\dfrac{X}{R}$비$=10$이므로 $\%X = 10 \cdot \%R$

- $\%Z = \sqrt{\%R^2 + \%X^2}$

$\%Z^2 = \%R^2 + \%X^2 = \%R^2 + (10 \cdot \%R)^2 = 101\%R^2$

- $\%R^2 = \dfrac{\%Z^2}{101}$

$\%R = \sqrt{\dfrac{\%Z^2}{101}} = \sqrt{\dfrac{10^2}{101}} \fallingdotseq 0.995037$

• $\%X = 10 \cdot \%R = 10 \times 0.995037 = 9.95037 ≒ 9.9504$

$\therefore \ \%Z = 10[\%], \ \%R = 0.9950[\%], \ \%X = 9.9504[\%]$

(2) • $\%R = \dfrac{PR}{10V^2} = \dfrac{100 \times 10^3 \times (0.234 \times 3)}{10 \times 22.9^2} ≒ 13.38647 ≒ 13.3865[\%]$

• $\%X = \dfrac{PX}{10V^2} = \dfrac{100 \times 10^3 \times (0.162 \times 3)}{10 \times 22.9^2} ≒ 9.26756 ≒ 9.2676[\%]$

• $\%Z = \sqrt{\%R^2 + \%X^2} = \sqrt{13.3865^2 + 9.2676^2} ≒ 16.28149 ≒ 16.2815[\%]$

$\therefore \ \%Z = 16.2815[\%], \ \%R = 13.3865[\%], \ \%X = 9.2676[\%]$

(3) $\%Z = 7 \times \dfrac{100}{2.5} = 280[\%]$

조건에서 $\dfrac{X}{R}$비 $= 8$이므로 $\%X = 8 \cdot \%R$

• $\%Z = \sqrt{\%R^2 + \%X^2}$

$\%Z^2 = \%R^2 + \%X^2 = \%R^2 + (8 \cdot \%R)^2 = 65 \cdot \%R^2$

• $\%R^2 = \dfrac{\%Z^2}{65}$

$\%R = \sqrt{\dfrac{\%Z^2}{65}} = \sqrt{\dfrac{280^2}{65}} ≒ 34.72973 ≒ 34.7297[\%]$

• $\%X = 8 \cdot \%R = 8 \times 34.72973 = 277.83784 ≒ 277.8378[\%]$

$\therefore \ \%Z = 280[\%], \ \%R = 34.7297[\%], \ \%X = 277.8378[\%]$

(4) • $\%R_0 = 0.9950 + 13.3865 + 34.7297 = 49.1112[\%]$

• $\%X_0 = 9.9504 + 9.2676 + 277.8378 = 297.0558[\%]$

• $\%Z_0 = \sqrt{49.1112^2 + 297.0558^2} ≒ 301.08811 ≒ 301.0881[\%]$

(5) $I_s = \dfrac{100}{\%Z} \cdot \dfrac{P}{\sqrt{3}\,V} = \dfrac{100}{301.0881} \times \dfrac{100 \times 10^6}{\sqrt{3} \times 380} \times 10^{-3} ≒ 50.4617[\text{kA}]$

정답

(1) ① 10[%]

② 0.9950[%]

③ 9.9504[%]

(2) 16.2815[%]

(3) ① 280[%]

② 34.7297[%]

③ 277.8378[%]

(4) 301.0881[%]

(5) 50.4617[kA]

10 도로의 너비가 25[m]인 곳의 양쪽으로 30[m] 간격으로 지그재그식으로 등주를 배치하여 도로 위의 평균 조도를 10[lx]가 되도록 하고자 한다. 도로면의 광속조명률은 35[%], 유지율은 80[%]로 한다고 할 때 각 등주에 사용되는 수은등의 크기는 몇 [W]의 것을 사용하여야 하는지 전광속을 계산하고 주어진 수은등 규격표에서 찾아 쓰시오.

[수은등의 규격표]

크기[W]	전광속[lm]
100	2,200~3,000
200	4,000~5,500
250	7,700~8,500
300	10,000~11,000
500	13,000~14,000

해설

$FUN = EAD$에서

$$F = \frac{\frac{1}{0.8} \times 10 \times \frac{30 \times 25}{2}}{0.35 \times 1} \fallingdotseq 13{,}392.857[\mathrm{lm}]$$

정답

500[W] 선정

11 어느 공장에 최대전류가 흐를 때의 손실이 100[kW]이며 부하율이 60[%]인 전선로의 평균손실은 몇 [kW]인가?(단, 배전선로의 손실계수를 구하는 α는 0.3이다)

해설

$H = \alpha F + (1-\alpha)F^2 = 0.3 \times 0.6 + (1-0.3) \times 0.6^2 = 0.432$

$$\text{손실계수}(H) = \frac{\text{평균전력손실}}{\text{최대전력손실}} \times 100$$

평균전력손실 = 최대전력손실 × H = 100 × 0.432 = 43.2[kW]

정답

43.2[kW]

12 전력용 퓨즈(PE) 정격사항에 대하여 주어진 표의 빈칸을 채우시오.

계통전압[kV]	퓨즈 정격	
	정격전압[kV]	최대설계전압[kV]
6.6	①	8.25
13.2	15	②
22 또는 22.9	③	25.8
66	69	④
154	⑤	169

정답

① 6.9 또는 7.5

② 15.5

③ 23

④ 72.5

⑤ 161

13 감리원은 공사가 시작된 경우에는 공사업자로부터 착공신고서를 제출받아 적정성 여부를 검토하여 7일 이내 발주자에게 보고한다. 착공신고서에 포함되는 서류 5가지를 쓰시오.

정답

- 공사예정공정표
- 품질관리계획서
- 안전관리계획서
- 공사도급계약서 사본 및 산출내역서
- 공사 시작 전 사진

14 어떤 변전실에서 그림과 같은 일부하곡선 A, B, C인 부하에 전기를 공급하고 있다. 이 변전실의 총부하에 대한 다음 각 물음에 답하시오(단, A, B, C의 역률은 시간에 관계없이 각각 80[%], 100[%] 및 60[%]이다).

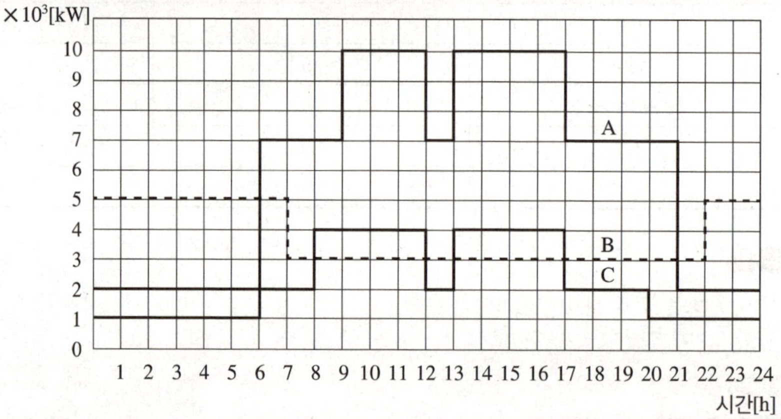

※ 부하전력은 부하곡선의 수치에 10^3을 한다는 의미이다. 즉, 수직 축의 5는 5×10^3[kW]라는 의미이다.

(1) 합성 최대전력은 몇 [kW]인가?

(2) A, B, C 각 부하에 대한 평균전력은 몇 [kW]인가?

(3) 총부하율은 몇 [%]인가?

(4) 부등률은 얼마인가?

(5) 최대부하일 때의 합성 총역률은 몇 [%]인가?

해설

(1) 합성 최대전력[kW] $= (10+3+4)\times10^3 = 17\times10^3$[kW]

∴ 9~12시, 13~17시 사이가 합성 최대전력 때의 시간이다.

(2) $\text{평균전력[kW]} = \dfrac{\text{사용전력량[kWh]}}{24[\text{h}]}$

$$\text{A 평균전력} = \frac{1{,}000\times6+7{,}000\times3+10{,}000\times3+7{,}000\times1+10{,}000\times4+7{,}000\times4+2{,}000\times3}{24}$$

$$= 5{,}750[\text{kW}]$$

$$\text{B 평균전력} = \frac{5{,}000\times7+3{,}000\times15+5{,}000\times2}{24} = 3{,}750[\text{kW}]$$

$$\text{C 평균전력} = \frac{2{,}000\times8+4{,}000\times4+2{,}000\times1+4{,}000\times4+2{,}000\times3+1{,}000\times4}{24}$$

$$= 2{,}500[\text{kW}]$$

(3) $\text{총부하율} = \dfrac{5{,}750+3{,}750+2{,}500}{17{,}000}\times100 ≒ 70.59[\%]$

(4) $\text{부등률} = \dfrac{10{,}000+5{,}000+4{,}000}{17{,}000} ≒ 1.1176 ≒ 1.12$

(5) 합성유효전력 = 10,000+3,000+4,000 = 17,000[kW]

$$합성무효전력 = 10{,}000 \times \frac{0.6}{0.8} + 3{,}000 \times \frac{0}{1} + 4{,}000 \times \frac{0.8}{0.6} \fallingdotseq 12{,}833.33[\text{kVar}]$$

$$합성역률\ \cos\theta = \frac{17{,}000}{\sqrt{17{,}000^2 + 12{,}833.33^2}} \times 100 \fallingdotseq 79.81[\%]$$

정답

(1) 17×10^3[kW]

(2) A 평균전력 : 5,750[kW]

B 평균전력 : 3,750[kW]

C 평균전력 : 2,500[kW]

(3) 70.59[%]

(4) 1.12

(5) 79.81[%]

15 **현재 수용가에서 사용하고 있는 특고압용 차단기 및 저압용 차단기 종류 각 3가지를 영문약호와 한글명칭으로 쓰시오.**

(1) 특고압용 차단기

(2) 저압용 차단기

정답

(1) GCB : 가스차단기, VCB : 진공차단기, ABB : 공기차단기

(2) ACB : 기중차단기, MCCB : 배선용 차단기, ELB : 누전차단기

전기기사

2020년 제3회 기출복원문제

01 그림과 같은 논리회로의 명칭을 쓰고 진리표를 완성하시오.

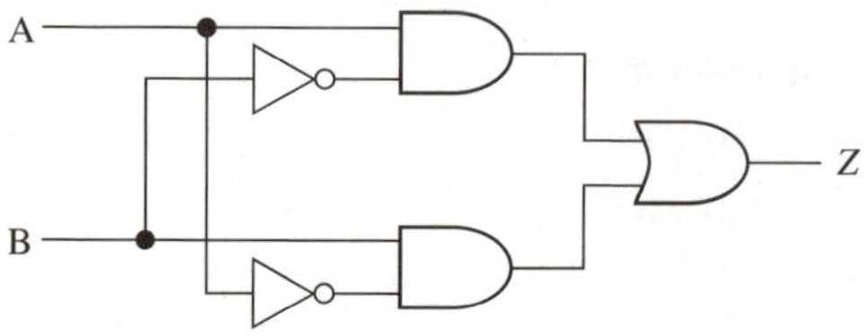

(1) 명칭을 쓰시오.

(2) 출력식을 쓰시오.

(3) 진리표를 완성하시오.

A	B	Z
0	0	
0	1	
1	0	
1	1	

정답

(1) 배타적 논리합회로

(2) 논리식 : $X = A\overline{B} + \overline{A}B$

(3)

A	B	Z
0	0	0
0	1	1
1	0	1
1	1	0

02

강당에 분전반을 설치하려고 한다. 바닥면적은 100[m^2], 단위면적당 표준부하가 10[VA/m^2]이고 공사시공법에 의한 전류감소율은 0.8이라면 간선의 최소허용전류가 얼마인 것을 사용하여야 하는가?(단, 배전전압은 220[V]이다)

해설

$$P = 100 \times 10 = 1{,}000[\mathrm{VA}]$$

$$I = \frac{1{,}000}{220 \times 0.8} ≒ 5.682[\mathrm{A}]$$

정답

5.68[A]

03

어느 수용가의 변압기용량이 1,000[kVA]에 유효전력 200[kW], 무효전력 500[kVar] 부하가 걸려 있다. 여기에 전력 400[kW] 역률 0.8 부하를 증설하고, 전력용 콘덴서 350[kVA]를 병렬연결하여 역률을 개선할 때 다음 물음에 답하시오.

(1) 콘덴서 설치 전의 종합역률을 구하시오.

(2) 콘덴서 설치 후, 200[kW]를 추가로 설치할 때 변압기 용량이 1,000[kVA]가 과부하가 되지 않으려면 200[kW]에 대한 역률은 몇 이상이어야 하는가?

(3) 200[kW]의 부하가 추가되었을 때 종합역률은 얼마인가?

해설

(1) $P_0 = P_1 + P_2 = 200 + 400 = 600[\mathrm{kW}]$

$$Q_0 = Q_1 + Q_2 = 500 + 400 \times \frac{0.6}{0.8} = 800[\mathrm{kVar}]$$

$$\therefore \text{ 역률 } \cos\theta = \frac{600}{\sqrt{600^2 + 800^2}} \times 100 = 60[\%]$$

(2) 200[kW]의 $\cos\theta$ 부하가 추가되어 전용량을 공급하므로

$$1{,}000 = \sqrt{(600+200)^2 + (800-350+Q)^2}$$

$$1{,}000^2 = (600+200)^2 + (800-350+Q)^2$$

$$1{,}000^2 - 800^2 = (800-350+Q)^2$$

$$\sqrt{1{,}000^2 - 800^2} = 800 - 350 + Q$$

$$Q = \sqrt{1{,}000^2 - 800^2} - 800 + 350 = 150$$

$$\therefore \text{ 200[kW] 부하의 역률 } \cos\theta = \frac{200}{\sqrt{200^2 + 150^2}} \times 100 = 80[\%]$$

(3) 200[kW] 역률 0.8의 부하가 추가되었으므로

$$\text{역률 } \cos\theta = \frac{600+200}{\sqrt{(600+200)^2 + (800-350+150)^2}} \times 100 = 80[\%]$$

정답

(1) 60[%]

(2) 80[%]

(3) 80[%]

04

그림과 같은 2 : 1 로핑의 기어리스 엘리베이터에서 적재하중은 1,000[kg], 속도는 140[m/min]이다. 구동로프 바퀴의 직경은 760[mm]이며, 기체의 무게는 1,500[kg]인 경우 다음 각 물음에 답하시오(단, 평형률은 0.6, 엘리베이터의 효율은 기어리스에서 1 : 1 로핑인 경우 85[%], 2 : 1 로핑인 경우는 80[%]이다).

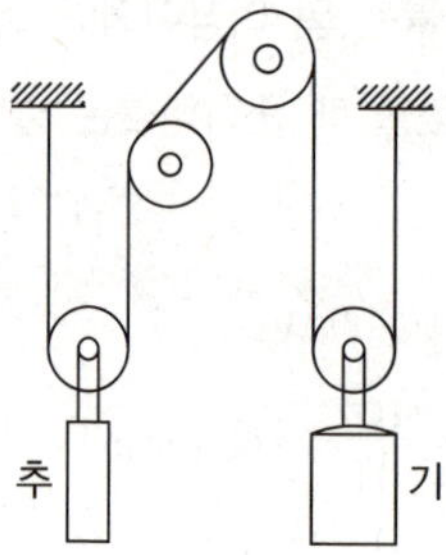

(2 : 1 로핑)

(1) 권상소요동력은 몇 [kW]인지 계산하시오.

(2) 전동기의 회전수는 몇 [rpm]인지 계산하시오.

해설

(1) $P = \dfrac{WVK}{6.12\eta} = \dfrac{1 \times 140 \times 0.6}{6.12 \times 0.8} \fallingdotseq 17.157[\text{kW}]$

여기서, W : 무게[ton], V : 속도[m/min]

(2) $N = \dfrac{V}{\pi D} = \dfrac{280}{0.76 \times \pi} \fallingdotseq 117.27[\text{rpm}]$

정답

(1) 17.16[kW]

(2) 117.27[rpm]

05 다음을 만족하는 미완성 결선도를 완성하시오(단, 접점기호와 명칭 등을 정확히 나타낸다).

[요구사항]

- 전원 스위치 MCCB를 투입하면 주회로 및 제어회로에 전원이 공급된다.
- 누름버튼 스위치(PB_1)를 누르면 MC_1이 여자되고 MC_1의 보조접점에 의하여 RL이 점등되며, 전동기는 정회전한다.
- 누름버튼 스위치(PB_1)를 누른 후 손을 떼어도 MC_1은 자기유지되어 전동기는 계속 회전한다.
- 운전 중 누름버튼 스위치(PB_2)를 누르면 연동에 의하여 MC_1이 소자되어 전동기가 정지되고, RL은 소등된다. 이때 MC_2는 자기유지되어 전동기는 역회전(역상제동을 함)하고 타이머가 여자되며, GL이 점등된다.
- 타이머 설정시간 후 역회전 중인 전동기는 정지하고 GL도 소등된다. 또한 MC_1과 MC_2의 보조접점에 의하여 상호 인터로크가 되어 동시동작되지 않는다.
- 전동기 운전 중 과전류가 감지되어 EOCR이 동작되면, 모든 제어회로의 전원은 차단되고 YL만 점등된다.
- EOCR을 리셋하면 초기상태로 복귀한다.

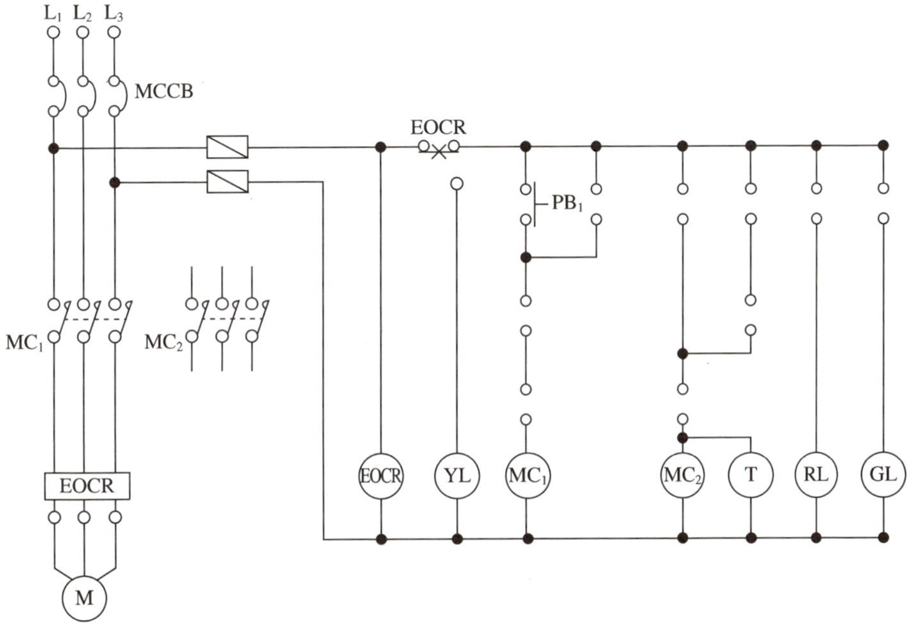

정답

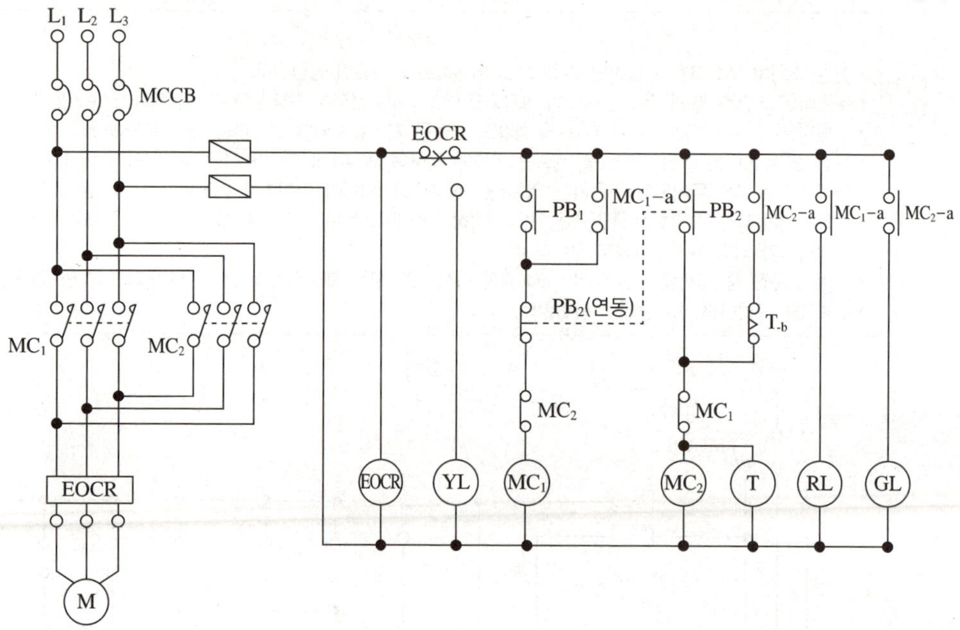

06 그림은 발전기의 상간단락 보호계전방식을 도면화한 것이다. 이 도면을 보고 다음 각 물음에 답하시오.

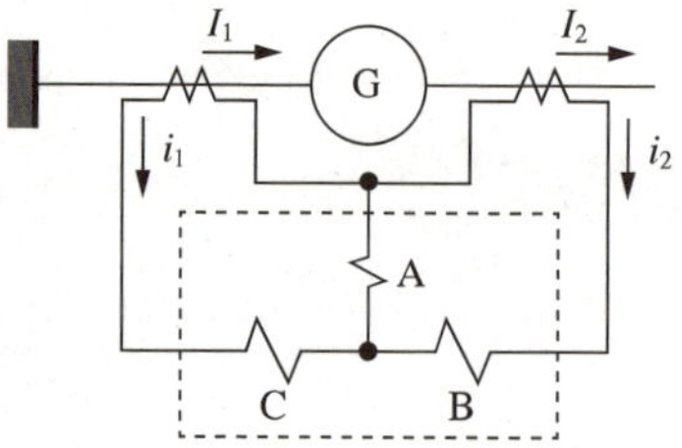

(1) 점선 안의 계전기의 명칭은?

(2) 동작 코일은 A, B, C 코일 중 어느 것인가?

(3) 발전기에 상간단락이 생길 때 코일 A의 전류 i_d는 어떻게 표현되는가?

(4) 발전기를 병렬운전하려고 한다. 병렬운전이 가능한 조건 4가지를 쓰시오.

정답

(1) 비율차동계전기

(2) A 코일

(3) $i_d = |i_1 - i_2|$

(4) • 기전력의 크기가 같을 것
 • 기전력의 위상이 같을 것
 • 기전력의 파형이 같을 것
 • 기전력의 주파수가 같을 것

07

그림과 같이 20[kVA]의 단상 변압기 3대를 사용하여 45[kW], 역률 0.8(지상)인 3상 전동기 부하를 전력을 공급하는 배전선이 있다. 지금 변압기 a, b의 중성점 n에 1선을 접속하여 an, nb 사이에 같은 수의 전구를 점등하고자 한다. 60[W]의 전구를 사용하여 변압기가 과부하되지 않는 한도 내에서 몇 등까지 점등할 수 있겠는가?

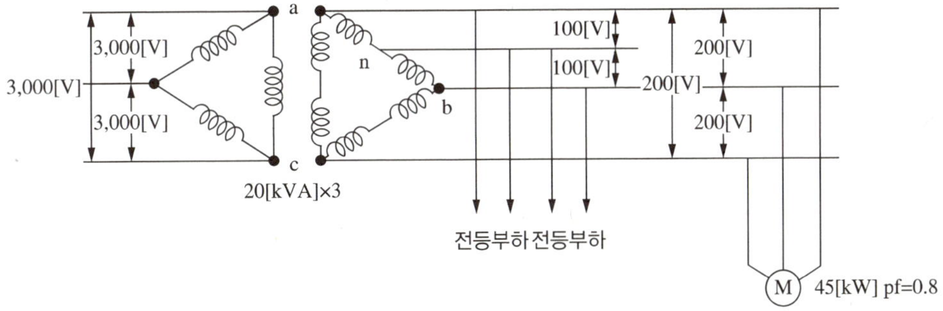

해설

1상의 유효전력 $P = \frac{45}{3} = 15[\text{kW}]$

1상의 무효전력 $Q = P \times \frac{\sin\theta}{\cos\theta} = 15 \times \frac{0.6}{0.8} = 11.25[\text{kVar}]$

$P_a^2 = (P + \triangle P)^2 + Q^2$

$20^2 = (15 + \triangle P)^2 + 11.25^2$

$\therefore \ \triangle P \fallingdotseq 1.53[\text{kW}]$

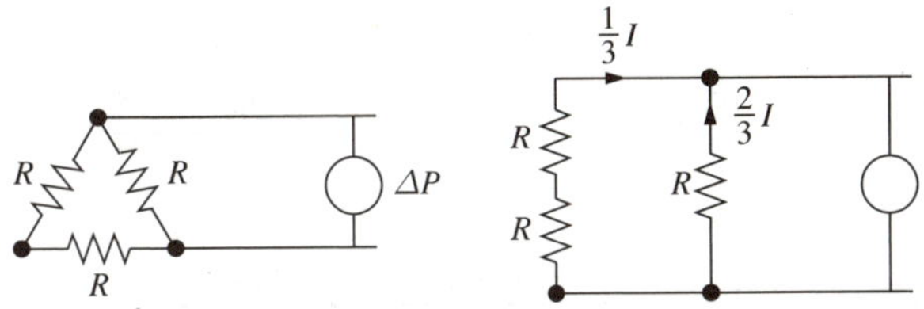

저항비가 2 : 1이므로 전류비는 1 : 2

$\Delta P = \frac{2}{3} IV$ 에서 VI가 백열전등 용량이므로

$VI = \frac{3}{2} \Delta P$

증가시킬 수 있는 부하 $\Delta P' = \frac{3}{2} \times \Delta P = \frac{3}{2} \times 1.53 \fallingdotseq 2.3[\text{kW}]$

$\therefore \ n = \frac{2.3 \times 10^3}{60} \fallingdotseq 38.33$

∴ 38등

정답

38등

08 사무실로 사용하는 건물에 110/220[V] $1\phi 3\text{W}$를 채용하고 변압기가 설치된 수전실에서 60[m]가 되는 지점의 부하를 다음 표와 같이 배분하는 분전반을 시설하고자 한다. 다음 각 물음에 답하시오.

[조 건]

- 공사방법은 A1으로 PVC 절연전선 사용
- 전압 강하는 3[%] 이하로 한다.

(1) 간선의 단면적[mm²]을 구하시오(동도체).

(2) 간선보호용 퓨즈(A종)의 정격전류를 구하시오.

(3) 이 곳에 사용되는 후강전선관의 지름을 구하시오.

(4) 후강전선관을 제3종 접지공사로 설계할 때 접지선의 굵기를 구하시오.

※ KEC 규정 적용으로 문제 삭제 : 종별 접지는 더 이상 사용되지 않음

(5) 설비불평형률은 몇 [%]인가?

회로번호	부하명칭	총부하 [VA]	부하분담[VA]		비 고
			A선	B선	
1	전 등	2,920	1,460	1,460	
2	전 등	2,680	1,340	1,340	
3	콘센트	1,100	1,100		
4	콘센트	1,400	1,400		
5	콘센트	800		800	
6	콘센트	1,000		1,000	
7	팬코일	750	750		
8	팬코일	700		700	
합 계		11,350	6,050	5,300	

[참고자료]

표1. 간선의 굵기, 개폐기 및 과전류차단기의 용량

최대 상정 부하 전류 [A]	배선종류에 의한 간선의 동 전선 최소굵기[mm^2]												개폐기의 정격 [A]	과전류차단기의 정격[A]	
	공사방법 A1				공사방법 B1				공사방법 C					B종 퓨즈	A종 퓨즈 또는 배선용 차단기
	 2개선		 3개선		 2개선		 3개선		 2개선		 3개선				
	PVC	XLPE, EPR	PVC	XLPE, EPR	PVC	XLPE, EPR	PVC	XLPE, EPR	PVC	XLPE, EPR	PVC	XLPE, EPR			
20	4	2.5	4	2.5	2.5	2.5	2.5	2.5	2.5	2.5	2.5	2.5	30	20	20
30	6	4	6	4	4	2.5	6	4	4	2.5	4	2.5	30	30	30
40	10	6	10	6	6	4	10	6	6	4	6	4	60	40	40
50	16	10	16	10	10	6	10	10	10	6	10	6	60	50	50
60	16	10	25	16	16	10	16	10	10	10	16	10	60	60	60
75	25	16	35	25	16	10	25	16	16	10	16	16	100	75	75
100	50	25	50	35	25	16	35	25	25	16	35	25	100	100	100
125	70	35	70	50	35	25	50	35	35	25	50	35	200	125	125
150	70	50	95	70	50	35	70	50	50	35	70	50	200	150	150
175	95	70	120	70	70	50	95	50	70	50	70	50	200	200	175
200	120	70	150	95	95	70	95	70	70	50	95	70	200	200	200
250	185	120	240	150	120	70	–	95	95	70	120	95	300	250	250
300	240	150	300	185	–	95	–	120	150	95	185	120	300	300	300
350	300	185	–	240	–	120	–	–	185	120	240	150	400	400	350
400	–	240	–	300	–	–	–	–	240	150	240	185	400	400	400

[주] 1. 단상 3선식 또는 3상 4선식 간선에서 전압강하를 감소하기 위하여 전선을 굵게 할 경우라도 중성선은 표의 값보다 굵은 것으로 할 필요는 없다.
2. 최소 전선 굵기는 1회선에 대한 것이며, 2회선 이상일 경우는 부록 500-2의 복수회로 보정계수를 적용하여야 한다.
3. 공사방법 A1은 벽 내의 전선관에 공사한 절연전선 또는 단심케이블, B1은 벽면의 전선관에 공사한 절연전선 또는 단심케이블, 공사방법 C는 벽면에 공사한 단심 또는 다심케이블을 시설하는 경우의 전선 굵기를 표시하였다.
4. B종 퓨즈의 정격전류는 전선의 허용전류의 0.96배를 초과하지 않는 것으로 한다.

표2. 후강전선관 굵기의 선정

도체 단면적 [mm^2]	전선본수									
	1	2	3	4	5	6	7	8	9	10
	전선관의 최소굵기[mm]									
2.5	16	16	16	16	22	22	22	28	28	28
4	16	16	16	22	22	22	28	28	28	28
6	16	16	22	22	22	28	28	28	36	36
10	16	22	22	28	28	36	36	36	36	36
16	16	22	28	28	36	36	36	42	42	42
25	22	28	28	36	36	42	54	54	54	54
35	22	28	36	42	54	54	54	70	70	70
50	22	36	54	54	70	70	70	82	82	82
70	28	42	54	54	70	70	70	82	82	92
95	28	54	54	70	70	82	82	92	92	104
120	36	54	54	70	70	82	82	92		
150	36	70	70	82	92	92	104	104		
185	36	70	70	82	92	104				
240	42	82	82	92	104					

[주] 1. 전선 1본수는 접지선 및 직류 회로의 전선에도 적용한다.
2. 이 표는 실험 결과와 경험을 기초로 하여 결정한 것이다.
3. 이 표는 KS C IEC 60227-3의 450/750[V] 일반용 단심 비닐절연전선을 기준한 것이다.

표3. 제3종 또는 특별 제3종 접지공사의 접지선의 굵기

접지하는 전기기기 및 전선관 전단에 설치된 자동과전류차단장치의 정격전류 또는 다음의 선정값을 초과하지 않는 경우[A]	접지선의 최소굵기[mm^2]			
	동 선	알루미늄선	이동하면서 사용하는 기계기구에 접지를 하여야 할 경우로서 가요성(可撓性)을 필요로 하는 부분에 코드 또는 캡타이어케이블을 사용하는 경우	
			단심 굵기	병렬 2심인 경우 1심 굵기
15	2.5	4	1.5	0.75
20	2.5	4	1.5	0.75
30	2.5	4	2.5	1.5
40	2.5	4	2.5	1.5
50	4	6	4	1.5
100	6	16	6	4
200	16	16	16	6
300	16	25	16	6
400	25	35	25	16

※ KEC 규정 적용으로 표 삭제 : 종별 접지는 더 이상 사용되지 않음

표4. 간선의 수용률

건축물의 종류	수용률[%]
주택, 기숙사, 여관, 호텔, 병원, 창고	50
학교, 사무실, 은행	70

[주] 전등 및 소형 전기기계 기구의 용량 합계가 10[kVA]를 초과하는 것은 그 초과 용량에 대해서는 표의 수용률을 적용할 수 있다.

해설

(1) 전압 강하 $e = 110 \times 0.03 = 3.3[V]$

A선 전류 $I_A = \dfrac{6,050}{110} = 55[A]$

B선 전류 $I_B = \dfrac{5,300}{110} ≒ 48.18[A]$이므로 큰 전류를 기준 A선 전류 55[A]를 선정

단상 3선식이므로(전선 단면적 $A) = \dfrac{17.8LI}{1,000e} = \dfrac{17.8 \times 60 \times 55}{1,000 \times 3.3} = 17.8[mm^2]$

표2에서 16 다음이 25[mm^2]이므로 25[mm^2] 선정

(2) 단상 3선식이므로 표1에서 공사방법 A1과 PVC 절연전선 3개 선을 사용하는 경우를 찾아 밑으로 쭉 내리다 전선의 굵기가 25[mm^2]일 때 과전류차단기의 정격전류 60[A] 선정

(3) 표2에서 전선 25[mm^2]을 옆으로 3가닥을 아래로 그어 만나는 곳을 보면 28[mm]가 나온다.

(4) 간선보호용 차단기가 60[A]이므로 표3에서 100[A] 이하에 해당되는 동선으로 설계 시 6.0[mm^2] 이상의 접지선을 선정

(5) 단상 3선식에서 설비불평형률

$$설비불평형률 = \frac{중성선과\ 각\ 전압측\ 전선\ 간에\ 접속되는\ 부하설비용량[kVA]의\ 차}{총부하설비용량[kVA]의\ 1/2} \times 100[\%]$$

$$불평형률 = \frac{3,250-2,500}{11,350 \times \frac{1}{2}} \times 100 \fallingdotseq 13.22[\%]$$

정답

(1) $25[mm^2]$

(2) 60[A]

(3) 28[mm]

(4) $6.0[mm^2]$

(5) 13.22[%]

09

2회선 154[kV] 송전선이 있다. 2회선 중 1회선만이 송전 중일 때 휴전회선에 대한 정전유도전압은? (단, 송전 중의 회선과 휴전선 중의 회선과의 정전용량은 $C_a = 0.001[\mu F]$, $C_b = 0.0006[\mu F]$, $C_c = 0.0004[\mu F]$ 이고, 휴전선의 1선 대지정전용량은 $C_m = 0.0052[\mu F]$ 이다)

해설

$$E_n = \frac{\sqrt{C_a(C_a - C_b) + C_b(C_b - C_c) + C_c(C_c - C_a)}}{C_a + C_b + C_c + C_m} \times \frac{V}{\sqrt{3}}[V]$$

$$= \frac{\sqrt{0.001(0.001-0.0006)+0.0006(0.0006-0.0004)+0.0004(0.0004-0.001)}}{0.001+0.0006+0.0004+0.0052} \times \frac{154 \times 10^3}{\sqrt{3}}$$

$$\fallingdotseq 6,534.41[V]$$

정답

6,534.41[V]

10

다음 옥내용 변류기(C.T)에 대하여 ( ) 안에 알맞은 내용을 쓰시오.

(1) 24시간 동안 측정한 수증기압의 평균값은 ( )[kPa]을 초과하지 않는다.

(2) 24시간 동안 측정한 상대습도의 평균값은 ( )[%]를 초과하지 않는다.

(3) 1달 동안 측정한 수증기압의 평균값은 ( )[kPa]을 초과하지 않는다.

(4) 1달 동안 측정한 상대습도의 평균값은 ( )[%]를 초과하지 않는다.

정답

(1) 2.2

(2) 95

(3) 1.8

(4) 90

11

설계감리의 기성 및 준공을 처리한 때에는 책임 설계감리원이 준공서류를 구비하여 발주자에게 제출하여야 한다. 준공서류 중에서 감리기록서류의 종류 5가지를 쓰시오.

정답

- 설계감리기록부
- 설계감리일지
- 설계감리지시부
- 설계자와 협의사항 기록부
- 설계감리요청서

12

폭 20[m], 등간격 30[m]에 200[W] 수은등을 설치할 때 도로면의 조도는 몇 [lx]가 되겠는가? (단, 등배열은 한쪽(편면)으로만 함. 조명률 : 0.5, 감광보상률 : 1.5, 200[W] 수은등의 광속 : 8,500[lm]이다)

해설 $E = \frac{FUN}{AD} = \frac{8,500 \times 0.5 \times 1}{20 \times 30 \times 1.5} ≒ 4.72[\text{lx}]$

정답 4.72[lx]

TIP

편면(한쪽 배열)의 경우 다음과 같다.

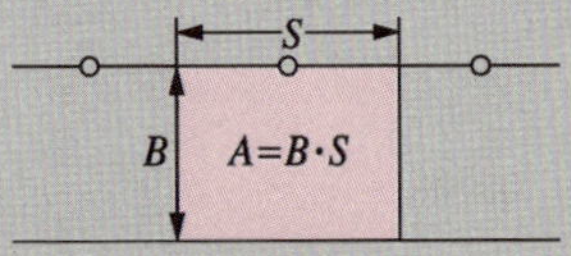

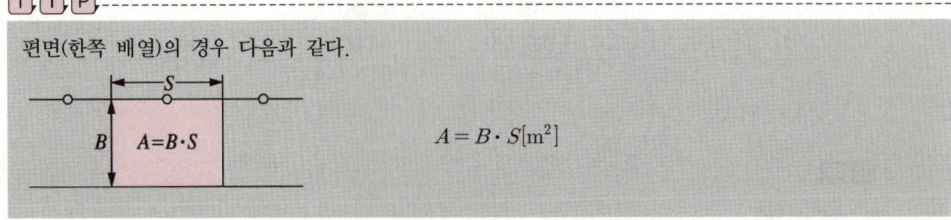

$A = B \cdot S[\text{m}^2]$

13

6,300/210[V], 단상 변압기 100[kVA] 2대를 병렬로 운전할 때 2차측에서 단락 시 전원측의 단락전류의 값을 구하시오(단, 단상 변압기 임피던스는 6[%]이다).

해설

$$I_s = \frac{100}{\%Z} \cdot \frac{P}{V} = \frac{100}{3} \times \frac{100 \times 10^3}{6,300} \fallingdotseq 529.1[\text{A}] \ (\%Z\text{는 병렬이므로 } \frac{6}{2} = 3[\%])$$

정답

529.1[A]

14

교류발전기에 대한 다음 각 물음에 답하시오.

(1) 정격전압 6,000[V], 정격출력 5,000[kVA]인 3상 교류발전기에서 계자전류가 300[A], 그 무부하 단자전압이 6,000[V]이고, 이 계자전류에 있어서의 3상 단락전류가 700[A]라고 한다. 이 발전기의 단락비를 구하시오.

(2) 다음 ①~⑥에 알맞은 (　　) 안의 내용을 크다(고), 적다(고), 높다(고), 낮다(고) 등으로 답란에 쓰시오.

단락비가 큰 교류발전기는 일반적으로 기계의 치수가 (①), 가격이 (②), 풍손, 마찰손, 철손이 (③), 효율은 (④), 전압변동률은 (⑤), 안정도는 (⑥).

해설

(1) $I_n = \frac{P}{\sqrt{3}\, V_n} = \frac{5,000 \times 10^3}{\sqrt{3} \times 6,000} \fallingdotseq 481.125 \quad \therefore 481.13[\text{A}]$

단락비 $K_s = \frac{I_s}{I_n} = \frac{700}{481.13} \fallingdotseq 1.4549$

정답

(1) 1.45

(2) ① 크고, ② 높고, ③ 크고, ④ 낮고, ⑤ 작고, ⑥ 크다.

전기 기사

2020년 제4 · 5회 통합 기출복원문제

01 다음과 같은 래더 다이어그램을 보고 PLC 프로그램을 완성하시오(단, 타이머 설정시간 t는 0.1초 단위이다).

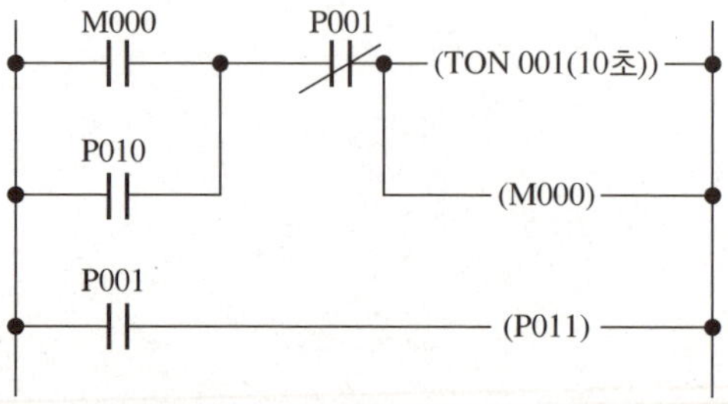

ADD	OP	DATA
0	LOAD	M000
1		
2		
3	TON	001
4	DATA	100
5		
6		
7	OUT	P011
8	END	

정답

ADD	OP	DATA
0	LOAD	M000
1	OR	P010
2	AND NOT	P001
3	TON	001
4	DATA	100
5	OUT	M000
6	LOAD	P001
7	OUT	P011
8	END	

02 변류기(CT)에 관한 다음 각 물음에 답하시오.

(1) 주변압기의 결선이 Y−△인 경우 변압기 보호로 비율차동계전기를 사용한다면 CT의 결선은 어떻게 하여야 하는지를 설명하시오.

(2) 통전 중에 있는 변류기의 2차측 기기를 교체하고자 할 때 가장 먼저 취하여야 할 조치를 설명하시오.

(3) 수전전압이 22.9[kV], 수전설비의 부하전류가 60[A]이다. 75/5[A]의 변류기를 통하여 과부하계전기를 시설하였다. 120[%]의 과부하에서 차단시킨다면 과부하 트립전류값은 몇 [A]로 설정하여야 하는가?

해설

(3) OCR 탭전류 $= 60 \times \frac{5}{75} \times 1.2 = 4.8[A]$

$\therefore$ 5[A] 탭에 설정한다.

정답

(1) △−Y결선

(2) 2차측을 단락시킨다.

(3) 5[A]

03 어느 수용가에서 종량제 요금은 1개월(30일) 기본요금 120원, 그리고 1[kWh]당 10원 추가된다. 정액제 요금은 1개월(30일)에 1등당 206원이다. 등수는 8등이고 1등당 전력은 60[W], 전구요금은 65원이다. 정액제 사용 시 수용가에서 전구요금은 부담하지 않는다. 종량제에서 일일 평균 몇 시간을 사용해야 정액제 요금과 같아질 수 있겠는가?(단, 전구의 수명은 1,000[h]이다)

해설

정액제 1개월 요금 : $206 \times 8 = 1{,}648$원

종량제 1개월 요금(1일 t시간으로 적용)

$= 120 + 60 \times 8 \times t \times 30 \times 10^{-3} \times 10 + \frac{65}{1{,}000} \times 8 \times t \times 30$

$= 120 + 144t + 15.6t = 120 + 159.6t$

정액제와 종량제 요금이 같은 경우이므로

$1{,}648 = 120 + 159.6t$

$t = \frac{1{,}528}{159.6} = 9.5739[h]$

정답

9.57[h]

04 다음 그림은 어느 수용가의 수전설비 계통도이다. 다음 각 물음에 답하시오.

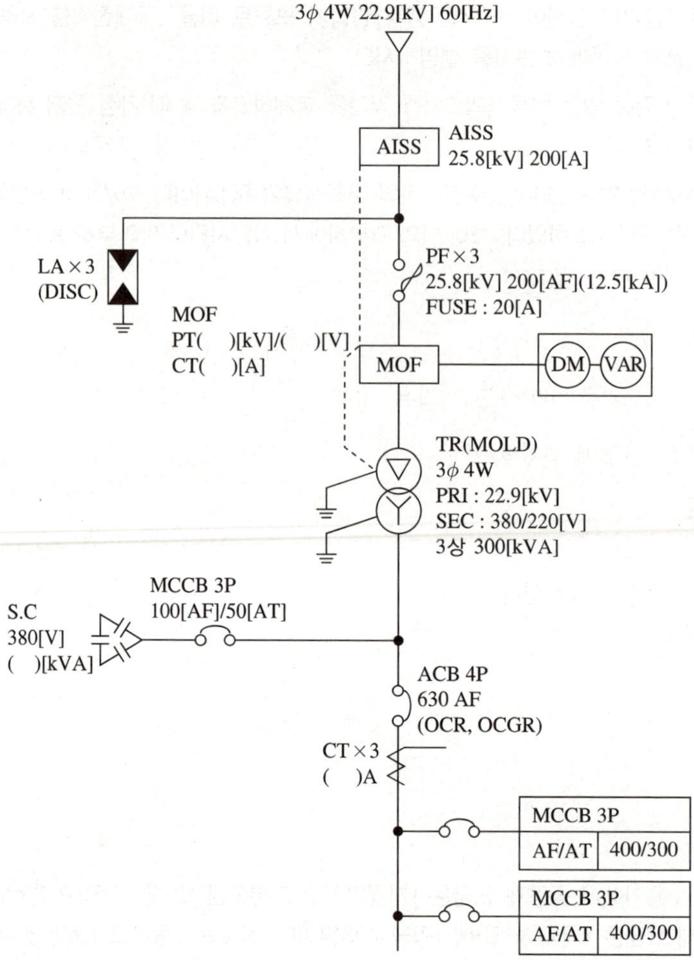

(1) AISS의 명칭과 기능을 쓰시오.

(2) 피뢰기의 정격전압 및 공칭방전전류를 쓰고 DISC의 기능을 간단히 설명하시오.

(3) MOF 안에 설치된 PT, CT비를 구하시오(단, CT의 여유율은 1.25배로 한다).

(4) MOLD TR의 장점 및 단점을 각각 2가지만 쓰시오(단, 경제성 및 유지보수는 제외한다).

(5) ACB의 명칭을 쓰시오.

(6) TR 2차측 CT의 정격(변류비)을 구하시오(단, CT의 여유율은 1.25배로 한다).

해설

(3) $I = \dfrac{300}{\sqrt{3} \times 22.9} \times 1.25 ≒ 9.45[A]$ $\qquad$ ∴ CT비 : 10/5

(6) $I = \dfrac{300}{\sqrt{3} \times 0.38} \times 1.25 ≒ 569.75[A]$ $\qquad$ ∴ 600/5

정답

(1) • 명칭 : 기중 절연 자동고장구분개폐기
• 기능 : 고장 시 개방하여 정전사고 파급방지 및 과부하보호

(2) • 피뢰기 정격전압 18[kV], 방전전류 2.5[kA]
• DISC 기능은 피뢰기 내부고장 시 대지와 분리

(3) • PT비 : 13,200/110
• CT비 : 10/5

(4) • 장점 : 자기 소화성이 우수하므로 화재 염려가 없다. 단시간 과부하 내량이 높다.
• 단점 : 고가이다. 충격파 내전압이 낮다.

(5) 기중차단기

(6) 600/5

05 다음 물음에 답하시오.

(1) 방폭형 전동기에 대하여 설명하시오.

(2) 전기설비 방폭구조의 종류 4가지를 쓰시오.

정답

(1) 증기 또는 먼지, 폭발성 가스 중에서 폭발성 사고 방지에 사용 적합한 구조의 전동기

(2) • 내압 방폭구조
• 유입 방폭구조
• 안전증 방폭구조
• 압력 방폭구조

[기 타]
• 본질안전 방폭구조
• 특수 방폭구조

06 다음과 같은 규모의 아파트단지를 계획하고 있다. 주어진 도면을 이용하여 다음 각 물음에 답하시오.

[규 모]

- 아파트 동수 및 세대수 : 2개동 300세대
- 세대당 면적과 세대수

동 별	세대당 면적[m^2]	세대수	동 별	세대당 면적[m^2]	세대수
1동	50	50	2동	50	60
	70	40		70	30
	90	30		90	30
	110	30		110	30

- 계단, 복도, 지하실 등의 공용면적
  1동 − 1,700[m^2]　　2동 − 1,700[m^2]

[조 건]

- 아파트 면적의 [m^2]인 상정부하는 다음과 같다.
  아파트 : 30[VA/m^2], 공용면적부분 : 7[VA/m^2]
- 세대당 추가로 가산하여야 할 피상전력[VA]은 다음과 같다.
  80[m^2] 이하의 세대 : 750[VA], 150[m^2] 이하인 경우 : 1,000[VA]
- 아파트 동별 수용률은 다음과 같다.
  70세대 이하인 경우 : 65[%]
  100세대 이하인 경우 : 60[%]
  150세대 이하인 경우 : 55[%]
  200세대 이하인 경우 : 50[%]
- 모든 계산은 피상전력을 기준한다.
- 각 세대의 공급방식은 110/220[V]의 단상 3선식으로 한다.
- 주 변전실로부터 1동까지는 150[m]이며, 동 내부의 전압강하는 무시한다.
- 변전실의 변압기는 단상 변압기 3대로 구성한다.
- 역률은 100[%]로 보고 계산한다.
- 동간 부등률은 1.4로 본다.
- 공용부분의 수용률은 100[%]로 한다.
- 주 변전설비에서 각 동까지의 전압강하는 3[%]로 한다.
- 간선은 후강전선관배선으로 IV전선을 사용하며, 간선의 굵기는 325[mm^2] 이하를 시공하여야 한다.
- 아파트 단지의 수전은 13,200/22,900[V−Y]의 3상 4선식 계통에서 수전한다.

(1) 1동의 상정부하는 몇 [VA]인가?

(2) 2동의 수용부하는 몇 [VA]인가?

(3) 1, 2동의 변압기용량을 계산하기 위한 부하는 몇 [VA]인가?

(4) 이 단자의 변압기는 단상 몇 [kVA]짜리 3대를 설치하여야 하는가?(단, 변압기용량은 10[%]의 여유율을 두도록 하며, 단상 변압기의 표준용량은 75, 100, 150, 200, 300[kVA] 등이다)

해설

(1) 상정부하 = (바닥면적×[m^2]당 상정부하)+가산부하

세대당 면적[m^2]	상정부하 [VA/m^2]	가산부하 [VA]	세대수	상정부하[VA]
50	30	750	50	[(50×30)+750]×50=112,500
70	30	750	40	[(70×30)+750]×40=114,000
90	30	1,000	30	[(90×30)+1,000]×30=111,000
110	30	1,000	30	[(110×30)+1,000]×30=129,000
합 계	466,500[VA]			

∴ 공용면적까지 고려한 상정부하 = 466,500+1,700×7 = 478,400[VA]

(2) 수용부하 = 상정부하×수용률

세대당 면적[m^2]	상정부하 [VA/m^2]	가산부하 [VA]	세대수	상정부하[VA]
50	30	750	60	[(50×30)+750]×60=135,000
70	30	750	30	[(70×30)+750]×30=85,500
90	30	1,000	30	[(90×30)+1,000]×30=111,000
110	30	1,000	30	[(110×30)+1,000]×30=129,000
합 계	460,500[VA]			

∴ 공용면적까지 고려한 수용부하=460,500×0.55+1,700×7 = 265,175[VA]

(3) $\text{합성 최대 전력} = \dfrac{\text{최대전력}}{\text{부등률}} = \dfrac{\text{설비용량} \times \text{수용률}}{\text{부등률}}$

$$= \frac{(466{,}500 \times 0.55) + (1{,}700 \times 7) + 265{,}175}{1.4}$$

$$≒ 381{,}178.57[\text{VA}]$$

(4) $\text{변압기용량} = \dfrac{381{,}178.57}{3} \times 1.1 \times 10^{-3} ≒ 139.77[\text{kVA}]$

따라서, 표준 용량 150[kVA]를 산정한다.

정답

(1) 478,400[VA]

(2) 265,175[VA]

(3) 381,178.57[VA]

(4) 150[kVA]

07 3상 3선식으로 전압 6,600[V](경동선의 전선굵기 150[mm^2])이며 저항 0.2[Ω/km], 선로 길이 1[km]인 경우 다음 물음에 답하시오(단, 부하의 역률은 0.85를 적용한다).

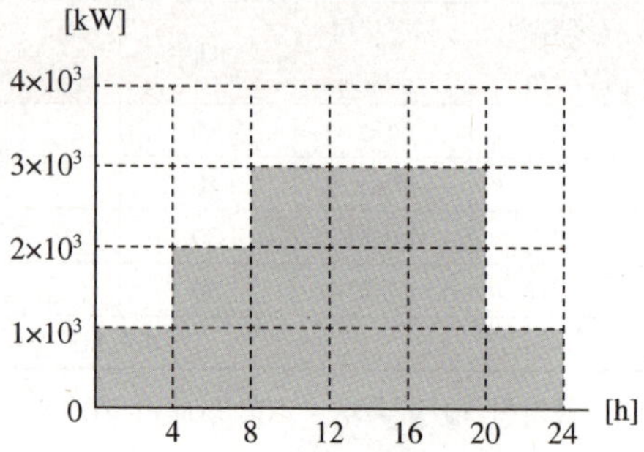

(1) 부하율을 구하시오.

(2) 손실계수를 구하시오.

(3) 1일 손실전력량을 구하시오.

해설

(1) $\text{부하율} = \dfrac{\text{사용전력량[kWh]}}{\text{시간[h]} \times \text{최대전력[kW]}} \times 100$

$= \dfrac{4 \times 1{,}000 + 4 \times 2{,}000 + 12 \times 3{,}000 + 4 \times 1{,}000}{24 \times 3{,}000} \times 100 \fallingdotseq 72.22[\%]$

(2) 저항(R) = $0.2 \times 1 = 0.2[\Omega]$

$\text{평균전력} = \dfrac{4 \times 1{,}000 + 4 \times 2{,}000 + 12 \times 3{,}000 + 4 \times 1{,}000}{24} \fallingdotseq 2{,}166.67[\text{kW}]$

$\text{평균전력손실}(P_L) = 3I^2R = 3 \times \left(\dfrac{2{,}166.67 \times 10^3}{\sqrt{3} \times 6{,}600 \times 0.85}\right)^2 \times 0.2 \fallingdotseq 29{,}832.511[\text{W}]$

$\text{최대전력손실}(P_m) = 3I^2R = 3 \times \left(\dfrac{3{,}000 \times 10^3}{\sqrt{3} \times 6{,}600 \times 0.85}\right)^2 \times 0.2 \fallingdotseq 57{,}193.514[\text{W}]$

$\text{손실계수}(H) = \dfrac{\text{평균전력손실}}{\text{최대전력손실}} = \dfrac{29{,}832.511}{57{,}193.514} \fallingdotseq 0.521 \fallingdotseq 0.52$

(3) $\text{손실전력량} = 3I_m^2 R \times 10^{-3} \times T \times H = 3 \times \left(\dfrac{3{,}000 \times 10^3}{\sqrt{3} \times 6{,}600 \times 0.85}\right)^2 \times 0.2 \times 10^{-3} \times 24 \times 0.52$

$= 713.775 \fallingdotseq 713.78[\text{kWh}]$

정답

(1) 72.22[%]

(2) 0.52

(3) 713.78[kWh]

08 그림은 3상 4선식 전력량계의 결선도를 나타낸 것이다. PT와 CT를 사용하여 미완성 부분의 결선도를 완성하시오(단, 접지는 생략한다).

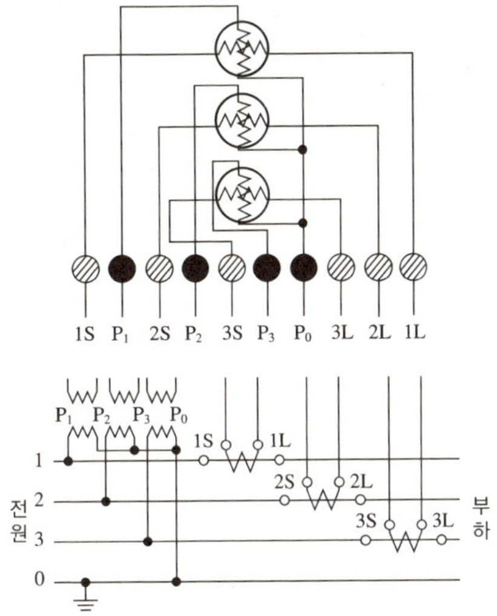

정답

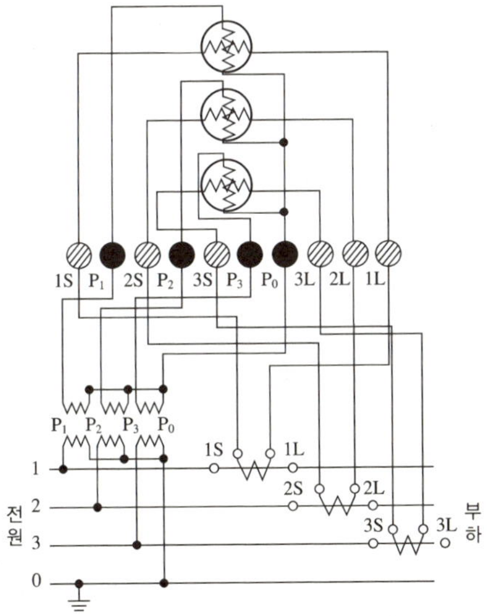

09 다음 그림과 같은 3상 3선식 380[V] 수전의 경우 설비불평형률[%]은 얼마인가?

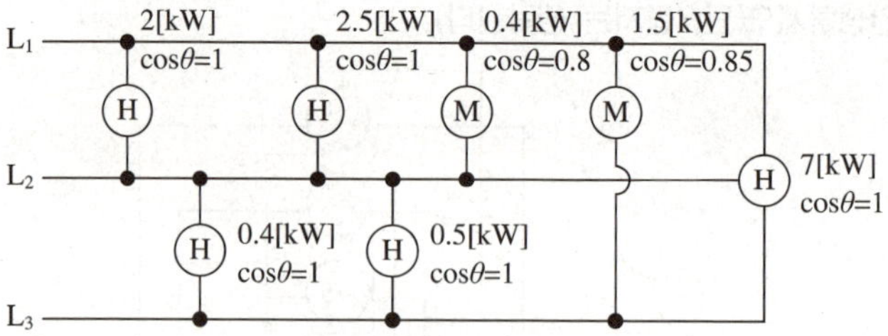

해설

L_1과 $L_2 = 2 + 2.5 + \frac{0.4}{0.8} = 5$

L_2와 $L_3 = 0.4 + 0.5 = 0.9$

L_3와 $L_1 = \frac{1.5}{0.85} \fallingdotseq 1.7647$

$3\phi = 7$

$$3\phi 3W \text{ 설비불평형률} = \frac{1\phi\text{설비용량[kVA]의 최대와 최소의 차}}{\text{총설비용량[kVA]} \times \frac{1}{3}} \times 100$$

$$\text{설비불평형률} = \frac{5 - 0.9}{(5 + 0.9 + 1.7647 + 7) \times \frac{1}{3}} \times 100 \fallingdotseq 83.875 \fallingdotseq 83.88[\%]$$

정답

83.88[%]

10 조명기구에서 사용하는 램프(등)의 발광원리 3가지를 쓰시오.

정답

- 온도복사
- 루미네선스
- 유도복사

11 수전설비에서 단락용량 억제대책 3가지를 쓰시오.

정답

- 캐스케이딩 보호
- 한류리액터 사용
- 변압기 임피던스 제어

12 감리원은 해당공사 완료 후 준공검사 전에 사전 시운전 등이 필요한 부분에 대하여 공사업자에게 시운전을 위한 계획을 수립하여 30일 이내 제출할 때 발주자에게 제출하여야 할 서류에 대하여 5가지 쓰시오.

정답

- 시운전 절차
- 기계기구 사용계획
- 시운전 일정
- 시험장비 확보 및 보정
- 시운전 항목 및 종류

13

가로 10[m], 세로 16[m], 천장 높이 3.85[m], 작업면 높이 0.85[m]인 사무실에 천장 직부 형광등 F40×2를 설치하려고 한다.

(1) F40×2의 심벌을 그리시오.

(2) 이 사무실의 실지수는 얼마인가?

(3) 이 사무실의 작업면 조도를 300[lx], 천장반사율 70[%], 벽 반사율 50[%], 바닥 반사율 10[%], 40[W]형광등 1등의 광속 3,150[lm], 보수율 70[%], 조명률 61[%]로 한다면 이 사무실에 필요한 소요 등기구수는 몇 등인가?

해설

(2) 실지수$(RI) = \dfrac{XY}{H(X+Y)} = \dfrac{10 \times 16}{(3.85-0.85) \times (10+16)} \fallingdotseq 2.05$

(3) $N = \dfrac{EAD}{FU} = \dfrac{300 \times (10 \times 16)}{(3{,}150 \times 2) \times 0.61 \times 0.7} \fallingdotseq 17.84$

정답

(1) 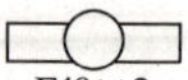
F40×2

(2) 2.05

(3) 18등

14

우리나라 초고압 송전전압은 154[kV]이다. 선로 길이가 150[km]인 경우 1회선당 가능한 송전전력은 몇 [kW]인지 Still의 식에 의거하여 구하시오.

해설

$$V_s = 5.5\sqrt{0.6l + \frac{P}{100}}$$

$$V_s^2 = 5.5^2\left(0.6l + \frac{P}{100}\right)$$

$$\frac{V_s^2}{5.5^2} = 0.6l + \frac{P}{100}$$

$$P = \left\{\left(\frac{V_s^2}{5.5^2}\right) - 0.6l\right\} \times 100 = \left(\frac{154^2}{5.5^2} - 0.6 \times 150\right) \times 100 = 69{,}400[\text{kW}]$$

정답

69,400[kW]

전기 산업기사 2020년 제1회 기출복원문제

01 조명방식 중 기구배치에 따른 조명방식의 종류 3가지를 쓰시오.

정답

- 전반조명방식
- 국부조명방식
- 전반국부조명방식

02 3상 3선식 6,600[V]인 변전소에서 저항 6[Ω], 리액턴스 8[Ω]의 송전선을 통하여 역률 0.8의 부하에 전력을 공급할 때 수전단전압을 6,000[V] 이상으로 유지하기 위해서 걸 수 있는 부하는 최대 몇 [kW]까지 가능하겠는가?

해설

전압강하$(e) = \frac{P}{V}(R + X\tan\theta)$

$e = V_s - V_r = 6{,}600 - 6{,}000 = 600[\text{V}]$

$600 = \frac{P}{6{,}000}\left(6 + 8 \times \frac{0.6}{0.8}\right)$

$P = \frac{600 \times 6{,}000}{\left(6 + 8 \times \frac{0.6}{0.8}\right)} \times 10^{-3} = 300[\text{kW}]$

정답

300[kW]

03 어느 사무실의 조명 및 전열도면을 보고 주어진 조건을 이용하여 다음 각 물음에 답하시오.

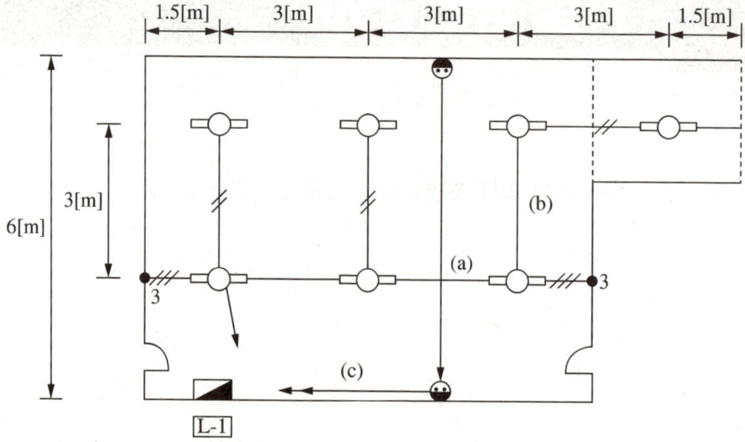

[조 건]	
• 층고 : 3.6[m] 2중 천장	• 2중 천장과 천장 사이 : 0.8[m]
• 조명기구 : FL40[W]×2(매입)	• 전선관 : 금속전선관
• 콘크리트 슬래브 및 미장 마감	

(1) 전등과 전열에 사용할 수 있는 전선의 최소 굵기는 얼마인가?(단, 접지선은 제외한다)

(2) (a)와 (b)에 배선되는 전선수는 최소 몇 본이 필요한가?

(3) (c)에 사용될 전선의 종류와 전선의 굵기 및 전선 가닥수를 쓰시오(단, 접지선은 제외한다).

(4) 도면에서 박스(4각 박스+8각 박스)는 몇 개가 필요한가?(단, 스위치 박스는 제외한다)

(5) 30AF/20AT에서 AF와 AT의 의미는 무엇인가?

정답

(1) 전등 : 2.5[mm^2], 전열 : 2.5[mm^2]

(2) (a) 4가닥, (b) 4가닥

(3) 일반용 단심 비닐절연전선(NR), 굵기 : 2.5[mm^2], 4가닥

(4) 4각 박스 : 5개, 8각 박스 : 4개

(5) AF : 프레임 전류, AT : 정격전류

04 전기기술인협회의 종합설계업으로 등록기준에 따른 기술인력 등록요건을 3가지 쓰시오.

정답

• 전기분야 기술사 2명

• 설계사 2명

• 설계보조자 2명

05 예비 전원으로 이용되는 축전지에 대한 다음 각 물음에 답하시오.

(1) 그림과 같은 부하 특성을 갖는 축전지를 사용할 때 보수율은 0.8, 최저 축전지 온도 5[℃], 허용 최저 전압 90[V]일 때 몇 [Ah] 이상인 축전지를 선정하여야 하는가?(단, $I_1 = 50[\mathrm{A}]$, $I_2 = 40[\mathrm{A}]$, $K_1 = 1.25$, $K_2 = 0.96$이고 셀(Cell)당 전압은 1.06[V/cell]이다)

(2) 축전지의 과방전 및 방치 상태, 가벼운 설페이션(Sulfation) 현상 등이 생겼을 때 기능회복을 위하여 실시하는 충전방식은 무엇인가?

(3) 연축전지와 알칼리축전지의 공칭전압은 각각 몇 [V]인가?

(4) 축전지 설비를 하려고 한다. 그 구성을 크게 4가지로 구분하시오.

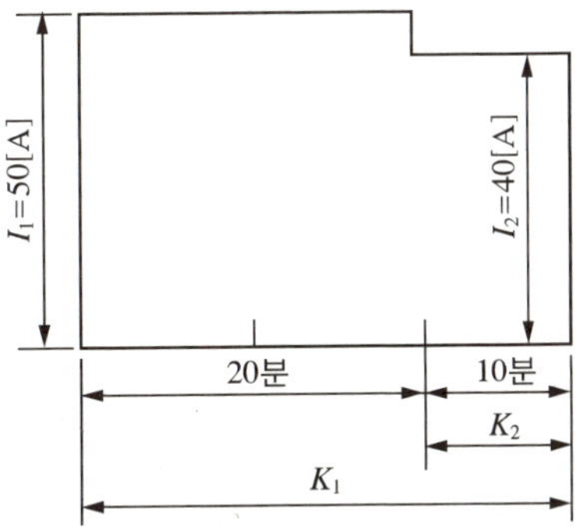

해설

(1) $C = \frac{1}{L}\{K_1I_1 + K_2(I_2 - I_1)\} = \frac{1}{0.8}\{1.25 \times 50 + 0.96(40 - 50)\} = 66.125[\mathrm{Ah}]$

정답

(1) 66.13[Ah]

(2) 회복 충전방식

(3) 연축전지 2[V], 알칼리축전지 1.2[V]

(4) • 축전지
- 충전장치
- 제어장치
- 보안장치

06 어떤 수용가의 주어진 수전설비의 도면과 표를 이용하여 답하시오.

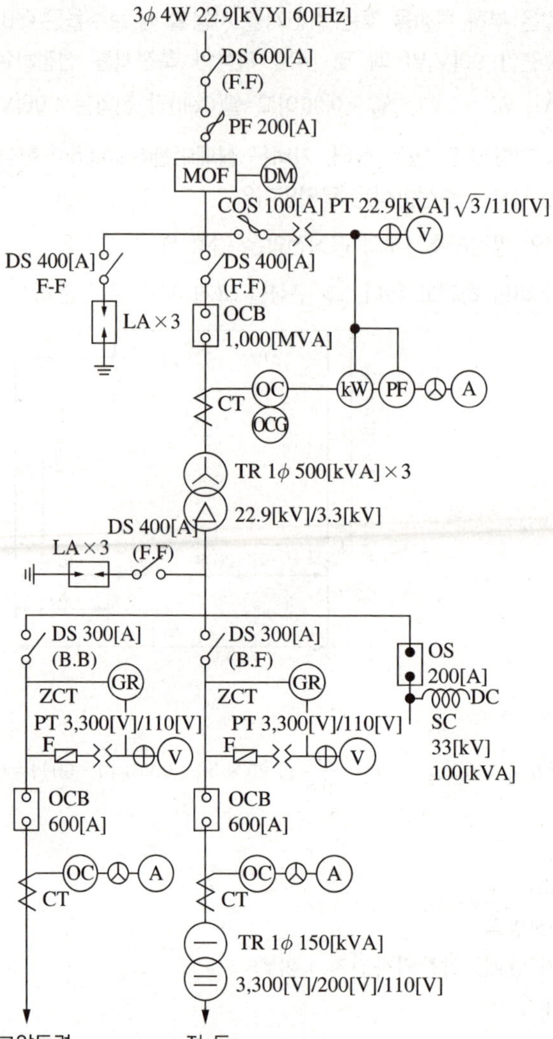

(1) 22.9[kV]측에 대하여 다음 각 물음에 답하시오.

① MOF에 연결되어 있는 (DM)은 무엇인가?

② DS의 정격전압은 몇 [kV]인가?

③ LA의 정격전압은 몇 [kV]인가?

④ OCB의 정격전압은 몇 [kV]인가?

⑤ OCB의 정격차단용량 선정은 무엇을 기준으로 하는가?

⑥ CT의 변류비는?(단, 1차 전류의 여유는 25[%]로 한다)

⑦ DS에 표시된 F-F의 뜻은?

⑧ 변압기와 피뢰기의 최대 유효이격거리는 몇 [m]인가?

⑨ 그림과 같은 결선에서 단상 변압기가 2부싱형 변압기이면 1차 중성점 접지는 어떻게 해야 하는가?(단, 접지를 한다, 접지를 하지 않는다로 답을 한다)

⑩ OCB의 차단용량이 1,000[MVA]일 때 정격차단전류는 몇 [A]인가?

(2) 3.3[kV]측에 대하여 다음 각 물음에 답하시오.

① 애자사용배선에 의한 옥내배선인 경우 간선에는 몇 [mm^2] 이상의 전선을 사용하는 것이 바람직한가?

② 옥내용 PT는 주로 어떤 형을 사용하는가?

③ 고압동력용 OCB에 표시된 600[A]는 무엇을 의미하는가?

④ 콘덴서에 내장된 DC의 역할은?

⑤ 전등부하의 수용률이 70[%]일 때 전등용 변압기에 걸 수 있는 부하용량은 몇 [kW]인가?

[계기용 변압기 및 변류기 정격(일반 고압용)]

종 별	정 격	
PT	1차 정격전압 2차 정격전압 정격부담[VA]	3,300, 6,600 110 50, 100, 200, 400
CT	1차 정격전압 2차 정격전압 정격부담[VA]	10, 15, 20, 30, 40, 50, 75, 100, 150, 200, 300, 400, 500, 600 5 15, 40, 100 일반적으로 고압회로는 40[VA] 이하, 저압회로는 15[VA] 이상

해설

(1) ② DS(= LS = CB)의 정격전압$=$ 수전전압 $\times \dfrac{1.2}{1.1} = 22.9 \times \dfrac{1.2}{1.1} \fallingdotseq 24.98$

③ 피뢰기 정격전압의 표가 없으면 18[kV]가 답이 되고 접지계수 0.75, 유도계수 1.1이 주어지면 계산식 $22.9 \times 0.75 \times 1.1 \times \dfrac{1.2}{1.1} = 20.61$ ∴ 21[kV]

④ DS(= LS = CB)의 정격전압$=$ 수전전압 $\times \dfrac{1.2}{1.1} = 22.9 \times \dfrac{1.2}{1.1} \fallingdotseq 24.98$

⑥ CT 1차측 전류 = 정격전류$\left(I = \dfrac{P[\text{kVA}]}{\sqrt{3} \times \text{정격전압[kV]}}\right) \times$ 여유계수

$I_1 = \dfrac{500 \times 3}{\sqrt{3} \times 22.9} \times 1.25 \fallingdotseq 47.27$ ∴ 50/5

⑦ F : 표면, B : 이면

⑧ 22.9[kV] : 20[m], 154[kV] : 65[m]

⑩ 정격차단전류$(I_s) = \dfrac{\text{정격차단용량}}{\sqrt{3} \times \text{정격전압}} = \dfrac{1{,}000 \times 10^3}{\sqrt{3} \times 25.8} \fallingdotseq 22{,}377.917 \fallingdotseq 22{,}377.92$[A]

(2) ⑤ 총부하용량은 70[%] 수용률이 적용되어서 변압기 용량을 선정한다.

∴ $\dfrac{150}{0.7} \fallingdotseq 214.29$[kW]

정답

(1) ① 최대수요전력량계
② 25.8[kV]
③ 18[kV]
④ 25.8[kV]
⑤ 전원측 단락용량
⑥ 50/5
⑦ 표면-표면 접속
⑧ 20[m]
⑨ 접지를 하지 않는다.
⑩ 22,377.92[A]

(2) ① 25[mm^2]
② 몰드형
③ 정격전류
④ 전원 개방 시 잔류전하 방전 및 재투입 시 과전압 발생 방지
⑤ 214.29[kW]

07

어떤 공장의 어느 날 부하실적이 1일 사용전력량 200[kWh]이며, 1일의 최대전력이 12[kW]이고, 최대전력일 때의 전류값이 33[A]이었을 경우 다음 각 물음에 답하시오(단, 이 공장은 220[V], 11[kW]인 3상 유도전동기를 부하설비로 사용한다).

(1) 일부하율은 몇 [%]인가?

(2) 최대공급전력일 때의 역률은 몇 [%]인가?

해설

(1) $\text{부하율} = \dfrac{\text{평균전력[kW]}}{\text{최대전력[kW]}} \times 100[\%]$

$$= \frac{200}{24 \times 12} \times 100 \fallingdotseq 69.44$$

(2) $\cos\theta = \left(\dfrac{P}{\sqrt{3}\,VI}\right) \times 100 = \dfrac{12 \times 10^3}{\sqrt{3} \times 220 \times 33} \times 100 \fallingdotseq 95.429$

정답

(1) 69.44[%]

(2) 95.43[%]

08 단상 유도전동기의 기동방법을 3가지 쓰시오.

정답

- 반발기동형
- 콘덴서기동형
- 셰이딩코일형

09 비접지 3상 △ 결선(6.6[kV] 계통)일 때 지락사고 시 지락보호에 대하여 답하시오.

(1) 지락보호에 사용되는 변성기 및 계전기의 명칭을 각 1개씩 쓰시오.

(2) 영상전압을 얻기 위하여 단상 PT 3대를 사용하는 경우 접속방법을 간단히 설명하시오.

정답

(1) 변성기 : GPT(접지형 계기용 변압기)

계전기 : DGR(지락방향계전기)

(2) 1차측 권선은 Y결선하여 중성점 접지하고 2차측은 개방 △결선한다.

10 다음은 3상 유도전동기의 Y-△ 기동법을 나타내는 결선도이다. 다음 물음에 답하시오.

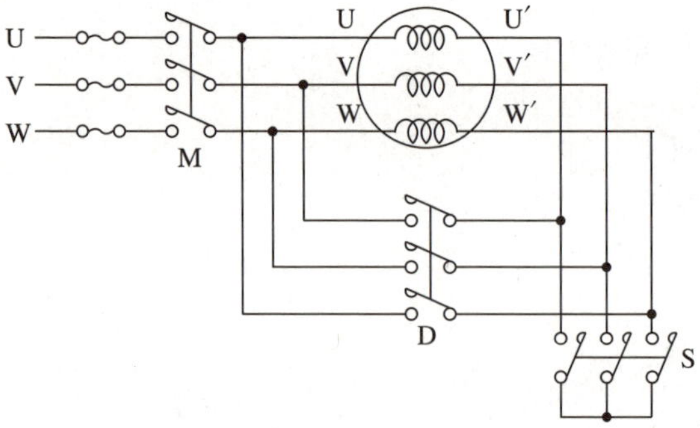

(1) 다음 표의 빈칸에 기동 시 및 운전 시의 전자개폐기 접점의 ON, OFF 상태 및 접속상태(Y결선, △결선)를 쓰시오.

구 분	전자개폐기 접점상태(ON, OFF)			접속상태
	S	D	M	
기동 시				
운전 시				

(2) 전전압 기동과 비교하여 Y-△ 기동법의 기동 시 기동전압, 기동전류 및 기동토크는 각각 어떻게 되는가?

① 기동전압(선간전압)

② 기동토크

③ 기동전류

정답

(1)

구 분	전자개폐기 접점상태(ON, OFF)			접속상태
	S	D	M	
기동 시	ON	OFF	ON	Y결선
운전 시	OFF	ON	ON	△결선

(2) ① 기동전압(선간전압) : $\frac{1}{\sqrt{3}}$배

② 기동토크 : $\frac{1}{3}$배

③ 기동전류 : $\frac{1}{3}$배

11

어떤 수용가의 최대수용전력이 각각 200[W], 500[W], 800[W], 1,500[W], 2,500[W]일 때 변압기의 용량[kVA]을 선정하시오(단, 부등률은 1.2, 역률은 1을 적용한다).

[단상 변압기 표준용량]

표준용량[kVA]	1, 2, 3, 5, 7.5, 10, 15, 20, 30, 50, 100, 200, 300

해설

$$변압기\ 용량 = \frac{200+500+800+1,500+2,500}{1.2} \times 10^{-3} \fallingdotseq 4.583[kVA]$$

정답

표에서 5[kVA]

12

건축물의 연면적 370[m^2]의 일반주택에 다음 조건과 같은 전기설비를 시설하고자 할 때 분전반에 사용할 20[A]와 30[A]의 분기회로수는 몇 회로로 하여야 하는지 총분기회로수를 결정하시오(단, 분전반의 전압은 220[V] 단상이고 전등 및 전열 분기회로는 20[A], 에어컨은 30[A] 분기회로이다).

[조 건]

- 전등과 전열용 부하는 25[VA/m^2]
- 2,000[VA] 용량의 에어컨 2대
- 예비부하 3,000[VA]

해설

$$전등\ 및\ 전열\ 20[A]\ 분기회로 = \frac{370[m^2] \times 25[VA/m^2] + 3,000}{220 \times 20} \fallingdotseq 2.784 \qquad \therefore 3회로$$

$$에어컨\ 30[A]\ 분기회로 = \frac{2,000 \times 2}{220 \times 30} \fallingdotseq 0.606 \qquad \therefore 1회로$$

정답

4회로

13 다음 표를 보고 통상적으로 사용하는 차단기(CB)에 대한 정격전압을 작성하시오.

공칭전압[kV]	정격전압[kV]
22.9	①
154	②
345	③
765	④

정답

① 25.8[kV]

② 170[kV]

③ 362[kV]

④ 800[kV]

14 경간 200[m]인 가공송전선로가 있다. 전선 1[m]당 무게는 2.0[kg]이고 풍압하중이 없다고 한다. 인장강도 4,000[kg]의 전선을 사용할 때 이도(Dip)와 전선의 실제 길이를 구하시오(단, 안전율은 2.2를 적용한다).

해설

$$D(\text{이도}) = \frac{WS^2}{8T} = \frac{2 \times 200^2}{8 \times \dfrac{4,000}{2.2}} = 5.5[\text{m}] \qquad \left(T = \frac{\text{인장하중}}{\text{안전율}}\right)$$

$$\text{실제길이}(L) = S + \frac{8D^2}{3S} = 200 + \frac{8 \times 5.5^2}{3 \times 200} \fallingdotseq 200.4[\text{m}]$$

정답

• 이도 : 5.5[m]

• 실제 길이 : 200.4[m]

전기 산업기사 2020년 제2회 기출복원문제

01 다음 릴레이 회로를 보고 물음에 답하시오.

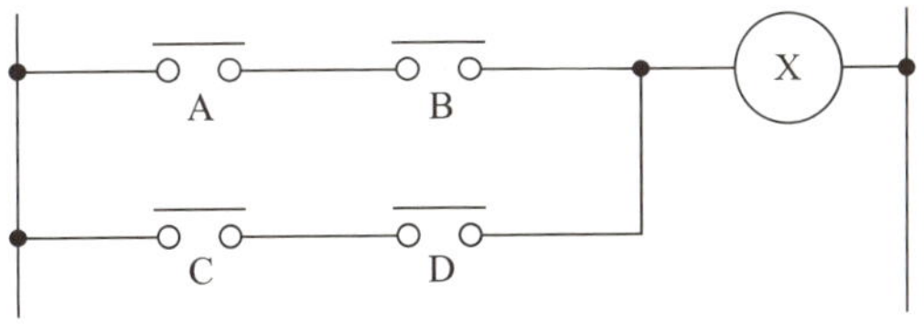

(1) 논리식을 쓰시오.

(2) 2입력 AND 소자, 2입력 OR 소자를 사용하여 로직 회로로 바꾸시오.

(3) 2입력 NAND 소자만으로 회로를 바꾸고 논리식도 쓰시오.

정답

(1) $X = A \cdot B + C \cdot D$

(2)

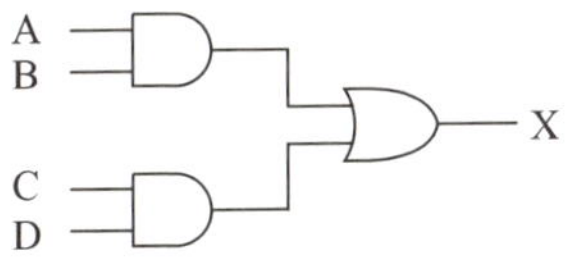

(3)

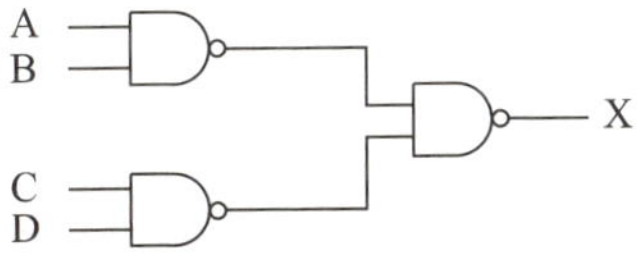

논리식 : $X = \overline{\overline{AB} \cdot \overline{CD}}$

02 가정용 110[V] 전압을 220[V]로 2배 승압할 경우 저압간선에 나타나는 효과로서 다음 각 물음에 답하시오.

(1) 공급능력은 몇 배 증가하는가?

(2) 전력손실은 몇 [%] 감소하는가?

(3) 전압강하율은 몇 [%] 감소하는가?

해설

(1) $P = VI$, $P \propto V$ ∴ 2배

(2) $P_l = \dfrac{1}{V^2} = \dfrac{1}{4} = 0.25$

$1 - 0.25 = 0.75 \times 100 = 75[\%]$

(3) $\delta \propto \dfrac{1}{V^2} = \dfrac{1}{4} = 0.25$

$1 - 0.25 = 0.75 \times 100 = 75[\%]$

정답

(1) 2배

(2) 75[%]

(3) 75[%]

03 점포가 붙어 있는 일반주택이 그림과 같을 때 주어진 참고자료를 이용하여 다음 문항에 답하시오(단, 사용전압은 220[V]라고 한다).

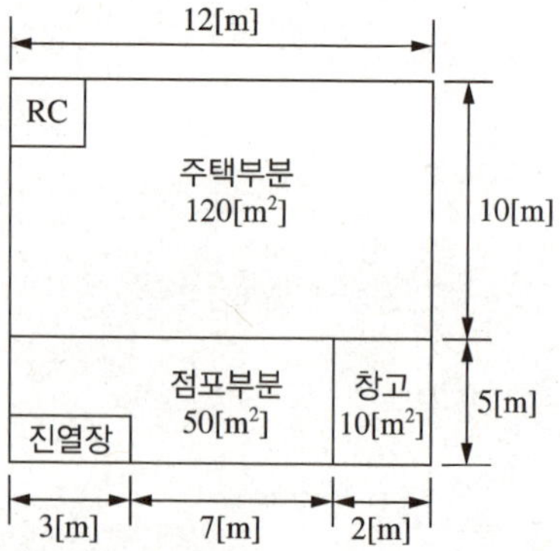

- RC는 220[V]에서 3[kW](110[V], 1.5[kW]) 전용 분기회로를 사용한다.
- 주어진 참고자료의 수치 적용은 최댓값을 적용하도록 한다.

[참고자료]

① 설비부하용량은 다만 ① 및 ②에 표시하는 종류 및 그 부분에 해당하는 표준부하에 바닥면적을 곱한 값에 ③에 표시하는 건물 등에 대응하는 표준부하[VA]를 가한 값으로 할 것

표1. 표준부하

건축물의 종류	표준부하[VA/m^2]
공장, 공화당, 사원, 교회, 극장, 영화관, 연회장 등	10
기숙사, 여관, 호텔, 병원, 학교, 음식점, 다방, 대중목욕탕	20
주택, 아파트, 사무실, 은행, 상점, 이발소, 미장원	30
[비고] 건물이 음식점과 주택 부분의 2종류로 될 때에는 각각 그에 따른 표준부하를 사용할 것	

② 건물(주택, 아파트 제외) 중 별도 계산할 부분의 표준부하

표2. 부분적인 표준부하

건축물의 종류	표준부하[VA/m^2]
복도, 계단, 세면장, 창고, 다락	5
강당, 관람석	10

③ 표준부하에 따라 산출한 수치에 가산하여야 할 [VA]수

㉠ 주택, 아파트(1세대마다)에 대하여는 500~1,000[VA]

㉡ 상점의 진열장에 대하여는 진열장 폭 1[m]에 대하여 300[VA]

(1) 설비의 부하용량을 계산하시오.

(2) 다음 (   ) 안에 들어갈 내용을 완성하시오.

사용전압 220[V]의 15[A], 20[A](배선용 차단기에 한한다) 분기회로수는 "부하의 상정"에 따라 상정한 설비부하용량(전등 및 소형 전기기계기구에 한한다)을 (①)[VA]로 나눈 값을 원칙으로 한다. 단, 사용전압이 110[V]인 경우에는 (②)[VA]로 나눈 값을 분기회로수로 한다. 이 경우 계산 결과에 단수가 생겼을 때에는 절상한다.

(3) 사용전압이 110[V]인 경우, 총분기회로수를 구하시오.

(4) 사용전압이 200[V]인 경우, 총분기회로수를 구하시오.

(5) 연속부하가 있는 분기회로의 부하용량은 그 분기회로를 보호하는 과전류차단기의 정격전류의 몇 [%]를 초과하지 않아야 하는가?(단, 연속부하는 상시 3시간 이상 연속하여 사용하는 것을 말한다)

해설

(1) $P = (120[\text{m}^2] \times 30[\text{VA/m}^2]) + (50[\text{m}^2] \times 30[\text{VA/m}^2]) + (3[\text{m}] \times 300[\text{VA/m}])$

$+ (10[\text{m}^2] \times 5[\text{VA/m}^2]) + 1{,}000[\text{VA}] = 7{,}050[\text{VA}]$

※ 주택, 아파트의 표준부하는 40[VA/m^2]으로 변경되었으나 문제에 값이 주어지면 주어진 값으로 문제를 풀어야 한다. 여기서는 주어진 표를 참고하여 계산한다.

(2) ① 220[V] × 15[A] = 3,300[VA]

② 110[V] × 15[A] = 1,650[VA]

(3) 15[A] 분기회로$= \dfrac{7{,}050}{1{,}650} \fallingdotseq 4.27 \rightarrow 5$회로

RC 전용회로 1회로

∴ 전체 6회로

(4) 15[A] 분기회로= $\frac{7,050}{3,300}$ = 2.14 → 3회로

RC 전용회로 1회로

∴ 전체 4회로

정답

(1) 7,050[VA]

(2) ① 3,300[VA]

② 1,650[VA]

(3) 6회로

(4) 4회로

(5) 80[%]

04 **부하가 유도전동기이며, 기동 용량이 1,500[kVA]이고, 기동 시 전압강하는 20[%]이며, 발전기의 과도 리액턴스가 25[%]이다. 이 전동기를 운전할 수 있는 자가발전기의 최소용량은 몇 [kVA]인지 계산하시오.**

해설

$$\text{발전기 정격용량} = \left(\frac{1}{\text{허용전압강하}} - 1\right) \times \text{기동용량} \times \text{과도 리액턴스}$$

$$= \left(\frac{1}{0.2} - 1\right) \times 1,500 \times 0.25 = 1,500[\text{kVA}]$$

정답

1,500[kVA]

05 **매입 방법에 따른 건축화 조명 방식으로 종류 5가지를 쓰시오.**

정답

- 매입 형광등 방식
- 다운 라이트(Down Light) 방식
- 핀 홀 라이트(Pin Hole Light) 방식
- 코퍼 라이트(Coffer Light) 방식
- 라인 라이트(Line Light) 방식

06 어떤 변전실에서 그림과 같은 일부하곡선 A, B, C인 부하에 전기를 공급하고 있다. 이 변전실의 총부하에 대한 다음 각 물음에 답하시오(단, A, B, C의 역률은 시간에 관계없이 각각 80[%], 100[%] 및 60[%]이다).

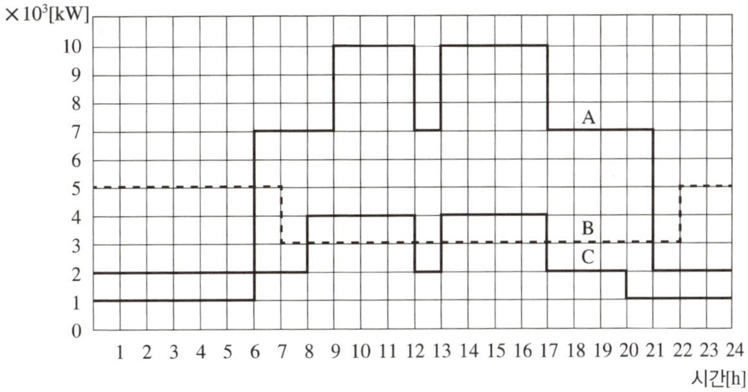

※ 부하전력은 부하곡선의 수치에 10^3을 한다는 의미이다. 즉, 수직축의 5는 5×10^3[kW]라는 의미이다.

(1) 합성 최대전력은 몇 [kW]인가?

(2) A, B, C 각 부하에 대한 평균전력은 몇 [kW]인가?

(3) 총부하율은 몇 [%]인가?

(4) 부등률은 얼마인가?

(5) 최대부하일 때의 합성 총역률은 몇 [%]인가?

해설

(1) 합성 최대전력[kW] $= (10+3+4)\times10^3 = 17\times10^3$[kW]

∴ 9~12시, 13~17시 사이가 합성 최대전력 때의 시간이다.

(2) $\text{평균전력[kW]} = \dfrac{\text{사용전력량[kWh]}}{24[\text{h}]}$

$$\text{A 평균전력} = \frac{1{,}000\times6+7{,}000\times3+10{,}000\times3+7{,}000\times1+10{,}000\times4+7{,}000\times4+2{,}000\times3}{24}$$

$= 5{,}750$[kW]

$$\text{B 평균전력} = \frac{5{,}000\times7+3{,}000\times15+5{,}000\times2}{24} = 3{,}750[\text{kW}]$$

$$\text{C 평균전력} = \frac{2{,}000\times8+4{,}000\times4+2{,}000\times1+4{,}000\times4+2{,}000\times3+1{,}000\times4}{24} = 2{,}500[\text{kW}]$$

(3) $\text{총부하율} = \dfrac{5{,}750+3{,}750+2{,}500}{17{,}000}\times100 ≒ 70.59[\%]$

(4) $\text{부등률} = \dfrac{10{,}000+5{,}000+4{,}000}{17{,}000} ≒ 1.1176 ≒ 1.12$

(5) 합성유효전력 $= 10{,}000+3{,}000+4{,}000 = 17{,}000$[kW]

$$\text{합성무효전력} = 10{,}000\times\frac{0.6}{0.8}+3{,}000\times\frac{0}{1}+4{,}000\times\frac{0.8}{0.6} ≒ 12{,}833.33[\text{kVar}]$$

$$\text{합성역률 } \cos\theta = \frac{17{,}000}{\sqrt{17{,}000^2+12{,}833.33^2}}\times100 ≒ 79.81[\%]$$

정답

(1) 17×10^3[kW]

(2) A 평균전력 : 5,750[kW]

B 평균전력 : 3,750[kW]

C 평균전력 : 2,500[kW]

(3) 70.59[%]

(4) 1.12

(5) 79.81[%]

07 고압수전설비 단선결선도를 참고하여 다음 물음에 답하시오.

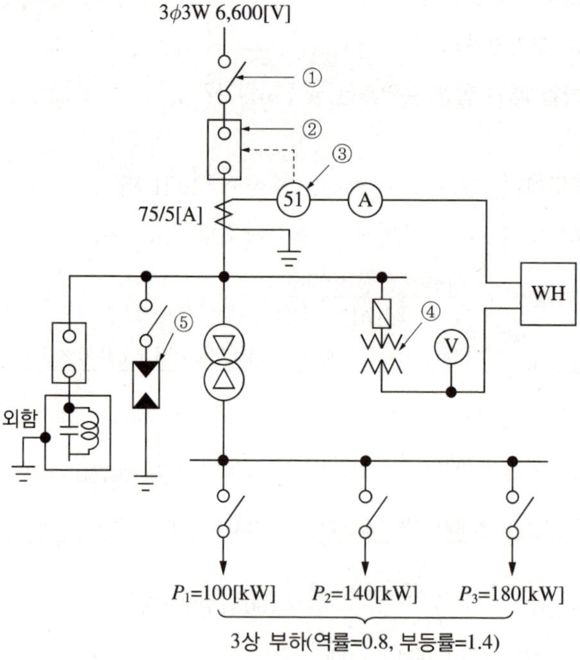

(1) 그림에서 ①~⑤의 명칭은 무엇인가?

(2) 각 부하의 최대전력이 그림과 같고 역률이 0.8, 부등률이 1.4일 때 변압기 1차 전류계 Ⓐ에 흐르는 전류의 최대치를 구하시오. 또 동일한 조건에서 합성역률 0.92 이상으로 유지하기 위한 전력용 콘덴서의 최소용량은 몇 [kVA]인가?

(3) DC(방전코일)의 설치목적을 설명하시오.

해설

(2) 부하전류$(I) = \frac{P}{\sqrt{3}\,V\cos\theta} = \frac{300}{\sqrt{3} \times 6.6 \times 0.8} \fallingdotseq 32.804[A]$

$Ⓐ = I \times \frac{1}{CT비} = 32.804 \times \frac{5}{75} \fallingdotseq 2.1869 \quad \therefore 2.19[A]$

$P = \frac{100 + 140 + 180}{1.4} = 300[kW]$

$Q_c = P\left(\frac{\sin\theta_1}{\cos\theta_1} - \frac{\sqrt{1-\cos^2\theta_2}}{\cos\theta_2}\right) = 300 \times \left(\frac{0.6}{0.8} - \frac{\sqrt{1-0.92^2}}{0.92}\right) \fallingdotseq 97.2[kVA]$

정답

(1) ① 단로기
② 차단기
③ 과전류계전기
④ 계기용 변압기
⑤ 피뢰기

(2) 전류의 최대치 : 2.19[A], 전력용 콘덴서의 최소용량 : 97.2[kVA]

(3) 전원 개방 시 잔류전하를 방전하여 인체의 감전사고 방지

08 고압·특고압 차단기 종류 5가지(약호)와 각각의 소호매체를 쓰시오.

정답

- GCB : SF_6가스
- OCB : 절연유
- ABB : 수십 기압의 압축공기
- VCB : 진공
- MBB : 전자력

09 다음 조건을 참조하여 다음 각 물음에 답하시오.

[조 건]
차단기명판(Name Plate)에 BIL 150[kV], 정격차단전류 20[kA], 차단시간 8사이클, 솔레노이드(Solenoid)형이라고 기재되어 있다. 단, BIL은 절연계급 20호 이상 비유효접지계에서 계산하는 것으로 한다.

(1) BIL이란 무엇인가?

(2) 이 차단기의 정격전압은 25.8[kV]이다. 이 차단기의 정격차단용량은 몇 [MVA]인가?

(3) 차단기의 트립방식 4가지를 쓰시오.

해설

(2) $P_s = \sqrt{3}\,V_n I_s = \sqrt{3} \times 25.8 \times 20 \fallingdotseq 893.74[\mathrm{MVA}]$

정답

(1) 기준충격절연강도

(2) 893.74[MVA]

(3) • 직류전압 트립방식
- 과전류 트립방식
- 부족전압 트립방식
- 콘덴서 트립방식

10 주변압기 22.9[kV]/380[V], 단상 500[kVA] 3대를 △-Y결선으로 하여 사용하고자 하는 경우 2차측에 설치해야 할 차단기 용량은 몇 [MVA]로 하면 되는가?(단, 변압기의 $\%Z$는 3[%]로 계산하며, 그 외 임피던스는 고려하지 않는다)

해설

$$P_s = \frac{100}{\%Z} \cdot P_n = \frac{100}{3} \times 500 \times 3 \times 10^{-3} = 50[\mathrm{MVA}]$$

정답

50[MVA]

11 다음 회로는 유도전동기의 미완성 시퀀스 회로도이다. 다음 각 물음에 답하시오.

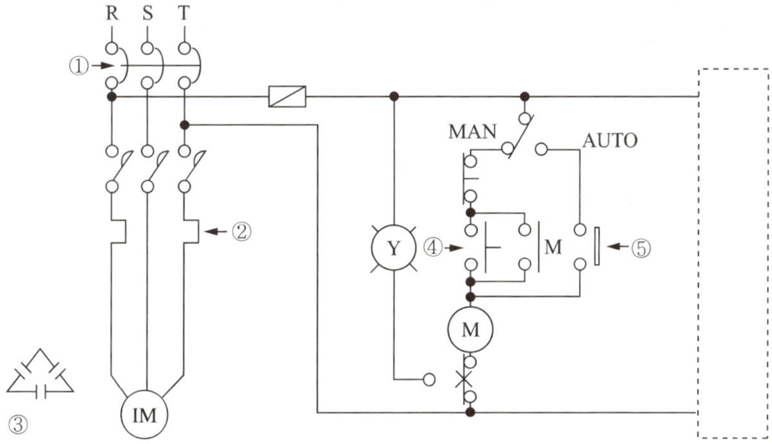

(1) 회로에 표시된 ①~⑤의 약호와 명칭을 쓰시오.

(2) 회로에 그려져 있는 Ⓨ등은 어떤 역할을 하는가?

(3) 전동기가 정지 시 녹색등 Ⓖ가 점등되고, 전동기가 운전 중일 때는 녹색등 Ⓖ가 소등되고 적색등 Ⓡ이 점등되도록 표시등 Ⓖ, Ⓡ을 회로 [ ] 내에 설치하시오.

(4) ③의 결선도를 완성하고 역할을 쓰시오.

정답

(1)

번 호	①	②	③	④	⑤
약 호	MCCB	Thr	SC	PBS	LS
명 칭	배선용 차단기	열동계전기	전력용 콘덴서	푸시버튼 스위치	리밋 스위치

(2) 과부하 동작 표시 램프

(3)

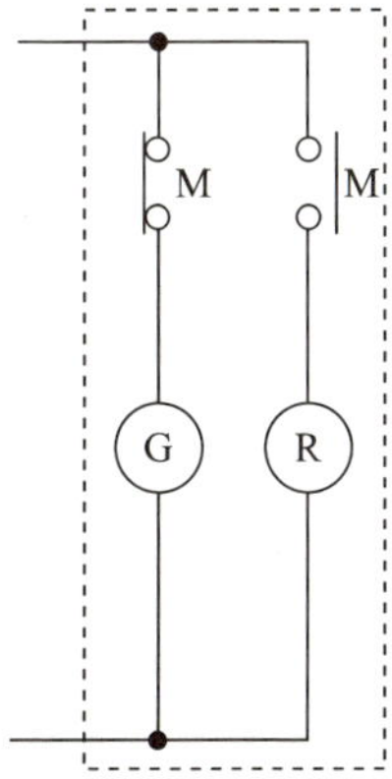

(4) • 결선도

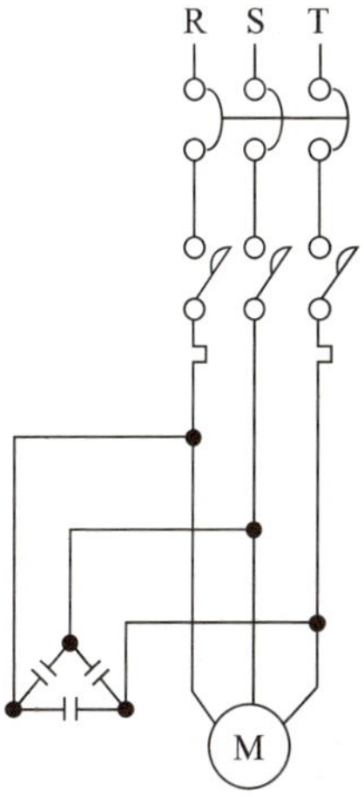

• 역할 : 역률을 개선한다.

※ KEC 규정 적용으로 표현 변경 : R, S, T, E의 상의 명칭이 L1, L2, L3, N(또는 PE)으로 변경됨

12

그림과 같은 계통에서 측로단로기 DS_3을 통하여 부하에 공급하고 차단기 CB를 점검하고자 한다. 차단기 점검을 하기 위한 조작순서를 쓰시오(단, 평상시에 DS_3는 열려 있는 상태이다).

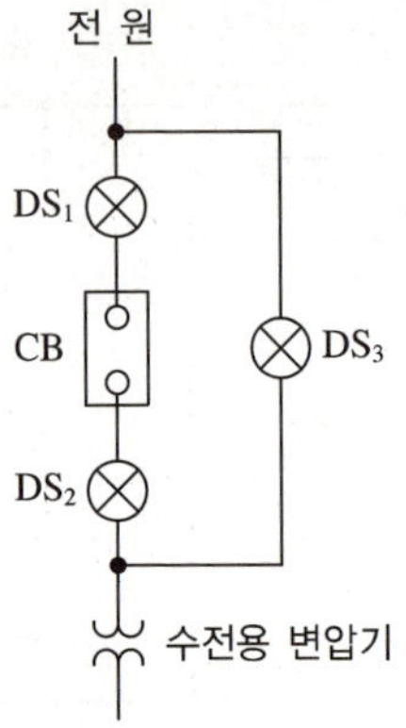

정답

DS_3 ON → CB OFF → DS_2 OFF → DS_1 OFF

13

역률개선용 콘덴서와 직렬로 연결하여 사용하는 직렬리액터의 사용 목적 4가지를 쓰시오.

정답

- 콘덴서 사용 시 고조파를 제거하여 전압의 파형 개선
- 콘덴서 투입 시 돌입전류 억제
- 고조파 발생원에 의한 고조파전류의 유입 억제와 계전기 오동작 방지
- 콘덴서 개방 시 재점호한 경우 모선의 과전압 억제

14

다음과 같은 값을 측정하는 데 가장 적당한 것은?

(1) 단선인 전선의 굵기

(2) 접지저항

(3) 옥내전등선의 절연저항

정답

(1) 와이어게이지
(2) 콜라우슈 브리지
(3) 메 거

15 **대형 건축물 내에 설치된 고압·저압접지를 공통으로 묶어서 사용하는 접지를 공통접지라 한다. 공통접지의 장점 5가지를 쓰시오.**

정답

- 공사비가 경제적이다.
- 보수점검이 용이하다.
- 병렬접지 효과로 낮은 접지저항을 얻는다.
- 접지의 신뢰도가 향상된다.
- 작은 면적으로 시공할 수 있다.

16 **그림과 같이 저항 3[Ω]과 용량 리액턴스 4[Ω]의 선로에 역률 0.8의 부하전류 15[A]가 흐른다. 송전단전압을 구하시오.**

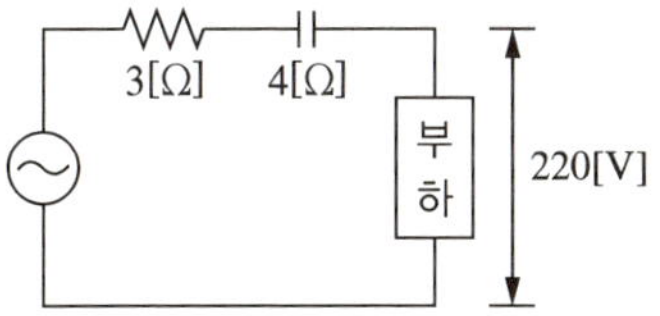

해설

$V_s = VR + I(R\cos\theta + X\sin\theta) = 220 + 15(3 \times 0.8 + 4 \times 0.6) = 292[\text{V}]$

정답

292[V]

전기 산업기사

2020년 제3회 기출복원문제

01 다음 주어진 릴레이 시퀀스도를 논리회로로 표현하고 타임차트를 완성하시오.

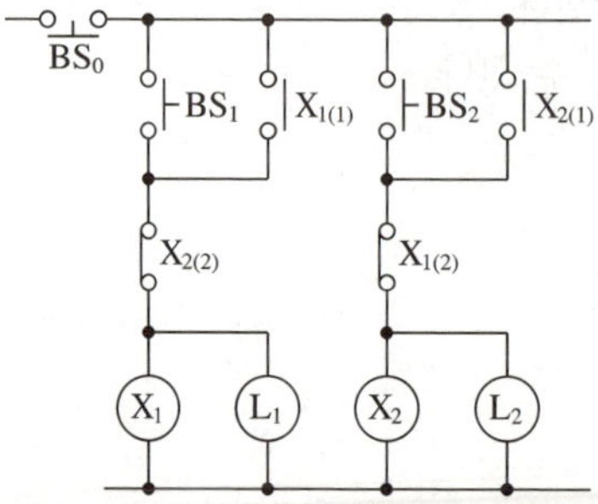

(1) 무접점 논리회로를 그리시오(단, OR(2입력 1출력), AND(3입력 1출력), NOT만을 사용한다).

(2) 주어진 타임차트를 완성하시오.

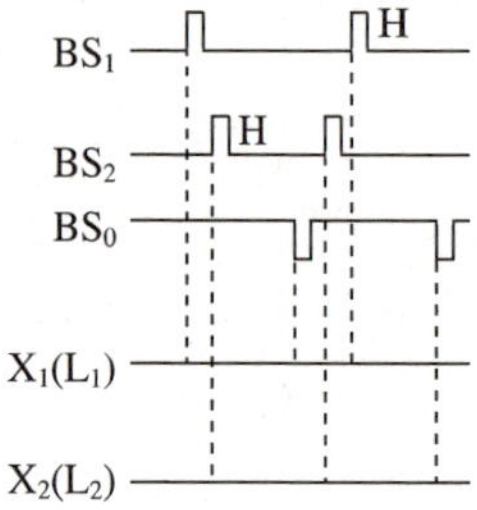

정답

(1)

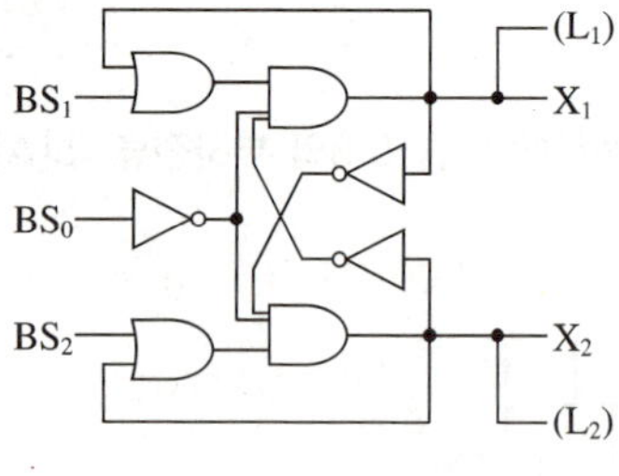

(2)

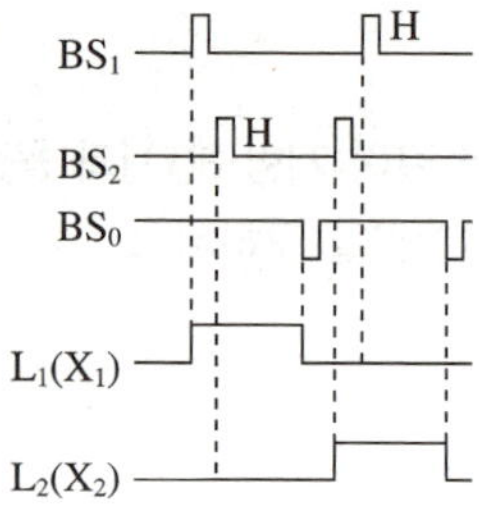

02 도면은 어느 수용가의 옥외 간이수전설비이다. 다음 물음에 답하시오.

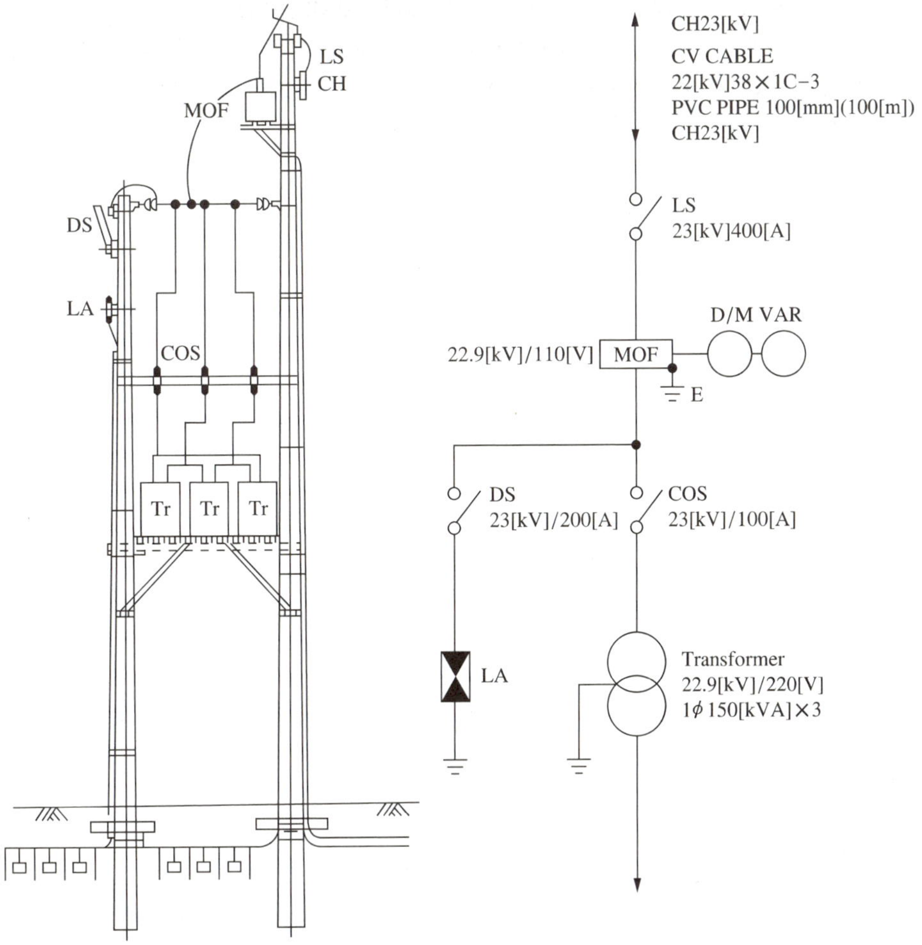

(1) MOF에서 부하용량에 적당한 CT비를 산출하시오. 단, CT 1차측 전류의 여유율은 1.25배로 한다.

(2) LA의 정격전압은 얼마인가?

(3) 도면에서 VARH, D/M은 무엇인지 쓰시오.

해설

(1) $I = \dfrac{150 \times 3}{\sqrt{3} \times 22.9} \fallingdotseq 11.345$

CT비 $= 11.345 \times 1.25 \fallingdotseq 14.18$

정답

(1) 15/5

(2) 18[kV]

(3) VARH : 무효전력량계

D/M : 최대 수요전력량계

03 1개월간 사용전력량이 540[MWh]이고 무효전력량이 350[MVarh]인 경우, 1개월간의 총전력요금을 구하시오(단, 계약전력 3,000[kW] 기본요금 4,054[원/kW]이고 사용요금 100[원/kWh], 역률이 90[%] 기준으로 역률 70[%]까지는 역률 1[%] 부족 시 기본요금에 0.2[%]를 할증하고 90[%] 초과 시 1[%]당 요금의 0.2[%]를 할인한다. 역률 계산 시 첫째자리에서 반올림하고 요금 계산 시 원 이하는 버린다).

해설

$$\cos\theta = \frac{540}{\sqrt{540^2 + 350^2}} \times 100 \fallingdotseq 83.92[\%] \fallingdotseq 84[\%]$$

총전력요금 = 3,000 × 4,054 × (1 + 0.06 × 0.2) + 540 × 10^3 × 100 = 66,307,944[원]

정답

66,307,944[원]

04 어떤 공장의 어느 날 부하실적이 1일 사용전력량 200[kWh]이며, 1일의 최대전력이 12[kW]이고, 최대전력일 때의 전류값이 33[A]이었을 경우 다음 각 물음에 답하시오(단, 이 공장은 220[V], 11[kW]인 3상 유도전동기를 부하설비로 사용한다).

(1) 일부하율은 몇 [%]인가?

(2) 최대공급전력일 때의 역률은 몇 [%]인가?

해설

(1) $$\text{부하율} = \frac{\text{평균전력[kW]}}{\text{최대전력[kW]}} \times 100[\%]$$

$$= \frac{200}{24 \times 12} \times 100 \fallingdotseq 69.44$$

(2) $$\cos\theta = \left(\frac{P}{\sqrt{3}\,VI}\right) \times 100 = \frac{12 \times 10^3}{\sqrt{3} \times 220 \times 33} \times 100 \fallingdotseq 95.429$$

정답

(1) 69.44[%]

(2) 95.43[%]

05 단상 주상변압기의 2차측(105[V] 단자)에 1[Ω]의 저항을 접속하고 1차측에 1[A]의 전류가 흘렀을 때 1차 단자전압이 900[V]였다. 1차측 탭전압[V]과 2차 전류[A]는 얼마인가?(단, 변압기는 2상 변압기, V_T는 1차 탭전압, I_2는 2차 전류이다)

(1) 1차측 탭전압

(2) 2차측 전류

해설

(1) $R_1 = a^2 R_2 = a^2 \times 1 = a^2[\Omega]$

$I_1 = \dfrac{V_1}{R_1} = \dfrac{900}{a^2} = 1[\text{A}]$

$\therefore a = 30$

$V_T = aV_2 = 30 \times 105 = 3{,}150[\text{V}]$

(2) $I_2 = aI_1 = 30 \times 1 = 30[\text{A}]$

정답

(1) 3,150[V]

(2) 30[A]

06 다음과 같은 특성의 축전지 용량 C를 구하시오(단, 축전지 사용 시의 보수율 0.8, 축전지 온도 5[℃], 셀당 전압 1.06[V/cell], $K_1 = 1.25$, $K_2 = 0.96$이다).

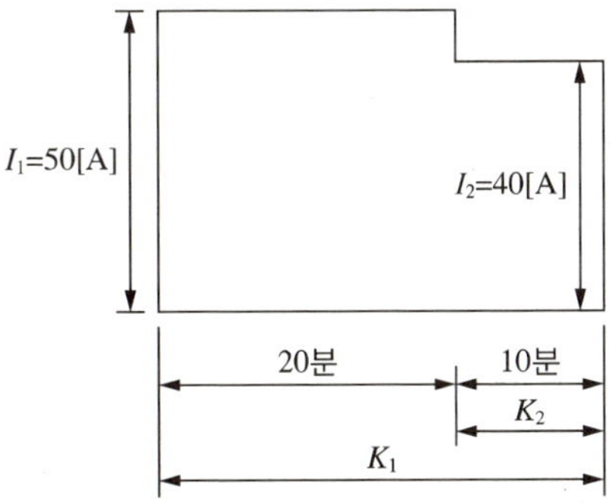

해설

$$C = \frac{1}{L}\{K_1 I_1 + K_2(I_2 - I_1)\} = \frac{1}{0.8}\{1.25 \times 50 + 0.96(40 - 50)\} = 66.125 ≒ 66.13[\text{Ah}]$$

정답

66.13[Ah]

07 지상역률 80[%]인 100[kW] 부하에 지상역률 60[%]인 60[kW] 부하를 연결하였다. 이때 합성역률을 95[%]로 개선하는 데 필요한 콘덴서 용량은 몇 [kVA]인가?

해설

$P_0 = P_1 + P_2 = 100 + 60 = 160[\text{kW}]$

$Q_0 = Q_1 + Q_2 = 100 \times \dfrac{0.6}{0.8} + 60 \times \dfrac{0.8}{0.6} = 155[\text{kVar}]$

$\cos\theta_0 = \dfrac{160}{\sqrt{160^2 + 155^2}} \times 100 \fallingdotseq 71.82[\%]$

$Q_c = 160\left(\dfrac{\sqrt{1-0.7182^2}}{0.7182} - \dfrac{\sqrt{1-0.95^2}}{0.95}\right) \fallingdotseq 102.428$

$\therefore 102.43[\text{kVA}]$

정답

102.43[kVA]

08 75[kW]의 전동기를 사용하여 지상 15[m], 300[m³]의 저수조에 물을 채우려 한다. 펌프의 효율 85[%], $K = 1.1$이라면 몇 분 후에 물이 가득 차겠는가?

해설

$P = \dfrac{K \times Q[\text{m}^3/\text{min}] \times H[\text{m}]}{6.12\eta}$ 에서

$P = \dfrac{K \times \dfrac{V[\text{m}^3]}{t[\text{min}]} \times H[\text{m}]}{6.12\eta} = \dfrac{K \times V[\text{m}^3] \times H[\text{m}]}{6.12\eta \cdot t[\text{min}]} = \dfrac{1.1 \times 300 \times 15}{6.12 \times 0.85 \times t} = 75$

$t = \dfrac{1.1 \times 300 \times 15}{6.12 \times 0.85 \times 75} \fallingdotseq 12.687$

$\therefore 12.69$분

정답

12.69분

09 폭 24[m]의 도로 양쪽에 30[m] 간격으로 양쪽 배열로 가로등을 배치하여 노면의 평균조도를 5[lx]로 한다면 각 등주상에 몇 [lm]의 전구가 필요한가?(단, 도로면에서의 광속이용률은 35[%], 감광보상률은 1.3이다)

해설

$FUN = EAD$에서

$$F = \frac{EAD}{UN} = \frac{5 \times \left(24 \times 30 \times \frac{1}{2}\right) \times 1.3}{0.35 \times 1} \fallingdotseq 6,685.71[\text{lm}]$$

정답

6,685.71[lm]

10 100[kVA] 단상 변압기 3대를 Y-△ 결선한 경우 2차측 1상에 접속할 수 있는 전등부하는 최대 몇 [kVA]인가?(단, 변압기는 과부하되지 않아야 한다)

해설

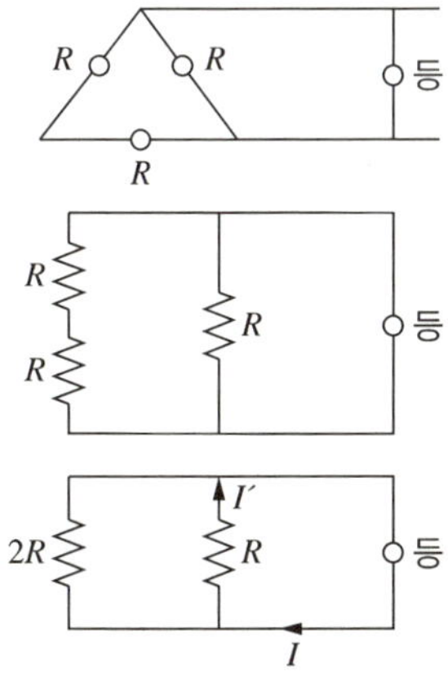

$$I' = \frac{2R}{2R+R} I = \frac{2R}{3R} I = \frac{2}{3} I$$

$$P = \frac{2}{3} VI$$

$$VI = \frac{3}{2} P = \frac{3}{2} \times 100 = 150[\text{kVA}]$$

정답

150[kVA]

11 단상 변압기 병렬운전조건 4가지를 쓰시오.

정답

- 극성이 같을 것
- 권수비 및 1차, 2차 정격전압이 같을 것
- %임피던스강하가 같을 것
- 저항과 누설리액턴스 비가 같을 것

12 평형 3상 회로에서 그림과 같은 변류기를 접속하고 전류계 Ⓐ를 연결했을 때 Ⓐ에 흐르는 전류 [A]는?

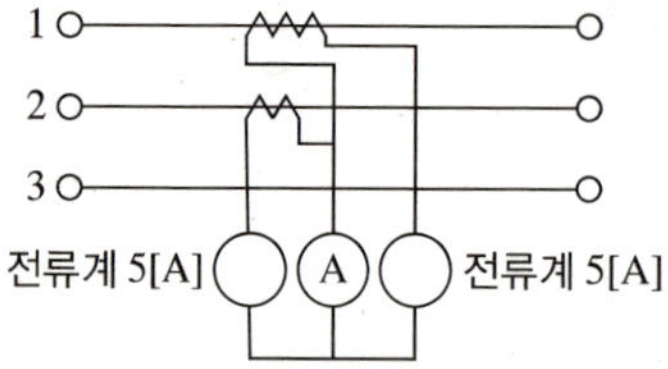

해설

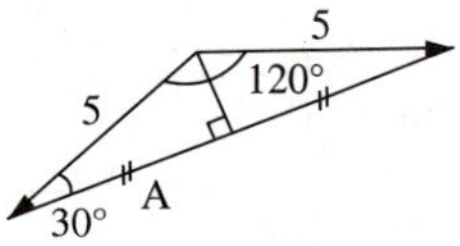

Ⓐ$= 2 \times 5\cos 30° = 5\sqrt{3}$[A]

정답

$5\sqrt{3}$[A]

13 다음 논리식을 이용하여 다음 각 물음에 답하시오(단, A, B, C는 입력이고 X는 출력이다).

$$X = \overline{A}B + C$$

(1) 이 논리식을 무접점 시퀀스도(논리회로)로 나타내시오.

(2) (1)에서 무접점 시퀀스도로 표현된 것을 2입력 NAND gate만으로 등가 변환하시오.

정답

(1)

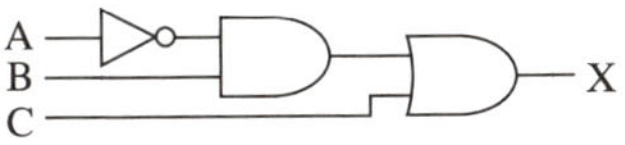

(2)

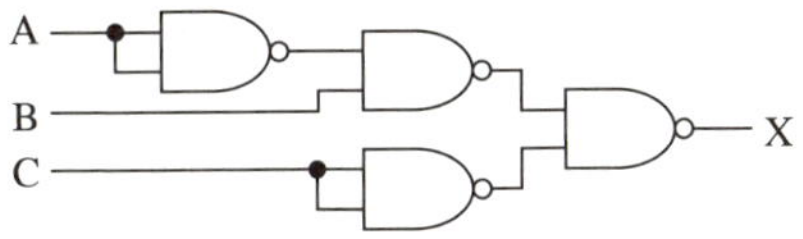

14 수변전설비에 설치된 유도형 원판 OCR에 관한 내용이다. 물음에 답하시오.

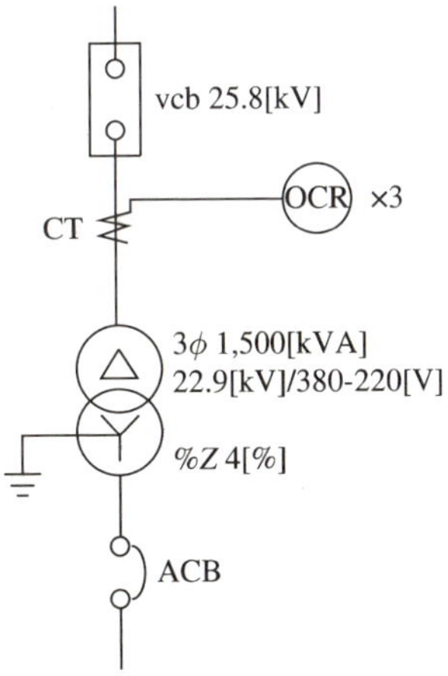

변류기	항 목	변류기
	1차 전류	5, 10, 15, 20, 30, 40, 50, 75, 100, 150, 200
	2차 전류	5

과전류계전기	항 목	탭전류
	한시탭	3, 4, 5, 6, 7, 8, 9
	순시탭	20, 30, 40, 50, 60, 70, 80

(1) 유도형 원판 OCR을 정정하고자 한다. 변류비(CT)를 구하고 한시탭전류값을 선정하시오(단, 변류비는 전부하전류의 1.25배, 한시탭전류는 전부하전류의 1.5배를 적용한다).

(2) 변압기 2차의 3상이 발생한 경우 유도형 원판 OCR의 순시탭전류값을 구하시오. 2차 3상 단락전류는 20,087[A]이다(단, 순시탭전류는 3상 단락전류의 1.5배를 적용한다).

(3) 유도형 원판 OCR의 레버는 무엇을 의미하는지 쓰시오.

(4) 반한시 특성은 무엇을 의미하는지 쓰시오.

해설

(1) 변류비 : $I = \frac{1{,}500}{\sqrt{3} \times 22.9} \times 1.25 ≒ 47.272[A]$ → 50/5 선정

한시탭전류값 : $I = \frac{1{,}500}{\sqrt{3} \times 22.9} \times \frac{5}{50} \times 1.5 ≒ 5.673[A]$ → 6[A] 탭 선정

(2) $20{,}087 \times 1.5 \times \frac{380}{22{,}900} \times \frac{5}{50} ≒ 49.998 ≒ 50[A]$

정답

(1) 변류비 : 50/5 선정, 한시탭전류값 : 6[A] 탭 선정
(2) 50[A]
(3) 한시탭전류에 의해 보호계전기가 동작하는 시간을 정정하는 요소
(4) 계전기의 동작시간이 고장전류와 반비례하는 특성

15 과도적인 과전압을 제한하고 서지(Surge)전류를 분류하는 목적으로 사용되는 서지보호장치(SPD ; Surge Protective Device)에 대한 다음 물음에 답하시오.

(1) 기능에 따라 3가지로 분류하여 쓰시오.

(2) 구조에 따라 2가지로 분류하여 쓰시오.

정답

(1) • 전압스위치형 서지보호장치
• 전압제한형 서지보호장치
• 조합형 서지보호장치

(2) • 1포트 서지보호장치
• 2포트 서지보호장치

전기산업기사 2020년 제4 · 5회 통합 기출복원문제

01 정전기가 발생되는 대전의 종류 3가지를 쓰고 방지대책 2가지를 쓰시오.

정답

[종 류]

- 마찰대전
- 박리대전
- 유동대전

[방지대책]

- 접지를 한다.
- 습도를 60[%] 이상 유지

02 500[kVA]의 변압기에 역률 70[%]의 부하 500[kVA]가 접속되어 있다. 이 부하와 병렬로 콘덴서를 접속해서 합성역률을 90[%]로 개선하면 부하의 몇 [kW] 증가시킬 수 있는가?

해설

$P_1 = 500 \times 0.7 = 350[\text{kW}]$

$P_2 = 500 \times 0.9 = 450[\text{kW}]$

$\Delta P = P_2 - P_1 = 100[\text{kW}]$

정답

100[kW]

03 다음 미완성 그림은 어느 수용가의 3로 스위치를 이용한 것으로 2개소 점멸이 가능하도록 결선을 완성하시오.

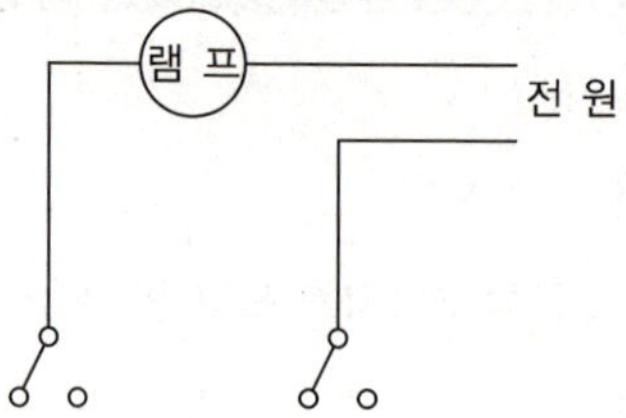

정답

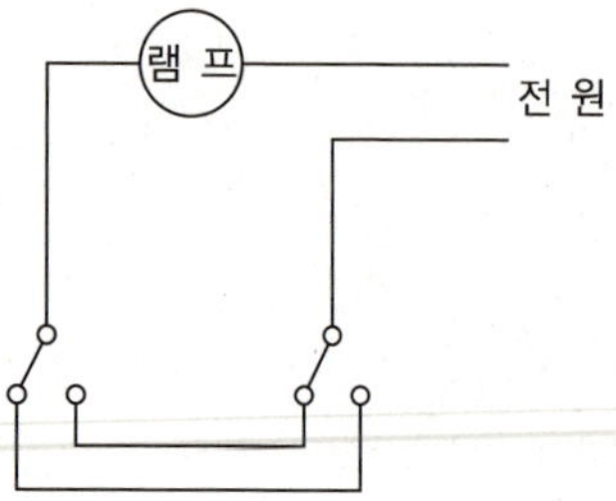

04 500[kVA]의 변압기가 그림과 같이 운전되고 있다. 오전에는 역률 85[%]로, 오후에는 100[%]로 운전된다고 하면 전일효율은 몇 [%]가 되겠는가?(단, 이 변압기의 전부하 시 동손 10[kW], 철손 6[kW]이다)

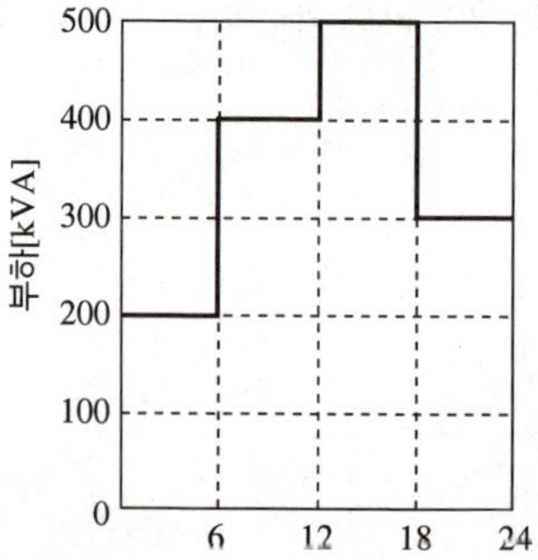

해설

24시간 출력

$P' = \{mP_a\cos\theta \times T + \cdots\cdots\}$

$= \left\{\left(\frac{200}{500}\right) \times 500 \times 6 \times 0.85 + \left(\frac{400}{500}\right) \times 500 \times 6 \times 0.85 + \left(\frac{500}{500}\right) \times 500 \times 6 \times 1 + \left(\frac{300}{500}\right) \times 500 \times 6 \times 1\right\}$

$= 7{,}860[\text{kWh}]$

24시간 철손 $P_i = 24P_i = 24 \times 6 = 144[\text{kWh}]$

24시간 동손 $P_c = \{m^2 P_c T + \cdots\cdots\}$

$= \left\{\left(\frac{200}{500}\right)^2 \times 6 \times 10 + \left(\frac{400}{500}\right)^2 \times 6 \times 10 + \left(\frac{500}{500}\right)^2 \times 6 \times 10 + \left(\frac{300}{500}\right)^2 \times 6 \times 10\right\}$

$= 129.6[\text{kWh}]$

전일효율 $\eta = \frac{P'}{P' + P_i + P_c} \times 100 = \frac{7{,}860}{7{,}860 + 144 + 129.6} \times 100 \fallingdotseq 96.64[\%]$

정답

96.64[%]

05 저압 수용가에서 훅 온 미터(클램프 온 미터)를 이용하여 전류를 측정하고자 한다. 다음 그림처럼 묶은 상태에서 측정값은 얼마인지 구하시오(단, 누설전류는 없다).

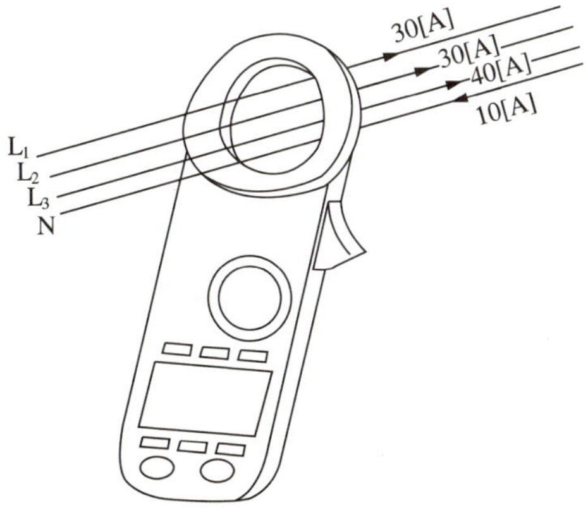

정답

누설전류가 없으므로 0[A]이다.

06 어떤 건물옥상의 수조에 분당 2,000[L]씩 물을 올리려 한다. 지하수조에서 옥상수조까지의 양정이 45[m]일 경우 전동기용량은 몇 [kW] 이상으로 하여야 하는지 계산하시오(단, 배관의 손실은 양정의 30[%]로 하며, 펌프 및 전동기 종합효율은 70[%], 여유계수는 1.1로 한다).

해설

$$P=\frac{KQH}{6.12\eta}=\frac{1.1\times 2\times 45\times 1.3}{6.12\times 0.7}\fallingdotseq 30.042$$

(손실양정 30[%]만큼 펌프 출력이 커야 하므로 양정×1.3배 해 준다)

정답

30.04[kW]

07 다음 (　) 안에 알맞은 내용을 쓰시오.

입사각여현의 법칙(Lambert의 코사인법칙)은 광원선과 피조면 위치에 따라 (①)조도, (②)조도, (③)조도로 분류한다.

정답

① 법 선
② 수직면
③ 수평면

08 감리원은 공사업자에게 시운전 절차를 준비하도록 하여야 하며 시운전에 입회하여야 한다. 시운전 절차의 종류 4가지를 쓰시오.

정답

- 기기점검
- 예비운전
- 시운전
- 성능보장운전

09 50[Hz]로 설계된 3상 유도전동기를 동일 전압으로 60[Hz]에 사용할 경우 다음 요소는 어떻게 변화하는지 수치를 이용하여 설명하시오.

(1) 무부하전류

(2) 온도상승

(3) 속 도

해설

구 분	자 속	자속밀도	여자(무부하)전류	철 손	리액턴스	온도상승	속 도
주파수	반비례 $\frac{5}{6}$	반비례 $\frac{5}{6}$	반비례 $\frac{5}{6}$	반비례 $\frac{5}{6}$	비 례 $\frac{6}{5}$	반비례 $\frac{5}{6}$	비 례 $\frac{6}{5}$

정답

(1) 5/6으로 감소

(2) 5/6으로 감소

(3) 6/5로 증가

10 다음 도면을 보고 단락점의 단락용량을 구하시오(단, 발전기 $\%Z$가 24[%], 변압기 $\%Z$가 4[%], 송전선로 $\%Z$가 4[%]일 때 기준용량은 10[MVA]이다).

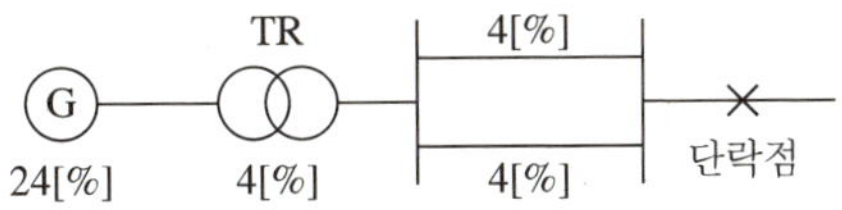

해설

$$\%Z = 24 + 4 + \frac{4}{2} = 30[\%]$$

$$P_s = \frac{100}{\%Z} \cdot P_n = \frac{100}{30} \times 10 \fallingdotseq 33.333[\text{MVA}]$$

정답

33.33[MVA]

11 다음 무접점 회로를 보고 논리식을 적고 유접점 회로를 그리시오.

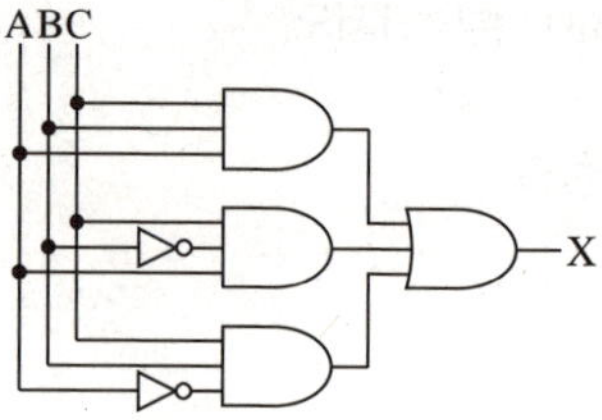

(1) 논리식을 표시하시오.

(2) 유접점 회로를 나타내시오.

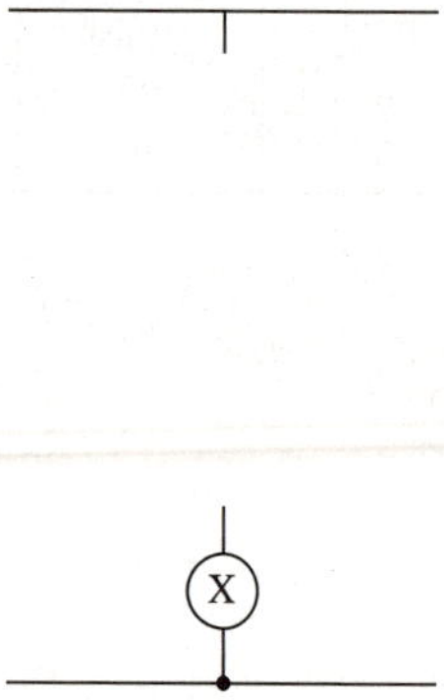

정답

(1) $X = A \cdot B \cdot C + A \cdot \overline{B} \cdot C + \overline{A} \cdot B \cdot C$

$= C \cdot (A \cdot B + A \cdot \overline{B} + \overline{A} \cdot B)$

$= C \cdot (B + A \cdot \overline{B})$

$= C \cdot (A + B)$

(2)

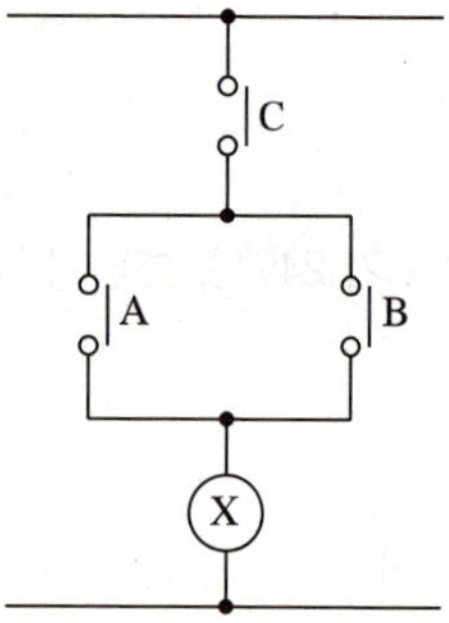

12 어떤 콘덴서 3개를 선간전압 3,300[V], 주파수 60[Hz]의 선로에 △로 접속하여 60[kVA]가 되도록 하려면 콘덴서 1개의 정전용량[μF]은 약 얼마로 하여야 하는가?

해설

$$I_C = \frac{E}{Z} = \frac{E}{X_C} = \frac{E}{\frac{1}{\omega C}} = \omega CE$$

$$Q_C = 3EI_C = 3\omega CE^2$$

$$C = \frac{Q_C}{3\omega E^2} = \frac{60 \times 10^3}{3 \times 2\pi \times 60 \times 3{,}300^2} \times 10^6 \fallingdotseq 4.87[\mu\text{F}]$$

정답

4.87[μF]
※ △결선은 선간전압 상전압이 같다.

13 다음과 같은 철골 공장에 백열전등 전반 조명 시 작업면의 평균조도를 200[lx]로 얻기 위한 광원의 소비전력[W]은 얼마이어야 하는지 주어진 참고자료를 이용하여 답안지 순서에 의하여 계산하시오.

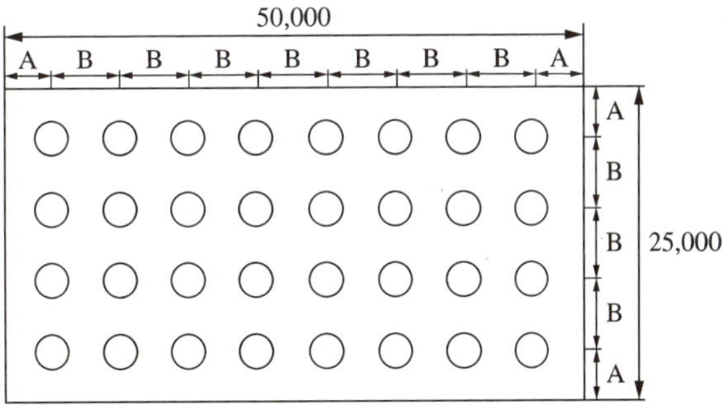

[조 건]
• 천장 및 벽면의 반사율 30[%]
• 조명기구는 금속 반사갓 직부형
• 광원은 천장 면하 1[m]에 부착한다.
• 천장고는 9[m]이다.
• 감광보상률은 보수상태양으로 적용한다.
• 배광은 직접조명으로 한다.

(1) 광원의 높이
(2) 실지수
(3) 조명률
(4) 감광보상률
(5) 총소요 광속
(6) 1등당 광속
(7) 백열전구의 크기 및 소비전력

표1. 조명률, 감광보상률 및 설치 간격

배 광 / 설치간격	조명기구	감광보상률 (D) / 보수상태 양중부	반사율(ρ) 천장 / 벽 / 실지수	0.75 / 0.5	0.75 / 0.3	0.75 / 0.1	0.50 / 0.5	0.50 / 0.3	0.50 / 0.1	0.30 / 0.3	0.30 / 0.1
						조명률 U[%]					
간 접		전 구	J0.6	16	13	11	12	10	08	06	05
0.80			I0.8	20	16	15	15	13	11	08	07
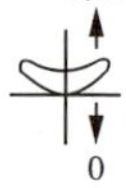		1.5 1.7 2.0	H1.0	23	20	17	17	14	13	10	08
0			G1.25	26	23	20	20	17	15	11	10
$S \leq 1.2H$		형광등	F1.5	29	26	22	22	19	17	12	11
			E2.0	32	29	26	24	21	19	13	12
			D2.5	36	32	30	26	24	22	15	14
		1.7 2.0 2.5	C3.0	38	35	32	28	25	24	16	15
			B4.0	42	39	36	30	29	27	18	17
			A5.0	44	41	39	33	30	29	19	18
반간접	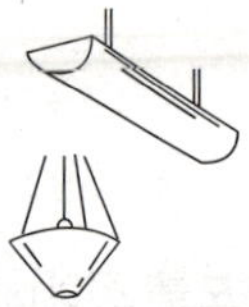	전 구	J0.6	18	14	12	14	11	09	08	07
0.70			I0.8	22	19	17	17	15	13	10	09
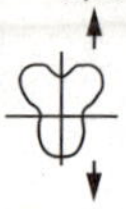		1.4 1.5 1.7	H1.0	26	22	19	20	17	15	12	10
0.10			G1.25	29	25	22	22	19	17	14	12
$S \leq 1.2H$		형광등	F1.5	32	28	25	24	21	19	15	14
			E2.0	35	32	29	27	24	21	17	15
			D2.5	39	35	32	29	26	24	19	18
		1.7 2.0 2.5	C3.0	42	38	35	31	28	27	20	19
			B4.0	46	42	39	34	31	29	22	21
			A5.0	48	44	42	36	33	31	23	22
전반확산	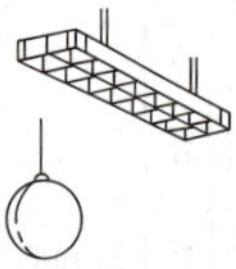	전 구	J0.6	27	19	16	22	18	15	16	14
0.40			I0.8	29	25	22	27	23	20	21	19
		1.3 1.4 1.5	H1.0	33	28	26	30	26	24	24	21
0.40			G1.25	37	32	29	33	29	26	26	24
$S \leq 1.2H$		형광등	F1.5	40	36	31	36	31	29	29	26
			E2.0	45	40	36	40	36	33	32	29
			D2.5	48	43	39	43	39	36	34	33
		1.4 1.7 2.0	C3.0	51	46	42	45	40	38	37	34
			B4.0	55	50	47	49	45	42	40	37
			A5.0	57	53	49	51	47	44	41	40
반직접	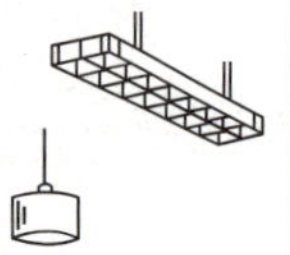	전 구	J0.6	26	22	19	24	21	18	19	17
0.25			I0.8	33	28	26	30	26	24	25	23
		1.3 1.4 1.5	H1.0	36	32	30	33	30	28	28	26
0.05			G1.25	40	36	33	36	33	30	30	29
$S \leq H$		형광등	F1.5	43	39	35	39	35	33	33	31
			E2.0	47	44	40	43	39	36	36	34
			D2.5	51	47	43	46	42	40	39	37
		1.6 1.7 1.8	C3.0	54	49	45	48	44	42	42	38
			B4.0	57	53	50	51	47	45	43	41
			A5.0	59	55	52	53	49	47	47	43

배 광 / 설치간격	조명기구	감광보상률 (D) / 보수상태 양중부	반사율(ρ) 천장 / 벽 / 실지수	0.75 / 0.5	0.75 / 0.3	0.75 / 0.1	0.50 / 0.5	0.50 / 0.3	0.50 / 0.1	0.30 / 0.3	0.30 / 0.1
직 접 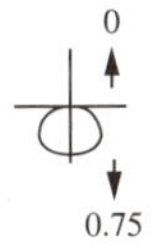 $S \leq 1.3H$	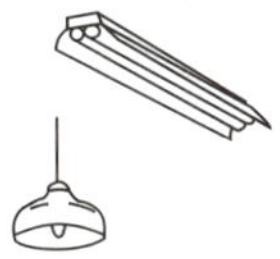	전 구	J0.6	24	29	26	32	29	27	29	27
			I0.8	43	38	35	39	36	35	36	34
		1.3 1.4 1.5	H1.0	47	43	40	41	40	38	40	38
			G1.25	50	47	44	44	43	41	42	41
			F1.5	52	50	47	46	44	43	44	43
		형광등	E2.0	58	55	52	49	48	46	47	46
			D2.5	62	58	56	52	51	49	50	49
		1.4 1.7 2.0	C3.0	64	61	58	54	52	51	51	50
			B4.0	67	64	62	55	53	52	52	52
			A5.0	68	66	64	56	54	53	54	52

(조명률 U[%])

표2. 실지수 기호

기 호	A	B	C	D	E	F	G	H	I	J
실지수	5.0	4.0	3.0	2.5	2.0	1.5	1.25	1.0	0.8	0.6
범 위	4.5 이상	4.5~ 3.5	3.5~ 2.75	2.75~ 2.25	2.25~ 1.75	1.75~ 1.38	1.38~ 1.12	1.12~ 0.9	0.9~ 0.7	0.7 이하

실지수 그림

표3. 각종 백열전등의 특성

형 식	종 별	유리구의 지름 (표준치) [mm]	길 이 [mm]	메이스	초기특성			50[%] 수명에서의 효율 [lm/W]	수 명 [h]
					소비전력 [W]	광 속 [lm]	효 율 [lm/W]		
L100V 10W	진공 단코일	55	101 이하	E26/25	10±0.5	76±8	7.6±0.6	6.5 이상	1,500
L100V 20W	진공 단코일	55	101 이하	E26/25	20±1.0	175±20	8.7±0.7	7.3 이상	1,500
L100V 30W	가스입단코일	55	108 이하	E26/25	80±1.5	290±30	9.7±0.8	8.8 이상	1,000
L100V 40W	가스입단코일	55	108 이하	E26/25	40±2.0	440±45	11.0±0.9	10.0 이상	1,000
L100V 60W	가스입단코일	50	114 이하	E26/25	60±3.0	760±75	12.6±1.0	11.5 이상	1,000
L100V 100W	가스입단코일	70	140 이하	E26/25	100±5.0	1,500±150	15.0±1.2	13.5 이상	1,000
L100V 150W	가스단일코일	80	170 이하	E26/25	150±7.5	2,450±250	16.4±1.3	14.8 이상	1,000
L100V 200W	가스입단코일	80	180 이하	E26/25	200±10	3,450±350	17.3±1.4	15.3 이상	1,000
L100V 300W	가스입단코일	95	220 이하	E39/41	300±15	5,550±550	18.3±1.5	15.8 이상	1,000
L100V 500W	가스입단코일	110	240 이하	E39/41	500±25	9,900±990	19.7±1.6	16.9 이상	1,000
L100V 1,000W	가스입단코일	165	332 이하	E39/41	1,000±50	21,000±2,130	21.0±1.7	17.4 이상	1,000
Ld 100V 30W	가스입이중코일	55	108 이하	E26/25	30±1.5	30±35	11.1±0.9	10.1 이상	1,000
Ld 100V 40W	가스입이중코일	55	108 이하	E26/25	40±2.0	500±50	12.4±1.0	11.3 이상	1,000
Ld 100V 50W	가스입이중코일	60	114 이하	E26/25	50±2.5	660±65	13.2±1.1	12.0 이상	1,000
Ld 100V 60W	가스입이중코일	60	114 이하	E26/25	60±3.0	830±85	13.0±1.1	12.7 이상	1,000
Ld 100V 75W	가스입이중코일	60	117 이하	E26/25	75±4.0	1,100±110	14.7±1.2	13.2 이상	1,000
Ld 100V 100W	가스입이중코일	65 또는 67	128 이하	E26/25	100±5.0	1,570±160	15.7±1.3	14.1 이상	1,000

해설

(1) 광원높이$(H)=9-1=8[\mathrm{m}]$

(2) 실지수 $=\dfrac{x\cdot y}{H(x+y)}=\dfrac{50\times 25}{8\times(50+25)}\fallingdotseq 2.0833$

(5) 총광속$(NF)=\dfrac{DES}{U}=\dfrac{1.3\times 200\times(50\times 25)}{0.47}\fallingdotseq 691{,}489[\mathrm{lm}]$

(6) 1등당 광속$(F)=\dfrac{\text{전광속}}{\text{등수}}=\dfrac{691{,}489}{(4\times 8)}\fallingdotseq 21{,}609[\mathrm{lm}]$

(7) 백열전구의 크기 : 〈표3. 각종 백열전등의 특성〉에서 21,000±2,100[lm]인 1,000[W] 선정
소비전력 : $1{,}000\times 32=32{,}000[\mathrm{W}]$

정답

(1) 8[m]

(2) E2.0

(3) 47[%]

(4) 1.3

(5) 691,489[lm]

(6) 21,609[lm]

(7) 32,000[W]

14 다음 미완성회로 또는 3상 유도전동기의 정역회로도이다. 다음 물음에 답하시오.

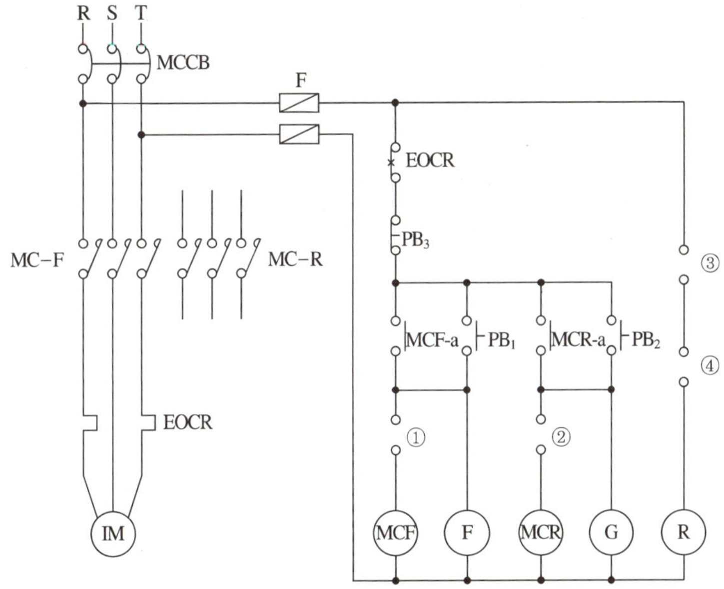

(1) 주회로 및 보조회로의 미완성 부분(①~④)을 완성하시오.

(2) EOCR의 명칭을 쓰시오.

정답

(1)

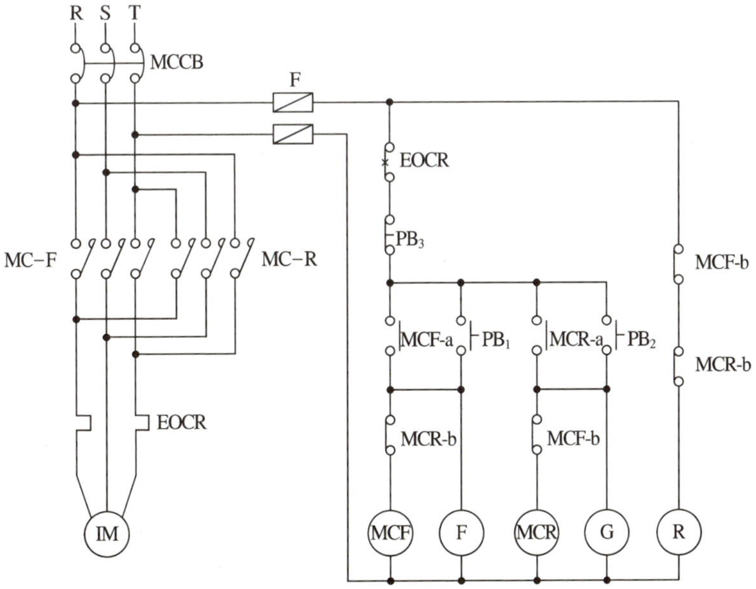

(2) 전자식 과전류(과부하)계전기

※ KEC 규정 적용으로 표현 변경 : R, S, T, E의 상의 명칭이 L1, L2, L3, N(또는 PE)으로 변경됨

15

3상 4선식 교류 380[V], 15[kVA] 3상 부하가 변전실 배전반 전용 변압기에서 190[m] 떨어져 설치되어 있다. 이 경우 간선 케이블의 최소 굵기를 계산하고 케이블은 선정하시오(단, 케이블 규격은 IEC에 의한다).

[전선길이 60[m]를 초과하는 경우의 전압강하]

공급 변압기의 2차측 단자 또는 인입선 접속점에서 최원단 부하에 이르는 사이의 전선 길이	전압강하[%]	
	사용 장소 안에 시설한 전용 변압기에서 공급하는 경우	전기사업자로부터 저압으로 전기를 공급받는 경우
120[m] 이하	5 이하	4 이하
120[m] 초과 200[m] 이하	6 이하	5 이하
200[m] 초과	7 이하	6 이하

해설

$$I = \frac{P_a}{\sqrt{3}\,V} = \frac{15\times10^3}{\sqrt{3}\times380} \fallingdotseq 22.79[\text{A}]$$

$$A = \frac{17.8LI}{1{,}000e} = \frac{17.8\times190\times22.79}{1{,}000\times220\times0.06} \fallingdotseq 5.839$$

※ $3\phi4\text{W}$식의 대지전압이 220[V]이므로 $e = 220\times0.06$

정답 $6[\text{mm}^2]$

16

다음 회로는 한 부지에 A, B, C의 세 공장을 세워 3개의 급수 펌프 P_1(소형), P_2(중형), P_3(대형)을 사용하여 다음 계획에 따라 급수 계획을 세웠다. 다음 물음에 답하시오.

[계 획]

① 모든 공장 A, B, C가 휴무일 때 또는 그중 한 공장만 가동할 때에는 펌프 P_1만 가동
② 모든 공장 A, B, C 중 어느 것이나 두 개의 공장만 가동할 때에는 P_2만 가동
③ 모든 공장 A, B, C가 모두 가동할 때에는 P_3만 가동

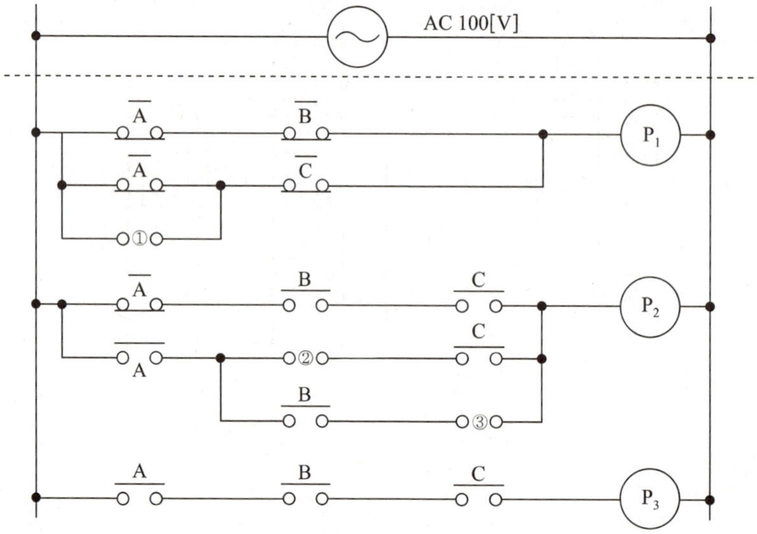

(1) 조건과 같은 진리표를 작성하시오.

(2) ①~③번의 접점 문자 기호를 쓰시오.

(3) $P_1 \sim P_3$의 출력식을 각각 쓰시오.

* 접점 심벌을 표시할 때는 A, B, C, $\overline{A}$, $\overline{B}$, $\overline{C}$ 등 문자 표시도 할 것

해설

(3) $P_1 = \overline{A}\,\overline{B}\,\overline{C} + \overline{A}\,\overline{B}C + \overline{A}B\overline{C} + A\overline{B}\,\overline{C}$

$= \overline{A}\,\overline{B}(\overline{C} + C) + \overline{A}B\overline{C} + A\overline{B}\,\overline{C}$

$= \overline{A}\,\overline{B} + \overline{A}B\overline{C} + A\overline{B}\,\overline{C} = \overline{A}(\overline{B} + B\overline{C}) + A\overline{B}\,\overline{C}$

$= \overline{A}(\overline{B} + \overline{C}) + A\overline{B}\,\overline{C} = \overline{A}\,\overline{B} + \overline{A}\,\overline{C} + A\overline{B}\,\overline{C}$

$= \overline{A}\,\overline{B} + \overline{C}(\overline{A} + A\overline{B}) = \overline{A}\,\overline{B} + \overline{C}(\overline{A} + \overline{B})$

정답

(1)

A	B	C	P_1	P_2	P_3
0	0	0	1	0	0
0	0	1	1	0	0
0	1	0	1	0	0
0	1	1	0	1	0
1	0	0	1	0	0
1	0	1	0	1	0
1	1	0	0	1	0
1	1	1	0	0	1

(2) ① $\overline{B}$ ② $\overline{B}$ ③ $\overline{C}$

(3) $P_1 = \overline{A}\,\overline{B} + \overline{C}(\overline{A} + \overline{B})$

$P_2 = \overline{A}BC + A\overline{B}C + AB\overline{C}$

$P_3 = A \cdot B \cdot C$

전기
기사

2021년 제1회 기출복원문제

01 그림과 같은 Y결선에서 기본파와 제3고조파 전압만이 존재한다고 할 때 전압계의 눈금이 $V_p = 150$[V], $V_l = 220$[V]로 나타났다면 제3고조파 전압[V]과 왜형률을 구하시오.

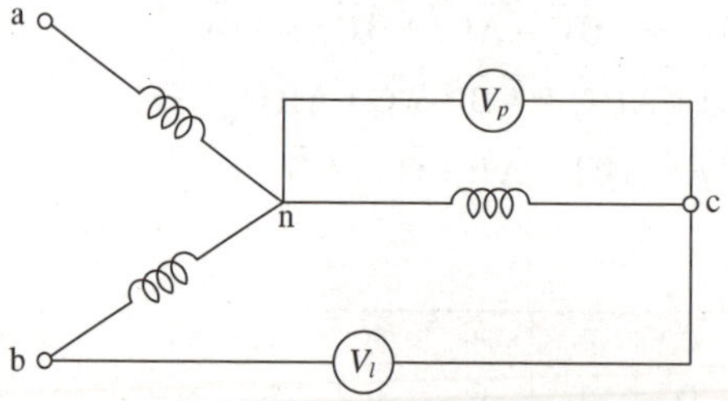

해설

$V_p = \sqrt{V_1^{\,2} + V_3^{\,2}}$

$150 = \sqrt{V_1^{\,2} + V_3^{\,2}}$

Y결선이므로 선간전압에 3고조파분이 존재하지 않으므로

$V_l = \sqrt{3}\, V_1$

$V_1 = \dfrac{220}{\sqrt{3}} \fallingdotseq 127.02$[V]

$150 = \sqrt{127.02^{\,2} + V_3^{\,2}}$

$V_3 = \sqrt{150^2 - 127.02^{\,2}}$

$\therefore\ V_3 \fallingdotseq 79.79$[V]

$$\text{왜형률} = \frac{\text{전고조파의 실횻값}}{\text{기본파의 실횻값}} = \frac{79.79}{127.02} \fallingdotseq 62.817[\%]$$

정답

- 제3고조파 전압 : 79.79[V]
- 왜형률 : 62.82[%]

02 지중 케이블의 사고점 측정법 종류 3가지와 절연감시법 종류 3가지를 쓰시오.

정답

[사고점 측정법]
- 머레이 루프법
- 정전용량법
- 펄스인가법

[절연감시법]
- 메거법
- 부분방전법
- $\tan\delta$법

03 보정률이 −0.8[%]인 전압계로 측정한 값이 103[V]라면 참값은 얼마인가?

해설

$$오차 = \frac{측정값 - 참값}{참값} \times 100[\%]$$

$$보정률 = \frac{참값 - 측정값}{측정값} \times 100[\%]$$

$$-0.8 = \frac{참값 - 103[V]}{103[V]} \times 100[\%]$$

$$\therefore\ 참값 = 102.176[V]$$

정답

102.18[V]

04 물 15[℃] 6[L]를 용기에 넣고 2[kW] 전열기를 사용하여 85[℃]로 가열하는 데 25분이 소요되었다. 이때 전열기의 효율은 몇 [%]인가?

해설

$$H = cm\Delta\theta = 860\eta Pt[\text{kcal}]$$

$$\eta = \frac{cm\Delta\theta}{860Pt} = \frac{1 \times 6 \times (85-15)}{860 \times 2 \times \left(\frac{25}{60}\right)} = 0.5860 \times 100 = 58.6[\%]$$

정답

58.6[%]

05

수전전압이 3,000[V]인 3상 3선식 배전선로의 수전단에 역률 0.8(지상)이 되는 520[kW]의 부하가 접속되어 있다. 이 부하에 동일 역률의 부하 80[kW]를 추가하여 600[kW]로 증가시키되 부하와 병렬로 전력용 콘덴서를 설치하여 수전단전압 및 선로전류를 일정하게 불변으로 유지하고자 할 때, 다음 각 물음에 답하시오(단, 전선의 1선당 저항 및 리액턴스는 각각 1.78[Ω] 및 1.17[Ω]이다).

(1) 이 경우에 필요한 전력용 콘덴서 용량은 몇 [kVA]인가?

(2) 부하증가 전의 송전단전압은 몇 [V]인가?

(3) 부하증가 후의 송전단전압은 몇 [V]인가?

해설

(1) 부하증가 후의 역률 $\cos\theta_2$는 선로전류가 불변이므로

$$\frac{P_1}{\sqrt{3}\,V\cos\theta_1} = \frac{P_2}{\sqrt{3}\,V\cos\theta_2} \text{에서}$$

$$\cos\theta_2 = \frac{P_2}{P_1}\cos\theta_1 = \frac{600}{520}\times 0.8 \fallingdotseq 0.923$$

$$\therefore \text{ 콘덴서 용량 } Q_C = 600\left(\frac{0.6}{0.8} - \frac{\sqrt{1-0.923^2}}{0.923}\right) \fallingdotseq 199.86[\text{kVA}]$$

(2) 부하증가 전의 송전단전압

$$V_s = V_r + \sqrt{3}\,I(R\cos\theta + X\sin\theta)$$

$$= 3{,}000 + \sqrt{3}\times\frac{520\times 10^3}{\sqrt{3}\times 3{,}000\times 0.8}(1.78\times 0.8 + 1.17\times 0.6) \fallingdotseq 3{,}460.63[\text{V}]$$

(3) 부하증가 후의 송전단전압

$$V_s = 3{,}000 + \sqrt{3}\times\frac{600\times 10^3}{\sqrt{3}\times 3{,}000\times 0.923}(1.78\times 0.923 + 1.17\times\sqrt{1-0.923^2}) \fallingdotseq 3{,}453.55[\text{V}]$$

정답

(1) 199.86[kVA]

(2) 3,460.63[V]

(3) 3,453.55[V]

06

3상 4선식에서 역률 100[%]의 부하가 각 상과 중성선 간에 연결되어 있다. a상, b상, c상에 흐르는 전류가 각각 100[A], 87[A], 95[A]이다. 중성선에 흐르는 전류의 크기의 절댓값은 몇 [A]인가?

해설

$$I_n = 100 + 87\angle -120° + 95\angle -240° \fallingdotseq 9 + j6.928 = \sqrt{9^2 + 6.928^2} \fallingdotseq 11.3577$$

정답

11.36[A]

07 어떤 인텔리전트 빌딩에 대한 등급별 추정 전원용량에 대한 다음 표를 이용하여 각 물음에 답하시오.

등급별 추정 전원용량[VA/m^2]

내 용 \ 등급별	0등급	1등급	2등급	3등급
조 명	32	22	22	29
콘센트	–	13	5	5
사무자동화(OA) 기기	–	–	34	36
일반동력	38	45	45	45
냉방동력	40	43	43	43
사무자동화(OA) 동력	–	2	8	8
합 계	110	125	157	166

(1) 연면적 10,000[m^2]인 인텔리전트 2등급인 사무실 빌딩의 전력설비부하의 용량을 상기 "등급별 추정 전원용량[VA/m^2]"을 이용하여 빈칸에 계산과정과 답을 쓰시오.

부하 내용	면적을 적용한 부하용량[kVA]
조 명	
콘센트	
OA 기기	
일반동력	
냉방동력	
OA 동력	
합 계	

(2) 물음 (1)에서 조명, 콘센트, 사무자동화기기의 적정 수용률은 0.7, 일반동력 및 사무자동화동력의 적정 수용률은 0.5, 냉방동력의 적정 수용률은 0.8이고, 주변압기 부등률은 1.2로 적용한다. 이때 전압방식을 2단 강압방식으로 채택할 경우 변압기의 용량에 따른 변전설비의 용량을 산출하시오(단, 조명, 콘센트, 사무자동화기기를 3상 변압기 1대로, 일반동력 및 사무자동화동력을 3상 변압기 1대로, 냉방동력을 3상 변압기 1대로 구성하고, 상기부하에 대한 주변압기 1대를 사용하도록 하며, 변압기용량은 일반 규격용량으로 정한다).

① 조명, 콘센트, 사무자동화기기에 필요한 변압기용량 산정

② 일반동력, 사무자동화동력에 필요한 변압기용량 산정

③ 냉방동력에 필요한 변압기용량 산정

④ 주변압기용량 산정

(3) 주변압기에서부터 각 부하에 이르는 변전설비의 단선계통도를 간단하게 그리시오.

해설

(2) ① $Tr_1=(220+50+340)\times 0.7=427$[kVA]

② $Tr_2=(450+80)\times 0.5=265$[kVA]

③ $Tr_3=430\times 0.8=344$[kVA]

∴ 변압기 정격용량은 400[kVA]가 없음

④ $STr=\dfrac{427+265+344}{1.2}\fallingdotseq 863.33$[kVA]

정답

(1)

부하 내용	면적을 적용한 부하용량[kVA]
조 명	$22\times10,000\times10^{-3}$=220[kVA]
콘센트	$5\times10,000\times10^{-3}$=50[kVA]
OA 기기	$34\times10,000\times10^{-3}$=340[kVA]
일반동력	$45\times10,000\times10^{-3}$=450[kVA]
냉방동력	$43\times10,000\times10^{-3}$=430[kVA]
OA 동력	$8\times10,000\times10^{-3}$=80[kVA]
합 계	$157\times10,000\times10^{-3}$=1,570[kVA]

(2) ① 500[kVA]

② 300[kVA]

③ 500[kVA]

④ 1,000[kVA]

(3)

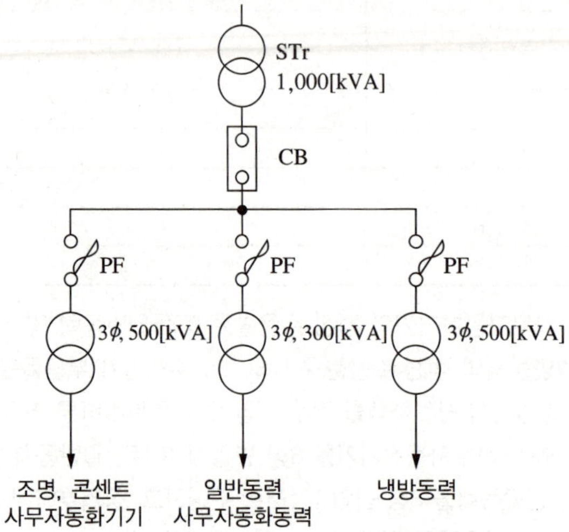

08 주파수 1[kHz] 송전선의 특성 임피던스가 500[Ω]이고, 전파속도는 3×10^5[km/s]일 때 인덕턴스[H/km]와 커패시터[F/km], 파장은 몇 [km]인가를 구하시오.

해설

$Z_0=\sqrt{\frac{L}{C}}$, $V=\frac{1}{\sqrt{LC}}$

• $\frac{Z_0}{V}=\frac{\sqrt{\frac{L}{C}}}{\sqrt{\frac{1}{LC}}}$ 에서 $\frac{Z_0}{V}=L$

$\therefore\ L=\frac{500}{3\times10^5}=1.67\times10^{-3}$[H/km]

• $Z_0V=\sqrt{\frac{L}{C}\times\frac{1}{LC}}$ 에서 $Z_0V=\frac{1}{C}$

$\therefore\ C=\frac{1}{Z_0V}=\frac{1}{500\times3\times10^5}=6.67\times10^{-9}$[F/km]

• 파장 $\lambda=\frac{V}{f}=\frac{3\times10^5}{1,000}=300$[km]

정답

• 인덕턴스 : 1.67×10^{-3}[H/km]
• 커패시터 : 6.67×10^{-9}[F/km]
• 파장 : 300[km]

09 저압 전로의 절연성능표를 완성하시오.

종류 \ 시험전압 및 절연저항	시험전압(DC)[V]	절연저항[MΩ]
SELV 및 PELV	(①)	(②)
FELV, 500 이하	(③)	(④)
500 초과	(⑤)	(⑥)

정답

① 250[V] ② 0.5[MΩ]
③ 500[V] ④ 1[MΩ]
⑤ 1,000[V] ⑥ 1[MΩ]

10 고압 배전선 환상식의 미완성 결선도를 범례를 참고하여 완성하시오.

[범례]

변압기 / 차단기 / 단로기

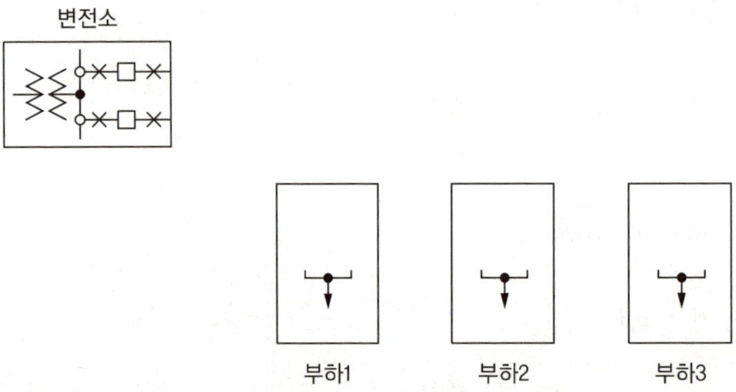

정답

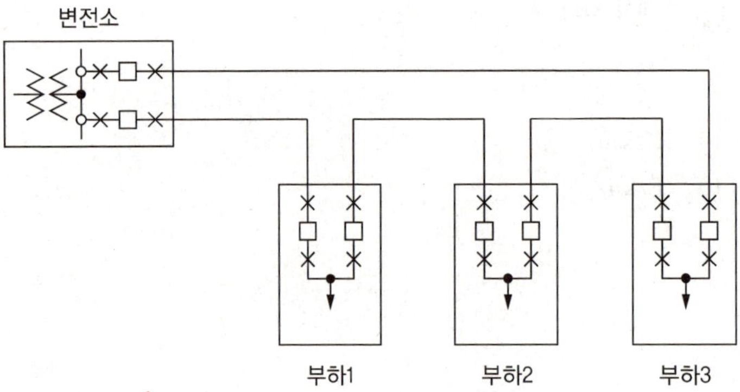

11 접지저항의 저감법 중 물리적 방법 4가지와 대지저항률을 낮추기 위한 저감재의 구비조건 4가지를 쓰시오.

정답

[물리적인 저감법]
- 접지극의 병렬 접속
- 접지극의 길이를 길게 한다.
- 심타공법으로 시공한다.
- 접지봉의 매설깊이를 깊게 한다.

[저감재의 구비조건]
- 작업성이 좋을 것
- 지속성이 있을 것
- 전기적으로 양도체이고, 전극을 부식시키지 않을 것
- 환경에 무해하고 독성이 없을 것

TIP

접지저항의 3요소
- 접지도선과 접지극의 저항
- 접지극 표면과 주위 토양과의 접촉저항
- 주위 토양의 대지고유저항

12 용량이 10[kVA]인 단상 변압기 2대를 V결선하여 부하를 걸었을 때 전부하효율은 약 몇 [%]인가?(단, 철손 120[W], 전부하동손 200[W], 역률 80[%]이다)

해설

$$\eta = \frac{P'}{P' + P_i{}' + P_c{}'} \times 100$$

$$= \frac{mP_a\cos\theta}{mP_a\cos\theta + P_i \times 2 + m^2 P_c \times 2} \times 100$$

$$= \frac{\sqrt{3} \times 10 \times 0.8}{\sqrt{3} \times 10 \times 0.8 + 0.12 \times 2 + 0.2 \times 2} \times 100 \text{ (여기서, 전부하율 } m = 1\text{)}$$

$$\fallingdotseq 95.585[\%]$$

정답

95.59[%]

13 수용가의 부하설비에 대한 전압강하의 물음에 답하시오.

(1) 표의 빈칸을 채우시오(단, 다른 조건은 무시. 수용가 설비의 인입구로부터 기기까지의 전압강하는 다음 표와 같다).

설비유형 \ 조명 및 기타	조명[%]	기타[%]
A-저압으로 수전하는 경우	(①)	(③)
B-고압 이상으로 수전하는 경우	(②)	(④)

• 가능한 한 최종회로 내의 전압강하가 A유형의 값을 넘지 않도록 할 것
• 사용자의 배선설비가 100[m]를 넘는 부분의 전압강하는 0.005[%/m] 증가할 수 있으나 증가분은 최대 0.5[%]를 초과하지 말 것

(2) 표를 따르지 않는 예외 2가지를 쓰시오.

정답

(1) ① 3[%]
② 6[%]
③ 5[%]
④ 8[%]

(2) • 기동시간 중의 전동기
• 돌입전류가 큰 기타 기기

14 다음 조명에 대한 각 물음에 답하시오.

(1) 어느 광원의 광색이 어느 온도의 흑체의 광색과 같을 때 그 흑체의 온도를 이 광원의 무엇이라 하는가?

(2) 빛의 분광 특성이 색의 보임에 미치는 효과를 말하며, 동일한 색을 가진 광원이라도 조명하는 빛에 따라 다르게 보이는 특성을 무엇이라 하는가?

(3) 조명설계 시 용어 중 감광보상률이란 무엇을 의미하는지 설명하시오.

정답

(1) 색온도(Color Temperature)

(2) 연색성(Color Rendition)

(3) 감광보상률 : 조명설비는 시간의 경과에 따라 광속의 감소나 조명기구의 오손에 의한 효율의 감소, 반사면의 변질에 따른 흡수율의 증가 등에 의하여 광속이 감소하므로 이러한 광속의 감소분을 예상하여 소요광속에 여유를 주는 것을 감광보상률이라 한다.

15 **누름버튼 스위치 BS_1, BS_2, BS_3에 의하여 직접 제어되는 계전기 X_1, X_2, X_3가 있다. 이 계전기 3개가 모두 소자(복귀)되어 있을 때만 출력램프 L_1이 점등되고, 그 이외에는 출력램프 L_2가 점등되도록 제어회로를 설계하려고 한다. 이때 다음 각 물음에 답하시오.**

(1) 진리표를 작성하시오.

입 력			출 력	
X_1	X_2	X_3	L_1	L_2
0	0	0		
0	0	1		
0	1	0		
0	1	1		
1	0	0		
1	0	1		
1	1	0		
1	1	1		

(2) 최소 접점수를 갖는 논리식을 쓰시오.

(3) 논리식에 대응되는 계전기 시퀀스 제어회로(유접점 회로)를 그리시오.

정답

(1)

L_1	L_2
1	0
0	1
0	1
0	1
0	1
0	1
0	1
0	1

(2) $L_1 = \overline{X_1} \cdot \overline{X_2} \cdot \overline{X_3}$

$L_2 = X_1 + X_2 + X_3$

(3)

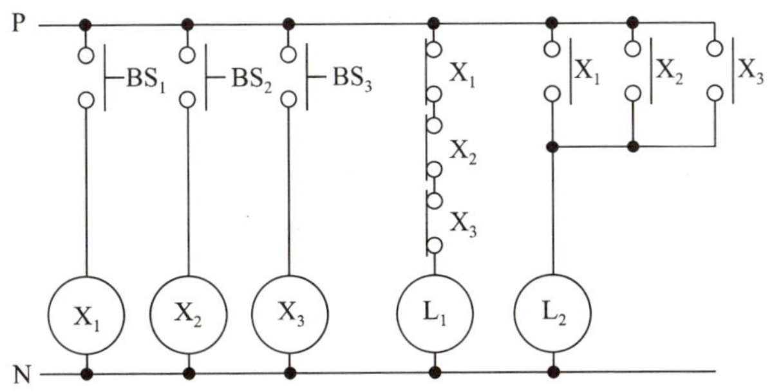

전기기사 2021년 제2회 기출복원문제

01

다음 빈칸을 채우시오.

사용전압[V]	접지방식	절연내력 시험전압[V]
6,900[V]	비접지식	(①)
13,800[V]	중성점 다중접지	(②)
24,000[V]	중성점 다중접지	(③)

정답

① $6,900 \times 1.5 = 10,350[\mathrm{V}]$

② $13,800 \times 0.92 = 12,696[\mathrm{V}]$

③ $24,000 \times 0.92 = 22,080[\mathrm{V}]$

02

3상 3선식 송전선로가 있다. 수전단 전압이 60[kV], 역률 80[%], 전력손실률이 10[%]이고 저항은 0.3[Ω/km], 리액턴스는 0.4[Ω/km], 전선의 길이는 20[km]일 때 이 송전선로의 송전단 전압은 몇 [kV]인가?

해설

$V_s = V_r + \sqrt{3}\, I(R\cos\theta + X\sin\theta)$

전력손실률이 10[%]이므로 $P_l = 3I^2R = \sqrt{3}\ VI\cos\theta \times 0.1$

$$I^2 = \frac{\sqrt{3}\ VI\cos\theta \times 0.1}{3R}$$

$$I = \frac{\sqrt{3}\ V\cos\theta \times 0.1}{3R} = \frac{\sqrt{3} \times 60,000 \times 0.8 \times 0.1}{3 \times 0.3 \times 20} \fallingdotseq 461.88[\mathrm{A}]$$

$$V_s = \{60,000 + \sqrt{3} \times 461.88(0.3 \times 20 \times 0.8 + 0.4 \times 20 \times 0.6)\} \times 10^{-3} \fallingdotseq 67.679$$

정답

67.68[kV]

03 지표면상 10[m] 높이에 수조가 있다. 이 수조에 초당 1.2[m^3]의 물을 양수하는 데 사용되는 펌프용 전동기에 3상 전력을 공급하기 위하여 단상 변압기 2대를 V결선하였다. 펌프효율이 80[%]이고, 펌프 축동력에 20[%]의 여유를 두는 경우 다음 각 물음에 답하시오(단, 펌프용 3상 농형 유도전동기의 역률을 80[%]로 가정한다).

(1) 펌프용 전동기의 소요동력은 몇 [kW]인가?

(2) 변압기 1대의 용량은 몇 [kVA]인가?

해설

(1) $P=\dfrac{9.8KQH}{\eta}=\dfrac{9.8\times1.2\times1.2\times10}{0.8}=176.4[\text{kW}]$

(2) $P_V=\sqrt{3}\,V_pI_P\cos\theta$에서 $V_P I_P=\dfrac{P_V}{\sqrt{3}\cos\theta}=\dfrac{176.4}{\sqrt{3}\times0.8}\fallingdotseq127.306$

정답

(1) 176.4[kW]

(2) 127.31[kVA]

04 그림과 같은 회로에서 최대눈금 15[A]의 직류전류계 2개를 접속하고, 전류 20[A]를 흘리면 각 전류계의 지시는 몇 [A]인가?(단, 전류계 최대눈금의 전압강하는 A_1이 75[mV], A_2가 50[mV]이다)

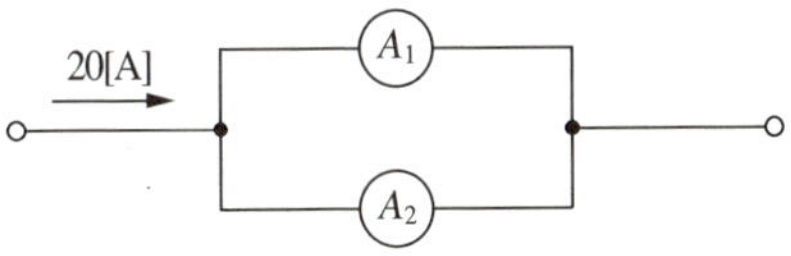

해설

$R_1=\dfrac{e_1}{I_1}=\dfrac{75\times10^{-3}}{15}=5\times10^{-3}[\Omega]$

$R_2=\dfrac{e_2}{I_2}=\dfrac{50\times10^{-3}}{15}=3.33\times10^{-3}[\Omega]$

$A_1=\dfrac{R_2}{R_1+R_2}\times I=\dfrac{3.33\times10^{-3}}{5\times10^{-3}+3.33\times10^{-3}}\times20=8[\text{A}]$

$A_2=I-A_1=20-8=12[\text{A}]$

정답

- A_1 : 8[A]
- A_2 : 12[A]

05 다음 물음에 답하시오.

(1) 그림과 같은 송전 철탑에서 등가선간거리[m]는?

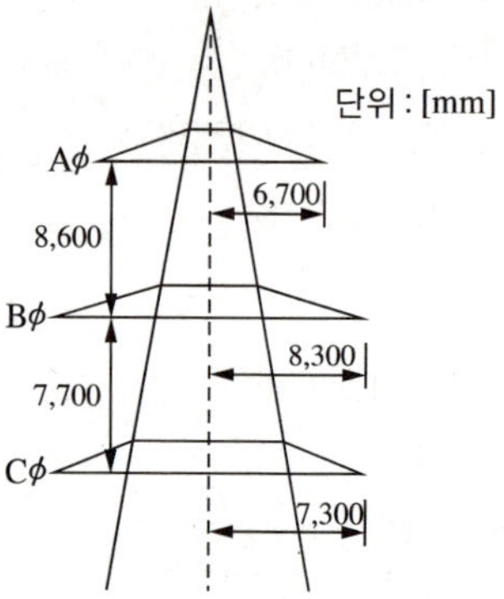

(2) 간격 400[mm]인 정4각형 배치의 4도체에서 소선 상호 간의 기하학적 평균 거리[m]는?

해설

(1) $D_{AB} = \sqrt{8.6^2 + (8.3 - 6.7)^2} \fallingdotseq 8.748$

$D_{BC} = \sqrt{7.7^2 + (8.3 - 7.3)^2} \fallingdotseq 7.765$

$D_{CA} = \sqrt{(8.6 + 7.7)^2 + (7.3 - 6.7)^2} \fallingdotseq 16.311$

등가선간거리 $D = \sqrt[3]{8.748 \times 7.765 \times 16.311} \fallingdotseq 10.348$

(2) $D = \sqrt[6]{2}\,d = \sqrt[6]{2} \times 0.4 \fallingdotseq 0.449$

정답

(1) 10.35[m]

(2) 0.45[m]

06 정격전압 1차 6,600[V], 2차 210[V], 10[kVA]의 단상 변압기 2대를 V결선하여 6,300[V]의 3상 전원에 접속하였다. 다음 물음에 답하시오.

(1) 2차 측 전압은 몇 [V]인지 계산하시오.

(2) 3상 V결선 승압기의 결선도를 완성하시오.

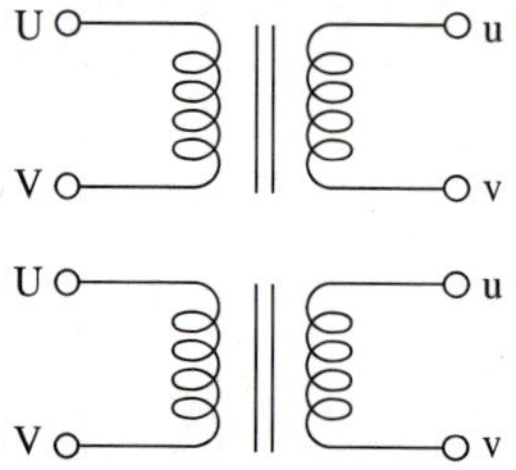

해 설

(1) $V_2 = V_1\left(1+\frac{1}{a}\right) = 6{,}300\left(1+\frac{210}{6{,}600}\right) \fallingdotseq 6{,}500.45[\text{V}]$

정 답

(1) 6,500.45[V]

(2)

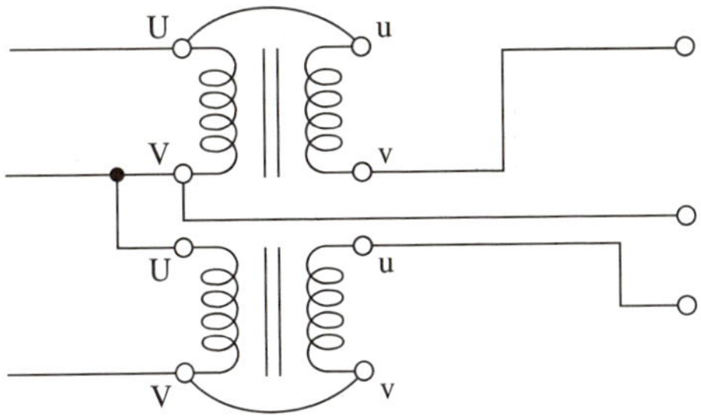

07 단상 2선식 220[V] 옥내배선에서 용량 100[VA], 역률 80[%]의 형광등 50개와 소비전력 60[W]인 백열등 50개를 설치할 때 최소 분기회로수는 몇 회로인가?(단, 16[A] 분기회로로 하며, 수용률은 80[%]로 한다)

해 설

(1) 형광등 유효전력 = 100×0.8×50 = 4,000[W]
형광등 무효전력 = 100×0.6×50 = 3,000[Var]

(2) 백열등 유효전력 = 60×50 = 3,000[W]
백열등 무효전력 = 0[Var]
※ 백열전등은 역률 = 1이므로 무효분 0

피상전력 $= \sqrt{(\text{형광등 유효전력} + \text{백열전등 유효전력})^2 + \text{형광등 무효전력}^2}$
$= \sqrt{(4{,}000+3{,}000)^2 + 3{,}000^2} \fallingdotseq 7{,}615.77[\text{VA}]$

분기회로수$(N) = \frac{7{,}615.77[\text{VA}] \times 0.8}{220[\text{V}] \times 16[\text{A}]} \fallingdotseq 1.7308$

※ 설비용량에 수용률이 80[%]이므로 곱, 만약 여유계수 80[%]면 나누기

정 답

16[A] 분기회로 : 2회로

08 다음은 3ϕ4W 22.9[kV] 수전설비 단선결선도이다. 다음 각 물음에 답하시오.

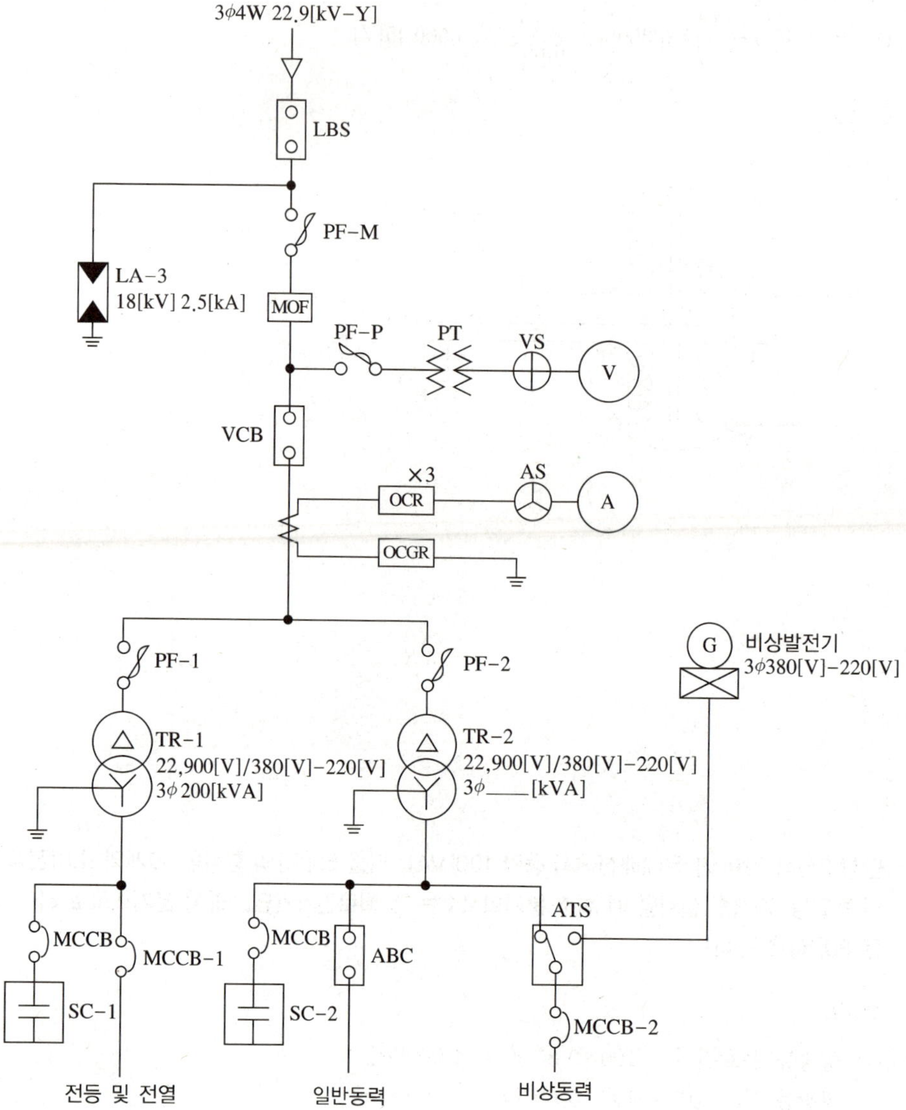

(1) 위 수전설비 단선결선도의 LA에 대하여 다음 물음에 답하시오.

① 우리말의 명칭은 무엇인가?

② 기능과 역할에 대해 간단히 설명하시오.

③ 요구되는 성능조건 4가지만 쓰시오.

(2) 다음 표는 수전설비 단선결선도의 부하집계 및 입력환산표이다. 표를 완성하시오(단, 입력환산 [kVA]은 계산값의 소수점 둘째자리에서 반올림한다).

구 분	전등 및 전열	일반동력	비상동력
설비용량 및 효율	합계 350[kW] 100[%]	합계 635[kW] 85[%]	유도전동기 1 7.5[kW] 2대 85[%] 유도전동기 2 11[kW] 1대 85[%] 유도전동기 3 15[kW] 1대 85[%] 비상조명 8,000[W] 100[%]
평균(종합) 역률	80[%]	90[%]	90[%]
수용률	60[%]	45[%]	100[%]

구 분		설비용량[kW]	효율[%]	역률[%]	입력환산[kVA]
전등 및 전열		350			
일반동력		635			
비상동력	유도전동기 1	7.5×2			
	유도전동기 2				
	유도전동기 3				
	비상조명				
	소 계	–			

(3) 단선결선도와 (2)의 부하집계표에 의한 TR–2의 적정용량은 몇 [kVA]인지 구하시오.

[참 고]

- 일반 동력군과 비상 동력군 간의 부등률은 1.3으로 본다.
- 변압기 용량은 15[%] 정도의 여유를 갖게 한다.
- 변압기의 표준규격[kVA]은 200, 300, 400, 500, 600으로 한다.

(4) 단선결선도에서 TR–2의 2차 측 중성점의 접지공사의 접지선 굵기[mm^2]를 구하시오.

[참 고]

- 접지선은 GV 전선을 사용하고 표준굵기[mm^2]는 6, 10, 16, 25, 35, 50, 70으로 한다.
- GV 전선의 허용최고온도는 160[℃]이고 고장전류가 흐르기 전의 접지선의 온도는 30[℃]으로 한다.
- 고장전류는 정격전류의 20배로 본다.
- 변압기 2차의 과전류 보호차단기는 고장전류에서 0.1초 이내에 차단되는 것이다.
- 변압기 2차의 과전류차단기의 정격전류는 변압기 정격전류의 1.5배로 한다.

해설

(3) 변압기 용량$=\dfrac{830.1\times 0.45+62.5\times 1}{1.3}\times 1.15 \fallingdotseq 385.73[\text{kVA}]$

(4) $\theta = 0.008\left(\dfrac{I_s}{A}\right)^2 \cdot t$

$$\frac{\theta}{0.008t} = \left(\frac{I_s}{A}\right)^2$$

$$\sqrt{\frac{\theta}{0.008t}} = \frac{I_s}{A}$$

$$A = \frac{I_s}{\sqrt{\dfrac{\theta}{0.008t}}} = \frac{18,232.2}{\sqrt{\dfrac{130}{0.008\times 0.1}}} \fallingdotseq 45.23[\text{mm}^2]$$

$$I_s = 20I_n = 20\times 1.5I_n = 20\times 1.5\times 607.74 = 18,232.2[\text{A}]$$

$$I_n = \frac{P}{\sqrt{3}\,V} = \frac{400\times 10^3}{\sqrt{3}\times 380} \fallingdotseq 607.74[\text{A}]$$

$\theta = 160-30 = 130[℃]$, $t = 0.1[\text{s}]$

여기서, I_s : 고장전류[A], θ : 온도상승[℃], t : 통전시간[s]

정답

(1) ① 피뢰기

② • 속류를 차단한다.

• 뇌전류를 대지로 방전시켜 이상전압 발생을 방지하여 기계·기구를 보호한다.

③ • 사용주파 방전개시전압이 높을 것

• 제한 전압이 낮을 것

• 충격방전개시전압이 낮을 것

• 속류차단능력이 클 것

(2) 부하집계 및 입력환산표

구 분		설비용량[kW]	효율[%]	역률[%]	입력환산[kVA]
전등 및 전열		350	100	80	$\dfrac{350}{0.8\times 1}=437.5$
일반동력		635	85	90	$\dfrac{635}{0.9\times 0.85}\fallingdotseq 830.1$
비상동력	유도전동기 1	7.5×2	85	90	$\dfrac{7.5\times 2}{0.9\times 0.85}\fallingdotseq 19.6$
	유도전동기 2	11	85	90	$\dfrac{11}{0.9\times 0.85}\fallingdotseq 14.4$
	유도전동기 3	15	85	90	$\dfrac{15}{0.9\times 0.85}\fallingdotseq 19.6$
	비상조명	8	100	90	$\dfrac{8}{0.9\times 1}\fallingdotseq 8.9$
	소 계	–	–	–	62.5

(3) 400[kVA]

(4) 50[mm^2]

09

20[A] 190[V] 1ϕ 전력량계에 어느 부하를 가할 때 원판이 1분 동안에 32회 회전하였다. 만일 이 계기의 20[A]에 있어서 오차가 2[%]라 하면 부하전력은 몇 [kW]인가?(단, 계기정수는 2,400 [rev/kWh]이다)

해설

$$\text{전력량계 측정값} = \frac{3{,}600n}{TK} = \frac{3{,}600 \times 32}{60 \times 2{,}400} = 0.8[\text{kW}]$$

$$\text{오차} = \frac{\text{측정값} - \text{참값}}{\text{참값}} \times 100[\%]$$

$$2 = \frac{0.8 - \text{참값}}{\text{참값}} \times 100$$

$$\frac{2 \times \text{참값}}{100} = 0.8 - \text{참값}$$

$$\left(1 + \frac{2}{100}\right) \times \text{참값} = 0.8$$

$$\text{참값} = \frac{0.8}{1 + \frac{2}{100}} \fallingdotseq 0.784[\text{kW}]$$

정답

0.78[kW]

10

3ϕ 1회선 선간전압 22.9[kV], 주파수 60[Hz], 선로의 길이 50[km]인 지중전선로가 있다. 이 지중전선로의 3상 무부하 충전용량[kVA]을 구하시오(단, 케이블의 1선당 작용 정전용량은 0.01[μF/km]라고 한다).

해설

$$Q_c = 3\omega CE^2$$

$$= 3 \times 2\pi \times 60 \times 0.01 \times 10^{-6} \times 50 \times \left(\frac{22{,}900}{\sqrt{3}}\right)^2 \times 10^{-3}$$

$$\fallingdotseq 98.8489[\text{kVA}]$$

정답

98.85[kVA]

11

$i(t) = 100 + 50\sqrt{2}\sin\omega t + 20\sqrt{2}\sin\left(3\omega t + \frac{\pi}{6}\right)$[A]로 표현되는 비정현파 전류의 실횻값은 약 몇 [A]인가?

해설

$$I = \sqrt{I_0^{\ 2} + I_1^{\ 2} + I_3^{\ 2}}$$
$$= \sqrt{100^2 + 50^2 + 20^2}$$
$$\fallingdotseq 113.578[\text{A}]$$

정답

113.58[A]

12

60[Hz] 154[kV] 3ϕ 송전선이 강심알루미늄연선으로 직경 1.6[cm], 기온 30[℃], 등가선간거리 400[cm]의 정삼각형으로 배치되어 있다. 다음 물음에 답하시오(단, 25[℃] 기준으로 기압은 760[mmHg], 공기상대밀도는 1이고, 날씨계수 $m_0 = 1$, 표면계수 $m_1 = 0.85$이다).

(1) 코로나 임계전압[kV]을 구하시오.

(2) 코로나 손실[kW/km/선]을 구하시오.

해설

공기상대밀도 $\delta = \frac{b}{760} \times \frac{273+25}{273+t} = \frac{760}{760} \times \frac{273+25}{273+30} \fallingdotseq 0.983$

(1) $E_0 = 24.3 m_0 m_1 \delta d \log_{10}\frac{D}{r}[\text{kV}]$

$$= 24.3 \times 1 \times 0.85 \times 0.983 \times 1.6 \times \log_{10}\frac{400}{0.8} \fallingdotseq 87.679[\text{kV}]$$

(2) $P_c = \frac{241}{\delta}(f+25)\sqrt{\frac{d}{2D}}(E - E_0)^2 \times 10^{-5}[\text{kW/km/선}]$

$$= \frac{241}{0.983}(60+25)\sqrt{\frac{1.6}{2 \times 400}}\left(\frac{154}{\sqrt{3}} - 87.68\right)^2 \times 10^{-5}$$
$$\fallingdotseq 0.0141[\text{kW/km/선}]$$

정답

(1) 87.68[kV]

(2) 0.01[kW/km/선]

13 그림에서 B점의 차단기 용량을 100[MVA]로 제한하기 위한 한류 리액터의 리액턴스는 몇 [%]인가?(단, 20[MVA]를 기준으로 한다)

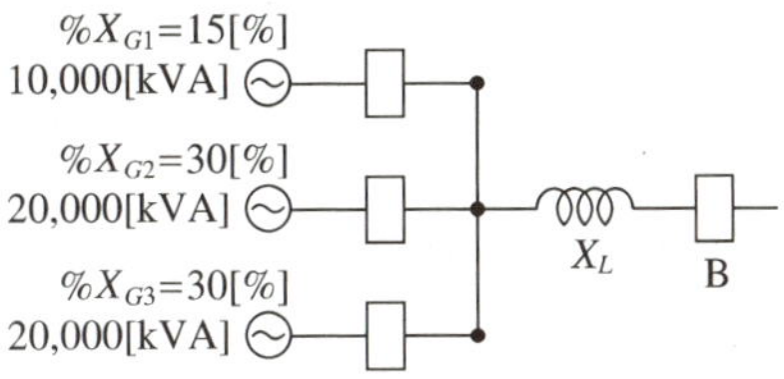

해설

$$\%X_{G1} = \frac{20}{10} \times 15 = 30[\%]$$

$$\%X_{G2} = \frac{20}{20} \times 30 = 30[\%]$$

$$\%X_{G3} = \frac{20}{20} \times 30 = 30[\%]$$

$$\text{합성}\%X_G = \frac{30}{3} = 10[\%]$$

$$P_s = \frac{100}{\%X} P_n$$

$$100 = \frac{100}{10 + X_L} \times 20$$

정답

$X_L = 10[\%]$

14 ALTS의 명칭 및 용도에 대하여 쓰시오.

정답

- 명칭 : 자동부하전환개폐기
- 용도 : 수용가에 이중전원으로 전력을 공급받을 때 주전원 정전 시 또는 기준 전압 이하로 떨어진 경우 예비전원으로 자동전환하는 장치

15 피뢰시스템 적용범위 3가지를 쓰시오.

정답

- 전기전자설비가 설치된 건축물·구조물로서 낙뢰로부터 보호가 필요한 것 또는 지상으로부터 높이가 20[m] 이상인 것
- 전기설비 및 전자설비 중 낙뢰로부터 보호가 필요한 설비
- 고압 및 특고압 전기설비

16 다음 등전위본딩도체에 대하여 빈칸에 들어갈 굵기를 쓰시오.

주접지단자에 접속하기 위한 등전위본딩도체는 설비 내 가장 큰 보호도체 $A \times \frac{1}{2}$ 이상이며 다음 단면적 이상일 것

구 리	알루미늄	강 철	보호본딩도체의 최대단면적(구리 도체)
(①) [mm^2]	(②) [mm^2]	(③) [mm^2]	(④) [mm^2] 이하

정답

① 6
② 16
③ 50
④ 25

17 다음 전동기 3대에 대한 동작설명이다. 이를 참고하여 유접점 회로와 타임차트를 완성하시오.

[동작설명]

- PB_1을 누르면 MC_1 여자, RL 점등, T_1 여자되며, 이때 X가 여자될 준비를 한다.
- t_1초 후 MC_2 여자, YL 점등, T_2 여자된다.
- t_2초 후 MC_3 여자, GL 점등한다.
- PB_2를 누르면 X 여자, T_3, T_4 여자, MC_3 소자, GL 소등한다.
- t_3초 후 MC_2 소자, YL 소등한다.
- t_4초 후 MC_1 소자, RL 소등한다.
- EOCR이 동작하여 모든 회로가 차단되며, PB_0를 누르면 정지한다.

(1) 시퀀스도

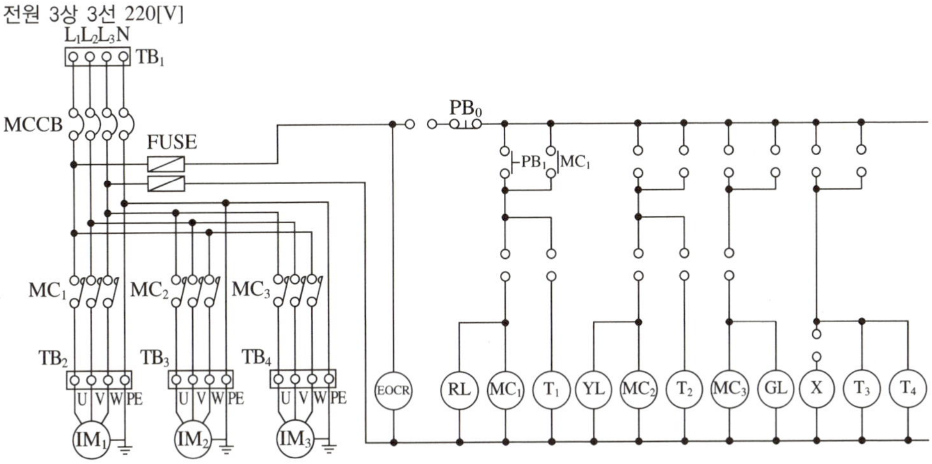

(2) 타임차트

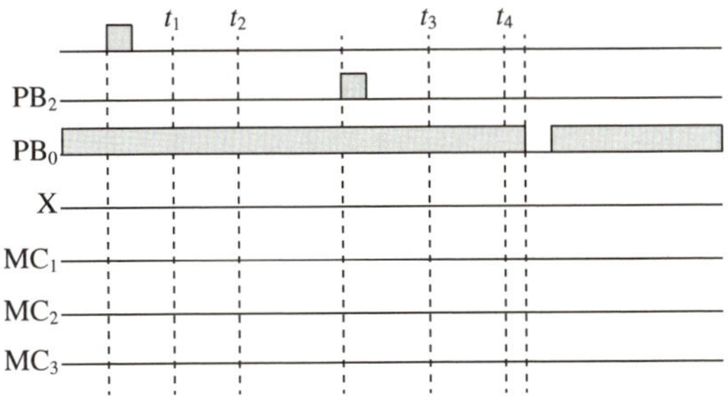

정답

(1)

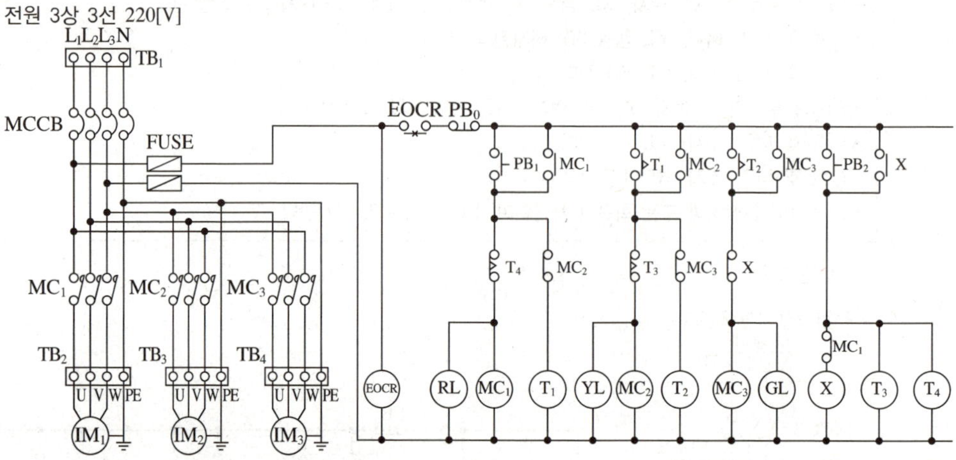

전원 3상 3선 220[V]
L1L2L3N
TB1
MCCB
FUSE
EOCR PB0
PB1
MC1
T1
MC2
T2
MC3
PB2
X
T4
MC2
T3
MC3
X
MC1
MC1
MC2
MC3
TB2
TB3
TB4
U V W PE
U V W PE
U V W PE
IM1
IM2
IM3
EOCR
RL
MC1
T1
YL
MC2
T2
MC3
GL
X
T3
T4

(2)

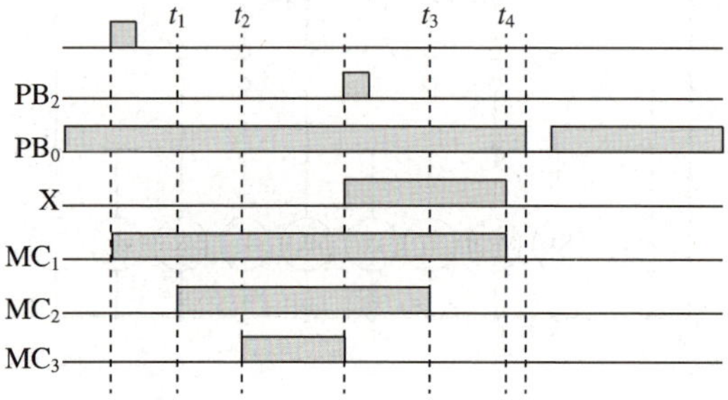

t1
t2
t3
t4
PB2
PB0
X
MC1
MC2
MC3

전기기사 2021년 제3회 기출복원문제

01 보호장치의 동작시간이 0.5초이고, 고장전류의 실횻값이 25[kA]인 경우 보호도체의 최소단면적 [mm^2]을 구하시오(단, 보호도체는 동선으로 사용하고, 자동차단시간이 5초 이내인 경우 사용되는 경우에는 온도계수 $k=159$로 적용한다).

해설

$$S=\frac{\sqrt{I^2t}}{k}$$

여기서, S : 단면적[mm^2]

I : 고장전류의 실횻값[A]

t : 보호장치의 동작시간[s]

k : 온도계수

$$S=\frac{\sqrt{25{,}000^2\times 0.5}}{159}=111.18[mm^2]$$

정답

120[mm^2]

※ KEC 규격

02 계측장비를 주기적으로 교정하는 권장교정 및 시험주기의 빈칸을 쓰시오.

구 분		권장교정 및 시험주기[년]
계측장비 교정	절연내력시험기	(①)
	절연유내압시험기	(②)
	계전기시험기	(③)
	적외선열화상카메라	(④)
	전원품질분석기	(⑤)

정답

① 1[년]
② 1[년]
③ 1[년]
④ 1[년]
⑤ 1[년]

03 선간전압 220[V], 역률 80[%], 용량 250[kW]를 6펄스 3상 UPS로 공급 중일 때 각 물음에 답하시오(단, 제5고조파 저감계수 $k = 0.6$이다).

(1) 기본파 전류

(2) 제5고조파 전류

해설

(1) $I = \dfrac{P}{\sqrt{3}\,V\cos\theta} = \dfrac{250 \times 10^3}{\sqrt{3} \times 220 \times 0.8} \fallingdotseq 820.0998[\text{A}]$

(2) 제5고조파 전류 $I_5 = \dfrac{I_n}{n} \times k = \dfrac{820.1}{5} \times 0.6 = 98.412[\text{A}]$

정답

(1) 820.1[A]

(2) 98.41[A]

04 설계감리원은 필요한 경우, 필요서류를 구비하고 그 세부양식은 발주자의 승인을 받아 설계감리 과정을 기록하여야 하며, 설계감리완료와 동시에 발주자에게 제출하여야 하는 서류 종류 5가지를 쓰시오.

정답

- 설계감리일지
- 설계감리지시부
- 설계감리기록부
- 설계감리요청서
- 설계자와 협의사항기록부

05 그림의 표시와 같이 AB 간 400[m]는 100[mm^2], BC 간 500[m]는 200[mm^2]. CD 간 650[m]는 325[mm^2]인 3상 전력케이블에서 1선 지락사고가 발생하여 A점에서 머레이 루프법으로 고장점을 찾으려고 그림과 같이 휘트스톤 브리지의 원리를 이용하였다. A점에서부터 몇 [m]인 지점에서 1선 지락사고가 발생하였는가?(단, a의 저항이 400[Ω]이고, b의 저항은 600[Ω]이다)

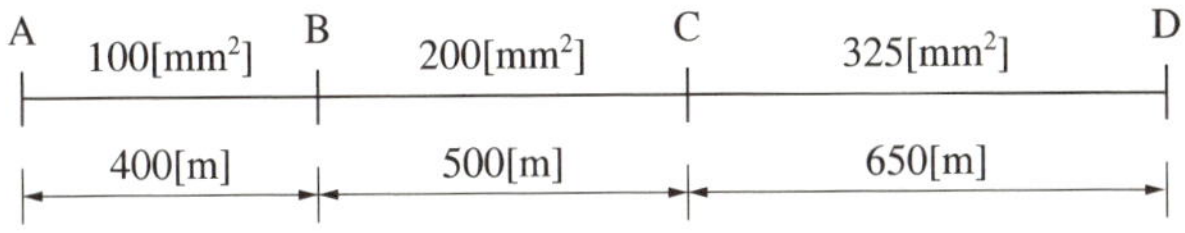

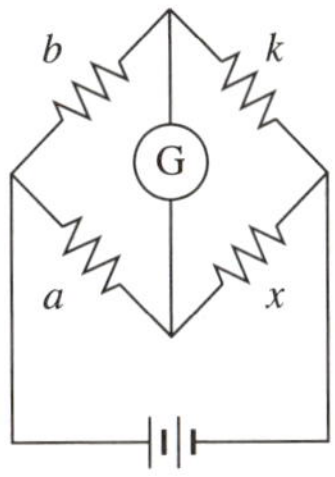

해설

먼저 케이블의 저항값을 구한다. 전선의 저항은 단면적에 반비례하므로

- 100[mm^2] 1[m]당 저항값을 1[Ω]을 기준으로 한다.

  ∴ 400[m]×1[Ω]=400[Ω]

- 200[mm^2] 1[m]당 저항값은 $1\times\frac{100}{200}=0.5$[Ω]

  ∴ 500[m]×0.5[Ω]=250[Ω]

- 325[mm^2] 1[m]당 저항값은 $1\times\frac{100}{325}\fallingdotseq 0.3077$[Ω]

  ∴ 650[m]×0.3077[Ω]≒200[Ω]

왕복선 케이블의 저항값은 $(400+250+200)\times 2=1{,}700$[Ω]이므로 휘트스톤 브리지 회로를 그리면 다음과 같다.

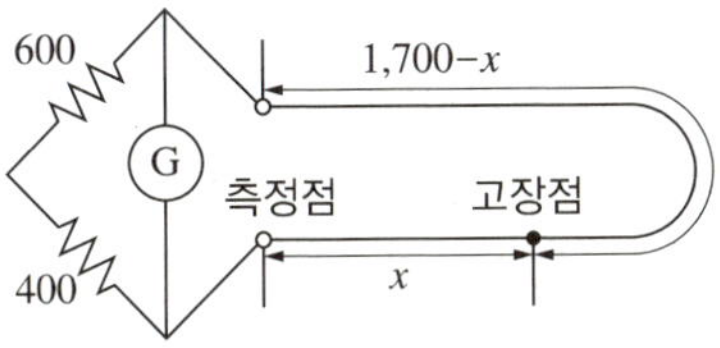

휘트스톤 브리지의 원리에 의하여 평형식을 세우면

$600x=400\times(1{,}700-x)$에서 $x=680$[Ω]

고장점까지의 저항값은 680[Ω]이고, 처음 400[m]까지는 400[Ω], 900[m]까지는 650[Ω]이므로

$680-650=30$[Ω]은 325[mm^2] 구간이다.

$30\div 0.3077=97.5$[m]

∴ $400+500+97.5=997.5$[m] 지점에서 지락사고가 났다.

정답

997.5[m]

06 어떤 공장의 어느 날 부하실적이 1일 사용전력량 200[kWh]이며, 1일의 최대전력이 12[kW]이고, 최대전력일 때의 전류값이 33[A]이었을 경우 다음 각 물음에 답하시오(단, 이 공장은 220[V], 11[kW]인 3상 유도전동기를 부하설비로 사용한다).

(1) 일부하율은 몇 [%]인가?

(2) 최대공급전력일 때의 역률은 몇 [%]인가?

해설

(1) $부하율 = \frac{평균전력[kW]}{최대전력[kW]} \times 100[\%]$

$= \frac{200}{24 \times 12} \times 100 ≒ 69.44$

(2) $\cos\theta = \left(\frac{P}{\sqrt{3}\,VI}\right) \times 100 = \frac{12 \times 10^3}{\sqrt{3} \times 220 \times 33} \times 100 ≒ 95.429$

정답

(1) 69.44[%]

(2) 95.43[%]

07 다음과 같은 배전선로가 있다. 이 선로의 전력손실은 몇 [kW]인지 계산하시오.

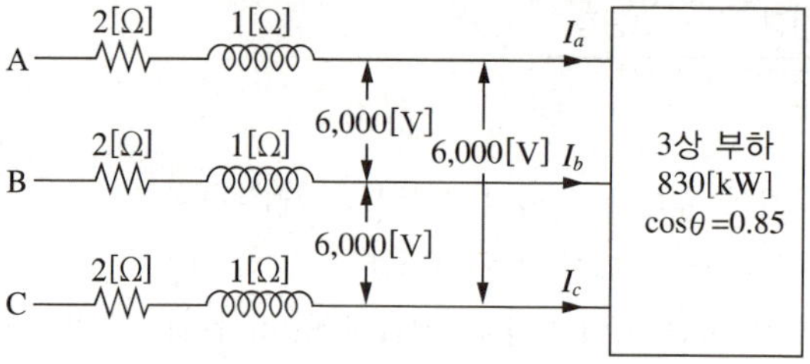

해설

$$P_l = \{3I^2R\} \times 10^{-3} = \left\{3\left(\frac{P}{\sqrt{3}\,V\cos\theta}\right)^2 \cdot R\right\} \times 10^{-3}$$

$$= \left\{3\left(\frac{830 \times 10^3}{\sqrt{3} \times 6{,}000 \times 0.85}\right)^2 \times 2\right\} \times 10^{-3} ≒ 52.972$$

정답

52.97[kW]

08 주어진 Impedance Map과 조건을 이용하여 다음 각 물음의 계산과정과 답을 쓰시오.

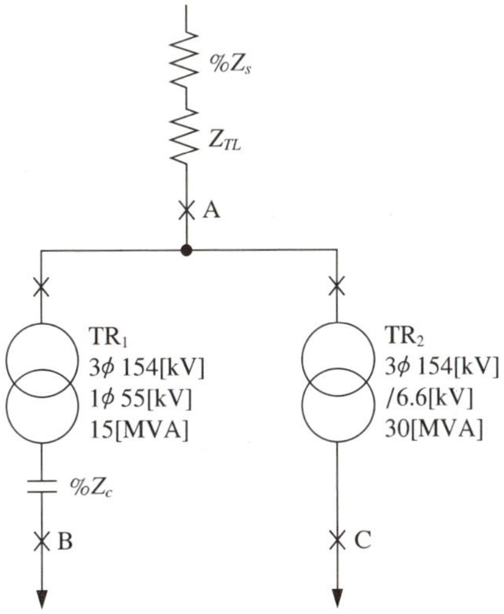

[조 건]

- $\%Z_S$: 한전 s/s의 154[kV] 인출 측의 전원 측 정상 임피던스 1.2[%](100[MVA] 기준)
- Z_{TL} : 154[kV] 송전선로의 임피던스 1.83[Ω]
- $\%Z_{TR1}$: 10[%](15[MVA] 기준)
- $\%Z_{TR2}$: 10[%](30[MVA] 기준)
- $\%Z_C$: 50[%](100[MVA] 기준)

(1) 100[MVA] 기준으로 %임피던스를 구하시오.

① $\%Z_{TL}$

② $\%Z_{TR1}$

③ $\%Z_{TR2}$

(2) 합성 %임피던스를 구하시오.

① $\%Z_A$

② $\%Z_B$

③ $\%Z_C$

(3) A, B, C 각 점에서 차단기의 차단전류는 몇 [kA]가 되겠는가?(단, 비대칭분을 고려한 상승계수는 1.6으로 한다)

① I_A

② I_B

③ I_C

정답

(1) ① [계산과정]

$$\%Z_{TL} = \frac{Z \cdot P}{10V^2} = \frac{1.83 \times 100 \times 10^3}{10 \times 154^2} \fallingdotseq 0.77[\%]$$

[답] 0.77[%]

② [계산과정]

$$\%Z_{TR1} = 10[\%] \times \frac{100}{15} \fallingdotseq 66.67[\%]$$

[답] 66.67[%]

③ [계산과정]

$$\%Z_{TR2} = 10[\%] \times \frac{100}{30} \fallingdotseq 33.33[\%]$$

[답] 33.33[%]

(2) ① [계산과정]

$$\%Z_A = \%Z_S + \%Z_{TL} = 1.2 + 0.77 = 1.97[\%]$$

[답] 1.97[%]

② [계산과정]

$$\%Z_B = \%Z_S + \%Z_{TL} + \%Z_{TR1} - \%Z_C = 1.2 + 0.77 + 66.67 - 50 = 18.64[\%]$$

[답] 18.64[%]

③ [계산과정]

$$\%Z_C = \%Z_S + \%Z_{TL} + \%Z_{TR2} = 1.2 + 0.77 + 33.33 = 35.3[\%]$$

[답] 35.3[%]

(3) ① [계산과정]

$$I_A = \frac{100}{\%Z_A} I_n = \frac{100}{1.97} \times \frac{100 \times 10^3}{\sqrt{3} \times 154} \times 1.6 \times 10^{-3} \fallingdotseq 30.45[\text{kA}]$$

[답] 30.45[kA]

② [계산과정]

$$I_B = \frac{100}{\%Z_B} I_n = \frac{100}{18.64} \times \frac{100 \times 10^3}{55} \times 1.6 \times 10^{-3} \fallingdotseq 15.61[\text{kA}]$$

[답] 15.61[kA]

③ [계산과정]

$$I_C = \frac{100}{\%Z_C} I_n = \frac{100}{35.3} \times \frac{100 \times 10^3}{\sqrt{3} \times 6.6} \times 1.6 \times 10^{-3} \fallingdotseq 39.65[\text{kA}]$$

[답] 39.65[kA]

09

3상 송전선의 각 선의 전류가 $I_a = 220 + j50[\text{A}]$, $I_b = -150 - j300[\text{A}]$, $I_c = -50 + j150[\text{A}]$일 때 이것과 병행으로 가설된 통신선에 유기되는 전자 유도전압의 크기는 약 몇 [V]인가?(단, 송전선과 통신선 사이의 상호 임피던스는 15[Ω]이다)

해설

$$E_m = j\omega Ml(I_a + I_b + I_c) = j15(220 + j50 - 150 - j300 - 50 + j150) = 1{,}500 + j300$$
$$= \sqrt{1{,}500^2 + 300^2} \fallingdotseq 1{,}529.706$$

정답

1,529.71[V]

10

부하의 역률개선에 대한 다음 각 물음에 답하시오.

(1) 역률을 개선하는 원리를 간단히 설명하시오.

(2) 부하설비의 역률이 저하하는 경우 수용기가 볼 수 있는 손해를 두 가지만 쓰시오.

(3) 어느 공장의 3상 부하가 30[kW]이고, 역률이 65[%]이다. 이것을 역률 90[%]로 개선하려면 전력용 콘덴서는 몇 [kVA]가 필요한가?

해설

(3) $Q_c = 30\left(\dfrac{\sqrt{1-0.65^2}}{0.65} - \dfrac{\sqrt{1-0.9^2}}{0.9}\right) \fallingdotseq 20.54[\text{kVA}]$

정답

(1) 전류가 전압에 위상이 앞서므로 진상전류를 흘려줌으로써 무효전력을 감소시켜 역률을 개선한다.

(2) • 전력손실이 커진다.
• 전압강하가 커진다.

(3) 20.54[kVA]

11

사용전압은 3상 380[V]이고, 주파수는 60[Hz]의 1[kVA]의 전력용 콘덴서를 설치하고자 할 때 필요한 콘덴서의 정전용량[μF]을 선정하시오(단, 표준용량은 10, 15, 20, 30, 50[μF]이다).

해설

$$Q_c = 3\omega CE^2$$

$$C = \frac{Q_c}{3\omega E^2} = \frac{1\times 10^3}{3\times(2\pi\times 60)\times\left(\frac{380}{\sqrt{3}}\right)^2}\times 10^6 \fallingdotseq 18.37[\mu\text{F}]$$

정답

20[μF]

12

△–Y결선방식의 주변압기 보호에 사용되는 비율차동계전기의 간략화한 회로도이다. 주변압기 1차 및 2차 측 변류기(CT)의 미결선된 2차 회로를 완성하시오.

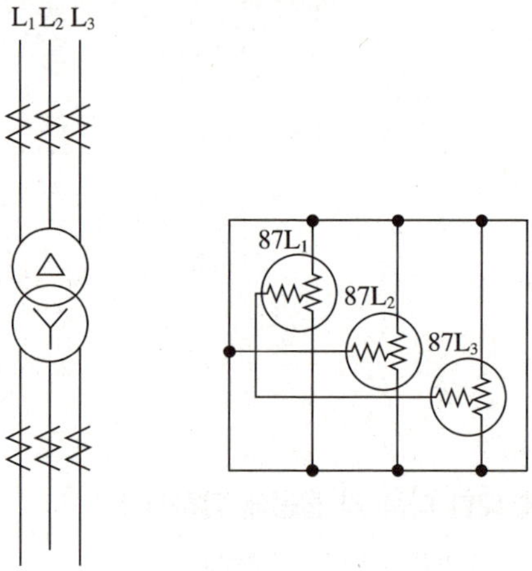

정답

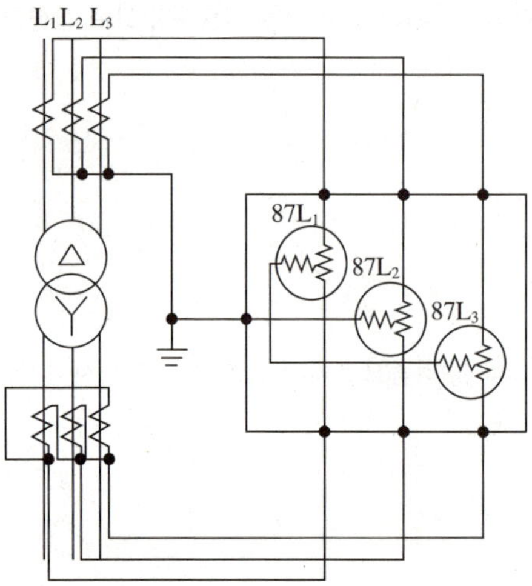

13 그림과 주어진 조건 및 참고표를 이용하여 3상 단락용량, 3상 단락전류, 차단기의 차단용량 등을 계산하시오.

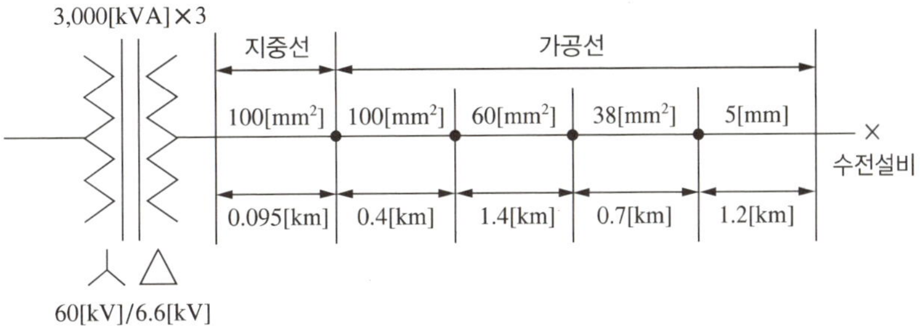

> [조 건]
>
> 수전설비 1차 측에서 본 1상당의 합성임피던스 $\%X_G = 1.5[\%]$ 이고, 변압기 명판에는 7.4[%]/ 3,000[kVA] (기준용량은 10,000[kVA])이다.

표1. 유입차단기 정격차단용량

정격전압[V]	정격차단용량 표준치(3상 [MVA])						
3,600	10	25	50	(75)	100	150	250
7,200	25	50	(75)	100	150	(200)	250

표2. 가공전선로(경동선) %임피던스

배선 방식	선의 굵기 / %R, X	%R, X의 값은 [%/km]									
		100	80	60	50	38	30	22	14	5[mm]	4[mm]
3상 3선 3[kV]	%R	16.5	21.1	27.9	34.8	44.8	57.2	75.7	119.15	83.1	127.8
	%X	29.3	30.6	31.4	32.0	32.9	33.6	34.4	35.7	35.1	36.4
3상 3선 6[kV]	%R	4.1	5.3	7.0	8.7	11.2	18.9	29.9	29.9	20.8	32.5
	%X	7.5	7.7	7.9	8.0	8.2	8.4	8.6	8.7	8.8	9.1
3상 4선 5.2[kV]	%R	5.5	7.0	9.3	11.6	14.9	19.1	25.2	39.8	27.7	43.3
	%X	10.2	10.5	10.7	10.9	11.2	11.5	11.8	12.2	12.0	12.4

[주] 3상 4선식, 5.2[kV]선로에서 전압선 2선, 중앙선 1선인 경우 단락용량의 계획은 3상 3선식 3[kV] 시에 따른다.

표3. 지중케이블 전로의 %임피던스

배선 방식	선의 굵기 / %R, X	%R, X의 값은 [%/km]											
		250	200	150	125	100	80	60	50	38	30	22	14
3상 3선 3[kV]	%R	6.6	8.2	13.7	13.4	16.8	20.9	27.6	32.7	43.4	55.9	118.5	
	%X	5.5	5.6	5.8	5.9	6.0	6.2	6.5	6.6	6.8	7.1	8.3	
3상 3선 6[kV]	%R	1.6	2.0	2.7	3.4	4.2	5.2	6.9	8.2	8.6	14.0	29.6	
	%X	1.5	1.5	1.6	1.6	1.7	1.8	1.9	1.9	1.9	2.0	–	
3상 4선 5.2[kV]	%R	2.2	2.7	3.6	4.5	5.6	7.0	9.8	14.5	14.5	18.6	–	
	%X	2.0	2.0	2.1	2.2	2.3	2.3	2.4	2.6	2.6	2.7	–	

[주] 1. 3상 4선식, 5.2[kV]전로의 $\%R$, $\%X$의 값은 6[kV] 케이블을 사용한 것으로서 계산한 것이다.
2. 3상 3선식 5.2[kV]에서 전압선 2선, 중앙선 1선의 경우 단락용량의 계산은 3상 3선식 3[kV] 전로에 따른다.

(1) 수전설비에서의 합성 %임피던스를 계산하시오.

(2) 수전설비에서의 3상 단락전류를 계산하시오.

(3) 수전설비에서의 3상 단락용량을 계산하시오.

(4) 수전설비에서의 정격차단용량을 계산하고, 표에서 적당한 용량을 찾아 선정하시오.

해설

(1) 변압기 $\%X = \frac{10,000}{3,000} \times 7.4 ≒ 24.6667 ≒ j24.67$

발전기 $\%G = j1.5$

지중권(100[mm²]) $\%Z_l = (4.2 \times 0.095) + j(1.7 \times 0.095) = 0.399 + j0.1615$

가공선(100[mm²]) $\%Z_l = (4.1 \times 0.4) + j(7.5 \times 0.4) = 1.64 + j3$

가공선(60[mm²]) $\%Z_l = (7 \times 1.4) + j(7.9 \times 1.4) = 9.8 + j11.06$

가공선(38[mm²]) $\%Z_l = (11.2 \times 0.7) + j(8.2 \times 0.7) = 7.84 + j5.74$

가공선(5[mm]) $\%Z_l = (20.8 \times 1.2) + j(8.8 \times 1.2) = 24.96 + j10.56$

합성 $\%Z = j24.67 + j1.5 + 0.399 + j0.1615 + 1.64 + j3 + 9.8 + j11.06 + 7.84 + j5.74 + 24.96 + j10.56$

$= 44.639 + j56.6915 = \sqrt{44.639^2 + 56.6915^2} ≒ 72.1565$

(2) 단락전류 $I_s = \frac{100}{\%Z} I_n = \frac{100}{72.16} \times \frac{10,000}{\sqrt{3} \times 6.6} ≒ 1,212.2688$

(3) 단락용량 $P_s = \frac{100}{\%Z} P_n = \frac{100}{72.16} \times 10,000 ≒ 13,858.093$

(4) 차단용량 $= \sqrt{3}\, VI_s = \sqrt{3} \times 7.2 \times 1,212.27 \times 10^{-3} ≒ 15.1179$

여기서, $V = 6.6 \times \frac{1.2}{1.1} = 7.2$[kV]

정답

(1) 72.16[%]

(2) 1,212.27[A]

(3) 13,858[kVA]

(4) 25[MVA]

14 송전단 전압이 3,300[V]인 변전소로부터 6[km] 떨어진 곳까지 지중으로 역률 0.9(지상) 600[kW]의 3상 동력부하에 전력을 공급할 때 케이블의 허용전류(또는 안전전류) 범위 내에서 전압강하가 10[%]를 초과하지 않는 케이블을 다음 표에서 선정하시오(단, 도체(동선)의 고유저항은 1/55[Ω · mm^2/m]로 하고 케이블의 정전용량 및 리액턴스 등은 무시한다).

규격[mm^2]																		
1.5	2.5	4	6	10	16	25	35	50	70	95	120	150	185	240	300	400	500	630

해설

$$\delta = \frac{V_s - V_r}{V_r} \times 100$$

$$10 = \frac{3,300 - V_r}{V_r} \times 100$$

$$V_r = 3,000$$

$$e = V_s - V_r = 300[\mathrm{V}]$$

$$I = \frac{P}{\sqrt{3}\, V_r \cos\theta} = \frac{600 \times 10^3}{\sqrt{3} \times 3,000 \times 0.9} \fallingdotseq 128.3[\mathrm{A}]$$

리액턴스 무시이므로 $e = \sqrt{3}\, IR\cos\theta$ 에서

$$R = \frac{300}{\sqrt{3} \times 128.3 \times 0.9} = 1.5[\Omega]$$

$R = \rho\frac{l}{A}$ 에서

$$A = \rho\frac{l}{R} = \frac{1}{55} \times \frac{6 \times 10^3}{1.5} \fallingdotseq 72.727[\mathrm{mm}^2]$$

정답

95[mm^2]

15 가로 20[m], 폭 10[m], 사무실의 조명설계를 하려고 한다. 작업면에서 광원까지의 높이는 3.85[m], 실내 평균 조도는 100[lx], 조명률은 0.5, 유지율은 0.7이며, 40[W]의 백색 형광등(광속 2,500[lm])을 사용한다(단, 설계 시 등기구의 표시는 KS 심벌을 사용하고 40[W]×2를 사용하도록 하며, 배치 시 등기구의 중심과 중심 간, 등기구 중심과 벽 간의 치수를 기입하도록 한다).

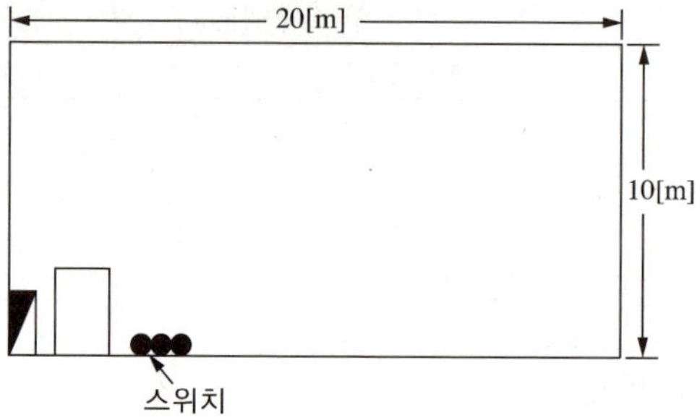

(1) 소요 등기구수를 계산하시오.

(2) 적절한 배치도를 주어진 답안지에 설계하시오.

해설

(1) 등기구수

$$N = \frac{EAD}{FU} = \frac{100 \times 20 \times 10 \times \dfrac{1}{0.7}}{2{,}500 \times 2 \times 0.5} ≒ 11.43[\text{등}]$$

정답

(1) 40[W]×2, 12[등]

(2) • 등간격 $S \leq 1.5H$

$\therefore\ S \leq 1.5 \times 3.85 = 5.78[\text{m}]$

• 등과 벽 사이의 간격 $S_1 \leq 0.5H$

$\therefore\ S_1 \leq 0.5 \times 3.85 = 1.93[\text{m}]$

• 배치도

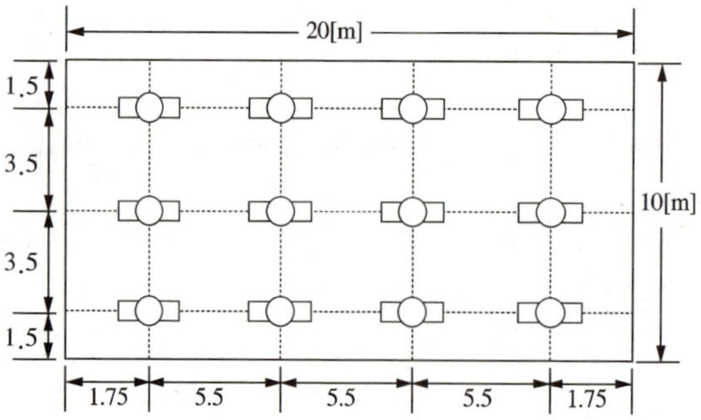

16 램프 L을 두 곳에 점멸할 수 있는 회로이다. 다음 물음에 답하시오.

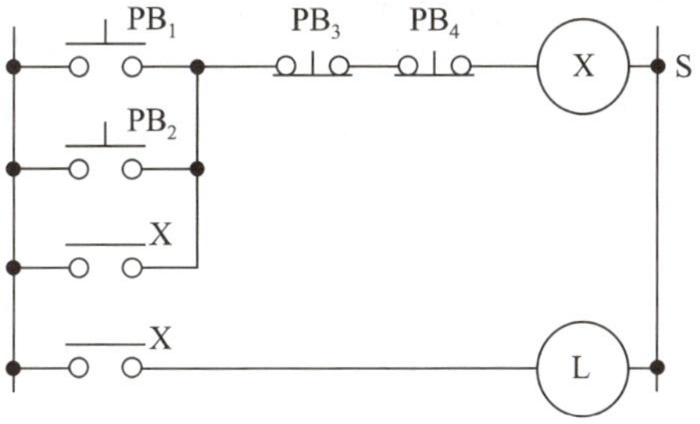

(1) X, L의 식을 쓰시오.

(2) 답안지의 무접점 회로를 완성하시오.

(3) PLC 프로그램을 완성하시오(4번부터 10번까지).

단, 1. STR : 입력 A접점(신호)

2. STRN : 입력 B접점(신호)

3. AND : AND A접점

4. ANDN : AND B접점

5. OR : OR A접점

6. ORN : OR B접점

7. OB : 병렬 접속점

8. X : 외부신호(접점)

9. Y : 내부신호(접점)

10. W : 각 번지 끝

11. OUT : 출력

12. END : 끝

프로그램번지 (어드레스)	명령어	데이터	비 고
01	STR	X PB_1	W
02	STR	X PB_2	W
03	OB		W
04			W
05			W
06			W
07			W
08			W
09			W
10			W
11	END		W

정답

(1) $X = (PB_1 + PB_2 + X) \cdot \overline{PB_3} \cdot \overline{PB_4}$

$L = X$

(2)

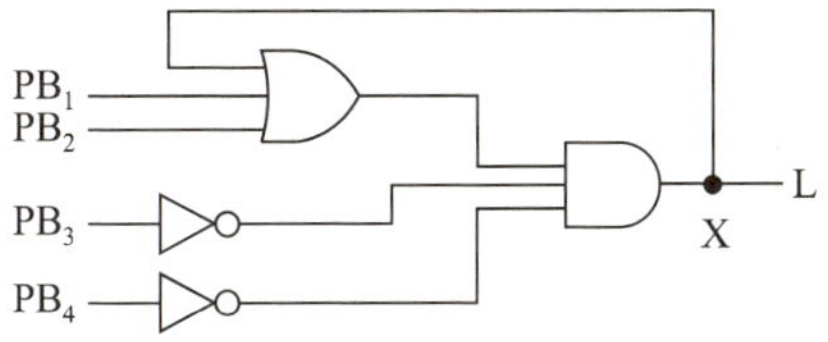

(3)

프로그램번지 (어드레스)	명령어	데이터
04	STR	Y X
05	OB	
06	ANDN	X PB_3
07	ANDN	X PB_4
08	OUT	X
09	STR	Y X
10	OUT	L

17 어느 빌딩에 다음과 같은 부하의 종류와 특성을 이용하여 디젤발전기 용량을 산출하려고 한다. 다음 표를 완성하여 발전기 용량[kVA]을 선정하시오.

부하의 종류	출력[kW]	극수(극)	대수(대)	적용부하	기동방법
전동기	37	6	1	소화전 펌프	리액터 기동
	22	6	2	급수 펌프	리액터 기동
	7.5	6	2	배풍기	Y-△ 기동
	5.5	4	1	배수 펌프	직입 기동
전등, 기타	50	–	–	비상조명	–

[조 건]

- 참고자료의 수치는 최소치이다.
- 전동기 기동 시에 필요한 용량은 무시한다.
- 수용률 적용
  - 전동기 : 부하에 대한 전동기의 대수가 1대인 경우에는 100[%], 2대인 경우에는 75[%]를 적용한다.
  - 전등, 기타 : 100[%]를 적용한다.
- 부하의 종류가 전등, 기타인 경우의 역률은 100을 적용한다.
- 자가용 디젤발전기 용량은 50, 100, 150, 200, 300, 400, 500에서 선정한다(단위 : [kVA]).

[참고자료] 전동기 전부하 특성표

정격출력 [kW]	극수	동기회전 속도 [rpm]	전부하특성		참고값		
			역률 Pf[%]	효율 η[%]	무부하 I_0 (각 상의 평균치)[A]	전부하전류 I (각 상의 평균치)[A]	전부하슬립 s[%]
0.75	2	3,600	77.0 이상	70.0 이상	1.9	3.5	7.5
1.5			80.5 이상	76.5 이상	3.1	6.3	7.5
2.2			81.5 이상	79.5 이상	4.2	8.7	6.5
3.7			82.5 이상	82.5 이상	6.3	14.0	6.0
5.5			79.5 이상	84.5 이상	10.0	20.9	6.0
7.5			80.5 이상	85.5 이상	12.7	28.2	6.0
11			82.0 이상	86.5 이상	16.4	40.0	5.5
15			82.5 이상	88.0 이상	21.8	53.6	5.5
18.5			83.0 이상	88.0 이상	26.4	65.5	5.5
22			83.5 이상	89.0 이상	30.9	76.4	5.0
30			84.0 이상	89.0 이상	40.9	102.7	5.0
37			84.5 이상	90.0 이상	50.0	125.5	5.0
0.75	4	1,800	70.0 이상	71.5 이상	2.5	3.8	8.0
1.5			75.0 이상	78.0 이상	3.9	6.6	7.5
2.2			77.0 이상	81.0 이상	5.0	9.1	7.0
3.7			78.0 이상	83.0 이상	8.2	14.6	6.5
5.5			77.0 이상	85.0 이상	11.8	21.8	6.0
7.5			78.0 이상	86.0 이상	14.5	29.1	6.0
11			79.0 이상	87.0 이상	20.9	40.9	6.0
15			79.5 이상	88.0 이상	26.4	55.5	5.5
18.5			80.0 이상	88.5 이상	31.8	67.3	5.5

정격출력 [kW]	극수	동기회전속도 [rpm]	전부하특성		참고값		
			역률 Pf[%]	효율 η[%]	무부하 I_0 (각 상의 평균치)[A]	전부하전류 I (각 상의 평균치)[A]	전부하슬립 s[%]
22	4	1,800	80.5 이상	89.0 이상	36.4	78.2	5.5
30			81.5 이상	89.5 이상	47.3	105.5	5.5
37			81.5 이상	90.0 이상	56.4	129.1	5.5
0.75	6	1,200	63.0 이상	70.0 이상	3.1	4.4	8.5
1.5			69.0 이상	76.0 이상	4.7	7.3	8.0
2.2			71.0 이상	79.5 이상	6.2	10.1	7.0
3.7			73.0 이상	82.5 이상	9.1	15.8	6.5
5.5			72.0 이상	84.5 이상	13.6	23.6	6.0
7.5			73.0 이상	85.5 이상	17.3	30.9	6.0
11			74.5 이상	86.5 이상	23.6	43.6	6.0
15			75.5 이상	87.5 이상	30.0	58.2	6.0
18.5			76.0 이상	88.0 이상	37.3	71.8	5.5
22			77.0 이상	88.5 이상	40.0	82.7	5.5
30			78.0 이상	89.0 이상	50.9	111.8	5.5
37			78.5 이상	90.0 이상	65.0	145.0	5.0

[발전기 용량 선정]

부하의 종류	출력 [kW]	극 수	전부하 특성			수용률[%]	수용률을 적용한 [kVA]용량
			역률[%]	효율[%]	입력[kVA]		
전동기	37×1	6					
	22×2	6					
	7.5×2	6					
	5.5×1	4					
전등, 기타	50	–	100	–			
합 계	151.5	–	–	–		–	

정답

부하의 종류	출력 [kW]	극 수	전부하 특성			수용률[%]	수용률을 적용한 [kVA]용량
			역률[%]	효율[%]	입력[kVA]		
전동기	37×1	6	78.5	90.0	$P=\dfrac{37\times1}{0.785\times0.9}\fallingdotseq 52.37$	100	52.37
	22×2	6	77.0	88.5	$\dfrac{22\times2}{0.77\times0.885}\fallingdotseq 64.57$	75	48.43
	7.5×2	6	73.0	85.5	$\dfrac{7.5\times2}{0.73\times0.855}\fallingdotseq 24.03$	75	18.02
	5.5×1	4	77.0	85.0	$\dfrac{5.5\times1}{0.77\times0.85}\fallingdotseq 8.4$	100	8.4
전등, 기타	50	–	100	–	50	100	50
합 계	151.5	–	–	–	199.37	–	177.22

발전기의 용량 : 200[kVA]로 선정

TIP

- 정격출력과 극수를 꼭 확인하여 그 칸에 해당되는 것을 적용
- 입력$(P)=\dfrac{출력\times 대수}{역률\times 효율}$

※ 출력은 [kW]이므로 $\cos\theta$로 나누며 $\eta=\dfrac{출력}{입력}$이니 입력$=\dfrac{출력}{\eta}$이다.

18 그림과 같은 높이 3[m]의 가로등 A, B가 8[m]의 간격으로 배치되어 있고, 그 중앙에 P점에서 조도계를 A로 향하여 측정한 법선 조도가 1[lx], B를 향하여 측정한 법선 조도가 0.8[lx]라 한다. P점의 수평면 조도는 몇 [lx]인가?

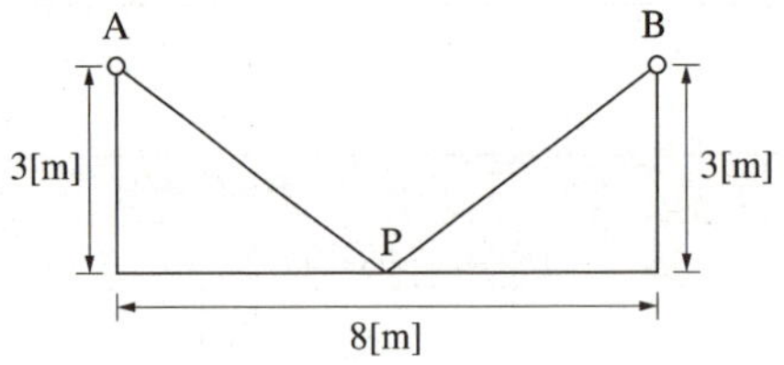

해설

P점의 수평면 조도 $E_P=E_A'+E_B'$에서

A등에 대한 수평면 조도 $E_A'=E_A\cos\theta$

B등에 대한 수평면 조도 $E_B'\,E_B'=E_B\cos\theta$이므로

P점의 수평면 조도 $E_P=E_A\cos\theta+E_B\cos\theta=1\times\dfrac{3}{5}+0.8\times\dfrac{3}{5}=1.08\,[\mathrm{lx}]$

정답

1.08[lx]

19 다음 동작사항을 읽고 미완성 시퀀스를 완성하시오.

[동작사항]

1. 주회로
   ① 보조회로의 PR1이 동작하면 PR1의 주접점이 붙으면서 M1 모터에 전원이 인가되어 동작한다.
   ② 보조회로의 PR2가 동작하면서 PR2의 주접점이 붙으면서 M2 모터에 전원이 인가되어 동작한다.
   ③ M1 모터나 혹은 M2 모터에 과전류가 흐르면 EOCR이 트립되어 보조회로가 초기화되면서 모터가 모두 정지된다.
2. 보조회로
   ① 차단기를 ON하면 EOCR에 전원이 바로 인가되어 EOCR(과전류 감시) 기능을 하기 시작하며, PLO 램프가 점등된다.
   ② PB1을 누르면
   - X1이 동작하면서 자기유지가 되고, TC가 온도감지를 하기 시작한다.
   - X1에 의해 PR1이 여자되어 M1 모터가 회전하고, PL2 램프가 점등된다.
   - TC가 동작하면 PR1이 소자되면서 M1 모터가 정지하고, T1이 동작한다.
   - T1의 설정시간이 되면 PR2가 여자되어 M2 모터가 회전하고, PL3 램프가 점등된다.
   - 동작 중 PB2를 누르면 모든 회로는 초기화된다.

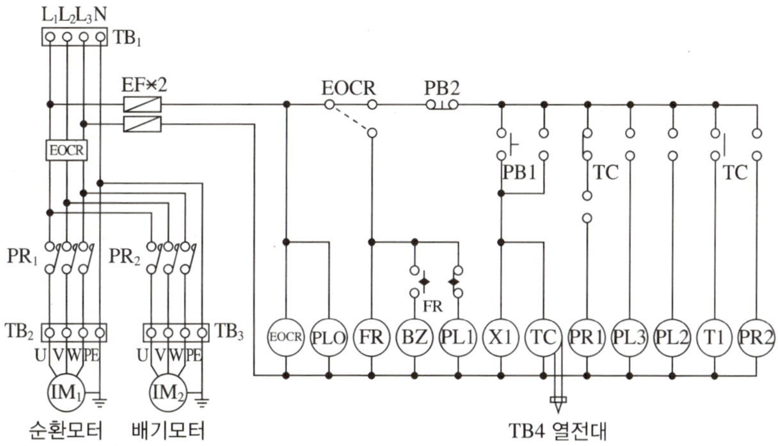

정답

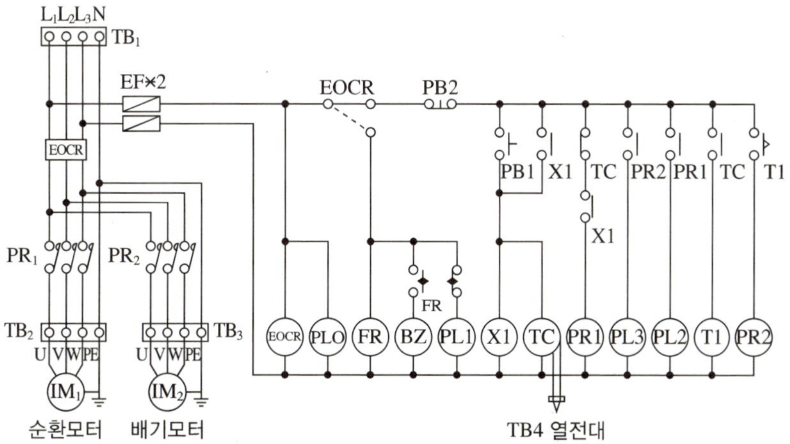

전기 산업기사 2021년 제1회 기출복원문제

01 다음 그림과 같은 차단장치에서 변압기 2차 측 내부고장 시 가장 먼저 개방되어야 할 기기의 명칭을 쓰시오.

정답

VCB(진공차단기)

02 케이블을 사용하여 시설하는 지중전선로의 매설방식에 대하여 물음에 답하시오.

(1) 매설방식 종류 3가지를 쓰시오.

(2) 관로식으로 매설할 경우 최소 매설깊이는 얼마인가?

(3) 지중전선로에서 직접매설식에 의하여 차량 및 기타 중량물의 압력을 받을 경우 매설깊이는 얼마인가?

정답

(1) • 직접매설식
• 관로식
• 암거식

(2) 1[m]

(3) 1[m]

03 공칭단면적 200[mm^2], 전선무게 0.334[kg/m], 전선의 외경 18.5[mm]인 경동연선을 경간 100[m]로 가설하는 경우의 이도는 약 몇 [m]인가?(단, 경동연선의 인장하중 1,480[kg], 풍압하중 0.608[kg/m], 안전율은 2.2이다)

해설

$$D=\frac{WS^2}{8T}=\frac{\sqrt{0.334^2+0.608^2}\times 100^2}{8\times\frac{1,480}{2.2}}\fallingdotseq 1.288[\mathrm{m}]$$

정답

1.29[m]

04 주차단기의 차단용량이 200[MVA]이고, 인입구의 전압이 22.9[kV]인 10[MVA], 22.9/3.3[kV] 변압기의 임피던스가 4.5[%]일 때 변압기 2차 측에 설치된 차단기용량을 다음 표에서 산정하시오.

차단기 정격용량[MVA]					
50	75	100	150	250	300

해설

기준용량 : 10[MVA]

전원 측 $\%Z=\frac{P_n}{P_s}\times 100=\frac{10}{200}\times 100=5[\%]$

변압기 $\%Z=4.5[\%]$

합성 $\%Z=5+4.5=9.5[\%]$

$P_s=\frac{100}{\%Z}P_n=\frac{100}{9.5}\times 10\fallingdotseq 105.263[\mathrm{MVA}]$

정답

150[MVA]

05 **공사진도율이 계획공정대비 월간 공정실적이 (①)[%] 이상 지연되거나 누계공정실적 (②) [%] 이상이 지연될 때 감리원은 공사업자에게 부진사유분석, 만회공정표, 만회대책을 수립하여 제출하도록 지시하여야 한다. ( ) 안에 알맞은 답을 쓰시오.**

정답

① 10[%]

② 5[%]

06 **예비전원설비에 이용되는 연축전지와 알칼리축전지에 대하여 다음 각 물음에 답하시오.**

(1) 연축전지와 비교할 때 알칼리축전지의 장점과 단점을 2가지씩 쓰시오.

(2) 연축전지와 알칼리축전지 공칭전압은 몇 [V]인가?

(3) 축전지의 일상적인 충전방식 중 부동충전방식을 간단히 설명하시오.

(4) 연축전지의 정격용량이 200[Ah]이고, 상시부하가 15[kW]이며 표준전압이 100[V]인 부동충전방식 충전기의 2차 전류는 몇 [A]인가?(단, 상시부하의 역률은 1로 간주한다)

정답

(1) [장 점]

- 과·충방전에 강하다.
- 수명이 길다.

[단 점]

- 단자전압 저하가 심하다.
- 가격이 비싸다.

(2) • 연축전지 : 2[V]

- 알칼리축전지 : 1.2[V]

(3) 상시부하는 충전기가 공급하고, 일시적 대전력은 축전지가 공급하는 방식

(4) $I_2 = \frac{\text{축전지용량}}{\text{방전율}} + \frac{\text{상시부하}}{\text{전압}} = \frac{200}{10} + \frac{15,000}{100} = 170[\text{A}]$

07 단상 부하가 a상 25[kVA], b상 20[kVA], c상 33[kVA] 및 3상 부하가 20[kVA]가 있다. 최소 3상 변압기 용량을 구하시오.

해설

단상 최대부하 $P = 33 + \frac{20}{3} \fallingdotseq 39.667[\text{kVA}]$

3상 변압기 $= 39.667 \times 3 = 119.001[\text{kVA}]$

정답

119[kVA]

08 단상 2선식 200[V]의 옥내배선에서 소비전력 60[W], 역률 65[%]의 형광등을 80등 설치할 때 이 시설을 16[A]의 분기회로로 하려고 한다. 이때 필요한 분기회로는 최소 몇 회선이 필요한가? (단, 한 회로의 부하전류는 분기회로용량의 80[%]로 한다)

해설

$$\text{분기회로수} = \frac{\frac{60}{0.65} \times 80}{16 \times 200 \times 0.8} \fallingdotseq 2.884$$

정답

16[A]의 분기회로수 : 3회로

09 5[℃]의 물 15[L]를 용기에 넣고 60[℃]로 가열하는 데 20분이 걸렸다. 이때 전열기의 전력[kW]을 구하시오(단, 효율은 74[%]이다).

해설

$cm\Delta\theta = 860\eta Pt$

$$P = \frac{cm\Delta\theta}{860\eta t} = \frac{1 \times 15 \times (60-5)}{860 \times 0.74 \times \left(\frac{20}{60}\right)} \fallingdotseq 3.889[\text{kW}]$$

정답

3.89[kW]

10 공동주택에 적산전력계 단상 2선식용 35개를 신설, 3상 4선식 7개를 사용이 종료되어 신품으로 교체하였다. 직접노무비를 계산하시오(단, 소요되는 공구손료 등은 제외한다. 인공계산은 소수 셋째자리까지 구하며, 3상 4선식 적산전력계는 재사용하지 않는다. 내선전공의 노임은 95,000원이다)

[전력량계 및 부속 장치 설치]

종 별	내선전공
적산전력계 $1\phi 2W$용	0.14
적산전력계 $1\phi 3W$용 및 $3\phi 3W$용	0.21
적산전력계 $1\phi 4W$용	0.32
ZCT(영상변류기)	0.40
현수용 MOF(고압/특고압)	3.00
거치용 MOF(고압/특고압)	2.00
특수계기함	0.45
변성기함(저압/고압)	0.60

• 방폭 : 200[%]
• 철거 : 30[%]
  재사용 철거 : 50[%]
• 고압 변성기함, 현수용 MOF 및 거치용 MOF(설치대 조립품 포함)를 주상 설치 시 : 배전전공 적용
• 아파트 등 공동주택 및 기타 이와 유사한 동일 장소 내에서 10대를 초과하는 전력량계 설치 시 : 추가 1대당 해당품의 70[%]
• 특수계기함 : 3종 계기함, 농사용 계기함, 집합 계기함 및 저압 변류기용 계기함 등

해설

적산전력계 단상 2선식 $= 10 \times 0.14 + (35 - 10) \times 0.14 \times 0.7 = 3.85$[인]

적산전력계 3상 4선식 $= 7 \times 0.32 \times (1 + 0.3) = 2.912$[인]

내선전공 $= 3.85 + 2.912 = 6.762$[인]

직접노무비 $= 6.762 \times 95{,}000 = 642{,}390$[원]

정답

642,390[원]

11

사용전압이 400[V] 이상인 저압 옥내배선의 기능 여부를 시설장소에 따라 답안지 표의 빈칸에 ○, ×로 표시하시오(단, ○는 시설 가능장소, ×는 시설 불가능장소를 의미한다).

배선방법	노출장소		은폐장소				옥측 배선	
			점검 가능		점검 불가능			
합성수지관공사	건조한 장소	습기가 많은 장소	건조한 장소	습기가 많은 장소	건조한 장소	습기가 많은 장소	우선 내	우선 외
	(①)	(②)	○	(③)	(④)	(⑤)	○	(⑥)

해설

배선방법	노출장소		은폐장소				옥측 배선	
			점검 가능		점검 불가능			
합성수지관공사	건조한 장소	습기가 많은 장소	건조한 장소	습기가 많은 장소	건조한 장소	습기가 많은 장소	우선 내	우선 외
	○	○	○	○	○	○	○	○
금속관공사	○	○	○	○	○	○	○	○

정답

① ○　　② ○
③ ○　　④ ○
⑤ ○　　⑥ ○

12

수전단 선간전압이 22.9[kV]이고, 변압기 2차 측이 380/220[V]일 때 2차 측 전압이 370[V]로 측정되었다. 1차 측 탭전압을 22.9[kV]에서 21.9[kV]로 변경한다면 2차 측 전압[V]은 얼마인가?

해설

$$V_2'(\text{변경할 2차 측 전압})[\text{V}] = \frac{\text{현재의 탭전압}[\text{V}]}{\text{변경할 탭전압}[\text{V}]} \times \text{2차 측 측정전압}[\text{V}]$$

$$V_2' = \frac{22{,}900}{21{,}900} \times 370 \fallingdotseq 386.894[\text{V}]$$

정답

386.89[V]

13 변압기 V결선과 Y결선의 한 상의 중심이 O에서 110[V]를 인출하여 사용할 때 각 물음에 답하시오.

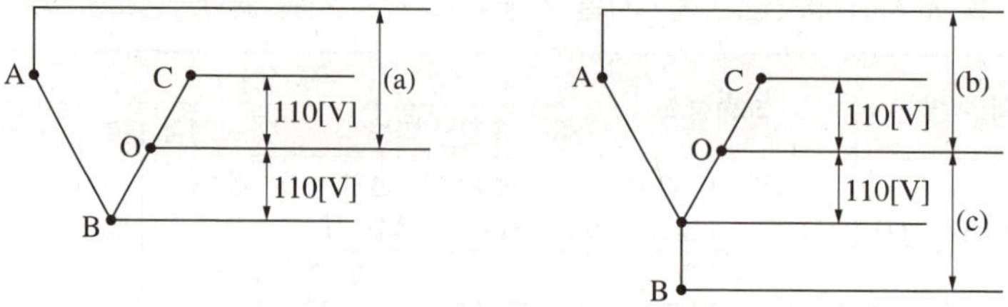

(1) 그림에서 (a)의 전압을 구하시오.

(2) 그림에서 (b)의 전압을 구하시오.

(3) 그림에서 (c)의 전압을 구하시오.

해설

(1) $V_{AO}=220\angle 0°+110\angle -120°$

$=165-j95.262=\sqrt{165^2+95.262^2}\fallingdotseq 190.525[V]$

(2) $V_{AO}=V_A-V_O=220\angle 0°-110\angle 120°$

$=275-j95.263=\sqrt{275^2+95.263^2}\fallingdotseq 291.032[V]$

(3) $V_{BO}=V_B-V_O=220\angle -120°-110\angle 120°$

$=-55-j285.788=\sqrt{55^2+285.788^2}\fallingdotseq 291.032[V]$

정답

(1) 190.53[V]

(2) 291.03[V]

(3) 291.03[V]

14 건축화 조명방식에서 천장면을 이용한 조명방식과 벽면을 이용하는 조명방식 3가지를 각각 쓰시오.

(1) 천장면

(2) 벽면

정답

(1) 천장면 : 다운라이트 방식, 코퍼라이트 방식, 광천장 조명방식

(2) 벽면 : 밸런스 조명방식, 코니스 조명방식, 광창 조명방식

15 다음 회로를 보고 물음에 답하시오.

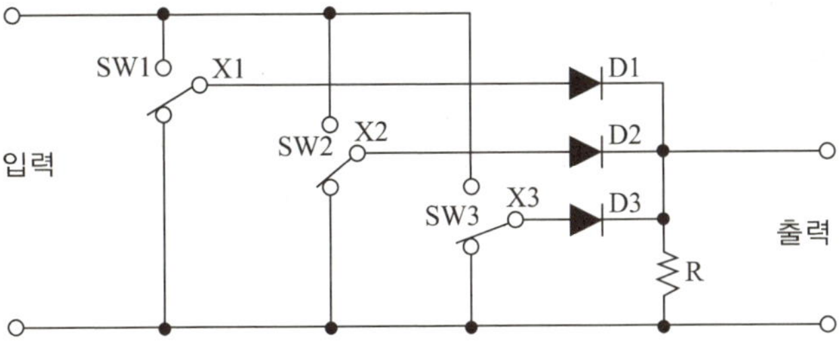

(1) 다이오드에 의한 회로는 어떤 회로인가?

(2) 그림에서 입력 스위치가 다음과 같이 동작한다고 할 때 출력을 나타내시오.

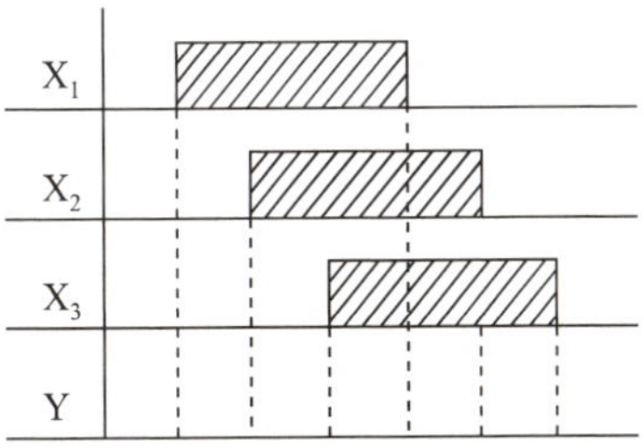

(3) 동작표를 주어진 답안지에 출력을 완성하시오.

X_1	X_2	X_3	Y
0	0	0	
0	0	1	
0	1	0	
0	1	1	
1	0	0	
1	0	1	
1	1	0	
1	1	1	

TIP

SW1, SW2, SW3 어느 것이든 1개 이상 동작 시 전원이 D1, D2, D3를 통해 출력으로 나오는 회로임

정답

(1) OR 회로

(2)

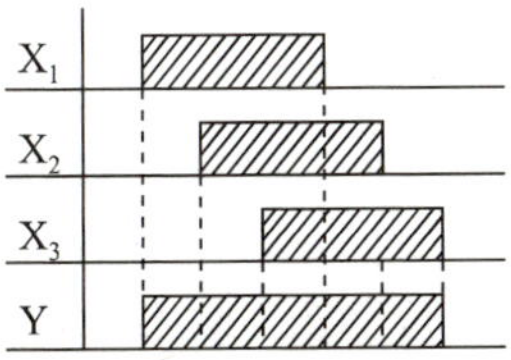

(3) 000일 때 : 0, 나머지 모두 1

16 주어진 진리표는 3개의 입력 리밋 스위치 LS_1, LS_2, LS_3와 출력 X와의 관계도이다. 이 표를 이용하여 다음 각 물음에 답하시오.

[진리값 표]

LS_1	LS_2	LS_3	X
0	0	0	0
0	0	1	0
0	1	0	0
0	1	1	1
1	0	0	0
1	0	1	1
1	1	0	1
1	1	1	1

(1) 진리값 표를 이용하여 다음과 같은 Karnaugh도를 완성하시오.

LS_3 \ LS_1, LS_2	0 0	0 1	1 1	1 0
0				
1				

(2) 물음 (1)의 Karnaugh도에 대한 논리식을 쓰시오.

(3) 진리값과 물음 (2)의 논리식을 이용하여 이것을 무접점 회로도로 표시하시오.

정답

(1)

LS_3 \ LS_1, LS_2	0 0	0 1	1 1	1 0
0			1	
1		1	1	1

(2) $X = LS_1LS_2 + LS_2LS_3 + LS_1LS_3$

(3)

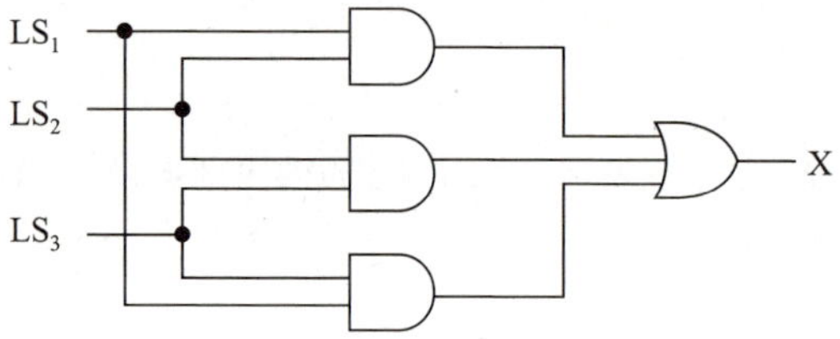

17 다음 그림은 TN-C 계통접지이다. 중성선(N), 보호선(PE), 보호선과 중성선을 겸한 선(PEN)으로 도면을 완성하고 표시하시오(단, 중성선은 ⁄•, 보호선은 ⁄‾, 보호선과 중성선을 겸한 선은 ⁄•‾ 로 표시한다).

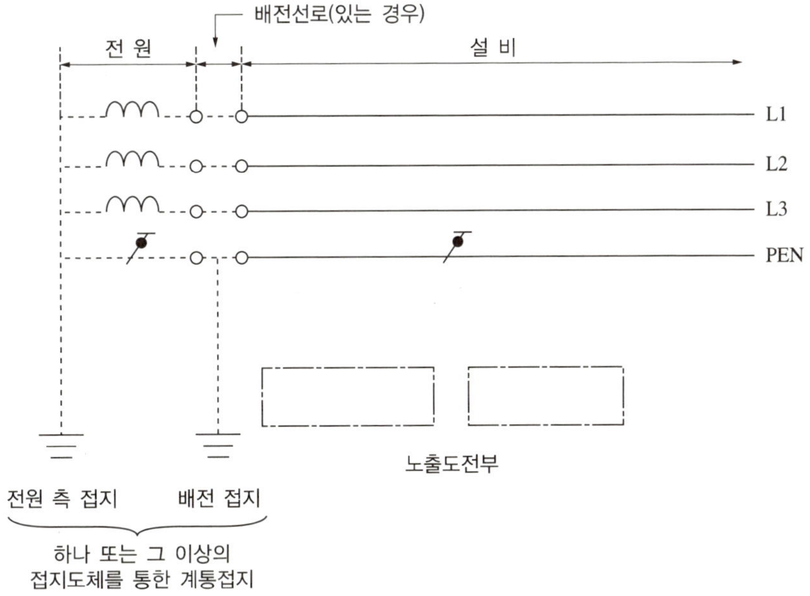

정답

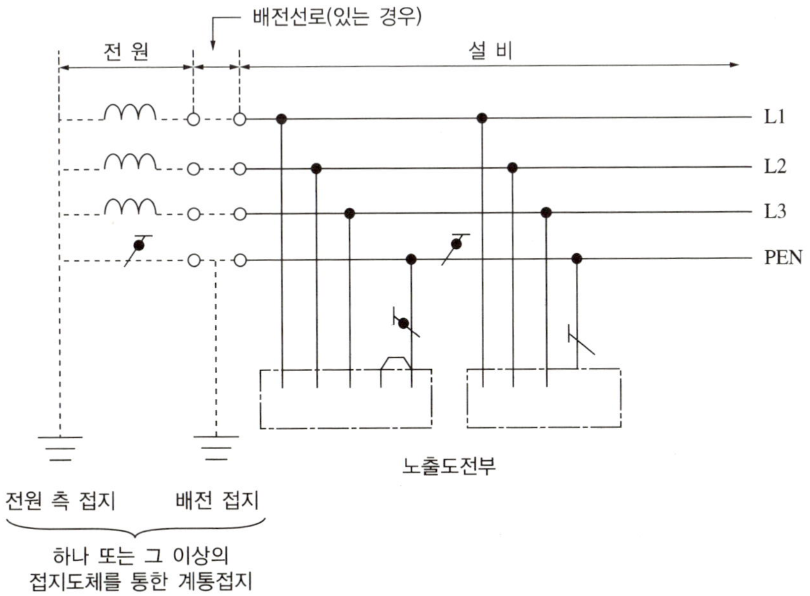

전기 산업기사 2021년 제2회 기출복원문제

01

△-Y결선방식의 주변압기 보호에 사용되는 비율차동계전기의 간략화한 회로도이다. 주변압기 1차 및 2차 측 변류기(CT)의 미결선된 2차 회로를 완성하시오.

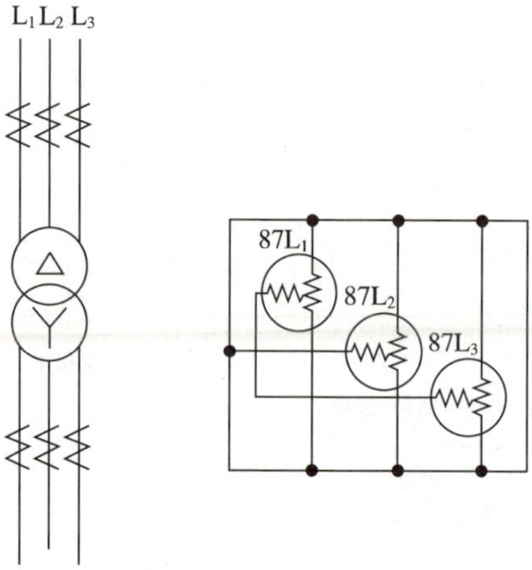

정답

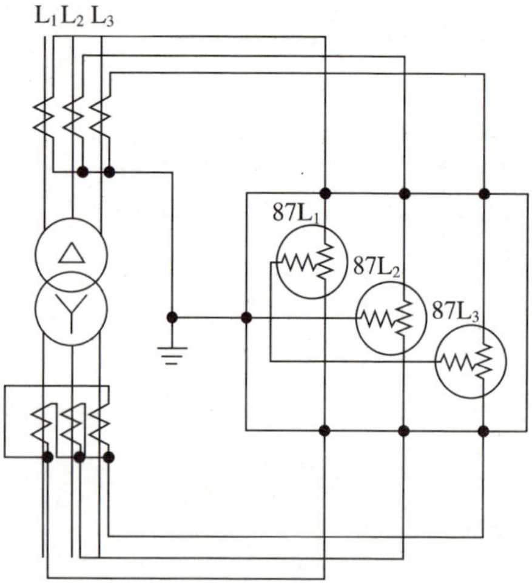

02 부하에 병렬로 콘덴서를 설치하고자 할 때, 다음 조건을 이용하여 각 물음에 답하시오.

> [조 건]
>
> 부하 A은 역률이 60[%]이고, 유효전력은 180[kW], 부하 B는 유효전력 120[kW]이고, 무효전력이 160[kVar]이며, 배선 전력손실은 40[kW]이다.

(1) 부하 A와 부하 B의 합성용량은 몇 [kVA]인가?

(2) 부하 A와 부하 B의 합성역률은 얼마인가?

(3) 합성역률을 90[%]로 개선하는 데 필요한 콘덴서용량은 몇 [kVA]인가?

(4) 역률 개선 시 배전의 전력손실은 몇 [kW]인가?

해설

(1) 합성유효전력 $P = P_A + P_B = 180 + 120 = 300[\text{kW}]$

합성무효전력 $Q = Q_A + Q_B = 180 \times \dfrac{0.8}{0.6} + 160 = 400[\text{kVar}]$

합성용량 $P_a = \sqrt{P^2 + Q^2} = \sqrt{300^2 + 400^2} = 500[\text{kVA}]$

(2) 합성역률 $\cos\theta = \dfrac{P}{P_a} \times 100 = \dfrac{300}{500} \times 100 = 60[\%]$

(3) $Q_C = P\left(\dfrac{\sin\theta_1}{\cos\theta_1} - \dfrac{\sqrt{1-\cos^2\theta_2}}{\cos\theta_2}\right) = 300\left(\dfrac{0.8}{0.6} - \dfrac{\sqrt{1-0.9^2}}{0.9}\right) \fallingdotseq 254.7[\text{kVA}]$

(4) $P_l \propto \dfrac{1}{\cos^2\theta}$

$$\text{전력손실}[\text{kW}] = \frac{\dfrac{1}{0.9^2}}{\dfrac{1}{0.6^2}} \times 40 \fallingdotseq 17.7778$$

정답

(1) 500[kVA]

(2) 60[%]

(3) 254.7[kVA]

(4) 17.78[kW]

03 그림과 주어진 조건 및 참고표를 이용하여 3상 단락용량, 3상 단락전류, 차단기의 차단용량 등을 계산하시오.

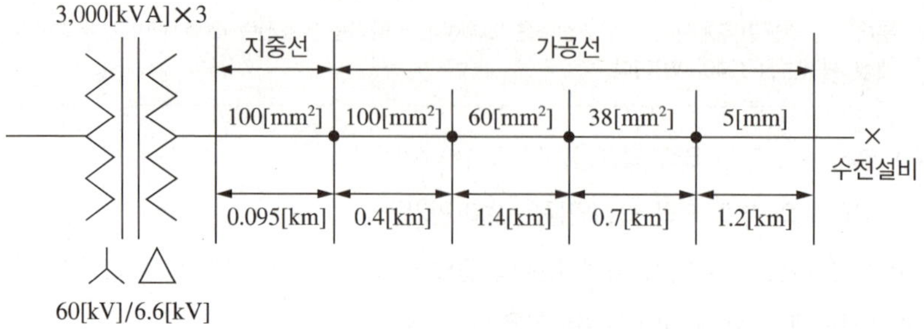

[조 건]
수전설비 1차 측에서 본 1상당의 합성임피던스 $\%X_G = 1.5[\%]$ 이고, 변압기 명판에는 7.4[%]/ 3,000[kVA] (기준용량은 10,000[kVA])이다.

표1. 유입차단기 정격차단용량

정격전압[V]	정격차단용량 표준치(3상 [MVA])						
3,600	10	25	50	(75)	100	150	250
7,200	25	50	(75)	100	150	(200)	250

표2. 가공전선로(경동선) %임피던스

배선 방식	선의 굵기 / $\%R, X$	$\%R, X$의 값은 [%/km]									
		100	80	60	50	38	30	22	14	5[mm]	4[mm]
3상 3선 3[kV]	$\%R$	16.5	21.1	27.9	34.8	44.8	57.2	75.7	119.15	83.1	127.8
	$\%X$	29.3	30.6	31.4	32.0	32.9	33.6	34.4	35.7	35.1	36.4
3상 3선 6[kV]	$\%R$	4.1	5.3	7.0	8.7	11.2	18.9	29.9	29.9	20.8	32.5
	$\%X$	7.5	7.7	7.9	8.0	8.2	8.4	8.6	8.7	8.8	9.1
3상 4선 5.2[kV]	$\%R$	5.5	7.0	9.3	11.6	14.9	19.1	25.2	39.8	27.7	43.3
	$\%X$	10.2	10.5	10.7	10.9	11.2	11.5	11.8	12.2	12.0	12.4

[주] 3상 4선식, 5.2[kV]선로에서 전압선 2선, 중앙선 1선인 경우 단락용량의 계획은 3상 3선식 3[kV] 시에 따른다.

표3. 지중케이블 전로의 %임피던스

배선 방식	선의 굵기 / $\%R, X$	$\%R, X$의 값은 [%/km]											
		250	200	150	125	100	80	60	50	38	30	22	14
3상 3선 3[kV]	$\%R$	6.6	8.2	13.7	13.4	16.8	20.9	27.6	32.7	43.4	55.9	118.5	
	$\%X$	5.5	5.6	5.8	5.9	6.0	6.2	6.5	6.6	6.8	7.1	8.3	
3상 3선 6[kV]	$\%R$	1.6	2.0	2.7	3.4	4.2	5.2	6.9	8.2	8.6	14.0	29.6	
	$\%X$	1.5	1.5	1.6	1.6	1.7	1.8	1.9	1.9	1.9	2.0	–	
3상 4선 5.2[kV]	$\%R$	2.2	2.7	3.6	4.5	5.6	7.0	9.8	14.5	14.5	18.6	–	
	$\%X$	2.0	2.0	2.1	2.2	2.3	2.3	2.4	2.6	2.6	2.7	–	

[주] 1. 3상 4선식, 5.2[kV]전로의 $\%R$, $\%X$의 값은 6[kV] 케이블을 사용한 것으로서 계산한 것이다.
2. 3상 3선식 5.2[kV]에서 전압선 2선, 중앙선 1선의 경우 단락용량의 계산은 3상 3선식 3[kV] 전로에 따른다.

(1) 수전설비에서의 합성 %임피던스를 계산하시오.

(2) 수전설비에서의 3상 단락전류를 계산하시오.

(3) 수전설비에서의 3상 단락용량을 계산하시오.

(4) 수전설비에서의 정격차단용량을 계산하고, 표에서 적당한 용량을 찾아 선정하시오.

해설

(1) 변압기 $\%X = \frac{10,000}{3,000} \times 7.4 \fallingdotseq 24.6667 \fallingdotseq j24.67$

발전기 $\%G = j1.5$

지중권(100[mm^2]) $\%Z_l = (4.2 \times 0.095) + j(1.7 \times 0.095) = 0.399 + j0.1615$

가공선(100[mm^2]) $\%Z_l = (4.1 \times 0.4) + j(7.5 \times 0.4) = 1.64 + j3$

가공선(60[mm^2]) $\%Z_l = (7 \times 1.4) + j(7.9 \times 1.4) = 9.8 + j11.06$

가공선(38[mm^2]) $\%Z_l = (11.2 \times 0.7) + j(8.2 \times 0.7) = 7.84 + j5.74$

가공선(5[mm]) $\%Z_l = (20.8 \times 1.2) + j(8.8 \times 1.2) = 24.96 + j10.56$

합성 $\%Z = j24.67 + j1.5 + 0.399 + j0.1615 + 1.64 + j3 + 9.8 + j11.06 + 7.84 + j5.74 + 24.96 + j10.56$

$= 44.639 + j56.6915 = \sqrt{44.639^2 + 56.6915^2} \fallingdotseq 72.1565$

(2) 단락전류 $I_s = \frac{100}{\%Z} I_n = \frac{100}{72.16} \times \frac{10,000}{\sqrt{3} \times 6.6} \fallingdotseq 1,212.2688$

(3) 단락용량 $P_s = \frac{100}{\%Z} P_n = \frac{100}{72.16} \times 10,000 \fallingdotseq 13,858.093$

(4) 차단용량 $= \sqrt{3}\, VI_s = \sqrt{3} \times 7.2 \times 1,212.27 \times 10^{-3} \fallingdotseq 15.1179$

$V = 6.6 \times \frac{1.2}{1.1} = 7.2[\text{kV}]$

정답

(1) 72.16[%]

(2) 1,212.27[A]

(3) 13,858[kVA]

(4) 25[MVA]

04 대지 고유저항률 400[Ω/m], 직경 19[mm], 길이 2,400[mm]인 접지봉을 전부 매입했다고 한다. 접지저항(대지저항)값은 얼마인가?

해설

$$R = \frac{\rho}{2\pi l} \ln \frac{2l}{r} = \frac{400}{2\pi \times 2.4} \times \ln \frac{2 \times 2.4}{\frac{19 \times 10^{-3}}{2}} \fallingdotseq 165.1254$$

정답

165.13[Ω]

05 선간전압 220[V], 역률 80[%], 용량 250[kW]를 6펄스 3상 UPS로 공급 중일 때 각 물음에 답하시오(단, 제5고조파 저감계수 $k=0.6$ 이다).

(1) 기본파 전류

(2) 제5고조파 전류

해설

(1) $I=\dfrac{P}{\sqrt{3}\,V\cos\theta}=\dfrac{250\times10^3}{\sqrt{3}\times220\times0.8}\fallingdotseq 820.0998[\mathrm{A}]$

(2) 제5고조파 전류 $I_5=\dfrac{I_n}{n}\times k=\dfrac{820.1}{5}\times0.6=98.412[\mathrm{A}]$

정답

(1) 820.1[A]

(2) 98.41[A]

06 계기정수가 1,200[rev/kWh], 승률 1인 전력량계의 원판이 12회전하는 데 50초가 걸렸다. 이때 부하의 평균전력은 몇 [kW]인가?

해설

$P_2=\dfrac{3{,}600n}{TK}=\dfrac{3{,}600\times12}{50\times1{,}200}=0.72[\mathrm{kW}]$

여기서, P_2 : 2차 측 전력

n : 회전수

T : 시간[s]

K : 계기정수[rev/kWh]

P_1(부하 평균전력)$=P_2\times$MOF승률$=0.72[\mathrm{kW}]\times1=0.72[\mathrm{kW}]$

정답

0.72[kW]

07 보호장치의 동작시간이 0.5초이고, 고장전류의 실횻값이 25[kA]인 경우 보호도체의 최소단면적 [mm^2]을 구하시오(단, 보호도체는 동선으로 사용하고, 자동차단시간이 5초 이내인 경우 사용되는 경우에는 온도계수 $k=159$로 적용한다).

해설

$$S=\frac{\sqrt{I^2 t}}{k}$$

여기서, S : 단면적[mm^2]

I : 고장전류의 실횻값[A]

t : 보호장치의 동작시간[s]

k : 온도계수

$$S=\frac{\sqrt{25{,}000^2\times 0.5}}{159}=111.18[mm^2]$$

정답

120[mm^2]

※ KEC 규격

08 사용전압이 400[V] 이상인 저압 옥내배선의 기능 여부를 시설장소에 따라 답안지 표의 빈칸에 ○, ×로 표시하시오(단, ○는 시설 가능장소, ×는 시설 불가능장소를 의미한다).

배선방법	노출장소		은폐장소				옥측 배선	
			점검 가능		점검 불가능			
합성수지관공사	건조한 장소	습기가 많은 장소	건조한 장소	습기가 많은 장소	건조한 장소	습기가 많은 장소	우선 내	우선 외
	○	(①)	○	(②)	(③)	(④)	○	(⑤)

해설

배선방법	노출장소		은폐장소				옥측 배선	
			점검 가능		점검 불가능			
합성수지관공사	건조한 장소	습기가 많은 장소	건조한 장소	습기가 많은 장소	건조한 장소	습기가 많은 장소	우선 내	우선 외
	○	○	○	○	○	○	○	○
금속관공사	○	○	○	○	○	○	○	○

정답

① ○　② ○

③ ○　④ ○

⑤ ○

09 계측장비를 주기적으로 교정하는 권장교정 및 시험주기의 빈칸을 쓰시오.

구 분		권장교정 및 시험주기[년]
계측장비 교정	절연내력시험기	(①)
	절연유내압시험기	(②)
	계전기시험기	(③)
	적외선열화상카메라	(④)
	전원품질분석기	(⑤)

정답

① 1[년]　② 1[년]

③ 1[년]　④ 1[년]

⑤ 1[년]

10 송전단 전압이 3,300[V]인 변전소로부터 6[km] 떨어진 곳까지 지중으로 역률 0.9(지상) 600[kW]의 3상 동력부하에 전력을 공급할 때 케이블의 허용전류(또는 안전전류) 범위 내에서 전압강하가 10[%]를 초과하지 않는 케이블을 다음 표에서 선정하시오(단, 도체(동선)의 고유저항은 1/55[Ω · mm^2/m]로 하고 케이블의 정전용량 및 리액턴스 등은 무시한다).

심선의 굵기[mm^2]					
50	70	95	120	150	185

해설

$$\delta = \frac{V_s - V_r}{V_r} \times 100$$

$$10 = \frac{3{,}300 - V_r}{V_r} \times 100$$

$$V_r = 3{,}000$$

$$e = V_s - V_r = 300[\text{V}]$$

$$I = \frac{P}{\sqrt{3}\, V_r \cos\theta} = \frac{600 \times 10^3}{\sqrt{3} \times 3{,}000 \times 0.9} \fallingdotseq 128.3[\text{A}]$$

리액턴스 무시이므로 $e = \sqrt{3}\, IR\cos\theta$에서

$$R = \frac{300}{\sqrt{3} \times 128.3 \times 0.9} = 1.5[\Omega]$$

$R = \rho \dfrac{l}{A}$에서

$$A = \rho \frac{l}{R} = \frac{1}{55} \times \frac{6 \times 10^3}{1.5} \fallingdotseq 72.727[\text{mm}^2]$$

정답

95[mm^2]

11

그림과 같은 회로에서 단자전압이 V일 때 전압계의 눈금 V_0로 측정하기 위해서는 배율기의 저항 R은 얼마로 하여야 하는지 유도과정을 쓰시오(단, 전압계의 내부저항은 R_0로 한다).

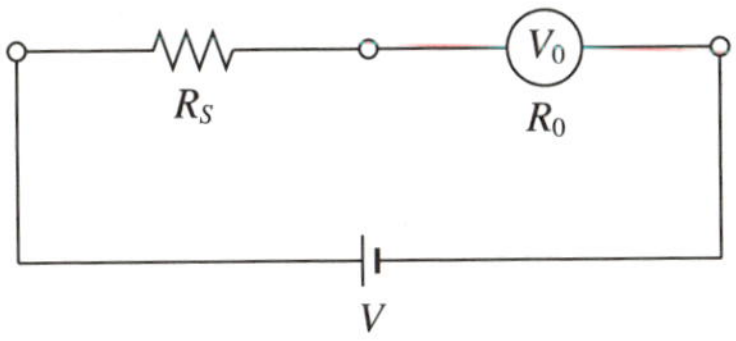

정답

$$V_0 = \frac{R_0}{R_S + R_0} V$$

$$m(\text{배율}) = \frac{V}{V_0} = \frac{R_S + R_0}{R_0} = 1 + \frac{R_S}{R_0}$$

$$\frac{R_S}{R_0} = \frac{V}{V_0} - 1$$

$$R_S = \left(\frac{V}{V_0} - 1\right) R_0 = (m-1) R_0$$

12

형광등 32[W], 정격전압 220[V], 전류 0.19[A], 안정기 손실이 8[W]일 때 형광등의 역률을 구하시오.

해설

$$\cos\theta = \frac{P}{VI} = \frac{32+8}{220 \times 0.19} \times 100 \fallingdotseq 95.6937$$

정답

95.69[%]

13

55[mm^2](0.3195[Ω/km]), 전장 3.6[km]인 3심 전력케이블의 어떤 중간지점에서 1선 지락사고가 발생하여 전기적 사고점 탐지법의 하나인 머레이 루프법으로 측정한 결과 다음과 같은 상태에서 평형이 되었다고 한다. 측정점에서 사고지점까지의 거리를 구하시오.

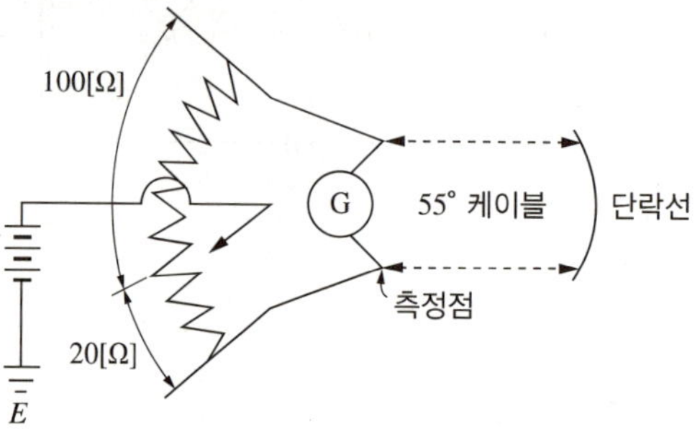

해설

$$100x = 20 \times (7.2 - x)$$

$$100x = 20 \times 7.2 - 20x$$

$$120x = 20 \times 7.2$$

$$x = \frac{144}{120} = 1.2[\text{km}]$$

정답

1.2[km]

14

통신선과 병행인 60[Hz]의 3상 1회선 송전선에서 1선 지락으로 110[A]의 영상전류가 흐르고 있을 때 통신선에 유기되는 전자유도전압은 약 몇 [V]인가?(단, 영상전류는 송전선 전체에 걸쳐 같은 크기이고, 통신선과 송전선의 상호인덕턴스는 0.05[mH/km], 양 선로의 평행길이는 55[km]이다)

해설

전자유도전압의 크기

$$E_m = j\omega Ml(3I_0) = 2\pi \times 60 \times 0.05 \times 10^{-3} \times 55 \times 3 \times 110 \fallingdotseq 342.12[\text{V}]$$

정답

342.12[V]

15

사용전압은 3상 380[V]이고, 주파수는 60[Hz]의 1[kVA]의 전력용 콘덴서를 설치하고자 할 때 필요한 콘덴서의 정전용량[μF]을 선정하시오(단, 표준용량은 10, 15, 20, 30, 50[μF]이다).

해설

$$Q_C = 3\omega CE^2$$

$$C = \frac{Q_C}{3\omega E^2} = \frac{1\times 10^3}{3\times(2\pi\times 60)\left(\dfrac{380}{\sqrt{3}}\right)^2}\times 10^6 \fallingdotseq 18.37[\mu\text{F}]$$

정답

20[μF]

16

폭 20[m], 등간격 30[m]에 200[W] 수은등을 설치할 때 도로면의 조도는 몇 [lx]가 되겠는가? (단, 등배열은 한쪽(편면)으로만 함. 조명률 : 0.5, 감광보상률 : 1.5, 200[W] 수은등의 광속 : 8,500[lm]이다)

해설

$$E = \frac{FUN}{AD} = \frac{8{,}500\times 0.5\times 1}{20\times 30\times 1.5} \fallingdotseq 4.72[\text{lx}]$$

정답

4.72[lx]

TIP

편면(한쪽 배열)의 경우 다음과 같다.

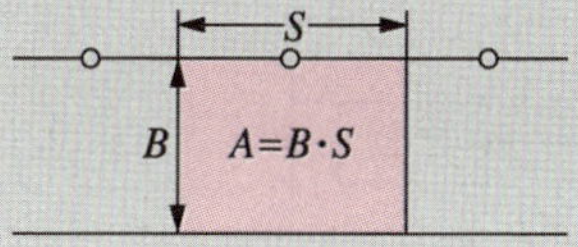

$A = B\cdot S[\text{m}^2]$

17 다음 제어시스템은 순차점등 순차소등 회로이다. 다음 타임차트와 동작 설명에 따라 래더 다이어그램의 PLC 프로그램 입력 ①~④를 답안지에 완성하시오.

[타임차트]

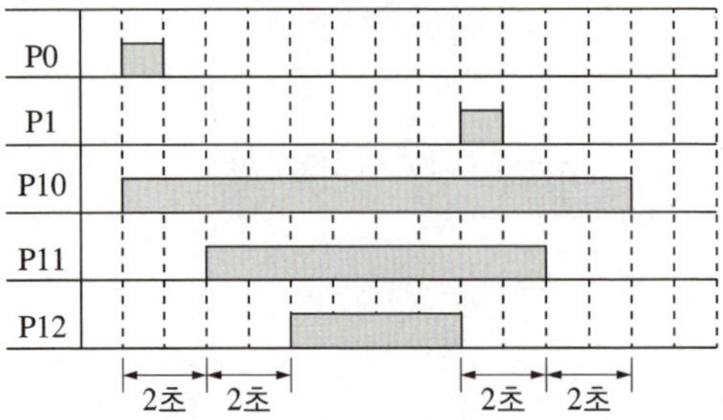

[동작설명]

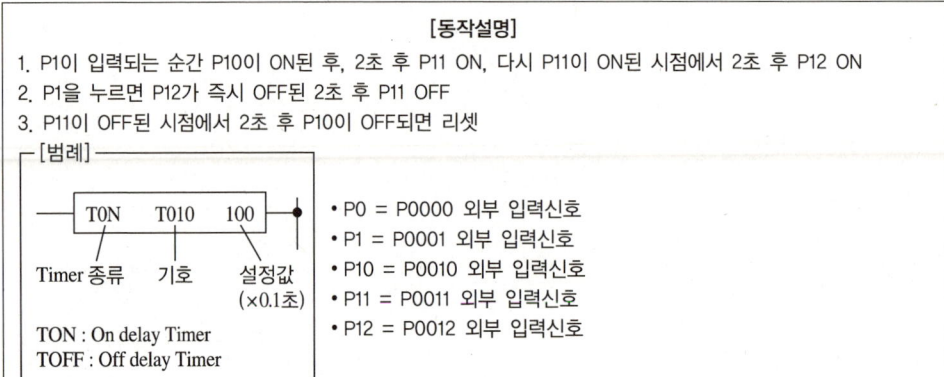

1. P10이 입력되는 순간 P100이 ON된 후, 2초 후 P11 ON, 다시 P110이 ON된 시점에서 2초 후 P12 ON
2. P1을 누르면 P12가 즉시 OFF된 2초 후 P11 OFF
3. P110이 OFF된 시점에서 2초 후 P100이 OFF되면 리셋

[범례]

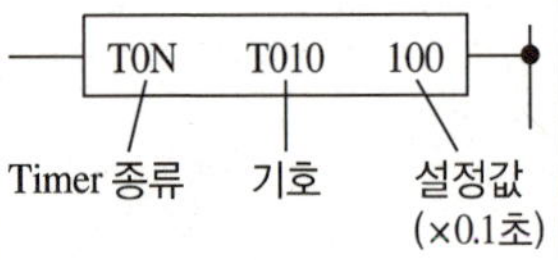

TON : On delay Timer
TOFF : Off delay Timer

- P0 = P0000 외부 입력신호
- P1 = P0001 외부 입력신호
- P10 = P0010 외부 입력신호
- P11 = P0011 외부 입력신호
- P12 = P0012 외부 입력신호

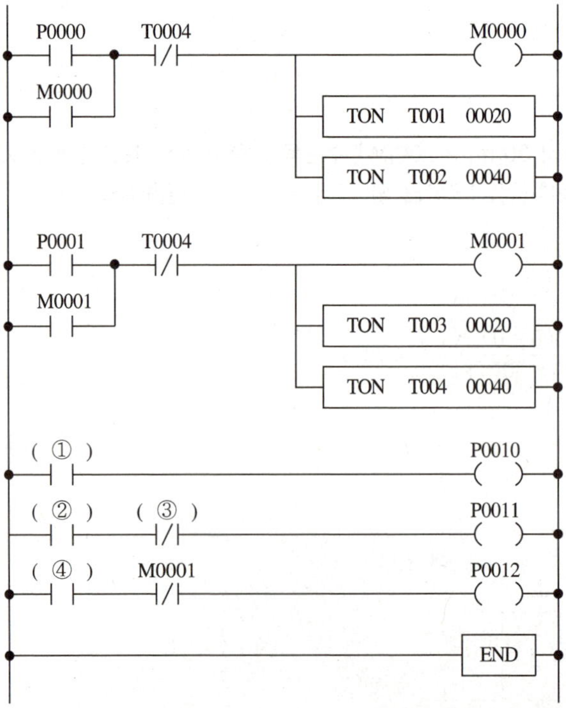

해설

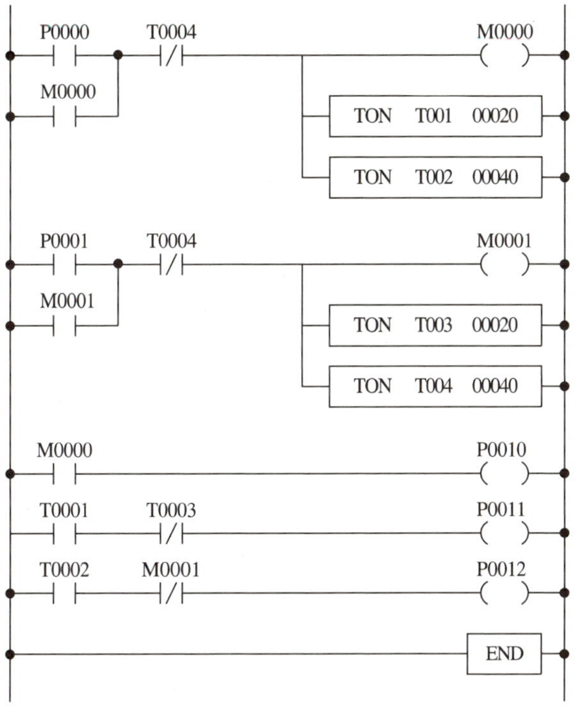

정답

① M0000

② T0001

③ T0003

④ T0002

18 다음 논리회로를 보고 물음에 답하시오.

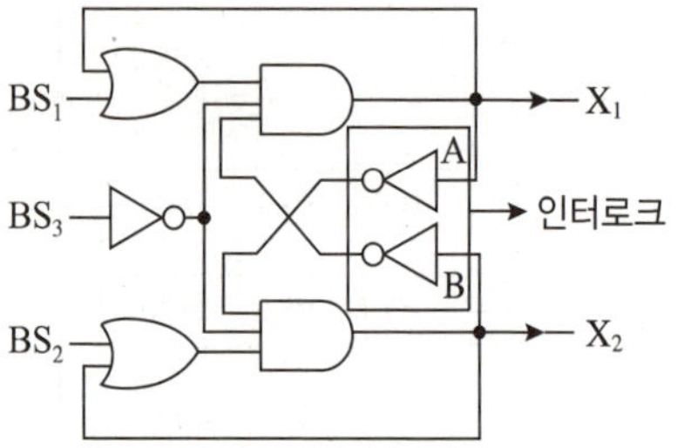

(1) 타임차트를 완성하시오(X_1, X_2).

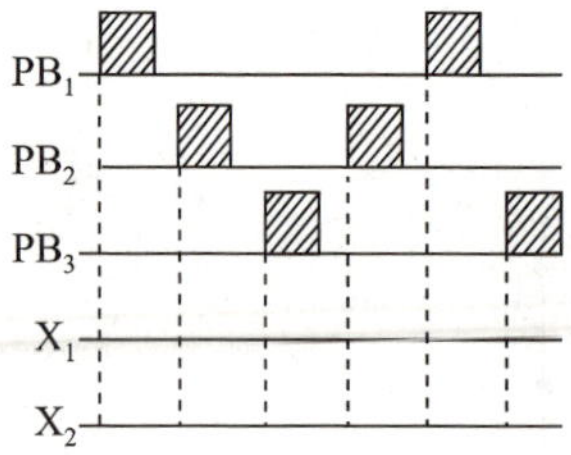

(2) 다음 유접점을 완성하시오.

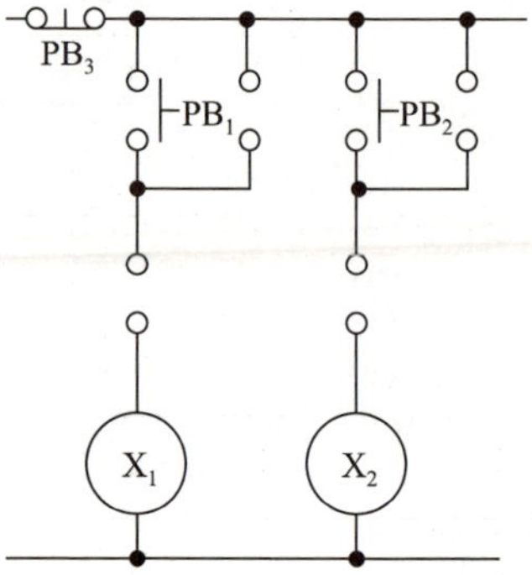

정답

(1)

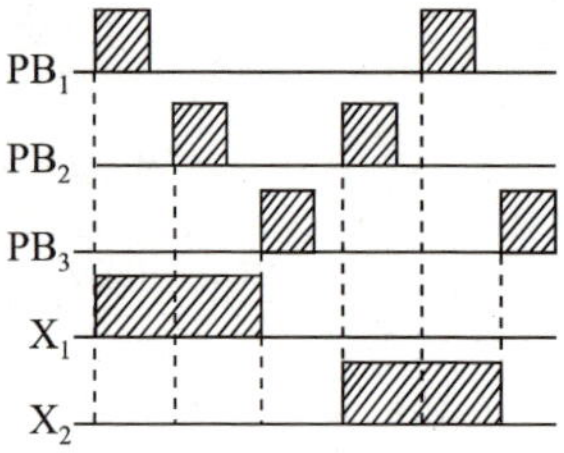

(2)

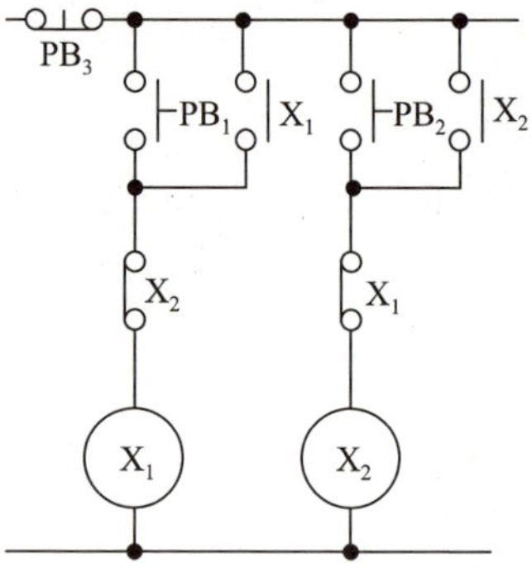

전기 산업기사

2021년 제3회 기출복원문제

01

가동코일형 전압계에 대한 물음에 답하시오(단, 45[mV]의 전압을 가할 때 30[mA]의 전류가 흐르는 경우이다).

(1) 전압계의 내부저항을 구하시오.

(2) 기전력 100[V]를 측정할 때 배율기의 저항값을 구하시오.

해설

(1) $R_a = \dfrac{V}{I} = \dfrac{45 \times 10^{-3}}{30 \times 10^{-3}} = 1.5[\Omega]$

(2) $R_s = (m-1)R_a = \left(\dfrac{V}{V_a} - 1\right)R_a = \left(\dfrac{100}{45 \times 10^{-3}} - 1\right) \times 1.5 \fallingdotseq 3{,}331.833[\Omega]$

정답

(1) 1.5[Ω]

(2) 3,331.83[Ω]

02

주파수 60[Hz], 선간전압 22.9[kV], 커패시턴스 0.03[μF/km], 유전체 역률 0.003의 경우 유전체 손실[W/km]을 구하시오.

해설

$P_C = 3\omega CE^2\tan\delta = 3 \times 2\pi \times 60 \times 0.03 \times 10^{-6} \times \left(\dfrac{22{,}900}{\sqrt{3}}\right)^2 \times 0.003 \fallingdotseq 17.792$

정답

17.79[W/km]

03 다음 차단기에 대한 물음을 조건을 이용하여 답하시오.

[조 건]

- 용량 : 30[kW]
- 전압 및 부하의 종류 : 3상 380[V] 전동기
- 과전류차단기 동작시간 10[초]의 차단배율 : 5배
- 보호장치의 순시차단배율 : 10배
- 설계여유 : 1.25[%]
- 전동기 기동전류 : 8배
- 전동기 기동방식 : 직입 기동
- 역률 및 효율은 무시한다.

과전류차단기의 정격전류[A]												
10	12.5	16	20	31.5	40	50	63	80	100	125	160	200

(1) 부하의 정격전류를 구하시오.

(2) 과전류차단기의 정격전류를 선정하시오.

해설

(1) $I=\dfrac{P}{\sqrt{3}\,V}=\dfrac{30\times10^3}{\sqrt{3}\times380}\fallingdotseq 45.58[\mathrm{A}]$

(2) • 설계전류 I_B 고려

$I_B \le I_n \le I_Z$

여기서, I_B : 회로의 설계전류(부하전류)

I_n : 보호장치의 정격전류

I_Z : 케이블의 허용전류

$I_2 \le 1.45 I_Z$: I_2 보호장치가 규약시간 이내에 유효하게 동작하는 것을 보장하는 전류(제조자로부터 제공 또는 제품에 표시되어야 한다)

설계전류가 45.58[A]이므로 표에서 10, 12.5, 16, 20, 31.5는 제외

• 기동전류를 고려

$I_n=\dfrac{I_B\beta}{\gamma}=\dfrac{\text{설계전류}\times\text{전동기 기동배율}}{\text{보호장치의 규약동작배율}}=\dfrac{45.58\times8}{5}=72.928[\mathrm{A}]$

80[A]로 선정, 표에서 40, 50, 63은 제외

• 기동돌입전류를 고려

기동돌입전류 $I_i=I_B\beta k=$설계전류×전동기 기동배율×전동기 돌입전류의 배율(1.5 적용)

$=45.58\times8\times1.5=546.96[\mathrm{A}]$

정격전류 $I_n=\dfrac{I_i\alpha}{\delta}=\dfrac{\text{기동돌입전류}\times\text{설계여유}}{\text{보호장치의 순시차단배율}}=\dfrac{546.96\times1.25}{10}=68.37[\mathrm{A}]$

80[A]로 선정

정답

(1) 45.58[A]

(2) 기동전류와 기동돌입전류를 고려했을 때 80[A] 정격이 적당하다.

04 거리계전기의 설치점에서 고장점까지의 임피던스를 70[Ω]이라고 하면 계전기 측에서 본 임피던스는 몇 [Ω]인가?(단, PT의 변압비는 154,000/110[V]이고, CT의 변류비는 500/5이다)

해설

거리계전기 측에서 본 임피던스(Z_2) = 선로임피던스(Z_1) × CT비 × $\frac{1}{\text{PT비}}$

$$= 70 \times \frac{500}{5} \times \frac{110}{154{,}000} = 5[\Omega]$$

정답

5[Ω]

05 지표면상 10[m] 높이에 수조가 있다. 이 수조에 초당 1.2[m^3]의 물을 양수하는 데 사용되는 펌프용 전동기에 3상 전력을 공급하기 위하여 단상 변압기 2대를 V결선하였다. 펌프 효율이 80[%]이고, 펌프 축동력에 20[%]의 여유를 두는 경우 다음 각 물음에 답하시오(단, 펌프용 3상 농형 유도전동기의 역률을 80[%]로 가정한다).

(1) 펌프용 전동기의 소요동력은 몇 [kW]인가?

(2) 변압기 1대의 용량은 몇 [kVA]인가?

해설

(1) $P = \frac{9.8KQH}{\eta} = \frac{9.8 \times 1.2 \times 1.2 \times 10}{0.8} = 176.4[\text{kW}]$

(2) $P_V = \sqrt{3}\, V_P I_P \cos\theta$ 에서 $V_P I_P = \frac{P_V}{\sqrt{3}\cos\theta} = \frac{176.4}{\sqrt{3} \times 0.8} \fallingdotseq 127.306$

정답

(1) 176.4[kW]

(2) 127.31[kVA]

06 다음은 22.9[kV] 수변전설비 결선도이다. 물음에 답하시오.

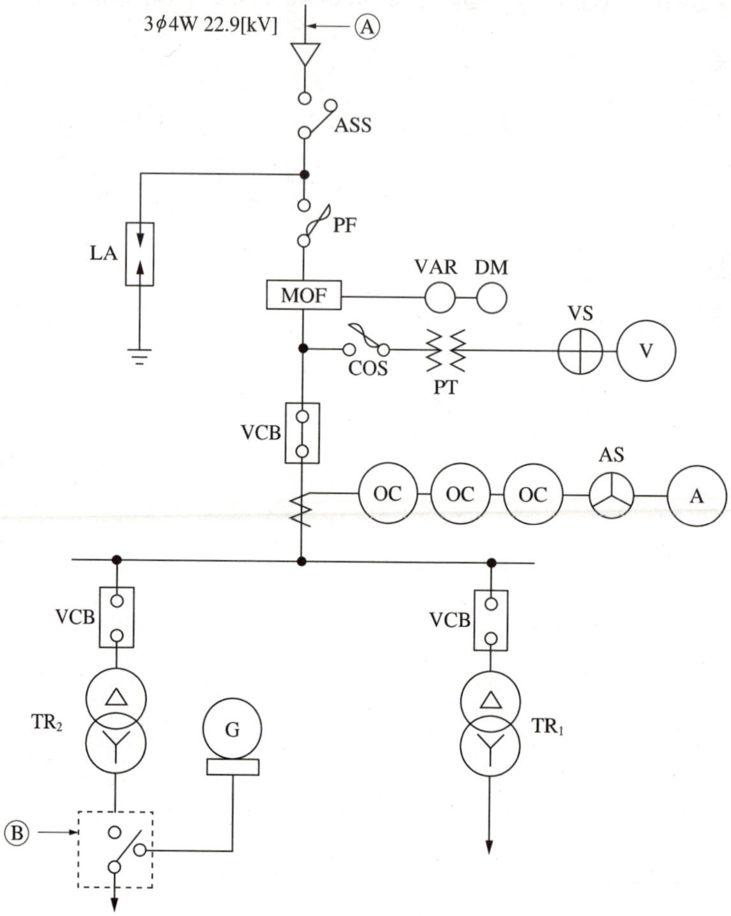

(1) 도면에 표시되어 있는 다음의 약호를 우리말로 쓰시오.

① ASS

② LA

③ VCB

④ DM

(2) TR_1쪽의 부하용량의 합이 300[kW]이고, 역률 및 효율이 각각 0.8, 수용률이 0.6이라면 TR_1 변압기의 용량은 몇 [kVA]가 적당한지를 규격용량으로 답하시오.

(3) Ⓐ에는 어떤 종류의 케이블이 사용되는지를 쓰시오.

(4) Ⓑ의 명칭을 쓰시오.

(5) 변압기의 결선도를 복선도로 그리시오.

해설

(2) $TR_1 = \dfrac{300 \times 0.6}{0.8 \times 0.8} = 281.25$

정답

(1) ① 자동고장구분개폐기

② 피뢰기

③ 진공차단기

④ 최대수요전력량계

(2) 300[kVA]

(3) CNCV-W 케이블(수밀형)

(4) ATS(자동절체개폐기)

(5)

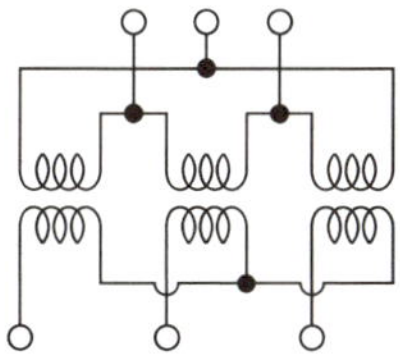

07 단상 2선식 220[V]의 저압 옥내배선에서 소비전력 40[W], 역률 80[%]의 형광등을 180[등] 설치할 때 이 시설을 16[A]의 분기회로로 하려고 한다. 한 회로의 부하전류는 분기회로 용량의 80[%]로 하고, 수용률은 100[%]이다. 이때 필요한 분기회로는 최소 몇 회선이 필요한가?

해설

분기회로수 $n = \dfrac{\dfrac{40}{0.8} \times 180}{220 \times 16 \times 0.8} = 3.2$[회로]

정답

16[A] 분기회로 4회로

08 특고압 변압기의 내부고장 검출방법 3가지를 쓰시오.

정답

- 비율차동계전기를 이용하여 검출하는 방법
- 부흐홀츠계전기를 이용하여 검출하는 방법
- 충격압력계전기를 이용하여 검출하는 방법

09 다음 그림과 같은 100[V], 1ϕ2W 분기회로의 부하중심점 거리[m]를 구하시오.

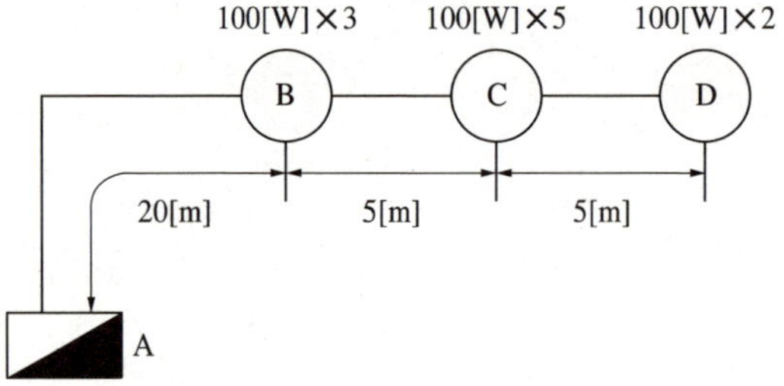

해설

$$L = \frac{l_1 I_1 + l_2 I_2 + l_3 I_3}{I_1 + I_2 + I_3}$$

여기서, $I_1 = I_B = \frac{100 \times 3}{100} = 3[A]$

$I_2 = I_C = \frac{100 \times 5}{100} = 5[A]$

$I_3 = I_D = \frac{100 \times 2}{100} = 2[A]$

$l_1 = 20[m]$

$l_2 = 20 + 5 = 25[m]$

$l_3 = 20 + 5 + 5 = 30[m]$

$$L = \frac{3 \times 20 + 5 \times 25 + 2 \times 30}{3 + 5 + 2} = 24.5[m]$$

정답

24.5[m]

10 수용가의 부하설비에 대한 전압강하의 물음에 답하여 표의 빈칸을 채우시오(단, 다른 조건은 무시. 수용가 설비의 인입구로부터 기기까지의 전압강하는 다음 표와 같다).

설비유형 \ 조명 및 기타	조명[%]	기타[%]
A-저압으로 수전하는 경우	(①)	(③)
B-고압 이상으로 수전하는 경우	(②)	(④)

• 가능한 한 최종회로 내의 전압강하가 A유형의 값을 넘지 않도록 할 것
• 사용자의 배선설비가 100[m]를 넘는 부분의 전압강하는 0.005[%/m] 증가할 수 있으나 증가분은 최대 0.5[%]를 초과하지 말 것

정답

① 3[%]

② 6[%]

③ 5[%]

④ 8[%]

11 송전계통의 중성점 접지에 대한 다음 물음에 답하시오.

(1) 송전계통에서 중성점 접지방식을 4가지만 쓰시오.

(2) 우리나라의 154[kV], 345[kV] 송전계통에 적용되는 중성점 접지방식을 쓰시오.

(3) 유효접지는 1선 지락사고 시 건전상 전위상승이 상규 대지전압의 몇 배를 넘지 않도록 접지 임피던스를 조절하여야 하는지 쓰시오.

정답

(1) • 직접접지방식
- 저항접지방식
- 비접지방식
- 소호리액터접지방식

(2) 직접접지방식

(3) 1.3배

12 수전단 선간전압이 3[kV]인 3ϕ3W식 송정선로에서 저항이 2.5[Ω], 리액턴스가 5[Ω], 전압강하율 10[%], 역률이 80[%]일 때 송전선로는 몇 [kW]까지 수전할 수 있는지를 구하시오.

해설

$$\delta = \frac{P}{V_R^2}(R + X\tan\theta) \times 100$$

$$P = \frac{\delta V_R^2}{(R + X\tan\theta) \times 100} \times 10^{-3} = \frac{10 \times 3{,}000^2}{\left(2.5 + 5 \times \frac{0.6}{0.8}\right) \times 100} \times 10^{-3} = 144[\text{kW}]$$

정답

144[kW]

13 제5고조파 전류의 확대방지 및 스위치 투입 시 돌입전류 억제를 목적으로 3상 전력용 콘덴서에 직렬리액터를 설치하고자 한다. 3상 전력용 콘덴서의 용량이 500[kVA]라고 할 때 다음 각 물음에 답하시오.

(1) 직렬리액터의 이론상 용량은 몇 [kVA]인가?

(2) 실제적으로 설치하는 직렬리액터의 용량[kVA]을 구하시오.

해설

(1) 리액터의 이론상 용량 : $500 \times 0.04 = 20[\text{kVA}]$

(2) 리액터의 실제 용량 : $500 \times 0.06 = 30[\text{kVA}]$

정답

(1) 20[kVA]

(2) 30[kVA]

14 다음과 같은 철골 공장에 백열전등 전반 조명 시 작업면의 평균 조도를 200[lx]로 얻기 위한 광원의 소비전력[W]은 얼마이어야 하는지 주어진 참고자료를 이용하여 답안지 순서에 의하여 계산하시오.

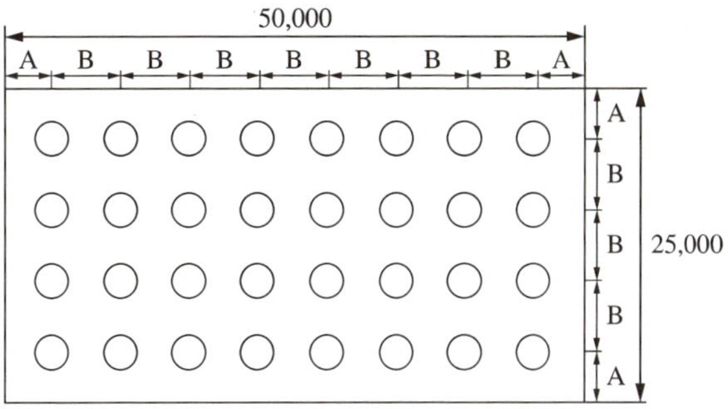

[조 건]
• 천장 및 벽면의 반사율 30[%] • 조명기구는 금속 반사갓 직부형 • 광원은 천장면하 1[m]에 부착한다. • 천장고는 9[m]이다. • 감광보상률은 보수상태양으로 적용한다. • 배광은 직접조명으로 한다.

(1) 광원의 높이

(2) 실지수

(3) 조명률

(4) 감광보상률

(5) 총소요광속

(6) 1등당 광속

(7) 백열전구의 크기 및 소비전력

표1. 조명률, 감광보상률 및 설치 간격

배 광	조명기구	감광보상률 (D)	반사율(ρ) 천 장	0.75			0.50			0.30	
			벽	0.5	0.3	0.1	0.5	0.3	0.1	0.3	0.1
설치간격		보수상태 양중부	실지수	조명률 U[%]							
간 접 0.80  0 $S \leq 1.2H$		전 구	J0.6	16	13	11	12	10	08	06	05
			I0.8	20	16	15	15	13	11	08	07
			H1.0	23	20	17	17	14	13	10	08
		1.5 1.7 2.0	G1.25	26	23	20	20	17	15	11	10
			F1.5	29	26	22	22	19	17	12	11
			E2.0	32	29	26	24	21	19	13	12
		형광등	D2.5	36	32	30	26	24	22	15	14
			C3.0	38	35	32	28	25	24	16	15
		1.7 2.0 2.5	B4.0	42	39	36	30	29	27	18	17
			A5.0	44	41	39	33	30	29	19	18
반간접 0.70  0.10 $S \leq 1.2H$	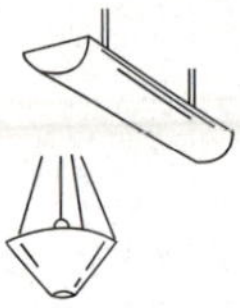	전 구	J0.6	18	14	12	14	11	09	08	07
			I0.8	22	19	17	17	15	13	10	09
			H1.0	26	22	19	20	17	15	12	10
		1.4 1.5 1.7	G1.25	29	25	22	22	19	17	14	12
			F1.5	32	28	25	24	21	19	15	14
			E2.0	35	32	29	27	24	21	17	15
		형광등	D2.5	39	35	32	29	26	24	19	18
			C3.0	42	38	35	31	28	27	20	19
		1.7 2.0 2.5	B4.0	46	42	39	34	31	29	22	21
			A5.0	48	44	42	36	33	31	23	22
전반확산 0.40  0.40 $S \leq 1.2H$	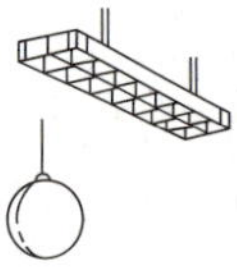	전 구	J0.6	27	19	16	22	18	15	16	14
			I0.8	29	25	22	27	23	20	21	19
			H1.0	33	28	26	30	26	24	24	21
		1.3 1.4 1.5	G1.25	37	32	29	33	29	26	26	24
			F1.5	40	36	31	36	31	29	29	26
			E2.0	45	40	36	40	36	33	32	29
		형광등	D2.5	48	43	39	43	39	36	34	33
			C3.0	51	46	42	45	40	38	37	34
		1.4 1.7 2.0	B4.0	55	50	47	49	45	42	40	37
			A5.0	57	53	49	51	47	44	41	40
반직접 0.25  0.05 $S \leq H$	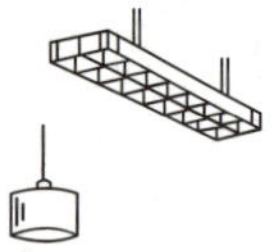	전 구	J0.6	26	22	19	24	21	18	19	17
			I0.8	33	28	26	30	26	24	25	23
			H1.0	36	32	30	33	30	28	28	26
		1.3 1.4 1.5	G1.25	40	36	33	36	33	30	30	29
			F1.5	43	39	35	39	35	33	33	31
			E2.0	47	44	40	43	39	36	36	34
		형광등	D2.5	51	47	43	46	42	40	39	37
			C3.0	54	49	45	48	44	42	42	38
		1.6 1.7 1.8	B4.0	57	53	50	51	47	45	43	41
			A5.0	59	55	52	53	49	47	47	43
직 접 0 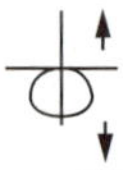 0.75 $S \leq 1.3H$	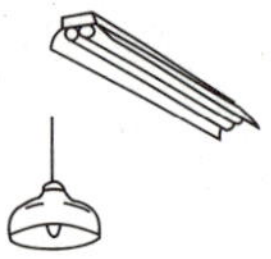	전 구	J0.6	24	29	26	32	29	27	29	27
			I0.8	43	38	35	39	36	35	36	34
			H1.0	47	43	40	41	40	38	40	38
		1.3 1.4 1.5	G1.25	50	47	44	44	43	41	42	41
			F1.5	52	50	47	46	44	43	44	43
			E2.0	58	55	52	49	48	46	47	46
		형광등	D2.5	62	58	56	52	51	49	50	49
			C3.0	64	61	58	54	52	51	51	50
		1.4 1.7 2.0	B4.0	67	64	62	55	53	52	52	52
			A5.0	68	66	64	56	54	53	54	52

표2. 실지수 기호

기 호	A	B	C	D	E	F	G	H	I	J
실지수	5.0	4.0	3.0	2.5	2.0	1.5	1.25	1.0	0.8	0.6
범 위	4.5 이상	4.5~ 3.5	3.5~ 2.75	2.75~ 2.25	2.25~ 1.75	1.75~ 1.38	1.38~ 1.12	1.12~ 0.9	0.9~ 0.7	0.7 이하

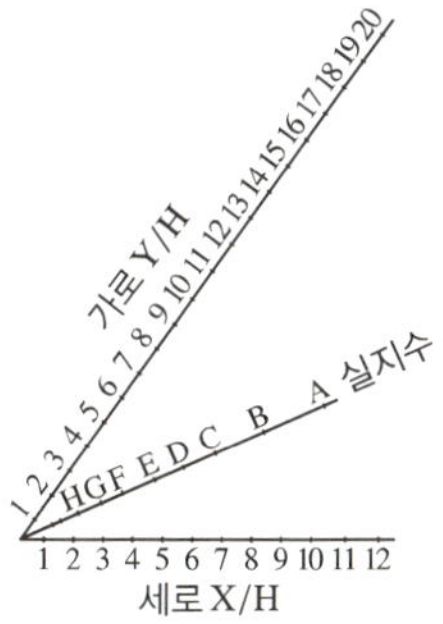

[실지수 그림]

표3. 각종 백열전등의 특성

형 식	종 별	유리구의 지름 (표준치) [mm]	길 이 [mm]	베이스	초기특성			50[%] 수명에서의 효율 [lm/W]	수 명 [h]
					소비전력 [W]	광 속 [lm]	효 율 [lm/W]		
L100V 10W	진공 단코일	55	101 이하	E26/25	10±0.5	76±8	7.6±0.6	6.5 이상	1,500
L100V 20W	진공 단코일	55	101 이하	E26/25	20±1.0	175±20	8.7±0.7	7.3 이상	1,500
L100V 30W	가스입단코일	55	108 이하	E26/25	80±1.5	290±30	9.7±0.8	8.8 이상	1,000
L100V 40W	가스입단코일	55	108 이하	E26/25	40±2.0	440±45	11.0±0.9	10.0 이상	1,000
L100V 60W	가스입단코일	50	114 이하	E26/25	60±3.0	760±75	12.6±1.0	11.5 이상	1,000
L100V 100W	가스입단코일	70	140 이하	E26/25	100±5.0	1,500±150	15.0±1.2	13.5 이상	1,000
L100V 150W	가스단일코일	80	170 이하	E26/25	150±7.5	2,450±250	16.4±1.3	14.8 이상	1,000
L100V 200W	가스입단코일	80	180 이하	E26/25	200±10	3,450±350	17.3±1.4	15.3 이상	1,000
L100V 300W	가스입단코일	95	220 이하	E39/41	300±15	5,550±550	18.3±1.5	15.8 이상	1,000
L100V 500W	가스입단코일	110	240 이하	E39/41	500±25	9,900±990	19.7±1.6	16.9 이상	1,000
L100V 1,000W	가스입단코일	165	332 이하	E39/41	1,000±50	21,000±2130	21.0±1.7	17.4 이상	1,000
Ld 100V 30W	가스입이중코일	55	108 이하	E26/25	30±1.5	30±35	11.1±0.9	10.1 이상	1,000
Ld 100V 40W	가스입이중코일	55	108 이하	E26/25	40±2.0	500±50	12.4±1.0	11.3 이상	1,000
Ld 100V 50W	가스입이중코일	60	114 이하	E26/25	50±2.5	660±65	13.2±1.1	12.0 이상	1,000
Ld 100V 60W	가스입이중코일	60	114 이하	E26/25	60±3.0	830±85	13.0±1.1	12.7 이상	1,000
Ld 100V 75W	가스입이중코일	60	117 이하	E26/25	75±4.0	1,100±110	14.7±1.2	13.2 이상	1,000
Ld 100V 100W	가스입이중코일	65 또는 67	128 이하	E26/25	100±5.0	1,570±160	15.7±1.3	14.1 이상	1,000

해설

(1) 광원높이(H)$=9-1=8$[m]

(2) 실지수 $=\dfrac{x \cdot y}{H(x+y)}=\dfrac{50\times 25}{8\times(50+25)}\fallingdotseq 2.0833$

(5) 총광속(NF)$=\dfrac{DES}{U}=\dfrac{1.3\times 200\times(50\times 25)}{0.47}\fallingdotseq 691,489$[lm]

(6) 1등당 광속(F) $=\dfrac{\text{전광속}}{\text{등수}}=\dfrac{691,489}{(4\times 8)}\fallingdotseq 21,609$[lm]

(7) 백열전구의 크기 : 〈표3. 각종 백열전등의 특성〉에서 21,000±2,100[lm]인 1,000[W] 선정
소비전력 : $1,000\times 32=32,000$[W]

정답

(1) 8[m]
(2) E2.0
(3) 47[%]
(4) 1.3
(5) 691,489[lm]
(6) 21,609[lm]
(7) 32,000[W]

15 그림과 같은 논리회로의 출력을 논리식으로 표시하시오.

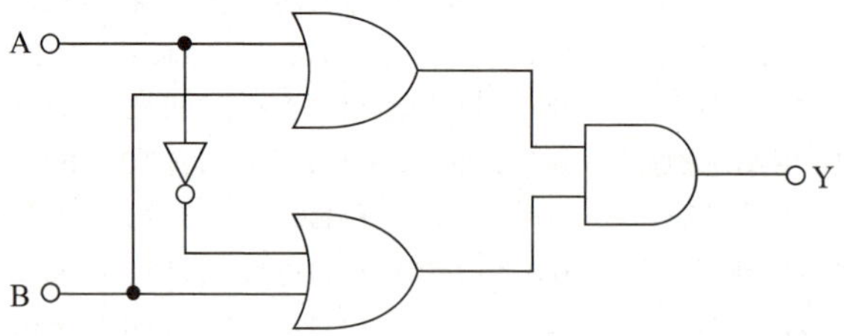

해설

$\mathrm{Y}=(\mathrm{A}+\mathrm{B})\cdot(\overline{\mathrm{A}}+\mathrm{B})=\mathrm{A}\overline{\mathrm{A}}+\mathrm{AB}+\overline{\mathrm{A}}\mathrm{B}+\mathrm{BB}$
$=\mathrm{AB}+\overline{\mathrm{A}}\mathrm{B}+\mathrm{B}=\mathrm{B}(\mathrm{A}+\overline{\mathrm{A}}+1)=\mathrm{B}$

정답

$\mathrm{Y}=\mathrm{B}$

16 다음의 진리표를 보고 다음에 답하시오.

입 력			출 력
A	B	C	X
0	0	0	0
0	0	1	0
0	1	0	0
0	1	1	0
1	0	0	1
1	0	1	0
1	1	0	0
1	1	1	1

(1) 논리식으로 나타내시오.

(2) 무접점 회로로 나타내시오.

(3) 유접점 회로로 나타내시오.

해설

(1) $X = A\overline{B}\,\overline{C} + ABC = A(\overline{B}\,\overline{C} + BC)$

정답

(1) $X = A(\overline{B}\,\overline{C} + BC)$

(2)

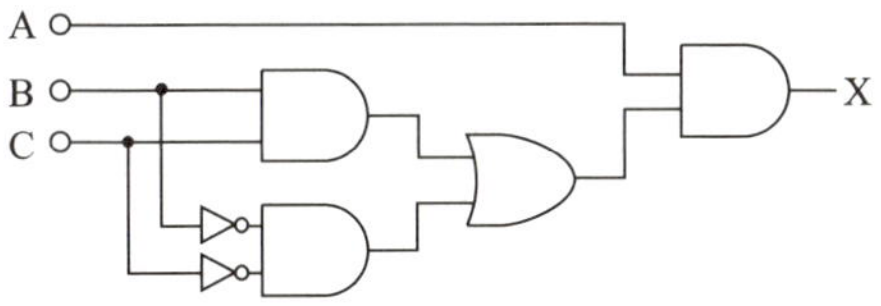

(3)

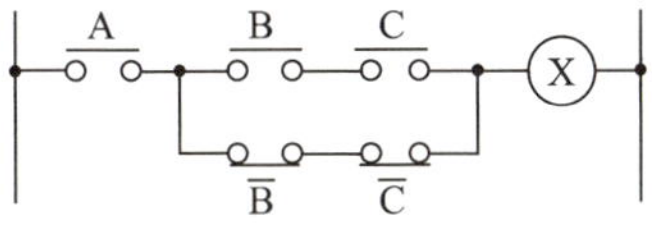

17 피뢰시스템방식에 대해 다음 물음에 답하시오.

(1) 외부피뢰시스템 구성 3가지를 쓰시오.

(2) 수뢰부시스템 배치방식 3가지를 쓰시오.

정답

(1) 수뢰부시스템, 인하도선시스템, 접지극시스템

(2) 보호각법, 회전구체법, 그물망법

전기기사

2022년 제1회 기출복원문제

01

네트워크 수전으로서 회선수 4회선, 최대수요전력 5,000[kW], 부하역률 90[%]인 네트워크 변압기 용량은 몇 [kVA] 이상이어야 하는가?(단, 네트워크 변압기의 과부하율은 130[%]이다)

해설

$$네트워크\ 변압기\ 용량 = \frac{최대수요전력[kVA]}{수전\ 회선수-1} \times \frac{100}{과부하율}$$

$$= \frac{\frac{5{,}000}{0.9}}{4-1} \times \frac{100}{130} = 1{,}424.5[kVA]$$

정답

1,424.5[kVA]

02

측정범위 100[A], 내부저항 20[kΩ]의 전류계에 분류기를 병렬로 연결하여 600[A]인 전류를 측정하려 한다. 몇 [Ω]의 분류기를 사용하여야 하는지 계산하시오.

해설

$$m\ 배수 = \frac{600}{100} = 6배$$

$$R_s = \frac{1}{m-1}R_a = \frac{1}{6-1} \times 20 \times 10^3 = 4{,}000[\Omega]$$

정답

4,000[Ω]

03 대지 고유 저항률 400[Ω · m], 직경 19[mm], 길이 2,400[mm]인 접지봉을 전부 매입했다고 한다. 접지저항(대지저항)값은 얼마인가?

해설

$$R=\frac{\rho}{2\pi l}\ln\frac{2l}{r}=\frac{400}{2\pi\times 2.4}\times\ln\frac{2\times 2.4}{\frac{19\times 10^{-3}}{2}}\fallingdotseq 165.1254$$

정답

165.13[Ω]

04 전압 22,900[V], 주파수 60[Hz], 선로길이 7[km] 1회선의 3상 지중송전선로가 있다(단, 케이블의 1선당 작용 정전용량은 0.4[μF/km]라고 한다).

(1) 무부하 충전전류[A]를 구하시오.

(2) 충전용량[kVA]을 구하시오.

해설

(1) $I_C=\frac{E}{Z}=\frac{E}{X_C}=\frac{\frac{V}{\sqrt{3}}}{\frac{1}{\omega_C}}=\frac{1}{\sqrt{3}}\omega CV=\frac{1}{\sqrt{3}}\times 2\pi fCV$

$=\frac{1}{\sqrt{3}}\times 2\pi\times 60\times 0.4\times 10^{-6}\times 7\times 22{,}900\fallingdotseq 13.96[\mathrm{A}]$

(2) $Q_C=\sqrt{3}\,VI_C=\sqrt{3}\times 22{,}900\times 13.96\times 10^{-3}\fallingdotseq 553.71[\mathrm{kVA}]$

정답

(1) 13.96[A]

(2) 553.71[kVA]

05 154[kV] 중성점 직접 접지계통의 피뢰기 정격전압을 표에서 선정하시오(단, 접지계수 0.75, 유도계수 1.1이다)

피뢰기 정격전압[kV]					
126	144	154	168	182	196

해설

피뢰기 정격전압 $E=$ 접지계수 $\times$ 유도계수 $\times$ 계통의 최고전압

$E = 0.75 \times 1.1 \times 170[\text{kV}] = 140.25[\text{kV}]$

계통의 최고전압 $= 154 \times \dfrac{1.2}{1.1} = 168[\text{kV}] \quad \therefore\ 170[\text{kV}]$

정답

144[kV]

06 전선 및 기계 기구 보호를 위해 과전류 차단기를 시설하여야 한다. 그 시설이 제한되는 곳 3가지를 한국전기설비규정에 의해 쓰시오.

정답

- 접지공사의 접지도체
- 다선식 선로의 중성선
- 저압 가공전선로의 접지측 전선

07 감리자의 지시 등이 서로 일치하지 않을 경우 그 적용의 우선순위를 순서대로 나열하시오.

[보 기]	
① 설계도면	② 산출내역서
③ 공사시방서	④ 전문시방서
⑤ 표준시방서	⑥ 승인된 상세 시공도면

정답

③ → ① → ④ → ⑤ → ② → ⑥

08 $V_a = 7.3\angle 12.5°$, $V_b = 0.4\angle 45°$, $V_c = 4.4\angle 75°$일 때 다음 값을 구하시오.

(1) V_0의 값

(2) V_1의 값

(3) V_2의 값

해설

(1) $V_0 = \frac{1}{3}(V_a + V_b + V_c) = \frac{1}{3}(7.3\angle 12.5° + 0.4\angle 45° + 4.4\angle 75°)$

$\fallingdotseq 2.850 + j2.038 \fallingdotseq 3.503\angle 35.57°$

(2) $V_1 = \frac{1}{3}(V_a + aV_b + a^2 V_c) = \frac{1}{3}(7.3\angle 12.5° + 1\angle 120° \times 0.4\angle 45° + 1\angle 240° \times 4.4\angle 75°)$

$\fallingdotseq 3.284 - j0.476 \fallingdotseq 3.318\angle -8.246°$

(3) $V_2 = \frac{1}{3}(V_a + a^2 V_b + aV_c) = \frac{1}{3}(7.3\angle 12.5° + 1\angle 240° \times 0.4\angle 45° + 1\angle 120° \times 4.4\angle 75°)$

$\fallingdotseq 0.993 + j0.018 \fallingdotseq 0.994\angle 1.054°$

정답

(1) $3.5\angle 35.57°$

(2) $3.32\angle -8.25°$

(3) $0.99\angle 1.05°$

09 커패시터에서 주파수가 50[Hz]에서 60[Hz]로 증가했을 경우 전류는 몇 [%]가 증가 또는 감소하는가?

해설

$$I_C = \frac{E}{X_C} = \frac{E}{\frac{1}{\omega_C}} = \omega CE = 2\pi f CE$$

$I_C \propto f$ 이므로 $\frac{60}{50} = \frac{6}{5}$ 배가 된다.

1.2배 × 100 = 120[%]

증가분 20[%]

정답

20[%] 증가

10 500[kVA]의 변압기에 역률 70[%]의 부하 500[kVA]가 접속되어 있다. 이 부하와 병렬로 콘덴서를 접속해서 합성역률을 90[%]로 개선하면 부하의 몇 [kW]를 증가시킬 수 있는가?

해설

$P_1 = 500 \times 0.7 = 350[\text{kW}]$

$P_2 = 500 \times 0.9 = 450[\text{kW}]$

$\triangle P = P_2 - P_1 = 100[\text{kW}]$

정답

100[kW]

11 다음과 같은 380[V] 선로에 대한 물음에 답하시오(단, 변압비는 380/110이다).

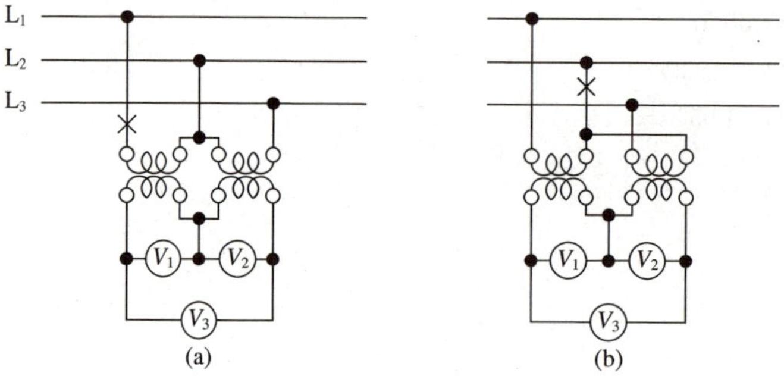

(a) (b)

(1) 그림 a의 × 지점에서 단선사고가 발생했을 경우 Ⓥ1, Ⓥ2, Ⓥ3의 지시값을 구하시오.

(2) 그림 b의 × 지점에서 단선사고가 발생했을 경우 Ⓥ1, Ⓥ2, Ⓥ3의 지시값을 구하시오.

정답

(1) $V_1 = 0[\text{V}]$, $V_2 = 110[\text{V}]$, $V_3 = 110[\text{V}]$

(2) $V_1 = \frac{110}{2} = 55[\text{V}]$, $V_2 = \frac{110}{2} = 55[\text{V}]$, $V_3 = 0[\text{V}]$

【참고】 1차 측 L_1과 L_3 선간전압 $\frac{380}{2} = 190[\text{V}]$, 2차 측 변압기가 감극성이므로 $V_3 = 0[\text{V}]$이다.

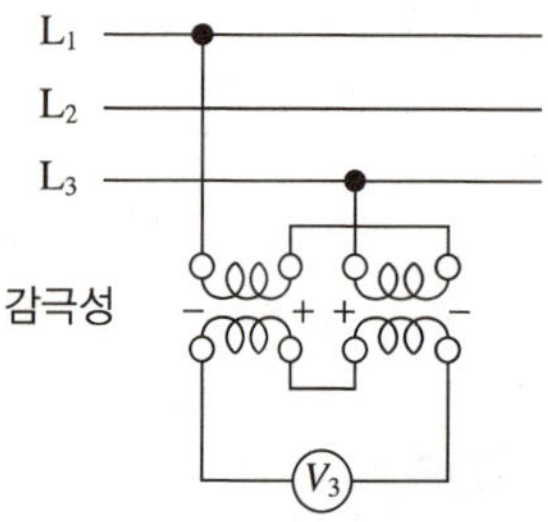

12 전부하에서 2차 측 전압이 115[V]인 단상변압기가 있다. 이때 권수비는 20 : 1이고, 전압변동률은 2[%]라면 1차 측 단자전압은 몇 [V]인가?

해설

$$\varepsilon = \frac{V_{20} - V_{2n}}{V_{2n}} \times 100$$

$$2 = \frac{V_{20} - 115}{115} \times 100$$

$$V_{20} = 117.3[\mathrm{V}]$$

$$V_{1n} = 117.3 \times 20 = 2{,}346[\mathrm{V}]$$

정답

2,346[V]

13 발전기 최소용량[kVA]을 다음 식을 이용하여 계산하시오.

발전기용량 산정식

$P_G \geq [\sum P + (\sum P_m - P_L) \times a + (P_L \times a \times c)] \times k$

여기서 P_G : 발전기용량[kVA]

P : 전동기 이외 부하의 입력용량[kVA]

P_m : 전동기 부하용량의 합[kW]

P_L : 기동용량이 가장 큰 전동기의 부하용량[kW]

a : 전동기의 [kW]당 입력용량[kVA] 환산계수

c : 전동기의 기동계수

k : 발전기의 허용전압강하계수

(단, 전동기의 [kW]당 입력용량 환산계수(a)는 1.45, 전동기의 기동계수(c)는 2, 발전기의 허용전압강하계수 k는 1.45이다)

	부하종류	부하용량
1	유도 전동기 부하	37[kW] × 1대
2	유도 전동기 부하	10[kW] × 5대
3	전동기 이외 부하의 입력용량	30[kVA]

해설

$$P_G = \{30 + (87 - 37) \times 1.45 + (37 \times 1.45 \times 2)\} \times 1.45 = 304.21[\mathrm{kVA}]$$

정답

304.21[kVA]

14 3권선 변압기가 설치된 154[kV]계통의 변전소가 있다. 다음의 표를 이용하여 각 물음에 답하시오(단, 기타 주어지지 않은 조건은 무시한다).

표

전 압	1차 입력	154[kV]
	2차 입력	66[kV]
	3차 입력	23[kV]
용 량	1차 측 용량	100[MVA]
	2차 측 용량	100[MVA]
	3차 측 용량	50[MVA]
$\%X$	1차와 2차 측	9[%](100[MVA] 기준)
	2차와 3차 측	3[%](50[MVA] 기준)
	3차와 1차 측	8.5[%](50[MVA] 기준)

(1) 각 권선의 $\%X$를 100[MVA]를 기준으로 구하시오.

① $\%X_1$

② $\%X_2$

③ $\%X_3$

(2) 1차 입력이 100[MVA], 역률 0.9(lead)이고 3차에 50[MVA]의 전력용 커패시터를 접속했을 경우 2차 출력[MVA]과 역률[%]을 각각 계산하시오.

(3) 물음 (2)의 조건으로 운전 중 1차 전압이 154[kV]이면 2차 및 3차 전압은 얼마인가?

① 2차 전압

② 3차 전압

해설

(1)

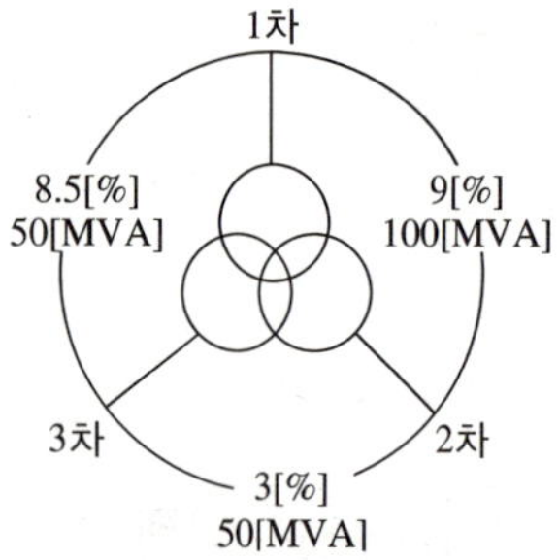

100[MVA]를 기준으로 하면

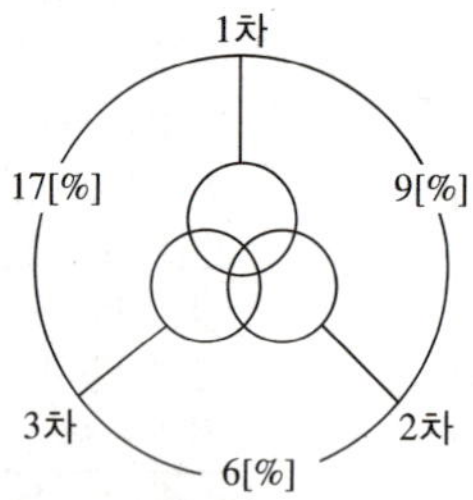

$$\%X_1 = \frac{1}{2}(17+9-6) = 10[\%]$$

$$\%X_2 = \frac{1}{2}(9+6-17) = -1[\%]$$

$$\%X_3 = \frac{1}{2}(17+6-9) = 7[\%]$$

(2)

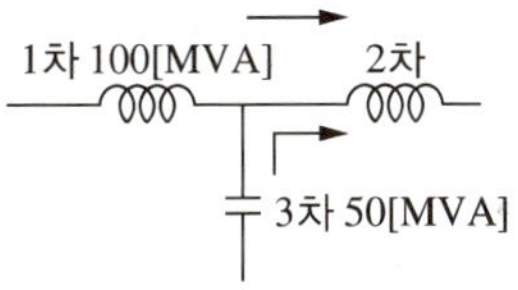

$P_1 = 100 \times 0.9 = 90$[MW], $Q_1 = 100 \times \sqrt{1-0.9^2} = 43.588$[MVar]

역률이 lead(진상)이므로 Q_1은 앞선 용량

$Q_3 = 50$[MVA]

P_a합성 $= \sqrt{90^2 + (43.588+50)^2} = 129.84$[MVA]

$\cos\theta$합성 $= \dfrac{P_1}{P_a\text{합성}} \times 100 = \dfrac{90}{129.84} \times 100 = 69.316$[%] ∴ 69.32[%]

(3) ① $\dfrac{50}{100} \times (-1) = -0.5$[%] (50[MVA]로 환산한 $\%X$값)

$\%\varepsilon = \dfrac{V_0 - V_n}{V_n}$에서 $V_0 = \%\varepsilon V_n + V_n = (1+\%\varepsilon)V_n$

$V_2 = (1-0.005) \times 66 = 65.67$[kV]

② $\dfrac{50}{100} \times 7 = 3.5$[%] (50[MVA]로 환산한 $\%X$값)

$V_3 = 23(1+0.035) = 23.805$[kV]

정답

(1) ① $\%X_1 = 10$[%]

② $\%X_2 = -1$[%]

③ $\%X_3 = 7$[%]

(2) 2차 측 출력 : 129.84[MVA], 역률 : 69.32[%]

(3) ① 65.67[kV]

② 23.81[kV]

15 제조공장의 부하목록을 이용하여 부하중심위치$(X,\ Y)$를 구하시오(단, X는 X축 좌표, Y는 Y축 좌표를 의미한다. 주어지지 않은 조건은 무시한다).

[부하목록]

	분 류	소비전력량	위치(X)	위치(Y)
1	물류저장소	120[kWh]	40[m]	40[m]
2	생산라인	320[kWh]	60[m]	120[m]
3	유틸리티	60[kWh]	90[m]	30[m]
4	사무실	20[kWh]	90[m]	90[m]

해설

$W = Pt[\text{kWh}]$

$3\phi\ P = \sqrt{3}\,VI\cos\theta$
$1\phi\ P = VI\cos\theta$ 에서 $P \propto I$이므로 소비전력량을 전류로 해석해서 계산한다.

$$l_X = \frac{I_1 l_1 + I_2 l_2 + I_3 l_3 + I_4 l_4}{I_1 + I_2 + I_3 + I_4} = \frac{120 \times 40 + 320 \times 60 + 60 \times 90 + 20 \times 90}{120 + 320 + 60 + 20} = 60[\text{m}]$$

$$l_Y = \frac{120 \times 40 + 320 \times 120 + 60 \times 30 + 20 \times 90}{120 + 320 + 60 + 20} = 90[\text{m}]$$

정답

(60, 90)

16 다음 논리식에 해당하는 유접점 회로를 그리시오.

논리식 : $L = (X + \overline{Y} + Z) \cdot (Y + \overline{Z})$

정답

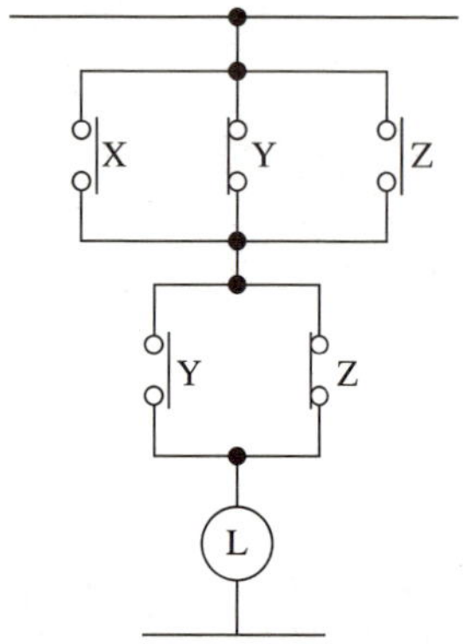

17 그림은 누전차단기의 적용으로 CVCF 출력단의 접지용 콘덴서 $C_0 = 5[\mu\text{F}]$이고, 부하 측 라인 피터의 대지정전용량 $C_1 = C_2 = 0.1[\mu\text{F}]$, 누전차단기 ELB₁에서 지락점까지의 케이블 대지정전용량 $C_{L1} = 0.2[\mu\text{F}]$(ELB₁의 출력단에 지락 발생 예상), ELB₂에서 부하 2까지 케이블 대지정전용량 $C_{L2} = 0.2[\mu\text{F}]$이다. 지락저항은 무시하며, 사용전압은 220[V], 주파수 60[Hz]인 경우 다음 각 물음에 답하시오.

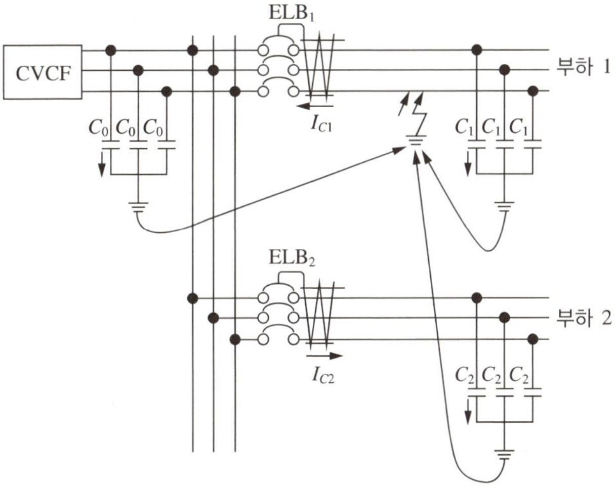

[조 건]

- ELB₁에 흐르는 지락전류 $I_g = 3\times 2\pi f CE$에 의하여 계산한다.
- 누전차단기는 지락 시의 지락전류의 1/3에 동작 가능하여야 하며, 부동작전류는 건전 피더에 흐르는 지락전류의 2배 이상의 것으로 한다.
- 누전차단기의 시설 구분에 대한 표시 기호는 다음과 같다.
  - ○ : 누전차단기를 설치할 것
  - △ : 주택에 기계 기구를 시설하는 경우에는 누전차단기를 시설할 것
  - □ : 주택구내 또는 도로에 접한 면에 룸 에어컨디셔너, 아이스박스, 진열장, 자동판매기 등 전동기를 부품으로 한 기계 기구를 시설하는 경우에는 누전차단기를 시설하는 것이 바람직하다.
  - ※ : 사람이 조작하고자 하는 기계 기구를 시설한 장소보다 전기적인 조건이 나쁜 장소에서 접촉할 우려가 있는 경우에는 전기적 조건이 나쁜 장소에 시설된 것으로 취급한다.

(1) 도면에서 CVCF는 무엇인가?

(2) 건전 피더 ELB₂에 흐르는 지락전류 I_{g2}는 몇 [mA]인가?

(3) 누전차단기 ELB₁, ELB₂가 불필요한 동작을 하지 않기 위해서 정격감도전류는 몇 [mA] 범위의 것을 선정하여야 하는가?(단, 소수점 이하는 절사한다)

(4) 누전차단기의 시설 예에 대한 표의 빈칸에 ○, △, □를 표현하시오.

기계기구 시설장소 / 전로의 대지전압	옥 내		옥 측		옥 외	물기가 있는 장소
	건조한 장소	습기가 많은 장소	우선 내	우선 외		
150[V] 이하	–	–	–			
150[V] 초과 300[V] 이하			–			

해설

(2) $I_{g2}=3\times 2\pi fCE=3\times 2\pi f(C_2+C_{L2})\times 10^{-6}\times \frac{V}{\sqrt{3}}\times 10^3[\text{mA}]$

$=3\times 2\pi\times 60\times(0.1+0.2)\times 10^{-6}\times\frac{220}{\sqrt{3}}\times 10^3=43.095[\text{mA}]$

(3) 지락전류 $I_g=3\times 2\pi fCE$

$=3\times 2\pi f(C_0+C_1+C_{L1}+C_2+C_{L2})\times 10^{-6}\times\frac{V}{\sqrt{3}}\times 10^3[\text{mA}]$

$=3\times 2\pi\times 60\times(5+0.1+0.2+0.1+0.2)\times 10^{-6}\times\frac{220}{\sqrt{3}}\times 10^3$

$=804.456[\text{mA}]$

동작전류 = 지락전류$\times\frac{1}{3}=804.456\times\frac{1}{3}=268.152[\text{mA}]$ $\therefore$ 268[mA]

건전한 피더 전류 $I_{g1}=3\times 2\pi fCE$

$=3\times 2\pi f(C_1+C_{L1})\times 10^{-6}\times\frac{V}{\sqrt{3}}\times 10^3[\text{mA}]$

$=3\times 2\pi\times 60\times(0.1+0.2)\times 10^{-6}\times\frac{220}{\sqrt{3}}\times 10^3$

$=43.095[\text{mA}]$

부동작전류 = 건전한 피더 전류 × 2 = 43.095 × 2 = 86.19[mA] $\therefore$ 86[mA]

ELB_1 정격감도전류 범위 : 86~268[mA]

건전한 피더 전류 $I_{g2}=3\times 2\pi fCE$

$=3\times 2\pi f(C_2+C_{L2})\times 10^{-6}\times\frac{V}{\sqrt{3}}\times 10^3[\text{mA}]$

$=3\times 2\pi\times 60\times(0.1+0.2)\times 10^{-6}\times\frac{220}{\sqrt{3}}\times 10^3$

$=43.095[\text{mA}]$

부동작전류 = 건전한 피더 전류 × 2 = 43.095 × 2 = 86.19[mA] $\therefore$ 86[mA]

ELB_2 정격감도전류 범위 : 86~268[mA]

정답

(1) 정전압 정주파수 공급 장치

(2) 43.1[mA]

(3) ELB_1 : 86~268[mA], ELB_2 : 86~268[mA]

(4)

전로의 대지전압 \ 기계기구 시설장소	옥 내		옥 측		옥 외	물기가 있는 장소
	건조한 장소	습기가 많은 장소	우선 내	우선 외		
150[V] 이하	–	–	–	□	□	○
150[V] 초과 300[V] 이하	△	○	–	○	○	○

18 그림과 같은 논리 회로의 명칭을 쓰고 진리표를 완성하시오.

(1) 회로의 명칭을 쓰시오.

(2) 출력식을 쓰시오.

(3) 진리표를 완성하시오.

정답

(1) 배타적 부정 논리합(Exclusive-NOR회로, 일치회로)

(2) $X=\overline{A\overline{B}+\overline{A}B}=\overline{A\overline{B}\cdot\overline{A}B}$

$=(\overline{A}+B)(A+\overline{B})$

$=\overline{A}A+\overline{A}\,\overline{B}+AB+B\overline{B}$

$=\overline{A}\,\overline{B}+AB$

(3) 진리표

A	B	Y
0	0	1
0	1	0
1	0	0
1	1	1

전기기사 2022년 제2회 기출복원문제

01 다음의 진리표를 보고 입력 A, B, C와 출력 X_1, X_2에 대해 답하시오.

A	B	C	X_1	X_2
0	0	0	0	1
0	0	1	0	1
0	1	0	0	1
0	1	1	0	0
1	0	0	0	1
1	0	1	1	1
1	1	0	1	1
1	1	1	1	0

(1) 출력 X_1, X_2에 대해 논리식을 간략화하시오.

(2) (1)에 대한 유접점 회로를 완성하시오.

(3) (1)에 대한 논리회로를 완성하시오.

정답

(1) $X_1 = A\overline{B}C + AB\overline{C} + ABC = A\overline{B}C + AB(\overline{C}+C) = A\overline{B}C + AB = A(\overline{B}C + B) = A(B+C)$

$X_2 = \overline{A}\,\overline{B}\,\overline{C} + \overline{A}\,\overline{B}C + \overline{A}B\overline{C} + A\overline{B}\,\overline{C} + A\overline{B}C + AB\overline{C}$

$= \overline{A}\,\overline{B}(\overline{C}+C) + A\overline{B}(\overline{C}+C) + B\overline{C}(\overline{A}+A)$

$= \overline{A}\,\overline{B} + A\overline{B} + B\overline{C} = \overline{B}(\overline{A}+A) + B\overline{C} = \overline{B} + B\overline{C} = \overline{B} + \overline{C}$

(2)

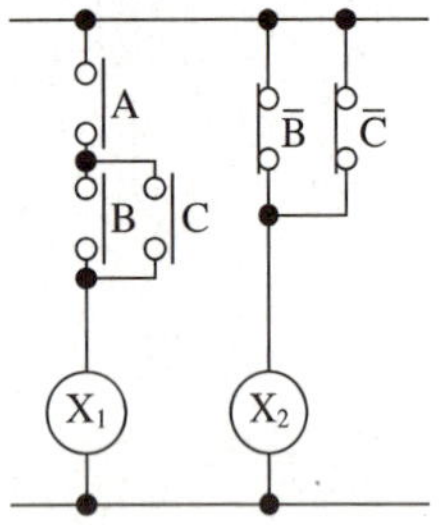

(3)

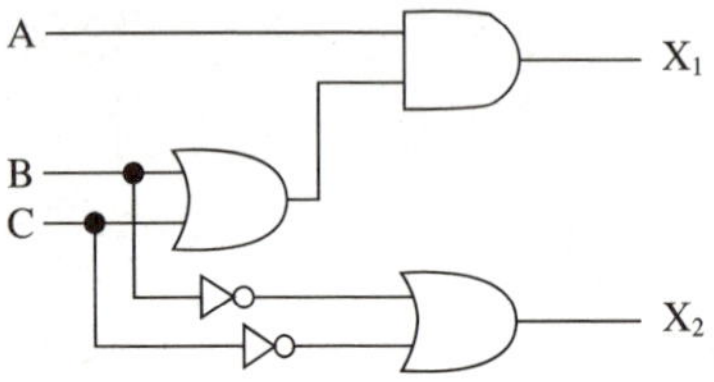

02 수전전압 6,600[V], 가공전선로의 %임피던스가 58.5[%]일 때 수전점의 3상 단락 전류가 7,000[A]인 경우 정격용량[MVA]과 수전용 차단기의 차단용량[MVA]은 얼마인가?

차단기의 정격용량[MVA]										
10	20	30	50	75	100	150	250	300	400	500

해설

$I_s = \frac{100}{\%Z} I_n$에서 $I_n = \frac{\%Z}{100} \times I_s = \frac{58.5}{100} \times 7{,}000 = 4{,}095[\text{A}]$

정격용량 $P_n = \sqrt{3}\, V_n I_n = \sqrt{3} \times 6{,}600 \times 4{,}095 \times 10^{-6} \fallingdotseq 46.812[\text{MVA}]$

차단용량 $V_n = 6.6 \times \frac{1.2}{1.1} = 7.2[\text{kV}]$

$P_s = \sqrt{3}\, V_n I_s = \sqrt{3} \times 7.2 \times 7{,}000 \times 10^{-3} \fallingdotseq 87.295[\text{MVA}]$

정답

- 정격용량 : 46.81[MVA]
- 차단용량 : 100[MVA]

03 3상 3선식 6,600[V]인 변전소에서 저항 6[Ω], 리액턴스 8[Ω]의 송전선을 통하여 역률 0.8의 부하에 전력을 공급할 때 수전단 전압을 6,000[V] 이상으로 유지하기 위해서 걸 수 있는 부하는 최대 몇 [kW]까지 가능하겠는가?

해설

전압강하$(e) = \frac{P}{V}(R + X\tan\theta)$

$e = V_s - V_r = 6{,}600 - 6{,}000 = 600[\text{V}]$

$600 = \frac{P}{6{,}000}\left(6 + 8 \times \frac{0.6}{0.8}\right)$

$P = \frac{600 \times 6{,}000}{\left(6 + 8 \times \frac{0.6}{0.8}\right)} \times 10^{-3} = 300[\text{kW}]$

정답

300[kW]

04 단상변압기 2차 측에 대한 전압 3,300[V], 전류 43.5[A], 저항 0.66[Ω], 철손 1,000[W]인 변압기에서 다음 조건일 때의 효율을 구하시오.

(1) 전 부하 시 역률 100[%]와 80[%]인 경우

(2) $\frac{1}{2}$ 부하 시 역률 100[%]와 80[%]인 경우

해설

(1) 전 부하 시

- 역률 100[%]

$$\eta = \frac{m\,VI\cos\theta}{m\,VI\cos\theta + P_i + m^2 I^2 R} \times 100$$

$$= \frac{1 \times 3{,}300 \times 43.5 \times 1}{1 \times 3{,}300 \times 43.5 \times 1 + 1{,}000 + 1^2 \times 43.5^2 \times 0.66} \times 100$$

$$\fallingdotseq 98.46[\%]$$

- 역률 80[%]

$$\eta = \frac{1 \times 3{,}300 \times 43.5 \times 0.8}{1 \times 3{,}300 \times 43.5 \times 0.8 + 1{,}000 + 1^2 \times 43.5^2 \times 0.66} \times 100$$

$$\fallingdotseq 98.08[\%]$$

(2) $\frac{1}{2}$ 부하 시

- 역률 100[%]

$$\eta = \frac{\frac{1}{2} \times 3{,}300 \times 43.5 \times 1}{\frac{1}{2} \times 3{,}300 \times 43.5 \times 1 + 1{,}000 + \left(\frac{1}{2}\right)^2 \times 43.5^2 \times 0.66} \times 100$$

$$\fallingdotseq 98.2[\%]$$

- 역률 80[%]

$$\eta = \frac{\frac{1}{2} \times 3{,}300 \times 43.5 \times 0.8}{\frac{1}{2} \times 3{,}300 \times 43.5 \times 0.8 + 1{,}000 + \left(\frac{1}{2}\right)^2 \times 43.5^2 \times 0.66} \times 100$$

$$\fallingdotseq 97.77[\%]$$

정답

(1) • 역률 100[%] : 98.46[%]
• 역률 80[%] : 98.08[%]

(2) • 역률 100[%] : 98.2[%]
• 역률 80[%] : 97.77[%]

05 지표면상 10[m] 높이에 수조가 있다. 이 수조에 초당 1.2[m²]의 물을 양수하는 데 사용되는 펌프용 전동기에 3상 전력을 공급하기 위하여 단상 변압기 2대를 V결선하였다. 펌프 효율이 80[%]이고, 펌프 축동력에 20[%]의 여유를 두는 경우 다음 각 물음에 답하시오(단, 펌프용 3상 농형 유도전동기의 역률을 80[%]로 가정한다).

(1) 펌프용 전동기의 소요동력은 몇 [kW]인가?

(2) 변압기 1대의 용량은 몇 [kVA]인가?

해설

(1) $P = \frac{9.8KQH}{\eta} = \frac{9.8 \times 1.2 \times 1.2 \times 10}{0.8} = 176.4[\text{kW}]$

(2) $P_V = \sqrt{3}\, V_P I_P \cos\theta$에서 $V_P I_P = \frac{P_V}{\sqrt{3}\cos\theta} = \frac{176.4}{\sqrt{3} \times 0.8} \fallingdotseq 127.306$

정답

(1) 176.4[kW]

(2) 127.31[kVA]

06 다음 전력계통에서 기준용량 10[MVA]로 하였을 경우 차단기 A의 단락용량은 몇 [MVA]인지 구하시오(단, $\%R$은 무시하고 모든 값은 $\%X$이며, 차단기 F는 모선연락용 교류차단기로 개방상태이다).

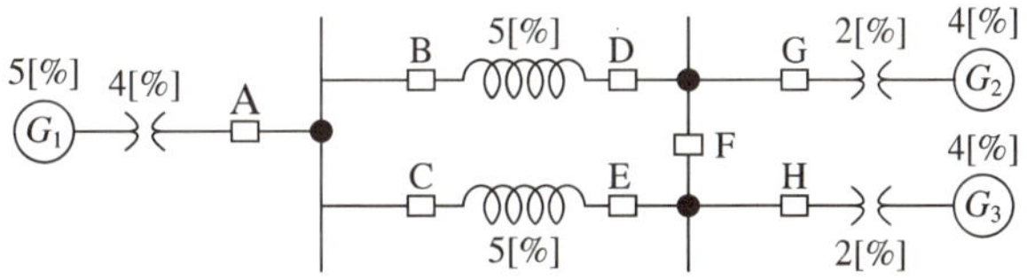

해설

① 고장점이 A차단기 우측

$$I_s = \frac{100}{\%Z} I_n = \frac{100}{4+5} I_n = 11.11 I_n$$

② 고장점이 A차단기 좌측

$$I_s = I_{G2s} + I_{G3s} = \frac{100}{5+2+4} I_n + \frac{100}{5+2+4} I_n = 18.18 I_n$$

①과 ② 중 큰 값을 적용 $I_s = 18.18 I_n$

②의 값으로 합성 $\%Z = \frac{5+2+4}{2} = 5.5[\%]$

$$P_s = \frac{100}{\%Z} P_n = \frac{100}{5.5} \times 10 = 181.818[\text{MVA}]$$

정답

181.82[MVA]

07 부하설비가 각각 A-10[kW], B-20[kW], C-20[kW], D-30[kW] 되는 수용가가 있다. 이 수용장소의 수용률이 A와 B는 각각 60[%], C와 D는 각각 80[%]이고 이 수용장소의 부등률은 1.2이다. 이 수용장소의 종합최대전력은 몇 [kW]인가?

해설

$$\text{합성최대전력[kW]} = \frac{\text{설비용량[kW]} \times \text{수용률}}{\text{부등률}} = \frac{(10+20)\times 0.6 + (20+30)\times 0.8}{1.2} \fallingdotseq 48.33\text{[kW]}$$

정답

48.33[kW]

08 각 상의 전압을 이용하여 영상분, 정상분, 역상분을 구하시오.

$V_a = 7.5\angle 12.5°$, $V_b = 4\angle -100°$, $V_c = 4.5\angle 154°$

해설

$$V_0(\text{영상분전압}) = \frac{1}{3}(V_a + V_b + V_c) = \frac{1}{3}(7.5\angle 12.5° + 4\angle -100° + 4.5\angle 154°)$$

$$= 0.868\angle -7.569°$$

$$V_1(\text{정상분전압}) = \frac{1}{3}(V_a + aV_b + a^2V_c)$$

$$= \frac{1}{3}(7.5\angle 12.5° + 1\angle 120° \times 4\angle -100° + 1\angle 240° \times 4.5\angle 154°)$$

$$= 5.267\angle 20.397°$$

$$V_2(\text{역상분전압}) = \frac{1}{3}(V_a + a^2V_b + aV_c)$$

$$= \frac{1}{3}(7.5\angle 12.5° + 1\angle 240° \times 4\angle -100° + 1\angle 120° \times 4.5\angle 154°)$$

$$= 1.527\angle -3.686°$$

정답

영상분 $V_0 = 0.87\angle -7.57°$

정상분 $V_1 = 5.27\angle 20.4°$

역상분 $V_2 = 1.53\angle -3.69°$

09 5,000[kVA]의 변전설비를 갖는 수용가에서 현재 5,000[kVA], 역률 75[%] 지상의 부하를 공급하고 있다. 다음 각 물음에 답하시오.

(1) 1,200[kVA]의 전력용 콘덴서를 설치할 경우 역률을 구하시오.

(2) 전력용 콘덴서 설치 후 85[%] 지상 부하를 추가하여 변압기 전 용량까지 사용할 경우 증가시킬 수 있는 유효전력은 몇 [kW]인가?

(3) 종합역률을 구하시오.

해설

(1) $P = P_a \cos\theta = 5{,}000 \times 0.75 = 3{,}750$[kW]

$P_r = P_a \sin\theta = 5{,}000 \times \sqrt{1-0.75^2} = 3{,}307.189$[kVA]

$P = 3{,}750$, $Q_c = 1{,}200$ 설치 후 $P_r = 3{,}307.189 - 1{,}200 = 2{,}107.189$[kVA]

설치 후 역률 $\cos\theta = \dfrac{P}{P_a} \times 100 = \dfrac{3{,}750}{\sqrt{3{,}750^2 + 2{,}107.189^2}} \times 100 = 87.179$[%]

(2) 콘덴서 설치 후 피상전력 $P_a = \sqrt{3{,}750^2 + 2{,}107.189^2} = 4{,}301.482$[kVA]

$\Delta P_a = 5{,}000 - 4{,}301.482 = 698.518$[kVA]

역률 85[%] 증가시킬 수 있는 유효전력[kW]

$\Delta P = 698.518 \times 0.85 = 593.74$[kW]

(3) 종합역률 $\cos\theta = \dfrac{P}{P_a} \times 100 = \dfrac{3{,}750 + 593.74}{5{,}000} \times 100 = 86.874$[%]

정답

(1) 87.18[%]

(2) 593.74[kW]

(3) 86.87[%]

10 다음 가부터 라까지의 색상을 쓰시오.

상	L1	L2	L3	N	보호도체
색 상	가	검은색	나	다	라

정답

가 : 갈색, 나 : 회색, 다 : 파란색, 라 : 녹색-노란색

11

3ϕ3W식 고압수전설비에서 수전전압은 6,600[V], 변류기 2차 측 전류가 4.2[A]이다. 이때 변류비는 50/5, 역률은 100[%]라 할 때 수전전력[kW]을 계산하시오.

해설

$$P = \sqrt{3}\ V_1 I_1 \cos\theta = \sqrt{3} \times V_1 \times I_2 \times \text{CT 비} \times \cos\theta$$

$$= \sqrt{3} \times 6{,}600 \times 4.2 \times \frac{50}{5} \times 1 \times 10^{-3} = 480.124[\text{kW}]$$

정답

480.12[kW]

12

주어진 도면은 어떤 수용가의 수전설비의 단선 결선도이다. 도면을 이용하여 물음에 답하시오.

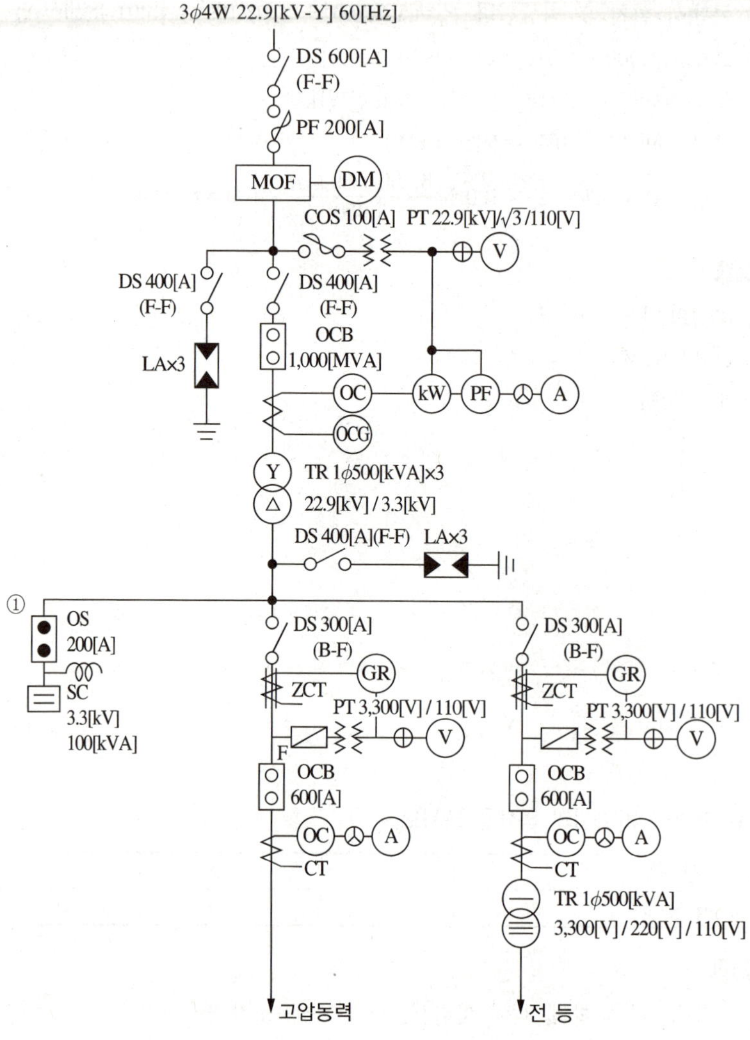

(1) 22.9[kV] 측에 DS의 정격전압은 몇 [kV]인가?

(2) ZCT의 기능을 쓰시오.

(3) GR의 기능을 쓰시오.

(4) MOF에 연결되어 있는 (DM)은 무엇인가?

(5) 1대의 전압계로 3상 전압을 측정하기 위한 개폐기를 약호로 쓰시오.

(6) 1대의 전류계로 3상 전류를 측정하기 위한 개폐기를 약호로 쓰시오.

(7) 22.9[kV]측 LA의 정격전압은 몇 [kV]인가?

(8) PF의 기능을 쓰시오.

(9) MOF의 기능을 쓰시오.

(10) 차단기의 기능을 쓰시오.

(11) SC의 기능을 쓰시오.

(12) OS의 명칭을 쓰시오.

(13) 3.3[kV] 측에 차단기에 적힌 전류값 600[A]는 무엇을 의미하는가?

정답

(1) 25.8[kV]

(2) 지락사고 시 지락전류(영상전류)를 검출하는 것으로 지락계전기를 동작시킨다.

(3) 지락전류로 트립코일을 여자시켜 차단기를 개로시킨다.

(4) 최대 수요전력량계

(5) VS

(6) AS

(7) 18[kV]

(8) • 부하전류를 안전하게 흐르게 한다.
• 단락전류를 차단하여 전로나 기기를 보호한다.

(9) 계기용 변압기와 변류기를 조합하여 전력량계에 전원을 공급한다.

(10) 부하전류 개폐 및 사고전류 차단

(11) 부하의 역률 개선

(12) 유입개폐기

(13) 정격전류

13 전기 안전관리자가 전기설비 설치장소 또는 사업장을 방문하여 실시하는 용량별 점검횟수 및 점검간격에 대한 빈칸을 채우시오.

용량별		점검횟수	점검간격
저압	1~300[kW] 이하	월 1회	20일 이상
	300[kW] 초과	월 2회	10일 이상
고압	1~300[kW] 이하	월 1회	20일 이상
	300[kW] 초과 500[kW] 이하	월 2회	10일 이상
	500[kW] 초과 700[kW] 이하	월 (①)회	(②)일 이상
	700[kW] 초과 1,500[kW] 이하	월 (③)회	(④)일 이상
	1,500[kW] 초과 2,000[kW] 이하	월 5회	4일 이상
	2,000[kW] 초과	월 (⑤)회	(⑥)일 이상

정답

① 3　　② 7

③ 4　　④ 5

⑤ 6　　⑥ 3

14 폭 20[m]의 가로 양쪽에 간격 20[m]를 두고 맞보기 배열로 가로등이 점등되어 있다. 한 등당 전광속이 15,000[lm]이고, 조명률 30[%], 감광보상률이 1.4라면 이 도로의 평균 조도는?

해설

$FUN = EAD$

$$E = \frac{FUN}{AD} = \frac{15{,}000 \times 0.3 \times 1}{\frac{20 \times 20}{2} \times 1.4} \fallingdotseq 16.07[\text{lx}]$$

정답

16.07[lx]

TIP

대칭 배열 또는 맞보기 배열의 경우 다음과 같다.

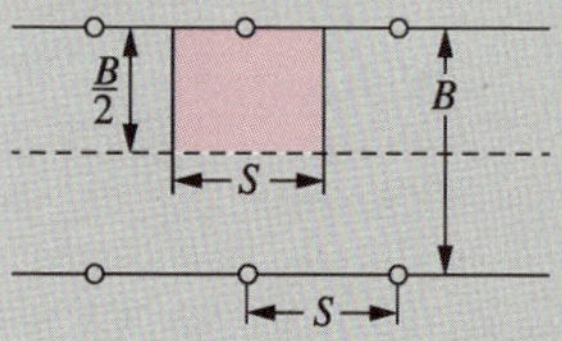

$$\text{면적}(A) = \frac{S \times B}{2}$$

15 다음 회로를 보고 논리식과 논리회로를 완성하시오.

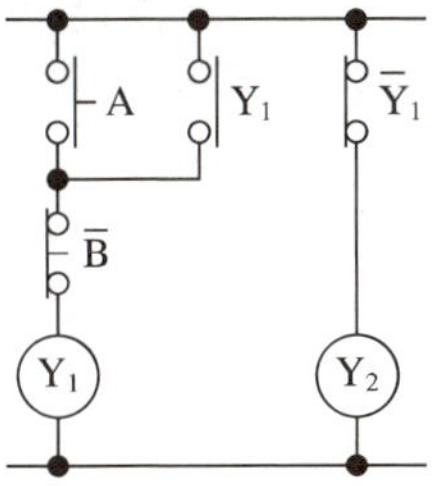

정답

(1) 논리식 ① $Y_1 = (A + Y_1) \cdot \overline{B}$ ② $Y_2 = \overline{Y_1}$

(2) 논리회로

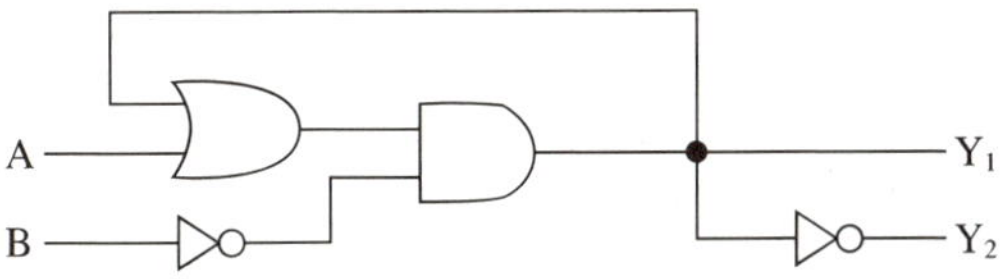

16 그림과 같이 전류계 A_1, A_2, A_3, 25[Ω]의 저항 R을 접속하였다. 전류계의 지시는 $A_1 = 10[A]$, $A_2 = 4[A]$, $A_3 = 7[A]$일 때 다음을 구하시오.

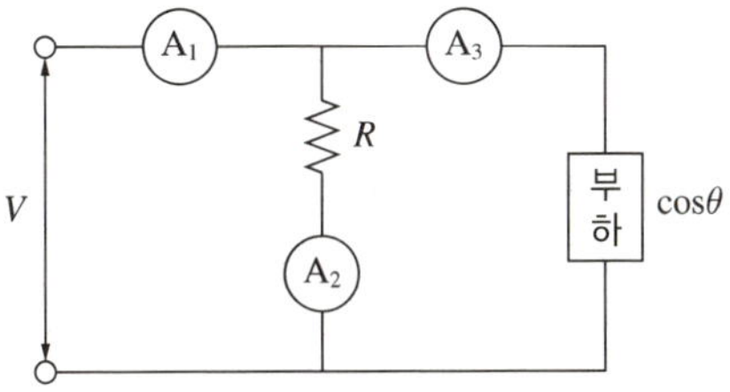

(1) 부하전력을 구하시오.

(2) 역률을 구하시오.

해설

(1) $P = \frac{R}{2}(A_1^2 - A_2^2 - A_3^2) = \frac{25}{2}(10^2 - 4^2 - 7^2) = 437.5[W]$

(2) $\cos\theta = \frac{A_1^2 - A_2^2 - A_3^2}{2A_2A_3} \times 100 = \frac{10^2 - 4^2 - 7^2}{2 \times 4 \times 7} \times 100 = 62.5[\%]$

【참고】 $P = VI\cos\theta$에서 $\cos\theta = \frac{P}{VI} \times 100 = \frac{P}{RA_2A_3} \times 100 = \frac{437.5}{25 \times 4 \times 7} \times 100 = 62.5[\%]$

정답

(1) 437.5[W]

(2) 62.5[%]

전기 기사

2022년 제3회 기출복원문제

01 그림과 같은 평형 3상 회로로 운전하는 유도전동기가 있다. 이 회로에 그림과 같이 2개의 전력계 W_1, W_2, 전압계 ⓥ, 전류계 Ⓐ를 접속한 후 지시값은 W_1 = 6.2[kW], W_2 = 3.1[kW], V = 200[V], I = 30[A]이었다.

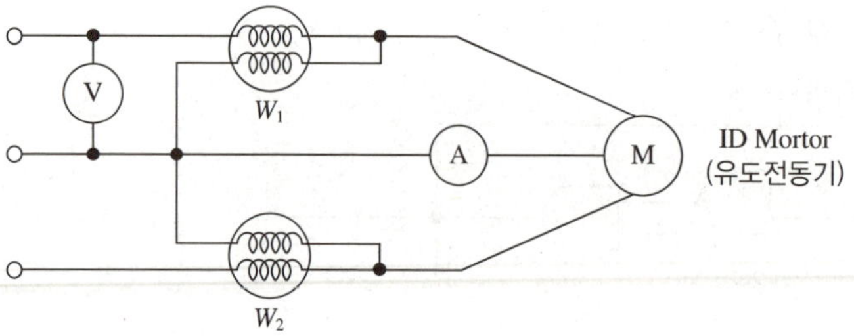

(1) 이 유도전동기의 역률은 몇 [%]인가?

(2) 역률을 90[%]로 개선시키려면 몇 [kVA] 용량의 콘덴서가 필요한가?

(3) 이 전동기로 만일 매 분 20[m]의 속도로 물체를 권상한다면 몇 [ton]까지 가능한가?(단, 종합 효율은 80[%]로 한다)

해설

(1) $\cos\theta = \dfrac{P}{P_a}\times 100 = \dfrac{W_1+W_2}{\sqrt{3}\,VI}\times 100 = \dfrac{(6.2+3.1)\times 10^3}{\sqrt{3}\times 200\times 30}\times 100 \fallingdotseq 89.489$

(2) $Q_c = P(\tan\theta_1 - \tan\theta_2) = 9.3\left(\dfrac{\sqrt{1-0.8949^2}}{0.8949} - \dfrac{\sqrt{1-0.9^2}}{0.9}\right) \fallingdotseq 0.1335[\text{kVA}]$

(3) $P = \dfrac{W\cdot V}{6.12\eta} \Rightarrow W = \dfrac{6.12\eta P}{V} = \dfrac{6.12\times 0.8\times 9.3}{20} \fallingdotseq 2.28[\text{ton}]$

여기서, P : 출력[kW]

W : 무게[ton]

V : 속도[m/min]

정답

(1) 89.49[%]

(2) 0.13[kVA]

(3) 2.28[ton]

02 수용률을 식으로 나타내고 설명하시오.

정답

• $수용률 = \frac{최대수용전력[kW]}{설비용량[kW]} \times 100[\%]$

• 의미 : 설비용량에 대한 최대전력의 비를 백분율로 나타낸 값

03 다음 논리회로를 보고 물음에 답하시오.

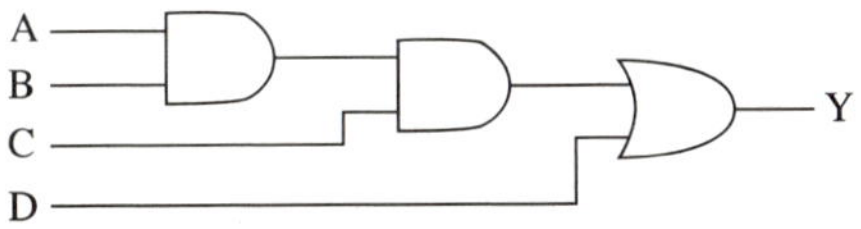

(1) 논리식을 작성하시오.

(2) 유접점 회로로 나타내시오.

정답

(1) Y= ABC + D

(2)

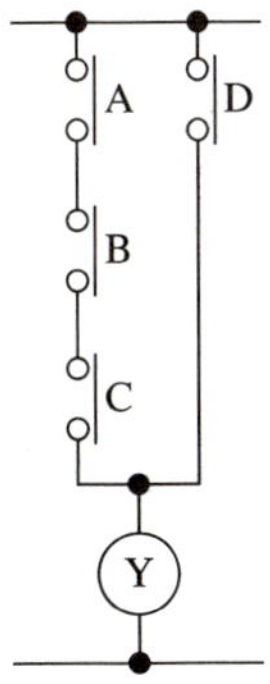

04 다음과 같은 무접점의 논리회로도를 보고 다음 각 물음에 답하시오.

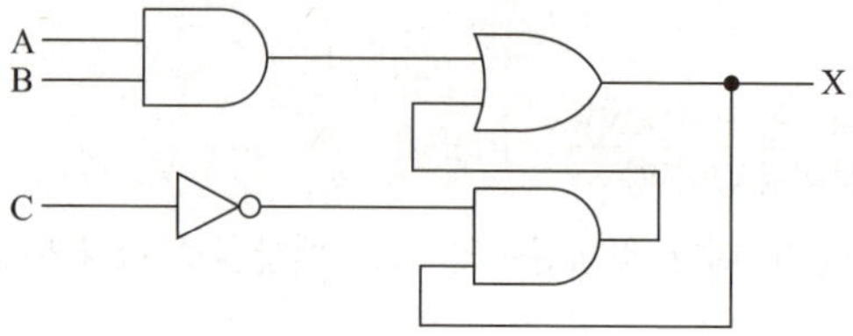

(1) 논리식으로 나타내시오.

(2) 주어진 논리회로를 유접점 논리회로로 바꾸어 그리시오.

(3) 타임차트를 완성하시오.

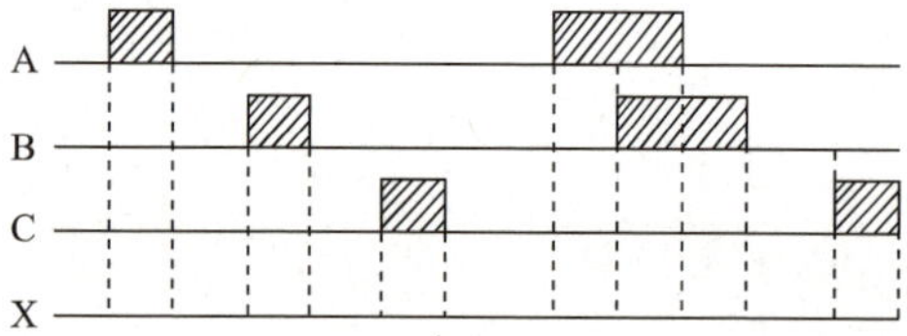

정답

(1) $X = A \cdot B + \overline{C} \cdot X$

(2)

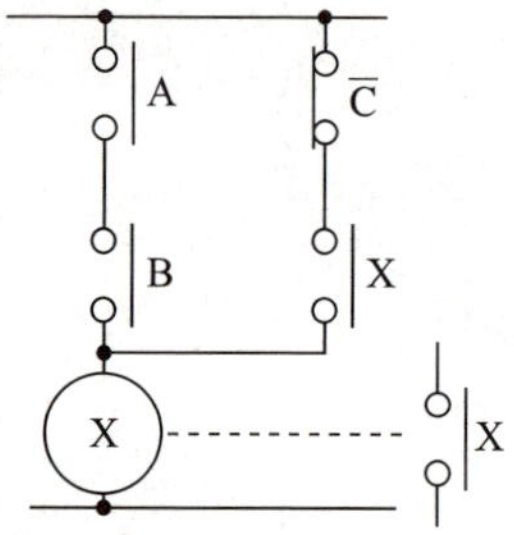

(3)

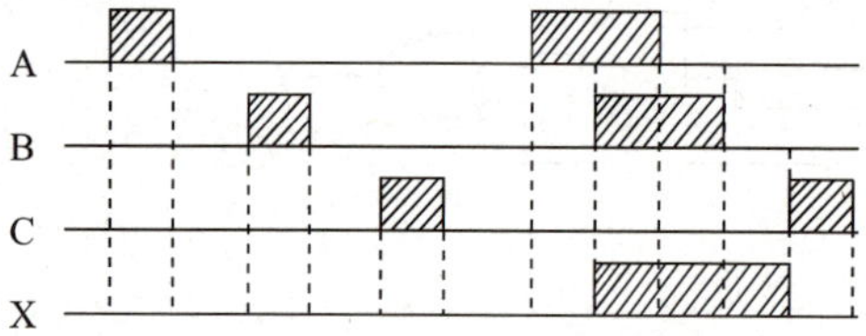

05 **A변압기, B변압기의 정격전압이 동일하고, 이 두 변압기를 병렬운전하고 있을 때 A변압기의 정격용량은 20[kVA], $\%Z_A$는 4[%]이고, B변압기의 정격용량은 75[kVA], $\%Z_B$는 5[%]일 때, 다음 각 물음에 답하시오(단, 변압기 A, B의 내부저항과 누설리액턴스비는 같다. $R_a/X_a = R_b/X_b$).**

(1) 2차 측의 부하용량이 60[kVA]일 때 각 변압기가 분담하는 전력은 몇 [kVA]인가?

① A변압기

② B변압기

(2) 2차 측의 부하용량이 120[kVA]일 때 각 변압기가 분담하는 전력은 몇 [kVA]인가?

① A변압기

② B변압기

(3) 변압기가 과부하 되지 않는 범위 내에서 2차 측 최대 부하용량[kVA]은 얼마인가?

해설

(1) $\frac{P_{a(\text{분담})}}{P_{b(\text{분담})}} = \frac{\%Z_b}{\%Z_a} \times \frac{P_{A(\text{용량})}}{P_{B(\text{용량})}} = \frac{5}{4} \times \frac{20}{75} = \frac{1}{3}$

$P_a : P_b = 1 : 3$

① A변압기 : $60 \times \frac{1}{4} = 15[\text{kVA}]$

② B변압기 : $60 \times \frac{3}{4} = 45[\text{kVA}]$

(2) ① A변압기 : $120 \times \frac{1}{4} = 30[\text{kVA}]$

② B변압기 : $120 \times \frac{3}{4} = 90[\text{kVA}]$

(3) ① $P_a = P_A = 20[\text{kVA}]$

$P_a : P_b = 1 : 3$

$P_B = 60[\text{kVA}]$

② $P_b = P_B = 75[\text{kVA}]$

$P_A = P_B \times \frac{1}{3} = 75 \times \frac{1}{3} = 25[\text{kVA}]$

②는 과부하이므로 ①이 조건을 만족한다.

그러므로 20 + 60 = 80[kVA]

정답

(1) ① A변압기 : 15[kVA]

② B변압기 : 45[kVA]

(2) ① A변압기 : 30[kVA]

② B변압기 : 90[kVA]

(3) 80[kVA]

06 1,000[kVA] 이하 22.9[kV-Y] 특고압 간이 수전설비 결선도를 보고 다음 각 물음에 답하시오.

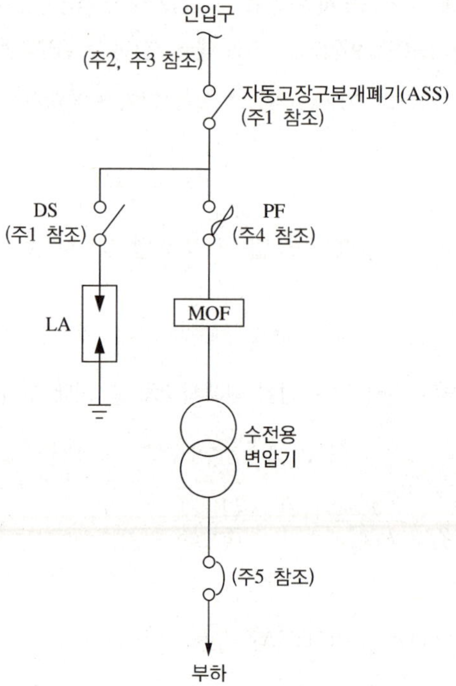

(1) 본 도면에서 생략 가능한 것은?

(2) 용량 300[kVA] 이하에서 ASS 대신 사용 가능한 것의 명칭을 쓰시오.

(3) 22.9[kV-Y]의 LA는 어떤 ( ) 붙임형을 사용해야 하는지를 쓰시오.

(4) 22.9[kV-Y] 지중인입선에는 어떤 케이블을 사용하는지 약호로 쓰시오.

(5) 지중인입선은 몇 회선으로 시설하여야 하는지 쓰시오.

(6) 300[kVA] 이하인 경우 PF대신 COS를 사용하였다. 이것의 비대칭 차단 전류용량은 몇 [kA] 이상의 것을 사용하여야 하는지 쓰시오.

해설

[주1] LA용 DS는 생략할 수 있으며 22.9[kV-Y]용의 LA는 Disconnector(또는 Isolator) 붙임형을 사용하여야 한다.

[주2] 인입선을 지중선으로 시설하는 경우로서 공동주택 등 고장 시 정전피해가 큰 경우에는 예비 지중선을 포함하여 2회선으로 시설하는 것이 바람직하다.

[주3] 지중인입선의 경우에 22.9[kV-Y] 계통은 CNCV-W 케이블(수밀형) 또는 TR CNCV-W (트리 억제형)을 사용하여야 한다. 다만, 전력구・공동구・덕트・건물 구내 등 화재의 우려가 있는 장소에서는 FR CNCO-W(난연) 케이블을 사용하는 것이 바람직하다.

[주4] 300[kVA] 이하인 경우는 PF 대신 COS(비대칭차단전류 10[kA] 이상의 것)을 사용할 수 있다.

[주5] 특고압 간이수전설비는 PF의 용단 등의 결상사고에 대한 대책이 없으므로 변압기 2차측에 설치되는 주차단기에는 결상계전기 등을 설치하여 결상사고에 대한 보호능력을 있도록 함이 바람직하다.

정답

(1) LA용 DS

(2) 인터럽터스위치(Int S/W)

(3) Disconnector 또는 Isolator

(4) CNCV-W

(5) 2회선

(6) 10

07 다음 심벌의 명칭을 쓰시오.

(1) OCR

(2) UVR

(3) OVR

(4) GR

정답

(1) 과전류계전기

(2) 부족전압계전기

(3) 과전압계전기

(4) 지락계전기

08 전기설비를 방폭화한 방폭기기의 구조에 따른 종류 4가지만 쓰시오.

정답

- 압력 방폭구조
- 내압 방폭구조
- 유입 방폭구조
- 안전증 방폭구조

09 전력계통에 사용되는 리액터의 명칭을 쓰시오.

(1) 단락 전류 제한

(2) 페란티 현상 방지

(3) 변압기 중성점 아크 소호

(4) 5고조파 제거

정답

(1) 한류리액터
(2) 분로리액터
(3) 소호리액터
(4) 직렬리액터

10 상용전원과 예비전원운전에 관한 사항 중 ( ) 안에 알맞은 내용을 쓰시오.

상용전원과 예비전원 사이에는 병렬운전을 하지 않는 것이 원칙이므로 수전용 차단기와 발전용 차단기 사이에는 전기적 또는 기계적 (①)을 시설해야 하며 (②)를 사용해야 한다.

정답

① 인터로크

② 전환개폐기

11 다음 도면을 보고 각 물음에 답하시오.

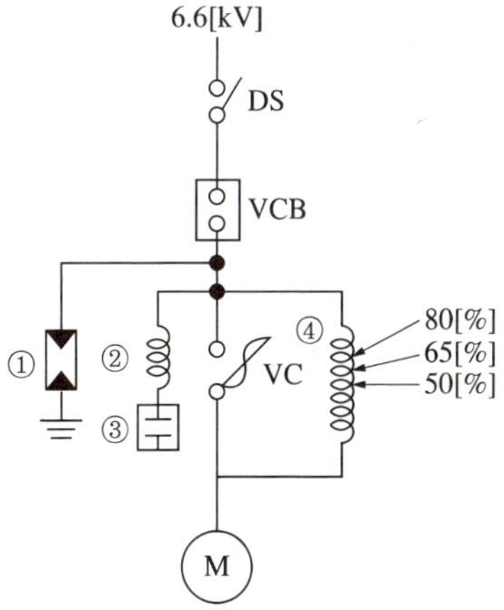

(1) 도면의 유도전동기 기동 방식을 쓰시오.

(2) ①~④의 명칭을 쓰시오.

정답

(1) 리액터기동법

(2) ① 서지흡수기

② 직렬리액터

③ 전력용 콘덴서

④ 기동용 리액터

12 고압선로에서의 접지사고 검출 및 경보장치를 그림과 같이 시설하였다. L_1선에 누전사고가 발생하였을 때 다음 각 물음에 답하시오(단, 전원이 인가되고 경보벨의 스위치는 닫혀 있는 상태이다).

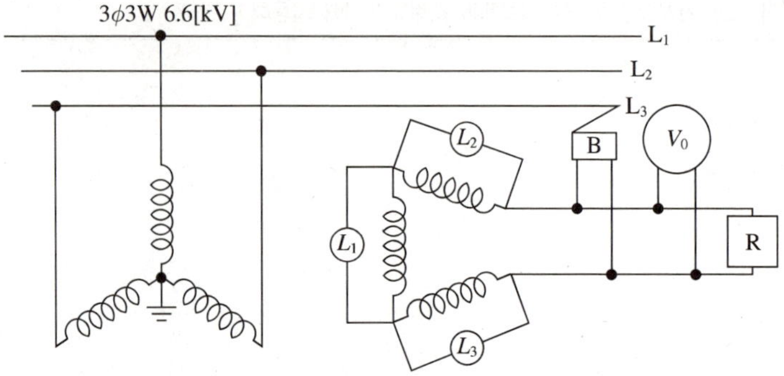

(1) 1차 측 L_1선의 대지전압이 0[V]인 경우 L_2선 및 L_3선의 대지전압은 각각 몇 [V]인가?

① L_2선의 대지전압　　② L_3선의 대지전압

(2) 2차 측 전구 Ⓛ1의 전압이 0[V]인 경우 Ⓛ2 및 Ⓛ3 전구의 전압과 전압계 Ⓥ0의 지시전압, 경보벨 Ⓑ에 걸리는 전압은 각각 몇 [V]인가?

① Ⓛ2의 대지전압　　② Ⓛ3의 대지전압

③ 전압계 Ⓥ0의 지시전압　　④ 경보벨 Ⓑ에 걸리는 전압

해설

(1) ① L_2선의 대지전압 : $\frac{6,600}{\sqrt{3}} \times \sqrt{3} = 6,600[V]$

② L_3선의 대지전압 : $\frac{6,600}{\sqrt{3}} \times \sqrt{3} = 6,600[V]$

(2) ① Ⓛ2의 대지전압 : $\frac{110}{\sqrt{3}} \times \sqrt{3} = 110[V]$

② Ⓛ3의 대지전압 : $\frac{110}{\sqrt{3}} \times \sqrt{3} = 110[V]$

③ 전압계 Ⓥ0의 지시전압 : $110 \times \sqrt{3} \fallingdotseq 190.53[V]$

④ 경보벨 Ⓑ에 걸리는 전압 : $110 \times \sqrt{3} \fallingdotseq 190.53[V]$

정답

(1) ① 6,600[V]

② 6,600[V]

(2) ① 110[V]

② 110[V]

③ 190.53[V]

④ 190.53[V]

13 다음 그림과 같은 사무실이 있다. 이 사무실의 평균 조도를 200[lx]로 하고자 할 때 다음 각 물음에 답하시오.

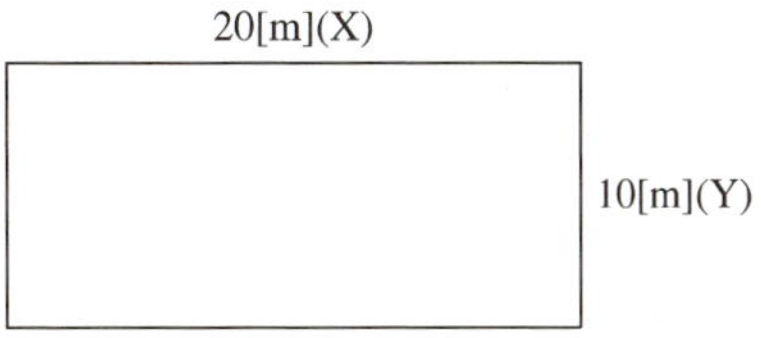

[조 건]
• 형광등은 40[W]를 사용, 이 형광등의 광속은 2,500[lm]로 한다. • 조명률은 0.6으로 사용한다. • 감광보상률은 1.2로 한다. • 간격은 등기구 센터를 기준으로 한다. • 등기구는 ○으로 표현하도록 한다.

(1) 이 사무실의 형광등의 수를 구하시오.

• 계산 : • 답 :

(2) 등기구를 답안지에 배치하시오.

(3) 등간의 간격과 최외각에 설치된 등기구와 건물 벽간의 간격(A, B, C, D)은 각각 몇 [m]인가?

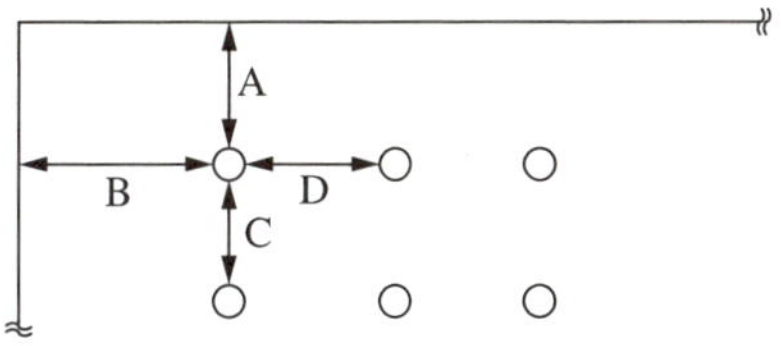

(4) 만일 주파수 60[Hz]에 사용하는 형광방전등을 50[Hz]에서 사용한다면 광속과 점등시간은 어떻게 변화되는지를 설명하시오.

(5) 양호한 전반 조명이라면 등간격은 등높이의 몇 배 이하로 해야 하는가?

정답

(1) • 계산 : $N = \frac{EAD}{FU} = \frac{200 \times 10 \times 20 \times 1.2}{2,500 \times 0.6} = 32$[등]

• 답 : 32[등]

(2)

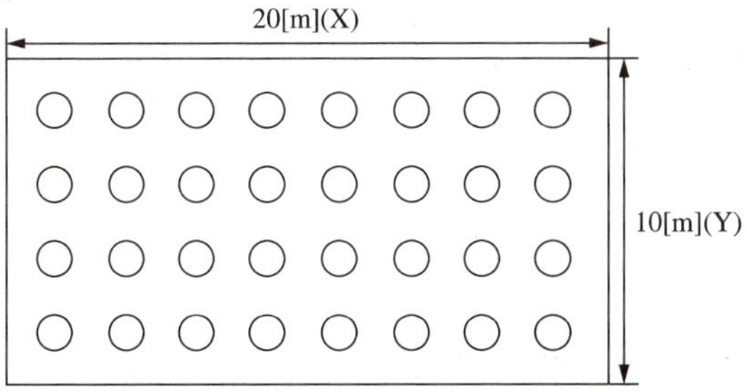

TIP

가로, 세로 비율이 1 : 2이므로 등비율도 4×8인 1 : 2의 비율로 맞춘다.

(3) A : 1.25[m], B : 1.25[m], C : 2.5[m], D : 2.5[m]

(4) • 광속 : 증가
 • 점등시간 : 늦음

(5) 1.5배

14

가로 10[m], 세로 16[m], 천장 높이 3.85[m], 작업면 높이 0.85[m]인 사무실에 천장 직부 형광등 F40×2를 설치하려고 한다.

(1) F40×2의 심벌을 그리시오.

(2) 이 사무실의 실지수는 얼마인가?

(3) 이 사무실의 작업면 조도를 300[lx], 천장반사율 70[%], 벽반사율 50[%], 바닥반사율 10[%], 40[W] 형광등 1등의 광속 3,150[lm], 보수율 70[%], 조명률 61[%]로 한다면 이 사무실에 필요한 소요 등기구수는 몇 등인가?

해설

(2) 실지수$(RI) = \dfrac{XY}{H(X+Y)} = \dfrac{10 \times 16}{(3.85-0.85) \times (10+16)} \fallingdotseq 2.05$

(3) $N = \dfrac{EAD}{FU} = \dfrac{300 \times (10 \times 16)}{(3{,}150 \times 2) \times 0.61 \times 0.7} \fallingdotseq 17.84$

정답

(1) 
F40×2

(2) 2.05

(3) 18[등]

15

출력 400[kW]의 디젤발전기를 일부하율 50[%]로 운전하고 있다. 중유의 발열량은 9,600[kcal/L], 열효율은 47[%]일 때 하루 동안에 소비되는 연료량은 몇 [L]인가?

해설

$$\eta = \frac{860\,W}{mH} \times 100$$

$$m = \frac{860\,W}{\eta H} \times 100 = \frac{860\,Pt}{\eta H} \times 100 = \frac{860 \times 400 \times 24 \times 0.5}{47 \times 9{,}600} \times 100 = 914.893[\mathrm{L}]$$

정답

914.89[L]

16 그림과 같이 높이 4[m]의 점에 있는 백열전등에서 광도 12,500[cd]의 빛이 수평 거리 6[m]의 점 P에 주어지고 있다. 다음 표를 이용하여 다음 각 물음에 답하시오.

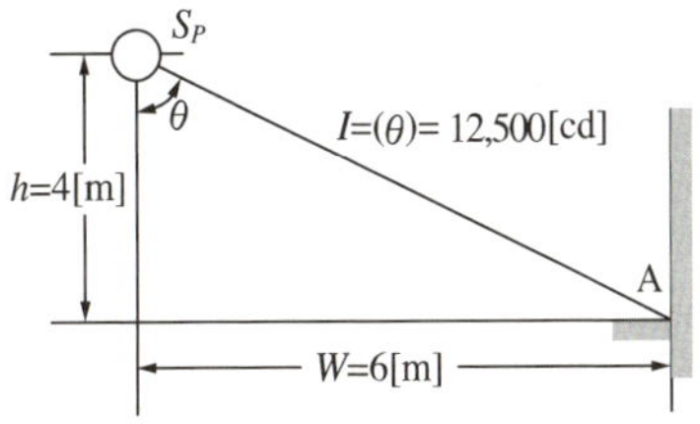

(1) A점의 수평면 조도를 구하시오.

(2) A점의 수직면 조도를 구하시오.

표1. [W/h]에서 구한 $\cos^2\theta\sin\theta$의 값

W	0.1h	0.2h	0.3h	0.4h	0.5h	0.6h	0.7h	0.8h	0.9h	1.0h	1.5h	2.0h
$\cos^2\theta\sin\theta$	.099	.189	.264	.320	.358	.378	.385	.381	.370	.354	.256	.179

표2. [W/h]에서 구한 $\cos^3\theta$의 값

W	0.1h	0.2h	0.3h	0.4h	0.5h	0.6h	0.7h	0.8h	0.9h	1.0h	1.5h	2.0h
$\cos^3\theta$	.985	.943	.879	.800	.716	.631	.550	.476	.411	.354	.171	.089

TIP

표가 나오는 경우에는 h를 기준으로 계산

해설

(1) 수평면 조도를 구할 경우($\cos^3\theta$이므로 표2)

그림에서 $\frac{W}{h}=\frac{6}{4}=1.5$이므로 $W=1.5h$이다.

표2에서 1.5h는 0.171이므로

$$E_h=\frac{I}{r^2}\cos\theta=\frac{I}{h^2}\cos^3\theta=\frac{12{,}500}{4^2}\times 0.171 ≒ 133.59[\text{lx}]$$

(2) 수직면 조도를 구할 경우($\cos^2\theta\sin\theta$이므로 표1)

그림에서 $\frac{W}{h}=\frac{6}{4}=1.5$이므로 $W=1.5h$이다.

표1에서 1.5h는 0.256이므로

$$E_v=\frac{I}{r^2}\sin\theta=\frac{I}{h^2}\cos^2\theta\cdot\sin\theta=\frac{12{,}500}{4^2}\times 0.256=200[\text{lx}]$$

정답

(1) 133.59[lx]

(2) 200[lx]

17

3ϕ 송전선로에 1,000[kW], 역률 80[%]인 부하가 5[km] 지점에 있다. 여기에 전력용 콘덴서를 설치하여 역률 95[%]로 개선하였을 경우 개선 후 전압강하와 전력손실은 개선 전의 몇 [%]인가?(단, $Z = 0.3 + j0.4[\Omega/\text{km}]$, 부하의 단자전압은 6,000[V]로 일정하다)

(1) 전압강하

(2) 전력손실

해설

(1) $e = \dfrac{P}{V}(R + X\tan\theta)$ 에서

개선 전 $e = \dfrac{1{,}000 \times 10^3}{6{,}000}\left(0.3 \times 5 + 0.4 \times 5 \times \dfrac{0.6}{0.8}\right) = 500[\text{V}]$

개선 후 $e = \dfrac{1{,}000 \times 10^3}{6{,}000}\left(0.3 \times 5 + 0.4 \times 5 \times \dfrac{\sqrt{1 - 0.95^2}}{0.95}\right) = 359.561[\text{V}]$

【참고】 $R = 0.3[\Omega/\text{km}] \times 5[\text{km}]$, $X = 0.4[\Omega/\text{km}] \times 5[\text{km}]$

$\dfrac{\text{개선 후}}{\text{개선 전}} = \dfrac{359.561}{500} \times 100 = 71.912[\%]$

(2) $P_l = 3I^2R = \dfrac{P^2R}{V^2\cos^2\theta}$

개선 전 $P_l = \dfrac{(1{,}000 \times 10^3)^2 \times 0.3 \times 5}{6{,}000^2 \times 0.8^2} = 65{,}104.167[\text{W}]$

개선 후 $P_l = \dfrac{(1{,}000 \times 10^3)^2 \times 0.3 \times 5}{6{,}000^2 \times 0.95^2} = 46{,}168.051[\text{W}]$

$\dfrac{\text{개선 후}}{\text{개선 전}} = \dfrac{46{,}168.051}{65{,}104.167} \times 100 = 70.914[\%]$

【참고】 $P_l = \dfrac{1}{\cos^2\theta} = \left(\dfrac{\dfrac{1}{0.95^2}}{\dfrac{1}{0.8^2}}\right) \times 100 = 70.914[\%]$

정답

(1) 71.91[%]

(2) 70.91[%]

18 단상 3선식 110/220[V]을 채용하고 있는 어떤 건물이 있다. 변압기가 설치된 수전실로부터 100[m] 되는 곳에 부하집계표와 같은 분전반을 시설하고자 한다. 다음 조건과 전선의 허용전류표를 이용하여 다음 각 물음에 답하시오.

[조 건]

- 후강 전선관 공사로 한다.
- 3선 모두 같은 선으로 한다.
- 부하의 수용률은 100[%]로 적용한다.
- 후강 전선관 내 전선의 점유율은 48[%] 이내로 유지한다.
- 전압변동률과 전압강하율은 2[%] 이하로 한다.
- 중성선의 전압강하는 무시한다.

표1. 부하집계표

회로 번호	부하 명칭	부하[VA]	부하분담[VA]		MCCB 크기			비 고
			A	B	극 수	AF	AT	
1	전 등	2,400	1,200	1,200	2	50	15	
2		1,400	700	700	2	50	15	
3	콘센트	1,000	1,000	–	1	50	20	
4		1,400	1,400	–	1	50	20	
5		600	–	600	1	50	20	
6		1,000	–	1,000	1	50	20	
7	팬코일	700	700	–	1	30	15	
8		700	–	700	1	30	15	
합 계		9,200	5,000	4,200				

표2. 전선 허용전류표

단면적[mm^2]	허용전류[A]	전선관 3본 이하 수용 시[A]	피복 포함 단면적[mm^2]
5.5	34	31	28
14	61	55	66
22	80	72	88
38	113	102	121
50	133	119	161

[후강전선관 규격] G16, G22, G28, G36, G42, G54, G70, G82, G92, G104

(1) 간선의 굵기는?

- 계산과정 :
- 답 :

(2) 후강전선관의 굵기는?

- 계산과정 :
- 답 :

(3) 설비 불평형률은?

- 계산과정 :
- 답 :

해설

(1) 계 산

A선의 전류 $I_A = \frac{5,000}{110} = \frac{3,800}{220} + \frac{3,100}{110} = 45.45[A]$

B선의 전류 $I_B = \frac{4,200}{110} = \frac{3,800}{220} + \frac{2,300}{110} = 38.18[A]$

I_A와 I_B 중 큰 값 기준이므로

$I_A = 45.45[A]$

$A = \frac{17.8LI}{1,000e} = \frac{17.8 \times 100 \times 45.45}{1,000 \times 110 \times 0.02} = 36.77[mm^2]$이므로 38[$mm^2$] 선정

(2) 계 산

표2에서 단면적 38[mm^2] 란의 피복 포함 단면적이 121[mm^2]이므로

$A = \frac{\pi d^2}{4} \times 0.48 \geq 121 \times 3$

$\therefore \ d = \sqrt{\frac{121 \times 3 \times 4}{\pi \times 0.48}} = 31.03[mm]$이므로 조건에서 G36 선정

(3) 계 산

설비불평형률

$= \frac{\text{중성선과 각 전압측 전선 간에 접속되는 부하설비용량[kVA]의 차}}{\text{총 부하설비용량[kVA]의 } \frac{1}{2}} \times 100[\%]$

$= \frac{3,100 - 2,300}{(5,000 + 4,200) \times \frac{1}{2}} \times 100 = 17.39[\%]$

정답

(1) 38[mm^2]

(2) G36

(3) 17.39[%]

전기 산업기사 2022년 제1회 기출복원문제

01 부동 충전방식에서 충전기 2차 측 전류는 몇 [A]인가?(단, 연축전지의 용량은 100[Ah], 상시 부하전류는 80[A]이다)

해설

$$I = \frac{충전지용량[Ah]}{방전율[h]} + 부하전류[A] = \frac{100}{10} + 80 = 90[A]$$

정답

90[A]

02 1차 측 전류 250[A]가 흐르고 2차 측에 실제 10[A]가 흐를 경우 변류비의 비오차를 계산하시오(단, 변류비는 100/5).

해설

$$\varepsilon = \frac{K_n - K}{K} \times 100 = \frac{\frac{100}{5} - \frac{250}{10}}{\frac{250}{10}} \times 100 = -20[\%]$$

정답

−20[%]

03 수변전설비의 단선도 일부분에서 과전류계전기와 관련된 각 물음에 답하시오.

[조 건]
- 계기용 변류기 1차 측 정격 : 20, 25, 30, 40, 50, 75[A]
- 계전기 타입 : 유도원판형
- 동작특성 : 반한시
- 타입 범위 : 한시 2~8[A]

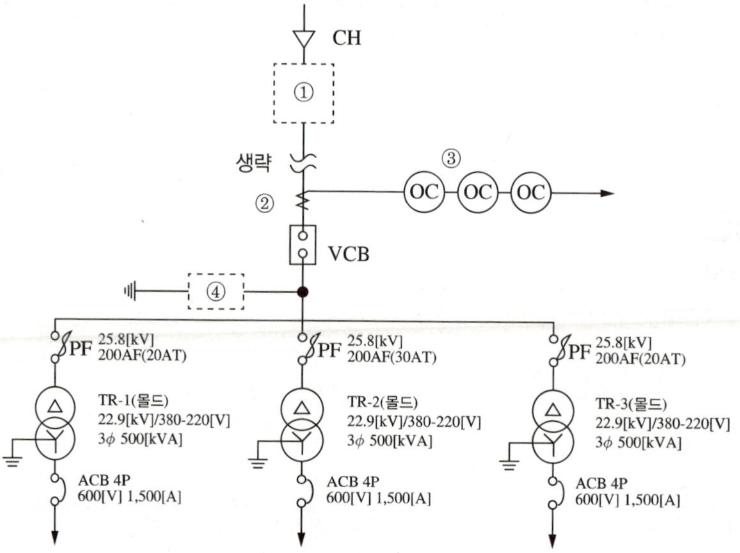

(1) 수변전설비에서 사용되는 개폐기로서 부하전류차단, 단락전류를 제한하기 위하여 한류형 전력퓨즈와 결합하여 단락전류를 차단할 수 있는 기능을 가진 ①에 들어갈 개폐기의 명칭은?

(2) ② 명칭 및 비를 구하시오(단, 여유율은 1.25를 적용한다).

(3) ③ 명칭 및 탭전류를 구하시오(단, 정격전류에 150[%]를 적용한다).

(4) ④ 개폐서지 또는 순간 과전압 등 이상전압으로부터 2차 측 기기를 보호하는 장치는 무엇인지 쓰시오.

해설

(2) 비 $I_1 = \dfrac{500 \times 3}{\sqrt{3} \times 22.9} \times 1.25 = 47.27$

(3) 탭전류 $I = \dfrac{500 \times 3}{\sqrt{3} \times 22.9} \times \dfrac{5}{50} \times 1.5 = 5.67[A]$

정답

(1) 부하개폐기(LBS)

(2) 명칭 : 변류기

비 : 50/5

(3) 명칭 : 과전류계전기

탭전류 : 6[A] 탭

(4) 서지흡수기(SA)

04 3ϕ 20[kW] 부하에 선간전압 200[V], 주파수 60[Hz], 지상역률 60[%]인 설비에 전력용 커패시터를 △결선 후 병렬로 설치하여 역률을 95[%]로 개선하고자 한다. 다음 각 물음에 답하시오.

(1) 3ϕ 전력용 커패시터의 용량[kVA]을 구하시오.

(2) 전력용 커패시터의 정전용량[μF]을 구하시오

해설

(1) $Q_c = P\left(\dfrac{\sin\theta_1}{\cos\theta_2} - \dfrac{\sqrt{1-\cos^2\theta_2}}{\cos\theta_2}\right)$

$= 20\left(\dfrac{0.8}{0.6} - \dfrac{\sqrt{1-0.95^2}}{0.95}\right) = 20.092[\text{kVA}]$

(2) $Q_c = 3\omega CE^2$ 에서

$C = \dfrac{Q_c}{3\omega E^2} = \dfrac{20.09\times10^3}{3\times2\pi\times60\times200^2}\times10^6 = 444.086[\mu\text{F}]$

정답

(1) 20.09[kVA]

(2) 444.09[μF]

05 1ϕ 500[kVA] 변압기 3대를 △-△결선하여 사용하고 있는 변전소에서 동일한 용량의 변압기 1대를 추가하여 운전하려고 할 때 용량은 최대 몇 [kVA]인가?

해설

$P_V = \sqrt{3}\,V_P I_P$

$P = 2P_V = 2\times\sqrt{3}\times500 = 1{,}732.05[\text{kVA}]$

정답

1,732.05[kVA]

06 다음은 교류변전소용 자동제어기구번호이다. 각 기구번호의 명칭을 쓰시오.

(1) 52C

(2) 52T

정답

(1) 차단기 투입코일

(2) 차단기 트립코일

07 수전전압 6,600[V], 수전전력 450[kW](역률 0.8)인 고압 수용가의 수전용 차단기에 사용하는 과전류계전기의 사용탭은 몇 [A]인가?(단, CT의 변류비는 75/5로 하고 탭 설정값은 부하전류의 150[%]로 한다)

해설

$$탭 = I_1 \times \frac{1}{\text{CT비}} \times 여유계수$$

$$= \frac{P}{\sqrt{3}\,V\cos\theta} \times \frac{1}{\text{CT비}} \times 여유계수$$

$$= \frac{450 \times 10^3}{\sqrt{3} \times 6{,}600 \times 0.8} \times \frac{5}{75} \times 1.5 \fallingdotseq 4.92$$

정답

5[A]탭

08 3상 송전선의 각 선의 전류가 $I_a = 220 + j50[\text{A}]$, $I_b = -150 - j300[\text{A}]$, $I_c = -50 + j150[\text{A}]$일 때 이것과 병행으로 가설된 통신선에 유기되는 전자 유도전압의 크기는 약 몇 [V]인가?(단, 송전선과 통신선 사이의 상호 임피던스는 15[Ω]이다)

해설

$$E_m = j\omega Ml(I_a + I_b + I_c) = j15(220 + j50 - 150 - j300 - 50 + j150) = 1{,}500 + j300$$

$$= \sqrt{1{,}500^2 + 300^2} \fallingdotseq 1{,}529.706$$

정답

1,529.71[V]

09 그림과 같은 평형 3상 회로로 운전하는 유도전동기가 있다. 이 회로에 그림과 같이 2개의 전력계 W_1, W_2, 전압계 Ⓥ, 전류계 Ⓐ를 접속한 후 지시값은 W_1=6.2[kW], W_2 =3.1[kW], V= 200[V], I=30[A]이었다.

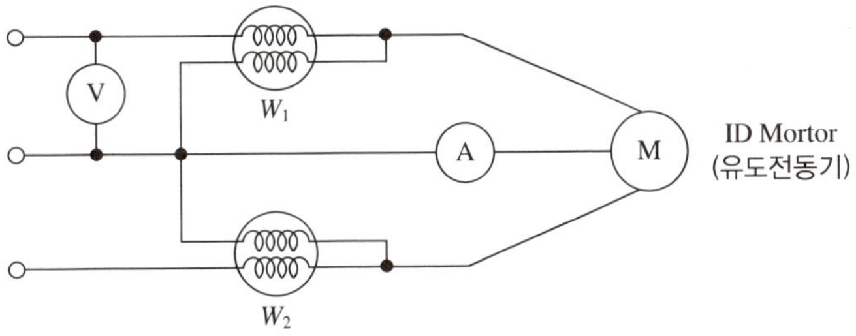

(1) 이 유도전동기의 역률은 몇 [%]인가?

(2) 역률을 90[%]로 개선시키려면 몇 [kVA] 용량의 콘덴서가 필요한가?

(3) 이 전동기로 만일 매 분 20[m]의 속도로 물체를 권상한다면 몇 [ton]까지 가능한가?(단, 종합 효율은 80[%]로 한다)

해설

(1) $\cos\theta = \dfrac{P}{P_a} \times 100 = \dfrac{W_1 + W_2}{\sqrt{3}\ VI} \times 100 = \dfrac{(6.2+3.1)\times 10^3}{\sqrt{3}\times 200 \times 30} \times 100 ≒ 89.489$

(2) $Q_c = P(\tan\theta_1 - \tan\theta_2) = 9.3\left(\dfrac{\sqrt{1-0.8949^2}}{0.8949} - \dfrac{\sqrt{1-0.9^2}}{0.9}\right) ≒ 0.1335[\text{kVA}]$

(3) $P = \dfrac{W \cdot V}{6.12\eta} \Rightarrow W = \dfrac{6.12\eta P}{V} = \dfrac{6.12 \times 0.8 \times 9.3}{20} ≒ 2.28[\text{ton}]$

여기서, P : 출력[kW]

W : 무게[ton]

V : 속도[m/min]

정답

(1) 89.49[%]

(2) 0.13[kVA]

(3) 2.28[ton]

10

다음 각 항목을 측정하는 데 알맞은 측정방법 및 계측기를 쓰시오.

(1) 배전선의 전류
(2) 접지극의 접지저항
(3) 전해액의 저항
(4) 검류계의 내부저항
(5) 변압기의 절연저항

정답

(1) 훅 온 미터
(2) 접지저항계
(3) 콜라우슈 브리지
(4) 휘트스톤 브리지
(5) 절연저항계

11

3ϕ 500[kVA] 변압기 용량에 수전전압 22.9[kV]/380-220[V] 전압이 있다. $\%R$은 3[%], $\%X$는 4[%]일 때 정격전압에서 단락전류는 정격전류의 몇 배인가?

해설

$$I_s = \frac{100}{\%Z} I_n = \frac{100}{\sqrt{3^2+4^2}} I_n = 20 I_n$$

정답

20배

12

다음 그림과 같이 본 접지극과 P점 사이의 저항은 86[Ω], 본 접지극과 C점 사이의 저항은 92[Ω], PC 간의 측정저항은 160[Ω]일 때 본 접지극의 저항은 얼마인지 계산하시오.

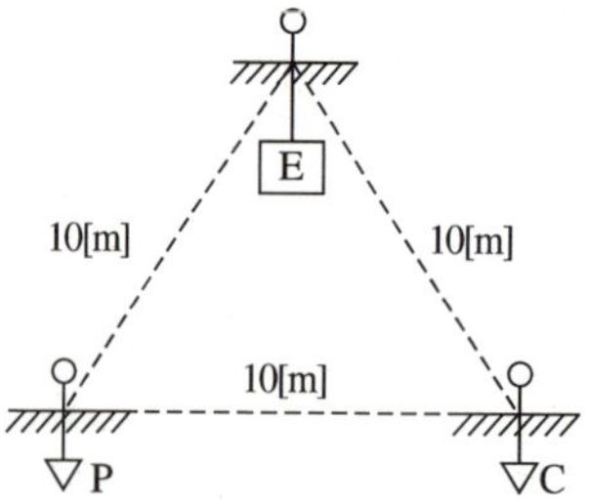

해설

$$R_E = \frac{1}{2}(R_{EP} + R_{EC} - R_{PC}) = \frac{1}{2}(86 + 92 - 160) = 9[\Omega]$$

정답

9[Ω]

13 책임설계감리원이 설계감리의 기성 및 준공을 처리할 때 발주자에게 제출하는 준공서류에서 감리기록서류 5가지를 작성하시오(단, 설계감리업무 수행 지침을 따른다).

정답

- 설계감리일지
- 설계감리기록부
- 설계감리지시부
- 설계감리요청서
- 설계자와 협의사항 기록부

14 다음 기호의 명칭을 쓰시오.

(1) 450/750[V] HFIO

(2) 0.6/1[kV] PNCT

정답

(1) 450/750[V] 저독성 난연 폴리올레핀 절연전선

(2) 0.6/1[kV] 고무절연 캡타이어 케이블

TIP

450/750[V] HFIX 저독성 난연 가교폴리올레핀 절연전선
300/500[V] HIV 내열용 비닐 절연전선
현재 IV는 HFIO로, HIV는 HFIX로 대체하여 사용 중

15 다음 공사방법에 대해 빈칸을 채우시오.

전선관공사	합성수지관공사, 금속관공사, 가요전선관공사
케이블트렁킹	(①), (②), 금속트렁킹공사
케이블덕트	플로어덕트공사, 셀룰러덕트공사, (③)

정답

① 금속몰드공사
② 합성수지몰드공사
③ 금속덕트공사

16 점광원으로부터 원뿔의 밑면까지의 거리가 4[m]이고, 밑면의 반지름이 3[m]인 원형면의 평균조도가 100[lx]라면, 이 점광원의 평균 광도[cd]는?

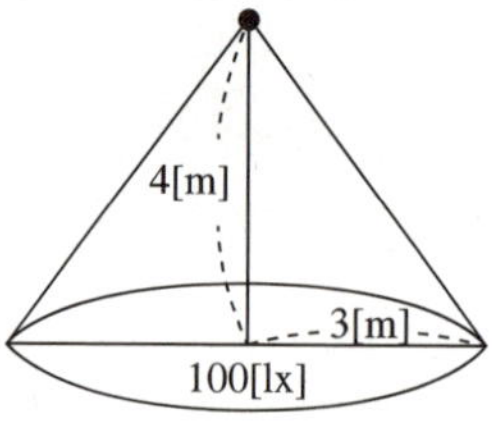

해설

$$\text{평균 광도}(I) = \frac{F}{\omega} = \frac{ES}{2\pi(1-\cos\theta)} = \frac{100\times\pi\times 3^2}{2\pi\left(1-\frac{4}{\sqrt{4^2+3^2}}\right)} = 2{,}250[\text{cd}]$$

정답

2,250[cd]

17 프로그램에 따라 PLC(래더 다이어그램)를 그리시오(단, 시작 입력 LOAD, 출력 OUT을 사용하며, P010~P012는 전자접촉기 MC를 각각 나타내며, P001과 P002는 버튼 스위치를 표시한 것이다).

(1)

생략	명령	번지
	LOAD	P001
	OR	M001
	LOAD NOT	P002
	OR	M000
	AND LOAD	–
	OUT	P017

(2)

생략	명령	번지
	LOAD	P001
	AND	M001
	LOAD NOT	P002
	AND	M000
	OR LOAD	–
	OUT	P017

정답

(1)

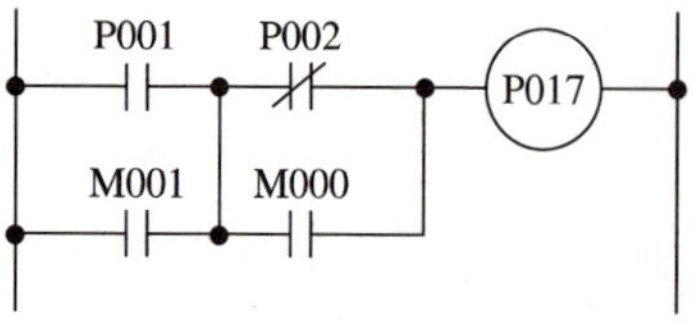

(2)

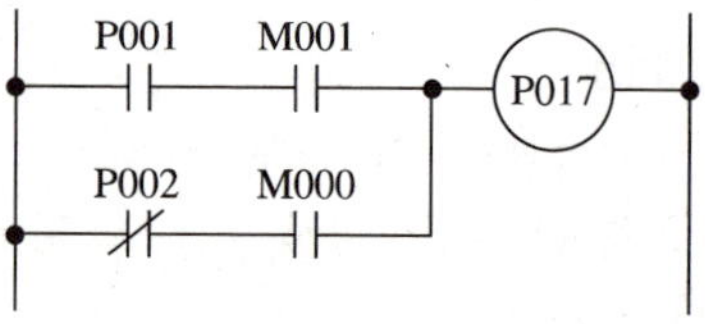

18 다음 논리식을 이용하여 각 물음에 답하시오. 단, A, B, C는 입력이고, X는 출력이다.

논리식 : $X = (A+B) \cdot \overline{C}$

(1) 이 논리식을 로직을 이용한 시퀀스도(논리회로)로 나타내시오.

(2) 물음 (1)에서 로직 시퀀스도로 표현된 것을 2입력 NAND Gate만으로 등가 변환하시오.

TIP

OR을 AND로 바꾸면 앞, 뒤 모두 NOT을 붙인다. 그 후 NAND로 바꾸고, AND 앞에 NOT을 붙여 NAND를 만들면 그 앞에 또 하나의 NAND 회로를 붙여야 한다.

(3) 물음 (1)에서 로직 시퀀스도로 표현된 것을 2입력 NOR Gate만으로 등가 변환하시오.

정답

(1)

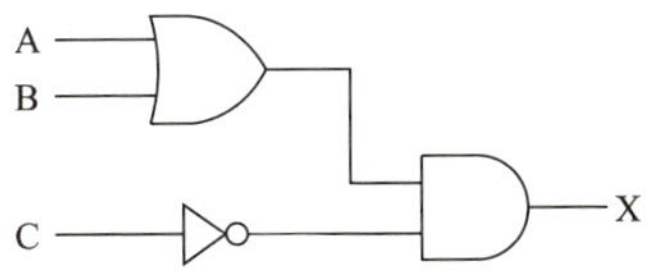

(2)

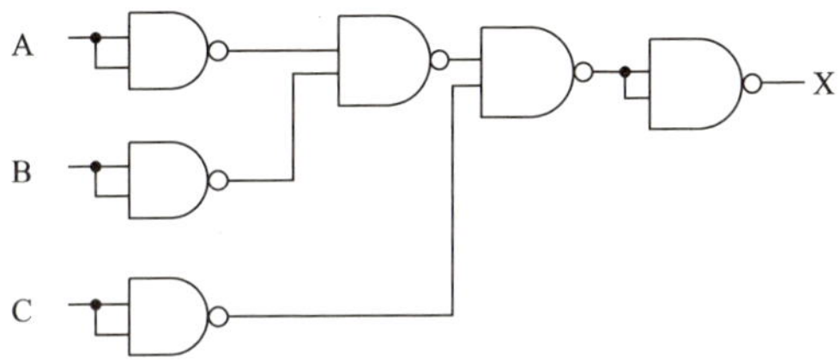

(3)

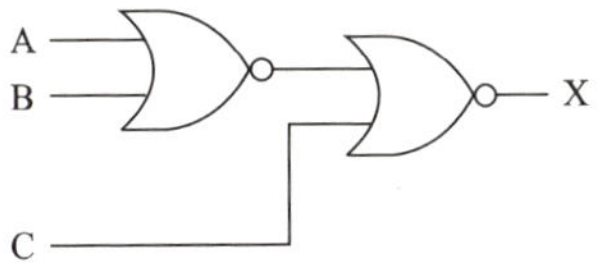

전기 산업기사 2022년 제2회 기출복원문제

01 어떤 공장의 전기설비로 역률 0.8, 용량 200[kVA]인 3상 유도부하가 사용되고 있다. 이 부하에 병렬로 전력용 콘덴서를 설치하여 합성역률을 0.95로 개선할 경우 다음 각 물음에 답하시오.

(1) 전력용 콘덴서의 용량은 몇 [kVA]가 필요한가?

(2) 전력용 콘덴서의 직렬리액터를 함께 설치할 때 설치하는 이유와 용량은 몇 [kVA]를 설치하여야 하는지를 쓰시오.

(3) 이 변압기에 부하를 몇 [kW] 증가시켜 접속할 수 있는가?

해설

(1) $Q_C = P\left(\frac{\sin\theta_1}{\cos\theta_1} - \frac{\sqrt{1-\cos^2\theta_2}}{\cos\theta_2}\right) = 200 \times 0.8\left(\frac{0.6}{0.8} - \frac{\sqrt{1-0.95^2}}{0.95}\right) \fallingdotseq 67.4105$

(2) 용량 이론상 67.41×0.04=2.6964

용량 실제 67.41×0.06=4.0446

(3) $\Delta P = 200(0.95 - 0.8) = 30[\text{kW}]$

정답

(1) 67.41[kVA]

(2) • 이유 : 제5고조파를 제거하여 전압의 파형 개선

• 용량 : 4.04[kVA]

(3) 30[kW]

02 단상 변압기 3대를 이용하여 △-△결선으로 운전 중 변압기 1대가 고장이 발생하여 고장 난 변압기를 분리하고 나머지로 3ϕ 전력을 공급하고자 한다. 다음 각 물음에 답하시오.

(1) 결선의 명칭을 쓰시오.

(2) 출력비는 몇 [%]인가?

(3) 이용률은 몇 [%]인가?

정답

(1) V-V결선

(2) 57.7[%]

(3) 86.6[%]

03 피뢰기의 종류 4가지를 쓰시오.

정답

- 저항형 피뢰기
- 밸브형 피뢰기
- 밸브저항형 피뢰기
- 갭리스형 피뢰기

04 10,000[kW]의 전력을 40[km] 떨어진 지점에 송전하는 데 필요한 전압은 몇 [kV]인가?(단, Still 식에 의하여 산정한다)

해설

$V_s = 5.5\sqrt{0.6l + \frac{P}{100}}$ (V_s : 송전단전압[kV], l : 송전거리[km], P : 송전전력[kW])

$= 5.5\sqrt{0.6 \times 40 + \frac{10{,}000}{100}} = 61.245$[kV]

정답

61.25[kV]

05 수전설비 450[kVA]로 수전하는 건물에 하루 5시간은 240[kW], 8시간은 100[kW], 나머지 시간은 75[kW]로 전력을 사용하고 있다. 이 건물의 일부하율을 구하시오.

해설

$$일부하율 = \frac{사용전력량[kWh]}{시간[h] \times 최대전력[kW]} \times 100$$

$$= \frac{240 \times 5 + 100 \times 8 + 75 \times 11}{24 \times 240} \times 100 = 49.045[\%]$$

정답

49.05[%]

06 그림과 같은 평형 3상 회로로 운전하는 유도전동기가 있다. 이 회로에 그림과 같이 2개의 전력계 W_1, W_2, 전압계 Ⓥ, 전류계 Ⓐ를 접속한 후 지시값은 W_1 = 5.96[kW], W_2 = 2.36[kW], V = 200[V], I = 30[A]이었다.

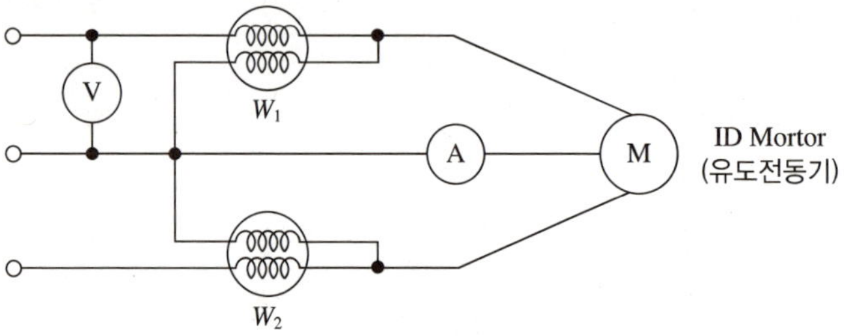

(1) 소비전력은 몇 [kW]인가?

(2) 피상전력은 몇 [kVA]인가?

(3) 부하의 역률은 몇 [%]인가?

해설

(1) $P = W_1 + W_2 = 5.96 + 2.36 = 8.32[\text{kW}]$

(2) $P_a = \sqrt{3}\,VI = \sqrt{3} \times 200 \times 30 \times 10^{-3} = 10.392[\text{kVA}]$

(3) $\cos\theta = \dfrac{P}{P_a} \times 100 = \dfrac{8.32}{10.39} \times 100 = 80.076[\%]$

정답

(1) 8.32[kW]

(2) 10.39[kVA]

(3) 80.08[%]

07 주어진 조건에 의하여 1년 동안 최대전력 2,000[kW], 월 기본요금 6,390[원/kW], 월간 평균 역률은 95[%]이다. 이때 조건을 보고 각 물음에 답하시오.

(1) 1개월의 기본요금을 구하시오.

(2) 1개월의 사용전력량이 540,000[kWh], 전력요금 89[원/kWh]라 할 때 1개월의 총 전력요금은 얼마인지 구하시오.

[조 건]
역률 90[%]를 기준하였을 때 1[%] 증가할 때마다 기본요금, 수요전력요금이 1[%] 할인되며, 1[%] 감소할 때마다 1[%] 할증요금을 지불해야 한다.

해설

(1) 기본요금

2,000[kW] × 6,390[원/kW] × (1 − 5 × 0.01) = 12,141,000[원]

(2) 1개월의 총 전력요금

12,141,000[원] + 540,000[kWh] × 89[원/kWh] = 60,201,000[원]

정답

(1) 12,141,000[원]

(2) 60,201,000[원]

08 전기사업법에서 전기사업자는 그가 공급하는 전기의 품질(표준전압, 표준주파수)을 허용오차 범위 안에서 유지하도록 규정되어 있다. 다음 표의 (   ) 안에 표준전압 및 표준주파수에 대한 허용오차를 정확하게 쓰시오.

표준전압 또는 표준주파수	허용오차
110[V]	110[V]의 상하로 (①)[V] 이내
220[V]	220[V]의 상하로 (②)[V] 이내
380[V]	380[V]의 상하로 (③)[V] 이내
60[Hz]	60[Hz]의 상하로 (④)[Hz] 이내

정답

① 6　② 13

③ 38　④ 0.2

09 다음 조건에 콘센트의 그림기호를 그리시오.

(1) 벽붙이용

(2) 천장에 부착하는 경우

(3) 바닥에 부착하는 경우

(4) 방수형

(5) 타이머 붙이

(6) 2구용

(7) 의료용

정답

(1) 

(2) 

(3) 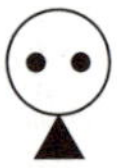

(4) 

(5) 

(6) 

(7) 

10 접지저항을 측정하고자 한다. 다음 각 물음에 답하시오.

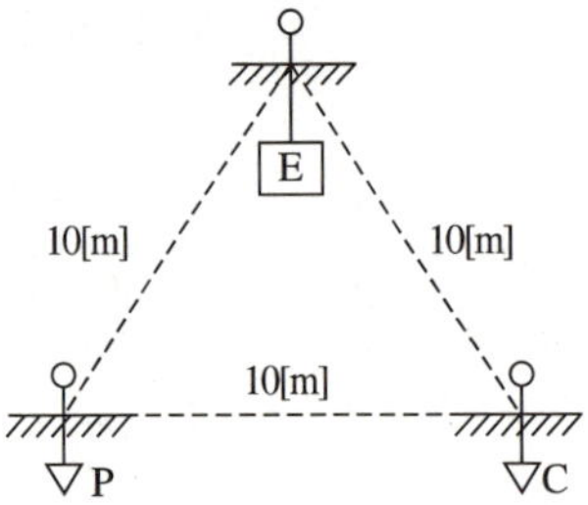

(1) 접지저항을 측정하는 계측기의 명칭과 방법을 쓰시오.

① 명칭 :

② 방법 :

(2) 본 접지극과 P점 사이의 저항은 20[Ω], 본 접지극과 C점 사이의 저항은 30[Ω], PC 간의 측정저항은 10[Ω]일 때 본 접지극의 저항은 얼마인지 계산하시오.

해설

(2) $R_E = \frac{1}{2}(R_{EP} + R_{EC} - R_{PC}) = \frac{1}{2}(20 + 30 - 10) = 20[\Omega]$

정답

(1) ① 명칭 : 어스테스터(접지저항계)

② 방법 : 콜라우슈 브리지법에 의한 3전극법 또는 3전극법 그 외 전위차계법, 전위강하법

(2) 20[Ω]

11 수용가에 전동기 30[kW], 역률 80[%]와 전열기 25[kW]를 사용하고 있다. 이때 이 수용가의 변압기 용량[kVA]을 표에서 선정하시오.

변압기 표준용량[kVA]								
5	10	15	20	40	50	75	100	150

해설

유효전력 $P = 30 + 25 = 55[\text{kW}]$

무효전력 $P_r = 30 \times \dfrac{0.6}{0.8} = 22.5[\text{kVar}]$

피상전력 $P_a = \sqrt{55^2 + 22.5^2} = 59.424[\text{kVA}]$

정답

75[kVA]

12 그림과 같이 30[kW], 50[kW], 25[kW], 15[kW] 부하설비에 수용률이 각각 65[%], 65[%], 60[%], 60[%]로 할 경우 변압기 용량은 몇 [kVA]가 필요한지 표에서 선정하시오(단, 부등률은 1.3, 종합 부하역률은 80[%]이다).

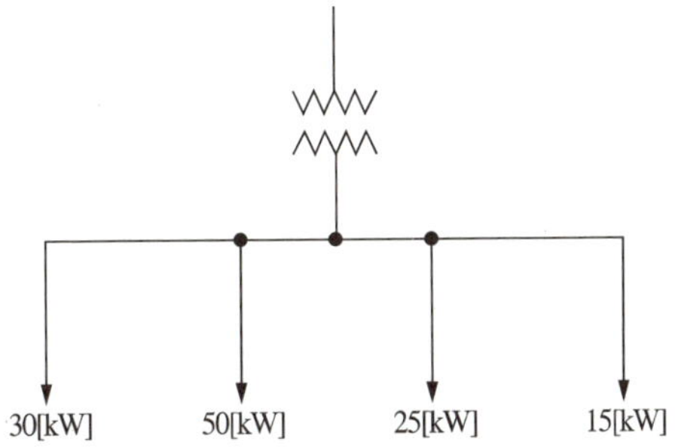

변압기 표준용량[kVA]				
25	30	50	75	100

해설

$$변압기\ 용량 = \frac{30 \times 0.65 + 50 \times 0.65 + 25 \times 0.6 + 15 \times 0.6}{1.3 \times 0.8} \fallingdotseq 73.08[\text{kVA}]$$

$\therefore$ 75[kVA]

정답

75[kVA]

13 직입기동, Y-△기동, 리액터기동, 콘돌퍼기동 등 전동기 기동방식 중 알맞은 기동방식을 찾아 물음에 답하시오.

(1) 기동전류가 가장 큰 기동법을 쓰시오.

(2) 기동토크가 가장 큰 기동법을 쓰시오.

정답

(1) 직입기동

(2) 직입기동

14 100/200[V] 단상 3선식 회로 중성선에서 X점이 단선되었다. 부하 A와 부하 B의 단자전압은 몇 [V]인가?

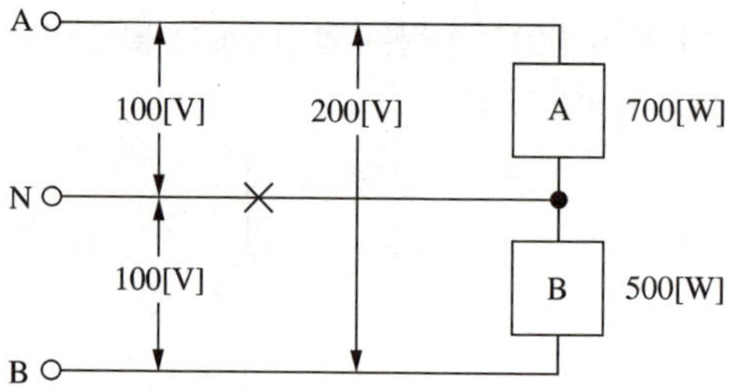

해설

$$R_A = \frac{V^2}{P_A} = \frac{100^2}{700} = 14.286[\Omega]$$

$$R_B = \frac{V^2}{P_B} = \frac{100^2}{500} = 20[\Omega]$$

$$V_A = \frac{14.286}{14.286+20} \times 200 = 83.334[\text{V}]$$

$$V_B = \frac{20}{14.286+20} \times 200 = 116.665[\text{V}]$$

정답

- 부하 A : 83.33[V]
- 부하 B : 116.67[V]

15 다음 (　) 안에 알맞은 내용을 쓰시오.

> 옥내에 시설하는 전동기(정격출력이 0.2[kW] 이하인 것을 제외한다)에는 전동기가 손상될 우려가 있는 과전류가 생겼을 때 자동적으로 이를 저지하거나 이를 경보하는 장치를 하여야 한다. 다만, 다음의 어느 하나에 해당하는 경우에는 그러하지 아니하다.
> - 전동기를 운전 중 상시 취급자가 감시할 수 있는 위치에 시설하는 경우
> - 전동기의 구조나 부하의 성질로 보아 전동기가 손상될 수 있는 과전류가 생길 우려가 없는 경우
> - 단상전동기로서 그 전원 측 전로에 시설하는 과전류차단기의 정격전류가 (①)[배선차단기는 (②)] 이하인 경우

정답

① 16[A]

② 20[A]

16 조명에 사용되는 다음의 용어에 맞는 기호와 단위를 빈칸에 쓰시오.

휘 도		광 도		조 도		광속발산도		광 속	
기 호	단 위	기 호	단 위	기 호	단 위	기 호	단 위	기 호	단 위

정답

휘 도		광 도		조 도		광속발산도		광 속	
기 호	단 위	기 호	단 위	기 호	단 위	기 호	단 위	기 호	단 위
B	[nt] [sb]	I	[cd]	E	[lx]	R	[rlx]	F	[lm]

17 가로 12[m], 세로 20[m]인 사무실에 평균 조도 400[lx]를 얻고자 32[W], 전광속 3,000[lm]인 형광등을 80등 사용하였을 때 감광보상률을 구하시오(단, 조명률은 0.5이다).

해설

감광보상률 $D = \frac{FUN}{ES} = \frac{3,000 \times 0.5 \times 80}{400 \times (12 \times 20)} = 1.25$

정답

1.25

18 다음 그림과 같은 시퀀스 회로에서 접점 A가 동작하여 폐회로가 될 때 표시등 PL의 동작사항을 자세히 설명하시오(단, X는 보조릴레이, $T_1 - T_2$는 타이머(On Delay)이며 설정시간을 1초이다).

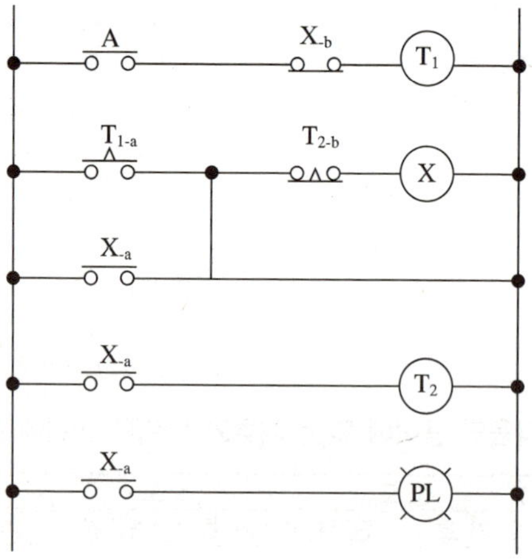

정답

보조접점 A가 닫히면 T_1이 여자되고 1초 후 T_{1-a}접점에 의해 X가 여자된다. 이때 X_a접점에 의해 T_2가 여자되고 PL이 점등되며, X_b접점에 의해 T_1은 소자된다. 1초 후 T_{2-b}접점에 의해 X가 소자되어 X_b접점에 의해 T_1이 동작하게 되고 위의 동작을 반복하여 PL은 1초 간격으로 점등 소등이 반복된다.

전기 산업기사 2022년 제3회 기출복원문제

01 2층 건물의 평면도와 조건을 이용하여 각 물음에 답하시오(단, 룸에어컨은 별도로 분기한다)

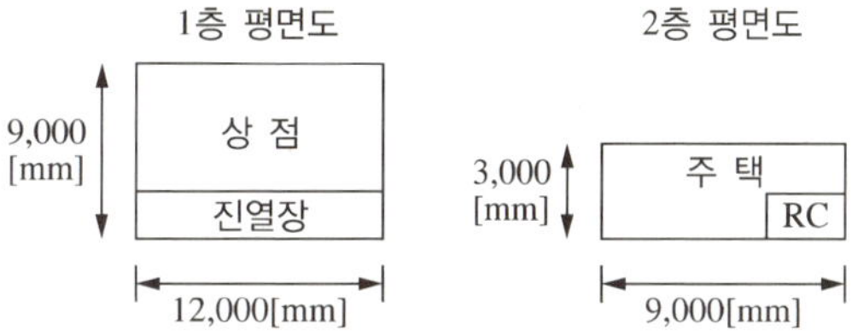

[조 건]

- 분기회로는 배전전압 220[V], 16[A]로 하고 80[%]의 정격이 되도록 한다.
- 주택의 표준부하는 40[VA/m^2], 상점의 표준부하는 30[VA/m^2]로 하되 1층, 2층 분리하여 분기회로수를 결정한다.
- 상점과 주거용에는 각각 1,000[VA]를 가산하여 적용한다.
- 상점의 진열장에 대해서는 1[m]당 300[VA]를 적용한다.
- 옥외 광고등은 500[VA] 한 등이 상점에 설치되어 있다.

(1) 상점의 분기회로수를 구하시오.

(2) 주택의 분기회로수를 구하시오.

해설

(1) 설비용량 $= 12[\text{m}] \times 9[\text{m}] \times 30[\text{VA/m}^2] + 1,000[\text{VA}] + 12[\text{m}] \times 300[\text{VA/m}] + 500[\text{VA}]$

$= 8,340[\text{VA}]$

분기회로수 $= \dfrac{8,340[\text{VA}]}{220[\text{V}] \times 16[\text{A}] \times 0.8} = 2.961 \quad \therefore$ 3회로

(2) 설비용량 $= 3[\text{m}] \times 9[\text{m}] \times 40[\text{VA/m}^2] + 1,000[\text{VA}] = 2,080[\text{VA}]$

분기회로수 $= \dfrac{2,080[\text{VA}]}{220[\text{V}] \times 16[\text{A}] \times 0.8} = 0.738 \quad \therefore$ 1회로

룸에어컨 : 1회로

정답

(1) 16[A] 분기회로 3회로

(2) 16[A] 분기회로 2회로

02 부하설비가 30[kW], 20[kW], 25[kW], 수용률이 각각 65[%], 55[%], 65[%]로 할 경우 변압기 용량은 몇 [kVA]인지 표에서 선정하시오(단, 부등률 1.2, 종합역률은 90[%]이다).

변압기 표준용량[kVA]					
20	30	50	75	100	150

해설

$$\text{변압기 용량[kVA]} = \frac{30\times0.65+20\times0.55+25\times0.65}{1.2\times0.9} = 43.287\text{[kVA]}$$

정답

50[kVA]

03 납축전지의 정격용량 200[Ah], 상시부하 20[kW], 표준전압 200[V]인 부동충전방식의 2차 충전 전류값은 얼마인지 계산하시오(단, 납축전지의 방전율은 10시간이다).

해설

$$\text{충전기 2차 전류[A]} = \frac{\text{축전지용량[Ah]}}{\text{정격방전율[h]}} + \frac{\text{상시부하용량[VA]}}{\text{표준전압[V]}}$$

$$I = \frac{200}{10} + \frac{20\times10^3}{200} = 120\text{[A]}$$

정답

120[A]

04 다음 도면을 보고 X점에서의 단락전류[A]를 구하시오(단, 기준용량을 10[MVA]로 하고 주어지지 않은 조건은 무시한다).

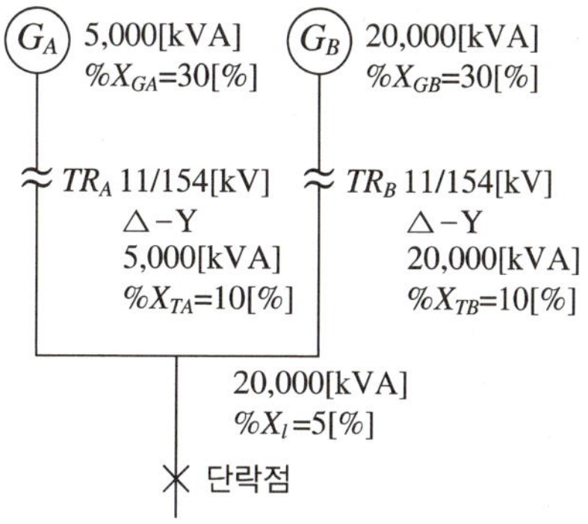

해설

$$\%G_A = \frac{10}{5} \times 30 = 60[\%]$$

$$\%G_B = \frac{10}{20} \times 30 = 15[\%]$$

$$\%X_{TA} = \frac{10}{5} \times 10 = 20[\%]$$

$$\%X_{TB} = \frac{10}{20} \times 10 = 5[\%]$$

$$\%X_l = \frac{10}{20} \times 5 = 2.5[\%]$$

A발전소 : 60 + 20 = 80, B발전소 : 15 + 5 + 2.5 = 22.5

$$\text{합성 } \%X = \frac{80 \times 22.5}{80 + 22.5} = 17.56[\%]$$

$$I_S = \frac{100}{\%X}\frac{P}{\sqrt{3}\,V} = \frac{100}{17.56} \times \frac{10 \times 10^3}{\sqrt{3} \times 154} = 213.498[\text{A}]$$

정답

213.5[A]

05 그림과 같은 교류 3상 3선식 전로에 연결된 3상 평형부하가 있다. 이때 C상의 X점이 단선된 경우, 이 부하의 소비전력은 단선 전 소비전력에 비하여 어떻게 되는지 계산식을 이용하여 설명하시오(단, 선간전압은 $E[\mathrm{V}]$이며, 부하의 저항은 $R[\Omega]$이다).

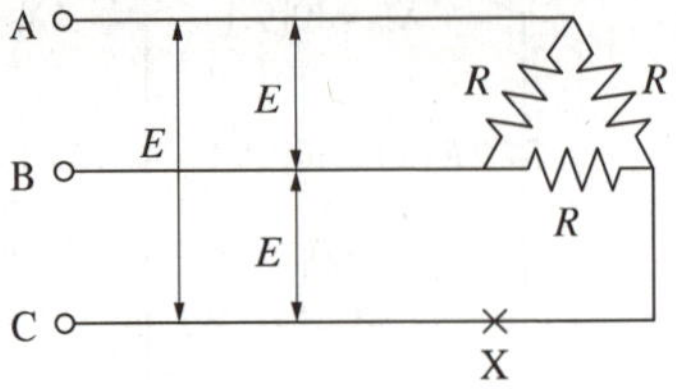

해설

X점이 단선 시 합성저항 $R_T = \dfrac{2R \times R}{2R+R} = \dfrac{2R^2}{3R} = \dfrac{2}{3}R$

X점이 단선 시 부하의 소비전력 $P' = \dfrac{E^2}{R_0} = \dfrac{E^2}{\dfrac{2}{3}R} = \dfrac{3E^2}{2R}$

X점 단선 전의 부하의 소비전력은 $P = \dfrac{3E^2}{R}$ 이므로 X점 단선 시 소비전력은 단선 전의 $\dfrac{1}{2}$ 배이다.

정답

$\dfrac{1}{2}$ 배

06 단상 변압기 3대를 △-Y 결선하시오.

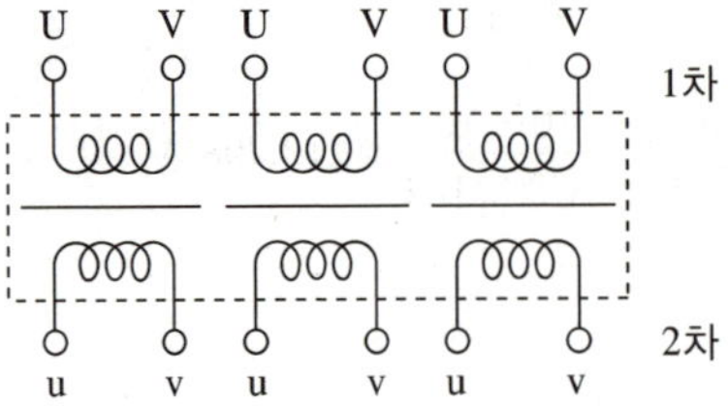

정답

[△-Y 결선방식]

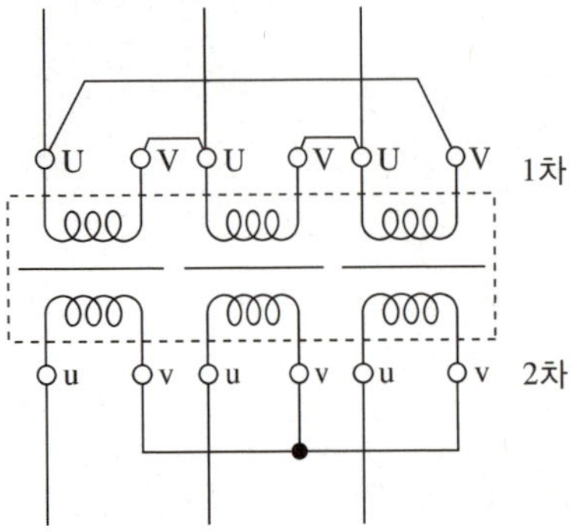

07 3상 배전선에서 변전소(A점)의 전압은 3,300[V], 중간(B점) 지점의 부하는 50[A], 역률 0.8(지상), 말단(C점)의 부하는 50[A], 역률 0.8이고, A와 B 사이의 길이는 2[km], B와 C 사이의 길이는 4[km]이며, 선로의 [km]당 임피던스는 저항 0.9[Ω], 리액턴스 0.4[Ω]이라고 할 때 다음 각 물음에 답하시오.

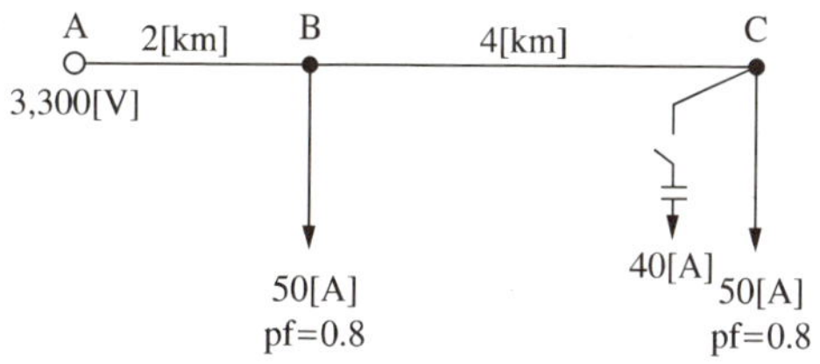

(1) 전력용 콘덴서 설치 전 B점과 C점의 전압은 몇 [V]인가?

① B점의 전압　　　　② C점의 전압

(2) 전력용 콘덴서를 설치하여 진상전류 40[A]를 흘릴 때 B점과 C점의 전압은 몇 [V]인가?

① B점의 전압　　　　② C점의 전압

(3) 전력용 콘덴서를 설치 후 전력손실의 감소분은 몇 [kW]인가?

해설

(1) ① $V_B = V_A - \sqrt{3}\,I_1(R_1\cos\theta + X_1\sin\theta) = 3{,}300 - \sqrt{3}\times 100(2\times 0.9\times 0.8 + 2\times 0.4\times 0.6)$

$\fallingdotseq 2{,}967.446$

② $V_C = V_B - \sqrt{3}\,I_2(R_2\cos\theta + X_2\sin\theta) = 2{,}967.45 - \sqrt{3}\times 50(4\times 0.9\times 0.8 + 4\times 0.4\times 0.6)$

$\fallingdotseq 2{,}634.896$

(2) ① $V_B = V_A - \sqrt{3}\,\{I_1\cos\theta R_1 + (I_1\sin\theta - I_C)x_1\}$

$= 3{,}300 - \sqrt{3}\,\{100\times 0.8\times 2\times 0.9 + (100\times 0.6 - 40)\times 2\times 0.4\} \fallingdotseq 3{,}022.872$

② $V_C = V_B - \sqrt{3}\,\{I_2\cos\theta R_2 + (I_2\sin\theta - I_C)x_2\}$

$= 3{,}022.87 - \sqrt{3}\,\{50\times 0.8\times 4\times 0.9 + (50\times 0.6 - 40)\times 4\times 0.4\} \fallingdotseq 2{,}801.167$

(3) • 설치 전

$P_{l_1} = \{3I_1^2R_1 + 3I_2^2R_2\}\times 10^{-3} = \{3\times 100^2\times 2\times 0.9 + 3\times 50^2\times 4\times 0.9\}\times 10^{-3} = 81\,[\text{kW}]$

• 설치 후

$I_1 = 100(0.8 - j0.6) + j40 = 80 - j20 = \sqrt{80^2 + 20^2} \fallingdotseq 82.462\,[\text{A}]$

$I_2 = 50(0.8 - j0.6) + j40 = 40 + j10 = \sqrt{40^2 + 10^2} \fallingdotseq 41.231\,[\text{A}]$

$P_{l_2} = \{3I_1^2R_1 + 3I_2^2R_2\}\times 10^{-3} = \{3\times 82.462^2\times 2\times 0.9 + 3\times 41.231^2\times 4\times 0.9\}\times 10^{-3}$

$\fallingdotseq 55.0798\,[\text{kW}]$

$\therefore\ \Delta P_l = 81 - 55.0798 = 25.9202$

정답

(1) ① 2,967.45[V]　　　　② 2,634.9[V]

(2) ① 3,022.87[V]　　　　② 2,801.17[V]

(3) $\Delta P_l = P_{l전} - P_{l후}$ = 감소분 : 25.92[kW]

08 다음 변류기(CT)에 대한 물음에 답하시오.

(1) 변류기의 역할을 쓰시오.

(2) 정격부담이란?

정답

(1) 대전류를 소전류로 변성하여 계기나 계전기에 전원 공급

(2) 계기용 변류기 2차 측의 부하 임피던스가 소비하는 피상전력

09 그림은 최대 사용전압 6,900[V]인 변압기의 절연내력시험을 위한 시험 회로도이다. 그림을 보고 다음 각 물음에 답하시오.

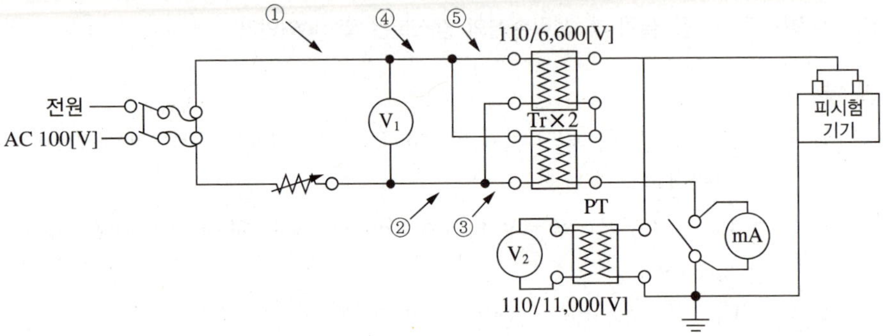

(1) 전원 측 회로에 전류계 Ⓐ를 설치하고자 할 때 ①~⑤번 중 어느 곳이 적당한가?

(2) 시험 시 전압계 Ⓥ$_1$로 측정되는 전압은 몇 [V]인가?(단, 소수점 이하는 버린다)

(3) 시험 시 전압계 Ⓥ$_2$로 측정되는 전압은 몇 [V]인가?

(4) PT의 설치 목적은 무엇인가?

(5) 진류계[mA]의 설치 목적은 어떤 전류를 측정하기 위함인가?

해설

(2) $V_1 = 6{,}900 \times 1.5 \times \dfrac{110}{6{,}600} \times \dfrac{1}{2} = 86.25[\mathrm{V}]$

(3) $V_2 = 6{,}900 \times 1.5 \times \dfrac{110}{11{,}000} = 103.5[\mathrm{V}]$

정답

(1) ①

(2) 86[V]

(3) 103.5[V]

(4) 피시험기기의 절연내력 시험전압을 측정한다.

(5) 누설전류의 측정

10 사용전압 220[V]를 380[V]로 승압할 경우 다음 물음에 답하시오.

(1) 공급능력은 몇 배 증가하는가?

(2) 전력손실은 몇 [%] 감소하는가?

해설

(1) $P_l = \dfrac{P^2 R}{V^2 \cos^2\theta}$ 에서 $P \propto V$이므로

$P' = \left(\dfrac{380}{220}\right) P = 1.727P$ ∴ 1.73배

(2) $P_l \propto \dfrac{1}{V^2}$

$P_l' = \dfrac{\dfrac{1}{380^2}}{\dfrac{1}{220^2}} P_l = 0.3351 P_l$

$1 - 0.3351 = 0.6649$ ∴ 66.49[%]

정답

(1) 1.73배

(2) 66.49[%]

11 다음 심벌의 명칭을 쓰시오.

(1) 

(2) 

(3) 

(4) 

(5) 

(6) 

정답

(1) 파일럿 램프 붙이 스위치

(2) 4로 스위치

(3) 방수형 스위치

(4) 3극 콘센트

(5) 방수 콘센트

(6) 접지극 붙이 콘센트

12

권상하중이 1,500[kg], 권상속도가 40[m/min]인 권상기용 전동기용량[kW]을 구하시오(단, 여유율은 20[%], 효율은 80[%]로 한다).

해설

$$P = \frac{\omega v K}{6.12\eta} = \frac{1.5 \times 40 \times 1.2}{6.12 \times 0.8} ≒ 14.7059$$

정답

14.71[kW]

13

"부하율"에 대하여 설명하고 부하율이 적다는 것은 무엇을 의미하는지 2가지를 쓰시오.

정답

(1) 부하율 : 최대전력에 대한 평균전력의 비를 백분율로 나타낸 값

즉, $부하율 = \frac{평균전력[kW]}{최대전력[kW]} \times 100[\%]$

(2) 부하율이 적다는 의미

- 설비이용률이 낮아진다.
- 부하변동이 심해진다.

【참고】 부하율이 크다는 의미

- 설비이용률이 높아진다.
- 부하변동이 적어진다.

14

배전용 변압기 용량 500[kVA], 22.9[kV]/380-220[V], %저항 1.32[%], %리액턴스 4.92[%]일 때 변압기 2차 측에서 단락사고가 발생하였다. 단락전류는 정격전류의 몇 배인가?(단, 선로 및 전원 측 임피던스는 무시한다)

해설

$$\%Z = \sqrt{1.32^2 + 4.92^2} = 5.093[\%]$$

$$I_S = \frac{100}{\%Z} I_n = \frac{100}{5.093} I_n = 19.634 I_n$$

정답

19.63배

15 다음 회로는 한 부지에 A, B, C의 세 공장을 세워 3개의 급수 펌프 P_1(소형), P_2(중형), P_3(대형)을 사용하여 다음 계획에 따라 급수 계획을 세웠다. 다음 물음에 답하시오.

[계 획]

① 모든 공장 A, B, C가 휴무일 때 또는 그중 한 공장만 가동할 때에는 펌프 P_1만 가동
② 모든 공장 A, B, C 중 어느 것이나 두 개의 공장만 가동할 때에는 P_2만 가동
③ 모든 공장 A, B, C가 모두 가동할 때에는 P_3만 가동

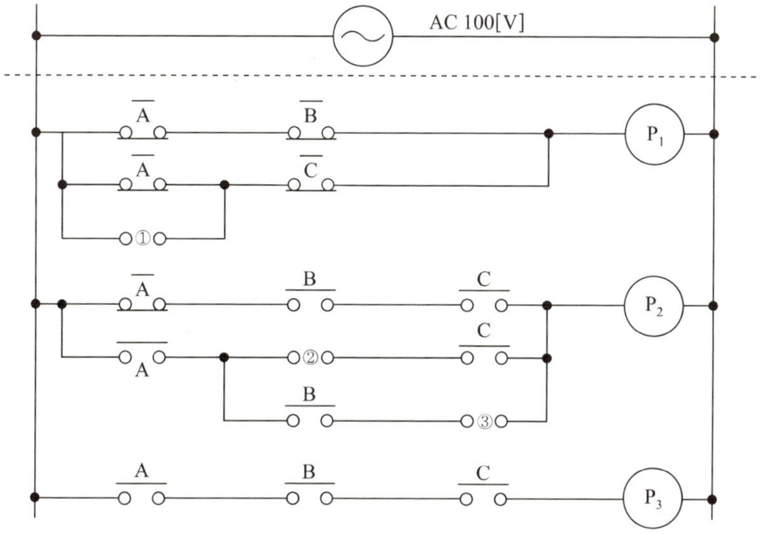

(1) 조건과 같은 진리표를 작성하시오.

(2) ①~③번의 접점 문자 기호를 쓰시오.

(3) P_1 ~ P_3의 출력식을 각각 쓰시오.

* 접점 심벌을 표시할 때는 A, B, C, $\overline{A}$, $\overline{B}$, $\overline{C}$ 등 문자 표시도 할 것

해설

(3) $P_1 = \overline{A}\,\overline{B}\,\overline{C} + \overline{A}\,\overline{B}C + \overline{A}B\overline{C} + A\overline{B}\,\overline{C}$

$= \overline{A}\,\overline{B}(\overline{C} + C) + \overline{A}B\overline{C} + A\overline{B}\,\overline{C}$

$= \overline{A}\,\overline{B} + \overline{A}B\overline{C} + A\overline{B}\,\overline{C} = \overline{A}(\overline{B} + B\overline{C}) + A\overline{B}\,\overline{C}$

$= \overline{A}(\overline{B} + \overline{C}) + A\overline{B}\,\overline{C} = \overline{A}\,\overline{B} + \overline{A}\,\overline{C} + A\overline{B}\,\overline{C}$

$= \overline{A}\,\overline{B} + \overline{C}(\overline{A} + A\overline{B}) = \overline{A}\,\overline{B} + \overline{C}(\overline{A} + \overline{B})$

정답

(1)

A	B	C	P_1	P_2	P_3
0	0	0	1	0	0
0	0	1	1	0	0
0	1	0	1	0	0
0	1	1	0	1	0
1	0	0	1	0	0
1	0	1	0	1	0
1	1	0	0	1	0
1	1	1	0	0	1

(2) ① $\overline{B}$ ② $\overline{B}$ ③ $\overline{C}$

(3) $P_1 = \overline{A}\,\overline{B} + \overline{C}(\overline{A} + \overline{B})$

$P_2 = \overline{A}BC + A\overline{B}C + AB\overline{C}$

$P_3 = A \cdot B \cdot C$

16 다음 주어진 논리회로의 출력식을 간략화된 논리식으로 작성하시오.

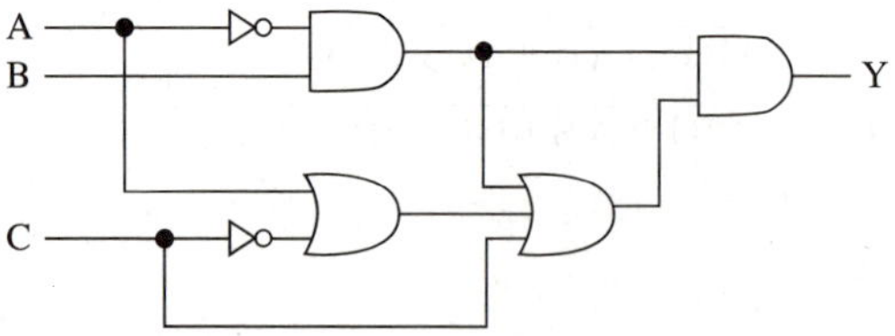

정답

$$
\begin{aligned}
Y &= (\overline{A}B + A + \overline{C} + C) \cdot \overline{A}B \\
&= \overline{A}\,\overline{A}BB + A\overline{A}B + \overline{A}B\overline{C} + \overline{A}BC \\
&= \overline{A}B + \overline{A}B(\overline{C} + C) \\
&= \overline{A}B + \overline{A}B = \overline{A}B
\end{aligned}
$$

17 가로 12[m], 세로 18[m], 천장 높이 3.85[m], 작업면 높이 0.85[m]인 사무실이 있다. 여기에 천장지부 형광등 기구(40[W], 2등용)를 설치하고자 한다. 다음 물음에 답하시오.

> • 작업별 조도 500[lx], 천장반사율 50[%], 벽반사율 50[%], 바닥반사율 10[%]이고, 보수율 0.7, 40[W] 1개의 광속은 2,750[lm]으로 본다.
> • 조명률 표〈기준〉

(1) 실지수를 구하시오.

(2) 조명률을 구하시오.

(3) 설치등기구의 수량을 구하시오.

(4) 40[W] 형광등 1개의 소비전력이 50[W]이고, 1일 24시간 연속 점등할 경우 10일간의 최소 소비전력을 구하시오.

표1. 산형기구(2등용) FA 42006

반사율 천장	0[%]	30[%]				50[%]				70[%]				80[%]			
반사율 바닥	0[%]	10[%]				10[%]				10[%]				10[%]			
반사율 벽	0[%]	70	50	30	10	70	50	30	10	70	50	30	10	70	50	30	10
실지수	조명률(×0.01)																
0.6	14	34	27	21	18	30	29	23	19	42	32	25	20	44	33	26	21
0.8	20	40	33	28	24	45	36	30	26	50	40	33	27	52	41	34	28
1.0	25	45	38	33	29	50	42	36	31	55	45	38	33	58	47	40	34
1.25	29	49	43	38	34	54	47	41	36	60	51	44	39	63	53	46	40
1.5	33	52	46	42	38	58	51	45	41	64	55	49	43	67	58	50	45
2.0	38	57	52	48	44	62	56	51	47	69	61	55	50	72	64	57	52
2.5	42	60	55	52	48	65	60	56	52	72	66	60	55	75	68	62	57
3.0	45	65	58	55	52	68	63	59	55	74	69	64	59	78	71	66	61
4.0	50	65	62	59	56	71	67	64	61	77	73	69	65	81	76	71	67
5.0	52	67	64	62	60	73	70	67	64	79	75	72	69	83	78	75	71
7.0	56	79	67	65	64	75	73	71	68	82	79	76	73	85	82	79	76
10.0	59	71	70	68	67	78	76	75	72	84	82	79	77	87	85	82	80

표2. 실지수 기호표

범위	4.5 이상	4.5~3.5	3.5~2.75	2.75~2.25	2.25~1.75	1.75~1.38	1.38~1.12	1.12~0.9	0.9~0.7	0.7 이하
실지수	5.0	4.0	3.0	2.5	2.0	1.5	1.25	1.0	0.8	0.6
기호	A	B	C	D	E	F	G	H	I	J

해설

(1) 실지수 $= \dfrac{12\times18}{(3.85-0.85)\times(12+18)} = 2.4$

(3) $N = \dfrac{ESD}{FU} = \dfrac{ES}{FUM} = \dfrac{500\times(12\times18)}{2{,}750\times0.6\times0.7} \fallingdotseq 93.5$[등]이므로 94[등]이며 2등용이므로

등기구수$(N) = \dfrac{94}{2} = 47$[등]

(4) $W = 50\times94\times24\times10\times10^{-3} = 1{,}128$[kWh]

정답

(1) D2.5

(2) 0.6(60[%])

(3) 47[등]

(4) 1,128[kWh]

18 높이 5[m]의 가로등 A, B가 10[m] 간격으로 다음 그림과 같이 설치되어 있다. 이때 P점의 수평면조도를 구하시오(단, P점으로 향하는 광도는 각각 1,000[cd]이다).

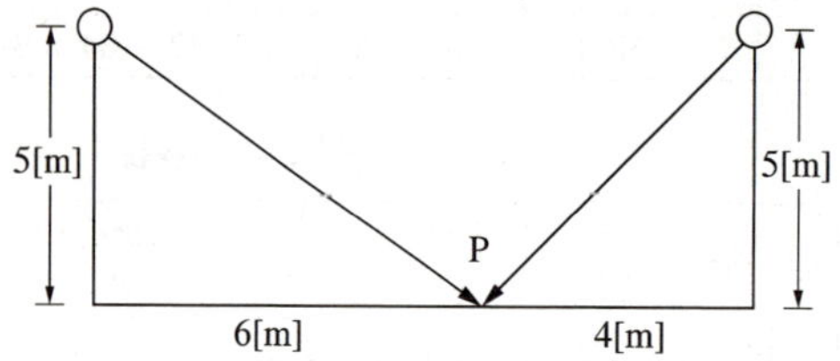

해설

P점의 수평면조도 $E_h = \frac{I}{r_1^2}\cos\theta_1 + \frac{I}{r_2^2}\cos\theta_2$

$$= \frac{1{,}000}{(\sqrt{5^2+6^2})^2} \times \frac{5}{\sqrt{5^2+6^2}} + \frac{1{,}000}{(\sqrt{5^2+4^2})^2} \times \frac{5}{\sqrt{5^2+4^2}}$$

$= 29.54[\text{lx}]$

정답

29.54[lx]

전기기사 2023년 제1회 기출복원문제

01 회전 날개의 지름이 31[m]인 프로펠러형 풍차의 풍속이 16.5[m/s]일 때, 풍차의 출력[kW]을 구하시오(단, 공기의 밀도는 1.225[kg/m^3]이다)

해설

$$P = \frac{1}{2}\rho A V^3 = \frac{1}{2} \times 1.225 \times \frac{\pi \times 31^2}{4} \times 16.5^3 \times 10^{-3} = 2{,}076.687[\text{kW}]$$

【참고】 유체 운동에너지의 전력

$$P = \frac{1}{2}\overline{m}V^2 = \frac{1}{2}(\rho A V)V^2 = \frac{1}{2}\rho A V^3[\text{W}]$$

여기서, P : 운동에너지[W]

$\overline{m}$: 질량유량($=\rho A V$)[kg/s]

ρ : 공기밀도[kg/m^3]

A : 단면적[m^2]

V : 평균속도[m/s]

정답

2,076.69[kW]

02 다음 그림과 같이 200/5[A] 1차 측에 150[A]의 3상 평형전류가 흐를 때 전류계 A_3에 흐르는 전류는 몇 [A]인가?

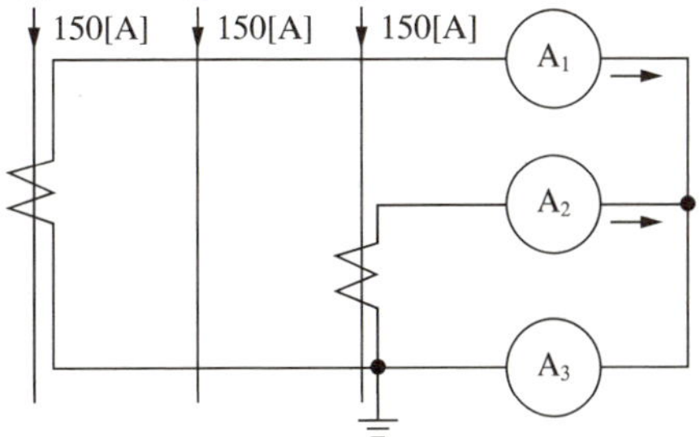

해설

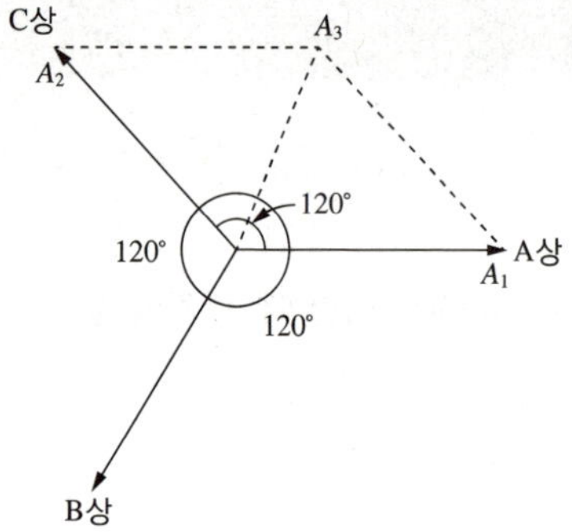

$$A_1 = A_2 = 150 \times \frac{5}{200} = 3.75[\text{A}]$$

$$A_3 = |A_1 + A_2| = \sqrt{A_1^2 + A_2^2 + 2A_1A_2\cos\theta}$$

$$= \sqrt{3.75^2 + 3.75^2 + 2 \times 3.75 \times 3.75 \times \cos 120°} = 3.75[\text{A}]$$

정답

3.75[A]

03

전압 22,900[V], 주파수 60[Hz], 선로길이 7[km] 1회선의 3상 지중송전선로가 있다(단, 케이블의 1선당 작용 정전용량은 0.4[μF/km]라고 한다).

(1) 무부하 충전전류[A]를 구하시오.

(2) 충전용량[kVA]을 구하시오.

해설

(1) $I_C = \dfrac{E}{Z} = \dfrac{E}{X_C} = \dfrac{\frac{V}{\sqrt{3}}}{\frac{1}{\omega_C}} = \dfrac{1}{\sqrt{3}}\omega CV = \dfrac{1}{\sqrt{3}} \times 2\pi f CV$

$$= \frac{1}{\sqrt{3}} \times 2\pi \times 60 \times 0.4 \times 10^{-6} \times 7 \times 22{,}900 \fallingdotseq 13.96[\text{A}]$$

(2) $Q_C = \sqrt{3}\, VI_C = \sqrt{3} \times 22{,}900 \times 13.96 \times 10^{-3} \fallingdotseq 553.71[\text{kVA}]$

정답

(1) 13.96[A]

(2) 553.71[kVA]

04 지중전선로의 매설방법 3가지를 쓰시오.

정답

- 직접매설식
- 관로인입식
- 암거식

05 가스 절연 변전소의 특징 5가지를 쓰시오.

정답

- 설치면적이 축소되어 소형화할 수 있다.
- 충전부가 탱크 안에 밀폐되어 안전성이 높다.
- 염해나 먼지 등에 영향을 받지 않으므로 신뢰도가 높다.
- 소음이 적고 환경조화에 기여할 수 있다.
- 공장 조립이 가능하여 설치 공사기간이 단축된다.

06 전력용 콘덴서의 자동조작방식에서 제어방식 4가지를 쓰시오.

정답

- 수전점 무효전력에 의한 제어
- 수전점 역률에 의한 제어
- 부하전류에 의한 제어
- 모선 전압에 의한 제어

07 수전전압 22,900[V], 수전용량 300[kW]일 때, 3ϕ 단락전류가 7,000[A]이다. 이때 차단기의 용량[MVA]을 구하시오.

해설

$P_s = \sqrt{3}\,VI_s = \sqrt{3} \times 25.8 \times 7 = 312.808[\text{MVA}]$

$V = 22.9[\text{kV}] \times \dfrac{1.2}{1.1} = 24.98[\text{kV}] \quad \therefore\ 25.8[\text{kV}]$

정답

312.81[MVA]

08 3상 4선식에서 역률 100[%]의 부하가 각 상과 중성선 간에 연결되어 있다. a상, b상, c상에 흐르는 전류가 각각 100[A], 87[A], 95[A]이다. 중성선에 흐르는 전류의 크기의 절댓값은 몇 [A]인가?

해설

$I_n = 100 + 87\angle -120° + 95\angle -240° \fallingdotseq 9 + j6.928 = \sqrt{9^2 + 6.928^2} \fallingdotseq 11.357$

정답

11.36[A]

09 어떤 변전실에서 그림과 같은 일부하곡선 A, B, C인 부하에 전기를 공급하고 있다. 이 변전실의 총부하에 대한 다음 각 물음에 답하시오(단, A, B, C의 역률은 시간에 관계없이 각각 80[%], 100[%] 및 60[%]이다).

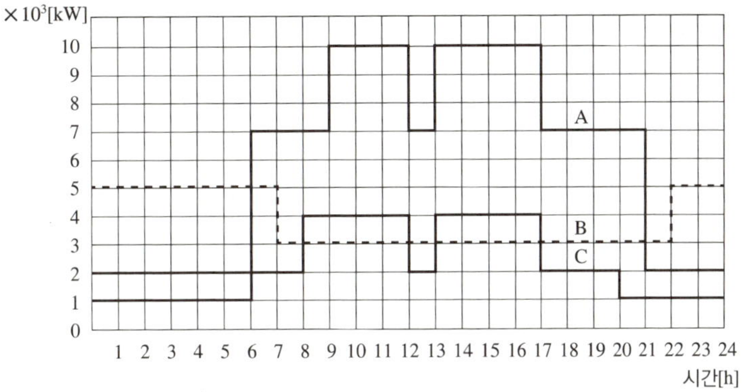

※ 부하전력은 부하곡선의 수치에 10^3을 한다는 의미이다. 즉, 수직 축의 5는 5×10^3[kW]라는 의미이다.

(1) 합성 최대전력은 몇 [kW]인가?

(2) A, B, C 각 부하에 대한 평균전력은 몇 [kW]인가?

(3) 총부하율은 몇 [%]인가?

(4) 부등률은 얼마인가?

(5) 최대부하일 때의 합성 총역률은 몇 [%]인가?

해설

(1) 합성 최대전력[kW] $= (10+3+4)\times10^3 = 17\times10^3$[kW]

∴ 9~12시, 13~17시 사이가 합성 최대전력 때의 시간이다.

(2) 평균전력[kW] $= \dfrac{\text{사용전력량[kWh]}}{24\text{[h]}}$

A 평균전력 $= \dfrac{1{,}000\times6+7{,}000\times3+10{,}000\times3+7{,}000\times1+10{,}000\times4+7{,}000\times4+2{,}000\times3}{24}$

$= 5{,}750$[kW]

B 평균전력 $= \dfrac{5{,}000\times7+3{,}000\times15+5{,}000\times2}{24} = 3{,}750$[kW]

C 평균전력 $= \dfrac{2{,}000\times8+4{,}000\times4+2{,}000\times1+4{,}000\times4+2{,}000\times3+1{,}000\times4}{24} = 2{,}500$[kW]

(3) 총부하율 $= \dfrac{5{,}750+3{,}750+2{,}500}{17{,}000}\times100 \fallingdotseq 70.59$[%]

(4) 부등률 $= \dfrac{10{,}000+5{,}000+4{,}000}{17{,}000} \fallingdotseq 1.1176 \fallingdotseq 1.12$

(5) 합성유효전력 $= 10{,}000+3{,}000+4{,}000 = 17{,}000$[kW]

합성무효전력 $= 10{,}000\times\dfrac{0.6}{0.8}+3{,}000\times\dfrac{0}{1}+4{,}000\times\dfrac{0.8}{0.6} \fallingdotseq 12{,}833.33$[kVar]

합성역률 $\cos\theta = \dfrac{17{,}000}{\sqrt{17{,}000^2+12{,}833.33^2}}\times100 \fallingdotseq 79.81$[%]

정답

(1) 17×10^3[kW]

(2) • A 평균전력 : 5,750[kW]

• B 평균전력 : 3,750[kW]

• C 평균전력 : 2,500[kW]

(3) 70.59[%]

(4) 1.12

(5) 79.81[%]

10 3상 변압기가 있다. 이때 권수비 30, 1차 전압 6.6[kV]에 대한 다음 각 물음에 답하시오(단, 변압기의 손실은 무시한다).

(1) 2차 전압[V]을 구하시오.

(2) 2차 측에 부하 50[kW], 역률 80[%]를 2차에 연결할 때 2차 전류 및 1차 전류를 구하시오.

① 2차 전류

② 1차 전류

(3) 1차 입력[kVA]을 구하시오.

해설

(1) $V_2 = \frac{V_1}{a} = \frac{6,600}{30} = 220[\text{V}]$

(2) ① $I_2 = \frac{P}{\sqrt{3}\, V_2 \cos\theta} = \frac{50 \times 10^3}{\sqrt{3} \times 220 \times 0.8} = 164.019[\text{A}]$

② $a = \frac{I_2}{I_1}$ 에서 $I_1 = \frac{I_2}{a} = \frac{164.02}{30} = 5.467[\text{A}]$

(3) 1차 입력[kVA]

$P = \sqrt{3}\, V_1 I_1 = \sqrt{3} \times 6,600 \times 5.47 \times 10^{-3} = 62.5304[\text{kVA}]$

정답

(1) 220[V]

(2) ① 164.02[A]

② 5.47[A]

(3) 62.53[kVA]

11 제3고조파를 감소시키기 위한 리액터의 용량은 콘덴서의 몇 [%] 이상이어야 하는지를 구하시오 (단, 실제 적용 시 2[%]를 가산한다).

해설

$3\omega L = \frac{1}{3\omega C}$

$\omega L = \frac{1}{9}\frac{1}{\omega C}$

따라서 리액터의 용량은 이론상 콘덴서용량의 $\frac{1}{9}$ 배이므로 11.11[%]이다. 여기에 가산 2[%]를 적용하면

$11.11 + 2 = 13.11[\%]$

정답

13.11[%]

12 전력설비의 간선을 설계할 때 고려사항 5가지를 쓰시오.

정답

- 부하의 사용상태나 수용률
- 전기방식 및 배선방식
- 간선 경로에 대한 위치와 넓이
- 장래 증설의 유무
- 점검구에 대한 사항

13 회로도에서 a–b 사이에 저항을 연결하고자 할 때, 다음 각 물음에 답하시오.

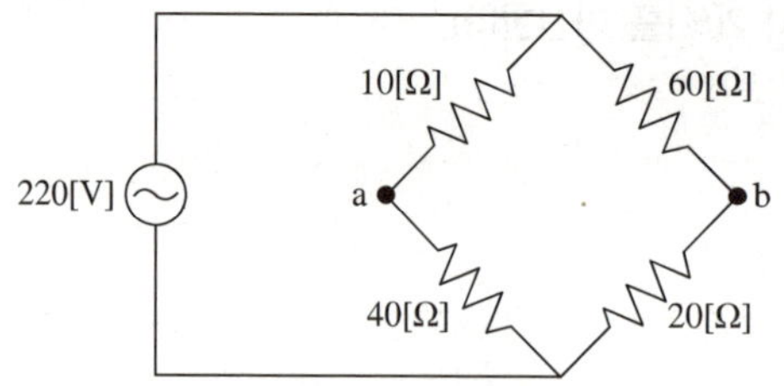

(1) 최대전력이 발생할 때의 a–b 사이 저항값을 구하시오.

(2) 10분간 전압을 가했을 때 a–b 사이 저항의 일량[kJ]을 구하시오(단, 효율은 90[%]이다).

해설

(1) 테브낭 정리를 이용한다.

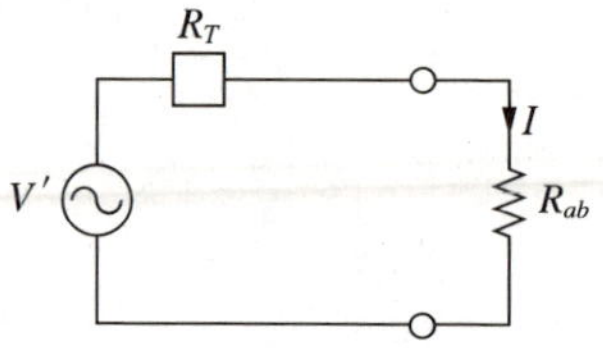

$$R_T = \frac{10\times 40}{10+40} + \frac{20\times 60}{20+60} = 23[\Omega]$$

최대전력 조건은 내부와 외부의 저항값이 같을 때이므로

$R_T = R_{ab}$ 따라서 23[Ω]

(2) $V' = \frac{40}{10+40}\times 220 - \frac{20}{60+20}\times 220 = 121[\text{V}]$

$$I = \frac{V'}{R_T + R_{ab}} = \frac{121}{23+23} = 2.63[\text{A}]$$

$$W = Pt\eta = I^2 R_{ab}\times t\times \eta = 2.63^2\times 23\times 10\times 60\times 0.9\times 10^{-3} = 85.907[\text{kJ}]$$

정답

(1) 23[Ω]

(2) 85.91[kJ]

14 그림과 같이 1ϕ3W 선로에 전열기가 접속되어 있다. 이때 각 선에 흐르는 전류를 구하시오.

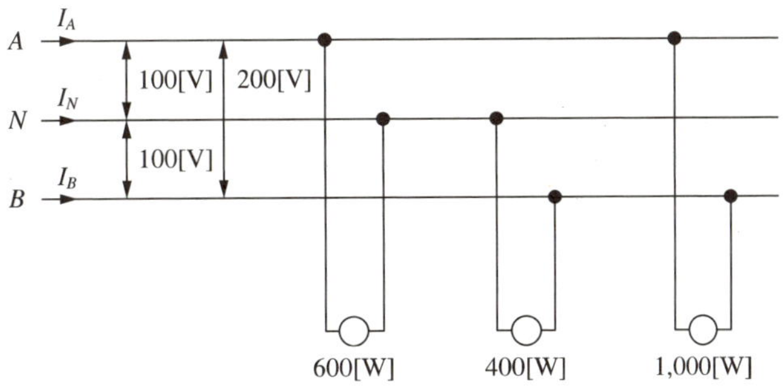

해설

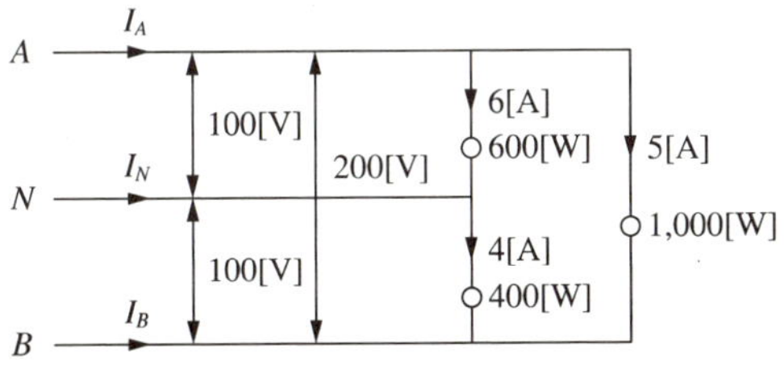

$I_{AN}=\frac{600}{100}=6[A]$, $I_{NB}=\frac{400}{100}=4[A]$, $I_{AB}=\frac{1,000}{200}=5[A]$

키르히호프 제1법칙을 적용하면

$I_A=6+5=11[A]$

$I_N=4-6=-2[A]$

$I_B=-(4+5)=-9[A]$

정답

$I_A=11[A]$, $I_N=-2[A]$, $I_B=-9[A]$

15 다음 ( )에 알맞은 값을 넣으시오.

가공전선로에 사용하는 지지물의 강도 계산에 적용하는 을종 풍압하중은 전선 기타의 가섭선 주위에 두께 (①)[mm], 비중 (②)의 빙설이 부착된 상태에서 수직 투영면적 372[Pa](다도체를 구성하는 전선은 333[Pa]), 그 이외의 것은 갑종 풍압의 2분의 1을 기초로 하여 계산한 것을 적용한다.

정답

① 6

② 0.9

16 다음 조건을 만족하면서 시퀀스 회로 배선과 감시반 회로 배선 단자가 상호 연결되도록 빈칸을 채우시오.

[조 건]

- 배선용차단기 MCCB를 투입하면 GL1과 GL2가 점등된다.
- 셀렉터스위치(SS)를 "L"에 위치하고 PB2를 누르고 떼어도 전자접촉기(MC)에 의하여 전동기가 운전되고, RL1, RL2가 점등, GL1, GL2는 소등된다.
- 전동기 운전 중 PB1을 누르면 전동기는 정지하고, RL1과 RL2는 소등, GL1과 GL2는 점등된다.
- 셀렉터스위치(SS)를 "R"에 위치하고 PB3을 누르고 떼어도 전자접촉기(MC)에 의하여 전동기가 운전되고, RL1, RL2가 점등, GL1, GL2는 소등된다.
- 전동기 운전 중 PB4를 누르면 전동기는 정지하고, RL1과 RL2는 소등, GL1과 GL2는 점등된다.
- 전동기 운전 중 과부하에 의하여 EOCR이 동작되면 전동기는 정지하고, 모든 램프는 소등되며, EOCR을 RESET 하면 초기상태로 간다.

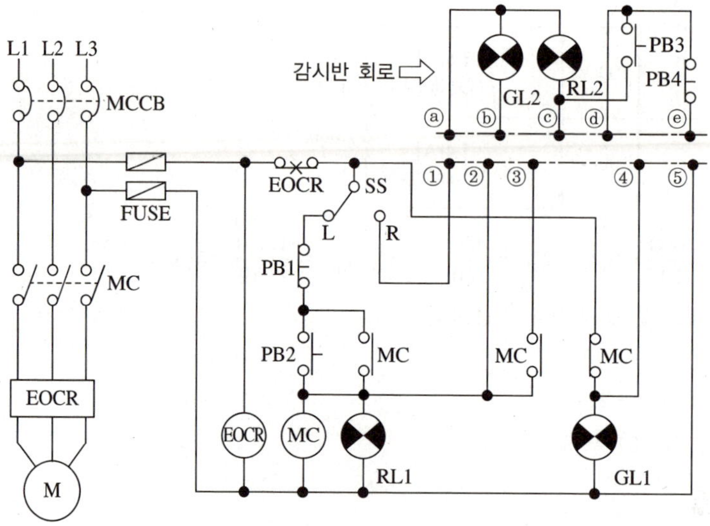

ⓐ	
ⓑ	
ⓒ	
ⓓ	
ⓔ	

정답

ⓐ	⑤
ⓑ	④
ⓒ	②
ⓓ	③
ⓔ	①

17 다음 논리식에 대한 물음에 답하시오(단, A, B, C는 입력, X는 출력이다).

$$X = A + B \cdot \overline{C}$$

(1) 논리식을 로직 시퀀스도로 나타내시오.

(2) 시퀀스도로 표현된 것을 2입력 NAND gate로 회로를 변환하시오.

(3) 시퀀스도로 표현된 것을 2입력 NOR gate로 회로를 변환하시오.

정답

(1)
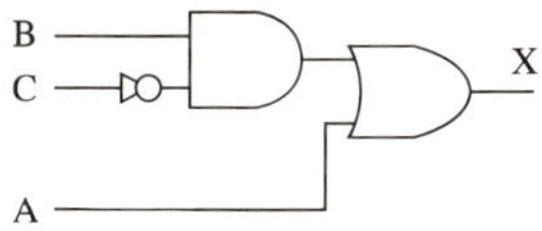

(2)
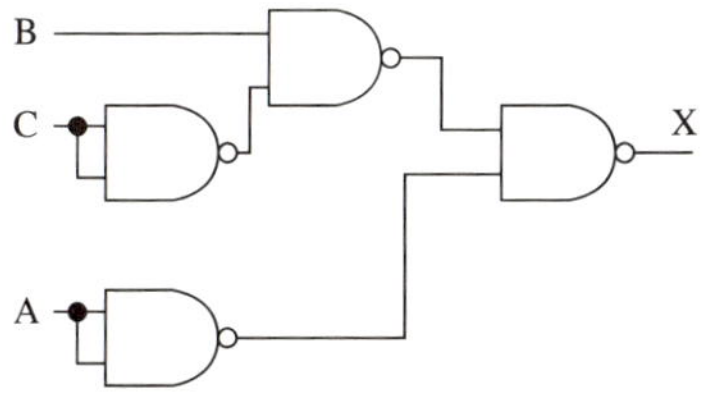

(3)
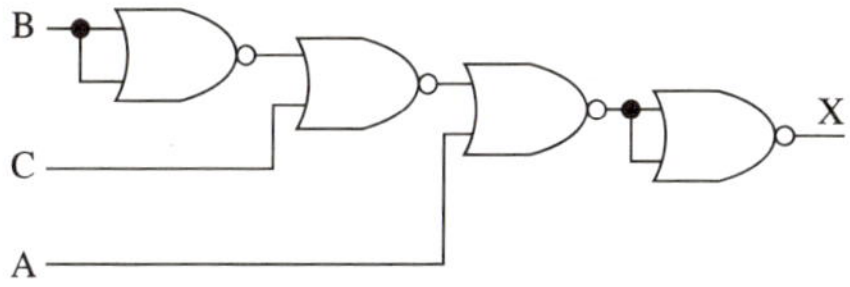

전기 기사

2023년 제2회 기출복원문제

01 전등만의 2군 수용가가 각각 1대씩의 변압기로 공급받는 각 군 수용가의 총설비용량은 각각 30[kW] 및 50[kW]라고 한다. 각 군 수용가의 최대부하를 구하시오. 또한 고압 간선에 걸리는 최대부하는 얼마로 되겠는가?(단, 변압기 상호 간의 부등률은 1.2라고 한다)

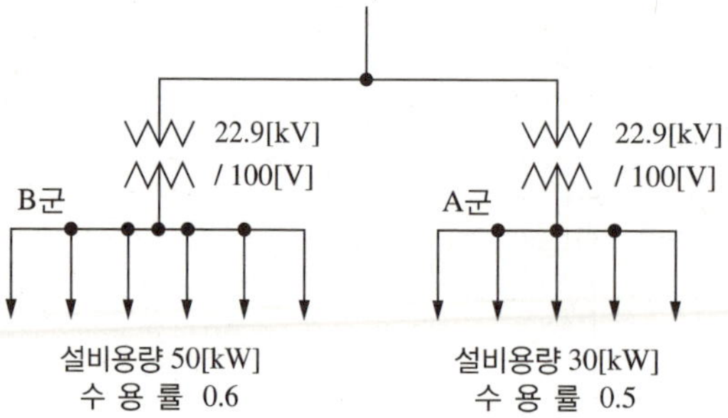

(1) A군의 최대부하

(2) B군의 최대부하

(3) 간선에 걸리는 최대부하

정답

(1) 최대부하 $= 30 \times 0.5 = 15[\text{kW}]$

(2) 최대부하 $= 50 \times 0.6 = 30[\text{kW}]$

(3) 최대부하 $= \dfrac{15+30}{1.2} = 37.5[\text{kW}]$

02 사용전압은 3상 380[V]이고, 주파수는 60[Hz]의 1[kVA]의 전력용 콘덴서를 설치하고자 할 때 필요한 콘덴서의 정전용량[μF]을 선정하시오(단, 표준용량은 10, 15, 20, 30, 50[μF]이다).

해설

$$Q_c = 3\omega CE^2$$

$$C = \frac{Q_c}{3\omega E^2} = \frac{1 \times 10^3}{3 \times (2\pi \times 60) \times \left(\frac{380}{\sqrt{3}}\right)^2} \times 10^6 \fallingdotseq 18.37[\mu\text{F}]$$

정답

$20[\mu\text{F}]$

03 $V_a = 7.3\angle 12.5°$, $V_b = 0.4\angle 45°$, $V_c = 4.4\angle 75°$일 때 다음 값을 구하시오.

(1) V_0의 값　　(2) V_1의 값

(3) V_2의 값

해설

(1) $V_0 = \frac{1}{3}(V_a + V_b + V_c) = \frac{1}{3}(7.3\angle 12.5° + 0.4\angle 45° + 4.4\angle 75°)$

$\fallingdotseq 2.850 + j2.038 \fallingdotseq 3.503\angle 35.57°$

(2) $V_1 = \frac{1}{3}(V_a + aV_b + a^2V_c) = \frac{1}{3}(7.3\angle 12.5° + 1\angle 120° \times 0.4\angle 45° + 1\angle 240° \times 4.4\angle 75°)$

$\fallingdotseq 3.284 - j0.476 \fallingdotseq 3.318\angle -8.246°$

(3) $V_2 = \frac{1}{3}(V_a + a^2V_b + aV_c) = \frac{1}{3}(7.3\angle 12.5° + 1\angle 240° \times 0.4\angle 45° + 1\angle 120° \times 4.4\angle 75°)$

$\fallingdotseq 0.993 + j0.018 \fallingdotseq 0.994\angle 1.054°$

정답

(1) $3.5\angle 35.57°$　　(2) $3.32\angle -8.25°$

(3) $0.99\angle 1.05°$

04 송전계통 S점에서 3상 단락사고가 발생하였다. 주어진 도면과 조건을 이용하여 다음 각 물음에 답하시오.

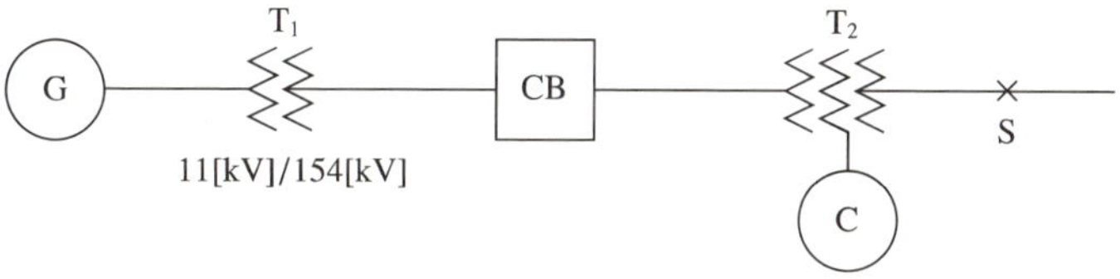

[조 건]

번 호	기기명	용 량	전 압	%X
1	발전기(G)	50,000[kVA]	11[kV]	30
2	변압기(T_1)	50,000[kVA]	11/154[kV]	12
3	송전선		154[kV]	10(10,000[kVA] 기준)
4	변압기(T_2)	1차 25,000[kVA]	154[kV]	12(25,000[kVA] 기준, 1~2차)
		2차 30,000[kVA]	77[kV]	15(25,000[kVA] 기준, 2~3차)
		3차 10,000[kVA]	11[kV]	10.8(10,000[kVA] 기준, 3~1차)
5	조상기(C)	10,000[kVA]	11[kV]	20

(1) 기준용량을 100[MVA]로 환산 시 발전기, 변압기(T_1), 송전선 및 조상기의 %리액턴스를 구하시오.

(2) 변압기(T_2)의 각각의 %리액턴스를 100[MVA] 출력으로 환산하고, 1차(P), 2차(T), 3차(S)의 %리액턴스를 구하시오.

(3) 고장점과 차단기를 통과하는 각각의 단락전류를 구하시오.

(4) 차단기의 차단용량은 몇 [MVA]인가?

해설

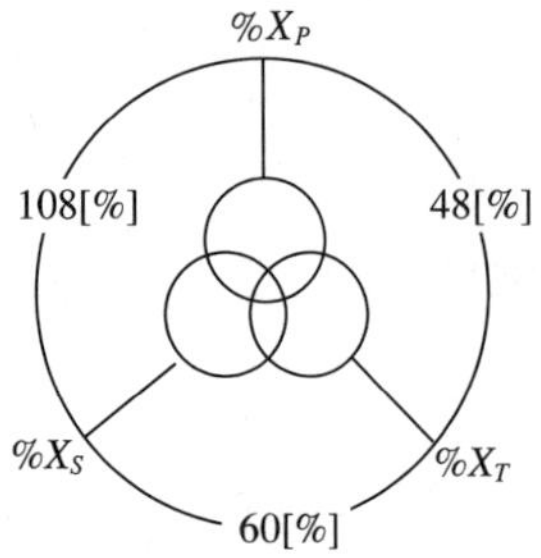

(1) • 발전기 $\%X = \dfrac{100}{50} \times 30 = 60[\%]$

• 변압기(T_1) $\%X = \dfrac{100}{50} \times 12 = 24[\%]$

• 송전선 $\%X = \dfrac{100}{10} \times 10 = 100[\%]$

• 조상기 $\%X = \dfrac{100}{10} \times 20 = 200[\%]$

(2) • 1~2차 $\%X_{P-T} = \dfrac{100}{25} \times 12 = 48[\%]$

• 2~3차 $\%X_{T-S} = \dfrac{100}{25} \times 15 = 60[\%]$

• 3~1차 $\%X_{S-P} = \dfrac{100}{10} \times 10.8 = 108[\%]$

• 1차 $\%X_P = \dfrac{1}{2}(48 + 108 - 60) = 48[\%]$

• 2차 $\%X_T = \dfrac{1}{2}(48 + 60 - 108) = 0[\%]$

• 3차 $\%X_S = \dfrac{1}{2}(108 + 60 - 48) = 60[\%]$

(3)

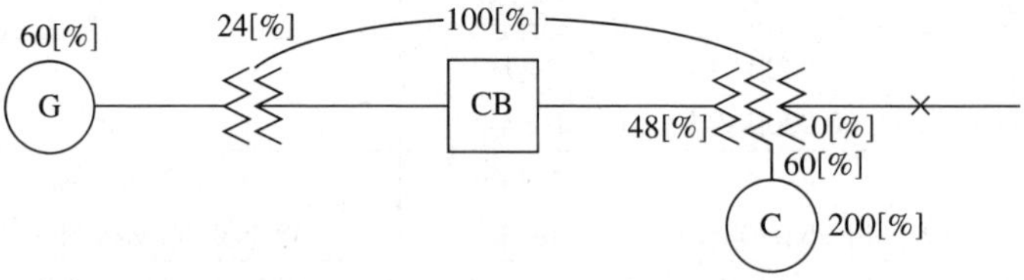

발전기(G)에서 T_2 변압기 1차까지 직렬 $\%X_1 = 60 + 24 + 100 + 48 = 232[\%]$

조상기에서 T_2 3차까지 직렬 $\%X_2 = 200 + 60 = 260[\%]$

단락점에서 봤을 때 $\%X_1$과 $\%Z_2$는 병렬

합성 $\%X = \dfrac{232 \times 260}{232 + 260} + 0 ≒ 122.6[\%]$

• 고장점의 단락전류 $I_s = \dfrac{100}{\%Z} I_n = \dfrac{100}{122.6} \times \dfrac{100 \times 10^3}{\sqrt{3} \times 77} ≒ 611.587[A]$

• 차단기의 단락전류 $I_s = \dfrac{\%X_2}{\%X_1 + \%X_2} \times I_s = \dfrac{260}{232+260} \times 611.59 \fallingdotseq 323.198[A]$

전압이 154[kV]이므로

$I_s' = 323.198 \times \dfrac{77}{154} = 161.599[A]$

(4) 차단기용량 $P_s = \sqrt{3}\, V_n I_s' = \sqrt{3} \times 170 \times 161.6 \times 10^{-3} \fallingdotseq 47.5829$

여기서, $V_n = 154 \times \dfrac{1.2}{1.1} = 168$

$\therefore$ 170[kV] 계통의 최고전압

정답

(1) • 발전기 $\%X = 60[\%]$

• 변압기(T_1) $\%X = 24[\%]$

• 송전선 $\%X = 100[\%]$

• 조상기 $\%X = 200[\%]$

(2) • 1~2차 $\%X_{P-T} = 48[\%]$

• 2~3차 $\%X_{T-S} = 60[\%]$

• 3~1차 $\%X_{S-P} = 108[\%]$

• 1차 $\%X_P = 48[\%]$

• 2차 $\%X_T = 0[\%]$

• 3차 $\%X_S = 60[\%]$

(3) • 고장점의 단락전류 : 611.59[A]

• 차단기의 단락전류 : 161.6[A]

(4) 47.58[MVA]

05 변류비 40/5인 CT 2개를 그림과 같이 접속할 때 전류계에 2[A]가 흐른다면 CT 1차 측에 흐르는 전류는 몇 [A]인가?

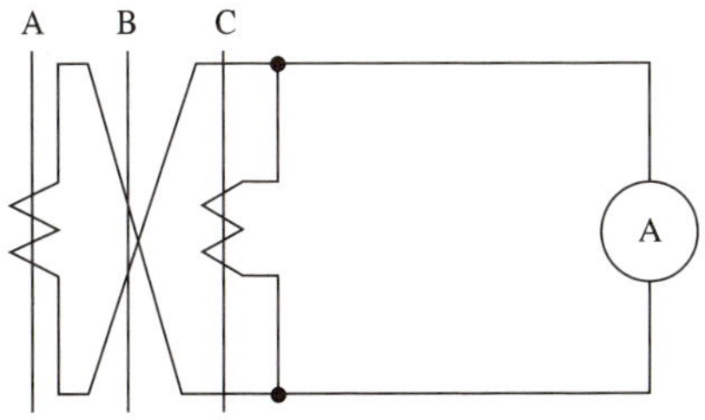

해설

1차 측 전류 = 전류계 지시값×CT비×$\dfrac{1}{\sqrt{3}} = 2 \times \dfrac{40}{5} \times \dfrac{1}{\sqrt{3}} \fallingdotseq 9.2376$

정답

9.24[A]

06 그림과 같은 부하곡선을 보고 다음 각 물음에 답하시오.

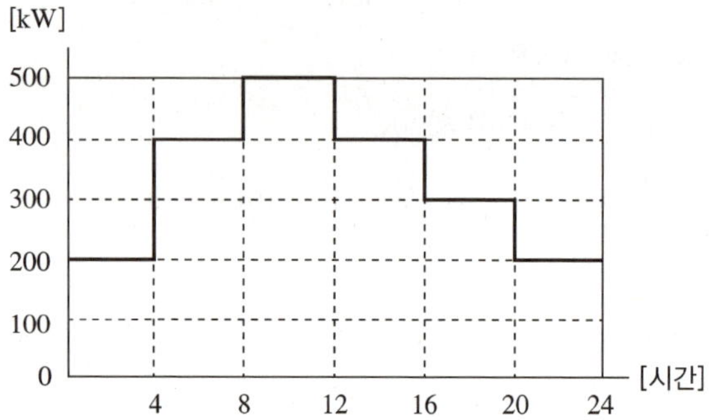

(1) 첨두부하는 몇 [kW]인가?

(2) 첨두부하가 지속되는 시간은 몇 시부터 몇 시까지인가?

(3) 일공급 전력량은 몇 [kWh]인가?

(4) 일부하율은 몇 [%]인가?

해설

(3) 전력량 $= 200\times4+400\times4+500\times4+400\times4+300\times4+200\times4 = 8,000[\text{kWh}]$

(4) 일부하율 $= \dfrac{\text{사용전력량[kWh]}}{\text{시간[h]} \times \text{최대전력[kW]}} \times 100 = \dfrac{8,000}{24\times500} \times 100 \fallingdotseq 66.67[\%]$

정답

(1) 500[kW]　　(2) 8~12시

(3) 8,000[kWh]　　(4) 66.67[%]

07 어떤 변전소로부터 3상 3선식 비접지식 배전선이 8회선 나와 있다. 이 배전선에 접속된 주상 변압기의 접지저항의 허용값[Ω]을 구하시오(단, 전선로의 공칭 전압은 3.3[kV] 배전선의 긍장은 모두 20[km/회선]인 가공선이며, 접지점의 수는 1로 한다).

해설

$$I_g = 1 + \frac{\frac{V'}{3}L - 100}{150} = 1 + \frac{\frac{3}{3}(3\times20\times8) - 100}{150} \fallingdotseq 3.53 \fallingdotseq 4[\text{A}]$$

$$V' = \frac{3.3}{1.1} = 3$$

1선 지락전류는 소수점 이하 절상

$$R_g = \frac{150}{I_g} = \frac{150}{4} = 37.5[\Omega]$$

정답

37.5[Ω]

08 분전반에서 30[m]인 거리에 5[kW]의 단상 교류 200[V]의 전열기용 아웃렛을 설치하여 그 전압 강하를 4[V] 이하가 되도록 하려고 한다. 배선방법을 금속관공사로 한다고 할 때 여기에 필요한 전선의 굵기를 계산하고, 실제 사용되는 전선의 굵기를 정하시오.

해설

$I=\frac{5,000}{200}=25[\mathrm{A}]$

$A=\frac{35.6LI}{1,000e}=\frac{35.6\times30\times25}{1,000\times4}=6.68[\mathrm{mm}^2]$

$\therefore\ 10[\mathrm{mm}^2]$

정답

$10[\mathrm{mm}^2]$

09 A변압기, B변압기의 정격전압이 동일하고, 이 두 변압기를 병렬운전하고 있을 때 A변압기의 정격용량은 20[kVA], $\%Z_A$는 4[%]이고, B변압기의 정격용량은 75[kVA], $\%Z_B$는 5[%]이다. 2차측의 부하용량이 60[kVA]일 때 각 변압기가 분담하는 전력은 몇 [kVA]인가?(단, 변압기 A, B의 내부저항과 누설리액턴스비는 같다. $R_a/X_a=R_b/X_b$)

① A변압기

② B변압기

해설

$$\frac{P_{a(\text{분담})}}{P_{b(\text{분담})}}=\frac{\%Z_b}{\%Z_a}\times\frac{P_{A(\text{용량})}}{P_{B(\text{용량})}}=\frac{5}{4}\times\frac{20}{75}=\frac{1}{3}$$

$P_a : P_b=1 : 3$

① A변압기 : $60\times\frac{1}{4}=15[\mathrm{kVA}]$

② B변압기 : $60\times\frac{3}{4}=45[\mathrm{kVA}]$

정답

① A변압기 : 15[kVA]

② B변압기 : 45[kVA]

10 3상 3선식 평형부하가 있다. 임피던스가 그림과 같이 접속되어 있을 때 전압계의 지시값이 220[V], 전류계의 지시값이 20[A], 전력계의 지시값이 2[kW]일 때, 다음 각 물음에 답하시오.

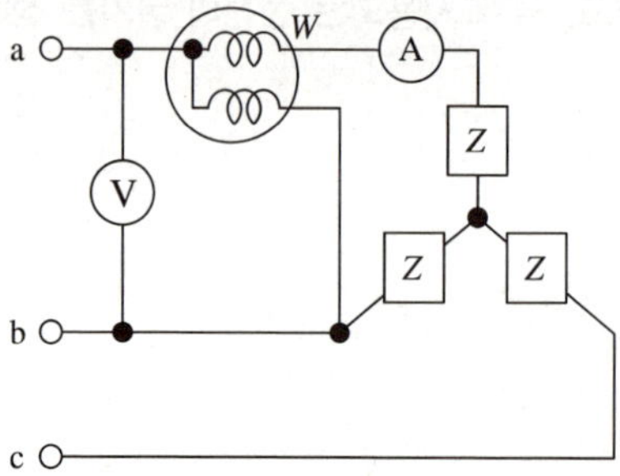

(1) 부하 Z의 소비전력[kW]을 구하시오.

(2) 부하의 임피던스 $Z[\Omega]$를 벡터(복소수)로 나타내시오.

해설

(1) $P = 2W = 2 \times 2 = 4[\text{kW}]$

(2) $Z = \dfrac{V_P}{I_P} = \dfrac{220/\sqrt{3}}{20} = 6.35[\Omega]$

$$\cos\theta = \frac{P}{P_a} = \frac{P}{\sqrt{3}\,V_l I_l} = \frac{4,000}{\sqrt{3} \times 220 \times 20} = 0.524$$

$$Z = Z(\cos\theta + j\sin\theta) = 6.35(0.524 + j\sqrt{1-0.524^2}) = 3.3274 + j5.4082$$

정답

(1) 4[kW]

(2) $Z = 3.33 + j5.41$

11 다음은 저항 20[Ω], 전압 $V=220\sin 120\pi t$[V], 변압비 1 : 1인 단상 전파 정류 브리지 회로를 나타낸 도면이다. 각 물음에 답하시오(단, 직류 측에 평활회로는 포함하지 않는다).

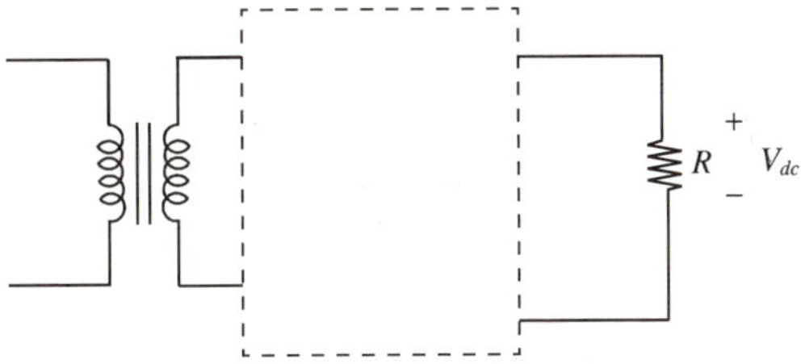

(1) 점선 안 브리지 회로를 완성하시오.

(2) V_{dc}의 평균 전압[V]을 구하시오.

(3) V_{dc}에 흐르는 평균 전류[A]를 구하시오.

해설

(2) $V_{dc}=0.9V=0.9\times\dfrac{220}{\sqrt{2}}=140$[V]

(3) $I_d=\dfrac{V_{dc}}{R}=\dfrac{140}{20}=7$[A]

정답

(1)

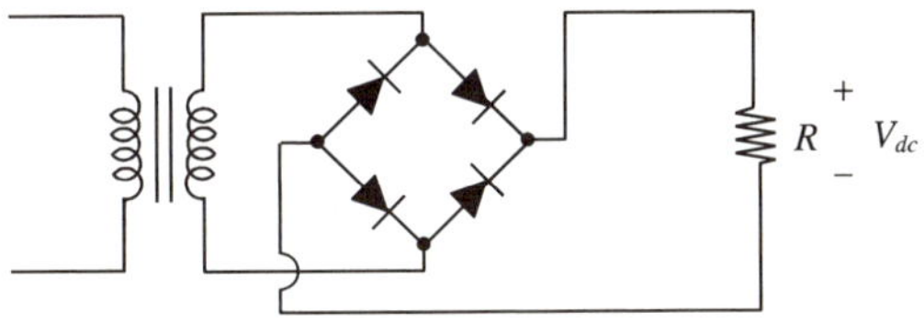

(2) 140[V]

(3) 7[A]

12 다음은 주택용 배선용 차단기 과전류트립 동작시간 및 특성을 나타낸 표이다. 다음 표의 ①~⑤에 들어갈 알맞은 내용을 쓰시오.

형	순시트립범위
①	$3I_n$ 초과 $5I_n$ 이하
②	$5I_n$ 초과 $10I_n$ 이하
③	$10I_n$ 초과 $20I_n$ 이하

<table>
<tr><th rowspan="2">정격전류의 구분</th><th rowspan="2">시 간</th><th colspan="2">정격전류의 배수(모든 극에 통전)</th></tr>
<tr><th>부동작전류</th><th>동작전류</th></tr>
<tr><td>63[A] 이하</td><td>60분</td><td>④</td><td>⑤</td></tr>
<tr><td>63[A] 초과</td><td>120분</td><td>④</td><td>⑤</td></tr>
</table>

해설

저압전로 중의 과전류차단기의 시설

<table>
<tr><th colspan="4">퓨즈(gG)의 용단특성</th><th rowspan="4">시간</th><th colspan="6">배선차단기</th></tr>
<tr><th rowspan="3">정격전류의 구분</th><th rowspan="3">시간</th><th colspan="2">정격전류의 배수</th><th colspan="4">정격전류의 배수(과전류트립)</th><th colspan="2">순시트립(주택용)</th></tr>
<tr><th rowspan="2">불용단 전류</th><th rowspan="2">용단 전류</th><th colspan="2">주택용</th><th colspan="2">산업용</th><th rowspan="2">형</th><th rowspan="2">트립범위</th></tr>
<tr><th>부동작</th><th>동작</th><th>부동작</th><th>동작</th></tr>
<tr><td>4[A] 이하</td><td rowspan="3">60분</td><td rowspan="2">1.5배</td><td>2.1배</td><td rowspan="3">60분</td><td rowspan="6">1.13배</td><td rowspan="6">1.45배</td><td rowspan="6">1.05배</td><td rowspan="6">1.3배</td><td rowspan="2">B</td><td rowspan="2">$3I_n$ 초과~$5I_n$ 이하</td></tr>
<tr><td>4[A] 초과 16[A] 미만</td><td>1.9배</td></tr>
<tr><td>16[A] 이상 63[A] 이하</td><td rowspan="4">1.25배</td><td rowspan="4">1.6배</td><td>C</td><td>$5I_n$ 초과~$10I_n$ 이하</td></tr>
<tr><td>63[A] 초과 160[A] 이하</td><td>120분</td><td rowspan="3">120분</td><td rowspan="2">D</td><td rowspan="2">$10I_n$ 초과~$20I_n$ 이하</td></tr>
<tr><td>160[A] 초과 400[A] 이하</td><td>180분</td></tr>
<tr><td>400[A] 초과</td><td>240분</td><td colspan="2">• B, C, D : 순시트립전류에 따른 차단기 분류
• I_n : 차단기 정격전류</td></tr>
</table>

정답

① B
② C
③ D
④ 1.13
⑤ 1.45

13 피뢰기 시설 장소(고압, 특고압전로)에 대해 빈칸에 알맞은 말을 채우시오.

(1) (①)의 가공전선 인입구, 인출구

(2) (②)에 접속하는 (③) 변압기 고압 및 특고압 측

(3) 고압 및 특고압 가공전선로로부터 공급을 받는 (④)의 인입구

(4) 가공전선로와 (⑤)기 접속되는 곳

정답

① 발전소·변전소 또는 이에 준하는 장소
② 특고압 가공전선로
③ 배전용
④ 수용장소
⑤ 지중전선로

14 **다음 그림은 TN-C 계통접지이다. 중성선(N), 보호선(PE), 보호선과 중성선을 겸한 선(PEN)으로 도면을 완성하고 표시하시오(단, 중성선은 ⟋•, 보호선은 ⟋, 보호선과 중성선을 겸한 선은 ⟋• 로 표시한다).**

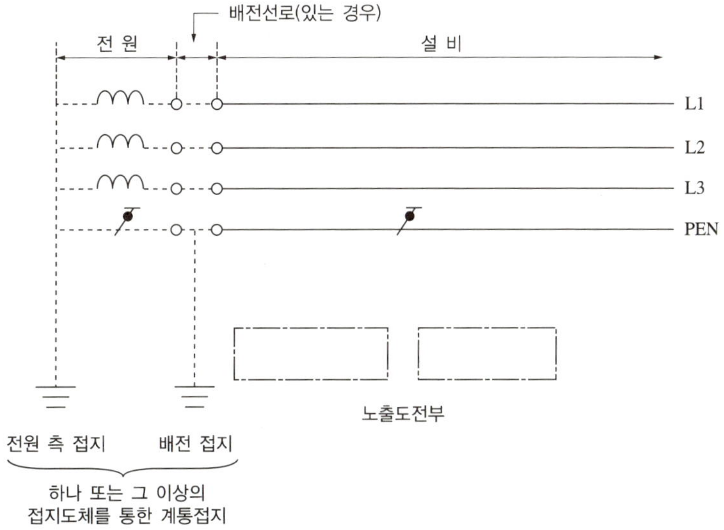

정답

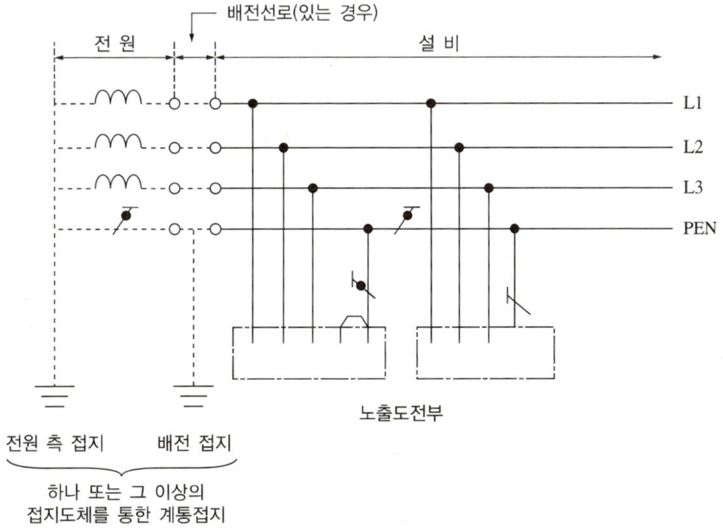

15

점광원으로부터 원뿔의 밑면까지의 거리가 4[m]이고, 밑면의 반지름이 3[m]인 원형면의 평균조도가 100[lx]라면, 이 점광원의 평균 광도[cd]는?

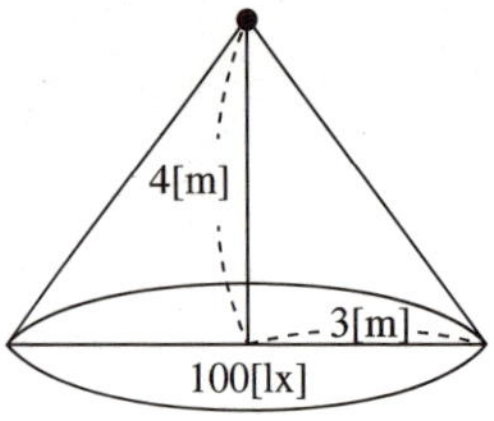

해설

$$\text{평균 광도}(I) = \frac{F}{\omega} = \frac{ES}{2\pi(1-\cos\theta)} = \frac{100\times\pi\times 3^2}{2\pi\left(1-\frac{4}{\sqrt{4^2+3^2}}\right)} = 2{,}250[\text{cd}]$$

정답

2,250[cd]

16

유도전동기 IM을 현장과 현장에서 조금 떨어진 제어실 어느 쪽에서든지 기동 및 정지가 가능하도록 전자접촉기 MC와 누름버튼 스위치 PB-On용 및 PB-Off용을 사용하여 제어회로를 점선 안에 그리시오.

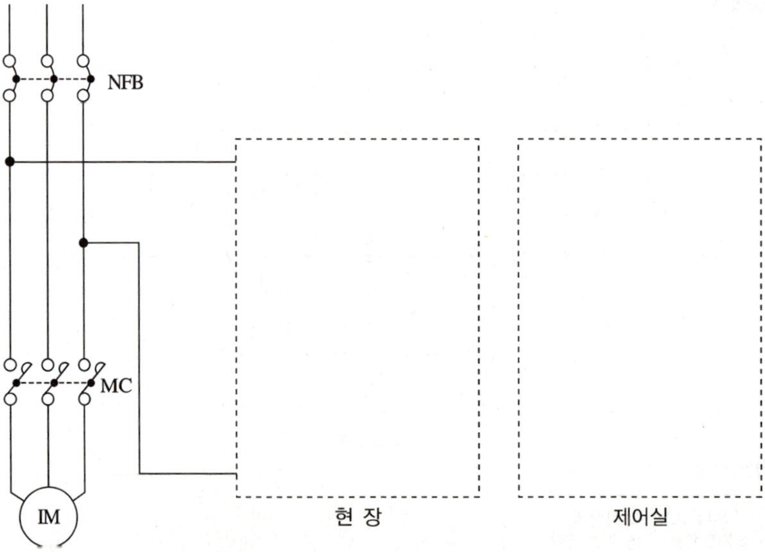

정답

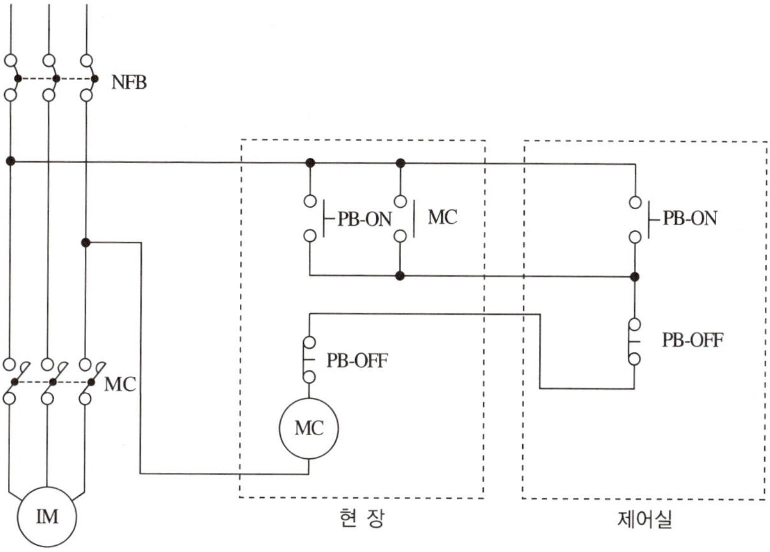

17 누름버튼 스위치 BS_1, BS_2, BS_3에 의하여 직접 제어되는 계전기 A, B, C가 있다. 전등 Y_1, Y_2가 진리표와 같이 점등된다고 할 경우 다음 물음에 답하시오(단, 최소 접점수로 접점을 표시한다).

A	B	C	Y_1	Y_2
0	0	0	1	1
0	0	1	0	0
0	1	0	0	1
0	1	1	0	1
1	0	0	1	1
1	0	1	0	0
1	1	0	1	1
1	1	1	0	1

접속점 표기	
접 속	비접속

(1) 출력 Y_1과 Y_2에 대한 논리식을 간략화하시오.

(2) (1)에서 구한 논리식을 무접점 회로로 그리시오.

(3) (1)에서 구한 논리식을 유접점 회로로 그리시오(단, Y_1과 Y_2에 대해서만 그린다).

해설

(1) $Y_1 = \overline{A}\,\overline{B}\,\overline{C} + A\overline{B}\,\overline{C} + AB\overline{C}$

$= \overline{C}(\overline{A}\,\overline{B} + A\overline{B} + AB)$

$= \overline{C}\{\overline{B}(\overline{A} + A) + AB\}$

$= \overline{C}(\overline{B} + AB)$

$= \overline{C}(A + \overline{B})$

$Y_2 = \overline{A}\,\overline{B}\,\overline{C} + \overline{A}B\overline{C} + \overline{A}BC + A\overline{B}\,\overline{C} + AB\overline{C} + ABC$

$= \overline{A}\,\overline{C}(\overline{B} + B) + AB(\overline{C} + C) + \overline{A}BC + A\overline{B}\,\overline{C}$

$= \overline{A}\,\overline{C} + AB + \overline{A}BC + A\overline{B}\,\overline{C} = \overline{A}(\overline{C} + BC) + A(B + \overline{B}\,\overline{C})$

$= \overline{A}(B + \overline{C}) + A(B + \overline{C}) = \overline{A}B + \overline{A}\,\overline{C} + AB + A\overline{C}$

$= B(\overline{A} + A) + \overline{C}(\overline{A} + A) = B + \overline{C}$

정답

(1) $Y_1 = \overline{C}(A + \overline{B})$, $Y_2 = B + \overline{C}$

(2)

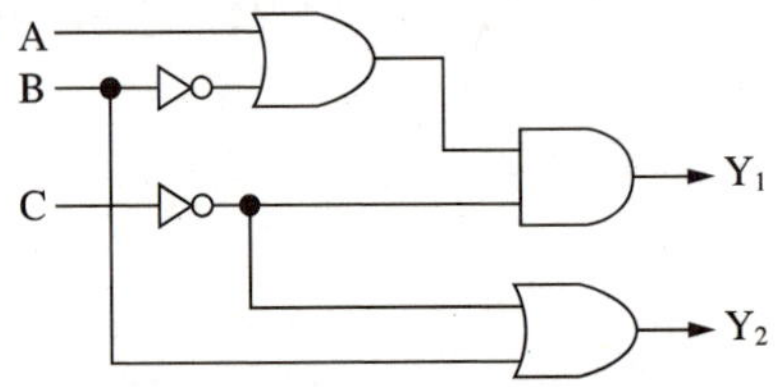

(3)

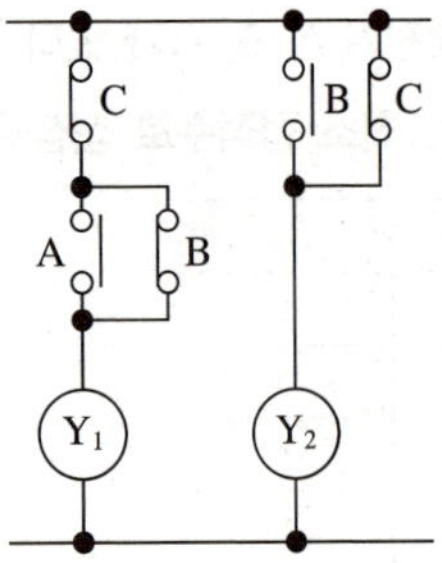

전기기사 2023년 제3회 기출복원문제

01 소선의 지름이 2.6[mm]인 19가닥의 연선을 사용할 경우 바깥지름은 몇 [mm]인가?

해설

$D=(2n+1)d$

여기서, n : 층수, d : 소선의 지름[mm]

$N=3n(n+1)+1=3\times2(2+1)+1=19$가닥이므로 2층권 연선

$D=(2\times2+1)\times2.6=13[\text{mm}]$

정답

13[mm]

02 주어진 345[kV] 변전소 단선도와 변전소에 사용되는 주요 제원을 이용하여 다음 물음에 답하여라.

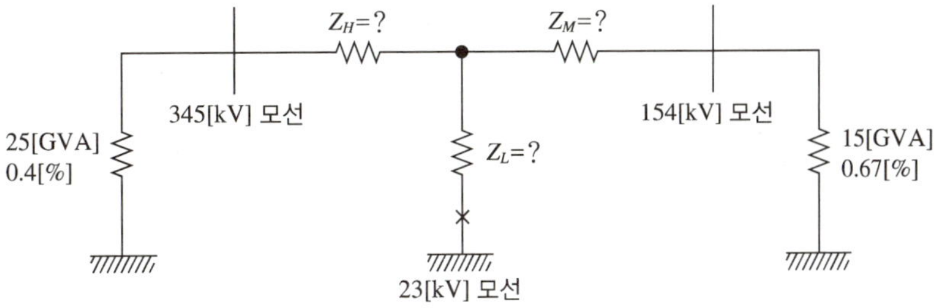

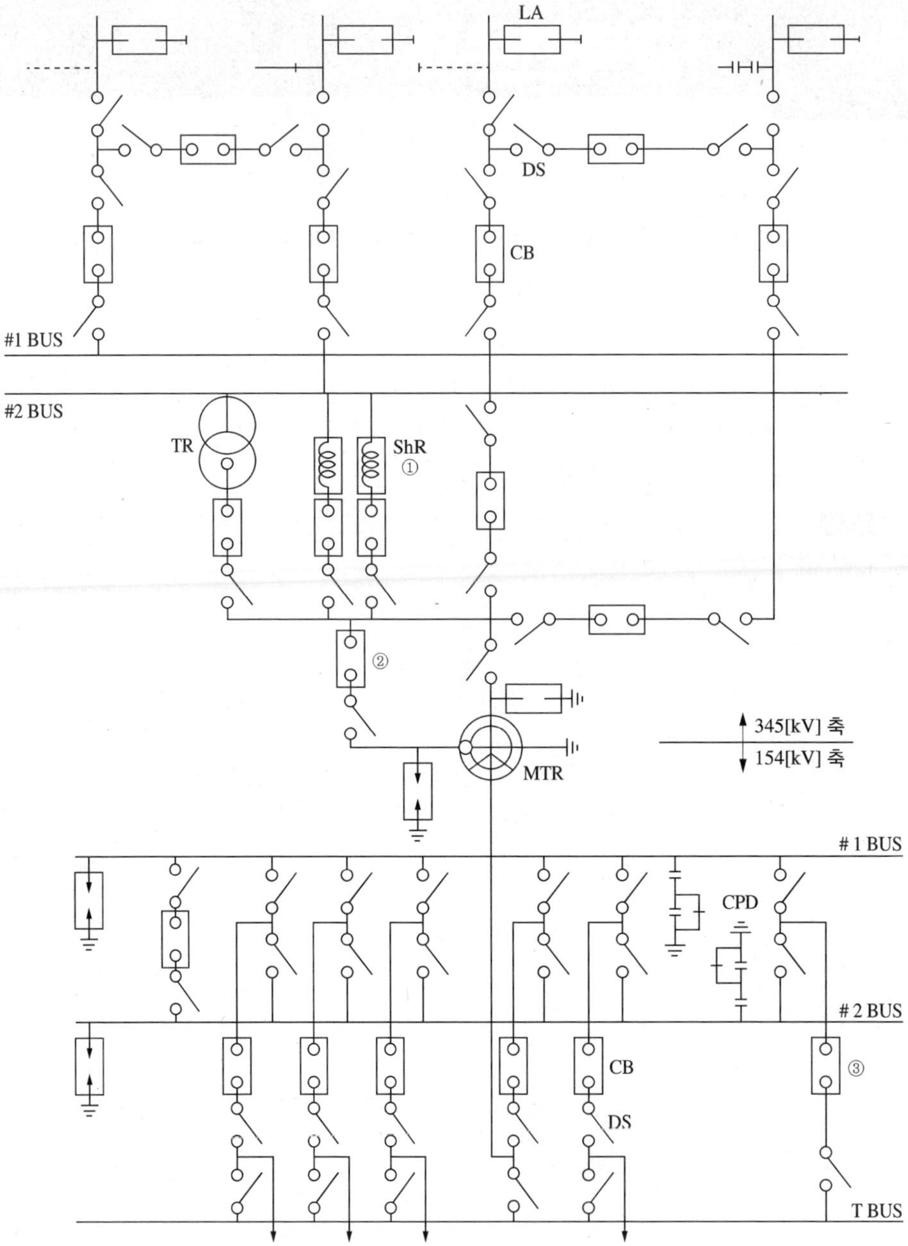

LA
DS
CB
#1 BUS
#2 BUS
TR
ShR
①
②
345[kV] 측
154[kV] 측
MTR
1 BUS
CPD
2 BUS
CB
DS
③
T BUS

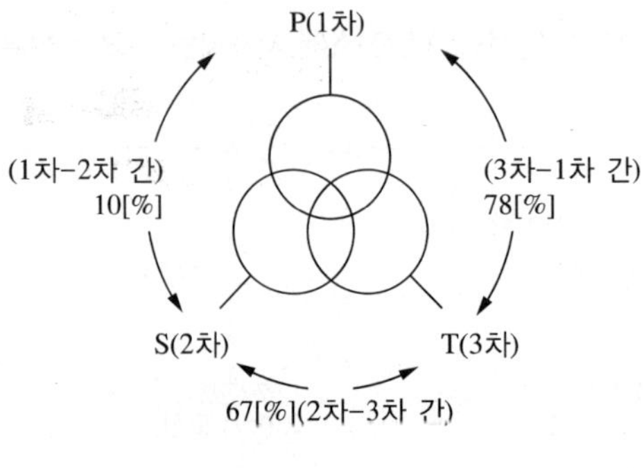

P(1차)
(1차-2차 간)
10[%]
(3차-1차 간)
78[%]
S(2차)
T(3차)
67[%](2차-3차 간)

(1) 도면의 345[kV]측 모선방식은?

(2) 도면의 ①번 기기의 설치목적은?

(3) 도면에 주어진 제원을 참조하여 주변압기에 대한 등가 %임피던스(Z_H, Z_M, Z_L)을 구하고 ②번 23[kV] VCB의 차단용량을 계산하여라(단, 그림과 같은 임피던스 회로 100[MVA] 기준임).

(4) 도면 24[kV] GCB에 내장된 계전기용 BCT의 오차 계급은 C800이다. 부담은 몇 [VA]인가?

(5) 도면 ③번 차단기의 설치목적은?

(6) 도면의 주변압기 1Bank(1ϕ × 3대)를 증설하여 병렬운전하고자 한다. 병렬운전조건 4가지를 써라.

[주요 제원]
※ 주변압기
• 단권변압기 345[kV]/154[kV]/22[kV](Y-Y-△) 166.7[MVA]×3대=500[MVA]
• OLTC부 %M · TR(500[MVA] 기준)
– 1~2차 : 10[%]
– 1~3차 : 78[%]
– 2~3차 : 67[%]

해설

(3) ① 500[MVA]를 기준으로 1차, 2차, 3차를 분리하여 환산 ⇒ 100[MVA] 기준으로 바꾼다.

$$\%Z_P(1차) = \frac{1}{2}(10+78-67) = 10.5[\%] \rightarrow \%Z_P'(1차) = 10.5 \times \frac{100}{500} = 2.1[\%]$$
$$(Z_H)$$

$$\%Z_S(2차) = \frac{1}{2}(10+67-78) = -0.5[\%] \rightarrow \%Z_S'(2차) = -0.5 \times \frac{100}{500} = -0.1[\%]$$
$$(Z_M)$$

$$\%Z_T(3차) = \frac{1}{2}(67+78-10) = 67.5[\%] \rightarrow \%Z_T'(3차) = 67.5 \times \frac{100}{500} = 13.5[\%]$$
$$(Z_L)$$

② $154[kV]\ 모선측 = 0.67 \times \frac{100}{15,000} ≒ 0.004467[\%]$

$345[kV]\ 모선측 = 0.4 \times \frac{100}{25,000} = 0.0016[\%]$

100[MVA]를 기준으로 한 등가회로를 그리면

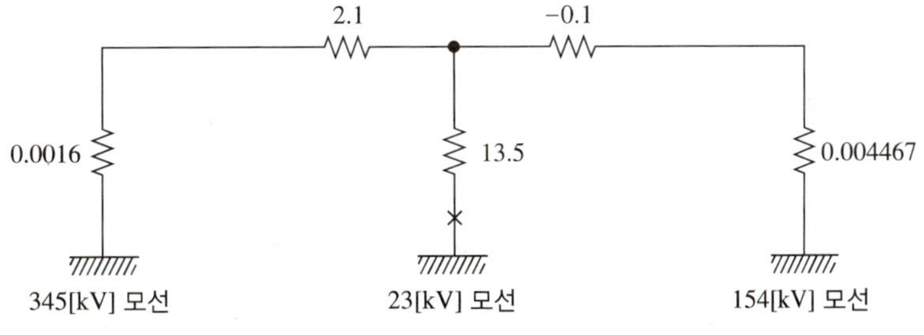

23[kV] 모선에서 전원측의 합성

$$\%Z = 13.5 + \frac{(2.1+0.0016)\times(-0.1+0.004467)}{(2.1+0.0016)+(-0.1+0.004467)} ≒ 13.4[\%]$$

$$단락용량(P_s) = \frac{100}{\%Z}P = \frac{100}{13.4}\times 100 ≒ 746.27$$

(4) 오차 계급 C800에서 임피던스는 8[Ω]이다.

$$P = I^2Z = 5^2\times 8 = 200[VA]$$

정답

(1) 2중 모선방식

(2) 페란티현상 방지

(3) ① $Z_H = 2.1[\%]$

$Z_M = -0.1[\%]$

$Z_L = 13.5[\%]$

② 746.27[MVA]

(4) 200[VA]

(5) 주모선 수리·점검 시 무정전으로 점검하기 위해서

(6) • 극성이 같을 것
- 권수비가 같을 것
- 내부저항과 누설리액턴스비가 같을 것
- %Z강하비가 같을 것

03 다음 차단기 약호를 보고 명칭을 쓰시오.

(1) OCB (2) ABB

(3) GCB (4) MBB

(5) VCB (6) ACB

(7) ELB (8) MCCB

정답

(1) 유입차단기 (2) 공기차단기

(3) 가스차단기 (4) 자기차단기

(5) 진공차단기 (6) 기중차단기

(7) 누전차단기 (8) 배선용차단기

04 **그림은 최대 사용전압 6,900[V]인 변압기의 절연내력시험을 위한 시험 회로도이다. 그림을 보고 다음 각 물음에 답하시오.**

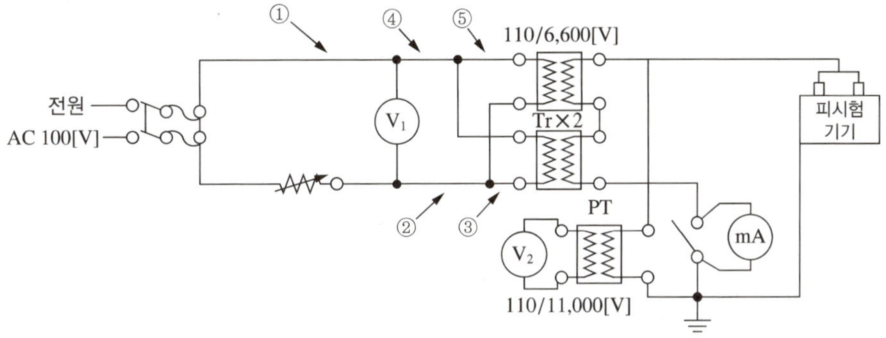

(1) 전원 측 회로에 전류계 Ⓐ를 설치하고자 할 때 ①~⑤번 중 어느 곳이 적당한가?

(2) 시험 시 전압계 Ⓥ₁로 측정되는 전압은 몇 [V]인가?(단, 소수점 이하는 버린다)

(3) 시험 시 전압계 Ⓥ₂로 측정되는 전압은 몇 [V]인가?

(4) PT의 설치 목적은 무엇인가?

(5) 전류계[mA]의 설치 목적은 어떤 전류를 측정하기 위함인가?

해설

(2) $V_1 = 6{,}900 \times 1.5 \times \frac{110}{6{,}600} \times \frac{1}{2} = 86.25[\text{V}]$

(3) $V_2 = 6{,}900 \times 1.5 \times \frac{110}{11{,}000} = 103.5[\text{V}]$

정답

(1) ①
(2) 86[V]
(3) 103.5[V]
(4) 피시험기기의 절연내력 시험전압을 측정한다.
(5) 누설전류의 측정

05 고압에서 사용하는 진공차단기(VCB)의 특징 3가지를 적으시오.

정답

- 차단성능이 주파수의 영향을 받지 않는다.
- 화재에 가장 안전하다.
- 수명이 가장 길며 보수가 간단하다.

[기 타]

- 차단 시 소음이 작다.
- 동작 시 이상전압이 발생한다.

06 시설공장의 부하설비가 표와 같을 때 다음 각 물음에 답하시오.

변압기군	부하의 종류	설비용량[kW]	수용률[%]	부등률	역률[%]
A	플라스틱압축기(전동기)	50	60	1.3	80
	일반동력전동기	85	40	1.3	80
B	전등조명	60	80	1.1	90
C	플라스틱압출기	100	60	1.3	80

(1) 각 변압기군의 최대 수용전력은 몇 [kW]인가?

① 변압기 A의 최대 수용전력

② 변압기 B의 최대 수용전력

③ 변압기 C의 최대 수용전력

(2) 각 변압기의 최소 용량은 몇 [kVA]인가?(단, 효율은 98[%]로 한다)

① 변압기 A의 용량

② 변압기 B의 용량

③ 변압기 C의 용량

해설

(1) 최대수용전력 $= \dfrac{\text{개별 최대 수용전력(설비용량}\times\text{수용률)의 합}}{\text{부등률}}$[kW]

① 변압기 A의 최대 수용전력$= \dfrac{(50\times0.6)+85\times0.4}{1.3} \fallingdotseq 49.23$[kW]

② 변압기 B의 최대 수용전력$= \dfrac{60\times0.8}{1.1} \fallingdotseq 43.64$[kW]

③ 변압기 C의 최대 수용전력$= \dfrac{100\times0.6}{1.3} \fallingdotseq 46.15$[kW]

(2) 변압기 용량 $= \dfrac{\text{최대 수용전력[kW]}}{\text{효율}\times\text{역률}}$[kVA]

① 변압기 A의 용량$= \dfrac{49.23}{0.98\times0.8} \fallingdotseq 62.79$[kVA]

② 변압기 B의 용량$= \dfrac{43.64}{0.98\times0.9} \fallingdotseq 49.48$[kVA]

③ 변압기 C의 용량$= \dfrac{46.15}{0.98\times0.8} \fallingdotseq 58.86$[kVA]

정답

(1) ① 49.23[kW]
② 43.64[kW]
③ 46.15[kW]

(2) ① 62.79[kVA]
② 49.48[kVA]
③ 58.86[kVA]

07 변전소의 주요기능 4가지를 쓰시오.

정답

- 전력 조류의 제어
- 전력의 집중과 배분
- 전압의 변성과 조정
- 송배전선로 및 변전소의 보호

08 차단기의 트립방식 4가지를 쓰시오.

해설

- 과전류 트립방식 : 차단기의 주회로에 접속된 변류기의 2차 전류에 의해 차단기가 트립되는 방식
- 콘덴서 트립방식 : 충전된 콘덴서의 에너지에 의해 트립되는 방식
- 직류전압 트립방식 : 별도로 설치된 축전지 등의 제어용 직류전원의 에너지에 의하여 트립되는 방식
- 부족전압 트립방식 : 부족전압 트립 장치에 인가되어 있는 전압의 저하에 의해 차단기가 트립되는 방식

정답

- 과전류 트립방식
- 콘덴서 트립방식
- 직류전압 트립방식
- 부족전압 트립방식

09 두 대의 단상 변압기 A, B가 있다. 이때 권수비는 6,600/220이고 A의 용량은 30[kVA]로서 2차로 환산한 저항과 리액턴스의 값은 $R_A = 0.03[\Omega]$, $X_A = 0.05[\Omega]$이고, B의 용량은 20[kVA]로서 2차로 환산한 저항과 리액턴스의 값은 $R_B = 0.05[\Omega]$, $X_B = 0.06[\Omega]$이다. 이 두 변압기를 병렬 운전해서 45[kVA]의 부하를 건 경우 A기의 분담부하[kVA]는 얼마인가?

해설

$$\%Z_A = \frac{PZ_A}{10V_2^2} = \frac{30 \times \sqrt{0.03^3 + 0.05^2}}{10 \times 0.22^2} = 3.614[\%]$$

$$\%Z_B = \frac{PZ_B}{10V_2^2} = \frac{20 \times \sqrt{0.05^3 + 0.06^2}}{10 \times 0.22^2} = 3.227[\%]$$

$$\frac{P_{A(분담)}}{P_{B(분담)}} = \frac{P_{A(용량)}}{P_{B(용량)}} \times \frac{\%Z_B}{\%Z_A} = \frac{30}{20} \times \frac{3.227}{3.614} = 1.339$$

$$P_{B(분담)} = \frac{P_{A(분담)}}{1.339}$$

$$P_{A(분담)} + P_{B(분담)} = P_{A(분담)} + \frac{P_{A(분담)}}{1.339} = 45[\text{kVA}]$$

$$= \left(1 + \frac{1}{1.339}\right) P_{A(분담)} = 45[\text{kVA}]$$

$$= 1.747 P_{A(분담)} = 45[\text{kVA}]$$

$$P_{A(분담)} = 25.758[\text{kVA}]$$

정답

25.76[kVA]

10 **그림은 발전기의 상간단락 보호계전방식을 도면화한 것이다. 이 도면을 보고 다음 각 물음에 답하시오.**

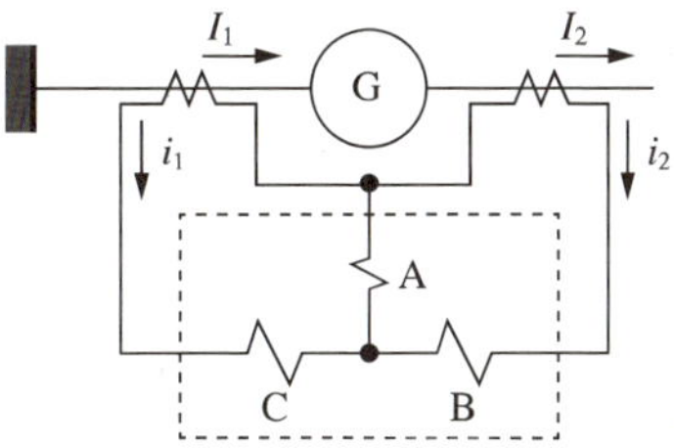

(1) 점선 안의 계전기의 명칭은?

(2) 동작 코일은 A, B, C 코일 중 어느 것인가?

(3) 발전기에 상간단락이 생길 때 코일 A의 전류 i_d는 어떻게 표현되는가?

(4) 발전기를 병렬운전하려고 한다. 병렬운전이 가능한 조건 4가지를 쓰시오.

정답

(1) 비율차동계전기

(2) A 코일

(3) $i_d = |i_1 - i_2|$

(4) • 기전력의 크기가 같을 것
 • 기전력의 위상이 같을 것
 • 기전력의 파형이 같을 것
 • 기전력의 주파수가 같을 것

11 **연료전지의 특징 3가지를 쓰시오.**

정답

• 수소와 산소의 반응에 의해 전기를 직접 생산하기 때문에 발전 효율이 매우 높다.
• 사용 원료가 고갈될 우려가 없다.
• 전기를 생산한 후 발생하는 물질이 물뿐이므로 공해를 일으킬 우려가 없어 친환경적이다.

12

22.9[kV-Y] 중성선 다중 접지 전선로에 정격전압 13.2[kV], 정격용량 250[kVA]의 단상 변압기 3대를 이용하여 다음 그림과 같이 Y-△결선하고자 한다. 다음 각 물음에 답하시오.

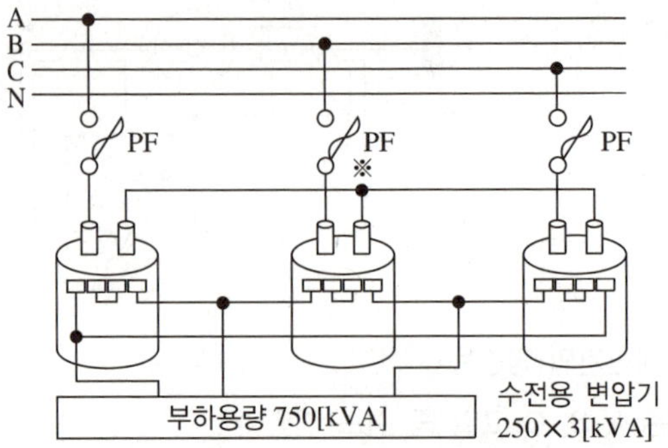

(1) 변압기 1차 측 Y결선의 중성점(※ 부분)을 전선로 N선에 연결해야 하는가? 연결해서는 안 되는가?

(2) 연결해야 한다면 연결해야 할 이유를, 연결해서는 안 된다면 연결해서는 안 되는 이유를 설명하시오.

(3) 전력퓨즈의 용량은 몇 [A]인지 선정하시오.

퓨즈의 정격용량[A]																	
1	3	5	10	15	20	30	40	50	60	75	100	125	150	200	250	300	400

해설

(3) $I = \dfrac{750}{\sqrt{3} \times 22.9} ≒ 18.909$

퓨즈용량 $= 18.909 \times 1.5 ≒ 28.364$

정답

(1) 연결해서는 안 된다.

(2) 중성점을 전선로 N상에 연결되는 경우 임의의 한 상에 설치된 전력퓨즈 용단 시 역V결선이 되므로 변압기가 과열 소손될 수 있다.

(3) 30[A]

13

수전전압 6,600[V], 계약전력 300[kW], 3상 단락전류가 8,000[A]인 수용가의 수전용 차단기의 정격용량은 몇 [MVA]인가?

차단기 정격용량[MVA]								
10	20	30	40	50	60	70	80	100

해설

$V = 6.6 \times \dfrac{1.2}{1.1} = 7.2[\text{kV}]$

$P_s = \sqrt{3} \times 7.2 \times 8 = 99.766[\text{MVA}]$

정답

100[MVA]

14 다음은 과부하 보호장치 설치위치의 예외에 대한 설명이다. ( ) 안에 알맞은 숫자를 넣으시오.

> 과부하 보호장치는 전로 중 도체의 단면적, 특성, 설치방법, 구성의 변경으로 도체의 허용전류 값이 줄어드는 분기점(O)에 설치해야 하나, 분기회로(S_2)의 보호장치(P_2)는 (P_2)의 전원 측에서 분기점(O) 사이에 다른 분기회로 또는 콘센트의 접속이 없고, 단락의 위험과 화재 및 인체에 대한 위험성이 최소화되도록 시설된 경우, 분기회로의 보호장치(P_2)는 분기회로의 분기점(O)으로부터 ( )[m]까지 이동하여 설치할 수 있다.

해설

KEC 212.4(과부하전류에 대한 보호)

과부하 보호장치

- 설치위치
  과부하 보호장치는 전로 중 도체의 단면적, 특성, 설치방법, 구성의 변경으로 도체의 허용전류값이 줄어드는 곳(분기점)에 설치해야 한다.
- 설치위치의 예외
  - 분기회로(S_2)의 과부하 보호장치(P_2)의 전원 측에 다른 분기회로 또는 콘센트의 접속이 없고 분기회로에 대한 단락보호가 이루어지고 있는 경우, 보호장치(P_2)는 분기회로의 분기점(O)으로부터 부하 측으로 거리에 구애받지 않고 이동하여 설치할 수 있다.
  - 분기회로(S_2)의 보호장치(P_2)는 보호장치(P_2)의 전원 측에서 분기점(O) 사이에 다른 분기회로 또는 콘센트의 접속이 없고, 단락의 위험과 화재 및 인체에 대한 위험성이 최소화되도록 시설된 경우, 분기회로의 보호장치(P_2)는 분기회로의 분기점(O)으로부터 3[m]까지 이동하여 설치할 수 있다.

정답

3

15 특고압 · 고압 전기설비용 접지도체는 연동선 사용 시 최소 굵기[mm^2]는?

해설

KEC 142.3(접지도체 · 보호도체)

- 특고압 · 고압 전기설비용 접지도체는 단면적 6[mm^2] 이상의 연동선 또는 동등 이상의 단면적 및 강도를 가져야 한다.
- 중성점 접지용 접지도체는 공칭단면적 16[mm^2] 이상의 연동선 또는 동등 이상의 단면적 및 세기를 가져야 한다. 다만, 다음의 경우에는 공칭단면적 6[mm^2] 이상의 연동선 또는 동등 이상의 단면적 및 강도를 가져야 한다.
  - 7[kV] 이하의 전로
  - 사용전압이 25[kV] 이하인 특고압 가공전선로(단, 중성선 다중접지 방식의 것으로서 전로에 지락이 생겼을 때 2초 이내에 자동적으로 이를 전로로부터 차단하는 장치가 되어 있는 것)

정답

6

16 다음의 논리회로를 이용하여 각 물음에 답하시오.

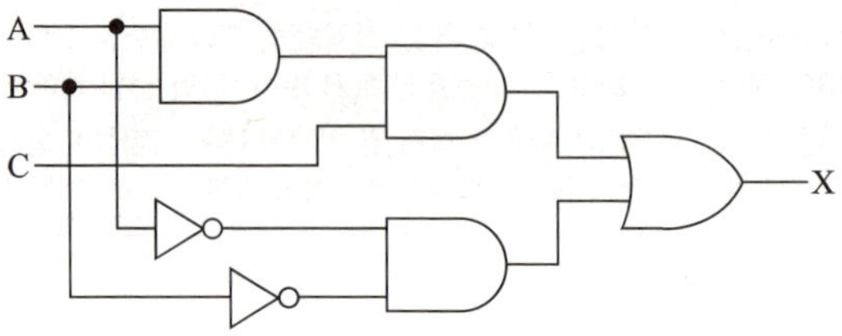

(1) 주어진 논리회로를 논리식으로 나타내시오.

(2) 논리회로의 동작 상태를 다음의 타임차트에 나타내시오.

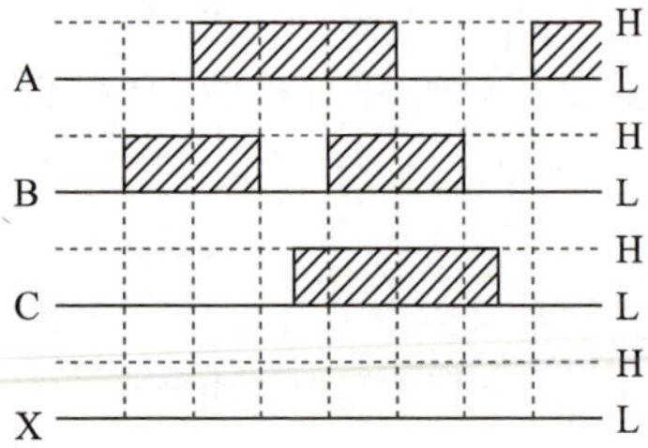

(3) 다음과 같은 진리표를 완성하시오. 단, L은 0이고, H는 1이다.

A	L	L	L	L	H	H	H	H
B	L	L	H	H	L	L	H	H
C	L	H	L	H	L	H	L	H
X								

정답

(1) $X = A \cdot B \cdot C + \overline{A} \cdot \overline{B}$

(2)

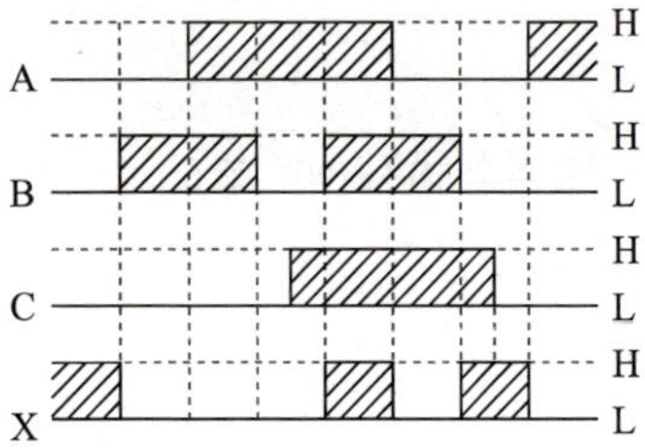

(3) H H L L L L L H

17 다음 그림의 회로에 대해서 각 물음에 답하시오.

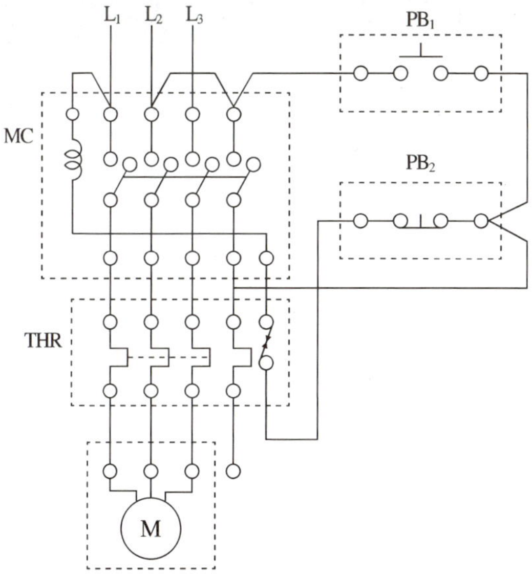

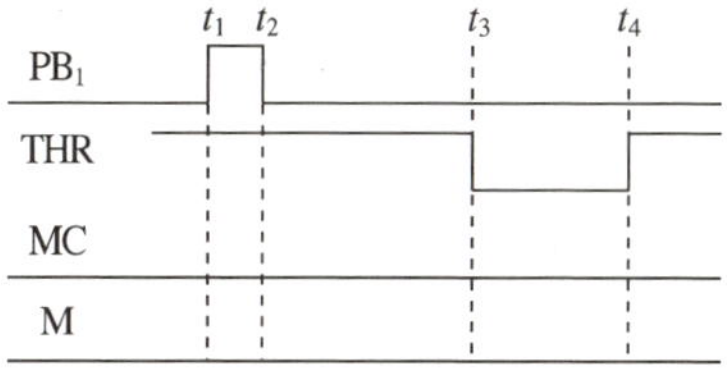

(1) 시퀀스도로 표현하시오.

(2) 시간 t_3에 서멀 릴레이(열동 계전기)가 작동하고, 시간 t_4에서 수동으로 복귀하였다. 이때 동작을 타임차트로 표시하시오.

정답

(1)

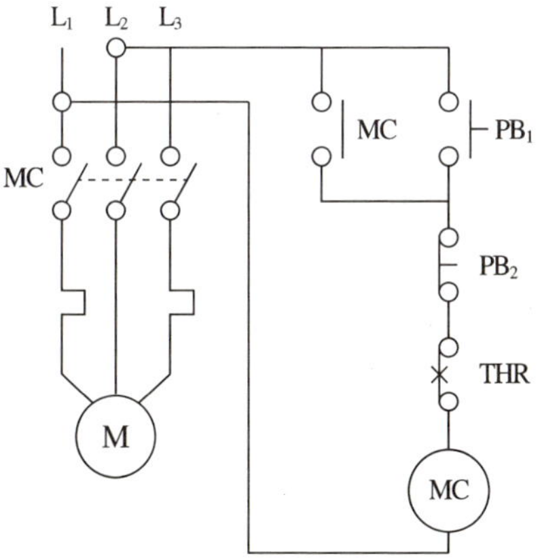

(2)

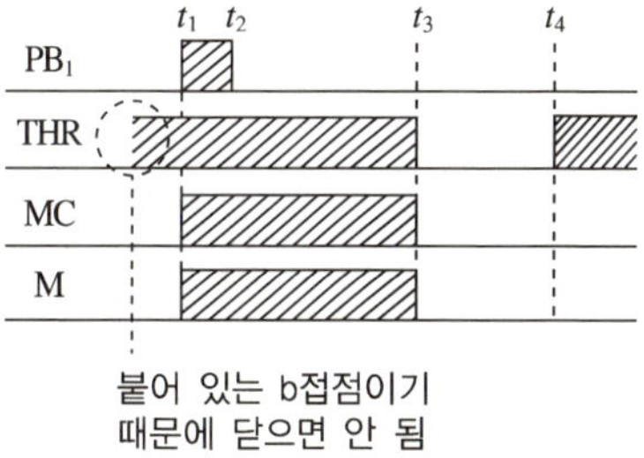

전기 산업기사 2023년 제1회 기출복원문제

01 **예비전원으로 이용되는 축전지에 대한 다음 각 물음에 답하시오.**

(1) 그림과 같은 부하 특성을 갖는 축전지를 사용할 때 보수율은 0.8, 최저 축전지 온도 5[℃], 허용 최저 전압 90[V]일 때 몇 [Ah] 이상인 축전지를 선정하여야 하는가?(단, $I_1 = 50[\mathrm{A}]$, $I_2 = 40[\mathrm{A}]$, $K_1 = 1.25$, $K_2 = 0.96$이고 셀(Cell)당 전압은 1.06[V/cell]이다)

(2) 축전지의 과방전 및 방치 상태, 가벼운 설페이션(Sulfation) 현상 등이 생겼을 때 기능회복을 위하여 실시하는 충전방식은 무엇인가?

(3) 연축전지와 알칼리축전지의 공칭전압은 각각 몇 [V]인가?

(4) 축전지 설비를 하려고 한다. 그 구성을 크게 4가지로 구분하시오.

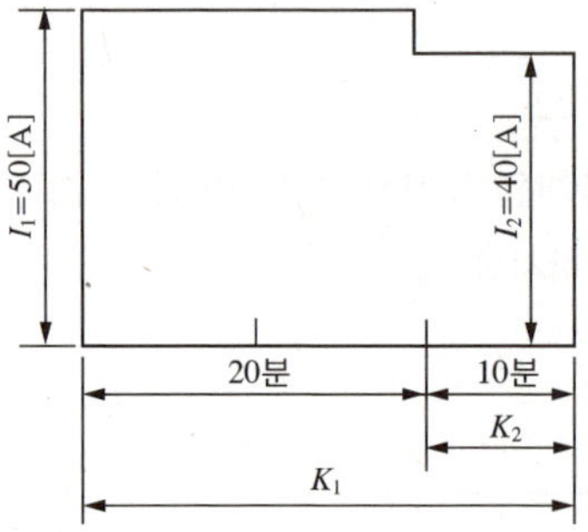

해설

(1) $C = \frac{1}{L}\{K_1 I_1 + K_2(I_2 - I_1)\} = \frac{1}{0.8}\{1.25 \times 50 + 0.96(40 - 50)\} = 66.125[\mathrm{Ah}]$

정답

(1) 66.13[Ah]

(2) 회복 충전방식

(3) • 연축전지 : 2[V]

• 알칼리축전지 : 1.2[V]

(4) 축전지, 충전장치, 제어장치, 보안장치

02 100/200[V] 단상 3선식 회로 중성선에서 X점이 단선되었다. 부하 A와 부하 B의 단자전압은 몇 [V]인가?

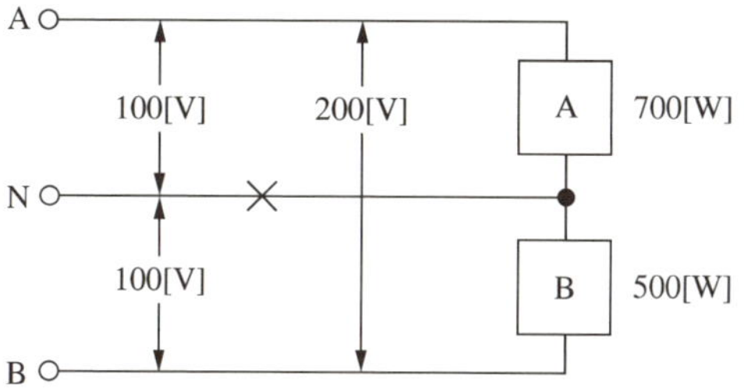

해설

$$R_A = \frac{V^2}{P_A} = \frac{100^2}{700} = 14.286[\Omega]$$

$$R_B = \frac{V^2}{P_B} = \frac{100^2}{500} = 20[\Omega]$$

$$V_A = \frac{14.286}{14.286 + 20} \times 200 = 83.334[V]$$

$$V_B = \frac{20}{14.286 + 20} \times 200 = 116.665[V]$$

정답

- 부하 A : 83.33[V]
- 부하 B : 116.67[V]

03 변압기 또는 선로의 사고에 의해서 뱅킹 내 건전한 변압기의 일부 또는 전부가 차단되는 현상이 무엇인지 쓰시오.

정답

캐스케이딩 현상

04 "부하율"에 대하여 설명하고 부하율이 적다는 것은 무엇을 의미하는지 2가지를 쓰시오.

정답

(1) 부하율 : 최대전력에 대한 평균전력의 비를 백분율로 나타낸 값

즉, $부하율 = \frac{평균전력[kW]}{최대전력[kW]} \times 100[\%]$

(2) 부하율이 적다의 의미

- 설비이용률이 낮아진다.
- 부하변동이 심해진다.

05 결선도를 보고 물음에 답하시오.

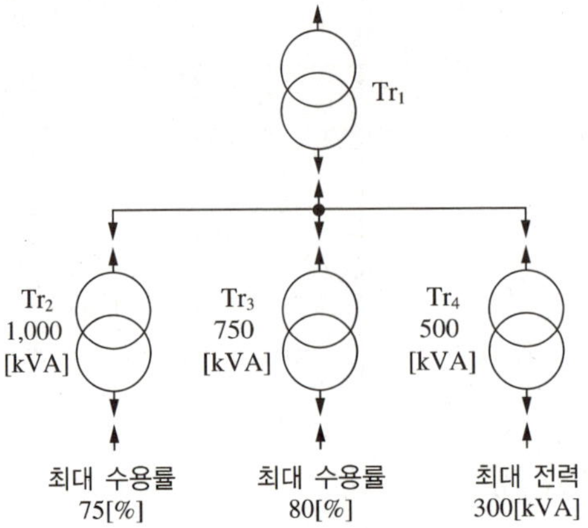

(1) 부등률 적용 변압기는?

(2) (1)항의 변압기에 부등률을 적용하는 이유를 변압기를 이용하여 설명하시오.

(3) Tr_1의 부등률은 얼마인가?(단, 최대합성전력은 1,375[kVA])

(4) 수용률의 의미를 간단히 설명하시오.

(5) 변압기 1차 측에 설치할 수 있는 차단기 3가지를 쓰시오.

해설

(3) 부등률 $= \dfrac{1{,}000 \times 0.75 + 750 \times 0.8 + 300}{1{,}375} = 1.2$

정답

(1) Tr_1

(2) Tr_2, Tr_3, Tr_4는 최대수용전력이 생기는 시각이 각각 다르므로 Tr_1 부등률을 적용한다.

(3) 1.2

(4) 설비용량[kW]에 대한 최대전력[kW]의 비를 백분율로 나타낸 값

(5) 가스차단기, 진공차단기, 유입차단기

06 특고압용 변압기의 내부고장 검출방법에 대한 다음 물음에 답하시오.

(1) 전기적인 고장 검출장치 1가지를 쓰시오.

(2) 기계적인 고장 검출장치 2가지를 쓰시오.

정답

(1) 비율차동계전기

(2) 부흐홀츠계전기, 충격압력계전기

07 다음 물음에 답하시오.

(1) 역률을 개선하기 위한 전력용 콘덴서 용량은 최대 무슨 전력 이하로 설정하여야 하는지 쓰시오.

(2) 제5고조파를 제거하기 위해 콘덴서에 무엇을 설치해야 하는지 쓰시오.

(3) 역률 개선 시 나타나는 효과 4가지를 쓰시오.

정답

(1) 부하의 지상 무효전력

(2) 직렬리액터

(3) • 전력손실 경감
- 전압 강하의 감소
- 설비이용률이 증가
- 전기요금이 절약

08 다음 그림은 154[kV]계통 절연 협조를 위한 각 기기의 절연강도 비교표이다. 변압기, 선로애자, 개폐기지지애자, 피뢰기 제한전압이 속해 있는 부분은 어느 곳인지 순서대로 나열하시오.

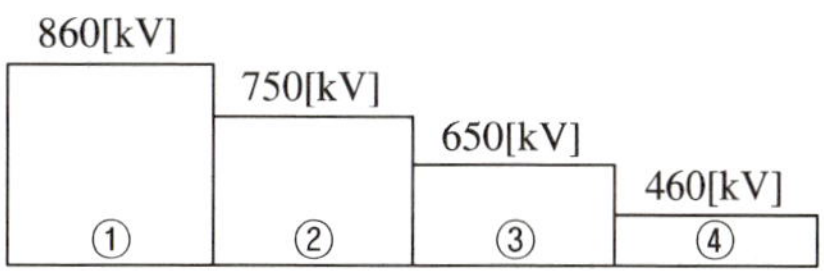

정답

① 선로애자
② 개폐기지지애자
③ 변압기
④ 피뢰기 제한전압

09 CT 2대를 V결선하여 OCR 3대를 다음 그림과 같이 연결하였다.

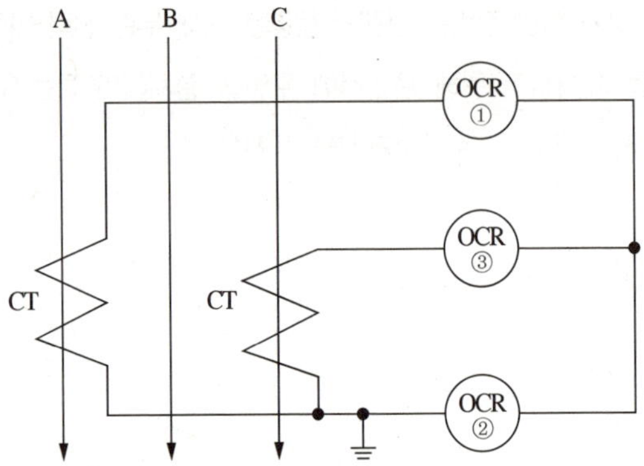

(1) 일반적으로 우리나라에서 사용하는 CT의 극성은?

(2) 변류기 2차 측 접속하는 외부 부하 임피던스를 무엇이라고 하는가?

(3) ③번 OCR에 흐르는 전류는 어떤 상의 전류인가?

(4) OCR은 어떤 고장(사고)이 발생할 때 동작하는가?

(5) 이 선로의 배전방식은?

정답

(1) 감극성

(2) 2차 부담

(3) b상

(4) 과부하, 단락사고

(5) 3상 3선식

10 수전전압 22.9[kV] 변압기용량 3,000[kVA]의 수전설비를 계획할 때 외부와 내부의 이상전압으로부터 계통의 기기를 보호하기 위해 설치해야 할 기기의 명칭과 그 설치위치를 설명하시오(단, 변압기는 몰드형으로서 변압기 1차의 주차단기는 진공차단기를 사용한다).

(1) 낙뢰 등 외부 이상전압

(2) 개폐 이상전압 등 내부 이상전압

정답

(1) • 기기명 : 피뢰기
  • 설치위치 : 진공차단기 1차 측

(2) • 기기명 : 서지흡수기
  • 설치위치 : 진공차단기 2차 측과 몰드형 변압기 1차 측 사이

11

500[kVA]의 변압기에 역률 70[%]의 부하 500[kVA]가 접속되어 있다. 이 부하와 병렬로 콘덴서를 접속해서 합성역률을 90[%]로 개선하면 부하의 몇 [kW]를 증가시킬 수 있는가?

해설

$P_1 = 500 \times 0.7 = 350[\text{kW}]$

$P_2 = 500 \times 0.9 = 450[\text{kW}]$

$\triangle P = P_2 - P_1 = 100[\text{kW}]$

정답

100[kW]

12

부하설비용량 1,000[kW], 수용률 70[%]인 수용가에 전력을 공급하기 위한 변압기 용량을 표준용량으로 답하시오(단, 부하역률 85[%]이다)

해설

$$\text{변압기 용량} = \frac{1{,}000 \times 0.7}{0.85} = 823.529[\text{kVA}]$$

정답

1,000[kVA]

13 조명에서 사용되는 다음 용어를 설명하고, 그 단위를 쓰시오.

(1) 광 속

(2) 조 도

(3) 광 도

정답

(1) 광속[lm] : 방사속(단위시간당 방사되는 에너지의 양) 중 빛으로 느끼는 부분

(2) 조도[lx] : 어떤 면의 단위면적당 입사 광속

(3) 광도[cd] : 광원에서 어떤 방향에 대한 단위입체각으로 발산되는 광속

14 6극 50[Hz]의 전부하 회전수 900[rpm]의 3상 권선형 유도전동기의 1상의 저항이 r일 때, 상회전 방향을 반대로 바꿔 역전제동을 하는 경우 제동토크를 전부하토크와 같게 하기 위한 회전자 삽입저항 R은 r의 몇 배인가?

해설

① 전부하 시 슬립 $s = \frac{N_s - N}{N_s} \times 100 = \frac{1{,}000 - 900}{1{,}000} \times 100 = 10[\%]$

② 동기속도 $N_s = \frac{120f}{p} = \frac{120 \times 50}{6} = 1{,}000[\text{rpm}]$

③ 역회전 시 슬립 $s' = \frac{N_s - N'}{N_s} \times 100 = \frac{1{,}000 - (-900)}{1{,}000} \times 100 = 190[\%]$

④ $\frac{r}{s} = \frac{r+R}{s'}$ 에서 $\frac{r}{0.1} = \frac{r+R}{1.9}$

$\frac{1.9}{0.1}r - r = R$이므로 $18r = R$

정답

18배

15 다음의 요구사항에 의해 회로의 미완성된 부분을 완성하시오.

[요구사항]

- 전원 스위치 KS를 On 시 GL이 점등되도록 한다.
- 누름버튼 스위치(PB–On 스위치)를 누르면 MC 여자와 동시에 MC의 보조접점에 의하여 GL 소등, RL 점등, 전동기 동작
- 타이머 T에 설정된 시간이 지나면 MC 소자되고 전동기는 정지, RL 소등, GL 점등된다.
- T에 설정된 시간 전에도 누름버튼 스위치(PB–Off)를 누르면 전동기는 정지되며, RL 소등, GL 소등된다.
- 전동기 운전 중 고장으로 과전류가 흘러 열동 계전기가 동작되면 모든 회로의 전원이 차단된다.

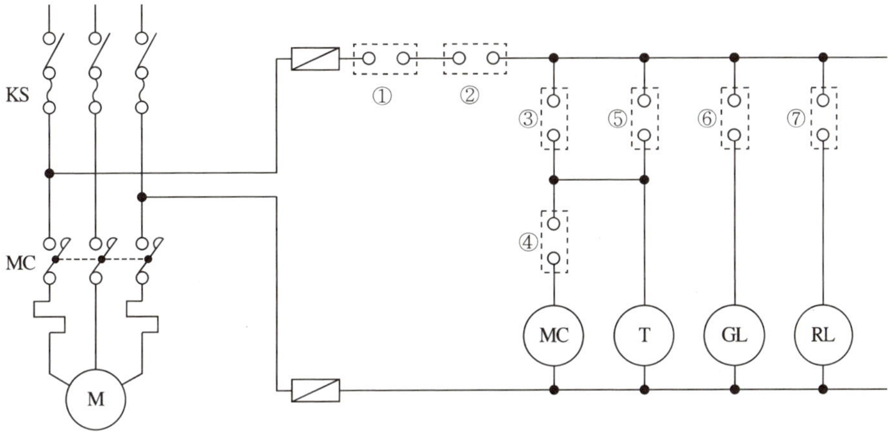

TIP

- KS On 시 GL 점등, 이 설명은 ①, ②, ⑥은 b접점
- PB-On 누르면 MC 여자한 설명은 ①, ②, ④는 b접점이며 자기유지를 하기 위해 ③이 PB 접점이 되고 ⑤은 보조접점 a가 들어간다라고 이해
- 이런 식으로 모든 회로 동작 완성 시에는 b접점과 a접점을 먼저 선택하고 접점 기호를 표기하는 것이 가장 편리하다.

정답

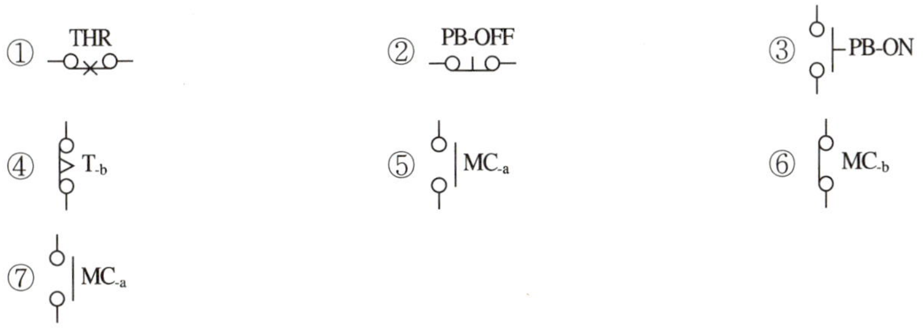

16 **그림은 팬의 수동운전 및 고장표시등 회로의 일부이다. 이 회로에 대하여 다음 각 물음에 답하시오.**

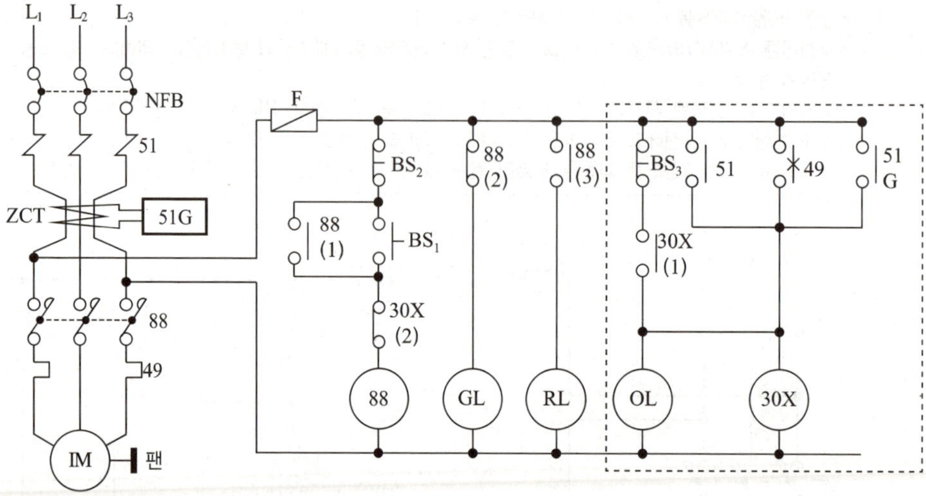

(1) 88은 MC로서 도면에서는 출력기구이다. 도면에 표시된 기구에 대하여 그 명칭을 그 약호로 쓰시오. 단, 중복은 없고, NFB, ZCT, IM, 팬은 제외, 해당되는 기구가 여러 가지일 경우 모두 쓰도록 한다.

① 고장표시기구 :

② 고장회복 확인기구 :

③ 기동기구 :

④ 정지기구 :

⑤ 운전표시램프 :

⑥ 정지표시램프 :

⑦ 고장표시램프 :

⑧ 고장검출기구 :

(2) 그림의 점선으로 표시된 회로를 AND, OR, NOT 회로를 사용하여 로직회로를 그리시오(단, 3입력 이하로 한다).

정답

(1) ① 30X ② BS_3 ③ BS_1 ④ BS_2 ⑤ RL ⑥ GL ⑦ OL ⑧ 51, 49, 51G

(2)

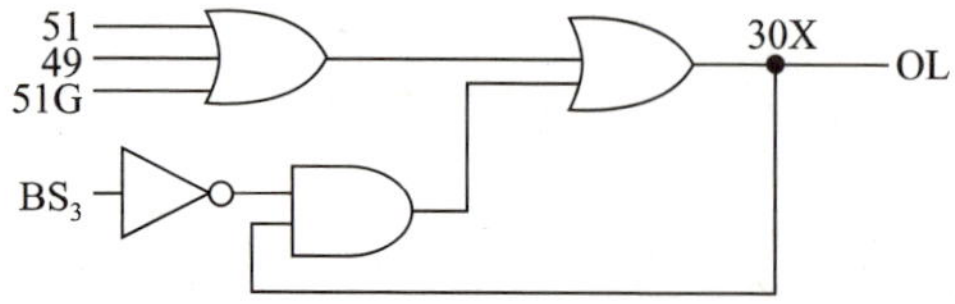

전기 산업기사 2023년 제2회 기출복원문제

01 어느 공장에서 기중기의 권상하중 50[t], 15[m] 높이를 5분에 권상하려고 한다. 이것에 필요한 권상 전동기의 출력을 구하시오(단, 권상기구의 효율은 80[%]이다).

해설

$$P=\frac{\omega v}{6.12\eta}=\frac{50\times\left(\frac{15}{5}\right)}{6.12\times 0.8}\fallingdotseq 30.637\quad\left(\text{속도}(v)=\frac{\text{거리[m]}}{\text{시간[min]}}\right)$$

정답

30.64[kW]

02 다음 그래프 특성을 갖는 계전기의 명칭을 쓰시오.

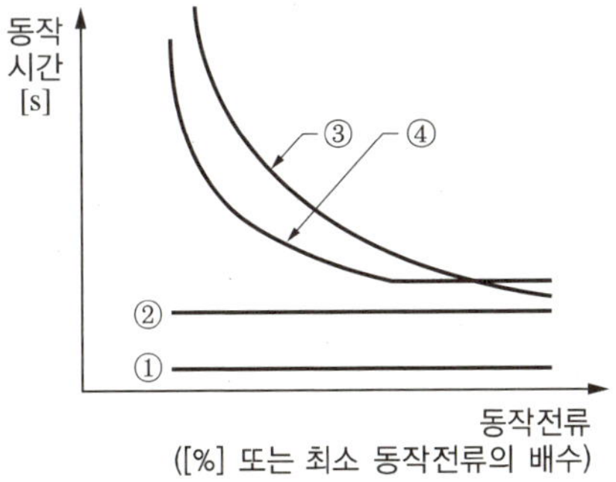

정답

① 순한시 계전기
② 정한시 계전기
③ 반한시 계전기
④ 반한시성 정한시 계전기

03 25[m]의 거리에 있는 분전함에서 4[kW]의 교류 단상 200[V] 전열기를 설치하였다. 배선 방법으로 금속관공사로 하고 전압강하를 2[%] 이하로 하기 위해서 전선의 굵기를 얼마로 선정하는 것이 적당한가?(단, 전선규격은 1.5, 2.5, 4, 6, 10, 16, 25, 35에서 선정한다)

해설

$$I = \frac{P}{V} = \frac{4\times10^3}{200} = 20[\mathrm{A}]$$

$$e = 200\times0.02 = 4[\mathrm{V}]$$

$$A = \frac{35.6LI}{1{,}000\cdot e} = \frac{35.6\times25\times20}{1{,}000\times4} = 4.45[\mathrm{mm}^2]$$

정답

6[mm²]

04 그림과 같은 저압 배전방식의 명칭과 장점을 4가지만 쓰시오.

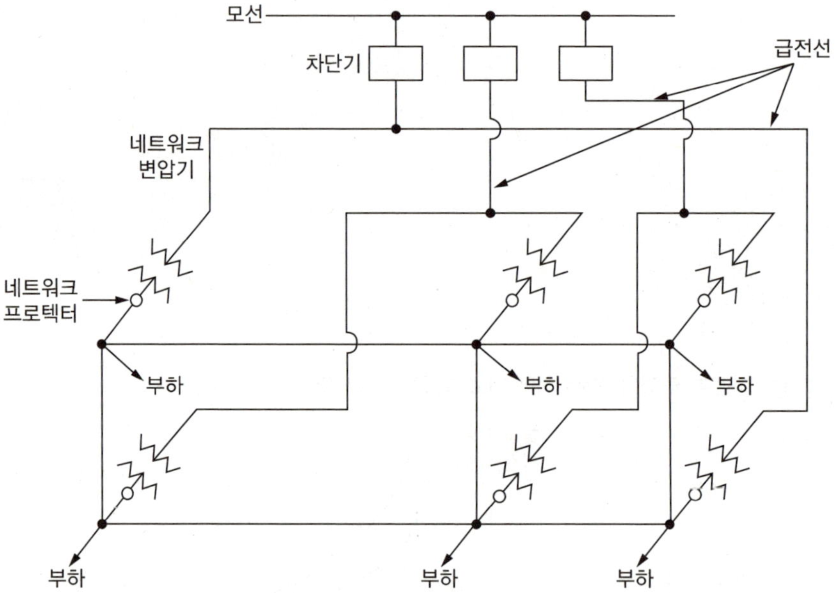

정답

[명 칭]

저압 네트워크 방식

[장 점]

- 신뢰도가 가장 좋다.
- 전압변동이 적다.
- 전력손실이 감소한다.
- 부하 증가에 대한 적응성이 좋다.

05 지지물의 경관과 이도가 동일한 상태로 가설된 전주가 있다. 지금 지지물 B에서 전선이 지지점에서 떨어졌다고 하면, 전선의 이도 D_2는 전선이 떨어지기 전 D_1의 몇 배가 되겠는가?

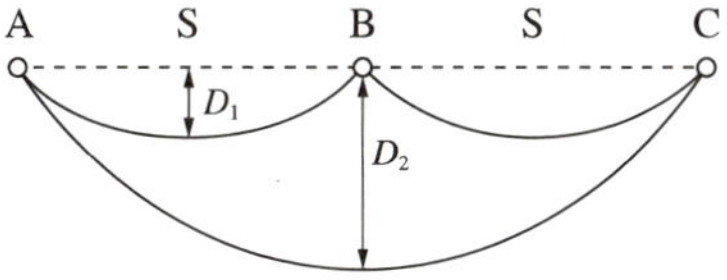

해설

$$2L_1 = L_2$$

$$2\left(S+\frac{8D_1^2}{3S}\right)=2S+\frac{8D_2^2}{6S}$$

$$2S+\frac{16D_1^2}{3S}=2S+\frac{8D_2^2}{6S}$$

$$\frac{16D_1^2}{3S}=\frac{8D_2^2}{6S}$$

$$\frac{32D_1^2}{6S}=\frac{8D_2^2}{6S}$$

$$4D_1^2=D_2^2$$

$$2D_1=D_2$$

정답

2배

06 변압기 V결선과 Y결선의 한 상의 중심이 O에서 110[V]를 인출하여 사용할 때 각 물음에 답하시오.

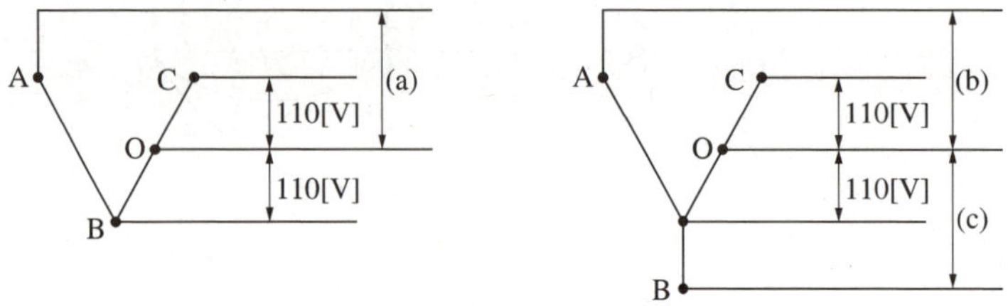

(1) 그림에서 (a)의 전압을 구하시오.

(2) 그림에서 (b)의 전압을 구하시오.

(3) 그림에서 (c)의 전압을 구하시오.

해설

(1) $V_{AO} = 220\angle 0° + 110\angle -120°$

$= 165 - j95.262 = \sqrt{165^2 + 95.262^2} \fallingdotseq 190.525[V]$

(2) $V_{AO} = V_A - V_O = 220\angle 0° - 110\angle 120°$

$= 275 - j95.263 = \sqrt{275^2 + 95.263^2} \fallingdotseq 291.032[V]$

(3) $V_{BO} = V_B - V_O = 220\angle -120° - 110\angle 120°$

$= -55 - j285.788 = \sqrt{55^2 + 285.788^2} \fallingdotseq 291.032[V]$

정답

(1) 190.53[V]

(2) 291.03[V]

(3) 291.03[V]

07 비상용 조명 부하 110[V]용 100[W] 58등, 60[W] 50등이 있다. 방전시간 30분, 축전지 HS형 54[cell], 허용 최저 전압 100[V], 최저 축전지 온도 5[℃]일 때 축전지 용량은 몇 [Ah]인가?(단, 경년 용량 저하율 0.8, 용량환산시간 $K = 1.2$이다)

해설

부하전류 $I = \frac{P}{V} = \frac{100 \times 58 + 60 \times 50}{110} = 80[A]$

∴ 축전지 용량 : $C = \frac{1}{L}KI = \frac{1}{0.8} \times 1.2 \times 80 = 120[Ah]$

정답

120[Ah]

08 교류 동기발전기에 대한 다음 각 물음에 답하시오.

(1) 정격전압 6,000[V], 용량 5,000[kVA]인 3상 교류 동기발전기에서 여자전류 300[A], 무부하 단자전압 6,000[V], 단락전류 700[A]라고 한다. 이 발전기의 단락비를 구하시오.

(2) 다음 괄호 안에 알맞은 내용을 크다(고), 적다(고), 높다(고), 낮다(고) 등으로 쓰시오.

단락비가 큰 교류 발전기는 일반적으로 기계의 치수가 (①), 가격이 (②), 풍손, 마찰손, 철손이 (③), 효율은 (④), 전압변동률은 (⑤), 안정도는 (⑥).

(3) 비상용 동기발전기의 병렬운전조건 4가지를 쓰시오.

해설

(1) $I_n = \dfrac{P}{\sqrt{3}\,V} = \dfrac{5,000 \times 10^3}{\sqrt{3} \times 6,000} \fallingdotseq 481.125 \fallingdotseq 481.13$

단락비 $K_s = \dfrac{I_s}{I_n} = \dfrac{700}{481.13} \fallingdotseq 1.45$

정답

(1) 1.45

(2) ① 크고, ② 높고, ③ 크고, ④ 낮고, ⑤ 작고, ⑥ 크다.

(3) • 기전력의 크기가 같을 것
• 기전력의 주파수가 같을 것
• 기전력의 위상이 같을 것
• 기전력의 파형이 같을 것

09 어떤 콘덴서 3개를 선간전압 3,300[V], 주파수 60[Hz]의 선로에 △로 접속하여 60[kVA]가 되도록 하려면 콘덴서 1개의 정전용량[μF]은 약 얼마로 하여야 하는가?

해설

$$I_C = \frac{E}{Z} = \frac{E}{X_C} = \frac{E}{\dfrac{1}{\omega C}} = \omega CE$$

$$Q_C = 3EI_C = 3\omega CE^2$$

$$C = \frac{Q_C}{3\omega E^2} = \frac{60 \times 10^3}{3 \times 2\pi \times 60 \times 3,300^2} \times 10^6 \fallingdotseq 4.87[\mu F]$$

정답

4.87[μF]

※ △결선은 선간전압 상전압이 같다.

10 2층 건물의 평면도와 조건을 이용하여 각 물음에 답하시오(단, 룸에어컨은 별도로 분기한다)

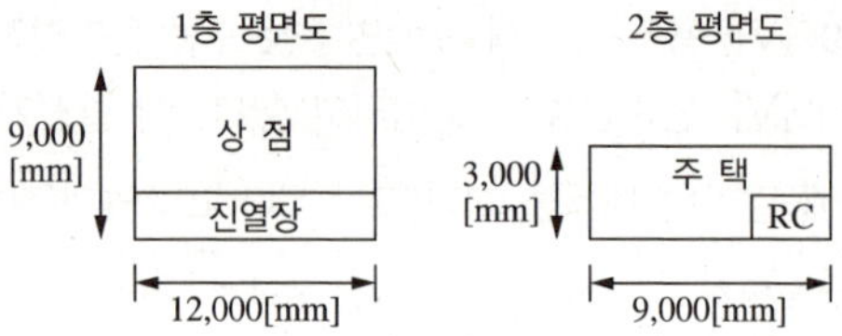

[조 건]
• 분기회로는 배전전압 220[V], 16[A]로 하고 80[%]의 정격이 되도록 한다.
• 주택의 표준부하는 40[VA/m^2], 상점의 표준부하는 30[VA/m^2]로 하되 1층, 2층 분리하여 분기회로수를 결정한다.
• 상점과 주거용에는 각각 1,000[VA]를 가산하여 적용한다.
• 상점의 진열장에 대해서는 1[m]당 300[VA]를 적용한다.
• 옥외 광고등은 500[VA] 한 등이 상점에 설치되어 있다.

(1) 상점의 분기회로수를 구하시오.

(2) 주택의 분기회로수를 구하시오.

해설

(1) 설비용량 = 12[m] × 9[m] × 30[VA/m^2] + 1,000[VA] + 12[m] × 300[VA/m] + 500[VA] = 8,340[VA]

$$\text{분기회로수} = \frac{8,340[\text{VA}]}{220[\text{V}]\times 16[\text{A}]\times 0.8} = 2.961 \quad \therefore \text{ 3회로}$$

(2) 설비용량 = 3[m] × 9[m] × 40[VA/m^2] + 1,000[VA] = 2,080[VA]

$$\text{분기회로수} = \frac{2,080[\text{VA}]}{220[\text{V}]\times 16[\text{A}]\times 0.8} = 0.738 \quad \therefore \text{ 1회로}$$

룸에어컨 : 1회로

정답

(1) 16[A] 분기회로 3회로

(2) 16[A] 분기회로 2회로

11 다음 회로에서 전원전압이 공급될 때 최대 전류계의 측정 범위가 500[A]인 전류계로 전 전류값이 2,000[A]인 전류를 측정하려고 한다. 전류계와 병렬로 몇 [Ω]의 저항을 연결하면 측정이 가능한지 계산하시오(단, 전류계의 내부저항은 100[Ω]이다).

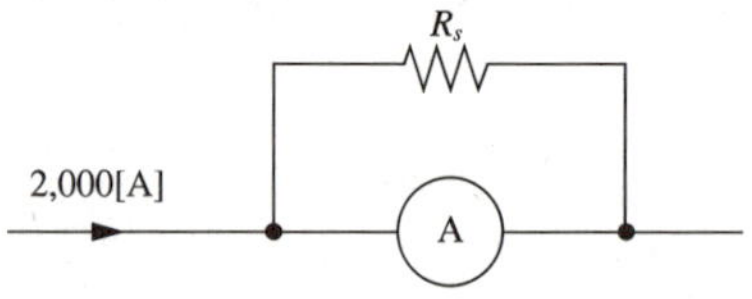

해설

$$R_s = \frac{1}{m-1}R_a = \frac{1}{4-1}\times 100 ≒ 33.333$$

$$m\text{배수} = \frac{2,000}{500} = 4$$

정답

33.33[Ω]

12 500[kVA]의 변압기가 그림과 같이 운전되고 있다. 오전에는 역률 85[%]로, 오후에는 100[%]로 운전된다고 하면 전일효율은 몇 [%]가 되겠는가?(단, 이 변압기의 전부하 시 동손 10[kW], 철손 6[kW]이다)

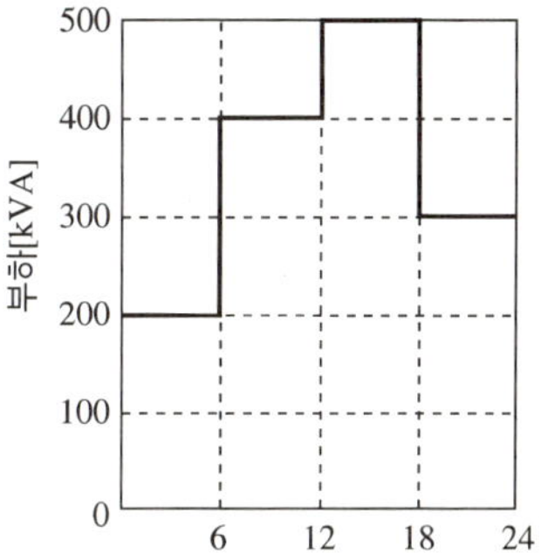

해설

24시간 출력

$$P' = \{mP_a \cos\theta \times T + \cdots\cdots\}$$

$$= \left\{\left(\frac{200}{500}\right) \times 500 \times 6 \times 0.85 + \left(\frac{400}{500}\right) \times 500 \times 6 \times 0.85 + \left(\frac{500}{500}\right) \times 500 \times 6 \times 1 + \left(\frac{300}{500}\right) \times 500 \times 6 \times 1\right\}$$

$$= 7{,}860[\text{kWh}]$$

24시간 철손 $P_i = 24P_i = 24 \times 6 = 144[\text{kWh}]$

24시간 동손 $P_c = \{m^2 P_c T + \cdots\cdots\}$

$$= \left\{\left(\frac{200}{500}\right)^2 \times 6 \times 10 + \left(\frac{400}{500}\right)^2 \times 6 \times 10 + \left(\frac{500}{500}\right)^2 \times 6 \times 10 + \left(\frac{300}{500}\right)^2 \times 6 \times 10\right\}$$

$$= 129.6[\text{kWh}]$$

전일효율 $\eta = \dfrac{P'}{P' + P_i + P_c} \times 100 = \dfrac{7{,}860}{7{,}860 + 144 + 129.6} \times 100 \fallingdotseq 96.64[\%]$

정답

96.64[%]

13

$3\phi 4\mathrm{W}$ 송전선에 1선의 R은 20[Ω], X는 20[Ω], 송전단 전압이 6,600[V], 수전단 전압이 6,100[V]이다. 이때 수전단의 부하를 끊은 경우 수전단 전압이 6,300[V], 부하역률이 85[%]일 때 각 물음에 답하시오.

(1) 전압 변동률[%]을 구하시오.

(2) 전압 강하율[%]을 구하시오.

해설

(1) $\varepsilon = \frac{V_{or} - V_r}{V_r} \times 100 = \frac{6{,}300 - 6{,}100}{6{,}100} \times 100 = 3.28[\%]$

(2) $\delta = \frac{V_s - V_r}{V_r} \times 100 = \frac{6{,}600 - 6{,}100}{6{,}100} \times 100 = 8.2[\%]$

정답

(1) 3.28[%]

(2) 8.2[%]

14

폭 24[m]의 도로 양쪽에 30[m] 간격으로 양쪽 배열로 가로등을 배치하여 노면의 평균 조도를 5[lx]로 한다면 각 등주상에 몇 [lm]의 전구가 필요한가?(단, 도로면에서의 광속이용률은 35[%], 감광보상률은 1.3이다)

해설

$FUN = EAD$에서

$$F = \frac{EAD}{UN} = \frac{5 \times \left(24 \times 30 \times \frac{1}{2}\right) \times 1.3}{0.35 \times 1} \fallingdotseq 6{,}685.71[\mathrm{lm}]$$

정답

6,685.71[lm]

15 주어진 조건이나 참고자료를 이용하여 다음 각 물음에 답하시오. 3층 사무실용 건물에 3상 3선식의 6,000[V]를 수전하여 200[V]로 강압하여 수전하는 수전설비를 하였다. 각종 부하설비가 다음 표와 같을 때 다음 물음에 답하시오.

표1. 동력부하설비

사용목적	용량[kW]	대 수	상용동력[kW]	하계동력[kW]	동계동력[kW]
난방 관계					
• 보일러 펌프	6.0	1			6.0
• 오일 기어 펌프	0.4	1			0.4
• 온수 순환 펌프	3.0	1			3.0
공기조화 관계					
• 1, 2, 3층 패키지 컴프레서	7.5	6		45.0	
• 컴프레서 팬	5.5	3	16.5		
• 냉각수 펌프	5.5	1		5.5	
• 쿨링 타워	1.5	1		1.5	
급수, 배수 관계					
• 양수 펌프	3.0	1	3.0		
기 타					
• 소화 펌프	5.5	1	5.5		
• 셔 터	0.4	2	0.8		
합 계			25.8	52.0	9.4

표2. 조명 및 콘센트 부하설비

사용목적	와트수[W]	설치수량	환산용량[VA]	총용량[VA]	비 고
전등 관계					
• 수은등 A	200	4	260	1,040	200[V] 고역률
• 수은등 B	100	8	140	1,120	200[V] 고역률
• 형광등	40	820	55	45,100	200[V] 고역률
• 백열전등	60	10	60	600	
콘센트 관계					
• 일반 콘센트		80	150	12,000	2P 15[A]
• 환기팬용 콘센트		8	55	440	
• 히터용 콘센트	1,500	2		3,000	
• 복사기용 콘센트		4		3,600	
• 텔레타이프용 콘센트		2		2,400	
• 룸 쿨러용 콘센트		6		7,200	
기 타					
• 전화교환용 정류기		1		800	
계				77,300	

[참 고]

① 환산 용량의 전력회사의 공급규정에 의함
② 변압기용량(계약회사에서 시판)
단상, 3상 공히 5, 10, 15, 20, 30, 50, 75, 100, 150[kVA]

(1) 동력난방계 온수 순환 펌프는 상시 운전하고, 보일러용과 오일 기어펌프의 수용률이 50[%]일 때 난방동력에 대한 수용부하는 몇 [kW]인가?

(2) 동력부하의 역률이 전부 70[%]라고 한다면 피상전력은 각각 몇 [kVA]인가?(단, 상용동력, 하계동력, 동계동력별로 각각 계산한다)

(3) 총전기설비용량은 몇 [kVA]를 기준하여야 하는가?

(4) 전등의 수용률은 60[%], 콘센트 설비의 수용률을 70[%]라 한다면 몇 [kVA]의 단상 변압기에 연결하여야 하는가?(단, 전화교환용 정류기는 100[%] 수용률로서 계산 결과에 포함시키며 변압기 예비율(여유율)은 무시한다)

(5) 동력설비 부하의 수용률이 모두 65[%]라면 동력부하용 3상 변압기의 용량은 몇 [kVA]인가? (단, 동력부하의 역률은 70[%]로 하며 변압기의 예비율은 무시한다)

(6) 상기 건물에 시설된 변압기 총용량은 몇 [kVA]인가?

(7) 단상 변압기와 3상 변압기의 1차 측의 전력 퓨즈값은 각각 정격전류 몇 [A]짜리를 선택하여야 하는가?

(8) 선정된 동력용 변압기용량에서 역률을 95[%]로 올리려면 콘덴서 용량은 몇 [kVA]인가?

[참고자료1] 전력 퓨즈의 정격전류표

상 수	1ϕ				3ϕ			
공칭전압	3.3[kV]		6.6[kV]		3.3[kV]		6.6[kV]	
변압기용량 [kVA]	변압기 정격전류[A]	정격전류 [A]	변압기 정격전류[A]	정격전류 [A]	변압기 정격전류[A]	정격전류 [A]	변압기 정격전류[A]	정격전류 [A]
5	1.52	3	0.76	1.5	0.88	1.5	–	–
10	3.03	7.5	1.52	3	1.75	3	0.88	1.5
15	4.55	7.5	2.28	3	2.63	3	1.3	1.5
20	6.06	7.5	3.03	7.5	–	–	–	–
30	9.10	15	4.56	7.5	5.26	7.5	2.63	3
50	15.2	20	7.60	15	8.45	15	4.38	7.5
75	22.7	30	11.4	15	13.1	15	6.55	7.5
100	30.3	50	15.2	20	17.5	20	8.75	15
150	45.5	50	22.7	30	26.3	30	13.1	15
200	60.7	75	30.3	50	35.0	50	17.5	20
300	91.0	100	45.5	50	52.0	75	26.3	30
400	121.4	150	60.7	75	70.0	75	35.0	50
500	152.0	200	75.8	100	87.5	100	43.8	50

[참고자료2] [kVA] 부하에 대한 콘덴서 용량 산출표[%]

구 분		개선 후의 역률																	
		1.00	0.99	0.98	0.97	0.96	0.95	0.94	0.93	0.92	0.91	0.90	0.89	0.88	0.87	0.86	0.85	0.83	0.80
개선 전의 역률	0.50	173	159	153	148	144	140	137	134	131	128	125	122	119	117	114	111	106	98
	0.55	152	138	132	127	123	119	116	112	108	106	103	101	98	95	92	90	85	77
	0.60	133	119	113	108	104	100	97	94	91	88	85	82	79	77	74	71	66	58
	0.62	127	112	106	102	97	94	90	87	84	81	78	75	73	70	67	65	59	52
	0.64	120	106	100	95	91	87	84	81	78	75	72	69	66	63	61	58	53	45
	0.66	114	100	94	89	85	81	78	74	71	68	65	63	60	57	55	52	47	39
	0.68	108	94	88	83	79	75	72	68	65	62	59	57	54	51	49	46	41	33
	0.70	102	88	82	77	73	69	66	63	59	56	54	51	48	45	43	40	35	27
	0.72	96	82	76	71	67	64	60	57	54	51	48	45	42	40	37	36	29	21
	0.74	91	77	71	68	62	58	55	51	48	45	43	40	37	34	32	29	24	16
	0.76	86	71	65	60	58	53	49	46	43	40	37	34	32	29	26	24	18	11
	0.78	80	66	60	55	51	47	44	41	38	35	32	29	26	24	21	18	13	5
	0.79	78	63	57	53	48	45	41	38	35	32	29	26	24	21	18	16	10	2.6
	0.80	75	61	55	50	46	42	39	36	32	29	27	24	21	18	16	13	8	
	0.81	72	58	52	47	43	40	36	33	30	27	24	21	18	16	13	10	5	
	0.82	70	56	50	45	41	37	34	30	27	24	21	18	16	13	10	8	2.6	
	0.83	67	53	47	42	38	34	31	28	25	22	19	16	13	11	8	5		
	0.84	65	50	44	40	35	32	28	25	22	19	16	13	11	8	5	2.6		
	0.85	62	48	42	37	33	29	25	23	19	16	14	11	8	5	2.7			
	0.86	59	45	39	34	30	28	23	20	17	14	11	8	5	2.6				
	0.87	57	42	36	32	28	24	20	17	14	11	8	6	2.7					
	0.88	54	40	34	29	25	21	18	15	11	8	6	2.8						
	0.89	51	37	31	26	22	18	15	12	9	6	2.8							
	0.90	48	34	28	23	19	16	12	9	6	2.8								
	0.91	46	31	25	21	16	13	9	8	3									
	0.92	43	28	22	18	13	10	8	3.1										
	0.93	40	25	19	14	10	7	3.2											
	0.94	36	22	16	11	7	3.4												
	0.95	33	19	13	8	3.7													
	0.96	29	15	9	4.1														
	0.97	25	11	4.8															
	0.98	20	8																
	0.99	14																	

해설

(1) 동계난방 칸에서 온수순환은 100[%] 나머지 50[%] 수용률 적용

수용부하=3+(6+0.4)×0.5=6.2[kW]

(2) 동력부하의 상용, 하계, 동계의 각각 용량합에 역률계산(0.7)

① 상용동력 피상전력 $= \dfrac{25.8}{0.7} \fallingdotseq 36.86$[kVA]

② 하계동력 피상전력 $= \dfrac{52}{0.7} \fallingdotseq 74.29$[kVA]

③ 동계동력 피상전력 $= \dfrac{9.4}{0.7} \fallingdotseq 13.43$[kVA]

(3) 총전기설비용량 $= \underline{36.86} + \underline{74.29} + \underline{77.3} = 188.45$[kVA]

상용 (하계, 동계 중 큰 것) 조명, 콘센트 상시

(4) ① 전등수용용량 = $(1,040+1,120+45,100+600)\times0.6\times10^{-3}$

$\fallingdotseq 28.72$[kVA]

② 콘센트수용용량 = $(12,000+440+3,000+3,600+2,400+7,200)\times0.7\times10^{-3}$

$\fallingdotseq 20.05$[kVA]

③ 기타 = $800\times1\times10^{-3} = 0.8$[kVA]

④ 단상 변압기용량 = 28.72+20.05+0.8 = 49.57[kVA]

(5) 동력설비용량 = $\dfrac{25.8+52}{0.7}\times0.65 \fallingdotseq 72.24$[kVA]

(6) 변압기 총용량 = 50+75 = 125[kVA]

(7) 참고자료1의 1ϕ 변압기 6.6[kV] 칸에서 용량 50[kVA]를 찾으면

1ϕ 변압기 : 15[A]

3ϕ 변압기 6.6[kV] 칸에서 용량 75[kVA]를 찾으면

3ϕ 변압기 : 7.5[A]

(8) 참고자료2를 사용하여 역률 70[%]를 95[%]로 개선하기 위한 콘덴서 용량 k=0.69이므로

콘덴서 소요용량[kVA] = [kW]×k = $\underbrace{75[\text{kVA}]\times0.7}_{[\text{kW}]}\times0.69 \fallingdotseq 36.23$[kVA]

정답

(1) 6.2[kW]

(2) ① 상용동력 : 36.86[kVA]

② 하계동력 : 74.29[kVA]

③ 동계동력 : 13.43[kVA]

(3) 188.45[kVA]

(4) 50[kVA]

(5) 75[kVA]

(6) 125[kVA]

(7) 단상 변압기 : 15[A], 3상 변압기 : 7.5[A]

(8) 36.23[kVA]

16 다음 논리회로의 출력 Z에 대한 논리식을 입력요소가 모두 나타나도록 표현하시오(단, A, B, C, D는 푸시버튼 스위치 입력이다).

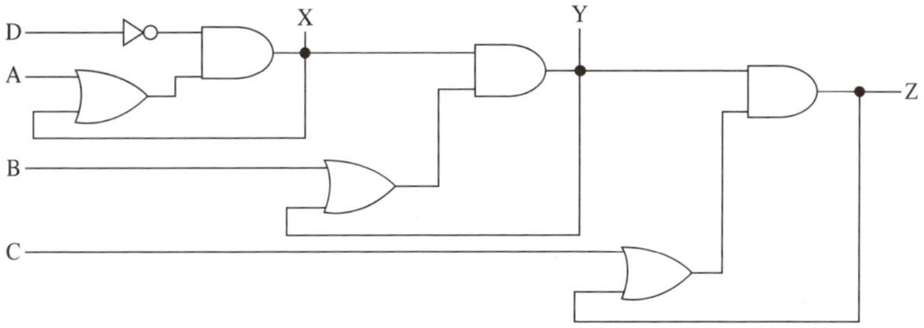

해설

$X = (A + X) \cdot \overline{D}$ $Y = (B + Y) \cdot X$ $Z = (C + Z) \cdot Y$

따라서 $Z = (C + Z) \cdot (B + Y) \cdot (A + X) \cdot \overline{D}$

정답

$Z = (C + Z) \cdot (B + Y) \cdot (A + X) \cdot \overline{D}$

17 그림과 같은 PLC 시퀀스의 미완성 프로그램을 주어진 명령어를 이용하여 완성하시오.

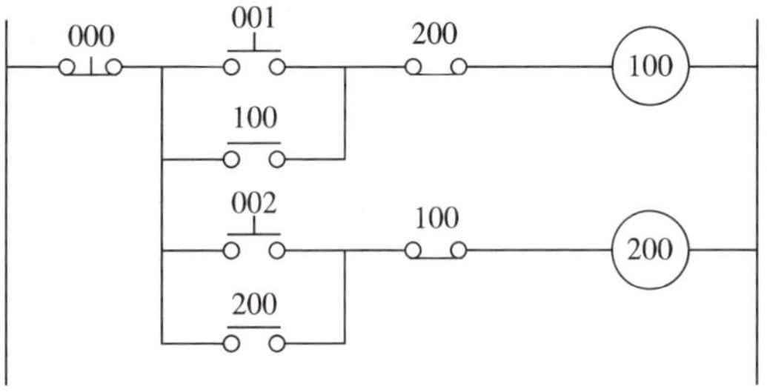

[명령어]

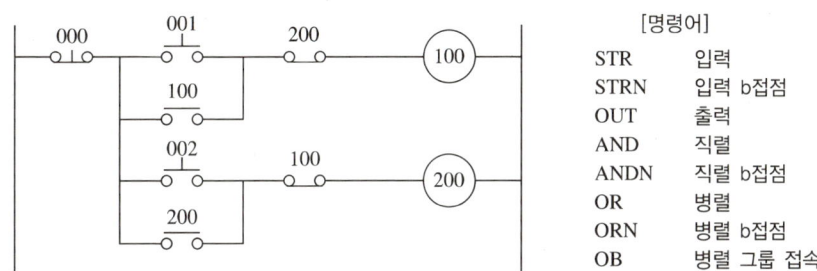

STR	입력
STRN	입력 b접점
OUT	출력
AND	직렬
ANDN	직렬 b접점
OR	병렬
ORN	병렬 b접점
OB	병렬 그룹 접속

주 소	명령어	번 지	주 소	명령어	번 지
0	STRN	000	9		
1	AND	001	10		
2			11		
3			12		
4			13		
5			14	OB	
6			15	OUT	200
7	OUT	100	16	END	
8					

정답

주 소	명령어	번 지	주 소	명령어	번 지
0	STRN	000	9	AND	002
1	AND	001	10	ANDN	100
2	ANDN	200	11	STRN	000
3	STRN	000	12	AND	200
4	AND	100	13	ANDN	100
5	ANDN	200	14	OB	
6	OB		15	OUT	200
7	OUT	100	16	END	
8	STRN	000			

전기 산업기사 2023년 제3회 기출복원문제

01 **불평형 부하의 제한에 관련된 다음 물음에 답하시오.**

(1) 저압, 고압 및 특고압 수전의 3상 3선식 또는 3상 4선식에서 불평형 부하의 한도는 단상 접속 부하로 계산하여 설비불평형률을 몇 [%] 이하로 하는 것을 원칙으로 하는가?

(2) 물음 (1)의 제한 원칙에 따르지 않아도 되는 경우를 2가지만 쓰시오.

(3) 부하설비가 그림과 같을 때 설비불평형률은 몇 [%]인가?(단, Ⓗ는 전열기로 $\cos\theta = 1$이고, Ⓜ은 전동기로 부하는 역률이 $\cos\theta = 0.8$이다)

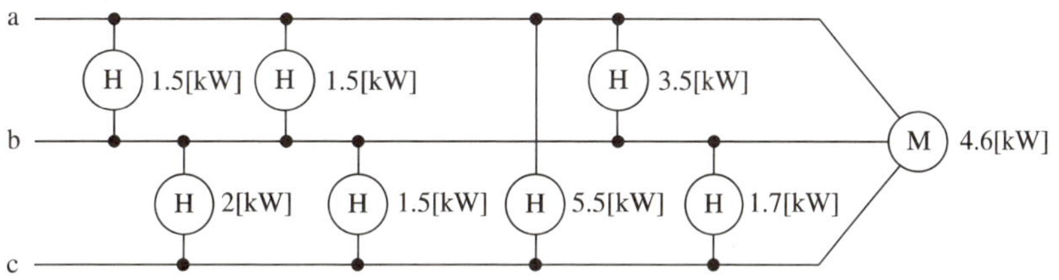

해설

(3) $P_{ab} = 1.5 + 1.5 + 3.5 = 6.5$

$P_{bc} = 2 + 1.5 + 1.7 = 5.2$

$P_{ca} = 5.5$

$P_{ABC} = \dfrac{4.6}{0.8} = 5.75$

$$\text{설비불평형률} = \frac{6.5 - 5.2}{(6.5 + 5.2 + 5.5 + 5.75) \times \dfrac{1}{3}} \times 100 ≒ 16.9935$$

정답

(1) 30[%]

(2) • 저압 수전으로서 전용의 변압기를 사용하는 경우

• 고압, 특고압 수전으로서 단상 부하용량이 100[kVA] 이하인 경우

(3) 16.99[%]

02 어떤 콘덴서 3개를 선간전압 3,300[V], 주파수 60[Hz]의 선로에 △로 접속하여 60[kVA]가 되도록 하려면 콘덴서 1개의 정전용량[μF]은 약 얼마로 하여야 하는가?

해설

$$I_C = \frac{E}{Z} = \frac{E}{X_C} = \frac{E}{\frac{1}{\omega C}} = \omega CE$$

$$Q_C = 3EI_C = 3\omega CE^2$$

$$C = \frac{Q_C}{3\omega E^2} = \frac{60 \times 10^3}{3 \times 2\pi \times 60 \times 3{,}300^2} \times 10^6 \fallingdotseq 4.87[\mu\text{F}]$$

정답

4.87[μF]

※ △결선은 선간전압 상전압이 같다.

03 그림과 같은 부하곡선을 보고 다음 각 물음에 답하시오.

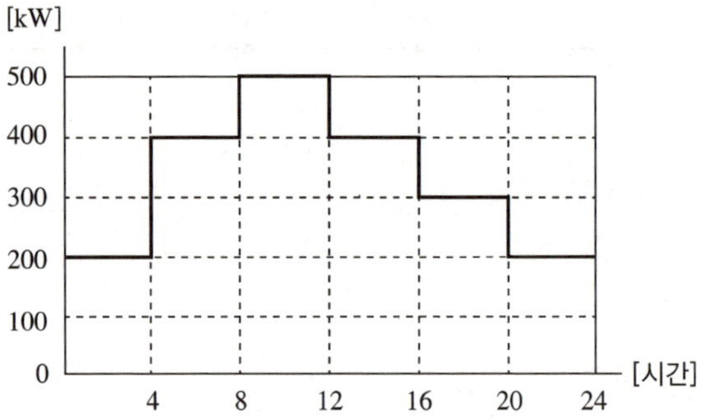

(1) 첨두부하는 몇 [kW]인가?

(2) 첨두부하가 지속되는 시간은 몇 시부터 몇 시까지인가?

(3) 일공급 전력량은 몇 [kWh]인가?

(4) 일부하율은 몇 [%]인가?

해설

(3) 전력량 = 200×4+400×4+500×4+400×4+300×4+200×4 = 8,000[kWh]

(4) $\text{일부하율} = \frac{\text{사용전력량[kWh]}}{\text{시간[h]} \times \text{최대전력[kW]}} \times 100 = \frac{8{,}000}{24 \times 500} \times 100 \fallingdotseq 66.67[\%]$

정답

(1) 500[kW]

(2) 8~12시

(3) 8,000[kWh]

(4) 66.67[%]

04 다음 그림과 같은 1ϕ2W 분기회로의 전선 굵기를 공칭단면적으로 산정하시오(단, 전압강하는 2[V] 이하이고, 배선방식은 교류 200[V]이다).

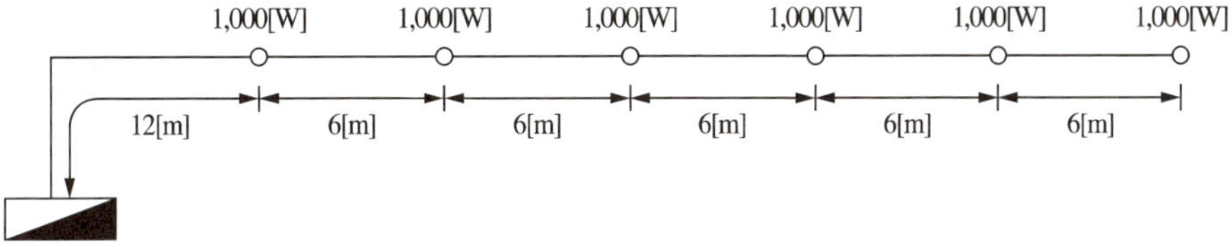

해설

$I = \dfrac{P}{V} = \dfrac{1,000}{200} = 5[\text{A}]$

부하중심점 $L = \dfrac{I_1 l_1 + I_2 l_2 + \cdots}{I_1 + I_2 + \cdots} = \dfrac{5 \times 12 + 5 \times 18 + 5 \times 24 + 5 \times 30 + 5 \times 36 + 5 \times 42}{5+5+5+5+5+5} = 27[\text{m}]$

$A = \dfrac{35.6LI}{1,000e} = \dfrac{35.6 \times 27 \times 5 \times 6}{1,000 \times 2} \fallingdotseq 14.42[\text{mm}^2]$

$\therefore$ 16[mm^2]

정답

16[mm^2]

05 그림에서 각 지점 간의 저항이 동일할 때 간선 AD 사이에 전원을 공급 시 전력손실이 최대가 되는 지점과 최소가 되는 지점을 구하시오.

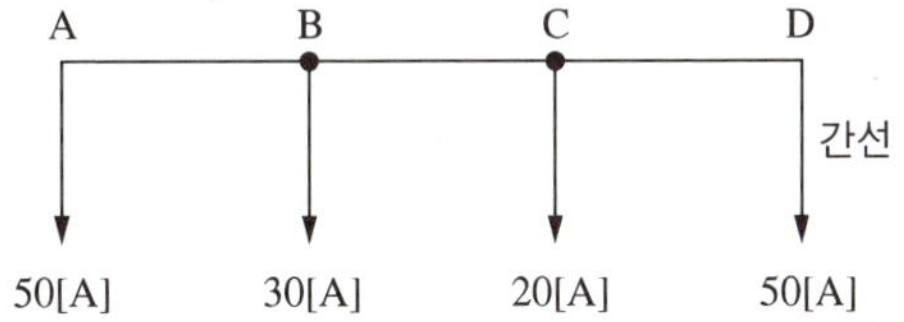

해설

$P_l = I^2 R \propto I^2$

$P_A = 50^2 + 70^2 + 100^2 = 17,400$

$P_B = 50^2 + 70^2 + 50^2 = 9,900$

$P_C = 80^2 + 50^2 + 50^2 = 11,400$

$P_D = 100^2 + 80^2 + 50^2 = 18,900$

정답

최대 D점, 최소 B점

06 20[MVA]를 기준으로 전원 측 $\%Z$가 25[%]일 때 수전점 단락용량[MVA]을 구하시오.

해설

$$P_s = \frac{100}{\%Z}P_n = \frac{100}{25} \times 20 = 80[\text{MVA}]$$

정답

80[MVA]

07 그림과 같이 30[kW], 50[kW], 25[kW], 15[kW] 부하설비에 수용률이 각각 65[%], 65[%], 60[%], 60[%]로 할 경우 변압기 용량은 몇 [kVA]가 필요한지 선정하시오(단, 부등률은 1.3, 종합 부하역률은 80[%]이다).

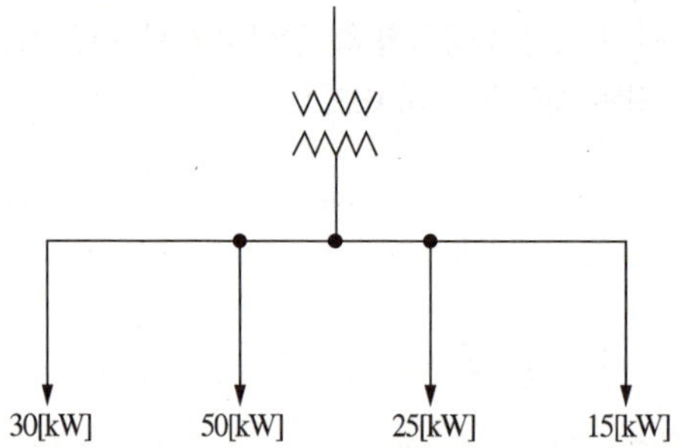

변압기 표준용량[kVA]				
25	30	50	75	100

해설

$$\text{변압기 용량} = \frac{30 \times 0.65 + 50 \times 0.65 + 25 \times 0.6 + 15 \times 0.6}{1.3 \times 0.8} \fallingdotseq 73.08[\text{kVA}]$$

$\therefore$ 75[kVA]

정답

75[kVA]

08 피뢰기에 대한 다음 각 물음에 답하시오.

(1) 피뢰기의 기능상 필요한 구비조건을 4가지만 쓰시오.

(2) 피뢰기의 설치장소 4개소를 쓰시오.

정답

(1) • 충격방전 개시전압은 낮을 것
- 상용주파 방전 개시전압은 높을 것
- 제한전압은 낮을 것
- 속류 차단능력은 클 것

(2) • 발전소, 변전소 또는 이에 준하는 장소의 가공전선 인입구 및 인출구
- 가공전선로에 접속하는 배전용 변압기의 고압 측 및 특고압 측
- 고압 및 특고압 가공전선로로부터 공급을 받는 수용장소의 인입구
- 가공전선로와 지중전선로가 접속되는 곳

09 유효전력 60[kW], 역률 80[%]에 병렬로 유효전력 40[kW], 역률 60[%]를 추가 설치한 경우 합성한 유효전력[kW], 무효전력[kVa], 피상전력[kVA]을 구하시오.

해설

유효전력 $P = P_1 + P_2 = 60 + 40 = 100[\mathrm{kW}]$

무효전력 $Q = P_1 \times \dfrac{\sin\theta_1}{\cos\theta_1} + P_2 \times \dfrac{\sin\theta_2}{\cos\theta_2} = 60 \times \dfrac{0.6}{0.8} + 40 \times \dfrac{0.8}{0.6} = 98.33[\mathrm{kVa}]$

피상전력 $P_a = \sqrt{P^2 + Q^2} = \sqrt{100^2 + 98.33^2} = 140.25[\mathrm{kVA}]$

정답

- 유효전력 : 100[kW]
- 무효전력 : 98.33[kVa]
- 피상전력 : 140.25[kVA]

10 다음은 유도장해의 종류를 각각 설명한 것이다. 알맞은 명칭을 쓰시오.

(1) 전력선과 통신선의 상호 정전용량에 의해 발생하는 장해

(2) 전력선과 통신선의 상호 인덕턴스에 의해 발생하는 장해

(3) 상용 주파보다 높은 고조파의 유도에 의한 잡음 장해

정답

(1) 정전 유도장해

(2) 전자 유도장해

(3) 고조파 유도장해

11 다음 설명에 알맞은 용어를 쓰시오.

(1) 전선로를 통해 발생하는 최고의 선간전압으로서 염해 대책, 1선 지락 고장 시 등 내부 이상 전압, 코로나 현상, 전자 유도전압의 표준이 되는 전압

(2) 전선로를 대표하는 선간전압으로서 그 계통의 송전전압

정답

(1) 계통최고전압

(2) 공칭전압

12 그림과 같이 지지선을 가설하여 전주에 가해진 수평장력 800[kg]을 지지하고자 한다. 4[mm] 철선을 지지선으로 사용할 경우 몇 가닥으로 하면 되는가?(단, 4[mm] 철선 1가닥의 인장하중은 440[kg]이고, 안전율은 2.5이다)

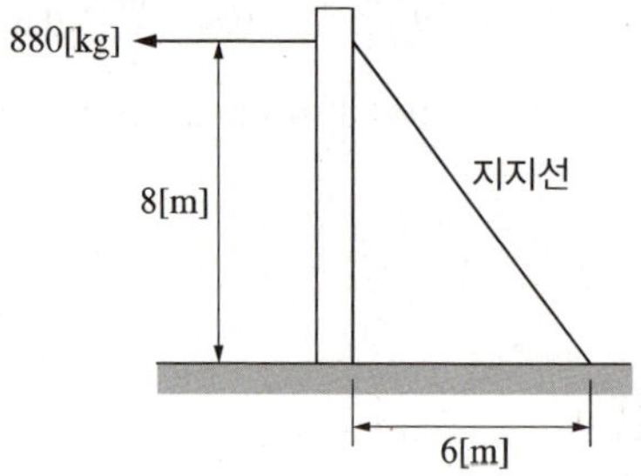

해설

$$T_0 = \frac{T}{\cos\theta} = \frac{\text{인장하중} \times n}{\text{안전율}}$$

여기서, T_0 : 지지선의 수평장력[kg]

T : 전선로의 수평장력[kg]

n : 가닥수

$$n = \frac{T \times \text{안전율}}{\text{인장하중} \times \cos\theta} = \frac{800 \times 2.5}{440 \times \frac{6}{\sqrt{8^2+6^2}}} = 7.57$$

정답

8가닥

13 1,000[kVA] 이하 22.9[kV-Y] 특고압 간이 수전설비 결선도를 보고 다음 각 물음에 답하시오.

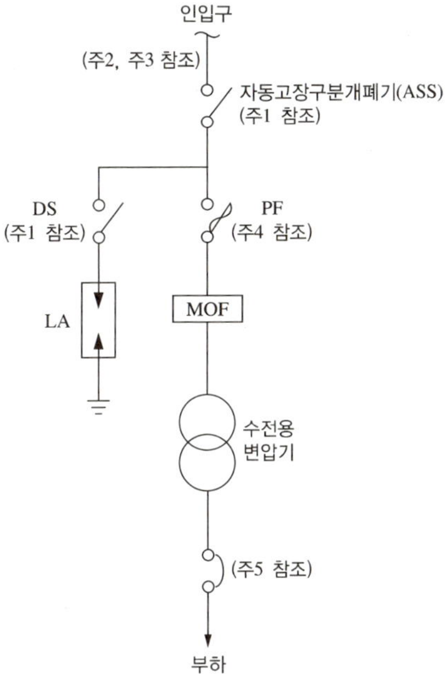

(1) 본 도면에서 생략 가능한 것은?

(2) 용량 300[kVA] 이하에서 ASS 대신 사용 가능한 것의 명칭을 쓰시오.

(3) 22.9[kV-Y]의 LA는 어떤 (　　) 붙임형을 사용해야 하는지를 쓰시오.

(4) 22.9[kV-Y] 지중인입선에는 어떤 케이블을 사용하는지 약호로 쓰시오.

(5) 지중인입선은 몇 회선으로 시설하여야 하는지 쓰시오.

(6) 300[kVA] 이하인 경우 PF대신 COS를 사용하였다. 이것의 비대칭 차단 전류용량은 몇 [kA] 이상의 것을 사용하여야 하는지 쓰시오.

해설

[주1] LA용 DS는 생략할 수 있으며 22.9[kV-Y]용의 LA는 Disconnector(또는 Isolator) 붙임형을 사용하여야 한다.

[주2] 인입선을 지중선으로 시설하는 경우로서 공동주택 등 고장 시 정전피해가 큰 경우에는 예비 지중선을 포함하여 2회선으로 시설하는 것이 바람직하다.

[주3] 지중인입선의 경우에 22.9[kV-Y] 계통은 CNCV-W 케이블(수밀형) 또는 TR CNCV-W(트리 억제형)을 사용하여야 한다. 다만, 전력구・공동구・덕트・건물 구내 등 화재의 우려가 있는 장소에서는 FR CNCO-W(난연) 케이블을 사용하는 것이 바람직하다.

[주4] 300[kVA] 이하인 경우는 PF 대신 COS(비대칭차단전류 10[kA] 이상의 것)을 사용할 수 있다.

[주5] 특고압 간이수전설비는 PF의 용단 등의 결상사고에 대한 대책이 없으므로 변압기 2차측에 설치되는 주차단기에는 결상계전기 등을 설치하여 결상사고에 대한 보호능력을 있도록 함이 바람직하다.

정답

(1) LA용 DS

(2) 인터럽터스위치(Int S/W)

(3) Disconnector 또는 Isolator

(4) CNCV-W

(5) 2회선

(6) 10

14 **조명에서 사용되는 용어 중 광원에서 나오는 복사속을 눈으로 보아 빛으로 느껴지는 크기를 나타낸 것으로서 빛의 양을 나타내는 용어와 단위를 쓰시오.**

정답

- 용어 : 광속
- 단위 : [lm]

15 **저압 가공인입선의 시설에 대한 규정이다. 다음 물음에 해당하는 높이를 쓰시오.**

(1) 도로(차도와 보도의 구별이 있는 도로인 경우에는 차도)를 횡단하는 경우 노면상 (　)[m] 이상

(2) 철도 또는 궤도를 횡단하는 경우 레일면상 (　)[m] 이상

정답

(1) 5

(2) 6.5

16 다음 회로는 기동 입력 BS_1 On 시 일정 시간이 지난 후 전동기 Ⓜ이 기동 운전되는 회로이다. 전동기 Ⓜ이 기동하면 릴레이 Ⓧ와 타이머 Ⓣ가 복구되고 램프 RL 점등, 램프 GL 소등, Thr 이 동작 시 램프 OL 이 점등하도록 회로의 점선 부분을 수정된 회로로 완성하시오(단, MC 의 보조 접점($2a$, $2b$)을 모두 사용한다).

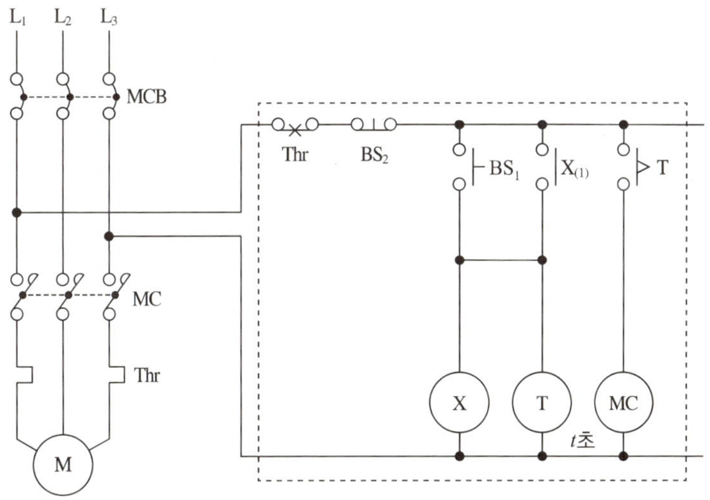

정답

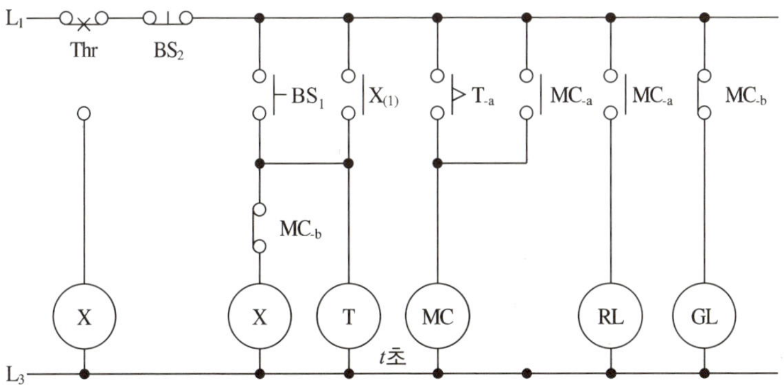

17 광도가 312[cd]인 전등을 지름 3[m]의 원탁 중심 바로 위 2[m] 되는 곳에 놓았다. 원탁 가장자리의 조도(수평면 조도)는 약 몇 [lx]인가?

해설

• 전등에서 원탁 가장자리까지의 거리

$r = \sqrt{2^2 + 1.5^2} = 2.5[\text{m}]$

• 수평면 조도

$E_h = \dfrac{I}{r^2}\cos\theta = \dfrac{312}{2.5^2} \times \dfrac{2}{2.5} = 40[\text{lx}]$

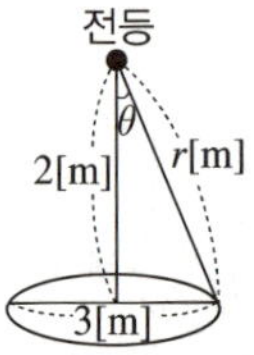

정답

40[lx]

18 평균 구면 광도 100[cd]의 전구 5개를 지름 10[m]의 원형의 사무실에 점등할 때 조명률 0.4, 감광보상률 1.6이라 하고, 사무실의 평균 조도[lx]를 구하시오.

• 계산 :

• 답 :

해설

$F = 4\pi I,\ \ A = \left(\dfrac{d}{2}\right)^2 \pi$

정답

• 계산 : 평균 조도 $E = \dfrac{FUN}{AD} = \dfrac{4\pi \times 100 \times 0.4 \times 5}{\left(\dfrac{10}{2}\right)^2 \pi \times 1.6} = 20[\text{lx}]$

• 답 : 20[lx]

전기기사 2024년 제1회 기출복원문제

01 보호장치의 동작시간이 0.5초이고, 고장전류의 실횻값이 25[kA]인 경우 보호도체의 최소단면적 [mm^2]을 구하시오(단, 보호도체는 구리선으로 사용하고, 자동차단시간이 5초 이내인 경우 사용되는 경우에는 온도계수 $k=159$로 적용한다).

해설

$$S=\frac{\sqrt{I^2 t}}{k}$$

여기서, S : 단면적[mm^2]

I : 고장전류의 실횻값[A]

t : 보호장치의 동작시간[s]

k : 온도계수

$$S=\frac{\sqrt{25{,}000^2\times 0.5}}{159}=111.18[mm^2]$$

정답

120[mm^2]

※ KEC 규격

02 사용 중인 UPS의 2차 측에 단락사고 등이 발생했을 경우 UPS와 고장회로를 분리하는 방식 3가지를 쓰시오.

정답

- 속단 퓨즈에 의한 보호
- 배선용 차단기(MCCB)에 의한 보호
- 반도체 차단기에 의한 보호

03 연면적 70,000[m^2]인 건물의 수전설비를 계획하고 있다. 이때 조명설비 20[VA/m^2], 일반 동력설비 35[VA/m^2], 냉방 동력설비 40[VA/m^2]인 건물의 총 부하용량[kVA]을 구하시오.

해설

$P=(20+35+40)[\text{VA/m}^2]\times 70{,}000[\text{m}^2]\times 10^{-3}=6{,}650[\text{kVA}]$

정답

6,650[kVA]

04 계약 부하설비에 의한 계약 최대전력을 정하는 경우 부하설비용량이 800[kW]일 때 전력 회사와의 계약 최대전력은 몇 [kW]인가?

계약전력	환산율[%]
처음 75[kW]에 대하여	100
다음 75[kW]에 대하여	85
다음 75[kW]에 대하여	75
다음 75[kW]에 대하여	65
300[kW] 초과분에 대하여	60

해설

$$\begin{aligned}\text{계약전력}&=75\times 1+75\times 0.85+75\times 0.75+75\times 0.65+(800-300)\times 0.6\\&=543.75[\text{kW}]\end{aligned}$$

정답

543.75[kW]

05 부동충전방식에서 충전기 2차 측 전류는 몇 [A]인가?(단, 연축전지 용량은 200[Ah], 상시 부하는 10[kW], 표준전압은 100[V]이다)

해설

$$\begin{aligned}I_2&=\frac{\text{용량[Ah]}}{\text{방전율[h]}}+\frac{P}{V}\\&=\frac{200}{10}+\frac{10\times 10^3}{100}=120[\text{A}]\end{aligned}$$

정답

120[A]

06 각 단상 변압기의 권수비가 3,500/100[V]이고, 고압 측에 5,500[V]의 전압이 인가되고 있다. 저압 측에 3[Ω], 5[Ω]의 저항을 연결했을 경우 고압 측 전압 E_1과 E_2를 구하시오.

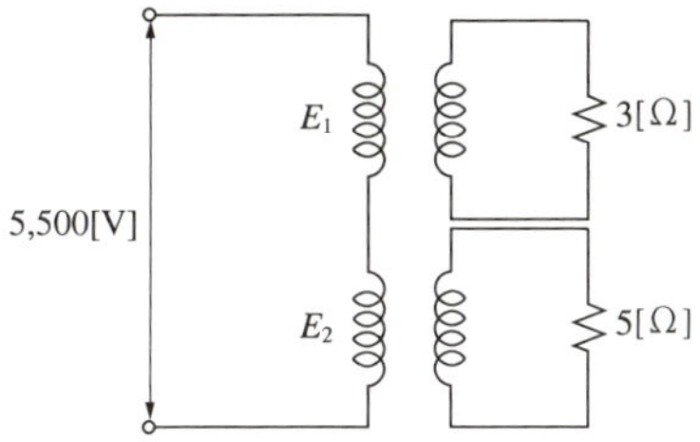

해설

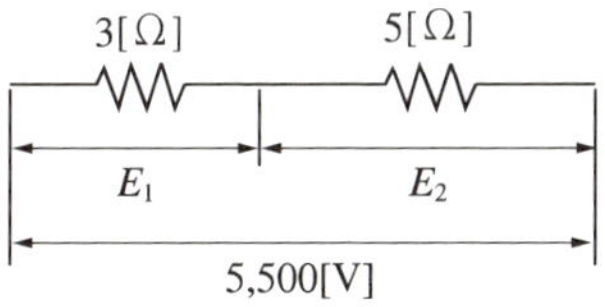

$$E_1 = \frac{3}{3+5} \times 5{,}500 = 2{,}062.5[\text{V}]$$

$$E_2 = \frac{5}{3+5} \times 5{,}500 = 3{,}437.5[\text{V}]$$

$a(\text{권수비}) = \sqrt{\dfrac{R_1}{R_2}}$ 에서 $\underset{\text{1차 측}}{R_1} = a^2 \underset{\text{2차 측}}{R_2}$

$R_1 = 3a^2$, $R_2 = 5a^2$

R_1과 R_2에 공통으로 들어간 a^2을 소거

1차 측 $R_1 = 3$, $R_2 = 5$

정답

E_1 : 2,062.5[V]

E_2 : 3,437.5[V]

07 전력시설물 공사감리업무 수행지침에 따라 전기공사업자는 해당 공사현장에서 공사업무 수행상 필요한 서식을 비치하고 기록 보관해야 한다. 해당 서류 5가지를 쓰시오.

정답

- 하도급 현황
- 주요 인력 및 장비 투입 현황
- 작업계획서
- 기자재 공급원 승인 현황
- 주간공정계획 및 실적 보고서

[기 타]

- 안전관리비 사용실적 현황
- 각종 측정 기록표

08 양수량 18[m³/min], 총 양정 20[m]인 양수 펌프용 전동기의 소요출력[kW]을 구하시오(단, 여유 계수는 1.1, 효율은 85[%]이다)

해설

$$P = \frac{KQH}{6.12\eta} = \frac{1.1 \times 18 \times 20}{6.12 \times 0.85} = 76.1245[\text{kW}]$$

정답

76.12[kW]

09 다음 그림에서 × 표시된 중성선이 단선되었을 때 부하 A, B에 걸리는 전압을 구하시오.

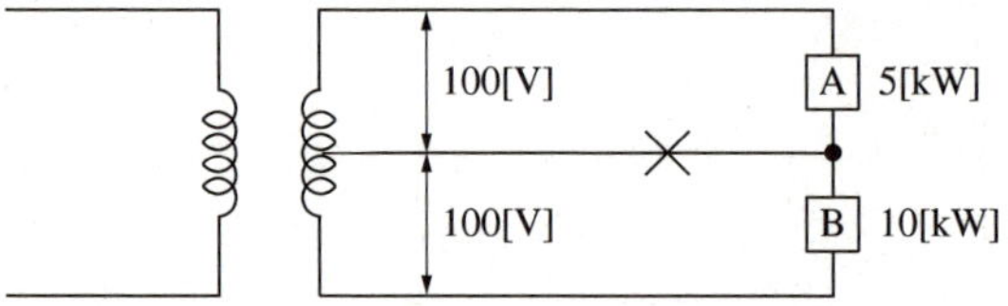

해설

$$R_A = \frac{V^2}{P_A} = \frac{100^2}{5 \times 10^3} = 2[\Omega]$$

$$R_B = \frac{V^2}{P_B} = \frac{100^2}{10 \times 10^3} = 1[\Omega]$$

$$V_A = \frac{2}{2+1} \times 200 = 133.333[\text{V}]$$

$$V_B = \frac{1}{2+1} \times 200 = 66.666[\text{V}]$$

정답

V_A : 133.33[V]

V_B : 66.67[V]

10 도면은 어느 154[kV] 수용가의 수전설비 단선결선도의 일부분이다. 주어진 표와 도면을 이용하여 다음 각 물음에 답하시오.

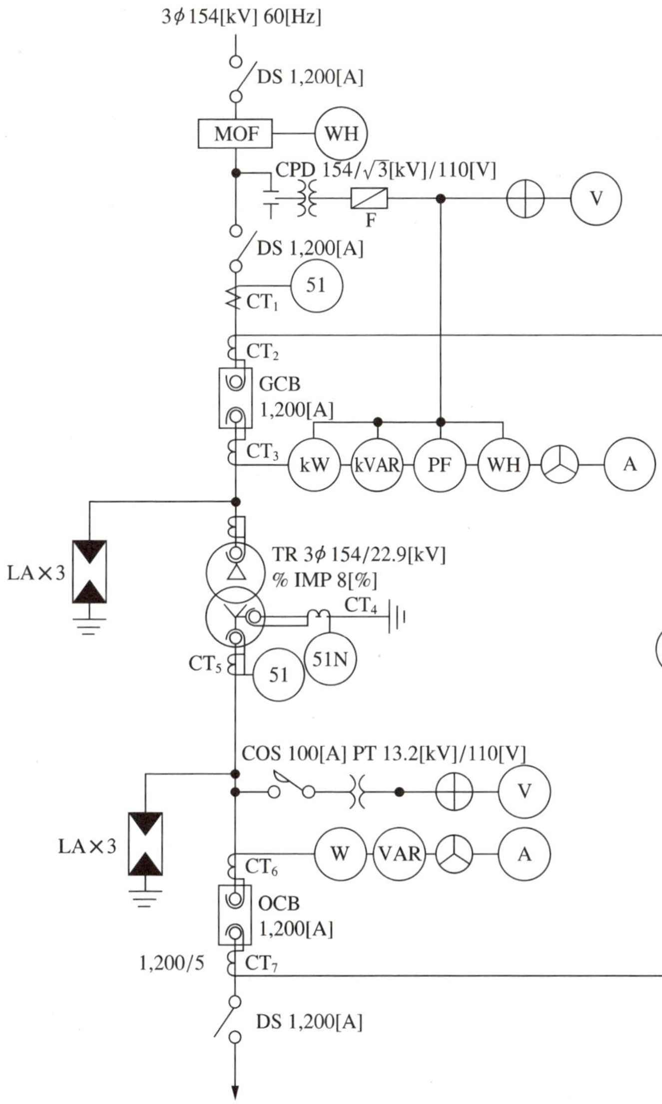

CT의 정격

1차 정격전류[A]	200	400	600	800	1,200	1,500
2차 정격전류[A]	5					

(1) 변압기 2차 부하설비 용량이 51[MW], 수용률이 70[%], 부하역률이 90[%]일 때 도면의 변압기용량은 몇 [MVA]가 되는가?

(2) 변압기 1차 측 DS의 정격전압은 몇 [kV]인가?

(3) CT_1의 비는 얼마인지를 계산하고 표에서 선정하시오(단, 여유율은 125[%]로 한다).

(4) GCB 내에 사용되는 가스는 주로 어떤 가스가 사용되는지 그 가스의 명칭을 쓰시오.

(5) OCB의 정격차단전류가 23[kA]일 때, 이 차단기의 차단용량은 몇 [MVA]인가?

(6) 과전류계전기의 정격부담이 9[VA]일 때 이 계전기의 임피던스는 몇 [Ω]인가?

(7) CT_7 1차 전류가 600[A]일 때 CT_7의 2차에서 비율차동계전기의 단자에 흐르는 전류는 몇 [A]인가?

해설

(1) $\text{변압기용량} = \dfrac{\text{설비용량[MW]} \times \text{수용률}}{\text{역률}} = \dfrac{51 \times 0.7}{0.9} \fallingdotseq 39.667\text{[MVA]}$

(2) $\text{DS의 정격전압} = 154 \times \dfrac{1.2}{1.1} = 168\text{[kV]}$

(3) $\text{CT 1차 측 전류} = \dfrac{P_a}{\sqrt{3}\,V} = \dfrac{39.667 \times 10^3}{\sqrt{3} \times 154} \fallingdotseq 148.713$

배수적용 $148.713 \times 1.25 \fallingdotseq 185.891$

(5) $P_s = \sqrt{3}\,VI_s = \sqrt{3} \times 25.8 \times 23 \fallingdotseq 1{,}027.799\text{[MVA]}$

여기서, $V = 22.9 \times \dfrac{1.2}{1.1} \fallingdotseq 24.98 \quad \therefore\ 25.8\text{[kV]}$

(6) $P = I^2 Z \rightarrow Z = \dfrac{P}{I^2} = \dfrac{P}{5^2} = 0.36[\Omega]$

(7) $I_2 = 600 \times \dfrac{5}{1{,}200} \times \sqrt{3} \fallingdotseq 4.3301\text{[A]}$

($\sqrt{3}$ 을 곱한 이유는 △결선 선전류는 상전류에 $\sqrt{3}$ 배이므로)

정답

(1) 40[MVA]

(2) 170[kV]

(3) 200/5

(4) SF_6

(5) 1,027.8[MVA]

(6) 0.36[Ω]

(7) 4.33[A]

11 계전기의 명칭을 쓰시오.

(1) OCR (2) GR

(3) OPR (4) OVR

(5) PWR

정답

(1) 과전류계기 (2) 지락계전기

(3) 결상계전기 (4) 과전압계전기

(5) 전력계전기

12 어느 조명의 전압이 220[V], 소비전력이 1,000[W]이고 램프에서 나오는 광속이 2,000[lm]일 때 이 램프의 효율은 얼마인가?(단, 단위는 반드시 쓰도록 한다)

해설

$$\eta = \frac{F}{P} = \frac{2,000}{1,000} = 2[\text{lm/W}]$$

정답

2[lm/W]

13 욕조나 샤워시설이 있는 욕실 또는 화장실 등 인체가 물에 젖어 있는 상태에서 전기를 사용하는 장소에 콘센트를 시설하는 경우에 대해 인체감전보호용 누전차단기의 정격 감도전류와 동작시간은 얼마 이하로 하여야 하는가?

(1) 정격감도전류[mA]

(2) 동작시간[s]

해설

[인체감전보호용 누전차단기의 정격 감도전류와 동작시간]

장 소	정격 감도전류	동작시간
욕조, 샤워시설 등 물기가 있는 장소	15[mA] 이하	0.03초 이하
그 외	30[mA] 이하	0.03초 이하

정답

(1) 15[mA]

(2) 0.03초

14 다음은 단락보호전용 퓨즈의 용단 및 동작특성에 관한 표이다. 괄호 안에 알맞은 내용을 쓰시오.

정격전류의 배수	불용단시간	용단시간
4배	(①)	–
6.3배	–	(①)
8배	(②)	–
10배	(③)	–
12.5배	–	(②)
19배	–	(④)

해설

[단락보호전용 퓨즈(aM)의 용단 특성]

정격전류의 배수	불용단시간	용단시간
4배	60초 이내	–
6.3배	–	60초 이내
8배	0.5초 이내	–
10배	0.2초 이내	–
12.5배	–	0.5초 이내
19배	–	0.1초 이내

정답

① 60초 이내
② 0.5초 이내
③ 0.2초 이내
④ 0.1초 이내

15 유도전동기 IM을 현장과 현장에서 조금 떨어진 제어실 어느 쪽에서든지 기동 및 정지가 가능하도록 전자접촉기 MC와 누름버튼 스위치 PB-On용 및 PB-Off용을 사용하여 제어회로를 점선 안에 그리시오.

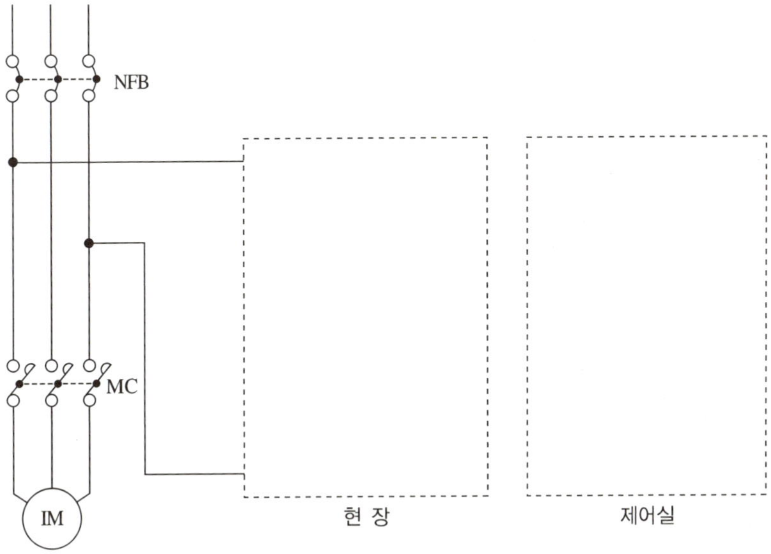

정답

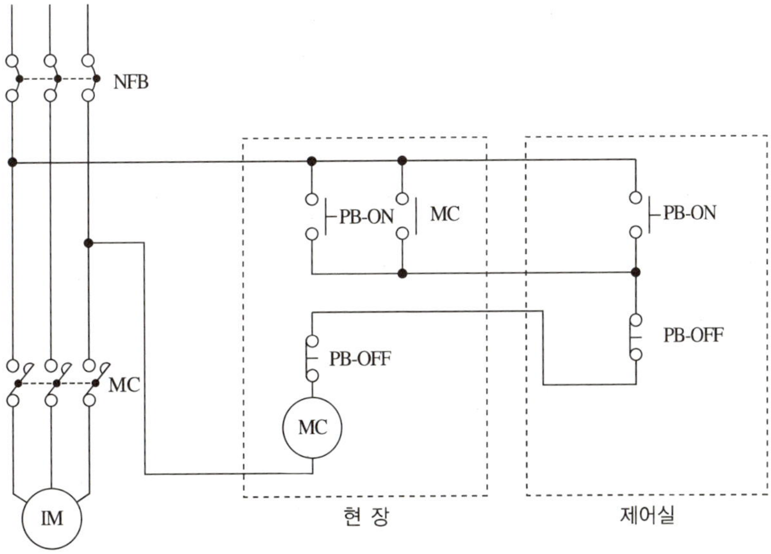

16 그림과 같은 논리회로의 명칭을 쓰고 진리표를 완성하시오.

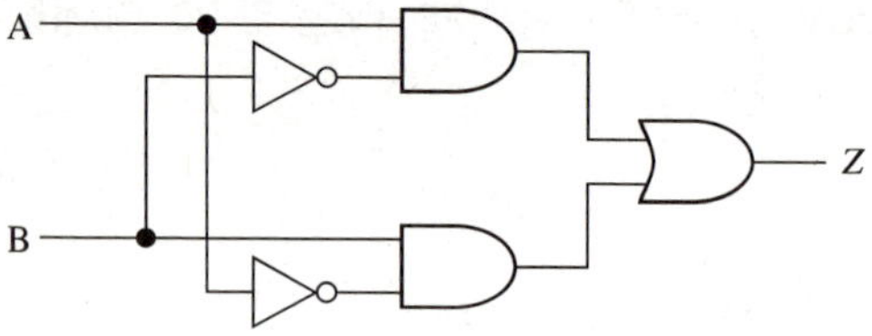

(1) 명칭을 쓰시오.

(2) 출력식을 쓰시오.

(3) 진리표를 완성하시오.

A	B	Z
0	0	
0	1	
1	0	
1	1	

정답

(1) 배타적 논리합회로

(2) 논리식 : $X = A\overline{B} + \overline{A}B$

(3)

A	B	Z
0	0	0
0	1	1
1	0	1
1	1	0

17 다음의 PLC 래더 다이어그램과 명령어를 참고하여 프로그램 표를 완성하시오.

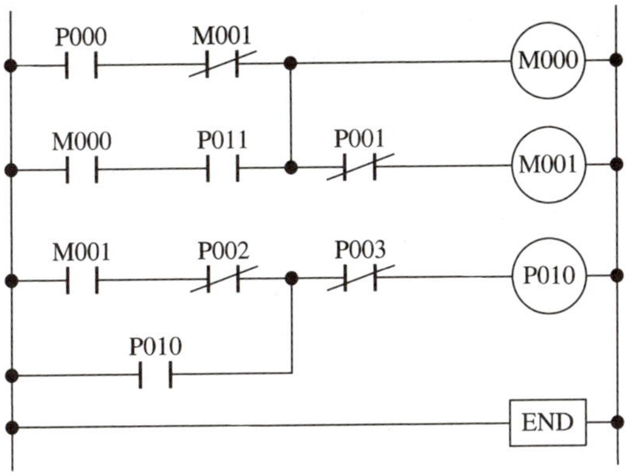

명령어
S(시작)
A(AND)
O(OR)
OS(그룹 간 병렬)
AS(그룹 간 직렬)
N(부정)
W(출력)
END

STEP	명 령	번 지	STEP	명 령	번 지
0	S	P000	7	W	M001
1	AN	M001	8	(⑤)	M001
2	(①)	(②)	9	AN	P002
3	A	(③)	10	(⑥)	(⑦)
4	(④)	−	11	AN	P003
5	W	M000	12	W	P010
6	AN	P001	13	(⑧)	−

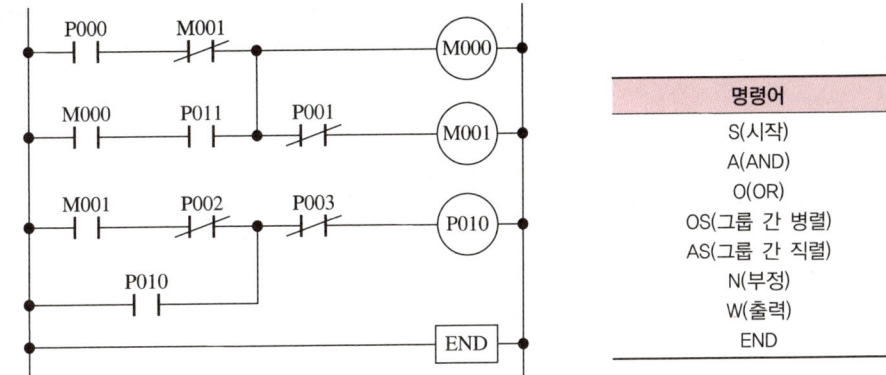

정답

① S
② M000
③ P011
④ OS
⑤ S
⑥ O
⑦ P010
⑧ END

전기 기사 2024년 제2회 기출복원문제

01 그림과 같은 Y결선에서 기본파와 제3고조파 전압만이 존재한다고 할 때 전압계의 눈금이 $V_p = 150[V]$, $V_l = 220[V]$로 나타났다면 제3고조파 전압[V]과 왜형률을 구하시오.

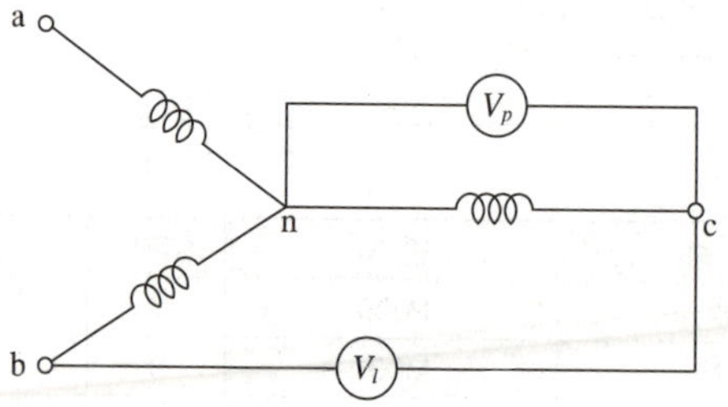

해설

$V_p = \sqrt{V_1^{\,2} + V_3^{\,2}}$

$150 = \sqrt{V_1^{\,2} + V_3^{\,2}}$

Y결선이므로 선간전압에 3고조파분이 존재하지 않으므로

$V_l = \sqrt{3}\,V_1$

$V_1 = \dfrac{220}{\sqrt{3}} \fallingdotseq 127.02[V]$

$150 = \sqrt{127.02^{\,2} + V_3^{\,2}}$

$V_3 = \sqrt{150^2 - 127.02^{\,2}}$

$\therefore\ V_3 \fallingdotseq 79.79[V]$

왜형률 $= \dfrac{\text{전고조파의 실횻값}}{\text{기본파의 실횻값}} \times 100 = \dfrac{79.79}{127.02} \times 100 \fallingdotseq 62.817[\%]$

정답

- 제3고조파 전압 : 79.79[V]
- 왜형률 : 62.82[%]

02 전력계통에서 단락용량의 경감대책 3가지만 쓰시오.

정답

- 전압을 승압한다.
- 한류리액터를 사용한다.
- 고 임피던스 기기를 사용한다.

03 중성점 직접접지 방식의 장단점을 3가지씩 쓰시오.

(1) 장 점

(2) 단 점

정답

(1) • 1선 지락 시 건전상의 전위상승을 억제한다.
• 단절연이 가능하므로 선로 및 기기의 절연레벨을 낮출 수 있다.
• 보호계전기의 동작이 확실하다.

(2) • 1선 지락 시 지락전류가 커서 안정도가 나쁘다.
• 통신선에 전자유도 장해가 크다.
• 지락전류가 매우 크기 때문에 기기에 큰 충격을 주어 수명이 단축된다.

04 다음 각 기기의 명칭을 쓰시오.

(1) 가공 배전선로에서 지락·단락 고장 사고가 발생하였을 때 고장을 검출하여 고장구간을 차단 후 일정시간이 지나면 자동으로 즉시 재투입이 가능한 개폐장치로서, 사고구간만을 계통에서 분리하여 선로에 파급되는 정전범위를 최소로 억제한다.

(2) 부하전류를 차단할 수 없으며 무부하 회로 개폐 시 기기의 수리 점검 시에 회로 접속변경 시 사용하는 것으로 반드시 무부하 상태에서 개방하여야 한다. 최근에는 ASS를 사용하며 66[kV] 이상의 경우에 이를 사용한다.

정답

(1) 리클로저
(2) 선로개폐기

05 그림과 같이 환상 직류 배전선로에서 각 구간의 왕복 저항은 0.1[Ω], 급전점 A의 전압은 100[V]이고, 부하점 B, C의 부하전류는 각각 30[A], 50[A]일 때 부하점 B의 전압은 몇 [V]인가?

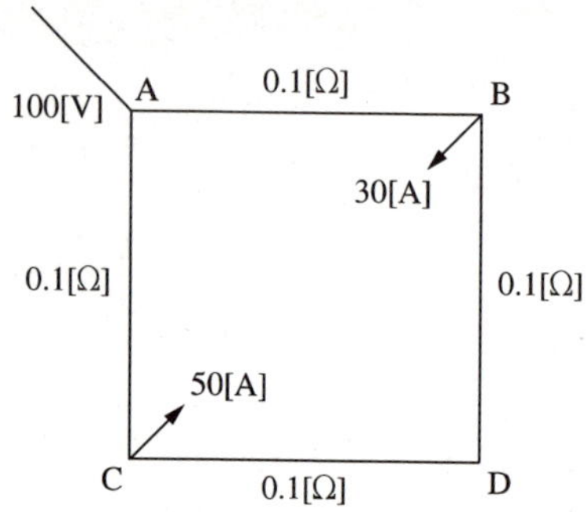

해설

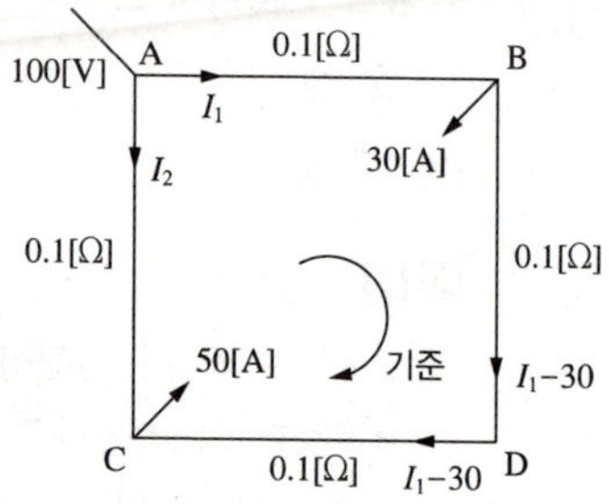

$I_2+I_1-30=50$

$I_1+I_2=80 \ (I_2=80-I_1)$

전압강하(폐회로에서)

$0.1I_1+0.1(I_1-30)+0.1(I_1-30)-0.1I_2=0$

$0.1I_1+0.1I_1-3+0.1I_1-3-0.1I_2=0$

$0.3I_1-6-0.1I_2=0$

$0.3I_1-6-0.1(80-I_1)=0$

$0.3I_1-6-8+0.1I_1=0$

$0.4I_1=14$

$I_1=35[A]$

$V_B=V_A-e=V_A-I_1R=100-35\times0.1=96.5[V]$

정답

96.5[V]

06 전류계붙이형 개폐기의 심벌을 보고 다음이 의미하는 것은 무엇인지 각각 쓰시오.

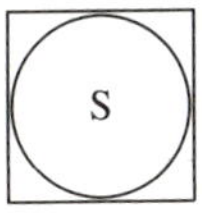

3P30A
f15A
A5

(1) 3P30A

(2) f15A

(3) A5

정답

(1) 3극 30[A] 전류계붙이 개폐기

(2) 퓨즈정격 15[A]

(3) 정격전류 5[A]

07 다음 각 물음에 답하시오.

(1) 피뢰기 접지공사를 실시한 후 접지저항을 보조접지 2개(A, B)를 시설하여 측정하였더니, 주접지와 보조접지 A 사이의 저항은 86[Ω], 보조접지 A와 보조접지 B 사이의 저항은 156[Ω], 주접지와 보조접지 B 사이의 저항은 80[Ω]이었다. 피뢰기의 접지저항값을 구하시오.

(2) 다음 설명에 대한 종류를 보기 중에서 찾아 쓰시오.

[보 기]
보호도체, 접지시스템, 내부피뢰시스템, 계통접지, 보호접지, 접지도체

종 류	설 명
①	계통, 설비 또는 기기의 한 점과 접지극 사이의 도전성 경로 또는 그 경로의 일부가 되는 도체
②	고장 시 감전에 대한 보호를 목적으로 기기의 한 점 또는 여러 점을 접지하는 것
③	기기나 계통을 개별적 또는 공통으로 접지하기 위하여 필요한 접속 및 장치로 구성된 설비

해설

(1) $R = \frac{1}{2}(86 + 80 - 156) = 5[\Omega]$

정답

(1) 5[Ω]

(2) ① 접지도체

② 보호접지

③ 접지시스템

08 고휘도 방전램프(HID)의 종류 3가지를 쓰시오.

정답

- 고압 수은등
- 고압 나트륨등
- 메탈할라이드등

09 연동선으로 사용한 코일의 저항이 0[℃]에서 4,000[Ω]이었다. 이 코일에 전류를 흘려 온도가 상승하여 코일의 저항이 4,500[Ω]으로 되었다고 한다. 이때 연동선의 온도를 구하시오.

해설

$R_t = R_0\{1+\alpha_0(t-t_0)\}$

여기서, R_t : 나중저항값[Ω]

R_0 : 처음저항값[Ω]

α_0 : 온도계수= $\dfrac{1}{234.5+t_0}$

t_0 : 처음온도[℃]

t : 나중온도[℃]

$$4{,}500 = 4{,}000\left\{1+\frac{1}{234.5}(t-0)\right\}$$

$$\frac{4{,}500}{4{,}000} = 1+\frac{1}{234.5}t$$

$$1.125 = 1+\frac{1}{234.5}t$$

$$(1.125-1)\times 234.5 = t$$

$$t = 29.3125[℃]$$

정답

29.31[℃]

10 그림은 변류기를 영상 접속시켜 그 잔류 회로에 지락계전기 DG를 삽입시킨 것이다. 선로의 전압은 66[kV], 중성점에 300[Ω]의 저항접지로 하였고, 변류기의 변류비는 300/5[A]이다. 송전전력이 20,000[kW], 역률이 0.8(지상)일 때 a상에 완전 지락사고가 발생하였다. 물음에 답하시오(단, 부하의 정상, 역상 임피던스 기타의 정수는 무시한다).

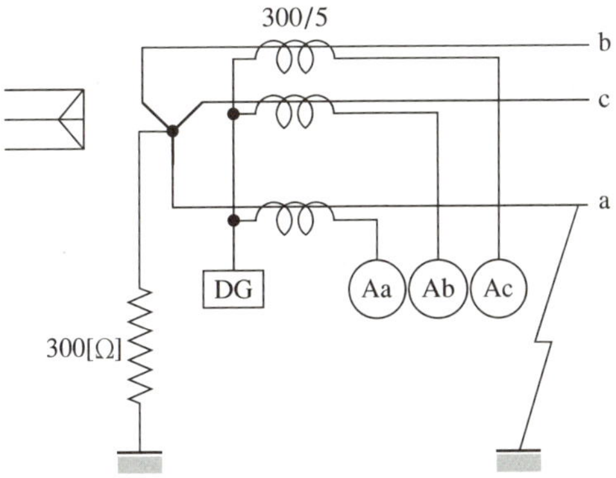

(1) 지락계전기 DG에 흐르는 전류[A]값은?
(2) a상 전류계 Aa에 흐르는 전류[A]값은?
(3) b상 전류계 Ab에 흐르는 전류[A]값은?
(4) c상 전류계 Ac에 흐르는 전류[A]값은?

해설

(1) $I_g = \dfrac{E}{R} = \dfrac{\dfrac{66,000}{\sqrt{3}}}{300} \fallingdotseq 127.017$

$I_{DG} = 127.017 \times \dfrac{5}{300} = 2.11695$

(2) 부하전류 $I_L = \dfrac{20,000}{\sqrt{3} \times 66 \times 0.8}(0.8 - j0.6) \fallingdotseq 174.955 - j131.216$

$I_A =$ 지락전류+부하전류 $= (174.955 + 127.017) - j131.216$

$= 301.972 - j131.216 = \sqrt{301.972^2 + 131.216^2} \fallingdotseq 329.249$

$\text{Aa} = 329.249 \times \dfrac{5}{300} \fallingdotseq 5.487$

(3) $I_L = \dfrac{20,000}{\sqrt{3} \times 66 \times 0.8} \fallingdotseq 218.693$

$\text{Ab} = 218.693 \times \dfrac{5}{300} \fallingdotseq 3.6448$

(4) $I_L = \dfrac{20,000}{\sqrt{3} \times 66 \times 0.8} = 218.693$

$\text{Ac} = 218.693 \times \dfrac{5}{300} = 3.6448$

정답

(1) 2.12[A]
(2) 5.49[A]
(3) 3.64[A]
(4) 3.64[A]

11

송전단 전압 6,600[V]인 변전소로부터 3[km] 떨어진 곳까지 2,000[kW] 역률 0.8(지상)의 3상 동력부하에 전력을 공급할 때, 수전단 전압이 6,300[V] 이하로 떨어지지 않게 하는 경동선의 굵기를 다음 표에서 선정하시오(단, 정전용량 및 리액턴스 등은 무시한다).

단면적[mm^2]	1.5	2.5	4	6	10	16	25	35	50	70	95	120

해설

$$A = \rho\frac{l}{R} = \frac{1}{55}\times\frac{3,000}{0.945} = 57.72[\mathrm{mm^2}]$$

$e = \sqrt{3}I(R\cos\theta + X\sin\theta)$에서 X를 무시하면

$$R = \frac{e}{\sqrt{3}\times I\times\cos\theta} = \frac{6,600-6,300}{\sqrt{3}\times 229.107\times 0.8} = 0.945$$

$P = \sqrt{3}\,VI\cos\theta$에서 $I = \dfrac{P}{\sqrt{3}\,V\cos\theta} = \dfrac{2,000\times 10^3}{\sqrt{3}\times 6,300\times 0.8} = 229.107$

정답

70[$\mathrm{mm^2}$]

12

3ϕ3W 3,000[V] 200[kVA]의 배전선로의 전압을 3,100[V]로 승압하기 위해서 단상변압기 3대를 그림과 같이 접속하였다. 각 물음에 답하시오.

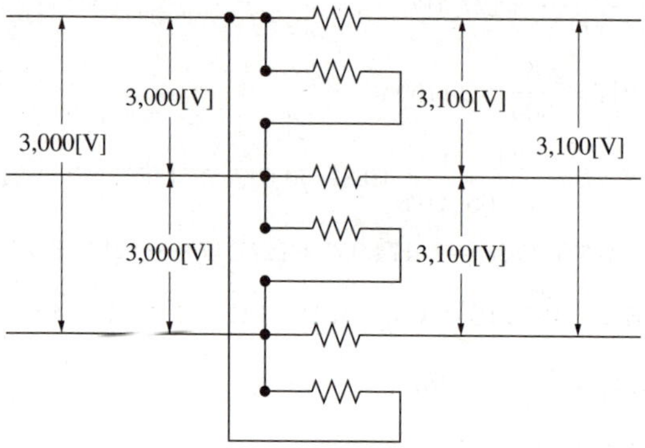

(1) 변압기 1차, 2차 전압을 구하시오.

(2) 변압기용량[kVA]을 구하시오.

해설

(1) 1차 전압=3,000[V]

2차 전압(V_n)$= -\dfrac{V_1}{2} + \sqrt{\dfrac{V_2^2}{3} - \dfrac{V_1^2}{12}} = -\dfrac{3,000}{2} + \sqrt{\dfrac{3,100^2}{3} - \dfrac{3,000^2}{12}} = 66.31[\mathrm{V}]$

(2) $\dfrac{\text{자기용량}}{\text{선로출력(부하용량)}} = \dfrac{3V_nI_2}{\sqrt{3}\,V_2I_2}$

자기용량$=$ 선로출력 $\times \dfrac{3V_n}{\sqrt{3}\,V_2} = 200\times\dfrac{3\times 66.31}{\sqrt{3}\times 3,100} = 7.409[\mathrm{kVA}]$

정답

(1) 1차 전압 : 3,000[V]

2차 전압 : 66.31[V]

(2) 7.41[kVA]

【참고】

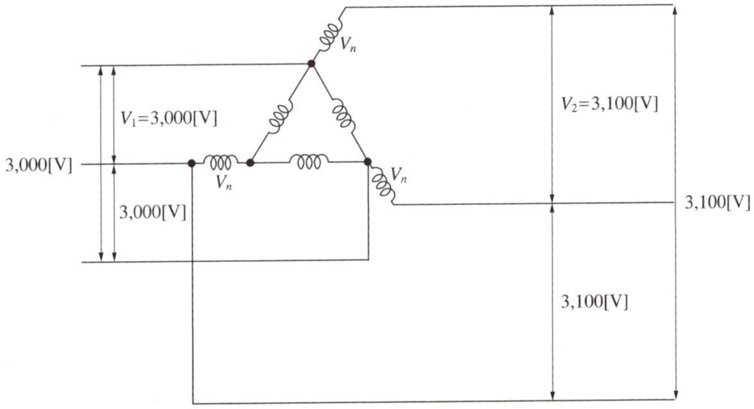

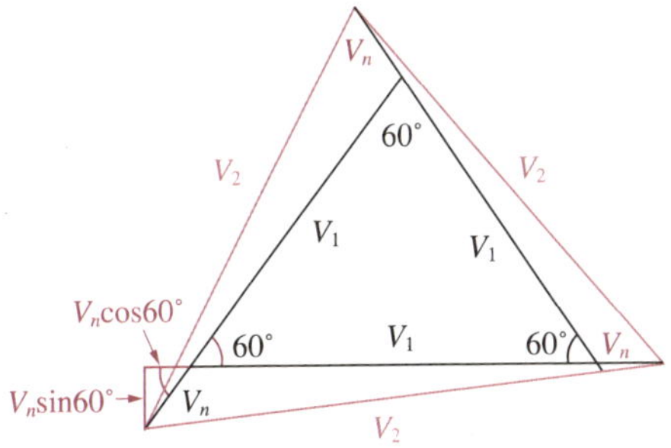

$$V_2 = \sqrt{(V_1 + V_n + V_n \cos 60^\circ)^2 + (V_n \sin 60^\circ)^2}$$

$$V_2^2 = (V_1 + V_n + V_n \cos 60^\circ)^2 + (V_n \sin 60^\circ)^2$$

$$= (V_1 + V_n + V_n \cos 60^\circ)(V_1 + V_n + V_n \cos 60^\circ) + V_n^2 \sin^2 60^\circ$$

$$= V_1^2 + V_1 V_n + V_1 V_n \cos 60^\circ + V_1 V_n + V_n^2 + V_n^2 \cos 60^\circ$$

$$+ V_1 V_n \cos 60^\circ + V_n^2 \cos 60^\circ + V_n^2 \cos^2 60^\circ + V_n^2 \sin^2 60^\circ$$

$$= V_n^2 + \frac{1}{2} V_n^2 + \frac{1}{2} V_n^2 + V_n^2(\cos^2 60^\circ + \sin^2 60^\circ) + 2 V_1 V_n + \frac{1}{2} V_1 V_n + \frac{1}{2} V_1 V_n + V_1^2$$

$$= 3 V_n^2 + 3 V_1 V_n + V_1^2$$

$$3 V_n^2 + 3 V_1 V_n + (V_1^2 - V_2^2) = 0$$

근의 공식 $V_n = \dfrac{-3V_1 + \sqrt{(3V_1)^2 - 4 \times 3 \times (V_1^2 - V_2^2)}}{2 \times 3} = -\dfrac{1}{2} V_1 + \sqrt{\dfrac{9V_1^2 - 12V_1^2 + 12V_2^2}{36}}$

$$= -\frac{1}{2} V_1 + \sqrt{\frac{-3V_1^2 + 12V_2^2}{36}} = -\frac{1}{2} V_1 + \sqrt{\frac{1}{3} V_2^2 - \frac{1}{12} V_1^2}$$

13 그림과 같이 A변전소에서 B변전소로 1회선 송전을 하고 있다. 이 경우 B변전소에서 (가)차단기의 차단용량을 구하시오(단, 계통의 $\%Z$는 10[MVA]를 기준으로 한다).

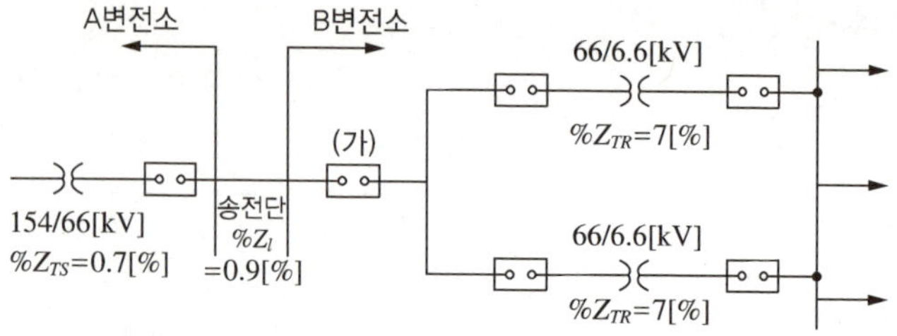

차단기용량[MVA]	100	200	400	500	600	700

해설

$$P_s = \frac{100}{\text{합성}\%Z} P_n = \frac{100}{0.7+0.9} \times 10 = 625[\text{MVA}]$$

정답

700[MVA]

14 그림과 같은 배선평면도와 주어진 조건을 이용하여 다음 각 물음에 답하시오.

(1) A~F로 표시된 위치에 기구를 배치하여 배선평면도를 완성하려고 한다. 해당되는 기구의 그림 기호를 그리시오.

(2) 배선 평면도에서 ①~③의 배선가닥수는 몇 가닥인가?

(3) 도면 ④에 대한 그림기호의 명칭은 무엇인가?

(4) 본 배선평면도에 소요되는 4각 박스와 부싱은 몇 개인가?(단, 자재의 규격은 구분하지 않고 개수만 산정한다)

[조 건]

- 사용하는 전선은 모두 450/750[V] 일반용 단심 비닐절연전선 4[mm²]이다.
- 박스는 모두 4각 박스를 사용하며 기구 1개에 박스 1개를 사용한다. 2개 연동인 경우에는 각 1개씩을 사용하는 것으로 한다.
- 전선관은 콘크리트 매입 후강금속관이다.
- 층고는 3[m]이고, 분전반의 설치 높이는 1.5[m]이다.
- 3로 스위치 이외의 스위치는 단극 스위치를 사용하며, 2개를 나란히 사용한 곳은 2개소이다.

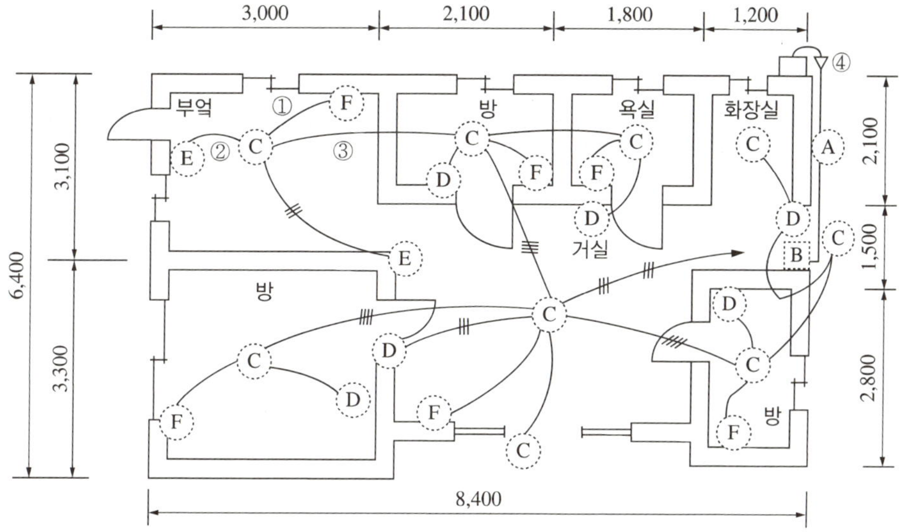

A : 전력량계, B : 분전반, C : 백열전등, D : 텀블러스위치, E : 텀블러스위치(3로), F : 15[A]콘센트

해설

(2)

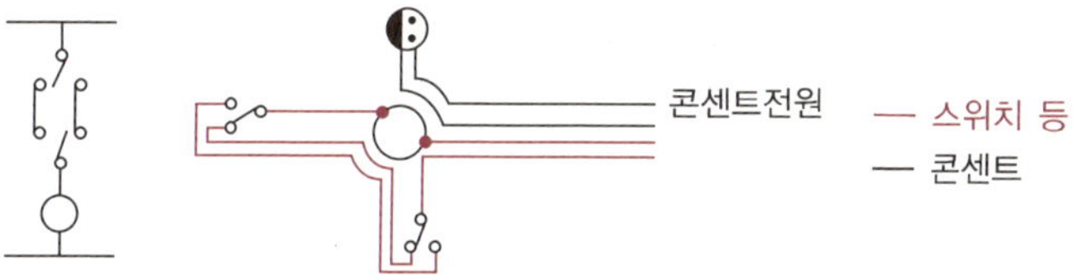

(4) 박스 : 23개 + 2개(2개 연동) = 25개

부싱 : 배관 × 2 = 23 × 2 = 46개

【참고】 로크너트 : 배관 × 4 = 23 × 4 = 92개

정답

(1) A : 

B : 
C : 

D : 
E : 

F : 

(2) ① 2가닥

② 3가닥

③ 4가닥

(3) 케이블 헤드

(4) • 박스 : 25개

• 부싱 : 46개

15 KEC 규정에서 정하는 용어의 정의이다. (   )에 알맞은 용어를 쓰시오.

• (①)란 교류회로에서 중성선 겸용 보호도체를 말한다.
• (②)란 직류회로에서 중간도체 겸용 보호도체를 말한다.
• (③)란 직류회로에서 선도체 겸용 보호도체를 말한다.

해설

KEC 112(용어정의)

- PEN 도체(Protective Earthing Conductor and Neutral Conductor) : 교류회로에서 중성선 겸용 보호도체
- PEM 도체(Protective Earthing Conductor and a Mid-point Conductor) : 직류회로에서 중간도체 겸용 보호도체
- PEL 도체(Protective Earthing Conductor and a Line Conductor) : 직류회로에서 선도체 겸용 보호도체

정답

① PEN 도체
② PEM 도체
③ PEL 도체

16 다음 논리식에 대한 유접점 회로를 완성하시오.

논리식 : $L = (\overline{X}+Y+\overline{Z})(X+\overline{Y}+\overline{Z})$

접속	비접속
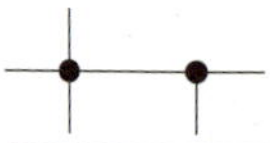	

• 유접점 회로

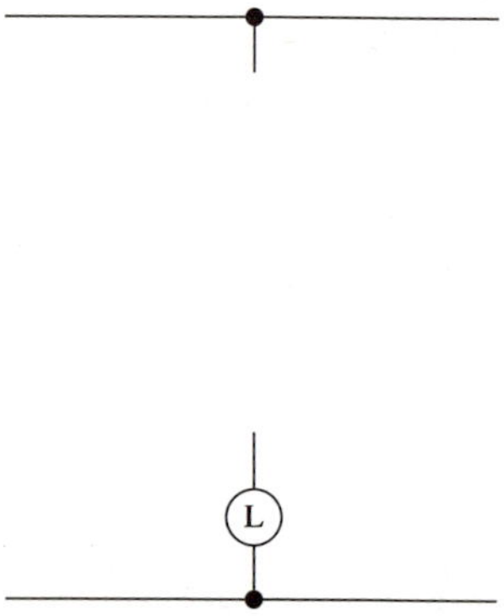

정답

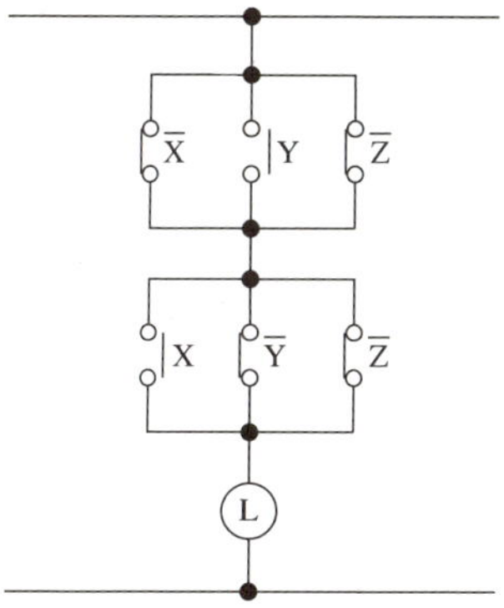

17

가로 10[m], 세로 16[m], 천장 높이 3.85[m], 작업면 높이 0.85[m]인 사무실에 천장 직부 형광등 F40×2를 설치하려고 한다.

(1) F40×2의 심벌을 그리시오.

(2) 이 사무실의 실지수는 얼마인가?

(3) 이 사무실의 작업면 조도를 300[lx], 천장반사율 70[%], 벽반사율 50[%], 바닥반사율 10[%], 40[W] 형광등 1등의 광속 3,150[lm], 보수율 70[%], 조명률 61[%]로 한다면 이 사무실에 필요한 소요 등기구수는 몇 등인가?

해설

(2) 실지수$(RI) = \dfrac{XY}{H(X+Y)} = \dfrac{10 \times 16}{(3.85-0.85) \times (10+16)} \fallingdotseq 2.05$

(3) $N = \dfrac{EAD}{FU} = \dfrac{300 \times (10 \times 16)}{(3{,}150 \times 2) \times 0.61 \times 0.7} \fallingdotseq 17.84$

정답

(1) 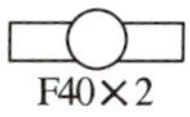

(2) 2.05

(3) 18[등]

18

프로그램에 따라 PLC(래더 다이어그램)를 그리시오(단, 시작 입력 LOAD, 출력 OUT을 사용하며, P010~P012는 전자접촉기 MC를 각각 나타내며, P001과 P002는 버튼 스위치를 표시한 것이다).

(1)

	명 령	번 지
생 략	LOAD	P001
	OR	M001
	LOAD NOT	P002
	OR	M000
	AND LOAD	–
	OUT	P017

Tip
→ 시 작
→ 병 렬
→ 시작(부정)
→ 병 렬
→ 시작직렬묶음

(2)

	명 령	번 지
생 략	LOAD	P001
	AND	M001
	LOAD NOT	P002
	AND	M000
	OR LOAD	–
	OUT	P017

Tip
→ 시 작
→ 직 렬
→ 시작(부정)
→ 직 렬
→ 시작병렬묶음

정답

(1)

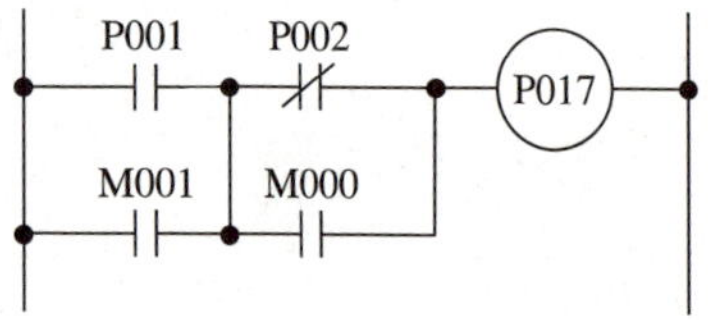

(2)

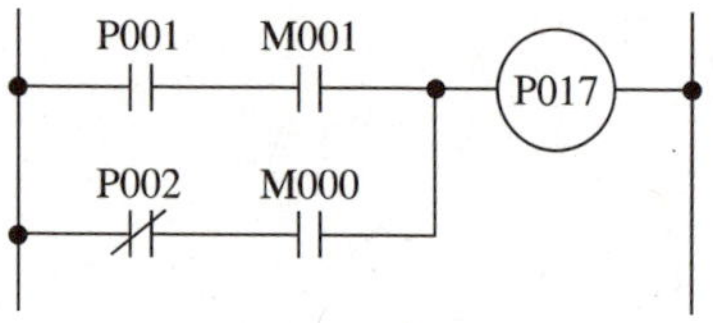

전기기사 2024년 제3회 기출복원문제

01 다음 건물에 사용되는 변압기용량을 표준용량으로 구하시오(단, 종합역률 85[%], 부등률 1.3이고, 변압기용량은 최대부하에 20[%]의 여유를 준다).

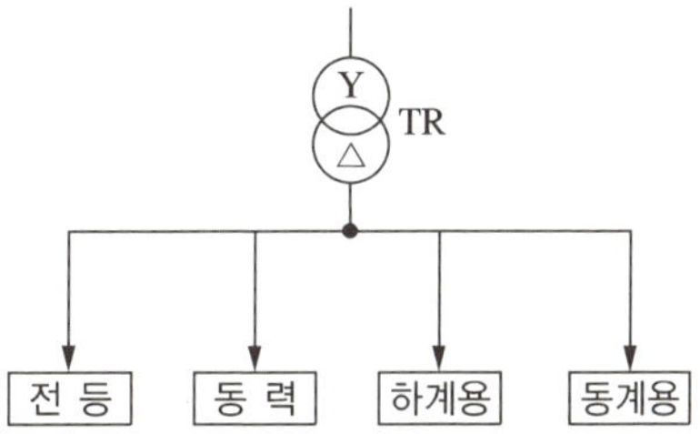

부 하	전등부하	동력부하	하절기 냉방부하	동절기 난방부하
전력[kW]	110	230	130	70
수용률[%]	65	80	70	75

변압기 표준용량[kVA]					
100	200	300	400	500	1,000

해설

$$변압기용량[kVA] = \frac{개별수요최대전력의 합[kW]}{부등률 \times 역률} \times 여유율$$

$$= \frac{110 \times 0.65 + 230 \times 0.8 + 130 \times 0.7}{1.3 \times 0.85} \times 1.2$$

$$= 376.289[kVA]$$

정답

400[kVA]

02 다음 그림을 보고 주어진 물음에 답하시오(단, 문제에서 주어지지 않은 조건은 고려하지 않는다).

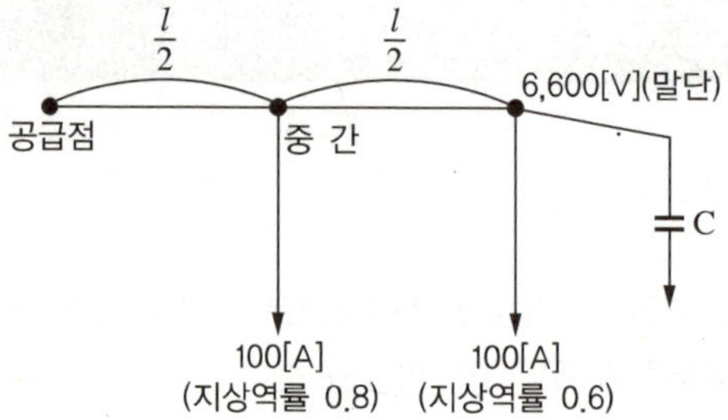

(1) 공급점의 역률 0.9(지상)로 개선하는 콘덴서 용량 Q_C[kVA] 값을 구하시오.

(2) 선로의 전력손실을 최소로 할 수 있는 콘덴서 용량 Q_C[kVA] 값을 구하시오(단, 말단 전압은 6,600[V]로 일정하고, $\gamma[\Omega/\text{m}]$이다)

해설

(1) $I_{중간} = 100(0.8 - j0.6) = 80 - j60$

$I_{말단} = 100(0.6 - j0.8) = 60 - j80$

$I_C = jI_C$

$I_{공급점} = 80 - j60 + 60 - j80 + jI_C = 140 - j140 + jI_C$

$$역률 \cos\theta = \frac{유효전류}{피상전류} = \frac{유효전류}{\sqrt{(유효전류)^2 + (무효전류)^2}}$$

$$= \frac{140}{\sqrt{140^2 + (140 - I_C)^2}} = 0.9,\ \therefore\ I_C \fallingdotseq 72.195[\text{A}]$$

$Q_C = \sqrt{3}\,VI_C = \sqrt{3} \times 6{,}600 \times 72.195 \times 10^{-3} \fallingdotseq 825.299[\text{kVA}]$

(2) 전력손실을 최소로 한다는 $\cos\theta = 1$이므로

피상전류 = 유효전류

$I_{공급점} = 140 - j140 + jI_C$

$I_C = 140[\text{A}]$

$Q_C = \sqrt{3}\,VI_C = \sqrt{3} \times 6{,}600 \times 140 \times 10^{-3} = 1{,}600.414[\text{kVA}]$

정답

(1) 825.30[kVA]

(2) 1,600.41[kVA]

03 다음은 전력시설물 공사감리업무 수행지침과 관련된 사항이다. 괄호 안에 알맞은 내용을 쓰시오.

감리원은 설계도서 등에 대하여 공사계약문서 상호 간의 모순되는 사항, 현장 실정과의 부합 여부 등 현장 시공을 주안으로 하여 해당 공사 시작 전에 검토하여야 하며 검토 내용에는 다음 각 호의 사항 등이 포함되어야 한다.
1. 현장조건에 부합 여부
2. 시공의 (①) 여부
3. 다른 사업 또는 다른 공정과의 상호 부합 여부
4. (②), 설계설명서, 기술계산서, (③) 등의 내용에 대한 상호 일치 여부
5. (④), 오류 등 불명확한 부분의 존재 여부
6. 발주자가 제공한 (⑤)와 공사업자가 제출한 산출내역서의 수량 일치 여부
7. 시공상의 예상 문제점 및 대책 등

정답

① 실제 가능
② 설계도면
③ 산출내역서
④ 설계도서의 누락
⑤ 물량내역서

04 다음은 컴퓨터 등의 중요한 부하에 대한 무정전 전원공급을 위한 그림이다. (가)~(마)에 적당한 전기 시설물의 명칭을 쓰시오.

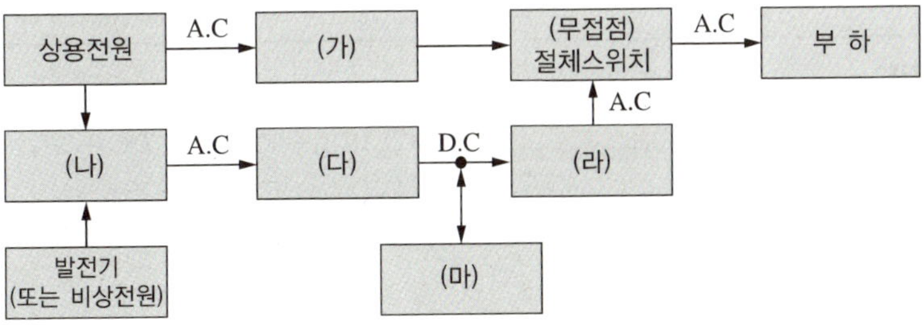

정답

(가) 자동전압조정기(AVR)
(나) 절체용 개폐기
(다) 정류기(컨버터)
(라) 인버터
(마) 축전지

05 일반적으로 보호계전시스템은 사고 시의 오작동이나 부작동에 따른 손해를 줄이기 위해 그림과 같이 주보호와 후비보호로 구성된다. 각 사고점(F_1, F_2, F_3, F_4)별 주보호 및 후비보호 요소들의 보호계전기와 해당 CB를 빈칸에 쓰시오.

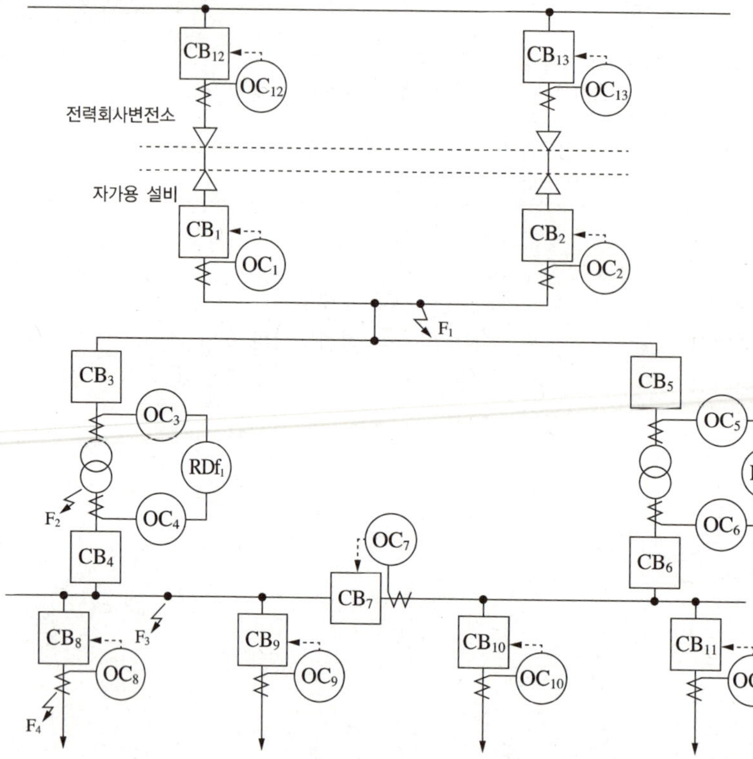

사고점	주보호	후비보호
F_1	예 OC_1+CB_1, OC_2+CB_2	①
F_2	②	③
F_3	④	⑤
F_4	⑥	⑦

정답

① $OC_{12}+CB_{12}$, $OC_{13}+CB_{13}$

② $RDf_1+OC_4+CB_4$, OC_3+CB_3

③ OC_1+CB_1, OC_2+CB_2

④ OC_4+CB_4, OC_7+CB_7

⑤ OC_3+CB_3, OC_6+CB_6

⑥ OC_8+CB_8

⑦ OC_4+CB_4, OC_7+CB_7

06 전기설비를 방폭화한 방폭기기의 구조에 따른 종류 4가지만 쓰시오.

정답

- 압력 방폭구조
- 내압 방폭구조
- 유입 방폭구조
- 안전증 방폭구조

07 스폿 네트워크(Spot Network) 수전방식의 특징을 3가지만 쓰시오.

정답

- 무정전 공급이 가능하다.
- 전압변동률이 적다.
- 부하 증설에 적응성이 우수하다.

[기 타]

- 설비이용률이 향상된다.

08 전력용 퓨즈의 단점 5가지를 쓰시오.

정답

- 재투입이 불가능하다.
- 과도전류에 용단되기 쉽다.
- 한류형은 과전압이 발생된다.
- 보호계전기를 자유로이 조정할 수 없다.
- 고 임피던스 접지사고는 보호할 수 없다.

09 한류저항기의 설치목적 2가지를 쓰시오.

정답

- 지락방향 계전기 사용 시 지락전류의 유효분을 발생시킨다.
- 오픈델타 회로의 각 상전압 중 제3고조파를 억제한다.

[기 타]

- 중성점 불안정 등 비접지 회로의 이상현상을 억제한다.

10 다음 심벌의 명칭과 용도를 쓰시오.

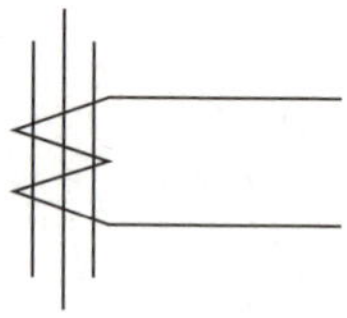

(1) 명칭 :

(2) 용도 :

정답

(1) 명칭 : 영상변류기

(2) 용도 : 지락사고 시 영상전류를 검출하여 계전기에 전원을 공급한다.

11 송전단 전압이 3,300[V]인 변전소로부터 5.8[km] 떨어진 곳까지 지중으로 역률 0.9(지상) 500[kW]의 3상 동력부하에 전력을 공급할 때 케이블의 허용전류(또는 안전전류) 범위 내에서 전압강하가 10[%]를 초과하지 않는 케이블을 다음 표에서 선정하시오(단, 도체(동선)의 고유저항은 1/55[Ω · mm^2/m]로 하고 케이블의 정전용량 및 리액턴스 등은 무시한다).

[심선의 굵기와 허용전류]

심선의 굵기[mm^2]	38	58	60	80	100	150
허용전류[A]	60	100	110	120	160	190

해설

$$\delta=\frac{V_s-V_r}{V_r}\times 100$$

$$0.1=\frac{3{,}300-V_r}{V_r}\times 100$$

$$\therefore V_r=3{,}000[\mathrm{V}]$$

$$I=\frac{P}{\sqrt{3}\,V_r\cos\theta}=\frac{500\times 10^3}{\sqrt{3}\times 3{,}000\times 0.9}\fallingdotseq 106.916[\mathrm{A}]$$

$e=\sqrt{3}\,I(R\cos\theta+X\sin\theta)$에서 리액턴스를 무시하면

$$e=\sqrt{3}\,IR\cos\theta$$

$$R=\frac{e}{\sqrt{3}\,I\cos\theta}=\frac{3{,}300-3{,}000}{\sqrt{3}\times 106.916\times 0.9}=1.8[\Omega]$$

$R=\rho\dfrac{l}{A}$에서

$$A=\rho\frac{l}{R}=\frac{1}{55}\times\frac{5.8\times 10^3}{1.8}=58.585[\mathrm{mm}^2]$$

정답

60[mm^2]

12 **선로정수 A, B, C, D가 무부하 시 송전단의 선간전압 154[kV]를 인가할 때 다음 물음에 답하시오(단, 4단자 정수 값은 $A=D=0.9$, $B=j380$, $C=j0.5\times10^{-3}$이다).**

(1) 수전단 전압

(2) 송전단 전류

(3) 무부하 시 수전단 전압을 140[kV]로 유지하기 위해 필요한 조상설비용량[kVar]은?

해설

(1) 전파방정식 $E_s = AE_r + BI_r$

$I_s = CE_r + DI_r$에서

무부하 시 $I_r = 0$이므로 $E_s = AE_r$

$$E_r = \frac{E_s}{A} = \frac{\frac{154}{\sqrt{3}}}{0.9} \fallingdotseq 98.791[\text{kV}]$$

$$V_r = \sqrt{3}\times 98.791 \fallingdotseq 171.111[\text{kV}]$$

(2) $I_s = CE_r = j0.5\times10^{-3}\times98.791\times10^3 \fallingdotseq j49.395[\text{A}]$

(3) $Q_C = \sqrt{3}\ VI_r$

$$I_r = \frac{E_s - AE_r}{B} = \frac{\frac{154\times10^3}{\sqrt{3}} - 0.9\times\frac{140\times10^3}{\sqrt{3}}}{j380} \fallingdotseq -j42.542[\text{A}]$$

$$Q_C = \sqrt{3}\times140\times10^3\times42.542\times10^{-3} \fallingdotseq 10{,}315.886[\text{kVar}]$$

정답

(1) 171.11[kV]

(2) 49.40[A]

(3) 10,315.89[kVar]

13 **그림과 같은 전자 릴레이 회로를 답란의 미완성 도면에 다이오드를 추가시켜 다이오드 매트릭스 회로로 바꾸어 그리시오.**

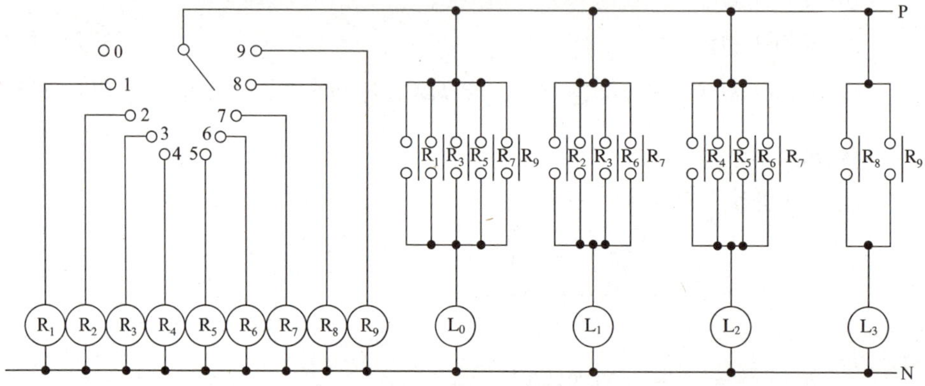

(전자 릴레이 회로)

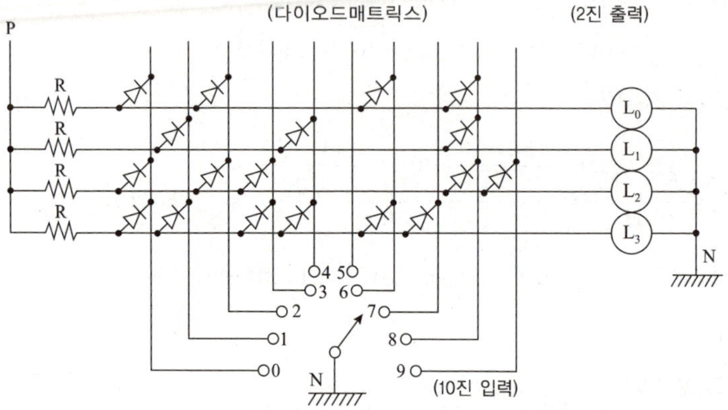

TIP

먼저 $L_0 + R_1 + R_3 + R_5 + R_7 + R_9$, $L_1 = R_2 + R_3 + R_6 + R_7$, $L_2 = R_4 + R_5 + R_6 + R_7$, $L_3 = R_8 + R_9$를 구하고 그 부분만 다이오드를 제거하고 나머지만 다이오드를 추가로 그린다.

정답

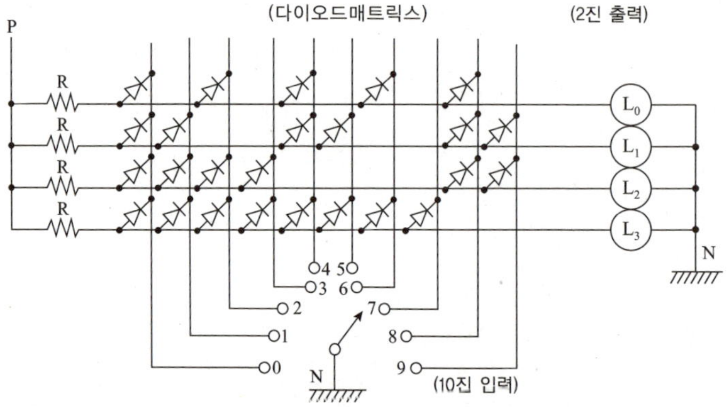

14 한국전기설비규정(KEC)에 따른 아크를 발생하는 기구의 시설에서 고압용 개폐기 · 차단기 · 피뢰기, 기타 이와 유사한 기구로서 동작 시에 아크가 생기는 것은 목재의 벽 또는 천장, 기타의 가연성 물체로부터 몇 [m] 이상 이격하여 시설하여야 하는가?

해설

KEC 341.7(아크를 발생하는 기구의 시설)
가연성 천장으로부터 일정거리 이격

전 압	고 압	특고압
간 격	1[m] 이상	2[m] 이상(단, 35[kV] 이하로 화재 위험이 없는 경우 : 1[m] 이상)

정답

1[m]

15 KEC 규정에 의해 다음 용량에 대해 자동차단장치를 설치해야 한다. 다음 빈칸에 답하시오.

- 용량이 (①)[kVA] 이상의 발전기를 구동하는 수차의 압유장치의 유압 또는 전동식 가이드밴 제어장치, 전동식 니들 제어장치 또는 전동식 디플렉터 제어장치의 전원전압이 현저히 저하한 경우
- 용량이 (②)[kVA] 이상의 발전기를 구동하는 풍차(風車)의 압유장치의 유압, 압축 공기장치의 공기압 또는 전동식 브레이드 제어장치의 전원전압이 현저히 저하한 경우
- 용량이 (③)[kVA] 이상인 수차 발전기의 스러스트 베어링의 온도가 현저히 상승한 경우
- 용량이 (④)[kVA] 이상인 발전기의 내부에 고장이 생긴 경우
- 정격출력이 (⑤)[kW]를 초과하는 증기터빈은 그 스러스트 베어링이 현저하게 마모되거나 그의 온도가 현저히 상승한 경우

해설

기기의 종류	용 량	사고의 종류	보호장치
발전기	모든 발전기	과전류, 과전압	자동차단장치
	500[kVA] 이상	수차의 유압 및 전원 전압이 현저히 저하	자동차단장치
	2,000[kVA] 이상	베어링 과열로 온도가 상승	자동차단장치
	10,000[kVA] 이상	발전기의 내부고장	자동차단장치
특고압 변압기	5,000[kVA] 이상 10,000[kVA] 미만	변압기의 내부고장	경보장치, 자동차단장치
	10,000[kVA] 이상	변압기의 내부고장	자동차단장치
	타랭식 특고압용 변압기	냉각 장치의 고장, 온도상승	경보장치
전력콘덴서 및 분로리액터	500[kVA] 초과 15,000[kVA] 미만	내부고장 및 과전류	자동차단장치
	15,000[kVA] 이상	내부고장, 과전류 및 과전압	자동차단장치
무효 전력 보상 장치	15,000[kVA] 이상	내부고장	자동차단장치

정답

① 500　② 100
③ 2,000　④ 10,000
⑤ 10,000

16 다음 회로는 TN-C-S 계통접지이다. 중성선(N), 보호선(PE), 보호선과 중성선을 겸한 선(PEN)을 도면에 완성하여 표시하시오(단, 중성선은 ⟋•, 보호선은 ⟋, 보호선과 중성선을 겸한 선은 ⟋•로 표시한다).

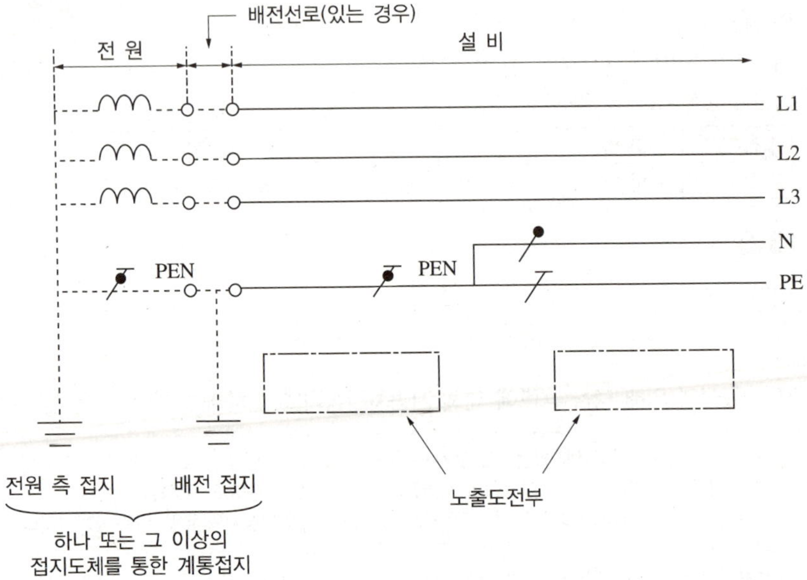

정답

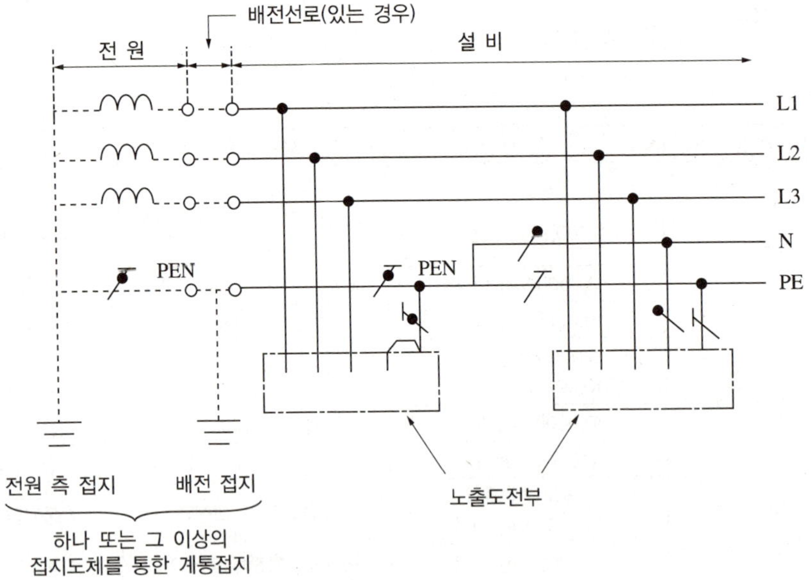

17 다음 물음에 답하시오.

(1) 3상 4선식 22.9[kV] 중성선 다중접지식 가공전선로의 전로와 대지 간의 절연내력 시험전압은 얼마이며 몇 분간 견디어야 하는가?

(2) 최대사용 전압 69[kV]인 중성점 비접지식 지중 케이블 전선로의 절연내력 시험을 직류 전압으로 하는 경우 시험전압의 값[kV]은?

(3) 220[V]용 전동기의 절연내력 시험 시 시험전압은 몇 [V]인가?

(4) 최대사용전압이 440[V]인 전동기의 절연내력 시험전압[V]은?

해설

(1) 시험전압=22.9×0.92=21.068[kV]

(2) 시험전압=69×1.25×2(케이블 직류)=172.5[kV]

(3) 시험전압=220×1.5=330[V]　　∴ 최저시험전압 : 500[V]

(4) 시험전압=440×1.5=660[V]

종 류		시험전압	최저시험전압
최대사용전압 7[kV] 이하		최대사용전압×1.5	500[V]
최대사용전압 7[kV] 초과 25[kV] 이하(중성선 다중접지 방식)		최대사용전압×0.92	
최대사용전압 7[kV] 초과 60[kV] 이하	비접지	최대사용전압×1.25	10.5[kV]
최대사용전압 60[kV] 초과 비접지			
최대사용전압 60[kV] 초과 중성점 접지식		최대사용전압×1.1	75[kV]
최대사용전압 60[kV] 초과 중성점 직접접지		최대사용전압×0.72	
최대사용전압 170[kV] 초과 중성점 직접접지(발·변전소 또는 이에 준하는 장소 시설)		최대사용전압×0.64	

※ 전로에 케이블을 사용하는 경우에는 직류로 시험할 수 있으며, 시험전압은 교류의 경우 2배가 된다.

정답

(1) 시험전압 : 21.07[kV], 시험시간 : 10분

(2) 172.5[kV]

(3) 500[V]

(4) 660[V]

전기 산업기사 2024년 제1회 기출복원문제

01 전력기술관리법령상 종합설계업을 등록을 할 경우 기술인력 등록 기준 3가지를 쓰시오.

정답

전기분야 기술사 2명, 설계사 2명, 설계보조자 2명

02 다음 표를 보고 전동기의 정격을 쓰시오.

전동기 정격	특 징
(1)	차가운 상태에서 시작하여 일정한 단시간 지정 조건하에서 운전되었을 때 규정된 온도 상승, 기타 제반조건을 초과하지 않는 정격
(2)	지정된 조건으로 연속 사용할 때 규정된 온도 상승, 기타 제반조건을 초과하지 않는 정격
(3)	지정된 조건에서 일정한 부하로 운전, 정지를 주기적으로 반복 사용할 때 규정된 온도 상승, 기타 제반조건을 초과하지 않는 정격

정답

(1) 단시간 정격
(2) 연속 정격
(3) 반복 정격

03 다음 물음에 답하시오.

(1) 역률을 개선하기 위한 전력용 콘덴서 용량은 최대 무슨 전력 이하로 설정하여야 하는지 쓰시오.

(2) 제5고조파를 제거하기 위해 콘덴서에 무엇을 설치해야 하는지 쓰시오.

(3) 역률 개선 시 나타나는 효과 4가지를 쓰시오.

정답

(1) 부하의 지상 무효전력
(2) 직렬리액터
(3) • 전력손실 경감
• 전압 강하의 감소
• 설비이용률이 증가
• 전기요금이 절약

04 한시계전기의 특성을 설명하시오.

(1) 정한시

(2) 반한시

(3) 반한시성 정한시

정답

(1) 정한시 : 동작전류 크기에 관계없이 정해진 일정 시간에 동작하는 특성
(2) 반한시 : 동작전류가 커질수록 동작시간이 짧게 되고 반대로 동작전류가 적을수록 동작시간이 길어지는 특성
(3) 반한시성 정한시 : 동작전류가 적은 동안에는 반한시 특성을 갖고 일정 전류 이상이면 정한시 특성을 갖는다.

05 지지물 간 거리가 200[m]인 가공송전선로가 있다. 전선 1[m]당 무게는 2.0[kg]이고 풍압하중이 없다고 한다. 인장강도 4,000[kg]의 전선을 사용할 때 처짐정도(Dip)와 전선의 실제 길이를 구하시오(단, 안전율은 2.2로 한다).

해설

$$D(\text{처짐정도}) = \frac{WS^2}{8T} = \frac{2 \times 200^2}{8 \times \dfrac{4,000}{2.2}} = 5.5[\text{m}] \left(T = \frac{\text{인장하중}}{\text{안전율}} \right)$$

$$\text{실제 길이}(L) = S + \frac{8D^2}{3S} = 200 + \frac{8 \times 5.5^2}{3 \times 200} \fallingdotseq 200.4[\text{m}]$$

정답

- 처짐정도 : 5.5[m]
- 실제 길이 : 200.4[m]

06 500[kVA]의 변압기가 그림과 같이 운전되고 있다. 오전에는 역률 85[%]로, 오후에는 100[%]로 운전된다고 하면 전일효율은 몇 [%]가 되는가?(단, 이 변압기의 전부하 시 동손 10[kW], 철손 6[kW]이다)

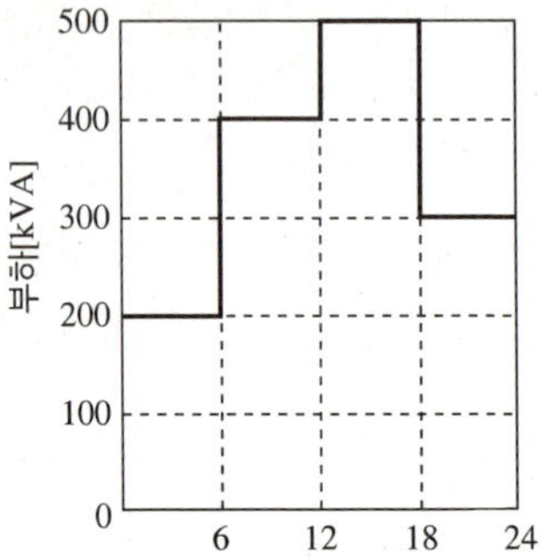

해설

24시간 출력

$P' = \{mP_a\cos\theta \times T + \cdots\cdots\}$

$= \left\{\left(\frac{200}{500}\right)\times 500\times 6\times 0.85+\left(\frac{400}{500}\right)\times 500\times 6\times 0.85+\left(\frac{500}{500}\right)\times 500\times 6\times 1+\left(\frac{300}{500}\right)\times 500\times 6\times 1\right\}$

$= 7{,}860[\text{kWh}]$

24시간 철손 $P_i = 24P_i = 24\times 6 = 144[\text{kWh}]$

24시간 동손 $P_c = \{m^2 P_c T + \cdots\cdots\}$

$= \left\{\left(\frac{200}{500}\right)^2\times 6\times 10+\left(\frac{400}{500}\right)^2\times 6\times 10+\left(\frac{500}{500}\right)^2\times 6\times 10+\left(\frac{300}{500}\right)^2\times 6\times 10\right\}$

$= 129.6[\text{kWh}]$

전일효율 $\eta = \frac{P'}{P'+P_i+P_c}\times 100 = \frac{7{,}860}{7{,}860+144+129.6}\times 100 \fallingdotseq 96.64[\%]$

정답

96.64[%]

07 어떤 공장의 어느 날 부하실적이 1일 사용전력량 200[kWh]이며, 1일의 최대전력이 12[kW]이고, 최대전력일 때의 전류값이 33[A]이었을 경우 다음 각 물음에 답하시오(단, 이 공장은 220[V], 11[kW]인 3상 유도전동기를 부하설비로 사용한다고 한다).

(1) 일부하율은 몇 [%]인가?

(2) 최대 공급전력일 때의 역률은 몇 [%]인가?

해설

(1) $\text{부하율} = \dfrac{\text{평균전력[kW]}}{\text{최대전력[kW]}} \times 100[\%]$

$= \dfrac{200}{24 \times 12} \times 100 \fallingdotseq 69.44$

(2) $\cos\theta = \left(\dfrac{P}{\sqrt{3}\, VI}\right) \times 100 = \dfrac{12 \times 10^3}{\sqrt{3} \times 220 \times 33} \times 100 \fallingdotseq 95.429$

정답

(1) 69.44[%]

(2) 95.43[%]

08 3상 농형 유도전동기 기동법 3가지를 쓰시오.

정답

- 직입 기동법
- Y-△ 기동법
- 기동보상기법

[기 타]

- 리액터 기동법

09 차단기의 약호에 대한 명칭을 쓰시오.

(1) ABB (2) VCB

(3) GCB (4) OCB

(5) ACB

정답

(1) 공기차단기 (2) 진공차단기

(3) 가스차단기 (4) 유입차단기

(5) 기중차단기

10 피뢰기는 이상전압이 기기에 침입했을 때 그 파곳값을 저감하기 위해 뇌전류를 대지로 방전시켜 절연파괴를 방지하며 방전에 의하여 생기는 속류를 차단하여 원래 상태로 회복시키는 장치이다. 이 피뢰기의 제한전압과 정격전압에 대하여 쓰시오.

정답

- 제한전압 : 피뢰기 동작 중 단자전압의 파곳값
- 정격전압 : 속류가 차단되는 교류의 최곳값

11 다음 그림은 배전반에서 계측을 하기 위한 계기용 변성기이다. 다음 그림을 보고 명칭, 약호, 심벌, 역할에 알맞은 내용을 쓰시오.

구 분		
명 칭		
약 호		
심 벌		
역 할		

정답

구 분		
명 칭	계기용 변류기	계기용 변압기
약 호	CT	PT
심 벌	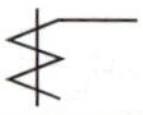	
역 할	대전류를 소전류로 변류하여 계기 및 계전기에 전원 공급	고전압을 저전압으로 변성하여 계기 및 계전기에 전원 공급

12 가공전선로의 파동 임피던스가 400[Ω], 케이블의 파동 임피던스가 50[Ω]인 전선로의 접속점에 피뢰기를 설치하였다. 피뢰기 투과전압이 600[kV], 이상전류가 2,500[A]일 때 피뢰기의 제한전압[kV]을 구하시오.

해설

제한전압 = 투과파 전압 − 피뢰기 단자전압

$$= \frac{2z_2}{z_1+z_2}e_1 - \frac{z_1 z_2}{z_1+z_2}i_a$$

$$= 600 - \frac{400\times 50}{400+50}\times 2{,}500\times 10^{-3}$$

$$= 488.888[\text{kV}]$$

정답

488.89[kV]

13 계기정수가 1,200[rev/kWh], 승률 1인 전력량계의 원판이 12회전하는 데 50초가 걸렸다. 이때 부하의 평균전력은 몇 [kW]인가?

해설

$$P_2 = \frac{3{,}600n}{TK} = \frac{3{,}600\times 12}{50\times 1{,}200} = 0.72[\text{kW}]$$

여기서, P_2 : 2차 측 전력

n : 회전수

T : 시간[s]

K : 계기정수[rev/kWh]

P_1(부하 평균전력)$= P_2 \times$MOF승률$= 0.72[\text{kW}]\times 1 = 0.72[\text{kW}]$

정답

0.72[kW]

14 다음 간이수변전설비의 단선결선도 일부분을 보고 물음에 답하시오.

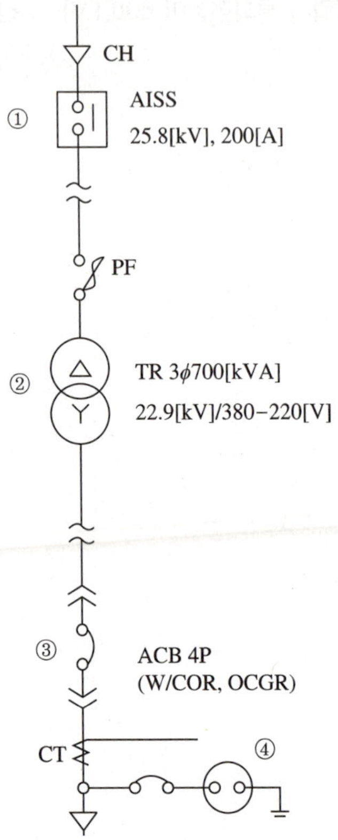

(1) ①은 인입구 개폐기인 자동고장구분개폐기이다. 물음에 답하시오.

22.9[kV-Y], (㉠)[kVA] 이하에 적용이 가능하며 300[kVA] 이하인 경우에는 자동고장구분개폐기 이외 (㉡)를 사용할 수 있다.

(2) ②에 설치된 변압기에 대하여 물음에 답하시오.

과전류 강도는 최대 부하진류의 (㉢)배 전류를 (㉣)초 동안 흘릴 수 있어야 한다.

(3) 간이 수변전설비의 단선로에서 ③은 변압기 2차 개폐기 ACB이다. 보호요소 2가지를 쓰시오.

(4) 일반적으로 전력퓨즈(PF)와 컷아웃 스위치(COS)를 통칭하여 고압퓨즈라 한다. 간이 수전설비에서 (㉤)[kVA] 이하인 경우 PF 대신 COS를 사용할 수 있다. 다만, 비대칭 차단전류 (㉥)[kA] 이상의 것을 사용해야 한다.

(5) 변류비를 선정하시오(단, CT의 정격전류는 부하전류 125[%]로 한다).

CT의 정격

1차 정격전류[A]	1,000	1,200	1,500	2,000
2차 정격전류[A]	5			

해설

(5) $I = \frac{700 \times 10^3}{\sqrt{3} \times 380} \times 1.25 = 1{,}329.42[A]$

정답

(1) ㉠ 1,000[kVA] ㉡ 기중부하개폐기(인터럽터 스위치)

(2) ㉢ 25 ㉣ 2

(3) 과부하, 단락보호

[기 타] 지락보호, 부족전압, 과전류

(4) ㉤ 300 ㉥ 10

(5) 1,500/5

15 다음 표의 색상을 옳게 넣으시오.

상(문자)	색 상
L1	(①)
L2	(②)
L3	(③)
N	(④)
보호도체	(⑤)

해설

KEC 121.2(전선의 식별)

- 전선의 색상은 다음 표에 따른다.

상(문자)	색 상
L1	갈 색
L2	검은색
L3	회 색
N	파란색
보호도체	녹색-노란색

- 색상 식별이 종단 및 연결 지점에서만 이루어지는 나도체 등은 전선 종단부에 색상이 반영구적으로 유지될 수 있는 도색, 밴드, 색 테이프 등의 방법으로 표시해야 한다.

정답

① 갈 색 ② 검은색

③ 회 색 ④ 파란색

⑤ 녹색-노란색

16 다음과 같은 무접점의 논리회로도를 보고 다음 각 물음에 답하시오.

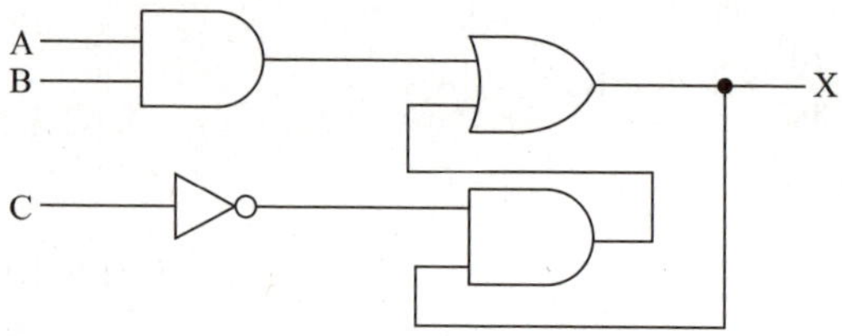

(1) 논리식으로 나타내시오.

(2) 주어진 논리회로를 유접점 논리회로로 바꾸어 그리시오.

(3) 타임차트를 완성하시오.

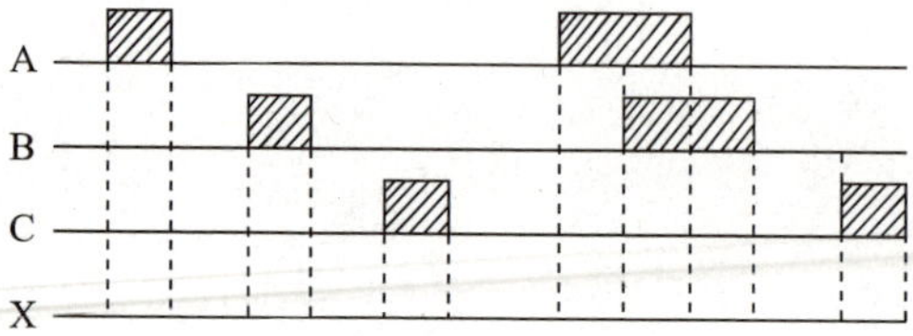

정답

(1) $X = A \cdot B + \overline{C} \cdot X$

(2)

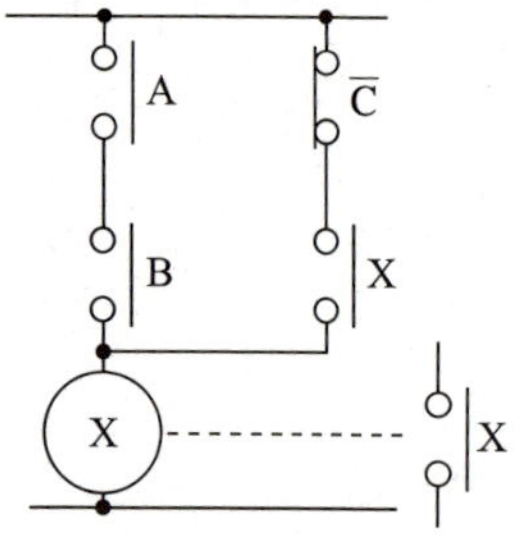

(3)

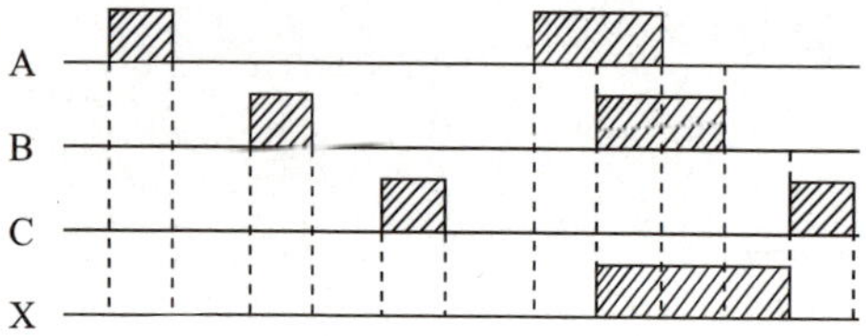

17 반사율 70[%]의 완전 확산성 종이를 100[lx]의 조도로 비추었을 때 종이의 휘도는 얼마인가?

해설

$$B=\frac{\rho E}{\pi}=\frac{0.7\times 100}{\pi}=22.281\,[\mathrm{cd/m^2}]$$

정답

22.28[cd/m²]

18 그림과 같이 광원 L에서 P점 방향의 광도가 50[cd]일 때 P점의 수평면 조도는?

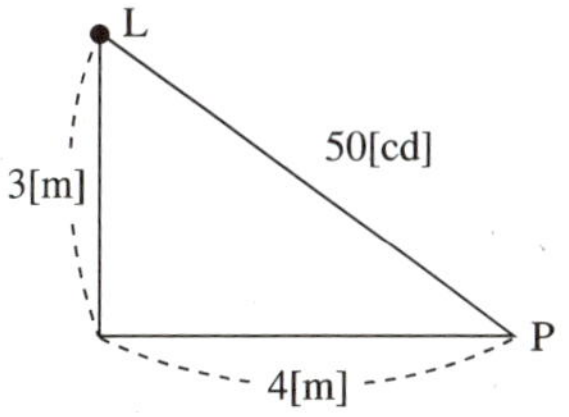

해설

$$\text{수평면 조도}(E_h)=\frac{I}{r^2}\cos\theta=\frac{50}{(\sqrt{4^2+3^2})^2}\times\frac{3}{\sqrt{4^2+3^2}}=\frac{50}{25}\times\frac{3}{5}=1.2\,[\mathrm{lx}]$$

정답

1.2[lx]

19 다음의 요구사항에 의해 회로의 미완성된 부분을 완성하시오.

[요구사항]
- 전원 스위치 KS를 On 시 GL이 점등되도록 한다.
- 누름버튼 스위치(PB–On 스위치)를 누르면 MC 여자와 동시에 MC의 보조접점에 의하여 GL 소등, RL 점등, 전동기 동작
- 타이머 T에 설정된 시간이 지나면 MC 소자되고 전동기는 정지, RL 소등, GL 점등된다.
- T에 설정된 시간 전에도 누름버튼 스위치(PB–Off)를 누르면 전동기는 정지되며, RL 소등, GL 소등된다.
- 전동기 운전 중 고장으로 과전류가 흘러 열동 계전기가 동작되면 모든 회로의 전원이 차단된다.

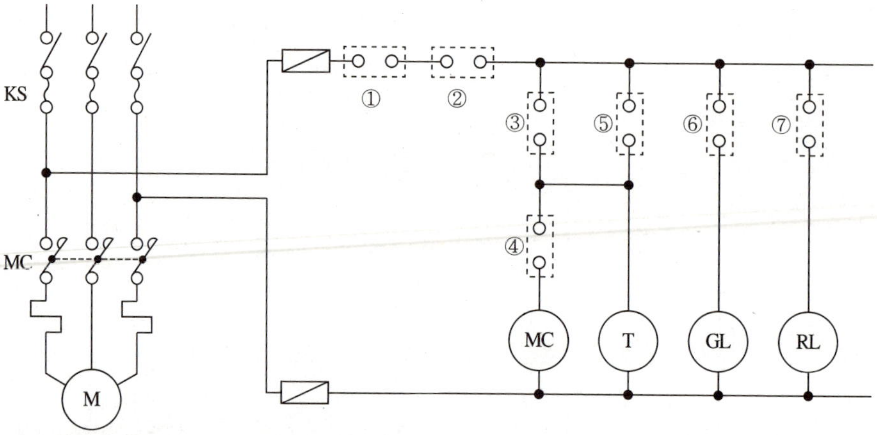

TIP

- KS On 시 GL 점등, 이 설명은 ①, ②, ⑥은 b접점
- PB-On 누르면 MC 여자한 설명은 ①, ②, ④는 b접점이며 자기유지를 하기 위해 ③이 PB 접점이 되고 ⑤은 보조접점 a가 들어간다라고 이해
- 이런 식으로 모든 회로 동작 완성 시에는 b접점과 a접점을 먼저 선택하고 접점 기호를 표기하는 것이 가장 편리하다.

정답

① 

② 

③ 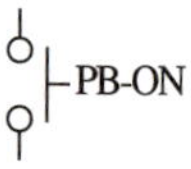

④ 

⑤ 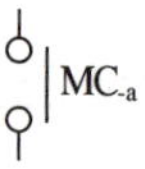

⑥ 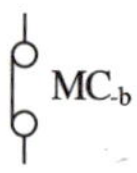

⑦ 

전기산업기사 2024년 제2회 기출복원문제

01 수전단 선간전압이 22.9[kV]이고, 변압기 2차 측이 380/220[V]일 때 2차 측 전압이 370[V]로 측정되었다. 1차 측 탭전압을 22.9[kV]에서 21.9[kV]로 변경한다면 2차 측 전압[V]은 얼마인가?

해설

$$V_2'\text{(변경할 2차 측 전압)[V]} = \frac{\text{현재의 탭전압[V]}}{\text{변경할 탭전압[V]}} \times \text{2차 측 측정전압[V]}$$

$$V_2' = \frac{22{,}900}{21{,}900} \times 370 \fallingdotseq 386.894[\mathrm{V}]$$

정답

386.89[V]

02 화력발전소에서 시간당 중유 12[ton]을 사용하여 40,000[kW]를 발전하였을 때 발전기 효율은 얼마인가?(단, 발열량 10,000[kcal/kg]이다)

해설

$$\eta = \frac{860\,W}{mH} \times 100 = \frac{860Pt}{mH} \times 100 = \frac{860 \times 40{,}000 \times 1}{12 \times 10^3 \times 10{,}000} \times 100 = 28.666[\%]$$

정답

28.67[%]

03 다음 보기를 보고 각 물음에 답하시오.

[보 기]
개폐소, 변전소, 발전소, 급전소, 배선, 전선, 전로, 전선로

(1) 전력계통 운용에 관한 지시 또는 급전조작을 하는 곳

(2) 절연물로 피복한 전기도체 또는 절연물로 피복한 전기도체를 다시 보호 피복한 전기도체

(3) 통상의 사용 상태에서 전기가 통하는 곳

(4) 발전소・변전소・개폐소, 이에 준하는 곳, 전기 사용 장소 상호 간의 전선 및 이를 지지하거나 수용하는 시설물

정답

(1) 급전소
(2) 전 선
(3) 전 로
(4) 전선로

04 길이 50[km]인 송전선로의 한 선의 애자 수는 300연이고 애자 1연의 누설저항이 10^3[MΩ]이라 할 때, 이 선로의 누설컨덕턴스는 몇 [μ℧]인가?(단, 주어지지 않은 선로정수는 무시한다)

해설

절연저항 $R = \dfrac{10^3 \times 10^6}{300} [\Omega]$

누설컨덕턴스 $G = \dfrac{1}{R} = \dfrac{300}{10^3 \times 10^6} [℧] \times 10^6 = 0.3 [\mu ℧]$

정답

0.3[μ℧]

05 전기공사업자는 등록사항 중 대통령령으로 정하는 중요사항이 변경된 경우 그 사실을 시・도지사에게 신고하여야 한다. 대통령령으로 정하는 중요사항 중 2가지만 쓰시오.

정답

상호 또는 명칭, 전기공사기술자
[기 타] 대표자, 영업소의 소재지, 자본금(공사업과 관련된 자본금의 변경은 제외한다)

06 3상 선로에서 비접지식 계통의 영상전압을 측정하는 기기는?

정답

접지형 계기용 변압기(GPT ; Ground Potential Transformer)

07 그림과 같은 계통의 기기의 A점에서 완전 지락이 발생하였다. 다음 각 물음에 답하시오.

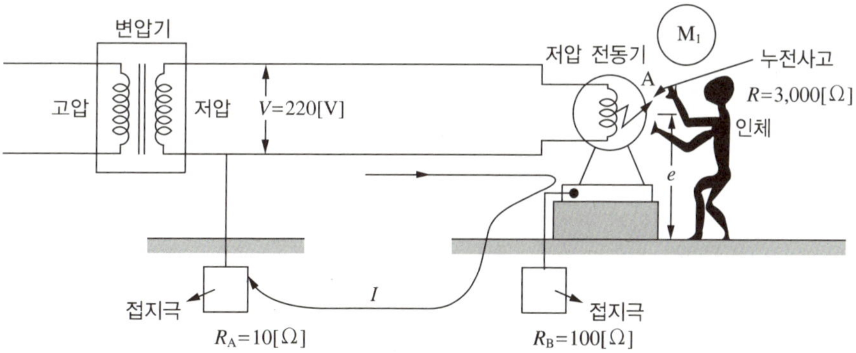

(1) 이 기기의 외함에 인체가 접촉하고 있지 않을 경우 이 외함의 대지전압은 몇 [V]인가?

(2) 이 기기의 외함에 인체가 접촉하였을 경우 인체를 통하여 흐르는 전류는 몇 [mA]인가?(단, 인체의 저항은 3,000[Ω]이다)

해설

(1) $e=\dfrac{R_B}{R_A+R_B}\times V=\dfrac{100}{10+100}\times 220=200[\mathrm{V}]$

(2) $I_l=\dfrac{R_B}{R_B+R}I_g=\dfrac{R_B}{R_B+R}\times\dfrac{V}{\left(R_A+\dfrac{R_B\cdot R}{R_B+R}\right)}$

$$=\frac{100}{100+3{,}000}\times\frac{220}{\left(10+\dfrac{100\times 3{,}000}{100+3{,}000}\right)}\times 10^3=66.47[\mathrm{mA}]$$

정답

(1) 200[V]

(2) 66.47[mA]

08 어떤 건물의 연면적이 420[m^2]이다. 이 건물의 표준부하에 따른 전등부하, 일반동력, 냉방동력의 변압기 용량을 다음 표를 이용하여 구하시오(단, 전등은 단상부하로 역률 1이며, 일반동력, 냉방동력은 3상 부하로 각각 역률은 0.95, 0.90이다).

[표준부하]

종 류	표준부하[W/m^2]	수용률[%]
전등부하	30	75
일반동력	50	65
냉방동력	35	70

[변압기용량]

단상변압기[kVA]	3	5	7.5	10	15	30	50
3상 변압기[kVA]	3	5	7.5	10	15	30	50

해설

전등용 변압기 용량 $= \dfrac{30[\mathrm{W/m^2}] \times 420[\mathrm{m^2}] \times 0.75}{1} \times 10^{-3} = 9.45[\mathrm{kVA}]$

일반동력 변압기 용량 $= \dfrac{50[\mathrm{W/m^2}] \times 420[\mathrm{m^2}] \times 0.65}{0.95} \times 10^{-3} = 14.37[\mathrm{kVA}]$

냉방동력 변압기 용량 $= \dfrac{35[\mathrm{W/m^2}] \times 420[\mathrm{m^2}] \times 0.7}{0.9} \times 10^{-3} = 11.43[\mathrm{kVA}]$

정답

- 단상 전등용 변압기 용량 : 10[kVA]
- 3상 일반동력 변압기 용량 : 15[kVA]
- 3상 냉방동력 변압기 용량 : 15[kVA]

09 CT 2대를 V결선하여 OCR 3대를 그림과 같이 연결하여 사용할 경우 다음 각 물음에 답하시오.

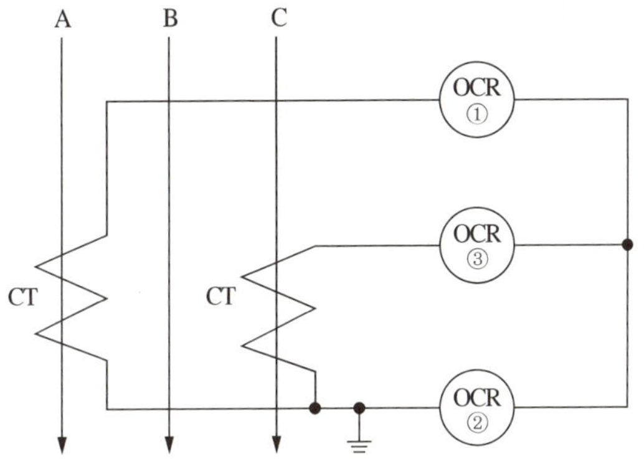

(1) ③번 OCR에 흐르는 전류는 어떤 상의 전류인지 쓰시오.

(2) OCR은 주로 어떤 원인으로 동작하는지 쓰시오.

(3) 통전 중에 있는 변류기 2차 측 기기를 교체하고자 할 때 가장 먼저 취하여야 할 조치는 무엇인지 설명하시오.

정답

(1) b상

(2) 단락사고

(3) 2차 측 단락

10 서지 보호장치(SPD)에 대한 물음에 답하시오.

(1) 기능에 따라 3가지로 분류하여 쓰시오.

(2) 구조에 따라 2가지로 분류하여 쓰시오.

정답

(1) • 전압스위치형 SPD
• 전압 제한형 SPD
• 조합형 SPD

(2) • 1포트 SPD
• 2포트 SPD

11 부등률의 정의를 쓰시오.

정답

합성 최대 전력에 대한 개별 수요 최대 전력 합계의 비를 말하며, 최대 전력의 발생시각 또는 발생시기의 분산을 나타내는 지표이다.

12 그림과 같은 계통에서 무정전 상태로 차단기(CB)를 점검하고자 할 때 조작순서를 쓰시오(단, 평상시 DS_3는 개방 상태이다).

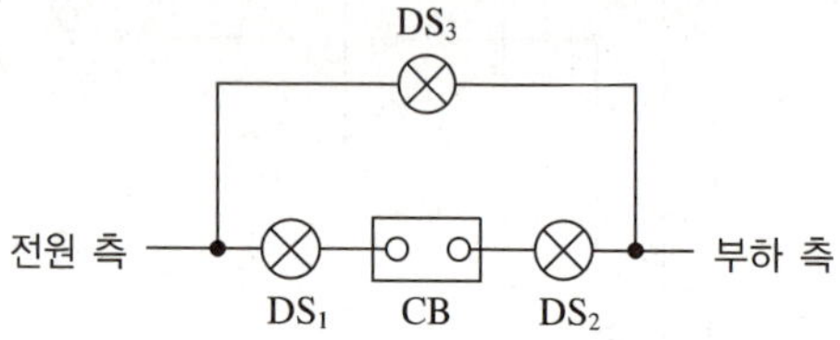

정답

DS_3 ON → CB OFF → DS_2 OFF → DS_1 OFF

13 다음 그림에 해당하는 수전방식의 명칭을 쓰시오.

(1)

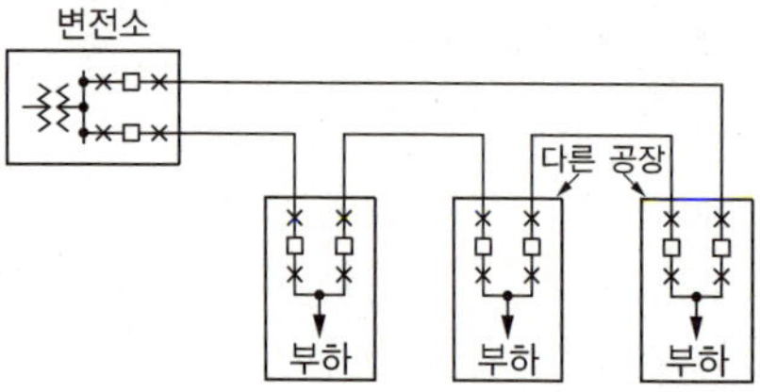

(2)

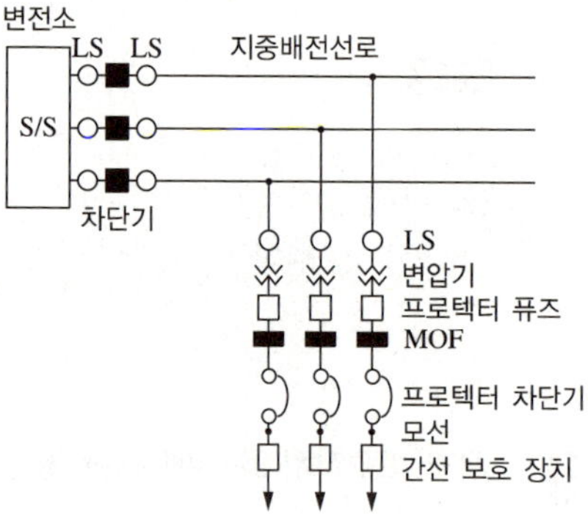

정답

(1) 루프식 수전방식
(2) 스폿 네트워크 수전방식

14 다음 그림 기호의 명칭을 쓰시오.

(1) CT (2) TS (3) WH (4) 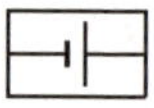 (5) 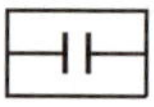

정답

(1) 변류기(상자매입용)
(2) 타임스위치
(3) 전력량계(상자들이 또는 후드붙이)
(4) 축전지
(5) 전력용 콘덴서

15

다음 회로는 한 부지에 A, B, C의 세 공장을 세워 3개의 급수 펌프 P_1(소형), P_2(중형), P_3(대형)을 사용하여 다음 계획에 따라 급수 계획을 세웠다. 다음 물음에 답하시오.

[계 획]
① 모든 공장 A, B, C가 휴무일 때 또는 그중 한 공장만 가동할 때에는 펌프 P_1만 가동
② 모든 공장 A, B, C 중 어느 것이나 두 개의 공장만 가동할 때에는 P_2만 가동
③ 모든 공장 A, B, C가 모두 가동할 때에는 P_3만 가동

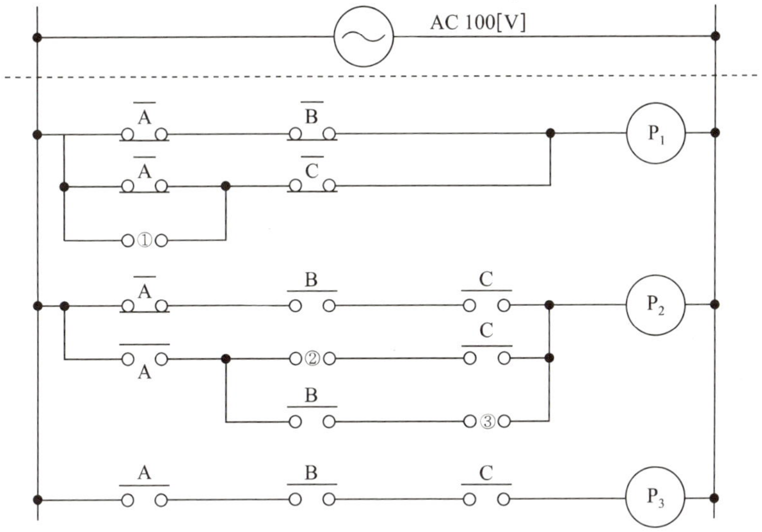

(1) 조건과 같은 진리표를 작성하시오.

(2) ①~③번의 접점 문자 기호를 쓰시오.

(3) P_1 ~ P_3의 출력식을 각각 쓰시오.

* 접점 심벌을 표시할 때는 A, B, C, $\overline{A}$, $\overline{B}$, $\overline{C}$ 등 문자 표시도 할 것

해설

(3) $P_1 = \overline{A}\,\overline{B}\,\overline{C} + \overline{A}\,\overline{B}C + \overline{A}B\overline{C} + A\overline{B}\,\overline{C}$

$= \overline{A}\,\overline{B}(\overline{C} + C) + \overline{A}B\overline{C} + A\overline{B}\,\overline{C}$

$= \overline{A}\,\overline{B} + \overline{A}B\overline{C} + A\overline{B}\,\overline{C} = \overline{A}(\overline{B} + B\overline{C}) + A\overline{B}\,\overline{C}$

$= \overline{A}(\overline{B} + \overline{C}) + A\overline{B}\,\overline{C} = \overline{A}\,\overline{B} + \overline{A}\,\overline{C} + A\overline{B}\,\overline{C}$

$= \overline{A}\,\overline{B} + \overline{C}(\overline{A} + A\overline{B}) = \overline{A}\,\overline{B} + \overline{C}(\overline{A} + \overline{B})$

16 다음 빈칸에 알맞은 답을 쓰시오.

> 욕조나 샤워시설이 있는 욕실 또는 화장실 등 인체가 물에 젖어 있는 상태에서 전기를 사용하는 장소에 콘센트를 시설하는 경우에는 다음에 따라 시설하여야 한다.
>
> • 인체감전보호용 누전차단기(정격감도전류 (①) 이하, 동작시간 (②) 이하의 전류동작형의 것에 한함) 또는 절연변압기(정격용량(③) 이하인 것에 한함)로 보호된 전로에 접속하거나, 인체감전보호용 누전차단기가 부착된 콘센트를 시설하여야 한다.
>
> • 방적형 콘센트 사용

해설

KEC 234.5(콘센트의 시설)

욕조나 샤워시설이 있는 욕실 또는 화장실 등 인체가 물에 젖어 있는 상태에서 전기를 사용하는 장소에 콘센트를 시설하는 경우에는 다음에 따라 시설하여야 한다.

• 인체감전보호용 누전차단기(정격감도전류 15[mA] 이하, 동작시간 0.03[s] 이하의 전류동작형의 것에 한함) 또는 절연변압기(정격용량 3[kVA] 이하인 것에 한함)로 보호된 전로에 접속하거나, 인체감전보호용 누전차단기가 부착된 콘센트를 시설하여야 한다.

• 방적형 콘센트 사용

정답

① 15[mA]

② 0.03[s]

③ 3[kVA]

17 가로 10[m], 세로 16[m], 천장 높이 3.85[m], 작업면 높이 0.85[m]인 사무실에 천장 직부 형광등 F40×2를 설치하려고 한다.

(1) F40×2의 심벌을 그리시오.

(2) 이 사무실의 실지수는 얼마인가?

(3) 이 사무실의 작업면 조도를 300[lx], 천장반사율 70[%], 벽반사율 50[%], 바닥반사율 10[%], 40[W] 형광등 1등의 광속 3,150[lm], 보수율 70[%], 조명률 61[%]로 한다면 이 사무실에 필요한 소요 등기구수는 몇 등인가?

해설

(2) 실지수$(RI) = \dfrac{XY}{H(X+Y)} = \dfrac{10 \times 16}{(3.85-0.85)\times(10+16)} \fallingdotseq 2.05$

(3) $N = \dfrac{EAD}{FU} = \dfrac{300\times(10\times16)}{(3{,}150\times2)\times0.61\times0.7} \fallingdotseq 17.84$

정답

(1) 
F40×2

(2) 2.05

(3) 18[등]

18 다음의 조명에 대해 4점합의 평균조도를 구하시오.

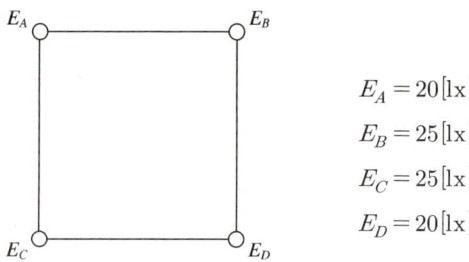

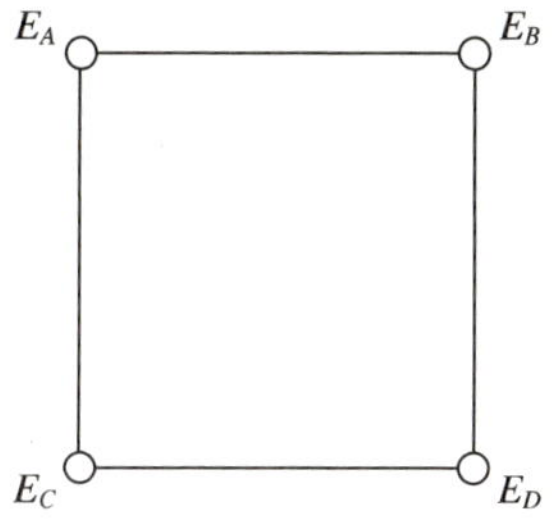

$E_A = 20[\mathrm{lx}]$
$E_B = 25[\mathrm{lx}]$
$E_C = 25[\mathrm{lx}]$
$E_D = 20[\mathrm{lx}]$

해설

$$\text{평균조도}(E) = \frac{E_A + E_B + E_C + E_D}{4} = \frac{20 + 25 + 25 + 20}{4} = 22.5[\mathrm{lx}]$$

정답

22.5[lx]

19 다음은 한국전기설비규정에서 정하는 감전보호용 등전위본딩에 대한 설명이다. ( )에 들어갈 알맞은 내용을 답란에 적으시오.

(1) 보호등전위본딩

1. 건축물·구조물의 외부에서 내부로 들어오는 각종 금속제 배관은 다음과 같이 하여야 한다.
   가. (①)에 집중하여 인입하고, 인입구 부근에서 서로 접속하여 등전위본딩 바에 접속하여야 한다.
   나. 대형건축물 등으로 1개소에 집중하여 인입하기 어려운 경우에는 본딩도체를 (②)개의 본딩 바에 연결한다.
2. 수도관·가스관의 경우 내부로 인입된 최초의 밸브 (③)에서 등전위본딩을 하여야 한다.

(2) 비접지 국부등전위본딩

1. 절연성 바닥으로 된 비접지 장소에서 다음의 경우 국부등전위본딩을 하여야 한다.
   가. 전기설비 상호 간이 (④)[m] 이내인 경우
   나. 전기설비와 이를 지지하는 (⑤) 사이
2. 전기설비 또는 계통외도전부를 통해 대지에 접촉하지 않아야 한다.

해설

KEC 143.2.1(보호등전위본딩)

1. 건축물 · 구조물의 외부에서 내부로 들어오는 각종 금속제 배관은 다음과 같이 하여야 한다.
   가. 1개소에 집중하여 인입하고, 인입구 부근에서 서로 접속하여 등전위본딩 바에 접속하여야 한다.
   나. 대형건축물 등으로 1개소에 집중하여 인입하기 어려운 경우에는 본딩도체를 1개의 본딩 바에 연결한다.
2. 수도관 · 가스관의 경우 내부로 인입된 최초의 밸브 후단에서 등전위본딩을 하여야 한다.
3. 건축물 · 구조물의 철근, 철골 등 금속보강재는 등전위본딩을 하여야 한다.

KEC 143.2.3(비접지 국부등전위본딩)

1. 절연성 바닥으로 된 비접지 장소에서 다음의 경우 국부등전위본딩을 하여야 한다.
   가. 전기설비 상호 간이 2.5[m] 이내인 경우
   나. 전기설비와 이를 지지하는 금속체 사이
2. 전기설비 또는 계통외도전부를 통해 대지에 접촉하지 않아야 한다.

정답

① 1개소 ② 1 ③ 후단 ④ 2.5 ⑤ 금속체

전기 산업기사 2024년 제3회 기출복원문제

01

다른 조건을 고려하지 않는다면 수용가 설비의 인입구로부터 기기까지의 전압강하는 다음 표와 같다. 표의 빈칸을 채우시오.

설비의 유형		조명[%]	기타[%]
A	저압으로 수전하는 경우	(①)	(②)
B	고압 이상으로 수전하는 경우[a]	(③)	(④)

a : 가능한 한 최종회로 내의 전압강하가 A유형의 값을 넘지 않도록 하는 것이 바람직하다. 사용자의 배선설비가 100[m]를 넘는 부분의 전압강하는 [m]당 0.005[%] 증가할 수 있으나 이러한 증가분은 0.5[%]를 넘지 않아야 한다.

정답

① 3[%]

② 5[%]

③ 6[%]

④ 8[%]

02

부하전력 및 역률을 일정하게 유지하고 수전전압을 2배로 승압하였을 경우 전력손실 및 전력손실률은 승압 전과 비교하여 각각 몇 [%]가 되는가?(단, 주어진 조건 외 다른 조건은 무시한다)

(1) 전력손실

(2) 전력손실률

해설

(1) 전력손실 $P_l = \dfrac{P^2 R}{V^2 \cos^2\theta}$ 에서 $P_l \propto \dfrac{1}{V^2}$ 이므로

$\dfrac{1}{2^2} \times 100 = 25[\%]$

(2) 전력손실률 $K = \dfrac{PR}{V^2 \cos^2\theta}$ 에서 $K \propto \dfrac{1}{V^2}$ 이므로

$\dfrac{1}{2^2} \times 100 = 25[\%]$

정답

(1) 25[%]

(2) 25[%]

03 수력발전소에서 유효낙차 81[m], 출력 10,000[kW], 특유속도 164[rpm]인 수차의 회전속도는 몇 [rpm]인가?(단, 소수점은 절상하여 회전수를 구한다)

해설

$$N_S = N \times \frac{P^{\frac{1}{2}}}{H^{\frac{5}{4}}} \text{ 에서}$$

$$N = N_S \times \frac{H^{\frac{5}{4}}}{P^{\frac{1}{2}}} = 164 \times \frac{81^{\frac{5}{4}}}{10{,}000^{\frac{1}{2}}} = 398.52$$

정답

399[rpm]

04 단상 변압기의 병렬 운전 조건 4가지를 쓰시오.

정답

- 극성이 일치할 것
- 권수비가 같을 것
- $\%Z$강하비가 같을 것
- 내부저항과 리액턴스의 비가 같을 것

05 단상 유도전동기의 기동방식 4가지를 쓰시오.

정답

- 셰이딩 코일형
- 콘덴서 기동형
- 분상 기동형
- 반발 기동형

06 2전력계법에 의해 3상 부하의 전력을 측정한 결과 지시값이 $W_1 = 2.2$[kW], $W_2 = 5.8$[kW]일 때 다음 각 물음에 답하시오.

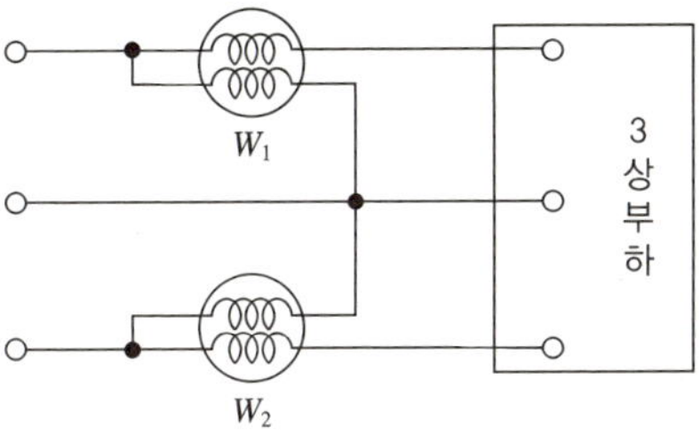

(1) 회로의 역률은 얼마인가?

(2) 역률을 85[%]로 개선할 때 필요한 전력용 콘덴서용량[kVA]은?

해설

(1) $\cos\theta = \dfrac{W_1 + W_2}{2\sqrt{W_1^2 + W_2^2 - W_1 W_2}} \times 100 = \dfrac{2.2 + 5.8}{2\sqrt{2.2^2 + 5.8^2 - 2.2 \times 5.8}} \times 100 = 78.872[\%]$

(2) $Q_C = P\left(\dfrac{\sqrt{1-\cos^2\theta_1}}{\cos\theta_1} - \dfrac{\sqrt{1-\cos^2\theta_2}}{\cos\theta_2}\right)$

$= (2.2 + 5.8)\left(\dfrac{\sqrt{1-0.7887^2}}{0.7887} - \dfrac{\sqrt{1-0.85^2}}{0.85}\right)$

$\fallingdotseq 1.277[\text{kVA}]$

정답

(1) 78.87[%]

(2) 1.28[kVA]

07 지표면상 16[m] 높이에 있는 수조에서 시간당 4,500[m³]의 물을 양수하는 데 필요한 전동기의 소요동력은 몇 [kW]인가?(단, 펌프의 효율은 60[%]로 하고 여유계수는 1.2로 한다)

해설

$P = \dfrac{9.8QH}{\eta} \times \text{여유계수} = \dfrac{9.8 \times 1.25 \times 16}{0.6} \times 1.2 = 392[\text{kW}]$

$Q = 4{,}500\left[\dfrac{\text{m}^3}{\text{h}} \times \dfrac{1\text{h}}{3{,}600\text{s}}\right] = 1.25[\text{m}^3/\text{s}]$

정답

392[kW]

08 3ϕ 배전선로의 수전단 선간전압 6,600[V], 저항 12[Ω], 리액턴스 24[Ω]이고 전압강하율을 10[%]로 유지하기 위한 최대 부하용량[kW]은?(단, 부하역률은 80[%](지상)이다)

해설

$$\delta = \frac{P}{V^2}(R + X\tan\theta) \text{ 에서}$$

$$P = \frac{\delta V^2}{R + X\tan\theta} = \frac{0.1 \times 6{,}600^2}{12 + 24 \times \frac{0.6}{0.8}} \times 10^{-3} = 145.2[\text{kW}]$$

정답

145.2[kW]

09 계기용 변압기(2개)와 변류기(2개)를 부속하는 3상 3선식 전력량계를 결선하시오(단, 1, 2, 3은 상순을 표시하고 P1, P2, P3은 계기용 변압기에 1S, 1L, 3S, 3L은 변류기에 접속하는 단자이다).

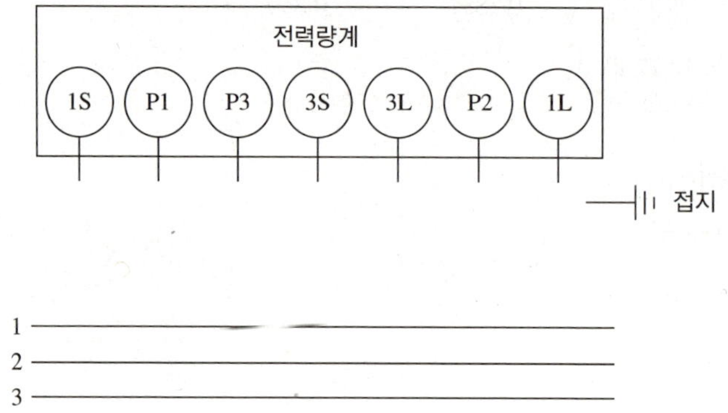

정답

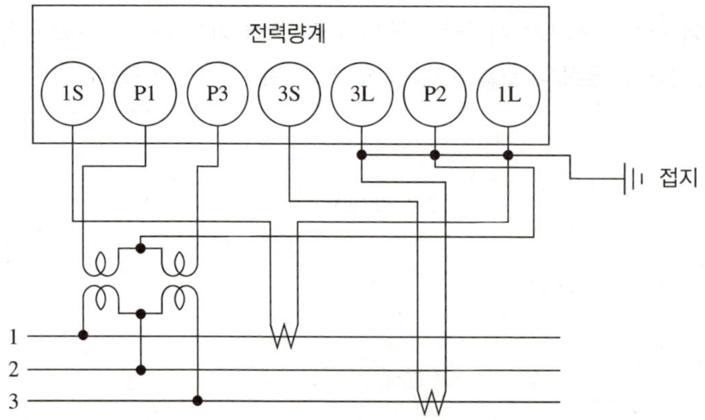

10 다음 어느 생산공장의 수전설비이다. 이것을 이용하여 다음 각 물음에 답하시오(단, A, B, C, D 변압기의 모든 부하는 A 변압기의 부하와 같다).

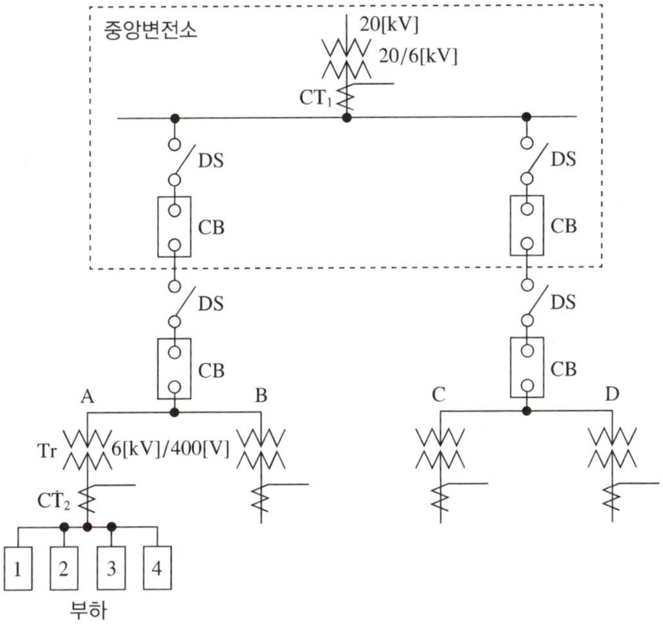

뱅크의 부하용량표

피 더	부하설비용량[kW]	수용률[%]
1	125	80
2	125	85
3	500	75
4	600	85

변류기 규격표

항 목	변류기
정격 1차 전류[A]	5, 10, 15, 20, 30, 40, 50, 75, 100, 150, 200, 300, 400, 500, 600, 750, 1,000, 1,500, 2,000, 2,500
정격 2차 전류[A]	5

(1) 표와 같이 A, B, C, D 4개의 뱅크가 있으며, 각 뱅크는 부등률이 1.1이다. 이때 중앙변전소의 변압기용량을 산정하시오(단, 각 부하의 역률은 0.9이며, 변압기용량은 표준규격으로 답을 한다).

(2) 변류기 CT_1과 CT_2의 변류비를 산정하시오. 단, 1차 수전전압은 20,000/6,000[V], 2차 수전전압은 6,000/400[V]이며, 변류비는 표준규격으로 답을 한다(단, 여유율은 125[%]로 한다).

해설

(1) 중앙변전소의 변압기용량 $= \dfrac{(125\times0.8+125\times0.85+500\times0.75+600\times0.85)\times4}{1.1\times0.9}$

$\fallingdotseq 4{,}409.09[\text{kVA}]$

(2) $CT_1 \ \ I_1 = \dfrac{4{,}409.09}{\sqrt{3}\times6}\times1.25 \fallingdotseq 530.33$

$CT_2 \ \ I_2 = \left(\dfrac{125\times0.8+125\times0.85+500\times0.75+600\times0.85}{1.1\times0.9\times\sqrt{3}\times0.4}\right)\times1.25 \fallingdotseq 1{,}988.74$

정답

(1) 5,000[kVA]

(2) • CT_1 : 600/5

• CT_2 : 2,000/5

11 그림은 갭형 피뢰기와 갭리스형 피뢰기의 구조이다. ①~⑤의 각 부분의 명칭을 쓰시오.

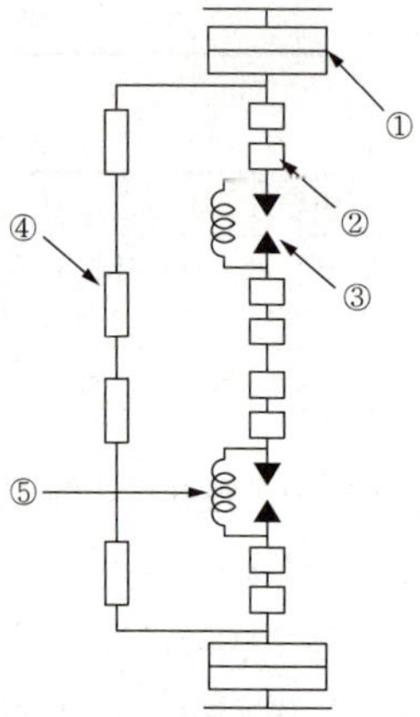

[갭 형]

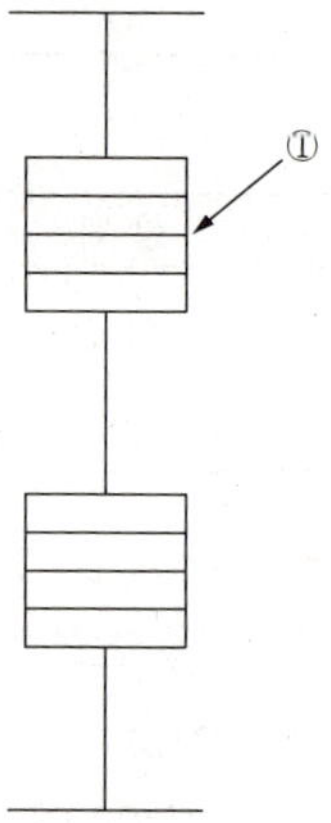

[갭리스형]

정답

① 특성요소 ② 주 갭

③ 측로갭 ④ 분로저항

⑤ 소호코일

12 다음 수전설비 도면을 보고 다음 각 물음에 답하시오.

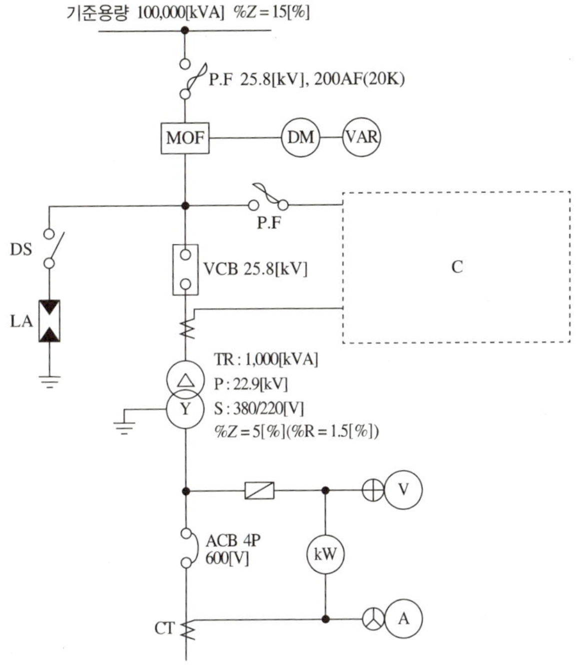

(1) LA의 명칭 및 기능은?

(2) VCB의 필요한 최소 차단용량은 몇 [MVA]인가?

(3) C 부분의 계통도에 그려져야 할 것들 중에서 그 종류를 3가지만 쓰시오.

(4) ACB의 최소 차단전류는 몇 [kA]인가?

(5) 최고 부하 800[kVA], 역률 80[%]일 때 변압기에 의한 전압변동률[%]은 얼마인가?

해설

(1) 피뢰기 목적 : 뇌전류를 대지로 방전하여 기기의 절연보호

기능 : 속류를 차단

(2) 기준용량 100,000[kVA]를 기준해서 전원 측 합성 $\%Z = 15[\%]$이므로

$$\text{VCB 용량} = \frac{100}{\%Z}P = \frac{100}{15} \times 100{,}000 \times 10^{-3} \fallingdotseq 666.666[\text{MVA}]$$

(3) 도면은 PF-CB형이다(가격이 비싸거나 부피가 큰 것부터 쓸 것).

(4) 변압기 $\%Z$를 100,000[kVA]로 환산하면

$$\text{변압기 } \%Z = 5 \times \frac{100{,}000}{1{,}000} = 500[\%]$$

$$\text{합성 } \%Z = 15 + 500 = 515[\%]$$

$$I_S = \frac{100}{\%Z} \times I_N = \frac{100}{\%Z} \times \frac{P[\text{kVA}]}{\sqrt{3} \times V[\text{kV}]} \times 10^{-3}[\text{kA}] = \frac{100}{515} \times \frac{100{,}000}{\sqrt{3} \times 0.38} \times 10^{-3} \fallingdotseq 29.501[\text{kA}]$$

(5) $\%Z = 5[\%]$, $\%R = 1.5[\%]$, $\%X = \sqrt{(\%Z)^2 - (\%R)^2} = \sqrt{5^2 - 1.5^2} \fallingdotseq 4.769[\%]$

$$\varepsilon = p\cos\theta + q\sin\theta = \frac{800}{1{,}000}(1.5 \times 0.8 + 4.769 \times 0.6) \fallingdotseq 3.249[\%]$$

정답

(1) 명칭 : 피뢰기

기능 : 이상전압 내습 시 뇌전류를 대지로 방전하고 속류차단

(2) 666.67[MVA]

(3) • 계기용 변압기(PT)

• 과전류 계전기(OCR)

• 지락과전류 계전기(OCGR)

[기 타]

• 트립코일(TC)

• 전압계용 전환개폐기(VS)

• 전류계용 전환개폐기(AS)

• 전압계(V)

• 전류계(A)

(4) 29.5[kA]

(5) 3.25[%]

13

3ϕ 154[kV] 시스템의 회로와 조건을 이용하여 점 F에서 3ϕ 단락 고장이 발생하였을 때 154[kV], 100[MVA]를 기준으로 계산하여 점 F에서의 단락전류를 구하시오(단, 송전선로의 $\%Z_l$은 A–F 구간이며 주어지지 않은 조건은 무시한다).

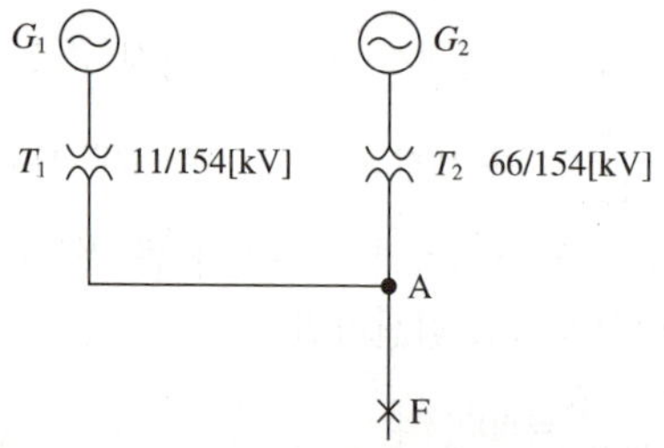

조 건	
G_1	20[MVA], $\%Z_{G1} = 30[\%]$
G_2	5[MVA], $\%Z_{G2} = 30[\%]$
T_1	11/154[kV], 용량 20[MVA], $\%Z_{T1} = 10[\%]$
T_2	66/154[kV], 용량 5[MVA], $\%Z_{T2} = 10[\%]$
송전선로	전압 154[kV], 용량 20[MVA], $\%Z_l = 5[\%]$

해설

$$I_S = \frac{100}{\text{합성 }\%Z} \times \frac{P}{\sqrt{3}\,V}$$

100[MVA]로 환산하면

$$\%Z_{G1} = \frac{100}{20} \times 30 = 150[\%]$$

$$\%Z_{G2} = \frac{100}{5} \times 30 = 600[\%]$$

$$\%Z_{T1} = \frac{100}{20} \times 10 = 50[\%]$$

$$\%Z_{T2} = \frac{100}{5} \times 10 = 200[\%]$$

$$\%Z_l = \frac{100}{20} \times 5 = 25[\%]$$

$$\text{합성 }\%Z = \frac{(150+50) \times (600+200)}{(150+50)+(600+200)} + 25 = 185[\%]$$

$$I_S = \frac{100}{185} \times \frac{100 \times 10^3}{\sqrt{3} \times 154} = 202.65[\text{A}]$$

정답

202.65[A]

14 어느 구형외구의 지름이 12[cm]인 경우 이 구형외구의 광속발산도가 1,000[rlx]이며 외구의 투과율이 80[%]이다. 구형외구의 중심에는 균등점광원이 있으며 구형외구는 완전 확산형인 경우 점광원의 광도[cd]는 얼마인가?

해설

$$\text{광속발산도}(R) = \eta E = \frac{\tau}{1-\rho} \times \frac{I}{r^2} \text{ 에서}$$

$$I = \frac{1-\rho}{\tau} \times R \times r^2 = \frac{1}{0.8} \times 1{,}000 \times 0.06^2 = 4.5[\text{cd}]$$

정답

4.5[cd]

15 다음 조명에 대한 각 물음에 답하시오.

(1) 어느 광원의 광색이 어느 온도의 흑체의 광색과 같을 때 그 흑체의 온도를 이 광원의 무엇이라 하는가?

(2) 빛의 분광 특성이 색의 보임에 미치는 효과를 말하며, 동일한 색을 가진 광원이라도 조명하는 빛에 따라 다르게 보이는 특성을 무엇이라 하는가?

(3) 다음의 조명효율에 대해 설명하시오.

① 전등효율 :

② 발광효율 :

(4) 조명설계 시 용어 중 감광보상률이란 무엇을 의미하는지 설명하시오.

정답

(1) 색온도(Color Temperature)

(2) 연색성(Color Rendition)

(3) ① 전등효율 : 전력소비 P에 대한 전 발산광속 F의 비율을 전등효율 η라 한다.

$$\eta = \frac{F}{P}[\text{lm/W}]$$

② 발광효율 : 방사속 ϕ에 대한 광속 F의 비율을 그 광원의 발광효율 ε이라 한다.

$$\varepsilon = \frac{F}{\phi}[\text{lm/W}]$$

(4) 감광보상률 : 조명설비는 시간의 경과에 따라 광속의 감소나 조명기구의 오손에 의한 효율의 감소, 반사면의 변질에 따른 흡수율의 증가 등에 의하여 광속이 감소하므로 이러한 광속의 감소분을 예상하여 소요광속에 여유를 주는 것을 감광보상률이라 한다.

16 한국전기설비규정에 따른 접지시스템의 구분 및 종류에 대해 각각 3가지씩 쓰시오.

(1) 접지시스템의 구분

①

②

③

(2) 접지시스템의 종류

①

②

③

해설

접지시스템의 구분

- 계통접지 : 전력계통의 이상현상에 대비하여 대지와 계통을 접지
- 보호접지 : 감전보호를 목적으로 기기의 한 점 이상을 접지
- 피뢰시스템접지 : 뇌격전류를 안전하게 대지로 방류하기 위한 접지

접지시스템의 종류

- 단독접지
- 공통접지
- 통합접지

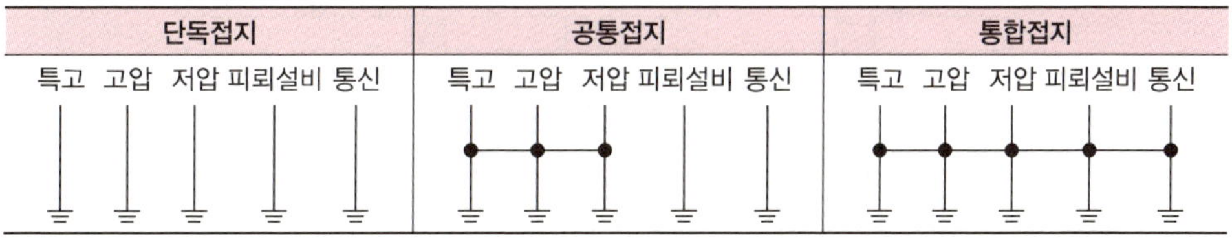

정답

(1) ① 계통접지
② 보호접지
③ 피뢰시스템접지

(2) ① 단독접지
② 공통접지
③ 통합접지

17 주어진 조건을 이용하여 다음의 시퀀스 회로와 타임차트를 완성하시오.

[조 건]

- 푸시버튼 스위치 4개(PB_1, PB_2, PB_3, PB_4)
- 보조 릴레이 3개(X_1, X_2, X_3)
- 계전기의 보조 a접점 또는 b접점을 추가하여 작성하되 최소 접점을 사용할 것이며 보조 접점에는 접점의 명칭을 표시할 것

선 입력 회로만을 동작시키고 후 입력 신호를 주어도 동작하지 않는 회로를 구성하고 타임차트를 그리시오.

(1)

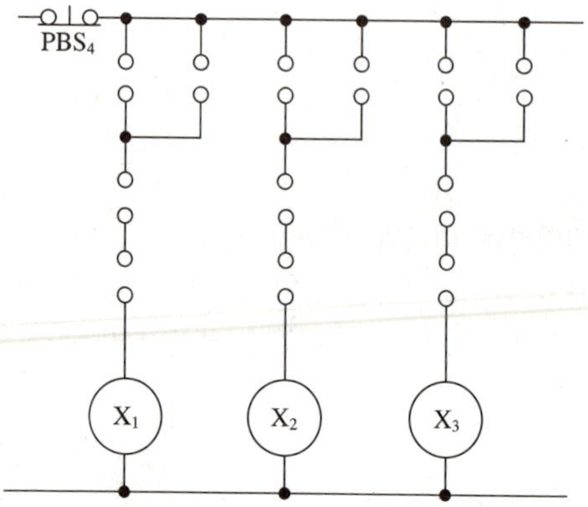

(2)

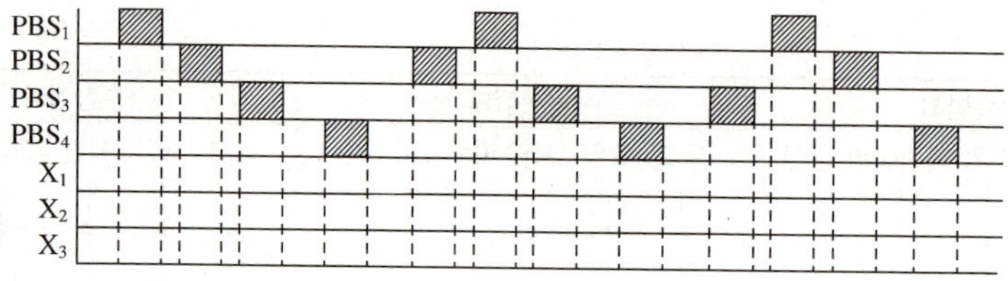

정답

(1)

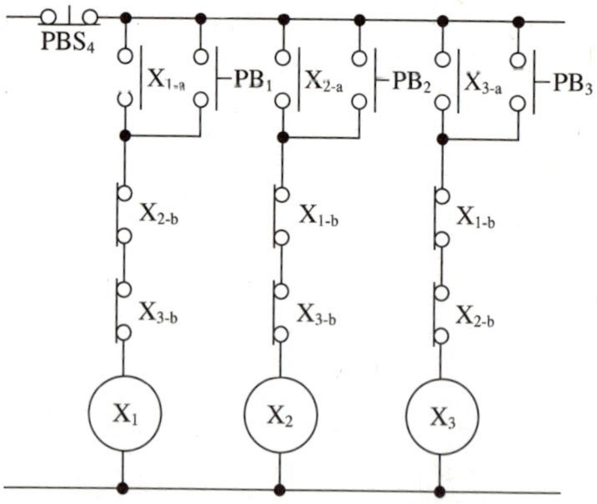

(2)

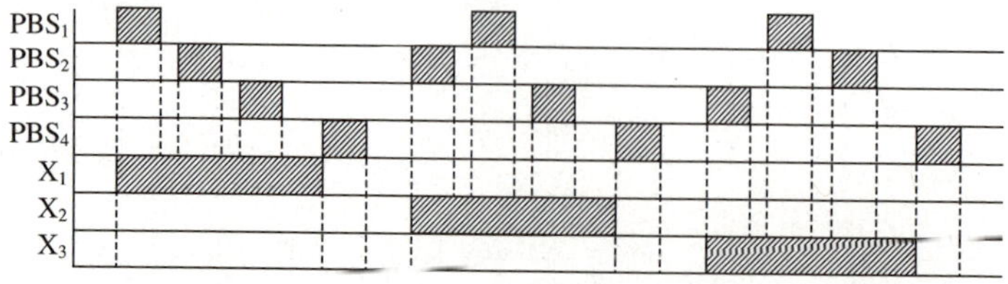

전기기사 · 산업기사 실기

개정8판1쇄 발행	2025년 04월 10일 (인쇄 2025년 02월 06일)
초 판 발 행	2017년 05월 10일 (인쇄 2017년 03월 17일)
발 행 인	박영일
책 임 편 집	이해욱
편 저	류승헌 · 민병진
편 집 진 행	윤진영 · 김경숙
표지디자인	권은경 · 길전홍선
편집디자인	정경일 · 이현진
발 행 처	(주)시대고시기획
출 판 등 록	제10-1521호
주 소	서울시 마포구 큰우물로 75 [도화동 538 성지 B/D] 9F
전 화	1600-3600
홈 페 이 지	www.sdedu.co.kr
I S B N	979-11-383-8504-6(13560)
정 가	40,000원

TECH BIBLE

한눈에 이해할 수 있도록
체계적으로 정리한 **핵심이론**

철저한 시험유형 파악으로
만든 **필수확인문제**

국가직 · 지방직 등
최신 기출문제와 상세 해설

기술직 공무원 건축계획
별판 | 30,000원

기술직 공무원 전기이론
별판 | 23,000원

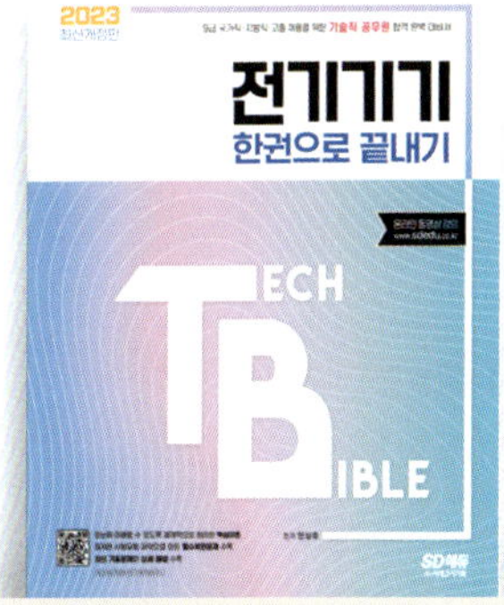

기술직 공무원 전기기기
별판 | 23,000원

기술직 공무원 생물
별판 | 20,000원

기술직 공무원 임업경영
별판 | 20,000원

기술직 공무원 조림
별판 | 20,000원

※도서의 이미지와 가격은 변경될 수 있습니다.

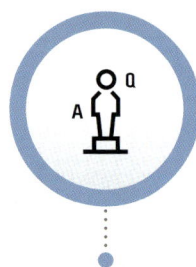